Handbuch Industrie 4.0

Birgit Vogel-Heuser • Michael ten Hompel •
Thomas Bauernhansl
Hrsg.

Handbuch Industrie 4.0

Band 2: Automatisierung

3. Auflage

mit 391 Abbildungen und 38 Tabellen

Hrsg.
Birgit Vogel-Heuser
Technische Universität München
Garching, Deutschland

Michael ten Hompel
Fraunhofer-Institut für Materialfluss und Logistik IML
Dortmund, Deutschland

Thomas Bauernhansl
Fraunhofer Institute for Manufacturing
Stuttgart, Deutschland

ISBN 978-3-662-58527-6 ISBN 978-3-662-58528-3 (eBook)
https://doi.org/10.1007/978-3-662-58528-3

Die Deutsche Nationalbibliothek verzeichnet diese Publikation in der Deutschen Nationalbibliografie; detaillierte bibliografische Daten sind im Internet über https://portal.dnb.de abrufbar.

Ursprünglich erschienen unter: Vogel-Heuser, B., Bauernhansl, T., ten Hompel, M., „Handbuch Industrie 4.0 Bd. 2"

Planung/Lektorat: Alexander Grün
Springer Vieweg ist ein Imprint der eingetragenen Gesellschaft Springer-Verlag GmbH, DE und ist ein Teil von Springer Nature.
Die Anschrift der Gesellschaft ist: Heidelberger Platz 3, 14197 Berlin, Germany

Vorwort zur 3. Auflage

Mit der 1. Auflage dieses Buches, das bereits 2014 unter dem Titel *„Industrie 4.0 in Produktion, Automatisierung und Handel"* (Hrsg.: Bauernhansl, ten Hompel, Vogel-Heuser) erschienen ist, wurde ein wichtiger Schritt unternommen, das Thema Industrie 4.0 in der Fachliteratur zu verankern. Doch bereits damals war uns als Herausgeber klar, dass ein statisches Buch einer Entwicklung dieser Tragweite und Dynamik nicht gerecht werden kann. Aus diesem Grund haben wir entschieden, dieses Werk ab der 2. Auflage in ein Handbuch zu überführen, um einen Rahmen zu schaffen, die aktuellen Entwicklungen und Trends der vierten industriellen Revolution fortzuschreiben, die teilweise schon mit eigenen Schlagworten diskutiert werden: Digitaler Zwilling und Verwaltungsschale als Realisierungskonzepte, Serviceorientierung versus Agentensysteme als Architekturen und Daten-, Informationsanalyse und maschinelles Lernen zur Anreicherung und Evolution des Digitalen Zwillings. Auch wenn schon einige Industrie 4.0 Systeme in Betrieb sind bzw. bald in Betrieb gehen, wie die KI.Fabrik als Teil der Hightech Agenda Bayern, gibt es noch viel zu tun, um die initiale Vision erfolgreich und nutzbringend zu realisieren. Um zum Beispiel den Anforderungen von Industrie 4.0 an Flexibilität und Autonomie gerecht zu werden, ist die Verwendung modularer, wiederverwendbarer Softwareeinheiten ein wirksamer Hebel und ermöglicht dabei gleichbleibende Softwarequalität und verkürzte Entwicklungszeit. Unter dem Stichwort Industrie 5.0 werden international Aspekte wie Ressourceneffizienz einerseits und der Mensch als Akteur im Design und Operation andererseits subsumiert.

Der große Erfolg des *„Handbuch Industrie 4.0"* und die rasanten technologischen Entwicklungen münden nun in einer 3. Auflage des Nachschlagewerks. Dieses Werk wird sowohl online als auch in gedruckter Form veröffentlicht und besteht aus einzelnen, in sich abgeschlossenen Beiträgen zu dem Thema Industrie 4.0 in Logistik, Produktion und Automatisierung. Die Online-Version kann, ähnlich einem Wiki, fortlaufend ergänzt und weiterentwickelt werden und bietet die Grundlage, in regelmäßigen Abständen eine neue Auflage der Druckversion zu verlegen.

Um dem Format eines Nachschlagewerks zum Thema Automatisierung gerecht zu werden, sind nicht nur Beiträge aus der 2. Auflage übernommen und überarbeitet worden, sondern auch zahlreiche neue Beiträge beispielsweise aus der Prozessindustrie, zum Digitalen Zwilling und der Verwaltungsschale sowie zu Smart Data und maschinellem Lernen hinzugekommen. Dem Thema der Entwicklung solcher Systeme wurde mit dem deutlich erweiterten Kapitel Engineering-Aspekte Rechnung getragen. Die 42 Beiträge teilen sich auf die folgenden Kapitel auf:

- Industrie 4.0 Anwendungsszenarien für die Automatisierung
- Architekturen für adaptive Industrie 4.0 Systeme
- Daten-, Informationsanalyse und maschinelles Lernen
- Engineering-Aspekte in der Industrie 4.0.

Zur Realisierung dieser umfassenden Erweiterung konnten wir, wie bereits in den ersten beiden Auflagen, zahlreiche Experten aus Forschung und Wirtschaft als Autoren gewinnen, um das Thema aus wissenschaftlicher und praktischer Sicht aufzubereiten. Erst die Betrachtung aus beiden Blickwinkeln ermöglicht es unserer Auffassung nach, den Überblick über das Mögliche und die Vision in einem Werk zu vereinen und Migrationspfade hinein in die vierte industrielle Revolution aufzuzeigen. In diesem Sinne ist das „*Handbuch Industrie 4.0*" als ein lebendiges Nachschlagewerk für Forscher, Praktiker und Studierende gleichermaßen zu verstehen und richtet sich an alle Leserinnen und Leser, die sich mit diesem spannenden Thema beschäftigen wollen.

Diese Druckversion umfasst den Stand der Dinge im Herbst 2023 und ist in einem Team gleichberechtigter Partner entstanden. Wir danken allen Autoren, dem Verlag, dem Lektorat und all denen, die sonst noch zum Gelingen beigetragen haben, sehr herzlich. Ganz besonderer Dank gilt Gabriele McLemore vom Springer-Verlag, die durch ihren unermüdlichen Einsatz in Koordination und Organisation die Grundlage für die Aktualisierung des Handbuchs gelegt haben.

Garching, Deutschland
November 2023

Birgit Vogel-Heuser

Inhaltsverzeichnis

Autorenverzeichnis

Sebastian Bader Fraunhofer-Institut für Intelligente Analyse- und Informationssysteme IAIS, Sankt Augustin, Deutschland

Hartwig Baumgärtel Institut für Betriebsorganisation und Logistik, Technische Hochschule Ulm, Ulm, Deutschland

Ulrich Berger Lehrstuhl Automatisierungstechnik, Brandenburgische Technische Universität Cottbus-Senftenberg, Cottbus, Deutschland

Jens Bernshausen Engineering & Technology Formulation, Bayer AG, Leverkusen, Deutschland

Stefan Biffl Institut für Information Systems Engineering, Technische Universität Wien, Wien, Österreich

Gautam Biswas Institute for Software Integrated Systems, Vanderbilt University, Nashville, USA

Birgit Boss Robert Bosch GmbH, Stuttgart, Deutschland

Christopher Brandl Institute of Industrial Engineering and Ergonomics, RWTH Aachen University, Aachen, Germany

Andreas Bunte Institut für Industrielle Informationstechnik (inIT), Technische Hochschule Ostwestfalen-Lippe, Lemgo, Deutschland

Jan de Caigny BASF SE, Ludwigshafen am Rhein, Deutschland

Xinyu Chen Lehrstuhl für Lebensmittelverpackungstechnik, Technische Universität München, Freising, Deutschland

Sven Cremer Lehrstuhl für Produktionssystematik, Werkzeugmaschinenlabor WZL, RWTH Aachen, Aachen, Deutschland

Julia Czerniak Institute of Industrial Engineering and Ergonomics, RWTH Aachen University, Aachen, Germany

Christian Diedrich IFAT – Institut für Automatisierungstechnik, Otto-von-Guericke-Universität Magdeburg, Magdeburg, Deutschland

Christian Diedrich IFAT – Institut für Automatisierungstechnik, Otto-von-Guericke-Universität Magdeburg, Magdeburg, Deutschland

ifak – Institut für Automation und Kommunikation e.V. Magdeburg, Magdeburg, Deutschland

Marc Dorchain Research, Software AG, Darmstadt, Deutschland

Lars Dürkop Institut für Industrielle Informationstechnik, Technische Hochschule Ostwestfalen-Lippe, Lemgo, Deutschland

Hans Ehm Infineon Technologies AG, Neubiberg, Deutschland

Haitham Elfaham Lehrstuhl für Prozessleittechnik, RWTH Aachen University, Aachen, Deutschland

Cesare Fantuzzi University of Modena and Reggio Emilia, Reggio Emilia (RE), Italy

Bagher Feiz-Marzoughi Advanta Global Delivery, Siemens AG, Amberg, Deutschland

Stefan Feldmann Lehrstuhl für Automatisierung und Informationssysteme, Technische Universität München, Garching, Deutschland

Juliane Fischer Lehrstuhl für Automatisierung und Informationssysteme, Technische Universität München, Garching, Deutschland

Stefan Flad Lehrstuhl für Lebensmittelverpackungstechnik, Technische Universität München, Freising, Deutschland

Jens Folmer HAWE Hydraulik SE, Aschheim, Deutschland

Johannes Fottner Fakultät für Maschinenwesen, Lehrstuhl für Fördertechnik Materialfluss Logistik, Technische Universität München, Garching b. München, Deutschland

Michael Freitag BIBA – Bremer Institut für Produktion und Logistik GmbH an der Universität Bremen, Bremen, Deutschland

Fachbereich Produktionstechnik, Universität Bremen, Bremen, Deutschland

Thomas Frühwirth Automation Systems Group, Technische Universität Wien, Wien, Österreich

CDP Center for Digital Production GmbH, Wien, Österreich

Andreas Gallasch SOFTWARE FACTORY Gesellschaft für Unternehmensberatung und Software-Engineering mbH, Garching bei München, Deutschland

Stefan Gehlen Executive Board, VMT Vision Machine Technic Bildverarbeitungssysteme GmbH, Mannheim, Deutschland

Peter Göhner Institut für Automatisierungs- und Softwaretechnik, Universität Stuttgart, Stuttgart, Deutschland

Julian Grothoff Lehrstuhl für Prozessleittechnik, RWTH Aachen University, Aachen, Deutschland

Thomas Hadlich IFAT – Institut für Automatisierungstechnik, Otto-von-Guericke-Universität Magdeburg, Magdeburg, Deutschland

Thomas Herlitzius Professur für Agrarsystemtechnik, Technische Universität Dresden, Dresden, Deutschland

Aaron Heuermann BIBA – Bremer Institut für Produktion und Logistik GmbH an der Universität Bremen, Bremen, Deutschland

Mario Hoernicke ABB AG Forschungszentrum Deutschland, Ladenburg, Deutschland

Michael Hoffmeister Festo AG & Co. KG, Esslingen, Deutschland

Stefan Hoppe OPC Foundation, Office Europe, Verl, NRW, Deutschland

Nemanja Hranisavljevic Fraunhofer IOSB-INA, Lemgo, Deutschland

Ralf Huck DI PA, SIEMENS AG, Karlsruhe, Deutschland

Christian Huemer Business Informatics Group, Technische Universtität Wien, Wien, Österreich

Silke Jandt FB 07, Universität Kassel, Kassel, Deutschland

Jürgen Jasperneite Fraunhofer IOSB-INA, Lemgo, Deutschland

Wolfgang Kastner Automation Systems Group, Technische Universität Wien, Wien, Österreich

Lukas Kathrein Christian Doppler Labor für die Verbesserung von Sicherheit und Qualität in Produktionssystemen (CDL-SQI), Institut für Information Systems Engineering, Technische Universität Wien, Wien, Österreich

Gunther Kegel Executive Board, Pepperl+Fuchs AG, Mannheim, Deutschland

John S. Kinnebrew Institute for Software Integrated Systems, Vanderbilt University, Nashville, USA

Thomas Kuhn Fraunhofer-Institut für Experimentelles Software Engineering IESE, Kaiserslautern, Deutschland

Dennis Lappe BIBA – Bremer Institut für Produktion und Logistik GmbH, Bremen, Deutschland

Christian Lehmann Lehrstuhl Automatisierungstechnik, Brandenburgische Technische Universität Cottbus-Senftenberg, Cottbus, Deutschland

Marlon Antonin Lehmann Lehrstuhl Automatisierungstechnik, Brandenburgische Technische Universität Cottbus-Senftenberg, Cottbus, Deutschland

Peter Liggesmeyer Fraunhofer-Institut für Experimentelles Software Engineering IESE, Kaiserslautern, Deutschland

Frieder Loch OST – Ostschweizer Fachhochschule, Rapperswil, Schweiz

Frieder Loch Chair for Automation and Information Systems, Technical University of Munich, Garching, Germany

Sebastian Lorenz Graduiertenkolleg 2323 CD-CPPS, Technische Universität Dresden, Dresden, Deutschland

Matthias Loskyll Deutsche Forschungszentrum für Künstliche Intelligenz (DFKI), Kaiserslautern, Deutschland

Arndt Lüder Lehrstuhl für Produktionssysteme und -automatisierung, Universität Magdeburg, Magdeburg, Deutschland

Rosario Maida SOFTWARE FACTORY Gesellschaft für Unternehmensberatung und Software-Engineering mbH, Garching bei München, Deutschland

Kevin Marschall FB 07, Universität Kassel, Kassel, Deutschland

Benjamin Maschler Institut für Automatierungstechnik und Softwaresysteme (IAS), Universität Stuttgart, Stuttgart, Deutschland

Felix Mayer Lehrstuhl für Automatisierung und Informationssysteme, Technische Universität München, Garching, Deutschland

Alexandra Mazak-Huemer Institut für Wirtschaftsinformatik – Software Engineering, JKU Linz, Linz, Österreich

Kristof Meixner Christian Doppler Labor für die Verbesserung von Sicherheit und Qualität in Produktionssystemen (CDL-SQI), Institut für Information Systems Engineering, Technische Universität Wien, Wien, Österreich

Alexander Mertens Institute of Industrial Engineering and Ergonomics, RWTH Aachen University, Aachen, Germany

Patrick Moder Lehrstuhl für Automatisierung und Informationssysteme, Technische Universität München, Garching, Deutschland

Marco Molitor Werkzeugmaschinenlabor WZL, Lehrstuhl für Produktionssystematik, RWTH Aachen, Aachen, Deutschland

Richard Mordinyi Institut für Information Systems Engineering, Technische Universität Wien, Wien, Österreich

Florian Morlok Chair for Automation and Information Systems, Technical University of Munich, Garching, Germany

Timo Müller Institut für Automatisierungstechnik und Softwaresysteme (IAS), Universität Stuttgart, Stuttgart, Deutschland

Jörg Nagel Executive Board, Neoception GmbH, Mannheim, Deutschland

Eva-Maria Neumann Lehrstuhl für Automatisierung und Informationssysteme, Technische Universität München, Garching, Deutschland

Oliver Niggemann Institut für Automatisierungstechnik, Helmut-Schmidt-Universität/Universität der Bundeswehr Hamburg, Hamburg, Deutschland

Verena Nitsch Institute of Industrial Engineering and Ergonomics, RWTH Aachen University, Aachen, Germany

Matthias Odenweller Evonik Technology & Infrastructure GmbH, Hanau-Wolfgang, Deutschland

Andreas Orzelski PHOENIX CONTACT GmbH & Co. KG, Blomberg, Deutschland

Marc-André Otto Forschung und Entwicklung, VMT Vision Machine Technic Bildverarbeitungssysteme GmbH, Mannheim, Deutschland

Dorothea Pantförder Lehrstuhl für Automatisierung und Informationssysteme, Technische Universität München, Garching, Deutschland

Florian Pelzer Graduiertenkolleg 2323 CD-CPPS, Technische Universität Dresden, Dresden, Deutschland

Mina Fahimi Pirehgalin Lehrstuhl für Automatisierung und Informationssysteme, Technische Universität München, Garching bei München, Deutschland

Thorsten Pötter SAMSON AG, Frankfurt am Main, Deutschland

Jan-Philipp Prote Werkzeugmaschinenlabor WZL, Lehrstuhl für Produktionssystematik, RWTH Aachen, Aachen, Deutschland

Nour Ramzy Fakultät für Elektrotechnik und Informatik, Leibniz Universität Hannover, Hannover, Deutschland

Benedikt Rauscher IoT/Industrie 4.0, Pepperl+Fuchs AG, Mannheim, Deutschland

Daniel Regulin Lehrstuhl für Automatisierung und Informationssysteme, Technische Universität München, Garching, Deutschland

Matthias Riedl ifak – Institut für Automation und Kommunikation e. V. Magdeburg, Magdeburg, Deutschland

Felix Rinker Christian Doppler Labor für die Verbesserung von Sicherheit und Qualität in Produktionssystemen (CDL-SQI), Institut für Information Systems Engineering, Technische Universität Wien, Wien, Österreich

Susanne Rösch Lehrstuhl für Automatisierung und Informationssysteme, Technische Universität München, Garching, Deutschland

Alexander Roßnagel Institut für Wirtschaftsrecht, Universität Kassel, Kassel, Deutschland

Lorenzo Sabattini University of Modena and Reggio Emilia, Reggio Emilia (RE), Italy

Jochen Schlick Wittenstein AG, Igersheim, Deutschland

Jan-Philipp Schmidt Institut für Automatisierungstechnik und Softwaresysteme (IAS), Universität Stuttgart, Stuttgart, Deutschland

Nicole Schmidt PLM::Production, Daimler Protics GmbH, Leinfelden-Echterdingen, Deutschland

Daniel Schneider Fraunhofer-Institut für Experimentelles Software Engineering IESE, Kaiserslautern, Deutschland

Harald Schöning Research, Software AG, Darmstadt, Deutschland

Günther Schuh Werkzeugmaschinenlabor WZL, Lehrstuhl für Produktionssystematik, RWTH Aachen, Aachen, Deutschland

J. Philipp Städter Lehrstuhl Automatisierungstechnik, Brandenburgische Technische Universität Cottbus-Senftenberg, Cottbus, Deutschland

Heinrich Steininger logi.cals GmbH, St. Pölten, Österreich

Peter Stelter Product Development, ID-Consult GmbH, München, Deutschland

Peter Stephan Wittenstein AG, Igersheim, Deutschland

Michael Teucke BIBA – Bremer Institut für Produktion und Logistik GmbH an der Universität Bremen, Bremen, Deutschland

Klaus-Dieter Thoben BIBA – Bremer Institut für Produktion und Logistik GmbH an der Universität Bremen, Bremen, Deutschland

Fachbereich Produktionstechnik, Universität Bremen, Bremen, Deutschland

Mario Thron ifak – Institut für Automation und Kommunikation e.V. Magdeburg, Magdeburg, Deutschland

Mario Trapp Fraunhofer-Institut für Kognitive Systeme IKS, München, Deutschland

Emanuel Trunzer Lehrstuhl für Automatisierung und Informationssysteme, Technische Universität München, Garching bei München, Deutschland

Leon Urbas Professur für Prozessleittechnik und Arbeitsgruppe Systemverfahrenstechnik, Technische Universität Dresden, Dresden, Deutschland

Richard Verbeet Institut für Betriebsorganisation und Logistik, Technische Hochschule Ulm, Ulm, Baden-Württemberg, Deutschland

Richard Verbeet Institut für Betriebsorganisation und Logistik, Technische Hochschule Ulm, Ulm, Deutschland

Valeria Villani University of Modena and Reggio Emilia, Reggio Emilia (RE), Italy

Birgit Vogel-Heuser Lehrstuhl für Automatisierung und Informationssysteme, Technische Universität München, Garching, Deutschland

Birgit Vogel-Heuser Chair for Automation and Information Systems, Technical University of Munich, Garching, Germany

Tobias Voigt Lehrstuhl für Lebensmittelverpackungstechnik, Technische Universität München, Freising, Deutschland

Bernhard Wally Geschäftsstelle, Rat für Forschung und Technologieentwicklung, Wien, Österreich

Hinrik Weber Pepperl+Fuchs AG, Berlin, Deutschland

Iris Weiß Lehrstuhl für Automatisierung und Informationssysteme, Technische Universität München, Garching, Deutschland

Benedikt Weißenberger Lehrstuhl für Automatisierung und Informationssysteme, Technische Universität München, Garching, Deutschland

Michael Weyrich Institut für Automatierungstechnik und Softwaresysteme (IAS), Universität Stuttgart, Stuttgart, Deutschland

Dustin White Institut für Automatierungstechnik und Softwaresysteme (IAS), Universität Stuttgart, Stuttgart, Deutschland

Manuel Wimmer Institut für Wirtschaftsinformatik – Software Engineering, JKU Linz, Linz, Österreich

Dietmar Winkler Christian Doppler Labor für die Verbesserung von Sicherheit und Qualität in Produktionssystemen (CDL-SQI), Institut für Information Systems Engineering, Technische Universität Wien, Wien, Österreich

Johannes Zeiler Fakultät für Maschinenwesen, Lehrstuhl für Fördertechnik Materialfluss Logistik, Technische Universität München, Garching b. München, Deutschland

Teil I

Industrie-4.0-Anwendungsszenarien für die Automatisierung

Die Bedeutung der Sensorik für die vierte industrielle Revolution

Gunther Kegel, Benedikt Rauscher, Marc-André Otto, Stefan Gehlen, Jörg Nagel und Hinrik Weber

Zusammenfassung

Der Beitrag grenzt zunächst das Feld der Sensorik für die industrielle Automation ab und gibt einen Überblick über die heute in der Fertigungs- und Prozessindustrie üblichen Sensoren und deren Innovationsschritte während der vorangegangenen Perioden der industriellen Entwicklung. Anschließend werden die Anforderungen an die Sensorik für die vierte industrielle Revolution anhand der Prinzipien von Referenzarchitektur RAMI 4.0 und Verwaltungsschale dargestellt. In einzelnen Unterkapiteln wird dann die Umsetzung dieser Anforderungen anhand einer Reihe von Beispielen neuer digitaler Kommunikation und neuer Sensorprinzipien dargestellt.

G. Kegel (✉)
Executive Board, Pepperl+Fuchs AG, Mannheim, Deutschland
E-Mail: gkegel@de.pepperl-fuchs.com

B. Rauscher
IoT/Industrie 4.0, Pepperl+Fuchs AG, Mannheim, Deutschland
E-Mail: brauscher@de.pepperl-fuchs.com

M.-A. Otto
Forschung und Entwicklung, VMT Vision Machine Technic Bildverarbeitungssysteme GmbH, Mannheim, Deutschland
E-Mail: marc.otto@vmt-systems.com

S. Gehlen
Executive Board, VMT Vision Machine Technic Bildverarbeitungssysteme GmbH, Mannheim, Deutschland
E-Mail: stefan.gehlen@vmt-systems.com

J. Nagel
Executive Board, Neoception GmbH, Mannheim, Deutschland
E-Mail: jnagel@neoception.com

H. Weber
Pepperl+Fuchs AG, Berlin, Deutschland
E-Mail: hweber@de.pepperl-fuchs.com

B. Vogel-Heuser et al. (Hrsg.), *Handbuch Industrie 4.0*,
https://doi.org/10.1007/978-3-662-58528-3_142

1 Einführung

1.1 Abgrenzung des Begriffs Sensorik

Allgemein ist ein Sensor (von lateinisch *sentire*, dt. „fühlen“ oder „empfinden“), auch als Detektor, Messgrößen, Messaufnehmer oder Messfühler bezeichnet, ein technisches Bauteil, das bestimmte physikalische oder chemische Eigenschaften oder die stoffliche Beschaffenheit seiner Umgebung qualitativ oder als Messgröße quantitativ erfassen kann. Diese Größen werden mittels physikalischer oder chemischer Effekte erfasst und in ein elektrisches Signal umgeformt.

Für die industrielle Sensorik kann man die Definition noch genauer fassen und unterteilt in der Regel in Sensorik für die Fabrikautomation, die hauptsächlich in der Stückfertigungsindustrie zum Einsatz kommt und Sensoren für die Prozessautomation, deren Einsatzgebiete im Wesentlichen in der kontinuierlichen Prozessindustrie zu finden sind. Obwohl es in den Bereichen der Industrieautomation eine große Vielzahl von unterschiedlichen Sensoren und sensorischer Verfahren gibt, sind es nur einige wenige Sensorfamilien, die den quantitativ größten Teil der Sensorik in der Industrie ausmachen.

1.1.1 Sensoren in der Fabrikautomation

In der Fabrikautomation sind das vor allem Sensoren zum Erfassen geometrischer Größen und Texturen. Diese Sensoren bestimmen die räumliche Umgebung und deren Oberflächenstruktur in automatisierten Maschinen, Anlagen und Fabriken. Sensoren geringster Komplexität, wie induktive Annäherungsschalter und Lichtschranken, stellen das größte Kontingent an Quantität und Vielfalt. Messende Systeme zur Erfassung 1-, 2- und 3-dimensionaler Geometrien haben in den letzten 20 Jahren signifikant an Bedeutung gewonnen und dienen heute nicht nur zur Automation bestimmter Abläufe, sondern auch zur Erreichung bestimmter funktionaler Sicherheitsstufen der Maschinen und Anlagen. Zunehmende Bedeutung erhalten auch Sensorsysteme, die die Beschaffenheit von Oberflächen und Strukturen erfassen. Zu diesen Sensorsystemen gehören u. a. auch die Bildverarbeitungssysteme und die Lidar-Technologien (von englisch: *light detection and ranging*) (Abb. 1).

1.1.2 Sensoren für die Prozessautomation

In den Prozessindustrien dominieren die Sensoren zur Erfassung der physikalischen Prozessgrößen Temperatur, Druck, Füllstand und Durchfluss. Sie stellen quantitativ über 80 % der verbauten Prozess-Sensoren dar. Besonders vielfältig sind hier die mechanischen Adaptionen an die prozesstechnischen Systeme wie Rohrleitungen, Behälter, Zentrifugen etc. Auch hier erfüllen die Sensoren nicht nur den primären Zweck der Automatisierung von Prozesssensoren. Explosionsschutz, funktionale Sicherheit oder Schutz von Umwelt und im speziellen von Wasser sind wichtige Aufgaben, die die Prozesssensorik von heute mit abdecken muss. Klar erkennbar ist hier die wachsende Bedeutung von Sensoren zur stofflichen Analyse der in den Prozessen verwendeten Medien. Die Messung des pH-Werts ist seit Jahrzehnten etabliert. Sonden zur Messung von Korrosion oder bestimmten chemischen Elementen

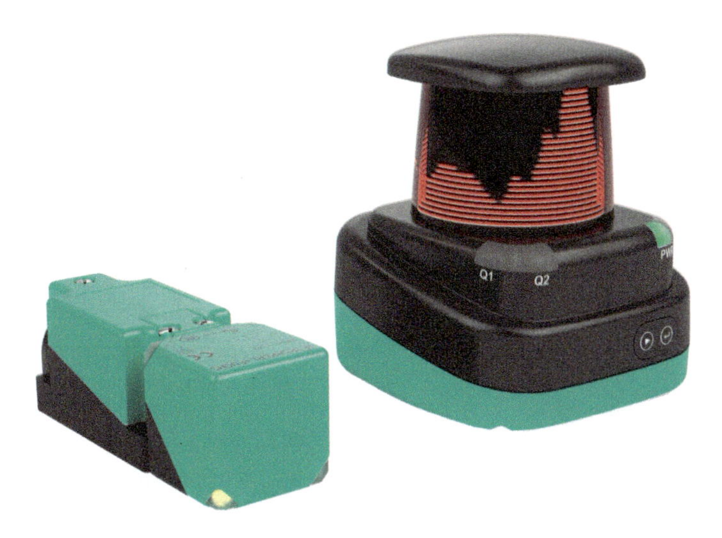

Abb. 1 Induktiver Näherungsschalter und Lidar-Scanner (Werksfoto Pepperl+Fuchs)

und Molekülen (z. B. Sauerstoff, Kohlenmonoxid und Kohlendioxid) finden zunehmend Anwendung in der Prozessoptimierung. Komplexere Verfahren wie Spektralanalysen oder Chromatographien bilden die Grundlage der Prozessanalysesensorik der Zukunft (Abb. 2).

2 Anforderungen an die Digitalisierung der industriellen Sensorik

Werden die Konzepte zur Digitalisierung der Industrie neue Anforderungen an die Sensorik richten? Gibt es einen Bedarf für eine Sensorik 4.0? Dazu muss man grundsätzlich zwischen der Innovation im Sensor selbst – die völlig unabhängig von der vierten industriellen Revolution vorangetrieben wird – und der durch die Digitalisierung erzwungenen Innovation unterscheiden. Jedes industrielle Zeitalter hat dabei seine eigene Sensortechnologie hervorgebracht und nicht selten war die Sensorik ein „enabling factor" für bestimmte technologische Sprünge.

2.1 Entwicklung der Sensorik im zeitlichen Ablauf

Nutzt man zur Unterteilung der industriellen Entwicklungsgeschichte die hinlänglich bekannten Stufen disruptiver (revolutionärer) Veränderungssprünge, so fällt auf, dass jede industrielle Revolution auch neue Sensortechnologien hervorgebracht hat. Eine Dampfmaschine ohne Fliehkraftregler und Überdruckwächter konnte auch zur Zeit der ersten industriellen Revolution nicht sicher betrieben werden. Mit der Einführung der Elektrizität und der zweiten industriellen Revolution wurden wiederum neue

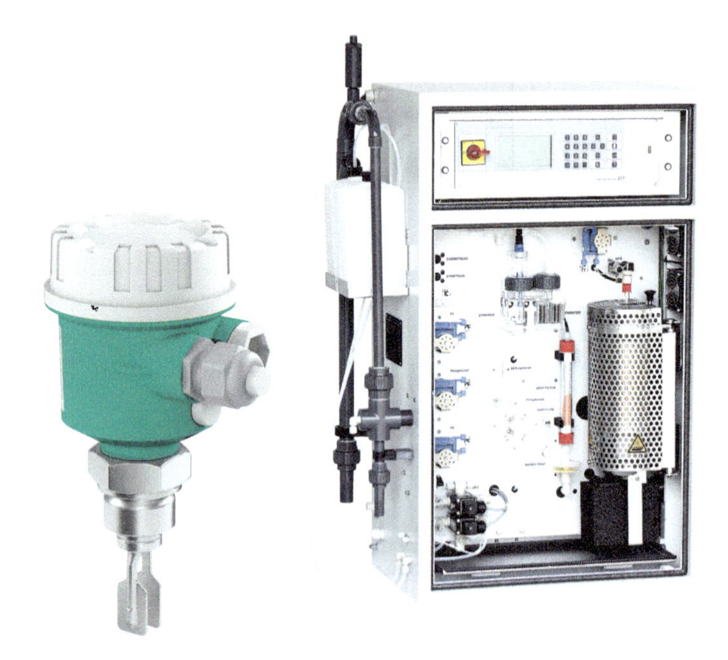

Abb. 2 Schwinggabel, Füllstandsgrenzschalter und Prozessanalysegerät (Werksfoto Endress +Hausser)

Sensoren zur Erfassung von Füllständen und Temperaturen geschaffen. Erste, fest verdrahtete Automatismen nutzten mechanisch betätigte elektrische Schalter als robuste Signalgeber. Die dritte industrielle Revolution brachte eine besondere Vielfalt neuer Sensoren hervor. Ohne diese auf Halbleitern beruhenden Sensoren hätten die neuen rechnerbasierten Automaten niemals die notwendige Zuverlässigkeit erreicht. Mechanische Schalter wurden durch berührungslos arbeitende, verschleißfreie induktive Näherungsschalter ersetzt und die Lichtschranke wurde erst durch den Ersatz der kleinen Glühlampen durch Halbleiter-Leuchtdioden zu dem heute bekannten, zuverlässigen Signalgeber.

2.1.1 Digitalisierung der Sensorik

Mit Beginn kommerziell verfügbarer Mikrocontroller begann auch die Digitalisierung der Sensorik. Zum Ende der dritten industriellen Revolution, etwa seit den neunziger Jahren, verarbeitet in nahezu jedem Sensor ein Mikrorechner die elektrischen Signale des eigentlichen Sensorelementes zu standardisierten elektrisch-digitalen Signalen. Dabei übernimmt der Mikrocontroller auch Aufgaben wie Linearisierung, Parametrierung, Diagnose, Fehlersicherheit, Plausibilisierung, Signalverlaufsspeicherung, Mensch-Maschine Schnittstelle und Signalisierung. Interessanterweise sind heute viele Sensoren im Kern ihrer Signalverarbeitung bereits digital, kommunizieren mit den überlagerten Steuerungssystemen aber noch immer analog. Die vor allem in der

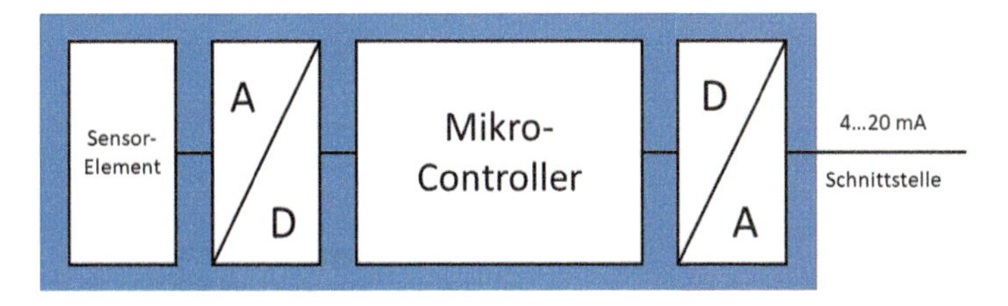

Abb. 3 Schematischer Aufbau: Sensor mit integriertem Mikro-Controller (Pepperl+Fuchs)

Prozessindustrie populäre 4 ... 20 mA Analogschnittstelle beispielsweise ist noch heute die am häufigsten vorzufindende Sensorsignalschnittstelle in der Prozessautomation (Abb. 3).

Schon ab 1990 entstanden die ersten seriellen, digitalen Kommunikationsschnittstellen, die später unter der Bezeichnung Feldbus immer mehr die Aufgabe übernahmen, die Sensoren direkt digital mit der überlagerten Steuerungsebene zu verknüpfen. Mit AS-Interface (Webseite der Aktuator-Sensor-Interface Organisation 2019) wurde ein Feldbus mit geringster Komplexität etabliert, während mit IO-Link (Webseite der IO-Link Organisation 2019) ein einfaches und zu binären Schaltsignalen abwärtskompatibles, bidirektionales Punkt-zu-Punkt Protokoll standardisiert wurde. Es erlaubt selbst einfache Lichtschranken oder binäre, induktive Näherungsschalter unmittelbar digital an zentrale und dezentrale Steuerungssysteme anzubinden. Mit Profibus PA (Webseite der Profibus und Profinet International Organisation 2019) und Foundation Fieldbus (Webseite der FDT-Group 2019) entstanden Feldbusse, die spezifisch die Sensoren der Prozessindustrie digital anbinden können.

Die größte Herausforderung der frühen digitalen Vernetzung industrieller Sensoren ist bis heute die aufwendige logische Integration der zunehmenden Funktionalität digitaler Sensoren in die übergeordneten Ebenen. Mit FDT (Webseite der Field Communication Group 2019) und FDI (Webseite der FDT-Group 2019) wurden auf Microsoft Technologien basierende Software-Standards geschaffen, die eine vollständige Einbindung aller Sensorfunktionen in die Steuerungsebene automatisiert ermöglichen.

2.1.2 Advanced Physical Layer (APL) – Ethernet auf der Feldebene wird Realität (SPS Magazin 2018)

Um die Performance der digitalen Sensorschnittstelle weiter zu steigern und die Möglichkeit zu schaffen, Sensoren direkt in die IP-Kommunikation einzubinden, arbeiten eine Reihe internationaler Automatisierungsunternehmen an der physikalischen Schicht für ein IP-fähiges Zweidraht-Bus-System, welches gleichzeitig den Sensor mit elektrischer Energie versorgt. Vor allem die Anforderungen aus der Prozessindustrie – unter anderem auch die eigensichere Energieversorgung – wurden in diesem IEEE P802.3cg Standard berücksichtigt. In Zukunft kann so mit der Mehrzahl der Prozesssensoren eine direkte IP-Kommunikation aufgebaut werden (Abb. 4).

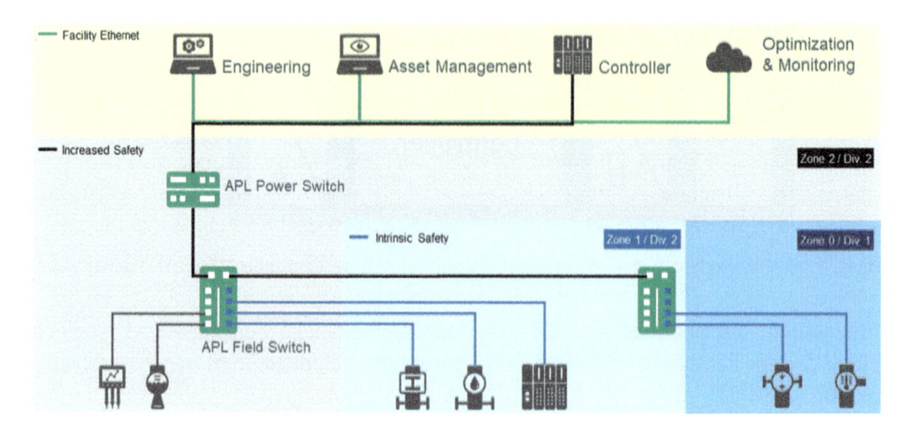

Abb. 4 APL – Advanced Physical Layer Konzept (Werkszeichnung Pepperl+Fuchs)

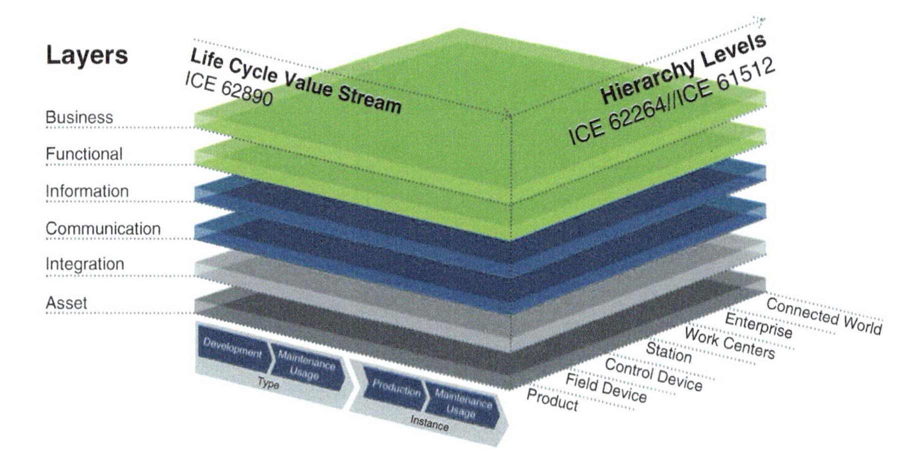

Abb. 5 Referenzarchitekturmodell RAMI 4.0 (ZVEI)

2.1.3 Sensoren für die vierte industrielle Revolution

Auf den ersten Blick scheint die zunehmende Digitalisierung der Industrie quasi automatisch auch zunehmend mehr digitale Sensoren zu erfordern. Bei genauer Analyse stellt man allerdings fest, dass sich Industrie 4.0 weit weniger auf die reine Digitalisierung der Automatisierungsgeräte bezieht. Digitalisierung im Sinne von Industrie 4.0 meint vielmehr die digitale Vernetzung aller Systeme entlang der drei Dimensionen „Life-Cycle", „Wertschöpfung" und „Business-Aspekte", die in der Referenzarchitektur RAMI 4.0 (Ergebnispapier: Struktur der Verwaltungsschale 2016) anschaulich dargestellt sind. Die Digitalisierung der Sensorik im Sinne einer digitalen Schnittstelle ist also lediglich eine notwendige Voraussetzung, aber keinesfalls hinreichend für Industrie 4.0 (Abb. 5).

3 Sensorik 4.0: Industrielle Sensoren „ready for" Industrie 4.0

Sensoren für die vierte industrielle Revolution müssen also nahtlos in die dreidimensionalen Industrie 4.0 Netze integriert werden. Dazu brauchen alle Komponenten eine vollständige digitale Beschreibung, erst zusammen mit dieser werden sie zu vollwertigen Industrie 4.0 Komponenten. Diese Beschreibung – häufig auch digitaler Zwilling genannt – muss in einer standardisierten, allgemein verbindlichen Form vorliegen. Sie kann im Gerät selbst, in einer externen Komponente oder vollständig virtualisiert in einem Cloud-System abgebildet sein. Die Plattform Industrie 4.0 hat dazu das Konzept der Verwaltungsschale (Ergebnispapier: Struktur der Verwaltungsschale 2016) entwickelt, die alle digitalen Informationen einer I4.0 Komponente in festgelegten Strukturen, den sogenannten Teilmodellen, beinhaltet und über standardisierte Schnittstellen einem Konsumenten anbietet. Konsumenten können dabei Personen, aber auch digitale Services oder Maschinen sein (Abb. 6).

Die Arbeiten an der Strukturierung der Verwaltungsschale und die verbindliche Festlegung der inkludierten Standards sind zwar noch nicht abgeschlossen, aber aller Voraussicht nach wird OPC UA (IEC 62541) (Webseite der OPC-Foundation 2019) die Kommunikationsarchitektur (siehe Abschn. 3.2) beschreiben, während mit eCl@ss (IEC 61360/ISO 13584-42) (Webseite des eCl@ss-Vereins 2019) ein großer Teil der semantischen Beschreibung sowie das Vokabular abgedeckt werden. Natürlich behalten FDI und FDT ihre Bedeutung, ggf. werden diese Software-

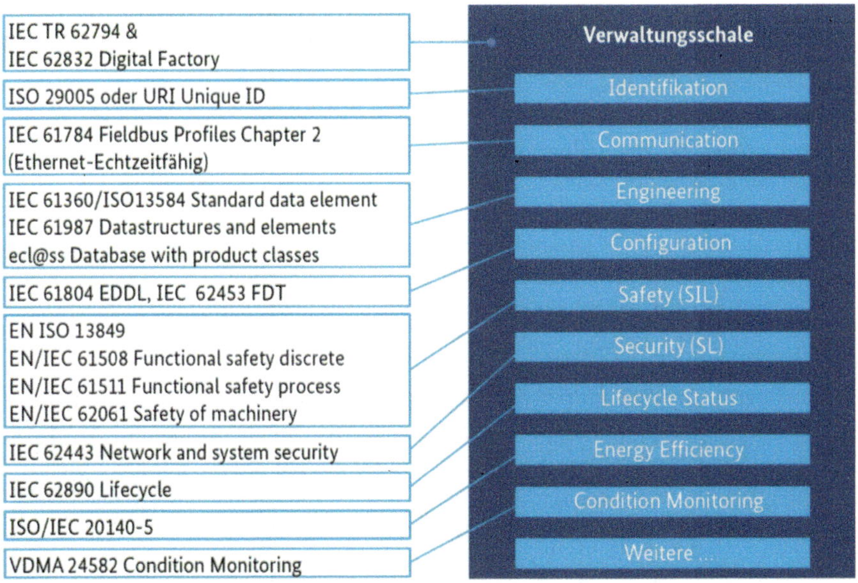

Abb. 6 Verwaltungsschale (ZVEI)

Integrationsstandards auch Bestandteil der genormten Verwaltungsschale werden. Internationale Arbeitsgruppen arbeiten derzeit an der Erstellung vereinheitlichter Teilmodelle. Im ZVEI wurde der Arbeitskreis „Industrie 4.0 in der Sensorik“ gebildet, in dem Experten aller namhaften Sensorhersteller aus der Fabrikautomation an der Definition eines einheitlichen Teilmodells für Sensoren auf Basis des IEC-CDD und eCl@ss arbeiten. Gleiches findet im PA-DIM (FieldComm Group 2019) für die Prozessautomation statt, das Zusammenführen der beiden Ergebnisse wird ein nächster Schritt sein.

Jedem Merkmal wird eine eineindeutige semantische ID aus einem Common Data Dictionary (CDD), wie beispielsweise der IEC 61987 oder eCl@ss, zugeordnet. Derartige Bestrebungen zur Vereinheitlichung von Informationsmodellen für industrielle Sensoren ermöglichen es, ohne spezielle Kenntnis des jeweiligen Modells der Sensoren standardisiert auf deren Daten zuzugreifen oder sie zu konfigurieren. Der durch die digitalen Schnittstellen und den damit immer größeren Funktionsumfang gestiegene Integrationsaufwand von digital kommunizierenden Sensoren wird durch derartige standardisierte Informationsmodelle wieder reduziert.

3.1 Neue Sensoren für I4.0 Anwendungen

Neben der Anforderung, digitale Sensoren mittels Verwaltungsschale in I4.0 Netze integrieren zu können, gibt es durch die neuen datengetriebenen Geschäftsmodelle aber auch eine Menge neuer Anforderungen an die sensorische Funktion. Hier sind vor allem die Themen Intralogistik und Autonavigation beispielgebend. In der nächsten Generation I4.0 Intralogistik sollen Logistiksysteme und Transportfahrzeuge weitgehend dezentral ihre Bewegung durch die Fabrik anhand der Anforderung des transportierten unfertigen Produkts und den verfügbaren Fertigungsmitteln selbst steuern und entscheiden. Dazu müssen sich die autonomen Transportsysteme in ihrer dreidimensionalen Umgebung selbstständig und sicher bewegen können. Die dreidimensionale Erfassung der gesamten Umgebung z. B. mittels Lidar-Scannern ist dazu zwingend erforderlich. Die dabei entstehenden großen Mengen an 3D-Daten (Pixel-Wolken) müssen ggf. mit neuen Algorithmen der künstlichen Intelligenz ausgewertet werden. „Machine-Learning“ oder besser „Sensor-Learning“ wird in den zukünftigen Sensorgenerationen eine überragende Rolle spielen (Abb. 7).

In der Zukunft wird die Leistungsfähigkeit dieser Sensorsysteme kontinuierlich ansteigen und es ist zu erwarten, dass leistungsstarke 3D Kamerachips als Ergänzung der Lidar-Technik dazu einen erheblichen Beitrag stiften werden. Auch die Kombination von 3D Daten und Farbinformationen zu sogenannten „Super-Pixeln“ wird noch einmal völlig neue Möglichkeiten generieren (Abb. 8).

Auch weniger komplexe digitale Sensoren enthalten durch die Digitalisierung neue Funktionen. War bei analogen Schnittstellen lediglich die Übertragung des eigentlichen Prozessdatums möglich, enthält ein Nutzer über die digitalen Schnittstellen heute Zugriff auf die in Tab. 1 dargestellten Datenpunkte.

Abb. 7 3D Lidar Scan einer Industrieumgebung (Espace 6D)

Abb. 8 3D Super-Pixel-Wolke (Espace 6D)

Tab. 1 Erweiterte Daten in I4.0 fähigen Sensoren

Datenkategorie	Inhalt
Messwerte	Abstand, Lage, Position, Füllstand, Druck, Temperatur, ...
Parameter	Schwellwerte, Konfigurationen, Kalibrierwerte, ...
Identifikation	Typ-ID, Serien-Nr., Herstellername, Hersteller-ID, ...
Zustandsdaten	Signalqualität, Temperatur, Betriebsstunden, ...

Es ist leicht zu erkennen, dass die verfügbaren Informationen weit über die eigentlichen Messwerte, auch als Prozesswerte bezeichneten gemessenen Daten hinausgehen.

Eine für Industrie 4.0 Komponenten wichtige Eigenschaft ist die Identifizierbarkeit. Hierzu werden beispielsweise die Hersteller-ID, die Typ-ID und die Seriennummer einer Komponente zu einer weltweit eindeutigen ID zusammengefasst. Durch die eindeutige ID kann der Sensor seiner Verwaltungsschale weltweit eindeutig zugeordnet und beispielsweise seine Historie nachverfolgt werden.

Mit steigender Funktionalität in Sensoren steigen auch deren Konfigurationsmöglichkeiten, um die Funktionalität auf diverse Applikationen anzupassen. Die Anzahl verfügbarer Parameter übersteigt schnell die Möglichkeiten einer einfachen Bedienung am Gerät. Mit digitalen Schnittstellen und einem vereinheitlichten Zugriff auf die Parameter werden vereinfachte und intuitiv nutzbare Konfigurationsmöglichkeiten geschaffen, die den Anwender durch die Konfiguration leiten und sie schnell begreifbar machen (siehe auch Abschn. 3.3).

Für Industrie 4.0 Anwendungen besonders interessant sind über die eigentlichen Messdaten hinausgehende Zustandsdaten der Sensoren. So ermöglicht ein Temperatursensor im Gerät die Überwachung der Umgebung des Sensors. Auf Basis eines Signalqualitätswertes können bei optischen Sensoren Verschmutzungen oder Dejustagen erkannt und entsprechende Wartungsarbeiten eingeleitet werden, bevor der Sensor keinen gültigen Messwert mehr liefern würde.

3.2 I4.0 Kommunikationsarchitekturen und Protokolle

Ein wesentlicher Erfolgsfaktor, um die zusätzlich im Sensor verfügbaren Daten gewinnbringend einzusetzen, ist die Verfügbarkeit dieser Daten in übergeordneten IT-Systemen wie beispielsweise einem MES, ERP oder in Cloud-Applikationen.

Kommuniziert der Sensor in konventionell automatisierten Systemen ausschließlich mit der Steuerung, werden durch neue Technologien zusätzliche Kanäle aus dem Sensor direkt in die IT geschaffen. Daten aus den Sensoren sind damit unabhängig von der eigentlichen Übertragungstechnologie auf der IT-Ebene verfügbar (Abb. 9).

Für die Kommunikation in der IT und die Kommunikation von Anlagen untereinander werden meist Ethernet-basierte Technologien eingesetzt. Als erfolgversprechender Kandidat für die durchgehende Kommunikation zwischen Anlagen und IT ist von der Plattform Industrie 4.0 die Open Platform Communications Unified Architecture OPC UA (Webseite der OPC-Foundation 2019) vorgeschlagen worden. OPC UA vereinigt die Definition eines Kommunikationsprotokolls mit der Möglichkeit, strukturierte Informationsmodelle zu definieren. Im einfachsten Fall besteht eine OPC UA Kommunikation aus einem Server, der Informationen anbietet, und einem Client, der Informationen konsumiert, die über ein Ethernet-basiertes Netzwerk gegenseitig erreichbar sind. Speziell an OPC UA ist die Eigenschaft, dass der Server sein Informationsmodell dem anfragenden Client über die OPC UA-Verbindung anbietet. Er gibt sozusagen eine Selbstauskunft über seine Eigenschaf-

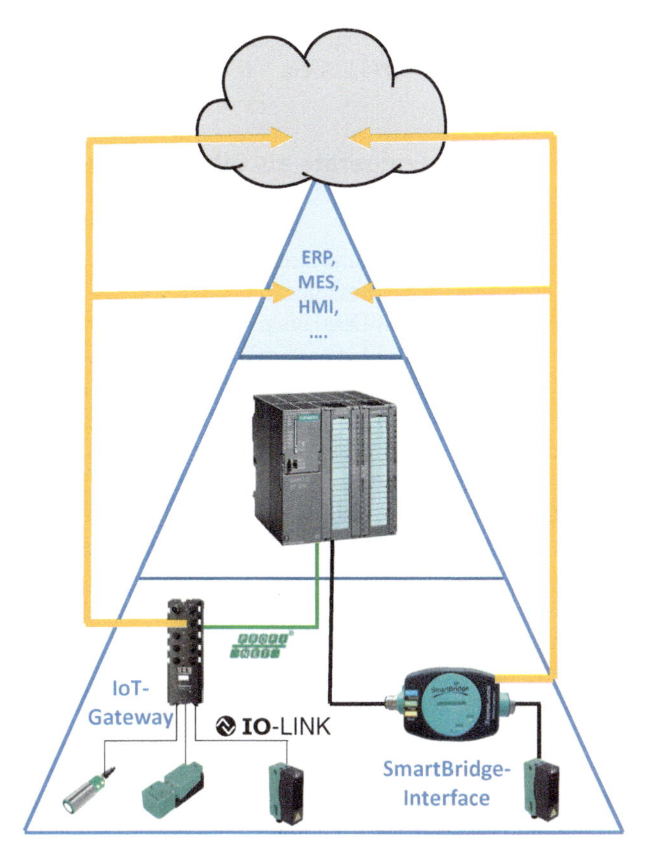

Abb. 9 I4.0 Kommunikationsarchitektur für direkten Zugriff auf Sensordaten (Werkszeichnung Pepperl+Fuchs)

ten. Damit entfällt der Bedarf einer Gerätebeschreibung, die meist umständlich auf getrenntem Wege beschafft und manuell in den Client eingepflegt werden muss.

Speziell anzumerken ist, dass OPC UA derzeit noch keinen Anspruch auf echtzeitfähige Kommunikation erhebt. Vielmehr dient es als Architektur zur Anbindung von Feldgeräten wie Sensoren über einen zweiten, von der Steuerung unabhängigen, Kanal.

Die Möglichkeit, Informationsmodelle im Feldgerät anbieten zu können, erfüllt zwar eine notwendige, jedoch noch keine hinreichende Bedingung, um automatisiert auf Daten zugreifen zu können. Die OPC UA Spezifikation umfasst daher nicht nur die Möglichkeit beliebige, herstellerspezifische Informationsmodelle zu erstellen, sondern bietet durch Erweiterungen, sogenannte Companion Specifications, auch die Möglichkeit, für Komponenten gleichen Typs branchenweit vereinheitlichte Informationsmodelle zu schaffen. Die erste verabschiedete Companion Specification ist EUROMAP 77 (VDMA 2017) für Spritzgussmaschinen. Die Anzahl der verfügbaren Companion Specifications steigt kontinuierlich an. Beispielsweise ist die oben erwähnte PA-DIM (FieldComm Group 2019) ebenfalls eine OPC UA Companion Specification. Einen tieferen Einblick in die Anwendung von OPC UA in der Praxis gibt der Leitfaden Industrie 4.0 Kommunikation mit OPC UA des VDMA (VDMA 2017).

3.3 Mobile Consumer-Endgeräte als Diagnosewerkzeug für industrielle Sensoren

Zur Inbetriebnahme, Einrichtung, Parametrierung und Diagnose von Sensoren werden Anzeige- und Bedienelemente zumindest temporär benötigt. An den Sensoren selbst sind LEDs, LCD-, 7-Segment-Displays u. a. sowie Folientaster, Potis, Dreh- und Schiebeschalter üblich. Diese Elemente müssen auf kleinstmöglichem Raum viele Informationen übertragen, wozu Farb- oder Blinkcodes, Mehrfachbelegungen u. v. m. verwendet werden. Für Beschriftungen steht nur sehr wenig Platz zur Verfügung. Übersichtlichkeit und Intuitivität sind so nur schwierig zu erreichen, der Anwender benötigt eine mehr oder weniger ausführliche schriftliche Anleitung in einer ihm verständlichen Sprache. Bei schlecht oder gar nicht zugänglich verbauten Sensoren haben gerätegebundene Bedien- und Anzeigeelemente nur noch einen sehr eingeschränkten Nutzen. Abgesehen davon stehen der Integration von Bedien- und Anzeigeelementen in die Sensoren selbst sowohl ein immenser Kostendruck als auch die geforderte Miniaturisierung entgegen.

Moderne mobile Endgeräte wie Smartphones und Tabletcomputer sind etablierte interaktive Systeme und werden vom Personal auch bei Service- oder Wartungsarbeiten mitgeführt und genutzt. Spezielle dafür ausgelegte Einheiten können auch in explosionsgefährdeten Bereichen eingesetzt werden. Mobilgeräte aus dem Consumer-Bereich sind vergleichsweise preiswert und bieten dafür viel Rechenleistung sowie hochauflösende Displays. Über die App-Stores der populären Betriebssysteme kann zusätzliche Software einfach bereitgestellt und installiert werden.

Sensoren für Industrie 4.0 liefern neben Messwerten – ihrem ureigenen Zweck – zusätzlich eine ganze Reihe weiterer Informationen. Dies sind sowohl Daten zu ihrer Identität, wie eine Seriennummer oder eine Bezeichnung des Einbauortes, als auch Information zu ihrem Zustand, wie beispielsweise Temperatur, Signalqualität oder die Anzahl der Betriebsstunden.

Für die Übertragung dieser auch in Tab. 1 aufgeführten Sensor-Daten sind leistungsfähige Schnittstellen und Kommunikationswege erforderlich. Mit IO-Link (Webseite der IO-Link Organisation 2019) hat sich zur Anbindung von Sensoren „auf den letzten Zentimetern“ ein geeignetes digitales Schnittstellenprotokoll weltweit durchgesetzt. Es nutzt die für die Prozessdatenübertragung vorhandenen Steckverbinder, so dass keine zusätzlichen Anschlüsse aus dem Sensor herausgeführt werden müssen. Diese Eigenschaft sowie die Abwärtskompatibilität zur klassischen schaltenden Sensorik machen IO-Link besonders auch für die Nachrüstung von bestehenden Anlagen interessant.

Der Einsatz von Protokollen wie IO-Link hilft Wartungstechnikern Service- und Diagnosearbeiten an der Übertragung effizient durchzuführen. Neue Kommunikationsinterfaces in Verbindung mit handelsüblichen mobilen Endgeräten ermöglichen eine einfache Diagnose der Kommunikationsverbindung. Sie ersetzen damit klassische analoge Werkzeuge wie Multimeter, Oszilloskop oder Datenschreiber und ermöglichen den Zugriff auf die vom Sensor gelieferten Daten oder dessen Parametrierung.

Die beschriebenen mobilen Endgeräte aus dem Consumer-Bereich verfügen üblicherweise über eine USB-Schnittstelle und unterstützen verschiedene drahtlose Übertragungsprotokolle wie Bluetooth, W-LAN oder NFC. Um sie auch als Mess- und Prüfwerkzeug für IO-Link Sensoren oder Aktoren einsetzen zu können, wurde von Pepperl+Fuchs der SmartBridge-Adapter entwickelt.

Dieser Adapter wird in die 3-, 4- oder 5-adrige Sensorleitung eingeschaltet und auf diese Weise aus der Sensorversorgung auch mit Energie versorgt. Der Adapter kommuniziert über das IO-Link-Protokoll mit dem Sensor und baut in Richtung des Mobilgerätes eine Bluetooth-Verbindung auf, so dass eine direkte und drahtlose Datenübertragung vom Sensor zum Mobilgerät und umgekehrt möglich wird. Bluetooth wird eingesetzt, um die WLAN-Verbindung des Mobilgerätes weiter parallel für andere Zwecke verwenden zu können.

So kann das Mobilgerät beispielsweise aus dem Internet für die Sensoren benötigte Daten wie das IODD-File laden, auf weitere Informationen über den jeweiligen Sensor zugreifen oder Daten aus dem Sensor zu Diagnosezwecken über das Internet übermitteln (Abb. 10).

Zum Betrieb des SmartBridge-Adapters wurde eine App entwickelt, die zum einen die Prozessdaten des angeschlossenen Sensors grafisch und intuitiv darstellt und zum anderen einen textbasierten Zugriff auf alle Parameter, Identifikations- und Statusdaten ermöglicht. Die sensorspezifischen Informationen werden dabei aus den IODD-Files extrahiert, welche die App wiederum automatisch aus dem vom IO-Link Konsortium betriebenen Portal „IODDFinder" lädt.

Verschiedene Betriebsmodi erlauben die Verwendung des SmartBridge-Adapters sowohl im IO-Link, als auch im SIO-Modus des Sensors. Der SmartBridge-Adapter

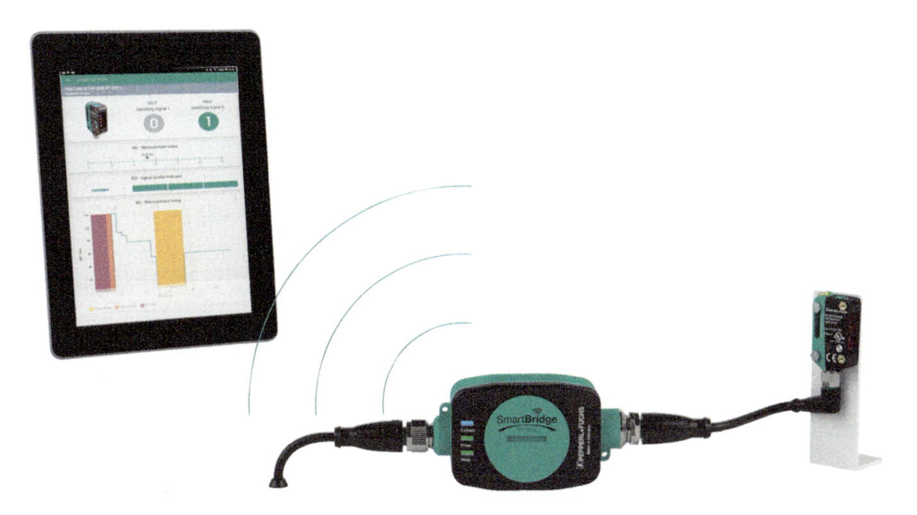

Abb. 10 Der SmartBridge-Adapter wird rückwirkungsfrei in die Sensorleitung geschaltet (Pepperl +Fuchs)

arbeitet vollkommen rückwirkungsfrei, weder der Sensor noch die Steuerungseinheit am anderen Ende der IO-Link Verbindung werden beeinflusst. Es wird eine zusätzliche direkte Kommunikation vom Sensor zum mobilen Endgerät aufgebaut.

SmartBridge ist ein Beispiel für den Einsatz von IT-Technologien in der Automatisierung, der neue Möglichkeiten eröffnet, wie die Nutzung von vernetzten oder auch Internet-basierten Systemen.

3.4 Neue Geschäftsprozesse mit durchgehender I4.0 Kommunikation ermöglichen

Industrie 4.0 ist kein Mittel zum Zweck, vielmehr steht immer auch die Entwicklung neuer Geschäftsmodelle beziehungsweise die Optimierung bestehender Geschäftsprozesse im Vordergrund. Bei der Optimierung werden nicht nur zunehmend manuelle Prozesse automatisiert, vielmehr bietet die durchgehend standardisierte Kommunikation auch die Möglichkeit, in bestehenden Systemen Optimierungen durchzuführen.

Aufgrund der Komplexität bereits bestehender Systeme findet die Optimierung zunehmend in interdisziplinären Teams statt. Die Optimierungen werden nicht mehr durch die Experten für Automatisierungstechnik, sondern oftmals durch Prozessexperten durchgeführt. Es kann daher davon ausgegangen werden, dass Experten für Prozessoptimierungen und neue Geschäftsmodelle keine Experten auf dem Gebiet der Sensorik sind. Durch die Verwaltungsschalen – die neuen digitalen Schnittstellen – werden Experten ohne spezielle Kenntnis über die Datenschnittstelle eines Sensors dazu befähigt, intuitiv auf die Sensordaten zuzugreifen. Die semantisch eineindeutig definierte Bedeutung eines Messwerts innerhalb einer Verwaltungsschale ermöglicht die gezielte Suche nach vorhandenen Daten in einer Anlage oder dem gesamten Unternehmen. Neue Kommunikationsarchitekturen wie OPC UA ermöglichen den schnellen Zugriff auf die Daten aus dem Feld ohne vorheriges Integrationsprojekt. Zusammenfassend werden Optimierungen meist erst unter diesen Voraussetzungen wirtschaftlich.

Betrachten wir abschließend ein Beispiel: Lichtschranken werden oft dazu verwendet, um einen Ablauf in einer Produktionsanlage zu steuern. Das Ausgangssignal der Lichtschranke wird zunächst der SPS (Speicher programmierbare Steuerung) zugeführt, um beispielsweise eine Bearbeitungsstation auf das zu bearbeitende Werkstück zu synchronisieren.

In einer konventionellen Anlage gibt es ohne die Änderung des Programmcodes der SPS keine Möglichkeit, dieses Sensorsignal an einer übergeordneten Stelle auszuwerten. Eine Auswertung der Signale der Lichtschranke könnte jedoch für die Produktionsoptimierung von entscheidender Bedeutung sein. Das Signal der Lichtschranke enthält potenziell Informationen über die Auslastung der jeweiligen Station (bearbeitete Werkstücke pro Zeit). Entsteht ein Engpass kann dieser direkt aus dem Signal berechnet werden.

Stünde die Information von allen Anlagen in der Produktion zentral zur Verfügung, könnten Engpässe zielgerichtet behoben und die Effizienz der Produktion gesteigert werden.

Die Integration einer derartigen Performance-Überwachung ist in konventionellen und meist heterogenen Produktionsumgebungen nicht wirtschaftlich, da jede Produktionsanlage aufwendig umgerüstet werden müsste, um die entsprechenden Signale auszuleiten. Erst mit Industrie 4.0 Kommunikation kann eine derartige Überwachung mit geringem Implementierungsaufwand jederzeit realisiert werden, da der zweite Kommunikationskanal jederzeit durch ein übergeordnetes System genutzt werden kann.

4 Bildgebende Sensoren für Industrie 4.0

Schon seit den sechziger Jahren werden digitale bildgebende Sensoren eingesetzt und deren Daten verarbeitet (Szeliski 2011). Wie sich die optische Evolution zu einem Teil der vierten Industriellen Revolution weiterentwickelt hat wird in diesem Kapitel dargestellt.

4.1 Übersicht bildgebende Sensoren

Bei klassischen bildgebenden Sensoren handelt es sich um Signalquellen, welche ihre Daten kameragestützt generieren. Auf Grundlage dieser Daten können dann verschiedene Sensorgattungen aufgebaut werden. Werden die Daten direkt verwendet, handelt es sich bei dem Output um zweidimensionale Pixelmatrizen, also um Bilder (üblicherweise Grauwert- oder Farbbilder) und somit um ein „Vision-System".

Ein fundamentales Problem bei der direkten Verwendung der Daten ist die Tatsache, dass auf Grund der Abbildung der dreidimensionalen Welt auf ein zweidimensionales Pixelarray ($\mathbb{R}^3 \rightarrow \mathbb{R}^2$) die Tiefeninformation verloren geht. Dies ist in Abb. 11 illustriert: Drei unterschiedlich große Kugeln können so arrangiert werden, dass sie ein Bild gleicher Größe auf dem Pixelarray erzeugen. Auf Grund der Unterbestimmung können ohne weitere Informationen weder der Abstand noch die Größe direkt bestimmt werden.

Auf Grund dieser Einschränkung sind Verfahren entwickelt worden, um aus den Sensordaten Tiefeninformationen zu gewinnen. Unter gewissen Umständen können die Tiefeninformationen aus der Kamera selbst gewonnen werden, beispielsweise seien hier die Verfahren Depth-From-Focus (Hazırbaş et al. 2018) und Mono-3D genannt. Eine weitere Möglichkeit ist die Verwendung mehrerer Kameras, welche in einen geometrischen Zusammenhang gebracht werden. Hier kann nach der Detektion von Korrespondenzen über Triangulationsverfahren der Abstand berechnet werden. Im Gegensatz zur mehrdeutigen Situation in Abb. 11 kann somit eine eindeutige Lösung gefunden werden, siehe Abb. 12.

Wird die zweite Kamera in Abb. 12 durch eine geeignete kalibrierte Lichtquelle ersetzt, so können die Projektionen der Lichtquelle auf die Szene von der Kamera aufgenommen und daraus wiederum durch Triangulation Rückschlüsse auf die Abstände geschlossen werden. Dies kann flächig erfolgen (Structured Light (Pagès 2003)), oder partiell, etwa durch Laserlinien (Laserlichtschnittsensoren, siehe Abb. 13).

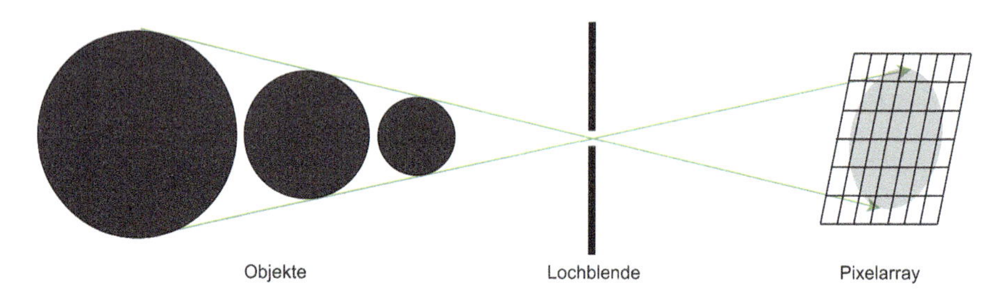

Abb. 11 Illustration zum Verlust der Tiefeninformation (Pepperl+Fuchs)

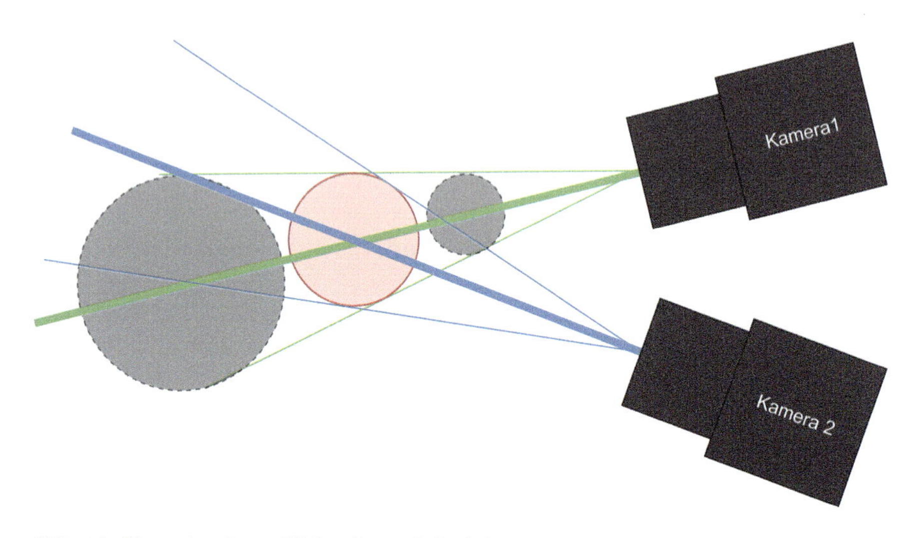

Abb. 12 Illustration Stereo-Vision (Pepperl+Fuchs)

Laserlichtschnittsensoren messen wieder nur zweidimensionale Daten, nämlich die Tiefe (z) entlang der Linie (x). Wird ein solcher Sensor bewegt (beispielsweise linear entlang der y-Richtung oder rotatorisch), kann somit wieder ein dreidimensionales Bild erzeugt werden. Neben diesen bekannten Verfahren zur Gewinnung von dreidimensionalen Daten für die industrielle Automatisierung existieren noch weitere spezielle Verfahren, beispielsweise sei hier die Weißlichtinterferometrie genannt (Otto et al. 2014).

4.2 Übersicht Bildverarbeitungssysteme

Bildverarbeitende Systeme sind, wie schon aus dem Namen hervorgeht, Kombinationen aus bildgebenden Komponenten und Systemen, welche den Datenstrom verarbeiten. Klassisches Beispiel ist der Anschluss einer Kamera an einen PC, welcher mittels einer Software Daten von der Kamera einliest und diese verarbeitet. Inzwischen können viele Bildverarbeitungsaufgaben aber auch auf Embedded Systemen gelöst werden, etwa auf einem digitalen Signalprozessor (DSP) oder einem

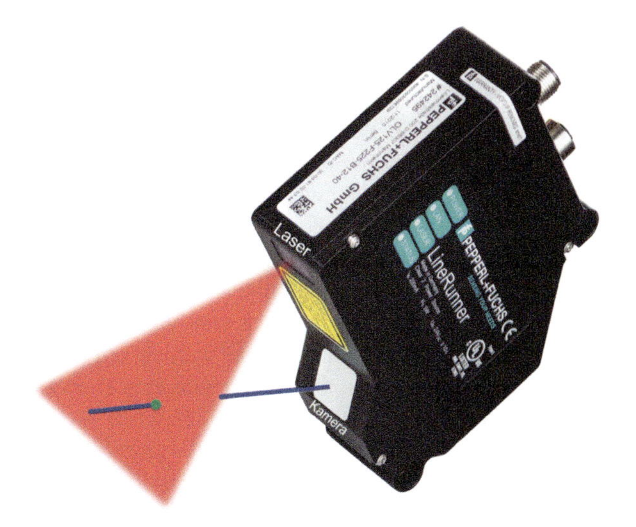

Abb. 13 Laserlichtschnittsensor (Pepperl+Fuchs)

field-programmable gate array (FPGA). Sind diese Verarbeitungseinheiten in die Kamera integriert, spricht man auch von einer „Smart-Kamera".

Üblicherweise werden die aufgenommenen Daten nicht zum Selbstzweck verarbeitet, vielmehr geht es darum, aus den Daten direkte Informationen zu extrahieren oder Handlungsanweisungen zu generieren. Beispielsweise soll in der Produktion ein detektierter Defekt automatisch dem Ausschuss zugeführt werden. Somit muss ein Bildverarbeitungssystem Schnittstellen besitzen, um die extrahierten Daten und/oder Handlungsanweisungen ausgeben zu können. An dieser Stelle sei explizit darauf hingewiesen, dass es sich hiermit also um ein cyber-physisches System (CPS) handelt. Ein Bildverarbeitungssystem als CPS entnimmt der physikalischen Welt Informationen, verarbeitet diese und stellt die aufbereiteten Werte über digitale Schnittschnellen als Service zur Verfügung, wie in Abb. 14 illustriert.

4.3 Rolle von Bildverarbeitungssystem in der Industrie 4.0

Optische Systeme haben gegenüber anderen Verfahren einige Vorzüge. Ein nicht zu unterschätzender Vorteil ist, dass bei sehenden Menschen die visuelle Wahrnehmung ein wesentlicher Aspekt des eigenen Weltbildes ist. Somit fällt es häufig leichter einen intuitiven Zugang zu optischen Signalen zu finden, als z. B. bei Ultraschall- oder Radarsensoren. Bilder bieten somit zum einen den Vorteil schnell und intuitiv brauchbare Systemeinstellungen finden zu können und stellen zum anderen direkt eine „natürliche" Dokumentation dar. Dieser intuitive Zugang hat allerdings auf der anderen Seite den Nachteil, dass häufig Problemstellungen unterschätzt werden, da „man ja sieht" was auf den Bildern dargestellt wird. Menschen können auf eine sehr große Menge an Vorinformationen bei der Verarbeitung von Bildern zugreifen, was bei der maschinellen Interpretation von Bildern für jeden Einzelfall mühsam algorithmisch vorgegeben werden muss. Dies ist ein Grund dafür, dass lernende Verfahren zunehmend wichtiger werden. Ein Beispiel hierfür sind Verfahren des maschinellen

Lernens, wie Deep Learning mittels *convolutional neural networks* (CNN) (Goodfellow et al. 2016). Aber auch solche Algorithmen müssen für die zu interpretierenden Objekte und Klassen aufwendig trainiert werden.

Kameras sind in der heutigen Zeit allgegenwärtig. Die Pixeltechnologie ist inzwischen so hochoptimiert, dass große und qualitativ hochwertige Pixelarrays für die verschiedensten Anwendungsbereiche hergestellt werden können. In Verbindung mit den gleichermaßen verfügbaren optischen Komponenten hoher Güte, können somit Daten in hoher örtlicher Auflösung aufgenommen werden, welche eine extrem große Vielzahl an extrahierbaren Informationen enthalten können. Zudem kann bei der Verwendung von Videosequenzen anstatt von Einzelbildern die zeitliche Dimension mitbetrachtet werden, um drei- oder sogar vier-dimensionale Datenströme zu erzeugen. Hierdurch wird es z. B. möglich, den optischen Fluss von Komponenten zu verfolgen (Jähne 2012).

4.4 Typische Aufgaben bildgebender Sensoren

Mit Hilfe von bildgebenden Sensoren in Bildverarbeitungssystemen lassen sich eine erschlagend große Anzahl an Problemen lösen, von klassischen Inspektionsaufgaben, bis hin zur Feinpositionierung oder der Kleberaupeninspektion mittels Spezialsensoren (siehe Abb. 14 und 15).

Abb. 14 Bildverarbeitungssystem als cyber-physisches System (Pepperl+Fuchs)

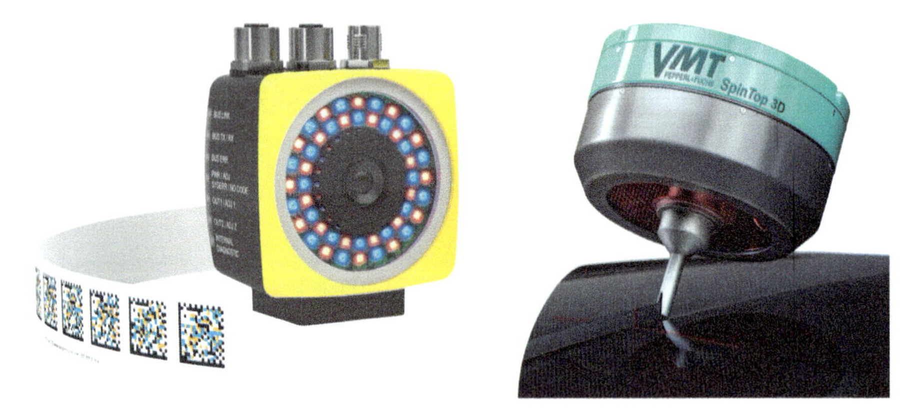

Abb. 15 Links: Optischer Sensor zur Positionierung mittels Codeband. Rechts: Kleberaupeninspektion mittels drehendem Laserlichtschnitt-Doppelkopf (Pepperl+Fuchs)

Tab. 2 Lösung von Problemklassen mittels optischer Sensoren

Problemklasse	Beispiele und Ausprägungen
Optische Identifikation	• Barcode • DataMatrix-Code (DMC) • Quick Response Code (QR Code) • Lochmuster
Inspektion	• Anwesenheits-, Verbau- und/oder Vollständigkeitskontrolle • Oberflächenkontrolle • Kleberaupenkontrolle • Abgleich zwischen Bauteildaten und Realität (z. B. digitaler Zwilling und virtuelle Inbetriebnahme)
Optische Positionierung	• Codes (DMC, Barcode, ...) • Indexbohrung (Fein-/Fachpositionierung)
Lageerkennungssysteme	• Multikamerasysteme (2D) • 3D Systeme
Navigation, Regelung und Roboterführung	• Spurführung von Fahrzeugen (FTS) • Erkennung von Landmarken • Simultaneous Localization and Tracking (SLAM) • Automatische Fügesysteme, z. B. Scheiben- oder Türeneinbau (BestFit) • Griff in die Kiste
Datenextraktion	• Optical Character Recognition (OCR) • Klassifizierung (z. B. mittels CNN)

In Tab. 2 seien daher einige Problemklassen und typische Beispiele bzw. Ausprägungen aufgelistet.

Die in Tab. 2 aufgeführten Klassen sind nur als häufig auftretende Beispiele zu verstehen, es sind darüber hinaus noch viele weitere Anwendungsfälle möglich.

4.5 Zusammenfassung und Ausblick

In diesem Kapitel ist dargestellt worden, dass die verschiedenen bildgebenden Sensoren in Bildverarbeitungssystemen besondere Ausprägungen cyber-physischer Systeme darstellen. Durch diese Systeme werden Daten zur Verfügung gestellt, welche von großer Bedeutung für alle Teilbereiche von Wertschöpfungsketten sind. Bereits seit Jahrzenten werden die grundlegenden Verfahren der Bildverarbeitung erfolgreich in der Industrie angewendet. Durch die verkettete Anwendung immer aufwendigerer Verfahren auf immer größeren Datenmengen und die digitale Vernetzung vieler Einzelsysteme im Sinne der vierten industriellen Revolution, konnte die Menge der sinnvoll lösbaren Probleme in den letzten Jahren erheblich erweitert werden. Es steht zu erwarten, dass durch algorithmische Fortschritte, insbesondere im Bereich des *Machine Learnings*, in Zukunft immer weitere Problemfelder erschlossen werden.

5 Lichtlaufzeitsensorik

In der Automatisierung der Fabrik mit optischer Sensorik gewinnen Distanzsensoren auf der Basis von Lichtlaufzeitmessung (Time-of-Flight, TOF) immer mehr an Bedeutung. Immer schnellere Prozesse in der Produktion und Logistik verlangen nach sensorischen Daten in hoher Qualität und Sicherheit. Eine einfache energetisch oder geometrisch bestimmte Messung der Objektanwesenheit ist zu unsicher und reicht daher in vielen Anwendungen nicht mehr aus. Optische Sensoren mit Laufzeitmesstechnik bieten die geforderte Sicherheit und Eindeutigkeit. Gleichzeitig werden die technologischen Bausteine für Lichtlaufzeit-Sensoren wie z. B. Halbleiter-Laser-Dioden, Photon-to-Current-Converter und Mixed-Signal-Prozessortechnik immer performanter und preiswerter. Optische Laser-Messtechnik wird für die Fabrikautomation immer mehr eine wirtschaftliche Lösung in hohen Stückzahlen.

5.1 PRT – Pulse Ranging Technology

Optische Lichtlaufzeitsensoren nutzen den physikalischen Effekt der konstanten Lichtgeschwindigkeit aus. Aus der Laufzeitdifferenz zwischen optischer Senderstrahlung und vom Objekt reflektierter Empfangsstrahlung kann die Distanz zum Objekt ermittelt werden. Es sind vielfältige indirekte Laufzeitverfahren (indirect TOF) im Einsatz, bei denen üblicherweise die gemessene Phasendifferenz zwischen moduliertem Sendelicht und Empfangslicht zur Ermittlung der Objektdistanz dient.

Direkte Lichtlaufzeitmessverfahren (direct TOF) messen die Absolutzeit zwischen einem hochenergetischen schnellen Laser-Sendepuls und dem Empfangs-Puls und leiten daraus die Objektdistanz ab (Abb. 16). Das Laser-Pulslaufzeitverfahren (Pulse-Ranging-Technologie – PRT) ist in Punkto Signal-Rausch-Abstand, Eindeutigkeit, Störungssicherheit und der Einzelschusstauglichkeit allen anderen Verfahren überlegen. Die Puls Ranging Technology ist damit auch das bevorzugte optische Basis-Messverfahren für die Sicherheitstechnik (Safety Sensor).

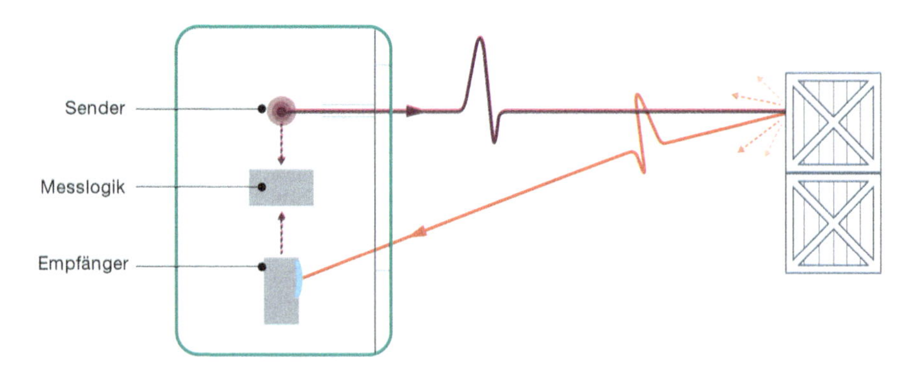

Abb. 16 Sensorprinzip PRT (Pepperl+Fuchs)

Licht benötigt ca. 6,6 Pikosekunden für den Hin- und Rückweg eines Millimeters. In der optischen Pikosekundenmesstechnik werden ultraschnelle Halbleiter-Laserdioden mit optischer Ausgangsleitung im Watt-Bereich eingesetzt. Die Empfangstechnologie setzt meist auf SPAD (Single Photon Counter), um auch noch extrem geringe Rückreflexion zu detektieren. Die direkte Zeitmessung wird mit schneller TDC-Technologie (Time-to-Digital-Converter) realisiert. Die Messraten (Schussfrequenz) liegen im Bereich von 250 kHz. Damit eigenen sich PRT-Sensoren auch für die Beobachtung schneller Prozesse.

Neben den optoelektronischen und messtechnischen Bausteinen der PRT-Technologie kommt der Mikroprozessortechnologie und der embedded Firmware besondere Bedeutung zu. Erst durch den Einsatz passgenauer Filteralgorithmik und statistischer Auswerteverfahren werden stabile und industrietaugliche Messdaten von PRT-Sensoren erreicht. Marktübliche 1D PRT-Sensoren (Abb. 17) können mit einer Reproduzierbarkeit von 1 mm auf passive Ziele bis 10 m sicher die Distanz auf beliebige Objekte bestimmen.

Die Einbindung von PRT-Sensoren in die digitale Steuerungswelt erfolgt in der Regel über Schnittstellen wie z. B. IO-Link oder industrietaugliche Ethernet-Kanäle. Neben dem primären Prozessdatum „Objektentfernung" können moderne PRT Sensoren auch direkt die Reflektivität oder die Farbe des gemessenen Objektes bestimmen. Intern verfügbare oder gemessene Informationen wie z. B. die Messgüte, der Gerätestatus, die Temperatur oder abgeleitete Größen wie z. B. die Geschwindigkeit werden als sekundäre Prozessdaten der I4.0 Welt zur Verfügung gestellt.

Abb. 17 PRT-Sensor für die Fabrikautomation (Werksfoto Pepperl+Fuchs)

5.2 Lidar-Sensoren

Lidar steht für Light Detection and Ranging. Ähnlich der Radar-Technologie, die Radiowellen für die Abstands- und Geschwindigkeitsmessung einsetzt, wird bei Lidar mit Licht gemessen. Bereits ein eindimensional messender optischer Laufzeit-Sensor (PRT-Sensor) ist somit der Klasse der Lidar-Sensoren zugehörig. In der Automation werden vornehmlich 2D oder 3D optische Messsysteme, die Bereiche oder Räume vermessen, als Lidar-Sensoren oder Laser-Scanner bezeichnet.

Die Basis für einen Lidar-Sensor ist meist ein PRT-Sensor, dessen Sende- und Empfangsoptik über ein Spiegelsystem räumlich abgelenkt wird. So wird die Abtastung einer Ebene oder eines Raums erreicht. Moderne 2D Lidar-Sensoren setzen auf einen drehenden autarken PRT Sensor. Durch diese rotatorische Auslenkung der Sensorik wird eine Entfernungsmessung in einer Ebene mit voller 360° Abdeckung sehr einfach möglich (Abb. 18). Energie und Signale zwischen Stator und Rotor werden berührungslos über Motor/Generator-Einheiten und optische Kanäle übertragen. Wird ein derartiger 2D Sensor seinerseits wiederum räumlich ausgelenkt werden 3D Vermessungen des Raums möglich. Gegenüber anderen räumlich messenden Systemen auf der Basis von Ultraschall oder Radar zeichnet sich Lidar durch eine deutlich höhere Ortsauflösung aus. Mit der PRT-Technologie lassen sich Raumpunkte millimetergenau auflösen.

Die Einsatzgebiete von Laser-Scannern in der Automation sind vielfältig. Besonders in der Smart-Factory und im Smart-Warehouse sind Laser-Scanner die Orientierungssensoren von fahrerlosen Transportfahrzeugen (engl. Automated Guided Vehicle – AGV). Die zentrale Aufgabe des Laser-Scanners ist die Bereitstellung von Entfernungsdaten und Winkelinformationen zu den Objekten und Referenzmarken im Raumumfeld des Fahrzeuges. Der Leitrechner des Fahrzeuges errechnet daraus die Pose des Fahrzeuges und zusammen mit lokal verfügbaren Karteninformationen erfolgt die Berechnung der Fahrplanung. Kontinuierliches Vermessen der Umwelt des Fahrzeuges wird heute auch für die Aktualisierung der Karte verwendet. Laser-Scanner und Leitrechner bilden damit die Voraussetzung für SLAM – Simultaneous Localization and Mapping für autonome Fahrzeuge.

Es ist naheliegend, dass Lidar-Scanner am AGV auch zur Kollisionsvermeidung eingesetzt werden. Insbesondere im Mischbetrieb einer automatisierten Produktion und Logistik, in dem Personen und autonome Maschinen oder Roboter (AMR – Autonomous Mobile Robot) sich begegnen, sorgen sichere Lidar-Sensoren (Safety-

Abb. 18 360° Lidar Scanner R2000 (Pepperl+Fuchs)

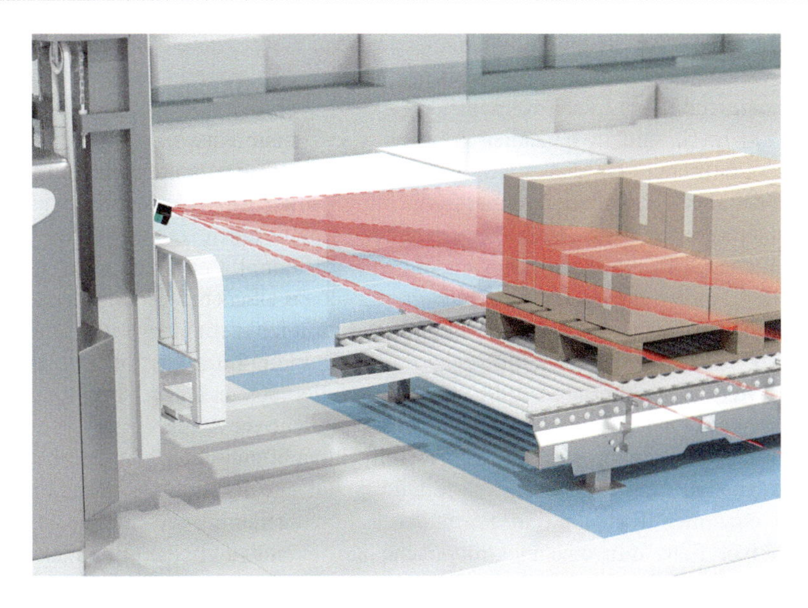

Abb. 19 Sichere Palettenerkennung mit Multiline-Scanner (Pepperl+Fuchs)

Scanner) für die Personendetektion im Gefahrenbereich und geben Signale zur Umschaltung in Schleichfahrt oder Not-Stopp.

Heute liefern 2D Lidar-Scanner für den Einsatz in der Navigation bei einer Rotation mit bis zu 3000 U/min Entfernungsmesswerte mit einer Messfrequenz von 100 kHz und einer Winkelauflösung von 0,05 Grad auf Landmarken. Eine Pose kann damit präzise und mit hoher Sicherheit bestimmt werden, sodass auf zusätzliche Odometrie-Sensoren an AGVs verzichtet werden kann.

Hochauflösende Laser-Scanner eignen sich ebenso sehr gut, um Objektoberflächen zu vermessen und damit eine komplette 3D Objektklassifikation vorzunehmen. So kann beispielsweise nach Merkmalen einer Palette gesucht werden und dann die Gabel eines Hubfahrzeuges präzise zur Palette positioniert werden. Um derartige Messaufgaben noch präziser und sicherer auszuführen, kommen Lidar-Scanner mit mehreren Scan-Ebenen (Multiline-Scanner) zum Einsatz (Abb. 19). Mit diesen Quasi-3D-Sensoren entsteht bei Objektannäherung eine hochaufgelöste dynamische Abtastung des Objektes. Aus der gemessenen Pixel-Wolke bestimmt eine 3D-Software die Objektklassifizierung. Das gemessene Objekt kann mit einem digitalen Zwilling aus der Objektliste der Landkarte des Fahrzeuges verglichen werden. Autonome Navigation in der Intralogistik wird damit noch sicherer.

5.3 Laufzeitmessende 3D Kamera Technologien

Dreidimensionale Kameratechnologien zur Objekt- und Raumvermessung kommen in der Fabrikautomation immer mehr zum Einsatz. Der „Griff in die Kiste“ zur

Teileentnahme oder die präzise Werkstückpositionierung „Niete-Bohrloch" sind nur 2 von vielen Applikationen in der Robotik, bei denen Bildverarbeitungssysteme mit „Tiefenmessung" eingesetzt werden.

Schon lange sind in speziellen Anwendungen (siehe Abschn. 4) z. B. Stereo-Kameras zu finden, bei denen aus zwei Bildern ein 3D-Bild einer Szene errechnet wird, oder aber Triangulationskameras, die mittels strukturierter Beleuchtung aus der Abstandsverzerrung die Bildtiefe errechnen. Seit einigen Jahren stehen auch TOF-Kameras für die Industrieanwendung zur Verfügung.

TOF-Kameras verwenden eine Kameratechnologie, die neben der Grauwert- oder Farbmessung auch die Objektentfernung pro Bildpunkt bestimmen kann. Die Realisierung von TOF-Kamera-Chips geht auf die Erfindung des Photo-Misch-Detektors (PMD) aus dem Jahre 1996 zurück, bei der das indirekte Time-of-Flight Verfahren auf einem Halbleiter Empfänger-Chip integriert wurde.

Bei diesem Prinzip wird die Szene mit einem modulierten Laser- oder mit LED-Licht beleuchtet. Das reflektierte Bild enthält die Entfernungsinformation in jedem einzelnen Bildpunkt in Form der Laufzeitdifferenz der Lichtpulse. Das PMD-Pixel führt nun eine elektrooptische Korrelation zwischen Referenzsignal (Sendelicht) und Empfangslicht durch und kann damit die Entfernungsinformation als Ladungsmenge extrahieren. Es stehen damit Grau- und Entfernungswert des Bildes aus einem Bildsensor zur Verfügung.

TOF-Chips sind in Ihrer Auflösung (Pixelzahl) skalierbar und heute beispielsweise in VGA-Auflösung auf der Basis von CMOS-Technologie realisiert. Zusammen mit geeigneten Empfangsoptiken und Beleuchtungseinheiten sind TOF-Kameras in üblicher Industriesensor-Baugröße z. B. für den Einsatz als „Auge" des Roboterarms verfügbar. Die Leistungsdaten einer TOF-Kamera sind denen von Standardkameras vergleichbar. Bei einem Field-of-View von ca. 100×100 Grad, einer Frame-Rate von 100 Frames/s werden Messreichweiten von ca. 5 m mit einer Entfernungsgenauigkeit von 1 cm erreicht.

Im Gegensatz zu Lidar-Scannern kommen 3D-Kameras ganz ohne bewegliche Teile aus. Das macht derartige Sensorsysteme sehr robust. Da die TOF-Chips auf das indirekte TOF Verfahren setzen, können Mehrdeutigkeiten in der Bildmessung ein Problem sein. Die Beleuchtung bei der Verwendung von 3D-TOF-Kameras ist ebenfalls besonders zu beachten. Im Vergleich zu PRT-Sensoren, bei denen die gesamte Lichtleistung in einem Messpunkt verwendet wird, muss die Beleuchtung der 3D Kamera die gesamte Szene beleuchten. Die Beleuchtung ist in der Regel größer als die eigentliche 3D Kamera und nimmt mehr Leistung auf. Reichweiten und Ortsauflösung sind daher bei Lidar-Scannern derzeit noch deutlich höher als bei 3D Kameras.

Niedrigauflösende 3D TOF Kameras werden vermehrt in der Mensch-Maschinen-Steuerung z. B. bei der Gestensteuerung eingesetzt. Interessant ist auch der Einsatz in der Innenraumüberwachung im Automobilbereich. Die Entwicklungen der 3D TOF-Kameras gehen weiter. Es ist davon auszugehen, dass die Industrieautomatisierung von zukünftigen Weiterentwicklungen in Punkto Miniaturisierung und Messperformance profitieren wird.

Literatur

Buxbaum B (2002) Optische Laufzeitentfernungsmessung und CDMA auf Basis der PMD-Technologie mittels phasenvariabler PN-Modulation. Shaker, Aachen, ISBN 978-3-8265-9805-0

Dissanayake G, Durrant-Whyte H, Bailey T (2000) A computationally efficient solution to the simultaneous localisation and map building (SLAM) problem. Proceedings 2000 ICRA. Millennium conference. IEEE international conference on robotics and automation. Symposia proceedings (Cat. No. 00CH37065) 2:1009–1014

„Ergebnispapier: Struktur der Verwaltungsschale", Fortentwicklung des Referenzmodels für die Industrie 4.0-Komponente, Plattform Industrie 4.0, 2016

„Ethernet auf der Feldebene wird Realität – Advanced Physical Layer (APL)", SPS Magazin, Marburg, 2018

EUROMAP 77.1 (2016) Injection moulding machines – data exchange interface for MES – basic objects

FieldComm Group (2019) Process automation device information model, Austin. https://www.fieldcommgroup.org/sites/default/files/technologies/PA%20DIM%20white%20paper%201.0.pdf. Zugegriffen am 01.07.2019

Goodfellow I, Bengio Y, Courville A (2016) Deep learning. MIT Press, Cambridge. http://www.deeplearningbook.org

Hazırbaş C et al (2018) Deep depth from focus. Cornell University Arxiv arxiv:1704.01085

Jähne B (2012) Digitale Bildverarbeitung. Springer Vieweg, Berlin, S 448 ff. ISBN: 978-3-642-04951-4

Montemerlo M, Thrun S (2007) FastSLAM: a scalable method for the simultaneous localization and mapping problem in robotics. Springer, Berlin, ISBN 3-540-46399-2

Otto M et al (2014) Präzise Rissdetektion und -bewertung an Flugzeugturbinenlinern mittels Weißlichtinterferometrie, Automation 2014: Smart X – powered by Automation; 15. Branchentreff der Mess- und Automatisierungstechnik, Baden-Baden. VDI-Verlag, Düsseldorf. ISBN: 978-3-18-092231-7

Pagès J et al (2003) Overview of coded light projection techniques for automatic 3D profiling. In: Proceedings of the 2003 IEEE international conference on robotics and automation, ICRA 2003, Taipeipei. https://doi.org/10.1109/ROBOT.2003.1241585

Szeliski R (2011) Computer vision algorithms and applications. Springer, London/New York, S 10 f. ISBN: 9781848829343

VDMA (2017) Industrie 4.0 Kommunikation mit OPC UA Leitfaden zur Einführung in den Mittelstand. https://industrie40.vdma.org/documents/4214230/16617345/1492669959563_2017_Leitfaden_OPC_UA_LR.pdf/f4ddb36f-72b5-43fc-953a-ca24d2f50840. Zugegriffen am 01.07.2019

www.as-interface.net. Webseite der Aktuator-Sensor-Interface Organisation, 2019

www.fdtgroup.org. Webseite der FDT-Group, 2019

www.fieldcommgroup.org. Webseite der Field Communication Group, 2019

www.io-link.com. Webseite der IO-Link Organisation, 2019

www.opcfoundation.org. Webseite der OPC-Foundation, 2019

www.profibus.com. Webseite der Profibus und Profinet International Organisation, 2019

www.eclass.eu. Webseite des e-cl@ss-Vereins, 2019

Anwendungsbeispiele zur Integration heterogener Steuerungssysteme bei robotergestützten Industrieanlagen

Christian Lehmann, J. Philipp Städter, Marlon Antonin Lehmann und Ulrich Berger

Zusammenfassung

Die Preise für die Nutzung von Industrierobotern sinken. Dazu tragen auch die Entwicklungen im Bereich der Mensch-Roboter-Kooperation bei, durch die der Bedarf an starren Schutzeinrichtungen beim Robotereinsatz sinkt. In zukünftigen, flexiblen Produktionssystemen werden Roboter dementsprechend immer häufiger zum Einsatz kommen. Gleichzeitig steigt die Anzahl der Roboterhersteller und der verfügbaren Modelle. Anwender müssen dementsprechend häufiger mit verschiedenartigen Systemen arbeiten. Im Rahmen der zunehmenden Vernetzung von Geräten steigt die Anzahl und Heterogenität der bei der Integration zu berücksichtigenden Schnittstellen. Aus diesen Gründen wird gefordert, die Programmierung und Integration der Systeme zu vereinfachen; auch, da diese zunehmend für wechselnde Aufgaben und in wechselnden Umgebungen eingesetzt werden. In diesem Beitrag wird anhand von aktuellen Beispielen aus Forschung und industrieller Anwendung dargestellt, in welchen Bereichen diese Forderungen bereits umgesetzt sind und wo noch Handlungsbedarf besteht.

1 Einleitung

Konventionelle Roboterinstallationen sind durch nur wenige Wechsel der Aufgaben über die Lebensdauer des Roboters (durchschnittlich 12–16 Jahre, siehe u. a. (Hägele et al. 2016)) gekennzeichnet. Änderungen der Installation und der Programmierung erfolgen nur in größeren Zeitabständen – die dabei anfallenden Kosten

C. Lehmann · J. P. Städter · M. A. Lehmann (✉) · U. Berger
Lehrstuhl Automatisierungstechnik, Brandenburgische Technische Universität Cottbus-Senftenberg, Cottbus, Deutschland
E-Mail: lehmann.christian@tu-cottbus.de; j.philipp.staedter@b-tu.de; marlon.lehmann@b-tu.de; ulrich.berger@b-tu.de

B. Vogel-Heuser et al. (Hrsg.), *Handbuch Industrie 4.0*,
https://doi.org/10.1007/978-3-662-58528-3_49

können (insbesondere bei sensorgestützten Anlagen) den ursprünglichen Anlagen entsprechen (Yong und Bonney 1999).

In vielen Fällen sind solche klassischen roboterbasierten Automatisierungslösungen, insbesondere aufgrund steigender Variantenvielfalt, nicht mehr wirtschaftlich (Hinrichsen et al. 2014; Zipter 2014). Auch in der Großindustrie müssen Roboter über ihre Lebensdauer hinweg immer häufiger wechselnde Aufgaben übernehmen. Andererseits sorgen sinkende Durchschnittskosten für Roboterysteme (Doll 2015) für eine zunehmende Verbreitung von Industrierobotern auch außerhalb der klassischen Großserien- und Massenproduktion. Die (aktiven) Nutzungsphasen des Robotersystems wechseln sich dementsprechend häufiger mit Rekonfigurations- und Programmierphasen ab (vgl. Abb. 1).

Insgesamt steigt auch die Heterogenität der eingesetzten Robotersysteme. Dies hängt zum einen mit dem breiter werdenden Angebot an verschiedenen Geräten der einzelnen Hersteller, die jeweils für spezielle Aufgabebereiche optimiert wurden, zusammen; zum anderen ist auch die Anzahl – gerade der kleineren – Roboterhersteller in den letzten Jahren gestiegen. Die individuellen Stärken und Schwächen der einzelnen Systeme führen dazu, dass die Festlegung auf einzelne Roboterhersteller und wenige Gerätetypen für die Nutzer von Robotertechnik in Zukunft immer weniger sinnvoll wird.

Diese steigende Heterogenität führt insbesondere zu steigenden Anforderungen und Arbeitsaufwänden bei der Hardware-Integration und der Programmierung der Systeme: Integratoren und Anlagenprogrammierer müssen eine steigende Anzahl verschiedener Systeme beherrschen und miteinander integrieren. Durch den Einsatz der Systeme für wechselnde Aufgaben fällt dieser Aufwand zudem immer häufiger an. Bei der Hardware-Integration bei kleineren Unternehmen muss zudem beachtet werden, dass Anlagen dort oft in bereits bestehende Anlagen eingebunden werden müssen, wodurch die Situation zusätzlich verschärft wird.

Im Folgenden soll deshalb anhand des aktuellen Standes der Technik und Forschung, aber auch anhand von praktischen Erfahrungen, betrachtet werden, auf welche Weise die beschriebene Heterogenität bei der Programmierung und Integra-

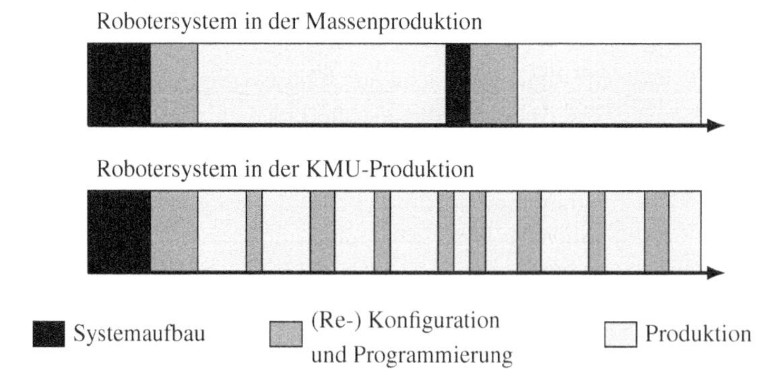

Abb. 1 Vergleich der Nutzungsphasen eines Robotersystems in der Massenproduktion und bei KMU. (Dietz et al. 2012)

tion von Roboteranlagen gehandhabt werden kann und inwiefern die Entwicklungen im Rahmen der Industrie 4.0 Initiative zur Verbesserung der Situation beitragen können.

2 Programmierung

Die Verfahren zur Programmierung von Industrierobotern (IR) lassen sich grundlegend in drei Gruppen einteilen (Pan et al. 2010):

- **Online**-Programmierverfahren, bei denen die Programmierung direkt am oder mit dem Roboter durchgeführt wird.
- **Offline**-Programmierverfahren, bei denen der Roboter zur Programmerstellung nicht benötigt wird.
- Kombinierte Programmierverfahren, die sowohl Online- als auch Offline-Aspekte enthalten – sogenannte **hybride** Verfahren.

In (Pan et al. 2010) wird ein Überblick über die verschiedenen Arten der Industrieroboterprogrammierung mit Schwerpunkt auf Forschungsanwendungen gegeben. Weiterführende Informationen zur Einteilung der IR-Programmierverfahren finden sich u. a. in (Hägele et al. 2016, S. 1409 ff.; Naumann et al. 2014; Rogalla 2003; Meyer 2011). Im Folgenden wird kurz auf die Verfahren in Bezug auf die Möglichkeit zum Einsatz für heterogene Systeme eingegangen.

2.1 Online-Programmierung

Insbesondere bei kleineren Roboteranlagen dominiert der Einsatz von Online-Programmierverfahren. Das *Teach-In*-Verfahren (auch *Lead-Through*-Verfahren (Deisenroth und Krishnan 1999; Naumann et al. 2014) ist dabei das bei Weitem am häufigsten eingesetzte Verfahren (Deisenroth und Krishnan 1999, S. 339). Das Verfahren ist schnell zu erlernen und benötigt keine zusätzliche Hardware. Andererseits ist die Komplexität der realisierbaren Programme beschränkt und es ist ein signifikanter Zeitaufwand für die Programmerstellung erforderlich. Dies ist insbesondere problematisch, da der zu programmierende Roboter während der Programmierung nicht für die Produktion zur Verfügung steht. Weitere (weniger häufig eingesetzte) Online-Programmierverfahren sind die sogenannte *Master-Slave-* oder die *Playback -Programmierung* (vgl. Meyer 2011, S. 18 ff.).

Aufgrund der genannten Nachteile wurden eine Reihe von Ansätzen zur Online-Programmierung entwickelt, die darauf abzielen, den Programmierprozess mittels intuitiverer Mensch-Maschine-Schnittstellen (engl.: Human-Machine-Interface, HMI) und der Einbindung von Sensorinformationen zu verbessern (Meyer 2011; Naumann et al. 2014; Zhang et al. 2006). (Pan et al. 2010) gibt einen Überblick über sensorgestützte Online-Programmiersysteme. Bis auf das auch in (Zhang et al. 2006) vorgestellte Beispiel sind diese aber dem Forschungsbereich zuzuordnen und momentan noch nicht für den industriellen Einsatz verfügbar.

Eine weitere Variante, die die Programmierung von Robotersystemen auch durch ungeübte Anwender ermöglichen soll, ist das sogenannte *Programmieren durch Vormachen* (PdV), bei dem die Handlungen des Menschen durch das Robotersystem direkt beobachtet und anschließend nachgeahmt werden. Entsprechende Ansätze finden sich zur Zeit vor allem im Forschungsbereich; die zuverlässige Extraktion der für eine Aufgabe wesentlichen Teilschritte aus einer Reihe von Demonstrationen und die Übertragung der menschlichen Bewegungen auf den (i. d. R. kleineren) Konfigurationsraum des Roboters sind zu lösende Probleme der PdV-Verfahren. Zudem sind geeignete Systeme zur Nachverfolgung der Bewegungen und zur Aufnahme weiterer prozessrelevanter Parameter erforderlich, welche weitere Kosten verursachen. Weitere Informationen zu PdV-Verfahren finden sich u. a. in Calinon et al. (2007), Rogalla (2003) und Meyer (2011).

Generell lässt sich die Übertragbarkeit und damit auch die Wiederverwendbarkeit von mittels klassischen Online-Programmierverfahren erstellten Roboterprogrammen, bzw. insbesondere des dahinterliegenden Prozesswissens, als schlecht bewerten: Wenn ein Roboter für eine neue Aufgabe eingesetzt werden soll, aber auch, wenn ein Roboter eines anderen Herstellers die bereits programmierte Aufgabe übernehmen soll, müssen die Programme im Regelfall vollständig neu erstellt werden. Die genannten Forschungsansätze, insbesondere das PdV sind durch die (zunächst) hardwareunabhängige Darstellung des Programmablaufes besser für den Einsatz an wechselnden Robotersystemen geeignet, haben aber noch keine industrielle Relevanz.

2.2 Offline-Programmierung

Industrieroboter werden offline typischerweise in herstellerspezifischen Sprachen programmiert (siehe z. B. Hägele et al. 2016, S. 1410), die aber weitgehend vergleichbare Funktionsumfänge bieten. Zunehmend werden auch (angepasste) herstellerneutrale Programmiersprachen wie C++ oder Java eingesetzt, die auf ebenfalls herstellerunabhängigen Frameworks (bspw. Robot Operating System (ROS)) aufbauen. Theoretisch ist die Offline- Programmierung mit einfachen Texteditoren durchführbar, in der Regel kommen aber spezielle Editoren mit zusätzlichen hersteller- bzw. sprachspezifischen Funktionen zum Einsatz. Die rein textuelle Programmierung erfordert dabei ein hohes Maß an Expertenwissen, zudem erhält der Programmierer keine Rückmeldung, ob die erstellten Programme tatsächlich ausführbar sind (es erfolgt keine Berücksichtigung von Arbeitsraum- oder Geschwindigkeitsbegrenzungen, keine Kollisionskontrolle, etc.); dies macht die textuelle Programmerstellung zeitaufwändig und fehleranfällig. Sie wird aus diesem Grund nur selten als alleiniges Programmierverfahren eingesetzt.

Durch den Einsatz von Simulationswerkzeugen können offline erstellte Programme bereits vor Übertragung auf das reale Robotersystem auf eine Reihe von Fehlern überprüft werden. Der Einsatz solcher Systeme, bei denen CAD-Daten des Werkstücks und der Roboterzelle zur Erstellung der Roboterprogramme genutzt werden, ist für Roboteranlagen für die Serien- und Massenproduktion heutzutage der Standardfall (Naumann et al. 2014; Pan et al. 2010; Yong und Bonney 1999). Durch die Erstellung der Programme schon während des Planungsprozesses und die vorhandenen Möglichkeiten zur Simulation und Überprüfung des Programmablaufs ist eine entsprechende Einflussnahme auf das Zellenlayout und die Aufgabenverteilung möglich. Dies reduziert die Fehlerwahrscheinlichkeit und trägt – neben dem Umstand, dass der Roboter durch die Programmierung nicht von wertschöpfenden Tätigkeiten abgehalten wird – allgemein zur Kostenreduzierung bei.

Viele Roboterhersteller bieten eigene Offline-Programmiersoftware (OLP-SW) an; es sind aber auch generische OLP-Systeme erhältlich, die flexibel zur Simulation und Programmierung der Hardware von verschiedenen Herstellern – aber auch von Eigenentwicklungen – eingesetzt werden kann. Bei kleineren Unternehmen, bzw. bei Unternehmen mit nur wenigen Roboteranlagen ist die Offline-Programmierung jedoch aufgrund der Kosten für die notwendige Software und die erforderliche Einarbeitung der Mitarbeiter nicht üblich (Dietz et al. 2012; Pan et al. 2010).

Auch wenn OLP-SW den Menschen bei der IR-Programmerstellung unterstützen kann, muss dieser immer noch die Optimierung der Roboterprogramme bzw. der Prozessabläufe übernehmen. Eine automatische Planung und Optimierung von Roboterprogrammen übersteigt die Fähigkeiten von OLP-SW. Für einzelne Prozesse (z. B. Schweißen (Kang und Park 2004), Lackieren (Hägele et al. 2016) oder Fräsen (Haage et al. 2014; Lehmann et al. 2013a)) gibt es Spezialsoftware, die dem Programmierer die Optimierung erleichtert oder die selbst Optimierungsaufgaben übernehmen kann. Neben solchen unterstützenden Funktionen gibt es auch Forschungsansätze zur vollständig automatischen Bahnerzeugung anhand von Roboter- und Umgebungsmodell. Diese erfordern allerdings zusätzliche Sensorik, um Abweichungen zwischen Modell und realem System auszugleichen (Naumann et al. 2014).

Beim Einsatz von Offline-Programmiersoftware bestehen generell wenig Probleme bei der Arbeit mit heterogenen Robotersystemen. Die erstellten Bewegungsabläufe können über Post-Prozessoren in herstellerspezifische Programme umgewandelt werden (vgl. z. B. Lehmann et al. 2013a).

2.3 Programmieren auf Taskebene und skillbasierte Programmierung

Eine Unterscheidung der Roboterprogrammierverfahren ist auch anhand der verwendeten Instruktionsebene, bzw. nach dem Grad der Abstraktion der zu programmierenden Anweisungen möglich. Je abstrakter die Programmbeschreibung erfolgen kann, umso weniger roboterspezifisches Wissen muss der Programmierer besitzen und umso unabhängiger von der einzusetzenden Hardware können die IR-Programme erstellt werden. Frühe Robotersysteme mussten noch über die Vorgabe der einzelnen Gelenkwerte programmiert werden – was zu einer hohen Anzahl zu programmierender Punkte führte. Durch die Anwendung der inversen Kinematik wurde es möglich die kartesischen Zielkoordinaten anstatt der Gelenkwerte einzugeben. Spätere Systeme erlaubten dieses Vorgehen auch für die Positionierung des am Roboter montierten Werkzeuges, einschließlich der automatischen Interpolation von Bahnbewegungen zwischen programmierten Referenzpunkten. Eine genaue Kenntnis der Roboterkinematik ist nicht notwendig. Diese *werkzeugorientierte Programmierung* entspricht dem Stand der Technik (vgl. Hägele et al. 2016) für die Online-Programmierverfahren. Mittels Offline-Programmierverfahren ist auch eine *prozessorientierte Programmierung* möglich. Nach Vorgabe der Prozessparameter werden durch das System Bahnbewegungen des Werkzeugs (und darauf aufbauend des Roboters) erzeugt sowie Ausgänge der Robotersteuerung (zur Ansteuerung des entsprechenden Prozessequipments) geeignet gesetzt. Entsprechende Lösungen sind für verschiedene Prozesse verfügbar (vgl. Abschn. 2.2). Im Forschungsbereich existieren zudem Ansätze für die *produktorientierte Programmierung*: Anhand von (CAD-) Produktdaten werden die notwendigen Teilprozesse und Prozessparameter vom System automatisch bestimmt und entsprechende Programme für Roboter und angeschlossene Geräte sowie Anweisungen für zusätzliche manuelle Unterstützung erstellt.

Forschungs- und Entwicklungsziel ist die produktorientierte Programmbeschreibung (Hägele et al. 2016, S. 1411 f.), da sie bedienerfreundlicher als die explizite Programmierung einzelner Roboterbewegungen ist, denn die Kenntnisse des Roboterprogrammierers zum Produktionsprozess sind oft besser als seine Programmierkenntnisse. Ein höherer Abstraktionsgrad kommt also dem Bediener (insbesondere bei KMU, bei denen die Trennung zwischen Anlagenbediener und Programmierer nicht üblich ist) entgegen.

In diesem Zusammenhang wird auch von *Programmierung auf Taskebene* gesprochen (engl. Task-Level-Programming) (Hägele et al. 2016). Eine echte Programmierung auf Taskebene (d. h. der Nutzer sagt dem Robotersystem nur, *was* zu tun ist und das Robotersystem ermittelt, bzw. weiß, *wie*) ist heutzutage noch nicht möglich. Grund ist (u. a.) die dafür notwendige umfangreiche Modellierung des Robotersystems, der Roboterumgebung und des dynamischen Prozessverhaltens (Hägele et al. 2016).

Programmierung auf Taskebene lässt sich (theoretisch) sowohl online als auch offline realisieren (vgl. Yong und Bonney 1999, S. 358). Offline-Programmierverfahren bieten bisher einen höheren Abstraktionsgrad zur Roboterinstruktion an. Ein wesentlicher Grund hierfür sind die, bei der simulationsgestützten Offline-Programmierung generell notwendigen, Modelle von Roboter, Werkstück und Umgebung, die bereits einige der für die automatische Planung des Roboterprogramms benötigten Informationen enthalten.

Im Folgenden wird die *skillbasierte Programmierung* beschrieben, welche eine bedienerfreundliche IR-Programmierung mit (im Vergleich zur reinen Offline- Lösung) reduziertem Modellierungsaufwand ermöglicht (Pedersen et al. 2016). Bei dieser Art der Programmierung wird das Roboterprogramm (bzw. die auszuführende Aufgabe, engl. *Task*) in klar definierte Unteraufgaben zerlegt. Die dahinter liegende Idee ist, wiederkehrende Aufgaben oder Programmteile in einer über verschiedene Aufgaben und Hardwareplattformen wiederverwendbaren Form zur Verfügung zu stellen (Andersen et al. 2014; Bøgh et al. 2012). Diese Teilaufgaben werden *Skills* (dt.: Fähigkeit/Fertigkeit) genannt. Ein möglicher Skill wäre beispielsweise das Einschrauben eines Bauteils. Da auch innerhalb der Skills Programmteile existieren, die wiederholt ausgeführt werden müssen oder die Bestandteil verschiedener Skills sind, werden Skills nochmals in sogenannte *Elemental Actions* (Thomas et al. 2013) (auch *Primitives* (Andersen et al. 2014)) zerlegt (bspw. Schließen eines Greifers). Diese Elemental Actions werden typischerweise in Bewegungsprimitive (engl.: *Motion Primitive,* auch als *Movement Primitives, Motor Primitives* oder *Device Primitives* bezeichnet (Flash und Hochner 2005; Schaal et al. 2000, Schou et al. 2018)) und Sensorprimitive unterschieden, je nachdem ob auf einen Aktor oder auf einen Sensor zugegriffen wird. In Pedersen et al. (2016) wird ein Task-Level Framework auf der Basis von Device Primitives eingeführt, welches in Schou et al. (2018) zu einem industrieerprobten Task-Level Programmierwerkzeug weiterentwickelt wird.

Durch den hierarchischen Aufbau ist es möglich, auf Task- oder Skillebene hardwareunabhängig zu programmieren, solange auf den darunterliegenden Ebenen passende hardwarespezifische Elemental Actions implementiert sind. In der Praxis ist die hardwareunabhängige Erstellung von Skills jedoch problematisch, da einige Abhängigkeiten, bspw. vom kinematischen Aufbau des Roboters, bestehen.

Generell ist eine geeignete (standardisierte) Beschreibung für die Fähigkeiten der verwendeten Hardware erforderlich (bspw. AutomationML oder RobotML), um ein automatisches Laden von Informationen zur vorhandenen Hardware zu ermöglichen (und darauf aufbauend, bspw. beurteilen zu können, ob ein Skill auf einer bestimmten Hardware ausgeführt werden kann). Das ausführende System benötigt weiterhin einen Anschluss an (bspw.) eine Wissensdatenbank (vgl. z. B. Stenmark et al. 2013), um auf diese und weitere, erst zur Laufzeit verfügbare Informationen, zugreifen zu können. Eine Ausweitung des Skillkonzepts auf generelle Produktionsprozesse und -anlagen unter der Nutzung von AutomationML ist in (Pfrommer et al. 2013) und (Schleipen et al. 2014) beschrieben.

3 Kommunikation und Integration von Sensoren und Aktoren

Heterogene Steuerungssysteme erfordern neben der individuellen Programmierung der Roboter, hervorgerufen durch verschiedene Hersteller wie z. B. ABB, KUKA, Fanuc, etc. und deren verschiedenen Versionen der Steuerungshardware/-software (bei KUKA Modellen beispielsweise KR C2, KR C4, VKR C2, VKR C4, Sunrise OS) ein ebenso individuelles Vorgehen bei der horizontalen und vertikalen Integration in die Automatisierungsstruktur.

Die Komponenten ,welche mit dem Robotersystem kommunizieren, weisen dabei eine noch größere Heterogenität auf, als die Robotersysteme selbst. Mögliche Komponenten, mit denen Steuerungen kommunizieren, sind z. B. Produktionsleitsysteme, Zellensteuerungen, andere Roboter sowie einzelne Sensoren und Aktoren. Die Anforderungen an die Kommunikation sind dabei höchst unterschiedlich und stark abhängig vom speziellen Anwendungsfall. Eine Anforderung des Produktionsleitsystems wäre bspw. eine Kommunikationsrate im Sekundenbereich, während die Anbindung der Zellensteuerung Echtzeitanforderungen genügen muss. Werden Sensorsignale zur Positionierung und Regelung des Roboters verwendet, sind die Anforderungen besonders hoch, da sowohl große Datenmengen (bspw. bei Einsatz einer Bildverarbeitung) übertragen und gleichzeitig Echtzeitanforderungen erfüllt werden müssen.

In Verbindung mit der Neuplanung von Fabriken und Roboterzellen sind diese Anforderungen durch die Auswahl entsprechender aufeinander abgestimmter Komponenten beherrschbar, bspw. durch die Auswahl einheitlicher Kommunikationsbusse und Komponenten eines einzelnen Herstellers. In diesem Fall kann meist auf einheitliche Kommunikations- und Programmierwerkzeuge bzw. auf aufeinander abgestimmte Komponenten (Soft- und Hardware) zurückgegriffen werden. Anlagen, welche dagegen umgebaut, modernisiert oder angepasst werden, besitzen meist unterschiedliche Komponenten und Subsysteme; zum Teil mit unterschiedlichen Versionsständen, weshalb nicht auf ein einheitliches System zurückgegriffen werden kann. Die Probleme ,welche bei der Integration auftreten können, sollen im folgenden Beispiel anhand einer Implementierung zur automatischen Domdeckelöffnung gezeigt werden; dabei wurde ein Robotersystem in ein bestehendes heterogenes Steuerungssystem integriert.

3.1 Sensorgeführte Positionierung von Robotersystemen im Umfeld großer Typenvielfalt

Im folgend beschriebenen Beispiel (siehe auch (Lehmann et al. 2013b)) wurde ein Roboter in eine bestehende Anlage integriert, um Güterkesselwagendeckel zu öffnen. Dabei mussten der große Temperaturbereich von −20 bis 40 °C sowie der Explosionsschutz beachtet werden. Grund für diese Anforderungen war die Aufstellung im Freien und das Arbeiten in einer explosionsgefährdeten Zone, da beim Öffnen der Kesselwagen Kraftstoffdämpfe entweichen können. Der Domdeckel muss geöffnet werden, um die Wagen mit flüssigen petrochemischen Produkten befüllen zu können. Zum Öffnen des Deckels muss zuerst eine Reihe von Knebelschrauben (meist vier) mit denen der Deckel verschlossen ist, aufgedreht und umgelegt werden. Anschließend kann der Deckel aufgeklappt werden.

Die große Anzahl verschiedener Kesselwagen (ca. 13.000), die sich in Größe und Form stark unterscheiden können, erfordert ein flexibles und robustes System, welches in der Lage ist, (a) die vorliegende Variante sensortechnisch zu erfassen und (b) auch handhaben zu können. Grund für die große Variantenvielfalt sind z. B. Kapazitätsunterschiede der Wagen, diverse Wagenhersteller, eine fehlende Standardisierung und die lange Nutzungsdauer der Wagen von mehr als 30 Jahren.

Die geforderte Flexibilität konnte nur mittels Sensorik erreicht werden, welche die Eingriffspunkte für den Roboter individuell für jeden Kesselwagen bestimmen kann. Zur Erfassung der Wagen- und Deckelgeometrie wurde ein Tiefensensor verwendet, welcher ein dreidimensionales Bild der Kesselwagenoberseite und des

Domdeckels liefert. Diese Daten wurden mittels Bildverarbeitung ausgewertet und Angriffspunkte für den Roboter bestimmt. Durch Parametrierung der Bildverarbeitung konnte auf die großen Unterschiede der Kesselwagen und Domdeckel eingegangen werden. Eine Verifizierung und Freigabe der Eingriffspunkte durch einen Anlagenbediener sichert das System zusätzlich gegen Fehlerkennungen ab.

Das Konzept sieht vor, dass ein Roboter auf einer Linearachse parallel zum Gleis positioniert wird. Durch den am Roboter befestigten Tiefensensor und die Bildverarbeitung wird zunächst der Domdeckel lokalisiert und anschließend die Position und Ausrichtung der Knebel bestimmt. Der Bediener startet anschließend nach Freigabe der erkannten Eingriffspunkte den Öffnungsvorgang.

Über einen separaten Sensor kann die Kesselwagennummer, welche für jeden Kesselwagen eindeutig ist, ermittelt werden. Nach der Identifikation des zu bearbeitenden Kesselwagens werden die Parameter der Bildverarbeitung unter Verwendung dieser Kesselwagennummer in einer Datenbank abgelegt. Wird der gleiche Wagen später noch mal in der Anlage verarbeitet, können diese abgelegten Daten zusätzlich als Vergleichswerte für die Messung verwendet werden, um mögliche Fehlerkennungen automatisch zu identifizieren. Zusammenfassend sind in Abb. 2 die wichtigsten im System zu integrierenden Komponenten und deren Schnittstellen aufgelistet.

Das beschriebene System wurde zuerst im Labor getestet und verifiziert und anschließend in die Verladeanlage integriert. Um kostenintensive und zeitaufwändige Neuinstallationen von Hardware (z. B. Industrieroboter mit 200 kg Traglast) zu vermeiden, wurde weitestgehend auf bestehende Hardware und Softwarekomponenten im Labor zurückgegriffen. Diese mussten der Anforderung gerecht werden, leicht an Veränderungen des Systems angepasst werden zu können. Gleichzeitig sollten aber die Softwarekomponenten sowie die Schnittstellen so implementiert werden, dass sie später in der realen Anlage verwendet werden können. Beispielhaft

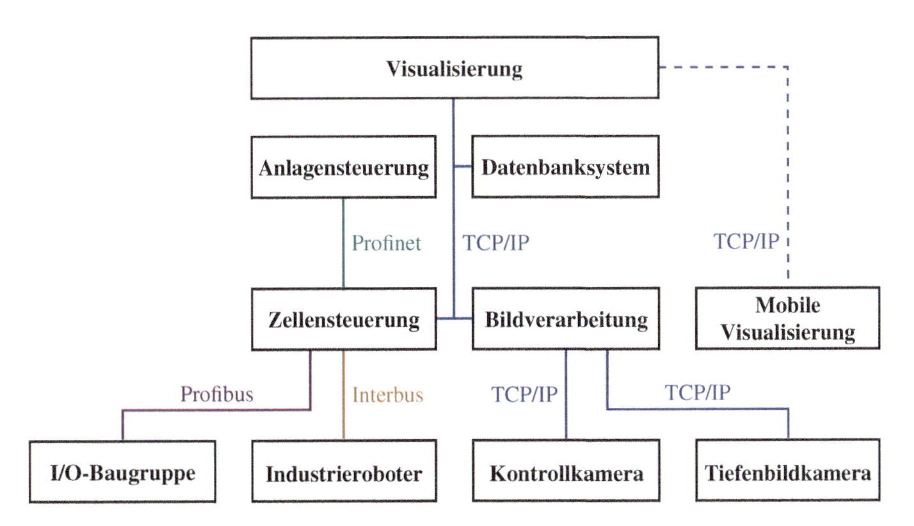

Abb. 2 Komponenten des Aufbaus inklusive ihrer Schnittstellen

wird im Folgenden die Bestimmung der Domdeckelposition zur Veranschaulichung der Integration näher beschrieben. Im Verlauf der Messung wird der Roboter, an dem der Sensor montiert ist, parallel zum Gleis verschoben. Mittels Bildverarbeitung wird das Sensorbild ausgewertet und die Bewegung des Roboters am Domdeckel gestoppt.

Für diese Aufgabe mussten der Tiefensensor als Datenquelle, die Bildverarbeitung zum Auswerten des Tiefenbildes, die Datenbank zur Parametrierung der Bildverarbeitung, die Robotersteuerung für die Bewegung des Roboters, die Anlagensteuerung zur Überwachung des Prozesses sowie die Zellensteuerung als Protokollkonverter und zur Ablaufkoordination integriert werden.

Die Kommunikation erfolgte dabei über verschiedene Busse und Protokolle. Diese wurden teilweise durch die Schnittstellen der vorhandenen Hardware vorbestimmt. Dazu zählt die Anbindung des Roboters an die Zellensteuerung über das Interbus-Protokoll sowie die Anbindung des Tiefensensors. Die Kommunikation zwischen Bildverarbeitung und Roboter konnte nicht direkt erfolgen, da die Bildverarbeitung auf einem Industrie-PC (IPC) erfolgen sollte und eine Festlegung auf Interbus die Auswahl des Roboters in der Anlage eingeschränkt hätte. Die Bildverarbeitung wurde mit der LabView Entwicklungsumgebung und dem Vision Development Module realisiert. Diese Kombination ermöglichte es, auf eine Vielzahl bereits implementierter Standardschnittstellen zuzugreifen (OPC DA/UA, Modbus Serial/TCP, CAN, DeviceNet, etc.), welche bereits in LabView integriert sind.

Der Austausch von Daten zwischen der Tiefenbild- und der RGB-Kamera erfolgt über eine TCP/IP-Verbindung. Diese ist für die beschriebene Anwendung hinreichend schnell, da (a) nur statische Bilder übertragen werden (der Roboter fährt über die Messposition, übermittelt die Messwerte und fährt erst nach Freigabe durch die Bildverarbeitung zur nächsten Messposition) und (b) nur definierte Kommunikation über diese TCP/IP-Verbindung erfolgt.

Für die Programmierung und Konfiguration der Zellensteuerung wurde Simatic Step 7 verwendet. Die Parametrierung des Interbus erfolgte auf Seiten des Roboters mit einer Konfigurationsdatei in der die Daten der Interbusschnittstellenkarte auf einen Ein- bzw. Ausgaberegisterbereich des Roboters verlinkt wurden. Auf der SPS wurde eine herstellerspezifische Software zur Konfiguration der Interbus Schnittstellenhardware (IBS S7 400 OSC/I-T) verwendet. Mithilfe einer Bibliothek, welche in die Step 7 Umgebung importiert wurde, konnte von der SPS auf die Schnittstelle und somit auf die Daten zugegriffen werden. Für die Sensordaten und zur Steuerung der Tiefenkamera wurde durch den Kamerahersteller eine C++ Bibliothek mitgeliefert. Der kompilierte C++ Code der Bibliothek konnte anschließend in LabView integriert werden. Damit konnte direkt aus LabView auf den Sensor zugegriffen werden. Zur Kommunikation von LabView zur SPS wurde das Modbus/TCP Protokoll eingesetzt. Dieses hat sich als Quasistandard in der Industrie etabliert und wird von vielen verschiedenen Herstellern angeboten.

Eine zusätzliche virtuelle Schnittstelle wurde zwischen der Bildverarbeitung und dem Sensor eingebaut. Dies hatte den Vorteil, dass die Bildverarbeitung mit verschiedenen Sensoren getestet werden konnte, ohne dass Anpassungen bei den Bildverarbeitungsroutinen notwendig wurden. Auch konnten so Sensoren eingebunden werden, die nicht direkt an den IPC angeschlossen werden konnten – z. B. über USB-Anschlüsse. Um diese direkt an den IPC anschließen zu können, hätten diese sehr nah (Abstand <5 m) am Sensor positioniert werden müssen. Die virtuelle Schnittstelle setzte diese Kommunikation auf eine Ethernetverbindung um.

Die Daten des Sensors wurden vorverarbeitet, bevor sie an die Bildverarbeitung, welche die Lokalisierung des Deckels durchführt, weitergeleitet wurden. Neben der Kalibrierung des Sensors erfolgte auch eine absolute Positionierung zum Roboter. So können die Ergebnisse der Bildverarbeitung direkt als Zielkoordinaten des Roboters verwendet werden.

Eine weitere Schnittstelle war für die Anbindung an die vorhandene Datenbank notwendig. Diese liefert Informationen über den momentan zu bearbeitenden Kesselwagen und dient gleichzeitig der Speicherung der Parametrierungsdaten für die Bildverarbeitung. Zur Steuerung des Prozesses ist das Robotersystem mit der übergeordneten Anlage verbunden, welche den Zugriff auf den Kesselwagen freigibt.

Wie sich bei dem dargestellten Beispiel zeigt, ist es bei der Integration von Hard- und Software in heterogene Systeme erforderlich, eine Vielzahl von verschiedenen Konfigurations- und Programmierwerkzeugen diverser Hersteller zu beherrschen. Ein einheitliches Konfigurationswerkzeug ist selbst bei herstellereigenen Systemen nicht immer gegeben, sondern es müssen zum Teil spezielle Werkzeuge für einzelne Geräte verwendet werden. Hinzu kommen uneinheitliche Variablendefinitionen, die sich z. B. in der Byte-Reihenfolge unterscheiden. Diese müssen bei der Konfiguration und Verarbeitung der Daten beachtet und gegebenenfalls angepasst werden.

Ein weiteres Problem bei der Integration und Kommunikation zwischen verschiedenen Systemen ist die Signallaufzeit, welche sich abhängig von der Anzahl der Konvertierungen und der Übertragungsgeschwindigkeit der einzelnen Kommunikationsabschnitte sowie abhängig von den zu übertragenden Daten verlängert. Die Signallaufzeit ist im besonderen Maße bei Regelungen wichtig, da sie das Systemverhalten entscheidend beeinflusst. Im dargestellten Fall wirkt sich die Signallaufzeit in Form einer nur langsamen möglichen Verfahrgeschwindigkeit des Roboters aus, da das in der Signalstrecke vorhandene Delay berücksichtigt werden muss. Zur Verbesserung der Anlagenperformance wurde die Signallaufzeit einmalig bestimmt und die daraus resultierende Positionsabweichung bei der Messung der Domdeckelposition bei der Positionierung des Roboters automatisch kompensiert.

Um auf Änderungen des Systems flexibel reagieren zu können und nicht immer die gesamte Kommunikation mit den diversen herstellerspezifischen Werkzeugen anpassen zu müssen, wurde im beschriebenen Beispiel ein Kanal konfiguriert und eingerichtet, welcher eine gesicherte Verbindung zwischen den Komponenten herstellt. Die Definition der Daten, welche über diese Verbindung ausgetauscht werden, ist für die Konfiguration nicht relevant. Einzig die Bandbreite, die Schnittstelle der Kommunikationspartner müssen bei der Konfiguration definiert bzw. bekannt sein. Anschließend mussten für den Austausch von Daten diese nur noch im Sender bzw. im Empfänger einheitlich definiert werden. Die Daten wurden so abstrahiert, dass sie nicht auf eine spezielle Hard- oder Software angewiesen sind. So wurde z. B. die Eingriffsposition des Roboters als absolute Koordinate definiert. Diese kann durch verschiedene Handhabungsgeräte – z. B. durch Roboter anderer Hersteller oder mit einem anderen Softwarestand – angefahren werden. Es ist lediglich eine Schnittstelle zum Gesamtsystem zu implementieren. Diese Strukturierung der Daten wurde auf das gesamte System angewendet; die in diesem Fall immer identischen und konsistenten Daten ermöglichen es, einzelne Komponenten auszutauschen, ohne die anderen Komponenten anpassen zu müssen.

3.2 Einsatz von OPC UA

Das vorherige Beispiel zeigt, wie Roboter über eine abstrahierte Schnittstelle an heterogene Steuerungsstruktur angeschlossen werden können. Dies erfordert es aber, dass eine solche spezielle Schnittstelle implementiert wird, welche sich auf die gegebenen Hardwarevoraussetzungen anpassen lässt. Eine TCP/IP basierte Lösung für den herstellerunabhängigen Datenaustausch ist die nach IEC 62541 (IEC TR 62541-1 2020) standardisierte OPC Unified Architecture (OPC UA), welche ein Maschine-zu-Maschine-Kommunikationsprotokoll zur Verfügung stellt. Wird diese definierte Schnittstelle für den Datenaustausch verwendet, entfällt die Schnittstellenimplementierung, da sie bereits vom Hersteller des Gerätes durchgeführt wurde. Somit können Entwicklungskosten gespart werden; zudem sind so sämtliche Informationen in der gesamten Anlage verfügbar. Ebenso können über OPC UA leicht übergeordnete Strukturen angesprochen werden, so dass der Datenaustausch zur Prozessleitebene ebenso gegeben ist. Da die OPC UA Architektur nicht echtzeitfähig ist, kann sie jedoch für Prozesse, welche auf eine kontinuierliche und gesicherte Kommunikation angewiesen sind, nicht angewendet werden. In diesem Fall müssen die diversen verfügbaren Echtzeitbussysteme, wie z. B. Profinet, EtherCAT, Powerlink, etc. benutzt werden.

Die Analogien zwischen OPC UA und bspw. AutomationML (vgl. Abschn. 2.3) können zudem für eine Kopplung der Online-Kommunikation mit offline erzeugten Daten genutzt werden; eine entsprechende Vorgehensweise ist bspw. in (Henßen und Schleipen 2014) beschrieben.

4 Fazit

Bei der Offline-Programmierung ist die Heterogenität der Robotersysteme durch den Einsatz von Post-Prozessoren bereits gut handhabbar. Programme für verschiedene Systeme lassen sich mittels einheitlicher Werkzeuge erstellen. Für die Online-Programmierung sind geeignete Forschungsansätze vorhanden; es müssen sich aber noch allgemein akzeptierte Standards zur Beschreibung von Programmodulen herausbilden. Der Industrie 4.0 Ansatz kann hier insbesondere bei der Ablage der benötigten Komponenteninformationen unterstützen.

Für neu zu planende Roboteranlagen kann Heterogenität (innerhalb der Anlage) in der Planungsphase vermieden werden; problematisch sind Erweiterungen bestehender Systeme und die Integration verschiedener Anlagen. Dabei sollten offene, standardisierte Schnittstellen (z. B. OPC UA, ModbusIP, ...) genutzt werden. Ist dies nicht möglich (bspw. da diese Schnittstellen an den verwendeten Komponenten nicht zur Verfügung stehen oder aufgrund von Echtzeitanforderungen nicht geeignet sind), bleibt nur, auf bereits in der Anlage vorhandene Feldbusse zurückzugreifen oder eine Sonderlösung zu implementieren. In Zukunft wäre hier eine größere Kompatibilität der Komponenten wünschenswert, um beispielsweise Busübergänge ohne Buskonverter realisieren zu können. Darauf aufbauend wäre ein selbstkonfigurierendes und -organisierendes System nach dem „Hot-Plug"-Prinzip wünschenswert, so dass die im Hintergrund genutzten Busse für den Anwender keinen Aufwand für die Konfigurierung und Parametrierung verursachen.

Literatur

Andersen RH, Sølund T, Hallam J (2014) Definition and initial case-based evaluation of hardware-independent robot skills for industrial robotic co-workers. In: Proceedings of the joint 45th international symposium on robotics (ISR 2014) and 8th German conference on robotics (ROBOTIK 2014), München, 2–3.06.2014

Bøgh S, Nilsen OS, Pedersen MR, Krüger V, Madsen O (2012) Does your Robot have Skills? In: Proceedings of the 43th international symposium on robotics (ISR 2012), Taipei, 29–31.08.2012

Calinon S, Guenter F, Billard A (2007) On learning, representing, and generalizing a task in a humanoid robot. IEEE Trans Syst Man Cybern 37(2):286–298

Deisenroth MP, Krishnan KK (1999) On-line programming. In: Nof SY (Hrsg) Handbook of industrial robotics, 2. Aufl. Wiley, New York, S 337–351

Dietz T, Schneider U, Baho M, Oberer-Treitz S, Drust M, Hollmann R, Hägele M (2012) Programming system for efficient use of industrial robots for deburring in SME environments. In: Proceedings of the 7th German conference on robotics (Robotik 2012), München, 21–22.05.2012

Doll N (2015) Aufmarsch der Roboter. https://www.welt.de/print/wams/wirtschaft/article136989964/Aufmarsch-der-Roboter.html. Zugegriffen am 24.07.2019

Flash T, Hochner B (2005) Motor primitives in vertebrates and invertebrates. Curr Opin Neurobiol 15(6):660–666

Haage M, Halbauer M, Lehmann C, Städter JP (2014) Increasing Robotic machining accuracy using offline compensation based on joint-motion simulation. In: Proceedings of the joint 45th international symposium on robotics (ISR 2014) and 8th German Conference on Robotics (ROBOTIK 2014), München, 2–3.06.2014

Hägele M, Nilsson K, Pires JN, Bischoff R (2016) Industrial robotics. In: Siciliano B, Khatib O (Hrsg) Springer handbook of robotics. Springer, Berlin/Heidelberg, S 1385–1421

Henßen R, Schleipen M (2014) Interoperability between OPC UA and AutomationML. In: Proceedings of 8th international conference on digital enterprise technology – DET 2014 „Disruptive innovation in manufacturing engineering the 4th industrial revolution", Stuttgart, 25–28.03.2014

Hinrichsen S, Jasperneite J, Schrader F, Lücke B (2014) Versatile assembly systems – requirements, design principles and examples. In: 4th International Conference on Production Engineering and Management, Lemgo, 25–26.09.2014

IEC TR 62541-1 (2020) OPC unified architecture – Part 1: overview and concepts. https://www.vde-verlag.de/iec-normen/249339/iec-tr-62541-1-2020.html

Kang HJ, Park JY (2004) Work planning using genetic algorithm and 3D simulation at a subassembly line of shipyard. In: MTTS/IEEE TECHNO-OCEAN (OCEAN '04), Kobe, 9–12.11.2004

Lehmann C, Halbauer M, van der Zwaag J, Scheider U, Berger U (2013a) Offline path compensation to improve accuracy of industrial robots for machining applications. In: 14. Branchentreff der Mess- und Automatisierungstechnik (Automation 2013), Baden-Baden, 25–26.06.2013

Lehmann C, Städter JP, Berger U, Keller S, Gnorski H (2013b) Semi-automated handling of manhole covers for Tank Wagon processing using industrial Robots. In: Robotic assistance technologies in industrial settings, IEEE/RSJ International Conference on Intelligent Robots and Systems (IROS), Tokyo, 3–7.11.2013. http://lasa.epfl.ch/workshop_ratis/

Meyer C (2011) Aufnahme und Nachbearbeitung von Bahnen bei der Programmierung durch Vormachen von Industrierobotern. Dissertation, IPA-IAO Forschung und Praxis, Jost-Jetter, Stuttgart

Naumann M, Dietz T, Kuss A (2014) Mensch-Maschine-Interaktion. In: Bauernhansl T, ten Hompel M, Vogel-Heuser B (Hrsg) Industrie 4.0 in Produktion, Automatisierung und Logistik. Springer Viehweg, Wiesbaden, S 509–523

Pan Z, Polden J, Larkin N, van Duin S, Norrish J (2010) Recent progress on programming methods for industrial Robots. In: Proceedings of the joint international conference of ISR/Robotik 2010, München, 7–9.06.2010

Pedersen MR, Nalpantidis L, Andersen RS, Schou C, Bøgh S, Krüger V, Madsen O (2016) Robot skills for manufacturing: From concept to industrial deployment. Robot Comput Integr Manuf 37:282–291

Pfrommer J, Schleipen M, Beyerer J (2013) PPRS: Production skills and their relation to product, process and resource. In: Proceedings of the IEEE 18th conference on emerging technologies & factory automation (ETFA), Cagliari, 10–13.09.2013

Rogalla O (2003) Abbildung von Benutzerdemonstrationen auf variable Roboterkonfigurationen. Dissertation, Karlsruher Institut für Technologie, Karlsruhe

Schaal S, Kotosaka S, Sternad D (2000) Nonlinear dynamical systems as movement primitives. In: Proceedings of the 1st IEEE/RAS Intetnational Conference on Humanoid Robots, Cambridge, 6–7.09.2000

Schleipen M, Pfrommer J, Aleksandrov K, Stogl D, Escadia S, Beyerer J, Hein B (2014) AutomationML to describe skills of production plants based on the PPR concept. In: 3rd automationML user conference, Blomberg, 7–8.10.2014

Schou C, Andersen RS, Chrysostomou D, Bøgh S, Madsen O (2018) Skill-based instruction of collaborative robots in industrial settings. Robot Comput Integr Manuf 53:72–80

Stenmark M, Malec J, Nilsson K, Robertsson A (2013) On distributed knowledge bases for small-batch assembly. In: IEEE/RSJ international conference on intelligent robots and systems (IROS), Tokyo, 3–7.11.2013

Thomas U, Hirzinger G, Rumpe B, Schulze C (2013) A new skill based Robot programming language using UML/P Statecharts. In: Proceedings of the IEEE international conference on robotics and automation (ICRA 2013), Karlsruhe, 6–10.05.2013

Yong YF, Bonney MC (1999) Off-line programming. In: Nof SY (Hrsg) Handbook of industrial robotics, 2. Aufl. Wiley, New York, S 353–371

Zhang H, Chen H, Xi N, Zhang G, He J (2006) On-line path generation for robotic deburring of cast aluminum wheels. In: IEEE/RSJ international conference on intelligent robots and systems, Beijing, 9–15.10.2006

Zipter V (2014) Entwicklung eines Planungs- und Optimierungssystems für den Einsatz sensitiver Roboter in der flexiblen Montage – Robot Farming. Dissertation, Brandenburgische Technische Universität Cottbus-Senftenberg

„Plug & Produce" als Anwendungsfall von Industrie 4.0

Lars Dürkop und Jürgen Jasperneite

Zusammenfassung

Intelligente Fabriken sind das Ziel von Forschungsinitiativen wie Industrie 4.0 oder Industrial Internet. Aktuell werden vor allem Teilaspekte solcher Gesamtsysteme erforscht, z. B. Vernetzung, Energieoptimierung oder Selbstdiagnose. In diesem Artikel wird insbesondere das „Plug & Produce" als Ausprägung einer Selbstkonfiguration zukünftiger Automatisierungssysteme betrachtet, wobei ein Schwerpunkt auf der automatischen Konfiguration des echtzeitfähigen Kommunikationssystems liegt.

1 Der Einfluss von Industrie 4.0 auf die Automation

Aufgrund des globalen Wettbewerbs und einer steigenden Produktkomplexität ist in den letzten Jahren auch die Komplexität der Produktionssysteme und damit auch der Automation massiv gewachsen (Forschungsunion 2012). So schätzt (Stetter 2014), dass im Jahr 2000 bereits ca. 40 % der Entwicklungsanteile im Maschinenbau auf die Software entfielen. Diese Komplexität belastet zunehmend Automatisierer, Systemingenieure und Anlagenbauer. Die kognitiven Fähigkeiten des Menschen steigen nicht in gleichem Maße wie die Komplexität in technischen Systemen. Intelligente Assistenzsysteme und selbstlernende Automatisierungssysteme sind eine mögliche Lösung: Die Hauptidee ist dabei die Verlagerung von menschlichem Expertenwissen in die Automation: Die Maschinen, d. h. die Software und die Assistenzsysteme, übernehmen

L. Dürkop
Institut für Industrielle Informationstechnik, Technische Hochschule Ostwestfalen-Lippe, Lemgo, Deutschland

J. Jasperneite (✉)
Fraunhofer IOSB-INA, Lemgo, Deutschland
E-Mail: juergen.jasperneite@iosb-ina.fraunhofer.de

B. Vogel-Heuser et al. (Hrsg.), *Handbuch Industrie 4.0*,
https://doi.org/10.1007/978-3-662-58528-3_50

Aufgaben, die bislang Experten manuell gelöst haben, Beispiele sind Diagnose, Optimierung und die Konfiguration bzw. Planung.

Die zentrale Aufgabe ist es also, die komplexer werdende Automatisierungstechnik weiter beherrschbar zu halten. Abb. 1 zeigt dies: Der wachsenden Systemkomplexität (linke Seite) steht der Wunsch nach einer Abnahme der wahrgenommen Komplexität (rechte Seite) gegenüber. Am Fraunhofer IOSB-INA und am Institut für industrielle Informationstechnik (inIT) der Technischen Hochschule Ostwestfalen-Lippe (TH-OWL) in Lemgo werden in verschiedenen Projekten Assistenzsysteme entwickelt, die diese Lücke schließen sollen.

In der klassischen Automation modelliert ein Experte mittels Engineering-Werkzeugen das Wissen über den Lösungsweg („Wie kann ein Fehler erkannt werden?", „Wie muss die Anlage gesteuert werden?"). Das Wissen liegt also prozedural vor, d. h. das technische System kennt weder Produkt noch das Automatisierungsziel. Die Intelligenz und das Know-how liegen daher ausschließlich beim Experten und alles spätere Verhalten im Betrieb muss vorausgeplant sein (siehe linke Seite der Abb. 2). So entstehende Anlagen können nur in dem Umfang flexibel sein, wie es der Experte vorausgedacht hat. Dies bedeutet nicht nur einen hohen Engineering-Aufwand bei der Inbetriebnahme und bei jeder Anlagenanpassung. Dieses Vorgehen muss auch scheitern, wenn die Anzahl der Anlagenkomponenten und deren Abhängigkeiten, also die Systemkomplexität, zu hoch wird: Sind die Komponenten stark voneinander abhängig, so steigt die Anzahl der Abhängigkeiten exponentiell an. Jede Abhängigkeit muss aber vom Automatisierer bedacht werden, z. B. bei der Implementierung der Steuerungsfunktion, beim Vorausdenken der Auswirkungen von Produktvarianten oder bei der Anlagenüberwachung und Fehleridentifikation.

Im Gegensatz dazu setzt Industrie 4.0 auf intelligente Systeme, d. h. auf mehr Intelligenz in der Automation (rechte Seite der Abb. 2): Hierbei formuliert der Experte nur noch seine Ziele, wie z. B. eine Beschreibung des finalen Produktes, der Durch-

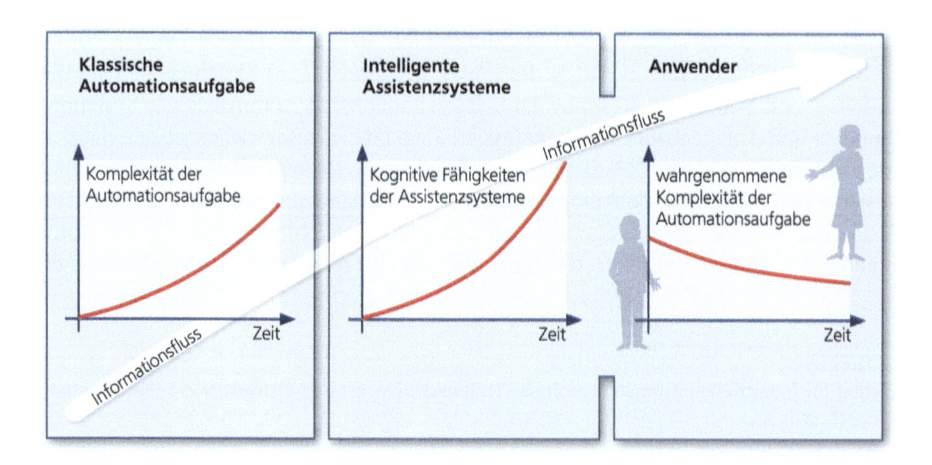

Abb. 1 Die Grundidee der Reduktion der wahrgenommenen Komplexität durch intelligente Assistenzsysteme

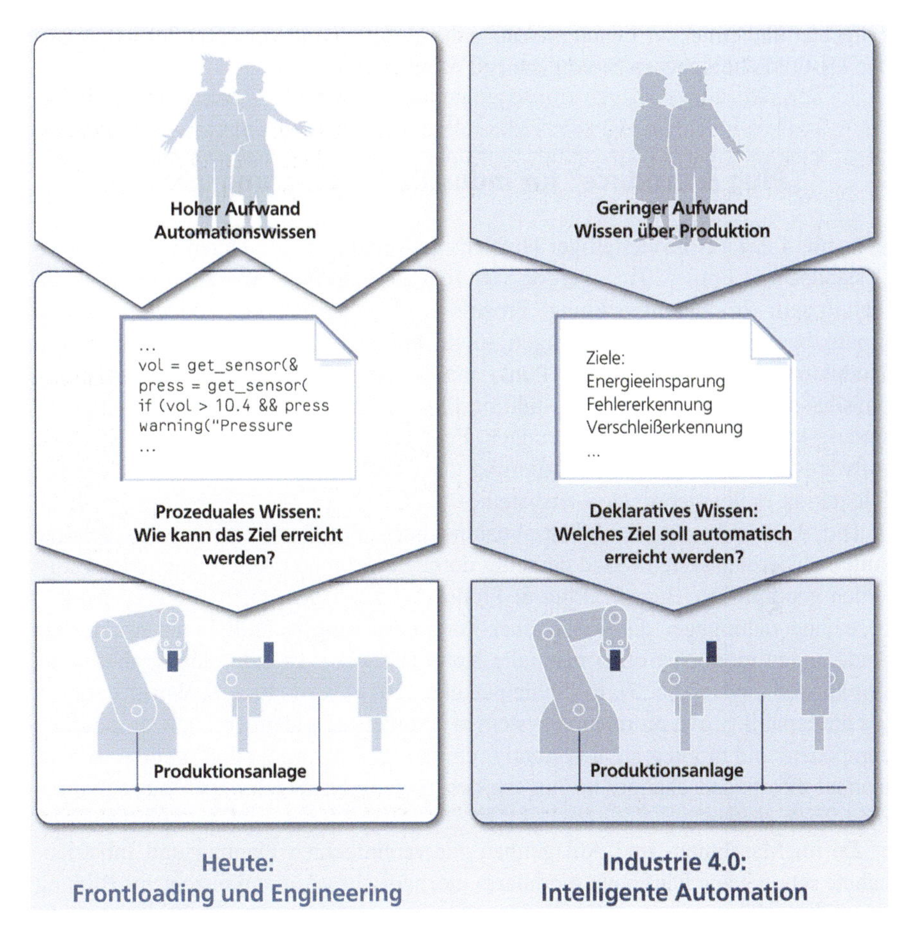

Abb. 2 Intelligente Automation durch ein deskriptives Vorgehen

satzziele oder den maximalen Energieverbrauch, das Wissen wird deklarativ formuliert. Bei diesen Assistenzsystemen verfügt die Automationslösung über formalisiertes Wissen bzgl. der Anlage und über formalisiertes Problemlösungswissen. Dieser neue Ansatz gibt den intelligenten Systemen genügend Handlungsfreiräume zwischen deklarativen Zielen und der späteren Umsetzung; Freiräume, die später im Betrieb für Adaption und Anpassungsfähigkeit genutzt werden. Hierdurch verringert sich auch der menschliche Aufwand in der Automation, z. B. bei der Inbetriebnahme und beim Anlagenumbau. Des Weiteren kann der Automatisierer sich wieder verstärkt um seine Kernaufgabe, die Prozessautomatisierung, kümmern und wird bei Fragen bzgl. IT und technischen Details der Automatisierungstechnik durch die Assistenzsysteme unterstützt.

Im Folgenden wird „Plug & Produce" als Anwendungsfall von Industrie 4.0 und als eine Ausprägung einer Selbstkonfiguration zukünftiger Automatisierungssysteme betrachtet und ein erster Lösungsansatz anhand der vom Fraunhofer IOSB-INA und der TH-OWL betriebenen SmartFactoryOWL dargestellt.

2 „Plug & Produce" für industrielle Steuerungsprozesse

Industrie 4.0 wirkt in vielfältiger Hinsicht auf produzierende Unternehmen ein. In (Usländer und Epple 2015) werden vier zentrale betroffene Wertschöpfungsketten identifiziert: Produktentwicklung, Prozess- und Fabrikplanung, produktions- und produktbegleitende Dienstleistungen sowie die Errichtung und der Betrieb von Produktionsanlagen. Der letzte Punkt umfasst in der Regel hardwareseitig den physikalischen Aufbau einer Produktionslinie, bestehend aus einzelnen Automatisierungskomponenten wie Steuerungen, Feldgeräten, Sensoren und Aktoren sowie softwareseitig die logische Verknüpfung der einzelnen Komponenten sowie deren Integration in übergeordnete Leitsysteme.

Die Aufwände für die Inbetriebnahme oder die Modifikation eines solchen Automatisierungssystems sind derzeitig durch einen hohen Anteil manueller Tätigkeiten geprägt. Der Begriff „Plug & Produce"(PnP) – oder auch „Plug & Work"– bezeichnet dahingegen die Vision einer Automatisierungstechnik, in der strukturelle Änderungen möglichst ohne manuelle Konfigurationsaufwände durchgeführt werden können (siehe Abb. 3). In (Schleipen et al. 2015) wird „Plug & Work" definiert „as the capability of a production system to automatically identify a new or modified component and to integrate it correctly into the running production process without manual efforts and changes within the design or implementation of the remaining production system".

Da im Maschinen- und Anlagenbau zur vereinfachten Planung und Inbetriebnahme schon heute häufig ein modulares mechanisches Aufbaukonzept zur Bildung von gekapselten Funktionseinheiten verwendet wird, ist es vorteilhaft, in der Soft-

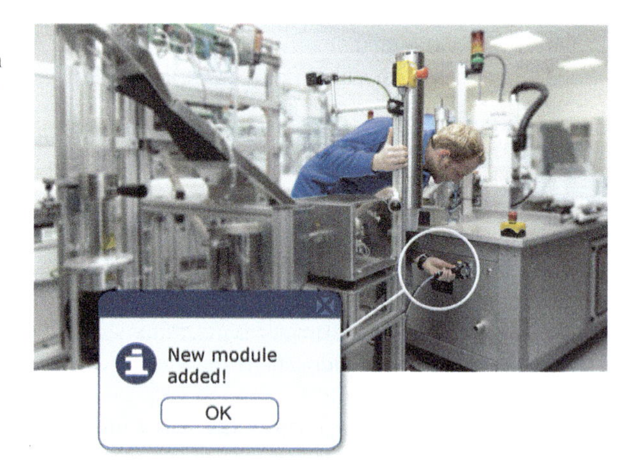

Abb. 3 „Plug & Produce" (PnP) für die Integration von Produktionsmodulen in eine vorhandene Maschine oder Anlage

ware für eine Entsprechung zu sorgen. Eine Möglichkeit besteht darin, den derzeit in der Automation vorherrschenden zentralistischen Steuerungsaufbau durch verteilte Architekturen zu ersetzen (Keddis et al. 2013).

Ein weiterer Lösungsansatz besteht in der Einführung des service-orientierten Paradigmas in der Steuerungstechnik (Jammes 2005). Dieses Prinzip stammt aus der Informationstechnik und wird dort für die Realisierung verteilter Geschäftsprozesse eingesetzt. Der Einsatz von serviceorientierten Architekturen (SOA) in der Automatisierungstechnik soll die bisher vorherrschende starre Signalorientierung durch flexiblere Strukturen ersetzen. Dazu bieten die einzelnen mechatronischen Funktionseinheiten, vom einzelnen Feldgerät bis hin zur Modulebene, ihre Funktionalitäten in Form von Diensten über einheitliche Schnittstellen an. Die Realisierung von Automatisierungsfunktionen wird dann über die Komposition der einzelnen Dienste realisiert. Eine wesentliche Eigenschaft einer SOA ist die lose Kopplung, welche besagt, dass alle Dienste unabhängig voneinander ihre Funktionalität ausüben können. Die führt zu einem hohen Grad an Modularität und Wiederverwendbarkeit. Insbesondere muss bei einer Anlagen-Rekonfiguration nur die Komposition der Dienste angepasst werden, ein Eingriff in die internen Implementierungen der einzelnen Dienste ist nicht erforderlich.

Im europäischen SIRENA-Projekt wurde das SOA-Prinzip auf Feldgeräteebene umgesetzt, die Kommunikation zwischen den Diensten der Feldgeräte wurde mittels Web-Services realisiert. Dazu wurde eine speziell für den Einsatz auf Feldgeräten geeignete Variante von Web-Services entwickelt, das Device Profiles for Web Services (DPWS).

Um aus einzelnen Diensten einen Automatisierungsprozess zu erhalten, müssen die Dienste orchestriert werden, beispielsweise mittels der Business Process Execution Language (BPEL). Auf Basis der BPEL wurden im SIRENA-Nachfolger SOCRADES Werkzeuge entwickelt, welche den Orchestrierungsprozess unterstützen sollen.

Aus Sicht der Kommunikation bietet der Einsatz von SOAs den Vorteil, dass die Kommunikation zwischen den Diensten aufgrund der in den Service-Definitionen festgelegten Kommunikationsschnittstellen nicht mehr manuell konfiguriert werden muss. Allerdings muss der Vorgang des Orchestrierens weiterhin manuell durchgeführt werden.

Ein Ansatz für die Automatisierung der Orchestrierung ist die Ergänzung der Dienstbeschreibungen um semantische Informationen. Hierzu sind verschiedene Technologien des semantischen Web verfügbar, z. B. SAWSDL (Semantic Annotations for WSDL) oder OWL-S (Ontology Web Language for Web services) (Dengel 2012). Der nächste Schritt auf dem Weg zur Selbstkonfiguration besteht in dem Registrieren von Diensten. In dem EU-Projekt IoT@Work wurde dazu beispielsweise ein zentrales Diensteverzeichnis zur Registrierung und Verwaltung der Dienste einer Maschine oder Anlage eingesetzt, realisiert als RESTful service (Ruta et al. 2013). Hierdurch entsteht eine Wissensbasis in Form einer zentralen Anlaufstelle zu semantisch angereicherten Informationen über vorhandene Produktionsmodule und Geräte sowie deren Fähigkeiten.

Beide Ansätze werden ebenfalls in der von (Loskyll 2013) vorgestellten Lösung verwendet, welche auf der semantischen Beschreibung der innerhalb einer Produktionsanlage vorhandenen Funktionalitäten basiert. Jeder Dienst registriert sich und seine angebotene Funktionalität dabei in einem zentralen Webservice-Verzeichnis.

Demgegenüber steht ein zu fertigendes Produkt, für welches eine abstrakte Prozessbeschreibung eine Abfolge der für die Produktion notwendigen Prozessschritte angibt. Als gemeinsame Grundlage für Prozess- und Dienstbeschreibungen dient eine systematisch entwickelte Ontologie, in welcher die Funktionalitäten, die durch die Dienste einer Produktionsanlage ausgeführt werden können, durch Klassen repräsentiert werden.

Die Anforderungen der abstrakten Prozessbeschreibung und die angebotenen Dienste der Produktionsanlage werden über einen Matchmaking-Algorithmus zusammengeführt. Dieser vergleicht beispielsweise die Ein- und Ausgabe-Parameter der Dienste auf ihre semantische Übereinstimmung (so müssen etwa die durch die Parameter wiedergegebenen physikalischen Größen zueinander passen). Abschließend wird eine konkrete Prozessbeschreibung für die Fertigung des Produktes in der vorhandenen Produktionsanlage generiert. Umgesetzt werden die Beschreibungen mittels OWL-S, welches der Autor nach einem Vergleich mit anderen semantischen Beschreibungssprachen für dieses Anwendungsszenario für am besten geeignet hält. In (Pfrommer et al. 2015) wird ebenfalls eine Methode für die automatische Orchestrierung von SOA-basierten Automatisierungssystemen vorgestellt, welche auf der semantischen Beschreibung der Fähigkeiten einer Produktionsanlage beruht.

In Abb. 4 werden die maßgeblichen Komponenten gezeigt, welche für die Umsetzung des SOA-Prinzips notwendig sind. Die Abbildung zeigt einen Produktionsprozess der SmartFactoryOWL, welche gemeinsam vom Fraunhofer-

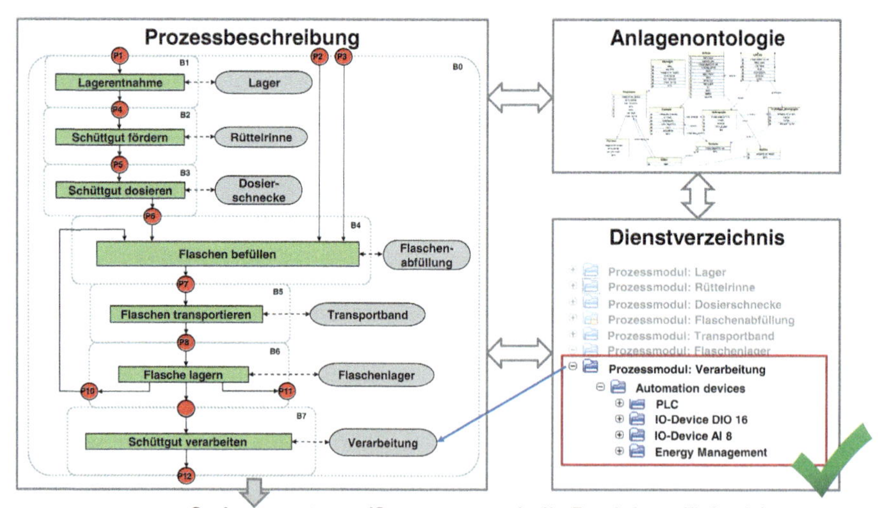

Abb. 4 Automatische Generierung von Prozessabläufen

Anwendungszentrum Industrial Automation und dem inIT der Hochschule Ostwestfalen-Lippe betrieben wird. Es handelt sich um einen hybriden technischen Prozess, welcher kontinuierliche und diskrete Prozessschritte enthält und in deren Komposition die Anlage derzeit in der Lage ist, Schüttgut abzufüllen und zu verarbeiten. Zur Modellierung des technischen Prozesses wurden Methoden aus der VDI-Norm 3682 angewendet, die physikalischen Module der Anlage sind in einem zentralen Dienstverzeichnis registriert. Zur Generierung eines konkreten Prozessablaufs, beispielsweise in der Form von Steuerungscode nach IEC 61131-3, müssen die einzelnen Schritte der Prozessbeschreibung auf die vorhandenen Module abgebildet werden. Grundlage sowohl der Prozessbeschreibung und des Dienstverzeichnisses ist eine gemeinsame Anlagenontologie.

Allerdings basieren alle derzeit für den Einsatz im industriellen Umfeld vorgeschlagenen SOA-Implementierungen wie DPWS und OPC UA auf dem in der Informationstechnik als de-facto Standard eingesetzten TCP/IP-Protokollstapel, welcher für die echtzeitkritische Kommunikation zwischen Feld- und Steuerungsebene nicht geeignet ist (Skeie et al. 2006).

Um die fehlende Echtzeitfähigkeit von SOAs zu umgehen, wird vorgeschlagen, die standardmäßige DPWS-basierte Kommunikation um einen Echtzeit-Kanal zu ergänzen. Allerdings wird offen gelassen, inwiefern der Echtzeit-Kanal realisiert werden könnte.

Zusammengefasst kann basierend auf dem derzeitigen Forschungsstand die Schlussfolgerung gezogen werden, dass sich SOAs vor allem für den Einsatz auf Modulebene eignen – für die prozessnahen Ebenen der Automatisierungstechnik werden PnP-Lösungen benötigt, die besonders die dort herrschenden Echtzeitanforderungen berücksichtigen.

Entsprechende Ansätze basieren oft auf der Einführung einer Middleware zwischen Steuerung und Feldgeräten (Epple 2009), (Lechler 2011), (Krug 2013), (Hodek 2013), (Imtiaz und Jasperneite 2013). Durch die Entkopplung von Feld- und Steuerungsebene soll die bisher übliche signalorientierte Feldgeräteintegration in die Steuerungsapplikation durch einen funktionalitätsorientierten Zugriff ersetzt werden. Ähnliche Prinzipien werden in der Informationstechnik z. B. bei USB eingesetzt. Eine notwendige Voraussetzung für diesen Ansatz ist die Standardisierung von Feldgerätefunktionalitäten in Form von Profilen, wie es sie derzeit nur für bestimmte Anwendungsgebiete wie der Antriebstechnik (z. B. CANopen, PROFIdrive) gibt.

Ein wesentlicher Gesichtspunkt bei der Einbindung von Hardwarekomponenten ist neben der Konfiguration der Komponente selber jedoch auch die Konfiguration des Kommunikationssystems. Aufgrund der zeitlichen Anforderungen ist dieser Schritt weitaus komplexer als beispielsweise bei den in der Informationstechnik verwendeten Netzwerken. So muss bei den genannten Middleware-Ansätzen in der Regel das Echtzeit-Netzwerk manuell parametriert werden, wodurch ein vollständiges PnP nicht erreicht werden kann. Ansätze für die automatische Konfiguration des Echtzeit-Netzwerkes werden im nächsten Abschnitt vorgestellt.

3 „Plug & Produce" für industrielle Echtzeitnetzwerke

Für die Inbetriebnahme eines industriellen Echtzeitnetzwerkes werden in der Regel drei Informationsquellen benötigt (siehe auch Abb. 5): Die Gerätebeschreibungsdateien eines Feldgerätes enthalten nähere Angaben zu den Ein- und Ausgabeparametern des Gerätes sowie kommunikationsspezifische Eigenschaften wie unterstützte Zykluszeiten. Aus der Steuerungslogik wird zyklisch ein neues Prozessabbild erzeugt, welches den Zustand aller Feldgeräte beschreibt. Die manuelle Konfiguration umfasst u. a. die Definition der im Netzwerk vorhandenen Geräte und deren Konfiguration (z. B. die Definition des Ausbaugrades bei modularen Geräten), die Definition von Zykluszeiten, die Zuweisung von Geräteadressen, die Definition der Netzwerktopologie sowie die Prozessdatenzuordnung zwischen den Variablen der Steuerungslogik und den zugehörigen physikalischen Adressen.

Aus diesen drei Wissensquellen erzeugt ein Engineering-Tool eine Konfiguration, die alle für die Inbetriebnahme des Echtzeit-Netzes benötigten Informationen enthält. Bei der automatischen Konfiguration muss die Netzwerk-Konfiguration erstellt werden, ohne dass die Wissensquelle „manuelle Konfiguration" zur Verfügung steht. Daher muss das Automatisierungssystem in die Lage versetzt werden, die benötigten Informationen selbstständig zu akquirieren.

Zu diesem Zweck bietet sich insbesondere der Einsatz von SOA-Technologien an, da diese in der Regel auch Protokolle für die Erkundung und Beschreibung von Diensten bzw. Feldgeräten zur Verfügung stellen. Das in (Dürkop et al. 2012) vorgestellte und in (Dürkop et al. 2014 und Dürkop 2017) erweiterte Konzept der Nutzung von SOA-Techniken zur automatischen Konfiguration von Echtzeit-Ethernet (realtime Ethernet, RTE) basiert auf der logischen Trennung der Kommunikation in einen

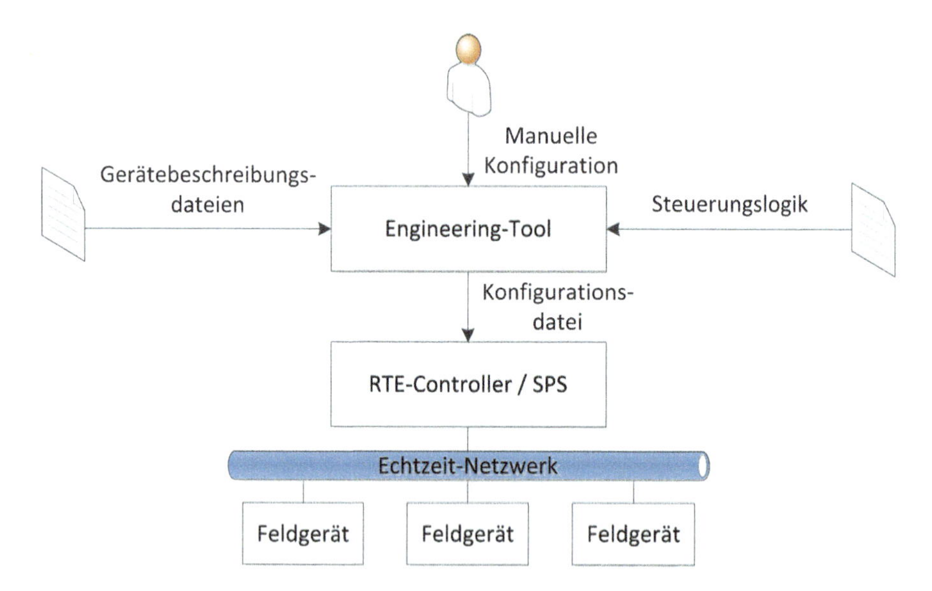

Abb. 5 Inbetriebnahme eines Echtzeitnetzwerkes

Nicht-Echtzeitkanal (non real-time, NRT) und einen Echtzeit-Kanal (RT) (siehe Abb. 6). Der Autokonfigurations-Mechanismus ist als eigenständige Komponente in Form einer Middleware zwischen Steuerung und Feldgerät realisiert.

Der Vorteil des NRT-Kanals liegt darin begründet, dass er – je nach verwendeter RTE-Variante – entweder automatisch zur Verfügung steht, oder durch im Vergleich zum RT-Kanal geringeren Konfigurationsaufwand in Betrieb genommen werden kann. Welche Schritte bei welcher RTE-Variante für die Nutzung der NRT-Kanals unternommen werden müssen, wird in (Dürkop et al. 2015) untersucht.

Da der NRT-Kanal aller RTEs über IP-Fähigkeit verfügt, kann dieser für die SOA-basierte Feldgeräteerkundung und -beschreibung eingesetzt werden. Insbesondere die Möglichkeit zur semantischen Beschreibung der Feldgerätefunktionalitäten kann für die Automatisierung der normalerweise manuell vorzunehmenden Prozessdatenzuordnung genutzt werden. Als Voraussetzung für ein solches Verfahren müssen sowohl die Variablen der Steuerungsapplikation als auch die Ein- und Ausgabedaten der Feldgeräte semantisch beschrieben werden. Ein Matchmaking-Verfahren muss anschließend, basierend auf einem Vergleich der semantischen Beschreibungen, logisch folgern, welche Steuerungsvariable an welches Prozessobjekt des Feldgerätes gebunden werden muss.

Ein einfaches Beispiel für diesen Prozess ist in Abb. 7 gezeigt. Im oberen Teil der Grafik wird das heutige Vorgehen bei der Prozessdatenzuordnung angedeutet, bei

Abb. 6 Architektur für die automatische Konfiguration von Echtzeit-Kommunikationssystemen

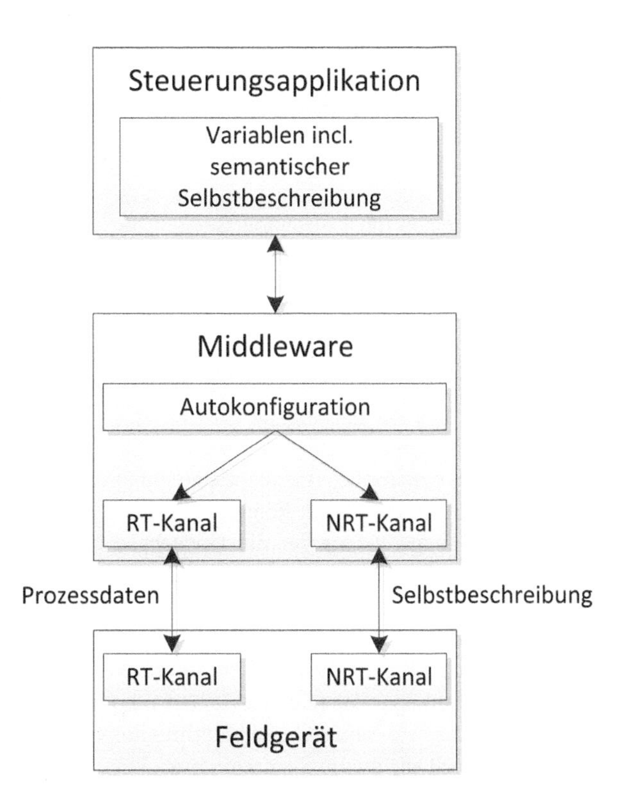

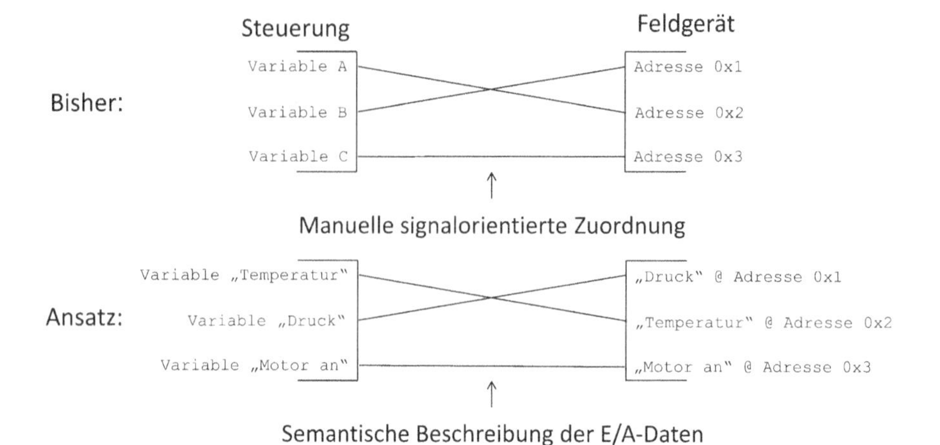

Abb. 7 Beispiel für semantisches Matchmaking

der die Steuerungsvariablen manuell aufgrund des Wissens des Inbetriebnehmers den Prozessobjekten der Feldgeräte zugeordnet werden müssen. Im unteren Teil enthalten sowohl Steuerung als auch Feldgerät semantische Beschreibungen, wie beispielsweise die durch den Prozesswert repräsentierte physikalische Größe. Stimmen die Beschreibungen überein, kann die Zuordnung zwischen Variable und Adresse automatisch getroffen werden.

Dieses einfache Beispiel führt zu Problemen, wenn beispielsweise keine eindeutigen Zuordnungen getroffen werden können. Hier könnte dem Inbetriebnehmer des Automatisierungssystems jedoch zumindest eine mögliche Vorauswahl präsentiert werden, um die Zuordnungsentscheidungen zu erleichtern.

Im Allgemeinen muss als Voraussetzung für das semantisches Matchmaking ein einheitliches Modell für die Beschreibung von Automatisierungssystemen zur Verfügung stehen, wobei die Granularität dieses Modells sich unterscheiden kann. So wird beispielsweise in (Loskyll 2013) ein Modell zur Feldgerätebeschreibung entwickelt, welches dem SOA-Ansatz folgend die Geräte ihrer Funktionalität nach klassifiziert. In (Hodek 2013) werden Profile für die Beschreibung der Feldgeräte und ihrer Ein-und Ausgabesignale eingesetzt.

Eine weitere Voraussetzung für die automatische Erzeugung der RTE-Konfiguration sind die RTE-spezifischen Gerätebeschreibungsdateien, welche ebenfalls über den NRT-Kanal abgerufen werden können. In Abb. 8 ist für das Beispiel Profinet gezeigt, wie ein PnP-fähiger Controller die Gerätebeschreibungsdatei – in Profinet Generic Station Description (GSD) genannt – mittels DPWS von einem ebenfalls PnP-fähigen Feldgerät (IO-Device) abrufen kann.

Nachdem das IO-Device von einem DHCP-Server eine IP-Adresse erhalten hat, meldet es sich über das DPWS-Protokoll WS-Discovery im Netzwerk an. Der IO-Controller erkennt das neue Gerät und fragt mittels WS-Transfer die Basisdaten des IO-Devices wie seine Geräteidentifikationsnummer ab. Anschließend lädt er über die speziell für dieses Szenario entwickelte GetGSD-Funktion die GSD-Datei

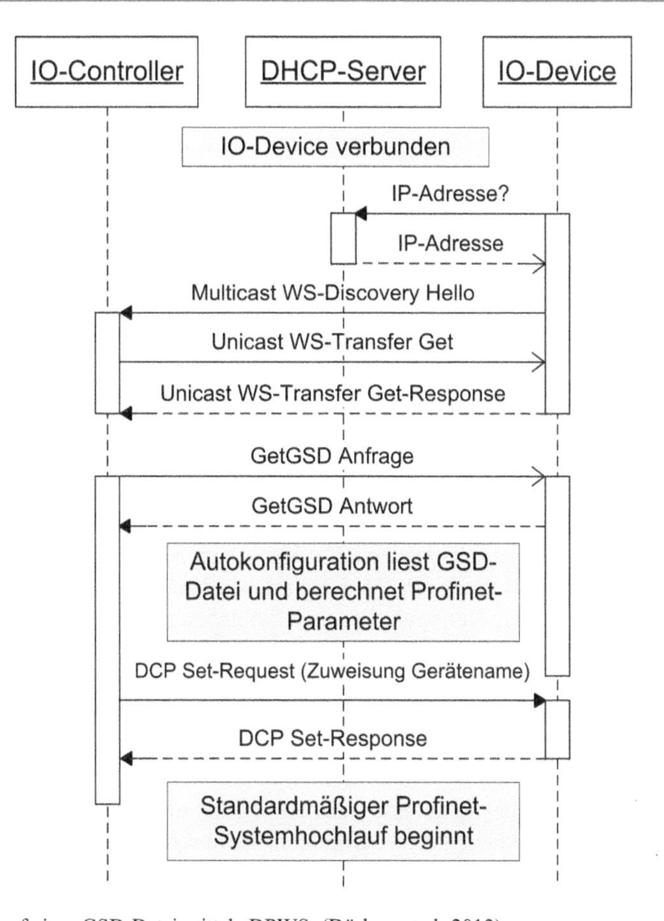

Abb. 8 Abruf einer GSD-Datei mittels DPWS. (Dürkop et al. 2012)

vom Gerät herunter. Alternativ könnte das IO-Device in seiner Basisbeschreibung auch eine URL enthalten, von der die GSD-Datei geladen werden könnte.

Nachdem alle normalerweise manuell zur Verfügung gestellten Informationen von der Autokonfigurations-Komponente in Erfahrung gebracht worden sind, ist diese in der Lage, die Konfiguration für den RTE-Controller zu erzeugen. Dieser letzte Schritt ist RTE-abhängig und entspricht in seiner Funktionalität der für die Kompilierung der Konfigurationsdatei innerhalb der Engineering-Tools verwendeten Algorithmen.

4 Zusammenfassung

Der Begriff „Plug & Produce" (PnP) bezeichnet die Fähigkeit eines technischen Systems, sich selbstständig konfigurieren zu können. Die Kernaufgabe bei der Realisierung von PnP besteht darin, bislang notwendige manuelle Konfigurationsschritte durch intelligente Assistenzsysteme vornehmen zu lassen, welche nicht auf Expertenwissen angewiesen sind.

Im Bereich der Automatisierungstechnik könnten die SOA-basierten PnP-Ansätze in letzter Konsequenz zu einer gänzlich neuen Automatisierungsarchitektur führen, in welcher die bisherige Einteilung von Komponenten in die verschiedenen Ebenen der Automatisierungspyramide ersetzt wird durch eine flache Struktur ohne abgrenzbare Hierarchieebenen (Karnouskos et al. 2014). Allerdings wird es bedingt durch die Nähe zum physikalischen Prozess immer eine Ebene mit hohen Echtzeitanforderungen geben, deren vollständige Integration in SOA-Umgebungen technologisch noch nicht gelöst ist.

Auf dieser Ebene muss für die Realisierung von PnP insbesondere die automatische Integration von Feldgeräten in die übergeordnete Steuerungslogik gelöst werden. Entsprechende Ansätze basieren meist auf der Einführung einer Middleware-Komponente zwischen Steuerungs- und Feldebene. Der PnP-Begriff ist bei ihnen etwas enger gefasst als bei den SOA-Lösungen: Letztere wollen mit der automatischen Generierung von Prozessabläufen die komplette innere Betriebslogik eines Automatisierungssystems automatisch erzeugen. Die Kapselung der Feldgeräte- und Kommunikationsfunktionalitäten durch eine Middleware beschränkt sich stattdessen auf „die automatische Erkennung, Konfiguration und Einbindung von Hardwarekomponenten" (Hodek 2013) in eine bereits existierende Steuerungslogik.

Eine wesentliche Herausforderung dabei ist die automatische Konfiguration des Echtzeit-Kommunikationssystems für die zeitkritische Prozessdatenübertragung zwischen den einzelnen Automatisierungskomponenten. Der in diesem Artikel beschriebene Lösungsansatz zeigt, wie die sonst nur auf höheren Ebenen eingesetzten SOA-Techniken auch für die automatische Konfiguration des Kommunikationssystems eingesetzt werden können. Diese Kombination verschiedener Technologien kann ebenfalls als Grundlage für zukünftige Forschungsarbeiten dienen, deren Fokus insbesondere auf der Integration der existierenden Teillösungen hin zu einem Gesamtkonzept für die Realisierung von PnP in der Automatisierungstechnik liegen sollte.

Literatur

Dengel A (Hrsg) (2012) Semantische Technologien, Grundlagen – Konzepte – Anwendungen. Spektrum Akademischer, Heidelberg. ISBN 978-3-8274-2663-5

Dürkop L (2017) Automatische Konfiguration von Echtzeit-Ethernet. In: Technologien für die intelligente Automation. Springer. https://doi.org/10.1007/978-3-662-54125-8_2

Dürkop L, Trsek H, Jasperneite J, Wisniewski L (2012) Towards autoconfiguration of industrial automation systems: a case study using PROFINET IO. In: 17th IEEE international conference on Emerging Technologies and Factory Automation (ETFA), Krakau, Sept 2012

Dürkop L, Trsek H, Otto J, Jasperneite J (2014) A field level architecture for reconfigurable real-time automation systems. In: 10th IEEE Workshop on Factory Communication Systems (WFCS), Toulouse

Dürkop L, Jasperneite J, Fay A (2015) An analysis of real-time ethernets with regard to their automatic configuration. In: 11th IEEE World Conference on Factory Communications Systems (WFCS), Palma de Mallorca, Mai 2015

Epple U (Hrsg) (2009) Abschlussbericht des AIF-Forschungsvorhabens 15063 N/1: Vereinfachung, Strukturierung und Vereinheitlichung des Zugangs zum Datenhaushalt in Feldbusinstallationen – „Universaler Feldbuskanal“ (UniFeBu)

Forschungsunion (2012) Bericht der Promotorengruppe KOMMUNIKATION, Im Fokus: Das Zukunftsprojekt Industrie 4.0, Handlungsempfehlungen zur Umsetzung. Mär 2012

Hodek S (2013) Methode zur vollautomatischen Integration von Feldgeräten in industrielle Steuerungssysteme – Ein Beitrag zur Plug&Play-Feldgeräteintegration –. Dissertation, Technische Universität Kaiserslautern, Fortschritt-Berichte pak, Bd 26

Imtiaz J, Jasperneite J (2013) Common Automation Protocol Architecture and Real-time Interface (CAPRI). In: Halang W (Hrsg) Kommunikation unter Echtzeitbedingungen, Springer Vieweg, Berlin/Heidelberg (Informatik aktuell), S 79–88

Jammes F (2005) Service-Oriented Paradigms in Industrial Automation. IEEE Trans Industr Inform 1:62–69

Karnouskos S, Colombo AW, Bangemann T, Manninen K, Camp R, Tilly M, Sikora M, Jammes F, Delsing J, Eliasson J, Nappey P, Hu J, Graf M (2014) The IMC-AESOP architecture for cloud-based industrial cyber-physical systems. In: Industrial cloud-based cyber-physical systems. Springer, Basel, S 49–89

Keddis N, Kainz G, Buckl C, Knoll A (2013) Towards Adaptable Manufacturing Systems. IEEE International Conference on Industrial Technology (ICIT). Cape Town, South Africa, S 25–28

Krug S (2013) Automatisch Konfiguration von Robotersystemen (Plug&Produce), Dissertation, Forschungsberichte IWB, Bd 270. Herbert Utz, München

Lechler A (2011) Konzeption einer funktional einheitlichen Applikationsschnittstelle für Ethernet-basierte Bussysteme, Dissertation, ISW/IPA Forschung und Praxis, Bd 184. Jost Jetter, Heimsheim

Loskyll M (2013) Entwicklung einer Methodik zur dynamischen kontextbasierten Orchestrierung semantischer Feldgerätefunktionalitäten, Dissertation, Technische Universität Kaiserslautern, Fortschritt-Berichte pak, Bd 25

Pfrommer J, Stogl D, Aleksandrov K, Escaida Navarro S, Hein B, Beyerer J (2015) Plug & produce by modelling skills and service-oriented orchestration of reconfigurable manufacturing systems. At – Automatisierungstechnik 63(10):790–800

Ruta M, Scioscia F, Di Sciascio E, Rotondi D, Piccione S (2013) Semantic-based knowledge dissemination and extraction in smart environments. In: International workshop on Pervasive Internet of Things and Smart Cities (PITSaC), Barcelona, Mar 2013

Schleipen M, Lüder A, Sauer O, Flatt H, Jasperneite J (2015) Requirements and concept for Plug-and-Work: Adaptivity in the context of Industry 4.0. At – Automatisierungstechnik 63(10):801–820

Skeie T, Johannessen S, Øyvind H (2006) Timeliness of Real-Time IP Communication in Switched Industrial Ethernet Networks. IEEE Trans Industr Inform 2(1):25–39

Stetter R (2014) Software im Maschinenbau – lästiges Anhängsel oder Chance zur Marktführerschaft? http://www.software-kompetenz.de/servlet/is/21700/Stetter-SW_im_Maschinenbau.pdf?command=downloadContent&filename=Stetter-SW_im_Maschinenbau.pdf. Zugegriffen im Oktober 2015

Usländer T, Epple U (2015) Reference model of Industrie 4.0 service architectures. At – Automatisierungstechnik 63(10):858–866

Vernetzte Sonderladungsträger für die Logistik 4.0

Johannes Zeiler und Johannes Fottner

Zusammenfassung

Aktuelle Forschungsarbeiten beschäftigen sich mit der digitalen Transformation von Sonderladungsträgern zu cyber-physischen Systemen. Dieser Beitrag zeigt auf, welche innovativen produkt- und datenbasierten Dienstleistungen (z. B. Tracking, Monitoring) mithilfe von modularen, intelligenten und vernetzten Behältern möglich sind. Darüber hinaus wird eine IoT-Architektur für die Umsetzung dieses Dienstleistungsangebots innerhalb einer klassischen Supply-Chain vorgestellt. Mithilfe dieser Dienstleistungen kann die Transparenz des Behälterkreislaufs erhöht und die Supply-Chain optimiert werden.

1 Herausforderungen des klassischen Behältermanagements von Sonderladungsträgern in einer Supply-Chain

„Der Begriff „Industrie 4.0“ stand ursprünglich für die Autonomisierung der Logistik [. . .] im Sinne eines „Internet der Dinge“. Inzwischen ist die vierte industrielle Revolution zum Synonym der allgemeinen Digitalisierung geworden. [. . .] Wer heute nicht über die Digitalisierung seiner Supply Chain nachdenkt, riskiert seine Existenz. Es werden diejenigen gewinnen, die Apps und neue Geschäftsmodelle entwickeln, deren Kundennutzen sich intuitiv erschließt“ (ten Hompel 24.06.2015).

Auch im Bereich der Logistik ist das Internet der Dinge (Internet of Things – IoT) und die Digitalisierung unter dem Schlagwort „Logistik 4.0“ ein fester Bestandteil geworden. Dies hat zur Folge, dass immer mehr intelligente Objekte und cyber-

J. Zeiler (✉) · J. Fottner
Fakultät für Maschinenwesen, Lehrstuhl für Fördertechnik Materialfluss Logistik, Technische Universität München, Garching b. München, Deutschland
E-Mail: johannes.zeiler@tum.de; kontakt@fml.mw.tum.de

B. Vogel-Heuser et al. (Hrsg.), *Handbuch Industrie 4.0*,
https://doi.org/10.1007/978-3-662-58528-3_143

physische Systeme Anwendung in Logistiksystemen finden. Das Ziel einer Digitalisierung der Supply-Chain, konkret die Digitalisierung von Behälterkreisläufen mithilfe von vernetzten, modularen Sonderladungsträgern zwischen Behälterhersteller, Zulieferer und Original Equipment Manufacturer (OEM), wird am Lehrstuhl für Fördertechnik Materialfluss Logistik der Technischen Universität München verfolgt (Zeiler et al. 2018).

Sonderladungsträger (Abb. 1) sind Transporthilfsmittel, die für den Transport von kundenindividuellen oder empfindlichen Bauteilen und -gruppen eingesetzt werden. Sie haben die Bildung einer uniformen, logistischen Einheit, die Herstellung der Transportfähigkeit und eine Schutzfunktion als Ziel. In der Automobil-Supply-Chain werden diese Ladungsträger unter anderem für Türverkleidungen, Airbags oder Mittelkonsolen verwendet. Diese Transporthilfsmittel werden klassischerweise parallel zum Produktentwicklungsprozess entwickelt, da sie direkt von der Geometrie des Transportguts abhängig sind. Dabei muss darauf geachtet werden das Bauteil bestmöglich zu schützen und gleichzeitig eine hohe Packdichte zu ermöglichen. Zusätzlich sollen die Sonderladungsträger eine optimale Belieferung und Bereitstellung an der Montage erlauben. Die Entwicklung und Konstruktion dieser Transporthilfsmittel bringen somit einen hohen Aufwand und ein großes Investment mit sich, wobei meist nur eine geringe Stückzahl benötigt wird (Attig 2011). Dies hat zur Folge, dass klassische Sonderladungsträger aus einfachen, verschweißten Stahlkomponenten als Grundgestell und einem komplexen Innenleben zur Aufnahme des Transportguts bestehen.

Abb. 1 Sonderladungsträger für Beifahrerairbags © GEBHARDT Logistic Solutions GmbH

In der Regel kommt der OEM für die anfallenden Kosten der Sonderladungsträger auf, da dieser für die Entwicklung der zu transportierenden Bauteile und Sonderladungsträger verantwortlich ist. Er stellt dementsprechend einen Pool an Sonderladungsträgern für die Supply-Chain zur Verfügung. Die Zulieferer bedienen sich aus diesem Leergutpool und rufen die entsprechend benötigten Behältermengen ab. Diese werden durch einen Logistikdienstleister vom OEM zum Zulieferer transportiert, wo sie zwischengelagert werden. Ruft der OEM Bauteile ab, werden die Sonderladungsträger beim Zulieferer bestückt und die befüllten Behälter direkt oder über mehrere Stufen bis zum OEM transportiert. Dort werden die Ladungsträger bereitgestellt und die Bauteile entnommen. Die leeren Sonderladungsträger werden wieder dem Leergutpool des OEM hinzugefügt und ins Leergutlager gebracht.

Zur Identifikation der Ladungsträger und des Ladeguts sind diese üblicherweise mit einem Begleitschein in Papierform und einem Barcode ausgestattet, welche während des Behälterkreislaufs nur selten systemseitig registriert werden. Eine durchgehende Erfassung würde eine große Anzahl an manuellen Scanprozessen und Eingaben benötigen, welche aufgrund der entstehenden Kosten nicht durchgeführt werden. Diese fehlende Transparenz innerhalb des Behälterkreislaufs führt zu unentdeckten Unter- und Überbeständen bei den beteiligten Partnern der Supply-Chain. Maßnahmen wie kostspielige Sondertransporte und Ausweichverpackungen müssen oftmals ergriffen werden, um dennoch eine störungsfreie Produktion beim OEM zu gewährleisten. Unternehmen versuchen diesen Problemen mit einer manuellen Zählung der Behälterbestände entgegenzusteuern. Diese Informationen werden aber meist nur lokal verarbeitet und stehen somit nicht für andere Abteilungen oder Unternehmen in der Supply-Chain zur Verfügung. Zusätzlich kann ein Behälterschwund beispielsweise durch ungemeldete Entsorgungen bei irreparabler Beschädigung oder Verlust/Verschwinden durch falsche Einlagerung auftreten. Um diesen Schwund, sowie Reparaturausfälle abzufedern, werden bei der Berechnung der benötigten Anzahl an Sonderladungsträgern für den Behälterkreislauf prozentuale Aufschläge, welche auf dem Erfahrungswissen des Planers basieren, berücksichtigt. Somit werden bei der Beauftragung des Ladungsträgerherstellers mehr Sonderladungsträger bestellt als der Behälterkreislauf für die reine Produktionsversorgung benötigt. Da trotzdem alle Behälter in den aktiven Kreislauf gegeben werden, führt dies zu Beginn des Nutzungszyklus zu unnötigen Beständen bei den Unternehmen.

Kommt es innerhalb des Behälterkreislauf zu einer Beschädigung des Ladungsträgers, wird dieser lokal vom Mitarbeiter gesperrt und zur Sperrfläche gebracht. Die Reparatur ist aufgrund der Fertigungsmethoden sehr individuell und zeitaufwendig und wird durch einen externen Dienstleister durchgeführt. Beschädigungen und Reparaturen werden nur bedingt dokumentiert, da meistens Rahmenverträge mit festen Kostensätzen für Reparaturen abgeschlossen werden und der Mehraufwand einer Dokumentation somit unnötig ist. Demzufolge fehlen digitale Schadensdokumentation und Reparaturberichte, welche unter anderem für die Optimierung des Prozesses und der Ladungsträger verwendet werden könnten.

Findet in der Automobilproduktion ein Modellwechsel statt, verändern sich auch die zugehörigen Bauteile, Fertigungs-, Montage- und Logistikprozesse. Die vorhandenen Sonderladungsträger sind dann meistens nicht mehr für das Nachfolgemodell geeignet und werden nach dem Nutzungsende, im Durchschnitt alle vier bis sechs Jahre, verschrottet, da sie sich aufgrund der Fertigungsverfahren und speziellen Konstruktion nur mit hohem Aufwand wiederverwenden lassen (Meißner und Romer 2018).

Um den beschriebenen Herausforderungen zu begegnen, wird im Zuge von Logistik 4.0 neben der Modularisierung auch an der digitalen Transformation von Sonderladungsträgern zu cyber-physischen Systemen gearbeitet. Dafür werden modulare Ansätze und Plattformen für Sonderladungsträger entwickelt und Behälter mit Kommunikations-, Identifikationstechnologie und Sensorik ausgestattet. Mithilfe dieser intelligenten und vernetzten Behälter können zusätzliche prozessrelevante Daten erfasst und Informationsflüsse digitalisiert werden.

In diesem Beitrag werden die Potenziale von innovativen produkt- und datenbasierten Dienstleistungen, welche auf den gesammelten Daten und der Modularität von Sonderladungsträgern basieren, und das zugehörige cloudbasierte Service-System vorgestellt. Im Folgenden wird deshalb ein kurzer Überblick über bestehende Projekte und Arbeiten zu modularen Sonderladungsträgern und intelligenten Behältern gegeben. Anschließend wird genauer auf das Dienstleistungsangebot des Service-Systems für intelligente, modulare Sonderladungsträger und die IT-Architektur mit der benötigten Kommunikations- und Identifikationsinfrastruktur eingegangen. Dieses Service-System soll der Digitalisierung des Behältermanagements und der Optimierung der Supply-Chain neue Wege eröffnen.

2 Methoden und Ansätze zur Digitalisierung von modularen Sonderladungsträgern

Seit einigen Jahren existieren bereits hybride Konzepte für Sonderladungsträger, sogenannte modulare Sonderladungsträger, die eine Demontage am Ende der ersten Nutzungsphase sowie eine Rekonfiguration und Wiederverwendung einzelner Module für den nächsten Nutzungszyklus ermöglichen (Kampker et al. 2011). Beispielsweise wurde der Lebenszyklus des Sonderladungsträgers durch einen modularen Ladungsträgeransatz vom Produktlebenszyklus entkoppelt und dies mit einem Pooling-Konzept für Ladungsträger verbunden (RWTH Aachen 2012). Attig (2011) und Rosenthal (2016) zeigten darüber hinaus auf, ab wann eine Modularisierung von Sonderladungsträgern sinnvoll ist, welche Potenziale sich ergeben und wie hoch die Kosteneinsparungen sind. Verschiedene proprietäre Systeme für modulare Baukästen von Sonderladungsträgern wurden bereits entwickelt und in der Industrie eingeführt (Meißner 2015).

Ein intelligenter Behälter kann bereits mit einem einfachen Auto-ID (Automatische Identifikation und Datenerfassung) Verfahren wie RFID (Radio Frequency Identification) verwirklicht werden. Beispielsweise hat die Volkswagen AG bereits 2006 das Potenzial von Sonderladungsträgern, welche mit passiven RFID-Tags ausgestattet wurden, untersucht (Pelich 2006). Durch die Implementierung dieses Ansatzes wurde eine automatisierte, ereignisbasierte Verfolgung von Behältern auf dem Werksgelände und dadurch eine Erhöhung der Prozesstransparenz ermöglicht. Darüber hinaus wurde bei RAN (RFID-Based Automotive Network) ein RFIDbasiertes System zur Identifikation und Verfolgung von Kleinladungsträgern konzipiert (Reinhart 2013). Die Kleinladungsträger wurden dabei mit passiven RFID-Tags ausgestattet und die Durchfahrten durch die installierten RFID-Gates aufgezeichnet. Somit wurde ein Tracking und Tracing von Behältern und eine aktive Benachrichtigung bei Materialflussereignissen ermöglicht.

Auch für die Frische- und Tiefkühllogistik wurde bereits ein intelligenter Thermobehälter entwickelt (Prives 2016). Ziel des intelligenten Thermobehälters war es, die effiziente Rückverfolgbarkeit über die gesamte Supply-Chain und die Überwachung der Kühlkette zu ermöglichen. In die Behälter wurde daher die Identifikations- und Kommunikationstechnologie RFID in Kombination mit einem Temperatursensor eingebaut. Dies erlaubte die Erfassung der Behälterinnentemperatur sowie die automatische Übertragung der Messdaten (siehe Abb. 2). Aufgrund der installierten Kommunikations- und Identifikationsinfrastruktur konnten die Temperaturverläufe im Inneren des Behälters entlang der gesamten Lebensmittel-Supply-Chain erfasst und ausgewertet werden. Für den Datenaustausch wurde der EPCIS-Standard (Electronic Product Code Information Services) (GS1 2016) und für die IT-Architektur das EPCglobal Architecture Framework (GS1 2015) verwendet. EPCIS ist ein offener Kommunikationsstandard, welcher ereignisbasierte Funktionalitäten und anwendungsspezifische Erweiterungen ermöglicht. Er wurde bereits mehrfach, beispielsweise für eine Fisch-Supply-Chain (Gunnlaugsson et al. 2011) oder bei RAN (Reinhart 2013), verwendet. Auch für den intelligenten Thermobehälter konnte basierend auf den generierten EPCIS-Events und zugewiesenen Schlüsselprozessen ein eventbasiertes Tracking der Behälter entlang der Lieferkette implementiert werden (Wang 2014). Aktuell werden neue Konzepte und Lösungen für eine durchgängige Erfassung und Nutzung qualitätsrelevanter Daten entlang der Supply Chain entwickelt (Werthmann et al. 2017). Hierbei wird die Erweiterung des EPCIS-Vokabular um Sensordaten angestrebt, um die Erfassung und standardisierte Weitergabe sensorgesteuerter Qualitätsdaten zu ermöglichen.

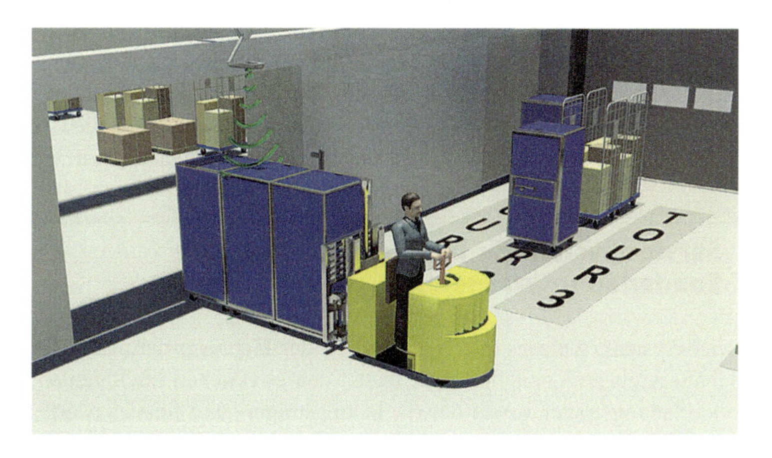

Abb. 2 Durchfahrt des intelligenten Thermobehälters durch das RFID-Gate. (Prives 2016)

Durch die Integration eines Telematik-Moduls und „Smart Seals“ in ein Unit Load Device (ULD), ein klassischer Luftfrachtcontainer, wurde dieser in einen intelligenten Behälter verwandelt (Münch 2016). Das „Smart Seal“ überwachte dabei mithilfe eines Reedschalters den Öffnungszustand des ULDs. Die Positionsdaten und die Information des „Smart Seal“ wurden über UMTS an ein Back-End übertragen. Das entwickelte Back-End zur Überwachung der Luftfrachtcontainer speicherte und verarbeitete die Daten im Anschluss, dabei entscheiden Algorithmen, ob das Öffnen der ULDs eine Integritätsverletzung war oder nicht. Wurde der Container unerlaubt geöffnet, wird vom Back-End eine Alarmmeldung für den Nutzer generiert.

Ein weiterer intelligenter Behälter ist der „inBin“ (Emmerich et al. 2012). Dieser intelligente Ladungsträger ist mit einem Energy-Harvester, Energiepuffer, Microprozessor, Funkmodul, Display und Sensoren ausgerüstet. Dies ermöglicht ihm, neben der Überwachung der Umgebungsbedingungen, mit Menschen und Maschinen in seinem Umfeld zu kommunizieren. Hierfür nutzt der intelligente Behälter sein Display und gängige Funkstandards, wodurch er den menschlichen Nutzer beispielsweise beim Kommissioniervorgang unterstützen kann.

Für ein Managementsystem von Behältern für Gefahrgut wurden Identifikationstechnologien und Sensorsysteme in Universalladungsträger integriert (Lammers et al. 2013). Dadurch wurde die Überwachung der Temperatur oder bei Verlust des Behälters die Identifikation des letzten Standortes ermöglicht. Für den Demonstrator wurden die Identifikationstechnologien RFID, Barcode und QR-Code sowie Sensoren für Druck- und Temperatur verwendet.

Im nächsten Kapitel wird das entwickelte Service-System vorgestellt, welches die technischen Dimensionen eines intelligenten, modularen Sonderladungsträgers (z. B. Identifikation, Sensorintegration und Rekonfiguration) mit unternehmensübergreifenden, datenbasierten Dienstleistungen (z. B. digitale Behälterkreisläufe, Beständen in Echtzeit, Zustandsüberwachung und Prozessoptimierung) kombiniert. Dieses Dienstleistungsangebot soll die Potentiale der Daten von intelligenten, modularen Sonderladungsträgern ausschöpfen, dabei zielt das Service-System auf die Bewältigung der im vorhergehenden Kapitel genannten Herausforderungen ab. Zur Implementierung dieses unternehmensübergreifenden Service-Systems ist ein Architekturdesign für die Erfassung, Analyse und Bereitstellung der Daten von intelligenten Sonderladungsträgern erforderlich. Demensprechend wird in diesem Beitrag ein Architekturkonzept, mit dem datenbasierte Dienstleistungen in einem unternehmensübergreifenden Netzwerk aus intelligenten, modularen Sonderladungsträgern realisiert werden können, vorgestellt.

3 Service-System für intelligente, modulare Sonderladungsträger

Das Service-System, welches zur Bewältigung der Herausforderungen des klassischen Behälterkreislaufs erstellt wurde, bietet den physischen intelligenten, modularen Sonderladungsträger sowie daten-, ladungsträger- und finanzbasierte Dienstleitungen an (Meißner und Romer 2018). Der aus standardisierten Einzelmodulen bestehende Sonderladungsträger ist dafür mit Identifikations-, Kommunikations-

und Lokalisierungstechnologien sowie Sensoren (z. B. Temperatur, Beschleunigung und Neigung) zur Überwachung der Umgebung ausgestattet. Sowohl der intelligente, modulare Sonderladungsträger als auch die zugehörigen Dienstleistungen können über eine Cloud-Plattform konfiguriert und gebucht werden. Hierbei unterstützt ein webbasierter Produktkonfigurator. Um die Transparenz und die Prozessqualität in der Supply-Chain zu verbessern, wurden die traditionellen drei Dienstleistungen (Reparatur, Wartung und Reinigung) um weitere Dienstleistungen ergänzt, die mithilfe von intelligenten, modularen Sonderladungsträgern realisiert werden können. Die resultierenden 21 Dienstleistungen sind in Abb. 3 dargestellt. Der Zugriff auf diese datenbasierten Dienstleistungen erfolgt über eine Webanwendung. Über eine Schnittstelle können die Dienste auch direkt mit den Unternehmenssystemen (z. B. dem ERP-System) verbunden werden. Im Folgenden werden analog zu Zeiler und Fottner (2019) die einzelnen Dienstleistungen und deren Beitrag zur Verbesserung des Behälterkreislaufs erläutert.

Die angebotenen *datenbasierten Dienstleistungen* basieren auf der Digitalisierung des Informationsflusses und der Erfassung von prozessrelevanten Daten, welche durch die in den intelligenten, modularen Sonderladungsträger integrierte Identifikations-, Kommunikations- und Sensortechnologie ermöglicht wird. Der Auftragsstatus der beim Ladungsträgerhersteller bestellten Behälter kann mit der *Auftragsverfolgung* überwacht werden. Neben dem Produktionsstatus vom Auftragseingang bis zur Auslieferung, können Kunden auch die aktuelle Anzahl an bereits produzierten intelligenten, modularen Sonderladungsträgern einsehen. Die Anzahl wird dabei anhand der aktivierten Kommunikationsmodule der bereits fertiggestellten Behälter automatisch ermittelt. So wird der Abstimmungsaufwand zwischen den Partnern verringert. Die Dienstleistung *Identifikation und Authentifi-*

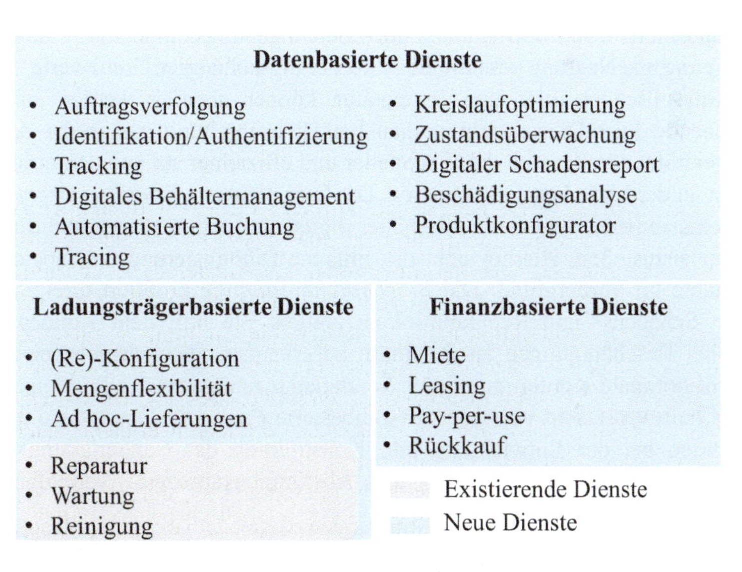

Abb. 3 Angebotene Dienstleistungen innerhalb des Service-Systems für vernetzte Sonderladungsträger. (Zeiler und Fottner 2019)

zierung kann innerhalb der Unternehmensprozesse unter anderem für die Protokollierung (z. B. bei der Qualitätskontrolle) zum automatischen Abgleichen der Liefermenge und -inhalte oder zur Überwachung der Reihenfolge von Produkten bei einer Just-In-Sequence Lieferung verwendet werden. Um ein *Tracking* der aktuellen Position im Netzwerk zu ermöglichen, sind die intelligenten, modularen Sonderladungsträger mit einem Lokalisierungsmodul (GPS, Trilateration, Point of Interest) ausgestattet. Sollten Behälter verloren gehen, können diese leichter aufgespürt und zurückgeführt werden. Die Dienstleistung *digitales Behältermanagement* ist eine unternehmensübergreifende Live-Überwachung der Bestände im Behälterkreislauf. Indem die Lagerbestände kontinuierlich überprüft und bei Bedarf frühzeitig über einen sich nähernden Engpass alarmiert wird, können Unter- und Überbestände bei einzelnen Teilnehmern der Supply-Chain vermieden werden. Die Dienstleistung *automatisierte Buchung* in Kombination mit der verbauten Identifikationstechnologie ermöglicht eine automatische Erfassung der Wareneingangs- und Warenausgangsströme von intelligenten, modularen Sonderladungsträgern. Die fehleranfälligen manuellen Prozessschritte des Zählens und Verbuchens von Behälterlieferungen werden dadurch vermieden, wobei sich gleichzeitig die Transparenz und Prozessqualität dank der automatisierten Erfassung erhöhen. *Tracing* liefert eine Historie je Behälter über alle Positionsdaten und eine Analyse und Bewertung der Standzeiten von intelligenten, modularen Sonderladungsträgern innerhalb der Supply-Chain. Bei der *Kreislaufoptimierung* werden alle Daten gesammelt und analysiert, um beispielsweise Engpässe in der Supply-Chain zu vermeiden. Zusätzlich kann eine Empfehlung zur Rückgabe von Sonderladungsträgern an den Hersteller ausgesprochen werden, um nicht benötigte Bestände im Behälterkreislauf zu reduzieren. Mithilfe der *Zustandsüberwachung* kann der Kunde relevante Daten über die Umgebung des intelligenten, modularen Sonderladungsträgers abrufen. Für diese Dienstleistung werden beispielsweise Informationen über die Umgebungstemperatur, Transportbeschleunigung und Neigung gesammelt. Anforderungsabhängige Grenzwerte, z. B. für einen Aufprallschock oder eine Temperatur, können aktiviert werden und lösen entsprechende Push-Benachrichtigungen bei Überschreitung aus (siehe Abb. 4). Dies unterstützt den Kunden dabei schneller und effizienter auf spontan auftretende Probleme in der Lieferkette zu reagieren. Die Dienstleistung *Schadensreport* erlaubt es, den entstandenen Schaden am Behälter digital zu dokumentieren und direkt die Reparatur anzustoßen. Hierbei steht die einfache Digitalisierung und Speicherung der Berichte im Vordergrund. Die *Beschädigungsanalyse* profitiert direkt von der digitalen Schadens- und Reparaturdokumentation. Sie hilft dem Kunden dabei, Muster bei Beschädigungen an Behältern zu erkennen, die beispielsweise durch eine nicht optimale Konfiguration des Sonderladungsträgers oder Probleme in der Supply-Chain verursacht wurden. Der webbasierte *Produktkonfigurator* unterstützt den Kunden bei der Entwicklung und Konstruktion des Sonderladungsträgers, wodurch die Behälterentwicklungs- und Abstimmungsprozesse vereinfacht und beschleunigt werden.

Auch *ladungsträgerbasierte Dienstleistungen*, die auf der Modularisierung des Behälters aufbauen, sind in das Service-System integriert. Die Dienstleistungen *Konfiguration und Rekonfiguration* (z. B. für den Umbau) ermöglichen es dem

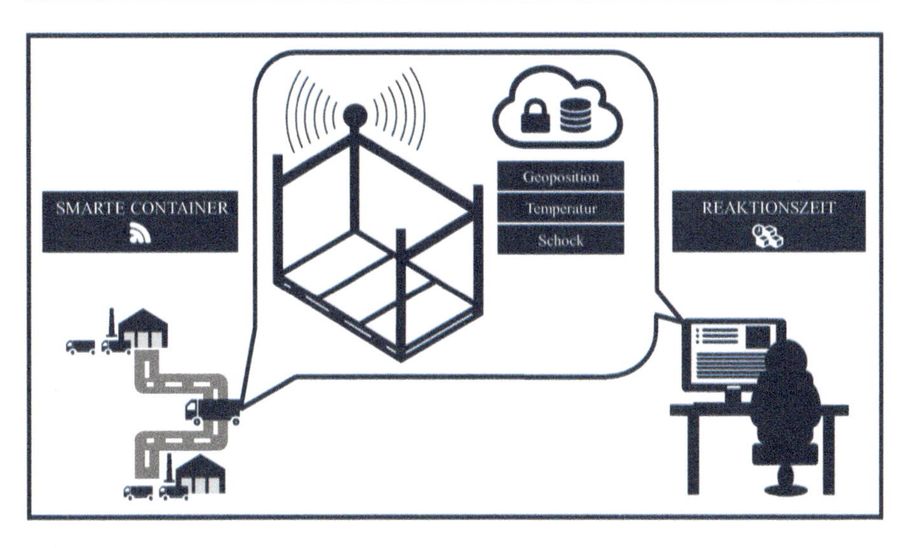

Abb. 4 Schematische Darstellung der Zustandsüberwachung

Kunden, den intelligenten, modularen Sonderladungsträger aus standardisierten Modulen, gemäß seinen Anforderungen, innerhalb des webbasierten Produktkonfigurators zusammenzustellen. Im Anschluss kann der Behälter aus standardisierten, lagerhaltigen Modulen montiert werden. Dies führt zu Zeit- und Kosteneinsparungen bei der Erstellung eines neuen Sonderladungsträgers. Der modulare Aufbau und die Rückgabemöglichkeiten erlauben die einfache und flexible Anpassung des Bestands an intelligenten, modularen Sonderladungsträgern während des Nutzungszyklus (*Mengenflexibilität*). Durch die standardisierten Module in Kombination mit einer ausreichenden Lagerhaltung sind *Ad-hoc-Lieferungen* möglich, die die Verfügbarkeit von Behältern im Kreislauf erhöhen. *Wartungen* (z. B. das Ölen von Scharnieren), *Reinigungen* und *Reparaturen* sind Teil des traditionellen Dienstleistungsspektrums für Sonderladungsträger und werden durch das Service-System erweitert. Beispielsweise wird die Dokumentation der Reparaturprozesse digitalisiert, mithilfe des elektronischen Identifikationssystems einfacher zugeordnet sowie die Wartungsintervalle für jeden einzelnen Behälter kontinuierlich überwacht. Die gesammelten Daten können darüber hinaus verwendet werden, um die Schwachstellen des Behälters zu identifizieren und Verbesserungen einzuleiten.

Unter den *finanzbasierten Diensten* werden verschiedene Finanzierungsstrategien für die intelligenten, modularen Sonderladungsträger sowie für die verknüpften datenbasierten und ladungsträgerbasierten Dienstleistungen zusammengefasst. Neben dem klassischen Einmalinvestment gibt es unterschiedliche Finanzierungsmodelle wie *Miete*, *Leasing* und *Pay-per-Use*. Das Pay-per-Use-Modell kann dabei auf verschiedenen Kennzahlen aufbauen (z. B. auf der Menge des Datenverkehrs oder auf der Anzahl an Behälterbewegungen) und stellt ein an die tatsächliche Nutzung angepasstes Kostenmodell dar. Die Finanzdienstleistung *Rückkauf* sichert dem Kunden zu, gekaufte Sonderladungsträger nach Ende der Nutzung wieder an den Hersteller zu verkaufen. Aufgrund des standardisierten, modularen Aufbaus der Behälter kann der Hersteller die zurückgekauften Module wiederverwenden. Alle angebotenen finanzbasierten Dienstleistungen zielen darauf ab, die Flexibilität bei der Finanzierung intelligenter, modularer Sonderladungsträger (einschließlich verknüpfter Dienstleitungen) zu erhöhen und gleichzeitig die einmaligen Investitionen zu verringern.

Die in den modularen Sonderladungsträger integrierten IoT-Technologien (IoT-Modul) schaffen die Basis für diese innovativen datenbasierten, ladungsträgerbasierten und finanzbasierten Dienste. Die im folgenden Kapitel vorgestellte Cloud-gestützte Architektur verwirklicht die unternehmensübergreifende Erfassung, Analyse und Nutzung dieser Daten und Dienstleistungen entlang der Supply-Chain.

4 IoT-Architektur des cloudbasierten Service-Systems

Die in Abb. 5 schematisch dargestellte Fünf-Schichten-IoT-Architektur für intelligente, modulare Sonderladungsträger wurde für die Umsetzung der innovativen datenbasierten, ladungsträgerbasierten und finanzbasierten Dienstleistungen entworfen. Die durch intelligente Objekte entlang der Supply-Chain gesammelten Daten werden in den einzelnen Schichten bis hin zum Kunden analysiert und verarbeitet. Der Aufbau und Workflow je Schicht werden in den folgenden Abschnitten analog zu Zeiler und Fottner (2019) ausführlicher erläutert.

4.1 Schicht 1: Intelligente Objekte

Die unterste Schicht besteht aus intelligenten und vernetzten Objekten einschließlich ihrer Hardware-Infrastruktur (z. B. Gateways) zur Identifikation und Kommunikation. Jedes Modul des intelligenten, modularen Sonderladungsträgers ist mit einem

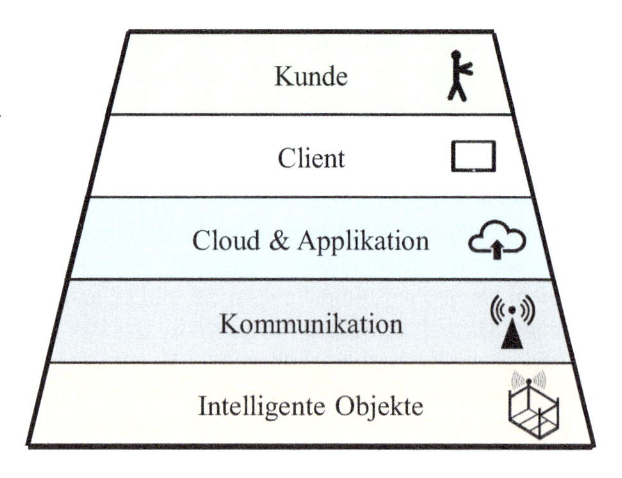

Abb. 5 Fünf-Schichten-IoT-Architektur für die Nutzung von intelligenten, modularen Sonderladungsträgern. (Zeiler und Fottner 2019)

Data-Matrix-Code versehen, der mit der eineindeutigen Identifikationsnummer (ID) des Moduls codiert ist. Auch dem intelligenten, modularen Sonderladungsträger selbst ist eine solche eineindeutige ID zugeordnet, welche als ein weiterer Data-Matrix-Code angebracht ist. Diese Informationen unterstützen den Montage- und Reparaturprozess, da sie eine einfache, digitale Dokumentation gewährleisten. Darüber hinaus erlaubt eine eineindeutige ID je Modul eine kontinuierliche Erfassung der Nutzungshistorie und Auswertung der Daten auf Modulebene. Jeder intelligente, modulare Sonderladungsträger ist mit einem Low-Power-Wide-Area-Network-Modul (LPWAN) zur intervallbasierten Kommunikation und Datenübertragung ausgestattet. LPWAN ermöglicht aufgrund seines geringen Stromverbrauchs pro gesendeter Nachricht lange Batterielaufzeiten bei großen Reichweiten (Raza et al. 2017) und kann somit für die gesamte Nutzungsdauer des aktuellen Behälters (mehrere Jahre) eingesetzt werden. Die Kombination aus einem GPS-Modul und dem LPWAN-Modul erlaubt eine genaue und eine funkzellenbasierte Lokalisierung des Sonderladungsträgers. Integrierte Sensoren für Temperatur, Luftfeuchtigkeit, Beschleunigung und Neigung erfassen Daten bezüglich der Umgebungsbedingungen, Transportvibrationen und Aufprallereignisse des Behälters. Das LPWAN-Modul überträgt die GPS-Koordinaten und Sensordaten des Behälters in Kombination mit der zugewiesenen eineindeutigen ID des Sonderladungsträgers intervallbasiert an das Back-End.

Für den automatisierten Scanprozess von intelligenten, modularen Sonderladungsträgern wird ein Hybrid-RFID-Tag (UHF (Ultrahochfrequenz) und HF(Hochfrequenz) -fähig) mit der eindeutigen ID des intelligenten, modularen Sonderladungsträgers an den Behälter angebracht. Der Tag kann automatisch, ereignisbasiert und direkt am Behälter selbst ausgelesen werden. Ein Hybrid-Tag wird verwendet, um einerseits die Pulkerfassung mehrerer Behälter-IDs (UHF) zu verwirklichen. Auf diese Weise können Dienstleistungen wie die automatisierte Buchung im Bereich des Wareneingangs und Warenausgangs realisiert werden. Andererseits stellt die HF-Komponente des Hybrid-RFID-Tags eine eindeutige Korrelation zwischen der gescannten Behälter-ID und dem Behälter selbst sicher. Die Funktion der HF Komponente des RFID-Tags ist redundant zum Data-Matrix-Code des Sonderladungsträgers, um die Sicherheit gegenüber Manipulation und Beschädigung zu erhöhen und eine Diversität bei verwendbaren Identifikationstechnologien anzubieten. Dies kann beispielsweise für einen externen Dienstleister bei der Überprüfung eines Schadensreports nützlich sein, da dieser den HF-Tag auch direkt mit dem Smartphone oder Tablet auslesen kann.

Die LPWAN-Gateways, die im Werk und an verschiedenen Punkten des Transportwegs zwischen den Unternehmen installiert sind, leiten neben ihrer eigenen Position die übertragenen ID-, Sensor- und GPS-Daten der Behälter an die Cloud-Plattform weiter. Die großen Reichweiten von LPWAN (einige Kilometer in offenem Gelände) und die gute Gebäudedurchdringung reduzieren die Anzahl an Gateways, die für die Abdeckung eines Werksgeländes erforderlich sind (Zeiler et al. 2019). Alle weiteren für das Service-System verwendeten Barcode-Scanner und RFID-Lesegeräte (z. B. bei der Montage, Reparatur) sind ebenfalls mit der Cloud-Plattform verbunden.

4.2 Schicht 2: Kommunikation

Die zweite Schicht, vereinfacht dargestellt in Abb. 6, basiert auf der EPCIS-Architektur (GS1 2015) und verwaltet die Kommunikation zwischen den intelligenten Objekten und der Cloud. Die Verwendung eines standardisierten Systemaufbaus, Übermittlungsprotokolls und Vokabulars für das Service-System ist eine wichtige Voraussetzung, um ein unternehmensübergreifendes Verständnis der gesammelten Daten sicherzustellen, die Verarbeitung dieser Daten zu erleichtern und die Integration von weiteren intelligenten Objekten und Kommunikationstechnologien zu vereinfachen. Der Kommunikationsablauf zwischen den intelligenten Objekten und der Cloud gestaltet sich wie folgt: Innerhalb des Shopfloors sammeln intelligente, modulare Sonderladungsträger Daten über ihre Umgebung und Position. Das LPWAN-Modul des Behälters sendet diesen Payload (Nutzdaten) über eine Luftschnittstelle an das LPWAN-Gateway (Uplink). Je nach Bedarf im Prozess wird beim hybriden UHF/HF-RFID-Tag die eineindeutige ID (Payload) mithilfe des RFID-Readers oder der Data-Matrix-Code via Barcodescanner ausgelesen. Für alle drei Wege der Datenerfassung werden die gesendeten Informationen von der Leser-/Antennenschnittstelle registriert und an die „Data Capture Application" weitergeleitet. Abhängig vom Payload werden die Daten im ersten Schritt gefiltert und aggregiert. Der Algorithmus des „Data-Capture-Workflow" akkumuliert anschließend die gesendeten Payloads und fügt zusätzliche Informationen, z. B. die Position des Gateways oder Readers, hinzu. Anschließend wird in dem „EPCIS Capture-Interface" eine dem EPCIS-Standard entsprechende JSON-Datei erstellt. Unabhängig

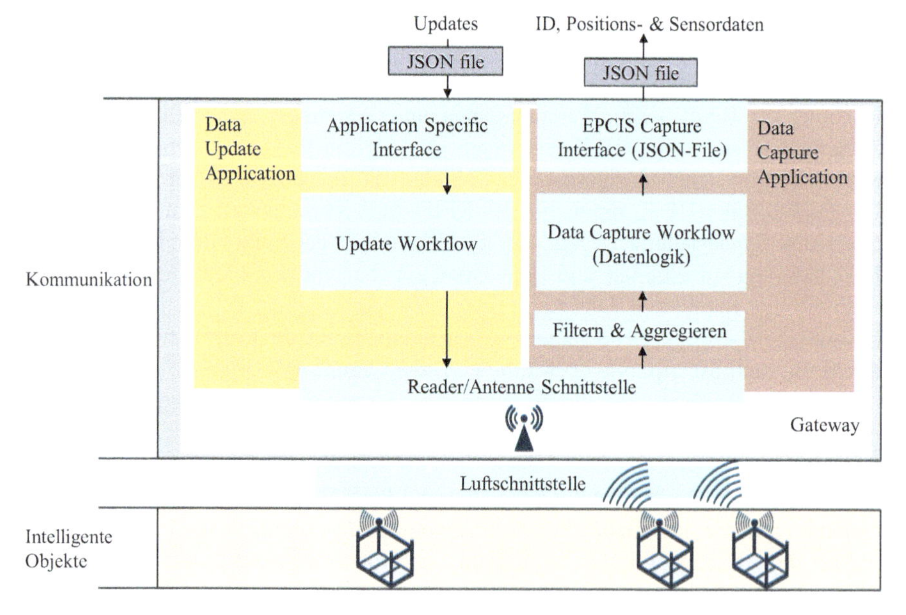

Abb. 6 Datenübermittlung und -vorverarbeitung innerhalb der ersten zwei Schichten. (Zeiler und Fottner 2019)

von der verwendeten Kommunikationstechnologie, dem Standort oder dem Anbieter muss eine standardisierte JSON-Datei generiert werden, bevor die Daten an die Cloud gesendet werden können. Die dabei verwendete Ereignisstruktur und das Vokabular sind von GS1 standardisiert (GS1 2016).

Wenn eine Aktualisierung der IoT-Komponenten erforderlich ist, z. B. die Veränderung des Sendeintervalls des LPWAN-Moduls, wird eine JSON-Datei mit den benötigten Informationen von der Cloud an das „Application specific interface" übermittelt. Der „Update-Workflow" wandelt die empfangenen Daten in eine passende LPWAN-Downlink-Nachricht um und überträgt den Payload über die Antennenschnittstelle während des nächsten Downlinks an das LPWAN-Modul des Zielbehälters.

4.3 Schicht 3: Cloud und Applikation

Obwohl alle Komponenten der Cloud- und Applikationsschicht auch lokal gehostet werden können, wurde eine Cloud-Plattform für das Hosting des Service-Systems gewählt. Dies ist darin begründet, dass neben den klassischen Vorteilen, wie z. B. einfache Skalierbarkeit, eine unternehmensübergreifende Nutzung und Erreichbarkeit des Service-Systems trotz fehlender Expertise der Teilnehmer beim Plattform-Hosting vorliegen. In Abb. 7 ist der Datenfluss des Service-Systems innerhalb der Cloud-Plattform vereinfacht dargestellt. In die Cloud eingehender Datenverkehr wird von einem Datenpaketfilter überprüft und gefiltert. Dabei wird sichergestellt, dass nur Daten von vertrauenswürdigen Quellen akzeptiert werden. Die aus Schicht zwei eingehenden JSON-Dateien werden direkt in einem EPCIS-Repository gespeichert. Aufgrund der Menge an eingehenden Daten handelt es sich bei diesem

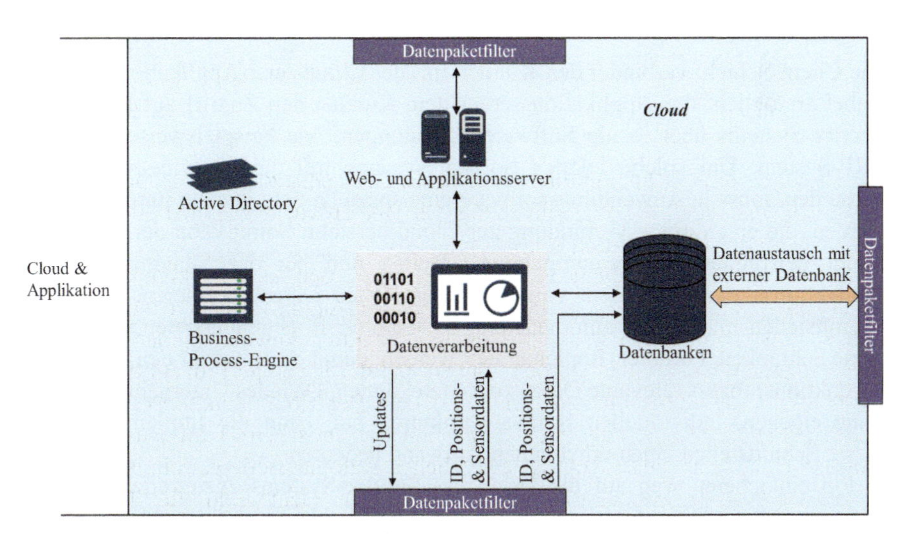

Abb. 7 Vereinfachte Darstellung von Datenfluss und -verarbeitung innerhalb der Cloud-Plattform. (Zeiler und Fottner 2019)

Repository um eine NoSQL-Datenbank. Die ID, Positions- und Sensordaten werden nicht nur in Rohform gespeichert, sondern auch parallel in die Datenverarbeitung gegeben und dort von verschiedenen Softwarediensten verarbeitet und analysiert (z. B. Sortierung, Überwachung von Grenzwerten, Push-Benachrichtigungen). Die verarbeiteten und angereicherten Daten werden im Anschluss in den zugehörigen Datenbanken abgelegt.

Wenn eingehende Daten einen Grenzwert überschreiten oder eine Alarmfunktion auslösen, wird eine Push-Benachrichtigung erstellt und direkt über den Web- oder Anwendungsserver an den Benutzer weitergeleitet. Außerdem kann der Benutzer über den Web- oder Anwendungsserver benötigte Daten anfordern. Diese Datenabfrage wird von mehreren Softwarediensten verarbeitet, die die angeforderten Daten aus der Datenbank extrahieren, konvertieren und diese mithilfe des Web- oder Anwendungsservers für den Benutzer darstellen. Die Prozesslogik und Verarbeitungsalgorithmen der Softwaredienste für eingehende Daten oder Benutzeranfragen sind in der Business-Process-Engine hinterlegt. Durch die Kooperation von mehreren dieser Dienste können dem Nutzer die im vorherigen Kapitel vorgestellten datenbasierten und durch Daten unterstützten Dienstleistungen angeboten werden. Je nach Bedarf gibt es auch Schnittstellen, über die Daten mit Datenbanken außerhalb des Service-Systems ausgetauscht werden können. Auf diese Weise können die Teilnehmer des Service-Systems die gesammelten Daten zur weiteren Analyse in ihr eigenes Cloud-System kopieren oder dem Service-System zusätzliche Daten für detailliertere Dienstleistungen zur Verfügung stellen. Die Datenzugriffsrechte sowie Datenhoheit von Benutzern, intelligenten Objekten und automatisierten Systemen werden von einem Active Directory verwaltet.

4.4 Schicht 4: Client

Die Client-Schicht verbindet den Kunden mit der Cloud- und Applikationsschicht. Dabei ermöglicht der Applikationsserver dem Kunden den Zugriff auf Daten des Service-Systems über lokale Softwareanwendungen, wie beispielsweise über ein ERP-System. Um solche lokalen Softwaresysteme mit dem Service-System zu verbinden, muss je Anwendungssoftware eine spezielle Schnittstelle implementiert werden, die eine direkte Verbindung zur Cloud herstellt. Somit kann der Kunde in seiner gewohnten Softwareumgebung arbeiten und bei der Steuerung seines Produktionssystems trotzdem von den gesammelten Daten profitieren. Ähnliche Schnittstellen müssen für automatisierte Systeme (z. B. Signalleuchten, automatisierte Schranken, Förderer) implementiert werden, damit diese auf für den laufenden Produktionsprozess relevante Daten zugreifen können. Da jedes Unternehmen meist seine eigenen, individuellen Softwarestrukturen hat, kann die Implementierung dieser Schnittstellen einen erheblichen Aufwand bedeuten.

Ein einfacherer Weg auf die Daten des Service-Systems zuzugreifen ist eine Webanwendung. Diese bietet dem Kunden die Möglichkeit sich über eine Webseite einzuloggen und die Daten und Dienstleistungen des Service-Systems auf jedem internetfähigen Gerät zu nutzen. Falls die kostenintensive Implementierung einer

Softwareschnittstelle beispielsweise von einem Reparaturdienstleister nicht erwünscht ist, kann dieser die benötigten Informationen über sein mobiles Endgerät abrufen und den Reparaturbericht direkt über die Webanwendung verfassen. So wird der Zugang zum Service-System auch für kleinere Dienstleister und Teilnehmer des Behälterkreislaufs wirtschaftlich attraktiv.

4.5 Schicht 5: Kunde

Die fünfte Schicht setzt sich aus Rollen und Akteuren zusammen. Eine Rolle ist eine unternehmensneutrale Formulierung bzw. Definition der zu erfüllenden Aufgaben eines Teilnehmers, um die Funktionalität des Service-Systems zu gewährleisten. Jede angebotene Dienstleistung hat eine Nutzer- und in der Regel eine Anbieterrolle, beispielsweise der Nutzer der Wartungsdienstleistung und der Wartungsanbieter. Da das Service-System 21 Dienstleistungen anbietet, gibt es folglich zur Zuordnung und Regelung von gebuchten Dienstleistungen 21 unterschiedliche Nutzerrollen. Da ladungsträgerbasierte Dienstleistungen meist eine physische Leistung beinhalten, wird hier jeweils eine Anbieterrolle vorgesehen, um diese Dienste vollständig anbieten zu können. Zusätzlich existieren weitere Rollen wie z. B. der Systemadministrator, die besetzt sein müssen, um ein funktionierendes Service-System zu gewährleisten.

Akteure sind unterschiedliche Unternehmen oder Mitglieder von Organisationen, denen aktiv Rollen zugeordnet werden. Hierbei wird der Akteur verpflichtet die in seiner Rolle definierten Aufgaben zu erfüllen. Akteure können eine oder mehrere Rollen innehaben, zusätzlich kann eine Rolle gleichzeitig von verschiedenen Akteuren wahrgenommen werden. Die Rolle des Reparaturanbieters kann beispielsweise von mehreren kleinen lokalen Dienstleistern, die in der Lage sind den intelligenten, modularen Sonderladungsträger zu reparieren, eingenommen werden. Wünscht ein Kunde eine Reparatur, kann er je nach Bedarf zwischen den verschiedenen Anbietern auswählen. Dieses Modell, bestehend aus Rollen und Akteuren, gewährleistet eine große Flexibilität und Unabhängigkeit von einzelnen Akteuren, da diese, solange die Anforderungen und definierten Aufgaben der zugewiesenen Rolle erfüllt werden, einfach ausgetauscht werden können.

4.6 Beispielhafter Ablauf der Dienstleistung Zustandsüberwachung innerhalb der IoT-Architektur

Um den Arbeitsablauf innerhalb der Fünf-Schichten-IoT-Architektur zu veranschaulichen, wird ein beispielhaftes Supply-Chain-Event vorgestellt, das den Benutzer benachrichtigt nachdem eine Anomalie durch die Dienstleistung *Zustandsüberwachung* erkannt wurde (Abb. 8).

Die integrierten Sensoren für Neigung und Beschleunigung erfassen kontinuierlich den Zustand des Behälters. Die von den Sensoren aufgezeichneten Maximalwerte, die Behälter-ID sowie die aktuelle Position werden vom LPWAN-Modul an

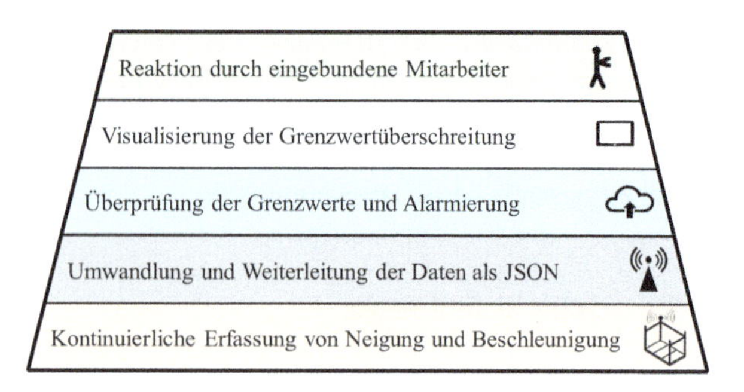

Abb. 8 Vereinfachte Darstellung der Aktivitäten je Schicht bei Überschreitung eines Grenzwertes

das nächstgelegene Gateway gesendet. Dort wird der Payload entschlüsselt, vorverarbeitet und im Anschluss in eine JSON-Datei umgewandelt. Die Datei wird über das Internet an die angebundene Cloud weitergeleitet. Im Cloud-System wird die JSON-Datei als erstes dupliziert. Die erste Instanz bleibt unverändert und wird zur Protokollierung im EPCIS-Repository gespeichert. Die zweite JSON-Datei wird vom ersten Softwaredienst decodiert, der Erschütterungswert (eine Kombination aus Neigung und Beschleunigung) berechnet und die Werte für Neigung, Beschleunigung und Erschütterung je Behälter, je Übertragung und je Position in einer Datenbank gespeichert. Gleichzeitig übergibt der erste Dienst die berechneten Werte, die Position und die ID des Behälters an einen zweiten Softwaredienst. Dieser extrahiert zu Beginn die Grenzwerte für Neigung, Beschleunigung und Erschütterung aus einer Datenbank und vergleicht diese mit den aktuellen Werten. Wenn ein Verstoß gegen die vom Benutzer festgelegten Grenzwerte festgestellt wird, löst der Softwaredienst eine Alarmmeldung aus, die über den Webserver an ein Dashboard auf dem Endgerät des Kunden gesendet wird. Zusätzlich zu dieser Benachrichtigung wird der Verstoß in einer Datenbank gespeichert. Der Kunde kann nun direkt von seinem Mobilgerät auf die Nachricht zugreifen und den Ort und das Ausmaß der Grenzwertverletzung einsehen. Liegt der Verdacht nahe, dass die Ware beschädigt wurde, so kann der Kunde den intelligenten, modularen Sonderladungsträger direkt in der Anwendung sperren. Die Änderung des Behälterstatus auf „gesperrt" wird über den Webserver an die Cloud gesendet und in einer Datenbank gespeichert. Dies bietet dem Kunden die Möglichkeit, die Ausschleusung des beschädigten Behälters und eine Nachbestellung der beschädigten Produkte zu veranlassen, bevor es zu weiteren Komplikationen (z. B. zum Verbau von beschädigten Bauteilen) kommt.

5 Zusammenfassung und Ausblick

Eine fehlende Transparenz in Behälterkreisläufen führt häufig zu Problemen wie z. B. Schwund oder Unterbeständen. Um die Supply-Chain zu optimieren, die Transparenz zu erhöhen und aufkommende Probleme effizienter zu lösen, wurde ein auf intelligenten, modularen Sonderladungsträgern basierendes Service-System vorgestellt. Die Vielzahl an angebotenen Dienstleistungen innerhalb des Service-Systems reicht von datenbasierten über ladungsträgerbasierten bis hin zu finanzbasierten Diensten. Diese Dienstleistungen sind darauf ausgerichtet bekannte Problemstellungen zu lösen und neue Optimierungsmöglichkeiten für den Behälterkreislauf zu schaffen. Zur Realisierung dieses Service-Systems wurde ein Architekturentwurf skizziert, welcher die unternehmensübergreifende Sammlung, Analyse und Bereitstellung von Daten ermöglicht. Dabei werden fünf Schichten beachtet: intelligente Objekte, Kommunikation, Cloud & Applikation, Client und Kunde. Ziel der Fünf-Schichten-IoT-Architektur ist es, die prozessrelevanten Daten von intelligenten Behältern zu sammeln, zu verarbeiten und in Form von datenbasierten bzw. datengestützten Dienstleistungen bereitzustellen. Die Architektur beinhaltet ein zentrales Cloud-System, welches mit den intelligenten Objekten kommuniziert, über Verarbeitungs- und Speicherkapazität für Softwaredienste und Daten verfügt und dem Kunden den Zugriff auf das Service-System webbasiert oder über Softwareanwendungen ermöglicht. Dabei steht eine einfache und unternehmensübergreifende Nutzung des vorgestellten Service-Systems im Vordergrund. Die beschriebene Fünf-Schichten-Architektur erlaubt neben der Integration des vorgestellten intelligenten, modularen Sonderladungsträgers auch die Einbindung von anderen intelligenten Behältern und Technologien (z. B. Bluetooth). Auf diese Weise kann innerhalb der Supply-Chain die Automatisierung manueller Behältermanagementprozesse und die digitale Dokumentation von relevanten Informationen umgesetzt werden. Dies ermöglicht eine Digitalisierung und Sammlung von Informationsflüssen über den gesamten Lebenszyklus eines intelligenten, modularen Sonderladungsträgers. Darüber hinaus sind die gesammelten Daten für alle Teilnehmer des Service-Systems jederzeit zugänglich und verfügbar. Dies führt, z. B. durch Live-Daten zu aktuellen Beständen, zu einer Erhöhung der Transparenz im Behälterkreislauf und trägt somit zur Verbesserung der Prozessqualität bei.

Förderhinweis

Das diesem Artikel zugrunde liegende Forschungs- und Entwicklungsprojekt iSLT.NET wird mit Mitteln des Bundesministeriums für Wirtschaft und Energie (BMWi) innerhalb des Technologieprogramms „PAiCE Digitale Technologien für die Wirtschaft" gefördert und vom Projektträger „Gesellschaft, Innovation, Technologie – Informationstechnologien/Elektromobilität" im Deutschen Zentrum für Luft- und Raumfahrt in Köln betreut (01MA17006E). Die Verantwortung für den Inhalt dieser Veröffentlichung liegt bei den Autoren.

Literatur

Attig P (2011) Komplexitätsreduktion in der Logistik durch modulare Sonderladungsträger. Apprimus, Aachen

Emmerich JS, Roidl M, Bich T, ten Hompel M (2012) Entwicklung von energieautarken, intelligenten Ladehilfsmitteln am Beispiel des inBin. Proc. https://doi.org/10.2195/lj_Proc_emmerich_de_201210_01

GS1 (2015) The GS1 EPCglobal architecture framework; GS1 Version 1.7 dated 18 April 2015

GS1 (2016) EPC Information Services (EPCIS) Standard. https://www.gs1.org/sites/default/files/docs/epc/EPCIS-Standard-1.2-r-2016-09-29.pdf. Zugegriffen am 30.04.2018

Gunnlaugsson VN, Thakur M, Forås E, Ringsberg H, Gran-Larsen Ø, Margeirsson S (2011) EPCIS standard used for improved traceability in the redfish value chain proceedings of the 13th international MITIP conference the modern information technology in the innovation processes of the industrial enterprises. Fagbokforlaget, Norwegen

Hompel Mten (24.06.2015) Keine App – kein Geschäft, Frankfurt. https://www.frankfurt-holm.de/de/prof-dr-ten-hompel-ueber-die-digitalisierung-der-logistik-keine-app-kein-geschaeft. Zugegriffen am 21.05.2019

Kampker A, Franzkoch B, Wesch-Potente C, Brökelmann I (2011) ReBox-Pool – innovative logistic concept based on a modular loading carrier concept. IEEE, Piscataway

Lammers W, Thiele B, Pelka M (2013) Schlussbericht: service-orientiertes Logistikkonzept für ein multifunktionales Behältersystem. TU Dortmund – Fakultät Maschinenbau – Lehrstuhl für Förder- und Lagerwesen

Meißner S (2015) Adaptive Materialflusstechnik. Modulare Transportwagen und Sonderladungsträger für die Materialbereitstellung 24. Deutscher Materialfluss-Kongress. TU München, Garching, 26. und 27. März 2015. VDI, Düsseldorf, S 93–99

Meißner S, Romer M (2018) Neue Geschäftsmodelle durch intelligente Ladungsträger und datenbasierte Dienstleistungen. In: Barton T, Müller C, Seel C (Hrsg) Digitalisierung in Unternehmen. Von den theoretischen Ansätzen zur praktischen Umsetzung. Springer Vieweg, Wiesbaden, S 49–65

Münch U (2016) CairGoLution: Echtzeittransparenz von Luftfracht-Frachtströmen durch den Einsatz eingebetteter Sensorik zur Überwachung einzelner Sendungselemente – Teilvorhaben: Einbettung von innovativen Technologien und Design einer Informationsdienstleistung; Schlussbericht, Laufzeit von 01.07.2013 bis 31.12.2016

Pelich C (2006) Einsatz aktiver RFID bei Volkswagen; Grundlagen, Einsätze und Erfahrungen, Wolfsburg

Prives S (2016) Systemkonzept zur Steigerung logistischer Effizienz im Lebensmitteleinzelhandel durch Einsatz intelligenter Behälter. Dissertation, München

Raza U, Kulkarni P, Sooriyabandara M (2017) Low power wide area networks: an overview. IEEE Commun Surv Tutorials 19:855–873. https://doi.org/10.1109/COMST.2017.2652320

Reinhart G (2013) RAN – RFID-based Automotive Network: Entwicklung von Methoden und Architekturen zur Steuerung und Bewertung von Abläufen in der Automobilindustrie: Verbundvorhaben: RAN: RFID-based Automotive Network: Die Prozesse der Automobilindustrie transparent und optimal steuern; Abschlussbericht, Berichtszeitraum von 01.01.2010 bis 31.12.2012. Technische Universität München, Institut für Werkzeugmaschinen und Betriebswissenschaften, [Garching b. München]

Rosenthal A (2016) Ganzheitliche Bewertung modularer Ladungsträgerkonzepte; Eine Lebenszyklusbetrachtung. Springer Fachmedien Wiesbaden; Imprint: Springer, Wiesbaden

RWTH Aachen WW (2012) Schlussbericht ReBox-Pool: Logistikeffizienz durch rekonfigurierbare Sonderladungsträger. Technische Informationsbibliothek u. Universitätsbibliothek, Aachen

Wang R (2014) Konzeption und Entwicklung eines EPC-basierten Datennetzwerkes in der Lebensmittel-Supply-Chain. Dissertation, München

Werthmann D, Schukraft S, Teucke M, Veigt M, Freitag M, Hülsmann M, Piotrowski J, Winkler M, Winter R (2017) EPCIS-basierter Austausch von Sensordaten. Industrie 4.0 Management 33

Zeiler J, Fottner J (2019) Architectural design for special load carriers as smart objects in a cloud-based service system 2019 IEEE 6th international conference on industrial engineering and applications (ICIEA). IEEE, S 644–652

Zeiler J, Romer M, Röschinger M, Fottner J, Meißner S (2018) Entwicklung des Sonderladungsträgers der Zukunft. ZWF 113:37–40. https://doi.org/10.3139/104.111841

Zeiler J, Scherer F, Fottner J (2019) LoRaWAN als Kommunikationstechnologie für vernetzte Sonderladungsträger. ZWF 114:268–272. https://doi.org/10.3139/104.112081

Internet of Production – Steigerung des Wertschöpfungsanteils durch domänenübergreifende Kollaboration

Günther Schuh, Jan-Philipp Prote, Marco Molitor und Sven Cremer

Zusammenfassung

Der Ausruf von Industrie 4.0 im Jahre 2011 hat hohe Erwartungen an die Steigerung von Produktivität und Wertschöpfung geweckt – diese sind bis heute nicht im erwarteten revolutionären Maße erfüllt worden. Eine oftmals schwierige quantitative Nutzenbewertung und die entsprechend zurückhaltende Investitionsbereitschaft haben eine oft nicht ausreichend umfangreiche Einführung und Durchdringung von Industrie 4.0 zur Folge. Mit dem Internet of Production stellt dieser Beitrag eine holistische Referenzinfrastruktur vor, die durch die Befähigung zu domänenübergreifender Kollaboration eine Steigerung des Wertschöpfungsanteils verspricht. Zur Implementierung des Internet of Production spielen neben der technischen Infrastruktur eine umfassende Vernetzung der Produktlebenszyklen sowie der Aufbau von anwendungsspezifischen und hinreichend akkuraten Digitalen Schatten eine entscheidende Rolle. Um die Produktivität bereits auf dem Weg hin zum Internet of Production schrittweise sichtbar steigern zu können, diskutiert der Beitrag eine besonders nutzenorientierte Sicht auf Industrie 4.0 und stellt hierfür unter anderem den Produktivitätsbaukasten 4.0 vor. Anhand des Beispiels Subskription als neues Geschäftsmodell wird dargestellt, wie Wertschöpfungssteigerungen und Nutzensteigerungen domänenübergreifend erfolgen können. Eine Skalierung der Produktivitätsbausteine erfolgt schließlich in einem Production System 4.0 und wird anhand fünf erfolgreicher Use-Cases aus dem Umfeld des Campus der RWTH Aachen zur schrittweisen Implementierung vorgestellt.

G. Schuh (✉) · J.-P. Prote · M. Molitor
Werkzeugmaschinenlabor WZL, Lehrstuhl für Produktionssystematik, RWTH Aachen, Aachen, Deutschland
E-Mail: g.schuh@wzl.rwth-aachen.de; j.prote@wzl.rwth-aachen.de; m.molitor@wzl.rwth-aachen.de

S. Cremer
Lehrstuhl für Produktionssystematik, Werkzeugmaschinenlabor WZL, RWTH Aachen, Aachen, Deutschland
E-Mail: s.cremer@wzl.rwth-aachen.de

B. Vogel-Heuser et al. (Hrsg.), *Handbuch Industrie 4.0*,
https://doi.org/10.1007/978-3-662-58528-3_52

1 Einleitung

Die heutige Industriewelt ist geprägt von Volatilität, Ungewissheit, Komplexität und Ambiguität (Mack et al. 2016). Um diese Herausforderungen zu beherrschen, bietet Industrie 4.0 ein großes Potenzial (Huber 2018). Industrie 4.0 ist definiert als „die intelligente Vernetzung von Maschinen und Abläufen in der Industrie mit Hilfe von Informations- und Kommunikationstechnologie“ (Plattform Industrie 4.0 2019). Dies ermöglicht eine flexible Produktion, wandelbare Fabriken, schnellere Produktentwicklung und individualisierte Lösungen oder den Einsatz von Daten zur Entscheidungsunterstützung (Reinheimer 2017).

Seitdem Industrie 4.0 bereits im Jahr 2011 ausgerufen wurde (Kagermann et al. 2011), erhofft sich die Industrie deutliche Steigerungen der Produktivität und Bruttowertschöpfung (Neuhold et al. 2018; Geissbauer et al. 2017; Pavleski und Gabler 2018; Rumpel und Gabler 2019; Bauer et al. 2014; Wischmann et al. 2015). Jedoch wird Industrie 4.0 in der Praxis nur langsam eingeführt (Neuhold et al. 2018). Der Grund hierfür sind Herausforderungen wie der hohe Investitionsbedarf, die Beherrschung der Komplexität, wenig qualifiziertes Personal oder mangelndes Know-How (Rumpel und Gabler 2019; Neuhold et al. 2018). Während Industrieunternehmen ihre Erwartungen also primär auf die Wertschöpfungssteigerung konzentrieren, werden weitere Nutzensteigerungen durch erhöhte Reaktionsfähigkeit bis hin zur domänenübergreifenden Kollaboration meist nicht als möglicher Nutzen von Industrie 4.0 identifiziert (Rumpel und Gabler 2019; Neuhold et al. 2018). Dies liegt unter anderem daran, dass dieser Nutzen nicht oder nur mit viel Aufwand quantifizierbar ist.

Domänenübergreifende Kollaboration innerhalb der Produktion ist der Schlüssel, um den Wertschöpfungsanteil und damit den Nutzen zu steigern. Eine Erfolgsgeschichte aus anderem Umfeld verdeutlicht das Potenzial: Das Internet of Things (IoT) hat sich in den vergangenen Jahren vor allem im Konsumentenbereich etabliert (Bhardwaj und Kole 2016) und leistet angelehnt an das rein virtuelle Internet einen Transfer dieser Idee in die physische Welt. Smart Home, die Überwachung der Herzfrequenz durch Smart Wearables oder Fahrerassistenzsysteme haben sich für viele Menschen bereits im Alltag durchgesetzt und erzielen dort einen sichtbaren Nutzen durch Vernetzung in der physischen Welt. Die Übertragung von IoT auf Produktionsprozesse ist jedoch um einiges komplexer als solche Alltagsanwendungen (Schuh et al. 2017a). Geschlossene Systeme mit einer einheitlichen Infrastruktur sind im Gegensatz zu den heute erfolgreichen IoT-Anwendungen im Umfeld der Produktion nicht möglich; es ist keine Schnittstellenkonnektivität gegeben. Die Produktion ist dominiert von einzelnen Domänen, die sich in historisch bedingter hoher fachlicher Modell- und Datentiefe innerhalb von Silos weiterentwickeln und die Heterogenität durch den Drang zu lokaler inhaltlicher Vollständigkeit so sogar noch weiter erhöhen. Dies erschwert den Zugriff auf Daten und Wissen über die Grenzen von Domänen hinweg. So erfolgt die Arbeit in der Praxis von Produktion und Entwicklung häufig auf der Grundlage veralteter, fehlerhaft kopierter und unvollständiger Datenbestände, deren gegenseitige Abstimmung hohe Schnittstellenverluste und eine rein sequenzielle Arbeitsweise bedingt.

Das Internet of Production (IoP) strebt es an, diese spezifischen Herausforderungen der Produktion zu bewältigen: Produktivität und Agilität werden besonders dann steigen, wenn sowohl fachliche Modell- und Datentiefe als auch spezifisches Wissen domänenübergreifend verfügbar würden. Dies schlösse die bestehende Lücke in der Produktion zwischen vertikaler fachlicher Tiefe innerhalb der Disziplinen und domänenübergreifender horizontaler Kollaboration über Abteilungs- und Disziplingrenzen hinweg. In der Vision des IoP entsteht hierfür eine echtzeitfähige, präzise, sichere und übertragbare Infrastruktur zur Umsetzung von Industrie 4.0. Innerhalb dieser Infrastruktur ermöglicht das IoP die kompatible Einbindung einzelner Komponenten aus allen Domänen, es wertet die anwendungsfallspezifisch aggregierten Daten aus und stellt diese bereit, um schnell und agil damit zu entscheiden.

Während der Nutzen von Industrie 4.0 in der öffentlichen Wahrnehmung also noch ausbleibt, verspricht das Internet of Production durch die domänenübergreifende Kollaboration insbesondere dann einen Nutzen, wenn möglichst viele Domänen, Datensysteme und die Phasen des Produktlebenszyklus darüber vernetzt sind. Es ist aber auch erforderlich, bereits auf dem Weg zu der holistischen und entsprechend skalierbaren Infrastruktur des Internet of Production den Wertschöpfungsbeitrag durch Industrie 4.0 zu steigern. Dafür müssen einzelne zielgerichtete Industrie-4.0-Initiativen strategisch und systematisch umgesetzt werden. Sowohl die Referenzarchitektur des Internet of Production, als auch die entsprechende Systematik zur Anwendung von Industrie 4.0 mitsamt verschiedenster Beispiele sind Gegenstand dieses Artikels.

2 Internet of Production als Schlüssel zur domänenübergreifenden Kollaboration

Das Internet of Production wurde als ganzheitliche Referenz-Infrastruktur für Industrie 4.0 an der RWTH Aachen für das gleichlautende Exzellenzcluster entwickelt. Es basiert auf der Idee, eine große Vielzahl an zugänglichen Daten aus den Prozessen der realen Produktion auszuwerten und diese Daten zur Entscheidungsunterstützung verfügbar zu machen. Dafür entstehen im IoP digitale Abbilder der Realität situativ in unterschiedlicher Aggregationstiefe und Verknüpfung durch die Vermittlung zwischen den zugrunde liegenden heterogenen Daten und detaillierten produktionstechnischen Modellen.

Das IoP bildet vier zentrale Ebenen und drei Lebenszyklusphasen ab: Von der Entwicklungsphase über die Produktionsphase bis zur Anwendungsphase erstreckt es sich damit domänenübergreifend über den gesamten Produktlebenszyklus, wie Abb. 1 veranschaulicht.

Als oberste der vier Ebenen bildet die Ebene *Smart Experts* die Schnittstelle zu den Entscheidern ab, um Entscheidungssituationen intuitiv und interaktiv zu unterstützen. Spezifische, auf die Entscheidungssituation zugeschnittene Apps haben die Aufgabe, sämtliche weitergereichten Daten so aufzubereiten, dass damit transparente und agile Entscheidungen getroffen werden können. Anwender können ihre Aufgaben an virtuelle Agenten delegieren, die adaptive Prozesse, autonome Hand-

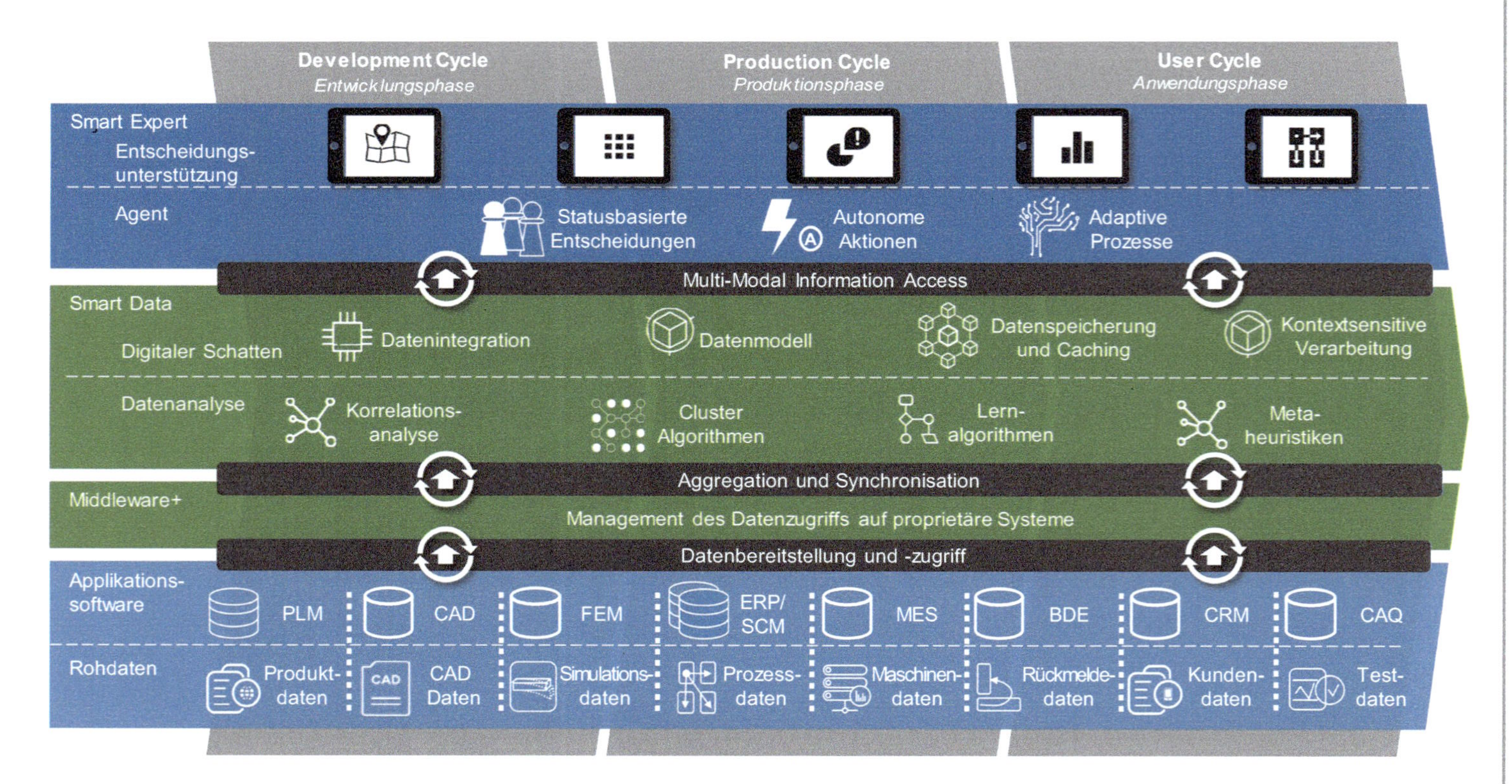

Abb. 1 Infrastruktur des Internet of Production

lungen oder ereignisbasierte Entscheidungen steuern. Dazu analysieren die Agenten die oft historisch erfassten Rohdaten oder Echtzeit-Sensordaten und entdecken Muster darin, sodass sie aus diesen Daten lernen können. Sofern es sich um regelbasierte oder eindeutige Entscheidungen handelt, können diese von den Agenten autonom getroffen werden. Die aus der Entscheidung resultierenden Daten können wiederum für zukünftige Anwendungen von Bedeutung sein und wiederverwendet werden. Die Agenten erkennen, lernen und entscheiden also bedarfsgerecht selbständig. Durch diese kontinuierliche Synchronisation bleiben Daten stets aktuell, wodurch zugleich die Entstehung konfliktärer Datensätze vermieden wird.

Um die Entscheidungsunterstützung auf der Smart-Expert-Ebene zu ermöglichen, ist die Ebene *Smart Data* erforderlich. Hier werden die für die Anwenderebene notwendigen Daten aus der Rohdatenschicht heraus aggregiert und synchronisiert. Diese Ebene ermöglicht einen multimodalen Zugriff auf verfeinerte Daten aus den unterschiedlichen Produktlebenszyklen und verknüpft relevante Prozessbeziehungen in Entwicklungs-, Produktions- und Anwendungsphase. Eine derartige Integration verwendet komplexe Datenmodelle mit Funktionalitäten zur Speicherung und zum Caching von Daten. Durch die auf das Wesentliche reduzierten Daten ist eine gezielte, schnelle und ressourcenschonende Auswertung durch die Agenten in der Smart-Expert-Ebene möglich; so werden Latenzzeiten zwischen den Ebenen minimiert und die kontextsensitive Verarbeitung von Anfragen ermöglicht. Das Resultat hieraus ist ein Digitaler Schatten – das um eine „smarte Intelligenz" angereicherte und hinreichend akkurate Abbild produktionstechnischer Modelle und heterogener Rohdaten, die von Anwendungen und Prozessen entlang des Produktlebenszyklus erzeugt werden. Zur Erzeugung eines Digitalen Schattens sind komplexe Datenanalysen erforderlich; es kommen beispielsweise Korrelationsanalysen, Cluster-Algorithmen, Lernalgorithmen oder Metaheuristiken zum Einsatz. Im Vergleich zum Digitalen Zwilling, bei welchem es sich um ein exaktes digitales Abbild der Produktion handelt (Hehenberger und Bradley 2016), enthält der Digitale Schatten nur die wichtigsten Informationen und Daten, welche die Zusammenhänge vereinfachen, die Komplexität aber zum notwendigen Grad erhalten (Schuh et al. 2017e). Im Resultat kann ein Digitaler Schatten vereinfacht mit einer Suchmaschine verglichen werden, die aus der großen Menge an Daten die für den Anwender relevanten Daten auch über verschiedene Domänen hinweg kontextsensitiv extrahiert und aufbereitet, ohne dabei also eine exakte wörtliche Übereinstimmung des Suchbegriffes zu benötigen.

Um aus den heterogenen Rohdaten einen Digitalen Schatten zu erzeugen, ist eine *Middleware+* erforderlich. Diese dient der semantischen Interoperabilität und erlaubt es also, große Datenbestände aus diversen Quellen zu verwalten und darüber hinaus die Zusammenarbeit verschiedener proprietärer Anwendungssysteme durch ein Modell-Mapping und erweiterte Metadatenstrukturen zu ermöglichen.

In der untersten Ebene des IoP sind die *Applikationssoftware* und die *Rohdaten* angesiedelt. Auf dieser Ebene erfolgt die Datensammlung und -bereitstellung. Die Applikationssoftware sind beispielsweise PLM-, CAD-, ERP-, MES- oder CRM-Systeme, welche die anwendungsfall- und unternehmensspezifischen Rohdaten enthalten. Jede Maschine, jeder Benutzer und sogar jede Entwicklung hinterlassen bei ihren Aktivitäten nicht-klassifizierte Rohdaten. Die resultierende Menge der Rohdaten enthält somit sowohl Daten aus der physischen Welt, beispielsweise Sensordaten, als auch Daten aus der virtuellen Welt, beispielsweise Konstruktionsmodelle. Ein großer Vorteil hierbei ist die Möglichkeit, stets weitere beliebige Datenquellen hinzuzufügen und dadurch den Nutzen steigern zu können. In Zukunft wird hierbei auch der Austausch oder Zukauf externer Daten eine größere Rolle spielen, um beispielsweise Marktdaten direkt in den Produktlebenszyklus einfließen zu lassen.

Konkret ermöglicht die Umsetzung des IoP beispielsweise Echtzeit-Statusberichte, Empfehlungen und Vorhersagen für Entwicklung und Produktion, KI-basierte in-situ Entscheidungsfindungen oder auch Echtzeit-Diagnosen. So kann die Kollaboration zwischen einzelnen Abteilungen und Domänen entscheidend erleichtert und Blindleistungen vermindert werden (Schuh et al. 2017e). Die theoretisch erdenkbaren Anwendungsmöglichkeiten innerhalb des IoP sind durch die tatsächlich verfügbare Rohdatengrundlage limitiert – von Benutzern geforderte Anwendungen können also von den real verfügbaren Anwendungen abweichen. Um auch geforderte, aber noch nicht verfügbare, Anwendungen zu ermöglichen, würde es erforderlich, weitere Datenquellen zu integrieren. Dann ermöglicht die Vereinigung neu angebundener Daten mit den bereits bestehenden Daten darüber hinaus wiederum weiterführende neue Anwendungen. Die konsequente Weiterentwicklung und Ausgestaltung des IoP ist also sowohl getrieben durch Daten als auch durch die Nachfrage nach Anwendungen. Mit seinen vielfältigen Anwendungsmöglichkeiten ist das IoP ein Schlüssel dafür, die Herausforderungen, die bei der Umsetzung von Industrie 4.0 durch die Übertragung der realen Welt in die digitale Welt entstehen, zu bewältigten (Molitor et al. 2019).

2.1 Domänenübergreifende Kollaboration im gesamten Produktlebenszyklus

Das IoP ist eine Referenzarchitektur mit dem Ziel, eine domänenübergreifende Kollaboration zwischen Entwicklungszyklus, Produktionszyklus und dem Anwendungszyklus zu befähigen. Die großen Potentiale des IoP werden insbesondere beim Blick in die jeweiligen Herausforderungen der einzelnen Domänen deutlich: Die Produktlebenszyklen verkürzen sich spürbar in der Entwicklung, die Produktion steht vor disruptiven technologischen Innovationen und zugleich fordern Kunden höhere Individualisierung. Dies hat zur Folge, dass sich Produktionssysteme ständig an äußere Gegebenheiten anpassen und flexibel reagieren müssen (Friedli und Schuh 2012) und diese Herausforderungen bedingen sich über die Domänengrenzen hinweg gegenseitig. Abb. 2 illustriert, wie vor diesem Hintergrund im Zusammenspiel der Domänen Veränderungen schneller und effizienter umgesetzt werden können und müssen.

Entscheidend für eine domänenübergreifende Kollaboration ist, dass alle im gegebenen Zusammenhang notwendigen Daten durch das IoP barrierefrei, also ohne Kompatibilitätsprobleme und in Echtzeit, zur Verfügung gestellt werden können.

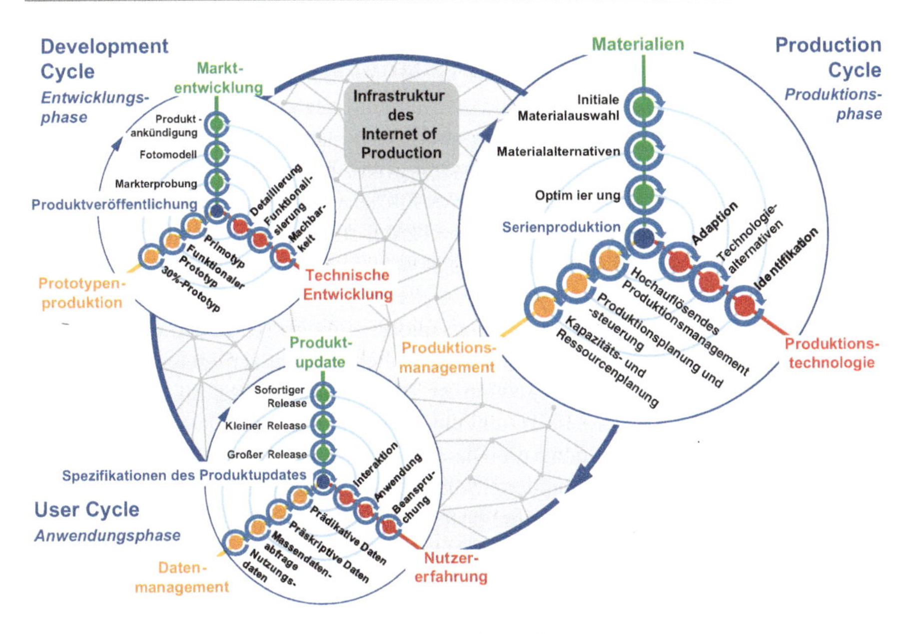

Abb. 2 Der durch das IoP hochiterative Produktlebenszyklus

Gleichzeitig tragen die einzelnen Domänen durch ihre jeweilige spezifische Fachexpertise und die regelmäßige Anwendung des bereits existenten Domänenwissens zur Verfeinerung und Qualitätssteigerung der erfassten und verfügbaren Daten bei. Darüber hinaus werden Entscheidungsbedürfnisse proaktiv identifiziert und mögliche prädiktive, also vorausschauende, Maßnahmen datenbasiert abgeleitet. Durch höhere Datenqualität und klare Entscheidungsbedürfnisse profitieren im IoP auch die relevanten Bereiche anderer Domänen, denn komplexere produkt- und produktionsbezogene Fragestellungen können durch die gezielte Aufteilung in einzelne vereinfachte und weniger komplexe Fragen an die jeweilig zuständigen Fachexperten effizient gelöst werden.

Bei holistischer Anwendung des IoP über den gesamten Lebenszyklus eines Produktes hinweg können die Iterationsschritte innerhalb dieses Lebenszyklus entscheidend verkürzt werden. Mit zunehmender Qualität der Datengrundlage wird der Lebenszyklus um eine innere, stets komplexer und dichter werdende Vernetzung verdichtet. Somit ist nicht nur eine Verkürzung der Zyklusdauer, sondern auch eine Verkürzung der (Kommunikations-) Wege gegeben. In Konsequenz bedeutet dies beispielsweise, dass Neuerungen den Kunden schneller erreichen oder kundenseitiges Feedback schneller zur Produktanpassung führt.

So werden etwa im Zuge von Produktveränderungen schon mit der Überführung von Nutzungsprofilen des Produkts in erforderliche Funktionsumfänge durch das Engineering wiederum auch die Materialauswahl, Fertigungstechnologien oder gar die Produktionsorganisation unmittelbar bedingt. Besonders bei solchen domänenübergreifenden Interdependenzen entsteht ein Nutzen aus dem IoP dadurch, dass die

Entscheidungsqualität und die Entscheidungs- und Umsetzungsgeschwindigkeit auf allen Ebenen unter stets unsicherer werdenden Umgebungsbedingungen steigen.

Diese Befähigung zur schnellen und effizienten Kollaboration über Fachgrenzen hinweg resultiert in einer Wertschöpfungssteigerung. Und doch bleibt es vergleichbar schwierig, den Nutzen des IoP vollständig und hochauflösend zu quantifizieren: Zunächst erfordert das IoP mehrere (quantifizierbare) Einzelinvestitionen, die jeweils eine deutliche Nutzensteigerung bewirken sollen – dies kann sich etwa in Form von (quantifizierbaren) Produktivitäts- oder Umsatzsteigerungen bis hin zur Gestaltung neuer effektiverer Geschäftsmodelle manifestieren. Neben der unmittelbar messbaren Wertschöpfungssteigerung spielen weitere Nutzensteigerungen jedoch eine bisweilen sogar entscheidendere Rolle: Der Nutzen steigt auch durch einen (nicht quantifizierbaren) Zugewinn an Transparenz und Agilität in der Organisation; es handelt sich ebenfalls um eine Nutzensteigerung, wenn sich durch datenbasierte Bedürfniserkennung die Kundenbindung erhöht (Baumöl und Bockshecker 2019). Erst in der Summe der Effekte bei holistischem Einsatz des IoP wird sich in Form der Gesamtwertschöpfungssteigerung ein quantifizierbarer, aber nicht kausal in seine Einzeleffekte auflösbarer Nutzen einstellen.

2.2 Aggregierte Informationsbereitstellung durch den Digitalen Schatten

Der ungehinderte und schnelle Informationsfluss innerhalb des IoP ist ein wesentlicher Baustein zur Befähigung der domänenübergreifenden Kollaboration im gesamten Produktlebenszyklus. Informationen müssen effizient zusammengefasst, für die fachspezifische Fragestellung aufbereitet und am Ort der Entscheidung in domänenspezifischer Echtzeit bereitgestellt werden. Datensätze, die der Entscheidungsunterstützung dienen, müssen also multiperspektivische Datenbestände hinreichend und persistent aggregieren, sodass diese in der Lage sind, zu einer Berichterstattung, Diagnose, Vorhersage und Empfehlung in domänenspezifischer Echtzeit beizutragen. Die Bereitstellung derartiger Daten ist die Aufgabe des Digitalen Schattens. Dieser dient, wie zuvor erörtert, als Mittler zwischen den heterogenen Datenbeständen, fachlicher Expertise und der Entscheidungsaufbereitung. Hierfür ist es erforderlich, dass der Digitale Schatten Daten bewusst auswählt, sie bereinigt, semantisch integriert und vorab analysiert.

Für die Erzeugung eines Digitalen Schattens greifen Optimierungsvorhaben anwendungsspezifisch auf eine je nach Notwendigkeit tiefgreifend modellierte bzw. weitreichend verknüpfte Datenbasis zu. So unterscheiden sich die Analyseverfahren und zugrunde liegenden Daten je Fragestellung; es kommen hierzu innerhalb der Smart-Data-Ebene des IoP sowohl Datenanalyseverfahren als auch reduzierte Modelle der realen Wirkzusammenhänge zur Anwendung. So entstehen semantisch korrekte, aber reduzierte (Sub-)Datensätze in einer der Ausgangsfragestellung angepassten Aggregation.

Der Aspekt hinreichend genauer Aggregation ist übrigens der entscheidende unterscheid eines Digitalen Schattens zum Digitalen Zwilling: Ein Digitaler Zwilling zielt darauf ab, ein reales physisches, technisches, soziotechnisches oder Geschäftssystem zum Zwecke einer parallel verlaufenden aktiven Simulation möglichst exakt abzubilden (Bauernhansl et al. 2016). Im Kontrast dazu, erfordert ein Digitaler Schatten im Gesamtkontext des IoP keine hochauflösend kopierte Datenbasis mehr, sondern greift lediglich auf die für den Anwendungsfall relevanten Datenbestände zurück.

Dieser Zusammenhang ist in Abb. 3 illustriert. So wird zum Beispiel in der In-Depth-Analyse das Optimierungspotenzial einzelner Prozesse innerhalb eines Fertigungsschrittes untersucht, was eine akkurate Modellierung physikalischer und zugleich domänenspezifischer Wirkzusammenhänge unter Rückgriff auf einen entsprechend eingeschränkteren Datenbestand erfordert. Mid-Range-Analysen finden etwa Anwendung, um einzelne Fertigungsschritte als Ganzes zu optimieren; sie erfordern größeren Zusammenhang der Daten über angrenzende Disziplinen hinweg. Eine Wide-Range-Analyse, wie sie etwa bei der Identifizierung von Potenzialen in der gesamten Wertschöpfungskette zum Einsatz kommen kann, erfordert eine wesentlich geringere technische Modelltiefe und erlaubt damit eine höhere Aggregation der Daten bei deutlich breiterer bis hin zu vollständiger Berücksichtigung der diversen angebundenen Domänen und ihrer Datensysteme.

Für die hier dargestellten verschiedenen Niveaus der Analyse werden die stets erforderlichen Daten in der stets erforderlichen Komplexität, Aggregation und Konzentration durch den Digitalen Schatten bereitgestellt. Dadurch können unternehmens- und produktspezifische Zusammenhänge gezielt die Optimierung unterstützen und Entscheidungen unterstützen, die in Form von Berichten und Diagnosen sowohl in die Vergangenheit gerichtet sein können als auch in Form von Vorhersagen oder Handlungsempfehlungen in die Zukunft blicken.

Ein einmal erstellter Digitaler Schatten dient als Grundlage für weitere Selbstoptimierung, denn die hierbei erstellten Ergebnisse und Vorgänge finden erneute

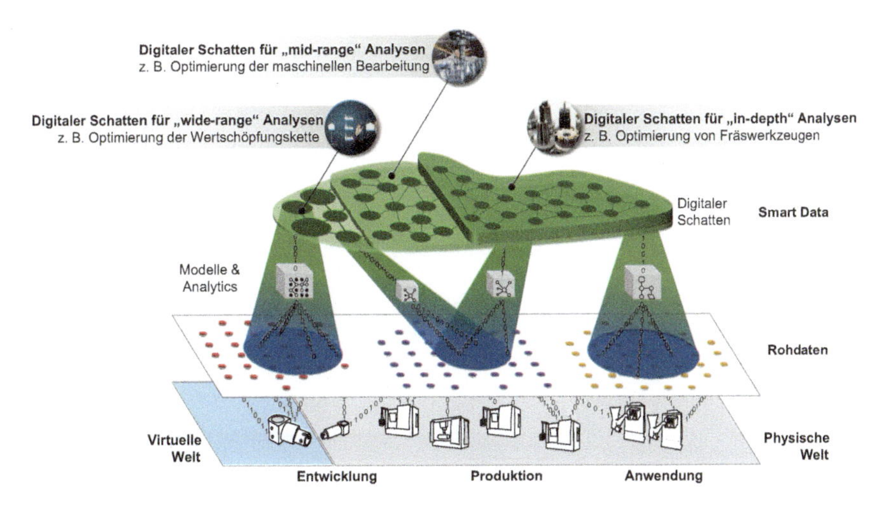

Abb. 3 Informationsbereitstellung durch den Digitalen Schatten

Anwendung in nachfolgenden Anwendungen und validieren und verfeinern hierbei zugleich die zugrunde liegenden Modelle realer Wirkzusammenhänge.

2.3 Steigerung des Reifegrads von Industrie 4.0 im Internet of Production

Das IoP stellt eine geeignete Referenzinfrastruktur für die Anwendung und Implementierung von Industrie 4.0 dar. Es befähigt und begleitet die Transformation von Industrie 3.0 zu Industrie 4.0 durch vielfältige Industrie-4.0-Reifegradstufen hinweg. Unternehmen kommen oftmals aus einem Zeitalter der Computerisierung und entwickeln sich nun hin zu Industrie 4.0, der „intelligenten Vernetzung von cyberphysischen Systemen" (Plattform Industrie 4.0 2019). Die Intelligenz der Vernetzung steht in Korrelation mit dem Industrie-4.0-Reifegrad, welcher mit der fortschreitenden Entwicklung von Industrie 4.0 zunehmend steigt und sich, wie in Abb. 4 dargestellt, in vier Stufen unterteilen lässt.

Die Erreichung des ersten und geringsten Reifegrades schafft Sichtbarkeit über Zustände in der Entwicklung, der Produktion oder der Anwendung von Produkten. Diese *Visualisierung* ermöglicht erstmals Kenntnis über aktuelle Geschehnisse, wie beispielsweise Variantenkomplexität, Lagerbestände oder die Nutzung des Produktes durch den Kunden. Der Beitrag des IoP in diesem Reifegrad besteht etwa aus Nutzerschnittstellen, die zur verständlichen audiovisuellen Darstellung von Sensordaten aus der Produktion beitragen.

Die darauf aufbauende Stufe ermöglicht *Transparenz* über Wirkungsweisen. Im Unterschied zur reinen Sichtbarkeit, offenbart Transparenz auch kausale Zusammenhänge und beantwortet somit die Frage, warum etwas passiert. Durch die Verknüpfung von verschiedenen Daten auf der Smart-Data-Ebene des IoP lassen sich mit

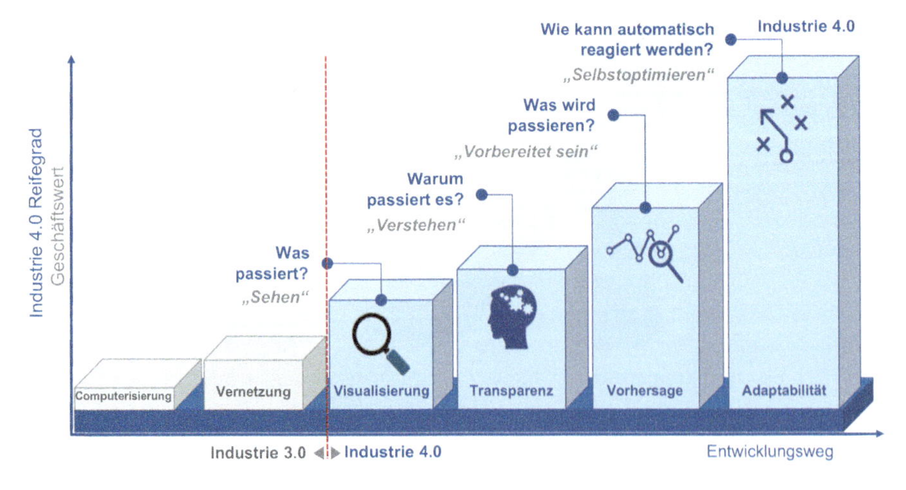

Abb. 4 Reifegrad der Industrie 4.0

dessen Hilfe Zusammenhänge erkennen. Solche Zusammenhänge können beispielsweise über einfache Korrelationsanalysen oder komplexe Cluster-Algorithmen gezielt identifiziert werden. Durch Transparenz wäre es zum Beispiel möglich, Qualitätsmängel kausal mit einem fehlerhaften Fertigungsparameter zu verknüpfen.

Mit der vorhandenen Transparenz lassen sich auf der dritten Stufe *Vorhersagen* über zukünftige Ereignisse treffen. Somit können Prognosen darüber erstellt werden, was passieren wird. Die im IoP bereitgestellten Analysemethoden, wie Regressionsanalysen und Lernalgorithmen, ermöglichen Vorhersagen darüber, wie wahrscheinlich der Eintritt gewisser Ereignisse ist. Die datenbasierte Vorhersage von Maschinenstillständen auf der Grundlage von echtzeiterhobenen oder vergangenheitsbezogenen Sensorinformationen ist ein Beispiel hierfür.

Die vierte Stufe ist die *Adaptabilität* und stellt den derzeit höchsten Industrie-4.0-Reifegrad dar. Prozesse und Lösungen, die den Voraussetzungen für Adaptabilität entsprechen, beantworten für eine Entscheidungssituation aufbereitet oder sogar autonom, wie auf vorhersehbare und unvorhersehbare Ereignisse adäquat reagiert werden kann. Die Lernalgorithmen des IoP analysieren neben Sensordaten und Entwicklungsdaten auch Felddaten des Produktlebenszyklus. Dies ermöglicht Entscheidungen, die zum Beispiel unter Integration von Entwicklungsmodellen, sensordatenbasierten Vorhersagen oder historischem Nutzerverhalten auf einem umfassenden Datenmodell beruhen. Somit sind automatisierte Entscheidungen und Reaktionen in domänenspezifischer Echtzeit möglich. In dieser Ebene herrscht erstmals Autonomie, wie etwa durch einen automatischen steuernden Eingriff in die Produktionsplanung und -steuerung nach einem Störereignis, oder durch das Nachregeln von Maschinenparametern auf Grundlage von Messwerten oder Vorhersagen.

2.4 Technische Infrastrukturempfehlung für das Internet of Production

Während die Infrastruktur des IoP in Abb. 1 als Referenzmodell noch einer konzeptionellen Orientierung dient, ist es erforderlich, ein konkretes IT-Infrastruktur-Modell zu entwickeln, das die Ströme an (Produktions-)Daten von der Datenaufnahme durch Prozessrückmeldungen oder Sensoren bis zur Anwendung darstellt (Molitor et al. 2019). Hiermit wird der technische Aufbau des IoP ermöglicht, der Anwender technisch zur Beherrschung aller Industrie-4.0-Reifegrade befähigt. Diese technische Infrastruktur wird in Abb. 5 illustriert. Das Modell besteht in Anlehnung an die Referenzarchitektur des IoP aus einer Daten-, Netzwerk-, Datenbank, Analytischen und Anwendungsschicht. Durch diese Einteilung der Schichten wird eine voneinander unabhängige Implementierung der einzelnen Schichten ermöglicht.

In der Datenschicht werden die Produktionsdaten durch vielfältigste Datenquellen gewonnen. Dies sind z. B. die eingebundenen Geräte, Maschinen oder ganze Fertigungshallen aus der Produktionsumgebung. Diese nehmen durch Sensoren Daten, etwa Temperatur, Druck, Kräfte, auf und wandeln diese über einen Mikrocontroller in ein digitales verarbeitbares Signal um.

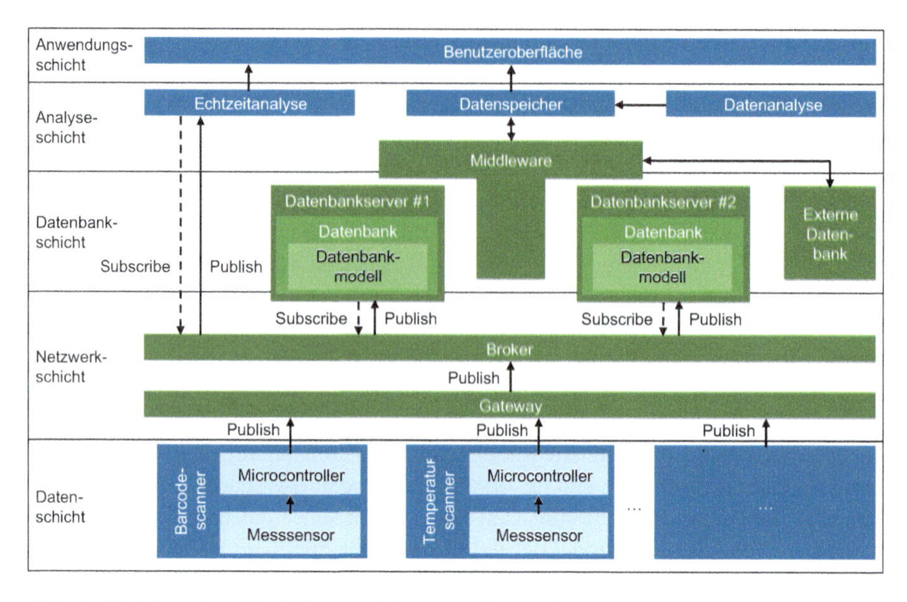

Abb. 5 IT-Infrastruktur-Modell. (Angelehnt an Molitor et al. 2019)

Die Netzwerkschicht stellt die Verbindung zwischen der Datenschicht und der Datenbankschicht dar. Sie ermöglicht den Datentransfer zwischen der direkten Produktionsumgebung und den Netzwerkteilnehmern. Die Datenübermittlung zwischen der Datenschicht und der Datenbankschicht funktioniert bei Verwendung gleicher Interfaces oder Protokolle, z. B. MQTT oder CoAP, über Broker. Im Fall von verschiedenen Protokollen kommen zudem sogenannte Gateways zum Einsatz, die die Kommunikation durch die Übersetzung der Protokolle ermöglichen.

In der Datenbankschicht werden die Daten für die beiden übergeordneten Schichten gespeichert und diesen zur Verfügung gestellt. Die Datenbanken verwalten die Daten dabei sicher und flexibel zugänglich. Da die Datenbank ihre Daten aus Computeranwendungen erhält, können Datensysteme wie ERP, MES oder CAD integriert werden, wodurch ein holistisches Datenabbild des Produktlebenszyklus entsteht. Neben den Datenbanken kommt in der Datenbankenschicht eine Middleware zum Einsatz, um die Daten zwischen den einzelnen Datenbank auszutauschen und für die analytische Schicht zur Verfügung zu stellen. Dadurch kann die analytische Schicht auf eine konsistente Datenquelle zugreifen.

Die analytische Schicht enthält verschiedene Komponenten, um aus den Datenbanken Informationen zur Entscheidungsfindung zu identifizieren und zur Verfügung zu stellen. Es wird ein umfangreiches Bild der Produktion für die Entscheidungsfindung aus situationsabhängigen Daten, Echtzeit-Datenanalysen und historischen Daten zur Verfügung gestellt. Die Echtzeitdaten kommen dabei direkt von den Sensoren der Produktionsumgebung über die Netzwerkschicht. Historische Daten werden über ein Data Warehouse System zur Verfügung gestellt.

Die Anwendungsschicht macht die in der analytischen Schicht generierten Daten für den Nutzer verfügbar. Die Daten werden in einer unterstützenden Art dargestellt und können somit für die Entscheidungsfindung verwendet werden.

Um diese fünf Schichten voneinander unabhängig implementieren zu können, wurde zudem ein zweistufiger Ansatz entwickelt. Dieser ist in einen daten- und infrastrukturorientierten Teil geteilt und ermöglicht bereichsübergreifende Entscheidungen durch die Identifizierung relevanter Informationen (Molitor et al. 2019).

3 Steigerung des Wertschöpfungsbeitrags durch Industrie 4.0 auf dem Weg zum Internet of Production

Das IoP entfaltet seine Wirkung insbesondere bei ganzheitlicher Durchdringung durch die in diesem Falle erzielbare Steigerung der domänenübergreifenden Kollaboration. Dann werden sich die vielfältigen Potenziale heben lassen, die Unternehmen sich von Industrie 4.0 versprechen. Während die Erwartungen an die Effekte von Industrie 4.0 groß sind, besteht die Herausforderung einerseits darin, den Wertschöpfungsbeitrag auf dem Weg dorthin bereits sichtbar zu steigern. Andererseits benötigen Anwender des IoP Empfehlungen für das strategisch richtige Vorgehen bei dessen Implementierung, um die Transformation projektieren zu können. So ist zusätzlich zu den notwendigen technischen Voraussetzungen des IoP ein nutzenorientierter Implementierungsansatz erforderlich, um den Gesamtnutzen der Unternehmung durch Industrie 4.0 bereits während der Transformation zu maximieren.

Der Nutzen von Industrie 4.0 wird stets hoch eingeschätzt. Nach Schätzungen des Fraunhofer-Instituts IAO aus dem Jahr 2013 wurde damals erwartet, dass die Bruttowertschöpfung im Maschinen- und Anlagenbau bis 2025 ohne Berücksichtigung des Wirtschaftswachstums um insgesamt 30 % steigt, was einer jährlichen Steigerung von 2,21 % entspricht (Bauer et al. 2014). Eine Studie des BMWi aus dem Jahr 2015 stellte dar, dass zwar kurzfristig, im Zeitraum von ein bis zwei Jahren, keine Umsatzsteigerungen durch Industrie 4.0 erzielbar sind, jedoch zumindest die Kosten kurzfristig gesenkt werden können. Mittel- und langfristig, also innerhalb von fünf bzw. zehn Jahren, wurden in Kosten- und Umsatzperspektive nicht weiter quantifizierte, positive Auswirkungen erwartet (Wischmann et al. 2015). Auch im Jahr 2017 ging ca. die Hälfte der Unternehmen von einem Return of Investment (ROI) von höchstens fünf Jahren für Investitionen in digitale Fabriken aus. In dieser Studie wurde die Effizienzsteigerung durch digitale Fabriken für die nächsten fünf Jahre mit insgesamt 15 % abgeschätzt (Geissbauer et al. 2017).

Es kann also festgehalten werden, dass der durch Industrie 4.0 erwartete Nutzen durchaus revolutionär erscheint. Wie in Abb. 6 dargestellt, können jedoch bis heute keine signifikanten Produktivitätssteigerungen und nur geringe Steigerungen der Bruttowertschöpfung durch Industrie 4.0 quantifiziert werden. Bei genauer Betrachtung der Produktivität je Erwerbstätigen zeigt sich, dass die Produktivität je Mitarbeiter in den ersten zwei Jahren nach Ausruf von Industrie 4.0 sogar gesunken ist und die Steigerungen auch in den Folgejahren nur gering ausfielen (Statistisches Bundesamt 2019b). Die Untersuchung des Umsatzes je Mitarbeiter offenbart ledig-

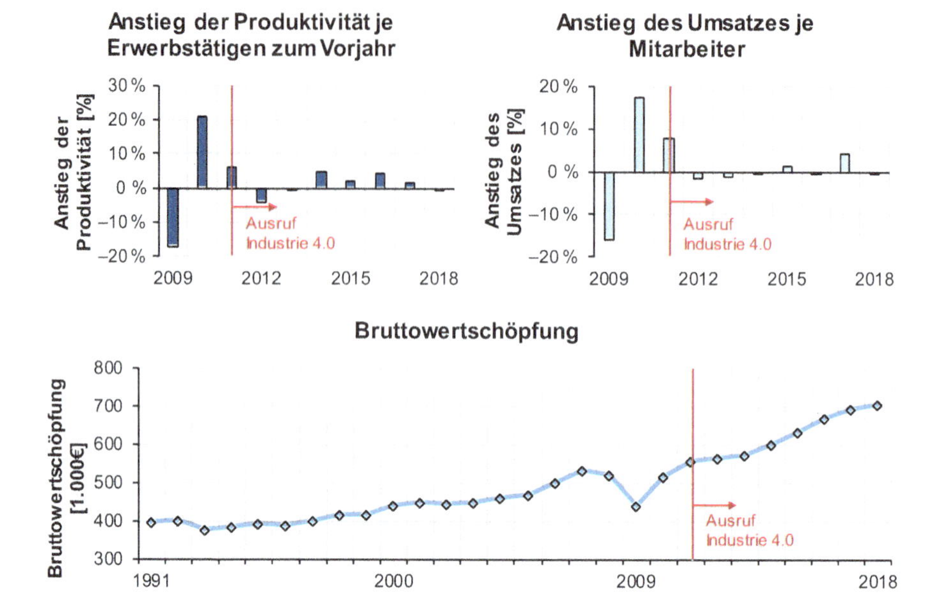

Abb. 6 Kennzahlen im Zusammenhang mit Industrie 4.0 (in Anl. an Daten des Statistischen Bundesamts)

lich Schwankungen und zeigt weder eindeutiges Wachstum noch einen Rückgang (Statistisches Bundesamt et al. 2019). Die Bruttowertschöpfung kann ein leicht verstärktes Wachstum von bis zu 6 % p. a. nachweisen (Statistisches Bundesamt 2019a). Bei den betrachteten Kenngrößen ist allerdings unklar, wie stark der letztendliche Einfluss durch Industrie 4.0 ist.

Es wird ersichtlich, dass der erwartete Produktivitäts- und Wertschöpfungssprung bis heute ausgeblieben ist. Dies befördert auch diejenigen Meinungsbekundungen, die Industrie 4.0 als vorübergehendes Hype-Thema darstellen, von dem die Industrie nicht in ihrer Gänze betroffen sei (Huber 2016).

Die öffentliche Debatte um Industrie 4.0 verdeutlicht die Dissonanz zwischen erwartetem Effekt und sichtbarer Wirkung: In Anlehnung an den Hype Cycle von Gartner (Walker 2018) lässt sich Industrie 4.0, wie in Abb. 7 dargestellt, aktuell an den Anfang des Pfades der Erleuchtung einordnen, nachdem der großen öffentlichen Diskussion mit den daran verknüpften revolutionären Erwartungen ein wesentlicher quantifizierbarer Nutzen gerade erst noch bevor steht. Die Gründe für den mangelnden volkswirtschaftlichen Nutzen sind verschieden: Zum einen reagieren Firmen verhalten auf Trends im Engineering, welche IT-Strukturen und Prozesse betreffen (Gölzer und Gepp 2015). Zum anderen gibt es diverse Hemmnisse bei der Einführung von Industrie 4.0, wie beispielsweise einen hohen Investitionsbedarf oder einen Mangel qualifizierten Personals (Neuhold et al. 2018; Gölzer und Gepp 2015). Hinzu kommt, dass tatsächliche Umsetzungen von Industrie-4.0-Lösungen oft unzureichend und nur vereinzelt erfolgen. Vor allem kleine und mittlere Unternehmen

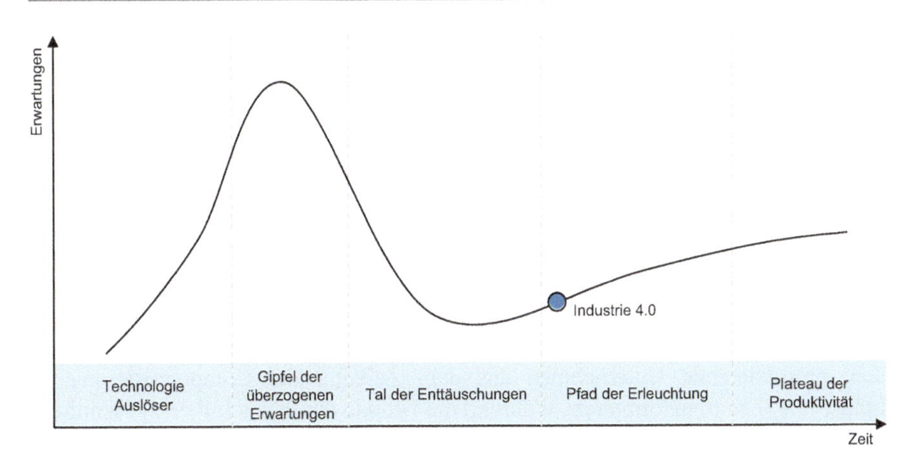

Abb. 7 Industrie 4.0 eingeordnet in den Hype Cycle von Gartner. (Angelehnt an Walker 2018)

(KMU) können aufgrund der fehlenden finanziellen und personellen Ressourcen keine holistischen Implementierungen vorantreiben (VDI ZRE 2017). Neben mangelnden Ressourcen und der Einführung neuer Prozesse stellen die Beherrschung der Komplexität und der Zeitbedarf zur zügigen Umsetzung die größten Hürden zur Umsetzung von Industrie 4.0 dar (Pavleski und Gabler 2018).

Derartige Einzelinitiativen, die nicht an einer ganzheitlichen Strategie ausgerichtet sind, stehen daher im Widerspruch dazu, das IoP holistisch zu implementieren und damit Industrie 4.0 grundsätzlich als strategisches Projekt zu ermöglichen. In einer Studie von Ernst & Young (2018) by Neuhold et al gaben 80 % der Unternehmen an, dass Industrie 4.0 für sie strategisch relevant ist. Jedoch wird Industrie 4.0 nur selten als strategisches Ziel ausgerufen. Der Ernst & Young-Studie zu Folge haben beispielsweise nur 45 % der befragten Unternehmen eine Arbeitsgruppe oder Initiative zum Thema Industrie 4.0 (Neuhold et al. 2018). Dieser Gegensatz wird auch in einer Studie von we.CONECT (2018) deutlich. In dieser gaben 65 % der Unternehmen an, dass Industrie 4.0 einen hohen Stellenwert besitzt. 67 % der Unternehmen waren der Meinung, den Herausforderungen gewachsen zu sein. In einer Selbstbewertung gaben sich die Unternehmen jedoch nur durchschnittlich 2,7 von 5 möglichen Punkten (Pavleski und Gabler 2018). Damit zeigt sich, dass die Umsetzung von Industrie 4.0 angestrebt wird, lediglich das richtige Vorgehen noch unklar bleibt.

Ein Grund dafür ist die unzureichende Betrachtung des Nutzens bei Investitionen in Industrie 4.0. Der Fokus liegt in der Praxis oft auf der Quantifizierung von Wertschöpfungssteigerungen, wie Produktivitätssteigerung, Kostensenkung und steigenden Umsätzen. Dadurch wird die Nutzensteigerung durch Effekte, wie beispielsweise geringere Ausfallzeiten und höhere Auslastung sowie einen höheren Innovationsgrad weniger berücksichtigt (Mauerer et al. 2019). Grund dafür ist die mangelnde Quantifizierbarkeit der Nutzensteigerung. Dieser Aspekt wird daher auch in vielen Nutzenbetrachtungen von Industrie 4.0 teils gar nicht oder nur vereinzelt betrachtet (Pavleski und Gabler 2018; Neuhold et al. 2018). Bei Betrachtung der

Referenzarchitektur des IoP ist erkennbar, dass sich eine signifikante Wertschöpfungssteigerung insbesondere erst durch eine Menge von nutzensteigernden Einzelinvestitionen ergibt.

3.1 Fokus auf die Nutzenperspektive von Industrie 4.0

Der vollständige Nutzen einer holistischen Umsetzung des IoP und von individuellen Industrie-4.0-Projekten ist nur mangelhaft quantifizierbar und erzeugt Zurückhaltung. Zugleich ist es zur Begegnung gegenwärtiger Herausforderungen erforderlich, produzierende Unternehmen aus dem Zeitalter der Computerisierung zu Industrie 4.0 zu transformieren. Während die Effekte durch das IoP erst gesamtheitlich sichtbar werden, müssen einzelne Industrie-4.0-Initiativen den Weg dorthin bereiten und an der Herausstellung von Nutzeneffekten orientiert sein: Der Wertschöpfungsbeitrag muss auf dem Weg zum Internet of Production bereits gesteigert werden. Hierzu wurde am Werkzeugmaschinenlabor WZL der RWTH Aachen ein nutzenorientiertes Modell zur Anwendung und Implementierung von Industrie 4.0 entwickelt.

Abb. 8 zeigt dieses Modell mit der Nutzenperspektive von Industrie 4.0. Der Nutzen wird zunächst darin gesehen, dass der Wertschöpfungsgrad steigt. Zudem wird durch die Vielzahl an Daten die Transparenz im Unternehmen erhöht, was Echtzeit-Entscheidungsfindungen und eine Erhöhung der Reaktionsfähigkeit ermöglicht. Außerdem können die Daten zum strukturellen Lernen genutzt werden und somit beispielsweise Schwachstellen in Prozessen aufdecken oder Prozessinnovationen anstoßen.

Um den beschriebenen Nutzen aus Industrie 4.0 ziehen zu können, bedarf es einiger technologischer und organisationaler Enabler (zu Deutsch: Befähiger). Dazu gehören zum Beispiel Lean Tools, Easy-to-use-Technologien, vernetzte Sensorik,

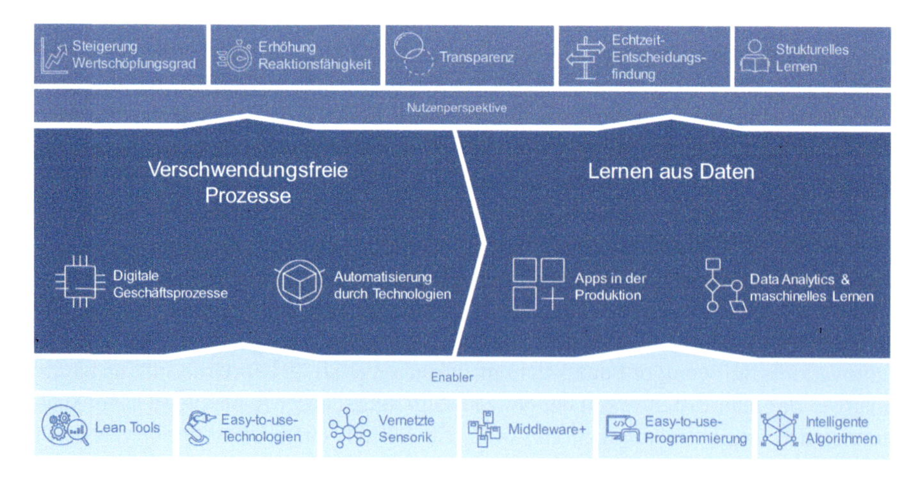

Abb. 8 Modell zur Anwendung und Implementierung von Industrie 4.0

eine Middleware+, Anwendungen zur Easy-to-use-Programmierung und intelligente Algorithmen. Zunächst ist es wichtig, mit diesen Enablern verschwendungsfreie Prozesse im Unternehmen zu erreichen, da diese eine wichtige und unerlässliche Grundlage für eine erfolgreiche Einführung von Industrie 4.0 darstellen. Somit können durch Lean Tools beispielsweise Standards geschaffen werden (Bertagnolli 2018), die für Industrie 4.0 erforderlich sind. Beispiele für solche verschwendungsfreien Prozesse sind digitale Geschäftsprozesse oder sinnvoll automatisierte Produktionen. Mit dieser Grundlage ist es möglich, Industrie-4.0-Technologien zum Lernen aus Daten anzuwenden, beispielsweise Apps in der Produktion oder Data Analytics. Erst mit der Einführung dieser Industrie-4.0-Elemente ist der Wandel von einem im Lean-Sinne schlanken Prozess hin zu einer in Echtzeit reaktionsfähigen Produktion vollzogen. Es werden bei den nutzenorientierten Überlegungen bereits in diesem Stadium einzelne Bausteine zielgerichtet identifiziert, die im späteren Verlauf der Transformation zentrale Elemente des IoP darstellen werden.

3.2 Geschäftsmodell der Subskription als Beispiel zur ganzheitlichen Nutzensteigerung

Geschäftsmodelle sind ein Anwendungsbeispiel dafür, wie der ganzheitliche Nutzen bei der Umsetzung von Industrie-4.0-Initiativen innerhalb der Referenzarchitektur des IoP zielgerichtet fokussiert werden kann. Mit zunehmendem Reifegrad von Industrie 4.0 ergeben sich neue Geschäftsmodelle wie beispielsweise die Subskription in der Produktion. Aktuell ist Deutschland ein Produktionsstandort für Güter (Schuh et al. 2017d). Infolge der Globalisierung steigen die Volatilität, Ungewissheit, Komplexität und Ambiguität der Märkte (Mack et al. 2016). Industrielle Dienstleistungen, die auch durch neue Rahmenbedingungen wie Industrie 4.0 begünstigt werden, stellen in diesem Kontext eine gute Möglichkeit dar, sich von Mitbewerbern abzugrenzen und zu differenzieren. Durch die Entwicklung vom Produkt- zum Lösungsanbieter ergeben sich somit neue Geschäftsmodelle (Schuh et al. 2017d). Subskriptionsmodelle stellen einen Ansatz zur gezielten, agilen Reaktion auf die Kundenwünsche dar. Diese umfassen ein integriertes Gesamtpaket aus Industrie-4.0-Produkten und -Dienstleistungen, die gegen regelmäßige, vergleichsweise geringe Finanztransaktionen gezielt Kundenprobleme lösen und kollaborative Prozessoptimierungen ermöglichen (Schuh et al. 2020).

Durch die enge Vernetzung können sich sowohl Dienstleister als auch Kunde auf ihre Kernkompetenzen konzentrieren und den jeweils höchstmöglichen Nutzen erzielen. Während der Anbieter seinen Wertschöpfungsgrad steigern (höhere Zahlungsbereitschaft durch zusätzlichen Nutzen), die Transparenz erhöhen und strukturell Lernen kann, bietet das Modell dem Kunden eine Steigerung des Wertschöpfungsgrads und eine durch den Service erhöhte Reaktionsfähigkeit. Somit kann der resultierende Nutzen durch Subskription in das in Abb. 8 vorgestellte Modell eingeordnet werden. Zudem ergeben sich für den Kunden durch Subskriptionsmodelle erhöhte Produktivität und finanzielle Flexibilität, was vor allem junge Unternehmen mit eingeschränkten finanziellen Möglichkeiten anspricht. Auf Herstellerseite resultiert durch erhöhte Kundenzufriedenheit eine langfristige Kundenbindung und somit eine bleibende Sicherstellung der Zahlungsströme. Des Weiteren ist durch die erhöhte Zahlungsbereitschaft des Kunden aufgrund des Zusatznutzens eine höhere Profitabilität für den Hersteller gegeben. Durch die Analyse der Kundendaten kann zudem die Zufriedenheit durch flexible Anpassungen an Kundenwünsche zusätzlich erhöht werden. In der Regel wird durch eine engere Kooperation ein höherer Gesamtnutzen erreicht (Buchholz et al. 2017).

Die Einführung von Industrie 4.0 und die Infrastruktur des IoP bieten erstmals die erforderlichen Methoden zur Umsetzung von Subskriptionsmodellen im produzierenden Gewerbe. Um das Anbieten von Dienstleistungen zu ermöglichen, ist eine digitale Anbindung und Vernetzung der angebotenen Produkte unumgänglich. Dadurch werden für den Betreiber des Geschäftsmodells datenbasiert komplexe Zusammenhänge erkennbar, was beispielsweise die Umsetzung von Predictive Maintenance oder Verbesserungen des optimalen Betriebspunktes durch Lernen von erfolgreichen Anwendern als Subskriptionsmodell ermöglicht.

Das Potenzial von Subskriptionsmodellen wird durch eine Umfrage der Ernst & Young GmbH by Neuhold et al. aus dem Jahr 2018 aufgezeigt. Laut dieser haben bereits 12 Prozent der Industrieunternehmen Industrie-4.0-Lösungen im Angebot. Zwar geben von diesen 12 Prozent nur 25 Prozent an, Subskriptions- oder Pay-per-Use-Modelle anzubieten, jedoch planen bereits weitere 24 Prozent dieser 12 Prozent das Angebot solcher Dienste (Neuhold et al. 2018).

3.3 Methoden zur Nutzensteigerung aus dem Produktivitätsbaukasten 4.0

Um den Wertschöpfungsbeitrag auf dem Weg zum Internet of Production bereits in der Transformationsphase steigern zu können, müssen innerhalb des zuvor vorgestellten nutzenorientierten Modells zur Anwendung und Implementierung von Industrie 4.0 einzelne konkrete Bausteine identifiziert werden, die auch losgelöst einen zielgerichteten Beitrag zur Nutzensteigerung leisten. Das erforderliche Vorgehen zur möglichst zielorientierten Identifikation solcher Bausteine ist innerhalb des Produktivitätsbaukastens 4.0 zusammengefasst, der am Werkzeugmaschinenlabor WZL der RWTH Aachen entwickelt wurde.

Ein entscheidendes Ziel des Produktivitätsbaukastens 4.0 ist es, durch die Bereitstellung verschiedener Methoden-Bausteine die Wertschöpfung zu steigern. Die Wertschöpfung steigt dann, wenn entweder die Blindleistung verringert oder die Verschwendung minimiert wird. Abb. 9 veranschaulicht diese Dimensionen. Blindleistung beschreibt etwa Tätigkeiten innerhalb von Prozessen, die zwingend erforderlich sind, aber nicht unmittelbar zur Wertschöpfung beitragen. Dies können Logistikbuchungen oder die Erfassung von Rückmeldedaten sein. Durch den gezielten Einsatz von Industrie-4.0-Elementen kann die Blindleistung verringert werden. Verschwendung hingegen ist insbesondere aus dem Lean-Kontext hinreichend definiert und so kann durch die Anwendung von Lean-Methoden die Ressourcenverschwendung in materieller und zeitlicher Form vermieden werden. Es ist erforderlich,

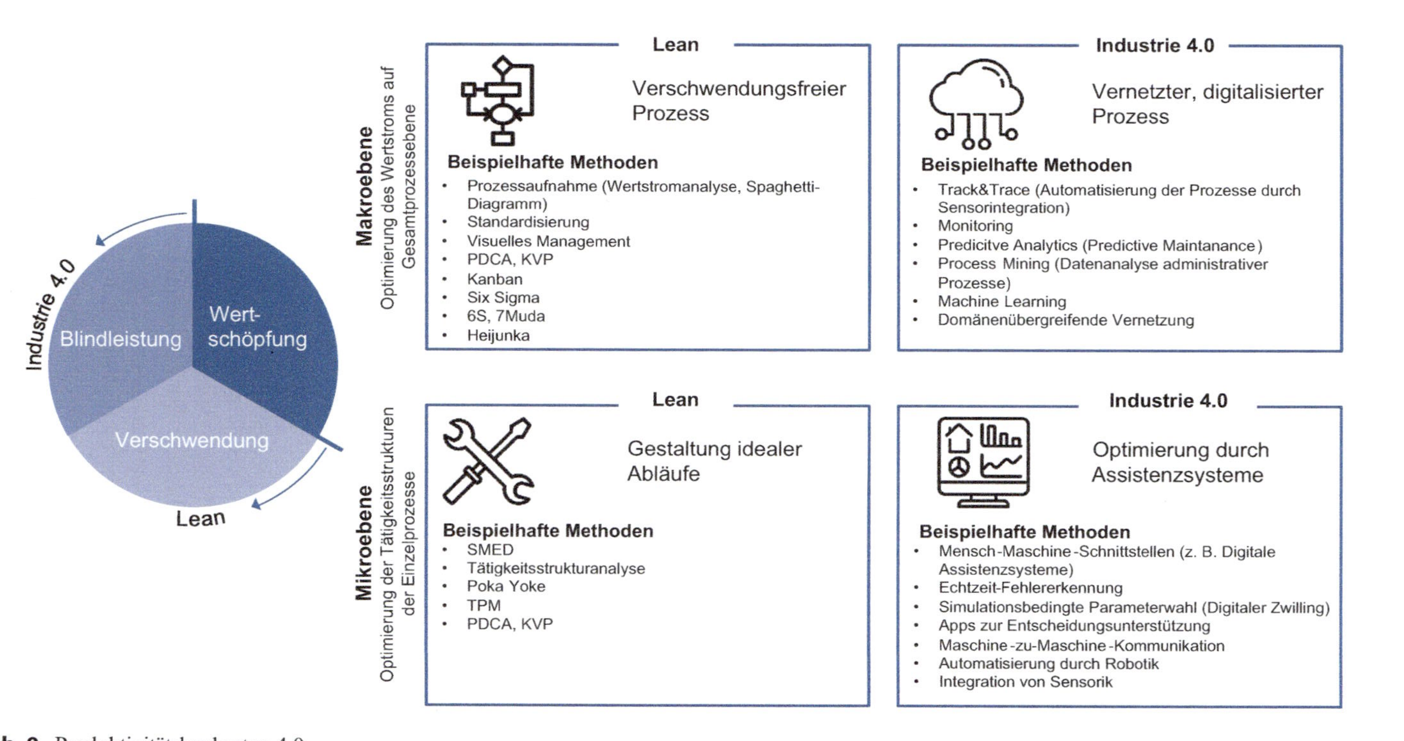

Abb. 9 Produktivitätsbaukasten 4.0

den Wertstrom einerseits auf Ebene des Gesamtprozesses, aber auch in den detaillierten Strukturen und Tätigkeiten individueller Prozesse zu verbessern. Das bedeutet, Optimierungen können sowohl auf Makroebene, als auch auf Mikroebene vollzogen werden. Abb. 9 verdeutlicht die Optimierungsmöglichkeiten der Prozesse auf beiden Ebenen mitsamt beispielhafter Methoden-Bausteine.

In der Makroebene liegen Abbildung und Optimierung des Wertstroms auf der Gesamtprozessebene im Fokus. So werden durch Lean verschwendungsfreie Prozesse angestrebt, die als Grundlage zur Einführung von Industrie 4.0 gelten. Anschließend werden die Prozesse durch Industrie 4.0 digitalisiert und im Folgenden vernetzt. Hierzu werden zum einen Lean-Methoden wie die Wertstromanalyse oder Prozessaufnahmen bereitgestellt, zum anderen aber auch anwendungsfallspezifische Industrie-4.0-Elemente wie Predictive Analytics oder Process Mining. Die im Produktivitätsbaukasten 4.0 enthaltenen Lean-Methoden für die Makroebene lassen sich größtenteils ohne besondere Voraussetzungen und unabhängig voneinander anwenden. Die sinnvolle Einführung der Industrie-4.0-Elemente benötigt schlanke Prozesse und eine ausreichende Datengrundlage. Zusätzlich bedarf es bei der Einführung der Industrie-4.0-Elemente meist Investitionen in zusätzliche Systeme, was bei den Lean-Methoden nicht der Fall ist.

Auf der Mikroebene werden die Tätigkeiten der Einzelprozesse optimiert. Auch dies geschieht durch Lean-Methoden, die dazu beitragen, die Abläufe verschwendungsarm zu gestalten. Die Methoden der Mikroebene lassen sich ebenfalls in Lean-Methoden und Industrie-4.0-Elemente unterteilen. Beispielhafte Lean-Methoden sind SMED oder Poka Yoke, welches zur Vermeidung von Fehlern eingesetzt wird. Als Industrie-4.0-Lösungen können beispielsweise dreidimensionale Montageanleitungen oder Apps zur Entscheidungsunterstützung in der Produktionsplanung und -steuerung eingesetzt werden. Bei Industrie-4.0-Lösungen ist es meist notwendig, diese speziell an die Tätigkeit oder das Produkt anzupassen.

Während Lean Komplexität zu verringern versucht, leistet Industrie 4.0 einen Beitrag zur gleichzeitigen Beherrschung der verbliebenen Komplexität.

3.4 Ausrollen von Industrie 4.0 zur Produktivitätssteigerung

Es ist zuvor bereits erörtert worden, dass einerseits für das IoP, als Wegbereiter zu Industrie 4.0, davon abzuraten ist, Lösungsbestandteile einzeln und nicht abgestimmt einzuführen – andererseits gilt dies auch für den Produktivitätsbaukasten 4.0. Um den im Modell zur Anwendung und Implementierung von Industrie 4.0 dargestellten Nutzen aus Abb. 8 zu erzielen, bedarf es eines zielgerichteten methodischen Vorgehens. Eine Abfolge von drei Phasen und sechs Schritten begleitet die Implementierung von Lösungsbausteinen auf dem Weg zu einer ganzheitlichen Steigerung des Wertschöpfungsbeitrags durch Industrie 4.0 auf dem Weg zum Internet of Production. Die Schritte dieses Vorgehens sind in Abb. 10 dargestellt.

In *Phase I* liegt der Fokus auf der Identifikation der notwendigen oder sinnvollen Industrie-4.0-Produktivitäts-Bausteine. Hierzu wird im ersten Schritt eine End-to-End Prozessaufnahme von Wertströmen und Prozessen durchgeführt. Hierbei wer-

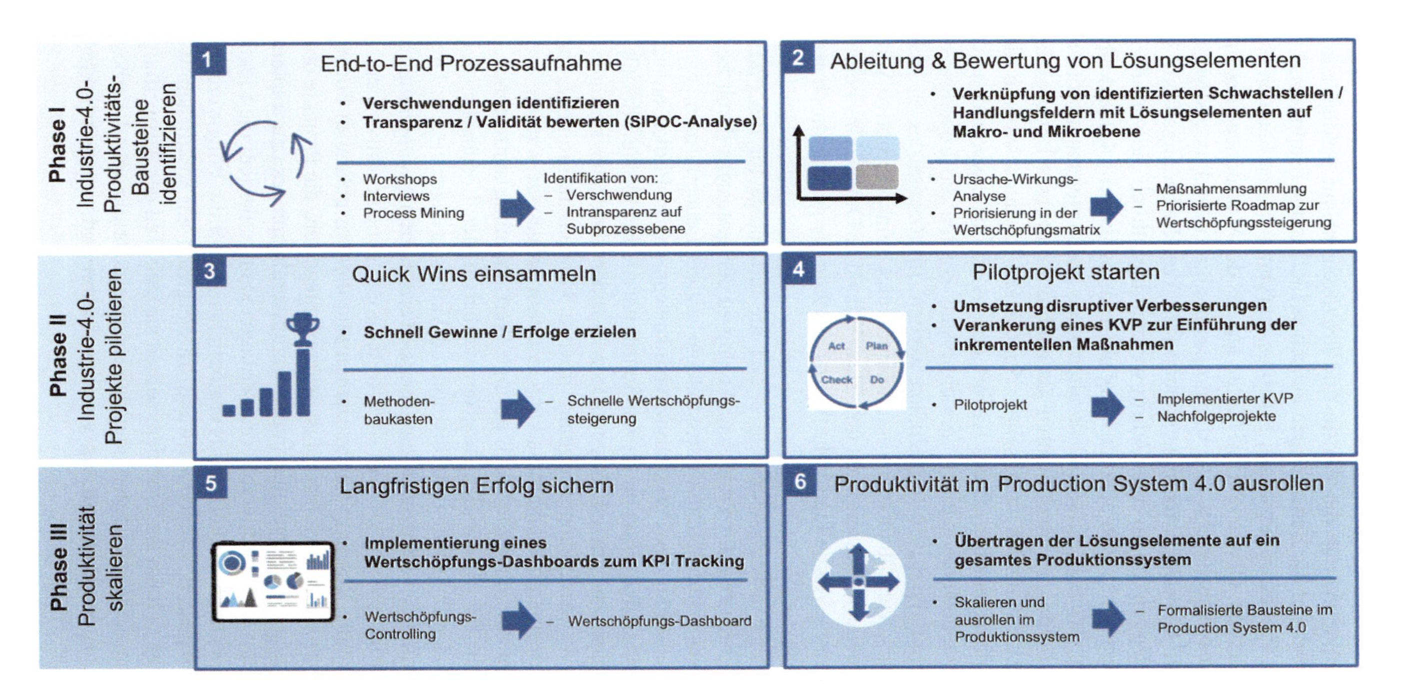

Abb. 10 Die drei Phasen zur erfolgreichen Implementierung von Industrie 4.0

den Verschwendung im gesamten Prozess und insbesondere Intransparenz auf Einzelprozessebene erkannt. Workshopbasierte Wertstromanalysen sind ein Beispiel für geeignete Methoden. Für die End-to-End-Prozessaufnahme erfolgt eine SIPOC-Analyse, bei welcher die Beziehungen zwischen Lieferanten (Supplier), Einsatzfaktoren (Inputs), Prozessen (Process), Ergebnissen (Outputs) und Kunden (Customer) festgehalten werden. Hierzu können Methoden aus der Makroebene des Produktivitätsbaukastens 4.0, beispielsweise die Prozessanalyse oder Process Mining angewandt werden. Aus den Ergebnissen lassen sich Verschwendungen und Blindleistungen identifizieren. Im zweiten Schritt werden diese durch die Ausarbeitung von Lösungselementen mit Methoden des Produktivitätsbaukastens 4.0 verknüpft. Es ist hierbei sowohl möglich, verschiedene alternative Lösungselemente für eine ermittelte Verschwendung zu identifizieren als auch ein einzelnes Lösungselement für mehrere Verschwendungen vorzusehen. Sobald alle Lösungselemente identifiziert sind, müssen diese hinsichtlich des Aufwandes und der zu erwartenden Wertschöpfungssteigerung bewertet werden. Anschließend können die Lösungselemente in einer Wertschöpfungsmatrix festgehalten werden. Im Resultat lassen sich die Lösungselemente in vier Quadranten unterteilen: Quick Wins, disruptive Verbesserungen, inkrementelle Verbesserungen und Slow Wins. Die Quick Wins beinhalten alle Lösungselemente, welche eine hohe Wertschöpfungssteigerung durch wenig Aufwand versprechen.

Die bewerteten Lösungselemente bilden die Grundlage für die *Phase II*, das Pilotieren von Industrie-4.0-Projekten. Analog zu der spätestens durch Lean erfolgreich gewordenen Implementierungsstrategie mittels Leuchttürmen, werden auch die Lösungsbausteine des Produktivitätsbaukastens 4.0 in Piloten ausgerollt. Die Umsetzung von Quick-Wins im dritten Schritt hat hierbei größte Priorität, denn sie erzielt unmittelbare sichtbare Erfolge und sie ist zudem durch den geringen Aufwand ohne externe Unterstützung möglich. Ebenso können nachfolgend, im vierten Schritt, die inkrementellen Verbesserungen intern umgesetzt werden, welche sich durch geringen Aufwand aber auch geringe Wertschöpfung auszeichnen. Der strategische Fokus für die Implementierungsvorhaben der Lösungsbausteine sollte allerdings auf der Umsetzung der disruptiven Verbesserungen liegen: Die disruptiven Verbesserungen versprechen eine hohe Wertschöpfungssteigerung, benötigen jedoch auch großen Aufwand. An dieser Stelle ist es meist sinnvoll und oft sogar notwendig, externe Beratung hinzuzuziehen und die Umsetzung in Form von Projekten voranzutreiben. Auch hierbei ist es empfehlenswert, die Projekte über Piloten mit einem begleitenden kontinuierlichen Verbesserungsprozess zu implementieren. Die Umsetzung von disruptiven Verbesserungen kann außerdem die Identifizierung neuer zuvor unbekannter Quick Wins ermöglichen. Die Slow Wins werden üblicherweise nicht umgesetzt, da der Aufwand im Vergleich zur möglichen Wertschöpfungssteigerung zu hoch ist. Trotzdem sollten sie stets Teil der Auswertung bleiben, da sich durch neue Technologien oder durch umgesetzte disruptive Verbesserungen der Aufwand zu deren Umsetzung verringern kann und sie so zu inkrementellen Verbesserungen werden.

In *Phase III* wird die in den Piloten erzielte Produktivität auf das gesamte Produktionssystem skaliert. Hier geht es insbesondere darum, den langfristigen Erfolg zu sichern und die neu gewonnene Produktivität in einem Production System 4.0 zu verankern. Dazu ist im fünften Schritt zunächst die Einführung eines gezielten Wertschöpfungscontrollings notwendig. In dessen Rahmen dient ein Wortschöpfungsdashboard der Überwachung und Visualisierung des Implementierungsfortschritts und insbesondere des entsprechenden Wertschöpfungsbeitrags der Lösungsbausteine. So wird der resultierende Nutzen im Gesamtkontext aller Maßnahmen sichtbar. Vielfältige Kennzahlen sind zur bisweilen schwierigen Quantifizierung des Nutzens denkbar. Für einen beispielhaften spezifischen Anwendungsfall kann ein solcher Key Performance Indicator (KPI) zum Beispiel die Reaktionszeit bei Maschinenausfällen sein und so die Nutzensteigerung für die Reaktionsfähigkeit bemessen. Die Gesamtmenge der aus dem Produktivitätsbaukasten 4.0 abgeleiteten Lösungselemente wird abschließend im sechsten Schritt auf ein gesamtes Produktionssystem übertragen. Daraus resultieren formalisierte Bausteine in einem holistischen Production System 4.0. Dieses lässt sich durch weitere Iterationen der drei Phasen stetig verbessern und erweitern. Ein Production System 4.0 unterscheidet sich insbesondere durch die Anpassung der Kultur und Methoden und durch die Ergänzung um Verfahren zur Datenverarbeitung und um digitale Assistenzsysteme von herkömmlichen Produktionssystemen. Es dient im Zusammenspiel der gezielt abgeleiteten Lösungselemente einerseits der Agilitätssteigerung und dient andererseits als weiterer Nährboden zur systematischen Steigerung der Produktivität.

Die Anwendung des Vorgehens aus dem Produktivitätsbaukasten 4.0 dient also vorrangig der Steigerung des Wertschöpfungsbeitrags durch Industrie 4.0 auf dem Weg zum Internet of Production durch die strategische Fokussierung auf die Nutzenperspektive einzelner Implementierungsmodule und durch gezieltes methodenbasiertes Ausrollen und Formalisieren von Industrie 4.0 zur Produktivitätssteigerung.

4 Use Cases – Schnelle Erfolge am Beispiel der Demonstrationsfabrik Aachen

Die Demonstrationsfabrik Aachen (DFA) auf dem RWTH Aachen Campus bietet hervorragende Voraussetzungen, um produktionstechnische Fragestellungen im Kontext von Industrie 4.0 zu erforschen und in diesem Zuge vielfältige Lösungsbausteine des IoP praxisgerecht zu erproben. Die DFA wird seit dem Jahr 2013 durch ein Konsortium aus Forschung und Industrie auf einer Fläche von 1600 m^2 betrieben. Besonders die Verknüpfung von Praxis, Forschung, Lehre und Ausbildung machen die Besonderheit der hybriden Fabrik aus: In der DFA werden in einer gleichzeitigen Demonstrations- und Produktionsumgebung marktfähige Produkte hergestellt. Zu diesem Zweck werden in der Produktion Go-Karts und Prototypen für Elektrokleinfahrzeuge für den Verkauf in kleinen Losgrößen gefertigt. Im Vordergrund der Forschung steht dabei die praxisnahe nutzengetriebene Implementierung von Industrie-4.0-Lösungen (Schuh et al. 2017b).

Im Folgenden werden fünf Use-Cases aus der DFA vorgestellt und in das vorgestellte Modell zur Anwendung und Implementierung von Industrie 4.0 aus

Abb. 8 eingeordnet. Diese Use-Cases verdeutlichen beispielhaft das Vorgehen zur Transformation der Produktion hin zum IoP mittels einzelner Industrie-4.0-Lösungsbausteine; sie verdeutlichen auch den damit verbundenen Nutzenfokus und die auf diesem Wege schnell zu erzielenden Erfolge.

4.1 Use-Case 1: Intelligente digitale Restblecherfassung

Der erste vorgestellte Use-Case ist die intelligente, digitale Restblecherfassung (Schuh et al. 2018). Im Status Quo findet die Erfassung vor Restblechen nach Zuschnitten häufig noch ohne Systemunterstützung, also oftmals manuell durch handschriftliche Skizzen auf Papier oder sogar gänzlich ohne Erfassung, statt. Alternativen sind weiterentwickelte Anlagen zur Blechverarbeitung sowie ganzheitliche Softwarelösungen. Da diese ganzheitlichen Lösungen insbesondere für kleine und mittelständische Unternehmen (KMU) finanziell nur schwierig umsetzbar sind, wurden zwei weitere kostengünstigere, Industrie-4.0-basierte Alternativen zur Restblecherfassung erforscht. Die erste Lösung verwendet eine kamerabasierte Blecherfassung und die zweite Lösung arbeitet laserscannerbasiert. Beide Lösungen stellen eine anschließende Datenverarbeitung zur Verfügung. Diese sind in Abb. 11 dargestellt.

Bei der kamerabasierten Erfassung von Restblechen wird das Restblech mit einer Kamera, die in ausreichender Höhe für eine Erfassung des gesamten Blechs aufgehängt werden sollte, optisch erfasst. Geeignete Orte für die Kameraaufhängung stellen eine Anbringung über dem Schneidtisch oder vor dem Lagerbereich dar. Zudem muss beachtet werden, dass die Kamera nicht durch Gegenstände wie Kräne verdeckt wird und sich für optimale Aufnahmen keine Schatten bilden. Für die Auswertung der Bilder wird das Kamerasignal auf einen zentralen Auswerterechner übertragen, auf dem mithilfe der Softwarelösung die Restblechkontur im DXF-Format ausgegeben wird.

Die laserscannerbasierte Erfassung von Restblechen ist eine Alternative hierzu und kommt aktuell in der DFA zum Einsatz. Sie kann an beliebigen Stellen in den Fertigungsprozess eingebunden werden. Zunächst wird das Restblech vom Bearbeitungsplatz auf eine rollengeführte Vorrichtung befördert. Das Restblech durchläuft eine Lichtschranke und aktiviert somit die intelligent vernetzten Messsensoren, wodurch der Vermessungsvorgang startet. Ein Laserscanner scannt daraufhin die gesamte Breite des Blechteils und gibt die erfassten Daten zur Datensammlung und -verarbeitung an die Sensor Integration Machine (SIM4000) weiter. Ein Drehgeber sorgt für die richtige Relativbewegung zwischen Blech und Scanner. Neben der Lichtschranke ist ein induktiver Sensor angebracht, der das Blechmaterial, also zum Beispiel die Aluminium- oder Stahlsorte, bestimmt. Zusätzlich befindet sich neben der Lichtschranke ein Abstandssensor zur Bestimmung der gleichbleibenden Blechdicke. Die aufgenommenen Daten aller Sensoren werden an den SIM4000 weitergegeben und von diesem in Echtzeit ausgewertet. Aus den durch den Laserscanner aufgenommenen Daten wird anschließend die größtmögliche wiederverwendbare rechteckige Fläche berechnet. Das entstandene Abbild des Restblechs kann über

Intelligente digitale Restblecherfassung

Nutzenperspektive:

- Steigerung Wertschöpfungsgrad
- Erhöhung Reaktionsfähigkeit
- Transparenz
- Echtzeit-Entscheidungsfindung

Enabler:

- Vernetzte Sensorik
- Middleware+

Herausforderung:

Die Restblecherfassung findet überwiegend ohne Systemunterstützung oder direkt über ganzheitliche Lösungen statt. Diese ganzheitlichen Lösungen stellen jedoch insbesondere für kleine und mittelständische Unternehmen ein finanzielles Problem dar.

Lösung 1:

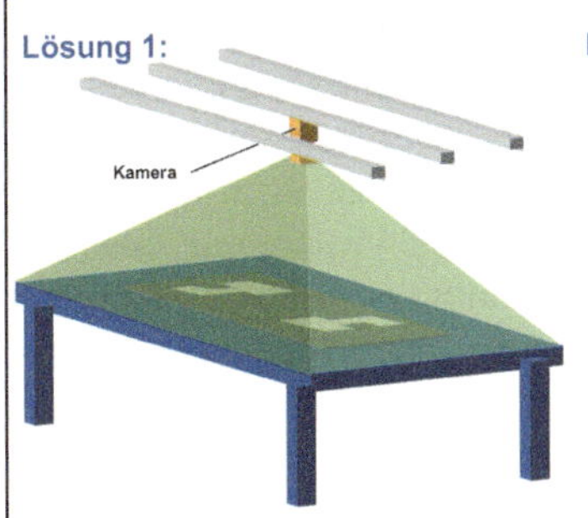

Lösung 2:

SIM4000
Laserscanner
Drehgeber
Induktiver Sensor
Lichtschranke
Abstandssensor

Umsetzung:

Lösung 1: Kamerabasierte Erfassung von Restblechen

Das Restblech wird mit einer Kamera erfasst. Das Kamerasignal wird auf einen zentralen Auswerterechner übertragen, auf dem die Restblechkontur ausgegeben wird.

Lösung 2: Laserscannerbasierte Erfassung von Restblechen

Das Restblech wird von einem Laserscanner gescannt. Die erfassten Daten werden an die Sensor Integration Machine weitergegeben und in Echtzeit ausgewertet. Anschließend wird ein Abbild des Restblechs ausgegeben.

Abb. 11 Intelligente digitale Restblecherfassung

entsprechende Schnittstellen dem unternehmenseigenen Materialverwaltungssystem und den Schachtelprogrammen der Bearbeitungsmaschinen zur Verfügung gestellt werden.

Die beiden vorgestellten Systeme nutzen als Enabler vernetzte Sensorik und benötigen eine Middleware+, um die Daten sinnvoll und in Echtzeit zu verknüpfen. Diese verknüpften Daten resultieren in einem Digitalen Schatten und können mittels entscheidungsvorbereitender Agenten verarbeitet werden. Somit kann durch beide Verfahren eine größere Menge an bereits genutztem Blech wiederverwendet werden, wodurch weniger neue Bleche benötigt werden. Des Weiteren unterstützt eine agentenbasierte Echtzeit-Entscheidungsfindung die Fragestellung, ob es bei bereits bearbeiteten Blechen aus einem entsprechenden Material und mit entsprechender Materialdicke und -größe wirtschaftlich sein wird, diese für künftige Verwendung aufzubewahren. Langfristig kann durch die dargestellten Systeme ein geringerer Materialverbrauch erzielt und somit der Wertschöpfungsgrad gesteigert werden. Zudem wird durch die Auswertung in Echtzeit die Transparenz beispielsweise im Hinblick auf Lagerbestände gesteigert; auch die Reaktionsfähigkeit wird erhöht und Ressourcen können rechtzeitig nachbestellt werden.

4.2 Use-Case 2: Interaktive 3D-Montageanleitung

Die interaktive 3D-Montageanleitung ermöglicht eine papierlose Bereitstellung von Montageanweisungen (Tücks et al. 2016). Dabei wird eine visuelle und intuitive Bauanleitung direkt aus der Konstruktionsdatei erstellt und anschließend auf einem Touchscreen am Arbeitsplatz dargestellt. Dies erfolgt ohne weitere Medienbrüche. Die 3D-Montageanleitung kann je nach Ausbildungs- und Kenntnisstand des Mitarbeiters in verschiedenen Detailgraden angezeigt werden. Eine Vergrößerung von unklaren Montageschritten auf dem Touchscreen ist ebenso möglich wie der Abruf genauerer Informationen über Bauteile, Werkzeuge und C-Teile.

Vorteilhaft an diesem System ist, dass Mitarbeiter durch die Visualisierung deutlich schneller und besser angelernt werden können. Das führt zu einer Verbesserung der Qualität der Produkte und einer entsprechenden Verringerung der Nacharbeiten. Zudem werden die Arbeitsgänge automatisiert durch Druck auf den Bildschirm zurückgemeldet, was die üblicherweise danach erforderlichen administrativen Tätigkeiten deutlich verringert.

In der DFA der RWTH Aachen wurden die 3D-Montageanleitungen in der realen Produktion erfolgreich implementiert und getestet. Die Anwendung ist in Abb. 12 veranschaulicht. Die 3D-Montageanleitungen werden an den entsprechenden Arbeitsplätzen dargestellt und sind über eine Middleware+ mit dem SAP-System verbunden. Die Agenten können somit auf den Digitalen Schatten zugreifen und dem Werker die zu seiner Qualifikation angemessen detaillierte Anleitung bereitstellen. Durch schrittweise Bestätigungen der einzelnen Montageschritte auf dem Touch-Screen werden Rückmeldedaten, wie Montagezeiten, automatisch erfasst und ausgewertet. Dies ermöglicht die Analyse der Prozesse in der Montage, steigert die Transparenz für die Montageplanung und -steuerung und stellt eine weitere Rohdatenquelle dar, welche den Digitalen Schatten erweitert.

Die 3D-Montageanleitung deckt alle drei Phasen (Entwicklungs-, Produktions- und Anwendungsphase) aus dem in Abb. 2 dargestellten hochiterativen Produktlebenszyklus ab. Durch die Rückmeldedaten aus dem SAP-System können die Kenntnisse aus der Montage direkt für die Entwicklung neuer Produkte verwendet werden. Zudem sind durch das schnellere Anlernen der Werker kürzere Entwicklungsabstände möglich, wodurch Kundenwünsche aus der Anwendungsphase deutlich schneller und dennoch ohne Qualitätsverlust umgesetzt werden können. In der Produktionsphase können die Durchlaufzeiten verkürzt und die Qualität gesteigert werden.

Bei einem Abgleich dieses Use-Cases mit dem Modell zur Anwendung und Implementierung von Industrie 4.0 aus Abb. 8 zeigt sich, dass als Enabler Easy-to-use-Technologien und eine Middleware+ notwendig sind. Durch das schnellere und gezieltere Anlernen der Werker und die damit erhöhte Qualität der Produkte wird sowohl der Wertschöpfungsgrad gesteigert als auch die Reaktionsfähigkeit erhöht.

Interaktive 3D-Montageanleitung

Nutzenperspektive:

- Steigerung Wertschöpfungsgrad
- Erhöhung Reaktionsfähigkeit
- Transparenz
- Strukturelles Lernen

Enabler:

- Easy-to-use-Technologien
- Middleware+

Herausforderung:

Um langfristig wettbewerbsfähig zu bleiben, müssen Mitarbeiter agil und flexibel auf Änderungen reagieren können. Dies gilt auch in der Montage und führt hier zur Notwendigkeit, die Anlernphase zu beschleunigen und an den Kenntnisstand des Mitarbeiters anzupassen.

Umsetzung:

Eine visuelle und intuitive Bauanleitung wird direkt aus der Konstruktionsdatei erstellt und anschließend auf einem Touch-Screen am Arbeitsplatz dargestellt. Somit wird eine papierlose Bereitstellung von Montageanweisungen ermöglicht. Die 3D-Montageanleitung wird je nach Ausbildungs- und Kenntnisstand des Mitarbeiters in verschiedenen Detailgraden angezeigt. Zudem sind die 3D-Montageanleitungen mit dem SAP-System verbunden, wodurch eine automatisierte Erfassung und Auswertung von Rückmeldedaten wie Montagezeiten ermöglicht wird.

Abb. 12 Interaktive 3D-Montageanleitung steigert die Produktivität

Zudem wird beispielsweise durch die Analyse der Daten in SAP die Transparenz gesteigert. Zuletzt können die Erkenntnisse und Daten aus der Analyse der Montageprozesse auch zum übergeordneten strukturellen Lernen beispielsweise im Hinblick auf Kapazitätsplanung genutzt werden.

4.3 Use-Case 3: Technologiebasierte Externalisierung von Wissen

Die technologiebasierte Wissensexternalisierung von Mitarbeitern basiert auf der Innowas-App, die ebenfalls an der RWTH Aachen entwickelt wurde (Schuh et al. 2017c). Dadurch sollen das Anlernen und die Wissenserweiterung von Arbeitskräften datenbasiert vereinfacht und somit aktuelle Herausforderungen wie der demographische Wandel und die immer wichtiger werdende Flexibilität bewältigt werden. Die Innowas-App trägt dabei dazu bei, Autorensysteme wie Tablets weiter in manuelle Montagetätigkeiten einzubinden. Dies wurde, wie in Abb. 13 illustriert, bereits erfolgreich in der DFA getestet.

Die Innowas-App kann beispielsweise auf einem Tablet verwendet und somit direkt in der Produktionsumgebung eingebunden werden. Die Bedienung ist einfach und intuitiv, sodass sie auch von erst kurzzeitig beschäftigten Mitarbeitern zum Aneignen von Wissen verwendet werden kann. Die Lerninhalte werden arbeitsplatzbezogen abgerufen und können dadurch je nach Situation angeeignet werden.

Das Drehbuch für die Inhaltserzeugung innerhalb der App entsteht durch das Gegenstromverfahren (siehe Abb. 13), also einer Kombination aus Bottom-Up und Top-Down-Vorgehen. Dadurch werden mehrere betriebliche Perspektiven in der Wissensexternalisierung betrachtet. So kann beispielsweise zum einen die Grobplanung durch einen Prozessmanager (Top-Down) betrachtet werden. Anschließend wird der Ist-Zustand (Bottom-Up) durch Mitarbeiter in der manuellen Montage erfasst. Der Ist-Zustand kann dabei beispielsweise in einer stücklistenähnlichen Struktur aufgenommen werden, was eine sinnvolle Gliederung der Inhalte nach den Objektbereichen der Montage möglich macht. Anschließend werden die Prozesse

Technologiebasierte Externalisierung von Wissen

Nutzenperspektive:

- Erhöhung Reaktionsfähigkeit
- Transparenz
- Strukturelles Lernen

Enabler:

- Lean Tools
- Easy-to-use-Technologien

Herausforderung:

Durch Herausforderungen wie den demographischen Wandel und die immer wichtiger werdende Agilität ist es notwendig, Mitarbeitern möglichst viel vorhandenes Wissen zur Verfügung zu stellen und somit das Anlernen zu vereinfachen.

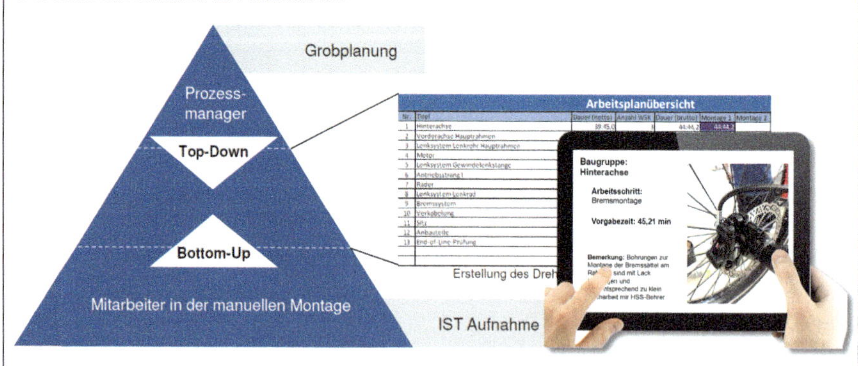

Umsetzung:

Durch die Innowas-App wird das Verständnis für Arbeitsprozesse erleichtert und somit die Einarbeitung beschleunigt. Dabei wird in der App eine Arbeitsplanübersicht dargestellt. Die einzelnen Arbeitsprozesse werden durch Videoaufzeichnungen aufgenommen, welche zudem prozessspezifische Zusatzinformationen beinhalten.

Abb. 13 Technologiebasierte Externalisierung von Wissen

strukturiert durch Videoaufzeichnungen festgehalten. Diese Aufnahmen können durch prozessspezifische Zusatzinformationen zur weiteren Erklärung ergänzt werden. Mitarbeitern, die diese Aufzeichnungen betrachten, wird es erleichtert, Arbeitsprozesse und Zusammenhänge zu verstehen und sich schneller einzuarbeiten.

In diesem Use Case kommen als Enabler Lean-Tools und Easy-to-Use-Technologien zum Einsatz. Ein spezifischer Digitaler Schatten entsteht dabei durch die Datensammlung der Mitarbeiter und wird den Mitarbeitern auf den Benutzeroberflächen zur Verfügung gestellt. Durch die daraus folgende schnellere Einarbeitung und das Teilen des bisweilen domänenübergreifenden Wissens innerhalb des Digitalen Schattens wird die Reaktionsfähigkeit erhöht. Zudem wird aber auch die Transparenz gesteigert, da eine Arbeitsplanübersicht mit entsprechenden Videoaufnahmen in der App enthalten ist. Des Weiteren wird durch die Nutzungsdaten der Mitarbeiter das strukturelle Lernen ermöglicht. So kann beispielsweise erkannt werden, welche Prozesse für die Mitarbeiter schwerer verständlich sind und daher einfacher gestaltet werden müssen.

4.4 Use-Case 4: Generative Stücklistenerstellung in der manuellen Montage

Die generative Stücklistenerstellung in der manuellen Montage ermöglicht eine aufwandsarme Erstellung der Produktionsdokumente durch automatisiertes Mitschreiben der Montage während des Aufbaus der Prototypen (Schuh et al. 2017f). Dadurch werden die Aufwände beim Abgleich der Konstruktionsstückliste (E-BOM, Engineering Bill of Material) und der Produktionsstückliste (M-BOM, Manufacturing Bill of Materials) im agilen Entwicklungsprozess verringert.

Die erstmalige Erstellung der M-BOM erweist sich als sehr aufwendig, da allein die Bestimmung der richtigen Montagereihenfolge ungefähr 40 % der Dauer der Planungsaktivitäten beansprucht. Hierfür wurde eine Lösung entwickelt, die die M-BOM prozessbegleitend erzeugt. Dafür werden zunächst die an einzelnen Montagestationen verwendeten Bauteile sensorbasiert identifiziert und anschließend die benötigten bauteilspezifischen Informationen zur Verfügung gestellt. Daraus entsteht ein umfangreicher Digitaler Schatten. Auf dieser Grundlage erfolgt die agentenbasierte automatische Erzeugung der M-BOM. Dadurch können weitere administrative und planungsintensive Tätigkeiten in der Arbeitsvorbereitung vermieden werden.

Damit der Automatisierungsgrad bei der Identifizierung der verwendeten Bauteile möglichst hoch ist, muss ein geeignetes Auto-ID-Verfahren zur Bauteilerkennung verwendet werden. Dabei wird zwischen optischen (z. B. Barcodes) und funkbasierten (z. B. RFID) Auto-ID-Technologien unterschieden, die je nach technischen und wirtschaftlichen Anforderungen des Prozessablaufs und der bauteilspezifischen Restriktionen geeignet sind. Bei der Identifikation der Bauteile werden Leitbaugruppen verwendet, die alle Bauteile umfassen, welche im selben Montageschritt montiert werden können. Dabei wird das durch die Auto-ID-Technologien am besten erfassbare Bauteil als Leitbauteil definiert. Sobald ein Mitarbeiter ein mit Auto-ID-Technologie ausgestattetes Leitbauteil in den überwachten Bereich bringt, wird automatisch eine Stücklistenposition erstellt. Die Auto-ID-Technologie erfasst die bauteilspezifischen Informationen wie Bezeichnung, Anzahl und virtuell verknüpfte Bauteile sowie weiterführende Informationen über die real verbauten Leitbaugruppen und stellt diese dem ERP-System strukturiert zur Verfügung.

Als Grundlage zur eindeutigen Informationserhebung durch die Auto-ID-Technologie wird der Identifikationsstandard des elektronischen Produktcodes (EPC) verwendet. Über das Ereignismodell des Information Service des EPC (EPCIS) können die Informationen über die Montageaktivitäten standardisiert erhoben und strukturiert werden. Informationsträger sind dabei sogenannte EPCIS-Events, die durch die Identifikation des Leitbauteils an einer Montagestation ausgelöst werden. Dies ermöglicht eine Übermittlung von Identifikationsnummer, Zeit, Montagestation und Kontext des Montageprozesses an eine Datenbank und stellt damit eine ausreichende informatorische Basis für die generative Stückliste dar. Eine mögliche technische Umsetzung ist in Abb. 14 dargestellt. Erste Versuche zur automatisierten Stücklistenerstellung in der DFA verliefen bereits erfolgreich.

Durch die Einsparung von administrativen und planungsintensiven Tätigkeiten in der Arbeitsvorbereitung wird der Wertschöpfungsgrad gesteigert und die Reaktionsfähigkeit erhöht. Zudem wird durch die Erfassung von bauteilspezifischen Informationen durch die Auto-ID-Technologie und die anschließende Verknüpfung mit der

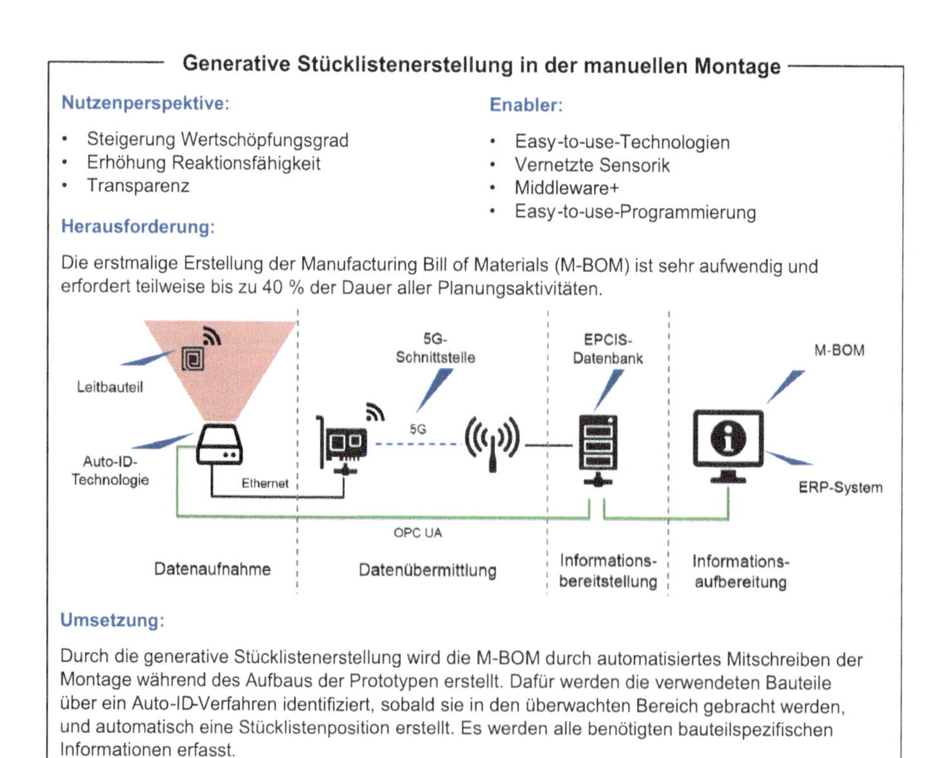

Abb. 14 Generative Stücklistenerstellung in der manuellen Montage

Stückliste die Transparenz gesteigert. Um dies zu erreichen, werden Easy-to-use-Technologien, vernetzte Sensorik, eine Middleware+ und Easy-to-use-Programmierung als Enabler verwendet.

4.5 Use-Case 5: Ausblick auf 5G im Umfeld der Produktion

5G stellt die fünfte Generation der Mobilfunknetze dar. Durch die geringe Latenz (<1 ms), die hohen Übertragungsgeschwindigkeiten (10 GB/s), die hohe Zuverlässigkeit (bis zu 99,999 %) und die geringen Stromkosten wird dieser Standard in naher Zukunft einen weiteren Enabler für Industrie 4.0 darstellen. Dieser technologische Fortschritt kann den Aufbau des IoP und das Hinzufügen weiterer Maschinen und Sensoren enorm vereinfachen. Die Anwendung von 5G bietet hierbei eine standardisierte Schnittstelle, welche auch die Verarbeitung der Daten erleichtern kann. Des Weiteren wird der Einsatz aktueller Technologien, wie etwa der Betrieb von Drohnen, kollaborativen Robotern und autonomen Fahrzeugen in der Produktion weiter erleichtert. Für solche Bewegungssteuerungsanwendungen ist oftmals eine geringe Latenz (<1 ms) notwendig, welche nur durch 5G gewährleistet werden kann (Rao und Prasad 2018).

In Deutschland ist die Auktion der für 5G notwendigen Frequenzen seit Juni 2019 abgeschlossen, jedoch ist der tatsächliche Einsatz aufgrund des fehlenden Ausbaus bisher nicht möglich. An der DFA der RWTH Aachen werden zu Erprobungszwecken jedoch bereits 4G+ Dongles in Verbindung mit einer 5G Antenne eingesetzt. Aktuell werden hier Benchmarks durchgeführt, um genauere Kenntnis der Einsatzgebiete und technischen Möglichkeiten zu erlangen.

5G stellt somit einen neuen Enabler für Industrie 4.0 dar und wird den Aufbau des IoP vereinfachen. Durch die hohe Geschwindigkeit und Übertragungsrate werden sich viele bereits vorhandenen Industrie-4.0-Lösungen verbessern lassen, da Maschinen- und Sensordaten in wesentlich höherer Auflösung gesammelt werden können und sogar eine Echtzeitüberwachung bis hin zur Steuerung technologisch möglich wird. Einige der bisherigen Herausforderung bei der Einführung des IoP lassen sich somit umgehen.

5 Zusammenfassung

Das Internet of Production bietet eine nutzenorientierte konzeptionelle Referenz-Infrastruktur zur Implementierung von Industrie 4.0 und dient als ein zentraler Befähiger für domänenübergreifende Kollaboration im gesamten Lebenszyklus aus Nutzung, Produktion und Entwicklung von Produkten.

Zielgerichtet und anwendungsfallspezifisch aggregierte Daten aus diesen verschiedenen Lebenszyklen und ihren korrespondierenden Datenquellen erzeugen den domänenübergreifenden Digitalen Schatten. Hierdurch werden die notwendigen Daten in anwendungsfallspezifischer Echtzeit und in der notwendigen Komplexität bereitgestellt. In Verbindung mit dem Aufbau eines Digitalen Schattens lässt sich das IoP aufbauen. Dieses kann stetig erweitert und sogar mit externen Kooperationspartnern und Datenquellen verknüpft werden. Die aggregierte Informationsbereitstellung durch den Digitalen Schatten innerhalb der IoP-Infrastruktur ermöglicht eine anwendungsspezifische Entscheidungsunterstützung über die verschiedenen Domänen hinweg. Dabei kann der Produktlebenszyklus hochiterativ durchlaufen werden und wird so den Herausforderungen des Marktes durch spürbar verkürzten Markteintritt neuer Produkte, disruptive technologische Innovationen und höhere Individualisierung gerecht. Die Umsetzung des IoP erfordert zahlreiche technologische Bausteine in vier miteinander verbundenen Ebenen.

Das IoP kann somit zu einer kurz-, mittel- und langfristigen Wertschöpfungssteigerung führen. Und doch werden die gesamtheitlichen Nutzeneffekte des IoP erst bei dessen holistischer Umsetzung wirklich sichtbar – Einzeleffekte sind während der Transformation und während des Durchlaufens der vier Industrie-4.0-Reifegrade oft noch nicht quantifizierbar.

Um einen Wertschöpfungsbeitrag bereits auf dem Weg zum Internet of Production schon vor dessen holistischer Umsetzung zu steigern, ist ein besonderer Fokus auf die Nutzenperspektive von Industrie 4.0 erforderlich. Durch eine Kombination aus zielgerichtetem Methodeneinsatz und einer stategisch abgeleiteten Implementierungsstrategie innerhalb des Produktivitätsbaukasten 4.0 werden Industrie-4.0-Lösungsbausteine auf dem Weg zum IoP strategisch implementiert. Dabei wird deutlich, dass eine Investition nicht nur quantifizierbar wertschöpfungssteigernd sein muss, um einen Nutzen zu erzielen, sondern auch schwer quantifizierbare Nutzenperspektiven einen Wertschöpfungsbeitrag leisten. Die technologischen Neuerungen ermöglichen nicht nur die nutzenorientierte Implementierung von Industrie 4.0, sondern auch die Einführung neuer nutzenorientierter Geschäftsmodelle, wie etwa der Subskription.

Die Pilotierung von Use-Cases, wie hier im Kontext der Demonstrationsfabrik Aachen dargestellt, erzielt schnelle sichtbare Erfolge: Die vorgestellten Use-Cases geben einen Einblick in mögliche Anwendungsbausteine und den jeweils resultierenden Nutzen innerhalb des IoP. Die Verstetigung der erzielten Produktivitätssteigerungen manifestiert sich schließlich in Production Systems 4.0.

Es muss das Ziel sein, eine konsequente nutzenorientiere Umsetzung von Industrie 4.0 mit dem Ziel des Aufbaus eines IoP in den Unternehmen voranzutreiben, um interne und externe Kollaboration zu fördern und so langfristig durch gesteigerte Wertschöpfungsanteile auf dem Markt wettbewerbsfähig zu bleiben.

Literatur

Bauer W, Schlund S, Marrenbach D, Ganschar O (2014) Industrie 4.0 – Volkswirtschaftliches Potenzial für Deutschland

Bauernhansl T, Krüger J, Reinhart G, Schuh G (2016) WGP-Standpunkt Industrie 4.0. Standpunktpapier. Wissenschaftliche Gesellschaft für Produktionstechnik WGP e. V. Darmstadt. https://wgp.de/wp-content/uploads/WGP-Standpunkt_Industrie_4-0.pdf

Baumöl U, Bockshecker A (2019) Controlling in der digitalen Wertschöpfung. In: Ulrich P, Baltzer B (Hrsg) Wertschöpfung in der Betriebswirtschaftslehre: Festschrift für Prof. Dr. habil. Wolfgang Becker zum 65. Geburtstag. Springer Fachmedien, Wiesbaden, S 145–166. https://doi.org/10.1007/978-3-658-18573-2_7

Bertagnolli F (2018) Lean Management. Einführung und Vertiefung in die japanische Management-Philosophie. Springer Gabler, Wiesbaden. https://doi.org/10.1007/978-3-658-13124-1

Bhardwaj S, Kole A (2016) Review and study of internet of things. It's the future. In: 2016 International conference on intelligent control power and instrumentation (ICICPI). 2016 international conference on intelligent control power and instrumentation (ICICPI). Kolkata, 21.10.2016–23.10.2016. IEEE, S 47–50

Buchholz B, Ferdinand J-P, Gieschen J-H, Seidel U (2017) Digitalisierung industrieller Wertschöpfung. Transformationsansätze für KMU

Friedli T, Schuh G (2012) Wettbewerbsfähigkeit der Produktion an Hochlohnstandorten, 2. Aufl. Springer, Berlin

Geissbauer R, Schrauf S, Bertram P, Cheraghi F (2017) Digital factories 2020. Shaping the future of manufacturing. https://www.pwc.de/de/digitale-transformation/digital-factories-2020-shaping-the-furture-of-manufacturing.pdf. Zugegriffen am 15.05.2019

Gölzer P, Gepp M (2015) Anlagenbauer reagieren zurückhaltend auf aktuelle Trends im Engineering – eine empirische Studie. In: Tag des systems engineering

Hehenberger P, Bradley D (Hrsg) (2016) Mechatronic futures. Springer International Publishing, Cham

Huber W (2016) Industrie 4.0 in der Automobilproduktion. Ein Praxisbuch. Springer Vieweg, Wiesbaden

Huber W (2018) Industrie 4.0 kompakt – wie Technologien unsere Wirtschaft und unsere Unternehmen verändern. Transformation und Veränderung des gesamten Unternehmens, 6., ak. u. erw. Aufl. 2011. Springer Vieweg (SpringerLink Bücher), Wiesbaden. https://doi.org/10.1007/978-3-8348-8298-1

Kagermann H, Lukas W-D, Wahlster W (2011) Industrie 4.0: Mit dem Internet der Dinge auf dem Weg zur vierten industriellen Revolution. In: VDI Nachrichten 2011, 01.04.2011

Mack OJ, Khare A, Krämer A, Burgartz T (Hrsg) (2016) Managing in a VUCA world. Springer, Cham/Heidelberg/New York/Dordrecht/London. https://doi.org/10.1007/978-3-319-16889-0

Mauerer J, Freimark AJ, Lixenfeld C, Reder B, Schonschek O, Schweizer M (2019) Studie Internet of Things 2019. https://www.q-loud.de/hubfs/kundendownloads/IDG-Studie_IoT_2018_2019.pdf. Zugegriffen am 15.05.2019

Molitor M, Prote J-P, Banl M, Schuh G (2019) Conceptual application of the internet of production in manual assembly. In: Schmitt R, Schuh G (Hrsg) Advances in production research. Springer International Publishing, Cham, S 739–749

Neuhold M, Bley S, Gudat J (2018) Industrie 4.0: Status Quo und Perspektiven. Ergebnisse einer repräsentativen Unternehmensbefragung in Deutschland und der Schweiz. https://www.ey.com/Publication/vwLUAssets/ey-industrie-4-0-status-quo-und-perspektiven-dezember-2018/$FILE/ey-industrie-4-0-status-quo-und-perspektiven-dezember-2018.pdf. Zugegriffen am 04.07.2019

Pavleski S, Gabler J (2018) Rethink! SPMS 2018 – Survey Report. Digitalisierung & Vernetzung der Produktion 2018/2019

Plattform Industrie 4.0 (Hrsg) (2019) Was ist Industrie 4.0? https://www.plattform-i40.de/PI40/Navigation/DE/Industrie40/WasIndustrie40/was-ist-industrie-40.html. Zugegriffen am 04.07.2019

Rao SK, Prasad R (2018) Impact of 5G technologies on industry 4.0. Wireless Pers Commun 100(1):145–159. https://doi.org/10.1007/s11277-018-5615-7

Reinheimer S (2017) Industrie 4.0. Herausforderungen, Konzepte und Praxisbeispiele. Springer Fachmedien/Springer Vieweg (Edition HMD), Wiesbaden

Rumpel A, Gabler J (2019) Rethink! SPMS Europe 2019 – survey report. Smart Process & Manufacturing Survey

Schuh G, Prote J-P, Dany S, Brecher C, Klocke F, Schmitt R (2017a) Internet of production. Unter Mitarbeit von Walter Eversheim. In: Schuh G, Brecher C, Klocke F, Schmitt R (Hrsg) Engineering valley – Internet of production auf dem RWTH Aachen Campus. Festschrift für Univ.-Prof. em. Dr.-Ing. Dipl.-Wirt. Ing. Dr. h.c. mult. Walter Eversheim. Unter Mitarbeit von Walter Eversheim, 1. Aufl. Apprimus Verlag, Aachen, S 1–11

Schuh G, Prote J-P, Dany S, Cremer S, Molitor M (2017b) Classification of a hybrid production infrastructure in a learning factory morphology. Procedia Manufacturing 9:17–24. https://doi.org/10.1016/j.promfg.2017.04.007

Schuh G, Prote J-P, Gerschner K, Molitor M, Walendzik P (2017c) Technologiebasierte Externalisierung von Wissen. Aufbau einer Wissensbasis unter Verwendung von Autorensystemen in der manuellen Montage. wt Werkstattstechnik online 107(9):578–581

Schuh G, Salmen M, Jussen P, Riesener M, Zeller V, Hensen T et al (2017d) Geschäftsmodell-Innovation. In: Reinhart G (Hrsg) Handbuch Industrie 4.0. Geschäftsmodelle, Prozesse, Technik. Hanser, München, S 3–29

Schuh G, Stich V, Basse F, Franzkoch B, Harzenetter F, Luckert M et al (2017e) Change Request im Produktionsbetrieb. In: Brecher C, Klocke F, Schmitt R, Schuh G (Hrsg) Internet of Production für agile Unternehmen. AWK Aachener Werkzeugmaschinen-Kolloquium 2017, 18. bis 19. Mai, 1. Aufl. Apprimus, Aachen, S 109–131

Schuh G, Zeller V, Prote J-P, Molitor M, Wenger L (2017f) Generative Stücklistenerstellung in der manullen Montage. ZWF 112(6):392–395

Schuh G, Prote J-P, Molitor M, Walendzik P, Maasem C (2018) Intelligente, digitale Restblecher-fassung. VDI-Z integrierte Produktion 160(6):58–60

Schuh G, Riesener M, Prote J-P, Dölle C, Molitor M, Schloesser S et al (2020) Industrie 4.0: Agile Entwicklung und Produktion im Internet of Production. In: Frenz W (Hrsg) Handbuch Industrie 4.0: Recht, Technik, Gesellschaft. Springer, Berlin

Statistisches Bundesamt (2019a) Bruttowertschöpfung nach Wirtschaftsbereichen – in Mrd. Euro. https://www.deutschlandinzahlen.de/tab/deutschland/volkswirtschaft/entstehung/bruttowert schoepfung-nach-wirtschaftsbereichen. Zugegriffen am 15.05.2019

Statistisches Bundesamt (2019b) Veränderung der Arbeitsprodultivität je Erwerbstätigen in Deutschland. https://www.deutschlandinzahlen.de/tab/deutschland/volkswirtschaft/entstehung/bruttowertschoepfung-nach-wirstchaftsbereichen. Zugegriffen am 15.05.2019

Statistisches Bundesamt, VDMA, IFOInstitut, Stifterverband für die Deutsche Wissenschaft (2019) Umsatz je Beschäftigten im Maschinenbau in Deutschland. https://de.statista.com/statistik/daten/studie/235375/umfrage/umsatz-je-beschaeftigten-im-deutschen-maschinenbau/. Zugegriffen am 06.05.2019

Tücks G, Molitor M, Schiemann D (2016) Interaktive 3D-Montageanleitung steigert die Produktivität. VDI-Z integrierte Produktion 158(10):32–33

VDI ZRE (2017) Ressourceneffizienz durch Industrie 4.0. Potenziale für KMU des verarbeitenden Gewerbes. https://www.ressource-deutschland.de/fileadmin/Redaktion/Bilder/Newsroom/Studie_Ressourceneffizienz_durch_Industrie_4.0.pdf. Zugegriffen am 06.05.2019

Walker M (2018) Hype cycle for emerging technologies. In: Gartner v (Hrsg). https://www.gartner.com/en/documents/3885468. Zugegriffen am 06.08.2018/04.07.2019

Wischmann S, Wangler L, Botthof A (2015) Studie Industrie 4.0. Volks- und betriebswirtschaftliche Faktoren für den Standort Deutschland. https://vdivde-it.de/system/files/pdfs/industrie-4.0-volks-und-betriebswirtschaftliche-faktoren-fuer-den-standort-deutschland.pdf. Zugegriffen am 13.05.2019

Industrie 4.0 in der praktischen Anwendung

Jochen Schlick, Peter Stephan, Matthias Loskyll und Dennis Lappe

Zusammenfassung

Kundenindividuelle Produktanforderungen resultieren seit Jahren in einer kontinuierlich steigenden Variantenvielfalt. Moderne Produktionsumgebungen sind dabei oftmals nach den Prinzipien der Lean Production organisiert, um diesen Herausforderungen zu begegnen. Hierbei wird ohne vermeidbaren IT-Einsatz Verschwendung möglichst vermieden und Effizienz gesteigert. Hierdurch ergeben sich aber nicht selten auch Medienbrüche in der Produktion. Dieser Beitrag stellt neue Potenziale zur Produktionsoptimierung durch den Einsatz von Industrie 4.0 anhand von Umsetzungen in einer Schaufensterfabrik dar.

1 Das Internet der Dinge in der industriellen Produktion

1.1 Sichtweisen des Internet der Dinge

Die Gedankenwelt um das Thema Industrie 4.0 resultiert originär aus dem Zusammenspiel zweier Trends. Einerseits die herausragende Bedeutung der industriellen Produktion für den Wirtschaftsstandort Deutschland (siehe auch Abele und Reinhart 2011), andererseits die fortschreitende Miniaturisierung und Integration von Com-

J. Schlick (✉) · P. Stephan
Wittenstein AG, Igersheim, Deutschland
E-Mail: Jochen.Schlick@wittenstein.de; Peter.Stephan@wittenstein.de

M. Loskyll
Deutsche Forschungszentrum für Künstliche Intelligenz (DFKI), Kaiserslautern, Deutschland
E-Mail: Matthias.Loskyll@dfki.de

D. Lappe
BIBA – Bremer Institut für Produktion und Logistik GmbH, Bremen, Deutschland
E-Mail: lap@biba.uni-bremen.de

B. Vogel-Heuser et al. (Hrsg.), *Handbuch Industrie 4.0*,
https://doi.org/10.1007/978-3-662-58528-3_46

puterchips, die in Folge die Vision des „Ubiquitous Computing“ zur Realität werden lässt (siehe Weiser 1991). Das Internet der Dinge und Dienste schließt den Medienbruch zwischen dinglicher und virtueller Welt und ermöglicht das Anbieten von Mehrwertdiensten auf der Basis eines aktuellen und umfassenden Abbilds der Realität. Das Zukunftsprojekt Industrie 4.0 wird zum Aufruf an die deutsche Wirtschaft, kreativ auf die Suche nach Ansätzen zu gehen und die sich eröffnenden Möglichkeiten als Standortvorteil für die Produktion in Deutschland zu nutzen.

Die grundlegenden Überlegungen zu den Auswirkungen der Einbettung von Computern in Alltagsgegenstände reichen weit in die Vergangenheit zurück. In den 1990er-Jahren postulierte Marc Weiser die Vision des „Ubiquitous Computing“. Diese beinhaltet die Annahme, dass moderne Informations- und Kommunikationstechnik vollständig in Alltagsgegenständen unserer Umgebung aufgehen wird, für den menschlichen Nutzer unsichtbar und bestehende IT-Systeme wie z. B. Desktop-Computer durch intelligente Objekte ersetzen wird (vergl. Weiser 1991).

Der Begriff „Internet der Dinge“ entstand im Bereich der Logistik im Zusammenhang mit RFID-basierter Verfolgung von Gütern in der Zulieferkette von Procter&Gamble (vergl. Ashton 2010). Ashton hatte den Begriff „Internet“ in einer Vorstandspräsentation verwendet, um die Aufmerksamkeit des Vorstands auf die Potenziale zu lenken, die eine Verringerung des Medienbruchs durch eine allgegenwärtige, automatische Bestandsverfolgung für den Konzern bietet. Die Metapher „Internet of Things“ erweitert das klassische Internet, das auf die rein virtuelle Welt beschränkt ist, um die Vernetzung von und mit Alltagsgegenständen. Diese können ihre physischen Kontextinformationen, wie z. B. Ort, Zustand, Historie, etc. als Information im Internet zur Verfügung stellen, womit die Trennung von dinglicher und virtueller Welt weitgehend aufgehoben wird.

Diese Aufhebung der Trennung zwischen dinglicher und virtueller Welt ist das zentrale Paradigma der Gedankenwelt um Industrie 4.0. Die Suche nach Anwendungsfällen von Industrie 4.0 wird zur Identifikation von Medienbrüchen im industriellen Alltag. Kernidee ist letztendlich die Verschmelzung der dinglichen Welt und deren digitaler Modelle in Rechnern. Physische Gegenstände sind mit Sensoren und Rechenkernen ausgestattet, so dass sie zu Zeitpunkten, die für die Anwendung jeweils relevant sind, ihre Informationen über sich selbst und ihre Umgebung an andere IT-Systeme weitergeben können.

Auch wenn eine allgemeingültige und umfassende Definition nicht existiert, haben sich im Laufe der Jahre mehrere Sichtweisen auf das Internet der Dinge etabliert. Diese legen den Fokus auf die unterschiedlichen Aspekte der allgegenwärtigen Vernetzung, Intelligenz und Assistenz (vergl. Abb. 1) und haben sich in unterschiedlichen Anwendungsbereichen ausgeprägt.

Über die oft betrachteten technischen Voraussetzungen und Notwendigkeiten, den Medienbruch zwischen dinglicher und virtueller Welt zu verringern, bietet das Internet der Dinge das Anwendungspotenzial, Informationen aus der dinglichen Welt effizient zu erfassen und effektiv digital weiterverarbeiten zu können.

Die Sichtweisen des Internets der Dinge lassen sich auf das Umfeld der Produktion übertragen. In der Umsetzungsempfehlung zu Industrie 4.0 (vergl. Kargermann et al. 2013) werden drei Anwendungsgebiete herausgestellt, *Horizontale Integration*, *Vertikale Integration* und *Digitale Durchgängigkeit des Engineerings*. Diese stellen

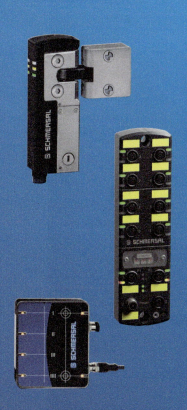

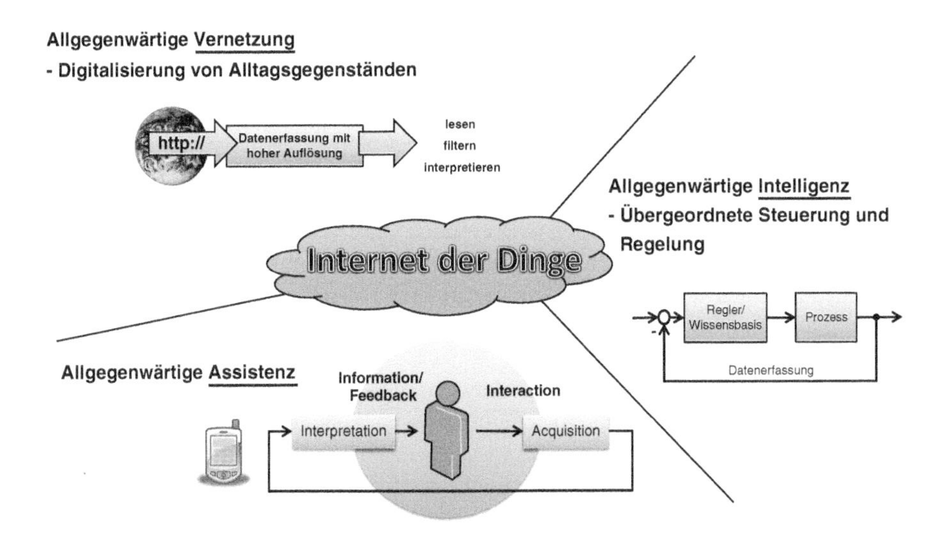

Abb. 1 Sichtweisen des Internet der Dinge

verschiedene Ebenen der Informationsdurchgängigkeit dar. Die *Horizontale Integration* bezieht sich auf den Informationsaustausch zwischen Unternehmen innerhalb eines Wertschöpfungsnetzwerks. Die *Vertikale Integration* fokussiert den unmittelbaren Zugriff auf Feld- und Planungsinformationen innerhalb eines Unternehmens und thematisiert damit die Auflösung der Automatisierungspyramide. Die *Digitale Durchgängigkeit des Engineerings* bezieht sich auf den Lebenszyklus von Produkten und Produktionsmitteln (siehe auch Vogel-Heuser et al. 2013). Die im Folgenden beschriebenen Anwendungsfälle fokussieren im Wesentlichen die Bereiche der *Vertikalen Integration* und die *Digitale Durchgängigkeit des Engineerings*.

2 Technologieparadigmen zur Verringerung der Medienbrüche in der Fabrik

Oftmals ist die Diskussion um die Realisierung von Anwendungen des Internets der Dinge von einer sehr intensiven technologieorientierten Diskussion geprägt. Es wird implizit davon ausgegangen, dass Industrie 4.0 vorrangig ein technologisches Thema ist und Anwendungsbeispiele noch nie dagewesene technische Komplexität implementieren und ein technologisch hohes Innovationspotenzial aufweisen. Dies ist ein grundlegendes Missverständnis. Vielmehr sind die Basistechnologien des Internets der Dinge wie Auto-ID, eingebettete Systeme oder breitbandige, kabellose Netzwerke seit Jahren verfügbar und werden in ihrem technischen Reifegrad ständig weiterentwickelt. Ebenso sind im Bereich der industriellen Kommunikations- und Steuerungstechnik mit ethernetbasierten Feldbussen, OPC-UA und Soft-SPSen

Technologie-Standards vorhanden, die eine sehr gute Basis für die Implementierung eines intelligenten Anlagenverhaltens offerieren.

Der inhaltliche Kern von Industrie 4.0-Anwendungen ist die Ausschöpfung der Optimierungspotenziale, die sich heute und in Zukunft aus einer durchgängigen Informationsverarbeitung für die Produktion ergeben. Die Innovation ergibt sich daher aus der Verbindung von mehreren bislang getrennten Informationsquellen und dem Verbessern eines technischen oder organisatorischen Prozesses. Die Technologie selbst wird damit als Mittel zum Zweck gesehen und muss sich den gegebenen Randbedingungen anpassen. Bei der Ausarbeitung von Anwendungen hat es sich daher als vorteilhaft erwiesen, von Technologieparadigmen anstelle von echten Technologien zu sprechen.

Für die nachfolgend beschriebenen Anwendungen sind dies im Wesentlichen *das intelligente Produkt* mit seiner Ausprägung des intelligenten Werkstückträgers, *die intelligente Maschine* und *der assistierte Bediener*, auf die im Folgenden kurz eingegangen wird. Diese Paradigmen können mit einem breiten Spektrum an Technologien implementiert werden, ohne dass sich der Wertbeitrag der Lösung für die jeweilige Anwendung ändert.

2.1 Das intelligente Produkt

Das intelligente Produkt ist eine Metapher für die Verringerung des Medienbruchs bezogen auf das individuelle Produkt. Diese Medienbrüche führen in der Produktion häufig zu Verlusten und verringerter Produktivität. Informationen über Produkte, deren Produktionsparameter oder notwendige Konfigurationen von Anlagen sind durch das intelligente Produkt zum richtigen Zeitpunkt am richtigen Ort und können digital weiterverarbeitet werden. Darüber hinaus wird die Produktionshistorie wie z. B. die durchlaufenen Prozessschritte oder die Ausprägung der tatsächlich gefertigten Merkmale direkt am Produkt gespeichert. Ein Beispiel für die technische Ausprägung eines intelligenten Produkts ist in (Stephan et al. 2010) ausführlich beschrieben.

Aufgrund wirtschaftlicher und physischer Aspekte ist es nicht immer sinnvoll bzw. möglich, ein Produkt selbst mit Intelligenz auszustatten, wie z. B. für Flüssigkeiten im Bereich der kontinuierlichen Prozesse oder für günstige und kleine Produkte im Bereich der Stückguttechnik. Hier bietet sich an, die nächst größere Transporteinheit der Produkte zu wählen. Im Bereich der Stückguttechnik ist dies oft der Werkstückträger. Werkstückträger sind ein zentrales Element in der Produktionslogistik. Ihnen werden i. d. R. in Papierform die Arbeitspläne beigefügt. In den Arbeitsplänen sind die für die Produktion erforderlichen Informationen aus der Phase der Produktionsplanung statisch festgehalten. Ein intelligenter Werkstückträger kann diese Informationen digital mit sich führen und aktualisierte Informationen Mitarbeitern zur Verfügung stellen. Diese Informationen können die Produktionsmitarbeiter z. B. dafür nutzen, Eilaufträge bei der Bearbeitungsreihenfolge zu berücksichtigen oder Rüstzeiten zu verringern. Darüber hinaus können intelligente Werkstückträger bei der integrierten Betrachtung von inner- und überbetrieblicher

Logistik unterstützen. Für eine tiefere Betrachtung sei auf (Veigt et al. 2013) verwiesen.

Die Eigenschaften von intelligenten Produkten und Werkstückträgern können durch eine Reihe verschiedener Technologien implementiert werden. Zunächst erscheint es naheliegend, ein miniaturisiertes eingebettetes System in das Produkt einzubringen, welches die Speicherung der jeweiligen Daten und die Kommunikation mit der Umgebung realisiert. In der praktischen Anwendung ist dies jedoch in einer Reihe von Fällen nicht immer sinnvoll oder möglich, entweder aus technischen Gründen (z. B. Wärmebehandlung, spanende Fertigung, Abmessungen des Produkts) oder aus einer Kostenbetrachtung heraus. Das intelligente Produkt wird daher oft mit einer passiven, eindeutigen Kennzeichnung wie bspw. Barcodes, Data Matrix Codes oder RFID-Transpondern versehen und die eigentliche Rechenleistung in die Infrastruktur verschoben. Das Produkt ist dann nicht ständig intelligent, sondern nur zu bestimmten Zeitpunkten.

Aus der Anwendungsperspektive spielt diese temporäre Intelligenz des Produkts meist keine Rolle, so lange an den relevanten Stellen des Wertstroms die notwendige intelligente Infrastruktur vorhanden ist. Aus der technischen Perspektive unterscheidet sich die Realisierung über passive Kennzeichnung und intelligente Infrastruktur jedoch sehr deutlich von der Realisierung mit Hilfe von eingebetteten Systemen. Was aus der Anwendungsperspektive als eine Lösung erscheint, entspricht technisch gesehen zwei grundverschiedenen Ansätzen.

2.2 Die intelligente Maschine

Während das Paradigma des intelligenten Produkts aus der Perspektive der Anwendung recht eingängig ist, verhält es sich bei der intelligenten Maschine anders. In der Diskussion um dieses Paradigma vermischen sich verschiedene Stufen des intelligenten Verhaltens mit der Fokussierung auf verschiedene Lebenszyklusphasen der Maschine. In der Anwendung sind klar die Phasen Planung, Aufbau, Inbetriebnahme, Betrieb und Rekonfiguration zu unterscheiden.

Die Zielsetzung bei Planung/Aufbau und Inbetriebnahme besteht darin, möglichst effizient von einer funktionsorientierten Grobplanung zur fertigen und funktionsfähigen Maschine zu gelangen. Zentrale Ansätze sind hier Mechatronisierung der einzelnen Komponenten in Verbindung mit einer modellbasierten Projektierung der Anlagensteuerung (vergl. Ollinger und Zühlke 2013). Zur Integration der einzelnen mechatronischen Maschinenkomponenten ist ein industrielles Plug&Play von besonderer Bedeutung, das sich von der Integration der Module in verschiedene Feldbussysteme bis hin zur Integration in die IT-Systeme der Produktion erstreckt (Hodek 2013).

Eine ähnliche Zielsetzung besteht bei der Rekonfiguration von Produktionsanlagen, bei der die Anlagen auf neue Produktvarianten anzupassen sind. Neben der mechanischen Anpassung der Maschine sind dabei oft neue technologische Prozesse sowie neue Abfolgen in die integrierten Steuerungen zu implementieren, oftmals ohne die bestehenden Produktvarianten einzuschränken. Somit bekommt die mo-

Selbstoptimierende Produktionssysteme
• Eigenständige Festlegung der Qualitäts- und Produktivitätsziele der einzelnen Prozessschritte zur ganzheitlichen Optimierung der Wertschöpfungskette
Kontextsensitive kognitive Maschinensysteme
• Dynamische Anpassung von Produktionsparametern abhängig von Umgebungseinflüssen
• Berücksichtigung von Wissen über Produkte und Anlagen zur Optimierung der Produktion nach Zielvorgabe
Adaptivität und Autonomie
• Selbständige Konfiguration der Anlagensteuerung zur Laufzeit
• Autonome Regelung von Bearbeitungsprozessen nach Zielvorgabe
Kommunikation und verteilte Funktionalität
• Die Fabrik als Netzwerk von mechatronischen Systemen und Menschen
• Auflösung der Kommunikationshierarchie
• Horizontale und vertikale Integration
Heutige Realität und aktuelle Herausforderungen

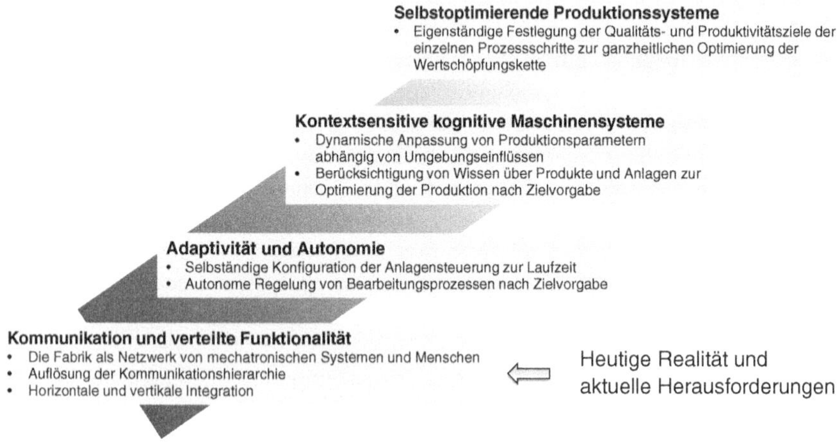

Abb. 2 Stufen des intelligenten Verhaltens von Produktionsanlagen

dellbasierte Steuerungsprojektierung in Verbindung mit einem industriellen Plug&-Play neben der mechanischen Konstruktion der neuen Produktschnittstellen ein besonderes Gewicht.

Die Zielsetzungen in der Lebenszyklusphase des Anlagenbetriebs sind deutlich vielfältiger und reichen von der Transparenz der technologischen Prozesse, der Optimierung des Qualitätsniveaus über die Unterstützung der Anlageninstandhaltung bis hin zur Optimierung der Toleranzlagen der produzierten Merkmale in der gesamten Prozesskette oder der Maximierung der Auslastung eines gesamten Maschinenparks.

Um diese vielfältigen Ziele in allen Lebenszyklusphasen zu erreichen sind verschiedene Stufen der Künstlichen Intelligenz notwendig. Die Stufen reichen von der Kommunikation und verteilten Funktionalität über ein adaptives und autonomes Anlagenverhalten bis hin zur Kontextsensitivität und Kognition sowie zur Selbstoptimierung ganzer Prozessketten (Abb. 2).

2.3 Der assistierte Bediener

Intelligente Produkte und Maschinen liefern eine Flut an Informationen. Der Mensch benötigt hier situationsabhängige Filterungsmechanismen, um am richtigen Ort zur richtigen Zeit exakt die Informationen zu erhalten, die zur Bearbeitung seiner jeweiligen Arbeitsaufgabe erforderlich sind. Diese Informationen sind sehr vielseitig und entstammen neben Sensorsystemen vor allem anderen IT-Systemen des Unternehmens wie z. B. Auftragserfassungs- und Logistik-Planungssystemen, den Steuerungen der Produktionsanlagen und den intelligenten Produkten.

Die Mensch-Maschine-Schnittstelle ist daher von zentraler Bedeutung. Mobile Tablet-Computer aus dem Consumer Bereich bieten hier neue Möglichkeiten. Tablet-Computer sind leichtgewichtig, können über vielfältige Schnittstellen (z. B. Bluetooth, USB, WLAN, 3G, ...) in Netzwerke eingebunden werden und sind mit Kameras und vergleichsweise hoher Rechenleistung ausgestattet. Es bietet sich daher an, diese Tablet-Computer für Anwendungen der mobilen Bedienung, als mobile Informationsplattform und für Augmented Reality Anwendungen zu verwenden. Zur weiteren Vertiefung des Themas sei auf das Kap. „Mensch-Maschine-Interaktion im Industrie 4.0-Zeitalter" von Gorecky et al. im Buch verwiesen.

3 Anwendungsbeispiele

3.1 Öffentlich geförderte Forschungsprojekte

Die Erforschung und Umsetzung der im Folgenden beschriebenen Anwendungsfälle für Industrie 4.0 erfolgt im Rahmen des Forschungsprojekts CyProS – Cyber-Physische Produktionssysteme. Dieses vom Bundesministerium für Bildung und Forschung (BMBF) geförderte Verbundvorhaben mit insgesamt 22 Partnern aus Wissenschaft und Wirtschaft verfolgt neben der Entwicklung Cyber-Physischer Systemmodule sowie Vorgehensweisen und Plattformen zu deren Einführung das vorrangige Ziel, den wirtschaftlichen Betrieb Cyber-Physischer Systeme als technologische Basis von Industrie 4.0 in realen Produktionsumgebungen zu erproben (vergl. Reinhart et al. 2013). Im Rahmen von CyProS werden die beiden Anwendungsfälle *Intralogistik* sowie *Produktionsplanung und Eskalationsmanagement* umgesetzt.

Die technische Realisierung und organisatorische Einbettung Cyber-Physischer Systeme in reale Produktions- und Supportprozesse erfolgt in der „Urbanen Produktion" der WITTENSTEIN bastian GmbH am Standort Fellbach (vergl. Stephan 2013), welche als Schaufensterfabrik im Rahmen des Verbundforschungsprojekts dient.

Das BMBF-geförderte Forschungsprojekt RES-COM befasst sich mit der Konzeption und Umsetzung von Cyber-Physischen Systemen mit dem Ziel der ressourcenschonenden Produktion. Dazu werden Ressourcenverbräuche dezentral erfasst, bewertet und zur Optimierung der Produktionsprozesse genutzt. Die Implementierung der Szenarien einer kontextaktivierten Ressourcenschonung durch vernetzte eingebettete Systeme erfolgt anhand des Anwendungsfalls *verteilte Anlagensteuerung in der SmartFactoryKL*.

3.2 Anwendungsfall Intralogistik

Das folgende Anwendungsbeispiel demonstriert die Anwendung des Paradigmas des intelligenten Produkts in der konkreten Ausprägung eines intelligenten Werkstückträgers. Durch Anwendung dieses Paradigmas wird der Medienbruch hinsichtlich der Materialversorgungssituation beseitigt und darauf basierend ein bedarfsorientierter Milkrun realisiert.

3.2.1 Motivation und Szenario

Die produktionslogistischen Prozesse von Fertigungsunternehmen werden vermehrt nach den Prinzipien der „Lean Production" organsiert, welche auf das Toyota Produktionssystem zurückzuführen sind (Womack et al. 1990). Das Hauptziel ist hierbei die Vermeidung jeglicher Art von Verschwendung, welche sich in die Arten Ausschuss bzw. Nacharbeit, Bestände, Bewegung, falsche Technologie bzw. Prozesse, Transport, Überproduktion und Warten differenzieren lässt (vergl. Ohno 2013). Die Steuerung der Intralogistik in einer „Lean Production" erfolgt typischerweise durch das Kanban-Verfahren. Dieses ermöglicht in Kombination mit einem sogenannten Milkrun eine zuverlässige Steuerung der Intralogistik ohne technische Unterstützung. Bei einem Milkrun wird genau so viel Material in der Fertigung bereitgestellt, wie seit dem letzten Milkrun verbraucht wurde.

Diese Steuerung der Intralogistik durch das Kanban-Verfahren in Kombination mit einem Milkrun hat jedoch Grenzen in der Leistungsfähigkeit. In einer variantenreichen Produktion ist eine vollständige Taktung der Produktions- und Transportprozesse kaum möglich, sodass ein turnusmäßig gesteuerter Milkrun oftmals nicht optimal ausgelastet ist. Die mangelnde Abstimmung führt daher zu unnötigem Verfahraufwand und damit einhergehend zu Verschwendung bezüglich Bewegung und Transport. Hier setzt das Konzept Cyber-Physischer Produktionssysteme an. Durch eine intelligente Vernetzung einzelner Produktionsressourcen (z. B. Werkzeugmaschine, Handhabungseinrichtung und Werkstückträger), vergl. Abb. 3, kann in der Produktion eine Informationstransparenz geschaffen werden, welche eine bedarfsorientierte Steuerung des Milkruns ermöglicht. Hierdurch ist insgesamt eine bessere Abstimmung des Milkruns auf die Produktionsprozesse möglich, was insbesondere in einer variantenreichen Produktion zu einer deutlichen Reduzierung des Verfahraufwands führt.

In der „Urbanen Produktion" der WITTENSTEIN bastian GmbH sind die Produktionsabläufe nach den Prinzipien der Lean Production organisiert. Zur Realisierung eines Milkruns sind jeder Maschine jeweils eine Anliefer- und eine Abholfläche zugeordnet, auf denen jeweils exakt ein Bodenroller (Transporteinheit für mehrere Werkstückträger eines Fertigungsauftrags) abgestellt werden kann. Im Turnus von einer Stunde, dem sogenannten Zyklus, fährt ein Mitarbeiter die Anliefer- und Abholflächen in der Fertigung mit einem Elektrozug ab (vgl. Abb. 4). Die Anliefer- und Abholflächen sind so angeordnet, dass der Mitarbeiter alle Flächen durch die Fahrt einer „Acht" erreichen kann. An einer Schnittstelle zwischen den beiden Teilrunden der „Acht" kann der Mitarbeiter zudem in den Bereich für Wareneingang und -ausgang einfahren. Gemäß den Prinzipien der Lean Production erfolgt die Steuerung der Intralogistik ohne IT-Unterstützung, sodass der Mitarbeiter stündlich mit dem Elektrozug alle Teilrunden abfährt, fertig bearbeitete Fertigungsaufträge einlädt, diese verteilt, sowie leere Anlieferflächen notiert. Diese Flächen

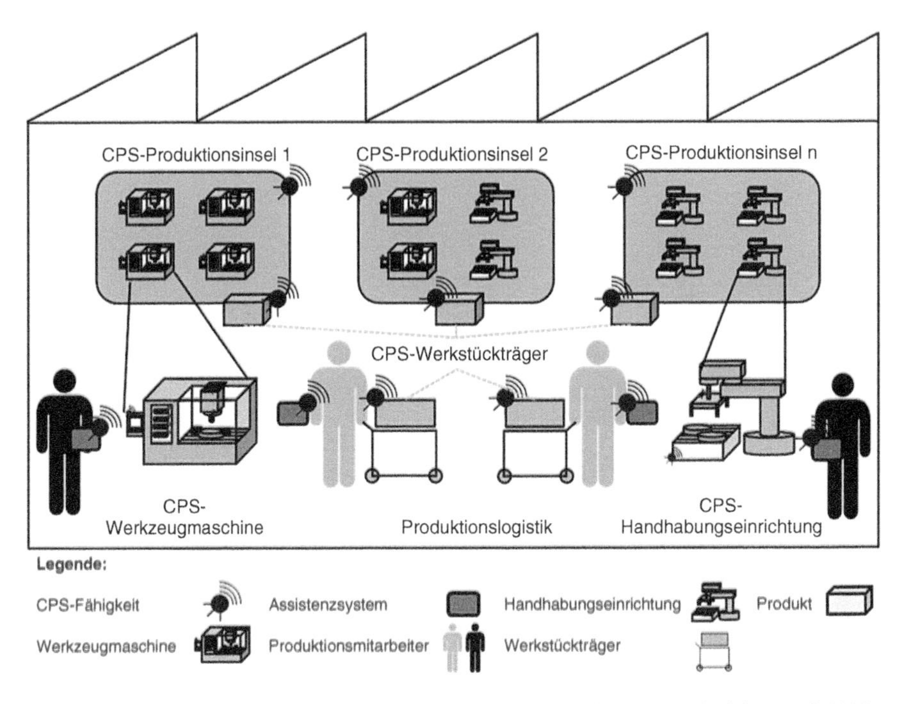

Abb. 3 Vernetzung von Produktions- und Logistikeinheiten, in Anlehnung an. (Reinhart et al. 2013)

werden im jeweils folgenden Zyklus mit einem Fertigungsauftrag aus dem Pufferlager bestückt. Um die Bestände gering zu halten, gilt die Prämisse, dass innerhalb eines Zyklus alle fertig bearbeiteten Fertigungsaufträge weitertransportiert werden.

Die Steuerung der Intralogistik erfolgt ohne IT-Einsatz, sodass vor einem Zyklus nicht bekannt ist, welche Fertigungsaufträge mit welchem Zustand an welchem Ort abholbereit stehen, bzw. welche Anlieferflächen leer sind und mit einem Fertigungsauftrag aus dem Pufferlager bestückt werden müssen. Diese mangelnde Informationstransparenz führt dazu, dass die Steuerung des Milkruns zur dargestellten Verschwendung führt.

3.2.2 Nutzenbetrachtung

Das konkrete Verbesserungspotenzial besteht in der Realisierung eines bedarfsorientierten Milkruns. Dieser wird auf Basis des Technologieparadigmas des intelligenten Werkstückträgers implementiert. Hierbei wird der Startzeitpunkt des nächsten Zyklus durch den Bedarf gesteuert. Der Prozess des Milkruns selbst bleibt unverändert. Der Bedarf wird dadurch charakterisiert, dass es an einer Maschine zu keinem Zeitpunkt zu einem Stillstand aufgrund eines nicht rechtzeitig angelieferten Produktionsauftrags kommen darf. Auf Basis der vorliegenden Informationen wird ein Zyklus eine Stunde bevor alle Fertigungsaufträge einer Maschine abgearbeitet sind gestartet.

Abb. 4 Elektrozug und Pufferlager

Grundvoraussetzung hierfür ist das Schließen des Medienbruchs bezüglich der Belegung von Anliefer- und Abholflächen sowie der voraussichtlichen (Rest-) Bearbeitungszeit der sich in Bearbeitung befindenden Fertigungsaufträge. Hier kommen intelligente Werkstückträger zur Anwendung (vergl. Veigt et al. 2013; Lappe et al. 2014). Ein Vorteil des Einsatzes intelligenter Werkstückträger gegenüber E-Kanban ist hier, dass die erforderlichen Informationen bzgl. Anliefer- und Abholbedarfe prozess- und ortsunabhängig erzeugt werden können.

Zur Ermittlung des Nutzens wurde über einen Zeitraum von zwei Tagen der Milkrun präzise dokumentiert. Auf Basis der Datenaufnahme wurde simulationsbasiert das Potenzial einer bedarfsorientierten Materialversorgung untersucht. Eine ausführliche Erläuterung der Modellierung, der Validierung sowie der Potenzialanalyse ist in (Lappe et al. 2014) nachzulesen. Die Simulationsergebnisse verdeutlichen anhand der Datenbasis, dass eine bedarfsorientierte Materialversorgung zu einer deutlichen Reduzierung der gefahrenen Zyklen (vergl. Abb. 5), und der gefahrenen Teilrunden (vergl. Abb. 6), führt.

Die Kapazität des Elektrozugs hat dabei keinen wesentlichen Einfluss auf die Anzahl der gefahrenen Zyklen, da die Anzahl der gefahrenen Zyklen bei einer bedarfsorientierten Materialversorgung mit dem Bedarf in der Fertigung korreliert. Jedoch führt eine Kapazitätserhöhung des Elektrozugs bei einer bedarfsorientierten Materialversorgung zu einer deutlicheren Reduzierung der gefahrenen Teilrunden, da aufgrund der Reduzierung der Zyklen in diesen deutlich mehr Transportaufträge durchgeführt werden müssen.

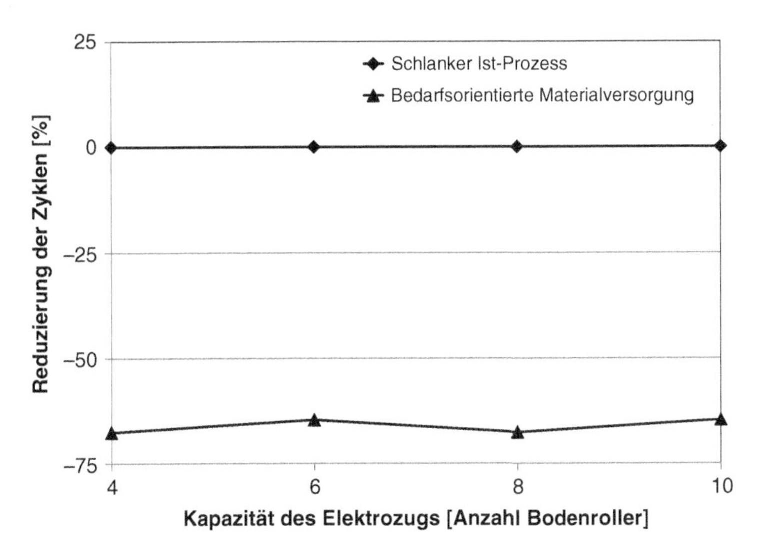

Abb. 5 Potenzial bzgl. der Reduzierung gefahrener Zyklen

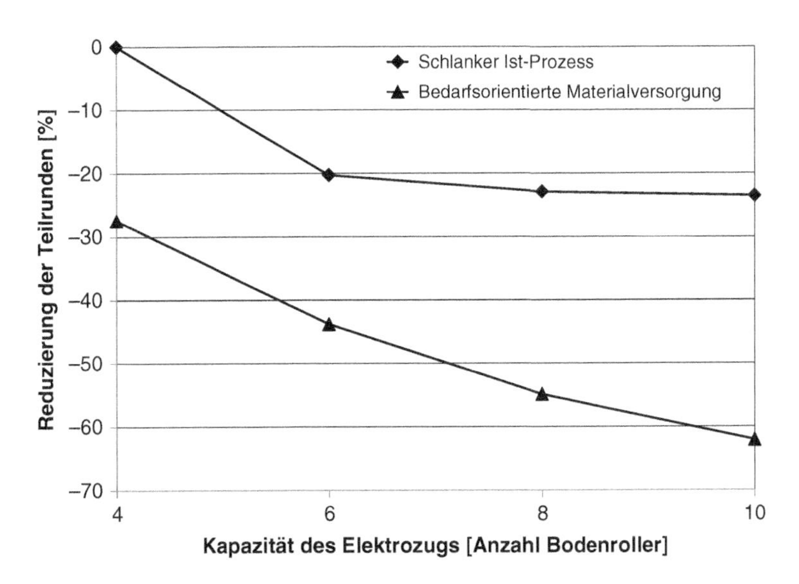

Abb. 6 Potenzial bzgl. der Reduzierung gefahrener Teilrunden

3.2.3 Umsetzung

Die konkrete Umsetzung in der „Urbanen Produktion" erfolgt in mehreren Schritten. Zunächst sollen die herkömmlichen Werkstückträger verwendet werden sowie der stündliche Rhythmus behalten bleiben. Der transportierte Fertigungsauftrag kann durch einen QR-Code identifiziert werden, der auf dem Arbeitsplan aufgedruckt ist. Mit einem Pocket-Scanner kann der Mitarbeiter der Intralogistik alle Aufträge sowie die ebenfalls mit einer optischen Identifikation versehenen Anliefer- und Abholflächen identifizieren. Auf einem Tablet-PC werden den Mitarbeitern die aktuellen Bedarfe angezeigt. Auf Basis der Informationstransparenz sind somit im ersten Schritt die Anliefer- und Abholbedarfe bekannt. Darauf aufbauend wird in einem nächsten Schritt eine Software zur Berechnung der Abfahrtszeitpunkte eingesetzt. Auf dem Tablet-PC wird den Mitarbeitern der nächste Abfahrtszeitpunkt vorgeschlagen und die nächste Tour angezeigt. Da die Informationsbasis in den ersten beiden Umsetzungsstufen auf einer manuellen Datenaufnahme basiert, können im letzten Schritt intelligente Werkstückträger eingesetzt werden, um die erforderliche Informationstransparenz automatisch sowie prozess- und ortsunabhängig zu schaffen. Durch die schrittweise Implementierung einer intelligenten Vernetzung zur bedarfsorientierten Materialversorgung in der Fertigung werden die Mitarbeiter sukzessive an die Veränderungen herangeführt, damit der IT- und Technik-Einsatz als Unterstützung für die tägliche Arbeit Akzeptanz findet.

3.3 Produktionsplanung und Eskalationsmanagement

Das folgende Anwendungsbeispiel beschreibt die Anwendung des Paradigmas des assistierten Bedieners zur Beseitigung von Medienbrüchen durch die Synchronisierung einer bislang papiergestützten operativen und einer IT-gestützten mittelfristigen Produktionsplanung.

3.3.1 Motivation und Szenario

Die Planung von zu bearbeitenden Produktionsaufträgen erfolgt oftmals mit Produktionsplanungssystemen (PPS). Diese erlauben eine informationstechnische Abbildung der zeitlichen Eintaktung der jeweiligen Aufträge in einzelne Produktionsprozesse. PPS sind typischerweise Softwarewerkzeuge für Mitarbeiter der Planungsebene. Insbesondere in mittelständischen Unternehmen werden PPS jedoch oft nicht dazu verwendet, die konkrete Abarbeitung von einzelnen Prozessschritten zur Fertigung eines Produkts auf Meister-, Gruppenleiter-, oder Maschinenbediener-Ebene zu steuern. Hierfür kommen typischerweise Plantafeln zum Einsatz, welche nach den Prinzipien der Lean Production die Organisation der Fertigung auf Basis eines papierbasierten Kartensystems erlauben. Es kommt zu einem Medienbruch zwischen der IT-gestützten mittelfristigen und der papiergestützten operativen Planung. Beide Planungssysteme müssen mit hohem Aufwand manuell synchronisiert werden. Organisatorische Verluste sind die Folge.

Bei dem System der Fertigungsorganisation über eine Plantafel werden Karten mit Informationen wie Auftragsnummer, Maschinennummer, Losgröße und Materialnummer in die einzelnen Spalten der Plantafel eingeordnet. Die Spalten entsprechen dabei einzelnen Bearbeitungsmaschinen oder Bearbeitungsschritten, die Reihenfolge der Karten entspricht der Abarbeitungsreihenfolge verschiedener Aufträge auf einer Maschine. Sobald die Bearbeitung eines Auftrags auf einer Maschine fertiggestellt ist, wird die betreffende Karte vom Werker manuell in die Spalte für den nächsten Bearbeitungsschritt einsortiert. Auf diese Weise kann eine Steuerung der Auftragsabarbeitung auf operativer Eben effizient durchgeführt werden.

Der konkrete Nachteil des Medienbruchs zwischen der IT-gestützten mittelfristigen und der papiergestützten operativen Planung umfasst eine kontinuierliche Abweichung zwischen digitaler Planungswelt und der realen Welt der Auftragsabarbeitung. In Konsequenz sind aktuelle Informationen zum Stand der Auftragsbearbeitung nicht über IT-Systeme abrufbar und müssen bei Bedarf direkt beim Fertigungsmeister oder beim einzelnen Werker zeitaufwändig nachgefragt werden. Dies führt insbesondere in Situationen mit dringendem Entscheidungsbedarf, wie der Bewertung von Problemeskalationen in der Auftragsbearbeitung und deren Behebung zu hohen organisatorischen Verlusten.

Um in solchen Situationen eine informierte und damit schnelle Entscheidung treffen zu können, müssen aktuelle auftrags-, maschinen-, und linienbezogene Informationen für Entscheider wie z. B. Geschäftsführer oder Mitarbeiter der Planungsebene zu jeder Zeit mobil und zielgruppenspezifisch aufbereitet zugreifbar sein.

Die Bewertung und Behebung von Eskalationen wird heute ebenfalls durch Medienbrüche erschwert. Medienbrüche entstehen dadurch, dass Informationen bezüglich der Ursache, weshalb ein Auftrag aktuell nicht gefertigt werden kann, nur unzureichend dokumentiert werden. Konkrete Probleme werden z. B. mündlich oder als papierbasierte Notiz vom Werker zum Fertigungsmeister weitergegeben. Die Dokumentation der Ursachen einer Eskalation erfolgt darüber hinaus nur in eingeschränkter und unzureichender Form. Falls eine Dokumentation in IT-basierten Systemen erfolgt, handelt es sich oftmals um unstrukturierte Tabellen oder separate Datenbanksysteme. In Konsequenz sind kurzfristig Informationen zur Problemursache für den Entscheidungsträger nur bedingt zugänglich und müssen zeitaufwändig manuell zusammengetragen werden. Dies resultiert wiederum in einem verlängerten Maschinenstillstand. Darüber hinaus verhindert der Medienbruch die statistische Auswertung und damit eine Wissensrückführung bezüglich der Problemursachen. Eine systematische Optimierung des Planungsprozesses ist auf Basis einer unstrukturierten und lückenhaften Datengrundlage nahezu unmöglich.

Um im Falle einer Eskalation von Problemen bei der Auftragsbearbeitung kurzfristig schnell und zielgerichtet reagieren zu können, muss der Mensch sowohl beim Anlegen einer Eskalation, bei der Informationseingabe und beim Informationsabruf in den Mittelpunkt gerückt werden. Im Falle der Informationseingabe bedeutet dies eine weitestgehend automatisierte Eingabe von Auftrags- und Maschinenstammdaten, eine multimodale Eingabe der Problemursache sowie eine möglichst einfache Weitergabe der Eskalationsinformation an relevante Rollen im Unternehmen. Für den kurzfristigen Informationsabruf müssen Entscheidern zentrale Informationen als Grundlage einer informierten Entscheidung mobil zur Verfügung stehen. Beispiele sind der von einer Eskalation betroffene Auftrag, die betroffene Maschine, die Problemursache, der Ansprechpartner auf Werkerebene sowie die aktuelle Tagesplanung der Auftragsabarbeitung. Durch die teilautomatisierte digital erfasste Dokumentation von Problemen bei der Auftragsabarbeitung wird der Einsatz von statistischen Verfahren zur Erkennung von Korrelationen zwischen Problemursachen, eingesetzter Maschinen und Ausrüstung sowie gefertigter Teile anwendbar. Auf längere Sicht versetzt dies Entscheidungsträger in die Lage, gezielt gegen spezifische Eskalationsursachen vorzugehen und somit den Planungsprozess kontinuierlich zu optimieren.

3.3.2 Nutzenbetrachtung

Der Nutzen dieses Anwendungsfalls liegt in der Optimierung des organisatorischen Prozesses zur Auftragsbearbeitung und lässt sich daher nur schwer quantifizieren. Kurz- und mittelfristig steht die schnellere und einfachere Eskalation von Problemen im Vordergrund. Der initiale Prozess wird dabei nicht verändert. Mittelfristig kann die erhobene Datenbasis zur schnelleren Diagnose der Problemursache herangezogen werden. Langfristig kann diese Datenbasis jedoch grundlegende Zusammenhänge hinsichtlich Parametern wie Material, Werkzeug, Rüstteile, Fertigungsmaschinen und Zulieferern aufdecken. Diese Information lässt sich dazu nutzen, den Auftragsbearbeitungsprozess systematisch zu optimieren.

3.3.3 Umsetzung

Die Umsetzung erfolgt mit dem Ziel, organisatorische Verluste in der Abstimmung von Produktionsplanung und Auftragsabarbeitung sowie der Erfassung und Behandlung von Problemeskalationen zu unterstützen.

Im ersten Schritt erfolgt die Implementierung einer digitalen Plantafel, welche die Grundursache des Medienbruchs beseitigt. Für Mitarbeiter der Planungsebene besteht die Möglichkeit, auf den aktuellen Informationsstand des digitalen Plantafelsystems per Tablet-PC zuzugreifen (vergl. Abb. 7). Hierbei erfolgt die Visualisierung von Fertigungsaufträgen in tabellarischer Form, sortiert nach einzelnen Fertigungslinien und in farblicher Codierung. Abhängig von der Rolle des Nutzers können verschiedene Ansichten angezeigt werden. Beispiele sind Tagesplanung, Maschinenbelegung, Planung für eine Linie sowie Auftragsstammdaten, Zeitpunkt der Fertigstellung, oder der Grund für eine Sperrung eines Auftrags. Der einfache Zugriff auf unterschiedliche Informationssichten und -inhalte erfolgt dabei entweder durch taktile Interaktion oder über optische Marker (Barcode, QR-Code, Datamatrix-Code) an den Maschinen sowie auf den Auftragspapieren. Diese Art des Zugriffs ermöglicht betroffenen Mitarbeitern bei Rundgängen oder Besprechungen in der Fertigung zu jederzeit schnell und intuitiv auf relevante Informationen der Fertigungsplanung zuzugreifen.

Im zweiten Schritt wird eine Anwendung geschaffen, mit der der Werker direkt die Bearbeitung von Fertigungsaufträgen dokumentieren und ggf. Probleme eskalieren kann (vergl. Abb. 8). Die Eingabe von Auftrags- und Maschinenstammdaten kann auch hier durch Scan optischer Marker auf Auftragspapieren oder an Bearbeitungsmaschinen erfolgen. Genauere Informationen zu einer Eskalation, wie z. B. falsch aufgebaute Aufspannungen oder fehlerhafte Rüstteile, können per Foto dokumentiert werden. Vorgefertigte Textbausteine und die Möglichkeit Sprachnachrichten aufzunehmen erleichtern die Dokumentation.

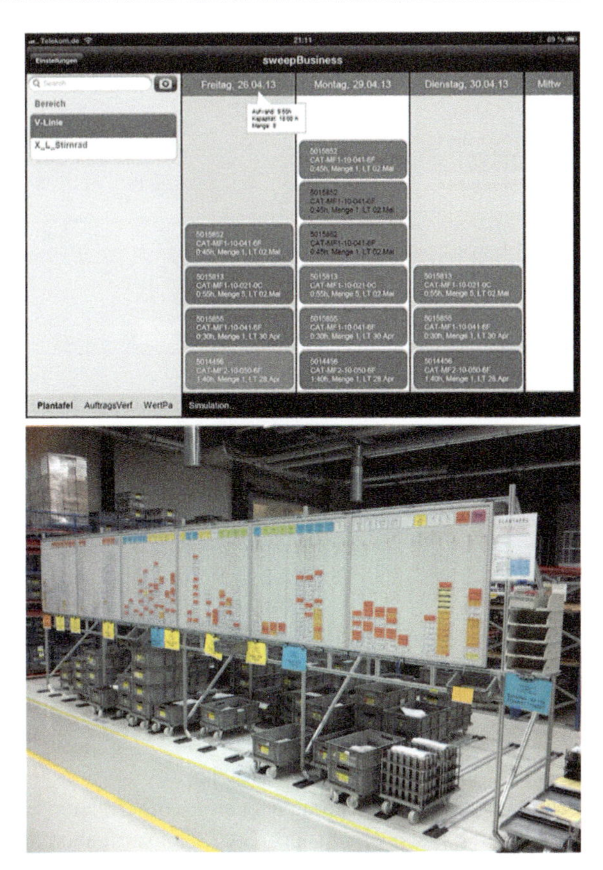

Abb. 7 Papierbasierte Plantafel mit Einsteckkarten und deren digitale Entsprechung auf einem Tablet PC

In einem dritten, längerfristig angelegten Schritt werden die erhobenen Informationen über Verzögerungen in der Auftragsbearbeitung und deren Ursachen in einen kontinuierlichen Verbesserungsprozess überführt. Auf Basis der vollständigen digitalen Dokumentation der Verzögerungsursachen in der Bearbeitung der Fertigungsaufträge können z. B. Paretoanalysen durchgeführt, Engpässe im Prozess der Auftragsbearbeitung identifiziert und systematische Prozessoptimierungen z. B. in Form von PDCA-Zyklen initiiert werden.

3.4 Verteilte Anlagensteuerung in der SmartFactoryKL

Das folgende Anwendungsbeispiel behandelt die Umsetzung des Paradigmas der intelligenten Maschine und die Reduzierung des Medienbruchs bei der Steuerungsplanung und -entwicklung. Anhand einer Anlagensteuerung in der SmartFactoryKL, die aus verteilten, miteinander kommunizierenden Steuerungsinstanzen besteht, wird untersucht, wie sich diese neuen Paradigmen auf die verschiedenen Phasen der Planung und Inbetriebnahme, des Betriebs und der Rekonfiguration auswirken.

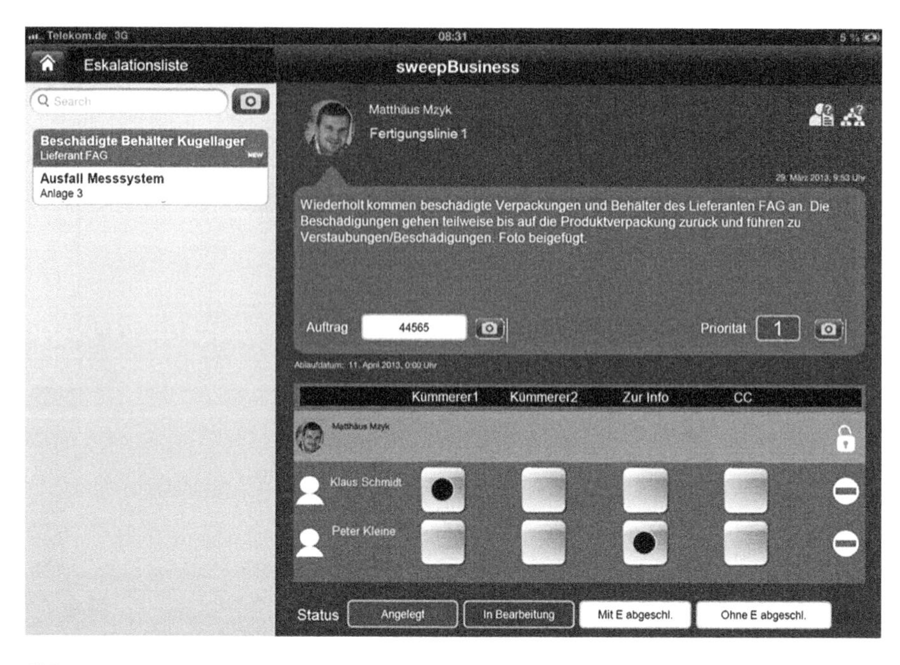

Abb. 8 User Interface Prototyp der Anwendung zum Anlegen einer Eskalation

3.4.1 Motivation und Szenario

Heute in der Automatisierungstechnik vorherrschende Steuerungsarchitekturen sind strikt hierarchisch organisiert. Steuerungsaufgaben werden auf die verschiedenen Ebenen der Automatisierungspyramide vertikal verteilt (z. B. betriebliche Steuerung vs. technische Steuerung). Die Steuerung der Produktionsanlage und des darauf ausgeführten Produktionsprozesses erfolgt meist durch eine zentrale Einheit, beispielsweise eine Speicherprogrammierbare Steuerung (SPS). Die Programmierung einer SPS erfolgt in einer stark hardwareorientierten Art und Weise, ähnlich Assemblerprogrammen. Dadurch wird zwar sehr speicher- und recheneffizienter Code erzeugt, welcher jedoch häufig unübersichtlich, schlecht strukturiert und kaum wiederverwendbar ist. Daher müssen SPS-Programme, wie beispielsweise für neu errichtete Produktionsanlagen, meist von Grund auf neu erstellt werden. Änderungen am SPS-Code, beispielsweise aufgrund zu ändernder Prozessabläufe, erweisen sich als aufwändig und fehleranfällig. Des Weiteren wird ein großer Anteil der Entwicklungszeit in die Programmierung von Treibern und Schnittstellen zur Anbindung von Feldgeräten investiert, welche oftmals über proprietäre Protokolle auf Byte-Ebene und unterschiedliche Kommunikationsschnittstellen angesprochen werden müssen.

Der Austausch eines Feldgeräts durch ein funktionsgleiches Gerät eines anderen Herstellers macht in der Regel die Anpassung des SPS-Programms notwendig. Trotz der Standardisierung der SPS-Programmierung durch die IEC 61131 ist die Modularisierung und Wiederverwendung von existierendem Quellcode oftmals nur eingeschränkt möglich. Hauptursache ist das niedrige Abstraktionsniveau der immer noch stark hardwareorientierten SPS-Programmierung (vergl. Loskyll 2013).

Das vorherrschende niedrige Abstraktionsniveau der Steuerungsprogramme beeinflusst auch deren Planungs- und Entwurfsphase. Die verschiedenen Entwurfsphasen (prozessorientierter, funktionaler, struktureller Entwurf) laufen meist getrennt und in unterschiedlichen Gewerken ab. Zwischen diesen Aktivitäten besteht ein Medienbruch, d. h. Daten werden unzureichend und oftmals in Form von Skizzen oder Tabellen auf Papier weitergegeben. Es mangelt an einer durchgängigen Engineeringmethodik, bei der Planungs- und Entwurfsdaten über die verschiedenen Phasen hinweg in digitaler Form übermittelt werden.

Ein vielversprechender Ansatz zur Adressierung der beschriebenen Probleme ist die Verteilung von Steuerungsaufgaben auf kleinere, besser beherrschbare Steuerungseinheiten. Insbesondere das Paradigma der Serviceorientierung scheint geeignet, um mechatronische Funktionalitäten von Anlagenkomponenten zu Services zu kapseln, die über standardisierte Schnittstellen zur Verfügung gestellt und zu höherwertigen Services oder ganzen Prozessabläufen kombiniert werden können.

Im Forschungsprojekt RES-COM wurden die Auswirkungen der Verteilung der Steuerungsintelligenz auf die verschiedenen Phasen des Anlagenlebenszyklus untersucht und Methoden zur modellbasierten Planung (Ollinger und Zühlke 2013), zur dynamischen Anpassung des Prozessablaufs zur Betriebszeit (vergl. Loskyll 2013) und zur Rekonfiguration nach dem Plug&Play-Prinzip (vergl. Hodek 2013) entwickelt.

Die Methodik zur durchgängigen modellbasierten Planung von serviceorientierten Anlagensteuerungen definiert ausgehend von einer Produktionsprozessplanung auf abstrakter Ebene (basierend auf Eingaben aus früheren Planungsphasen wie dem Produktdesign) drei Modelle zum Entwurf des Steuerungssystems (Ollinger und Zühlke 2013): ein Strukturmodell zur Beschreibung des physischen Anlagenaufbaus, ein Servicemodell zur softwaretechnischen Gruppierung der benötigten Funktionalitäten sowie ein Orchestrierungsmodell zur Festlegung der Programmlogik. Diese Modelle agieren auf abstrakter Ebene, also unabhängig von hardwarespezifischen Details konkreter Feldgeräte.

Die entwickelte Methodik der dynamischen Orchestrierung (vergl. Loskyll 2013) von Services, die durch die Feldgeräte und Baugruppen der Produktionsanlage angeboten werden, basiert auf einem logischen Fähigkeitsabgleich, dem sogenannten semantischen Matchmaking. Kernaspekt dieser Methodik ist der Einsatz semantischer Technologien, einem Werkzeug der Künstlichen Intelligenz, zur Beschreibung der Bedeutung von Feldgerätefunktionalitäten in einer maschinenverständlich Art und Weise. Auf der Basis dieser Beschreibung können die Fähigkeiten der Anlagenkomponenten hinsichtlich ihrer Bedeutung für das zu fertigende Produkt unterschieden und automatisch selektiert werden. So wird es möglich, Prozessabläufe zur Anlagensteuerung basierend auf einer abstrakten Prozessbeschreibung (grundlegende Operationen aus der Fertigungsplanung ohne Verknüpfung zu konkreten Geräten) automatisch zu generieren und zur Laufzeit der Anlage flexibel anzupassen. Um das System der dynamischen Orchestrierung mit der dinglichen Welt zu koppeln und mit aktuellen Daten aus der Produktionsanlage zu erweitern, werden diese mittels eines Context Brokers erfasst und zu höherwertigen Informationen aggregiert.

3.4.2 Nutzenbetrachtung

Der Ansatz einer Modularisierung der mechatronischen Funktionalitäten durch das Paradigma der Serviceorientierung macht es einerseits möglich, den Produktionsprozess flexibel aus verfügbaren Services zusammenzustellen, andererseits erlaubt er auch den interoperablen Zugriff übergeordneter Steuerungsebenen und somit die Realisierung einer vertikalen Integration.

Die Fokussierung auf abstrakte Prozessschritte aus einer funktionalen statt einer hardwareorientierten Sichtweise ermöglicht die Schließung der Informationslücke zwischen Geschäftsprozessen (betriebswirtschaftliche Sicht) und Produktionsprozessen (technische Sicht). Darüber hinaus bietet die abstrakte Prozessbeschreibung die Grundlage für die automatische Generierung von konkreten, zur Anlagensteuerung geeigneten Prozessabläufen.

Die semantische Modellierung der verschiedenen Aspekte der in der Produktionsanlage verfügbaren Funktionalitäten nutzt durchgehend existierende Normen, Richtlinien und Klassifikationssysteme als Wissensquellen. Dadurch wird existierendes Domänenwissen durch Formalisierung auf eine semantische Ebene gehoben, die ein logisches Schlussfolgern erlaubt. Dies stellt einen grundlegenden Schritt dar, um zukünftig Engineering-Vorgänge teilweise zu automatisieren und einen automatischen Abgleich von gesuchten und vorhandenen Funktionalitäten sogar erst in der Betriebsphase einer Produktionsanlage zu erlauben (vergl. Loskyll 2013).

3.4.3 Umsetzung

Im Rahmen des Projekts RES-COM zeigt die Demonstrationsanlage der SmartFactoryKL am Deutschen Forschungszentrum für Künstliche Intelligenz (vergl. Abb. 9) die Umsetzung einer serviceorientierten Anlagensteuerung. In der Anlage werden die Einzelteile eines intelligenten Schlüsselfinders (Gehäusedeckel, Gehäuseboden, Platine) bearbeitet und zum fertigen Produkt assembliert. Im Inneren des Gehäusedeckels ist ein RFID-Transponder angebracht, auf dem fertigungsrelevante Daten (z. B. ressourcenschonende oder zeitlich optimierte Fertigung) gespeichert sind. Diese Informationen werden über ein RFID-Lese-Schreibgerät an die Anlagensteuerung übermittelt. Die verschiedenen Feldgeräte und Baugruppen sind mit Mikrocontrollern als Gateways ausgestattet, über die die mechatronischen Funktionalitäten per Webservice-Schnittstelle im Anlagennetzwerk angeboten werden. Dadurch entstehen intelligente, eingebettete Systeme, die über Internettechnologien und auf IP-Basis kommunizieren.

Die Methodik der dynamischen Orchestrierung wurde in der Demonstrationsanlage der SmartFactoryKL und des DFKI implementiert, um den Prozessablauf zur Steuerung der Anlage flexibel an gewünschte Fertigungsvarianten (z. B. ressourcenschonende Fertigung), neue Produktvarianten und Komponentenausfälle anpassen zu können. So wird der Prozessablauf zur Steuerung der Anlage erst in dem Moment automatisch generiert, in dem das Rohprodukt seine Spezifikation mitteilt. Mittels eines Context Brokers wird die aktuell vorliegende Situation der Produktionsanlagen und ihrer Komponenten basierend auf Kontextinformationen ständig ausgewertet und an die Anlagensteuerung kommuniziert. Wird etwa der Ausfall

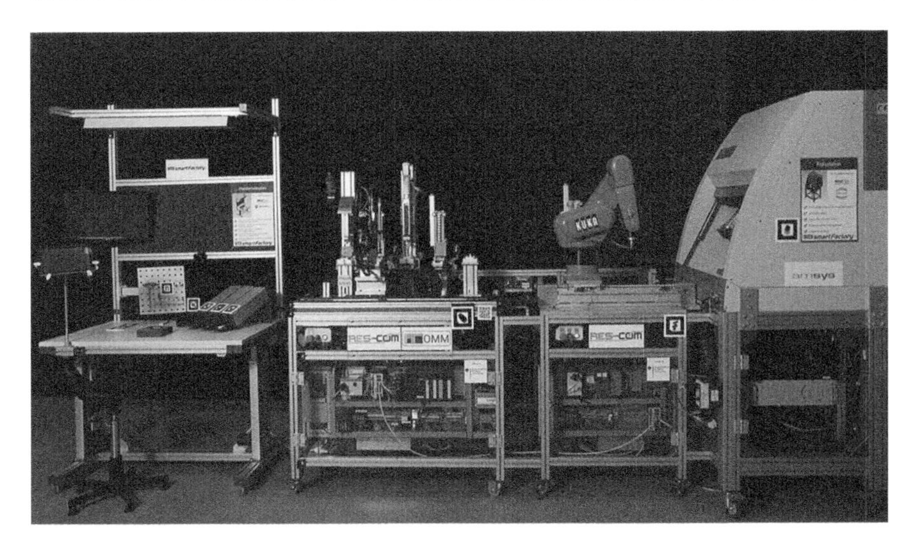

Abb. 9 Demonstrationsanlage der SmartFactoryKL und des DFKI

einer Komponente gemeldet, kann das Orchestrierungssystem beispielsweise durch Prozessumstellung auf redundante Stationen reagieren.

Die Anpassung der Produktionsanlage an neue Anforderungen mit einem Baukastensystem erfordert neben den einheitlichen Software-Schnittstellen auch standardisierte physikalische Schnittstellen und eine modulare Anlagenstruktur. In der in Abb. 9 gezeigten Produktionslinie wurde eine Verpressstation zur Montage des zu fertigenden Produkts nach dem Plug&Play-Prinzip konstruiert (Hodek et al. 2013). Die Station kann mit wenigen Handgriffen entnommen und durch eine alternative Komponente ersetzt werden. Diese bringt ihre Steuerungsintelligenz bereits auf einem Mikrokontroller mit, meldet sich automatisch im Anlagennetzwerk an und kann in den Prozessablauf integriert werden.

4 Bewertung und Ausblick

4.1 Kerninnovation bei Industrie 4.0 spezifischer Produktionsoptimierung

Die umgesetzten Anwendungsfälle zeigen verschiedene Bereiche einer Produktion, deren Prozessablauf durch die Verfügbarkeit und Auswertung von aktuellen, hochauflösenden Informationen über Produkte optimiert wurde. In den Beispielen sind dies die Bereiche Intralogistik, Produktionsplanung und Aufbau und Betrieb komplexer Anlagen. Beispiele für hochauflösende Informationen sind der aktuelle Aufenthaltsort von individuellen Produkten, die aktuelle Auslastung und der Zustand einzelner Maschinen sowie der Zustand der Produktionsinfrastruktur. Vergleicht man die Anwendungsfälle jedoch mit der täglichen Produktionspraxis oder einschlägigen Veröffentlichungen, so fällt auf, dass die zu optimierenden Bereiche Gegenstand ständiger Optimierungsprojekte sind. Diese stehen nicht notwendigerweise in Zusammenhang mit der Integration von moderner Informations- und Kommunikationstechnologie. Ebenso verhält es sich mit den Zielen der jeweiligen Optimierungen. Die Produktion muss versuchen, ein Optimum in einem Zielpolygon zu finden, welches wesentlich aus den Eckpunkten Qualität, Kosten und Lieferung besteht. Die Ziele – Optimierung der Liefertreue, Senkung der Kosten, Steigerung der Qualität – wurden in tausenden von Einzelfällen auch ohne Internettechnologie mit großem Erfolg erreicht.

Es lässt sich daher feststellen, dass sich im Umfeld von Industrie 4.0 weder das Optimierungsziel, noch die zu optimierenden Bereiche verändern. Der zentrale Unterschied besteht in der Art und Weise, wie das Ziel erreicht wird. Während in der Zeit vor Industrie 4.0 die Maßnahmen wesentlich auf einer Leistungssteigerung beruhen, kommt mit Industrie 4.0 die Reduzierung von Medienbrüchen als neues Optimierungspotenzial hinzu (Abb. 10).

Die seit den Anfängen der Automatisierungstechnik bis heute etablierte Herangehensweise besteht darin, Engpässe in Prozessketten zu identifizieren und diese durch Leistungssteigerung in den betroffenen Prozessschritten zu erweitern. Das Ziel besteht darin, die Produktivität der gesamten Prozesskette bei Erfüllung der gestellten Qualitätsanforderungen zu erhöhen. Auf technischer Basis wird diese Leistungssteigerung wesentlich durch Automatisierung, leistungsfähigere Komponenten oder den Ersatz von einzelnen Prozessschritten durch neue Technologien erreicht. Auf methodischer Basis sind hier vor allem die Lean-Production Paradigmen zu nennen, die in den vergangenen Jahren durch Fokussierung der wertschöpfenden Tätigkeiten vor allem in der Fertigung und Montage große Produktivitäts-

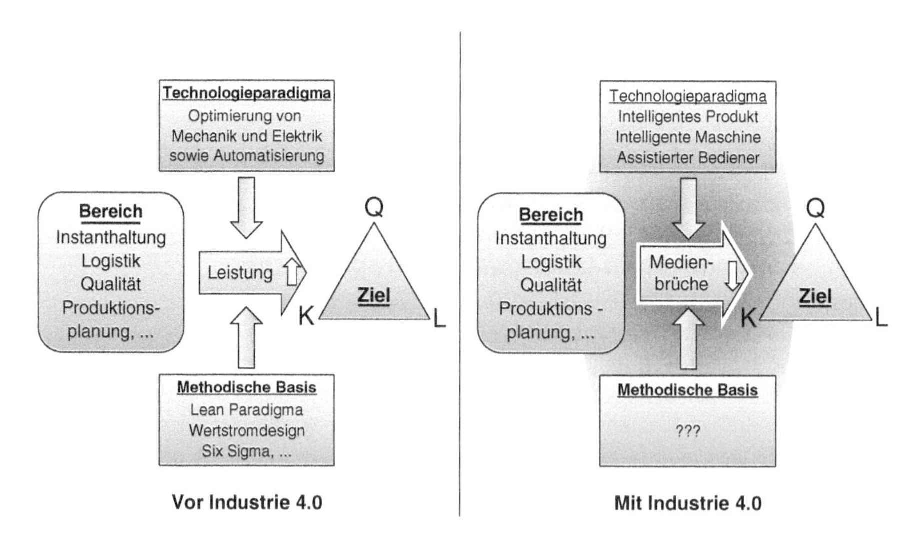

Abb. 10 Reduzierung von Medienbrüchen als Optimierungsmaßnahme in Industrie 4.0

fortschritte eingebracht und durch Senkung der Durchlaufzeiten und damit der Bestände zu einer signifikanten Flexibilitätssteigerung geführt haben.

Es zeigt sich jedoch in der betrieblichen Praxis oftmals, dass die theoretisch mögliche Leistung der Prozessketten nicht erreicht wird. Der Informationsfluss, welcher die Warenbewegung begleitet, wird angesichts bestehender Megatrends wie zunehmender Produktindividualisierung (Losgröße 1), steigender Volatilität der Märkte sowie einer Produktion in globalisierten Wertschöpfungsnetzen immer mehr zur Voraussetzung für hocheffektive Prozessketten. Ein Beispiel findet sich im Anwendungsfall der Intralogistik. In einer klassischen, durch Lean-Production Paradigmen geprägten Produktion, werden Warenflüsse für den Menschen transparent, indem er den Zustand der Anliefer- und der Abholflächen beobachtet. Aus der Sicht des ERP- oder Feinplanungssystems ergibt sich diese Transparenz jedoch erst aus der manuellen Buchung an bestimmten Anmelde- und Abmeldestellen in der Produktion. Es entsteht ein Medienbruch, da das Feinplanungssystem nicht direkt auf die realen Lagerbestände an den Anliefer- und Abholflächen zugreifen kann. Eine direkte digitale Weiterverarbeitung ist erst durch manuelle Überbrückung dieses Medienbruchs durch den Menschen möglich. Der Mensch wird somit zum Engpass im Informationsfluss in der Fabrik.

Hierdurch wird der Neuheitswert von Industrie 4.0 Anwendungen deutlich. Der Optimierungsansatz der vorgestellten Beispiele besteht in der Reduzierung von Medienbrüchen, sowie der Steigerung der Transparenz von technologischen und organisatorischen Prozessen durch die digitale Erfassung und Weiterverarbeitung von Prozessgrößen. In der Konsequenz lassen sich somit Prozessketten beschleunigen. Die technische Basis dieser Optimierungen sind Auto-ID-Technologien, eingebettete Systeme, TCP/IP-Netzwerke sowie die Integration verschiedenster IT-Systeme der Produktion.

Auf der Seite der klassischen Leistungssteigerung von Prozessschritten existiert eine breite Basis von Ansätzen, Vorgehensweisen und Rahmenwerke, mit denen Optimierungspotenziale in den verschiedensten Bereichen einer Produktion erkannt und systematisch umgesetzt werden können, wie z. B. *Wertstromanalyse/Wertstromdesign, Six Sigma oder Total Productive Maintenance.* Auf Seite der Optimierung durch Reduzieren von Medienbrüchen besteht noch der Bedarf, diese methodische Basis zu schaffen. Dazu ist zu untersuchen, ob die bestehenden Ansätze und Rahmenwerke entsprechend erweitert werden können.

4.2 Zentrale Rolle des Menschen

Die Anwendungsbeispiele zeigen, dass der Nutzen der durch die Reduzierung der Medienbrüche entstandenen Informationsverfügbarkeit erst durch die Optimierung von organisatorischen Prozessen entsteht. Hier manifestiert sich die zentrale Rolle des Menschen. Auto-ID-Technologien, eingebettete Systeme, IT-Systeme der Produktion und deren Vernetzung in einem Fabrik-Internet liefern dem Menschen eine Handlungsempfehlung. Der Mensch im Zentrum der Fabrik kann bei entsprechender Filterung und Aufbereitung dieser Informationsbasis anhand einer Mission und Strategie entscheiden, welche Handlungen er anschließend ausführt. Letzten Endes wird der Mensch durch Industrie 4.0 in die Lage versetzt, als informierter Entscheider die Fülle an gewonnenen Informationen zielgerichtet und situationsadäquat in optimierte Prozesse umzusetzen.

Es stellt sich die Frage, inwiefern autonome Systeme und Algorithmen der Künstlichen Intelligenz (KI) in diesem Szenario zur Anwendung kommen. Die Methoden der KI bieten einen reichen Methodenschatz, Informationen aus den unterschiedlichsten Quellen auszuwerten, technische Prozesse zu modellieren und auf dieser Basis Handlungsempfehlungen zu generieren. Obgleich diese Handlungsempfehlungen auch oftmals autonom durchgeführt werden könnten, zeigt die Erfahrungen mit der menschenleeren Fabrik der CIM-Zeit, dass dies in den seltensten Fällen sinnvoll ist. Der Mensch als kompetenter Dirigent der Produktionsressourcen würde aus dem Feld gedrängt, was in Konsequenz dazu führt, dass Innovations- und Weiterentwicklungspotenziale verloren gehen.

4.3 Notwendigkeit von Infrastruktur

Der Dreiklang „Erfassung – Interpretation – Reaktion“ bildet die konzeptuelle Grundlage dafür, dass Cyber-Physische Systeme in einer konkreten Anwendung zu einem Nutzen und damit zu Mehrwert führen. Dieser Mehrwert entsteht in der Interpretation erfasster Informationen sowie in der Reaktion auf das gewonnene Wissen z. B. in Form einer informierten Entscheidung durch einen menschlichen Nutzer oder einer situationsspezifischen Systemreaktion. Dabei ist jedoch nicht zu vernachlässigen, dass die Basis für Interpretation und Reaktion eine vom jeweiligen Anwendungsfall abhängige Informationsbasis bildet. Aus diesem Grund kommt bei der Umsetzung von Industrie 4.0 Anwendungen der informationstechnischen Integration von IT-Systemen unterschiedlicher Ebenen der Automatisierungspyramide sowie der Erfassung des Zustands physischer Objekte eine zentrale Rolle zu.

Bereits heute liegt eine Vielzahl von Informationen über Produktionsmittel, Produkte und Prozesse in den IT-Systemen eines Unternehmens vor. Diese Informationsquellen sind jedoch häufig voneinander isoliert, was in der Anwendung zur bereits beschriebenen Problematik der Medienbrüche führt. Die Generierung eines Nutzens in einer konkreten Anwendung durch Informationsinterpretation kann folglich nur dann erfolgen, wenn unterschiedliche Subsysteme miteinander integriert werden.

Typische Informations- und Datenquellen in einem produzierenden Unternehmen reichen von ERP-/MES- und PPS-Systemen, über Speicherprogrammierbare Steuerungen (SPS) und einzelne Automatisierungskomponenten wie Feldgeräte oder elektrische Antriebssysteme bis hin zu proprietären Auto-ID Backendsystemen (vergl. Abb. 11). Zentrale Fragestellungen bei deren Integration betreffen die flexible An- und Abkoppelbarkeit einzelner Komponenten, die damit verbundenen programmiertechnischen Aufwände sowie die IT-Sicherheit der über eine solche Infrastruktur verteilten Informationen.

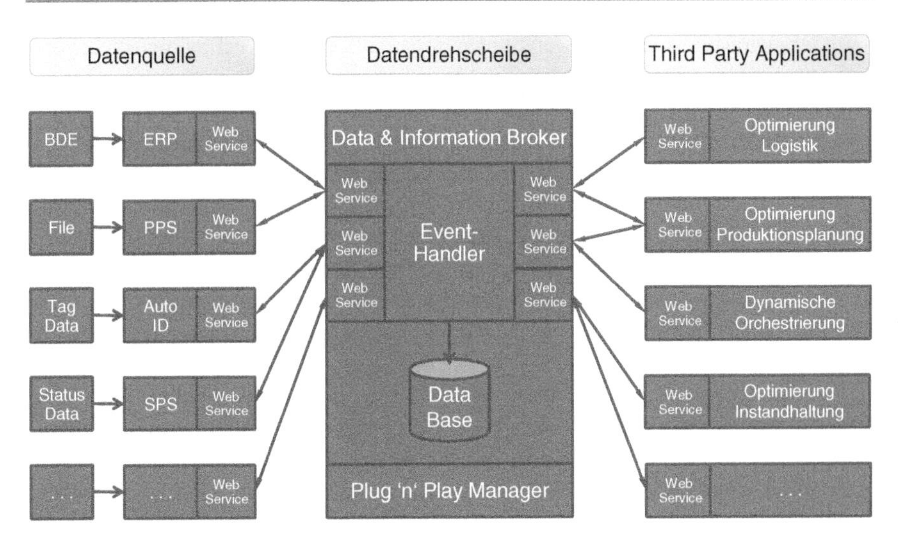

Abb. 11 Abstrahierte Kommunikationsarchitektur zur unternehmensweiten Verknüpfung von Informationsständen

Für die anwendungsspezifische Verteilung der Informationen stehen verschiedene Arten von „Informationsdrehscheiben" bereits heute zur Verfügung. Auf dem Gebiet der akademischen Forschung werden diese Systeme als sog. Context Broker bezeichnet. Context Broker bilden Middleware-Systeme, welche Informationen aus unterschiedlichsten Quellsystemen zusammenführen und diese über einheitliche Schnittstellen in technologieunabhängiger Form für Interpretationssysteme zur Verfügung stellen (vergl. Stephan 2012). Typische Grundkomponenten solcher Systeme umfassen Adapter zur Ankopplung verschiedener Informationsquellen und Interpretationssysteme (zumeist basierend auf Webservices), Event-Handler zur Koordination des Informationsflusses sowie Datenbanken zur Zwischenspeicherung von Informationen. Kommerzielle Systeme zur Realisierung eines Context Brokers auf ERP-Ebene existieren bereits heute.

Die wertschöpfende Interpretation einer anwendungsspezifischen Teilmenge integrierter Informationen erfolgt in separaten Anwendungen (vergl. Abb. 11). In den beschriebenen Umsetzungsbeispielen besteht der konkrete Mehrwert solcher Third Party Systeme in der flexiblen Vorhersage konkreter Transportbedarfe auf Basis der aktuellen Auftragslage, einem mobilen maschinen-, linien- oder produktspezifischen Informationszugriff oder der Generierung alternativer Produktionsprozessketten basierend auf individuellen Kundenbedarfen.

Das Interpretationswissen, welches typischerweise in Form von Regeln oder über Methoden der Künstlichen Intelligenz formalisiert abgebildet wird, beinhaltet nicht notwendigerweise das Kern-Know-How des Anwenderunternehmens, sondern kann, wie z. B. im Fall der Logistikplanung Wissen und Modelle eines spezialisierten Dienstleisters beinhalten. Damit in Zusammenhang steht jedoch die Fragestellung, in wieweit solche Anwendungen innerhalb eines Unternehmensnetzwerks gehostet werden können oder aus Sicherheitsbedenken heraus sogar müssen.

Unternehmen werden gezwungen sein, für diese Fragen individuelle Lösungen sowohl auf organisatorischer als auch auf technischer Seite zu finden. Aus Sicht zu tätigender Investitionen stellt der initiale Aufbau einer solchen Kommunikationsarchitektur den größten Aufwand dar. Ist die grundlegende Architektur, bestehend aus der Integration vorhandener Datenquellen über eine Datendrehscheibe sowie der Instrumentierung von Realweltobjekten mit Auto-ID Technologien erfolgt, können zusätzliche Datenquellen bzw. anwendungsspezifische Interpretationssysteme sukzessive und mit überschaubarem Aufwand an die bestehende Infrastruktur angebunden werden.

Bei der technischen Umsetzung von Anwendungen verursachen die Identifikation der auszutauschenden Daten sowie die Umsetzung der Anbindung von Datenquellen und Interpretationssystemen derzeit noch die größten Aufwände. In Industrie 4.0 werden daher Plug&Play Manager für Anwenderunternehmen die Umsetzbarkeit solcher Architekturen entscheidend beschleunigen. Im Forschungsprojekt CyProS wird in Form eines „Semantischen Mediators" aktuell an solch einer Komponente gearbeitet (Franke et al. 2013).

4.4 Stufen der Fabrikprozessoptimierung durch Informationsverfügbarkeit

Die Optimierung der Produktion und ihrer Supportprozesse erfolgt in den gezeigten Beispielen aufbauend auf der Nutzung von Daten, die einerseits in Planungssystemen oder als Sensordaten bereits vorliegen und andererseits – mit Hilfe von Auto-ID Technologien – neu erhoben werden müssen. Allen gezeigten Beispielen ist jedoch gemein, dass sie bestehende Fabrikprozesse wie Produktionsplanung, Intralogistik oder Instandhaltung, auf Basis dieser Daten optimieren. In Anlehnung an den vom Verband BITKOM veröffentlichten Leitfaden zum Management von Big-Data-Projekten (vergl. BITKOM 2013) zeigen sich verschiedene Stufen des Einstiegs in die Prozessoptimierung durch Verringerung von Medienbrüchen (vergl. Abb. 12). Ein erster Schritt kann darin liegen, bestehende Prozesse durch vorhandene Daten zu optimieren. Hierauf folgt meist der nächste Schritt, in dem der vorhandene Prozess durch die Erfassung neuer Daten aufgewertet wird.

Am Beispiel des Anwendungsfalls Logistik lassen sich diese Stufen beobachten. Der Prozess des Milkruns wird von einem fest getakteten zu einem bedarfsorientierten Fahrplan geändert. Was zunächst als Optimierung auf Basis von vorhandenen Daten aus dem Feinplanungssystem vorgesehen war, zeigte sich jedoch als nicht ausreichend, um eine Vorhersage der jeweils optimalen Zeitpunkte für bevorstehende Versorgungsfahrten durch ein regelbasiertes System zu generieren. Diese Möglichkeit zur Aufwertung des Milkrun Prozesses besteht nur dadurch, dass neue Daten bezüglich der Bestände an den Anliefer- und Abholflächen der einzelnen Stationen erfasst werden.

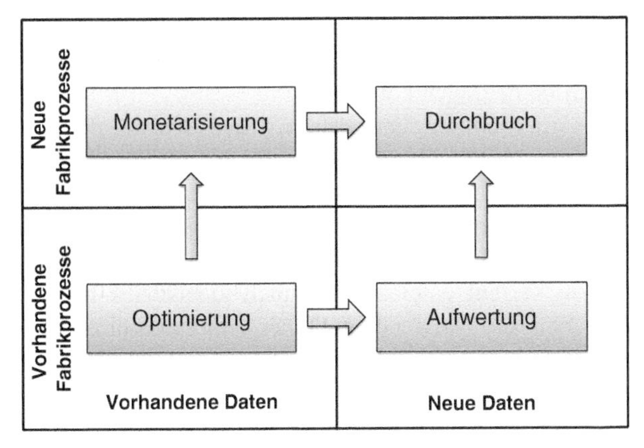

Abb. 12 Stufen der Optimierung durch Verringerung von Medienbrüchen

Dementsprechend lassen sich auch neue Prozesse entwickeln, die zunächst auf vorhandenen Daten beruhen können, jedoch auch auf neu erzeugten bzw. gemessenen. Im Zusammenhang mit Big-Data-Projekten spricht der BITKOM Leitfaden daher von der Monetarisierung bestehender Datenbestände und der Erzeugung eines Durchbruchs, bei dem der Wertschöpfungsmechanismus verschiedenster Daten durchgängig verstanden ist.

5 Zusammenfassung

Die grundlegende Motivation für das Thema Industrie 4.0 ist die Stärkung des Wirtschaftsstandorts Deutschland durch die Integration der Produktion mit der modernen Informations- und Kommunikationstechnik. Inhaltlich bildet Industrie 4.0 das Internet der Dinge und Dienste auf das Fabrikumfeld ab. Zentral ist dabei die Reduzierung des heute vielfach zu beobachtenden Medienbruchs zwischen realer, dinglicher Fabrikwelt und ihres virtuellen, digitalen Counterparts in Computern und daraus resultierende Applikationen und Mehrwertdienstleistungen. Vertreter der deutschen Industrie haben die verschiedenen Anwendungsfelder *Horizontale Integration*, *Vertikale Integration* und D*igitale Durchgängigkeit des Engineerings* als zentrale Anwendungsfelder des Paradigmas identifiziert (vergl. Kargermann et al. 2013).

Die in diesem Bericht dargestellten Anwendungsbeispiele fokussieren das Feld *Vertikale Integration*, bei der Daten aus der Feldebene und aus IT-Systemen der Produktion unabhängig von der Infrastruktur der Automatisierungspyramide gesammelt, verdichtet und ausgewertet werden, um auf dieser Basis Fabrikprozesse zu optimieren. Die dargestellten Technologieparadigmen des intelligenten Produkts, der intelligenten Maschine und des assistierten Bedieners zeigen prinzipielle Wege und Sichtweisen auf, die zur Schließung des Medienbruchs bezogen auf Produkt, Maschine und Mensch beitragen können.

Die gezeigten Anwendungen demonstrieren am Beispiel der Intralogistik, der Produktionsplanung und der verteilten Steuerung von Anlagen, wie in herkömmlichen Fabrik- und Engineeringprozessen Medienbrüche durch Anwendung der Technologieparadigmen überwunden werden können und der jeweilige Prozess damit optimiert wird. Alle Anwendungsbeispiele aus dem Bereich Produktionsoptimierung haben gemein, dass sie auf einer konzeptionell identischen IT-Infrastruktur aufbauen, welche unabhängig von der eigentlichen Automatisierungstechnik eine Datendrehscheibe beinhaltet, die Informationen aus dem Feld für Mehrwert-Applikationen und -Dienste aggregiert und zur Verfügung stellt.

Der Wirkmechanismus der beispielhaften Anwendungen ist die Optimierung und Aufwertung von Fabrikprozessen durch Auswertung von bestehenden und neu erfassten Daten über Produkte, Maschinen und Anlagen. Darüber hinaus ist es in Zukunft denkbar, auch neue Prozesse zu erschaffen, die voll und ganz auf das Vorhandensein und der Auswertbarkeit von Datenbeständen beruhen.

Während im Bereich des Engineerings mit der modellbasierten Steuerungsentwicklung bereits eine breite methodische Basis vorhanden ist, um die beschriebene gesteigerte Wandlungsfähigkeit zu realisieren und in der täglichen Arbeitswelt in Anwendung zu bringen, besteht auf Seiten der Produktionsoptimierung durch Reduzierung von Medienbrüchen noch ein großer Bedarf. Die Bedeutung medienbruchfrei fließender Informationen muss in die etablierten methodischen Rahmen von z. B. *Wertstromanalyse* und *-design*, *Six Sigma* und *Total Productive Maintenance* einfließen und diese erweitern. Damit wird das Thema Industrie 4.0 in der Produktion ebenso wie das Lean Paradigma schulbar. Industrie 4.0 kann somit von der breiten Masse der Produktionsunternehmen als Optimierungsansatz angewendet werden.

Literatur

Abele E, Reinhart G (2011) Zukunft der Produktion: Herausforderungen, Forschungsfelder, Chancen. Hanser, München

Ashton K (2010) That ‚internet of things‘ thing. http://www.rfidjournal.com/article/print/4986. Zugegriffen am 23.11.2013

BITKOM (2013) Management von Big-Data-Projekten – Leitfaden. BITKOM, Berlin

Franke M, Zimmerling R, Hribernik KA, Lappe D, Veigt M, Thoben K-D (2013) Anforderungen an Datenintegrationslösungen in CPS. Prod Manag 3:23–25

Hodek S (2013) Methode zur vollautomatischen Integration von Feldgeräten in industrielle Steuerungssysteme, Bd 26. Dissertation, TU Kaiserslautern, Fortschritt-Berichte pak

Hodek S, Meierer N, Schlick J, Zühlke D (2013) Development approach for cyber-physical production components. In: 6th International conference on manufacturing science and education (MSE'13). Sibiu

Kargermann H, Wahlster W, Helbig J (Hrsg) (2013) Umsetzungsempfehlungen für das Zukunftsprojekt Industrie 4.0: Abschlussbericht des Arbeitskreises Industrie 4.0. www.bmbf.de/pubRD/Umsetzungsempfehlungen_Industrie4_0.pdf. Zugegriffen am 23.11.2013

Lappe D, Veigt M, Franke M, Kolberg D, Schlick J, Stephan P, Guth P, Zimmerling R (2014) Vernetzte Steuerung einer schlanken Intralogistik: Simulationsbasierte Potentialanalyse einer bedarfsorientierten Materialversorgung in der Fertigung. Wt Werkstattstechnik online 3, (im Druck)
Loskyll M (2013) Entwicklung einer Methodik zur dynamischen kontextbasierten Orchestrierung semantischer Feldgerätefunktionalitäten, Bd 25. Dissertation, TU Kaiserslautern, Fortschritt-Berichte pak
Ohno T (2013) Das Toyota-Produktionssystem, 3., erw. und akt. Aufl. Campus, Frankfurt am Main/New York
Ollinger L, Zühlke D (2013) An integrated engineering concept for the model-based development of service-oriented control procedures. In: Proceedings of the IFAC conference on manufacturing modelling, management and control, Saint Petersburg, S 1441–1446
Reinhart G, Engelhardt P, Geiger F, Philipp TR, Wahlster W, Zühlke D, Schlick J, Becker T, Löckelt M, Pirvu B, Stephan P, Hodek S, Scholz-Reiter B, Thoben K-D, Gorldt C, Hribernik KA, Lappe D, Veigt M (2013) Cyber-Physische Produktionssysteme: Produktivitäts- und Flexibilitätssteigerung durch die Vernetzung intelligenter Systeme in der Fabrik. Wt Werkstattstechnik online 2:84–89
Stephan P (2012) Entwicklung einer Referenzarchitektur zur Nutzung semantisch interpretierter Ortsinformationen am Beispiel der Instandhaltung, Bd 22. Dissertation, TU Kaiserslautern, Fortschritt-Berichte pak
Stephan P (2013) Ressourcen und energieeffiziente Produktion im urbanen Umfeld. Vortrag, VDMA Baden-Württemberg, 27.06.2013
Stephan P, Meixner G, Koessling H, Floerchinger F, Ollinger L (2010) Product-mediated communication through digital object memories in heterogeneous value Chains. In: Proceedings of the 8th IEEE international conference on pervasive computing and communications. Mannheim
Veigt M, Lappe D, Hribernik KA, Scholz-Reiter B (2013) Entwicklung eines Cyber-Physischen Logistiksystems. Ind Manag 1:15–18
Vogel-Heuser B, Diedrich C, Broy M (2013) Anforderungen an CPS aus Sicht der Automatisierungstechnik. AT Autom 10:669–676
Weiser M (1991) The computer for the 21st century. Sci Am 265(3):94–104
Womack JP, Jones DT, Roos D (1990) The machine that changed the world: the story of lean production. Rawson Associates, New York

Weiterführende Literatur

Gorecky D, Schmitt M, Loskyll M (2017) Human-machine interaction in the Industry 4.0 era. In: Vogel-Heuser B, Bauernhansl T, ten Hompel M (Hrsg) Handbook Industry 4.0, Bd. 4. Springer Reference Technology. Springer Vieweg, Berlin/Heidelberg. https://doi.org/10.1007/978-3-662-53254-6_11

Integration des Menschen in Szenarien der Industrie 4.0

Arndt Lüder

Zusammenfassung

Mit dem Ziel die Flexibilität und Wandelbarkeit von Produktionssystemen zu verbessern und sie damit den neuen wirtschaftlichen und technischen Herausforderungen anzupassen strebt die Industrie 4.0 Initiative die Integration neuer Methoden und Techniken der Informationsverarbeitung in die Automatisierungstechnik an. Dies kann nicht ohne Auswirkungen auf die an Entwurf und Nutzung von Produktionssystemen beteiligten Menschen bleiben.

Doch was sind diese Auswirkungen? Dieser Beitrag versucht die Auswirkungen auf der Basis der Untersuchung der in der Industrie 4.0 adressierten Cyber Physical Production Systems sowie eines Modells des Lebenszyklus von Produktionssystemen einige Beispiel für die Auswirkungen der Industrie 4.0 auf den Menschen zu verdeutlichen und entsprechende Schlussfolgerungen für Bildung und Forschung zu ziehen.

1 Einleitung

Der Lebenszyklus von Produktionssystemen ist in den letzten zwanzig Jahren in sehr umfassendem Maße verändert worden und verändert sich weiter. In (Bundesministerium für Bildung und Forschung 2007) stellt das Bundesministerium für Bildung und Forschung fest: „Kunden, Mitbewerber, Lieferanten und Konsumenten ändern ihr Verhalten deutlich schneller als noch vor Jahren.“ Dabei üben

A. Lüder (✉)
Lehrstuhl für Produktionssysteme und -automatisierung, Universität Magdeburg, Magdeburg, Deutschland
E-Mail: arndt.lueder@ovgu.de

B. Vogel-Heuser et al. (Hrsg.), *Handbuch Industrie 4.0*,
https://doi.org/10.1007/978-3-662-58528-3_77

- die sich ändernde Marktmacht der Nachfrageseite,
- der zunehmende Konkurrenzdruck auch durch Zunahme der Marktteilnehmer aus den BRIGS Staaten und anderen aufstrebenden Ökonomien sowie
- die immer schneller werdenden Technologiezyklen

einen enormen Druck auf produzierende Unternehmen aus. Diese sind bestrebt, ihre Produktionssysteme den veränderten Bedingungen anzupassen (Kühnle 2007; Wünsch et al. 2010).

Die Anpassung kann dabei in zwei Abstufungen erfolgen. Die einfachste Möglichkeit ist die Ausnutzung bestehender Flexibilitätspotenziale. Folgend (Terkaj et al. 2009) kann Flexibilität als die Fähigkeit eines Produktionssystems definiert werden, sich ohne bedeutende Aufwendungen hinsichtlich Kosten und Zeit an sich ändernde Anforderungen an das Produktionssystem anzupassen. Flexibilität ist dabei bereits in die Architektur und Steuerung des Produktionssystems integriert, ist dem Bedarf an Flexibilität des spezifischen Anwendungsfalls angepasst und kann nach Bedarf abgerufen werden. Entsprechend ist Flexibilität das Vorhalten von Fähigkeiten zur schnellen Anpassung an Anforderungsänderungen an das Produktionssystem, deren Kosten bereits bei Systemerstellung und im laufenden Systembetrieb zu tragen sind. Für die betroffenen Menschen bedeutet Flexibilität dementsprechend zweierlei. Die das Produktionssystem entwerfenden Ingenieure müssen die notwendige Flexibilität antizipieren und in das System „hinein entwerfen" (Terkaj et al. 2009). Die Nutzer des Produktionssystems müssen die vorhandene Flexibilität kennen und adäquat ansteuern (nutzen) können.

Die zweite Möglichkeit zur Anpassung ist die Wandelbarkeit. Folgend (Westkämper und Zahn 2009) wird Wandelbarkeit als die Fähigkeit von Unternehmen definiert, sich an veränderte Bedingungen und Situationen der Auftragslage anzupassen und dabei sowohl Prozesse als auch Ressourcen und andere Strukturen (insbesondere Steuerungsstrukturen) zu betrachten, deren Veränderbarkeit und Veränderungsaufwand zur Anpassung an sich ändernde Anforderungen zu bewerten und daraus eine Veränderung des Produktionssystems zu schließen, die dann umgesetzt wird. Wandelbarkeit bezieht sich damit auf die nicht direkt vorgehaltene Anpassbarkeit des Produktionssystems, die erst im Falle der Systemwandlung Kosten erzeugt, dafür aber deutlich längere Fristen der Anpassung an neue Anforderungen beinhaltet. Für die entwerfenden Ingenieure bedeutet dies, dass sie die Wandelbarkeitspotenziale des Produktionssystems erkennen und optimal nutzen müssen. Hier können beim Erstentwurf des Produktionssystems bereits günstige Strukturen als Ausgangslage geschaffen werden (Wagner et al. 2010). Die Nutzer des Produktionssystems müssen sich nach der Wandelung an die veränderten Strukturen und Verhaltensweisen anpassen.

In der Industrie 4.0 Initiative versuchen deutsche Unternehmen und deutsche Institutionen, Technologien aus dem Bereich der Informationsverarbeitung für die Umsetzung von Mechanismen zur Verbesserung von Flexibilität und Wandelbarkeit von Produktionssystemen nutzbar zu machen (Kagermann et al. 2013). Dabei fokussiert sie auf den sogenannten Megatrend des „Internet der Dinge und Dienste" und postuliert die Entwicklung und Nutzung von Cyber Physical Production Systems (CPPS) als Mittel zum schnellen und einfachen Entwurf, Erstellung und

Nutzung von flexiblen und wandelbaren Produktionssystemen (Verschiedene Autoren 2013; Jasperneite 2012).

Die initiale Idee der CPPS besteht in der Verbindung der physikalischen Produktionswelt mit der Welt des Internets und der Nutzung entsprechender Internettechnologien in Produktionssystemen (Lee 2008; National Science Foundation 2013). Dabei werden unterschiedlichste mögliche Ansätze der Nutzung von CPPS diskutiert (Geisberger und Broy 2012).

Bildet man die Ideen der CPPS auf existierende Automatisierungsstrukturen ab und berücksichtigt dabei die immer stärker relevante mechatronische Betrachtungsweise von Produktionssystemen (Wünsch 2008; Hundt 2012; Lüder und Foehr 2013), dann ergibt sich die in Abb. 1 dargestellte hierarchische Systemstruktur.

Auf der untersten Hierarchieebene besteht ein CPPS wie jede mechatronische Einheit aus vier Grundelementen: einem physikalischen Prozess zur Wandlung von Stoffen und Energie der einem Teil des eigentlichen Produktionsprozesses entspricht, Sensoren zur Erfassung des Zustandes des physikalischen Prozesses, d. h. zum Messen des Zustands des Produktionsprozesses über Temperatur-, Positions- oder andere Sensoren, Aktoren zu Beeinflussung des physikalischen Prozesses, d. h. zu Beeinflussung des weiteren Verlaufs des Produktionsprozesses über Motoren, Ventile oder andere Aktoren, sowie einer Informationsverarbeitung zur Umsetzung der Automatisierungslogik, die aus den gemessenen Zuständen und ihrer Abfolge sowie dem gewünschten Verhalten des Produktionsprozesses die notwendigen aktorischen Eingriffe bestimmt und anstößt.

Auf den höheren Hierarchieebenen bilden die unterlagerten Ebenen den Prozess. Hier erfolgt das Messen des Zustandes sowie die Eingriffe zur Prozessbeeinflussung jedoch nicht über Sensoren und Aktoren sondern über die direkte Kommunikation der Informationsverarbeitungen der betroffenen Ebenen.

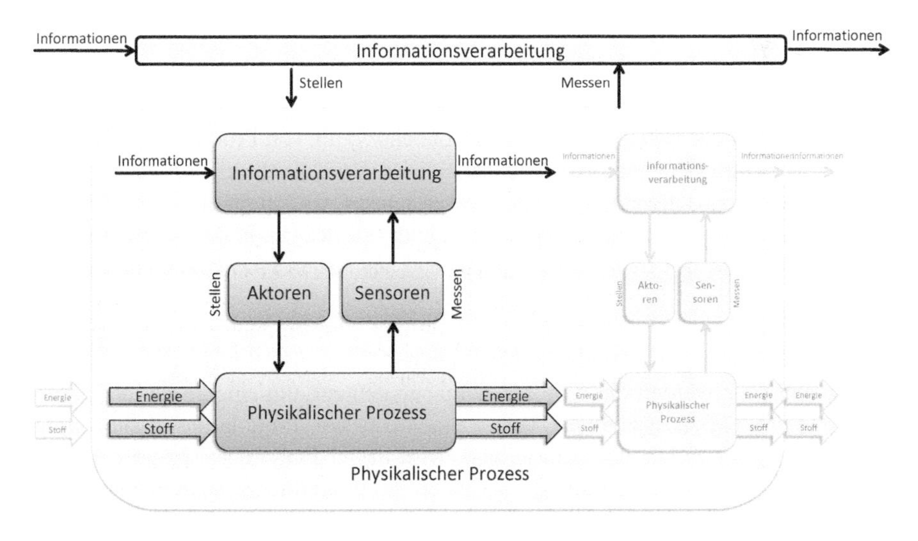

Abb. 1 Automatisierungsorientierte Struktur von CPPS

Dabei können mindestens acht gesteuerte Ebenen unterschieden werden, die von der Ansteuerung der Automatisierungsgeräte über zum Beispiel die Zellen- und Produktionsliniensteuerung bis zur Fabrik- und Konzernsteuerung reichen (Lüder et al. 2017).

Zum „Cyber" -System wird ein CPPS dann, wenn die Informationsverarbeitung zur Ausführung der notwendigen Rechenleistung für die zu bestimmenden Beeinflussungen des Prozesses der verschiedenen Hierarchieebenen sich Mitteln der virtuellen Welt bedienen kann. Hier werden verschiedenste Technologien (Vyatkin 2013) wie zum Beispiel Webservices und ihre Orchestrierung (Dengel 2012; Puttonen et al. 2013), Agentensysteme (Leitão 2009; Göhner 2013), oder Cloud-basierte Systeme (Givehchi et al. 2013) diskutiert. Die verschiedenen untersuchten Technologien sollen in verschiedenen Anwendungsfällen Vorteile für die Flexibilität und Wandelbarkeit von Produktionssystemen erbringen und den Menschen dabei entlasten. Es stellt sich aber die Frage, welche weiteren Effekte die Nutzung von CPPS innerhalb der Industrie 4.0 Initiative bewirken können, welche Anforderungen dies an den Menschen generieren kann und in welche Richtungen sich damit Forschung und Entwicklung für die Nutzung von CPPS bewegen sollten.

Dieser Fragestellung widmet sich der nachfolgende Beitrag. Er stellt in einem ersten Abschnitt den üblichen Lebenszyklus von Produktionssystemen dar und benennt die Anwendungsfälle, in denen der Mensch aktiv in die Flexibilisierung und Wandelbarkeit von Produktionssystemen eingreift. Nachfolgend werden für die einzelnen identifizierten Anwendungsfälle die Auswirkungen der Nutzung von Methoden und Technologien aus dem Bereich der CPPS untersucht. Es wird dargestellt, dass die Interaktion des Menschen mit dem Produktionssystem auf eine neue, bisher unbekannte Ebene gestellt wird, die neue Anforderungen an den Menschen stellen wird, und die in neuen Forschungs- und Entwicklungsbedarf münden.

2 Der Lebenszyklus von Produktionssystemen

Ausgangspunkt der Betrachtungen ist der Lebenszyklus von Produktionssystemen. Er wird in der Literatur naturgemäß in verschiedensten Detaillierungsgraden und aus unterschiedlichen Betrachtungswinkeln beschrieben (Westkämper et al. 2013; Günther und Tempelmeier 2012; Friedel 2010; Lüder et al. 2011). In diesem Beitrag soll ein Phasenmodell des Lebenszyklus bestehend aus sieben Phasen zugrunde gelegt werden.

Der Lebenszyklus beginnt mit der Definition des Produktes als Menge von Produktionsschritten im Rahmen der Produktgestaltung. In der sich anschließenden Anlagenplanung werden diese Prozessvorgaben genutzt, um eine grobe Strukturierung des Produktionssystems als verkettete Menge von Produktionsressourcen zu erzeugen. Ist das Anlagenlayout validiert, wird in der Phase des Anlagenentwurfs (auch als Funktionales Engineering bezeichnet) das Produktionssystem in allen beteiligten Gewerken bzw. Ingenieurdisziplinen detailliert ausgeplant bzw. ausprogrammiert. Sind die detaillierten Planungsunterlagen erstellt, erfolgt der Bau, dem dann die

Phase der Inbetriebnahme folgt. Hier werden schrittweise alle Steuerungsgeräte mit Programmen und Konfigurationen befüllt und das Produktionssystem getestet und gestartet. Ist die Anlage erfolgreich in Betrieb genommen, so kann sie in der Phase der Nutzung und Wartung zur Produktion verwendet werden. Dabei werden kontinuierlich alle Teile des Produktionssystems gewartet und (im Rahmen eines Umbaus) gegebenenfalls verbessert/ersetzt. Kann das Produktionssystem nicht mehr sinnvoll ökonomisch verwendet werden, so folgt seine letzte Lebenszyklusphase, der Abbau.

Dieses Phasenmodell ist in Abb. 2 dargestellt.

In den einzelnen Phasen des Lebenszyklus werden unterschiedliche Zielstellungen zur Flexibilisierung und Wandelbarkeit von Produktionssystemen verfolgt. Hier sollen nur einige davon betrachtet werden, die im Umfeld der Industrie 4.0 Initiative und der CPPS Bedeutung gewinnen können.

In den Phasen der Anlagenplanung und des Anlagenentwurfs müssen schrittweise immer detailliertere Produktionssystemkomponenten für die Umsetzung der notwendigen Produktionsschritte identifiziert werden. Mit Blick auf die oben postulierte mechatronische CPPS-Struktur bedeutet das, dass die mechatronische Hierarchie top-down immer weiter verfeinert und detailliert werden muss. Hierbei ist es sinnvoll, auf bereits bestehende Entwurfsergebnisse zurückzugreifen und diese in den weiteren Entwurfsprozess einfließen zu lassen, wie es in (Wagner et al. 2010; Aquimo Project Consortium 2010; Maga et al. 2010; Hell 2018; Röpke 2019) beispielhaft beschrieben wird. Die entwerfenden Ingenieure müssen die bestehenden Entwurfsergebnisse hinsichtlich ihrer Flexibilitäts- und Wandelbarkeitseigenschaften bewerten und entsprechend nutzen können. Somit kann eine gewisse Wahlbreite der nutzbaren Produktionssystemkomponenten und damit eine gewisse Wandelbarkeit des Produktionssystems von Beginn an berücksichtigt werden. Flexibilität wird dann durch die Flexibilität der einzelnen ausgewählten Produktionssystemkomponenten und die Flexibilität ihrer Interaktion erreicht.

Nach jedem dieser Detaillierungsschritte kann überprüft werden, ob die erreichte Struktur den Anforderungen an das Produktionssystem genügen kann. Mittels Methoden der virtuellen Realität kann hier jeweils ein mehr oder weniger detailliertes

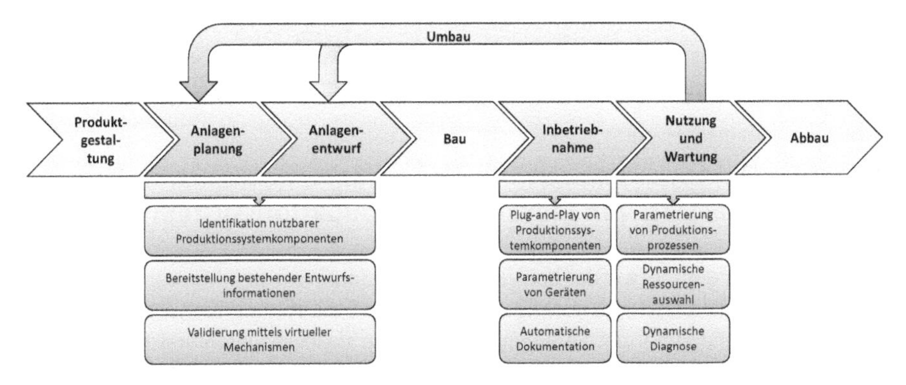

Abb. 2 Lebenszyklus von Produktionssystemen

Anlagenmodell durch die entwerfenden Ingenieure erstellt und simuliert werden, so dass insbesondere die Flexibilitätsanforderungen validierbar werden (Schenk et al. 2014; Lüder et al. 2013a).

In der Phase der Inbetriebnahme werden die einzelnen Produktionssystemkomponenten der mechatronischen Hierarchie bottom-up erstellt und integriert. Hier kann ein einfaches Plug-and-Play von CPPS den Erstellungs- und Inbetriebnahmeprozess sehr stark verkürzen (Kalogeras et al. 2010; Ferrarini und Lüder 2011; Pfrommer et al. 2013).

Gleiches gilt für die Konfiguration von Automatisierungsgeräten, wenn diese passend zu den zu erstellenden Produkten automatisch erfolgen kann (Krug 2013; Folmer et al. 2012). Beides hat insbesondere Einfluss auf die Wandelbarkeit von Produktionssystemen. Ein Plug-and-Play von Komponenten ermöglicht eine schnelle und kostengünstige ungeplante Veränderung eines Produktionssystems. Die Arbeit der ausführenden Personen könnte dann mit den Aktivitäten zur Integration von USB Geräten in ein PC System verglichen werden.

Jedes der CPPS könnte zudem bei der Inbetriebnahme seinen eigenen Erstellungszustand automatisch dokumentieren und an einer entsprechenden Stelle abspeichern. Im Falle der notwendigen Veränderung des Produktionssystems kann ein ausführender Ingenieur auf diese Dokumentation zurückgreifen und entsprechende Entwurfs- und Implementierungsschritte zur veränderten Anlage schneller ausführen.

Während der Nutzung eines Produktionssystems gilt es, die notwendigen Produktionsprozesse so effizient wie möglich zu realisieren. Dazu können die tatsächlich genutzten Produktionsressourcen dynamisch ausgewählt und die darauf auszuführenden Produktionsprozesse dynamisch parametriert werden (Ferrarini und Lüder 2011; Zühlke und Ollinger 2012). Beides bildet die Flexibilität eines Produktionssystems ab, die der Anlagennutzer nur noch auf höheren Steuerungsebenen adäquat verwenden muss.

Mit Blick auf die Wartung von Produktionssystemen bildet die Flexibilität und Wandelbarkeit von Diagnosemethoden einen wichtigen Baustein. In allen Produktionssystemen muss sichergestellt werden, dass Produktionsressourcen überwacht und Fehlverhalten diagnostiziert werden kann. Dabei können CPPS zusätzliche Mittel zur Flexibilisierung und Wandelbarkeit bereitstellen, indem weitere Funktionalitäten in das System dynamisch durch Wartungspersonal integriert werden können (Westkämper 2013; Mínguez 2012; Merdan et al. 2012).

3 Interaktion von Mensch und Produktionssystem

Wie bereits ersichtlich wurde, bezieht sich die Interaktion des Menschen mit dem Produktionssystem auf zwei wichtige Bereiche, die Bearbeitung bzw. den Austausch von Entwurfsdaten und von Laufzeitdaten. Um die Auswirkungen von Industrie 4.0 und CPPS auf diese Interaktion deutlich zu machen, sollen nachfolgend einige technologische Lösungen für CPPS als Basis genutzt werden.

CPPS können gemäß des bestehenden Forschungsstandes entweder über serviceorientierte (Ollinger et al. 2013; Evertz und Epple 2013; Langmann und Meyer 2013) oder über agentifizierte Strukturen (Lüder et al. 2013b; Linnenberg et al. 2013; Schöler et al. 2013) implementiert werden. In beiden Fällen muss die Informationsverarbeitung jedes mechatronischen Bausteins des CPPS den grundlegenden Regeln eines BDI Agenten (Weiss 1999) nahe kommen. Sie benötigt

- ein Verständnis ihrer Umgebung und wie sie mit dieser interagieren kann (Messen des Umgebungszustandes und Einwirken auf diesen), das einem Umweltmodell entspricht,
- eine Zielstellung auf die sie ihr Verhalten hin ausrichtet (Aufgabestellung des CPPS), die ein Zielmodell darstellt, und
- eine kurzfristig erstellte Vorgehensweise zur Zielerreichung (aktuelles Verhalten), die als Entscheidungsmodell aufgefasst werden kann.

Diese drei Bestandteile der Informationsverarbeitung sind im Programmcode der Informationsverarbeitung und in seiner Datenmenge kodifiziert, wie es in Abb. 3 verdeutlicht ist. Je nach Abstraktionsgrad des Programmes können dabei die CPPS eher generisch oder eher aufgabenspezifisch gestaltet sein. Beispiele für diese Architektur bieten die holonen Steuerungssysteme (Merdan et al. 2012; Schöler et al. 2013) aber auch andere agentifizierte Systeme (Leitão 2009; Ferrarini und Lüder 2011) und auf Services aufbauende Systeme (Langmann und Meyer 2013).

Um die entsprechenden Datenmengen für die drei Modelle bereit zu stellen, sind Beschreibungen von Fertigungsprozessen, ihrer mechanischen, elektrischen, prozesstechnischen, etc. Umsetzung sowie ihrer Steuerung notwendig. Sie müssen im

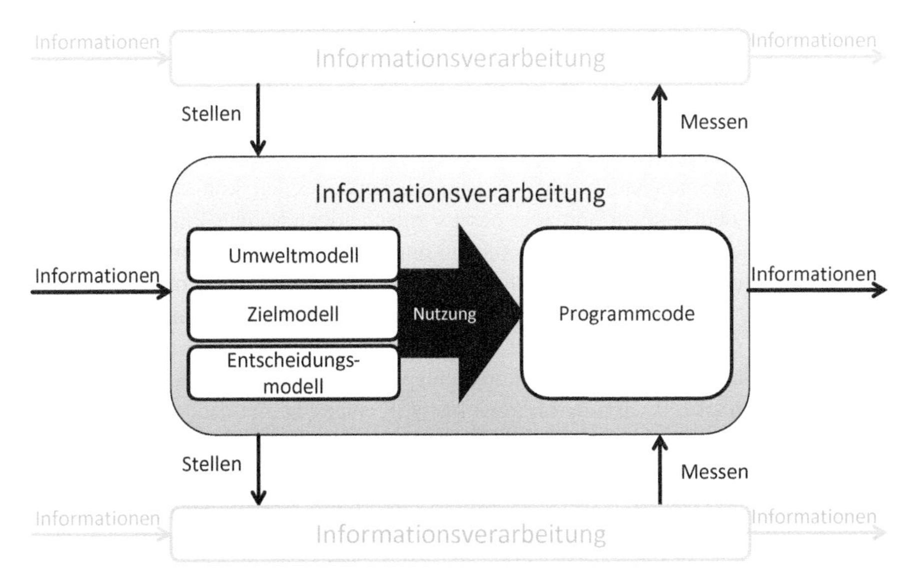

Abb. 3 Daten und Programmcode in einem CPPS

Sinne der bereitgestellten Funktion (Skill) von der Steuerung des übergeordneten CPPS aufrufbar [76] und dann über die Programmcodes im CPPS nutzbar sein (Hundt 2012; Leitão 2009; Evertz und Epple 2013).

Dies hat zur Folge, dass Daten bzw. Modelle und Programmcodes einen direkten Einfluss auf die Flexibilität und Wandelbarkeit von Produktionssystemen gewinnen, was wiederum einen unmittelbaren Einfluss auf die Interaktion des Menschen mit dem Produktionssystem hat. Mit Blick auf die neun in Abb. 2 genannten Anwendungsfälle soll das verdeutlicht werden.

3.1 Einfluss auf den Entwurfsprozess

Im Rahmen der Anlagenplanung und des Anlagenentwurfs müssen durch die entwerfenden Ingenieure nutzbare Produktionssystemkomponenten identifiziert werden, um sie entsprechend im Produktionssystem anwenden zu können. Diese Systemkomponenten sollten in CPPS Bibliotheken verfügbar sein und alle relevanten Informationen (einschließlich der mechanischen, elektrischen, prozesstechnischen, etc. Fähigkeiten bzw. Rahmenbedingungen) zur Auswahl enthalten. Dies erzwingt neue Arbeitsweisen im Anlagenentwurf, die den mechatronischen Arbeitsweisen, wie sie bereits im Produktentwurf genutzt werden, ähneln (Aquimo Project Consortium 2010; Gehrke 2005; Thramboulidis 2008).

Zum einen werden Beschreibungsmittel benötigt, die alle relevanten Entwurfsinformationen abbilden können und damit den entwerfenden Ingenieuren den Datenaustausch zwischen Entwurfswerkzeugen sowie die Bibliotheksbildung erleichtern. Hier könnten in Zukunft Datenmodelle, wie sie in STEP (Xu und Nee 2009) oder AutomationML (Drath 2010) umgesetzt werden, zur Anwendung kommen. Diese müssen jedoch so ausgestaltet sein, dass sie funktions- und verhaltensorientierte Möglichkeiten der Auswahl von Systembausteinen durch die entwerfenden Ingenieure ermöglichen. Insbesondere müssen sie die vorhandene Anwendungsbreite (Flexibilität) sowie ihre spätere Veränderbarkeit/Erweiterbarkeit (Wandelbarkeit) deutlich machen können.

Ingenieure müssen entsprechende Bibliotheken erstellen können. Sie müssen entweder aus dem Entwurfsprozess heraus entscheiden, welche Entwurfsartefakte für eine Wiederverwendung geeignet sein können, diese dann entsprechend anpassen/generalisieren und in der Bibliothek ablegen (Lüder et al. 2010), oder sie müssen einen spezifischen Prozess zur Gestaltung wiederverwendbarer Elemente aufsetzen (Maga et al. 2010). In jedem Fall entstehen zusätzliche Aufwendungen in die Erstellung, Beschreibung und Wartung entsprechender Bibliotheken, die zudem Veränderungen an Entwurfswerkzeugen sinnvoll erscheinen lassen.

Ebenfalls in der Anlagenplanung wie auch im Anlagenentwurf können durch die entwerfenden Ingenieure virtuelle Methoden zur Validierung von Anlagenverhalten genutzt werden. Dies kann sowohl verschiedene Phasen des Entwurfsprozesses als auch auf Basis unterschiedlich detaillierter Entwurfsinformationen geschehen (Lüder et al. 2013a). In jedem Fall werden konsistente Kombinationen von Entwurfsinformationen unterschiedlicher Entwurfsschritte und Gewerke benötigt, die zusammengeführt und getestet werden (Hämmerle 2013). Auch hier spielt die Erstellung und Nutzung von Artefaktebibliotheken sowie Datenaustauschtechnologien eine besondere Rolle, die von Ingenieuren erstellt und beherrscht werden müssen.

Die virtuellen Methoden können auch sinnvoll bei der Bewertung bzw. Ausgestaltung von Flexibilität und Wandelbarkeit von Produktionssystemen als Entscheidungshilfe eingesetzt werden. Neue oder veränderte Produktionssysteme, Technologien, Steuerungsstrategien etc. können durch die entwerfenden Ingenieure modellbasiert beschrieben und auf ihre Auswirkungen bzw. Nutzungseigenschaften hin untersucht werden. Dies ermöglicht bessere und detailliertere Investitionsentscheidungen.

Um diese Möglichkeiten nutzen zu können, sind umfassende Kenntnisse der verschiedenen beteiligten Ingenieurdisziplinen, aber auch der verwendeten Modellformen, Simulationssysteme, etc. notwendig (Hundt 2012; Kiefer 2007), was wiederum höhere Wissensansprüche an die beteiligten Ingenieure stellt.

Die genannten Entwicklungen erfordern von den beteiligten Ingenieuren neuartiges Gewerke bzw. Ingenieurdisziplinen übergreifendes Wissen und Können. Sie müssen die Auswirkungen von Entwurfsentscheidungen in einer Ingenieursdisziplin bzw. einem Gewerk auf eine andere Disziplin oder ein anderes Gewerk einschätzen und sich damit aus ihrem angestammten Engineeringhabit (Lüder et al. 2019) lösen können. Die VDI Richtlinie 2206 (Verein Deutscher Ingenieure: VDI-Richtlinie 2206 2004) könnte als Basis dafür dienen. Eine Analogie des notwendigen Wissens und Könnens bezogen auf den Bereich des Produktentwurfes liefern (Lindemann 2007; Isermann 1999), die jedoch auf die Informationsmengen, die im Entwurfsprozess von Produktionssystemen relevant sind (Hundt 2012; Kiefer 2007) angepasst werden müssen. Erste Ideen in dieser Richtung liefern unter anderem (Hundt 2012; Wagner et al. 2010; Aquimo Project Consortium 2010; Lüder et al. 2010; Hell 2018; Röpke 2019). Es ergibt sich eine veränderte Arbeitsweise im Entwurfsprozess, die verstärkt funktionsorientiert denkt und mit Teams verschiedener Gewerke arbeitet, sowie eine grundsätzlich ganzheitliche Sicht auf das zu entwerfende Produktionssystem erzwingt.

3.2 Einfluss auf den Nutzungsprozess

Im Rahmen der Inbetriebnahme von Produktionssystemen kann die Aufteilung der Informationsverarbeitung in einem CPPS in Umwelt-, Ziel- und Entscheidungsmodell auf der einen und Programmcode, der diese Modelle nutzt, auf der anderen Seite explizit für eine Erhöhung von Flexibilität und Wandelbarkeit angewendet werden.

Beispiele dafür bilden das Plug-and-Play von Systemkomponenten (sowohl Hardware- als auch Softwarekomponenten) und die Geräteparametrierung. Bei einer Integration einer neuen Systemkomponente muss ein Anlagennutzer zum einen diese Komponente selbst mit einer initialen Modellmenge versehen, die die korrekte Funktion der Komponente sicherstellt, unabhängig ob es sich dabei um eine größere Komponente oder ein einzelnes Gerät handelt. Zum anderen muss er sicherstellen, dass die neue Komponente sich in die Umweltmodelle aller anderen relevanten Komponenten integriert. Dazu müssen sowohl deren Modelle anpassbar gestaltet sein als auch die Interaktion der CPPS eine entsprechende Modelladaptation erlauben (Deter und Sohr 2001). Hierbei kombinieren sich Flexibilität und Wandelbarkeit. Die bestehenden Komponenten müssen insoweit flexibel sein, mit neuen Komponenten interagieren zu können. Insgesamt ist aber das Produktionssystem durch die aktive Integration neuer Komponenten zu wandeln.

Für den ausführenden Systemintegrator ergeben sich neue Anforderungen an die Inbetriebnahme. Der Fokus liegt bei der Nutzung von CPPS verstärkt auf der Erstellung der für den Anwendungsfall sinnvollen bzw. korrekten Umwelt-, Ziel- und Entscheidungsmodelle, die die für das Produktionssystem optimalen Resultate ermöglichen. Dies muss technisch möglich sein, d. h. es werden entsprechende Mensch-Maschine-Schnittstellen benötigt, die die Erstellung derartiger Modelle und deren Zuweisung/Download auf Komponenten/Geräte in einfacher Weise ermöglichen. Technologisch gesehen können hier zum Beispiel OPC UA und AutomationML eine Hilfestellung geben, um Entwurfsdaten automatisch in der Inbetriebnahme nutzbar zu machen (Lüder et al. 2018).

Da jedoch die CPPS eine verteilte Steuerungsarchitektur bilden, ist die vom Anlagennutzer auszuführende Abschätzung, welche Umwelt-, Ziel- und Entscheidungsmodelle sinnvoll bzw. korrekt sind, zunehmend schwierig (Frank et al. 2013). Diese Schwierigkeit ist insbesondere für den Systemintegrator maßgebend, da er im Falle des Starts eines CPPS dessen Wirkung bzw. Verhalten abschätzen muss. Hier können zwar die oben genannten virtuellen Methoden unterstützend wirken, es sind aber zudem vollständig neuartige Methoden der Verhaltensabschätzung notwendig.

Die im Rahmen der Inbetriebnahme schrittweise entstehenden Umwelt-, Ziel- und Entscheidungsmodelle der verschiedenen CPPS Komponenten bilden einen bedeutenden Wissensschatz eines Unternehmens, der für die Abschätzung der Flexibilität und Wandelbarkeit von Produktionssystemen und ihre explizite Nutzung essenziell ist. Entsprechend ist es sinnvoll, diese Modelle automatisch zu dokumentieren und für weitere Entwurfsarbeiten zur Verfügung zu stellen.

Um dies zu ermöglichen, müssen in den CPPS entsprechende Funktionalitäten verfügbar sein. Zudem muss eine von Ingenieuren erstellte, gepflegte und genutzte Infrastruktur zur Dokumentation und zum Zugriff vorhanden sein. Dies ist eine vollständig neuartige Aufgabe für den Systemintegrator.

Während der Nutzung von Produktionssystemen ist ein Ziel der CPPS basierten Steuerungen, dass die Ressourcen für die Ausführung eines Produktionsprozesses dynamisch gewählt werden. Dazu müssen sowohl die Produktionsprozesse als auch die Ressourcenfähigkeiten (beide im Sinne gewünschter und bereitgestellter Skills (Aleksandrov et al. 2014)) passend beschrieben sein.

Um dies zu ermöglichen, müssen sie in Analogie zur Anlagenplanung und zum Anlagenentwurf funktions- und verhaltensorientiert modelliert werden. Dazu sind entsprechende Beschreibungssprachen notwendig, die sowohl vom Produktdesigner als auch vom Anlagenfahrer in einfacher Weise zur Modellierung genutzt werden können. Hier könnten Ansätze der PPR basierten Modellierung (Kathrein et al. 2019), die auf der formalisierten Prozessbeschreibung aufsetzen (VDI/VDE 3682

2005) erste Ansätze liefern. Ebenso müssen die dabei entstehenden Modelle vom Programmcode der CPPS automatisch abarbeitbar sein. Dies setzt neue Maßstäbe sowohl für die verwendbaren Beschreibungsmittel, die Werkzeuge zur Modellerstellung als auch für das Abstraktionsvermögen der betroffenen Personen. Ausgangspunkte für die Entwicklung derartiger Beschreibungssprachen existieren bereits eine größere Anzahl. (Xu und Nee 2009; Drath 2010; Verein Deutscher Ingenieure: VDI-Richtlinie 3690 2012/13; Verein Deutscher Ingenieure: VDI-Richtlinie 3682 2005) sind erste zu nennende Arbeiten bzw. Zusammenfassungen, die jedoch im Sinne des BMW Konzeptes von (Schnieder 1999) umfassend überarbeitet und erweitert werden müssen.

Ähnliches gilt für die Diagnose von Produktionssystemen. Hier wird im Normalfall nur eine begrenzte Menge an Diagnosefunktionen auf den CPPS nach der Inbetriebnahme verfügbar sein, die für den normalen Anlagenbetrieb ausreichend ist. Im Falle von Problemen im Anlagenbetrieb oder einer intensiven Inspektion kann es jedoch notwendig werden, dass weitere Diagnosefunktionen dynamisch in das System integriert werden (Ryashentseva 2016). Hierzu können entweder neue CPPS Komponenten in das System integriert werden, mit den Anforderungen, die bereits beim Plug-and-Play von Komponenten beschrieben wurden. Zum anderen ist es denkbar, bestehende Diagnosefunktionen durch Änderung von Umwelt- Ziel- und Entscheidungsmodell anzupassen. Hierfür müssen den betroffenen Ingenieuren entsprechende Softwarewerkzeuge zur Verfügung stehen und die Ingenieure müssen bei der Modelladaptation eine entsprechende inhaltliche Unterstützung erfahren.

4 Folgerungen

In den obigen Beispielen wurden auf Basis eines abstrakten CPPS Modells sowie eines Modells des Lebenszyklus von Produktionssystemen einige Beispiele der Nutzung von CPPS analysiert. Es wurde versucht, einige Auswirkungen der CPPS Nutzung auf den Menschen herauszustellen. Dabei wurden zwei wichtige Anforderungsmengen deutlich.

Entwickler, Systemintegratoren, Inbetriebnehmer, Anlagenfahrer, etc. (unabhängig, ob sie Ingenieure mit Hochschulabschluss oder Facharbeiter sind) benötigen ein Gewerke bzw. Ingenieurdisziplinen übergreifendes Wissen und Können. Sie müssen veränderte Arbeitsweisen beherrschen, in denen verstärkt funktionsorientiertes Denken und disziplin- bzw. gewerkeübergreifend gearbeitet wird. Zudem wird eine ganzheitliche Sicht auf das Produktionssystem relevanter.

Die genannten Personengruppen müssen in Zukunft mit neuen Beschreibungsmittel und dazugehörigen Softwaresystemen zur Erstellung und Nutzung umgehen können. Die bestehenden Mensch-Maschine-Schnittstellen werden sich verstärkt hin zu modellbasierter Interaktion wandeln.

Die erste Anforderungsmenge ist vorrangig eine Problemstellung für die Ausbildung der betroffenen Personen, die an Berufsschulen, Fachhochschulen und Universitäten erfolgt. Hier müssen neue interdisziplinäre Wege eingeschlagen, alte Zöpfe abgeschnitten und zunehmend systemorientierte Inhalte vermittelt werden.

Die zweite Anforderungsmenge geht jedoch direkt als Problemstellung an die aktuelle Forschung und Entwicklung. Es müssen entsprechende modellbasierte Methoden entwickelt und getestet werden.

Jedoch birgt die in den CPPS inhärente Datenintegration auch zahlreiche Nachteile (von Wendt 2013), die sich zu gesellschaftlichen Problemen auswachsen könnten (Kurz und Rieger 2013). Auch dies ist eine Frage an die aktuelle Forschung und Entwicklung. Es muss nicht nur eine Diskussion über die Möglichkeiten der Cyber Physical Produktion Systems sondern auch über deren Risiken und Nebenwirkungen sowohl im technischen als auch im gesellschaftlichen Kontext geführt werden. Insbesondere sollte dabei eine Abschätzung im Vordergrund stehen, welche Umwelt-, Ziel- und Entscheidungsmodelle in welchem Systemkontext und bei welcher Systemgröße sinnvoll und welche damit verbunden Systemverhaltensweisen beherrschbar sind. Die Ereignisse von Enschede und Fukushima sollten allen Ingenieuren als Mahnung dienen, dass Technik vollständig verstanden werden muss, bevor sie sicher beherrschbar ist. Dies gilt insbesondere auch für die verteilt gesteuerten CPPS.

Literatur

Aleksandrov K, Schubert V, Ovtcharova J (2014) Skill-based asset management: A PLM-approach for reconfigurable production systems. In: Fukuda S, Bernard A, Gurumoorthy B, Bouras A (Hrsg) Product lifecycle management for a global market. PLM 2014. IFIP advances in information and communication technology, Bd 442. Springer, Berlin/Heidelberg. https://doi.org/10.1007/978-3-662-45937-9_46

Aquimo Project Consortium (2010) aquimo – Ein Leit-faden für Maschinen- und Anlagenbauer. VDMA, Frankfurt

Bundesministerium für Bildung und Forschung (2007) Produktionsforschung – 57 erfolgreiche Projekte für Menschen und Märkte. www.bmbf.de/pub/produktionsforschung_erfolgreiche_projekte.pdf. Zugegriffen im November 2013

Dengel A (2012) Semantische Technologien – Grundlagen – Konzepte – Anwendungen. Springer, Berlin

Deter S, Sohr K (2001) Pini – A Jini-like plug&play technology for the KVM/CLDC, innovative internet computing systems. Lect Notes Comput Sci 2060:53–66

Drath (Hrsg) (2010) Datenaustausch in der Anlagenplanung mit AutomationML. Springer, Berlin

Evertz L, Epple U (2013) Laying a basis for service systems in process control. In: 18th IEEE international conference on emerging technologies and factory automation (ETFA 2013), Cagliary, September 2011, Proceedings-CD

Ferrarini L, Lüder A (Hrsg) (2011) Agent-based technology manufacturing control systems. ISA Publisher, Pittsburgh. ISBN 978193600-7042

Folmer J, Schütz D, Schraufstetter M, Vogel-Heuser B (2012) Konzept zur Erhöhung der Flexibilität von Produktionsanlagen durch Einsatz von rekonfigurierbaren Anlagenkomponenten und echtzeitfähigen Softwareagenten. In: Halang W (Hrsg) Herausforderungen durch Echtzeitbetrieb, Schriftenreihe Informatik aktuell. Springer, Berlin/Heidelberg, S 121–130

Frank T, Schütz D, Vogel-Heuser B (2013) Funktionaler Anwendungsentwurf für agentenbasierte, verteilte Automatisierungssysteme. In: Göhner P (Hrsg) Agentensysteme in der Automatisierungstechnik. Springer/Reihe/Xpert.press, Berlin, S 3–19

Friedel A (2010) Identifikation und Beschreibung von Zyklusmodellen von Fabrikelementen. Grin, München

Gehrke M (2005) Entwurf mechatronischer Systeme auf Basis von Funktionshierarchien und Systemstrukturen, PhD Thesis, Paderborn
Geisberger E, Broy M (Hrsg) (2012) AgendaCPS – integrierte Forschungsagenda Cyber-Physical Systems. Springer, Berlin
Givehchi O, Trsek H, Jasperneite J (2013) Cloud computing for industrial automation systems – a comprehensive overview. In: 18th IEEE conference on emerging technologies & factory automation (ETFA), Cagliary, September 2013, Proceedings
Göhner P (Hrsg) (2013) Agentensysteme in der Automatisierungstechnik. Springer/Reihe/Xpert. press, Berlin
Günther H-O, Tempelmeier H (2012) Produktion und Logistik. Springer, Berlin/Heidelberg
Hämmerle H (2013) Von der Vision zur Realität – Reale Inbetriebnahme mit Hilfe einer virtuellen Anlage, 9. Fachkongress Digitale Fabrik @ Produktion, Berlin, 05.–06.11.2013, Proceedings
Hell K (2018) Methoden der projektübergreifenden Wiederverwendung im Anlagenentwurf – Konzeptionierung und Realisierung in der Automobilindustrie, Dissertation, Fakultät Maschinenbau, Otto-von-Guericke-Universität Magdeburg. https://doi.org/10.25673/5168
Hundt L (2012) Durchgängiger Austausch von Daten zur Verhaltensbeschreibung von Automatisierungssystemen: Ein Beitrag zum Datenmanagement beim Engineering von Produktionsanlagen. Logo, Berlin
Isermann R (1999) Mechatronische Systeme – Grundlagen. Springer, Berlin
Jasperneite J (2012) Industrie 4.0 – Alter Wein in neuen Schläuchen? Comput Autom 12(12):24–28
Kagermann H, Wahlster W, Helbig J (Hrsg) (2013) Umsetzungsempfehlungen für das Zukunftsprojekt Industrie 4.0 – Deutschlands Zukunft als Industriestandort sichern, Forschungsunion Wirtschaft und Wissenschaft, Arbeitskreis Industrie 4.0. http://www.plattform-i40.de/sites/default/files/Umsetzungsempfehlungen%20Industrie4.0_0.pdf. Zugegriffen im November 2013
Kalogeras A, Ferrarini L, Lueder A, Alexakos C, Veber C, Heinze M (2010) Utilization of advanced control devices and highly autonomous systems for the provision of distributed automation systems. In: Kühnle H (Hrsg) Distributed Manufacturing. Springer, London, S 139–154. ISBN 978-1-84882-706-6
Kathrein L, Meixner K, Winkler D, Lüder A, Biffl S (2019) Production-aware modeling approaches that support tracing design decisions. In: 17th IEEE international conference on industrial informatics (INDIN), July 2019, Helsinki-Espoo, Proceedings
Kiefer J (2007) Mechatronikorientierte Planung automatisierter Fertigungszellen im Bereich Karosseriebau, Dissertation, Universität des Saarlandes, Schriftenreihe Produktionstechnik, Bd 43
Krug S (2013) Automatische Konfiguration von Robotersystemen. Herbert Utz, München
Kühnle H (2007) Post mass production paradigm (PMPP) trajectories. J Manuf Technol Manag 18:1022–1037
Kurz C, Rieger F (2013) Arbeitsfrei – Eine Entdeckungsreise zu den Maschinen, die uns ersetzen. Riemann, München
Langmann R, Meyer L (2013) Architecture of a web-oriented automation system. In: 18th IEEE international conference on emerging technologies and factory automation (ETFA 2013), Cagliary, September 2011, Proceedings-CD
Lee E (2008) Cyber physical systems: design challenges, technical report. University of California, Berkeley
Leitão P (2009) Agent-based distributed manufacturing control: a state-of-the-art survey. Eng Appl Artif Intell 22:979–991
Lindemann U (2007) Methodische Entwicklung technischer Produkte. Springer, Berlin
Linnenberg T, Wior I, Fay A (2013) Analysis of potential instabilities in agent-based smart grid control systems. In: 39th annual conference of the IEEE industrial electronics society (IECON 2013), Vienna, November 2013, Proceedings-CD
Lüder A, Foehr M (2013) Identifikation und Umsetzung von Agenten zur Fabrikautomation unter Nutzung von mechatronischen Strukturierungskonzepten. In: Göhner P (Hrsg) Agentensysteme in der Automatisierungstechnik. Springer /Reihe/Xpert.press, Berlin, S 45–61

Lüder A, Hundt L, Foehr M, Wagner T, Zaddach J-J (2010) Manufacturing system engineering with mechatronical units. In: 15th IEEE international conference on emerging technologies and factory automation (ETFA 2010), Bilbao, September 2010, Proceedings-CD

Lüder A, Foehr M, Hundt L, Hoffmann M, Langer Y, Frank S (2011) Aggregation of engineering processes regarding the mechatronic approach. In: 16th IEEE international conference on emerging technologies and factory automation (ETFA 2011), Toulouse, September 2011, Proceedings-CD

Lüder A, Schmidt N, Rosendahl R (2013a) Validierung von Verhaltensspezifikationen für Produktionssysteme in verschiedenen Phasen des Entwurfsprozesses, Automation 2013. VDI, VDI-Berichte 2209, Baden-Baden, S 123–127

Lüder A, Göhner P, Vogel-Heuser B (2013b) Agent based control of production systems – an overview. In: 39th annual conference of the IEEE industrial electronics society (IECON 2013), Vienna, November 2013, Proceedings-CD

Lüder A, Schmidt N, Hell K, Röpke H, Zawisza J (2017) Identification of artifacts in life cycle phases of CPPS. In: Biffl S, Lüder A, Gerhard D (Hrsg) Multi-disciplinary engineering for cyber-physical production systems: data models and software solutions for handling complex engineering projects. Springer, Cham, S 139–167

Lüder A, Schleipen M, Schmidt N, Pfrommer J, Henßen R (2018) One step towards an industry 4.0 component. In: 14th IEEE international conference on automation science and engineering (CASE 2018), Munich, August 2018, IEEE Proceedings

Lüder A, Pauly J-L, Kirchheim K (2019) Multi-disciplinary engineering of production systems – challenges for quality of control software, software quality: the complexity and challenges of software engineering and software quality in the cloud. In: Proceedings of 11th international conference, SWQD 2019, Springer International Publishing, Vienna, 15-18.01.2019, S 3–13

Maga C, Jazdi N, Göhner P, Ehben T, Tetzner T, Löwen U (2010) Mehr Systematik für den Anlagenbau und das industrielle Lösungsgeschäft – Gesteigerte Effizienz durch Domain Engineering. At Automatisierungstechnik 9:524–532

Merdan M, Zoitl A, Koppensteiner G, Melik-Merkumians M (2012) Adaptive Produktionssysteme durch den Einsatz von autonomen Softwareagenten. E & I Elektrotechnik Informationstechnik 129(1):53–58

Mínguez J (2012) A service-oriented integration platform for flexible information provisioning in the real-time factory, Dissertation, Universität Stuttgart. http://elib.uni-stuttgart.de/opus/volltexte/2012/7422/. Zugegriffen im Dezember 2013

National Science Foundation (2013) Cyber- physical systems. http://www.nsf.gov/funding/pgm_summ.jsp?pims_id=503286. Zugegriffen im November 2013

Ollinger L, Zühlke D, Theorin A, Johnsson C (2013) A reference architecture for service-oriented control procedures and its implementation with SysML and Grafchart. In: 18th IEEE international conference on emerging technologies and factory automation (ETFA 2013), Cagliary, September 2011, Proceedings-CD

Pfrommer J, Schleipen M, Beyerer J (2013) Fähigkeiten adaptiver Produktionsanlagen, atp edition 55, Nr. 11. Deutscher Industrieverlag, München, S 42–49

Puttonen J, Lobov A, Martinez Lastra JL (2013) Semantics-based composition of factory automation processes encapsulated by web services, industrial informatics, IEEE transactions on, Bd 9, no.4, S 2349, 2359

Röpke H (2019) Entwicklung einer Methode zur Risikobeurteilung bei der Wiederverwendung von Entwurfselementen im Anlagenengineering, Dissertation, Fakultät Maschinenbau, Otto-von-Guericke-Universität Magdeburg

Ryashentseva D (2016) Agents and SCT based self* control architecture for production systems, Dissertation, Fakultät Maschinenbau, Otto-von-Guericke-Universität Magdeburg. https://doi.org/10.25673/4459

Schenk M, Wirth S, Müller E (2014) Wandlungsfähige Fabrikmodelle. In: Schenk M, Wirth S, Müller E (Hrsg) Fabrikplanung und Fabrikbetrieb. VDI-Buch, Baden-Baden, S 649–678

Schnieder E (1999) Methoden der Automatisierung. Vieweg Publisher, Braunschweig

Schöler T, Ego C, Leimer J, Lieback R (2013) Von Softwareagenten zu Cyber-Physical Systems: Technologien und Anwendungen. In: Göhner P (Hrsg) Agentensysteme in der Automatisierungstechnik. Springer/Reihe/Xpert.press, Berlin, S 129–149

Terkaj W, Tolio T, Valente A (2009) Focused flexibility in production systems. In: Changeable and reconfigurable manufacturing systems, Springer Series in Advanced Manufacturing, Bd I. Springer, Berlin, S 47–66

Thramboulidis K (2008) Challenges in the development of mechatronic systems: the mechatronic component. In: 13th IEEE international conference on emerging technologies and factory automation (ETFA'08), Sept. 2008, Hamburg, Proceedings

VDI/VDE 3682 (2005) Formalised process descriptions. Beuth, Berlin

Verein Deutscher Ingenieure: VDI-Richtlinie 2206 (2004) Entwicklungsmethodik für mechatronische Systeme. VDI, Düsseldorf

Verein Deutscher Ingenieure: VDI-Richtlinie 3682 (2005) Formalisierte Prozessbeschreibungen. VDI, Düsseldorf

Verein Deutscher Ingenieure: VDI-Richtlinie 3690 (2012) XML in der Automation. VDI, Düsseldorf. 2012/13 (2 Blätter)

Verschiedene Autoren (2013) Vierte industrielle Revolution, Industrie Management. Z Ind Geschäftsprozesse 1/2013(Themenheft)

Vyatkin V (2013) Software engineering in industrial automation – state-of-the-art review. IEEE Trans Ind Inf 9(3):1234–1249

Wagner T, Haußner C, Elger J, Löwen U, Lüder A (2010) Engineering Processes for Decentralized Factory Automation Systems, Factory Automation 22. In-Tech Publication, London. ISBN 978-953-7619-42-8

Weiss G (1999) Multiagent Systems – A modern approach to distributed artificial intelligence. MIT Press, Cambridge

Wendt KL von (2013) Machen wir uns zu Sklaven der Technik? SPS Mag 26(11):24–26

Westkämper E (2013) Zukunftsperspektiven der digitalen Produktion. In: Westkämper E, Spath D, Constantinescu C, Lentes J (Hrsg) Digitale Produktion. Springer, Berlin/Heidelberg, S 309–327

Westkämper E, Zahn E (2009) Wandlungsfähige Produktionsunternehmen – das Stuttgarter Unternehmensmodell. Springer, Berlin

Westkämper E, Spath D, Constantinescu C, Lentes J (2013) Digitale Produktion. Springer, Berlin/Heidelberg

Wünsch D, Lüder A, Heinze M (2010) Flexibility and reconfigurability in manufacturing by means of distributed automation systems – an overview. In: Kühnle H (Hrsg) Distributed manufacturing. Springer, London, S 51–70

Wünsch G (2008) Methoden für die virtuelle Inbetriebnahme automatisierter Produktionssysteme. Herbert Utz, München

Xu X, Nee A (2009) Advanced design and manufacturing based on STEP. Springer, Berlin

Zühlke D, Ollinger L (2012) Agile automation systems based on cyber-physical systems and service-oriented architectures. In: Lee G (Hrsg) Advances in automation and robotics, Lecture notes in electrical engineering, Bd 122, ISBN 978-3-642-25553-3. Springer, Berlin/Heidelberg, S 567–574

Einsatz mobiler Computersysteme im Rahmen von Industrie 4.0 zur Bewältigung des demografischen Wandels

Michael Teucke, Aaron Heuermann, Klaus-Dieter Thoben und Michael Freitag

Zusammenfassung

Der Beitrag beschäftigt sich mit dem Einfluss cyber-physischer Systeme (CPS) auf die zunehmend durch Industrie 4.0 geprägte Arbeitswelt. Hierbei werden Herausforderungen und Potenziale, die durch den demografischen Wandel sowie die Einbindung von Geringqualifizierten entstehen, illustriert und diskutiert. Der Fokus des Beitrags liegt auf den Einsatzmöglichkeiten von mobilen Systemen, mit dem Schwerpunkt Wearable Computing-Lösungen, in den Bereichen Produktion und Logistik. Diese sollen die Beschäftigten im Rahmen eines Ambient Assisted Working-Ansatzes unterstützen.

Besondere Berücksichtigung finden in diesem Rahmen Ergebnisse der am BIBA im Auftrag des BMBF durchgeführten Studie „EUNA – Empirische Untersuchung aktueller und zukünftiger Nutzungsgrade mobiler Computersysteme zur Unterstützung älterer Arbeitnehmer in Produktion und Logistik". Die im Rahmen des Projektes durch Workshops und Experteninterviews mit Herstellern und potenziellen Anwendern in Produktion und Logistik herausgearbeiteten Anforderungen und Einsatzmöglichkeiten werden unter Einbeziehung weiterer Quellen und für den Stand der Technik beschrieben. Basierend auf den in verschiedenen weiteren Projekten gesammelten Erfahrungen werden schließlich Chancen und Risiken des Einsatzes von mobilen Systemen zusammenfassend dargestellt.

M. Teucke (✉) · A. Heuermann
BIBA – Bremer Institut für Produktion und Logistik GmbH an der Universität Bremen, Bremen, Deutschland
E-Mail: tck@biba.uni-bremen.de; her@biba.uni-bremen.de

K.-D. Thoben · M. Freitag
BIBA – Bremer Institut für Produktion und Logistik GmbH an der Universität Bremen, Bremen, Deutschland

Fachbereich Produktionstechnik, Universität Bremen, Bremen, Deutschland
E-Mail: tho@biba.uni-bremen.de; fre@biba.uni-bremen.de

B. Vogel-Heuser et al. (Hrsg.), *Handbuch Industrie 4.0*,
https://doi.org/10.1007/978-3-662-58528-3_81

1 Einführung

Im Zuge des demografischen Wandels steigt der Altersdurchschnitt der Beschäftigten in Deutschland zunehmend an. So weist der Anteil der 55- bis unter 65-Jährigen Arbeitnehmer gemäß den Zahlen zum Arbeitsmarkt der Bundesagentur für Arbeit (2018) seit mehreren Jahren ein starkes und anhaltendes Wachstum auf.

Die Alterung der Beschäftigten konfrontiert die Unternehmen mit Herausforderungen, die sich aus altersbedingten Änderungen der Leistungsfähigkeit ergeben, wie eine teilweise reduzierte physische Leistungsfähigkeit oder Einschränkungen bei der Wahrnehmung. Ebenso geht mit der alternden Belegschaft ein erhöhtes Risiko langwieriger Erkrankungen und Fehlzeiten einher. Ältere Arbeitnehmer sind stärker als Jüngere von Arbeitslosigkeit betroffen. Sie haben es schwerer als Jüngere, Arbeitslosigkeit durch Aufnahme einer Beschäftigung zu beenden (Werthmann et al. 2014).

Der technische Fortschritt schafft neue Möglichkeiten, altersgerechte Arbeitsplätze, technische Werkzeuge und mobile Informationstechnologien bereitzustellen, um Mitarbeiter bei ihren Tätigkeiten individuell zu unterstützen. Mit der technischen Entwicklung geht auch die Möglichkeit einher, direkt in die Arbeitskleidung integrierte Wearable Computing Systeme oder Smart Textiles zu nutzen. Aus der Integration in die permanent getragene Arbeitskleidung resultiert idealerweise eine höhere Verfügbarkeit der Technik sowie eine erhöhte Akzeptanz durch die Mitarbeiter auf Grund einer verbesserten Ergonomie und Einbindung in die Arbeitsprozesse. Die allgegenwärtige Präsenz von Smartphones, Datenbrillen und Ambient Assisted Living-Systemen verspricht ein hohes Potenzial für den teilweise bereits realisierten Transfer in das Arbeitsumfeld gewerblich-technischer Bereiche wie Produktion und Logistik.

Die sich aus der fortschreitenden Entwicklung mobiler Technologien und Wearable Computing Lösungen ergebenden Potenziale zur attraktiven Gestaltung von effizienten Arbeitsplätzen für ältere, geringer qualifizierte und ausländische Beschäftige werden in den nachfolgenden Kapiteln dargestellt. Die Ausführungen bauen insbesondere auf dem Forschungsvorhaben „EUNA – Empirische Untersuchung aktueller und zukünftiger Nutzungsgrade mobiler Computersysteme zur Unterstützung älterer Arbeitnehmer in Produktion und Logistik“ auf und werden durch Ergebnisse und Erfahrungen im Rahmen von anderen Forschungsvorhaben und Industrieprojekten ergänzt. Innerhalb des Projekts wurde eine empirische Studie durchgeführt, bei der die Einschätzung der Potenziale mobiler Rechenanwendungen zur Unterstützung älterer Arbeitnehmer durch Experten aus Unternehmen ermittelt und ausgewertet wurde (Teucke et al. 2014). Damit wurde der interdisziplinäre Förderschwerpunkt „Mensch-Technik-Interaktion im demografischen Wandel“ des Bundesministeriums für Bildung und Forschung unterstützt. Insbesondere wurde untersucht, welche Arbeitsprozesse im Bereich produktions- bzw. logistikbezogener Arbeitsumgebungen für die Unterstützung älterer Arbeitnehmer durch umgebungsintegrierte Computertechnologien geeignet sind. Des Weiteren wurde untersucht, welche Anforderungen an den Einsatz solcher Computertechnologien bestehen, welche technologischen Unterstützungen der Markt hierfür offeriert und welchen Verbreitungsgrad die Technologien gegenwärtig haben bzw. welcher Verbreitungsgrad in Zukunft erwartet werden kann.

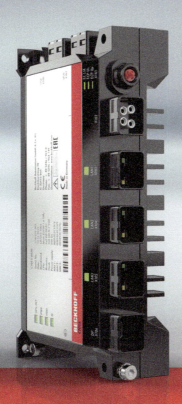

Hierzu wurden mehrere explorative Workshops mit Gruppen von jeweils 5–10 Experten und zusätzlich persönliche oder telefonische Interviews mit einzelnen Experten durchgeführt. Die meisten beteiligten Experten waren Technologieverantwortliche und operative Mitarbeiter von Unternehmen, welche sowohl die Rollen der Technologieanwender (Produktions- und Logistikunternehmen) als auch der Technologieanbieter (Software, mobile Rechneranwendungen u. ä.) abdeckten. Ziele der Workshops und Interviews waren die Identifikation neuer Einsatzmöglichkeiten für umgebungsintegrierte Computertechnologien zur Unterstützung älterer Arbeitskräfte und das Verständnis für deren Anwendbarkeit. Daran schloss sich eine Online-Umfrage zur Evaluation der erlangten Erkenntnisse mittels eines elektronischen Fragebogens (Stangl 2013) an. Ziel war dabei, eine Verallgemeinerung der Ergebnisse und die Überprüfung der Häufigkeit des Vorliegens der in den Workshops identifizierter Sachverhalte. Die Ergebnisse wurden gesammelt, ausgewertet und dokumentiert und dienten als Grundlage für die Ableitung geeigneter Einsatzfelder und Umsetzungsempfehlungen.

Der weitere Beitrag ist folgendermaßen aufgebaut: Nachfolgend wird zunächst die Motivation für die Studie dargestellt, die in den Auswirkungen des demografischen Wandels auf die Arbeitswelt im Kontext der Entwicklung im Rahmen von Industrie 4.0 begründet ist. Im Anschluss werden der Betrachtungsgegenstand des Projekts in die relevanten Technologiefelder bzw. Forschungsfelder eingeordnet und die zugehörigen Begriffe erläutert. Danach werden der Stand der Technik bei mobilen Systemen und Wearable Computing im Rahmen von Ambient Assisted Working (AAW) sowie die ermittelten Anforderungen der Anwender in Produktion und Logistik an mobile Systeme und Wearable Computing dargestellt. Anschließend werden spezielle Einsatzgebiete von Wearable Computing-Systemen im Rahmen von mobilen Assistenz- bzw. Schutzassistenzsystemen beschrieben. Diese können durch eine Funktionsanreicherung von Arbeitsschutzkleidung, die als Teil der persönlichen Schutzausrüstung in vielen Arbeitsumgebungen getragen werden muss, realisiert werden. Auf dieser Grundlage erfolgt dann eine verallgemeinerte Darstellung der Potenziale zur Unterstützung, der Informationsakquise und der verbesserten Sicherheit durch mobile Technologien. Darauf aufbauend werden mobile Systeme zusammenfassend bewertet. Der Beitrag schließt mit einem Fazit und einem Ausblick auf weitere Forschungsarbeiten.

2 Motivation: der demografische Wandel in der Arbeitswelt

Von Juni 1999 bis zum Juni 2018 nahm nach der Statistik der Bundesagentur für Arbeit (2018) die absolute Zahl von Arbeitnehmern über 60 Jahre von 614.366 Personen auf 2.609.377 Personen zu. Der Anteil der über 60-jährigen an den sozialversicherungspflichtigen Gesamtbeschäftigten stieg damit von 2,2 % im Jahr 1999 auf 7,9 %, wie in Abb. 1 visualisiert.

Hervorgerufen wird die beschriebene Entwicklung durch eine zunehmende Lebenserwartung und eine niedrige Geburtenrate. So bestätigen die Ergebnisse der 13. koordinierten Bevölkerungsvorausberechnung durch das Statistische Bundesamt

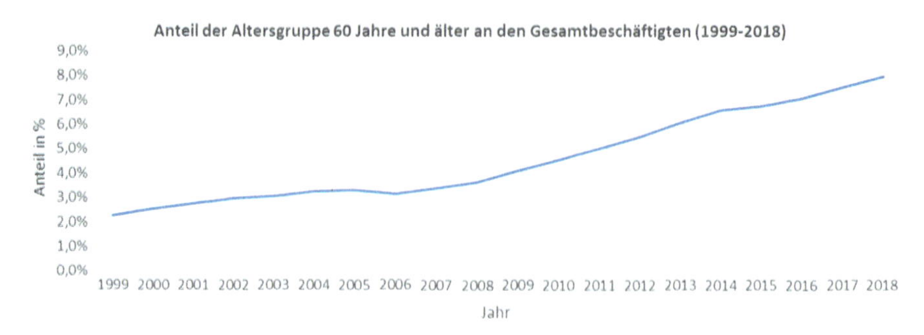

Abb. 1 Anteil von Arbeitnehmern über 60 Jahren an den sozialversicherungspflichtigen Gesamtbeschäftigten. [Bildquelle: Beschäftigungsstatistik der Bundesagentur für Arbeit (2018)]

(2015), dass Deutschlands Bevölkerung langfristig abnehmen wird, seine Einwohner im Durchschnitt älter werden und voraussichtlich noch weniger Kinder geboren werden als gegenwärtig. Basierend auf dieser Prognose ist eine weitere Zunahme der älteren Bevölkerungsgruppen ab 60 Jahre sowie die Schrumpfung der jüngeren Altersklassen bis 40 Jahre zu verzeichnen.

Ältere nehmen außerdem immer häufiger am Erwerbsleben teil. Erwerbstätigen- und Beschäftigungsquoten von Personen im Alter von 55 bis unter 65 Jahren sind stärker gestiegen als die der 15- bis unter 65-Jährigen. Ursachen hierfür stellen die schrittweise Anhebung des Renteneintrittsalters auf 67 Jahre, die Anhebung der abschlagsfreien Altersgrenzen sowie das Ende der staatlich geförderten Programme zur Frühverrentung dar (Holpert 2012), wobei sich jedoch andererseits das Programm „Rente mit 63" insbesondere bei älteren männlichen Fachkräften dämpfend auf das Arbeitsangebot auswirkt (Bundesagentur für Arbeit 2016).

Bereits in den vergangenen Jahren war in den industrialisierten Ländern ein Trend zu beobachten, dass trotz Frühverrentung viele Arbeitnehmer ins Arbeitsleben zurückkehrten oder den Eintritt ins Rentenalter um einige Jahre verzögerten (Denzel und Ballier 2008). Es wird erwartet, dass dieser Trend voranschreiten wird. Mit Bezug auf die beschriebene Entwicklung ist deshalb von einer weiteren Vergrößerung dieser Altersgruppe unter den Beschäftigten auszugehen.

Durch die Alterung der Beschäftigten ergeben sich neue Herausforderungen für die Unternehmen, um nachhaltig und effizient im Wettbewerb zu agieren. So beeinflusst das Altern physiologische Funktionen des Menschen, die für die physische und psychische Leistungsfähigkeit verantwortlich sind. Demgemäß erleiden die Mitarbeiter durch den normalen Alterungsprozess körperliche und geistige Einbußen. Die Einbußen führen zu langsamerer und/oder qualitätsreduzierter Arbeitsleistung (Korn et al. 2013). Dieser Sachverhalt drückt sich im Defizienz-Modell aus, welches besagt, dass die kognitiven, physischen und sensorischen Ressourcen eines Menschen nach Überschreitung eines gewissen Alters konstant abnehmen. Der Höhepunkt der physischen Leistung eines Menschen wird dabei meist im Alter von 20 Jahren erreicht. Anschließend nehmen die physische und die sensorische Leistung bis zum Alter von etwa 40 Jahren nur leicht ab, um nach Überschreiten dieses Alters schneller abzufallen. Die kognitive Leistung nimmt parallel ebenfalls ab, doch müssen ihre altersbedingten Veränderungen differenziert werden. Durch das Cattels-Modell wird die kognitive Leistung in fluide und kristallisierte Intelligenz unterschieden. Die fluide Intelligenz beinhaltet die Fähigkeit zur effizienten Informationsverarbeitung und Problemlösung. Beide Fähigkeiten sind unabhängig von der existierenden Wissensbasis und werden eher jüngeren Mitarbeitern zugeschrieben. Der Höhepunkt der fluiden Intelligenz wird allgemein im Alter von ca. 40 Jahren erreicht und nimmt danach kontinuierlich ab. Die kristallisierte Intelligenz hingegen beschreibt das angesammelte Wissen und deren Einsatz (Prozesswissen, etc.). Es stagniert zwar generell ab dem Alter von 40 Jahren, jedoch ist nicht bewiesen, dass die Leistung und Effizienz beim Einsatz dieses Wissens, von altersbedingten Faktoren eingeschränkt werden (Theis et al. 2014).

Das Alter beeinflusst gemäß einer Studie (Brooke und Taylor 2005) auch das Verhalten und die Einstellungen der Beschäftigten. So werden in dieser Studie ältere Mitarbeiter als tendenziell schwer fortzubildend, wandelresistent bzw. unfähig sich an neue Technologien anzupassen und zu vorsichtig eingeschätzt. Andererseits gelten ältere Mitarbeiter als freundlich und tendenziell zuverlässiger als junge Mitarbeiter; sie bleiben relativ produktiv. Des Weiteren wird älteren Mitarbeitern zugeschrieben, Fehler zu vermeiden, die Qualität der Produktion zu überwachen, und Arbeitsgruppen zu stabilisieren. Zusammenfassend ergeben sich nach Literaturangaben die in Tab. 1 aufgeführten Veränderungen bei älteren Arbeitnehmern.

Um die älteren Beschäftigten bei ihrer Arbeit adäquat mit Blick auf die altersspezifischen Bedürfnisse zu unterstützen ,können altersgerechte Arbeitsplätze, technische Werkzeuge und mobile Informationstechnologien einen Beitrag leisten (Teucke et al.

Tab. 1 Altersspezifische Einschränkungen und ihre Auswirkungen auf die Arbeitsfähigkeit. (Basierend auf (Korn et al. 2013; Theis et al. 2014; Kowalski-Trakofler et al. 2005; Brooke und Taylor 2005; Ng und Feldman 2013))

Altersbedingte Änderungen	Abnahme/Zunahme lt. Literatur
Kognitive Änderungen	
Erinnerungsvermögen, Aufmerksamkeit, Informationsverarbeitungsfähigkeit, sprachlich-verbale Fähigkeiten, räumliche Fähigkeiten/räumliche Orientierung, Lernfähigkeit	Abnahme
Wissen, Erfahrung	Zunahme
Physische, physiologische und psychologische Einschränkungen	
Sinnesleistungen: Sehvermögen, Hörvermögen	Abnahme
Körperliche Fähigkeiten: Ausdauer, Muskelkraft, Lungenkapazität, Beweglichkeit, Feinmotorik	Abnahme
Psychosoziale Änderungen	
Offenheit, Aufgeschlossenheit	Abnahme
Technikakzeptanz	Abnahme
Risikoaversion	Zunahme
Gewissenhaftigkeit	Unklar/widersprüchlich

2014). Die Nutzung von Technologien in Arbeitsprozessen und -umgebungen zur Unterstützung älterer Beschäftigter wird als „Ambient Assisted Working“ (AAW) bezeichnet (Bühler 2009). AAW überträgt dabei die Konzepte des „Ambient Assisted Living“ (AAL) auf die Arbeitswelt. Insbesondere die altersbedingte Verminderung der kognitiven Leistungsfähigkeit als auch die nachlassende Sinnesschärfe sollen durch AAW kompensiert werden.

Neben der Alterung der Belegschaft wird von Wissenschaftlern, Vertretern von Großunternehmen sowie Verbänden die technische und organisatorische Umgestaltung im Rahmen von Industrie 4.0 als Herausforderung für die Beschäftigten gesehen (Werthmann et al. 2014). Hintergrund ist die These, dass sich die Herausforderungen für alle Beschäftigten weiter erhöhen werden. Der Arbeitskreis „Industrie 4.0“ hat in seinem Abschlussbericht konstatiert, dass die Komplexitäts-, Abstraktions- und Problemlösungsanforderungen für Beschäftigte durch die Umsetzung der vierten industriellen Revolution weiter steigen werden (Kagermann et al. 2013). Beiträge in Fachzeitschriften (Müller 2015) sowie in Veröffentlichungen von Gewerkschaften (Kurz 2015; IGBCE 2015, 2016a, b; IGM 2018) oder aus dem Bereich der politischen Stiftungen (Wimmer 2019) unterstützen ebenfalls diese These.

Aus dem formulierten Bedarf zur Steigerung des Qualifikationsniveaus leitet sich zwangsläufig die Frage ab, was dies zukünftig für Beschäftigte bedeutet, die nicht in der Lage sind das geforderte Qualifikationsniveau zu erreichen (Werthmann et al. 2014). Diese Frage stellt sich insbesondere mit Blick auf die etwa 2,8 Millionen Menschen in Deutschland, welche im erwerbsfähigen Alter sind und nicht über einen Schulabschluss verfügen (Statistisches Bundesamt 2019). Bei dieser Personengruppe ist es fraglich, ob viele der Personen das geforderte Qualifikationsniveau erreichen können. Gemäß den zuvor formulierten Anforderungen an Beschäftigte im Umfeld von Industrie 4.0 würde dies ein Ausschluss der Personengruppe aus modernen Industrieumgebungen bedeuten. Fraglich ist ebenfalls, ob die steigende Anzahl älterer Beschäftigter sowie Beschäftigte mit Migrationshintergrund das geforderte Qualifikationsniveau erbringen können (Werthmann et al. 2014).

Gegenwärtig tritt laut Bundesagentur für Arbeit (2015; Bundesagentur für Arbeit, Statistik/Arbeitsmarktberichterstattung 2018) bei Fachkräften und Spezialisten in einzelnen technischen Berufen, und damit im Umfeld von Industrie 4.0, eine Mangelsituation auf. Mittelfristig wird dieser Mangel durch den demografischen Wandel weiter begünstigt, sodass es umso wichtiger wird möglichst vielen Personen im erwerbsfähigen Alter für sie passende Arbeitsplätze anzubieten. Daraus ergibt sich die Anforderung, Arbeitsplätze im Umfeld von Industrie 4.0 so zu gestalten, dass auch Personen mit geringem Qualifikationsniveau, ältere Beschäftige und Personen mit Migrationshintergrund in diesen modernen Arbeitsumgebungen beschäftigt werden können.

Des Weiteren zeichnet sich ab, dass Industrie 4.0 zu einer Automatisierung von einfachen Arbeitsprozessen führen wird (Kagermann et al. 2013). Die Folge dieser Entwicklung kann zum einen ein Abbau von Arbeitsplätzen für geringqualifizierte Beschäftigte sein. Zum anderen kann die Entwicklung dazu führen, dass der Taylorismus bei den verbleibenden Arbeitsplätzen wieder Einzug hält (Kurz 2015).

Die Auswirkungen von Industrie 4.0 auf die Arbeitswelt wurden bereits von Windelband und Spöttl (2009) sehr differenziert betrachtet und dabei zwei grundsätzlich mögliche Szenarien identifiziert. Das eine Szenario ist das sogenannte „Werkzeugszenario“, in welchem Industrie 4.0 dazu genutzt wird Fachkräfte bei ihren Entscheidungen zu unterstützen, so dass sie weiterführende und komplexere Tätigkeiten ausführen können. Das andere Szenario wird als „Automatisierungsszenario“ bezeichnet, hierbei wird die Autonomie der Fachkräfte eingeschränkt, indem Entscheidungen automatisiert erfolgen. Dadurch wird das erforderliche Maß an Kompetenz der handelnden Personen deutlich reduziert. Von den Entwicklern und Instandhaltern dieser Systeme erfordert dies jedoch eine deutlich höhere Kompetenz. Auch Spath (2013) untersuchte frühzeitig die Auswirkungen von Industrie 4.0 auf die Unternehmen und kam zu dem Schluss, dass keine menschenleeren Fabriken entstehen werden. Es ist wahrscheinlicher, dass Menschen und Maschinen zukünftig in industriellen Umgebungen enger zusammenarbeiten, um eine höhere Flexibilität der Prozesse zu erzielen (Kagermann et al. 2013).

Das Bundesministerium für Arbeit und Soziales hat die Debatte zur Auswirkung von Industrie 4.0 und Digitalisierung auf die Zukunft der Arbeit in einem Grünbuch (Bundesministerium für Arbeit und Soziales 2015) aufgegriffen. Hier wird die Hoffnung geäußert, dass die digitale Ökonomie neue Beschäftigungsmöglichkeiten hervorbringt und mit Hilfe der Technik und neuer Arbeitsmodelle die Erwerbsbeteiligung einzelner Personengruppen verbessert. Einem etwaigen Mangel an Fachkräften soll durch erhöhte Arbeitsmarktintegration insbesondere von Geringqualifizierten, Frauen, Älteren und Migranten und durch Erhaltung der Beschäftigungsfähigkeit möglichst vieler Menschen mittels gesunder Arbeit und Qualifizierung vorgebeugt werden. Diese Einschätzungen hat das Bundesministerium für Arbeit und Soziales in einem Weissbuch (Bundesministerium für Arbeit und Soziales 2017) weiter präzisiert. Es erhofft eine altersgerechtere Gestaltung der Mensch-Maschine-Interaktion als Beitrag zur Sicherung der Fachkräftebasis. Defizite aufgrund körperlicher oder sensorischer Einschränkungen sollen mit Hilfe von Assistenzsystemen kompensiert werden, damit ältere Beschäftigte länger und gesünder arbeiten und Menschen mit Behinderungen anspruchsvolleren Tätigkeiten nachgehen können. Im kognitiven Bereich sollen durch intelligente Assistenzsysteme mittels ständiger Verfügbarkeit zielgenau aufbereiteter Informationen zur Entscheidungsunterstützung Entscheidungsspielräume ausgebaut werden. Arbeitsaufgaben sollen so gestaltet und verteilt werden, dass das individuelle körperliche und geistige Leistungsvermögen des mit dem autonomen System arbeitenden Menschen berücksichtigt und systematisch gefördert wird.

Aus dieser Motivation ist es auch zukünftig wichtig, bei den Beschäftigten eine hohe Zufriedenheit, Motivation und Leistungsbereitschaft zu erzielen. Dies ist jedoch nur möglich, wenn sich die Tätigkeit durch Ganzheitlichkeit, Anforderungsvielfalt, Bedeutung, Autonomie und Rückmeldung auszeichnet (Fried und Ferris 1987). Um bei den Beschäftigten die aufgeführten positiven Effekte zu erzielen ist es erforderlich, Industrie 4.0 in Form des „Werkzeugszenarios“ von Windelband und Spöttl (2009) umzusetzen. Dieses Szenario gibt den Beschäftigten die sich psychologisch positiv auswirkenden Freiheiten, welche sich letztlich auch positiv auf den Unternehmenserfolg auswirken.

3 Einordnung von mobilen Systemen und Wearable Computing im Kontext von Ambient Assisted Working

Der Begriff „Ambient Assisted Working“ (AAW) bezeichnet die Einbettung von Technologien in Arbeitsprozesse und -umgebungen (Pancardo et al. 2018; Xohua-Chacón et al. 2018; Mautsch et al. 2014). Die Technik dient in Verbindung mit arbeitsorganisatorischen und sozialen Maßnahmen für Zwecke der Gesundheitsvorsorge, (zur Unterstützung und Assistenz von Arbeitskräften (z. B. durch Bereitstellung von Kontextinformation zu Arbeitszwecken), physiologischem Monitoring (Ausbildung und Training) oder zur Vereinfachung der Arbeit, (Hoffmann und Lawo 2012).

Verbunden mit dem Begriff des AAW ist der Begriff des Assistenzsystems (Mautsch et al. 2014). Assistenzsysteme sind technische Systeme, welche zur Assistenz bzw. Unterstützung des Nutzers in bestimmten Situationen oder bei bestimmten Handlungen dienen (Universität Rostock 2015). Hierzu sind sie im Allgemeinen durch integrierte Sensorik und Informationsverarbeitung auf Basis von Mikrosystem- und Kommunikationstechnik zu einer Analyse der gegenwärtigen Situation und ggf. einer Vorhersage der zukünftigen Situation befähigt. Die Interaktion des Nutzers mit dem Assistenzsystem soll sich dem natürlichen Handlungsablauf des Menschen anpassen und die Ausgabe von Informationen an den Nutzer möglichst komprimiert und auf einfache Weise bzw. intuitiv erfolgen, um den Nutzer nicht zu überlasten.

In EUNA wurden Assistenzsysteme im Rahmen von AAW speziell unter dem Blickwinkel der Integration von mobilen Computersystemen in die Arbeitskleidung betrachtet. Mobile Assistenzsysteme zeichnen sich durch die Nutzung mobiler informationstechnischer und kommunikationstechnischer Geräte als Assistenzsystem aus. Diese mobilen Geräte sind nach Bauform, Größe und Gewicht einfach transportabel und autonom funktionsfähig. Sie sind deshalb geeignet, nicht nur ortsfest verwendet zu werden, sondern von den Nutzern zu verschiedenen Anwendungsorten mitgeführt zu werden. Hierzu zählen zunächst sogenannte Handhelds, d. h. in der Hand gehaltene und mitführbare Geräte, wie z. B. Smartphones oder Tablets. Diese gehören jedoch nicht zum Bereich Wearable Computing, da ihre Nutzung immer mindestens eine Hand erfordert. Sie können als eine günstige Recheneinheit den Einsatz von Wearable Geräten unterstützen und ergänzen, z. B. indem ein Smartphone die externe Kommunikation mit dem Server übernimmt.

Noch einfacher mitführbar sind Geräte, die so leicht und kompakt sind, dass sie in Kleidung oder in anderes, am Körper getragenes Zubehör (z. B. Brillen oder Uhren) integriert, am Körper getragen und in Bewegung genutzt werden können. Diese Integration von mobilen, tragbaren Computersystem mit ihren einzelnen Komponenten, wie Recheneinheiten, Ein- und Ausgabemedien in ein Kleidungsstück wird mit dem Begriff „Wearable Computing“ bezeichnet (Aleksy et al. 2011; Jhajharia et al. 2014). Der alternativ verwendete Begriff Intelligente Bekleidung (Intelligent Clothing) beschreibt ebenfalls Computertechnik, die in Bekleidung oder bekleidungsbezogenen Accessoires, wie Gürtel, Helm, Weste, integriert ist. Der Assistenzcharakter in der Computernutzung gewinnt dabei in dem Maße an Bedeutung wie der Computer in den Hintergrund tritt (Pezzlo et al. 2009). Dieser Assistenzcharakter von Wearable Computing Systemen wird unterstützt durch Eigenschaften wie eine vom Nutzer weitgehend unbemerkte Portabilität und ständige Aktivität im Hintergrund mit unabhängiger und weitgehend unbemerktem Ausführen der unterstützenden Dienste (Mann 1998; Randell 2007; Decker 2007).

Die Integration mobiler Informations- und Kommunikationstechnik in Kleidung ist in einfacher und eleganter Form möglich, wenn die Technikkomponenten selbst textilbasiert sind, d. h., wenn interaktive, elektronische Textilien oder „Smart Textiles" verwendet werden. Generell sind Textilien als weit verbreiteter Alltagsgegenstand geeignet, um in einer zunehmend vernetzten und mobilen Welt, Träger, Gehäuse, Plattform intelligenter Komponenten oder an sich Bestandteil einer anwendungsspezifischen Infrastruktur zu sein. Als Smart Textiles werden Textilien bezeichnet, die durch Integration von elektronischen Bauelementen oder Schaltungen, Sensoren, Aktuatoren oder einer Energieversorgung in der Lage sind, Stimuli aus der Umgebung zu detektieren, auf diese zu reagieren oder sich aufgrund ihrer Funktionalitäten an die Situation anpassen (Meoli und May-Plumlee 2002; Weiss 2011). Damit sind Smart Textiles alle Textilien, die eine zusätzliche Funktionalität besitzen, die über die Grundfunktionen von Textilien hinausgeht. Smart Textiles und Wearable Computing überschneiden sich im Bereich der Textilien mit elektronischen Zusatzfunktionen und werden gelegentlich synonym verwendet.

3.1 Komponenten von Wearable Computing-Systemen

Einen der Schwerpunkte der Studie bildete die Aufnahme des aktuellen technischen Stands hinsichtlich der eingesetzten mobilen Technologien. Diesbezüglich wurden sowohl Anwender als auch Anbieter zunächst über ihre Einführung bzw. Einsatz mobiler Technologien, darunter insbesondere Datenbrillen, mobile Kommunikationsgeräte wie z. B. Smartphones und Tablets sowie Smart Textiles und Wearable Computing Systeme in den Unternehmen befragt.

Die integralen Systemkomponenten von mobilen bzw. in Kleidung integrierten informations- und kommunikationstechnischen Anwendungen stammen aus der Mikrosystemtechnik, der Mikro-Elektronik sowie der Sensorik. Diese Komponenten erfüllen im Zusammenspiel Funktionen aus den Bereichen Datenverarbeitung, Sensorik, Aktorik, interne Datenübertragung zwischen den Komponenten des mobilen Systems, externe Kommunikation des mobilen Systems mit der Umgebung sowie mit dem Systemnutzer und die Energieversorgung (Meoli und May-Plumlee 2002; Bliem-Ritz 2014).

Für die **Datenverarbeitung** können Prozessoren verwendet werden, die ursprünglich für Handhelds oder Smartphones entwickelt wurden und für niedrigen Energieverbrauch ausgelegt sind. Ein Beispiel stellen die auf der Spezifikation der Firma ARM basierenden Prozessoren dar. Für besondere Aufgaben, wie z. B. Datencodierung, werden neben dem Hauptprozessor zusätzliche Spezialprozessoren verwendet, welche für diese ausgelegt sind und sie sehr schnell und effizient erledigen können. Häufig erfolgt die Datenverarbeitung zumindest teilweise über **Cloud**

Computing (Mell und Grance 2011; BSI 2018). Dies beinhaltet die Verfügbarmachung von IT-Infrastruktur (Speicherplatz, Rechenleistung), Plattformen und Anwendungssoftware über ein Rechnernetz, ohne dass diese auf den lokalen Rechnern der Anwender installiert sein müssen. Angebot und Nutzung dieser Dienstleistungen erfolgen dabei ausschließlich durch technische Schnittstellen und Protokolle. Die IT-Dienstleistungen sollen dynamisch an den Bedarf des Kunden angepasst und abgerechnet werden können. Die Kombination von Cloud Computing und mobiler Datenverarbeitung wird als mobiles Cloud Computing bezeichnet.

Die **interne Kommunikation** zwischen den verschiedenen Systemkomponenten bei Wearable Computing und Smart Textile-Systemen sowie die externe Kommunikation des Wearable Computing-Systems mit der Umwelt, z. B. anderen Softwaresystemen, können über Kabel oder über Funk erfolgen (Bliem-Ritz 2014). Kabel können den Träger stören oder behindern. Bei Funk muss ausreichende Sicherheit gegenüber Störungen beachtet werden. Bei der externen Kommunikation kann ein Handheld-Gerät, z. B. ein Smartphone, als Vermittlung dienen. Die externe Kommunikation kann beispielsweise bestehende Mobilfunknetze und die entsprechenden Datenübertragungsmöglichkeiten (Internet, Telefon) nutzen. Dies erlaubt bei Vorliegen der entsprechenden Infrastruktur eine hohe Reichweite trotz geringer Sendeleistung. Weitere Möglichkeiten stellen frei verfügbare oder genehmigungspflichtige Funkbänder dar. Gegenwärtig wird an der Einführung des Mobilfunkstandards der 5. Generation („5G") gearbeitet. Im Vergleich zu bisherigen Mobilfunkstandards werden für die neue Generation eine erhöhte Frequenzkapazität, ein größerer Datendurchsatz, verbesserte Echtzeitübertragung und Senkung des Energieverbrauchs für die Übertragung eines bestimmten Datenvolumens antizipiert (Bego-Blanco et al. 2017).

Zur Erfassung der Umgebung dienen verschiedene **Sensoren**, welche physikalische, chemische oder stoffliche Eigenschaften qualitativ oder quantitativ erfassen und in weiter verarbeitbare Größen, z. B. elektrische Signale umwandeln können, bzw. Verbünde aus verschiedenen solcher Sensoren (Bliem-Ritz 2014). Als Beispiele für relevante Messgrößen können Kraft, Temperatur, Feuchtigkeit, Druck, Schall, Beschleunigung, Bewegung, Flüssigkeit genannt werden. Ein weiteres Einsatzgebiet stellt die Verwendung von Kameras mit anschließender Bildverarbeitung zur Erkennung von Gegenständen dar. Zur Ortsbestimmung im Outdoor-Bereich dienen Satellitennavigationssysteme, wie das Global Positioning System (GPS). Indoor-Lokalisierungssysteme (Real-Time Locating Systeme – RTLS) zur Ortsbestimmung innerhalb überbauter Bereiche bestehen aus mehreren Antennen, die in der Umgebung platziert werden, und Tags. In die Arbeitskleidung integriert, erlauben diese Tags durch Messungen der Laufzeiten oder Stärken elektromagnetischer Signale und Triangulation eine Positionsbestimmung des Menschen. Für die Bewegungserkennung mittels körpernaher Sensoren kommen einerseits Inertialsensoren (Inertial Measurement Units – IMU), die Gyroskope, Beschleunigungssensoren und Magnetometer kombinieren, und andererseits sogenannte Formsensoren in Betracht. Spezielle Sensoren können durch Messung von Vitalparametern wie Puls, Herzfrequenz oder Atmung die körperliche Konstitution des Trägers überwachen. Für den Einsatz in Arbeitsumgebungen können geeignet platzierte Bewegungs- oder Drucksensoren zur freihändigen Bedienung verschiedener Systemelemente verwendet werden (Kirchdörfer et al. 2003). Textile Sensoren, als eine wesentliche Realisierung von Smart Textiles, können besonders leicht in Bekleidung integriert werden (Weiss 2011). Sie werden seit ca. 20 Jahren angeboten und bisher insbesondere in den Bereichen Gesundheit und Pflege, Information und Kommunikation, Freizeit und Sport sowie im Bereich Automotive eingesetzt (Vargas 2009).

Zur **Interaktion** des Wearable Computing-Systems **mit dem Träger** sowie ggf. anderen Nutzern dienen Eingabe- und Ausgabegeräte. Diese dürfen nicht zu viel Aufmerksamkeit des Trägers erfordern und nicht von der eigentlichen Aufgabe ablenken. Zu den optischen Ausgabegeräten gehören tragbare Datenbrillen (Smartglasses) oder Brillendisplays bzw. Head-Mounted Displays (HMD). Dies sind am Kopf befestigte bzw. wie Brillen aufgesetzte Anzeigeeinheiten, die ihre Informationen in das Sichtfeld des Nutzers einblenden. Die Displays und Datenbrillen blenden Informationen direkt in das Sichtfeld des Nutzers, welche die normale Sicht überlagern. Bei einer anderen Modellvariante wird die normale Sicht vollständig ausgeblendet und durch ein digitales Videobild, welches durch eine im Display integrierte Videokamera erzeugt und dann ebenfalls durch Zusatzinformationen angereichert wird, ersetzt (Evers et al. 2019). Bei beiden Varianten muss die Kopfposition der Träger jeweils präzise nachverfolgt werden, damit die angezeigten Zusatzinhalte an der richtigen Stelle in das Bild eingebettet werden. Außerdem ist eine schnelle Signalverarbeitung erforderlich, weil schon kleine Verzögerungen zu Unwohlsein beim Nutzer führen. Die Vorstellung von Datenbrillen durch verschiedene IT-Technologieanbieter (wie z. B. Google Glass, EPSON, oder SAP/Vuzix) erzeugte hohes Interesse bei Anwendern und der Öffentlichkeit (Lawo 2014). Die erwartete schnelle Verbreitung dieser Datenbrillen in der betrieblichen Anwendung blieb aber bislang aus. So wurde der Verkauf der Datenbrille „Google Glass“ im Januar 2015 vorerst eingestellt (Bilton 2015). Seit 2017 ist jedoch wieder eine Nutzung der weiter entwickelten Datenbrille „Google Glass Enterprise Edition“ für firmeninterne Nutzung möglich (Savov 2017).

Möglichkeiten zur Dateneingabe durch den Nutzer bieten Tastaturen und Touchscreen-Displays. Die Eingabe von Informationen auf einem Touchscreen-Display erfordert jedoch meist beide Hände, die damit für die weiteren Arbeitsaufgaben nicht mehr zur Verfügung stehen. Die Steuerung per Sprachkommandos setzt eine sehr gute Spracherkennung voraus, da Nichtverstehen oder Falschverstehen die Benutzungsfreundlichkeit und in Folge die Nutzerakzeptanz erheblich vermindert. Eine zusätzliche Erschwerung einer zuverlässigen Spracherkennung stellen Umgebungsgeräusche (z. B. in Produktionshallen) dar. Eingaben per Gestensteuerung sind nicht intuitiv und beinhalten das Risiko ungewollter Eingaben, auch sind komplizierte Eingaben wie Texte schwierig abzubilden (Bliem-Ritz 2014).

Die **Energieversorgung** für die Systemkomponenten stellt aufgrund der Restriktionen hinsichtlich Größe und Gewicht der integrierbaren Energiequellen einen kritischen Bereich bei Wearable Computing und Smart Textile-Systemen dar. Als Energiequellen werden meist Batterien oder Akkus verwendet. Energie aus anderen Quellen zu gewinnen, ist problematisch. Bei Brennstoffzellen müssen Wasserstoffgas oder andere Gase mitgeführt und bereitgestellt werden. Die Energiegewinnung mittels Fotovoltaik liefert für die meisten Anwendungen nicht genügend Strom, da entweder zu wenig Fläche für die Solarzellen vorhanden ist oder die Nutzer sich häufig in Gebäuden und anderen dunklen Umgebungen aufhalten. Die Nutzung der Körperenergie (z. B. Körpertemperatur) des Trägers liefert nur für sehr sparsame Anwendungen genügend Leistung. Aus diesem Grund muss diese Nutzung genau überdacht und bewertet werden (Bliem-Ritz 2014).

3.2 Stand der Technik bei mobilen Systemen und Wearable Computing im Rahmen von Ambient Assisted Working

Die Einschätzungen hinsichtlich des Verbreitungsgrads der relevanten Technologien in der Industrie und deren hauptsächliche Einsatzgebiete und Anwendungen können Tab. 2 entnommen werden.

Vielfältig werden tragbare Computer, wie z. B. Smartphones oder Tablets als mobile Kommunikationsmittel zum Informationsaustausch (Emails, aber auch direkte Datenschnittstellen zu operativen Informationssystemen) genutzt. Dabei ist die Nutzung der privaten Geräte der Mitarbeiter teilweise möglich. Auf diese Weise können z. B. Kennzahlen dem Führungspersonal übermittelt werden. Im operativen Bereich kann z. B. das Personal bei Störfällen automatisch Störmeldungen auf das Smartphone erhalten. Im Bereich der zugehörigen Software werden entsprechende Apps zunehmend speziell für betriebliche Anwendungen entwickelt und genutzt.

Verschiedene technische Wearable Computing-Systeme wurden bereits erprobt bzw. eingesetzt. Hierbei wurde die Erfahrung gewonnen, dass bisherige praktikable Lösungen nur schwierig in die Arbeitsprozesse integriert werden können. Sehr innovative Lösungen sind noch nicht marktreif. Wearable Computing-Systeme werden im Wesentlichen zur Kommunikation zwischen Mensch und technischem System im Arbeitsprozess, in zweiter Linie zur Kommunikation zwischen verschiedenen Menschen verwendet. Die Überwachung gesundheitlicher Parameter des Menschen ist bisher weniger wichtig.

Die Technologieführerschaft im Bereich der mobilen Technologien wird als im Endkundenbereich liegend wahrgenommen. Die Orientierung der technischen Lösungen für Unternehmensanwendungen am Endkundenbereich ist bereits stark und wird weiter zunehmen. Bestehende industrielle Technologien werden häufig als wenig intuitiv und kontextsensitiv wahrgenommen, während Technologien im Konsumentenbereich als deutlich intuitiver und kontextsensitiver eingeschätzt werden.

4 Einsatzfelder von mobilen Systemen und Wearable Computing zur Gestaltung von Ambient Assisted Working:

Zwei verschiedene, tatsächlich bereits eingesetzte bzw. als potenziell lohnend angesehene Einsatzbereiche sollen in diesem Beitrag näher vorgestellt werden, nämlich die Nutzung von Wearable Computing, insbesondere Datenbrillen (HMD), im

Tab. 2 Verbreitungsgrad und Anwendungen mobiler Technologien in den befragten Unternehmen

Technologie	Verbreitungsgrad in der Industrie	Aufgaben, Einsatzgebiete
Smartphones, Tablets, Apps	Stark verbreitet Schnell zunehmend	**Aufgaben:** Mobile Kommunikation (z. B. Emails) Verbindung zu operativen Informationssystemen **Beispielhafte Einsatzgebiete:** Erhebung von Kennzahlen für die Unternehmensführung Störmeldungen von Maschinen und Anlagen für Produktionssteuerung und Instandhaltung
Datenbrillen	Testfälle vorhanden, aber im Einsatz wenig verbreitet	**Aufgaben:** Kontextsensitive Anzeige digitaler Informationen Bildbasierte Bewegungsverfolgung (z. B. Eye Tracking, Barcode-Scannen) **Beispielhafte Einsatzgebiete:** Papierlose Lagersteuerung und Kommissionierung Papierlose Instandhaltung
Smart Watches	Wenig verbreitet	**Aufgaben:** Messung von Körperfunktionen und Vitalparametern **Beispielhafte Einsatzgebiete:** Bisher nur im Endkundenbereich, z. B. Ausdauersport
Integrierte, tragbare Tastaturen	Wenig verbreitet	**Aufgaben:** Mobile Datenerfassung, Dateneingabe, Datenverarbeitung, Datenausgabe **Beispielhafte Einsatzgebiete:** Textile Tastermatrix Haptisch-intuitive Ansteuerung durch Stofffalten RFID-Handschuh als anziehbares Gerät zur automatischen Identifikation
Datenhandschuhe	Wenig verbreitet	RFID-Handschuh als anziehbares Gerät zur automatischen Identifikation **Beispielhafte Einsatzgebiete:** Logistik: Wareneingang, Lagerbereich (Kommissionierung), Warenausgang
Smart Textiles	Weit verbreitet	Begriff oft sehr weit gefasst, tatsächliche Bedeutung von „smart" teilweise unklar. **Beispielhafte Einsatzgebiete:** Vielzahl von industriellen Anwendungen für technische Textilien: Automotive, Bau

Bereich der Kommissionierung und Instandhaltung sowie die Funktionsanreicherung von Arbeitsschutzkleidung als Teil der persönlichen Schutzausrüstung durch Sensorik zur Überwachung von Vitalparametern und Umgebungsparametern.

4.1 Einsatz von Wearable Computing-Technologien in der Logistik und Instandhaltung

Ein häufig genanntes und diskutiertes Anwendungsgebiet von Wearable Computing-Technologien im industriellen Umfeld stellt die Intralogistik bzw. Lagerlogistik dar, wo verschiedene Systeme, insbesondere Datenbrillen, Sprachsteuerung und Datenhandschuhe für die Kommissionierung genutzt werden (Richter 2015). Weiterhin gibt es im industriellen Umfeld Lösungen zu den Bereichen Inspektion, Wartung und Reparatur, die unterschiedliche Reifegrade erreicht haben.

Diese Lösungen stellen dem Nutzer wichtige Prozessinformationen in multiplen Fertigungs- und Produktionsszenarien bereit, und zwar während der Fertigung (in Echtzeit). Der Mitarbeiter kann seiner Arbeit uneingeschränkt nachgehen, da beide Hände frei bleiben, und die per HMD visuell bereitgestellten Informationen und Anweisungen direkt und in Echtzeit umsetzen. Dies ermöglicht nicht nur eine flexible, robuste und qualitativ hohe Abwicklung der Betriebsprozesse wie Planung, Wartung und Logistik. Da der Mitarbeiter alle relevanten Prozessdaten direkt vor seinem/seinen Auge/Augen hat, können sogar unerfahrenen Mitarbeitern komplexe Aufgaben überlassen werden (Theis et al. 2014).

Die Sprachsteuerung ist ein weiterer, häufig genutzter Weg, Informationen in der Intralogistik bereit zu stellen, so bei der sprachgesteuerten Kommissionierung unter Verwendung von „Pick by Voice"-Geräten. Dabei trägt der Nutzer ein Headset, über das die zu sammelnden Warennummern, die Anzahl und die Position im Lager angesagt werden. Der Nutzer bestätigt dann die Kontrolleinheit am Fach und das System nennt die Daten des nächsten Artikels. Die Systemeinheit wird am Gürtel getragen und bekommt vom Warenwirtschaftssystem des Lagers die Informationen zugesendet. Der Nutzer kann per Sprachkommando auch Fehler melden, wie z. B. ein leeres Regalfach, damit es so schnell wie möglich wieder aufgefüllt werden kann.

RFID-Lese-Handschuhe, d. h. Handschuhe mit eingebauten RFID-Lesern, können helfen, die Fehlerrate bei Kommissionierungsprozessen zu verringern, indem sie als Bestätigung der Entnahme (Picken) einen automatischen Identifikationsvorgang des entnommenen Artikels bzw. des entsprechenden Regalfachs in den Kommissionierprozess integrieren. Damit das RFID-Lesegerät als mobiles Gerät mitgeführt werden kann, ohne als zusätzliches Handheld Gerät in der Hand gehalten werden zu müssen, wird es zweckmäßigerweise in einen vom Werker zu tragenden Handschuh integriert (Günther 2011). Aufgrund der Unempfindlichkeit gegenüber dem hohen Wassergehalt des menschlichen Körpers werden meist niederfrequente RFID-Systeme ausgewählt.

Ein von der Firma Amazon entwickeltes und patentiertes Armband zur Positionserfassung der Handposition erlaubt in Interaktion mit einem hierfür entwickelten Kommissionierleitsystem die Messung der Position und Bewegungen von Arbeitskräften bei der Kommissionierung. In das Armband, welches am Handgelenk angelegt wird, ist ein Ultraschallsender integriert, welcher periodisch Ultraschallpulse aussendet. Das Kommissionierleitsystem besteht aus Ultraschallempfängern und einer Steuereinheit. Die Ultraschallempfänger, welche in Relation zu den bekannten Positionen von Warenbehältern positioniert werden, übermitteln die empfangenen Ultraschallpulse der Armbänder an die Steuereinheit. Die Steuereinheit ermittelt aufgrund der empfangenen Ultraschallsignale die relative Position der Hand eines Kommissionierers im Verhältnis zu den Warenbehältern und vergleicht diese mit dem für den jeweiligen Kommissioniervorgang vorgegebenen Behälter und gibt entsprechend Bestätigungs- oder Warnsignale aus (Boonstra 2018; USPAP 2017).

Bei einer experimentellen Studie zum Einsatz eines sprachgesteuerten Pick-by-Vision HMD-Systems in einem Kommissionier-Szenario in der Distributionslogistik zeigte sich, dass die Probanden nach einer Eingewöhnungszeit jeweils mit der Datenbrille und der Sprachsteuerung effizient arbeiten konnten. Im Vergleich zur konventionellen Kommissionierung mit einer üblichen Papierliste konnten die Kommissionier-Zeiten als Maß für die Arbeitsleistung durch Einsatz der HMDs geringfügig verbessert werden. Die Fehleranzahl der Probanden als Maß für die Arbeitsqualität konnte sogar erheblich verringert werden, von 0,84 % im Falle der Papierliste auf 0,12 % bei Einsatz des Pick-by-Vision-Systems (Reif 2010). Die HMDs wurden jedoch nicht während einer vollen Betriebsschicht eingesetzt, die Nutzer beschwerten sich aber trotzdem über die monotone Art der Sprachsteuerung.

Die Akzeptanz der Datenbrillen bzw. HMDs wird stark vom Alter der Nutzer beeinflusst. Datenbrillen sollen leicht und ergonomisch sein und die Bewegungsfreiheit des Nutzers nicht einschränken, um bei langem Betrieb nicht unbequem zu werden. Bisher war die Nutzerakzeptanz jedoch generell relativ niedrig, da die Datenbrillen die Nutzeranforderungen hinsichtlich geringen Gewichts, Passgenauigkeit und Ergonomie bzw. Tragekomfort sowie gefälligem Aussehen bei gleichzeitiger Stabilität und Robustheit im Einsatz nicht erfüllten. Häufig störten Verkabelungen (Lawo 2014), außerdem schränkten die Brillen das Sichtfeld der Nutzer ein (Reif 2010). Laut einer empirischen Studie, welche die Auswirkungen der HMDs bei der Ausführung von Aufgaben und Arbeitsbelastung untersuchte, waren ältere Mitarbeiter viel schwieriger vom Einsatz der HMDs zu überzeugen. In der Untersuchung zeigten jedoch junge (18–39) wie ältere (40–60) Mitarbeiter gleich gute Arbeitsergebnisse bei der Ausführung von Tätigkeiten mit Unterstützung durch HMDs (Theis et al. 2014). Eine aktuellere experimentelle Studie der Nutzung und Akzeptanz der Datenbrille „Google Glass" durch 30 noch ältere Personen im Alter über 65 Jahre ergab zwar eine gute Akzeptanz durch die Nutzer, jedoch Schwierigkeiten bei der tatsächlichen Durchführung der vorgegebenen, standardisierten Tätigkeiten (Haesner et al. 2018).

Im Falle der Kommissionierung können Datenbrillen ältere Mitarbeiter speziell unterstützen, indem sie neben den Prozessdaten, wie z. B. Artikellisten (Artikelname, Standort, Menge, ggf. mit beigefügten Bildern oder Beschreibungen der Artikel) und der optischen Markierung des Artikelstandorts bzw. der Lagerungsfläche zusätzlich gesundheitsrelevante Informationen, wie Empfehlungen an die Arbeits-/Körperhaltung für eine bestimmte Tätigkeit oder Handhabung von Objekten, anzeigen. Weitere potenzielle Unterstützungsmaßnahmen für ältere Arbeitnehmer sind unter anderem die bedarfsgerechte Informationsbereitstellung durch audiovisuelle oder taktile Signale zur Markierung bestimmter räumlicher Positionen oder Gegenstände für Menschen mit eingeschränktem Seh- oder Hörvermögen.

Ein weiteres Beispiel, wie heutige und zukünftige Arbeitsprozesse im industriellen Umfeld aussehen können, zeigt die Instandhaltung. Diese kennzeichnet sich insbesondere dadurch, dass häufig im mobilen Einsatz, d. h. vor Ort beispielsweise an Großgeräten und Anlagen gearbeitet wird. So könnten mobile Systeme im Bereich der Instandhaltung beispielsweise neben der Auftragssteuerung gleichzeitig als Tool zur Rückmeldung genutzt werden. Die Auftragssteuerung über ein mobiles System ermöglicht neben einer Echtzeitdatenübertragung zusätzlich ein Identifikationsverfahren, welches die Zuordnung der realen Komponente zu einem virtuellen Abbild prozesssicher ermöglicht. Die Rückmeldefunktion ergänzt die Abbildung des Prozesses indem die Daten der Instandhaltung direkt übertragen werden (Lewandowski und Oelker 2012). Wird spezielles Wissen oder eine zweite Meinung zu einem Sachverhalt benötigt, sind die Systeme auch dazu geeignet explizites Wissen aus entsprechenden Wissensbasen aufzurufen oder sich inkl. der Übertragung von Livebildern mit Kollegen auszutauschen. Eine experimentelle Überprüfung der Verwendung der Datenbrille „Google Glass" zur Nutzerführung bei der Demontage von Mobiltelefonen im Vergleich zu einer papierbasierten Instruktion der durchführenden Arbeitskräfte ergab geringe Fehler und angemessene Durchführungszeiten sowie akzeptable Fehlerquoten bei Verwendung der Datenbrille. Die Probanden berichteten, dass die animierten Darstellungen im Display der Datenbrille ihnen bei der Lokalisierung von Gegenständen halfen. Die Verwendung der Datenbrille wird infolge dessen von den Autoren als geeignete Alternative zur Instruktion und Nutzerführung bei mobilen Demontagearbeiten angesehen. Die Ergonomie der Datenbrille bedarf jedoch trotzdem weiterer Verbesserungen (Wang et al. 2019). Im Kontext der formulierten Anforderungen im industriellen Umfeld zeigt sich insgesamt, dass Mobile Systeme bzw. Wearable Computing das Potenzial haben, wissensintensive Vorgänge in komplexen Szenarien erfolgreich zu unterstützen.

4.2 Einsatz funktionsangereicherter Arbeitsschutzkleidung als Teil der persönlichen Schutzausrüstung

Ein weiteres wichtiges Einsatzfeld stellt die Erweiterung der Funktionalität von Schutzbekleidung dar. Persönliche Schutzbekleidung als Teil der persönlichen Schutzausrüstung muss zur Vermeidung von Unfall- und Gesundheitsgefahren bei der Ausübung von vielen verschiedenen Arbeitstätigkeiten getragen werden. Dies wird in entsprechenden Vorschriften festgelegt, darunter das Arbeitsschutzgesetz (ArbSchG) sowie die PSA-Benutzungsverordnung (vgl. Breckenfelder 2012). Da sich die Dauer der Arbeitsunfähigkeit nach Unfallereignissen mit höherem Alter der betroffenen Arbeitnehmer tendenziell verlängert, besitzt ein verbesserter Unfallschutz erhöhte Bedeutung in einer alternden Gesellschaft bzw. einem steigenden Durchschnittsalter der Belegschaften.

Die Nutzung von Wearable Computing-Technologien bietet die Möglichkeit, die bisher im Wesentlichen passive Schutzwirkung (z. B. durch Isolation) der Schutzkleidung durch „aktive" Schutzwirkung zu ergänzen. Hierbei werden insbesondere Prävention, Monitoring und Intervention vorgeschlagen (Breckenfelder 2012). Prävention bezeichnet in diesem Kontext die Überwachung der Arbeitsumgebung und Warnung bei Auftreten schädigender Einflüsse, während unter Monitoring die Überwachung des körperlichen Zustands des Anwenders (z. B. Körpertemperatur, des Blutdrucks, Puls und Blutsauerstoffgehalt) und Warnung bzw. Notfallmeldung im Bedarfsfall verstanden wird. Intervention kann durch Aufbau zusätzlicher Schutzfunktionen im Gefahrenfall stattfinden. Darüber hinaus kann unter Umständen der Prozess des aktiven Alterns und Erhaltung der Arbeitskraft im Beruf durch mobile Schutzassistenzsysteme im Sinne des optimierten Arbeitsumfeldes unterstützt werden. Zahlreiche Arbeiten zur Sensorintegration in Kleidungsstücke für die Überwachung von Vitalfunktionen physiologisch beeinträchtigter älterer Mitarbeiter (Health Monitoring) wurden bereits durchgeführt (Schubert et al. 2015; Xohua-Chacón et al. 2018). Nachfolgend sollen beispielhaft mögliche Einsatzfelder in der Automobilmontage und in der Mensch-Roboter-Kollaboration in Produktionsumgebungen vorgestellt werden:

4.2.1 Einsatz eines in die Unterkleidung integrierten Sensorsystems in der Automobilmontage

Trotz des hohen Automatisierungsgrads beinhalten zahlreiche Arbeitsplätze in der Automobilindustrie dauerhaft physisch schwere und belastende Arbeit. Beispielsweise müssen in der getakteten Fahrzeugmontage schwere Teile und Baugruppen mit einem Gewicht von bis zu 18 kg bei hoher Wiederholrate (Taktzeiten von wenigen Minuten und mehrere hundert Wiederholungen pro Schicht) unter Zeitdruck manuell in ergonomisch ungünstiger Position bzw. orthopädisch ungünstigen Arbeitshaltungen gehandhabt, bewegt und montiert werden. Zahlreiche mechanische, kraftverstärkende Arbeitshilfen (Handhabungsgeräte, Hebezeuge) sind in den Produktionslinien installiert, werden aber teilweise nicht genutzt, wenn ihre Benutzung den Arbeitsablauf verzögert, wobei eine Verzögerung von einigen Sekunden ausreichend sein kann. Aufgrund der arbeitsbedingten Belastungen treten meist nach langjähriger Tätigkeit, d. h. vorwiegend bei älteren Mitarbeitern, häufig berufsbedingte Erkrankungen, insbesondere Herz-Kreislauf-Erkrankungen, auf, welche zu einer längeren Abwesenheit der erkrankten Arbeitnehmer führen.

Die Auswahl eines angemessenen neuen Arbeitsplatzes für einen gesundheitlich beeinträchtigten Mitarbeiter und die Betreuung der Einarbeitung in den neuen Arbeitsplatz erfordern eine realistische Beurteilung des Gesundheitszustands und der tatsächlichen Belastungsgrenzen des Mitarbeiters. Diese gesundheitliche Beurteilung kann nach Meinung des befragten werksärztlichen Personals und von Ergonomie-Experten durch eine erweiterte und objektivierte Datenbasis zur tatsächlichen Belastung und Beanspruchung des Mitarbeiters verbessert werden. Eine Möglichkeit zur Schaffung einer solchen verbesserten Datenbasis ist die Messung bestimmter Vitalparameter während des eigentlichen Arbeitsprozesses.

Diese kann zweckmäßigerweise durch ein in die Unterkleidung integriertes Sensorsystem zur laufenden Messung und Auswertung von ausgewählten Vitalparametern der Mitarbeiter (Monitoring) während ihrer Arbeitstätigkeit innerhalb eines festgelegten Zeitraums (z. B. einer Arbeitsschicht) erfolgen. Die Systemkomponenten werden direkt, z. B. durch Einnähen, Aufsticken oder Weben, in ein vom

Arbeiternehmer zu tragendes Unterhemd integriert. Für eine hohe textile Integration auf oder in der Arbeitskleidung bestehen die Systemkomponenten aus faserbasierten Sensoren und leitfähigen Fasern. Das Assistenzsystem arbeitet weitgehend lokal, um die Systemkomplexität zu reduzieren und die Datensicherheit zu gewährleisten.

- In ein Unterhemd eingewebte oder aufgestickte Sensoren überwachen kontinuierlich die Vitalparameter des Arbeiters, z. B. Puls, Körpertemperatur, Hautfeuchtigkeit (Schweiß) oder Bewegungen. Die Messwerte bzw. eine geeignete zu bestimmende Teilmenge der Messwerte wird in einem ebenfalls in das Unterhemd integrierten, lösch- und wiederbeschreibbaren Datenspeicher abgespeichert.
- Die Messung, Vorverarbeitung und Abspeicherung der Sensorwerte erfolgt zunächst lokal im Kleidungsstück. Solange die Sensoren Messwerte im unkritischen Bereich liefern und keine sonstige Alarmauslösung erfolgt, läuft das System im Hintergrund.
- Im Bedarfsfall werden automatisch die verantwortlichen Personen (werksärztliches Personal) informiert und bei Bedarf relevante Parameter übermittelt.
- Die abgespeicherten Sensordaten können durch befugtes, werksärztliches Personal per Datentransfer auf ihre eigenen Computer überspielt und dort weiterverarbeitet und medizinisch-diagnostisch ausgewertet werden.

Ein solches Mess- und Auswertesystem kann als technische Basis für die Ermittlung der Vitalparameter von Mitarbeitern in der beruflichen Wiedereingliederung bzw. bei einem Arbeitsplatzwechsel dienen. Durch die Integration in die Unterbekleidung kann eine sehr einfache ergonomische Bedienung und Integration in den Arbeitsprozess sichergestellt werden. Hierdurch wird eine Messung der Vitalparameter des Beschäftigten gewährleistet, ohne dabei die eigentliche Arbeitstätigkeit zu stören oder zu behindern. Aufgrund der hohen Taktrate in der Fahrzeugmontage ist es wichtig, eine ergonomische Einbindung in den Arbeitsprozess zu gewährleisten, ohne den Beschäftigten durch Mitführung weiterer, separater Geräte zu belasten. Dies umfasst u. a. den Erhalt der Arbeitstätigkeit mit beiden Händen. Technik, die zusätzliche Belastungen an die Mitarbeiter stellt, wird abgelehnt. Außerdem verbirgt eine solche Integration die Durchführung der Messung. So kann eine Heraushebung und evtl. Stigmatisierung des Arbeitnehmers, bei welchem die Messung durchgeführt wird, verhindert werden.

Das System ist für den Einsatz in industriellen, produktionsorientierten Arbeitsumgebungen mit hohen Anforderungen sowohl an die kognitiven als auch die physischen Fähigkeiten und häufiger Interaktion mit Maschinen und Anlagen auszulegen. Hierzu notwendig sind eine robuste technische Umsetzung, ein reduzierter Interaktionsbedarf und eine sichere Datenübertragung.

4.2.2 Einsatz körpernaher Sensor- und Assistenzsysteme für die Mensch-Roboter-Kollaboration

Zahlreiche Arbeitsplätze, insbesondere in kleinen und mittleren Unternehmen (KMU) des Maschinen- und Anlagenbaus, aber auch in anderen Bereichen des produzierenden Gewerbes, beinhalten aufgrund niedriger Stückzahlen manuelle und körperlich anspruchsvolle Tätigkeiten. So erfordert beispielsweise die Montage mittelgroßer Transformatoren einerseits manuelle Feinarbeit, andererseits müssen verschiedene Bauteile, wie Spulen mit einem Einzelgewicht von bis zu 32 Kilogramm und Transformatorenbleche für den bis zu 160 Kilogramm schweren Kern präzise gehandhabt und ohne Beschädigungen verbaut werden. Gewichte, die für die Mitarbeiterinnen und Mitarbeiter auf Dauer körperlich belastend sind oder nicht ohne Kran bewegt werden dürfen. Ferner sind häufig nicht ergonomische und belastende Bück- und Drehbewegungen mit vielen Wiederholungen erforderlich. Durch die Einführung von Mensch-Roboter-Kollaborationen an diesen ergonomisch ungünstigen Arbeitsplätzen könnten die Belastungen der Mitarbeiterinnen und Mitarbeiter minimiert werden.

Der Markt für kollaborative Roboter, auch Cobots genannt, wird jedoch von Leichtbaurobotern mit maximalen Traglasten zwischen 5 und 15 Kilogramm bestimmt. Nur wenige Modelle, wie der FANUC C35iA (maximale Traglast 35 Kilogramm), sind bisher in der Lage, größere Traglasten aufzunehmen, obwohl gerade die hohe Belastbarkeit eine potenzielle Stärke der Roboter gegenüber den menschlichen Kollegen darstellt.

Ein Ansatz, die sichere Zusammenarbeit zwischen Menschen und größeren Industrierobotern zu ermöglichen, stellen sogenannte körpernahe Sensor- beziehungsweise Assistenzsysteme dar. Hierbei werden verschiedene Sensoren und elektronische Komponenten in die Arbeitskleidung integriert, die eine Lokalisierung und Bewegungserkennung ermöglichen. Die Positions- und Bewegungsdaten sind die Grundlage für kontinuierliche Berechnungen der Distanz zwischen Mensch und Roboter anhand derer eine adaptive Steuerung des Roboters vorgenommen wird. Je näher der Mensch dem Roboter mit einem Körperteil kommt, desto langsamer agiert dieser. So kann ein kontinuierlicher sensorbasierter Schutz des Werkers erzielt werden.

Für die Lokalisierung von Personen im Arbeitsraum können insbesondere Inertialsensoren verwendet werden. Bei der Lösung „BionicWorkplace“ der Firma Festo ermöglicht eine spezielle Arbeitskleidung, bestehend aus einem Langarm-Oberteil, das mit Inertialsensoren ausgestattet ist und einem Arbeitshandschuh mit integrierten Infrarotmarkern, die Interaktion von menschlichen Arbeitskräften mit einem pneumatischen Leichtbauroboter. Mit Hilfe der Sensordaten, welche von diesen, in die Arbeitskleidung integrierten Sensoren erzeugt werden, erkennt das System die Bewegungen des Werkers und kann diese an die Robotersteuerung weitergeben. Unterstützt durch verschiedene Assistenzsysteme kann der Mensch direkt mit dem Roboter interagieren und ihn über Bewegung oder Berührung steuern. Beispielsweise kann der Roboter dem menschlichen Arbeiter mit hoher Genauigkeit Gegenstände übergeben und ihm bei Bedarf ausweichen. Mittig im Blickfeld des Arbeiters ist eine große Projektionsfläche aufgestellt, die ihn mit relevanten Informationen versorgt und dynamisch auf Anforderungen reagiert. Um die Projektionsfläche herum sind verschiedene Sensoren und Kamerasysteme angebracht, die permanent die Positionen von Werker, Bauteilen und Werkzeugen erfassen (Festo 2019).

Auch im vom Bundesministerium für Wirtschaft und Energie (BMWi) geförderten Forschungsprojekt „Integrierte Schutz- und Sicherheitskonzepte in Cyber-Physischen Arbeitsumgebungen“ (InSA) wurden für die Bewegungserkennung des

Werkers Inertialsensoren in die Arbeitsjacke integriert und so eine Zusammenarbeit von Menschen mit Industrierobotern ermöglicht. Aufgrund der verbauten Magnetometer sind viele Inertialsensoren anfällig gegenüber elektromagnetischen Störeinflüssen, so dass keine zuverlässige, funktional sichere Bewegungserkennung in industriellen Arbeitsumgebungen möglich war. Jedoch ist die Gewährleistung der funktionalen Sicherheit unerlässlich für die sensorbasierte Mensch-Roboter-Kollaboration in der Industrie. Im ebenfalls vom BMWi geförderten Forschungsprojekt AutARK wird deshalb die Bewegungserkennung mittels faseroptischer Formsensoren untersucht. Glasfaser-basierte Sensoren, die entlang des Körpers beziehungsweise der Gliedmaßen in die Arbeitskleidung integriert werden, liefern Daten über ihre Biegungen und erlauben so ein digitales Abbild der menschlichen Bewegungen. Durch die Kombination mit weiteren Sensoren, wie Inertialsensoren, kann die Genauigkeit der digitalen Abbildung gesteigert und durch eine redundante Auslegung eine Zweikanaligkeit ermöglicht werden. Letztere ist bei allen Sicherheitssystemen, die der Maschinenrichtlinie beziehungsweise der Norm DIN EN ISO 10218 für Sicherheitsanforderungen von Industrierobotern unterliegen, vorausgesetzt.

Integriert in die Arbeitskleidung kann ein zweikanalig ausgelegtes Sensorsystem zuverlässige Daten über die Positionen und Bewegungen der Mitarbeiterinnen und Mitarbeiter in der Transformatorenmontage liefern und so einen sicheren Einsatz traglastfähiger Industrieroboter für das Handhaben schwerer Bauteile ermöglichen. Neben der Schutzfunktion kann das körpernahe Sensorsystem auch eine Assistenzfunktion übernehmen. So können anhand der Bewegungsdaten etwa ergonomisch ungünstige Haltungen oder Arbeitshöhen festgestellt und die Mitarbeiter durch ein Assistenzsystem darauf hingewiesen werden. Denkbar ist ebenfalls, dass sich der Roboter adaptiv an die Mitarbeiterin oder den Mitarbeiter anpasst und entsprechend der individuellen Körpergröße Bauteile in der optimalen Arbeitshöhe anreicht. Der Einsatz derartiger Systeme ermöglicht jedoch nicht nur eine Entlastung der Menschen von schweren und nicht ergonomischen Tätigkeiten, sondern geht auch mit Bedenken einher. Einerseits muss ein ausreichender Mehrwert und Tragekomfort für die Nutzer geschaffen werden, damit diese in die Arbeitskleidung integrierte Sensorsysteme tragen und akzeptieren. Andererseits muss insbesondere vor dem Hintergrund strengerer Datenschutzanforderungen gewährleistet werden, dass die personenbezogenen Bewegungsdaten nur im Einverständnis der Nutzer und nicht missbräuchlich verwendet werden. Auch dürfen derartige Systeme keine Bewertung der individuellen Arbeitsleistung erlauben.

5 Akzeptanz mobiler Systeme und Anforderungen der Anwender

Neben der Aufnahme der verwendeten mobilen Technologien bildeten die Informationsgewinnung hinsichtlich der Akzeptanz mobiler Technologien durch die Arbeitskräfte und die Anforderungen an diese Technologien weitere Schwerpunkte der Studie. Entsprechend wurden die Experten hinsichtlich ihrer Einschätzung der

Akzeptanz mobiler Technologien durch die Nutzer sowie hinsichtlich der Anforderungen, die sie an die Technik stellen, befragt.

In Anlehnung an ein ursprünglich für assistive Technologien im Pflegebereich entwickeltes Akzeptanzmodell (Tinker et al. 2003) wird die Akzeptanz assistiver, technischer Systeme einerseits durch subjektive Einschätzungen seitens der Technologieanwender bestimmt. Dies beinhaltet insbesondere das wahrgenommene Bedürfnis nach Unterstützung und den wahrgenommenen Nutzen des technischen Systems. Andererseits wird die Akzeptanz durch objektive Eigenschaften der Technologie, ihrer Kosten und Verfügbarkeit bestimmt (vgl. Abb. 2):

Angewendet auf mobile Systeme zur Unterstützung älterer Arbeitnehmer beinhaltet die subjektive Einschätzung durch die Nutzer insbesondere ein wahrgenommenes Bedürfnis nach Unterstützung bei der Arbeit. Die Charakteristika der Personen und der Arbeitsumgebung begünstigen die steigende Wahrnehmung eines Bedürfnisses nach Unterstützung durch die Nutzer: Die angesprochene Personengruppe wird, wie bereits dargestellt, zunehmend älter und ist deshalb zunehmend körperlich eingeschränkt. Die Arbeitsumgebung ist hingegen durch die steigende Digitalisierung, Dynamisierung und Komplexität geprägt und stellt zunehmende Anforderungen an Problemlösungsfähigkeit, selbstgesteuertem Handeln, Kommunikation und Selbstorganisation der Mitarbeiter. Hieraus entsteht eine wachsende Diskrepanz zwischen den Eigenschaften vieler Arbeitnehmer und den Anforderungen, welche die Arbeitswelt an diese stellt. Es kann als Schlussfolgerung daraus festgehalten werden, dass in den Unternehmen ein Bedürfnis nach Unterstützung vorhanden ist, was auch in den Workshops bzw. Experteninterviews bestätigt wurde.

Das wahrgenommene Bedürfnis nach Unterstützung und die möglichst einfache Benutzbarkeit beeinflussen den wahrgenommenen, subjektiven Nutzen, den die Systemnutzer den untersuchten Technologien zuschreiben. Demgemäß werden in der Literatur Anforderungen an Wearable Computing-Lösungen genannt, z. B. Tragbarkeit, Netzwerkfähigkeit mit konstantem Zugang zu Informationsdiensten, einfa-

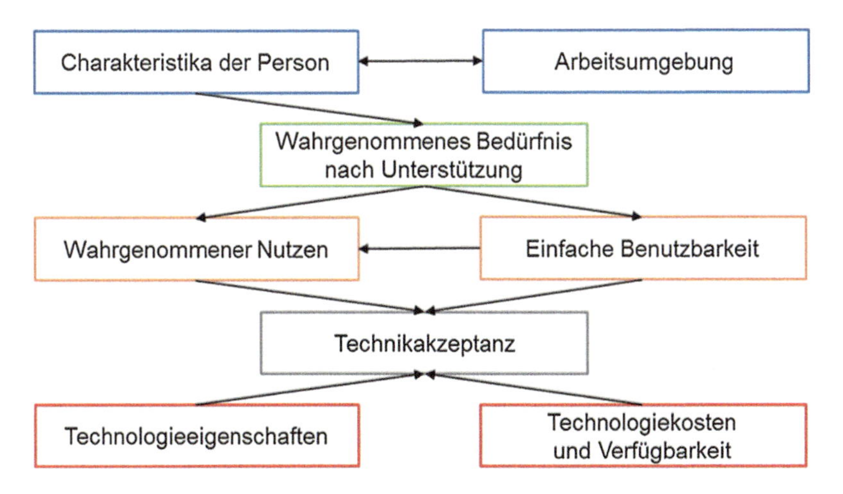

Abb. 2 Akzeptanzmodell für assistive Technologien. [Basierend auf (Tinker et al. 2003)]

che Bedienbarkeit durch den Nutzer bei minimaler Aufmerksamkeit während der Nutzung und Fähigkeit, den inneren Zustand des Nutzers zu messen (Jhajharia et al. 2014). Aus den aufgenommenen Expertenmeinungen lassen sich ebenfalls Anforderungen insbesondere hinsichtlich einer einfachen und robusten Technik mit einfach bedienbaren Schnittstellen sowie kontextsensitive Informationsbereitstellung (z. B. Dokumentationen für den gerade durchgeführten Arbeitsprozess) ableiten. Daneben wird die Datenschutz- bzw. Datenautonomieproblematik als wichtig erachtet. Die geäußerten Meinungen können wie folgt zusammengefasst werden:

- Technische Assistenzsysteme sollen den Menschen als mobile Komponenten unterwegs begleiten. Durch Miniaturisierung geschaffene Kleinstkomponenten sollen leicht zu integrieren und auch mobil vielfältig nutzbar sein. Autark: Technik im mobilen Einsatz verlangt Energieeffizienz und unabhängige Energieversorgung. Die vernetzte Kooperation über Distanzen erfordert Abstimmung und Interaktion.
- Der Mensch soll die Kontrolle über seine Tätigkeit behalten, es soll keine Entfremdung der Mitarbeiter von ihrer Tätigkeit stattfinden.
- Die Technik soll individuell adaptierbar und damit personalisierbar sein, damit sie an die jeweiligen Mitarbeiter und ihre individuell unterschiedlichen Tätigkeiten und Anforderungen bzw. Fähigkeiten bestmöglich angepasst werden kann. Dies beinhaltet z. B. personalisierte Schnittstellen bzw. individualisierte Geräte als Schnittstellen.
- Die Technik soll dem Menschen seine Tätigkeit erleichtern. Dies bedeutet, die Technik soll Komplexität reduzieren und Transparenz erhöhen. Hierbei ist insbesondere eine ergonomische, einfache und intuitive Bedienbarkeit gefordert, wodurch auch der notwendige Schulungsaufwand verringert werden kann.
- Gefordert wird eine echte Kooperation bzw. Interaktion zwischen Mensch und Maschine über neuartige Schnittstellen, anstatt der einseitigen Bedienung. Eine Herausforderung bei der Mensch-Maschine-Kommunikation liegt darin, dass die relevanten Informationen dem Mitarbeiter (z. B. visuell) gut aufbereitet dargestellt bzw. präsentiert werden.
- Eine äußerst wichtige Hilfestellung kann die Informationstechnologie durch kontextsensitive Verfügbarmachung der benötigten Informationen am Ort und zum Zeitpunkt des Bedarfs leisten. Diese Anforderung motiviert sich aus dem gestiegenen Dokumentationsaufwand mit dem daraus resultierenden Datenvolumen. Über Sensorik sollen Systeme demgemäß Situationen wahrnehmen und einschätzen, um Aktionen auszuführen oder menschliche Wahrnehmung zu ergänzen.
- Systeme sollen kognitiv bzw. lernend Situationen erfassen und verarbeiten und so in der Lage sein, im Sinne des Menschen Entscheidungen zu treffen. Autonom: Wissen über die Umwelt soll Systemen eigene Aktionsspielräume und situative Reaktionen ermöglichen.
- Mobile und Wearable Technologien sollen auch für sicherheitsrelevante Anwendungen eingesetzt werden können. Dies erfordert eine hohe Prozesssicherheit.

In Bezug auf die bestehenden Technologieeigenschaften wird die Bedienung als noch nicht ausreichend benutzerfreundlich, intuitiv, kontextsensitiv und umgebungs- bzw. prozessintegriert wahrgenommen. Ähnliches gilt für Zuverlässigkeit und Sicherheit der Technologien insbesondere des Wearable Computing. Zurzeit sind viele der auf dem Markt verfügbaren Lösungen sehr teuer und schwer. Dies führt aus ergonomischer Sicht im Falle der HMDs bei langandauernder Nutzung zu Unbequemlichkeiten. Da eine Wearable Computing-Lösung netzwerkfähig sein und mit den Unternehmensservern immer verbunden sein sollte, bereitet sie allein gelassen ein beträchtliches Sicherheitsrisiko für das Unternehmen (Jhajharia et al. 2014).

In vielen Fällen besteht noch keine ausreichende Bedienungsmöglichkeit der Systeme, welche komplizierte Menüabfolgen aufweisen und nicht ausreichend in den operativen Arbeitsablauf integriert sind. Eine bisher noch bessere Bedienfreundlichkeit bieten die im privaten Umfeld bereits weit verbreiteten Smartphones und Tablets. Es kann jedoch abgesehen werden, dass Datenbrillen dort schnell aufholen werden. Bei der Nutzung dieser Technologien wird deutlich, dass die Endkunden vor allem in kleinen Software-Programmen, den sogenannten Apps, einen großen Mehrwert sehen. Um diese Akzeptanz somit im Bereich der Ambient Assisted Working zu erreichen ist es von Bedeutung, dass:

- eine bedienerfreundliche Oberfläche geschaffen wird,
- das Informationsangebot auf aktuelle und benötigte Informationen beschränkt wird,
- alle relevanten Informationen und Dienste aus unterschiedlichen Quellen zur Verfügung stehen,
- die relevanten Informationen durch den Benutzer mit möglichst geringer Aufmerksamkeit erfasst werden können und
- die Rückfragen des Systems auf ein Minimum beschränkt werden (Rügge 2007).

Dies bedeutet, dass eine Benutzeroberfläche entwickelt werden muss, welche in einer Komponentenbauweise individuell auf die für die Tätigkeit des Mitarbeiters notwendigen Informationen und Funktionen angepasst werden kann, um nicht durch die Bedienung der Unterstützungstechnologie selbst einen Überforderungszustand zu erzeugen. Zudem ist der Zugriff auf mehrere Datenquellen zu gewährleisten.

Die grundsätzliche Verfügbarkeit der Technologien wird vorausgesetzt. Die Technologiekosten sind aktuell nicht ausschlaggebend für die Technikakzeptanz durch die Unternehmen. Auch sind die konkreten Nutzenpotenziale der Technologien noch nicht ausreichend bekannt, während andererseits der Schutz individueller Daten der Mitarbeiter als kritisch eingeschätzt wird. Entsprechende Vorbehalte sind teilweise durch Unkenntnis und daraus resultierende unrealistische Vorstellungen bedingt, welche in der Großindustrie noch eher als in kleinen oder mittelständischen Unternehmen bestehen.

Eine weitere, wesentliche Voraussetzung für die Akzeptanz mobiler Technologien durch die Mitarbeiter stellt die glaubhafte Einhaltung der Aspekte des Personendatenschutzes dar. Auch wenn die Technologien wie z. B. Datenbrillen nicht primär der Leistungskontrolle und Mitarbeiterüberwachung dienen, sind sie geeignet, Aktivitäten und Arbeitsergebnisse der Mitarbeiter aufzuzeichnen. Beispielsweise war die Datenbrille „Google Glass“ so konzipiert, dass jeder Träger der Datenbrille über das Satellitenortungssystem GPS seinen Standort übermittelt, was das Erstellen von Bewegungsprofilen erlaubt (Matzat 2013). Ebenso gibt es hinsichtlich des Armbands zur Positionserfassung von Amazon datenschutzrechtliche Bedenken (Boonstra 2018). In diesem Kontext fordern die Gewerkschaften die Einhaltung der Datenschutzbestimmungen, um die Persönlichkeitsrechte der Arbeitnehmer zu sichern. Hierzu machen sie die Mitbestimmungsrechte der Betriebsräte nach dem Betriebsverfassungsgesetz geltend und fordern die Regelung der Datenerfassung und -auswertung in Betriebsvereinbarungen (IGBC 2016b, c). Der gesellschaftliche Wunsch nach einer Aufwertung der Belange des Datenschutzes sind vom Gesetzgeber in der Datenschutz-Grundverordnung (DSGVO 2019) aufgegriffen worden. Hier wird u. a. gefordert, bei der Datenverarbeitung die Zweckbindung, die Datenminimierung und die Speicherbegrenzung zu beachten.

Daneben können mobile Geräte, insbesondere Datenbrillen, auch zu physischen Belastungen und zu Gesundheitsgefahren führen. Beispielsweise ist noch unklar, welche Belastung für Augen und Nackenmuskulatur ein dauerhaftes Tragen von Datenbrillen verursacht. Das ständige Projizieren von Daten und Informationen kann Kopfschmerzen und Schwindel auslösen oder es können Schwierigkeiten beim konzentrierten Sehen auftreten (IGBC 2016b).

6 Zusammenfassende Bewertung mobiler Systeme

Die „Tragbarkeit“ von Hardware bietet neue Potenziale zur Optimierung von Prozessen, bei denen ursprünglich der Einsatz unterstützender Computersysteme nicht möglich war. Die Technologie ist somit zur Assistenz für Fachkräfte und Mitarbeiter bei der Ausführung ihrer Aufgaben geeignet (Jhajharia et al. 2014).

So können tragbare Systeme in einem automatisierten Umfeld als Mediator zwischen Automatisierung und Mensch dienen und Tätigkeiten unterstützen, die in der Bewegung ausgeübt werden müssen, an wechselnden Standorten stattfinden und bei denen die primäre Aufgabe in der realen (und nicht virtuellen) Welt liegt (Rügge et al. 2002). Der Einsatz mobiler Systeme und des Wearable Computings ermöglicht es vor allem, Informationslücken zwischen unterschiedlichen Systemen zu überbrücken und zu schließen und damit am Ort der entsprechenden Arbeitstätigkeiten auch über alle notwendigen Informationen zu verfügen.

Die zukünftigen Einsatzmöglichkeiten mobiler Systeme werden zudem Assistenzsysteme zur Entscheidungsunterstützung umfassen. In Hinblick auf Ambient Assisted Working bieten mobile Assistenzsysteme beispielsweise eine Entscheidungsstütze für geringer qualifizierte oder für ältere Arbeitnehmer, die sich komplexen Prozessen ausgesetzt fühlen und damit durch die Assistenzsysteme eine erhöhte Sicherheit erlangen. Ältere Arbeitnehmer sowie Geringqualifizierte können effizient in die Wertschöpfungsprozesse eingebunden werden, wenn Sie durch die Technologie entsprechend unterstützt und kontextabhängig geschult werden (Werthmann et al. 2014).

Mit zunehmendem Alter nimmt das Gesundheitsrisiko zu und die zumutbare körperliche Belastbarkeit lässt nach. Dies führt dazu, dass ältere Arbeitnehmer aus Sicherheitsgründen ihre frühere Tätigkeit nicht mehr ausführen dürfen. Eine Vitalparameterüberwachung würde jedoch dieses Risiko kalkulierbarer gestalten, wodurch einige Arbeitnehmer möglicherweise länger in ihrem Tätigkeitsbereich effizient zur Wertschöpfungskette beitragen könnten. Des Weiteren könnte eine Vitalparameterüberwachung Hinweise auf Überlastungen geben. Somit könnten rechtzeitig Maßnahmen zur Entlastung oder Stressreduzierung eingeleitet werden. Eine weitere Funktion von mobilen Systemen zur Unterstützung insbesondere auch von älteren Arbeitnehmern sind Assistenzsysteme, welche Prozessschritte vorgeben und bei Entscheidungen unterstützen. Hierdurch können auch bei einem eventuell abnehmenden Erinnerungsvermögen komplexe Aufgaben, die im Rahmen der Industrie 4.0 postuliert werden, durchführt werden, ohne wichtige Arbeitsschritte zu vergessen. Mit Hilfe dieser Funktion können auch geringer qualifizierte Arbeitnehmer oder solche mit migrationsbedingten Sprachschwierigkeiten unterstützt und an komplexere Aufgaben herangeführt werden. Perspektivisch können Entscheidungen durch ein mobiles System nicht nur unterstützt, sondern auch getroffen werden.

Mobile Systeme und Wearable Computing bieten somit eine Vielzahl an Möglichkeiten zur Unterstützung älterer und geringer qualifizierter Mitarbeiter. Trotzdem ist die Akzeptanz solcher Systeme noch nicht ausreichend. Für eine effiziente Nutzung von mobilen Systemen oder Wearable Computings, ist neben der Benutzerakzeptanz damit auch eine nahtlose Integration in den vorhandenen Arbeitsprozess notwendig. Hierbei darf vor allem der primäre Arbeitsfluss nicht unterbrochen werden. Dies bedeutet beispielsweise, dass die notwendigen Eingaben des Endbenutzers auf ein Minimum reduziert werden und beispielsweise nur Eingaben abgefragt werden, welche die Beurteilung eines Menschen erfordern (Rügge et al. 2002).

Neben der Akzeptanz stellen auch die industriellen Anwendungs- und Umgebungsparameter eine Herausforderung für den Einsatz mobiler Systeme dar. So verfügt eine Offshore-Windenergieanlage beispielsweise nicht zwingend über eine WLAN-Verbindung, sodass die Daten offline übermittelt werden müssen (Quandt et al. 2018). Dies bedeutet, dass neue Übertragungsmöglichkeiten integriert werden müssen. Des Weiteren müssen die Geräte die rauere Umgebung der Industrie aushalten. Derzeit sind Smartphones und aktuelle Smart Glasses in vielen Fällen noch als empfindlich einzustufen und werden in der Wirtschaft meist bei Bürotätigkeiten unterstützend angewendet. Jedoch wird in diesem Bereich eine Entwicklung deutlich und die Hersteller nehmen verstärkt auch robustere Produktvarianten in ihr Portfolio auf. Eine weitere Herausforderung, beispielsweise zur prozesssicheren Identifikation von Komponenten, ist die Ausrüstung mit der Funktion von Autoidentifikationssystemen, wie RFID oder Datencodes zu nutzen. So müssen die Endgeräte die Möglichkeit bieten, die Identifikationsträger auszulesen. Während Datencodes mit den als Standard bereits integrierten Kamerasystemen keinen großen Aufwand darstellen, ist das Auslesen eines RFID-Transponders eine größere Herausforderung, da in den meisten Fällen der RFID-Reader nicht integriert ist. Erste

Ansätze hierzu werden von den NFC-Geräten (Near Field Communication) berücksichtigt (Langer und Roland 2019). Festzuhalten ist, dass die Identifikation des Kontextes, in dem sich der Arbeiter bewegt, von entscheidender Bedeutung auch für die gesamte kontextanhängige Steuerung der Software und Ein- sowie Ausgabedialoge ist.

Damit die neuen Technologien mit Erfolg und dauerhaft eingesetzt werden können, sollten sie außerdem idealerweise durch organisatorische Maßnahmen begleitet werden. Eine Möglichkeit besteht hierbei im Bilden altersgemischter Teams, bei denen das hohe Erfahrungswissen älterer Mitarbeiter mit der höheren Flexibilität jüngerer Mitarbeiter kombiniert werden kann. Im Hinblick auf mögliche Beeinträchtigung der Mitarbeiter durch die mobilen Technologien führt der Arbeitgeber zweckmäßigerweise eine Gefährdungsbeurteilung durch, z. B. vor der Einführung von Datenbrillen. Danach können geeignete Maßnahmen eingeleitet werden, um die Gesundheitsbelastungen zu reduzieren. Vor einem flächendeckenden Einsatz sollte die neue Technik erst in einem Teil des Betriebes erprobt werden. Die Beschäftigten können dann berichten, welche Vor- und Nachteile das Arbeiten mit Datenbrillen hat. Im Einsatz sollten Beschäftigte z. B. regelmäßig die Möglichkeit bekommen, Datenbrillen abzusetzen, um die Augen zu entlasten.

7 Fazit und Ausblick

Die dargestellten Konzepte, insbesondere attraktive Benutzerschnittstellen, befähigen nicht nur zur Umsetzung von CPS, sie ermöglichen auch eine attraktive Umsetzung für alle Benutzergruppen, einschließlich älterer Arbeitnehmer und Geringqualifizierter. So sind die dargestellten Konzepte im Endkundenbereich stark verbreitet, was auf eine hohe Attraktivität schließen lässt. Hieraus kann auf eine wahrscheinlich hohe Akzeptanzquote auch im betrieblichen Umfeld geschlossen werden. Eine geeignete Weiterentwicklung der vorhandenen Technologien zu CPS im Rahmen von Industrie 4.0 ermöglicht es, zukünftig die Interessen aller Beschäftigten zu berücksichtigen. Unter Verwendung neuer, im Rahmen von Industrie 4.0 entwickelter Technologien, können bisher nur in Forschungsprojekten umgesetzte Konzepte zu serienreifen Produkten weiterentwickelt werden.

Viele der Konzepte sind jedoch nur für die Einbindung von älteren Mitarbeitern und Geringqualifizierten in die zunehmend komplexere Arbeitswelt anwendbar, wenn die vermehrt komplexen Informationen von intelligenten Algorithmen aufbereitet und auf einfache Art und Weise dem Benutzer übermittelt werden. Um diese Algorithmen zu entwickeln, sind die im Rahmen von Industrie 4.0 vielfach erwähnten Fachkräfte erforderlich. Werden diese Algorithmen und die zugehörigen Benutzerschnittstellen von gut ausgebildeten Fachkräften intelligent entwickelt und die Anforderungen auch geringqualifizierter Beschäftigter schon im Rahmen der Entwicklung konsequent berücksichtigt, bietet Industrie 4.0 zusammen mit CPS jedoch die Chance, intuitive Benutzerschnittstellen auch für Geringqualifizierte bereitzustellen. Diese können somit in der heutigen und zukünftigen industriellen Wertschöpfung umfassend beteiligt werden. Andererseits gilt es, durch die konsequente Beachtung des Datenschutzes der Mitarbeiter und die klare und rechtzeitige Kommunikation der hierfür getroffenen Regeln und Maßnahmen, Befürchtungen vor Überwachung und Arbeitsplatzverlust entgegen zu wirken.

Aus dieser Perspektive bieten die Technologien von Industrie 4.0 die Möglichkeit, Mensch-Maschine-Schnittstellen so zu gestalten, dass grundsätzlich auch Geringqualifizierte effizient an den Wertschöpfungsprozessen beteiligt werden und deren Aufgabenspektrum im Vergleich zu heute sogar wachsen kann. Ziel sollte es bei der Gestaltung von CPS sein, Zufriedenheit, Motivation und Leistungsbereitschaft der Beschäftigten zu fördern. Der Anreiz, den eigenen Arbeitsplatz zu gestalten, sollte ausreichende Motivation oder Akzeptanz bei den Mitarbeitern hervorrufen. So wird es, wie zuvor beschrieben, für Unternehmen möglich, zum einen auf ein größeres Potenzial an Beschäftigten zurückzugreifen und zum anderen deren Leistungsbereitschaft vollständig auszuschöpfen.

8 Danksagung

Dieser Beitrag stützt sich auf Ergebnisse, die im Rahmen des Verbundprojekts „EUNA – Empirische Untersuchung aktueller und zukünftiger Nutzungsgrade mobiler Computersysteme zur Unterstützung älterer Arbeitnehmer in Produktion und Logistik" (Verbundprojekt-Nr. W4WVP261) erarbeitet wurden. Die Projektbearbeitung erfolgte im Auftrag und unter Förderung des Bundesministeriums für Bildung und Forschung (BMBF) innerhalb des Forschungsschwerpunktes „Mensch-Technik-Interaktion im demografischen Wandel".

Literatur

Aleksy M, Rissanen MJ, Maczey S, Dix M (2011) Wearable computing in industrial service applications. Proc Comp Sci 5:394–400

Bego-Blanco J et al (2017) Technology pillars in the architecture of future 5G mobile networks: NFV, MEC and SDN. Comput Stand Interfaces 54(4):216–228. https://doi.org/10.1016/j.csi.2016.12.007

Bilton N (2015) Why google glass broke. The New York Times, 04.02.2015. https://www.nytimes.com/2015/02/05/style/why-google-glass-broke.html. Zugegriffen am 28.03.2019

Bliem-Ritz D (2014) Wearable cmputing. Benutzerschnittstellen zum Anziehen. disserta Verlag, Hamburg

Boonstra P (2018) Privacy vs. efficiency: Amazon's patented wristband can track workers' movements. The Triple Helix, 01.01.2018. https://thetriplehelix.uchicago.edu/tth-epub-winter2018/2018/5/12/privacy-vs-efficiency-amazons-patented-wristband-can-track-workers-movements-by. Zugegriffen am 04.04.2019

Breckenfelder C (2012) Von persönlicher Schutzbekleidung zum mobilen Schutzassistenzsystem. Dissertation, Universität Bremen

Brooke L, Taylor P (2005) Older workers and employment: managing age relations. Ageing Soc 25:415–429

Bühler C (2009) Ambient intelligence in working environments. Universal access in human-computer interaction. Intelligent and ubiquitous interaction environments. Springer, Berlin/Heidelberg, S 143–149

Bundesagentur für Arbeit (2015) Der Arbeitsmarkt in Deutschland – Fachkräfteengpassanalyse. Bundesagentur für Arbeit, Nürnberg. https://welcome.region-stuttgart.de/fileadmin/documents/Downloads/Arbeitsmarkt/Studien/BA-FK-Engpassanalyse-2015-12.pdf. Zugegriffen am 02.04.2019

Bundesagentur für Arbeit (2016) Der Arbeitsmarkt in Zahlen 2005–2015. https://statistik.arbeitsagentur.de/Statischer-Content/Arbeitsmarktberichte/Monatsbericht-Arbeits-Ausbildungsmarkt-Deutschland/Generische-Publikationen/Rueckblick-2005-2015.pdf. Zugegriffen am 02.04.2018

Bundesagentur für Arbeit (2018) Beschäftigte nach Altersgruppen – Deutschland, West/Ost und Länder (Zeitreihe Quartalszahlen). Datenstand Dezember 2018. Bundesagentur für Arbeit Nürnberg. http://statistik.arbeitsagentur.de/nn_31966/SiteGlobals/Forms/Rubrikensuche/Rubrikensuche_Form.html?view=processForm&pageLocale=de&topicId=746718. Zugegriffen am 02.04.2018

Bundesagentur für Arbeit, Statistik/Arbeitsmarktberichterstattung (2018) Fachkräfteengpassanalyse. Dezember 2018. Bundesagentur für Arbeit, Nürnberg. https://statistik.arbeitsagentur.de/Navigation/Footer/Top-Produkte/Fachkraefteengpassanalyse-Nav.html. Zugegriffen am 02.04.2018

Bundesamt für Sicherheit in der Informationstechnik (2018) Was ist cloud computing? Zugegriffen am 01.04.2019

Bundesministerium für Arbeit und Soziales (2015) Grünbuch Arbeiten 4.0. Stand April 2015. https://www.bmas.de/SharedDocs/Downloads/DE/PDF-Publikationen-DinA4/gruenbuch-arbeiten-vier-null.pdf;jsessionid=BEF956B9D245CE9BA4435DB3FE15F92E?__blob=publicationFile&v=2. Zugegriffen am 26.03.2019

Bundesministerium für Arbeit und Soziales (2017) Weissbuch Arbeiten 4.0. Stand März 2017. http://www.bmas.de/SharedDocs/Downloads/DE/PDF-Publikationen/a883-weissbuch.pdf?__blob=publicationFile&v=4. Zugegriffen am 26.03.2019

Datenschutz-Grundverordnung DSGVO. https://dsgvo-gesetz.de/. Zugegriffen am 05.04.2019

Decker C (2007) Ubiquitous computing. Universität Karlsruhe, Karlsruhe

Denzel E, Ballier A (2008) Zukunftstrends + Zukunftsmarketing. Denzel+Partner Fachverlag für Zielgruppeninformation, Ludwigsburg

Evers M, Krzywdzinski M, Pfeiffer S (2018) Wearable Computing im Betrieb gestalten - Rolle und Perspektiven der Lösungsentwickler im Prozess der arbeitsgestaltung. In: Bosch G et al. (Hrsg) Zeitschrift für Arbeitsforschung, Arbeitsgestaltung und Arbeitspolitik 28(1):3–37. https://doi.org/10.1515/arbeit-2019-0002

Festo (2019) BionicWorkplace – Mensch-Roboter-Kollaboration mit künstlicher Intelligenz. https://www.festo.com/group/de/cms/13112.htm. Zugegriffen am 04.04.2019

Fried Y, Ferris GR (1987) The validity of the job characteristics model. A review and meta-analysis. Pers Psychol 40:287–322. https://doi.org/10.1111/j.1744-6570.1987.tb00605.x

Günther P (2011) Wearable Computing und RFID in Produktion und Logistik. http://mediatum.ub.tum.de/doc/1188057/1188057.pdf. Zugegriffen am 01.04.2019

Haesner M, Wolf S, Steinert A, Steinhagen-Thiessen E (2018) Touch interaction with Google Glass – is it suitable for older adults? Int J Human-Comput Stud 110:12–20

Hoffmann P, Lawo M (2012) Ambient Assisted Protection Von der klassischen Arbeitssicherheit zur intelligenten Arbeitssicherheitsassistenz. https://www.google.de/url?sa=t&rct=j&q=&esrc=s&source=web&cd=1&cad=rja&uact=8&ved=0CCIQFjAA&url=http%3A%2F%2Finka.htw-berlin.de%2Fwci%2F12%2Fdoc%2Fwci12_hoffmann.pdf&ei=YvG8U86EFeeO0AWfyYHoBg&usg=AFQjCNFTYqs0ZWLNDghpFSyxZuHrVzjsvg. Zugegriffen am 02.04.2019

Holpert W (2012) Renteneintrittsalter – Informationen zur Rente. http://www.renteneintrittsalter.net/. Zugegriffen am 01.04.2019

Industriegewerkschaft Bergbau, Chemie, Energie (2015) Industrie 4.0 auf dem Vormarsch – Trends, Wirkungen und Herausforderungen von Industrie 4.0 in der chemisch-pharmazeutischen Industrie. Brancheninfo 5/2015. https://www.igbce.de/vanity/renderDownloadLink/101090/113914. Zugegriffen am 02.04.2019

Industriegewerkschaft Bergbau, Chemie, Energie (2016a) Digitalisierung – Schöne neue Welt – oder? 01.12.2016. https://www.igbce.de/themen/industrie-4-0/glossar-industrie-4-0/138084. Zugegriffen am 02.04.2019

Industriegewerkschaft Bergbau, Chemie, Energie (2016b) Datenbrille – Faktenblätter Arbeiten 4.0 1. September 2016. https://www.igbce.de/vanity/renderDownloadLink/101090/134954. Zugegriffen am 01.04.2019

Industriegewerkschaft Bergbau, Chemie, Energie (2016c) Smarte Instandhaltung – Faktenblätter Arbeiten 4.0 12. September 2016. https://www.igbce.de/vanity/renderDownloadLink/101090/134958. Zugegriffen am 01.04.2019

Industriegewerkschaft Metall (2018) Wie Wandel gestaltet werden kann. 28.03.2018. https://www.igmetall.de/politik-und-gesellschaft/wie-wandel-gestaltet-werden-kann. Zugegriffen am 02.04.2019

Jhajharia S, Pal S, Verma S (2014) Wearable computing and its application. Intl J Comput Sci Inform Technol 5:5700–5704

Kagermann H, Wahlster W, Helbig J (2013) Umsetzungsempfehlungen für das Zukunftsprojekt Industrie 4.0. Abschlussbericht des Arbeitskreises Industrie 4.0. Deutschlands Zukunft als Produktionsstandort sichern. http://www.plattform-i40.de/sites/default/files/Abschlussbericht_Industrie4%200_barrierefrei.pdf. Zugegriffen am 10.12.2013

Kirchdörfer E, Mahr-Erhard A, Rupp M (2003) Bekleidungstechnische Schriftenreihe. Eigenverlag der Forschungsgemeinschaft Bekleidungsindustrie e.V., Köln

Korn O, Abele S, Schmidt A, Hörz T (2013) Augmentierte Produktion: Assistenzsysteme mit Projektion und Gamification für leistungsgeminderte und leistungsgewandelte Menschen. Universität Stuttgart

Kowalski-Trakofler KM, Steiner LJ, Schwerha DJ (2005) Safety considerations for the aging workforce. Safety Science 43:779–793

Kurz C (2015) Industrie 4.0 verändert die Arbeitswelt. Gewerkschaftliche Gestaltungsimpulse für „bessere" Arbeit. http://www.gegenblende.de/++co++c6d14efa-55cf-11e3-a215-52540066f352. Zugegriffen am 05.04.2019

Langer J, Roland M (2019) Anwendungen und Technik von Near Field Communication (NFC). Springer, Berlin/Heidelberg

Lawo M (2014) Wearable Computing und Google Glass – Alles nur eine Frage des Marketing? Keynote auf der 11. Konferenz Wireless Communication and Information, Berlin, 23./24. Oktober 2014

Lewandowski M, Oelker S (2012) Mobile Systeme zur Erfassung von Lebenslaufdaten. Ind Manag 28(4):15–19

Mann S (1998) Wearable computing as a means for personal empowerment. In: Proceedings of the 1st International Conference on Wearable Computing (ICWC-98), 12–13 May 1998, Fairfax, VA, USA

Matzat L (2013) Google Glass und der Datenschutz: Die herumlaufenden Überwachungskameras. 10.03.2013. https://netzpolitik.org/2013/google-glass-und-der-datenschutz-die-herumlaufenden-uberwachungskameras/. Zugegriffen am 05.04.2019

Mautsch E, Schubert J, Mautsch N (2014) Ambient Assisted Living vs. Ambient Assisted Working – Gesundheitliche und pflegerische Versorgung auf smarte Art. In: 7 Deutscher AAL-Kongress 2014

Mell P, Grance T (2011) The NIST definition of cloud computing. National Institute of Standards and Technology (NIST), September 2011. https://nvlpubs.nist.gov/nistpubs/Legacy/SP/nistspecialpublication800-145.pdf. Zugegriffen am 01.04.2019

Meoli D, May-plumlee T (2002) Interactive electronic textile development. A review of technologies. J Text Appar Technol Manag 2:1–12

Müller B (2015) Keine Angst vor 4.0. https://www.heise.de/tr/artikel/Keine-Angst-vor-4-0-2880799.html?seite=all. Zugegriffen am 02.04.2019

Ng TWH, Feldman DC (2013) How do within-person changes due to aging affect job performance? J Vocat Behav 83:500–513

Pancardo P, Wister M, Acosta F, Hernández JA (2018) Chapter 5 – ambient assisted working applications: sensor applications for intelligent monitoring in workplace for well-being. In: Wister M, Pancardo P, Hernández JA (Hrsg) Intelligent data sensing and processing for health and well-being applications – a volume in intelligent data-centric systems. Elsevier, Amsterdam, S 81–99. https://doi.org/10.1016/B978-0-12-812130-6.00005-6

Pezzlo R, Pasher E, Lawo M (2009) Intelligent clothing. Empowering the mobile worker by wearable computing. Akademische Verlagsgellschaft AKA, Heidelberg/Amsterdam

Quandt M, Knoke B, Gorldt C, Freitag M, Thoben K-D (2018) General requirements for industrial augmented reality applications. Procedia CIRP. 51st CIRP conference on manufacturing systems. Elsevier, Amsterdam, S 1130–1135

Randell C (2007) Wearable computing: a review. University of Bristol, Bristol

Richter K (2015) 5 Kommissionier-Arbeitsplatz. In: Schenk M (Hrsg) Produktion und Logistik mit Zukunft – digital engineering and operation. Springer, Berlin/Heidelberg, S 119–130

Rügge I (2007) Mobile solutions – Einsatzpotenziale, Nutzungsprobleme und Lösungsansätze. Deutscher Universitäts Verlag, Wiesbaden

Rügge I, Boronowsky M, Werner A (2002) Technologische und anwendungsorientierte Potenziale mobiler, tragbarer Computersysteme. TZI Bremen, Bremen

Savov D (2017) Google Glass gets a second chance in factories, where it's likely to remain. The Verge, 18.07.2017. https://www.theverge.com/2017/7/18/15988258/google-glass-2-enterprise-edition-factories. Zugegriffen am 27.03.2019

Schubert J, Ghulam S, González L-P (2015) Integrated care concept using smart items and cloud infrastructure. Procedia Comput Sci 63:439–444

Spath D (2013) Produktionsarbeit der Zukunft – Industrie 4.0. Stuttgart. https://www.produktionsarbeit.de/content/dam/produktionsarbeit/de/documents/Fraunhofer-IAO-Studie_Produktionsarbeit_der_Zukunft-Industrie_4_0.pdf. Zugegriffen am 12.05.2014

Stangl W (2013) Gütekriterien empirischer Forschung. http://arbeitsblaetter.stangl-taller.at/FORSCHUNGSMETHODEN/Guetekriterien.shtml. Zugegriffen am 05.04.2019

Statistisches Bundesamt (2015) Bevölkerung Deutschlands bis 2060 – 13. koordinierte Bevölkerungsvorausberechnung. https://www.destatis.de/DE/Themen/Gesellschaft-Umwelt/Bevoelkerung/Bevoelkerungsvorausberechnung/_inhalt.html?__blob=publicationFile. Zugegriffen am 02.04.2019

Statistisches Bundesamt (2019) Bevölkerung (ab 15 Jahren): Deutschland, Jahre, Geschlecht, Altersgruppen, Allgemeine Schulausbildung. https://www-genesis.destatis.de/genesis/online/logon?sequenz=tabelleErgebnis&selectionname=12211-0040&transponieren=true. Zugegriffen am 12.04.2019

Teucke M, Werthmann D, Warns A (2014) Mobile computersysteme für den demografischen Wandel in der Arbeitswelt. BIBA – Bremer Institut für Produktion und Logistik GmbH, Bremen

Theis S, Alexander T, Wille M, Mertens A, Schlick CM (2014) Younger beginners, older retirees: head-mounted displays and demographic change. Advances in the ergonomics of manufacturing: managing the enterprises of the future, AHFC conference. In: Ahram T, Karwowski W, Marek T (Hrsg) Proceedings of the 5th International Conference on Applied Human Factors and Ergonomics (AHFC), Krakow (Poland), 19–23 July 2014

Tinker A, McCreadie C, Lansley P (2003) Assistive technology: some lessons from the Netherlands. Gerontechnology 2:332–337. https://doi.org/10.4017/gt.2003.02.04.005.00

United States Patent Application Publication (2017) Ultrasonic Bracelet and Receiver for Detecting Position in 2d Plane. Applicant: Amazon Technologies Inc., Seattle. Pub. No. US 2017/0278051 A1, 28.09.2017. https://patentimages.storage.googleapis.com/8a/df/a2/2f5438128a856c/US20170278051A1.pdf. Zugegriffen am 05.04.2019

Universität Rostock (2015) Lehrstuhl für Datenbank- und Informationssysteme: Assistenzsysteme. https://dbis.informatik.uni-rostock.de/forschung/schwerpunkte/assistenzsysteme. Zugegriffen am 03.04.2019

Vargas S (2009) Smart clothes – Textilien mit Elektronik. Was bietet der Markt der Intelligenten Bekleidung, 1. Aufl. Diplomica Verlag GmbH, Hamburg

Wang CH, Tsai NS, Lu JM, Wang MJ (2019) Usability evaluation of an instructional application based on Google Glass for mobile phone disassembly tasks. Appl Ergon 77:58–69. https://doi.org/10.1016/j.apergo.2019.01.007

Weiss AK (2011) Smart textiles: Entwicklung textiler Sensoren für intelligente Umgebungen am Beispiel eines Sofas. Hochschule für Angewandte Wissenschaften Hamburg Fakultät Design. Medien und Information, Hamburg

Werthmann D, Teucke M, Lewandowski M, Freitag M (2014) Benutzerschnittstellen im Kontext von Industrie 4.0. Ind Manag 30:39–44

Wimmer C (2019) Industrie 4.0 – Neue Herausforderungen für die europäische Arbeitswelt. Herausgegeben von der Rosa-Luxemburg-Stiftung, Regionalbüro Europäische Union, Brüssel, Februar 2019. https://www.rosalux.de/publikation/id/39936/. Zugegriffen am 02.04.2019

Windelband L, Spöttl G (2009) Diffusion von Technologien in die Facharbeit und deren Konsequenzen für die Qualifizierung am Beispiel des „Internet der Dinge". In: Faßhauer U, Fürstenau B, Wuttke E (Hrsg) Berufs- und wirtschaftspädagogische Analysen. Aktuelle Forschungen zur beruflichen Bildung, Opladen

Xohua-Chacón A, Benítez-Guerrero E, Mezura-Godoy C (2018) Chapter 4 – Tangible user interfaces for ambient assisted working. In: Wister M, Pancardo P, Hernández JA (Hrsg) intelligent data sensing and processing for health and well-being applications – a volume in intelligent data-centric systems. Elsevier, Amsterdam, S 61–79. https://doi.org/10.1016/B978-0-12-812130-6.00004-4

Förderlicher Entwurf cyber-physischer Produktionssysteme

Leon Urbas, Florian Pelzer, Sebastian Lorenz und Thomas Herlitzius

Zusammenfassung

Durch Automatisierungs- und Modularisierungsstrategien steigern Cyber-Physische Produktionssysteme, Effektivität, Effizienz sowie Flexibilität und Adaptivität in der Produktion. Eine erhöhte Komplexität der Systeme ist die Folge. Aufgrund dieser Komplexitätssteigerung, sich häufig wandelnden Prozess- und Systemeigenschaften sowie einer zunehmenden Intransparenz der hochautomatisierten (Teil-)Systeme, reichen die aktuellen Kompetenzen der Operateure nicht mehr aus. Dennoch müssen sie in der Lage sein, kritische Situationen, in Kooperation mit dem technischen System erfolgreich zu bewältigen. Um diese Kooperation zu ermöglichen, ist ein förderliches Systemdesign notwendig, das auf den Menschen und seine Kompetenzen zugeschnitten ist. Ein solches Conducive Design verfolgt das Ziel, Operateure zu befähigen, angemessene Einschätzungen und Handlungen zu generieren und nahtlos in das CPPS einzufügen.

Dieser Artikel widmet sich der Analyse von Herausforderungen und Möglichkeiten der Berücksichtigung der Wirkungsweise einer Mensch-Maschine-Kooperation bei der Entwicklung und im Einsatz von CPPS in der Landwirtschaft und der Prozessindustrie. Dazu werden im ersten Abschnitt die Rolle von Modulari-

L. Urbas (✉)
Professur für Prozessleittechnik und Arbeitsgruppe Systemverfahrenstechnik,
Technische Universität Dresden, Dresden, Deutschland
E-Mail: leon.urbas@tu-dresden.de

F. Pelzer · S. Lorenz
Graduiertenkolleg 2323 CD-CPPS, Technische Universität Dresden, Dresden, Deutschland
E-Mail: florian.pelzer1@tu-dresden.de; sebastian.lorenz3@tu-dresden.de

T. Herlitzius
Professur für Agrarsystemtechnik, Technische Universität Dresden, Dresden, Deutschland
E-Mail: thomas.herlitzius@tu-dresden.de

B. Vogel-Heuser et al. (Hrsg.), *Handbuch Industrie 4.0*,
https://doi.org/10.1007/978-3-662-58528-3_132

sierungs- und Automatisierungsstrategien in diesen Domänen vergleichend beschrieben. Im zweiten Abschnitt werden Eigenschaften von CPPS, Anforderungen an modulare Plattformen sowie die Rolle des Menschen in diesen Systemen erläutert. Die Betrachtung der unterschiedlichen Ausprägungen dieser Strategien wird im dritten Abschnitt zeigen, dass *Conducive Design* unabhängig davon ein notwendiger Faktor für das Lösen der Herausforderungen ist. Im vierten Abschnitt werden daraus Konsequenzen für die Gestaltung der Mensch-Maschine-Interaktion abgeleitet. Abschließend werden die Ergebnisse zusammengefasst und die Anforderungen an das Conducive Design von CPPS hervorgehoben.

Gegenstand sind die Forschungsaktivitäten im Graduiertenkolleg 2323 Conducive Design of CPPS der Technischen Universität Dresden.

1 Einleitung

Ermöglicht durch die Digitalisierung, verfolgt die technologische Entwicklung in der Produktion insbesondere die Steigerung von Effizienz, Verfügbarkeit und Nachhaltigkeit. Dabei stößt das über viele Jahre vorherrschende Grundprinzip Economy of Scale – größer ist schneller, energieeffizienter, wirtschaftlicher – in vielen Domänen an seine Grenzen. Die Transformation von monolithischen Produktionssystemen hin zu vernetzten CPPS ermöglicht es, diese Kriterien besser und nachhaltiger zu erfüllen. Dieser Artikel greift zwei zentrale Entwicklungsstrategien heraus:

Erstens, die Modularisierung, als Antwort auf die Forderung nach einer gesteigerten Anpassungsfähigkeit hinsichtlich dynamischer Umgebungs- und Marktbedingungen und der Nachfrage nach individuell konfektionierten Produkten in kleinen Losgrößen und damit kürzeren Produktionszeiten (Huber 2018). Baukasten- und Plattformsysteme mit entsprechend leistungsfähigen, sicheren und intelligenten Schnittstellen, ermöglichen dabei eine schnellere, effektivere und effizientere Anpassung von CPPS an volatile Anforderungen. Zweitens, die Automatisierung, mit deren Hilfe Produktionsprozesse durch leistungsfähige Datenerhebung und -verarbeitung beschleunigt und zuverlässiger werden. Hochautomatisierte Systeme erhöhen die Komplexität der Daten- und Steuerungsstruktur und sind daher in der Regel abgeschlossene Systeme, die nur innerhalb eines Systems aus definierten und kalkulierbaren Systemgrenzen und Einflussfaktoren zuverlässig funktionieren.

Die Kombination beider Strategien führt dabei selbst zu technischen Herausforderungen. Dadurch stößt an vielen Stellen der konventionelle technologiegetriebene „Standardweg" der Maschinenautomatisierung an seine Grenzen, da er zu Anforderungen führt, die der Mensch nicht mehr erfüllen kann. Vielmehr sind flexiblere Automatisierungslösungen gefordert, die menschliche Fähigkeiten effektiv und nachhaltig einbinden. Besonders dort, wo (noch) keine sichere oder wirtschaftliche Vollautomatisierung technologisch umsetzbar ist, müssen schrittweise Automatisierungslösungen entwickelt werden, die in der Lage sind, den Menschen und dessen Kompetenzen sinnvoll einem sogenannten *Shared Control* zu integrieren. In Shared Control-

Szenarien teilen sich Mensch und Maschine Kontrolle und Verantwortung. Diese Mensch-Maschine-Kooperation führt zu neuen Herausforderungen und Anforderungen an die Systementwicklung sowie an die Operateure und Ingenieure solcher Systeme.

In einigen Industriezweigen der Chemieindustrie und der Landwirtschaft stellen hochautomatisierte modulare Systeme eine Schlüsseltechnologie für die genannten Herausforderungen dar. Damit eine reibungslose Integration der verteilten Systeme zu einem Gesamtsystem (System-of-Systems) und eine aufwandarme Rekonfiguration gelingt, müssen Spezifikationen von schnittstellenrelevanten Technologien (z. B. Selbstbeschreibung oder Kommunikationskanäle) herstellerunabhängig standardisiert werden. Überall da, wo der Mensch in diese Vorgänge eingebunden ist, wird die Berücksichtigung der *Kompetenzprofile* der in das System eingebundenen Menschen (*Operateure*) immer wichtiger (Müller und Urbas 2017). Die mit der Höherautomatisierung der Systeme einhergehende Komplexitätssteigerung, schwer zu harmonisierenden Arbeitsprofile und häufige Anpassungen der Systeme führen dazu, dass Operateure weniger Zeit haben, Kompetenzen zu entwickeln und aufrecht zu erhalten. Statt einer Vereinfachung der Arbeit durch Automatisierung erzeugen kooperative Szenarien von Mensch und hochautomatisierter Maschine unter Umständen das Gegenteil (Ironies of Automation), (Bainbridge 1983). Hier ist eine *Förderliche Gestaltung* (eng. *Conducive Design*) nötig, die den Menschen und seine individuellen Leistungsvoraussetzungen, also seinen variablen Fähigkeiten, Anforderungen und Zustände (z. B. Motivation oder Tagesform) erkennt und Kompetenzen zum Erfassen und Bewältigen neuer Situationen fördert (Ziegler und Urbas 2015).

Unterstützungsmaßnahmen zur Beherrschung dieser Komplexität sind erforderlich, um die Machbarkeit der Tätigkeiten für Menschen zu gewährleisten. Dennoch verfolgen derzeit die meisten Argumentationslinien zur Transformation von CPPS einen system- bzw. technologiebasierten Ansatz, bei dem der Mensch kaum berücksichtigt wird. Dabei kann der Mensch mit seinen Eigenschaften als zentraler Enabler der Adaptivität und Flexibilität von CPPS verstanden werden (Birtel et al. 2018). Eine Kernfrage für die Weiterentwicklung von CPPS ist, wie die menschlichen Fähigkeiten in das System integriert und erhalten werden können, sodass eine beiderseitig vorteilhafte Form der Zusammenarbeit entsteht.

Das DFG Graduiertenkolleg 2323 untersucht die Zielsetzung, die Veränderung des Kompetenzprofils und die Berücksichtigung von kognitiven Prozessen und Zuständen von Operateuren in adaptiven hochautomatisierten CPPS und entwickelt Maßnahmen für eine kompetenzförderliche Gestaltung (Kessler et al. 2022). Hier werden grundlegende Forschungsthemen aus den Bereichen Ingenieurwesen, Informatik und Psychologie verknüpft und auf technische Systeme und Einsatzszenarien von modularen CPPS in der Agrar- und Prozessindustrie angewandt. Ein grundlegender Bestandteil des förderlichen und gebrauchstauglichen Systementwurfs ist die Berücksichtigung von menschlichen Aspekten bereits in frühen Entwicklungsphasen (DIN 61508 2020). Darüber hinaus erhebt Conducive Design den Anspruch, den Menschen als Variable mit einem Spektrum an Kompetenzen, die u. a. tagesformabhängig schwanken, in der Entwicklung technischer Systeme zu berücksichtigen.

2 Hochautomatisierte modulare Cyber-Physische Produktionssysteme

Unter CPPS werden hochautomatisierte Produktionssysteme (physischer Teil) verstanden, die über eine digitale Selbstbeschreibung (cyber-Teil) ihrer Eigenschaften, Fähigkeiten und dem aktuellen Produktionszustand verfügen. Charakteristisches Merkmal von CPPS ist deren Kollaborationsfähigkeit mit anderen Produktionssystemen, die durch die Nutzung (internetbasierter) Vernetzungsplattformen durch Schnittstellen für den Datenaustausch erreicht wird (Monostori 2014). Die Verfügbarkeit von Daten und Modellen zu Anforderungen, Systemkapazitäten und -verhalten ermöglicht eine schnelle Reaktion auf Änderungen (Schuh et al. 2017). In Abb. 1 sind die Wertschöpfungspotenziale in Form eines Stufenmodells dargestellt, an dessen Ende adaptive Systeme stehen, die in der Lage sind auf sich ändernde Anforderungen zu reagieren.

Je genauer das Prozessverhalten eines CPPS in einer digitalen Selbstbeschreibung abgebildet ist, desto umfangreicher ist das Prozesswissen, was immer feingliedrigere Prozessoptimierungen (Stufe 6) ermöglicht (Gauss et al. 2019; Schuh et al. 2017). In anderen Worten: je höher die Entwicklungsstufe der digitalen Durchdringung von Wertschöpfungsnetzwerken ist, desto größer ist das Wertschöpfungspotenzial durch die Umsetzung flexibler Automatisierungsstrategien. Der aktuelle Entwicklungsstand ist nach Einschätzung der Autoren und der Auswertung einschlägiger Literatur (Cruz Salazar et al. 2019) auf den Stufen 3 und 4 zu verorten.

Ein wesentlicher Treiber zur Modularisierung von CPPS ist nach (Gauss et al. 2019) die weitreichende Anpassungsfähigkeit von Produktionssystemen, die eine Implementierung neuer Prozessketten in kürzester Zeit ermöglicht. Der Strategiewechsel von

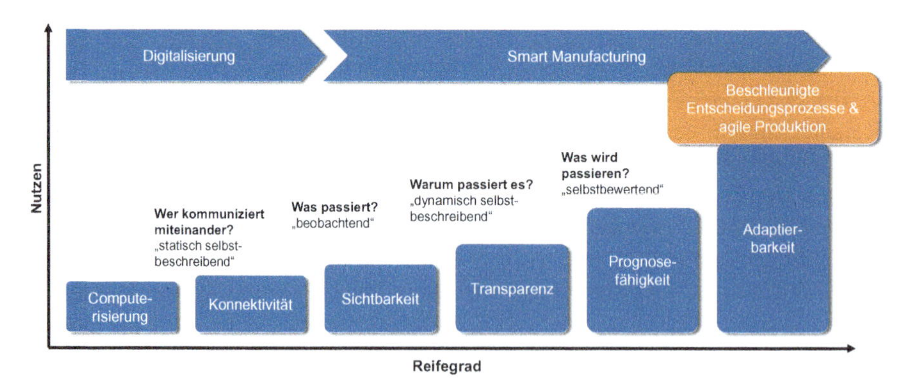

Abb. 1 Entwicklungsstufenmodell Industrie 4.0 nach (Mädler et al. 2020), angelehnt an. (Schuh et al. 2017)

monolithischen Gesamtsystemen zu einem Verbund vorkonfektionierter verteilter Einzelsysteme (System-of-Systems) resultiert in neuen Anforderungen an die verwendeten (Teil-)Systeme: Bestehende Engineering- und Automatisierungskonzepte müssen grundlegend überdacht und überarbeitet werden, um eine effiziente Integration verteilter Einzelsysteme zu einem Gesamtsystem zu ermöglichen. Im Gegensatz zu herkömmlichen Systemarchitekturen und -anforderungen, die in der Regel auf hierarchische Automatisierungsstrategien (vgl. Automatisierungspyramide nach (IEC 62264 2008)) setzen, nutzen modulare Systeme ein Netzwerk autarker Automatisierungen. Statt eines zentralen Steuersystems, das einzelne automatisierte Teilsysteme verwaltet, kommen automatisierungs- sowie sicherheitstechnisch autarke Module zum Einsatz, die durch eine übergeordnete Steuerungsschicht zu einem Gesamtsystem kombiniert werden. Da die effiziente Integration der verteilten Teilsysteme in die übergeordnete Steuerungsschicht ein zentraler Erfolgsfaktor ist, sollte jedes Modul über eine standardisierte informationstechnische Schnittstellenbeschreibung verfügen, die alle verfügbaren Modulfunktionalitäten für die Steuerungsschicht bereitstellt. Der Entwurf der Schnittstelle sollte dabei dem Abhängigkeits-Umkehr-Prinzip folgen: Durch eine unabhängige Schnittstelle werden Modulbetreiber und Modulhersteller voneinander entkoppelt. Anforderungen an die Fähigkeiten der Schnittstelle können vom Betreiber aufgestellt werden, die dann entsprechend von den Modulherstellern unter Berücksichtigung vorhandener Informationsmodelle implementiert werden.

2.1 Die Rolle des Menschen in hochautomatisierten modularen CPPS

Die Modularisierung bringt neue Systemfunktionen und Bedienaufgaben mit sich, wobei automatisierte Funktionen in kooperativen Bedien- und Überwachungsszenarien resultieren. Obwohl der Aufwand beim Aufbau von modularen Systemen reduziert wird (Holm 2016), nimmt die Komplexität von Tätigkeiten und Entscheidungen beim Engineering und Betrieb für Ingenieure und Operateure zu. Die stetige Veränderung der Produktionssysteme und das Ersetzen aktiver physischer Steueraufgaben durch digitale Überwachungsaufgaben kann zu einer Entfremdung des ursprünglichen Jobprofils eines Operateurs führen (Carsten und Martens 2019; Groenefeld et al. 2014; Lee und Seppelt 2009). Deshalb werden die Operateure verstärkt Kompetenzen wie flexibles Problemlösen, kreatives Problemlösen und strategische Planung aufbauen müssen (Gorecky et al. 2017). Aus der Perspektive der Mensch-Maschine-Kooperation bringt die erhöhte Veränderungsdynamik konventionelle Bediensysteme an ihre Grenzen, weshalb neue Umsetzungskonzepte erforderlich sind (Hancock et al. 2013; Leitão et al. 2016).

Durch die Automatisierung wurde bisher in der Entwicklung der Mensch zunehmend von Routineaufgaben entbunden. Diese sind in der Regel nicht nur einfacher zu automatisieren, sondern stellen auch negative Belastungen (Monotonie) für die Operateure dar. Damit konnte bereits die Effizienz der Systeme und der Komfort der Bedienung verbessert werden, so dass sich die bisher erfolgreiche Strategie den Menschen von der direkten Prozessführung zu entkoppeln anscheinend als richtig darstellt und damit konsequenterweise eine Vollautomatisierung anstreben würde. Die Gegenhypothese besteht darin, dass die für eine Vollautomatisierung zu erreichende „Zero Defect Operation" zwar technisch erreichbar ist, aber wirtschaftlich nicht in Balance zu den eingesparten Kosten für einen Operateur stehen wird und zusätzlich ethische Probleme aufwirft. Deshalb wird Shared Control zwischen einem Automatisierungssystem (CPPS) und dem Menschen als die richtige Herangehensweise an moderne Automatisierungslösungen gesehen und ist durchaus übertragbar auf die Prozess- und Verfahrensführung in Landwirtschaft und Chemieindustrie. Das Aufgabenfeld der Automatisierung von mobilen Arbeitsmaschinen erweitert sich dadurch deutlich in Richtung der Entwicklung, Implementierung und Evaluierung von Assistenzstrategien, die den Erwerb und die Pflege komplexer Problemlösungskompetenzen der Operateure von CPPS fördern.

Bei der Entwicklung von CPPS sollte die Mensch-Technik-Interaktion als positiver Faktor bei der Systemgestaltung betrachtet werden. Statt Vollautomatisierung mit einer Philosophie, die den Menschen als mögliche Fehlerquelle berücksichtigt, fordert z. B. Shared Control die Entwicklungsprozesse heraus, Lösungen zu finden wie die Kompetenzen der Anwender sinnvoll eingebunden werden können. Dieser Ansatz berücksichtigt nicht nur den aktuellen Stand der Wissenschaft und Technik, der nach wie vor in komplexen industriellen Anwendungen noch keine Vollautomatisierung erlaubt und damit leistungsfähige kooperative Betriebsszenarien fordert. Sie bietet auch Möglichkeiten, den Menschen in sinnvollen und wichtigen Rollen bei Automatisierung mitzunehmen und in stufenweisen Entwicklungsschritten für diese dynamischen Szenarien zu befähigen. Die Vollautomatisierung ist konzeptionell nicht ausgeschlossen, sondern ist ein Sonderfall der Aufteilung zwischen Mensch und Automatisierungssystem. Mit der Berücksichtigung einer stufenweisen Entwicklung hat dieser Ansatz der Vollautomatisierung eine wesentliche Eigenschaft voraus. Wenn die Vollautomatisierung nicht funktioniert oder sich als unwirtschaftlich herausstellt, dann droht eine kostenintensive Sackgasse sowie resultierend aus dem nicht funktionierenden Konzept ein schlechtes Time-to-Market, hohe Betriebsrisiken die Verfehlung der Produktionsziele und daraus resultierend eine schlechte Kundenbindung.

Dabei führt der zunehmende Automatisierungsgrad und die tiefere Integration von Modularisierungsstrategien zu immer komplexeren Funktionen, die nur schwer von Menschen erfasst werden können. Durch leistungsfähige Algorithmen sind CPPS zunehmend in der Lage neben Prozessführungsfunktionen auch diagnostische und strategische Aufgaben zu übernehmen. Bisher schwer zu automatisierende Funktionen, wie beispielsweise die Entscheidungsfindung in Nicht-Standardaufgaben, werden zukünftig durch das System selbst bewältigt werden. Dadurch ändert sich das Tätigkeitsprofil der Operateure: Sie müssen einen Großteil der Zeit die Überwachung der Funktionen ausführen und, wenn die Automatisierung an ihre Grenzen stößt, entsprechende Interventionsaufgaben ausführen (Dekker et al. 2002). Daher wird erwartet, dass es zu einer deutlichen Zunahme von dispositiven Aufgaben für die Operateure kommt (Hirsch-Kreinsen 2014; Urbas et al. 2012c). Neben der veränderten Tätigkeitsstruktur führt die Digitalisierung der Produktionsprozesse zu einer Komplexitätssteigerung des Systems und der zu verarbeitenden Informationen (Gorecky et al. 2017; Kagermann 2017). Dazu führen unter anderem die

Menge der verfügbaren Daten und die Heterogenität technischer Lösungen unabhängig konstruierter Teilsysteme, die zu einem Gesamtsystem zusammengeführt werden. Die 1:1 Beziehung von Menschen und Maschine wandelt sich zu einer Mehrmaschinen-Bedienung, wodurch der Erfahrungsgewinn und -erhalt erschwert wird. Um dem entgegenzuwirken wird die daraus resultierende Komplexität in Assistenzsystemen gekapselt, was zu einer zunehmenden Zuspitzung des Problems führen kann: Automatisierte Teilfunktionen und aufgabenorientierte Bedieninterfaces verbergen das eigentliche Systemverhalten, was zu intransparenten automatisierten Prozessen führt (Eckert et al. 2019) und den Aufbau eines Systemverständnisses somit erschwert. Assistenzsysteme bergen die Gefahr, durch das Bereitstellen irrelevanter Funktionen oder das Ausblenden relevanter Informationen die Systemleistung zu verringern (Antwarg et al. 2013). Auch das sinkende Situationsbewusstsein in monotonen Überwachungsaufgaben auf der einen Seite und in der Informationsflut in abrupten Interventionsaufgaben auf der anderen Seite bergen die Gefahr des Kontrollverlustes (Groenefeld et al. 2014).

Dennoch kommt eine Denkweise, die den Menschen nicht nur als Störgröße und als weiteren (nicht immer zu 100 % zuverlässigen) Sensor zu verstehen, sondern ihn in der geforderten Weise entsprechend seiner Kompetenzen sinnvoll in das System einzubinden, letztendlich sowohl dem System- oder Modulhersteller als auch den Operatueuren zu Gute. Dazu muss die regelbasierte technische Automatisierung um einen menschzentrierten Blick bei der Entwicklung erweitert werden. Gegenüber den technikfokussierten Entwicklungsmethodiken formulieren menschfokussierte eine Systemsicht, bei der Menschen nicht als eigenständige Instanz sondern als Teil eines kooperativen Mensch-Maschine Systems behandelt werden. Grundlegendes Gestaltungsprinzip ist dabei, dass menschliche Bedürfnisse, Fähigkeiten, Kreativität, soziales Miteinander und Potenzial in den Mittelpunkt systemischer Prozesse gestellt werden (Gill 1996). Die systematische Berücksichtigung menschlicher Fähigkeiten, Erwartungen und Bedürfnisse ist häufig noch nicht in ausreichender Tiefe oder erst nachträglich in die technikfokussierten Entwicklungsprozesse vieler Maschinenhersteller integriert. Das liegt z. T. auch daran, dass die diversen Abhängigkeiten zwischen kognitiven Mechanismen und technischen (Detail-)Lösungen noch nicht vollständig verstanden oder in anwendbare Gestaltungsempfehlungen übersetzt sind.

In diesem herausfordernden Bedienerumfeld wird die Menschintegration in den Systementwurf durch die Modularisierungsstrategien weiter verschärft. Wenn Einzelmodule Gegenstand solitärer Produktentwicklungen sind, wer organisiert dann eine konsistente und förderliche Qualität der Integration des Menschen auf der Prozessebene? Entsprechend leistungsfähige Entwicklungsprozesse und Schnittstellen werden dafür erforderlich sein.

2.2 Hochautomatisierte modulare CPPS in Agrarsystemen und Prozessindustrie

Um solche Shared Control-Szenarien zu entwickeln, ist es notwendig, die Anforderungen und Fähigkeiten der Menschen in maschinenbasierten Arbeitskontexten zu verstehen und in nutzerorientierten Entwicklungsprozessen und Systemen zu verankern. Während statische Aspekte bereits an vielen Stellen mit geeigneten Werkzeugen und Frameworks berücksichtigt werden können, rücken hier vor allem die dynamischen Aspekte noch einmal in den Fokus. Im Gegensatz zu eher unveränderlichen Dispositionen wie Intelligenz, Informationsverarbeitungskapazitäten oder ergonomische Faktoren, stellen die individuellen Kompetenzen (wie Wissen oder Fähigkeiten) des Menschen eine Variable dar. Das bedeutet einerseits, dass das System für ein Shared Control-Szenario in der Lage sein muss, gewisse Bandbreiten an Kompetenzprofilen zu berücksichtigen. Andererseits ist es möglich die Leistungsfähigkeit des Menschen und damit des Gesamtsystems durch die Entwicklung von Kompetenzen weiter zu verbessern. In den kollaborativen Systemen der Zukunft heißt das, dass Kompetenzerwerb und -erhalt Systembestandteil werden kann. Durch ein Conducive Design können erforderliche Kompetenzen während des Betriebs berücksichtigt und entwickelt werden. Damit fußt ein solches Conducive Design auf ein grundlegendes Verständnis des Menschen im System und die Fähigkeit, individuelle Kompetenzprofile und Wechselwirkungen mit den Systemen zu beschreiben und zu nutzen.

Sowohl die Landwirtschaft als auch die chemische Prozessindustrie sind bereits heute Vorreiter bei der Digitalisierung von Prozessen und der Entwicklung modularer Systeme. Die Agrartechnik nutzt schon lange modularisierte Maschinensysteme (z. B. Traktoren als Trägerfahrzeuge prozessspezifischer Anbaugeräte), die im Zuge der Digitalisierung um dezentrale und prozessspezifische Service-Lösungen erweitert werden. Nahezu umgekehrt verhält es sich in der Prozessindustrie. Hier wurden in den letzten Jahrzehnten durch eine zunehmende Digitalisierung immer leistungsfähigere Automatisierungskonzepte entwickelt. Jedoch beschränkte sich die Systemgestaltung auf monolithische Anlagen, deren Aufbauzeit in der Regel zwischen 3–5 Jahren liegt. Diesem Trend steht der Entwurf modularer Prozessanlagen entgegen, die eine Unterteilung monolithischer Produktionssysteme in autarke Module anstrebt. Jedes Modul realisiert technisch einen Prozessschritt. Die Zusammenführung mehrerer Module zu einem Gesamtsystem ermöglicht die Realisierung komplexer Produktionsprozesse und somit eine Anpassung der Produktion an dynamische Märkte.

2.2.1 Agrarsysteme

Die stetig gestiegene Leistungsfähigkeit heutiger Maschinen und Gerätesysteme in der Landtechnik hat den wesentlichen Anteil an der Effizienz der heutigen Pflanzenproduktion auf hohem Ertragsniveau. Die Entwicklung von Landtechnik war und ist gekennzeichnet durch eine kontinuierliche Produktivitätssteigerung der Maschinensysteme bei gleichzeitigem Aufspreizen des Abstandes zwischen unterer und oberer Leistungsklasse. Automatisierung hilft heute die technisch installierte Prozessleistung abrufen zu können, konnte aber den Trend zu immer weiterem Größenwachstum nur verlangsamen. Die Produktivität von Landmaschinen war und ist direkt an die Größe des Prozessraumes einer bestimmten Funktion gekoppelt. Produktivitätssteigerungen erfolgen vor allem durch Upscaling – die Vergrößerung der Prozessfläche in Form von Arbeitsbreite, maschineninterner Prozesskanalbreite oder Arbeitsgeschwindigkeit. Bei Bestellung, Pflanzenschutz, Düngung und Ernte sind auch die entsprechenden Speichervolumina mitgewachsen. Da Maschinen im oberen Leistungsbereich immer mehr die sinnvollen oder gesetzlichen Obergrenzen von Gewicht und Abmessungen erreichen, müssten weitere Produktivitätssteigerungen ohne eine Vergrößerung von Gewicht und Abmessungen realisiert werden. Das seit Beginn der Mechanisierung der Agrarproduktion geltende Paradigma des kontinuierlichen Wachstums der Produktivität in einer Einheit (Maschine) könnte durch modulare Maschinensysteme als CPPS in kleineren Einheiten und hohem Autonomiegrad abgelöst werden, wodurch Produktivität wieder besser skalierbar wird und einfacher an die Verfahrensketten angepasst werden kann. Unter diesem Aspekt muss die Landtechnikentwicklung den Fokus vom einzelnen Produkt auf das Produktionssystem eines landwirtschaftlichen Betriebes erweitern, was besonders großen Herstellern mit ihren maschinenfokussierten Geschäftsmodellen und den durchoptimierten und stark vernetzten Produktentstehungsprozessen große Probleme bereiten wird.

Automatisierung: Der Entwicklungsschwerpunkt der Landtechnik-Hersteller ist seit den 90er-Jahren auf die Prozessautomatisierung gerichtet. Obwohl steuer- und regelbare Fahrzeugplattformen als Voraussetzung für Prozessautomatisierung und autonomes Fahren verfügbar sind, besteht bei der Erfassung von Informationen zu Boden- und Pflanzeneigenschaften Entwicklungsbedarf. Für eine vollständige Verfahrensautomatisierung ist der derzeitige Entwicklungsstand zur Umfeld- und Prozesssensorik noch unzureichend. In allen Bereichen landwirtschaftlicher Produktion wird eine Durchdringung mit Digitalisierungstechnologien stattfinden, die einen weiter steigenden Automatisierungsgrad ermöglicht. In der weiteren Autonomieentwicklung wird davon ausgegangen, dass der Landwirt für die Durchführung komplexer Aktionen das Fahrzeug auf dem Feld verlassen und die Rolle eines Online-Operateurs übernehmen kann. Landtechnische Maschinen als cyberphysische Systeme werden im übergeordneten Regelkreis der Pflanzenproduktion zum Aktuator der teilflächenspezifischen Bearbeitung und Sensor für Prozessfeedback für das *Farm Management Informationssystem* (FMIS), das ähnliche Aufgaben wie die *Manufacturing Execution Systems* (MES) in der Fertigungs- und Prozessindustrie (IEC 62264 2008) hat. Aktuell gibt es nicht ein FMIS, welches alle relevanten Funktionalitäten auf einer Plattform zusammenführt, sondern ein großes Portfolio aufgabenspezifischer FMISs, die parallel auf Betriebsebene interagieren. In dieser Stufe wird ein Landwirt in der Lage sein, zwei bis drei Maschinen zu betreuen, die einer von einem FMIS vorgegebenen teilflächenspezifischen Einsatzplanung folgen. Auch in der letzten Stufe der Automatisierung wird der Landwirt im Prozess beteiligt sein, aber hauptsächlich mit Überwachungsaufgaben (Sheridan 2012) mit einem zunehmendem Trend zu Aufgaben der Systemoptimierung und Problemlösung. In der Prozessindustrie hat diese Entwicklung bereits in den 1940er mit der Einführung von Leitständen eingesetzt. Treiber waren hier vornehmlich die Gefahren, die von den Prozessen ausgehen.

Hochautomatisierte Maschinenschwärme: Die Klasse der überwachten hochautomatisierten Maschinen wird sich weiterentwickeln, wobei die Anforderungen an die Anwesenheit und Qualifikation des Operateurs im Laufe der Zeit sinken werden und eine Zunahme von feld- und anwendungsspezifischen autonomen Aktionen hin zu universelleren Aktionen zu verzeichnen ist. Prinzipiell geht es bei der Automatisierung in der Agrar-Domäne nie um einen Ersatz der Arbeitskräfte, sondern um maschinenübergreifende Verfahrensautomatisierung und die gewandelte Rolle weg von Routinetätigkeiten und hin zu Management- und Problemlösungskompetenz.

Standardisierte Systemschnittstellen: Im Bereich der Standardisierung der Schnittstellen wurde mit der ISO 11783 (ISO 11783-1 2017) eine normierte Datenschnittstelle als Grundlage für die Verknüpfung intelligenter Module geschaffen, der so genannte Isobus. Mit dem Virtual Terminal, die Mensch-Maschine-Schnittstelle des Isobus, ist es dem modularen Anbaugerät möglich, seine eigene Bedienlogik zu kommunizieren und dafür das Terminal des Trägerfahrzeuges zu nutzen. Während der Isobus wesentliche technische Probleme bei der Vernetzung von Maschinen löst, adressiert der Funktionsumfang auch die Bedienumgebungen und damit den Menschen im System. Hier muss man feststellen, dass der Isobus die Möglichkeiten einer intuitiven Interaktion, die in der Lage ist, auch komplexe Zusammenhänge abzubilden und zu bedienen, stark einschränkt. Das liegt vor allem an den festgeschriebenen Funktionsumfang der implementierten Interface-Basisanwendung. Diese erlaubt in der aktuellen Version keine Gesamtansicht laufender Prozesse und ist nur wenig konfigurierbar im Sinne der Interaktion.

2.2.2 Prozessindustrie

Der Wettbewerbserfolg in der Prozessindustrie lässt sich vor allem an den Kriterien Produktionsmenge und -qualität bemessen. Entsprechend spezialisierter Herstellungsmethoden und -verfahren kommen in der Prozessindustrie zum Einsatz, welche eine Charakterisierung der aktuellen Möglichkeiten, Herausforderungen und (Entwicklungs-) Bedürfnisse in der Prozessindustrie ermöglichen.

Kontinuierliche Prozesse: Die Anforderungen an hohe Energie- und Ressourceneffizienz, an eine optimale Raum-Zeit-Ausbeute und an hohe gleichbleibende Qualität der Produkte können am einfachsten mit einem kontinuierlichen Prozess in einer auf die Standortbedingungen zugeschnittenen Anlage erfüllt werden. Die Kombination der Standortbedingungen, wie beispielsweise Rohstoffverfügbarkeit, Energieversorgung, Logistik, Wetter, Erdbeben, Umfeld und Umwelt, die zur Errichtungsort verfügbaren und bewährten Technologien sowie die Adaptionshistorie führen dazu, dass jede kontinuierliche Anlage ein Unikat darstellt. Die Operateur-Teams entwickeln sich häufig über viele Jahre mit den Anlagen, das Wissen über die Besonderheiten der Anlage ist meist implizit und wenn expliziert dann meist individuell (Kluge 2014). Die Fluktuation der Operateure zwischen Unternehmen oder zwischen Anlagen ist entsprechend gering. Großanlagen werden in einer Matrixorganisation, vielfach für die jeweiligen Aufgabenbereiche spezialisierten Sub-Unternehmen, geplant und errichtet. Dies führt dazu, dass die Engineering-Teams die konkrete Anlage weder im Großen noch im Kleinen kennen und die Konsequenzen ihrer Entwurfsentscheidungen für die Operateure nicht abschätzen können. In frühen Phasen der Planung wird zwar eine Risiko- und Betreibbarkeitsanalyse durchgeführt, die menschengerechte Gestaltung der Bedienschnittstellen wird jedoch erst betrachtet, wenn die wesentlichen technischen Entscheidungen gefällt sind. Manuelle Arbeit ist in diesem Anlagentyp während des Betriebs nur noch in der Logistik (Packmaschinen, Befüllen von Tankwagen), bei behördlich vorgeschriebenen Sichtprüfungen (Immission, Wasserhaushalt) und bei der Analyse und Behebung von (technischen) Störungen zu beobachten. Ein anderes Bild ergibt sich bei der Wartung der Anlagen: in möglichst kurzen Stillstandzeiten müssen alle im vergangenen Betriebszeitraum angefallenen vorgeplanten Wartungsarbeiten (Austausch, Reparatur, Änderungen) mit einer Stammmannschaft und einer Vielzahl von externen Dienstleistern durchgeführt werden. Zur Minimierung der Stillstandzeiten und damit zur Minimierung von Gewinnausfällen, werden diese minutiös vorgeplant. Ein übliches Ziel ist eine Stillstandszeit kleiner als 10 Tage (Lenahan 1999). Sowohl die Fähigkeiten der Stillstandplaner (Obiajunwa 2013) als auch die Kompetenz und Einstellung der Mitarbeiter der externen Dienstleister (Hadidi und Khater 2015) sind wichtige Erfolgskriterien.

Chargenweise Prozesse: Die gegenläufigen Anforderungen an hohe Produktvielfalt, schnelle Anpassung an Markterfordernisse beantwortet die Prozessindustrie traditionell durch Batchanlagen, in denen nach vordefinierten Rezepten ein Ansatz nach dem anderen auf dafür geeignetem, möglichst standardisiertem Equipment gefahren wird. Die Sequenz der Prozessschritte (auch Phasen genannt), die sich durch Prozessbedingungen, Fahrweisen, Einsatzstoffe und die Art des dafür notwendigen Equipments unterscheiden, bietet eine Reihe von Freiheitsgraden, angefangen von den eingestellten Parametern bis hin zur Dauer des Einzelschritts oder der Reihenfolge der Schritte. Diese hohe Vielfalt führt zu hoher Anpassbarkeit und ist aufgrund der vielen Freiheitsgrade und nichtlinearen Randbedingungen schwierig zu automatisieren. Daher ist der Betrieb von Batchanlagen nach wie vor geprägt von vielen manuellen Arbeitsschritten und es werden typische menschliche Fehler wie Auslassung (error of omission), korrekte Durchführung (error of commission) oder korrekte Reihenfolge (error of sequence) beobachtet (Hollnagel 2000).

Modulare Produktion: Individualisierung der Endverbrauchermärkte, steigende Anforderungen an Energie und Ressourceneffizienz und gleichzeitig steigende Anforderungen an eine gleichbleibende Produktqualität führte zu einer technischen Lücke zwischen der hochflexiblen und vergleichsweise störanfälligen Batchproduktion und der hocheffizienten aber wenig flexiblen kontinuierlichen Produktion, die durch modulare Anlagenkonzepte geschlossen werden kann. Schlüssel zum Erfolg sind aus Sicht der Verfahrenstechnik:

- Prozessintensivierung (F3 FACTORY Projektkonsortium 2014),
- kontinuierliche Fahrweisen (Patrascu und Barton 2019) und
- Smart Scale Down (Hohmann et al. 2016) zur Miniaturisierung der Ausrüstung

sowie aus Sicht der Automatisierungstechnik eine Verlagerung der Höherautomatisierung in die modularen Prozesseinheiten (DECHEMA und VDI 2017). Ein hoher Grad an Wiederverwendung, Re-Kombinierbarkeit und Kosteneffizienz durch Skaleneffekte wird durch herstellerübergreifende Schnittstellen (VDI et al. 2021) und den Übergang vom signal- zum fähigkeitsbasierten Engineering (Bloch et al. 2017) erreicht. Zusammengenommen ermöglichen die Konzepte eine deutliche Verkürzung der Implementierungs- oder Anpassungsdauer der Produktionsanlagen bei gelichzeitiger Erfüllung der hohen Anforderungen der Prozessindustrie an Sicherheit, Zuverlässigkeit, Produktqualität und Energieeffizienz.

In Abb. 2 ist die logische Sequenz von dem Planungs- und Produktionsprozess einer Modularen Anlage, beginnend bei dem verfahrenstechnischen Entwurf und endend bei der Produktion bzw. Rekonfiguration der Anlage, dargestellt. Ein Modul wird als *Process Equipment Assembly* (PEA) bezeichnet (Abb. 2 – links) und besteht aus mindestens einer Funktionseinheit, auch *Functional Equipment Assembly* (FEA) genannt, durch deren Austausch eine PEA an unterschiedliche Produktionskontexte adaptiert werden kann. Im zeitlich sowie institutionell vom Anlagen-Engineering (Spalten rechts von PEA-Engineering) unabhängigen PEA-Engineering werden alle (informations-)technischen Funktionen zur Realisierung eines verfahrenstechnischen Schrittes auf einem Prozessmodul realisiert. Das *Module Type Package* (MTP) ist ein herstellerneutrales automatisierungstechnisches Schnittstellenbeschreibungsformat und ermöglicht es dem Anlagenbetreiber effizient und fehlersicher die PEA-Funktionalitäten in eine übergeordnete Steuerungssicht zu integrieren und die verwendeten PEAs entsprechend zu orchestrieren.

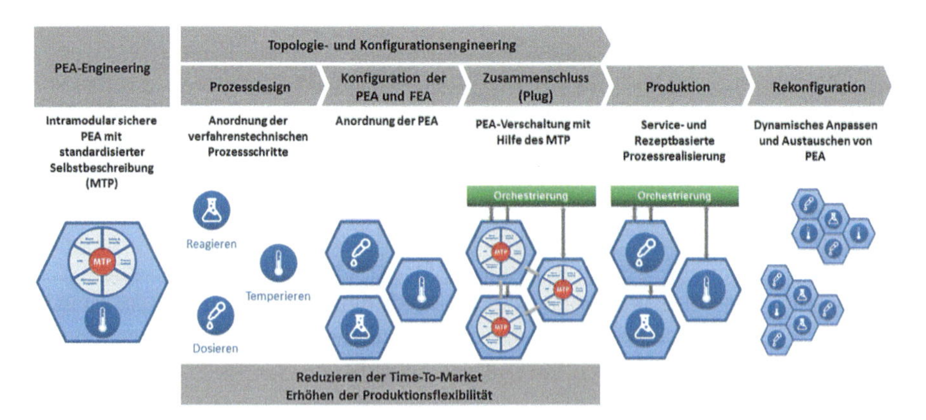

Abb. 2 Engineering-Prozess modularer Anlagen, modifiziert nach (ZVEI et al. 2019)

3 Systemvergleich

Vergleicht man die Implementierung von Automatisierungs- und Modularisierungsstrategien in beiden Domänen, lassen sich etliche Gemeinsamkeiten finden. Das spricht dafür, dass die Adaptionsstrategien an neue Herausforderung durch die Digitalisierung in beiden Domänen zu ähnlichen Systemcharakteristika und damit ähnlichen Herausforderungen für Operateure führt. Tab. 1 stellt die Ergebnisse einer Analyse über Gemeinsamkeiten und Unterschiede von CPPS in den Domänen Prozessindustrie und Landwirtschaft vor. Die Kategorien basieren dabei auf den Charakterisierungs- und Analysebeiträgen von (Törngren et al. 2017) zu Cyber-Physischen Produktionssystemen.

3.1 Systemsicht – Gemeinsamkeiten

Plattformkonzepte: Während im Bereich der Prozessindustrie, die Kundennachfragen nach spezialisierten Produkten steigen und zu einer sehr großen Bandbreite von technischen Lösungen mit großer Leistungsspreizung führen, fordern im Agrarbereich die ohnehin sehr unterschiedliche Beschaffenheit der landwirtschaftlichen Unternehmen und Nutzflächen, sowie die Einzigartigkeit jedes Bestandes eine hohe Flexibilität der eingesetzten technischen Systeme. In beiden Fällen werden an dieser Stelle Plattform-/Modularisierungskonzepte genutzt, um die Anpassung zu ermöglichen. In den Produktionsfeldern beider Domänen erfolgt durch die Module eine Trennung von prozessspezifischen und prozessunspezifischen Komponenten: In modularen Anlagen wird dies durch die Unterteilung in PEAs und FEAs adressiert, wobei PEAs (Module) unspezifisch einen verfahrenstechnischen Schritt realisieren, der durch die Adaption von FEAs (austauschbare Funktionseinheiten) entsprechend auf prozessspezifische Bedürfnisse angepasst wird. Noch eingänglicher wird dieses Prinzip in der Landwirtschaft klar, wo ein Traktor erst durch die Kopplung eines Anbaugeräts zur Ausführung einer prozessspezifischen Funktion befähigt wird. Ein weiterer gemeinsamerer Aspekt betrifft die Motivation. Mit automatisierten Modulen wird unter dem Konzept „Smart Scale Down“ das Ziel verfolgt, kleinere und damit flexiblere Plattformen zu schaffen, um feingranularere Optimierungsstrategien umsetzen zu können. CPPS verfolgen häufig einer Vollautomatisierungs- oder Autonomiestrategie, die aber auf der Grundannahme basiert, dass es wirtschaftlich möglich ist, alle entscheidungsrelevanten Größen und Systemzustände genau genug erfassen zu können.

Schnittstellen: In beiden Domänen kommt dabei den Schnittstellen zwischen den Modulen und deren Spezifizierung eine besondere Bedeutung zu. Hier wird jeweils intensiv daran gearbeitet Standards zu schaffen, um die Hürden bei der Kombination von Modulen durch ein herstellerunabhängiges Schnittstellenformat zu vermindern. Diese sollen einerseits die technischen Anforderungen einer vernetzten Automatisierung zukunftsfähig erfüllen und sind andererseits begrenzender oder ermöglichender Faktor einer sinnvollen Datenverfügbarkeit und -nutzbarkeit für die Nutzer.

Tab. 1 Vergleich der Systemcharakteristika modularer CPPS in Agrar- und Prozessindustrie

	Landwirtschaft	Prozessindustrie
Motivation	Ausbau der bestehenden Modularisierungskonzepte in automatisierte autarke Systemnetzwerke als Maschinenschwärme und zentralisierte Service-Plattformen (Überwachung, Management, Planung)	Verkürzung der Zeit vom Prozessentwurf bis zum Produktionsbeginn und Maximierung der wirtschaftlichen Nutzung von Produktionsflächen. Lückenschluss zwischen Technikums-, Batch- und Konti-Anlagen.
Moduleigenschaften	– Spezialisierte Module für bestimmte Produktionsprozesse (Feldroboter, Bodenbearbeitung, Ernte verschiedener Feldfrüchte) – Fahrzeugübergreifende Modularisierung von Funktionskomponenten – Modularisierung von Bedienkomponenten für verschiedene Fahrzeuge und Prozesse – Weitestgehend autark (eigene Intelligenz) – Physische und digitale Module	– Tech. Realisierung eines Prozessschrittes – automatisierungs- sowie sicherheitstechnisch autark (dezentrale Intelligenz) – Standardisierte Selbstbeschreibung der automatisierungstechnischen Schnittstelle – Physikalisch nicht standardisiert
Modulverschaltung	– Master-Slave Paarungen z. B. bei Traktor & Anbaugerät – Einerseits hierarchisch innerhalb einer Maschine und Vernetzung der zunehmend autarken Maschinen im FMIS – Anderseits auch Vernetzung einzelner Funktionskomponenten verschiedener Fahrzeuge (z. B. Dokumentation, Auftragsmanagement)	– Verschaltung von Einzelmodulen über Orchestrierungsschicht gemäß dem Subsidiaritätsprinzip: Ein Modul verfügen durch eine vollwertige Automatisierung mit größtmöglicher Selbstbestimmung; eine höhere Regulationsebene (sog. Orchestrierungssicht – siehe Tabelelnpunkt „Organisation") wird nur dann eingesetzt, wenn die vor- oder nachgelagerten Module die Aufgaben nicht ausreichend bewältigen
Kombinatorische Vielfalt	– Module sind im Sinne der technischen Kompatibilität und Funktionsspezialisierung trägergerätspezifisch	– Grundsätzlich gilt (n! für n= Modulanzahl) – Prozesstechnisch sinnvolle Kombinatorik (typicals) schränken Lösungsraum ein
Fokus der Modularisierungsstrategie	– Vielzahl von Herstellern und Einzelsystemen die untereinander physische und informationstechnische	– Fokus auf dem Entwurf einer standardisierten Schnittstelle, welche gemäß dem Abhängigkeitsumkehrprinzip

(Fortsetzung)

Tab. 1 (Fortsetzung)

	Landwirtschaft	Prozessindustrie
	Kompatibilität brauchen, Fokus auf standardisierte und zunehmend offenen Schnittstellen	für Modulbetreiber und -Hersteller als Anforderungskalog dient
Organisation	– FMIS: Zusammenführung von Daten aus verschiedenen technischen Systemen (Maschinen) und Planungs-, Organisations-, Monitoring- und Controlling-Prozessen und -Werkzeugen	– Zusammenführung von Modul-Funktionalitäten als Services auf einer betrieblichen (Process Orchestration Layer, POL) und einer sicherheitstechnischen (functional Safety Orchestration Layer, fSOL) Steuerungsebene. (Klose et al. 2019; Pelzer et al. 2020)

In beiden Branchen ist die Berücksichtigung der tatsächlichen Einsatzszenarios, in denen der Mensch eine verantwortungsvolle Rolle übernimmt oder übernehmen soll, ausbaufähig.

3.2 Systemsicht – Unterschiede

Wenngleich der Einfluss der Modularisierung auf das technische System in ähnlichen Funktionsstrukturen und Informationsnetzwerken mündet, so liefert die vergleichende Betrachtung branchenspezifische Unterschiede. Überwiegend beziehen sich diese auf die Zusammenführung der verteilten Systeme zu einem Gesamtsystem und die damit einhergehenden Herausforderungen an Moduldesign und informationstechnische Schnittstellen.

Während die IT-Architektur und der Systemaufbau ähnlichen Grundprinzipien folgen, unterscheiden sich die Modulsysteme beim Fokus der Automatisierung und Automatisierbarkeit der einzelnen Teilsysteme. Die Modularisierung in der Prozessindustrie zielt darauf ab, der steigenden Dynamik der Anforderungen hinsichtlich der Produktvielfalt und -verfügbarkeit zu begegnen. In der Landwirtschaft gilt es, die Diversität der Anbauflächen und der Halbzeuge (Bestände) in automatisierten Prozessen zu berücksichtigen.

Während die Landwirtschaft aus vielen unterschiedlichen Edukten ein einheitliches Produkt erzeugt, wird in der Prozessindustrie die Produktvielfalt aus einer begrenzten Anzahl an Grundprodukten erstellt. Dabei geht es bei modularen Prozessanlagen, z. B. bei pharmazeutischen Produkten, darum, die Zeit von der Entwicklung der Produkte bis zur zuverlässigen Produktion zu verkürzen. In der Landwirtschaft gilt es, mit den modularen und flexiblen CPPS die grundlegend existierende und zeitlich veränderliche Diversität der Pflanzenstandorte optimal und nachhaltiger nutzen zu können. Flexible Systeme, die eine Vielzahl kleinerer Maschinen bei gleichbleibender oder sogar höherer Effizienz betreiben, können

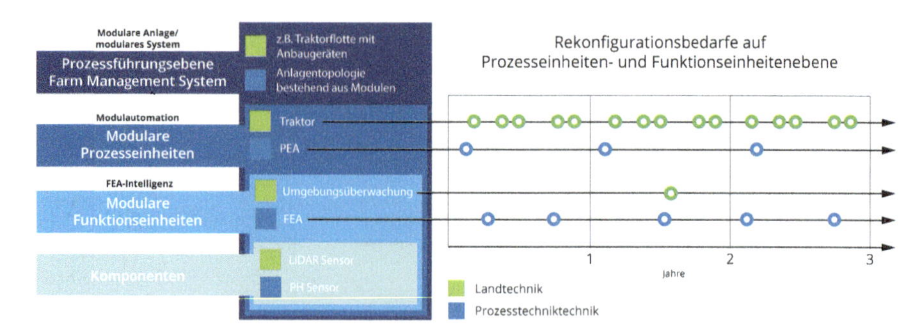

Abb. 3 Struktur modularer Produktionsstrukturen in Agrar- und Prozessindustrie

außerdem das größer werdende Problem der Bodenschadverdichtung durch große Maschinen auf dem Feld verringern.

Die unterschiedlichen Prozess- und Systemeigenschaften resultieren ebenfalls in einer voneinander abweichenden Anpassungsfrequenz der (Teil-)Systeme. In Abb. 3 sind schematisch auf der linken Seite der Aufbau der Systeme und auf der rechten Seite deren Änderungshäufigkeit dargestellt. Durch die jährlich wiederkehrenden Sequenzen von Prozessschritten in der Agrarwirtschaft finden voraussichtlich periodisch, entsprechend dem Pflanzenwachstum und der Fruchtreihenfolge, wiederkehrende Änderungsvorgänge der modularen Prozess- und Funktionseinheiten statt. Änderungen auf der Systemebene sind in der Landwirtschaft eher selten zu erwarten, da der Austausch einer gesamten Fahrzeugflotte wirtschaftlich nicht sinnvoll ist. Die Änderungshäufigkeit und – ebene in der Prozessindustrie ist schwerer prognostizierbar, da sie geprägt wird von der Nutzungsstrategie einer modularen Produktionsstätte. Modulare Anlagen können beispielsweise dazu eingesetzt werden, um zeitlich nacheinander in einer Produktionsstätte den Jahresbedarf an verschiedenen Produkten herzustellen (häufige Änderung auf Systemebene). Andererseits können modulare Anlagen ebenfalls dazu genutzt werden, um unterschiedliche Ausprägungen eines Prozesses bzw. Produktes mit derselben Anlagentopologie aber abweichenden Konfigurationen zu realisieren (häufige Änderung auf Prozess- bzw. Funktionseinheitenebene). Der Änderungsaufwand wird unabhängig von der Änderungsebene tendenziell in der Prozessindustrie höher sein als in der Landwirtschaft, da komplexere Reinigungs- und Prüfprozeduren eingehalten sowie modulübergreifende Wechselwirkungen berücksichtigt und beherrscht werden müssen.

3.3 Anwendungssicht – Aufgabenprofile und -anforderungen in Agrar- und Prozess-CPPS

Einhergehend mit der Veränderung des Arbeitssystems in der Agrar- und Prozessindustrie müssen Arbeitsabläufe und -verteilung entsprechend adaptiert werden, um die Flexibilität der Systeme auch auf personeller Ebene zu integrieren.

Tab. 2 gibt einen Überblick über den Vergleich von System- und Aufgabencharakteristika in modularen Systemen im Landwirtschafts- und Prozessindustriekontext. Dabei werden die Produktionssysteme beider Domänen hinsichtlich ihrer technischen Systeme, der integrierten Produktionsprozesse, als auch die für den Betrieb erforderlichen Tätigkeiten bei der Bedienung betrachtet. In beiden Domänen gelten dabei ähnliche Grundanforderungen an die Leistungsfähigkeit des Gesamtsystems:

- Effizienz/Produktivität: Eine bestmögliche Ausnutzung der zur Verfügung stehenden Ressourcen, also eine hohe Effizienz im Sinne profitabler Produktivität
- Sicherheit: Inhärenter Bestandteil des Pflichtenheftes (Funktional & Funktionssicherheit)
- Anpassungsfähigkeit: Berücksichtigung sich wandelnder Produktionsanforderungen und -situationen
- Robustheit: Hohe Robustheit des Gesamtsystems gegenüber Störgrößen und Fehler auf Komponentenebene
- Ressourcenschonung und Nachhaltigkeit

Die Gegenüberstellung aufgabenbestimmender Charakteristika modularer Produktionssysteme beider Domänen zeigt, dass sich die Tätigkeiten und Anforderungen stellenweise überschneiden, jedoch auch Unterschiede identifiziert werden können.

Die flexible und örtlich veränderliche Verschaltung von Modulen bedeutet in beiden Domänen, dass sich Teile der Systemcharakteristika unter Umständen häufig ändern. Die Operateure müssen wissen, in welcher Konfiguration sich die Systeme befinden und selbst marginale Konfigurationsänderungen differenzieren können. Dabei können trotz augenscheinlich gleicher Systemeigenschaften unterschiedliche Handlungsweisen und Regeln geboten sein. Die Adaption an diese veränderlichen Systemkonfigurationen kann die Operateure vor Herausforderungen stellen und sollte einerseits trainiert und andererseits durch ein Systemdesign unterstützt werden, das die Unterscheidung und Anpassung vereinfacht.

Durch die Unterteilung monolithischer Gesamtsysteme in autarke Teilsysteme, werden Systemwissen und Verantwortlichkeiten von Betreibern zu Systemherstellern transferiert. Hersteller entwerfen verwendungsfertige Produkte zur Realisierung eines bestimmten Prozesses oder Prozessschrittes, wodurch sich die Betreiberaufgaben weitestgehend auf die Verschaltung und den Betrieb der Systeme reduziert. Zur Erleichterung der informationstechnischen Verschaltung von Teilsystemen werden sowohl in der Agrar- als auch in der Prozessindustrie standardisierte Schnittstellen verwendet. Das Ziel der flexiblen Verschaltung von Teilsystemen abhängig von der jeweiligen Bedarfssituation steht im Vordergrund der Forschungs- und Entwicklungstätigkeiten. Während Spezialisten die Planung, den technischen Entwurf und die Genehmigung von Systemkonfigurationen vordenken, muss die Umsetzung der Konfiguration so gestaltet sein, dass sie durch das Bedienpersonal beherrscht werden kann. Dies ist besonders aus sicherheitstechnischer Sicht herausfordernd, da die Teilsysteme an sich, als auch in ihrer jeweiligen Konfiguration, sicher nach den vorherrschenden regulatorischen Anforderungen der Domänen sein müssen (DIN 61511 2011; Pelzer

Tab. 2 Gegenüberstellung systemspezifischer System- und Aufgabencharakteristika in modularen Landwirtschaftlichen und Prozessindustrie-CPPS

	Landwirtschaftliche Maschinen	Prozessanlagen
Prozessbezogene Eigenschaften	**Produktionsprozess**	
	Verarbeitung von Naturprodukten: - hohe Varianz von Produkt-Qualität - begrenzte Kontrollierbarkeit, da gesamter Wachstums- und Ernteprozesse in direkter Interaktion mit der Umwelt	Verarbeitung von i. d. R. homologierten chemischen Produkten: - niedrige Schwankung (Amplitude und Frequenz) die Produkt- & Edukt-Qualität - hohe Kontrollierbarkeit, da Herstellungsprozesse in weitestgehend zur Umwelt geschlossenen Systemen stattfindet
	Geringe Anzahl an Produkten, aber viele unterschiedliche Bedingungen am Produktionsort führen zu verschiedenen Varianten, die unter Umständen spezielle Anforderungen an die Verarbeitung stellen	Große Anzahl an Produkten, die immer gleiche Anforderungen an die Verarbeitung stellen
	Individuell auf den Bedarfsfall zugeschnittene Maschinensysteme mit von den Herstellern vorgegebenen Eigenschaften	Verwendung von vorkonfektionierten Anlagenmodulen, die für den jeweiligen Prozessschritt relevante Parameter messtechnisch erfassen können. Nach- bzw. Umrüstung der Module im vordefinierten Rahmen
	Bewertung der Produktqualität erfolgt erfahrungsbasiert und ist qualifizierbar, jedoch schwer quantifizierbar. Die Anforderungen an die Produktqualität ist abhängig von der Weiterverarbeitung des Produktes und kann u.U. eine Anpassung der Optimierungsstrategie während des Reife-/Ernteprozesses erfolgen	Prozesszustand häufig im Rahmen einer definierten Unschärfe mittels Sensoren bestimmbar (Prozessfähigkeit). Zusammenhang zwischen Prozesszustand und Produktqualität muss jeweils individuell bestimmt werden (Prozessvalidierung, Zusammenhang zwischen Prozessgrößen, Prozessführung und Produktqualität). Zentral organisierte Optimierungsstrategie, z. B. in verfahrenstechnischen Labors, die durch den Operateur umgesetzt wird

(Fortsetzung)

Tab. 2 (Fortsetzung)

	Landwirtschaftliche Maschinen	Prozessanlagen
	Prozesswissen begünstigt den Erfolg der Güterherstellung, stellt jedoch keinen kritischen Wettbewerbsfaktor im Unternehmen dar	Prozesswissen und -realisierung ist zentraler und daher kritischer Wettbewerbsfaktor. Schutz des Betreiber-Know-Hows von zentraler Bedeutung
Bedienungsbezogene Eigenschaften	**Aufgabencharakter**	
	Prozessschritte werden auf mobilen Geräten/Maschinen realisiert. Präsenz des Operateurs vor Ort ist bei Shared Control zumindest vorerst noch erforderlich	Module können flexibel und örtlich veränderlich verschaltet werden (Urbas et al. 2012b), der Betrieb der Anlage ist jedoch ortsfest. Präsenz von Operateuren ist vornehmlich während Rüst-, Wartungs-, und speziellen Prozessvorgängen erforderlich
	Erfahrungsgeprägte Parameterfassung: Interpretation von Messwerten durch Operateur regel- und erfahrungsbasierte Ableitung von entsprechenden Interventionsmaßnahmen	Messtechnische Parametererfassung: Interpretations- und Interventionsbedarf abhängig vom Automatisierungsgrad der Anlage. In der Regel werden qualitäts- und sicherheitskritische Parameter messtechnisch erfasst und durch entsprechende Prozessleittechnik geführt
	Die modulbasierte Automatisierungsstruktur führt zu dezentralisierten Überwachungsaufgaben, die das parallele Überwachen verschiedener Subsysteme erfordert. Die Kombination der Sub-Systemkonfigurationen geschieht dabei situationsbedingt	Die Konfiguration der Sub-Systeme geschieht Auftragsbedingt
	Spezialisierungsprofile	
	Operateure koordinieren Agrarmaschinen, führen diese jedoch zunehmend weniger selbst. Der Arbeitsschwerpunkt verschiebt sich hin zu Monitoring-Tätigkeiten. Der physische Anteil wird sich weiter reduzieren	Der Betrieb einer Anlage durch die Operateure wird primär von der Leitwarte aus überwacht. Der konventionelle Leitwarten-Operateur entwickelt sich hin zu einem mobilen Operateur, der die Rüstung sowie (Re-) Konfiguration der Anlage durchführt, wodurch der physische Anteil der Tätigkeiten zunimmt

(Fortsetzung)

Tab. 2 (Fortsetzung)

	Landwirtschaftliche Maschinen	Prozessanlagen
	M:N-Modulverbindung: M Traktoren/Erntemaschinen können mit N Modulen verknüpft werden. Die kombinatorische Vielfalt ist aufgrund der 1:n-Beziehung zwischen Traktoren und Anbaugeräten jedoch vorhersehbarer. Der Wechsel der Module erfolgt in zeitlich kürzeren Intervallen (z. B. mehrmals täglich), ist weniger komplex und unterliegt einem überschaubareren regulatorischen Rahmen Komplexität steigt durch die Vernetzung verschiedener, bisher separater Systeme Das Level der Leistungspotenziale von Traktoren und Modulen beeinflussen die Auswahl wirtschaftlich sinnvoller Kombinationen	*M:N-Modulverbindung:* M Module werden mit N Nachbarmodulen verknüpft. Die Module besitzen eine größere kombinatorische Vielfalt, die (Re-)Konfiguration erfolgt jedoch seltener. Regulatorische Rahmenbedingungen begrenzen den zulässigen Konfigurationsmöglichkeiten von Modulen. Die Ausnutzung von Produktionskapazitäten der Module innerhalb einer Anlagenkonfiguration beeinflusst die wirtschaftlich sinnvollen Konfigurationsmöglichkeiten, da aus der Kombinatorik positive sowie negative Größen- und Synergieeffekten hervorgehen können (bspw. DN10 auf DN 100-Rohrleitungen)
	Komplexitätssteigerung der Pflanzenbausysteme, wodurch eine größere situations-/aufgaben-/maschinenspezifische Spezialisierung von Operateuren erforderlich ist. Abhängig von Betriebsgröße und Technikverfügbarkeit werden Spezialaufgaben zunehmend zu Dienstleistern verlagert Änderung der Fachkenntnisse von der maschinenspezifischen hin zur aufgabenspezifischen Qualifizierung Entwicklung von betriebsspezifischen Kernkompetenzen und zunehmende Auslagerung von Nebentätigkeiten	Komplexitätssteigerung der Produktionssysteme führt abhängig von der Unternehmensgröße zu einer zunehmenden Spezialisierung der Kompetenzen von Anlagenbetreibern und Operateuren auf den Produktionsprozess. Tätigkeiten zur Prozessrealisierung und Anlagen-Know-How werden an Modulhersteller ausgelagert. Entwicklung von betriebs-/prozessspezifischen Kernkompetenzen und zunehmende Auslagerung von Nebentätigkeiten

(Fortsetzung)

Tab. 2 (Fortsetzung)

	Landwirtschaftliche Maschinen	Prozessanlagen
Produktionssystembezogene Eigenschaften	**Standardisierung**	
	Standardisierte Bedienkomponenten, -Logiken und Kommunikationsstandards (ISOBUS) sowie der physikalischen Schnittstelle (z. B. Zapfwelle) Standardisierte Entwicklungsprozesse bei den Maschinenherstellern	Standardisierte Schnittstellenbeschreibung der Module über MTP. Dadurch wird einer effizienten Integration von automatisierungstechnischen Modulaspekten in die POL ermöglicht. Physikalisch unterliegen die Module keinen (Schnittstellen-) Standardisierungen
	Differenzierung in Traktoren, selbstfahrende Spezialmaschinen und Anbaugeräte - Traktoren sind universelle Maschinen, die mit einer Vielzahl von Anbaugeräten kombiniert werden können - selbstfahrende Spezialmaschinen, die mit spezifischen Zusatzaggregaten verbunden werden können - Anbaugeräte stellen die prozessspezifischen Funktionen bereit und erzeugen ein teilaufgabenspezifisches Traktor-Geräte-System	Differenzierung in Standard- und Spezial-Module: - Standardmodule werden zur Maximierung des Anwendungsspektrums für einen möglichst universellen Einsatz entworfen (bspw. Dosiermodul). Diese Modultyp macht den Großteil der eingesetzten Module aus. - Spezialmodule werden für spezifische Einsatzszenarien zur Realisierung (prozess-) spezifischer verfahrenstechnischer Schritte entworfen (bspw. Doppel-Dosiermodul für Polimerisationsprozesse). Dieser Modultyp wird in Ausnahmefällen eingesetzt und i. d. R. applikationsspezifisch entworfen

et al. 2020). In Zusammenhang mit den Verschaltungsprozessen sehen die Autoren einen besonderen Bedarf nach Trainings und kompetenzförderlichen Maßnahmen, die es den Operateuren einerseits ermöglichen, die geplanten Konfigurationen umzusetzen und andererseits deren Beschaffenheit und Systemverhalten zu beurteilen und auch vorhersehen zu können.

Nicht nur Rekonfigurationen erschweren es den Operateuren, Zustände und Situationen richtig zu bewerten und korrekt zu handeln. Die hohen Grade an Automatisierung in beiden Domänen führt dazu, dass die Arbeitsprofile stärker durch abrupte Wechsel zwischen Überwachungsaufgaben und Interventionsaktivitäten im Fehlerfall gekennzeichnet sind. Beide Phasen fordern dabei die Aufrechterhaltung und Fokussierung der Aufmerksamkeit und die Bereitstellung der nötigen kognitiven Ressourcen für eine konstant zuverlässige Aufgabenerfüllung heraus. An dieser Stelle kann die situationsbedingte Leistungsfähigkeit der Operateure zum Flaschenhals in der Situationsbewältigung werden. Die Berücksichtigung dieser Leistungsfähigkeit in Form einer menschlichen Zustandserkennung bietet das Potenzial, diese systemseitige Schwäche nicht allein den Operateuren zu übertragen.

Prozess- und Landwirtschaft ist gemein, dass die Leistungskriterien und -indikatoren über den Ressourceneinsatz und die -effizienz bestimmen lassen. Um die Leistungsfähigkeit der Systeme zu maximieren, werden diese zunehmend automatisiert, wodurch direkte Eingriffe der Operateure in den Prozess reduziert werden. Die eingesetzten Systeme werden weitestgehend als Black-Box ausgelegt, die Prozesswerte auf einer höheren Abstraktionsebene zusammenfassen und dem Operateur bereitstellen, z. B. in Form von Diensten. Eine Bewertung des Systemzustandes aufgrund von Erfahrungswerten, wie physikalisches Feedback (Vibration, Geräusch), ist durch die sich häufig ändernde Systemstruktur nicht mehr möglich (Müller 2019). Daraus resultierend können Operateure die Interpretation der Richtigkeit von den bereitgestellten Daten und Messwerte nur auf Plausibilität prüfen, was zudem stark von der Operatorkompetenz abhängig ist. Das Tätigkeitsfeld der Operateure verschiebt sich mit zunehmender Distanzierung von dem Prozess in beiden Branchen hin zu Überwachungs- und Planungstätigkeiten.

Ein Unterschied zwischen Landwirtschaft und Prozessindustrie ist die Offenheit der Systeme zur Umwelt. Während die Prozesse in der Landwirtschaft stark von schwer zu kontrollierenden Umwelteinflüssen abhängig ist, findet die Produktion in der Prozessindustrie in weitestgehend geschlossenen Systemen statt. Neben den Systemeigenschaften unterscheidet sich auch die Größenstruktur der Unternehmen: In der Landwirtschaft sind vorrangig klein- und mittelständische Unternehmen mit einer Betriebsgröße bis ca. 20 Leute anzutreffen, wohingegen in der chemischen Industrie über 50 % der Unternehmen mehr als 50 Mitarbeiter beschäftigen (VCI 2020). Daraus ergeben sich einerseits flachere bzw. kleinere Entscheidungshierarchien in der Landwirtschaft im Vergleich zu chemischen Konzernen. Andererseits verfügen große Konzerne über ein erweitertes Möglichkeitsspektrum der Verantwortungs- sowie Kompetenzverteilung, wodurch spezialisierte Tätigkeiten von entsprechenden (werksinternen) Spezialisten bewältigt werden können. In landwirtschaftlichen Unternehmen müssen spezialisierte Tätigkeiten zunehmend zu externen Dienstleistern ausgelagert werden, da die wirtschaftlichen sowie personellen Ressourcen zur Schulung nicht zur Verfügung stehen.

Das Prozesswissen der Betreiber ist in der Prozessindustrie ein kritischer Wettbewerbsfaktor, weshalb der Fokus der Entwicklung auf der effektiven Realisierung von Prozessen liegt. Das Differenzierungsmerkmal zwischen verschiedenen Herstellern und Produktpreisen ist dabei häufig die erzielte Produktqualität. Im Kontrast zur prozessorientierten Denkweise der Prozessindustrie steht die produktfokussierte Denkweise der Landwirtschaft. Das Wissen über das effiziente Umsetzen von Produktionsprozessen ist zwar ein erfolgsbegünstigender- jedoch kein erfolgskritischer Wettbewerbsfaktor. Der Fokus der Landwirtschaft liegt aufgrund der geringen Differenzierungsmerkmale der Produkte verschiedener Hersteller und gesättigter Märkte vor allem auf der Verfahrenskostensenkung.

Zusammenfassend betrachtet sind die Eigenschaften der einzelnen (Teil-)Systeme sowie die darin anfallenden Tätigkeiten sowohl in der Agrar- als auch in der Prozessindustrie ähnlich. Auch wenn, wie gezeigt, Automatisierungs- und Modularisierungsstrategien in beiden Domänen unterschiedlich ausgeprägt sind, so stellen die daraus resultierenden Arbeitsprofile, Tätigkeiten und Anforderungen ähnlich intensive Herausforderungen für die Kompetenzen, Adaptivität und situative Leistungsfähigkeit der Operateure.

4 Konsequenzen für die Gestaltung der Mensch-Maschine-Interaktion in einem Conducive Design

4.1 Kompetenzerwerb und -erhalt

Die gewünschte Wandelbarkeit von CPPS erfordern ein hohes Maß an Kompetenz zum Lösen komplexer Probleme (Greiff et al. 2013; Neubert et al. 2015). Förderlich für den Kompetenzerwerb ist (1) eine darauf ausgerichtete Gestaltung des Systems, beispielsweise über die Visualisierung lösungsrelevanter Prozessinformation, (2) die Bereitstellung von Instruktion und Training und (3) die Kombination von Gestaltungs- und Trainingsstrategien.

Der Entwurf von förderlichen CPPS erfordert *innovative Engineering-Methoden* und Beschreibungsmodelle, um die inhärente verteilte und parallele Natur von cyber-physischen Prozessen zu erfassen (Lee 2006, 2008), sowie Visualisierungsmetaphern, die das Denken über Kontext, Funktion, Abstraktion und Situation unterstützen (Müller et al. 2017). Ein erster Ansatzpunkt sind die Abstraktions- und Dekompositionshierarchien, Grundlage des sogenannten Ecological Interface Design-Frameworks (Bennett et al. 1993; Reising und Sanderson 2000; Vicente und Rasmussen 1992). Leider war zu dieser Zeit die Vermittlung von kontextbezogenen Informationen recht teuer und knapp. Daher wurden ökologische Schnittstellen nur in einer begrenzten Anzahl von Anwendungen eingeführt (Urbas et al. 2012b). CPPS versprechen, diese Einschränkung zu überwinden.

Im Bereich der Instruktionspsychologie und -gestaltung gibt es umfangreiche Forschung, um die Vorteile und Einschränkungen verschiedener Strategien für technologiegestütztes selbstreguliertes Lernen zu untersuchen (Azevedo und Aleven 2013; Ben-Eliyahu und Bernacki 2015; Damnik et al. 2013; Johnson und Davies 2014). Im Gegensatz dazu gibt es in der Ergonomie nur sehr wenige bisherige Forschungsergebnisse zu den Auswirkungen verschiedener Trainingsarten auf die kognitive Flexibilität beim Lösen komplexer, dynamischer Probleme (Cañas et al. 2005). Eine Ausnahme ist das simulatorgestützte Bedienertraining, das ein wichtiges Mittel zur Entwicklung und Aufrechterhaltung von Kompetenzen für seltene Ereignisse in risikoreichen Umgebungen ist. Während simulatorgestütztes Training-on-the-Job vor etwa 15 Jahren eine Vision war (Urbas 1999), haben CPPS das Potenzial, Simulationsszenarien zu akzeptablen Kosten direkt an den Arbeitsplatz zu liefern.

Vielversprechende Ergebnisse aus der instruktionspsychologischen Forschung wurden für verschiedene Arten von indirekten und kombinierten Interventionen berichtet, einschließlich einer Vielzahl von Aufforderungen, Fragen, formativen Beurteilungs- und Feedbacktypen, Organisationswerkzeugen, pädagogischen Mitteln und Arbeitsbeispielen (für eine Übersicht siehe (Devolder et al. 2012)). Inwieweit diese Erkenntnisse und Gestaltungsmodelle auf CPPS übertragen werden können, bleibt jedoch eine offene Frage. Eine wichtige Erkenntnis aus der Instruktionsforschung, die für den industriellen Kontext unmittelbar relevant ist, ist das sogenannte Assistenzdilemma (Koedinger und Aleven 2007). Es bezieht sich auf die Erkenntnis, dass zu viel Unterstützung schädliche Auswirkungen auf die Lernprozesse und -ergebnisse der Studierenden haben kann (Richey und Nokes-Malach 2013; Taminiau et al. 2013).

4.2 Adaptionsinitiative

Flexibilität erfordert Anpassung auf verschiedenen zeitlichen Ebenen. Eine sofortige Anpassung an Störungen wird durch die Implementierung von mehrschichtigen Überwachungssteuerungsschemata erreicht (Sheridan 2012). Wann immer der Mensch an der Überwindung der Sprödigkeit aktueller Automatisierungssysteme beteiligt ist, ist Feedback ein wesentliches Merkmal nutzbarer Systeme (Levesque et al. 2004; Preim 2010). Es unterstützt die Exploration, Problemlösungsstrategien, Selbstwirksamkeit und Motivation des Operateurs (Narciss und Huth 2004, 2006). Während es eine große Menge an empirischer Forschung über die Effektivität verschiedener Arten von nicht-adaptivem Feedback gibt (Shute 2008; van der Kleij et al. 2015), hat die automatische Feedback-Adaption viel weniger Aufmerksamkeit erhalten (Narciss et al. 2014). Im Bereich der Mensch-Computer-Interaktion und multimodaler Benutzerschnittstellen wurden Feedforward-Mechanismen untersucht, um das Lernen und die Bedienung der Benutzeroberfläche zu verbessern (Preim und Dachselt 2015). Zur effektiven Visualisierung von Informationen (z. B. mit Hilfe von magischen Linsen (Tominski et al. 2017)) und Systemzuständen finden benutzeradaptive Visualisierungen erst seit kurzem Beachtung in der Forschung (Conati et al. 2015). Die Forschung zeigt, dass das Design und die Evaluation von adaptiven Feedbackstrategien schwierig ist, da eine Vielzahl von individuellen und situativen Variablen die Wirkung von Feedback erleichtern oder behindern kann (Narciss 2013, 2017). Neben der Anpassung der Informationsdarstellung innerhalb der Aufgabe selbst, ist ein vielversprechender Ansatz die Anpassung von Unterstützung und Instruktion an die einzelnen Operateure. In der Instruktionspsychologie wurden verschiedene Technologien entwickelt, die von rigorosen regelbasierten intelligenten Tutorsystemen bis hin zu adaptiven pädagogischen Hypermedia-Systemen reichen (Goldin et al. 2017; Vandewaetere et al. 2011). Eine Herausforderung bei der Entwicklung von Anpassungsstrategien ist die Identifizierung individueller kognitiver, affektiver und verhaltensbezogener Merkmale, die als Quelle für die Anpassung in Frage kommen (Narciss et al. 2014).

Auf der mittleren zeitlichen Ebene kann die Anpassung der Struktur des technischen Prozesses durch modulare CPPS-Ansätze erreicht werden (Bieringer et al. 2013; Holm et al. 2014; Urbas et al. 2012a). Bei der Anpassung der Schnittstellen für die Mensch-Maschine-Kooperation kann eine größere Bandbreite an Interaktionsmodalitäten und -techniken genutzt werden, von Maus, Tastatur und grafischen Benutzerschnittstellen bis hin zu Natural User Interfaces (Preim und Dachselt 2015) oder Reality-based Interaction (Jacob et al. 2008). Zu den Interaktionsmodalitäten gehören Multitouch (Von Zadow et al. 2013), Stiftinteraktion und Skizzieren, Freihandgesten (Stellmach et al. 2012), Körperbewegungen (Wagner et al. 2013), blickbasierte Interaktion (Duchowski et al. 2011; Stellmach und Dachselt 2013), Sprachsteuerung, tangible User Interfaces (Shaer und Hornecker 2010), räumliche und proxemische Interaktion (Langner et al. 2016; Spindler et al. 2014) und alle Kombinationen davon. Bislang gibt es nur wenige Forschungsarbeiten, die explizit die Eignung bestimmter Eingabemodalitäten vergleichen. Dazu gehören der Vergleich von Touch und Tangibles (Terrenghi et al. 2008) und der Einsatz verschiedener Interaktionstechniken zum Schwenken und Zoomen von Informationen an Wänden (Nancel et al. 2011). Da die optimale Unterstützung nur kontextabhängig sein kann, wird es interessant sein, die Eignung von frei kombinierbaren Interaktionstechniken (Ziegler und Urbas 2013) oder workflowzentrierten App-Orchestrierungsschemata (Pfeffer et al. 2013) für wechselnde CPPS-Aufgaben zu untersuchen.

Sowohl bei den unmittelbaren als auch bei den zwischenzeitlichen Anpassungen ist eine kritische Frage, ob sie vom System oder vom Menschen initiiert werden sollen. Wenn das System die Führung übernimmt, können Operateure kaum die metakognitiven Fähigkeiten erwerben, die für die Selbstregulierung ihrer Aktivitäten notwendig sind. Übernimmt der Operateur die Führung, setzt dies ein gewisses Maß an Expertise in Problemlösung und metakognitiven Fähigkeiten voraus, die oft nicht ausreichend entwickelt sind (Van Merriënboer und Kester 2014). Um dieses Dilemma zu lösen und Selbstregulationswissen, -fähigkeiten und -strategien höherer Ordnung zu fördern, wurde vorgeschlagen, gemischte Steuerung oder geteilte Steuerungsanpassung einzusetzen, die system- und menschengesteuerte Anpassungsfähigkeit kombiniert (Kalyuga 2009). Bisher wurden Shared Control-Systeme im Kontext des Instruktionsdesigns (Corbalan et al. 2006) sowie in der Forschung und Gestaltung zur kooperativen Steuerung von Assistenz- und Automatisierungssystemen für die Luftfahrt und Fahrerassistenzsysteme (Flemisch et al. 2014) entwickelt und untersucht. Es ist jedoch zu untersuchen, inwieweit diese Methoden auf komplexe Problemlösungsaufgaben, wie sie in CPPS benötigt werden, übertragen werden können.

Langfristige Anpassung wird durch Rückkopplung in das Maschinendesign und durch gesundheits- und vertrauensfördernde Gestaltungsmaßnahmen erreicht (vgl. Fritzsche et al. 2014). Derzeit ist der Produktentwicklungs- und Designprozess auf die Domänenintegration und das Lebenszyklusmanagement ausgerichtet. Modelle und Anwendungen, die die Komponenten, Funktionen und Eigenschaften eines Produkts beschreiben, müssen in den Lebenszyklus einfließen, lange bevor das Produkt physisch realisiert wird. Systems Engineering in CPPS (Eigner et al. 2014) fasst Ansätze zur Beschreibung von Funktionen und Beziehungen in einem System von Komponenten aus Mechanik, Elektrik, Elektronik und Software zusammen (Gausemeier et al. 2009). Anforderungen an Flexibilität und Adaption werden im Entwicklungsprozess von CPPS als Teil des Anforderungsmanagements betrachtet.

Wenn die menschliche Wahrnehmung beim Testen berücksichtigt werden muss, ermöglichen *Virtual-Reality-Umgebungen* (VR) die Interaktion des Menschen mit einem Produkt in Originalgröße, das physisch noch nicht existiert. Derartige VR-Systeme ermöglichen das „Eintauchen", also die Immersion, in eine virtuelle Umgebung. Der Benutzer erlebt eine multimodale Interaktion, wobei dieser aus egozentrischer Perspektive in Echtzeit mit der ihn umgebenden VR über Körperbewegungen interagiert. Während technische Informationen, z. B. als aufbereitete CAD-Daten, in virtueller Form bereitgestellt werden, erfolgt die Einbindung des Menschen mittels Sensoren. VR-Systeme sind demnach gut geeignet, um die Herstellung, den Betrieb, die Anwendung oder die Wartung von CPPS in Echtzeit zu evaluieren. Auch in der Ergonomie, zur Beurteilung körperlicher Arbeitsbelastung existieren entsprechende Echtzeitanwendungen unter Einbindung biomechanischer Messsysteme (z. B. INDUSTRIAL ATHLETE). Belastungsarten, Zwangshaltungen und Repetitionen können mittels dieser Systeme nach arbeitswissenschaftlichen und biomechanischen Kriterien bewertet werden (Schmauder und Spanner-Ulmer 2014). Prinzipiell sind diese biomechanischen Messsysteme für reale Umgebungen konzipiert, in Verbindung mit VR-Systemen können entsprechende Methoden auch in VR-Umgebungen eingesetzt werden, um eine prospektive Beurteilung des Nutzungskontextes von CPPS zu ermöglichen. Es gibt jedoch noch einige Themen, die Forschungsbedarf haben. Zum einen ist die Erstellung von Design-Reviews in VR sehr zeitaufwendig (Rieg et al. 2012) und die daraus resultierenden Informationen sind vom Entwicklungsprozess abgekoppelt. Wenn eine höhere Effizienz von Design-Reviews erreicht werden könnte, würde dies zu einer größeren Bandbreite an Produktvarianten führen, die im Prozess der CPPS-Entwicklung bewertet werden können. Zweitens fehlt in VR-Systemen typischerweise die haptische Wahrnehmung, obwohl sie für die Bewertung von Produktentwicklungszuständen wichtig ist. Drittens wird die Einschätzung in VR durch die individuelle Variabilität der Wahrnehmung bestimmt (Renner et al. 2013, 2015)

4.3 Situative Leistungsfähigkeit

Um diese Anpassungsfähigkeit des Systems an den aktuellen, situationsabhängigen Zustand des Menschen in einem Conducive Design zu berücksichtigen, müssen entsprechend situationsabhängige Zustände wie Motivation (Gagné und Deci 2005), Stress (Hammer et al. 2004) oder Müdigkeit (Fan und Smith 2017) von dem System erfasst werden können. Erst mit der Erfassung des aktuellen Bedienerzustandes in Kombination mit einer entsprechenden Nutzeradaptivität, die es dem System ermöglicht auf die situationsspezifischen Bedürfnisse und Fähigkeiten zu reagieren (Urbas und Steffens 2005), gelingt es, eine wirkungsvolle Unterstützung während des Betriebes und eine nachhaltige Verbesserung der Interaktion zwischen Mensch und System zu realisieren. Zustandsparameter, die für solche nutzeradaptiven Systeme in Zukunft relevant sein können, sind dabei neben der Erkennung des Wissenszustands, der Aufmerksamkeitsgrad, die Ermüdung, der Stress, der kognitiver Workload, die Motivation sowie das Vertrauen. Sind diese Zustände dem System bekannt, kann es über eine Anpassung der Aufgaben (z. B. ihrer Komplexität oder ihrem Schwierigkeitsgrad) oder der Informationsbereitstellung auf die Operateure reagieren.

Dazu ist es erforderlich, diese Parameter in ausreichend kleinen Zeitabständen während des Betriebes erheben zu können. Drei Möglichkeiten einer solchen Detektion erscheinen durch cyber-physische-Systeme integrierbar:

1. Feedback-Funktionen, die es dem Bediener erlauben, seine Zustände dem System mitzuteilen
2. Sensorische Erfassung von Körperreaktionen, die auf bestimmte Zustände oder deren Veränderung schließen lassen
3. Auswertung von Eingabeverhalten, die auf bestimmte Zustände oder deren Veränderung schließen lassen

Dabei besteht auch an dieser Stelle noch Forschungs- und Entwicklungsbedarf. Es erscheint plausibel, dass der Operateur selbst am besten in der Lage ist, seine eigene Verfassung priorisiert und gefiltert wahrzunehmen und zu kommunizieren. Diese Selbstbeschreibungsfähigkeit nutzen in der Kognitionsforschung zahlreiche Werkzeuge (Dohi et al. 2005; Hart 2006; Schrepp et al. 2017). Eine Nutzung solcher Funktionen in der Mensch-Maschine-Funktion gibt es dagegen bisher noch nicht, was auch daran liegt, dass die Systeme selbst nicht in der Lage sind, sich auf verschiedene Zustände einzustellen. Außerdem ist zu berücksichtigen, dass eine Selbstbeschreibung immer auch durch den individuellen Bias, der eigenen Wahrnehmung, und äußeren Faktoren beeinflusst wird.

Bei der Entwicklung von Lösungen, die in der Lage sind, kognitive Zustände durch das Messen von Körperreaktionen zu erfassen, ist die Forschung mittlerweile an einem Punkt, dass nutzbare Technologien in greifbarer Nähe erscheinen. Dies kann z. B. über die Messung des Hautleitwiderstandes (Papastefanou 2013), Blickbewegung (Hasanzadeh et al. 2018), EEG (Hankins und Wilson 1998) oder der Herzraten-Variabilität (Ernst et al. 2021) geschehen. Die Zusammenhänge dieser Reaktionen auf das komplexe Geflecht menschlicher Emotionen und kognitiver Zustände ist aber erst noch am Anfang, um zuverlässige Zustandsbeschreibungen aus Ihnen ableiten zu können. Algorithmenbasierte Verhaltensanalysen finden dagegen schon Einsatz in verschiedenen Anwendungen (Maiwald und Schulte 2015). So gibt es Assistenzfunktionen in modernen PKW und LKW, die Unterschiede bei der Interaktion des Menschen mit dem System (z. B. Lenkbewegungen) detektieren und durch die Auswertung dieser Daten bei bestimmten Mustern in Verbindung mit manchen Zuständen wie Aufmerksamkeit oder Müdigkeit erfassen (Hilgers 2016).

Neben diesen kognitiven „Enablern" spielen auch damit zusammenhängende Bedürfnisse der Operateure eine Rolle (Zeiner et al. 2018). Das Forschungsgebiet der User Experience befasst sich umfassend mit der Modellierung von nicht-instrumentellen Qualitäten und dem Verständnis von deren Auswirkungen auf unser Handeln in Arbeitskontexten. Conducive Design bedeutet also eine tiefe und mehrschichtige Verknüpfung technischer Entwicklungsmethodik, Aufgabenbeschreibungen sowie kognitiven Prozessen und Zuständen. Je besser das Verständnis über die Zusammenhänge zwischen diesen in die Entwicklung und Gestaltung von CPPS integriert werden kann, desto zuverlässiger kann ein robustes und leistungsfähiges Mensch-Maschine System daraus entstehen.

5 Zusammenfassung und Ausblick

Entwicklungsstrategien wie eine hierarchische und komponentenbasierte Automatisierung oder die Skalierung von Produktionssystemen zu schlicht größeren und leistungsfähigeren Systemen, kommen bei der Bewältigung hochflexibler Produktionsweise an ihre Grenzen. Hier ermöglichen die Transformation zu homogenen CPPS Modularisierungslösungen basierend auf dem Einsatz autarker, automatisierter Systeme und Teilsysteme. Das Zerlegen großer Prozessketten in kleinere, autarke oder hochautomatisierte Systembausteine, vereinfacht die dynamische Rekonfigurierbarkeit und erhöht damit Passfähigkeit und Effizienz im jeweiligen Produktionsszenario. Sowohl die landwirtschaftliche als auch die prozesstechnische Produktionsindustrie arbeitet an solchen Konzepten, um der sich ändernden Nachfrage- und Prozessdynamik gerecht zu werden. Wie der System- und Anwendungsvergleich beider Branchen zeigt, führen die Modularisierungsansätze trotz unterschiedlicher Ziele zu einer deutlichen Analogie hinsichtlich des Aufbaus der Produktionssysteme im Sinne ihrer prozess- und informationstechnischen Struktur.

Diese systemseitigen Veränderungen betreffen auch die Einbindung der Menschen, die nach wie vor als Entscheider und Problemlöser in *Human Centered Cyber Physical Production Systems* (HC-CPPS) mit kollaborativen Automatisierungsstrategien ein unverzichtbarer Teil dieser Produktionssysteme sind. Dabei verändern sich Arbeitsanforderungen, Aufgaben und Arbeitsbedingungen, in denen Menschen trotzdem effizient, sicher, (anhaltend) motiviert und nachhaltig arbeiten können müssen. Auch wenn die Automatisierung den Menschen an vielen Punkten Überwachungs-, Steuer- und Entscheidungsprozesse abnimmt, so führt diese Entwicklung auch dazu, dass der Mensch zukünftig in unterschiedlicheren, komplexeren und unmittelbareren Überwachungs- und Interventionsaufgaben eingebunden sein wird. Die Unplanbarkeit solcher Interventionsaufgaben und die nicht-Routine Aufgaben bei der Rekonfiguration stellen jedoch in Verbindung mit komplexeren Komponenten und Prozessen eine neue Herausforderung an die Bedienung und die Operateure dar. Bei Entwicklungsansätzen, in denen einzig die technische Leistungsfähigkeit als bestimmender Faktor zur Festsetzung menschlicher Aufgabenprofile herangezogen wird, können Operateure bei deren Bedienung in die Extreme der konstanten Unter- und spontanen Überforderung gedrängt werden. Dieser Entwicklungsschwäche kann durch ein entsprechendes Conducive Design der Systeme begegnet werden.

Conducive Design befähigt Operateure dazu, in schwierigen Entscheidungs- bzw. Interventionsaufgaben richtig zu handeln. Conducive Design heißt aber auch, CPPS so zu gestalten, dass resultierende Aufgabenprofile für die involvierten Menschen zu deren körperlichen und kognitiven Leistungs- und Entwicklungsfähigkeit passen. Ein elementarer Baustein dabei ist die Integration des Menschen, seiner individuellen Ressourcen und Kompetenzen in das CPPS. Besondere Rücksicht muss hierbei auf die kontinuierliche (Weiter)Entwicklung menschlicher Kompetenzen genommen werden. Dies gelingt dann, und nur dann, wenn Menschen nicht als Störgröße in einem automatisierten System verstanden und zur Ausführung stupider, nicht automatisierbarer Tätigkeiten, degradiert werden. Die optimale Einbindung menschlicher Kompetenzen ermöglicht es, das System agiler und robuster zu verwenden.

Förderlich für den Kompetenzerwerb und -erhalt in einem Automatisierungssystem ist (1) eine darauf ausgerichtete Gestaltung des Systems, beispielsweise über die Visualisierung lösungsrelevanter Prozessinformation, (2) die Bereitstellung von Instruktion und Training und (3) die Kombination von Gestaltungs- und Trainingsstrategien. Gefordert sind Visualisierungsmetaphern, die das Denken über Kontext, Funktion, Abstraktion und Situation unterstützen (Müller und Urbas 2017). Conducive Design erweitert etablierte Konzepte eines menschzentrierten Produktentwicklungsprozesses um die Berücksichtigung kognitiver Zustände und Prozesse. Diese Berücksichtigung geschieht in einer ganzheitlichen Systembetrachtung, die die Entwicklung des technischen Systems, die Konsequenzen für seinen Einsatz und seinen Einsatz selbst einschließt. Die Analysen für diesen Beitrag zeigen, dass einerseits die kontinuierliche Weiterentwicklung hochflexibler, modularisierter und hochautomatisierter Produktionssysteme von einer solchen Erweiterung profitieren würden. Anderseits wird deutlich, dass diese Wirkung das Potenzial hat, domänenübergreifend Wirkung zu erzielen, wie der Vergleich von Prozessindustrie und Landwirtschaft gezeigt hat.

Danksagung Die Autoren danken der Deutsche Forschungsgemeinschaft (DFG) für die Förderung im Rahmen des Graduiertenkollegs 2323 „Förderliche Gestaltung cyberphysischer Produktionssysteme" (Projektnummer 319919706).

Literatur

Antwarg L, Lavie T, Rokach L, Shapira B, Meyer J (2013) Highlighting items as means of adaptive assistance. Behav Inform Technol *32*(8):761–777. https://doi.org/10.1080/0144929X.2011.650710

Azevedo R, Aleven V (2013) Metacognition and learning technologies: an overview of current interdisciplinary research. In: Azevedo R, Aleven V (Hrsg) Springer international handbooks of education: Bd. 26. International handbook of metacognition and learning technologies, Bd 28. Springer, S 1–16. https://doi.org/10.1007/978-1-4419-5546-3_1

Bainbridge L (1983) Ironies of automation. Automatica 19(6):775–779. https://doi.org/10.1016/0005-1098(83)90046-8

Ben-Eliyahu A, Bernacki ML (2015) Addressing complexities in self-regulated learning: a focus on contextual factors, contingencies, and dynamic relations. Metacogn Learn 10(1):1–13. https://doi.org/10.1007/s11409-015-9134-6

Bennett KB, Toms ML, Woods DD (1993) Emergent features and graphical elements: designing more effective configural displays. Hum Factors J Hum Factors Ergon Soc 35(1):71–97. https://doi.org/10.1177/001872089303500105

Bieringer T, Buchholz S, Kockmann N (2013) Future production concepts in the chemical industry: modular-small-scale-continuous. Chem Eng Technol 36(6):900–910

Birtel M, Mohr F, Hermann J, Bertram P, Ruskowski M (2018) Requirements for a human-centered condition monitoring in modular production environments. IFAC-PapersOnLine 51(11):909–914. https://doi.org/10.1016/j.ifacol.2018.08.464

Bloch H, Fay A, Knohl T, Hensel S, Hahn A, Urbas L, Wassilew S, Bernshausen J, Hoernicke M, Haller A (2017) Model-based engineering of CPPS in the process industries. In: 2017 IEEE 15th International Conference on Industrial Informatics (INDIN). https://doi.org/10.1109/INDIN.2017.8104936

BMEL (2019) Agrarpolitischer Bericht der Bundesregierung 2019. https://www.bmel.de/SharedDocs/Downloads/DE/Broschueren/Agrarbericht2019.html

Cañas AJ, Carff R, Hill G, Carvalho M, Arguedas M, Eskridge TC, Lott J, Carvajal R (2005) Concept maps: integrating knowledge and information visualization. In: Knowledge and information visualization. Springer, Berlin/Heidelberg, S 205–219. https://doi.org/10.1007/11510154_11

Carsten O, Martens MH (2019) How can humans understand their automated cars? HMI principles, problems and solutions. Cogn Tech Work 21(1):3–20. https://doi.org/10.1007/s10111-018-0484-0

Conati C, Carenini G, Toker D, Lallé S (2015) Towards user-adaptive information visualization. In: Twenty-ninth AAAI conference on artificial intelligence. AAAI Press, Palo Alto

Corbalan G, Kester L, van Merriënboer JJG (2006) Towards a personalized task selection model with shared instructional control. Instr Sci 34(5):399–422

Cruz Salazar LA, Ryashentseva D, Lüder A, Vogel-Heuser B (2019) Cyber-physical production systems architecture based on multi-agent's design pattern – comparison of selected approaches mapping four agent patterns. Int J Adv Manuf Technol 105(9):4005–4034. https://doi.org/10.1007/s00170-019-03800-4

Damnik G, Proske A, Narciss S, Körndle H (2013) Informal learning with technology: the effects of self-constructing externalizations. J Educ Res 106(6):431–440. https://doi.org/10.1080/00220671.2013.832978

DECHEMA, VDI (2017) Modulare Anlagen: Flexible chemische Produktion durch Modularisierung und Standardisierung – Status Quo und zukünftige Trends

Dekker S, Woods D, Mooij M (2002) Envisioned practice, enhanced performance: the riddle of future (ATM) systems. J Appl Aviat Stud 2(1):23–32

Devolder A, van Braak J, Tondeur J (2012) Supporting self-regulated learning in computer-based learning environments: systematic review of effects of scaffolding in the domain of science education. J Comput Assist Learn 28(6):557–573. https://doi.org/10.1111/j.1365-2729.2011.00476.x

DIN 61511 (2011) Funktionale Sicherheit sicherheitsbezogener elektrischer/elektronischer/programmierbarer elektronischer Systeme (DIN EN 61508 (VDE 0803). Beuth, Berlin

DIN 61508 (2020) Ergonomie der Mensch-System-Interaktion – Teil 210: Menschzentrierte Gestaltung interaktiver Systeme (DIN EN ISO 9241-210:2020-03). Beuth, Berlin

Dohi S, Miyakawa O, Konno N (2005) Analysis of the introduction to the computer programming education by the SIEM assessment standard. In: 2005 6th international conference on information technology based higher education and training. Symposium im Rahmen der Tagung von IEEE. IEEE, New York

Duchowski AT, Pelfrey B, House DH, Wang R (2011) Measuring gaze depth with an eye tracker during stereoscopic display. In: Proceedings of the ACM SIGGRAPH symposium on applied perception in graphics and visualization. Association for Computing Machinery, New York

Eckert C, Isaksson O, Hallstedt S, Malmqvist J, Öhrwall Rönnbäck A, Panarotto M (2019) Industry trends to 2040. In: Proceedings of the Design Society: International Conference on Engineering Design, Bd 1(1), S 2121–2128. https://doi.org/10.1017/dsi.2019.218

Eigner M, Roubanov D, Zafirov R (2014) Modellbasierte virtuelle Produktentwicklung. Springer,

Ernst H, Pannasch S, Helmert JR, Malberg H, Schmidt M (2021) Cardiovascular effects of mental stress in healthy volunteers. In: 2021 Computing in Cardiology (CinC). IEEE. https://doi.org/10.23919/cinc53138.2021.9662842

F^3 FACTORY Projektkonsortium (2014) Final report summary – F^3 FACTORY (Flexible, Fast and Future Production Processes). https://cordis.europa.eu/project/id/228867/reporting. Zugegriffen am 20.10.2022

Fan J, Smith AP (2017) The impact of workload and fatigue on performance. In: International symposium on human mental workload: models and applications. Symposium im Rahmen der Tagung von Springer. Springer, Cham

Flemisch FO, Bengler K, Bubb H, Winner H, Bruder R (2014) Towards cooperative guidance and control of highly automated vehicles: H-Mode and Conduct-by-Wire. Ergonomics 57(3): 343–360

Fritzsche L, Wegge J, Schmauder M, Kliegel M, Schmidt K-H (2014) Good ergonomics and team diversity reduce absenteeism and errors in car manufacturing. Ergonomics 57(2):148–161

Gagné M, Deci EL (2005) Self-determination theory and work motivation. J Organ Behav 26(4): 331–362

Gausemeier J, Kaiser L, Pook S (2009) FMEA von komplexen mechatronischen Systemen auf Basis der Spezifikation der Prinziplösung. Z wirtsch Fabr 104(11):1011–1017

Gauss L, Lacerda DP, Sellitto MA (2019) Module-based machinery design: a method to support the design of modular machine families for reconfigurable manufacturing systems. Int J Adv Manuf Technol 102(9–12):3911–3936. https://doi.org/10.1007/s00170-019-03358-1

Gill KS (1996) Human machine symbiosis: the foundations of human-centred systems design. Human-centred systems. Springer. https://doi.org/10.1007/978-1-4471-3247-9

Goldin I, Narciss S, Foltz P, Bauer M (2017) New directions in formative feedback in interactive learning environments. Int J Artif Intell Educ 27(3):385–392. https://doi.org/10.1007/s40593-016-0135-7

Gorecky D, Schmitt M, Loskyll M (2017) Mensch-Maschine-Interaktion im Industrie 4.0-Zeitalter. In: Vogel-Heuser B, Bauernhansl T, ten Hompel M (Hrsg) Springer Reference Technik. Handbuch Industrie 4.0: Bd 4: Allgemeine Grundlagen, 2. Aufl. Springer Vieweg, S 219–236. https://doi.org/10.1007/978-3-662-53254-6_11

Greiff S, Wüstenberg S, Molnár G, Fischer A, Funke J, Csapó B (2013) Complex problem solving in educational contexts – something beyond g: concept, assessment, measurement invariance, and construct validity. J Educ Psychol 105(2):364–379. https://doi.org/10.1037/a0031856

Groenefeld J, Krugmann M, Willmann S (2014) Bedienergonomie 4.0 – Ein Blick über den Tellerrand. Technsiche Universität München. UP14, München

Hadidi LA, Khater MA (2015) Loss prevention in turnaround maintenance projects by selecting contractors based on safety criteria using the analytic hierarchy process (AHP). J Loss Prev Process Ind 34:115–126. https://doi.org/10.1016/j.jlp.2015.01.028

Hammer TH, Saksvik PØ, Nytrø K, Torvatn H, Bayazit M (2004) Expanding the psychosocial work environment: workplace norms and work-family conflict as correlates of stress and health. J Occup Health Psychol 9(1):83

Hancock PA, Jagacinski RJ, Parasuraman R, Wickens CD, Wilson GF, Kaber DB (2013) Human-automation interaction research. Ergon Des 21(2):9–14. https://doi.org/10.1177/1064804613477099

Hankins TC, Wilson GF (1998) A comparison of heart rate, eye activity, EEG and subjective measures of pilot mental workload during flight. Aviat Space Environ Med 69(4):360–367

Hart SG (2006) NASA-task load index (NASA-TLX); 20 years later. In: Proceedings of the human factors and ergonomics society annual meeting. Symposium im Rahmen der Tagung von Sage publications Sage CA, Los Angele

Hasanzadeh S, Esmaeili B, Dodd MD (2018) Examining the relationship between construction workers' visual attention and situation awareness under fall and tripping hazard conditions: using mobile eye tracking. J Constr Eng Manag 144(7):4018060

Hilgers M (2016) Fahrerassistenzsysteme. In: Elektrik und Mechatronik. Springer Fachmedien, Wiesbaden, S 59–68

Hirsch-Kreinsen H (2014) Wandel von Produktionsarbeit – „Industrie 4.0". WSI-Mitteilungen 67(6):421–429. https://doi.org/10.5771/0342-300X-2014-6-421

Hohmann L, Kurt SK, Soboll S, Kockmann N (2016) Separation units and equipment for lab-scale process development. J Flow Chem 6(3):181–190. https://doi.org/10.1556/1846.2016.00024

Hollnagel E (2000) Looking for errors of omission and commission or The Hunting of the Snark revisited. Reliab Eng Syst Saf 68(2):135–145. https://doi.org/10.1016/S0951-8320(00)00004-1
Holm T (2016) Aufwandsbewertung im Engineering modularer Prozessanlagen: Aufwandsbewertung im Engineering modularer Prozessanlagen [,Helmut-Schmidt-Universität/Universität der Bundeswehr Hamburg]. DataCite. https://openhsu.ub.hsu-hh.de/handle/10.24405/4296. Zugegriffen am 20.10.2022
Holm T, Obst M, Fay A, Urbas L, Albers T, Kreft S, Hempen U (2014) Dezentrale Intelligenz für modulare Automation. atp magazin 56(11):34–43
Huber W (2018) Die smarte Art der Produktion. In: Industrie 4.0 kompakt – Wie Technologien unsere Wirtschaft und unsere Unternehmen verändern. Springer Vieweg, Wiesbaden, S 85–98. https://doi.org/10.1007/978-3-658-20799-1_7
IEC 62264 (Juni 2008) IEC 62264-1: enterprise-control system integration-Part 1: models and terminology (IEC 62264-1:2013)
ISO 11783-1 (2017) Traktoren und Maschinen für Landwirtschaft und Forsten – serielle Steuerung und Kommunikationsnetzwerk – Teil 1: Genereller Standard für mobile Datenkommunikation (ISO 11783-1:2017-12). Beuth, Berlin
Jacob RJK, Girouard A, Hirshfield LM, Horn MS, Shaer O, Solovey ET, Zigelbaum J (2008) Reality-based interaction: a framework for post-WIMP interfaces. In: Proceedings of the SIGCHI conference on human factors in computing systems. Association for Computing Machinery, New York
Johnson G, Davies S (2014) Self-regulated learning in digital environments: theory, research, praxis
Kagermann H (2017) Chancen von Industrie 4.0 nutzen. In: Vogel-Heuser B, Bauernhansl T, ten Hompel M (Hrsg) Springer Reference Technik. Handbuch Industrie 4.0: Bd 4: Allgemeine Grundlagen, 2. Aufl. Springer Vieweg, S 237–248. https://doi.org/10.1007/978-3-662-53254-6_12
Kalyuga S (2009) Instructional designs for the development of transferable knowledge and skills: a cognitive load perspective. Comput Hum Behav 25(2):332–338
Kessler F, Lorenz S, Miesen F, Miesner J, Pelzer F, Satkowski M, Klose A, Urbas L (2022) Conducive design as an iterative process for engineering CPPS. In: Human aspects of advanced manufacturing. AHFE International. https://doi.org/10.54941/ahfe1002683
Kleij FM van der, Feskens RCW, Eggen TJHM (2015) Effects of feedback in a computer-based learning environment on students' learning outcomes. Rev Educ Res 85(4):475–511. https://doi.org/10.3102/0034654314564881
Klose A, Merkelbach S, Menschner A, Hensel S, Heinze S, Bittorf L, Kockmann N, Schäfer C, Szmais S, Eckert M, Rüde T, Scherwietes T, da Silva Santos P, Stenger F, Holm T, Welscher W, Krink N, Schenk T, Stutz A, Urbas L et al (2019) Orchestration requirements for modular process plants in chemical and pharmaceutical industries. Chem Eng Technol 42(11): 2282–2291. https://doi.org/10.1002/ceat.201900298
Kluge A (2014) The acquisition of knowledge and skills for taskwork and teamwork to control complex technical systems: a cognitive and macroergonomics perspective: a cognitive and macroergonomics perspective. Springer, Netherlands
Koedinger KR, Aleven V (2007) Exploring the assistance dilemma in experiments with cognitive tutors. Educ Psychol Rev 19(3):239–264. https://doi.org/10.1007/s10648-007-9049-0
Langner R, von Zadow U, Horak T, Mitschick A, Dachselt R (2016) Content sharing between spatially-aware mobile phones and large vertical displays supporting collaborative work. In: Collaboration Meets Interactive Spaces. Springer, Cham, S 75–96
Lee EA (2006) The problem with threads: E. A. Lee, „Cyber Physical Systems: Design Challenges," 2008 11th IEEE international symposium on object and component-oriented real-time distributed computing (ISORC), 2008, S 363–369. https://doi.org/10.1109/ISORC.2008.25. Computer 39(5):33–42. https://doi.org/10.1109/mc.2006.180
Lee EA (2008) Cyber physical systems: design challenges. In: 2008 11th IEEE international symposium on object and component-oriented real-time distributed computing (ISORC).

Symposium im Rahmen der Tagung von IEEE. Institute of Electrical and Electronics Engineers (IEEE), New York
Lee JD, Seppelt BD (2009) Human factors in automation design. In: Nof SY (Hrsg) Springer handbook of automation. Springer, Berlin/Heidelberg, S 417–436. https://doi.org/10.1007/978-3-540-78831-7_25
Leitão P, Colombo AW, Karnouskos S (2016) Industrial automation based on cyber-physical systems technologies: prototype implementations and challenges. Comput Ind 81:11–25. https://doi.org/10.1016/j.compind.2015.08.004
Lenahan T (1999) Turnaround management. Butterworth Heinemann, Oxford
Levesque C, Zuehlke AN, Stanek LR, Ryan RM (2004) Autonomy and competence in German and American university students: a comparative study based on self-determination theory. J Educ Psychol 96(1):68–84. https://doi.org/10.1037/0022-0663.96.1.68
Mädler J, Lorenz J, Bamberg A, Urbas L (2020) Smart Equipment in modularen Anlagen. ProcessNet PAAT, virtuell
Maiwald F, Schulte A (2015) Pilotenzustandserfassung zur Unterstützung des Ausbildungsbetriebes am Anwendungsbeispiel ziviler Hubschrauberrettungsmissionen. Kognitive Systeme 2015(2)
Merriënboer JJG van, Kester L (2014) The four-component instructional design model: Multimedia principles in environments for complex learning. In: Mayer RE (Hrsg) The Cambridge handbook of multimedia learning. Cambridge University Press, S 104–148. https://doi.org/10.1017/CBO9781139547369.007
Monostori L (2014) Cyber-physical Production Systems: Roots, Expectations and R&D Challenges. Procedia CIRP 17:9–13. https://doi.org/10.1016/j.procir.2014.03.115
Müller R (2019) Cognitive challenges of changeability: adjustment to system changes and transfer of knowledge in modular chemical plants. Cogn Tech Work 21(1):113–131
Müller R, Urbas L (2017) Cognitive challenges of changeability: multi-level flexibility for operating a modular chemical plant. Chem Ing Tech 89(11):1409–1420. https://doi.org/10.1002/cite.201700029
Müller R, Narciss S, Urbas L (2017) Interfacing cyber-physical production systems with human decision makers. Cyber-Phys Syst:145–160. https://doi.org/10.1016/B978-0-12-803801-7.00010-9
Nancel M, Wagner J, Pietriga E, Chapuis O, Mackay W (2011) Mid-air pan-and-zoom on wall-sized displays. In: Proceedings of the SIGCHI conference on human factors in computing systems. Association for Computing Machinery, New York
Narciss S (2013) Designing and evaluating tutoring feedback strategies for digital learning. Digit Educ Rev (23):7–26
Narciss S (2017) Conditions and Effects of Feedback Viewed Through the Lens of the Interactive Tutoring Feedback Model. In: Carless D, Bridges S, Chan C, Glofcheski R (Hrsg) Scaling up Assessment for Learning in Higher Education. The Enabling Power of Assessment, Bd 5. Springer, Singapore, 173–189. https://doi.org/10.1007/978-981-10-3045-1_12
Narciss S, Huth K (2004) How to design informative tutoring feedback for multimedia learning. In: Niegemann HM, Leutner D, Brunken R (Hrsg) Instructional design for multimedia learning. Waxmann, Munster, S 181–195
Narciss S, Huth K (2006) Fostering achievement and motivation with bug-related tutoring feedback in a computer-based training for written subtraction. Learn Instr 16(4):310–322. https://doi.org/10.1016/j.learninstruc.2006.07.003
Narciss S, Sosnovsky S, Schnaubert L, Andrès E, Eichelmann A, Goguadze G, Melis E (2014) Exploring feedback and student characteristics relevant for personalizing feedback strategies. Comput Educ 71:56–76
Neubert F-X, Mars RB, Sallet J, Rushworth MFS (2015) Connectivity reveals relationship of brain areas for reward-guided learning and decision making in human and monkey frontal cortex. Proc Natl Acad Sci U S A 112(20):E2695–E2704. https://doi.org/10.1073/pnas.1410767112
Obiajunwa CC (2013) Skills for the management of turnaround maintenance projects. J Qual Maint Eng 19(1):61–73. https://doi.org/10.1108/13552511311304483

Papastefanou G (2013) Experimentelle Validierung eines Sensor-Armbandes zur mobilen Messung physiologischer Stress-Reaktionen. GESIS – Leibniz-Institut für Sozialwissenschaften, Mannheim

Patrascu M, Barton PI (2019) Optimal dynamic continuous manufacturing of pharmaceuticals with recycle. Ind Eng Chem Res 58(30):13423–13436. https://doi.org/10.1021/acs.iecr.9b00646

Pelzer F, Klose A, Drath R, Horch A, Vélez Leon S, Manske H, Kotsch C, Oehlert R, Knab J, Barth M, Gut B, Urbas L (2020) Intermodulare funktionale Sicherheit für flexible Anlagen der Prozessindustrie. atp magazin 62(10):44–53. https://doi.org/10.17560/atp.v62i10.2508

Pfeffer J, Graube M, Urbas L (2013) Vernetzte Apps für komplexe Aufgaben in der Industrie. atp magazin 55(03):34–41

Preim B (2010) Interaktive Systeme: Band 1: Grundlagen: Band 1: Grundlagen, Graphical User Interfaces, Informationsvisualisierung, 2. Aufl. Springer, Berlin/Heidelberg

Preim B, Dachselt R (2015) Interaktive Systeme: Band 2: User Interface Engineering, 3D-Interaktion, Natural User Interfaces, 2. Aufl. eXamen.press/Springer Vieweg, Berlin/Heidelberg

Reising DVC, Sanderson PM (2000) Testing the impact of instrumentation location and reliability on ecological interface design: control performance. Proc Hum Factors Ergon Soc Annu Meet 44(1):124–127. https://doi.org/10.1177/154193120004400133

Renner RS, Velichkovsky BM, Helmert JR (2013) The perception of egocentric distances in virtual environments-a review. ACM Comput Surv (CSUR) 46(2):1–40

Renner RS, Steindecker E, MüLler M, Velichkovsky BM, Stelzer R, Pannasch S, Helmert JR (2015) The influence of the stereo base on blind and sighted reaches in a virtual environment. ACM Trans Appl Percept (TAP) 12(2):1–18

Richey JE, Nokes-Malach TJ (2013) How much is too much? Learning and motivation effects of adding instructional explanations to worked examples. Learn Instr 25:104–124. https://doi.org/10.1016/j.learninstruc.2012.11.006

Rieg, F, Feldhusen, J, Stelzer, R, Grote, K-H, Brökel, K, (Hrsg) (2012) Entwerfen Entwickeln Erleben 2012 – Methoden und Werkzeuge in der Produktentwicklung-10. Gemeinsames Kolloquium Kontruktionstechnik KT2012: Residenzschloss Dresden, 14–15 Juni 2012. TUDpress – Verlag der Wissenschaften GmbH, Dresden, S 145–152. ISBN: 978-3-942710-80-0

Schmauder SU, Spanner-Ulmer B (2014) Ergonomie. CARL HANSER Verlag GMBH,

Schrepp M, Hinderks A, Thomaschewski J (2017) Design and evaluation of a short version of the user experience questionnaire (UEQ-S). Int J Interact Multi Artif Intell 4(6):103–108

Schuh G, Anderl R, Gausemeier J, ten Hompel M, Wahlster W (Hrsg) (2017) Industrie 4.0 Maturity Index. Managing the Digital Transformation of Companies (acatech STUDY). Herbert Utz, Munich

Shaer O, Hornecker E (2010) Tangible user interfaces: past, present, and future directions. Now Publishers

Sheridan TB (2012) Human supervisory control. In: Handbook of human factors and ergonomics. Wiley, S 990–1015. https://doi.org/10.1002/9781118131350.ch34

Shute VJ (2008) Focus on formative feedback. Rev Educ Res 78(1):153–189

Spindler M, Schuessler M, Martsch M, Dachselt R (2014) Pinch-drag-flick vs. spatial input: rethinking zoom & pan on mobile displays. In: Proceedings of the SIGCHI conference on human factors in computing systems. Association for Computing Machinery, New York

Stellmach S, Dachselt R (2013) Still looking: Investigating seamless gaze-supported selection, positioning, and manipulation of distant targets. In: Proceedings of the sigchi conference on human factors in computing systems. Association for Computing Machinery, New York

Stellmach S, Jüttner M, Nywelt C, Schneider J, Dachselt R (2012). Investigating Freehand Pan and Zoom (December). In: Mensch & Computer 2012: 12. fachübergreifende Konferenz für interaktive und kooperative Medien. interaktiv informiert – allgegenwärtig und allumfassend!? Oldenbourg Wissenschaftsverlag, München

Taminiau EMC, Kester L, Corbalan G, Alessi SM, Moxnes E, Gijselaers WH, Kirschner PA, van Merriënboer JJG (2013) Why advice on task selection may hamper learning in on-demand education. Comput Hum Behav 29(1):145–154. https://doi.org/10.1016/j.chb.2012.07.028

Terrenghi L, Kirk D, Richter H, Krämer S, Hilliges O, Butz A (2008) Physical handles at the interactive surface: exploring tangibility and its benefits. In: Proceedings of the working conference on Advanced visual interfaces. Association for Computing Machinery, New York

Tominski C, Gladisch S, Kister U, Dachselt R, Schumann H (2017) Interactive lenses for visualization: an extended survey. Comput Graphics Forum 36(6):173–200. https://doi.org/10.1111/cgf.12871

Törngren M, Asplund F, Bensalem S, McDermid J, Passerone R, Pfeifer H, Sangiovanni-Vincentelli A, Schätz B (2017) Characterization, analysis, and recommendations for exploiting the opportunities of cyber-physical systems. In: Brecher C, Rawat DB, Song H, Jeschke S (Hrsg) Intelligent data centric systems. Cyber-physical systems: foundations, principles and applications. Academic, S 3–14. https://doi.org/10.1016/B978-0-12-803801-7.00001-8

Urbas L (1999) Entwicklung und Realisierung einer Trainings-und Ausbildungsumgebung zur Schulung der Prozeßdynamik und des Anlagenbetriebs im Internet. VDI-Verlag, Düsseldorf

Urbas L, Steffens C (2005) Zustandserkennung und Systemgestaltung. VDI-Verlag, Düsseldorf

Urbas L, Bleuel S, Jäger T, Schmitz S, Evertz L, Nekolla T (2012a) Automatisierung von Prozessmodulen. atp magazin 54(01–02):44–53

Urbas L, Doherr F, Krause A, Obst M (2012b) Modularisierung und Prozessführung. Chem Ing Tech 84(5):615–623. https://doi.org/10.1002/cite.201200034

Urbas L, Ziegler J, Doherr F (2012c) Produktergonomie in der Prozessautomatisierung. Z Arbeitswiss 66(2–3):169–182. https://doi.org/10.1007/BF03373872

Vandewaetere M, Desmet P, Clarebout G (2011) The contribution of learner characteristics in the development of computer-based adaptive learning environments. Comput Hum Behav 27(1):118–130. https://doi.org/10.1016/j.chb.2010.07.038

VCI (2020) Auf einen Blick: Chemische Industrie 2020. https://www.vci.de/vci/downloads-vci/publikation/chemische-industrie-auf-einen-blick.pdf. Zugegriffen am 20.10.2022

VDI, VDE, NAMUR (2021) Automatisierungstechnisches Engineering modularer Anlagen in der Prozessindustrie; Allgemeines Konzept und Schnittstellen (VDI/VDE/NAMUR 2658). https://www.vdi.de/richtlinien/details/vdivdenamur-2658-blatt-1-automatisierungstechnisches-engineering-modularer-anlagen-in-der-prozessindustrie-allgemeines-konzept-und-schnittstellen. Zugegriffen am 20.10.2022

Vicente KJ, Rasmussen J (1992) Ecological interface design: theoretical foundations. IEEE Trans Syst Man Cybern 22(4):589–606. https://doi.org/10.1109/21.156574

Wagner J, Nancel, M, Gustafson SG, Huot S, Mackay WE (2013) Body-centric design space for multi-surface interaction. In: Proceedings of the SIGCHI conference on human factors in computing systems. Association for Computing Machinery, New York

Zadow U von, Buron S, Harms T, Behringer F, Sostmann K, Dachselt R (2013) SimMed: combining simulation and interactive tabletops for medical education. In: Proceedings of the SIGCHI conference on human factors in computing systems. Association for Computing Machinery, New York

Zeiner KM, Burmester M, Haasler K, Henschel J, Laib M, Schippert K (2018) Designing for positive user experience in work contexts: experience categories and their applications. Hum Technol 14(2):141–175. https://doi.org/10.17011/ht/urn.201808103815

Ziegler J, Urbas L (2013) Begreifbare Interaktion mit Distributed Wearable User Interfaces. In: Mensch & Computer 2013 – Workshopband: 13. fachübergreifende Konferenz für interaktive und kooperative Medien. Oldenbourg Wissenschaftsverlag, München

Ziegler J, Urbas L (2015) Förderliches Gestalten komplexer Mensch-Maschine-Systeme: Eine disziplinenübergreifende Herausforderung. http://gfa2015.gesellschaft-fuer-arbeitswissenschaft.de/gfa_herbstkonferenz_2015/inhalt/ziegler-urbas.pdf

ZVEI, NAMUR, ProcessNet, VDMA Verfahrenstechnische Maschinen und Apparate (2019) Process Industrie 4.0: the age of modular production: on the doorstep to market launch

Teil II

Architekturen

NAMUR Open Architecture – Der sichere Weg, neue Werte und Services aus Automatisierungsdaten zu schaffen

Jan de Caigny und Ralf Huck

Zusammenfassung

In Produktionsanlagen der Prozessindustrie ist eine Vielzahl an Messumformern installiert, deren Diagnosedaten meist ungenutzt bleiben. Die von der NAMUR propagierten NOA Automatisierungsarchitektur und Informationsmodelle sorgen dafür, dass diese Daten rückwirkungsfrei, ohne die Kernautomatisierung zu beeinträchtigen für weiterführende Analysen in on premise oder Cloud Lösungen bereitgestellt werden können. Damit öffnen sich für Green- und Brownfieldanlagen gleichermaßen Chancen, die digitale Transformation umzusetzen und die Potentiale im Bereich der Prozessoptimierung vollumfänglich zu nutzen, z. B. im Rahmen der vorausschauenden Wartungsplanung. NOA schafft Offenheit: Lange Lebenszyklen von Anlagen, etablierte Automatisierungsstrukturen und die Implementierung innovativer Anwendungen und Servicekonzepte im Sinne der Industrie 4.0 schließen sich durch die Verfügbarkeit des zweiten Kommunikationskanals und kostengünstiger IoT-Sensorik für Monitoring + Optimization Aufgaben nun nicht mehr aus.

1 Motivation

Die Automatisierungspyramide der Prozessindustrie ist seit vielen Jahren weit verbreitet und unterstützt den langfristig stabilen sowie zuverlässigen Betrieb von Prozessanlagen. Allerdings fehlt es den nach dieser Struktur aufgebauten Automatisierungssystemen an Offenheit. Neue Technologien werden mit Verzögerungen

J. de Caigny (✉)
BASF SE, Ludwigshafen am Rhein, Deutschland
E-Mail: jan.de-caigny@basf.com

R. Huck
DI PA, SIEMENS AG, Karlsruhe, Deutschland
E-Mail: ralf.huck@siemens.com

B. Vogel-Heuser et al. (Hrsg.), *Handbuch Industrie 4.0*,
https://doi.org/10.1007/978-3-662-58528-3_136

oder teilweise gar nicht umgesetzt und die damit verbundenen Implementierungskosten sind hoch. Angesichts der schnellen und agilen Entwicklungen im Zusammenhang mit dem (industriellen) Internet der Dinge (IoT), Industrie 4.0, mobilen Geräten, Cloud-Computing und Big Data, ist diese traditionelle Architektur zu einer Hürde für schnelle Innovationen in der Prozessindustrie geworden.

Mit der immer rasanter voranschreitenden digitalen Transformation industrieller Prozesse wandert die Intelligenz, ausgehend von der Steuerungsebene, auch immer weiter die Automatisierungspyramide hinunter. Dieser Trend hat in der Prozessindustrie schon lange zu immer intelligenteren Sensoren und Aktoren in der Feldebene geführt. Diese sind heute in der Lage, neben den reinen Prozessgrößen weitere Informationen zum Gerät oder Prozess bereitzustellen. Diese Daten sind aber bisher nicht werterhöhend genutzt geworden, häufig durch den Mangel an Offenheit der eingesetzten Automatisierungssysteme.

Eine optimale Prozesskontrolle erfordert zuverlässige und präzise Messtechnologien und Aktorik. Robustheit und Langlebigkeit bei rauen Prozessbedingungen sind entscheidende Parameter. Mit Blick auf die gestiegenen gesetzlichen Anforderungen, die zunehmenden Erwartungen an die Flexibilität der Produktion sowie den steigenden Kostendruck, reicht dies jedoch nicht mehr aus.

Zusätzliche Daten, die von den Feldgeräten bereitgestellt werden könnten, würden helfen, auf die steigenden Herausforderungen zu reagieren. Diese Daten können beispielsweise verwendet werden, um mehr Flexibilität in den Anlagen zu erreichen, oder um in Phasen höherer Marktbedürfnisse oder Gewinnmöglichkeiten verschiebbare Wartungsfenster zu nutzen, ohne hierbei den sicheren Anlagenbetrieb zu gefährden. Die Auswertung von gespeicherten Betriebs- und Gerätedaten eröffnet bei geplanten Stillstandzeiten die Möglichkeit, sich auf die Anlagenteile zu konzentrieren, die wirklich instandgesetzt werden müssen. Dadurch können die Wartungszeiten verkürzt und der Aufwand reduziert werden.

Anlagenbetreiber und Gerätehersteller sind sich großenteils einig, dass die bisher im Feld gestrandeten Daten (manchmal auch „digitale Inseln" genannt) eigentlich überall sicher und rückwirkungsfrei verfügbar sein sollten. Aber gerade in Brownfield-Anlagen bleibt die Vernetzung dieser Daten die größte Herausforderung, da die bestehenden Strukturen nicht die notwendigen Voraussetzungen für die Datenerfassung und -auswertung bieten. Deswegen müssen bereits vorhandene Feldgeräte und andere Assets wie Analysegeräte oder Elektrogeräte für Industrie 4.0 Anwendungen ertüchtigt werden, und zwar mit möglichst geringen Zusatzkosten und ohne Anlagenstillstände.

Um noch mehr Einblick in den Zustand der Anlage zu erhalten, müssen zukünftig deutlich mehr Messwerte erfasst werden. Dazu sind kostengünstige IoT-Sensoren erforderlich, die ihre Messwerte zur Analyse direkt an spezielle Anwendungen, zum Beispiel in eine Cloud (sowohl On-Premise als auch Off-Premise-Lösungen sind denkbar) übertragen. Auch hier stehen niedrige Anschaffungs-, Installations- und Engineering-Kosten im Vordergrund.

Eine besondere Herausforderung ist die Interpretation der Daten. Sie ist häufig mit hohem Aufwand für die Erfassung und die semantische Datenaufbereitung, und letztendlich mit komplexen Analysen verbunden, die zudem noch von wenigen

Experten durchgeführt werden können. Eine Lösung verspricht man sich von kleinen Software-Anwendungen (Apps), die das benötigte Wissen zur Analyse bereitstellen und so die Arbeit erleichtern. So können z. B. die Konfigurations- und Diagnosedaten der Assets einer Anlage zyklisch erfasst und gespeichert werden. Dies geschieht vollautomatisch und unabhängig vom Anlagenbetrieb. Auf diese Weise erhalten Sie eine Art „Langzeit-EKG": der „Gesundheitszustand" jedes Assets wird über lange Zeiträume aufwandsarm überwacht und ausgewertet. Um die Interoperabilität dieser Apps zu gewährleisten, sollen die Daten in standardisierten Datenmodellen inklusive Semantik bereitgestellt werden, um in Zukunft auch Machine-to-Machine Kommunikation zu ermöglichen.

In diesem Zusammenhang wurde die NAMUR Open Architecture entwickelt, um die Konvergenz der hochinnovativen IT-Entwicklungen mit den bestehenden OT-Automatisierungssystemen strukturiert zu gestalten, und dabei die Vorteile von IT und OT zu nutzen. Die Grundidee von NOA ist die Einführung einer offenen Schnittstelle zwischen der bestehenden Kernprozesssteuerungsdomäne und der neu definierten Monitoring + Optimization Domäne. Diese Schnittstelle wird anhand von Anwendungsfällen aus Industrie 4.0 und Digitalisierung definiert. Mit anderen Worten: der klare Fokus von NOA liegt darauf, Anwendungsfälle innerhalb der M +O-Domäne zu ermöglichen, indem die Daten auf der Feldebene für M+O-Zwecke parallel zu den bestehenden Automatisierungsstrukturen bereitgestellt werden.

Es ist entscheidend, das NOA- Konzept schnellstmöglich auszuarbeiten und zu implementieren. Denn nur durch die Strukturierung dieser Entwicklungen von Anfang an können wirklich offene, interoperable und skalierbare Lösungen entstehen, die durch Industrie 4.0 und Digitalisierungslösungen zusätzlichen Wert schaffen und gleichzeitig den stabilen und zuverlässigen Betrieb der bestehenden Automatisierungslösungen erhalten. Geht jetzt zu viel Zeit verloren, könnten konkurrierende herstellerspezifische und monolithische Lösungen entstehen, und das Zeitfenster für einen standardisierten und kooperativen Ansatz würde sich wieder schließen.

Die Grundlagen des NOA-Konzepts wurden durch den NAMUR-Arbeitskreis 2,8 „Automatisierungsarchitekturen" entwickelt und auf der NAMUR-Hauptsitzung 2016 vorgestellt (Klettner et al. 2017). Mehrere Hersteller und Hochschul-Institute entwickelten in den folgenden Jahren Demonstratoren, die jeweils auf den NAMUR-Hauptsitzungen präsentiert wurden (Nothdurft et al. 2018; De Caigny et al. 2019). Der hier vorliegende Text, inklusive den Abbildungen, basiert auf die NAMUR Empfehlung NE 175 – NAMUR Open Architecture (NAMUR 2019).

2 NOA-Grundprinzipien

Ziel der NAMUR Open Architecture ist es, die bestehende Automatisierungspyramide zu erweitern, um die flexible Umsetzung von Industrie 4.0 Anwendungsfällen in der Prozessindustrie sowohl für Greenfield- als auch für Brownfield-Anlagen zu ermöglichen.

Abb. 1 stellt die NAMUR Open Architecture vor. Auf der rechten Seite (grau), befindet sich die traditionelle Automatisierungspyramide. Daneben befindet sich die NAMUR Open Architecture (rosa), die die traditionelle Automatisierungspyramide erweitert und damit Industrie 4.0 (symbolisiert durch die Cloud) ermöglicht. Die NOA-Schnittstelle zur traditionellen Welt wird durch zwei Pfeile dargestellt: „offen“ und „sicher“, die an verschiedene Ebenen der Automatisierungspyramide andocken können, also von der Feld- bis zur Unternehmensebene.

Als Leitfaden für die Konzeptimplementierung der Namur Open Architecture dienen 6 Grundprinzipien:

- NOA ist eine Ergänzung der bestehenden Struktur
  NOA-Lösungen sind optional und ergänzen die bewährte Automatisierungsarchitektur. Sie sollen sie nicht ersetzen, sondern erweitern. Dadurch ist NOA ideal für Bestandsanlagen.
- NOA ist offen für neue Ansätze innerhalb von Industrie 4.0
  NOA konzentriert sich auf M+O Anwendungsfälle und nicht auf die Anlagensteuerung und -bedienung und ermöglicht so neue Ansätze, Dienstleistungen und Geschäftsmodelle, die im Rahmen von Industrie 4.0 entwickelt werden.
- NOA basiert auf bestehenden Standards
  NOA muss offen und interoperabel sein (d. h. nicht proprietär und nicht abhängig von einzelnen Anbietern), was durch die Verwendung bestehender offener Standards erreicht wird.
- NOA ermöglicht die Integration von sich schnell weiterentwickelnden IT-Komponenten vom Feld bis zur Unternehmensebene
  NOA M+O ist nicht für die Kernprozesssteuerung verantwortlich und erfordert daher weniger strikte Anforderungen an seine Systemkomponenten, was wiederum die Möglichkeit der Einführung von IT-Technologien für alle Systemkomponenten der M+O-Welt eröffnet.
- NOA verbessert die Kosten pro Information durch offene, skalierbare und integrative Ansätze

- Additive to existing structure
- Open for new approaches within Industry 4.0
- Based on existing standards
- Simple integration of fast changing IT components from the field up to the enterprise level
- Significant improvement of cost per information due to open, scalable and integrative approaches
- No risk for availability and safety of installed base

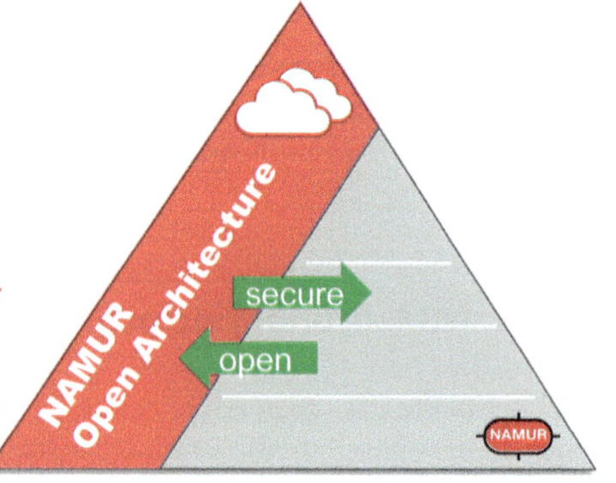

Abb. 1 NAMUR Open Architecture – Konzept und NOA-Grundprinzipien

NOA M+O-Anwendungen haben einen klaren Fokus auf die Kosten und den Nutzen für jede aus der Produktionsanlage gewonnene Information, indem immer die Frage beantwortet werden soll: „Was ist der Mehrwert einer Information und wie viel kostet es, sie zu sammeln“. NOA wird Möglichkeiten zur Senkung der Gesamtkosten pro Information erreichen, die sich aus den Kosten für Sensoren, Konnektivität, Engineering, Montage, Inbetriebnahme sowie Wartung für den gesamten Lebenszyklus zusammensetzt.

- Keine Gefährdung der Verfügbarkeit und der Sicherheit bestehender Automatisierungssysteme
  NOA-Lösungen können eine geringere Verfügbarkeit und Zuverlässigkeit aufweisen als die bestehenden Automatisierungslösungen in der Kernprozesssteuerung, dürfen aber die Zuverlässigkeit, Stabilität, Verfügbarkeit und Sicherheit der Kernprozesssteuerung nicht beeinträchtigen.

3 Architekturübersicht und NOA-Komponenten im Detail

Wie in Abb. 2 dargestellt, ist die von NOA vorgeschlagene Architektur grundsätzlich in zwei Hauptbereiche unterteilt: Kernprozesskontrolle (dargestellt durch die graue Domäne) und Monitoring und Optimierung (dargestellt durch die rosa Domänen). Diese Domänen haben sehr unterschiedliche Aufgaben, sodass die Anforderungen an die Technologien und Lösungen, die in diesen Bereichen implementiert werden, sehr unterschiedlich sein werden.

3.1 Core Process Control (CPC-Domäne)

Die Kernprozesssteuerungsdomäne (im Englisch Core Process Control und im Folgenden kurz CPC-Domäne genannt) ist für den zuverlässigen und deterministischen Betrieb der Anlage verantwortlich. Dieser Bereich umfasst die Systeme der Ebenen 1 und 2 der vereinfacht dargestellten, traditionellen Automatisierungspyramide:

- Feldinstrumentierung, Prozessanalysatoren, Elektrogeräte usw. auf Ebene 1 (in Abb. 2 dargestellt durch die beiden Feldgeräte „TC 4711“ und „FC 4713“),
- Automatisierungssysteme auf Ebene 2 (in Abb. 2 dargestellt durch die Blöcke „DCS/PLC“ für die Automatisierungssysteme mit zugehöriger Ein-Ausgangsebene, sowie „HMI“ für die Bedienstationen und „Engineering“ für die Engineering-Stationen).

Diese Systeme laufen deterministisch ab und die Kommunikation zwischen den Komponenten innerhalb der CPC-Domäne basiert häufig auf proprietären Schnittstellen mit unvollständig beschriebenen Datenmodellen und Semantik (grüne Linien in Abb. 2), was zu „im Feld gestrandeten“ Daten führt.

Für die Kommunikation zwischen den Komponenten der Ebene 1 und Ebene 2 werden in Brownfield-Anlagen viele verschiedene Technologien eingesetzt: analoge 4–20 mA mit und ohne HART-Kommunikation, Feldbuskommunikation wie Foundation Fieldbus, PROFIBUS, PROFINET oder Funktechnologien wie Wireless HART. Die drei überlappenden grauen Rechtecke zeigen, dass in fast allen Unternehmen viele verschiedene Anlagen existieren, die jeweils mit eigenen CPC-Systemen betrieben werden. Diese Systeme können von verschiedenen Anbietern sein und können unterschiedliche Kommunikationstechnologien zwischen der Feldebene und der Steuerungsebene aufweisen, was in den meisten Unternehmen zu einer sehr heterogenen Installation führt.

Die Systeme innerhalb der CPC-Domäne ermöglichen den Betrieb der Anlage, auch wenn die gesamte Kommunikation mit der zusätzlichen M+O-Domäne inaktiv ist.

3.2 Monitoring and Optimization (M+O-Domäne)

Neben der oben beschriebenen CPC-Domäne, die den zuverlässigen und sicheren Betrieb der Anlage gewährleistet, gibt es viele zusätzliche Funktionalitäten und Anwendungen, die dem Produktionsprozess einen Mehrwert verleihen können, die aber für die eigentliche Kernautomatisierung der Anlage nicht benötigt werden. Diese Funktionalitäten und Anwendungen können in der Monitoring and Optimization (M+O) Domäne zusammengefasst werden, dargestellt durch die beiden rosa Rechtecke in Abb. 2: Plant Specific M+O und Central M+O.

Bis zu einem gewissen Grad existieren M+O-Funktionalitäten bereits heute, jedoch ist aufgrund des verstärkten Fokus auf die Digitalisierung und der Industrie 4.0 zu erwarten, dass in naher Zukunft viele neue Anwendungen und Funktionalitäten in diesem Bereich entstehen werden.

Einer der Hauptvorteile des NOA-Konzeptes ist nicht, dass eine völlig neue Technologie erfunden wird, sondern die Tatsache, dass NOA eine Differenzie-

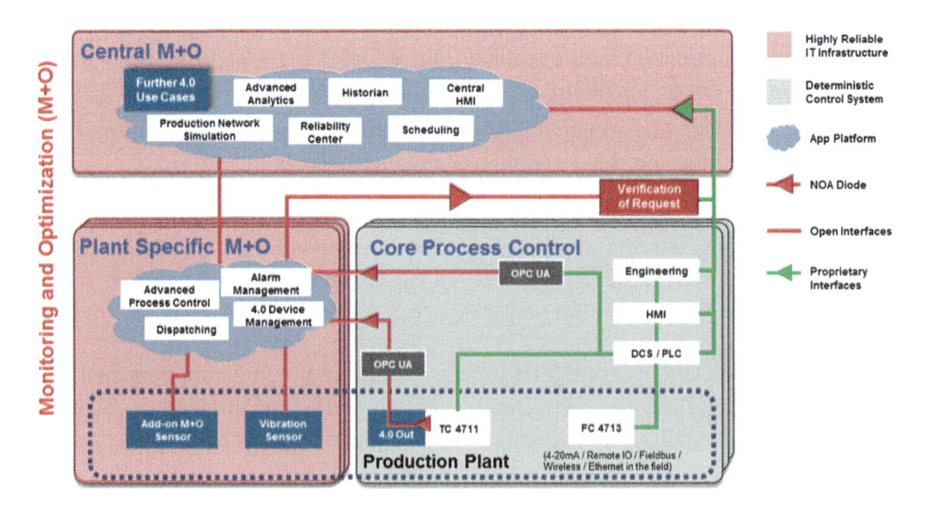

Abb. 2 NOA – Architekturübersicht

rung der Anforderungen zwischen der CPC- und der M+O-Domäne ermöglicht und damit einen Bereich für neue und innovative Anwendungen definiert, ohne mit den bestehenden, strengeren Anforderungen der klassischen Automatisierungsfunktionen in Widerspruch zu stehen.

In der anlagenspezifischen M+O-Domäne gibt es betriebsbezogene Anwendungen und Dienste, wie z. B. Advanced Process Control oder Alarmmanagement. Die zentrale M+O-Domäne deckt anlagenübergreifende Anwendungen und Dienste ab, wie z. B. ein Reliability Center, in dem die Überwachung bestimmter Anlagen werksübergreifend stattfindet, oder Plattformen für Advanced Analytics für Anwendungen der vorausschauenden Instandhaltung. Mit fortschreitender Vernetzung und Digitalisierung ist zu erwarten, dass die unternehmensübergreifende Vernetzung über zentrale M+O-Komponenten wächst, zum Beispiel als gemeinsamer Serviceansatz von Anlagenbetreibern und Anlagenherstellern. M+O bietet damit eine offene Basis für neue Anwendungen, Dienstleistungen und Geschäftsmodelle im Sinne von Industrie 4.0.

3.3 NOA-Komponenten im Detail

Einer der großen Vorteile der NOA ist es, dass Brownfield- und Greenfield-Anlagen gleichermaßen unterstützt werden können. Das wird insbesondere durch die evolutionäre Erweiterbarkeit bestehender Industrieanlagen mit den nachfolgend näher erläuterten NOA-Komponenten erreicht.

3.3.1 NOA-Informationsmodell - Offene Schnittstelle vom CPC zur M+O-Domäne

Anwendungen und Dienstleistungen in M+O erfordern einen einfachen Datenzugriff und durchlaufen kurze Innovationszyklen, unabhängig von den langen Anlagenlebenszyklen. Dazu sind offene und herstellerunabhängige Schnittstellen zwischen CPC-Systemen und M+O unerlässlich. Diese Schnittstellen stellen sicher, dass die CPC-Domäne und die M+O-Domäne getrennt bleiben, aber auch, dass es einen standardisierten Datenfluss zwischen den beiden Domänen gibt.

Für NOA wurde OPC UA als Protokoll für diese Schnittstelle gewählt. Die Auswahl eines Protokolls allein reicht jedoch nicht aus. Um herstellerübergreifende, interoperable M+O-Anwendungen wirklich zu ermöglichen, muss ein Informationsmodell innerhalb von OPC UA mit standardisierten Parametern und Semantiken definiert und implementiert werden. Dieses Informationsmodell wird „NOA-Informationsmodell" genannt.

Derzeit ist der erste Teil dieses NOA-Informationsmodells mit Fokus auf den klassischen Feldgeräten in Entwicklung, in einer enger Zusammenarbeit zwischen Anwendern (NAMUR) und Herstellern (ZVEI) sowie Hochschulen und in Abstimmung mit der FieldComm Group und der PROFIBUS Nutzer Organisation. Hierbei werden zunächst die Basisanforderungen typischer Lifecycle Anwendungen wie z. B. Identification, automated as built, multivariable support und monitoring oder device health in geeigneten Modellen umgesetzt.

3.3.2 NOA-Konnektor zur Bereitstellung eines zweiten Kommunikationskanals für bestehende Geräte, verbunden an CPC-Systeme

Neben einer offenen Schnittstelle zwischen CPC-Systemen und M+O etabliert NOA auch das Konzept eines zweiten Kommunikationskanals für bestehende Geräte, die bereits mit den CPC-Systemen verbunden sind. Dazu gehören Feldgeräte (sowohl Sensoren als auch Aktoren) sowie Prozessanalysatoren, elektrotechnische Geräte (wie MCC's, Frequenzumrichter, USV, Begleitheizung, ...), usw.

Die Grundidee ist es, einen einfachen und flexiblen Informationsfluss zu ermöglichen, um Zugang zu zusätzlichen Informationen über den Prozess oder den Zustand des Gerätes zu erhalten. Grundsätzlich verfügt das Gerät bereits über diese Information, sie wird bisher aber mangels standardisierter Schnittstellen und fehlender Semantik nicht verwendet. Dieser Ansatz der Zweitkanal-Kommunikation ist für bestehende Anlagen von besonderem Interesse, da oft bereits intelligente Feldgeräte integriert wurden, deren Intelligenz (ihre internen Daten) jedoch weitgehend ungenutzt bleibt. Man spricht daher in diesem Zusammenhang häufig von stranded data oder digitalen Inseln, ein Szenario, welches zu großen Teilen für klassische HART Installationen zutrifft. Hier muss der NOA-Konnektor die gesamte Übersetzungsleistung von analoger OT Welt hin zu digitaler IT Welt mit erwähntem OPC UA basierten NOA Informationsmodell erbringen.

Der zweite Kommunikationskanal ist nur dann dauerhaft notwendig, wenn die CPC-Systeme diese Daten nicht selbst via OPC-UA bereitstellen können z. B. aufgrund analoger Datenübertragungstechnik zum Feldgerät oder fehlender Fähigkeit der Ein-Ausgangsebene, die digitalen Informationen weiterzugeben. Wenn die CPC-Domäne über die Informationen verfügt (z. B. in einem Asset-Management-Tool) und die Informationen über die offene Schnittstelle im Format des NOA-Informationsmodells bereitstellen kann, ermöglicht dies die Nutzung der gleichen M +O-Anwendungen.

Für den Greenfield-Bereich ist es darüber hinaus auch vorstellbar, dass die Funktion des NOA-Konnektors samt NOA-Informationsmodell im feldbusfähigen Feldgerät oder der dezentralen Ein-Ausgangsebene untergebracht ist. Durch das frühzeitige „Ausleiten" der M+O-Daten wird eine geringstmögliche Belastung der CPC-Komponenten sichergestellt, was insbesondere bei datenhungrigen M+O-Anwendungen von Vorteil ist.

3.3.3 NOA-Diode

Ein kritisches Thema in Bezug auf Anlagenverfügbarkeit und Automation Security ist, dass der zweite Kommunikationskanal frei von Feedback in der CPC-Domäne sein muss. Es muss sichergestellt sein, dass es keinerlei Rückkopplung vom zweiten Kommunikationskanal gibt, die die primäre Kommunikation in irgendeiner Weise beeinträchtigen oder die Gerätekonfigurationsparameter verändern könnte.

Aktuelle Kommunikationsprotokolle wie HART verhindern diese Art der Rückwirkung nicht. Daher müssen technische und/oder betriebliche Gegenmaßnahmen ergriffen werden, um diese Art von Rückwirkung (Änderung der primären Kommunikation oder Konfigurationsänderungen am Gerät) über die zweite Schnittstelle zu verhindern. Innerhalb des NOA-Konzeptes werden diese Gegenmaßnahmen durch die „NOA-Diode" repräsentiert.

Der Name „NOA-Diode" beschreibt anschaulich den einseitig gerichteten Datenfluss, definiert aber keine technische Lösung. Die erforderliche Funktionalität (vereinfacht bezeichnet als „kein Einfluss der M+O-Domäne auf die CPC-Domäne für die Datenerfassung") kann technisch auf verschiedene Weisen realisiert werden. In der NAMUR Empfehlung NE 175 zum NOA-Konzept werden die funktionellen Anforderungen an die NOA-Diode definiert. Solange eine technische Lösung diese Anforderungen erfüllt, wird sie als NOA-Diodenlösung akzeptiert.

3.3.4 M+O Sensorik

NOA ermöglicht nicht nur den Zugriff auf zusätzliche Daten von bestehenden CPC-Sensoren und -Aktoren, sondern bietet auch innerhalb der M+O-Domäne Raum für zusätzliche Sensoren, um weitere ergänzende Informationen aus den Anlagen zu gewinnen. Solche Sensoren basieren typischerweise auf nicht-invasiven Messprinzipien, wie z. B. Schwingungsmessungen, sodass sie einfach in der Anlage installiert werden können, ohne dass ein Anlagestillstand erforderlich ist. Im Rahmen von NOA werden diese Sensoren daher M+O-Sensoren genannt, um sie klar von den in der CPC-Domäne eingesetzten Feldgeräten und Prozessanalysatoren (bekannt und standardisiert als „Namur-Standardgeräte") zu unterscheiden.

Da diese M+O-Sensorik nicht für die Kernprozesskontrolle benötigt wird, kann sie anderen, weniger strikten Anforderungen folgen. Dadurch ist die NOA M+O-Domäne offen für alle Arten von innovativen Lösungen, die derzeit unter dem Namen Internet der Dinge (IoT) und Industrielle Internet der Dinge (IIoT) entwickelt werden. Entscheidend ist in diesem Zusammenhang, die günstigsten Kosten pro Information für diese M+O-Sensoren zu erzielen, und zwar in Bezug auf die Kombination der Kosten von Sensor, Konnektivität, Engineering, Montage, Inbetriebnahme, Wartung und die gesamten Lebenszykluskosten.

Ein angemessenes Plant Life Cycle Management muss jedoch sicherstellen, dass M+O-Sensoren nicht für CPC-Aufgaben eingesetzt werden, da sie nicht darauf ausgelegt sind, die von NAMUR und der allgemeinen Industrie erwarteten Kriterien für die Kernprozesssteuerung, zu erfüllen.

Wie die Abb. 2 zeigt, ist zwischen den M+O-Sensoren und den M+O-Anwendungen keine NOA-Diode enthalten, denn die M+O-Sensoren sollten nicht über die bestehenden CPC-Systeme implementiert werden. Die Empfehlung lautet, dass die Infrastruktur, die für den Anschluss der M+O-Sensoren an die M+O-Anwendungen benötigt wird (z. B. ein Gateway zum Sammeln der Signale der M+O-Sensoren), von der CPC-Infrastruktur auf Ebene 1 und Ebene 2 der Automatisierungspyramide getrennt ist. Auf diese Weise können die M+O-Sensoren die CPC-Domäne nicht direkt beeinflussen, sodass die NOA-Diode nicht benötigt wird. Dies bestätigt, dass die Lösungen mit den M+O-Sensoren innerhalb der M+O-Domäne weniger strenge Anforderungen besitzen.

Wie bereits erwähnt, erfüllen die M+O-Sensoren weniger strenge Anforderungen gegenüber den traditionell in der Prozessindustrie verwendeten NAMUR-Standardgeräten. Derzeit entwickelt das NAMUR-Arbeitsfeld AF3 in Zusammenarbeit mit

Sensorlieferanten aus dem ZVEI eine Reihe von Anforderungen und Empfehlungen für die Entwicklung und Auswahl von M+O-Sensoren.

3.3.5 Verification of Request (VoR)

Neben dem Lesezugriff der M+O-Domänen in die CPC-Domäne, muss NOA auch einen kontrollierten Rückweg der M+O-Domänen zurück in die CPC-Domäne zulassen. Anwendungsfälle für diese Funktionalität sind beispielsweise:

- Empfehlung einer Setpoint-Änderung einer Advanced Process Control Anwendung, die über das VoR an das PLS gesandt wird und gegen einen bestimmten Plausibilitätsbereich geprüft werden soll.
- Eine M+O-Anwendung macht, basierend auf den gegebenen Prozessbedingungen, einen Vorschlag für eine besser geeignete Konfiguration eines Feldgerätes. Dieser Vorschlag wird über das VoR an das Asset Management Tool im PLS gesandt, wo ein Asset Manager die Empfehlung bekommt und die Konfigurationsänderung planen und/oder ausführen kann.

Um ein solches Feedback oder einen solchen Schreibzugriff aus der M+O-Domäne zu ermöglichen, ist eine Verification of Request (abgekürzt als „VoR") Funktionalität erforderlich. Kernaufgabe ist es, einen sicheren und zuverlässigen Informationsfluss aus der M+O-Domäne zurück in die CPC-Systeme zu implementieren. Im einfachsten Fall könnte die Überprüfung der Anforderung eine Überprüfung und Freigabe durch den Anlagenbetreiber sein. Ein weiterer Fall könnten automatische Prüfungen sein, z. B. auf plausible und damit sichere Wertebereiche oder rezeptspezifische Parameter.

3.3.6 NOA-Aggregationsserver

Bei der Implementierung von NOA-Lösungen innerhalb einer Anlage ist es klar, dass mehrere Datenquellen, die aus der CPC-Domäne und/oder von M+O-Sensoren stammen, Informationen an die M+O-Anwendungen liefern. Infolgedessen werden innerhalb einer Anlage unterschiedliche Datenübertragungswege eingerichtet. Nimmt man als Beispiel eine Anlage mit vielen HART-Feldgeräten, die an mehrere Remote-IOs angeschlossen sind, ist es wie oben beschrieben denkbar, dass von jedem dieser Remote-IOs des CPC-Systems ein zweiter Kommunikationskanal kommt, der über mehrere NOA-Dioden mit der M+O-Domäne verbunden werden soll.

Der NOA-Aggregationsserver ist verantwortlich für die Strukturierung der Datenkommunikationspfade der verschiedenen NOA-Dioden hin zu den M+O-Anwendungen, sodass diese nur eine Schnittstelle „sehen", unabhängig von der Anzahl der verschiedenen Datenkommunikationspfade. Dadurch wird die Informationsbeschaffung für die M+O-Apps erleichtert, da diese nicht mit allen NOA-Dioden und M+O-Sensoren verbunden werden müssen, sondern nur mit einem NOA-Aggregationsserver, der alle Informationen sowohl aus der CPC-Domäne als auch aus den M+O-Sensoren enthält. Aggregationsserver können darüber hinaus Mechanismen für Authentifizierung und Autorisierung, Load Balancing, Caching, usw. bereitstellen.

Von allen NOA-Komponenten ist der NOA-Aggregationsserver derjenige, der nicht zwingend erforderlich ist, damit eine Lösung als NOA-Lösung bezeichnet werden kann. Es ist durchaus denkbar, dass sich eine Datenquelle aus der CPC-Domäne über eine NOA-Diode mit einer M+O-Anwendung ohne NOA-Aggregationsserver verbindet. Sobald jedoch mehrere Datenkommunikationswege eingerichtet und Informationen aus der CPC-Domäne und der M+O-Domäne kombiniert sind, wird der NOA-Aggregationsserver schnell zu einer wertvollen Komponente, um die Komplexität der Verbindung aller Datenquellen mit allen M+O-Anwendungen, zu reduzieren.

4 NOA Use Cases und M+O Anwendungen

Zentraler Treiber von NOA ist es, Anwendungsfälle zu ermöglichen, die einen Mehrwert für die Prozessanlagen darstellen. Dieser Mehrwert kann durch eine Kosten-Nutzen-Analyse aufgezeigt werden, die einen Business Case definiert. Aus dem NOA-Konzept als Enabler für diese Business Cases erwächst Potenzial für beide Seiten: auf der Kostenseite bringt NOA neue Möglichkeiten, technische Lösungen schneller und/oder kostengünstiger zu realisieren. Auf der Nutzenseite ermöglicht NOA neue innovative Anwendungen und Dienstleistungen, die zu neuen Vorteilen führen.

M+O-Anwendungen für die Anlageninstandhaltung können mit verschiedenen Ausprägungen realisiert werden: für einzelne Assets, für Package Units, für Teile einer Prozessanlage, für gesamte Anlagen, für ganze Standorte. Innerhalb der Kategorie der einzelnen Assets kann wieder eine Differenzierung vorgenommen werden. Es gibt Assets, die bereits mit den CPC-Systemen verbunden sind, für die ein zweiter Kommunikationskanal erforderlich ist, um Zugriff auf die zusätzlichen Informationen zu erhalten, die sie intern haben und die innerhalb der CPC-Domäne nicht verfügbar sind. In dieser Kategorie gibt es die folgenden Assets:

- Feldgeräte: Sensoren (Durchfluss, Füllstand, Druck, Temperatur, ...) und Aktoren (Ventile mit Stellungsreglern, ...).
- Prozessanalysatoren (PAT-Geräte)
  - „einfache" PAT-Geräte, die den Feldgeräten ähnlich sind (pH-Wert, Leitfähigkeit, ...).
  - „komplexe" PAT-Vorrichtungen, die Ähnlichkeiten mit Package Units aufweisen.
- Elektrogeräte: MCCs, Motoren, USV, Frequenzumrichter, ...

Es gibt hierüberhinaus auch viele Assets, die keine direkte Verbindung mit den CPC-Systemen haben. Um eine M+O-Anwendung für diese Assets zu ermöglichen, werden Sensorinformationen über das Asset und ihren Zustand benötigt. In dieser Kategorie gibt es viele Komponenten:

- Rotating equipment: Pumpen, Verdichter, ...
- Statische Prozessapparate: Wärmetauscher, Reaktoren, ...
- Auf-/Zu Ventile, Dampfabscheider, Überdruckventile/Berstscheiben, ...
- Rohrleitungen
- ...

Über die einzelnen Assets hinaus können Anwendungsfälle für die Gesamtanlage oder sogar für einen ganzen Standort entwickelt werden: Korrosion von Rohrleitungen, Probleme bei der Isolierung, Verbundsimulatoren, Energie- und Versorgungsoptimierung, ...

Zur Überwachung dieser Assets sind zwei Bemerkungen hinzuzufügen:

- Um den Zustand eines Assets zu überwachen, werden near-real-time-Daten über das Asset benötigt. Die Definition, wie nahe zur Echtzeit die Überwachungsdaten sein müssen, hängt davon ab, welches Asset überwacht werden muss und welche Informationen gesammelt werden (z. B.: die Korrosion einer Rohrleitung ist offensichtlich viel langsamer als die Schwingung einer Pumpe aufgrund von Kavitation).
- Um die notwendigen Informationen über die Anlage zu sammeln, können drei Datenquellen kombiniert werden. Welche dieser Datenquellen wiederum kombiniert werden, hängt vom Anwendungsfall ab.
  - Prozessdaten, die im bestehenden Historian (Betriebsdaten-Informationssystem – BDIS) verfügbar sind: Daten, die aus der CPC-Domäne stammen und in den traditionellen BDIS-Datenbanken gespeichert sind.
  - NOA-Informationen des zweiten Kanals von Assets, die bereits mit der CPC-Domäne verbunden sind.
  - Zusätzliche M+O-Sensoren.

Im Folgenden werden exemplarische Anwendungsfälle für einige der Asset-Kategorien anhand einer, zwei oder drei der oben definierten Datenquellen vorgestellt.

4.1 Anlageninstandhaltung – Überwachung von einzelnen Assets am Beispiel PLT-Feldgeräte

PLT-Feldgeräte verfügen über viele interne Informationen, die in Industrie 4.0-Anwendungen derzeit ungenutzt bleiben. Typische aktuelle Herausforderungen sind wie folgt:

- In den CPC-Systemen wird der Messwert und in der Regel auch der NE107-Status des Feldgerätes angezeigt, was dem Bediener einen Hinweis auf den Status des Feldgerätes gibt. Der Bediener hat derzeit jedoch keine Informationen, warum sich das Feldgerät in diesem Zustand befindet und erhält weiterhin keine Informationen, was er tun soll.

- Das Feldgerät ist der eindeutige Besitzer seiner eigenen Identitätsparameter: Hersteller, Modell, Seriennummer, Firmware-Version, technische Einheit etc. Derzeit gibt es keine praktikablen Lösungen, um diese Informationen automatisch abzurufen und mit den technischen Informationen zu vergleichen, die in einem CAE-Tool verfügbar sind.
- Verschiedene Feldgeräte können bereits mehr als ein Signal messen. Diese Intelligenz wird jedoch fast nie genutzt. Ein Massendurchflussmesser, der auch eine ausgereifte Temperatur- und Korrosionsmessung besitzt, wird zum Beispiel nur für die Durchflussmessung verwendet.

Aus diesen Pain Points wurden verschiedene Anwendungsfälle definiert und einige Parameter für das NOA-Informationsmodell identifiziert. Die Liste der Anwendungsfälle für die Feldgeräte ist derzeit wie folgt:

Verfolgung des Lebenszyklus eines Feldgerätes
- Unique Identification*
- Automated as Built*
- Dimensioning design check (for sensors & actuators)
- Device Lifecycle/Backup*

Monitoring und Diagnose
- Multivariable support and monitoring
- Device Health*

*Die für diese Anwendungsfälle identifizierten Parameter gelten (teilweise) nicht nur für Feldgeräte, sondern in der Regel auch für alle andere Asset-Typen, wie Analysegeräte, Elektrogeräte oder rotating Equipment etc.

Abb. 3 zeigt die Implementierung des Use Cases innerhalb des NOA-Konzeptes. Das vorhandene Feldgerät TC4711 verfügt über Parameter, die in der M+O-Domäne zur Verfügung gestellt werden müssen. Zwei mögliche technische Implementierungen für dieses Problem sind in Abb. 3 dargestellt:

- Die gepunktete Linie zeigt eine Implementierung, bei der eine zusätzliche physikalische Schnittstelle auf dem Feldgerät implementiert wird (d. h. durch Installation eines zusätzlichen „Dongles“ für die drahtlose Kommunikation), die dann über eine Diodenkomponente (im Gateway implementiert oder als separate Komponente) mit einem Gateway kommuniziert und die Parameter im NOA-Informationsmodell in OPC UA bereitstellt.
- Die gestrichelte Linie zeigt eine Implementierung, bei der die Kommunikation gemäß dem Konzept des „zweiten Kanals“ als azyklische Kommunikation über das digitale Prozesskommunikationsprotokoll implementiert ist. So wird beispielsweise ein HART-Feldgerät an eine Remote-IO mit HART-fähigen Eingangskarten angeschlossen, das wiederum über Profibus DP mit einem CPC-System verbunden ist. Ausgehend von diesem Standardszenario sind zwei Optionen möglich. Eine Möglichkeit ist, dass die Remote-IO in der Lage ist, die

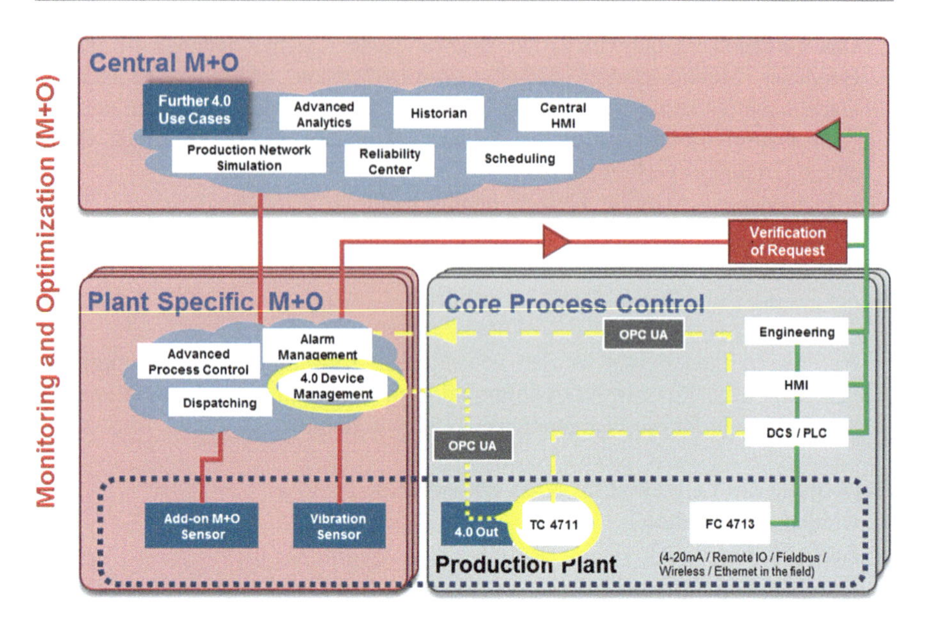

Abb. 3 Implementierung des Use Case für die Feldgeräteüberwachung

Parameter des NOA-Informationsmodells für die angeschlossenen Feldgeräte in OPC UA zur Verfügung zu stellen. Die zweite Möglichkeit besteht darin, dass zwischen dem Remote-IO und der Steuerung ein zusätzliches Gateway installiert werden muss, das als sekundärer Master für die azyklische Kommunikation fungiert und hierüber die Parameter des NOA-Informationsmodells für die angeschlossenen Feldgeräte zur Verfügung stellt.

Wichtig ist, das übergeordnete Ziel zu realisieren: Unabhängig von der technischen Lösung stehen die Parameter im NOA-Informationsmodell zur Verfügung. Dies zeigt ein weiteres Mal auf, dass die M+O-Apps durch die standardisierte Datenbereitstellung agnostisch sind für die darunter liegende technische Komplexität.

Ein Beispiel für die Umsetzung der oben genannten Use Cases zeigt Abb. 4. Die Applikation erkennt durch quasizyklisches Scannen der Gerätedaten über den zweiten Kommunikationskanal Konfigurationsänderungen, Gerätetausch aber auch Änderungen des Gerätezustands basierend auf dem NE107 Meldesystem. Das NOA-Konzept ermöglicht es zum Beispiel auch zeitliche Veränderungen sogenannter analoger Diagnosewerte, wie Regelabweichungen und Endlagenverschiebungen bei Ventilen und Stellungsreglern oder Signalstärken und Echoprofile bei Füllstandsradaren zu überwachen. So können Verschleiß oder Verunreinigungen erkannt werden, bevor es zu einem Totalausfall der Messstelle kommt.

Anmerkung: Es ist ein Szenario vorstellbar, in der eine M+O-Anwendung zu dem Ergebnis kommt, dass ein bestimmtes Feldgerät nicht optimal konfiguriert ist. Die Konfigurationsänderung wird aber nicht direkt aus der M+O-Anwendung über den

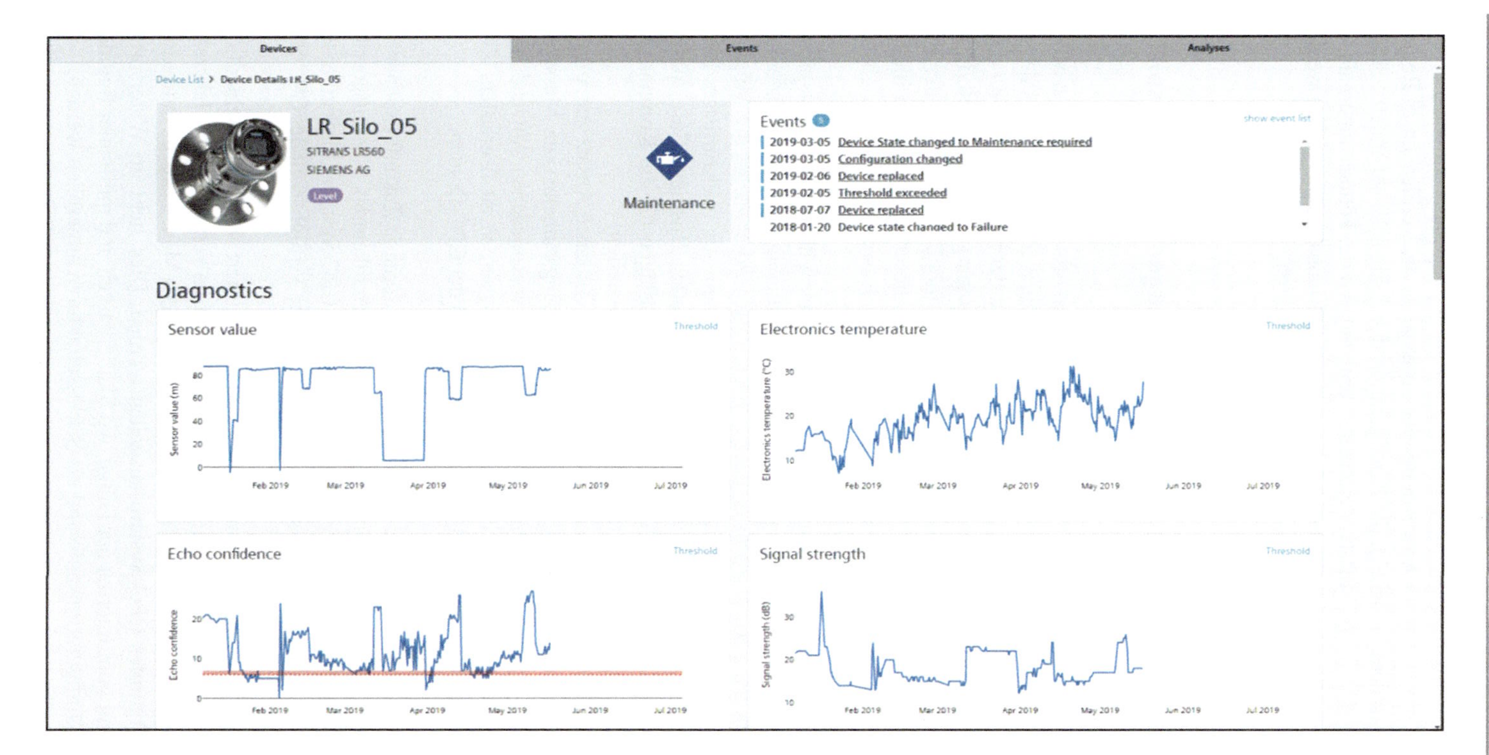

Abb. 4 Die Applikation Smart Asset Management überwacht quasizyklische die Konfiguration- und Identifikationssdaten. Somit können gerade in großen Anlagen von zentraler Stelle jede Änderung wie Gerätetausch oder Konfigurationsänderungen erfasst und gemeldet werden. Durch die zeitlichen Verläufe von Diagnosewerten lassen sich Trends, die beispielsweise durch Verschleiß entstehen rechtzeitig erkannt werden. Der Anwender kann sein Applikationswissen hinterlegen und sich Grenzwerte für ganze Gerätegruppen setzen, um über Veränderungen informiert zu werden. (Quelle: SIEMENS AG)

zweiten Kommunikationskanal vorgenommen, da die NOA-Diode dies verhindert. In diesem Fall sendet die M+O-Anwendung eine Anfrage an die Verification of Request Komponente mit dem Vorschlag, die Konfiguration des Feldgerätes zu ändern. Sobald die Anforderung von der VoR-Komponente verifiziert wurde, können innerhalb der CPC-Domäne (z. B. in einem Asset-Management-Tool) Maßnahmen ergriffen werden, um die Änderung der Feldgerätekonfiguration durchzuführen.

4.2 Anlageninstandhaltung – Flottenmanagement am Beispiel M+O-Sensoren

Heutzutage werden große Maschinen wie Kompressoren oft von zusätzlichen M+O-Systemen überwacht. Eine Übertragung dieser Lösungen auf Standardgeräte wie Pumpen und Ventile war in der Vergangenheit aufgrund der hohen Kosten für diese Überwachung (technische Komplexität für den Datenzugang und hoher individueller Konfigurationsaufwand) nicht in großem Umfang möglich und ist in der Prozessindustrie deshalb nicht etabliert. Durch das Fehlen dieser Anlagendaten bleiben aber Optimierungspotenziale wie eine flächendeckende Bewertung des Betriebsverhaltens von Pumpen ungenutzt.

Die positive Entwicklung der Sensor- und Konnektivitätskosten lässt jedoch erwarten, dass in Zukunft immer mehr Geräte standardmäßig mit Intelligenz ausgestattet sein werden, z. B. in Form eigener Sensoren. Ebenso erwächst die Möglichkeit, bestehende Maschinen mit M+O-Sensoren kostengünstig nachzurüsten. Diese Entwicklungen begünstigen den in Abschn. 4 skizzierten Business Case massiv. Daher ist es entscheidend, die architektonischen Grundlagen für die Kommunikationsintegration dieser zusätzlichen Komponenten zu schaffen.

Mit seiner offenen und einfachen Architektur bietet NOA einen Ansatz zur Ausstattung von Standardmaschinen mit geeigneten Überwachungseinheiten, da Messwerte von zusätzlichen Sensoren einfach und flexibel in die verschiedenen Anwendungen integriert werden können, ohne die klassischen CPC-Systemen zu überlasten. Zwei Punkte verdeutlichen die potenzielle Belastung innerhalb der CPC-Domäne:

- Erstens ist zu erwarten, dass die Anzahl der M+O-Sensoren in Zukunft exponentiell wachsen wird, da alle Assets mit Sensoren oder Identifikatoren usw. ausgestattet werden. Die Anbindung aller dieser Sensoren an die CPC-Systeme führt zu erheblichen Ineffizienzen in der Umsetzung und gefährdet die Verfügbarkeit des CPC-Systems.
- Zweitens, da die CPC-Systeme individuell konfiguriert sind (unterschiedliche Softwareversionen, unterschiedlichen Technologien, in verschiedenen Jahrzehnten implementiert, ...), muss die Datenanbindung jedes M+O-Sensors individuell für ein bestimmtes CPC-System ausgelegt werden. Dies steht im Widerspruch zum Konzept vom Internet der Dinge, wo Skalierbarkeit und minimaler Engineering- und Konfigurationsaufwand als Schlüsselfaktoren angesehen werden.

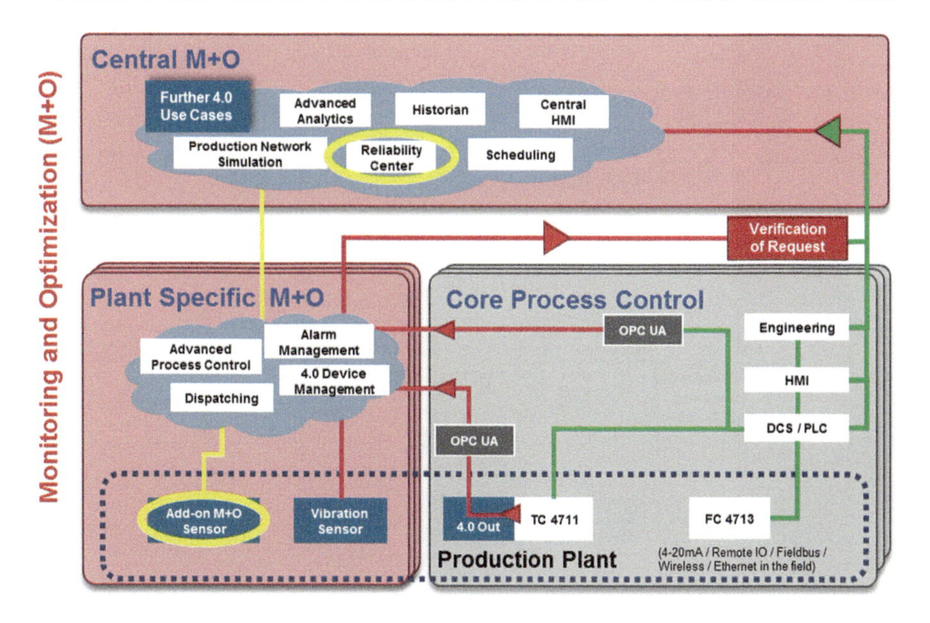

Abb. 5 Implementierung des Use Case basierend auf zusätzlichen Sensoren

Abb. 5 zeigt die Umsetzung dieses Szenarios. Der zusätzliche Sensor ist über ein Gateway mit der M+O-Plattform (entweder anlagenspezifisch oder zentral) verbunden, das nicht mit der CPC-Domäne verbunden ist, wodurch die NOA-Diode entfällt.

4.3 Optimierte Fahrweise von Anlagen – Beispiel für die Kombination aller drei NOA-Datenpfade

Ein Beispiel für die verbesserte Fahrweise von Anlagen ist die Überwachung des Foulingsverhaltens von Wärmetauschern. Die Bildung von unerwünschten Ablagerungen in Wärmetauschern wird als Fouling bezeichnet. Dieser Prozess reduziert die Wärmeübertragungsleistung der Anlage und führt in der Regel zu Leistungseinbußen, erhöhten Betriebskosten und – im schlimmsten Fall – zu Anlagenstillständen, oder einer Beeinträchtigung der Produktqualität.

In der Regel sind Anlagen nicht für Optimierungsfunktionen instrumentiert, da zusätzliche Instrumentierung kostenintensiv und für den Betrieb der Anlage nicht erforderlich ist. Einfache Berechnungen wie die Berechnung des Wärmedurchgangskoeffizienten sind daher nicht möglich. Es fehlen notwendige Messwerte und/oder es besteht kein Zugriff auf zusätzliche Feldgeräteinformationen wie die Temperatur an einem Durchflussmesser. Optimierungsaufgaben werden dadurch grundlegend erschwert. Häufig werden diese Optimierungsprojekte als unwirtschaftlich angesehen, d. h. sie haben keinen positiven Business Case, da die Hürden für die Umsetzung (im Wesentlichen die gesamte Kette der Nachrüstung mit zusätzlichen

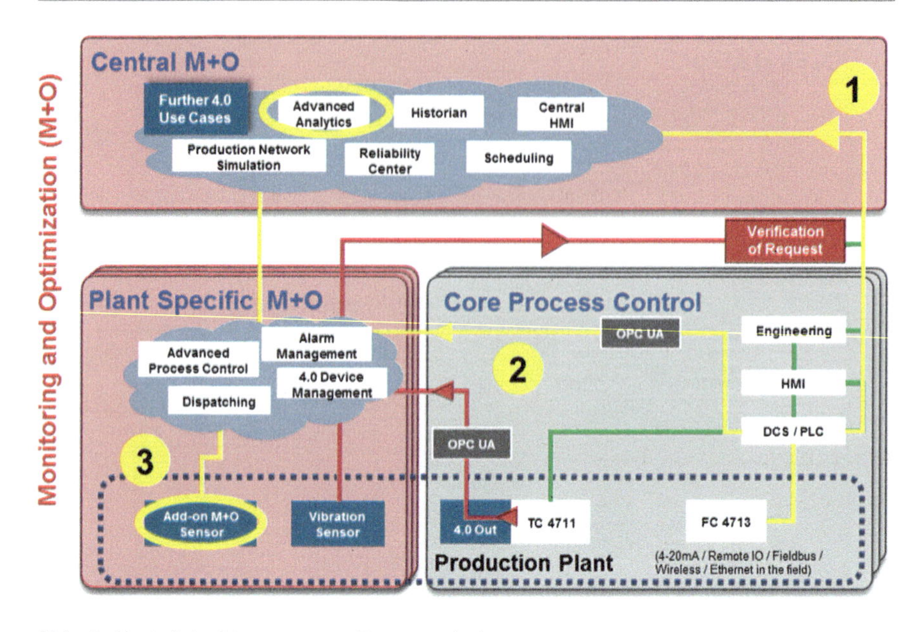

Abb. 6 Zusätzliche Messungen zur Prozessoptimierung

Feldgeräten, einschließlich Engineering und Konstruktion) in konventionellen Automatisierungsstrukturen zu hoch sind.

Allerdings können in solchen Anwendungen die Anforderungen an Verfügbarkeit und Echtzeitverhalten als eher gering angesehen werden, womit eine oft kostenintensive Integration in die Prozessleitebene nicht erforderlich ist. Über das NOA-Konzept wäre es denkbar, die folgenden Informationen zu kombinieren:

- Bestehende Prozessinformationen aus der CPC-Domäne, die in einer BDIS-Datenbank gespeichert sind (gekennzeichnet mit 1 in Abb. 6).
- Verwendung der zusätzlichen Temperaturmessung eines bereits vorhandenen Massendurchflussmessers über eine zweite Kanalverbindung (gekennzeichnet mit 2 in Abb. 6).
- Nachrüsten des Wärmetauschers mit zusätzlichen Clamp-On-Temperatursensoren, die an ein Gateway (drahtlos oder drahtgebunden) angeschlossen sind, wobei das Gateway in der Nähe des Wärmetauschers installiert ist und die Informationen direkt an den NOA-Aggregationsserver überträgt (gekennzeichnet mit 3 in Abb. 6).

4.4 Ausblick – Weitere Anwendungsfälle

Die oben gezeigten Beispiele zeigen die Flexibilität und Skalierbarkeit des NOA-Konzeptes, die notwendigen Daten zu sammeln, um typische Industrie 4.0 Anwendungsfälle zu ermöglichen. Natürlich sind die obigen Beispiele bei weitem nicht vollständig. In diesem Rahmen können jedoch viele weitere Anwendungsfälle und

Anwendungen auf Basis eines erweiterten Informationsmodells entwickelt werden oder eben auch durch Kombination der Daten von verschiedenen Assets. Hierbei können die folgenden Kategorien mit ihren jeweiligen Zielen unterschieden werden:

M+O-Anwendung	Ziel
Optimierung von Produktionsprozessen	Verbesserung von Produktqualität und Ausbeute
Anlageninstandhaltung	Verringern von Wartungskosten und ungeplanten Stillständen
Verbesserte Fahrweise von Anlagen	Verringern von Energie- oder Materialeinsatz
Gefahrenmanagement	Schutz von Menschen, Umwelt und Anlagen

Letztendlich hängt es von der Kreativität der Nutzer oder der Lieferanten ab, ganz neue M+O-Anwendungen auf Basis eines kontinuierlich weiterentwickelten NOA-Informationsmodells zu realisieren.

5 NOA im Rahmen der Digitalisierung und Industrie 4.0

5.1 NAMUR-ZVEI Zusammenarbeit

Um das Konzept von NOA und seinen Bausteinen weiter zu konkretisieren, wurde Ende 2018 eine Zusammenarbeit zwischen NAMUR und ZVEI ins Leben gerufen, um NOA gemeinsam voranzutreiben. Es wurden Arbeitsgruppen zu den Themen „NOA-Informationsmodell", „NOA-Diode und Security" und „Verification of Request" eingerichtet. Ziel dieser Arbeitsgruppen ist es, die Konzepte so schnell wie möglich zur Marktreife zu bringen und einen direkten Austausch zwischen Endanwendern und Herstellern zu fördern, damit der Innovationsprozess weiter beschleunigt wird.

Als eine der ersten Erfolgsgeschichten hat die Arbeitsgruppe „NOA-Informationsmodell" eine Use Case basierte Liste von Parametern und semantischen ID's mit den Feldbusorganisationen (FieldComm Group und PNO) sowie mit der OPC Foundation abgestimmt, um ein standardisiertes Informationsmodell für Feldgeräte zu erhalten. Diese Ergebnisse werden im Rahmen der OPC UA Device Integration Companion Specification und im Rahmen des PA-DIM (Process Automation Device Integration Model) veröffentlicht und in einem NAMUR-Arbeitsblatt erläutert, womit die Use Cases und die Ableitung der erforderlichen Parameter für jeden Use Case, detailliert beschrieben werden.

Basierend auf diesen Ergebnissen wird diese Art von Zusammenarbeit nun für weitere Asset-Typen wiederholt, beginnend mit prozessanalytischen Geräten. Auch hier planen NAMUR und ZVEI eine Zusammenarbeit, um den nächsten Teil des NOA-Informationsmodells zu definieren.

Da momentan in unterschiedlichen Gremien parallel Initiativen zur Entwicklung von Informationsmodellen verschiedener Asset-Typen gestartet werden – sowohl innerhalb der Prozessindustrie als auch in der Fertigungsindustrie – die teilweise die gleiche Use Cases bedienen, ist eine Harmonisierung und tiefere Abstimmung dringend notwendig. Nur durch eine konsequent verfolgte Standardisierung der Parameter und Semantik der Informationsmodelle, kann die Digitalisierung zum Industrie-übergreifenden Erfolg werden.

5.2 NOA in Bezug auf MTP und OPAF

Derzeit laufen in der Prozessautomatisierungswelt mehrere innovative Aktivitäten parallel. Neben der NAMUR Open Architecture Initiative steht auch die modulare Produktion, deren Automatisierung durch ein sogenanntes Modular Type Package (MTP, siehe [VDI/VDE/NAMUR 2658]) umgesetzt wird, sehr stark im Fokus. Weiterhin existiert derzeit die Entwicklung des Open Process Automation-Konzeptes, ein neuer Meta-Standard (ein sogenannter „Standard of Standards"), der die CPC-Domäne von den bisherigen proprietären Anbieter-Technologien grundsätzlich öffnen will. Im Rahmen dieser rasanten Entwicklungen kann es für den Endanwender komplex werden zu verstehen, welche dieser Technologien relevant für ihn sind und ob sie sich gegenseitig ausschließen oder ob es möglich ist, sie und ihre Vorteile in einer Anlage zu kombinieren.

Um die Möglichkeit der Koexistenz dieser Technologien in einem Werk zu bewerten, ist es wichtig, das Ziel jedes der drei Ansätze hervorzuheben.

- NOA wurde mit dem Ziel entwickelt, neue Digitalisierungen und Industrie 4.0 Anwendungsfälle in bestehenden und (teilweise) alten Anlagen zu ermöglichen. Daher hat es einen klaren Fokus auf Monitoring und Optimierung und lässt hierbei die CPC-Systeme weitgehend unberührt.
- Die modulare Produktion hat zum Ziel, die Flexibilität von Produktionsanlagen zu erhöhen, um den sich schnell ändernden Marktanforderungen der Chemie und Pharmazie gerecht zu werden, indem die Prozesstechnik, die mechanische Konstruktion und die Automatisierungstechnik (durch das MTP) modularisiert werden. Dies wird die Integration von Package Units in den CPC-Bereich erheblich erleichtern, da sie mit einer eigenen Automatisierungslösung ausgestattet werden, welche problemlos in ein PLS oder ein darüberliegendes Prozessorchestrierungssystem integriert werden kann.
- OPAF wird mit dem Ziel entwickelt, die Ära der proprietären Automatisierungssysteme zu beenden und eine auf Standards basierende, offene, sichere und interoperable Prozesssteuerungsarchitektur zu definieren (sowohl hardware- als auch softwaremäßig). Daher wird es zu Recht als der disruptivere Ansatz der CPC-Domäne angesehen, der die Kernprozesssteuerung und Automatisierung langfristig revolutionieren könnte.

Ausgehend von den unterschiedlichen Zielen, die hinter diesen Initiativen stehen, ist klar, dass alle drei Technologien harmonisch in derselben Produktionsanlage nebeneinander existieren können, wobei jede auf ihre Weise einen Mehrwert für den Produktionsprozess darstellt. In Zukunft könnte eine Anlage über ein CPC-System verfügen, das auf dem OPAF-Standard basiert, flexibel eine mit einem

MTP ausgestattete Package Unit integriert und NOA M+O-Anwendungen und -Dienste zur Überwachung und Optimierung nutzt.

Damit dieses Szenario in naher Zukunft Realität wird, ist eine enge Zusammenarbeit zwischen allen Initiativen erforderlich. Genau dieses Ziel verfolgt die NAMUR durch die intensive Zusammenarbeit mit dem ZVEI zu den Themen NOA und MTP und durch die enge Verbindung zum Open Process Automation Forum für die OPA-Entwicklung.

Die Zusammenarbeit zwischen NOA und MTP hat einen klaren Fokus auf den Maintenance und Diagnose-Aspekt des MTP-Ansatzes. In diesem Fall könnten die NOA M+O-Anwendungen für die physischen Assets, die Teil des Moduls sind (z. B. die Feldgeräte eines Moduls, ausgestattet mit einem MTP), angewendet werden. M+O-Anwendungen könnten weiterhin auch für das gesamte Modul entwickelt werden. Diese Aspekte befinden sich derzeit in Abstimmung zwischen den Arbeitskreisen NOA und MTP.

6 Zusammenfassung und Ausblick

Die NAMUR Open Architecture ist ein neues Architekturkonzept für die Prozessindustrie, das sowohl für Greenfield- als auch für Brownfield-Anlagen mit dem klaren Ziel entwickelt wird, zusätzliche Daten aus den Produktionsanlagen verfügbar zu machen, um Monitoring und Optimierungs-Anwendungen im Rahmen der Digitalisierung und der Industrie 4.0 zu ermöglichen.

Die aus der produktiven Zusammenarbeit zwischen NAMUR und ZVEI hervorgegangenen Namur Empfehlungen bilden heute das Fundament für die Entwicklung vielfältiger Lösungen durch die Industrie. Die internationale Verbreitung und Standardisierung der NOA Technologie wurde in 2023 an Profibus International übergeben. Eine umfangreiche Beschreibung möglicher Anwendungen kann in der Broschüre „Sustainability durch Prozessautomation“ nachgelesen werden.

Fehlende Standards und zu hohe Implementierungskosten gehören damit der Vergangenheit an. Durch das ganzheitliche und flexibel anpassbare Konzept der NAMUR Open Architecture können Anwendungen damit in Teilbereichen erprobt und schnell sowie vor allem wirtschaftlich hochskaliert werden. Wer jetzt noch wartet, verzichtet auf erhebliche Einsparpotenziale.

Literatur

De Caigny J, Tauchnitz T, Becker R, Diedrich C, Schröder T, Großmann D, Banerjee S, Graube M, Urbas (2019) NOA – Von Demonstratoren zu Pilotanwendungen. Atp 1–2:44–55

Klettner C, Tauchnitz T, Epple U, Nothdurft L, Diedrich C, Schröder T, Großmann D, Banerjee S, Urbas L, Iatrou C (2017) NOA – NAMUR Open Architecture – Die NAMUR-Pyramide wird geöffnet für Industrie 4.0. Atp 1–2:20–36

NAMUR (2019) Empfehlung 175: NAMUR Open Architecture

Nothdurft L, Epple U, Schröder T, Diedrich C, Grossmann D, Banerjee S, Schmied S, Iatrou C, Graube M, Urbas L, Henrichs T, Erben S (2018) NOA Demonstratoren Special. Atp 1–2:44–69

Interoperabilität und Wandelbarkeit in Cyber-Physischen-Produktionssystemen durch modulare Prozessführungs-Komponenten

Julian Grothoff und Haitham Elfaham

Zusammenfassung

Die Fabrik der Zukunft verwandelt sich aufgrund der fortschreitenden Digitalisierung in ein System aus virtuellen und physischen Bestandteilen. Eine Kapselung dieser Systemelemente in klar abgegrenzte Komponenten – sowohl für Hardware als auch für Software – bildet eine notwendige Grundlage zur Weiterentwicklung der Automatisierungspyramide. In diesem Beitrag wird ein modulares Entwurfsmusters für solche Komponenten mit Fokus auf der Prozessführung vorgestellt und in den Kontext von Cyber-Physischen-Produktionssystemen (CPPS) eingeordnet. Anschließend wird das Szenario der Hersteller- und Technologie-übergreifenden Interoperabilität sowie das zentrale Szenario der Wandelbarkeit im Sinne von unvorhergesehenen Änderungen in einem komponentenbasierten CPPS beschrieben.

1 Einleitung

Eine effiziente Anlagenauslastung bei gleichbleibend hoher Produktionsqualität sind heute bereits Anforderungen an moderne Produktionssysteme. Die Produktvarianz und Änderungsfrequenz wird in Zukunft zusätzlich weiter ansteigen. Wie müssen Produktionssysteme gestaltet werden, um diesen Anforderungen und letztlich einer neuen industriellen Revolution standzuhalten?

Klassisch wurden hierarchische, statische Strukturen mit minimalen Schnittstellen von der Unternehmensleitebene bis zur Feldebene in Form der *Automatisierungspyramide* geschaffen. Diese technische und funktionale Trennung ermöglichte eine spezialisierte, an die Anforderungen der Ebene angepasste sowie entkoppelte Entwicklung bei Herstellern und Anwendern.

J. Grothoff (✉) · H. Elfaham
Lehrstuhl für Prozessleittechnik, RWTH Aachen University, Aachen, Deutschland
E-Mail: j.grothoff@plt.rwth-aachen.de; h.elfaham@plt.rwth-aachen.de

B. Vogel-Heuser et al. (Hrsg.), *Handbuch Industrie 4.0*,
https://doi.org/10.1007/978-3-662-58528-3_144

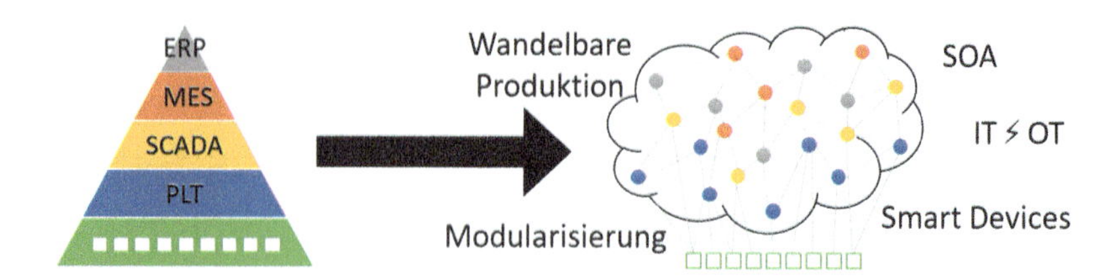

Abb. 1 Weiterentwicklung der Automatisierungspyramide zu einem CPPS. (Vgl. Bettenhausen et al. 2013)

Zusätzlich zwingt die fortschreitende Digitalisierung Produzenten zur ganzheitlichen Betrachtung der physischen und virtuellen Anlagenteile als *Cyber-Physisches-Produktionssystem (CPPS)*. Die klassische Automatisierungspyramide wird sich dabei schrittweise in ein Netz aus Knoten verwandeln, die verschiedenste Dienste im CPPS bereitstellen (vgl. Bettenhausen et al. 2013). Wie in Abb. 1 dargestellt, werden Feldgeräte und prozessnahe Komponenten (PNKs) erhalten bleiben, da sie im kybernetischen Sinne die Informationen aus dem virtuellen Teil des CPPS in eine physikalische Wirkung übersetzen (Aktoren) oder umgekehrt (Sensoren).

Des Weiteren bleibt auch eine funktionale Zuordnung der Knoten (Farben in Abb. 1) zu den Ebenen erhalten. So lassen sich Szenarien, wie die Wandlung einer Anlage, getrennt für die Ebenen beschreiben ohne im Widerspruch zum CPPS Modell zu stehen. Gleichzeitig werden *Serviceorientierte Architekturen (SOA)* prognostiziert (Jammes und Smit 2005; Liyong et al. 2010), in denen *Informationstechnologie (IT)* und *Operational-Technologie (OT)* zusammenwirken. Zusätzlich müssen ganze Module (vgl. Module Type Package (Bernshausen et al. 2016)) oder so genannte *Smart Devices* in das Produktionssystem eingebracht werden können.

1.1 Wandelbarkeit als härteste Anforderung an ein CPPS

In Zukunft müssen sich Produktionssysteme immer dynamischer an geänderte und unvorhergesehene Anforderungen anpassen lassen. Die Auslöser bzw. Anforderungsänderungen werden daher auch als *Wandlungstreiber* bezeichnet. Wie gut sich das Produktionssystem wandeln lässt, wird dabei durch den Begriff der *Wandelbarkeit* oder hier synonym als *Wandlungsfähigkeit* beschrieben: „Wandlungsfähigkeit beschreibt die Eigenschaft eines Objekts, sich an Veränderungen anzupassen" (Heger 2007).

Ein vollständig wandelbares System ist allerdings nicht realisierbar, da dazu alle unvorhersehbaren möglichen Änderungen umgesetzt werden könnten. Ein vollständig wandelbares Produktionssystem könnte sonst jedes Produkt, in jeder Menge, Qualität und Geschwindigkeit produzieren. Es lassen sich jedoch sogenannte *Wandlungsbefähiger* ausmachen (vgl. Nyhuis et al. 2008), welche die Wandelbarkeit verbessern. Wesentliche Wandlungsbefähiger sind: Modularität, Neutralität, Kompatibilität, Universalität, Skalierbarkeit, Standardisierung und Mobilität.

Wandlung muss insbesondere von Flexibilität abgegrenzt werden. Diese wird schon „erreicht, wenn eine Anlage bereits während ihrer Planungsphase auf bestimmte Eventualitäten vorbereitet wird" (Nyhuis et al. 2008).

Wandelbarkeit stellt dabei die härteste Anforderung an ein Produktionssystem, weil man ungeplante und unvorhergesehene Änderungen umsetzen muss. Zusätzlich impliziert Wandelbarkeit immer die Berücksichtigung bestehender Anlagenteile. Es handelt es sich im Allgemeinen also erschwerend um eine *Brownfield* Umgebung. Darüber hinaus können die Wandlungstreiber sehr verschieden sein und mehrere Ebenen betreffen.

1.2 Szenarien der Wandelbarkeit

Im Folgenden werden einige Wandlungstreiber als Szenarien auf Grundlage der Ebenen der Automatisierungspyramide beschrieben, wie in Abb. 2 dargestellt ist.

Unternehmensleitebene (ERP)
Hier sind vor allem betriebswirtschaftliche Faktoren relevant. Die wesentlichen Wandlungstreiber sind Produkt bzw. Auftragsänderungen, wie eine Änderung der Menge, Qualität oder neuer Produktvarianten bzw. Innovationen. Dabei ist die Vorhersagbarkeit von Auswirkungen dieser Produktänderungen im Voraus essentiell. Hier können aber auch politische oder rechtliche Änderungen einen großen Einfluss haben.

Beispiel: Skalierbarkeit ① Es gibt einen plötzlichen Anstieg der Nachfrage nach einem Produkt. Durch die hohe Wandelbarkeit der Anlage, kann ein Anlagenteil

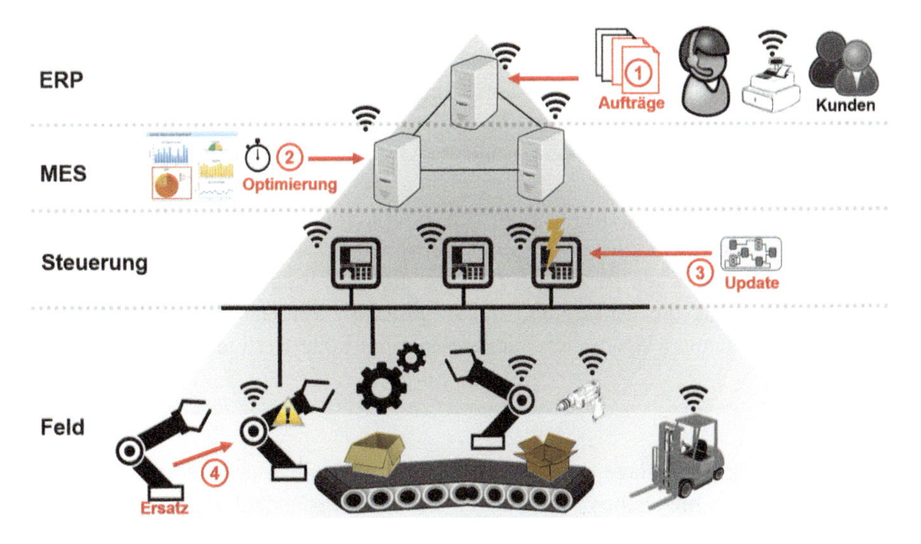

Abb. 2 Szenarien der Wandelbarkeit in der Automatisierungspyramide

kurzfristig umgebaut oder anders genutzt werden, um mehr zu produzieren. Neue Aufträge werden automatisch vom Produktionssystem eingelesen, analysiert und an die entsprechenden Komponenten der Betriebsleitebene weitergeleitet.

Betriebsleitebene (MES)
Wandlungstreiber sind hier häufig Änderungen an Produkten oder den Produktionsressourcen. Aus Aufträgen müssen hier Prozeduren abgeleitet und zeitlich sowie räumlich auf die Anlage verteilt werden (Scheduling). So stellt sich die Frage, wie sich die bestehenden Ressourcen der Anlage optimal nutzen lassen. Auch die Integration neuer Ressourcen sowie deren Fähigkeiten muss in den Prozeduren umgesetzt werden. Weiter müssen die Potentiale des Produktionssystems aufgrund der Ressourcenlage bei Änderungen automatisch nach oben propagiert werden können.

Beispiel: Optimierter Produktionsprozess ② Es soll ein neues Produkt produziert werden und die Anlage ist noch nicht ausgelastet. Da im MES die Fähigkeiten des CPPS hinterlegt sind, kann automatisch abgeglichen werden, ob und mit welchen Betriebsmitteln das Produkt produziert werden kann. Generische Dashboards zeigen die zur Verfügung stehenden Ressourcen an und bilden die Entscheidungsgrundlage für die ERP Ebene. Die hohe Wandelbarkeit ermöglicht eine schnelle Anpassung des MES für die direkte Zuteilung und Ausführung der neuen Prozeduren.

Prozessleitebene (PLT)
Die Prozessleitebene setzt die Änderungen am Produktionsprozess mit den vorhandenen Betriebsmitteln operativ um. Wandlungstreiber sind hier im wesentlichen Änderungen an den Betriebsmitteln, um die angepassten Produktionsprozesse umzusetzen. Zudem erzwingen neue Technologien der Feldgeräte und deren Kommunikation eine Wandlung der Prozessleittechnik. Diese Ebene stellt den Übergang zwischen der IT und OT mit den damit verbundenen Anforderungswechseln her. Außerdem finden hier Optimierungen der Regelung (Tunning) bzw. Steuerung und der Einsatz von Advanced Process Control (APC) statt.

Beispiel: Steuerungsupdate ③ Ein neues oder verbessertes Feldgerät wird in das CPPS eingebracht, um eine neue Produktionsprozedur umzusetzen. Das Feldgerät bringt neue Fähigkeiten in das CPPS ein, die über standardisierte Steuerungs-Komponenten für die Anlage verfügbar gemacht werden. Verschiedene Steuerungs-Komponenten lassen sich zur Realisierung höherwertiger Fähigkeiten verbinden.

Feldebene
Eine Wandlung der Anlage erfordert oft auch einen Umbau der Feldgeräte. Wandlungstreiber sind hier neben Änderungen auch die Instandhaltung und der damit verbundene Gerätetausch. Zusätzlich bringen sogenannte Smart Devices selbst Softwarefähigkeiten mit, die dem CPPS verfügbar gemacht werden müssen.

Beispiel: Plug & Produce ④ Eine Wartungsprognose meldet, dass ein baldiger Austausch für ein Feldgerät ansteht. Aufgrund der Informationen im CPPS kann ein ähnliches Ersatzgerät besorgt werden. Der Austausch des Feldgeräts erfolgt nahtlos durch eine standardisierte „Plug & Produce" Prozedur. Die Typisierung der Steuerungslogik (PLT) ermöglicht eine automatische Nutzung des neuen Feldgeräts als Komponente im CPPS.

2 Komponentenbasierte Architekturen als Grundlage für CPPS

Eine komponentenbasierte Architektur stellt wichtige Wandlungsbefähiger bereit und bildet somit eine Grundlage, um die zuvor definierten Szenarien (teil-)automatisiert in CPPS umzusetzen. Dazu wird zunächst der Begriff CPPS genauer beschrieben. In der Acatech Forschungsagende wurde Cyper-Physisches-System (CPS) allgemein wie folgt definiert: CPS „sind gekennzeichnet durch eine Verknüpfung von realen (physischen) Objekten und Prozessen mit informationsverarbeitenden (virtuellen) Objekten und Prozessen über offene, teilweise globale und jederzeit miteinander verbundene Informationsnetze" (Geisberger und Broy 2012). Im Zentrum steht also die Vernetzung und Verknüpfung der Objekte. Der Begriff CPPS grenzt diese Definition weiter auf den Kontext der industriellen Produktion ein und passt entsprechend zu dem in Abb. 1 dargestellten Wandel der Automatisierungspyramide.

2.1 Definition der Komponente im CPPS Kontext

Im Folgenden wird das allgemeine *Element-Connector-Link (ECL)* zur Systemstrukturbeschreibung genutzt, um technische Komponenten in den CPPS Kontext einzuordnen. Wie in Abb. 3 gezeigt, ist ein CPPS ein spezielles System. Eine

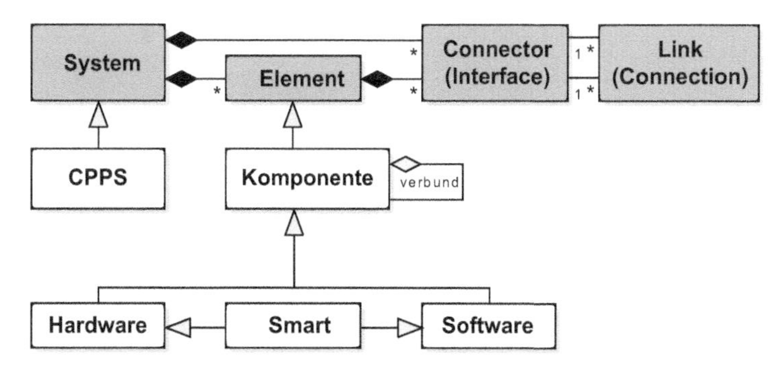

Abb. 3 CPPS und Komponenten erweitern das ECL Modell: Ein System besteht aus Elementen. Elemente und das System selber können Konnektoren (Schnittstellen) besitzen. Links zeigen eine Zuordnung zwischen zwei Konnektoren an. Auch als System-Interface-Connection (SIC) Modell (DIN SPEC 40912 2014) bekannt

Komponente ist ein Element, das spezielle Eigenschaften erfüllt (vgl. Abschn. 2.2 in Grothoff et al. 2018). Es ist essentiell, harte Anforderungen wie beispielsweise Abgegrenztheit, Disjunktheit und Kompaktheit an Komponenten zu stellen, um ihre *Hantierbarkeit als Einheit* gewährleisten zu können. Diese Hantierbarkeit macht Komponenten zu den wesentlichen Wandlungsbefähigern für CPPS. So können sie einfach erzeugt, eingebaut, in Betrieb genommen, ausgebaut, verschoben, ersetzt und wiederverwendet werden. Ein CPPS besteht zwar nicht nur aus Komponenten, aber diese sind für die Wandlung besonders relevant.

Dem Begriff der Komponente wird im gesamten Beitrag das Metamodell der Komponente (Grothoff et al. 2018) aus dem BMBF Förderprojekt *Basis System Industrie 4.0 (BaSys4.0)* zu Grunde gelegt.

Der Begriff Komponente ist dabei bewusst sehr allgemein gehalten, sodass verschiedenste Komponenten aus allen Ebenen der Automatisierungspyramide im CPPS beschrieben und zur Wandlung genutzt werden können (vgl. Abb. 2). Weiter wird darin beschrieben, wie sich eine Komponente nach der Art ihres digitalen Charakters in Hardware-, Software-, smarte und Verbund-Komponenten klassifizieren lässt.

Beispiel: Komponenten als ECL Systemelement
Beispiele für klassische Hardware Komponenten sind Aktoren wie Motoren, Pumpen und Roboter sowie Temperatur-, Füllstands- oder Positions-Sensoren. Diese Feldgeräte haben mechanische und elektrische Anschlüsse (Konnektoren), die genau spezifiziert und normiert sind, um sie in einer vorgesehen Rolle (Elektroplan, Funktionsplan, CAD-Modell) nutzen zu können. Weitere Beispiele sind RemoteIOs, Speicherprogrammierbare Steuerungen (SPS) und Industrie PCs (IPC). Gerade für smarte Komponenten müssen zusätzliche funktionale Konnektoren definiert werden. Ein Beispiel für Software Komponenten sind Funktionsblöcke (IEC 61131-3 oder IEC 61499). Ihre dedizierten Signal-Ein- und Ausgänge bilden dabei die Konnektoren. Auch Komponenten zur Verwaltung und Repräsentation, wie das Konzept der Verwaltungsschale (Plattform Industrie 4.0 2018; DIN SPEC 91345 2016), können so dargestellt werden.

2.2 Komponentenbasierte Führungsarchitektur

Zur Prozessführung wird ein hierarchischer Ansatz auf Basis des Betriebsmittel-Maßnahmen Modells ((Polke et al. 1994) Abschn. 4.5, (Abel et al. 2009) Abschn. 4) zu Grunde gelegt, wie in Abb. 4 gezeigt. Dieses beschreibt allgemein das Vorgehen des Engineering-Prozesses aus zwei Richtungen.

Zum einen wird die Lösung „Bottom-Up" aus Teillösungen zusammengestellt. Dieser Lösungsteil ist anlagenbezogen und wird durch Betriebsmittel beschrieben. Ein Betriebsmittel kann direkt auf die Feldgeräte wirken, bzw. diese im Leitsystem repräsentieren. Dann handelt es sich um *Einzel-Steuereinheiten (ESEs)*. Werden mehrere ESEs orchestriert, passiert dies in *Gruppen-Steuereinheiten (GSEs)*. Ein klassisches Beispiel dafür ist ein Tank mit einer Füllstands-Regelung: Zwei ESEs für

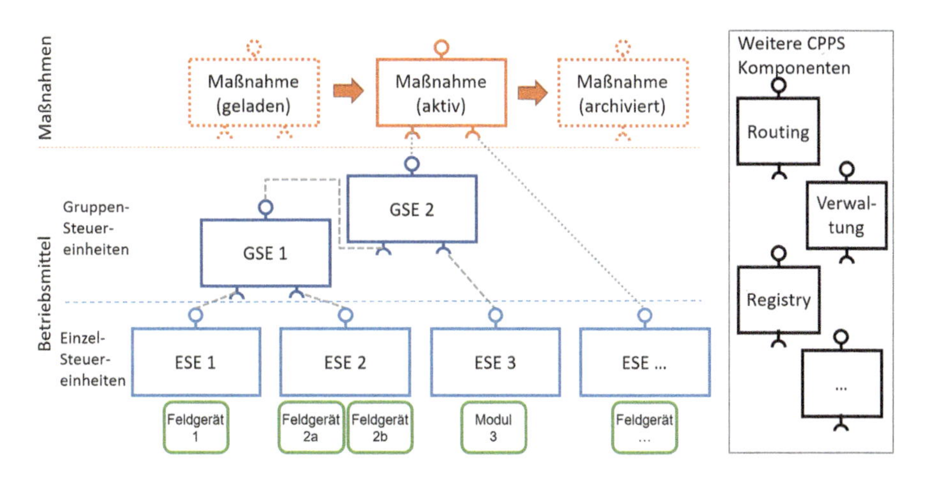

Abb. 4 Schematische Darstellung des Betriebsmittel-Maßnahmen Modells mit Komponenten

Ventil und Pumpe im Zufluss werden von einer GSE gesteuert, um einen Füllstand im Tank zu regeln. ESEs und GSEs werden mit ihrem Anlagenteil der physischen Welt als Prozessführungs-Komponente (PFK) bezeichnet.

Zum anderen wird die Prozedur eines Produktes „Top-Down" weiter zerlegt, bis jeder Schritt auf ein Betriebsmittel abgebildet werden kann. Diese Zuordung von Prozedurelementen auf Betriebsmittel findet sich auch in der Norm IEC 61512 (ISA 88) und kann in Zukunft auch durch fähigkeitenbasiertes Engineering unterstützt werden (Elfaham et al. 2019). Die Ausführung der Prozedur wird durch Maßnahmen realisiert, welche produktbezogen sind und erzeugt, abgefahren und archiviert werden.

3 Entwurfsmuster für modulare Prozessführungs-Komponenten

Im Folgenden werden wichtige Konzepte für eine komponentenorientierte Prozessführung in CPPS beschrieben. Nach dem in Abschn. 2.2 vorgestellten Führungsmodell werden die Prozessführungs-Komponenten (PFKs) als Betriebsmittel in der Einzel- oder Gruppensteuerebene eingesetzt und realisieren die Umsetzung der Prozesslogik. Dadurch lässt sich die Führungsaufgabe auf Ebene der Komponenten unterteilen. Sollte diese Granularität bei der Wandelung des CPPS nicht reichen, müssen die Komponenten selbst gewandelt werden können.

3.1 Fachliche Ebenen in Prozessführungs-Komponenten

Funktional gesehen lassen sich PFKs in zwei fachliche Ebenen aufteilen, wie in Abb. 5 mit grünen und orangen Kästchen dargestellt. Dieses Konzept gilt allgemein, wird hier aber an einer Handhabungseinheit (Pick & Place) exemplarisch verdeutlicht.

Fähigkeiten Zunächst muss eine Komponente die Fähigkeiten, die sie nutzen möchte, in vereinfachter Form für sich verfügbar und ausführbar machen. Bei einer PFK für einen Roboter könnte die Rotation jeder einzelnen Achsen als ausführbare Fähigkeit realisiert werden, wie in Abb. 5 dargestellt. Dies kann das Setzen von Bitsequenzen und Steursignalen sowie das Auslesen verschiedener Signale inkludieren. So kann auch von einer proprietären Geräteschnittstelle bzw. einem proprietären Protokoll auf eine einheitliche Ansteuerung der Aktoren umgesetzt werden. Dies ermöglicht zusätzlich eine erste Vereinfachungen der Funktionalität. So könnten im Roboterbeispiel die Achsen jetzt mit einem Parameter für den Achswinkel angesteuert werden. Die ausführbare Fähigkeit in der Komponente übernimmt dann zum Beispiel das Auslesen und Umrechnen eines Encoders und das sanftere An- und Abfahren einer Geschwindigkeits-Trajektorie für jede Achse.

Fahrweisen Nun ist das Ansteuern der Fähigkeiten innerhalb der Komponente in geeigneter Weise möglich. Damit können die Fähigkeiten zu höherwertigen Fähigkeiten kombiniert und für die nächste Führungsebene bzw. andere PFKs oder Maßnahmen bereitgestellt werden. Diese höherwertigen Fähigkeiten werden hier zur besseren Unterscheidung als *Fahrweisen* bezeichnet. Die Fähigkeiten können dabei parallel genutzt werden und ermöglichen damit auch synchronisierte und optimierte Fahrweisen. Im Beispiel des Roboters (Abb. 5) könnten Fahrweisen exemplarisch Punkt-zu-Punkt Bewegungen (PTP), Linear Bewegungen (LIN) und Kreisbewegungen (CIRC) sein. Auch das Einlernen von Bahnpunkten könnte als eigene Fahrweise realisiert werden. Die Fahrweise wird hier auch als Programm bezeichnet.

Grundsätzlich wird durch jede PFK bzw. jede PFK-Ebene eine Komplexitätsreduktion erreicht, die letztendlich die Steuerbarkeit der gesamten Anlage ermöglicht (vgl. Abschn. 2.2). Um die Wandelbarkeit der Prozessführung weiter zu unterstützen, empfiehlt es sich eine Fahrweise zur Verfügung zu stellen, welche alle einzelnen Fähigkeiten der Komponente zugänglich macht. Dies ist zusätzlich auch für die Inbetriebnahme oder zur Fehlerbehebung von Vorteil. So kann ein Hersteller auch

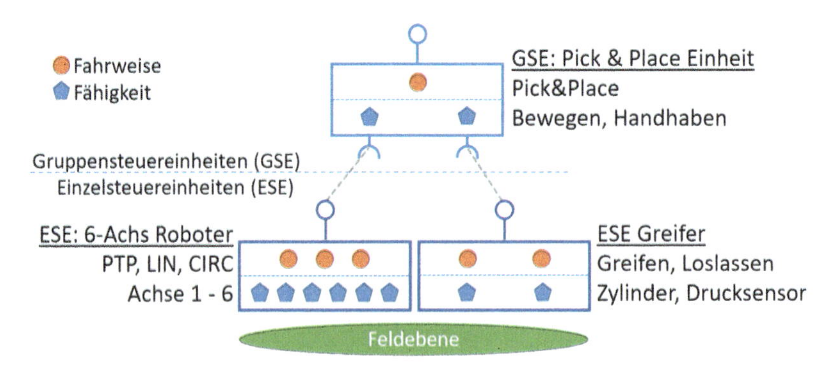

Abb. 5 Beispiel der fachlichen Ebenen (Fähigkeiten und Fahrweisen) in Einzel- und Gruppen-Steuereinheiten

eine Steuerungskomponente ausliefern, die eine Fahrweise mit einer Gewährleistung enthält. Benötigt der Anwender eine abweichende oder angepasste Funktionalität, so kann er die Fahrweise zum Ansteuern der einzelnen Aktoren nutzen (vgl. Kap. 7.1 in Grothoff et al. 2018).

Zwei Fachliche Ebenen Prinzipiell sind mehrere fachliche bzw. funktionale Ebenen in Komponenten möglich. Für ein einheitliches Entwurfsmuster, eine einheitliche Terminologie und aus Gründen der Modularisierung werden für PFK jedoch genau zwei fachliche Ebenen festgelegt: Fähigkeiten und Fahrweisen. Erscheint die Funktionalität der Komponente zu komplex um in zwei Ebenen realisiert zu werden, empfiehlt es sich diese in mehrere ESEs und GSEs aufzuteilen. Gegebenenfalls können diese dann als Modul, eine sogenannte *Verbundkomponente* (vgl. Abb. 3), zusammengefasst und gekapselt werden.

Eine Prozessführungs-Komponente besitzt zwei fachliche Ebenen. Sie macht Fähigkeiten der unterlagerten Komponenten (z. B. Feldgeräte) in sich ausführbar, um damit kombinierte Fähigkeiten als Fahrweisen für andere Komponenten im CPPS zur Verfügung zu stellen. Fahrweisen sind also höherwertige Fähigkeiten, die von den Komponenten im Leitsystem als Dienste zur Verfügung gestellt werden.

Bei GSEs entsprechen die benötigten Fähigkeiten den Fahrweisen der unterlagerten ESEs. Auch hier besteht die Möglichkeit der Abstraktion und Vereinheitlichung. In Kombination mit der Realisierung von Verbundkomponenten erlaubt dies die notwendige getrennte Entwicklung der Komponenten zwischen Hersteller und Anwender. Eine Fähigkeit einer GSE kann so auch verschiedene Fahrweisen der unterlagerten GSEs nutzen. Im Beispiel aus Abb. 5 kann so eine GSE für „Pick & Place" Aufgaben erstellt werden, welche die Fähigkeiten zum Positionieren und Handhaben benötigt. Diese können dann beim Aufruf mit Parametern oder nach geeigneten Logiken auf die Fahrweisen PTP, LIN und CIRC für die Positionierung bzw. auf das Greifen und Loslassen für das Handhaben abgebildet werden. Der Roboter mit dem Greifer und den drei Steuereinheiten kann dann z. B. zu einer Verbundkomponente aggregiert werden, um die Wiederverwendbarkeit zu erhöhen. In Zukunft sollten die realisierten Fähigkeiten weltweit eindeutig standardisiert werden, um auch ein auf Fähigkeiten basiertes, (teil-)automatisiertes (Re-)engineering der Komponenten zu ermöglichen. Dazu sind jedoch noch verschiedene Herausforderungen zu bewältigen, wie in (Malakuti et al. 2018) und (Perzylo et al. 2019) beschrieben. So müssen zukünftig Funktions-Parameter, Verhalten und Qualitätsmerkmale der Dienst-Typen vereinheitlicht werden. Dies erleichtert später auch die Suche und Zuordnung von Komponenten mit bestimmten Fähigkeiten im CPPS.

3.2 Modularer Aufbau durch getrennte Zustandsautomaten

Die klassischen Programmiersprachen zur Implementierung von Prozessführungsfunktionalität sind die SPS Sprachen aus der IEC 61131-3. Diese sind weit verbreitet, betriebsbewährt und können dank entsprechender Laufzeitumgebungen mit hohen Verfügbarkeiten sowie Echtzeitgarantien in rauen Umgebungen ausgeführt werden. Obwohl gerade die Funktionsblocksprachen eine Komponentenbildung unterstützen, werden die speziellen Eigenschaften der Komponenten (vgl. Abschn. 2.1) in der Praxis oft nicht erfüllt. Beispielsweise wird auf globale Variablen zurückgegriffen, Tasklisten werden verschränkt, Funktionalität ist in Blöcken vermischt oder externe Abhängigkeiten sind nicht erkennbar. Zudem sind keine einheitlichen Schnittstellen vorhanden oder es ist keine einheitliche Ansteuerung auf Grundlage eines standardisierten Ablaufverhaltens möglich.

Um PFKs einheitlich aufzubauen wird deshalb der Ansatz verfolgt, Funktionsblocknetzwerke in Zustandsautomaten aufzutrennen, aus denen die Komponente gebildet wird, wie in Abb. 6 gezeigt. Diese Automaten sollten möglichst getrennt sein und damit entweder „orthogonal" oder alternativ zueinander stehen. Die Fähigkeiten und Fahrweisen der Komponente sind genau solche Automaten und lassen sich beispiel-sweise als Funktionsblocknetzwerk (engl. Continuos-Function-Chart, CFC) oder Ablaufsprache (engl. Sequential-Function-Chart, SFC) realisieren. Neben diesen fachlichen Automaten gibt es noch weitere Zustände, die nicht innerhalb der Komponente vermischt, sondern als getrennte Automaten realisiert werden müssen. In Kap. 5 von (Grothoff et al. 2018) ist beschrieben, wie sich passende Automaten vereinheitlichen und wenn möglich auf standardisierte Varianten abbilden lassen.

Eine Prozessführungs-Komponente nutzt standardisierte Zustandsautomaten für ihre Belegung, Betriebsart, Betriebszustände, Fahrweisenwahl und Fehlerzustände. Die Automaten werden in der Komponente getrennt implementiert, können sich aber gegenseitig beeinflussen.

Wer die Komponente bedienen darf, wird durch die *Belegung* festgelegt. Wie die Abläufe in der Komponente gesteuert werden, wird durch die *Betriebsart* angegeben (Automatik, Manuell, Simulation, Einrichtbetrieb, ...). In jeder Betriebsart existieren verschiedene *Betriebszustände* (Idle, Execute, Stopped, ...). Der Betriebszustandsautomat übernimmt dabei die Ausführungskontrolle (Starten, Stoppen, Anhalten, Pausieren, ...). Was die Komponente fachlich macht wird über die *Fahr-*

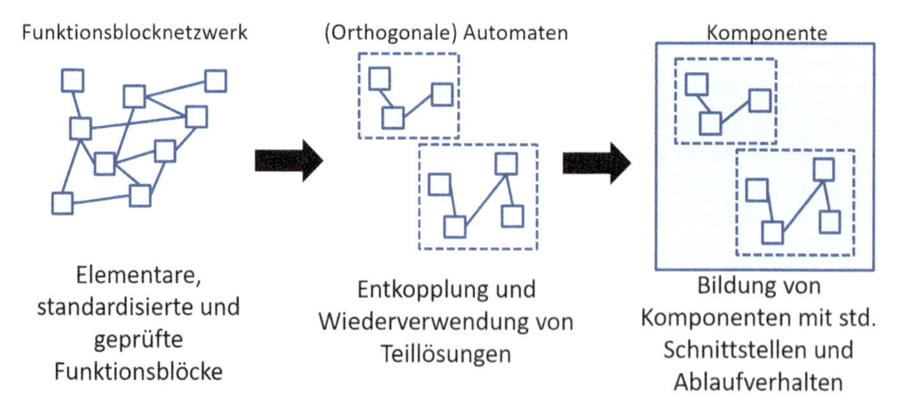

Abb. 6 Bildung von PFK aus Funktionsblöcken durch getrennte Automaten

weisenwahl bestimmt. In welchem Arbeitsschritt die Komponente aktuell ist gibt der *Arbeitszustand* an.

3.3 Entwurfsmuster für Prozessführungs-Komponenten

Nachdem man die Funktionalität einer Komponente in die verschiedenen Automaten getrennt und auf standardisierte Varianten abgebildet hat, müssen die Interaktionen zwischen diesen definiert werden. PFKs mit den beschriebenen fachlichen Ebenen und standardisierten Zustandsautomaten wurden im Projekt BaSys4.0 bereits in verschiedenen Automatisierungssprachen umgesetzt (vgl. Abschn. 4.1). Dazu wurde zunächst ein Entwurfsmuster geschaffen, welches die Implementierung vereinheitlicht und hilft die Konzepte per Design zu realisieren. Eine schematische Darstellung des Entwurfsmusters ist in Abb. 7 gezeigt. Es enthält folgenden Bestandteile:

Auftragsempfang Kommandos müssen auf ihre Syntax und die Belegung geprüft werden. Je nach Auftrag wird dieser an den zuständigen Automaten oder an unterlagerte Komponenten weitergeleitet oder verworfen. Beispielsweise wird das Kommando START an den Betriebszustandsautomat weitergeleitet oder PTP an die Fahrweisenwahl, um die Fahrweise PTP anzuwählen. Zusätzlich können auch Aufträge zur Konfiguration verarbeitet werden, beispielsweise zur Zuordnung der Auftragsausgabe zu Anlagenrollen.

Fahrweisenwahl Handelt es sich bei dem Auftrag um eine Fahrweise, wird diese ausgewählt, wenn die Komponente im Betriebszustand IDLE und damit im Grundzustand ist. Fahrweisen sollten Grundsätzlich alternativ sein. Das bedeutet es ist immer nur eine Fahrweise gleichzeitig aktiv. Dies erleichtert die konsistente Bestimmung der anderen Zustände, wie zum Beispiel des Betriebszustandes.

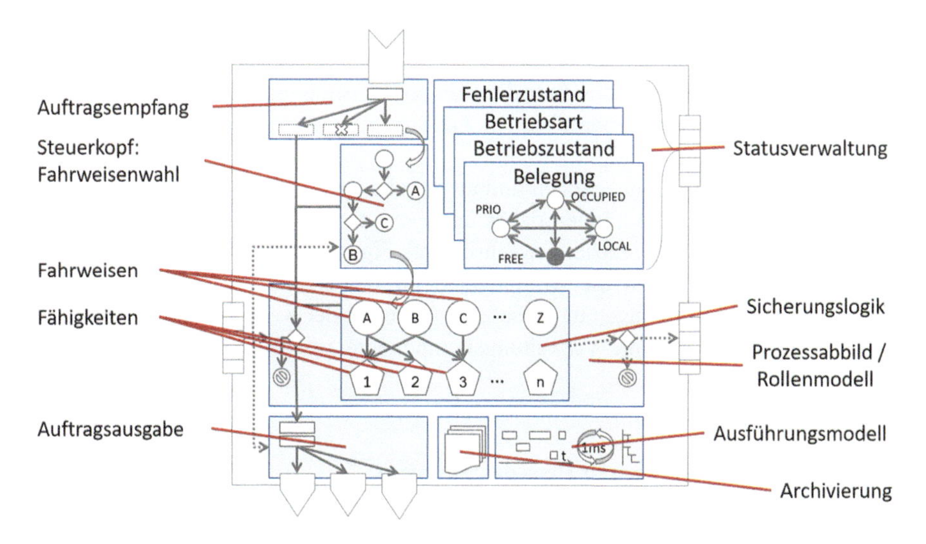

Abb. 7 Schematisches Entwurfsmuster für Prozessführungskomponenten

Fahrweisen Die Fahrweisen nutzen die ausführbaren Fähigkeiten in der Komponente, um höherwertige Fähigkeiten zu bilden (siehe Abschn. 3.1).

Fähigkeiten Die Fähigkeiten stellen die Steuerungslogik bereit, um in geeigneter Form innerhalb der Komponenten genutzt zu werden (siehe Abschn. 3.1).

Prozessabbild Die Fähigkeiten und Fahrweisen arbeiten auf einem Rollenmodell. Jeder Rolle können dabei Signale oder Zustände zugeordnet sein, die für die Realisierung der ausführbaren Fähigkeiten benötigt werden. Das Prozessabbild stellt diese Zustände und Signale in geeigneter Form für die Fähigkeiten zur Verfügung.

Sicherungslogik Auf Grundlage der vom Prozessabbild zur Verfügung gestellten Signale und Zustände können Verriegelungen gegen fehlerhafte Steuerungsausgaben implementiert werden. Im Optimalfall sind die Fähigkeiten und Fahrweisen in der Sicherungslogik wie in einer Sandbox eingebettet, so dass keine Mensch- oder Maschinen-schädlichen Steuersignale ausgegeben werden können. Beispielweise könnten beim Roboter ungültige Achskonfigurationen abgefangen, oder bei einer Pumpengruppe, dass Pumpen gegen ein geschlossenes Ventil verhindert werden.

Auftragsausgabe Bei GSEs werden Aufträge an unterlagerte Einheiten vergeben. Jedem Auftragspartner ist dabei eine Auftragsausgabeeinheit zugeordnet, gegen die innerhalb der Komponente gesteuert wird. Neben Aufträgen können auch Werte, wie Zustände der unterlagerten Komponenten, gelesen werden. Die Auftragsausgabe erfolgt dabei rollenbasiert, wie in Abschn. 3.4 beschrieben. Bei ESEs entspricht die Auftragsaufgabe dem Zugriff auf die IOs des Feldes. Auch dies sollte rollenbasiert stattfinden. Zum Beispiel muss von außen parametriert werden können, auf bzw. von welchen Bus-Adressen eine Steuereinheit schreiben und lesen soll.

Ausführungsmodell Das Ausführungsmodell wird beispielsweise bei IEC 61131 Funktionsblöcken durch Task Listen beschrieben. Hier wird die Reihenfolge der internen Bearbeitung der Zustandsautomaten festgelegt. Diese müssen in der Komponenten selbst gehalten werden können, damit sie als Einheit hantierbar ist. Generell kann hier zwischen ereignisbasierter und zyklischer Ausführungssteuerung unterschieden werden.

Statusverwaltung Die Zustände der Komponente müssen einheitlich nach außen dargestellt und auf die standardisierten Zustände abgebildet werden. Dies erledigt die Statusverwaltung.

Archivierung Die eingegangen und ausgegebenen Kommandos eignen sich gut zur Dokumentation und können daher in einer internen Archivierung gespeichert werden. Auch wichtige Zustandswechsel und Signalwerte können hier dezentral archiviert werden. Wenn die Komponente im CPPS ordentlich verwaltet wird, empfiehlt es sich allerdings nur die letzten Aktionen der Komponente vorzuhalten, um diese gebündelt an die Verwaltungskomponente zu schicken oder auslesen zu lassen.

3.4 Dienstorientierte Prozessführung

Zur Erhöhung der Wandelbarkeit und Wiederverwendung von bestehenden Elementen sollte ein CPPS dienstorientiert aufgebaut sein. Dies ist auch unter dem Begriff

Serviceorientierte Architektur (SOA) bekannt: „SOA ist ein Paradigma für die Strukturierung und Nutzung verteilter Funktionalität, die von unterschiedlichen Besitzern verantwortet wird“ (MacKenzie et al. 2006). Hier halten Konzepte aus der IT immer mehr Einzug in der OT Welt.

Ein CPPS hat als Produktionssystem eine Soll-Funktionalität, welche wie hier beschrieben durch Komponenten insbesondere von PFKs realisiert werden kann. Die Komponenten treten darin als Dienstsystem-Teilnehmer auf, wie modellhaft in Abb. 8 dargestellt ist. Dienstsystem-Teilnehmer können Dienst-Nutzer, Dienst-Anbieter oder beides sein. ESEs sind Dienst-Anbieter. GSEs sind Dienst-Nutzer der ESEs und Dienst-Anbieter für weitere Komponenten. Das in Abb. 8 vorgestellte Modell basiert auf dem Kernmodell Dienstmodell (DIN SPEC 40912 2014). Dieses sieht zusätzlich eine Typisierung der Dienste vor, wie rechts in Abb. 8 gezeigt. So können die Semantik, Funktionsbeschreibung und Quality-of-Service (QoS) Merkmale eindeutig für die Dienst-Typen beschrieben und wiederverwendet werden.

Dienst-Schnittstelle für Prozessführungs-Komponenten Neben dem einheitlichen Aufbau und Verhalten der Komponente müssen auch ihre Schnittstellen einheitlich definiert werden. Um das CPPS so wandelbar und dynamisch wie möglich zu gestalten, werden Dienst-Nutzer und Anbieter zukünftig loose gekoppelt.

In der Prozessführung kann die loose Kopplung durch eine Auftragsschnittstelle realisiert werden (Grothoff et al. 2019). Der Dienst- bzw. Operationsaufruf entspricht dabei einer Auftragsvergabe. Da es sich bei der Prozessführung um eine hierarchische Architektur handelt, werden die Aufträge durch das erteilen von Kommandos an unterlagerte Steuereinheiten realisiert. Diese sollten möglichst sprechend sein, um eine einfache Nachvollziehbarkeit und Wartbarkeit sicherzustellen (Wagner und Epple 2015).

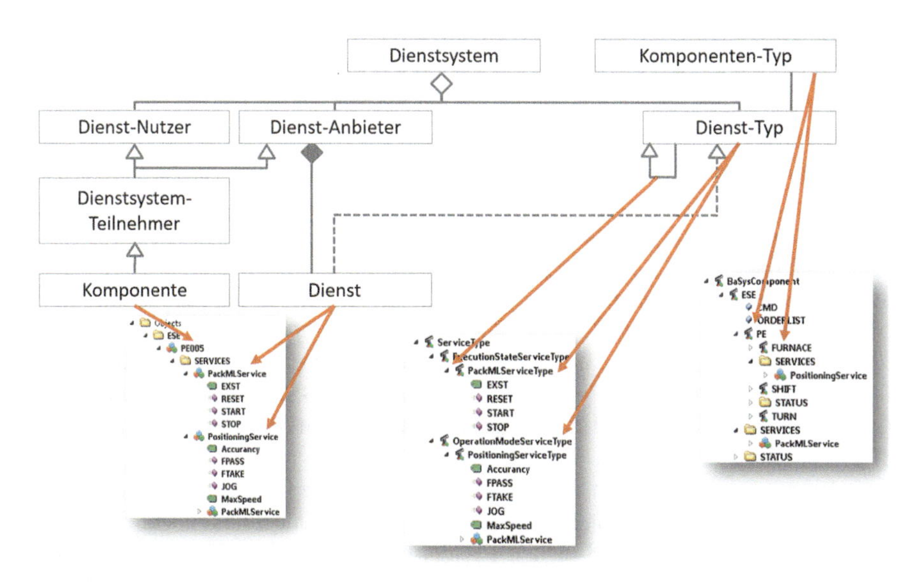

Abb. 8 Komponenten im Dienst-Modell mit exemplarischer Realisierung in OPC UA

Eine beispielhafte Realisierung der Auftragsschnittstelle in OPC Unified Architecture (OPC UA) als Methoden, wie sie im Projekt BaSys4.0 verwendet wird, ist in Abb. 8 unten gezeigt. Dabei sollte hier auf eine Unterscheidung der verschiedenen Modellebenen der Kommunikation geachtet werden, wie in (Epple 2016) beschrieben. Die Auftragsschnittstelle ist ein konzeptuelles Modell, welches hier technologisch in OPC- UA umgesetzt wurde und mittels eines open source OPCUA SDKs (open62541.org) realisiert wurde.

Rollenbasiertes Führungskonzept Um die Universalität der Führungskomponenten zu erhöhen, sollte die Prozessführung rollenbasiert arbeiten. Eine *Rolle* beschreibt hierbei eine funktionale Anforderung. Das bedeutet, dass die Steuerungseinheiten nicht für konkrete Geräte oder bei ESEs nicht für konkrete PFKs implementiert werden. Stattdessen wird innerhalb der Steuereinheit bzw. innerhalb der Fähigkeiten gegen Auftragsausgabe-Einheiten programmiert.

Im Beispiel aus Abb. 5 besitzt die Pick & Place Einheit zwei Auftragsausgabe-Einheiten. Eine für die Kommunikation mit einem Roboter und eine für die Kommunikation zum Werkzeug. Diese sind durch die halbrunden Schnittstellen Symbole unterhalb der Komponente gekennzeichnet. Beispielsweise wird in der Fähigkeit Bewegen, ein PTP Kommando an die Auftragsausgabe-Einheit „Roboter" übergeben. Diese leitet das Kommando an die Rolle im Anlagenplan „Anlage1-Teilanlage1-Roboter1" weiter, welche aktuell von der „ESE: 6-Achs Roboter" realisiert wird.

Die Rollen der Anlage werden dabei durch die Soll-Funktionalität des CPPS in verschiedenen Plänen vorgegeben. Die Festlegung, welche Rolle im Anlagenplan der Auftragsausgabe-Einheit zugeordnet ist, muss dabei parametrierbar sein, um die Kontextneutralität der PFK zu sichern. Kontextneutralität bedeutet hier, dass die Komponenten in verschiedenen Kontexten eingesetzt werden können. So soll der Roboter beispielsweise an verschiedenen Stellen im Anlagenplan eingesetzt werden können. Dies trennt zusätzlich die Entwicklung vom Einsatz der Komponenten, ermöglicht so die Spezialisierung und erleichtert die Wiederverwendbarkeit.

Für die Übertragung des Auftrags eignet sich der Einsatz eines *Nachrichtensystems*. So kann die Auftragsausgabe der Komponente ihre Kommandos einfach als Nachrichten abgeben. Das Nachrichtensystem löst dann die Zuordnung von der Anlagen-Rolle zur Realisierungseinheit auf, ermittelt den besten Übertragungsweg und wickelt Protokoll Übersetzungen ab (vgl. Epple 2017). Dies erleichtert den Austausch oder das (Re-)Deployment der Komponenten erheblich. Zusätzlich bietet die Zuordnung über Rollen eine gute Grundlage für Plug & Produce Prozeduren (vgl. Nothdurft und Epple 2018).

4 Wandelbarkeit in Komponentenbasierten CPPS

Gestaltet man ein CPPS nach den in Abschn. 3 umrissenen Konzepten aus Komponenten, lassen sich eine hohe Interoperabilität und Wandelbarkeit erzielen. Die Auftragsschnittstelle in Kombination mit den standardisierten Zustandsautomaten ermöglicht unter bestimmten Voraussetzungen den Tausch und die Zusammenarbeit einzelner Komponenten. Die Wandelbarkeit wird darüber hinaus auf zwei Ebenen unterstützt. Zum Einen kann auf Ebene der Komponenten aufgrund der harten Anforderungen an die Hantierbarkeit gewandelt werden. Zum Anderen können die Komponenten selbst durch ihren modularen Aufbau gewandelt werden.

4.1 Interoperabilität in CPPS durch Prozessführungs-Komponenten

Die TC65 Working Group des IEC definiert in (IEC TC 65/290/DC 2002) verschiedene Kompatibilitäts-Ebenen für Geräte, wie in Abb. 9 dargestellt und erweitert. Unterstützt ein Gerät ein Kommunikations-Protokoll (vgl. Kommunikationsfähigkeit in der CP-Klassifikation (DIN SPEC 91345 2016)) ist es im virtuellen Teil des CPPS existent (Coexistent). Besitzt es zusätzlich die gleiche Kommunikations-Schnittelle und Daten-Zugriff lässt es sich verschalten bzw. verbinden (Interconnectable). Für eine Zusammenarbeit (Interworkable) werden zusätzlich gleiche Daten-Typen benötigt. Berücksichtigt man für die Integration der Geräte weiter die Semantik ist Interoperabilität (Interoperable) der Geräte oder hier Komponenten möglich. Technologische-, Herstellerübergreifende- und Fachliche-Interoperabilität bilden dabei verschiedene Facetten der Ebenen ab. Im CPPS Kontext ist besonders die einheitliche Semantik von Bedeutung. Die Konzepte der fachlichen Ebenen und dienstorientierten Prozessführung bilden dabei eine wichtige Grundlage, um die Semantik für PFKs einheitlich festzulegen. So können Namen und Signaturen von Fahrweisen über Funktionen von Dienst-Typen definiert werden. Zusätzlich wird die Funktionalität der Fahrweise am Dienst-Typ vollständig definiert. Der Bezug zu standardisierten Zustandsautomaten erlaubt dazu eine einheitliche Beschreibung des Verhaltens sowie der passenden Funktions-Signaturen und ermöglicht letztendlich auch die Austauschbarkeit (Interchangeable). Zusammenfassend bieten die Konzepte der PFK explizite technologische Anknüpfungspunkte zur Beschreibung von Interoperabilitätsprofilen.

4.2 Wandelbarkeit auf Komponenten-Ebene

Interoperabilität ist ein wichtiger Wandlungsbefähiger und zeigt bereits einige Vorteile einer komponentenbasierten Architektur. So können interoperable Komponenten, deren dynamisches Verhalten einheitlich festgelegt ist, leicht ausgetauscht werden (vgl. Abb. 9). Darüber hinaus unterstützen komponentenbasierte Architekturen in CPPS das einfache erzeugen, einbinden, kopieren und löschen der Komponenten. Dazu muss die Komponenten-Systemplattform, welche die Komponenten verwaltet entsprechende Dienste bereitstellen, um die Hantierbarkeit als Einheit sicherzustellen. Auf Ebene der Komponenten kann das CPPS somit einfacher gewandelt werden. Wie die Eigenschaften der Komponenten sich auf verschiedene Wandlungsbefähiger abbilden lassen und diese unterstützen ist ausführlich in (Grothoff et al. 2018) Abschn. 6 dargestellt.

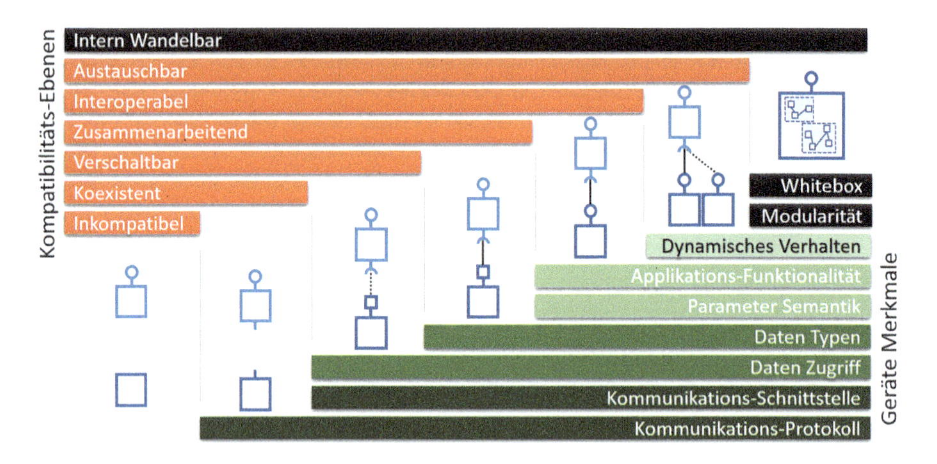

Abb. 9 Geräte Merkmale (Grün) und Kompatibilitäts-Ebenen (Orange) nach (IEC TC 65/290/DC 2002), erweitert um interne Wandelbarkeit durch Modularität

Eine wesentliche Voraussetzung, um dynamisch zu Wandeln ist der Belegungsautomat in Kombination mit der rollenbasierten Prozessführung. So werden die Zuordnungen der Komponenten nicht mehr fest Projektiert, sondern dynamisch durch die Belegung und Rollenzuordnung bestimmt. Dies erlaubt ebenfalls die Dezentralisierung der Steuerung und erleichtert die Bildung von Verbundkomponenten (Module). Eine besondere Herausforderung ist dabei die Kommunikation zwischen den Komponenten mit den entsprechenden Qualitätseigenschaften (QoS), wie Echtzeitgarantien bereitzustellen. Hier empfiehlt sich der Einsatz eines Nachrichtensystem, welches den Verbindungsweg zwischen den Komponenten abstrahiert.

Tipp: Wandlung einer Komponente durch Zerlegung
Falls die Funktionalität einer Komponente gewandelt werden muss, muss nicht zwangsläufig die Komponente selbst verändert werden. Die benötigte Funktionalität kann durch mehrere GSEs bzw. ESEs bereitgestellt werden. Alternativ kann die Komponente auch durch eine Verbundkomponente ersetzt werden. Dies ist insbesondere sinnvoll, wenn bereits entsprechende Komponenten(-Typen) zur Realisierung der geänderten Funktionalität zur Verfügung stehen. In Zukunft lässt sich dieser Zerlegungsprozess auch fähigkeitenbasiert unterstützen. Die Zerlegung von Komponenten empfiehlt sich besonders, um Aufgaben zu parallelisieren und ist notwendig, wenn mehr als die zwei fachlichen Ebenen benötigt werden.

4.3 Wandelbarkeit in Komponenten durch Modularisierung

Reicht die Wandelbarkeit auf Komponenten-Ebene nicht aus, müssen die Komponenten selber angepasst werden. In der Regel muss dafür die fachliche Funktionalität geändert werden. Die Fahrweisen und Fähigkeiten sind dedizierte, fachliche Wandlungspunkte in Komponenten. So hat die anzupassende Komponente beispielsweise die gleichen Betriebszustände, Betriebsarten und Belegungszustände, aber benötigt eine andere Fahrweise. Dabei erweist sich der hier vorgestellte modulare Aufbau mittels getrennter Automaten als Vorteilhaft, um genau spezifizieren zu können, was zu ändern ist. Des Weiteren müssen bestimmte Automaten unverändert bleiben, um die Interoperabilität zu gewährleisten. Auch lassen sich die internen Module der Komponente so direkt ansprechen, hinzufügen oder löschen.

Um die Änderungen zur Laufzeit durchzuführen oder im Vorfeld zu simulieren, müssen die Komponenten als sogennante Whitebox bzw. Graybox verfügbar sein. Konkret müssen die Zustandsautomaten und deren Interaktion aufgelöst werden können. Diese Mindestanforderung lässt sich als Geräte Merkmal zu der zusätzlichen Kompatibilitäts-Ebene der internen Wandelbarkeit hinzufügen, wie in Abb. 9 in schwarz gezeigt. Ein kompletter Whitebox Aufbau ermöglicht dabei zwar jegliche Änderung innerhalb der Komponente, aber erst eine einheitliche Strukturierung führt zu sinnvollen Wandlungspunkten. Die einheitliche Modularisierung bietet zusätzlich Anhaltspunkte zur Versionierung und zum Variantenmanagement. Beispielsweise können Varianten oder Versionen der Fahrweisen referenziert, automatisch eingespielt oder nachgehalten werden. Weiter sichert die modulare Struktur die Trennung der Automaten. So darf durch das Hinzufügen einer neuen Fahrweise nicht der Betriebszustandsautomat verändert werden.

Beispiel: Anpassen einer Fähigkeit und einer Fahrweise
Im Beispiel aus Abschn. 3.1 bzw. Abb. 5 wurde eine Pick & Place Einheit aus Roboter und Greifer zusammengesetzt. Zusätzlich könnte der Roboter auf eine Linearachse gebaut werden, sodass der Pick & Place Vorgang an einer zusätzlichen Position durchgeführt werden kann. Der Roboter Komponente könnte dann eine zusätzliche Fähigkeit für die Steuerung der Linearachse hinzugefügt werden. Danach könnte man eine zusätzliche Fahrweise für das Verfahren auf der Linearachse hinzufügen oder die bestehenden Fahrweisen so anpassen, dass die Linearachse in die Bahnplanung mit einfließt.

Ein sehr allgemeines Beispiel ist das Hinzufügen einer energie-, verschleiß, oder zeit-optimierten Fahrweise. So könnte eine GSE in der energieoptimierten Fahrweise betrieben werden, wenn der Produktionsschritt gerade nicht zeitkritisch ist.

4.4 Anwendungsbeispiel: BaSys4.0 Demonstrator

Im Projekt BaSys4.0 wurden PFKs in verschiedenen Technologien an gemeinsamen Demonstratoren realisiert und zur Laufzeit ausgetauscht. Dem Lehrstuhl für Prozessleittechnik stand insbesondere eine Echtzeitsimulation eines Kaltwalzwerks zur Verfügung, wie in Abb. 10 zu sehen ist.

Aufgrund der Komplexität der Anlage wurde zuerst das Bund-Transportsystem alleine betrachtet. Weiter wurden zwei verkleinerte Versionen des Transportsystems für die Werkstückträger (Paletten) erstellt, um ein Wandlungsszenario zu evaluieren. Die Topologie dieses Transportsystems ist in Abb. 11 gezeigt.

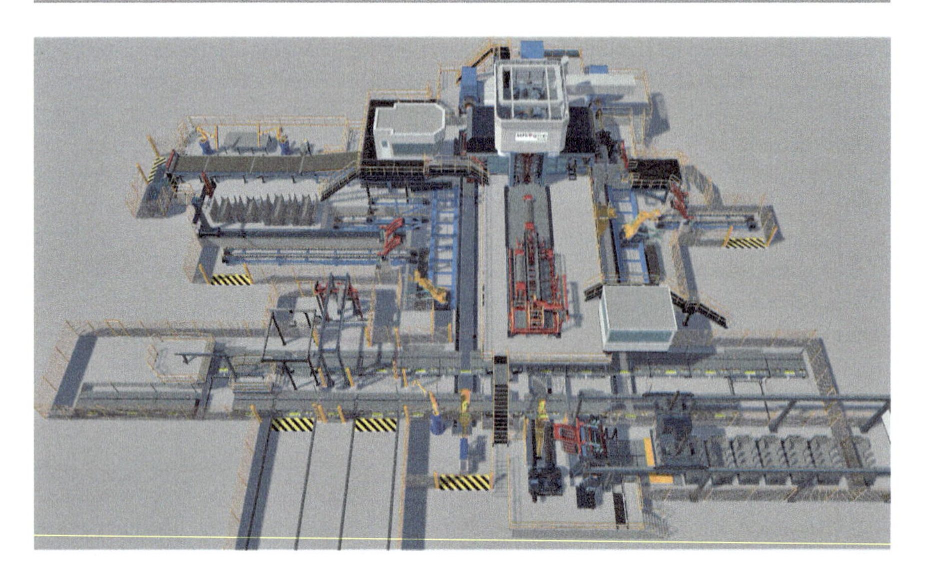

Abb. 10 Simuliertes Kaltwaltzwerk in Unity. Die Visualisierung mit echtzeit Physiksimulation wird für industrielle Integrationstests verwendet. Ein baugleicher Demonstrator stand drei weiteren Projektpartnern zur Verfügung, sodass verschiedene Interoperabilitäts- und Wandlungsszenarien untersucht werden konnten

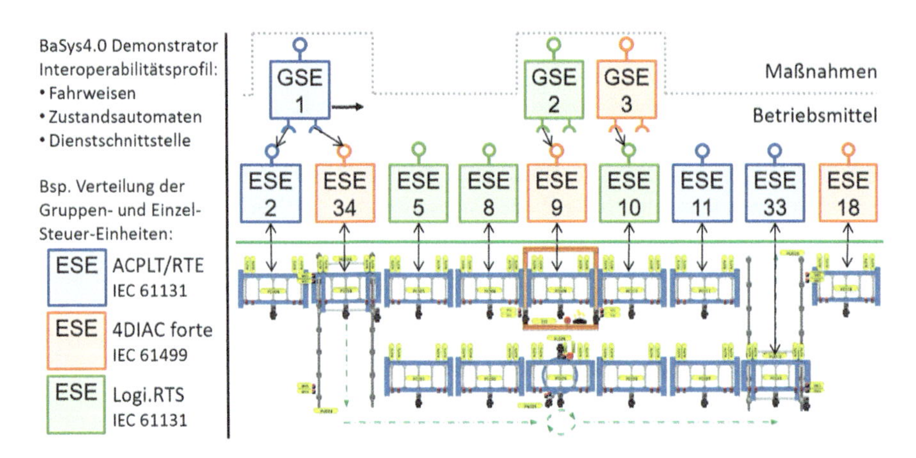

Abb. 11 PFKs und Interoperabilitätsprofil in der Prozessführung eines BaSys4.0 Demonstrators. Die Paletten wurden ebenfalls als Betriebsmittel modelliert, sodass entsprechende GSEs realisiert wurden. Gleichzeitig zu der physischen Fahrt der Paletten über einzelne Rollgänge, wechseln somit im Betrieb die logischen Auftragspartner (ESEs) der GSEs dynamisch. Dies wird insbesondere durch die in Abschn. 3.4 vorgestellten Konzepte der Auftragsschnittstelle und rollenbasierten Prozessführung unterstützt

Zunächst wurde ein einfacher Rollenplan erstellt und somit die Aufgaben der Steuerungs-Komponenten festgelegt. Der komponentenbasierte Entwurf erleichtert hier bereits die strikte funktionale Trennung und Aufteilung der Aufgaben, sodass eine Führungssynthese systematisch erreicht wird, wie in Abschn. 2.2 beschrieben ist. Für die Einzel-Steuerebene wurde das Transportsystem in Rollgänge bestehend aus einem Motor und vier Lichtschranken unterteilt. Diese bilden abgeschlossene funktionale Einheiten, sodass sich entsprechende ESEs erstellen ließen. Zwei Verschiebewagen, ein Drehtisch und ein Ofen wurden als Rollgänge mit den zusätzlichen Fähigkeiten Verschieben, Drehen und Heizen modelliert, sodass auch ESEs mit mehreren Fähigkeiten erprobt werden konnten.

Interoperabilität Um die Interoperabilität und variable technische Realisierung der Konzepte aus Abschn. 3 aufzuzeigen, wurde exemplarisch ein Interoperabilitätsprofil geschrieben. Auf Grundlage der fachlichen Ebenen aus Abschn. 3.1 mussten hier nur Namen und Semantik der domänenspezifischen Fahrweisen abgestimmt werden. Für die ESEs waren dies z. B.: FPASS/FTAKE (ForwardPass/ForwardTake, Palette vorwärts abgeben/aufnehmen und positionieren). Dies wird in Zukunft durch Standardisierungsgremien im Rahmen der Dienstspezifizierung geschehen müssen.

Durch die Referenzierung standardisierter Zustandsautomaten im modularen Aufbau, wie in Abschn. 3.2 beschrieben, konnte das Ablaufverhalten leicht festgelegt werden. Hier wurde z. B. für die Betriebszustände zur Vereinfachung eine Untermenge (IDLE, EXECUTE, COMPLETE, STOPPED) des PackML Betriebszustandsautomat ausgewählt. Das in Abschn. 3.3 beschriebene Entwurfsmuster erleichterte die Implementierung bei den Partnern und unterstützte bei der Trennung der Automaten. Zusätzlich wurde die Realisierung der Dienst-Schnittstelle in OPC-UA modelliert, wie in Abschn. 3.4 beschrieben und in Abb. 8 gezeigt.

Konkret wurden die PFK des Transportsystems anhand des Interoperabilitätsprofils von vier verschiedenen Projektpartnern in Folgenden Technologien realisiert:

- IEC 61131-3 in
  - ACPLT/RTE[1] des Lehrstuhls für Prozessleittechnik der RWTH Aachen
  - logi.cals logi.RTS durch die SMS Group
  - CODESYS V3.5 in Hardware SPS (ABB AC500 V3)
- IEC 61499 in 4diac Forte[2]
- FERAL Simulations-Framework (C++) des Fraunhofer-Institut für Experimentelles Software Engineering (IESE)

Zusätzlich wurden verschiedene Kommunikationsprotokolle und Schnittstellen in OPC UA und HTTP/REST genutzt. Die Interoperabilität wurde dabei durch die Fahrt der Paletten-Steuerung über die ESEs verschiedener Projektpartner und durch manuelle Bedienung getestet. Zusätzlich wurden im laufenden Betrieb einzelne ESE getauscht und eine Komponenten-Registrierung für die Kommunikations-Endpunkte genutzt. In einem weiteren BaSys4.0 Demonstrator, der zukünftig auch online verfügbar sein wird, wurde das Interoperabilitätsprofil genutzt und erweitert, um die

[1]Open Source: https://github.com/acplt/rte.

[2]Open Source: https://www.eclipse.org/4diac/.

PFKs Industrie 4.0 konform mittels Teilmodellen in Verwaltungsschalen darzustellen und darüber steuern zu können. Darin wurden noch weitere Umsetzungen der PFKs z. B. in C# oder CodeSys realisiert.

Wandelbarkeit Die Evaluation der Wandlungsfähigkeit wurde im Demonstrator durch einen Umbau in der Simulation mit einer zusätzlichen Linie von Rollgängen und einer Erweiterung der Verschiebewagen um einen dritten Halt erprobt. Die Flexibilität und Wandelbarkeit wird primär durch die dynamische Handhabbarkeit auf Komponenten-Ebene realisiert. Im Szenario konnten so einfach bestehende ESEs des selben Typs für die zusätzliche Linie von Rollgängen zur Laufzeit kopiert werden. Dies wird durch die Kapselung und loose Kopplung der Komponenten ermöglicht, wie sie in Abschn. 2.1 gefordert wird. Erst das rollenbasierte Führungskonzept und die von außen parametrierbaren Signalzuordnungen bzw. Auftragspartner ließen jedoch eine direkte Anpassung auf die neuen Aktoren und Sensoren zu, wie in Abschn. 3.4 beschrieben ist. Des Weiteren lies sich die Orchestrierung der neuen Komponenten durch die in Abschn. 3.2 definierten standardisierten Zustandsautomaten für Betriebsarten, Betriebszustände, Belegungsmechanismen und die Programm- bzw. Fahrweisenwahl zusammen mit dem Interoper abilitätsprofil leicht erweitern.

Durch die Erweiterung der Verschiebewagen um eine weitere Halteposition kamen zusätzliche Sensoren für die Endpositions- und Schleichfahrts-Markierungen hinzu. Dafür muss der Komponenten-Typ der ESEs für die Verschiebewagen angepasst werden. Dies stellt die Anforderung der Wandlung innerhalb der Komponenten dar. Die einheitliche und modulare Struktur, wie in Abschn. 3.1 und 3.2 beschrieben, erlaubt ein einfaches Hinzufügen, Entfernen oder Anpassen von Fahrweisen und Fähigkeiten. Insbesondere lässt sich so leicht festlegen, was angepasst werden muss. Im Szenario musste so die Fahrweise zum Anfahren der dritten Position angepasst werden. Zusätzlich wurde die Fähigkeit, die Position zu erkennen, entsprechend erweitert. Das in Abschn. 3.3 beschriebene Entwurfsmuster half bei der Umsetzung der Änderungen und stellte weitere dedizierte Wandlungspunkte zur Verfügung. So konnte beispielsweise die Verriegelung, dass der Motor nicht hinter der Endposition eingeschaltet werden kann, in der Sicherungslogik und die nötigen Signalzuordnungen im Prozessabbild hinzugefügt werden. Auf Grundlage des einheitlichen Aufbaus können in Zukunft entsprechende Werkzeuge bzw. Assistenzsysteme den Wandlungsprozess im Komponenten-Engineering unterstützten. An diesem Punkt wird insbesondere im Folgeprojekt BaSys 4.2 weiter geforscht.

5 Zusammenfassung

Eine schneller und komplexer werdende Welt erzwingt eine immer höhere Wandelbarkeit von Produktionssystemen. Virtuelle Teile des Produktionssystems, wie Software zur Steuerung der Anlagen, nehmen dabei immer größere Anteile ein, sodass das Cyber-Physisches-Produktionssystem als ganzes betrachtet werden muss. Dieser Beitrag zeigt auf, wie sich das CPPS aus Komponenten modellieren lässt und der

Prozessfühungsanteil durch eine komponentenbasierte Führungsarchitektur realisiert werden kann. Dafür wurden wichtige Strukturierungsmuster auf Grundlage eines modularen Aufbaus der Komponenten durch möglichst getrennte Automaten vorgestellt. Fachlich wurden die zwei Ebenen der Fähigkeiten und Fahrweisen festgelegt und ein Entwurfsmuster beschrieben. Schließlich ermöglicht eine dienstorientierte Auftragsschnittstelle eine semantisch einheitlich beschreibbare, loose Kopplung für die Prozessführung der Zukunft. Anschließend wurde aufgezeigt, wie sich die Konzepte nutzen lassen, um Interoperabilität der Komponenten zu erreichen. Darüber hinaus wurde die Verbesserung der Wandelbarkeit durch diese modularen Prozessführungs-Komponenten auf Ebene und innerhalb der Komponenten erklärt. Die Konzepte wurden zwar für die Prozessführung vorgestellt, sind dabei sehr allgemein gültig und lassen sich auf die Bildung anderer Komponenten des CPPS übertragen.

5.1 Ausblick und weitere Arbeiten

Rund um das Thema der PFK schließen sich in Zukunft weitere Arbeiten, z. B. im Projekt BaSys 4.2, an. Zum einen wird die Integration neuer Komponenten in das CPPS weiter untersucht. Dazu werden Plug & Produce Prozeduren geschaffen, die den Prozess der Inbetriebnahme und des Gerätetausches formalisieren und teilautomatisiert unterstützen. Diese Prozeduren müssen die Integration komplexer Komponenten, wie ganzer Teil-Anlagen als Module, erlauben und auch Simulationen mit einschließen. Der modulare Aufbau der Komponenten bietet dafür Simulations-betriebsarten und das Deployment in Simulationsumgebungen an.

Auf Grundlage der Hantierbarkeit von Komponenten und der fachlichen Ebenen bietet sich auch die Untersuchung von Lastverteilungs- und Redeployment-Szenarien an. Dabei ist die Virtualisierung der Hardware ein wichtiges Tool, um Komponenten sicher zu Trennen, nach außen abzusichern und Ressourcen sowie Abhängigkeiten effizient zur Verfügung zu stellen.

In Zukunft wird vor allem auch eine einheitliche Registrierung und Explorierbarkei der Anlage („Googeln im CPPS") über weltweit eindeutig standardisierte Merkmale und Fähigkeiten benötigt. Dabei wird hier das Zusammenwirken von Industrie 4.0 Konzepten, wie der Verwaltungsschale, mit den Komponenten weiterentwickelt. Standardisierte Teilmodelle von Verwaltungsschalen können in Zukunft die semantische Beschreibung und die Verwaltung von PFKs erleichtern. Zusätzlich könnte die Verteilung und Nutzung der Komponenten über die Verwaltungsschalen Industrie konform verhandelt werden. Hier können Szenarien, wie die produktgesteuerte Produktion, untersucht werden. Dafür wird insbesondere die Beschreibung der angebotenen und geforderten Fähigkeiten zur Produktion bestimmter Produkte standardisiert werden müssen. Damit lassen sich in Zukunft fähigkeitenbasierte Abgleiche zur Unterstützung der Wandlung und insbesondere des Engineerings realisieren. Der modulare Aufbau der PFKs bietet einen Rahmen, um KI Themen wie Machine Learning Verfahren in die Steuerungen zu bringen. So könnte zum

Beispiel eine spezielle Machine Learning Fahrweise in den Komponenten integriert werden. Die Absicherung dieser Fahrweise durch Interlocks und Umschalten in „Not-Fahrweisen“ stellen dafür noch Herausforderungen dar, die weiter untersucht werden müssen. Für den produktiven Einsatz erscheint eine Typisierung der Komponenten notwendig. Dies erlaubt eine bessere Handhabung und Vereinheitlichung. Schließlich lässt sich so auch sinnvoll ein Variantenmanagement und eine Versionierung aufbauen. Insgesamt sind dies wichtige Grundlagen für ein Änderungsmanagement, das wiederum für ein wandelbares CPPS essentiell ist.

Acknowledgments Einige Forschungsergebnisse dieser Arbeit entstanden im Rahmen des BMBF geförderten Projekts BaSys 4.0 (Förderkennzeichen 01IS16022). Die Autoren bedanken sich des Weiteren für die Unterstützung des gesamten BaSys-Teams.

Literatur

Abel D et al (2009) Integration von Advanced Control in der Prozessindustrie: rapid control prototyping. Wiley, Weinheim. ISBN:978-3-52762-638-0

Bernshausen J et al (2016) Namur modul type package – definition. atp magazin 58(01–02):72–81

Bettenhausen KD et al (2013) Thesen und Handlungsfelder. Cyber-physical systems: Chancen und Nutzen aus Sicht der Automation. VDI/VDE, Duesseldorf

DIN SPEC 40912 (2014) Kernmodelle – Beschreibung und Beispiele

DIN SPEC 91345 (2016) Referenzarchitekturmodell Industrie 4.0 (RAMI4. 0)

Elfaham H et al (2019) Recipe based skill matching. INDIN, Helsinki-Espoo

Epple U (2016) Com4.0-Basic: basic models of communication. http://www.plt.rwth-aachen.de/global/show_document.asp?id=aaaaaaaaaelunea. Zugegriffen am 30.07.2019

Epple U (2017) METRA-M message transmission – metamodell. http://www.plt.rwth-aachen.de/global/show_document.asp?id=aaaaaaaaaeluohp. Zugegriffen am 30.07.2019

Geisberger E, Broy M (2012) agendaCPS: Integrierte Forschungsagenda cyber-physical systems. Springer. https://doi.org/10.1007/978-3-642-29099-2

Grothoff J et al (2018) BaSys4.0: Metamodell der Komponente und ihres Aufbaus. https://doi.org/10.18154/RWTH-2018-225880

Grothoff J et al (2019) Komponentenbasierte Automatisierung: Realisierung einer flexiblen Schnittstelle zur Auftragsorientierten Prozessführung in IEC 61131-3 Umgebungen. Automation, Baden-Baden

Heger CL (2007) Bewertung der Wandlungsfähigkeit von Fabrikobjekten. PZH, Produktionstechn, Zentrum Garbsen

IEC TC 65/290/DC (2002) Device profile guideline, TC65: industrial process measurement and control

Jammes F, Smit H (2005) Service-oriented paradigms in industrial automation. IEEE Trans Ind Inf 1(1):62–70

Liyong Y et al (2010) Service-oriented process control for complex multifunctional plants: concept and case study. ETFA, Bilbao, S 1–8

MacKenzie CM et al (2006) Reference model for service oriented architecture 1.0. OASIS standard. http://docs.oasis-open.org/soa-rm/v1.0/

Malakuti S et al (2018) Challenges in skill-based engineering of industrial automation systems, ETFA Turin, S 67–74. https://doi.org/10.1109/ETFA.2018.8502635

Nothdurft L, Epple U (2018) Plug-and-Produce-Prozess mit NOA automatisieren: erfolgreicher Einsatz in bestehenden Feldbusanwendungen. atp magazin 60(1–2):44–46

Nyhuis P et al (2008) Wandlungsfähige Produktionssysteme: Theoretischer Hintergrund zur Wandlungsfähigkeit von Produktionssystemen. wt Werkstattstechnik online 98(1/2):85–91

Perzylo A, et al (2019) Capability-based semantic interoperability of manufacturing resources: a BaSys 4.0 perspective, IFAC MIM Berlin

Plattform Industrie 4.0 (2018) Details of the asset administration shell: Part 1 – the exchange of information between partners in the value chain of Industrie 4.0

Polke M et al (1994) Prozeßleittechnik, 2., völlig überarb. u. stark erw. Aufl. Oldenbourg, München

Wagner C, Epple U (2015) Sprechende Kommandos als Grundlage moderner Prozessfuehrungsschnittstellen. Automation, Baden Baden. ISBN: 978-3-18-092258-4

Adaptive Middleware for Heterogeneous Automation Environments

Andreas Gallasch, Rosario Maida, Birgit Vogel-Heuser, and Frieder Loch

Abstract

The development of smart working environments is becoming a necessity in industry. Within the European project INCLUSIVE, we have developed an adaptive automation middleware (MW) characterized by a modular architecture that allows for scalability and easy connectivity with proprietary interfaces. This was reached using IoT-technologies to enable the management and control of diverse automation devices and software applications. The MW is based on a Digital Twin that represents relevant information about products. Furthermore, it provides an efficient environment for user-adapted HMIs, allowing diverse users to control industrial machines. As a result, a modular and flexible MW has been created.

1 Introduction

The increasing complexity of industrial environments, alongside technological advancements, complex requirements, digitization demand, Industry 4.0 and continuously growing amounts of monitored data resulting from modern production processes, renders the role of human operators increasingly challenging and

A. Gallasch · R. Maida
SOFTWARE FACTORY Gesellschaft für Unternehmensberatung und Software-Engineering mbH, Garching bei München, Deutschland
e-mail: gallasch@sf.com; maida@sf.com

B. Vogel-Heuser
Lehrstuhl für Automatisierung und Informationssysteme, Technische Universität München, Garching, Deutschland
e-mail: vogel-heuser@tum.de

F. Loch (✉)
OST – Ostschweizer Fachhochschule, Rapperswil, Schweiz
e-mail: frieder.loch@ost.ch

B. Vogel-Heuser et al. (Hrsg.), *Handbuch Industrie 4.0*,
https://doi.org/10.1007/978-3-662-58528-3_137

uncomfortable. Within the EU-funded "*Smart and adaptive interfaces for INCLUSIVE work environment*" project, as described by Loch et al., Chapter xxx of this book, strategies were designed in order to support human resources to efficiently and comfortably work with machines as well as robots by developing intuitive and self-explanatory Graphical User Interfaces (GUI), i.e. smart-HMIs (Villani et al. 2017).

One of the main components of the INCLUSIVE system is the adaptive automation middleware (MW), which provides software with connectivity between hardware and software components (MW interface) as well as a channel for consistently exchanging information between the components (MW controller). The MW design is based on Industry 4.0 IT-technical approaches, utilizing modules that reference data models and act independently within the system in order to provide the modularization, scalability and interoperability required in heterogeneous production systems.

Figure 1 shows the strategy used for the development of the INCLUSIVE MW that considers principles and normative of three key components of the Industry 4.0 technology, i.e. business pyramid, RAMI 4.0 (Reference Architecture Model for Industry 4.0) and Management shell (Implementation Strategy Industrie 4.0 2015).

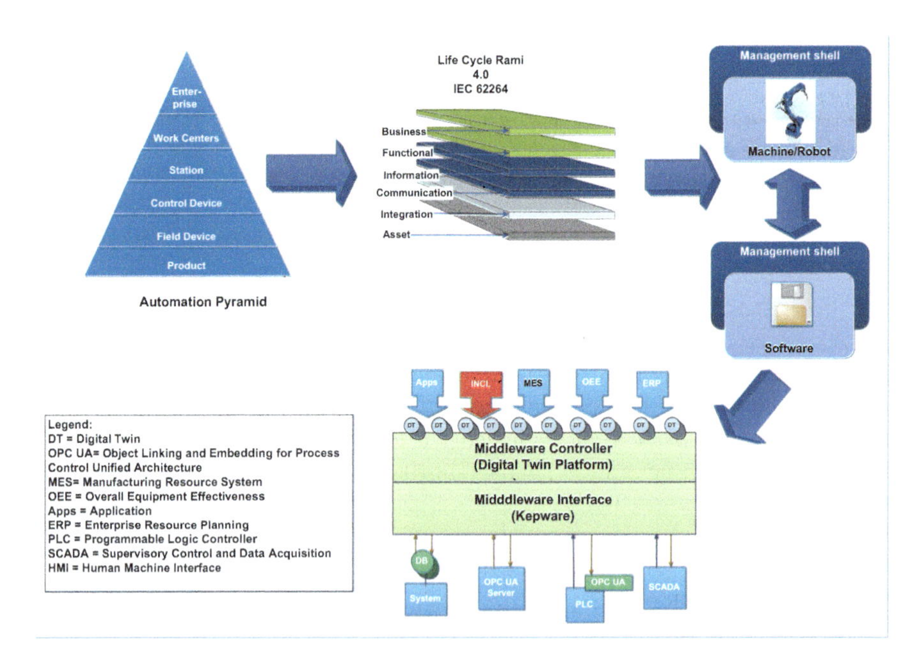

Fig. 1 Strategy designed to develop the INCLUSIVE middleware. The principles of the six levels of the classic automation pyramid are considered in the multi-layer model of the RAMI 4.0, intended to facilitate communication for standardization. The essential elements of the Management shell are the submodules that map all content and functional aspects of an asset, i.e. it states how submodules are structured and defined. The INCLUSIVE MW uses a digital twin based data model for providing the integration of all INCLUSIVE system components

Based on the business model of the automation pyramid (Handbook of Research on Applied Optimization Methodologies in Manufacturing Systems 2017), the functions and information, the possibilities of communication and integration as well as the overall production assets are described in the RAMI 4.0 model (DIN SPEC 91345 2016) and assigned to a product, field, control, station and enterprise level up to the global network. This mapping can take place across the entire lifecycle (from idea to production, use, and recycling). The physical asset and the management shell itself must be then protected and finally, depending on the requirements, security may have to be ensured (Industrie 4.0 working paper "Security der Verwaltungsschale" 2017). In such a model, each submodule contains a structured set of features, submodules as well as characteristics that can be type- or instance-related.

To create the real asset for the INCLUSIVE middleware (MW), data was collected and synthesized from various sources, including physical data, manufacturing data, operational data and insights from analytics software. All of this information, along with Artificial Intelligence (AI) algorithms, is integrated into a physics-based virtual model. By applying analytics' functionalities into these models, the relevant insights regarding the physical asset could be finally attained. The consistent flow of data helps in receiving the best possible analysis and insights regarding the asset, improving the optimization of the business outcome overall. Thus, the digital twin will act as a live model of the physical equipment.

Additionally, within an Industry 4.0 system overall, Operational Technology components (OT) assume the role of OPC UA servers, while the Information Technology components (IT) take on the role of OPC UA clients (Chemudupati et al. 2012). However, at today not many machines, plants and components available in the field do support OPC UA. The aforementioned requires a middleware solution based on the possibilities for addressing space modeling, which is in accordance to the OPC UA standard (UA1 2017; UA3 2017) and utilizes these for interface abstraction and data aggregation in particular.

Abstract interfaces between the IT and OT world support changes or extensions within one level without adjustments in the other level. The required integration of a new component or a changed function can be done with little effort only by adjustments within the OPC UA address space of server components (see Fig. 8 below). This makes it easy for the end user, for example, to integrate a new IT application into an OPC UA interface representing the OT side. Conversely, IT applications do not have to be touched when changes are made within the production world, as long as the OPC UA interface implemented in the middleware remains unchanged. As a result, a software supplier is easily able to integrate a standard interface for its application into customer-specific systems and environments. In addition, they retain all options needed to make changes within the OT world without having to start IT integration from scratch.

All these considerations have been taken into account by designing and developing the Middleware for the INCLUSIVE system.

2 IoT Based INCLUSIVE Middleware

The INCLUSIVE middleware (MW) is based on an IoT-data model (Gallasch 2016) obtained from the integration of the functionalities provided by:

i) PTC ThingWorx® platform (PTC 2018) for the implementation of modern IT processes in a fast and secure manner (Middleware Controller),
ii) KEPServerEX® platform (Kepware 2018) for the acquisition, aggregation and secure access to industrial operating data (Middleware Interface).

Such a design enables the connection, management, monitoring and control of a wide variety of automation devices as well as software applications – from plant control to company information systems, ensuring high security of data.

As shown in Fig. 2, the MW not only realizes the interfaces between the different interacting components of the project (HMIs, Measurement-, Adaption-, Teaching- and Support-Modules, PLCs of robots and devices, database) but it also allows for the operational modes of the machines/robotic cell to adapt to the user. The MW developed for the project primarily enables the integration of the machines with the HMI, yet it is also open to different IT systems used within companies, such as MES, ERP, or newly identified systems within the project (Fig. 1). Therefore, the

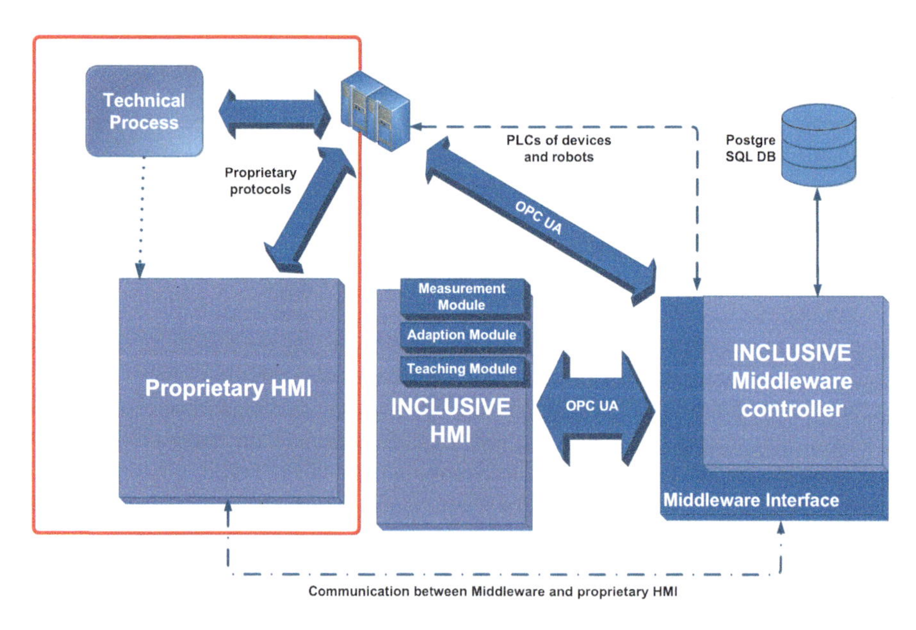

Fig. 2 An overview of the architecture and components of the INCLUSIVE system. The red box on the left depicts standard operational processes in the industrial environment; on the right the INCLUSIVE smart system comprises of an HMI integration with adaptive modules, the middleware integration system, PostgreSQL database central repository and the OPC UA communication protocol

middleware has a modular structure to permit the integration of new components, providing the means for machines to interact with one another. In addition, the middleware also possesses high interoperability for dealing with proprietary control systems as well as different proprietary controllers (Computerized Numerical Controllers – CNC vs. Programmable Logic Controllers – PLC, etc.), vendor specific HMIs and vendor specific MESs.

2.1 Middleware Data Model: Approach and Strategies

The MW data model provides the connectivity and functionality to allow team-work activities, e.g. adaption of HMI complexity, between all the INCLUSIVE components, designed to take into account modular criteria in order to:

- Allow for the easy addition of new data structures,
- Permit the straightforward development of proprietary interfaces for the realization of the different use cases,
- Manage, store and control data;
- Take control of business logic implementation (automated adaption to components of the INCLUSIVE system);
- Ensure *connectivity* (through the MW interface);
- Perform *analytical* tasks (real-time anomaly detection, predictive analytics and simulations);
- Provide experience (use of augmented reality in order to create experiences that could help end users).

The data model has been designed to both describe the structure of the data stored in the MW controller as well as illustrate the exchange of data with the corresponding HMI data model (Fig. 3). The model was derived from the digital representations of real entities from a DigitalTwin model (Grieves and Vickers 2016). As a result, a dynamic, scalable, interoperable and modular INCLUSIVE MW could be developed.

Furthermore, the data model considers data interactions based on user needs, specific-defined user requirements as well as the criteria of modularity, reusability and future updates. In this respect, the information model takes into account strategies and criteria from the INCLUSIVE-HMI development, where measurement, adaption and teaching/support subsystems are integrated (Villani et al. 2017).

In addition to the data that each proprietary-HMI, device and setup contains to control and monitor technical processes, information on the user's current and general state as well as HMI adaptation, teaching and support actions are also needed to be stored in the INCLUSIVE PostgreSQL database, i.e. the central repository for INCLUSIVE.

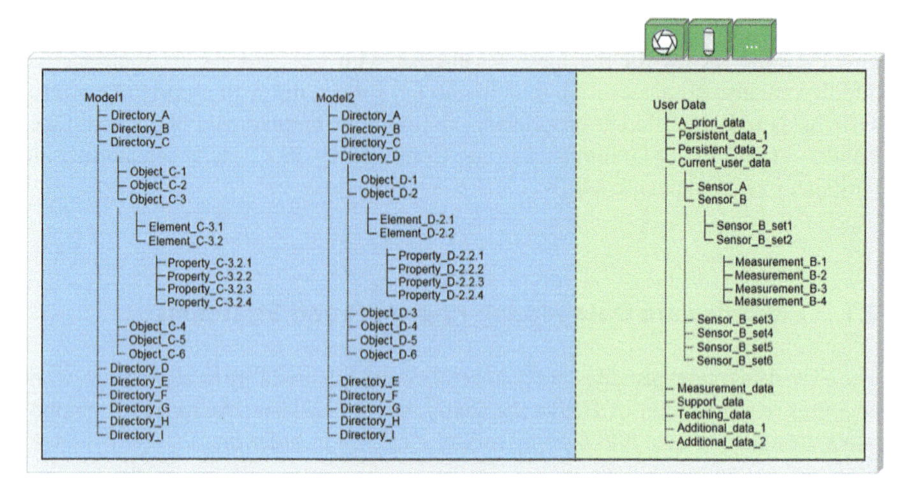

Fig. 3 The MW Controller data model. **Model1** refers to data from sensors (on the HMI); **Model2** refers to data from Modules; **Model3** refers to profile and strain level of users

2.2 Digital Twin

For developing the INCLUSIVE MW, a dynamic model of DigitalTwin has been created. This strategy allows for testing the MW controller during the different development stages, thus enhancing the possibility to simulate behavior of the system in a wide variety of environments (Grieves and Vickers 2016).

Digital twins (Fig. 4) represent the real, physical element of the INCLUSIVE system such as users, HMI, database, devices or machine controllers.

Within the MW controller, five main components have been considered (Fig. 4):

1. *DT User*: The digital representation of the information regarding each user. This is relevant for the system in order to:
   a) Register and elaborate current (but also historical) sensor values,
   b) Determine the result of the prioritization algorithm for real-time measured user values such as oculomotion, skin conductivity, hearth rate variability, speech emotion, etc.
   c) Deal with *a priori* and longitudinal measurements needed from the system to work in the appropriate, designed way.
2. *DT HMI*: The digital twin for each HMI that is connected to the system, comprising relevant sensors, parameter values and services provided by the HMI to the system.
3. *DT Machine*: The digital twin for each controller connected to the system in order to monitor their process status, by using all necessary sensor- and parameter-values, defined for each use case.
4. The *Strain Prioritization Algorithm* determines the psych-physical state (stressed/not stressed) of a logged user within the INCLUSIVE HMIs for the computation of real-time strain results based on both real-time user measurement sensor values as well as *a priori* measurements related to each user.

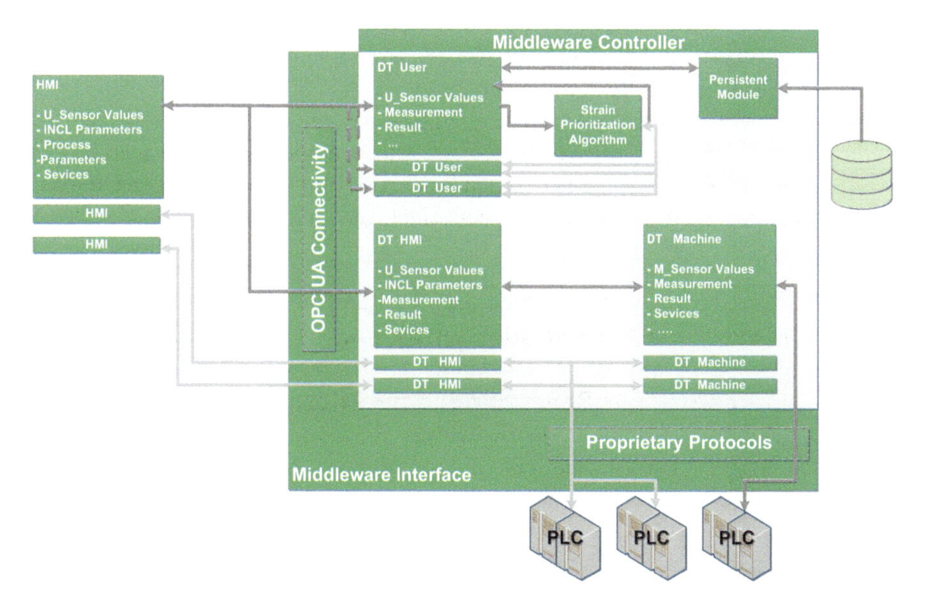

Fig. 4 Digital Twins designed for developing the physical (real) INCLUSIVE MW

5. A *Persistent Module* that provides the required functionality for the connection to the INCLUSIVE database where all relevant information of the project is stored.

2.3 Middleware Controller for Communication, Control and Monitoring

The ThingWorx (PTC 2018) used for the INCLUSIVE MW controller provides a meta-model for a consistent representation of the applications which are to be created, and for their analytical evaluation.

The construction of the model occurs by simple modelling without programming and takes place in an Application Enablement-Platform (AEP). This runtime environment is designed for (I)IoT applications in order to allow for the creation of applications and bidirectional connectivity to so-called "Things". In the aforementioned Thing Model, digital entities (digital twins) represent physical facility, person, organizational element, or operation. A Thing is always identified by properties, services, events and subscriptions (Fig. 5).

2.4 Physical Twin

Once digital twins in the MW virtual model have been validated according to simulation models, they are then further translated into real objects or processes through Remote Things (RTs) (PTC 2018) (Fig. 6).

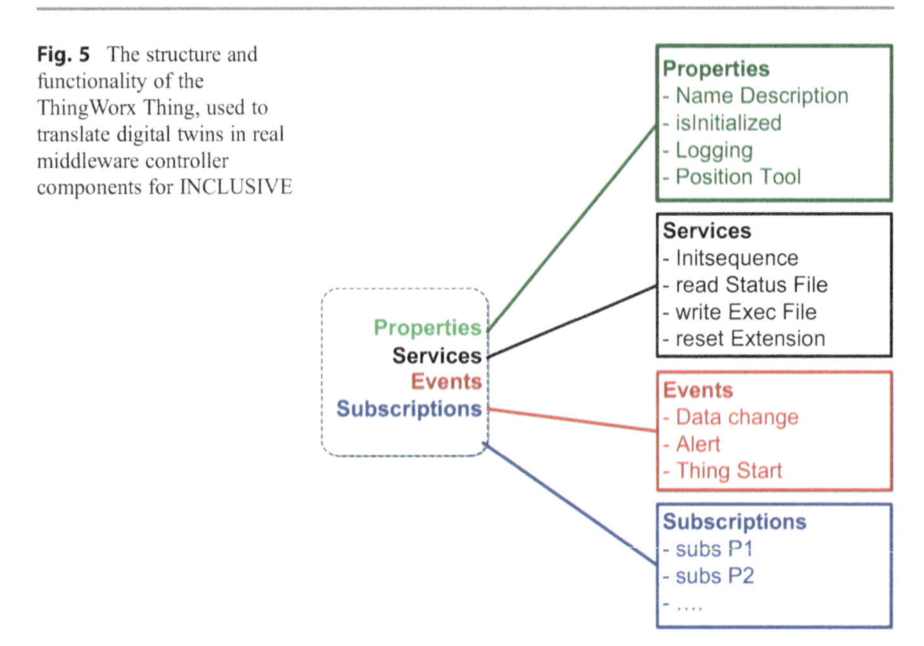

Fig. 5 The structure and functionality of the ThingWorx Thing, used to translate digital twins in real middleware controller components for INCLUSIVE

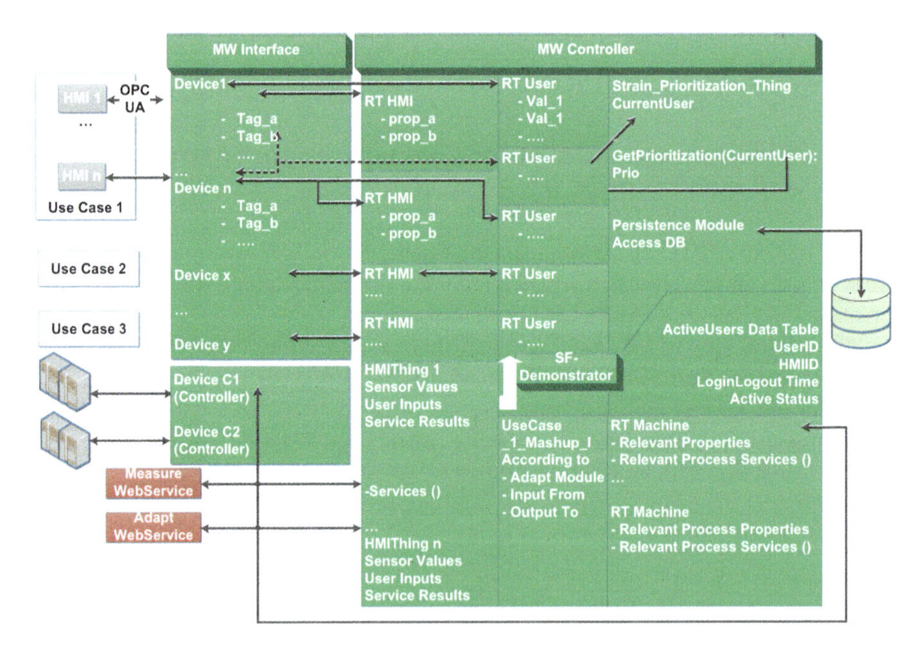

Fig. 6 The physical (real) INCLUSIVE MW components derived from the translation of digital twins via ThingWorx

RTs in the MW Controller are connected to HMIs and PLCs via the KEPServerEx IndustrialGateway of the MW Interface, devoted to the computation of information from sensors and parameters.

As previously mentioned, the main objective of the INCLUSIVE project is to support operators in industrial environments by adapting the complexity of HMIs, offering assistive measures whenever the individual user is found to be overwhelmed.

The *User Remote Things* of the MW elaborate user information based firstly on real-time strain status measured from a set of sensors connected to the HMI and secondly on the data stored in the database. In a demonstrator assay developed within the INCLUSIVE project, the following RTs have been made us of:

1. *RT User* is based on mashups that are ThingWorx GUIs that have been used within the simulation as replacements of the INCLUSIVE HMI GUIs. They process relevant inputs and generate the respective outputs for further test functionality assays. Additionally, they are able to interact with *Measure* and *Adapt* Modules via the HMIThings.
2. *RT HMI* is responsible for the connection of simulation data to the KEPServerEx Simulation channels in addition to the *Measure* and *Adapt* WebServices. Since the *Measure* module is partly contained within the INCLUSIVE HMIs, the simulation could represent an evaluable alternative, in respect to the modularity principles on which the MW is formulated upon. Here the values of the variables concerning the user (upon identification/authentication) that are exchanged between the HMI and the MW for the communication with both the Prioritization Algorithm as well as the PostgreSQL DB are evaluated. Additionally, anonymized logs are guaranteed for each logged user to the system and relevant measurement and performance data are collected and evaluated in order to determine the support-effectiveness of the overall INCLUSIVE system.
3. *RT Machine* works out information from Proprietary-HMIs (inputs, outputs and commands) and PLCs of a Yaskawa robot.
4. *Prioritization Module* is represented by an algorithm (JavaScript) in the MW that computes strains and emotions states of users (real-time measurements values); these values are measured from sensors integrated with the INCLUSIVE-HMI (e.g. user's oculomotion measurements) or integrated with the MW controller (Galvanic Skin Response (GSR), Heart Rate Variability (HRV) and Skin temperature). Due to the number of several sensors with multitude information about emotions and strain, data prioritization becomes necessary. In case of conflicting information prioritization rules are elaborated by the prioritization module, by taking into account a Sequence Language Model.
5. *Persistent Module* is represented by a JDBC application for connecting to the INCLUSIVE PostgreSQL database where all relevant information of the system is stored/saved. Since user data from both *a priori* (static user data, collected over formularies as well as real-time-measurements (determined by sensors) are stored in the PostgreSQL database accessed via a JDBC ThingWorx connection, a JavaScript program is needed to be developed in order to allow for the communication between the MW controller and the database.

Table 1 Mapping of DigitaTwin (DT) and ThingWorx RemoteThings (RT) in the MW controller

DigitalTwin (DT)	Description of DT	Mapped to Physical:	Description of RT
DT_User	*A digital representation of the information regarding each user*	RT_User	It works out information on users' such as current status, values from sensors and data stored in the database
DT_HMI	*It represents the HMIs (both INCLUSIVE and Proprietary) connected to the system*	RT_HMI	It works out information from INCLUSIVE-HMIs (inputs and commands)
DT_Machine	*DT of each proprietary HMI / device controller*	RT_Machine	It works out information from Proprietary-HMIs (inputs, outputs and commands) and PLCs of a Yaskawa robot
Strain Prioritization	*The Strain/ emotional Prioritization module*	Strain_Prioritization_Thing	Algorithm that elaborates the sensors values, defining the emotional/strain state of the operator in real-time
Persistence	*For the connection to the database*	Persistence Module	It provides the connectivity of the MW to the PostgreSQL DB

The advantage of such a model is its easy extensibility and flexibility: in the case of when the number of users, HMIs or PLCs need to be changed in a system, new digital twin instances can be easily created from previously defined digital twin prototypes. Table 1 summarizes the digital twins mapped to their respective physical components.

One key aspect of modern industrial systems is to provide a granular security model for the communication with databases. We have associated two sets of permissions within the MW controller, one for design time and one for run time. The design time permissions manage who can modify the model (create, read, update, and delete entities), while the run time permissions determine who can access data, execute services, and trigger events. Permissions have been applied both at the group level as well as at the user level. The security checks default was designed to prohibit an operation, which will be denied if no specific grant has been given.

2.5 Middleware Interface for Connectivity

For the MW Interface we employed the Kepware platform (Kepware 2018), which is certified by the OPC Foundation as an OPC-compliant OPC/UA server and offers

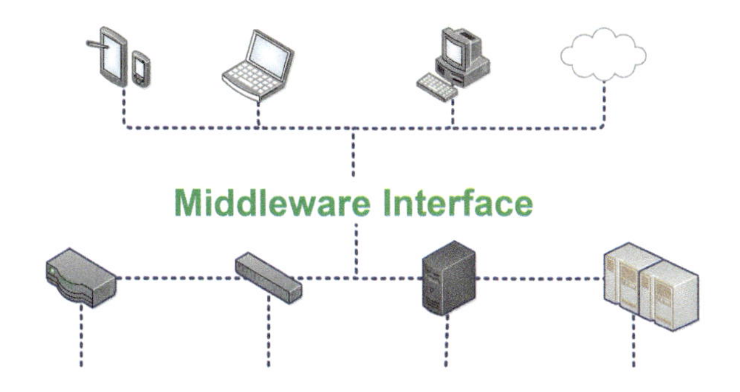

Fig. 7 The middleware interface as a central access point for data

more than 160 device drivers, client drivers and advanced plug-ins for connectivity. The platform includes both proprietary protocols from a range of hardware vendors such as Siemens, Allen-Bradley, GE, Progea and Schneider. Industry initiatives such as MTConnect, DNP3, IEC 61850/60870 and BACnet are also supported by the platform. In addition, it provides access to client applications such as ERP, MES, HMI and SCADA via OPC and proprietary protocols as well as new types of IoT visualization and analysis products via IT protocols, including MQTT, REST, ODBC and SNMP (Fig. 7).

Kepware also offers extensions for preprocessing data. For example, a DataLogger module is used to read PLC data into ODBC/JDBC-compliant databases for analysis. Advanced-Tags are used to perform calculations or to build up so-called Smart Sensors. Events and alarms can also be defined and monitored within Kepware. The use of Local Historian shifts data acquisition, storage and access closer to the data source and decouples from the dependency of the network connection to avoid data loss.

Furthermore, the following components are integrated within the Kepware platform:

- An EFM exporter collects historical Electronic Flow Measurement (EFM) data from flow computers and Remote Terminal Unit (RTU) devices.
- The IoT gateway transmits real-time industrial control data to IT or IoT applications for business intelligence and operational excellence assessments.
- A scheduler moves the scheduling of data requests from the client to the server to optimize device communication over limited bandwidth networks.
- The SNMP agent enables most network management systems (NMS) to communicate with automation devices and systems.

As shown in Fig. 2, the KEPServerEX® MW interface, provides the connectivity to both proprietary- and INCLUSIVE-HMIs as well as to machine controller components (PLCs). The connection is established via the OPC UA protocol which requires an OPC UA server running on SCADA HMI and device/robot PLCs, where the Address Space (UA3 2017) to be accessed by KEPServerEx's OPC UA client are published (Fig. 8).

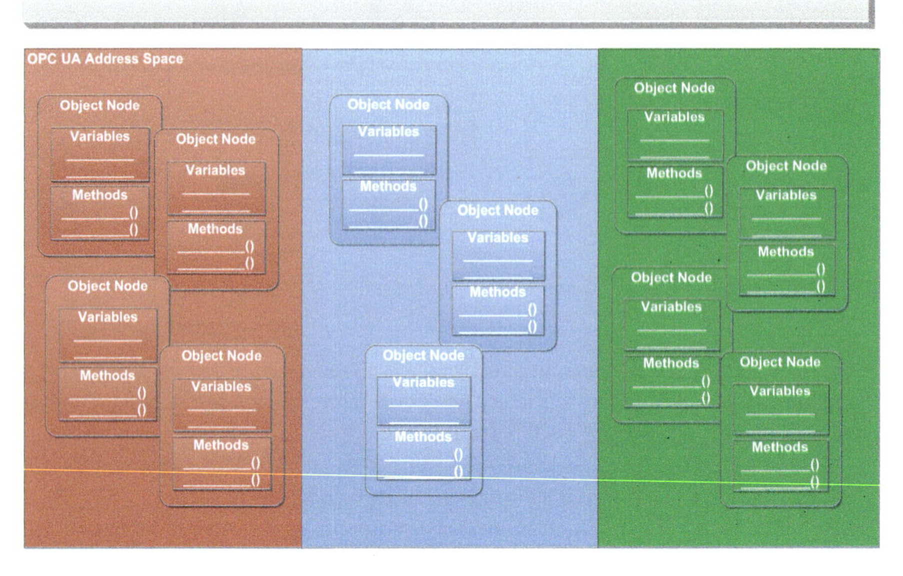

Fig. 8 The Address Space of the OPC UA server consists of three parts (from left to right): User data, process control as well as description of objects [UA1 – UA11]. Using services defined by the OPC UA specification, the information provided by the OPC UA servers must be modelled according to the OPC UA InformationModel and published in an Address Space. The specification allows restricting read/write access to specific nodes

The standard defines a security model (UA2 2018), an information model (UA5 2017), and services (UA4 2017) that all OPC UA servers and clients need to adhere to. Furthermore, it is able to define mappings of these abstract concepts to concrete Data Encodings (UA8 2017), Security Protocols (UA2 2018) and Transfer Protocols (UA1 2017) for implementation. OPC UA applications that want to communicate with each other need to implement the same StackProfil*e*. A Stack Profile represents a combination of different *Mappings*.

One Stack Profile (UA2 2018) should be chosen for all use cases to form a clear and simple communication network. In order to execute this properly, it would need to be supported by all industry partners and may include the use of the UA Binary Data Encoding, UA Secure Conversation Security Protocol and UA TCP Transport Protocol, for instance.

Other aspects to consider are that the middleware needs to establish secure connections to allow communication between physically distributed machines and that ports in the firewalls of the industrial partners need to be opened if necessary.

The *Address Space* is different for each of the three use cases of the project since it represents the data structures that can or must be altered as the result of user interaction. As the data that the machine requires as an input is not likely to change during runtime, the *Address Space* for each use case is defined at the time of specification and can be adjusted later on if necessary. The same was valid for the

Address Space, which was used as basis of the comunication between middleware and HMI.

Thus, since the data or the data streams are available at a central location through the use of Kepware, the challenge remaining is to build visualization and fast, agile and secure control loop applications. This has been achieved within the INCLUSIVE project by using the model-based application development to build and access digital twins.

2.6 Integration of MW Interface and MW Controller

For an easy connection between the MW Controller and the MW Interface (PTC 2018), the following steps are required:

- First an *application key* needs to be created in ThingWorx by providing a name and a description for the key as well as a user name reference in order to fulfill safety and security criteria for the INCLUSIVE system.
- Next, a new *Thing* that uses the *IndustrialGateway* thing template needs to be created and configured. This is needed for establishing the connection between ThingWorx and KEPSeverEx.
- Finally, the connection settings need to be made in the KEPSeverEx instance to complete the connection setup.

After this has been completed, the connection is handled by a new *IndustrialGateway Thing*, allowing for the tags from the different channels in KEPSeverEx to be selected and bound to ThingWorx properties, thus making their values available in the ThingWorx MW environment.

By using such strategies for INCLUSIVE, additional devices or additional tags for existing devices (i.e. PLCs of devices and robots of the INCLUSIVE three use cases) can easily be configured to work with ThingWorx once the initial *IndustrialGateway Thing* is configured and the devices are connected to a KEPServerEx. After the tags have been bound to a ThingWorx *Thing's* properties, these are automatically supplied with new values in a data change event once they become available in the KEPServerEx and vice versa.

2.7 Examples of Middleware Implementation

Besides from providing the connectivity and exchange of data mechanisms with SCADA HMIs, PLCs of devices and robots the INCLUSIVE Middleware is a flexible, heterogeneous software that could be implemented in different industrial and production scenarios. In the following sections we report on two application examples within the INCLUSIVE project.

2.7.1 Measurement and Computation of Strain Levels of INCLUSIVE Operators

The use of artificial intelligence is expected to have a great impact on production in the future, especially in areas where there are currently no explicit models for describing the processes. This is the case when the data used in production represent a challenge in terms of volume, speed and variety (Gallasch 2016). As a consequence, the relationships of the individual data are not always clearly visible and modelling is time-consuming. Looking at this issue in light of using a combination of statistical methods and artificial intelligence methods, future success appears promising.

In order to execute effective communication between a human and human machine interface (HMI), stress factors and emotional states of operators play an important role both in terms of user comfort as well as in terms of efficiently using machine processes.

We have used an IoT-based approach for dataset-generation, real-time scoring, prediction models and machine learning techniques to compute some real-time measured-values of users responsible for strain-arousal in operators by integrating the MW controller with the ThingWorx Analytics Server (TWA).

ThingWorx Analytics is embedded in the ThingWorx platform and uses a variety of proven statistical and artificial intelligence tools to create, operationalize and maintain data dependency models through machine learning, providing powerful, automated analytical capabilities that eliminates the need for expertise in data modeling, complex mathematics, statistical analysis or machine learning (Fig. 9).

Generating a prediction model in TWA involves both training the model and validating it. Training is the process by which TWA uses a number of machine learning techniques to construct a prediction model. The training process leverages 80% of the existing data to build a model, validating it against the other 20%. As long as the accuracy of the model is not satisfactory, the process optimizes the model in different ways until it produces the model with the highest accuracy for predictions.

The main goal of our studies was to collect data from the Empatica E4, a wristband integrated with a set of sensors for measuring values of skin conductivity or GSR (Galvanic Skin Response), Hearth Rate Variability (HRV), skin temperature and other factors involved in stress arousal in humans.

Afterwards, the TWA server within the INCLUSIVE middleware evaluates the measured values. TWA uses a set of predictive analytic algorithms and machine learning techniques to identify meaningful patterns in the data. Based on this analysis of the existing data, a generalized prediction model is generated, which is then applied to subsequent data to make predictions associated with specific outcomes (physiological values measured with users before/after stress induction).

The use of a REST client permits access to the scoring service, which includes a series of API endpoints for scoring requests and for retrieving the results that eventually are passed to the prioritization algorithm on the INCLUSIVE MW. Both Android SDK and REST API were developed within the MW Controller allowing the use of this application across a wide variety of product and services for smart, connected products.

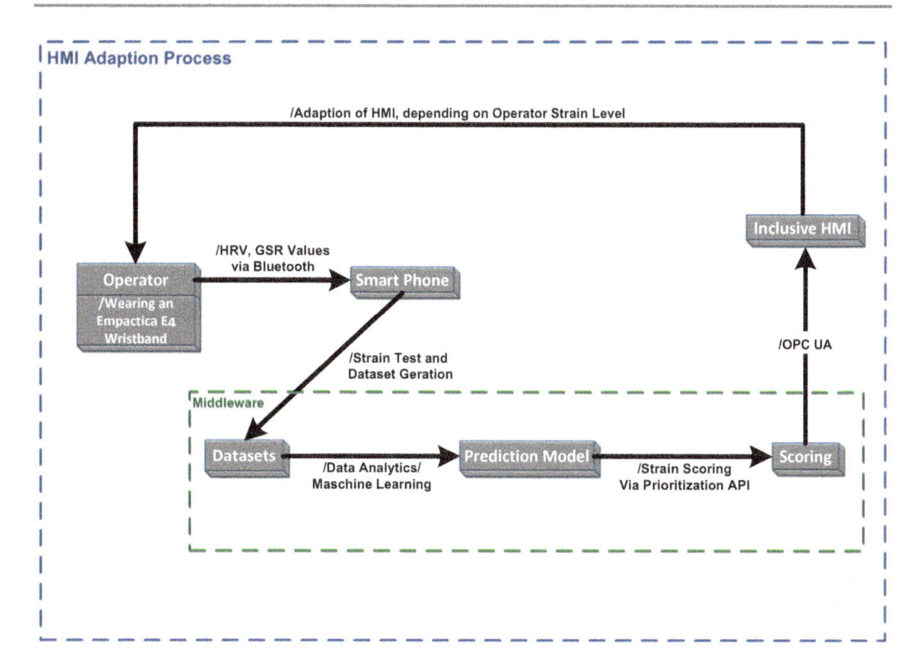

Fig. 9 Diagram reproducing real-time user physiological stress measurements. The resulting scored value (stressed or not stressed) resulting from the measurements, is eventually forwarded from the middleware to the INCLUSIVE Adapt module on the HMI, determining appropriate and adaptive appearance as well as complexity of the HMI presented to an operator

2.7.2 Connectivity and Exchange of Data with Proprietary Software

Figure 10 reports the strategy developed for the MW within an INCLUSIVE industrial use case in order to illustrate both the connectivity over a secure connection as well as the exchange of information with external proprietary software. This design portrays once more the heterogeneous implementation of the developed MW and its high adaptive capabilities, which are increasingly required in modern production processes.

In the scenario of Fig. 10, the proprietary-HMI communicates with PLC components of the machine through software that read/write the configuration of a machine process reported on text files. To accomplish such architecture the INCLUSIVE MW controller, after establishing a secure SSH connection over the MW interface, was integrated with a Java extension in order to:

1. Read the existing machine configuration from the proprietary file
2. Parse the machine specific command syntax to middleware-HMI syntax-tags
3. Send the configuration to the INCLUSIVE HMI
4. Read the new configuration created by INCLUSIVE users
5. Re-parse the command- syntax as machine specific
6. Send and write the new configuration to the file on the proprietary environment from where they can be read by proprietary software and finally sent to the machine PLC

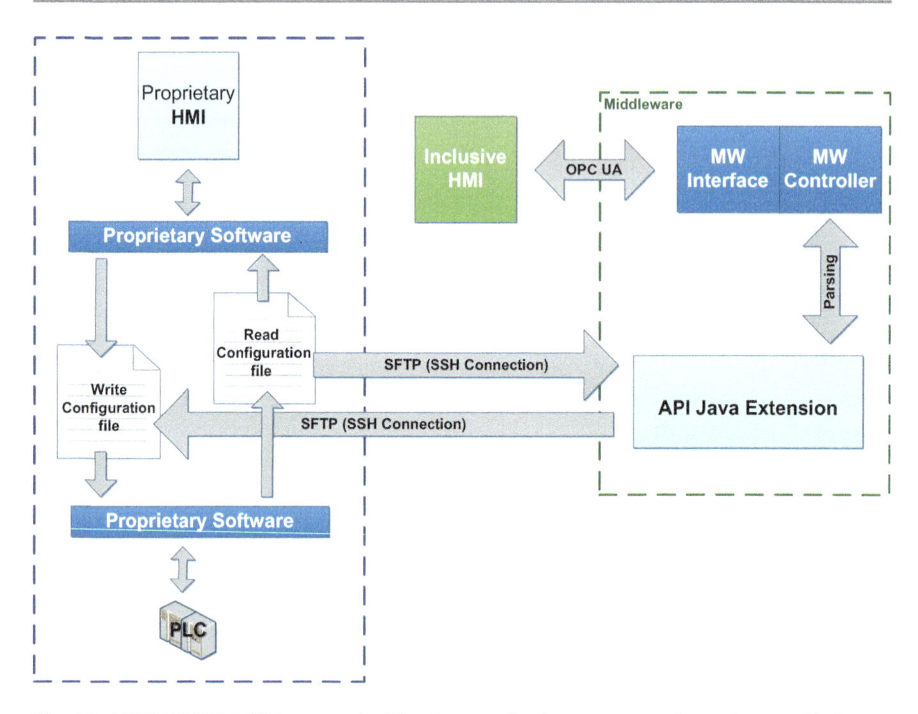

Fig. 10 INCLUSIVE MW integrated with a Java application to support the exchange of information with files for the reading status information from the machine and the sending of commands to its PLC components. Secure connectivity is provided over a SFTP protocol. The blue box on the left depicts standard operational processes in the industrial environment; the green box on the right the components of the INCLUSIVE Middleware

Such a strategy was developed in order to eliminate interference between the INCLUSIVE HMI and the proprietary industrial setup. Thus, the INCLUSIVE middleware takes over the complete task and provides the communication between the two modules.

In terms of the communication layer, the Secure File Transfer Protocol (SFTP) was employed, which builds on top of the SSH protocol and enables a secure file exchange between two computers.

3 Conclusion

New IT-technical approaches offer new business opportunities and possibilities for service improvement and cost reduction. Particularly in production, these approaches offer further opportunities for optimization and increasing efficiency. However, the new method also require costly professional software developers and experts in statistics.

The middleware developed for the INCLUSIVE project is based on the IoT-technologies, ThingWorx® and KEPServerEX®, and is a good example of the rapid development of software solutions for the Industrial Automation Industry that help to bridge the communication gap between heterogeneous hardware and software applications.

The adoption of a digital twin concept for developing the INCLUSIVE MW opens an entirely new way of system creation. Previously, developing and implementing a system was done in physical forms, which involved sketches, blueprints and costly prototypes. In contrast, the MW has been brought together in a virtual space to cheaply and quickly discover conflicts and clashes. Throughout the project, it had only once been recorded that these issues in regards to form had to be resolved by translating them to physical models. In this respect, the INCLUSIVE MW can be seen as a prototype of the Industrial Internet of Things (IIoT), i.e. as an evolution of existing technologies that enables end users to improve processes, drive productivity and maintain an edge in an increasingly competitive global economy.

By using several strategies, criteria and models implemented in an Industry 4.0 environment, we have realized modular and high performing adaptive automation MW that provides not only the connectivity layer for machine/robot-controller components and Human Machine Interface (through a MW Interface and OPC UA Protocol) but also different levels of business logic for data exchange and analysis, process monitoring and alarm notification (MW Controller).

The IoT-based MW Controller was designed on models of digital twin, which, in conjunction with model-based application development, offers a safe, simple and open approach from a construction perspective. Based on this, complex control and regulation models can be built up without in-depth statistical expert knowledge with the help of machine learning components, which can be used easily, safely and iteratively by a specialist user. The developed INCLUSIVE MW is characterized by a common modular architecture that allows for:

i) Scalability (i.e. straightforward addition of new data structures),
ii) Proprietary interfaces development for the different use cases,
iii) High interoperability of the overall system (i.e. hardware/software platform independence).

Hence, a common modular, flexible, scalable, highly interoperable and innovative MW could be developed, validated and test verified.

Acknowledgment This work has been supported by the INCLUSIVE collaborative project, which has received funding from the European Union's "Horizon 2020" Research and Innovation Program under grant agreement No 723373.

References

Chemudupati A, Kaulen S, Mertens M, Mohan SM, Reynaud P, Robin F, Zimmermann S (2012) The convergence of IT and Operational Technology. White Paper. Atos

DIN SPEC 91345 (2016-04) Referenzarchitekturmodell Industrie 4.0 (RAMI4.0) (DIN SPEC 91345:2016-04, Reference architecture model Industrie 4.0 (RAMI4.0)). https://www.beuth.de/en/technical-rule/din-spec-91345-en/250940128

Gallasch A (2016) Big Data smart nutzen – Strategien und Lösungen mit der IoT Plattform ThingWorx. In: Vogel-Heuser, B. (ed) Automation Symposium 2016: Analyse, Integration und Visualisierung großer Datenmengen

Grieves M, Vickers J (17 August 2016) Digital twin: mitigating unpredictable, undesirable emergent behaviour in complex systems. Transdisciplinary perspectives on complex systems. pp 85–113. https://doi.org/10.1007/978-3-319-38756-7_4. ISBN 978-3-319-38754-3

Handbook of Research on Applied Optimization Methodologies in Manufacturing Systems (November 2017). https://www.igi-global.com/book/handbook-research-applied-optimization-methodologies

Implementation Strategy Industrie 4.0: Report on the results of the Industrie 4.0 Platform; BITKOM e. V., VDMA e.V., ZVEI e.V. (April 2015). https://www.bitkom.org/noindex/Publikationen/2016/Sonstiges/Implementation-StrategyIndustrie-40/2016-01-Implementation-Strategy-Industrie40.pdf

Industrie 4.0 working paper "Security der Verwaltungsschale" (Security of the Administration Shell); Berlin; Plattform Industrie 4.0 (April 2017). http://www.plattformi40.de/I40/Redaktion/DE/Downloads/Publikation/security-der-verwaltungsschale.html

Kepware: Industrielle Konnektivität. In www.kepware.com. https://www.kepware.com/de-de/. Stand: 08.08.2018

PTC: Modelling: Why do I have ThingShapes and ThingTemplates? In: Welcome to ThingWorx. https://support.ptc.com/cs/help/thingworx_hc/thingworx_7.0_hc/index.jspx?id=ThingShapes&action=show. Stand: 08.08.2018

UA1: OPC UA Part 1 – Overview and Concepts 1.03 Specification.pdf. (2017). https://opcfoundation.org/developer-tools/specifications-unified-architecture/part-1-overview-and-concepts

UA10: OPC UA Part 10 – Programs 1.03 Specification.pdf (2017). https://opcfoundation.org/developer-tools/specifications-unified-architecture/part-10-programs

UA11: OPC UA Part 11 – Historical Access 1.03 Specification.pdf (2018). https://opcfoundation.org/developer-tools/specifications-unified-architecture/part-11-historical-access

UA2: OPC UA Part 2 – Security Model 1.03 Specification.pdf (2018). https://opcfoundation.org/developer-tools/specifications-unified-architecture/part-2-security-model

UA3: OPC UA Part 3 – Address Space Model 1.03 Specification.pdf (2017). https://opcfoundation.org/developer-tools/specifications-unified-architecture/part-3-address-space-model

UA4: OPC UA Part 4 – Services 1.03 Specification.pdf (2017). https://opcfoundation.org/developer-tools/specifications-unified-architecture/part-4-services

UA5: OPC UA Part 5 – Information Model 1.03 Specification.pdf. (2017). https://opcfoundation.org/developer-tools/specifications-unified-architecture/part-5-information-model

UA6: OPC UA Part 6 – Mappings 1.03 Specification.pdf (2017). https://opcfoundation.org/developer-tools/specifications-unified-architecture/part-6-mappings

UA7: OPC UA Part 7 – Profiles 1.03 Specification.pdf (2017). https://opcfoundation.org/developer-tools/specifications-unified-architecture/part-7-profiles

UA8: OPC UA Part 8 – DataAccess 1.03 Specification.pdf (2017). https://opcfoundation.org/developer-tools/specifications-unified-architecture/part-8-data-access

UA9: OPC UA Part 9 – Alarms and Conditions 1.03 Specification.pdf (2017). UA Part 9 – Alarms and Conditions 1.03 Specification.pdf

Villani V, Sabattini L, Czerniaki JN, Mertens A, Vogel-Heuser B, Fantuzzi C (2017) Towards modern inclusive factories: a methodology for the development of smart adaptive human-machine interfaces. In: Proceedings of the IEEE international conference on emerging technologies and factory automation (ETFA), IEEE, pp 1–7. https://doi.org/10.1109/ETFA.2017.8247634

Verwaltungsschale

Birgit Boss, Sebastian Bader, Andreas Orzelski und
Michael Hoffmeister

Zusammenfassung

In diesem Kapitel wird eines der Basiskonzepte von Industrie 4.0 vorgestellt, die Verwaltungsschale. Die Verwaltungsschale schafft die für Industrie 4.0 notwendige herstellerübergreifende Interoperabilität und stellt die digitalen Informationen für intelligente und nicht-intelligente Assets bereit. Sie bildet insbesondere den kompletten Lebenszyklus der repräsentierten Produkte, Geräte, Maschinen und Anlagen ab und schafft dadurch durchgängige Wertschöpfungsketten. Als digitale Repräsentation bildet die Verwaltungsschale die Basis für autonome Systeme und Anwendungen der Künstlichen Intelligenz im Rahmen der Industrie 4.0. Die Verwaltungsschale kann auch als Umsetzung des Digitalen Zwillings für Industrie 4.0 betrachtet werden.

B. Boss (✉)
Robert Bosch GmbH, Stuttgart, Deutschland
E-Mail: birgit.boss@de.bosch.com

S. Bader (✉)
Fraunhofer-Institut für Intelligente Analyse- und Informationssysteme IAIS, Sankt Augustin, Deutschland
E-Mail: sebastian.bader@iais.fraunhofer.de

A. Orzelski (✉)
PHOENIX CONTACT GmbH & Co. KG, Blomberg, Deutschland
E-Mail: aorzelski@phoenixcontact.com

M. Hoffmeister (✉)
Festo AG & Co. KG, Esslingen, Deutschland
E-Mail: michael.hoffmeister@festo.com

B. Vogel-Heuser et al. (Hrsg.), *Handbuch Industrie 4.0*,
https://doi.org/10.1007/978-3-662-58528-3_139

1 Einleitung und Motivation

Um das Potenzial der durchgehend vernetzten Industrie zu nutzen, ist ein standardisiertes Modell zum herstellerübergreifenden Datenaustausch zwingend erforderlich. Während bei einer Mensch-zu-Mensch Kommunikation schnell und effizient Erläuterungen und Definitionen ausgetauscht werden können, benötigt die Mensch-zu-Maschine und Maschine-zu-Maschine Kommunikation einen höheren Formalisierungsgrad. Im Gegensatz zum Mensch ist die Maschine nur begrenzt in der Lage, aus dem situativen Kontext Informationen abzuleiten und einen unklaren Interpretationsspielraum aufzulösen. Daher müssen Informationen im Industrie 4.0 Umfeld möglichst eindeutig definiert, und explizit beschrieben werden.

Die Antwort der Plattform Industrie 4.0 auf diese Herausforderung ist die I4.0 Komponente. Sie bezeichnet das Asset, zum Beispiel einen physischen Gegenstand oder auch ein Software-Artefakt, eine Person, ein komplexes System oder einen Prozess, und dessen digitale Repräsentation in Form einer Verwaltungsschale. Die Verwaltungsschale dient dabei als der Digitale Zwilling im Industrieumfeld und stellt alle relevanten Information für ein Asset bereit. Im Gegensatz zu einer reinen digitalen Informationsbereitstellung, die ausschließlich eine Darstellung von Eigenschaften und Attributen darstellt, verknüpft und spiegelt die Verwaltungsschale den Zustand der physischen mit der digitalen Welt. Dies bedeutet insbesondere, dass Aktionen auf der Verwaltungsschale Auswirkungen beziehungsweise Änderungen in der realen Welt nach sich ziehen können und sollen. Die dafür benötigte Internetverbindung ist allerdings kein notwendiges Kriterium für eine I4.0 Komponente. Neben aktiv angebundenen Gegenständen können auch Einheiten mit nur indirekt bestehender Verbindung über Verwaltungsschalen dargestellt werden. Als Beispiel sind hier Rohmaterialien oder Bauteile zu nennen, die im Normalfall über keinen eigenständigen Netzwerkzugang verfügen. Es werden prinzipiell drei Kategorien von Verwaltungsschalen unterschieden: Die Passive Verwaltungsschale in einer serialisierten Datei, die Passive Verwaltungsschale als Serverkomponente auf dem Asset oder in einer entsprechenden Edge- oder Cloud-Infrastruktur, sowie die Aktive Verwaltungsschale (Plattform Industrie 4.0 2019). Im Gegensatz zu passiven Verwaltungsschalen ist die aktive Verwaltungsschale in der Lage, selbstständig Verbindungen aufzubauen und sich mit anderen Verwaltungsschalen auszutauschen.

Verwaltungsschalen lassen sich über das Referenzarchitekturmodell Industrie 4.0 – RAMI 4.0 (DIN SPEC 91345; IEC PAS 63088), siehe Abb. 1 – strukturieren und einordnen. In dem durch RAMI 4.0 gegebenen dreidimensionalen Rahmen aus Architekturschichten, Verlauf- und Hierarchie-Achsen können Verwaltungsschalen lokalisiert und verglichen werden. Dabei werden die Funktionen und strukturellen Eigenschaften der Verwaltungsschale selbst über die Architekturschichten realisiert. Ausgehend von der Beschreibung der physischen Rolle eines Assets im untersten Layer ordnet die vertikale Achse die verschiedenen Bereiche der Integration, Kommunikation und Interaktion ein und definiert den Rahmen über Anforderungen und Charakteristiken hin zu Geschäftsprozessen und der organisatorischen Einbindung von Verwaltungsschalen. Dagegen stellt die Hierarchie-Achse die Position des repräsentierten Assets in seinem Umfeld dar. In verschiedenen aufeinander aufbau-

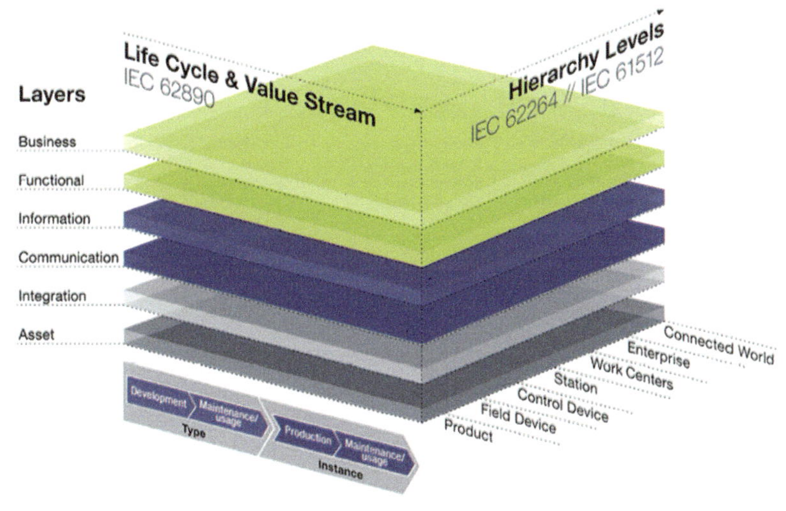

Abb. 1 Referenzarchitekturmodell Industrie 4.0

enden Begriffen wird die Position des Assets auf einer Achse vom einzelnen Produkt bis hin zur global vernetzten Welt benannt. Da die Verwaltungsschale den Zustand des Assets auch über dessen kompletten Lebenszyklus darstellt, durchläuft auch sie die entsprechenden Schritte in der Wertschöpfung und wird in der entsprechenden Achse abgebildet. Diese Lebenszyklusphasen werden in Abb. 2 noch einmal verdeutlicht. Dazu gehören unter anderem die Entwicklung, Produktion, Wartung, die Verwendung aber auch die Entsorgung eines Assets. Hier wird grundsätzlich zwischen Asset-Typen und Asset-Instanzen unterschieden. Durch die Typenbetrachtung referenziert die Verwaltungsschale auf die Gesamtheit der entsprechenden Assets und bildet daher Informationen und Aussagen zu Mengen und Klassen von Assets. Insbesondere zu Beginn des Lebenszyklus, in der Entwicklung und der Erprobung, sind entsprechende Aussagen relevant, da die einzelnen Assets noch nicht erstellt wurden. Im weiteren Verlauf des Lebenszyklus werden dann über die Verwaltungsschalen zu Asset-Instanzen Aussagen über Assets als Einzelobjekte und deren individuelle Ereignisse gemacht. Dementsprechend kann die Verwaltungsschale, wie auch das zugrunde liegende Asset, zwischen Geschäftspartnern ausgetauscht werden. Sie kann bei der Übergabe sowohl als Kopie als auch als digitales Objekt an sich zur Verfügung gestellt werden. Damit kann das Asset über den gesamten Wertschöpfungsprozess dargestellt werden und ermöglicht die transparente Darstellung aller relevanter Informationen und Entwicklungen mit Bezug zum betrachteten Asset.

Diese Fähigkeiten prädestinieren die Verwaltungsschale als zentralen Baustein weiterführender Industrie 4.0 Anwendungen. Durch die ermöglichte Informationsintegration über alle relevanten Bereiche und der dadurch entstehenden Transparenz entstehen innovative Ansätze für Datenanalyse und daraus abgeleitete Geschäfts-

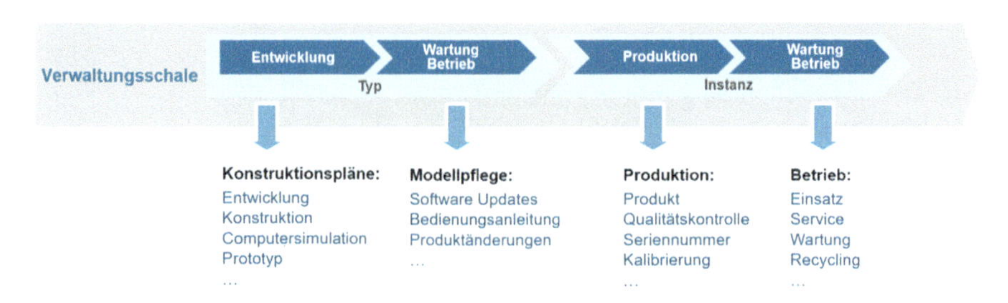

Abb. 2 Lebenszyklusphasen nach RAMI4.0

modelle. Big Data Auswertungen versprechen neue Einblicke in Produktionsprozesse und eine effektivere Entscheidungsfindung. Predictive Maintenance oder autonome Systeme auf Basis von Künstlicher Intelligenz stellen nur zwei mögliche Anwendungsfälle der Verwaltungsschale dar. Als zentrales Vehikel der Informationsdarstellung in der digitalisierten Fertigung und darüber hinaus schafft die Verwaltungsschale die notwendigen Voraussetzungen für die praktische Umsetzung der Industrie 4.0.

1.1 Der Lebenszyklus eines Produkts nach RAMI 4.0

RAMI 4.0, die Referenzarchitektur für Industrie 4.0 Komponenten, betont, dass das zu produzierende bzw. produzierte und sich in Verwendung befindliche Produkt selbst Teil des Industrie 4.0-Systems ist. Die Verwaltungsschale des Produkts stellt in jeder seiner Lebenszyklusphasen die jeweils benötigen Informationen digital bereit.

In Abb. 3 ist zu sehen, wie der Informationsfluss zwischen verschiedenen Partnern einer Wertschöpfungskette mittels Verwaltungsschalen aussehen kann. Im ersten Schritt wird der einfache Use Case des Austauschs über zum Beispiel ein Paketformat dargestellt. Das Paketformat wird später näher beschrieben. In dem genannten Beispiel gibt es drei wesentliche Partner in der Wertschöpfungskette des Produkts:

- den Zulieferer, der Komponenten – in diesem Fall das betrachtete Produkt – herstellt,
- den Maschinenbauer, der diese Komponenten in seiner Maschine (ein neues Produkt) verbaut,
- und schließlich den Betreiber, der mit der Maschine weitere Produkte fertigt.

Diese Partner gehören üblicherweise zu verschiedenen Unternehmen oder Rechtseinheiten. Das Paketformat und der gewählte Weg des Austauschs müssen deshalb den rechtlichen und unternehmensinternen Sicherheitsvorschriften genügen.

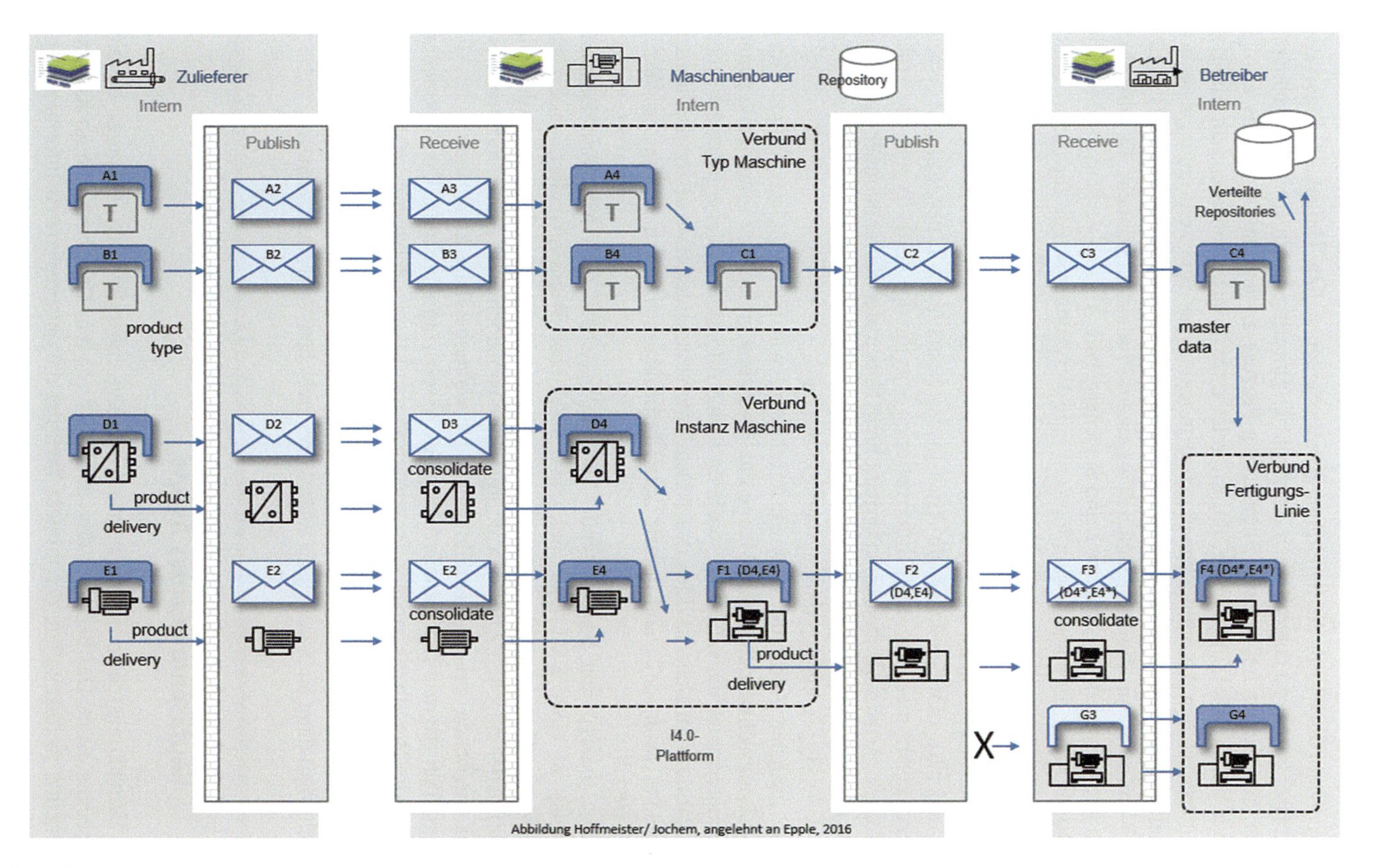

Abb. 3 Der Lebenszyklus eines Produkts und der dazugehörigen Verwaltungsschale

Sowohl der Zulieferer als auch der Maschinenbauer durchlaufen eine Engineering-Phase für ihr jeweiliges Produkt. Der Maschinenbauer kann z. B. Anforderungen an den Zulieferer bzgl. der benötigten Komponenten stellen. Umgekehrt liefert der Zulieferer bereits zu einem frühen Zeitpunkt Engineering-Daten an den Maschinenbauer, um diesen bei seinem Engineering-Prozess zu unterstützen. Dies erfolgt mittels einer Verwaltungsschale, die die relevanten Informationen enthält, die der Zulieferer an den Maschinenbauer geben möchte. Das Bild zeigt auch, dass der Zulieferer in seinen eigenen Prozessen ebenfalls eine Verwaltungsschale als Mittel der Wahl nutzt, um die Informationen zu einem Produkt zu bündeln. Er wird aber nicht alle Informationen an seine Kunden weitergeben. Ähnlich verfährt der Maschinenbauer selbst. Es handelt sich hier um eine Verwaltungsschale für einen Asset-Typen, da das eigentliche Produkt ggf. noch gar nicht gefertigt worden ist. Auch für das eigentliche Produkt, also die Asset-Instanz, wird eine Verwaltungsschale erstellt. Die Asset-Instanz erhält z. B. eine Seriennummer zur eindeutigen Bezeichnung. Es gibt in der Regel wesentlich mehr Asset-Instanzen als Asset-Typen. Für jede Asset-Instanz gelten meist dieselben Informationen wie für den Asset-Typen. Sie erhält aber auch instanz-spezifische Informationen. Neben der Seriennummer kann das z. B. das Fertigungsdatum etc. sein. Die Verwaltungsschalen der Asset-Instanzen und Asset-Typen können deshalb verlinkt werden.

Im nächsten Abschnitt wird näher erläutert, wie der modulare Aufbau einer Verwaltungsschale durch eine Menge das Asset beschreibender Teilmodelle genau diese unterschiedlichen Informationsbedarfe und Informationsweitergaben zwischen den Partnern im Lebenszyklus des Assets unterstützt. Idealerweise werden immer komplette Teilmodelle und dessen Detail-Informationen einem Partner zur Verfügung gestellt.

Eine passive rein beschreibende Verwaltungsschale kann man zum Beispiel komplett in einer XML-Datei inklusive sämtlicher Werte ausliefern, zusätzlich ergänzt um (Dokumentations-)Dateien. In einer nachfolgenden Sektion werden wir darauf näher eingehen. Die Verwaltungsschale ist jedoch nicht immer nur beschreibend wie schon zuvor ausgeführt. Eine Verwaltungsschale kann auch eine API haben, über die man auf aktuelle Werte des Assets zugreifen kann. Diese aktuellen Werte vom Betreiber können z. B. wieder an den Maschinenbauer oder direkt dem Zulieferer zurück gespiegelt werden. In weiteren Ausbaustufen kann eine Verwaltungsschale auch selbst agieren und autonom Aktionen anstoßen. Im letzten Fall spricht man dann auch von einer Interaktion zwischen Verwaltungsschalen.

1.2 Teilmodelle in der Verwaltungsschale: Die digitale Repräsentanz eines Assets

Die Verwaltungsschale ist die Implementierung eines digitalen Zwillings für ein gegebenes Asset. Das bedeutet, dass abhängig von den Use Cases, die im Kontext unterstützt werden sollen, der digitale Zwilling die entsprechenden Informationen, ob Daten oder Verhalten, bereithält bzw. unterstützt. Dies geschieht nicht über ein einziges umfangreiches Modell, das Basis für die eine digitale Repräsentation des

Assets ist, sondern über viele kleinere use-case-bezogene Modelle. Die Verwaltungsschale nennt diese entsprechend Teilmodelle (englisch Submodel). Die Menge aller über Teilmodelle bereitgestellter Informationen ergeben die digitale Repräsentation des Assets, das durch die Verwaltungsschale gespiegelt und durch Mehrwertdienste bereichert wird. Jedes Teilmodell entspricht einer bestimmten Fachlichkeit, einem bestimmten Aspekt, der unabhängig von anderen Aspekten semantisch eigenständig beschrieben werden kann. Use Cases sind in der Regel komplexer, daher können zur Realisierung eines Use Cases auch verschiedene Teilmodelle herangezogen werden. Die Eigenständigkeit eines Teilmodells wird dabei durch einen eindeutigen Identifikator unterstrichen, der dem Teilmodell zugewiesen wird. Dies gilt sowohl für das Template des Modells als auch die jeweiligen Modell-Instanzen.

Abb. 4 zeigt das Beispiel eines Servo-Motors (einer Asset-Instanz) mit seiner Verwaltungsschale, wobei der Motor durch 4 Teilmodelle repräsentiert wird: einem Teilmodell zu technischen Daten, zu operationalen Daten und zur Dokumentation. Das Beispiel wird im Abschn. 4 näher beschrieben.

Das Splitten der Bereitstellung von Information durch verschiedene Teilmodelle anstelle eines integrierten Teilmodells hat viele Vorteile. Vier wesentliche Qualitäten können dadurch erreicht werden:

- verteilte gleichzeitige Entwicklung („Simultaneous Engineering"),
- Erweiterbarkeit, Anpassbarkeit und Flexibilität,

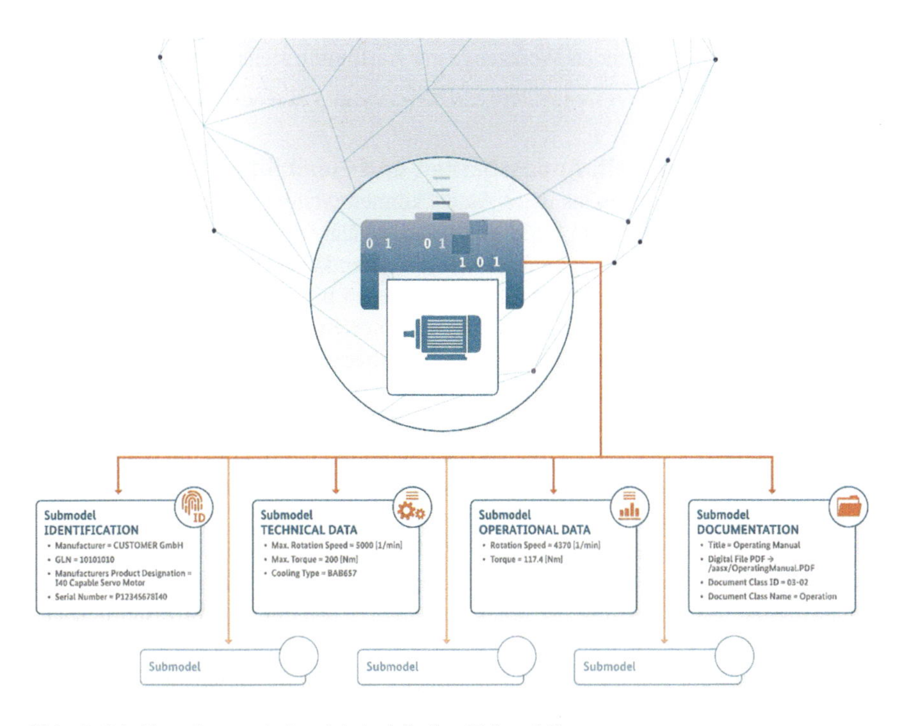

Abb. 4 Die Verwaltungsschale mit beispielhaften Teilmodellen

- Modularität, sowie
- Wiederverwendbarkeit.

Im Folgenden wird auf diese Qualitäten näher eingegangen.

1.2.1 Simultaneous Engineering

- Für die Erstellung eines Teilmodell-Typs wird jeweils unterschiedliche Fachexpertise benötigt. Deshalb kann man ohne weitere Koordinierung die Erstellung und Wartung der Teilmodell-Typen parallelisieren. Es gibt keinen Engpass durch eine zentrale Modellierungsstelle.
- Nicht nur die Modellierung, sondern auch die Standardisierung kann parallel erfolgen. Viele verschiedene Verbände bündeln unterschiedliches Know-how. Kleinere Gruppen von Experten können entsprechende Teilmodell-Typen standardisieren. Es ist nicht notwendig, und in Anbetracht der Gesamtkomplexität auch nicht möglich, ein Asset „vollständig" zu beschreiben.
- Auch die Implementierung und Anbindung des Teilmodells an die notwendigen Informationsquellen können unterschiedliches Know-how bedingen. Das heißt, nicht nur bei der Erstellung der Modell-Typen, sondern auch bei deren Implementierung und Instanziierung kann die Arbeit parallelisiert werden.
- Nicht jedes Teilmodell muss in jeder Serialisierung oder Technologie vorliegen. Einige Teilmodelle sind nur relevant während der Betriebsphase, andere nur zum Engineering-Zeitpunkt. Wenn die Serialisierung nicht automatisiert werden kann bzw. keine entsprechenden Werkzeuge zur Verfügung stehen, wird auch hier die Parallelisierung und Arbeitsteilung ermöglicht.

1.2.2 Erweiterbarkeit, Anpassbarkeit und Flexibilität

- Während des Lebenszyklus eines Assets können weitere oder andere Use Cases unterstützt werden, indem neue Teilmodell-Instanzen zu einem späteren Zeitpunkt ergänzt und andere entfernt werden. Dies kann statisch beim Übergang von einem Besitzer zu einem anderen geschehen bis hin zu einer Änderung zur Laufzeit und ist abhängig von der Implementierung der Verwaltungsschale. Die Verwaltungsschale unterstützt also die Erweiterbarkeit bezüglich neuer Mehrwertdienste zu jedem Zeitpunkt. Die Erweiterung kann nicht nur durch den Hersteller des Assets erfolgen, sondern auch durch dessen weitere Besitzer über den kompletten Lebenszyklus. Umgekehrt muss der Besitzer der Daten eines Teilmodells diese nicht notwendig mit allen nachfolgenden oder vorherigen Besitzern im Lebenszyklus des Assets teilen.
- Die Instanzen der einzelnen Teilmodelle können flexibel und je nach Kontext unterschiedlich verteilt und deployed werden. Das heißt, die Informationen der jeweiligen Teilmodell-Instanz können von unterschiedlichen Adressen bezogen werden. Eine Teilmodell-Implementierung kann zum Beispiel auf Daten zugreifen, die über ein IoT Gateway bereitgestellt werden, eine andere auf Daten in der Cloud. Die Daten des einen Teilmodells können vom Zulieferer bereitgestellt werden, die eines anderen vom Betreiber.

1.2.3 Modularität

- Durch die Modularität der Verwaltungsschale können sicherheitskritische, geschäftskritische oder rechtlich relevante Teilmodelle anders geschützt werden als öffentliche Teilmodelle (zum Beispiel Dokumentation, die auch im Internet zur Verfügung gestellt werden kann).
- Der Nutzer möchte nur die Information sehen, die für ihn oder sie im jeweiligen Kontext relevant ist. Das kann durch fein-granulare Teilmodelle leichter realisiert werden. Zusätzlich können wohl-definierte Sichten auf die Teilmodelle hierbei unterstützen.
- Die einzelnen Teilmodelle können eigenständig versioniert und mit Implementierungen versehen werden. Anwendungen sind dadurch nicht durch Updates von Teilmodellen betroffen, die sie gar nicht verwenden, wie das bei einem vereinheitlichten integrierten Modell der Fall wäre.
- Neue Geschäftsmodelle können unterstützt werden, indem einzelne Teilmodelle nur unter bestimmten Konditionen frei- oder zugeschaltet werden.

1.2.4 Wiederverwendbarkeit

- Wiederholte Verwendung von Teilmodellen über verschiedene Asset-Klassen hinweg wird ermöglicht. Würde man zum Beispiel – wie es heute oft der Fall ist – die Erstellung eines vollständigen Modells für einen Temperatursensor anstreben, so würde dieses neben spezifischen Informationen auch die für jedes andere physikalische Asset übliche Information zum Hersteller, der Seriennummer etc. enthalten. Zerlegt man die Teilmodelle jedoch, so kann man sich auf die jeweiligen Spezifika des Assets konzentrieren.
- Verwendung bereits existierender (standardisierter) Modelle für bestimmte Aspekte des Assets wird ermöglicht. Selbst wenn diese Modelle nicht im geforderten Format vorliegen, können diese doch Basis für die Erstellung eines Teilmodells sein.
- Wiederverwendung der Typ-bezogenen Daten für alle Instanzen eines Assets wird ermöglicht durch Zugreifen auf die Information über dieselbe Teilmodell-Instanz. Datenintegrität kann dadurch leichter sichergestellt werden.

Die Zerlegung der digitalen Repräsentation eines Assets in jeweils unabhängige Teilmodelle kann unter anderem zu folgenden Fragen führen, auf die im Weiteren eingegangen wird:

1. Ist die Disjunktheit der Teilmodelle gegeben?
2. Liegt ein konsistenter Modellierungsstil der Teilmodelle vor?
3. Wie können Anwendungen ihren Informationsbedarf konkreten Teilmodellen zuordnen, und wie können sie die Teilmodelle interpretieren?
4. Auf welche Arten können Anwendungen entscheiden, welche Aspekte für welche Use Cases benötigt werden?

Antworten auf diese Fragen werden im Folgenden gegeben.

Zu Frage 1:

Die Teilmodelle sind nicht notwendig disjunkt. Es stellt sich allerdings die Frage, ob dies zwingend notwendig ist. Zum einen ist die Relevanz spezifischer Teilmodelle hochgradig use-case-abhängig, d. h. es interessiert im Normalfall nur eine Teilmenge aller verfügbarer Teilmodelle. Disjunktheit über alle möglichen Teilmodelle hinweg ist also nicht erforderlich. Überlappungsfreiheit innerhalb einer Verwaltungsschale ist zwar wünschenswert, aber sie kann damit umgehen, dass Teilmodelle gegebenenfalls nicht-disjunkt sind: Auf die Information, die die jeweiligen Teilmodelle anbieten, kann über eine im Ziel standardisierte API einheitlich zugegriffen werden. Über entsprechende Anfragen kann man feststellen, ob Daten mit derselben Bedeutung mehrfach vorkommen. Dies wird ermöglicht, da zusätzlich zu einem Datum auch ein Verweis auf eine eindeutige semantische Beschreibung desselben in der Verwaltungsschale gepflegt wird. Auf das Thema Semantik gehen wir im nachfolgenden Abschnitt ein.

Die Anforderung der Disjunktheit ist im Übrigen auch deshalb nicht wirklich realistisch, wenn man sich den Lebenszyklus eines Produkts vor Augen hält: Eine Komponente wird in einer Maschine verbaut und diese Maschine wiederum steht in einer Fertigungslinie usw.: sowohl die Komponente als auch die Maschine als auch die Fertigungslinie erhalten jeweils eine Verwaltungsschale (Plattform Industrie 4.0 2018c): Disjunktheit zu fordern, würde zu einem extremen nicht-leistbaren Koordinationsaufwand führen.

Auch das Prinzip des Single Source of Truth ist durch das Prinzip der Zerlegung der digitalen Repräsentanz eines Assets in Teilmodelle nicht wirklich in Frage gestellt: Datenintegrität kann durch die Implementierung der Teilmodelle sichergestellt werden, indem auf dieselben Datenquellen zurückgegriffen wird.

Zu Frage 2:

Ein einheitlicher und konsistenter Modellierungsstil erleichtert das Verständnis neuer Teilmodelle und ist deshalb wünschenswert. Durch das einfache und leicht verständliche Metamodel der Verwaltungsschale wird das Erfassen neuer aber auch bereits bekannter Modelle stark vereinfacht.

Zu Frage 3:

Nicht nur Daten innerhalb von Teilmodellen können über deren Verweis auf eine eindeutige semantische Beschreibung von der Anwendung richtig interpretiert werden. Auch das Auffinden der vorhandenen und benötigten Teilmodelle zu einem Asset kann über Zuordnung einer semantischen Beschreibung zum Teilmodell unterstützt werden.

Zu Frage 4:

Die Frage, welche Teilmodelle für welche Use Cases benötigt werden, wird nicht durch die Verwaltungsschale selbst beantwortet. Je Use Case werden unterschiedliche Informationen und damit Teilmodelle benötigt. Die Modularität und Erweiterbarkeit unterstützt aber auch unvorhergesehene und noch unbekannte Use Cases. Verbundkomponenten (Plattform Industrie 4.0 2018c) unterstützen weitere Typen von Use Cases, in denen das Zusammenspiel verschiedener Assets von Bedeutung ist. In zukünftigen Versionen der Verwaltungsschale werden voraussichtlich auch

Fähigkeitsmodelle angeboten, die weitere intelligente Unterstützung bei der Lösung bestimmter Fragestellungen von Anwendungen unterstützen.

2 Semantik in der Verwaltungsschale

Schon im letzten Abschnitt wurde betont, dass eine klare semantische Beschreibung der Merkmale (auch Konzeptbeschreibung genannt) und sonstiger durch die Verwaltungsschale angebotener Informationen essentiell für die unterschiedlichen Stakeholder und Anwendungen ist (siehe auch Kap. ▶ „Semantik durch Merkmale für Industrie 4.0"). Man spricht in diesem Kontext auch von semantischer Interoperabilität, um sie von der auf Dateiformat und Austausch bezogenen syntaktischen Interoperabilität zu unterscheiden.

Plant man einen neuen Teilmodell-Typ zu definieren, sollte man deshalb zunächst ein entsprechendes Dictionary aufbauen bzw. – bevorzugt – ein standardisiertes Dictionary als Basis verwenden. Hierfür wird die Unterscheidung zwischen der Struktur und der Semantik des Teilmodells und der Semantik seiner Bestandteile empfohlen. Das Teilmodell bzw. die Verwaltungsschale selbst beschreiben hierbei den allgemeinen Kontext, während die Bestandteile – auch Teilmodell-Elemente genannt – konkrete Merkmale und mögliche unterstützte Aktionen und Operationen beschreiben.

Wenn es also in zwei verschiedenen Teilmodellen dasselbe Merkmal „Hersteller" geben sollte, so kann man dies über die dem Merkmal zugeordneten semantischen Bezeichner eindeutig als identische Information definieren. Die Konzeptbeschreibung wird über einen globalen Identifikator eineindeutig charakterisiert und ist so in jedem Kontext eindeutig.

Natürlich ist es in der Praxis so, dass auch standardisierte Dictionaries Redundanzen haben, die aktiv und kontinuierlich reduziert werden müssen, damit Modelle und Dictionaries auch in Zukunft ohne großen Aufwand erweitert werden können.

Abb. 5 zeigt exemplarisch wie eine Zuordnung zwischen Datum und Semantik für die Verwaltungsschale aussehen kann. Das Beispiel zeigt ein Merkmal-Wert-Paar aus einem Teilmodell der Verwaltungsschale des Assets. Der Wert ist „5000", das Merkmal selbst – also die Bedeutung des Wertes „5000" – wird über den Identifikator „0173-1#02-BAA120#008" eindeutig beschrieben. In diesem Fall handelt es sich bei dem Identifikator um eine IRDI (International Registration Data Identifier), die auf ein Merkmal im Dictionary eCl@ss (2019) verweist. Schlägt man dort nach, erfährt man, dass es sich bei dem Wert „5000" also um die maximale Drehzahl für einen Servo-Motor handelt. Als physikalische Einheit ist der Drehzahl „1/min", also Umdrehungen pro Minute, zugeordnet. Das Konzept der maximalen Drehzahl wird in verschiedenen Sprachen definiert. Damit kann die wichtige nicht-funktionale Anforderung der Internationalität von Produkten unterstützt werden. In Abb. 5 wird daher auch die englische Definition gezeigt.

Neben eCl@ss ist das IEC 61360 (2017) ein bekanntes Dictionary für Merkmale (siehe auch Abschn. 8). Beide Dictionaries enthalten standardisierte Merkmale,

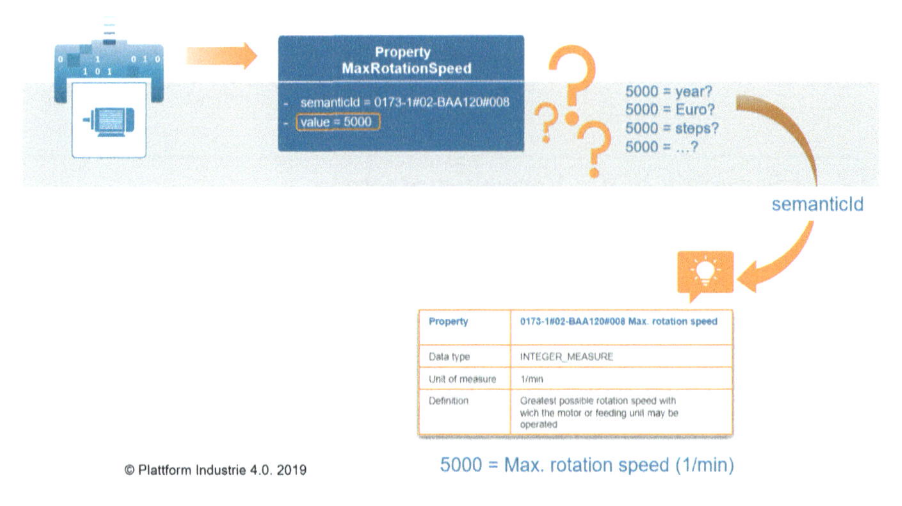

Abb. 5 Semantik via Konzeptbeschreibung für ein Property

standardisierte Einheiten und weitere standardisierte Elemente. Jedes dieser Elemente verfügt über eine IRDI als globale ID.

3 Technologie-neutrales Metamodell der Verwaltungsschale

In der Struktur der Verwaltungsschale (Plattform Industrie 4.0 2016; Alliance Industrie du Futur, Piano Industria 4.0 2018) werden das Basiskonzept und die grundlegenden Anforderungen an die Umsetzung einer Verwaltungsschale beschrieben. In einem ersten Schritt wurde darauf aufbauend ein technologieneutrales Informationsmodel definiert (Plattform Industrie 4.0 2018a). Dieses Metamodel ist in UML spezifiziert und ausschnittsweise in Abb. 6 zu sehen. Dieses dient als Basis für verschiedene Serialisierungen und Mappings wie z. B. JSON, XML, OPC UA, RDF oder AutomationML. Auf diese wird im nächsten Abschnitt näher eingegangen. Zuerst wird das Metamodel selbst in seinen Grundzügen erklärt. Die komplette und vollständige Spezifikation als Basis für jede Implementierung findet sich in (Plattform Industrie 4.0 2018a). Ergänzend beschreibt (Plattform Industrie 4.0 2018b) Sicherheitsaspekte im Kontext der Verwaltungsschale.

Eine Verwaltungsschale (*AssetAdministrationShell*) besteht grundsätzlich aus dem zugehörigen identifizierten Asset (*Asset*) und den entsprechenden Teilmodellen (*Submodel*). Zuvor wurden die verschiedenen Lebenszyklen eines Assets gemäß RAMI 4.0 beschrieben und betont, dass zwischen dem Asset-Typ und den Asset-Instanzen unterschieden werden muss. Dies geschieht über das Attribut *kind* (via der abstrakten Klasse *HasKind*).

Das Asset, die Verwaltungsschale selbst sowie jedes der Teilmodelle erhalten jeweils eine global eindeutige ID (via der abstrakten Klasse *Identifiable*). Andere Elemente sind referenzierbar (*Referable*), erhalten aber keine global eindeutige ID.

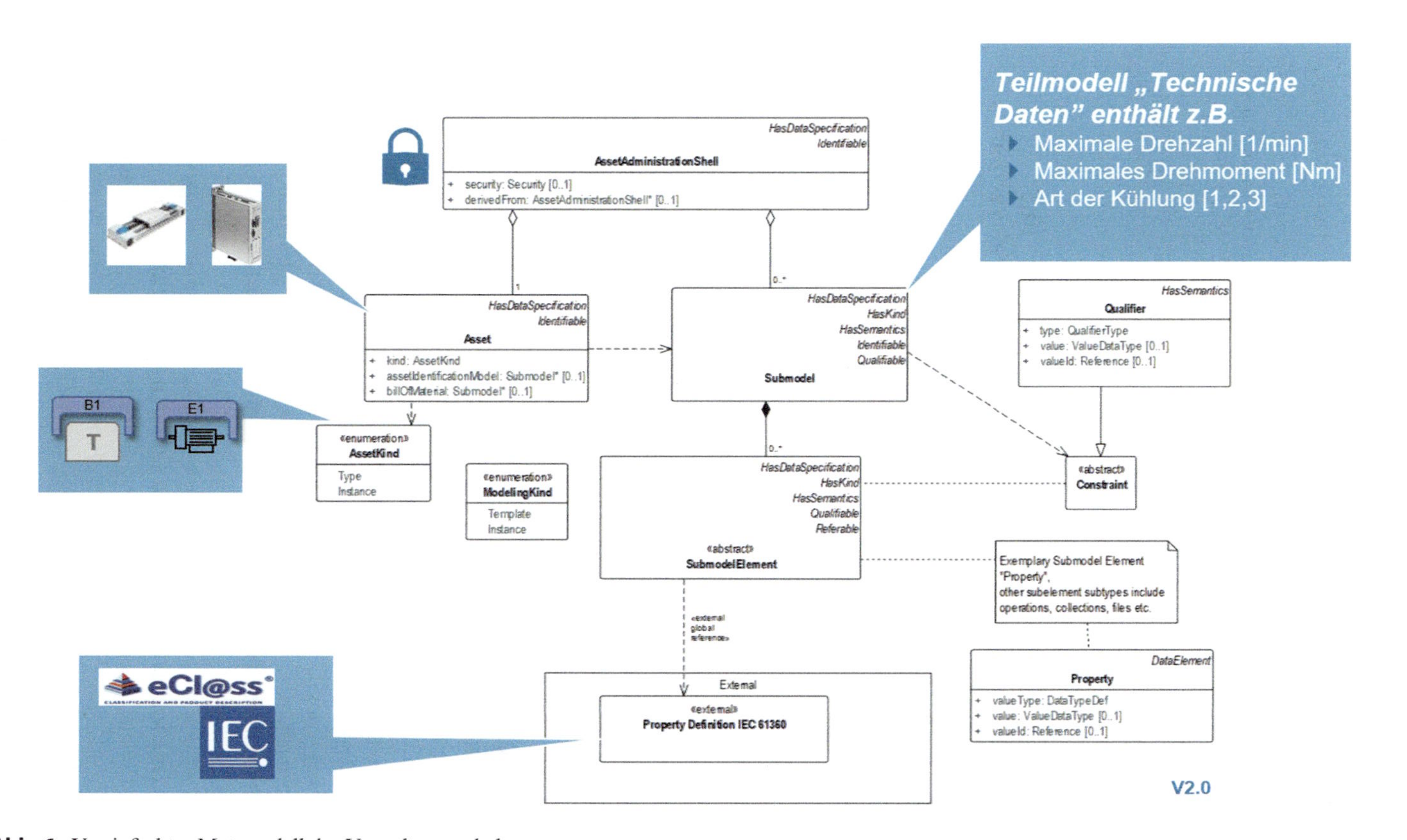

Abb. 6 Vereinfachtes Metamodell der Verwaltungsschale

Einem Asset können prinzipiell verschiedene Verwaltungsschalen zugeordnet sein. Üblicherweise existiert in einer Lebenszyklusphase jedoch jeweils eine Verwaltungsschale. Näheres zum Lebenszyklus wurde im vorherigen Abschnitt zum Lebenszyklus eines Assets bereits beschrieben. Über das Attribut *derivedFrom* kann auf die Vorgänger-Verwaltungsschale verwiesen werden.

Ein Teilmodell kann aus verschiedenen Elementen bestehen, u. a. *Property*, *SubmodelElementCollection*, *ReferenceElement*, *File*, *Operation* und/oder *Capability*. In Abb. 6 wird exemplarisch ein Merkmal (*Property*) als Element eines Teilmodells gezeigt. Über Collections können Properties in zusammengehörige Gruppen und Hierarchieebenen strukturiert werden. Durch Referenzen (*ReferenceElement*) lässt sich auf andere Teilmodell-Elemente verweisen, speziell auch in andere Teilmodelle oder sogar andere Verwaltungsschalen. Mit *File*s werden Dateien einer Verwaltungsschale referenziert. Mit *Operation*s können Funktionen eines Assets ausgeführt werden, z. B. die Operation ‚Fräsen' eines Assets ‚Fräsmaschine'. Als neues Konzept werden in der Verwaltungsschale in der Version 1.1 *Capability*-Elemente definiert. Hierüber wird festgelegt, welche Fähigkeiten ein Asset mitbringt. Im vorherigen Beispiel hat die Fräsmaschine die Fähigkeit „Kann-Fräsen", die dann bei Bedarf über die *Operation* ‚Fräsen' ausgeführt wird. Capabilities sind wichtig im Kontext von Wissens-Taxonomien und -Ontologien und können zu weitreichenden Schlussfolgerungsmechanismen herangezogen werden.

Wie schon zuvor erklärt, ist Interoperabilität nur möglich, wenn die Semantik der entsprechenden Merkmalswerte und Operationen klar definiert ist. Die Semantik eines Teilmodellelements oder auch eines kompletten Teilmodells wird über eine so genannte „semantische Referenz" (*semanticId*) festgelegt. Eine semantische Referenz ist ein eindeutiger Verweis auf eine Konzeptbeschreibung (siehe Abschn. 2).

Eine weitere wichtige Eigenschaft ist die Möglichkeit, Daten von Merkmalen oder Teilmodelle über sogenannte Qualifizierer näher zu beschreiben (via der abstrakten Klasse *Qualifiable*). Ein Element kann optional einen aber auch mehrere *Qualifier* haben. Beispielsweise kann man einen (standardisierten) Lebenszyklus-Qualifizier „as SPECIFIED" oder „as OPERATED" ergänzen, um zu verdeutlichen, dass der Wert des Merkmals nur für diese Lebenszyklusphase gilt (siehe IEC CDD Element mit der IRDI „0112/2///61360_4#AAF599").

Ein ergänzendes Konzept ist das der Sicht (*View*) (nicht in der Abbildung enthalten): hier können Teilmodell- und Verwaltungsschalen-übergreifend weitere Sichten auf das Asset erstellt werden. Es handelt sich hier um eine Menge von Referenzen auf die in der Sicht enthaltenen Elemente. Eine Safety-View vereint z. B. alle sicherheitsrelevanten Merkmale und Operationen.

4 Implementierung der Verwaltungsschale

In verschiedenen Lebenszyklusphasen eines Produkts werden verschiedene Werkzeuge und Kommunikationsprotokolle, Informationsmodelle bzw. Austauschformate verwendet. Wir sprechen im Folgenden vereinfachend von Datenformaten. Es erscheint unrealistisch, dass sich ein einzelnes Datenformat durchgängig über alle

Lebensphasen eines Produkts durchsetzen wird. Deshalb wurde in der Plattform Industrie 4.0 bewusst zunächst ein technologieneutrales Metamodell spezifiziert. Dieses wurde im vorherigen Abschnitt vorgestellt.

Dieses Metamodell ist die Basis für die Serialisierung und Ableitung von Mappings auf die jeweiligen Datenformate, die aktuell für die verschiedenen Lebenszyklusphasen führend sind. So wird für die Lebenszyklusphase „Engineering" AutomationML unterstützt, während für die Betriebsphase OPC UA zur Verfügung steht. Aber wie in RAMI 4.0 verdeutlicht, geht es in Industrie 4.0 um die Durchgängigkeit und Durchlässigkeit der verschiedenen Lebenszyklusphasen (siehe Abb. 7): Informationen aus früheren Phasen müssen in späteren Phasen zur Verfügung stehen und umgekehrt Informationen aus späteren Phasen wieder in frühere Phasen zurückgespielt werden (siehe Abschn. 1.1) Das bedeutet, dass neben den Datenformaten, die in den verschiedenen Phasen zum Einsatz kommen, auch Methoden und Prozesse zur Verfügung stehen müssen, um Information von einer Phase in die andere zu transportieren. Zu diesem Zwecke wurde ein eigenes XML- sowie JSON-Schema definiert.

Neben XML und JSON wird in Version V1.1 von (Plattform Industrie 4.0 2018a) auch ein Datenformat im Resource Description Framework (RDF) (Cyganiak et al. 2014) vorgelegt. Das grafenbasierte Modell codiert Entitäten als Ressourcen und Relationen über global eindeutige URIs. Die Bedeutung der Entitäten ist in Form von Ontologien oder im Web hinterlegter Vokabularien hinterlegt, wodurch über formalisierte Axiome maschinenlesbare Informationen mit den Entitäten verknüpft

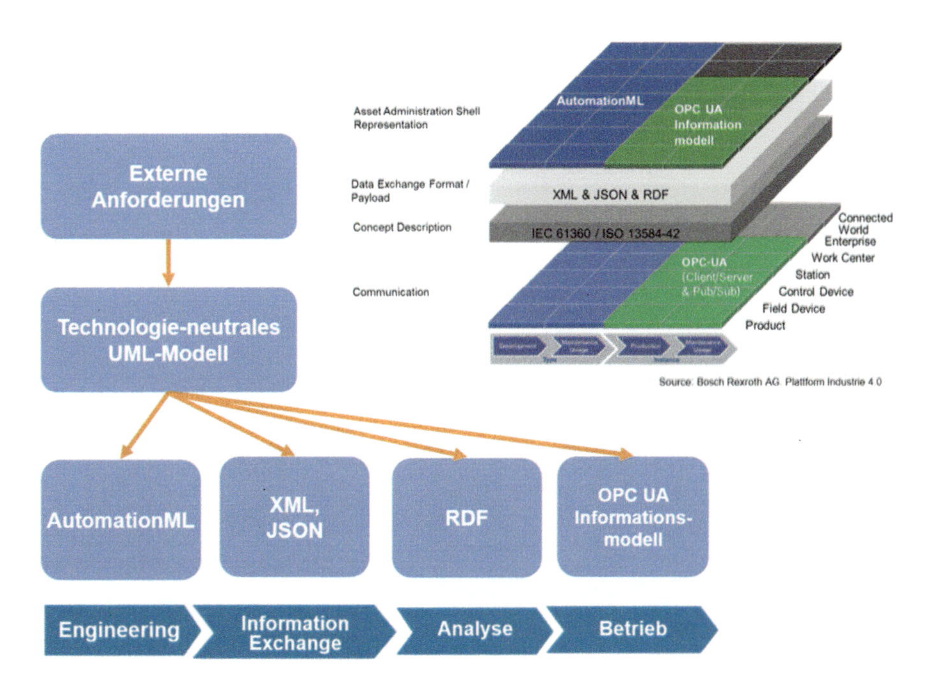

Abb. 7 Serialisierungen und Mappings für die Verwaltungsschale

werden können. Zusätzlich bietet die RDF Repräsentation die Anbindung an weitere, formalisierte Vokabularien und die Verlinkung zu externen Wissensquellen. Wie in Kap. ▶ „Semantic Web: Befähiger der Industrie 4.0" beschrieben wird, eignet sich RDF insbesondere über die sogenannten Linked Data Prinzipien als ideale Verbindung zum Web of Data und der verteilten Datenhaltung über Webtechnologien. Durch die darüber hinaus gegebene enge Anbindung an formale Logiken und darauf aufbauende Anwendungen für automatisiertes Ableiten neuer Informationen durch sogenannte Reasoner bildet die Verwaltungsschale in RDF eine Grundlage für die Anwendung von Bereichen der Künstlichen Intelligenz in der Industrie 4.0. Insbesondere durch hinterlegte logische Axiome und formalisierte Beziehungen können Schlussfolgerungen automatisiert und transparent nachvollziehbar generiert werden.

In einer gemeinsamen Arbeitsgruppe der Plattform Industrie 4.0 und AutomationML (AML) wird am Mapping der Verwaltungsschale auf AutomationML gearbeitet. Damit soll ermöglicht werden, Verwaltungsschalen zwischen Software-Tools mit AutomationML-Schnittstelle auszutauschen. Über den AASX Package Explorer kann eine Konvertierung in andere Formate (z. B. OPC UA) erfolgen. Für den Transport der Information selbst wurde außerdem ein Paketformat definiert. Dieses wird im nächsten Abschnitt beschrieben. Im Folgenden werden die bislang verfügbaren Datenformate der Verwaltungsschale jeweils kurz anhand eines durchgängigen Beispiels (siehe Abb. 8) skizziert, um einen ungefähren Eindruck zu vermitteln. Weitere Details sind in (Plattform Industrie 4.0 2018a) zu finden.

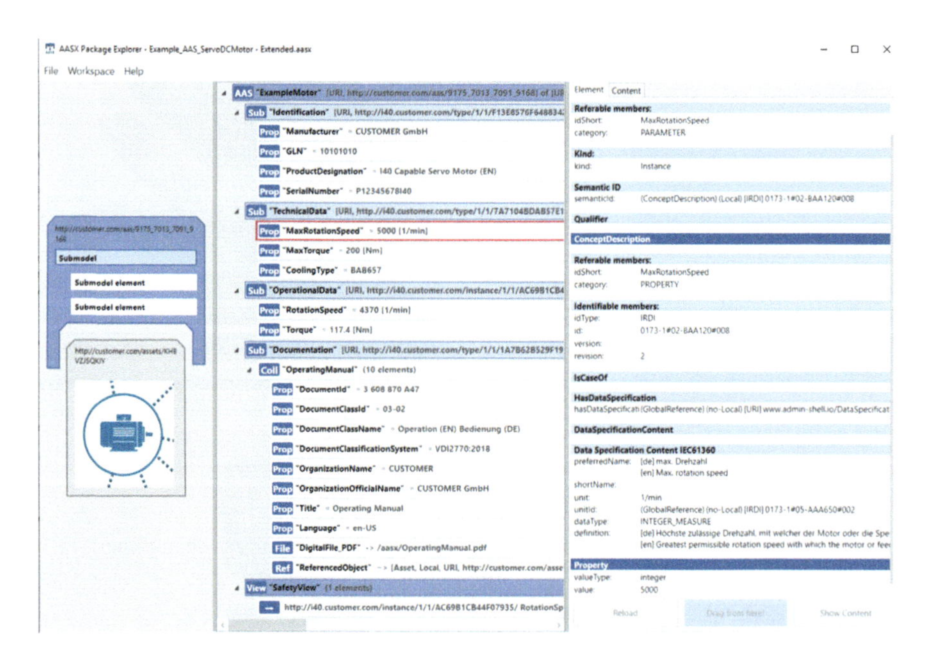

Abb. 8 Beispielhafte Verwaltungsschale für einen Servo-Motor mit Vier Teilmodellen

Das Beispiel zeigt die Verwaltungsschale zu einem Servo-Motor der Firma „CUSTOMER GmbH“ mit der maximalen Drehzahl von 5000 Umdrehungen in der Minute (1/min). Der Motor liefert ein maximales Drehmoment von 200 Newtonmeter (Nm). Die Kühlung wird über einen offenen Kreis mit Fremdkühlung (standardisiert als Wert ‚BAB657‘) erreicht. Die für alle Typen geltenden Merkmale, wie die maximale Drehzahl, das maximale Drehmoment und die Art der Kühlung, werden im Teilmodell „TechnicalData“ bereitgestellt. Laufzeitdaten wie die aktuelle Drehzahl sowie das aktuelle Drehmoment werden im Teilmodell „OperationalData“ abgelegt. Die Implementierung dieses Teilmodells muss also Zugriff auf den Motor haben, um die aktuelle Drehzahl etc. bestimmen zu können. In der Abb. 8 handelt es sich um einen Snapshot zu einem bestimmten Zeitpunkt: zu diesem Zeitpunkt lag die Drehzahl bei 4370 Umdrehungen in der Minute und das aktuelle Drehmoment bei 117,4 Nm. Neben den technischen und operationalen Daten wird für den Motor außerdem die passende Dokumentation bereitgestellt. Beispielhaft dient hierzu die Bedienungsanleitung in englischer Sprache. In diesem Beispiel wird das Klassifikationssystem von VDI 2770 verwendet. Speziell ausgezeichnet ist das sogenannte Asset-Identifikations-Modell, das u. a. den Hersteller und die Seriennummer enthält.

Das Beispiel wurde mit dem Open Source Viewer und Editor für Verwaltungsschalen (AASX Package Explorer) erstellt. Information zum AASX Package Explorer ist im Abschn. 7 zu finden. Basis ist das in Abschn. 3 definierte Datenmodell der Verwaltungsschale.

In Abb. 8 wird im rechten Bereich das Merkmal „MaxRotationSpeed“ mit allen spezifizierten Attributen angezeigt. Als *semanticId* wurde die Referenz auf das eCl@ss-Merkmal mit der eindeutigen IRDI „0173-1#02-BAA120#008“ eingetragen und der besseren Lesbarkeit halber auch als Kopie (*ConceptDescription*) zur Verfügung gestellt (vergleiche Abschn. 2). Dieses Beispiel zeigt auch eine Referenz auf eine standardisierte physikalische Einheit (*unitId*): die Einheit „1/min“ mit der IRDI „0173-1#05-AAA650#002“.

5 Serialisierungen und Mappings für die Verwaltungsschale

Serialisierungen und Mappings bilden das generische Datenmodell der Verwaltungsschale auf konkrete Datenformate und Protokollvorgaben ab. Erst dadurch können Informationen ausgetauscht und übertragen werden. Im Folgenden werden Beispiele für XML, JSON, RDF, OPC UA und AutomationML gezeigt.

5.1 XML-Serialisierung der Verwaltungsschale

In (Plattform Industrie 4.0 2018a) wird ein XML Schema für die Verwaltungsschale spezifiziert. Im Folgenden (siehe Listing 1) wird beispielhaft gezeigt, wie das Merkmal (*Property*) „MaxRotationSpeed“ aus dem Beispiel mit diesem Schema spezifiziert wird. Es handelt sich im Beispiel um die maximale Drehzahl, die für das

Produkt (das Asset in der Nomenklatur der Verwaltungsschale) bei 5000 Umdrehungen in der Minute liegt.

```
<aas:submodelElement>
  <aas:property>
        <aas:idShort>MaxRotationSpeed</aas:idShort>
        <aas:category>PARAMETER</aas:category>
        <aas:semanticId>
            <aas:keys>
                <aas:key type="ConceptDescription" local="true"
                        idType="IRDI">0173-1#02-BAA120#008</aas:key>
              </aas:keys>
        </aas:semanticId>
        <aas:kind>Instance</aas:kind>
        <aas:qualifier/>
        <aas:valueType>integer</aas:valueType>
        <aas:value>5000</aas:value>
  </aas:property>
</aas:submodelElement>
```

Listing 1: XML-Ausschnitt zum Merkmal „Maximale Drehzahl“

5.2 JSON-Serialisierung der Verwaltungsschale

Neben dem XML- wird in (Plattform Industrie 4.0 2018a) auch ein JSON-Schema für die Verwaltungsschale spezifiziert. In Listing 2 wird derselbe Teilmodell-Ausschnitt (vergleiche Listing 1) in JSON gezeigt.

```
"submodelElements": [
         {
           "value": "5000",
           "semanticId": {
             "keys": [
               {
                 "type": "ConceptDescription",
                 "local": true,
                 "value": "0173-1#02-BAA120#008",
                 "idType": "IRDI"
               }
             ]
           },
           "qualifiers": [],
           "idShort": "MaxRotationSpeed",
```

```
      "category": "PARAMETER",
      "modelType": {
        "name": "Property"
      },
      "valueType": {
        "dataObjectType": {
          "name": "integer"
        }
      },
      "kind": "Instance"
    }
  ]
```

Listing 2: JSON-Ausschnitt zum Merkmal „Maximale Drehzahl“

5.3 RDF-Serialisierung der Verwaltungsschale

Neben XML und JSON wird auch eine Serialisierung in RDF für die Verwaltungsschale spezifiziert. In Listing 3 wird derselbe Teilmodell-Ausschnitt (vergleiche Listing 1) als RDF Darstellung serialisiert im Turtle Format gezeigt.

```
_:MaxRotationSpeed
      rdf:type aas:Property ;
      aas:propertyCategory aas:PARAMETER ;
      aas:kind aas:INSTANCE ;
      aas:semanticId [
      rdf:type aas:Reference ;
      aas:key [
         rdf:type aas:Key ;
         aas:type aas:CONCEPT_DESCRIPTION_IDENTIFIABLE_ELEMENT ;
         aas:idType aas:IRDI_IDENTIFIER_TYPE ;
         aas:local "false"^^xsd:boolean ;
         aas:value "0173-1#02-BAA120#008"^^xsd:string
      ]
      ] ;
      aas:idShort "MaxRotationSpeed"^^xsd:string ;
      aas:value "5000"^^xsd:integer
.
```

Listing 3: RDF Darstellung serialisiert im Turtle Format zum Merkmal „Maximale Drehzahl“

5.4 OPC UA Mapping der Verwaltungsschale

In einer gemeinsamen Arbeitsgruppe der Plattform Industrie 4.0, dem ZVEI, dem VDMA und der OPC UA Foundation wird aktuell an einer OPC UA Companion Specification für die Verwaltungsschale gearbeitet.

In Abb. 9 wird die Beispiel-Verwaltungsschale gezeigt, wie sie in einem entsprechenden OPC UA Server abgelegt wurde. Im Projektbaum ist die Verwaltungsschale mit ihren Teilmodellen dargestellt. Im Teilmodell „TechnicalData" ist das Merkmal „MaxRotationSpeed" in der Mitte mit seinem Wert 5000 markiert. Oben rechts werden dazu weitere OPC UA Details unter „Attributes" angezeigt.

5.5 AutomationML Mapping der Verwaltungsschale

In Abb. 10 wird die Beispiel-Verwaltungsschale in AutomationML unter Verwendung der vordefinierten AML-Rollenklassen gezeigt. Die Verwaltungsschale „ExampleMotor" hat die Rolle „AssetAdministrationShell", unter der die Rollen „Submodel" und „Property" auftauchen. In der Abbildung ist das Merkmal „Manufacturer" markiert, dessen Eigenschaften rechts unter Attributes detaillierter angezeigt werden.

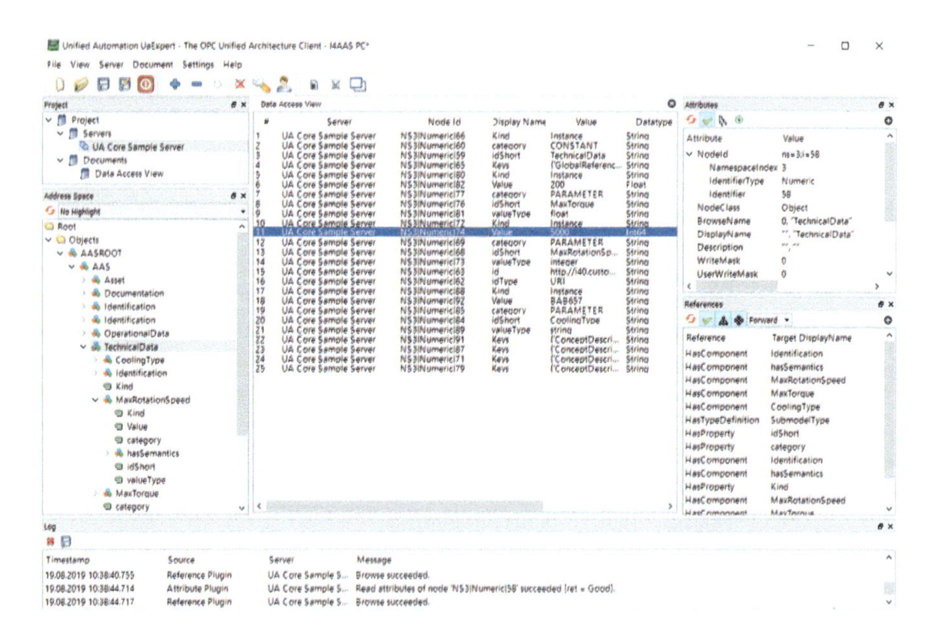

Abb. 9 Darstellung der Verwaltungsschale in einem OPC-UA Server

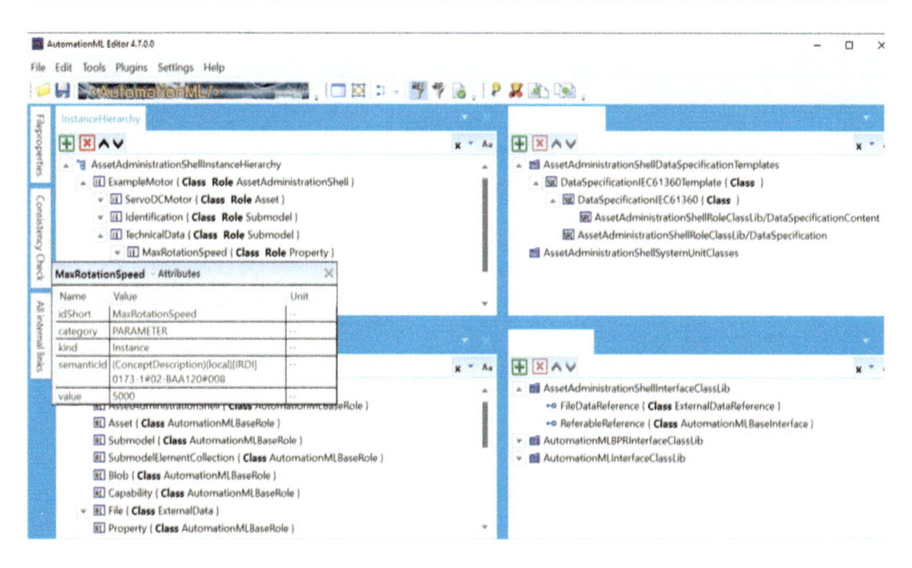

Abb. 10 AutomationML Repräsentation der Verwaltungsschale

6 Paketformat für den Informationsaustausch via Verwaltungsschalen – AASX

Das AASX-Paketformat dient für den Informationsaustausch zwischen Geschäftspartnern, für die kein Online-Zugriff auf die Daten des jeweils anderen Partners gegeben ist (siehe Abschn. 1.1). Für diesen Fall können Verwaltungsschalen über ein Paketformat, angelehnt an das ZIP-Komprimierungsformat, ausgetauscht werden (siehe Abb. 11). Ein solches Paket enthält nicht nur die serialisierte Verwaltungsschalen-Information in XML oder einem anderen der verfügbaren Datenformate, sondern kann auch die in der Verwaltungsschale referenzierten Dateien selbst übermitteln (z. B. PDF-Dateien). Letzteres ist z. B. für das Teilmodell „Dokumentation" wichtig. Des Weiteren können zusätzliche zum Asset gehörende Dateien mit abgelegt werden, z. B. Konfigurationsdateien, ausführbarer Code etc. Auch beim Austausch über ein Paketformat muss an die Informationssicherheit gedacht werden. Deshalb wurde ein Paketformat gewählt, für das neben der breiten Unterstützung in aktuellen Anwendungen schon verschiedene Sicherheitsmechanismen wie digitale Signaturen und Policies zur Authentifizierung zur Verfügung stehen. Verschlüsselungsmöglichkeiten können zusätzlich angewendet werden. Daneben existieren für das Paketformat bereits Schnittstellen, die das einfache Erstellen, Lesen und Schreiben ermöglichen. Daneben wurde Wert gelegt, dass es sich um einen offenen internationalen und reifen und häufig angewendeten Standard handelt (ISO/IEC 29500). Für Details zum Paketformat siehe (Plattform Industrie 4.0 2018a).

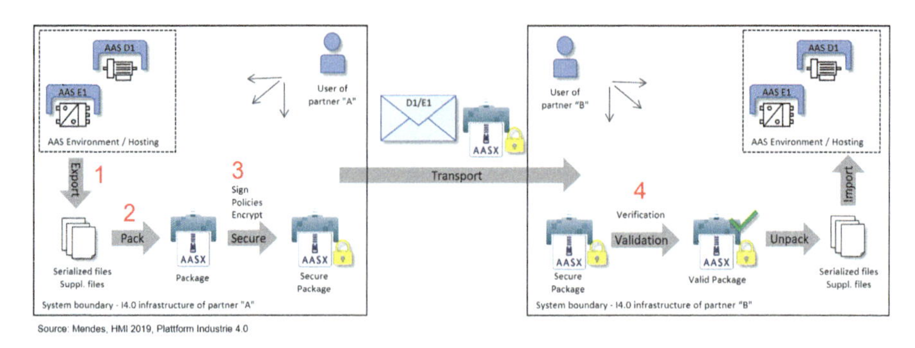

Abb. 11 Informationsaustausch mit Verwaltungsschalen im AASX Format

7 Tooling für die Verwaltungsschale

Der AASX Package Explorer ist ein Software-Tool, mit dem Verwaltungsschalenerzeugt und editiert werden können. Der Explorer erzeugt Verwaltungsschalen in den Formaten XML und JSON und legt diese mit den weiteren Dateien in einem AASX Container ab. Dieser Container kann mit allen Anwendungen geöffnet werden, die das ZIP Dateiformat unterstützen.

Ein Tool wie der AASX Package Explorer vereinfacht das Editieren von Verwaltungsschalen erheblich. So werden Konzeptbeschreibungen mit eCl@ss IRDIs automatisch angelegt und referenziert. Mit Import- und Export-Funktionen für z. B. BMEcat, AutomationML oder OPC UA können sehr schnell andere Datenformate und relevante Firmendaten integriert werden.

Der AASX Package Explorer ist eine Referenzimplementierung als Open Source Projekt, dass unter Eclipse Public License 2.0 (EPL-2.0) als kompiliertes Programm heruntergeladen werden kann (AASX Package Explorer). BaSyx (BaSyx 2019) ist eine weitere Open Source Implementierung (ebenfalls EPL-2.0). BaSyx ist eine Software-Plattform, die Software Development Kits (SDK) für C++, C# und Java enthält, um auf Verwaltungsschalen über Dienste zuzugreifen. Parallel zu Referenzimplementierungen in Open Source entstehen kommerzielle Software-Tools für die Implementierung von Verwaltungsschalen.

8 Die Verwaltungsschale in der Standardisierung

Die Verwaltungsschale verwendet vorhandene oder aktuell in Arbeit befindliche Standards. Im Besonderen bei der Definition von Teilmodellen wird darauf Bezug genommen. Gleichzeitig wird die Verwaltungsschale in nationale und internationale Aktivitäten zu Industrie 4.0 und Smart Manufacturing eingebracht. Zentrale nationale Stellen sind hierfür DKE 931 Systemaspekte der Automatisierung und dessen

Arbeitskreise sowie das Standardization Council Industrie 4.0. Darüber hinaus veröffentlicht die Plattform Industrie 4.0 über ihre Online-Bibliothek Diskussions- und Ergebnispublikationen, die nach Abstimmung der Arbeitsgruppen zueinander passende Inhalte und Aussagen zu Industrie 4.0 treffen.

Der Begriff der Verwaltungsschale wurde erstmals 2015 im Umsetzungsbericht der Plattform Industrie 4.0 eingeführt (Plattform Industrie 4.0 2015). Anschließend wurde die Struktur der Verwaltungsschale formuliert (Plattform Industrie 4.0 2016), bevor diese mit internationalen Partnern verfeinert wurde (AIF et al. 2018). Die Ergebnisse aus (Plattform Industrie 4.0 2015) und (Plattform Industrie 4.0 2016) wurde als DIN SPEC 91345 in die nationale Standardisierung geführt, bevor sie als IEC PAS 63088 in die internationale Standardisierung eingebracht wurden. Damit wird die syntaktische Interoperabilität über System- und Organisationsgrenzen hinweg erreicht, da sie eine gemeinsame Basis bezüglich Anforderungen und Abhängigkeiten schafft. Die Einbringung der Verwaltungsschale in internationale Standards ist daher zwingend notwendig und findet an mehreren Stellen statt. Derzeit wird die Gründung einer Arbeitsgruppe in IEC/TC65 zum Thema der Verwaltungsschale vorbereitet. Zusätzlich werden bereits aktuell in der ISO/IEC Joint Working Group JWG21 mögliche Referenzarchitekturen im Bereich des Smart Manufacturing diskutiert. Ziel ist es, ein belastbares Rahmenwerk und Begrifflichkeiten zu entwickeln, in welchem die Standardisierungsbemühungen beider Organisationen koordiniert werden können. Zudem wird auch in einer gemeinsamen Arbeitsgruppe zwischen dem Industrial Internet Consortium (IIC) und der Plattform Industrie 4.0 an einer gemeinsamen Definition der Verwaltungsschale in Bezug auf den Digitalen Zwilling gearbeitet.

Weitere Standardisierungsaktivitäten betreffen unter anderem auch IEC 62832, welches eine detaillierte Darstellung von Assets in einem Digital Factory Framework mittels Merkmalen behandelt. Der Merkmalsbegriff selbst ist über ISO 13584/IEC 61360 standardisiert. Die dafür benötigte semantische Interoperabilität, sprich die geteilte, eindeutige Definition der Bedeutung von Bezeichnern und Attributen, werden in einer Reihe von Merkmals-Repositories gebildet. Insbesondere sind die bereits genannten IEC CDD, eCl@ss aber auch ISO 8000/eccma zu nennen. Das World Wide Web Consortium (W3C) hat mit Web of Things (WoT) (Kovatsch et al. 2019) eine Architektur zur digitalen, semantischen Beschreibung von Dingen im Sinne des Internet of Things (IoT) vorgestellt und verknüpft Web-Anwendungen mit semantischen Beschreibungen durch Linked Data Prinzipien. Hier steht die Integration der physischen Realität über Web-Technologien im Fokus. Die Industrie 4.0 ist dabei ein betrachteter Bereich, neben zum Beispiel den Bereichen Smart Cities und Smart Medicine.

In letzter Zeit gelangen Open Source Aktivitäten vermehrt in den Fokus. Im Eclipse-Projekt BaSyx (BaSyx 2019) werden die ersten Software Development Kits (SKD) sowie Editoren zur Entwicklung von digitalen Zwillingen gemäß (Plattform Industrie 4.0 2018a) angeboten. Aus den Arbeitsgruppen der Verwaltungsschale heraus werden über GitHub wichtige Ressourcen bereitgestellt (AAS Repository, siehe auch Abschn. 7).

9 Ausblick

In Teil 1 der „Details of the Asset Administration Shell" (Plattform Industrie 4.0 2018a) wurde das technologieneutrale Modell der Verwaltungsschale in UML festgelegt. Darüber hinaus sind dort die Serialisierungen für XML und JSON definiert. In weiteren Revisionen (1.1 und weitere) wird dieser Teil 1 kontinuierlich überarbeitet und erweitert. So werden Verwaltungsschalen in RDF und AutomationML beschrieben oder neue Teilmodell-Elemente wie Ranges und Capabilities hinzugefügt.

Ein neuer weiterer Teil 2 legt fest, wie dynamisch auf Verwaltungsschalen zugegriffen werden kann. Hierzu wird eine Verwaltungsschale in einem Server gespeichert, für den in Teil 2 dynamische Dienste-Schnittstellen (APIs) definiert werden. Diese APIs werden erneut technologieneutral beschrieben. Im Anhang von Teil 2 erfolgen dann Abbildungen des API auf Technologien wie REST, OPC UA oder MQTT.

In Abb. 12 ist z. B. die REST API einer Verwaltungsschale zu sehen. In der REST API werden die Elemente über ihre Bezeichner als Pfad in der Baumstruktur der Verwaltungsschale eindeutig als Ressourcen dargestellt. Die vier grundlegenden Datenoperationen Lesen, Schreiben, Ändern und Löschen sind über die HTTP Methoden GET, POST, PUT und DELETE realisiert. Durch die Orientierung an den weit verbreiteten REST Prinzipien können Verwaltungsschalen einfach in bestehende IT Landschaften eingebunden werden und über etablierte Webinteraktionen aufgerufen werden. Die API Spezifikation wird per OpenAPI bereitgestellt.

In einem neuen Teil 3 wird die Infrastruktur für aktive Verwaltungsschalen erarbeitet. Verwaltungsschalen registrieren sich in dieser Infrastruktur und können

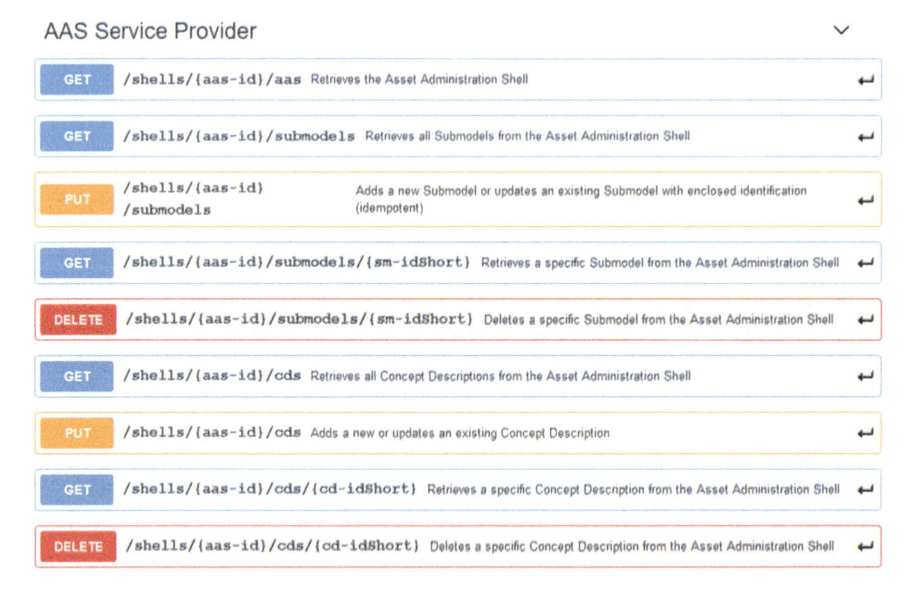

Abb. 12 Ausschnitt aus der vorläufigen Spezifikation für die REST Schnittstelle der Verwaltungsschale

so einfach gesucht und gefunden werden, ohne dass bekannt sein muss, auf welchem Server eine Verwaltungsschale gehostet wird. Dies funktioniert ähnlich zu einer Suche nach einer Webadresse in einem Browser. Die Infrastruktur ermöglicht es, nach Teilmodellen oder Merkmalen zu suchen, auch wenn diese über mehrere Verwaltungsschalen verteilt sind. Dem Aspekt Security kommt eine besondere Bedeutung zu, da die Infrastruktur verteilt und unternehmensübergreifend realisiert werden muss.

10 Fazit

In diesem Kapitel wurde die Verwaltungsschale als digitaler Zwilling für Industrie 4.0 vorgestellt und wie mit der Verwaltungsschale herstellerübergreifende Interoperabilität im gesamten Lebenszyklus ermöglicht wird. Alle digitalen Daten eines Assets können während der verschiedenen Phasen, von der Entwicklung über die Produktion bis zur Entsorgung, in der Verwaltungsschale abgelegt oder referenziert werden. Als gemeinsame Entität stellt sie Lösungsvorschläge für die existierende Daten- und Systemheterogenität sowohl bezüglich der verwendeten Datenformate und Modelle dar, und ermöglicht sowohl syntaktische als auch semantische Interoperabilität. Wertschöpfungspartner wie Gerätehersteller, Maschinenbauer und Anlagenbetreiber können so durchgängig ihre Prozesse ineinander verzahnen.

Die Verwaltungsschale ist als technologie-neutrales Metamodell in UML definiert, das als Basis für verschiedene Serialisierungen und Mappings wie z. B. JSON, XML, OPC UA, RDF oder AutomationML dient. An einem Beispiel für einen Servomotor wurde gezeigt, wie eine Verwaltungsschale und die zugehörigen Mappings konkret umgesetzt werden können. Mit dem Paketformat AASX besteht bereits die Möglichkeit, Verwaltungsschalen einfach zwischen Geschäftspartnern auszutauschen. Hierfür steht mit dem AASX Package Explorer eine Referenzimplementierung als Open Source zur Verfügung.

Innerhalb der Verwaltungsschale schaffen Teilmodelle dabei die für alle Beteiligten notwendige Flexibilität. Sie bilden jeweils einen eigenständigen fachlichen Aspekt ab, beispielsweise in Teilmodellen zu Identification, TechnicalData, OperationalData oder 3D-Modellen. Sie können unabhängig voneinander entwickelt und gepflegt werden und ermöglichen die verteilte Entwicklung („Simultaneous Engineering") sowie die Erweiterbarkeit, Modularität und Wiederverwendbarkeit von Aspekten. Mit Teil 2 und Teil 3 der Verwaltungsschalen-Spezifikation werden im weiteren Verlauf die dienste-basierten APIs für den Remotezugriff auf Verwaltungsschalen, z. B. der Zugriff über REST API, OPC UA oder MQTT, sowie die benötigten Infrastrukturkomponenten definiert. Darüber hinaus laufen erste Diskussionen über eine internationale Standardisierung der Konzepte der Verwaltungsschale in ISO und IEC.

Durch das standardisierte Datenmodell und Vorgaben zur eindeutigen Bezeichnung von Datenobjekten und deren Bedeutung unterstützt die Verwaltungsschale das Konzept des Digitalen Zwillings in der Industrie 4.0. Unterschiedlichste Interaktionsmöglichkeiten sind dafür untersucht und spezifiziert worden. Als zentrale

Entität und fundamentaler Bestandteil der Industrie 4.0 Komponente schafft die Verwaltungsschale bereits heute die notwendige technische und semantische Interoperabilität und bildet damit die Grundlage der Realisierung von Industrie 4.0-Anwendungen.

Literatur

AAS Repository Repository für Informationen und Code zur Verwaltungsschale. https://github.com/admin-shell

AASX Package Explorer. Software, download: https://github.com/admin-shell/aasx-package-explorer

Alliance Industrie du Futur, Piano Industria 4.0, Plattform Industrie 4.0 (2018) The structure of the administration shell. Trilateral perspectives from France, Italy and Germany. Ministry of Economy and Finances & Federal Ministry for Economic Affairs and Energy (BMWi) (Hrsg). https://www.plattform-i40.de/PI40/Redaktion/EN/Downloads/Publikation/hm-2018-trilaterale-coop.html. Zugegriffen am 20.08.2019

BaSyx (2019) Projektseite des Eclipse BaSyx Projekts. https://www.eclipse.org/basyx/. Zugegriffen am 20.08.2019

Cyganiak R, Wood D, Lanthaler M, Klyne G, Carroll JJ, McBride B (2014) RDF 1.1 concepts and abstract syntax. W3C recommendation. http://www.w3.org/TR/rdf11-concepts/. Zugegriffen am 15.08.2019

DIN SPEC 91345 (2016) DIN SPEC 91345:2016-04: Referenzarchitekturmodell Industrie 4.0 (RAMI4.0). https://www.beuth.de/en/technical-rule/din-spec-91345/250940128. Zugegriffen am 20.08.2019

eCl@ss (2019) Standard für Stammdaten und Semantik für die Digitalisierung. https://www.eclass.eu/. Zugegriffen am 05.08.2019

IEC 61360 (2017) IEC CDD IEC Common Data Dictionary. https://cdd.iec.ch/cdd/iec61360/iec61360.nsf/TreeFrameset?OpenFrameSet. Zugegriffen am 15.08.2019

IEC 62832 (2016) IEC TS 62832-1:2016: Industrial-process measurement, control and automation – Digital factory framework – Part 1: General principles. https://webstore.iec.ch/publication/33023. Zugegriffen am 21.08.2019

IEC PAS 63088 (2017) Smart manufacturing – Reference Architecture Model Industry 4.0 (RAMI4.0). Public Available Specification (PAS)

ISO 8000 (2015) ISO 8000-8:2015 Data quality – Part 8: Information and data quality: concepts and measuring. https://www.iso.org/standard/60805.html. Zugegriffen am 21.08.2019

Kovatsch M, Matsukura R, Lagally M, Kawaguchi T, Toumura K, Kajimoto K (2019) Web of Things (WoT) architecture. W3C candidate recommendation. https://www.w3.org/TR/wot-architecture/. Zugegriffen am 15.08.2019

Online-Bibliothek der Plattform Industrie 4.0. Plattform Industrie 4.0. https://www.plattform-i40.de/PI40/Navigation/DE/In-der-Praxis/Online-Bibliothek/online-bibliothek.html. Zugegriffen am 05.08.2019

Plattform Industrie 4.0 (2015) Umsetzungsstrategie Industrie 4.0; Ergebnisbericht der Plattform Industrie 4.0. https://www.bitkom.org/sites/default/files/file/import/150410-Umsetzungsstrategie-0.pdf. Zugegriffen am 12.08.2019

Plattform Industrie 4.0 (2016) Struktur der Verwaltungsschale; Fortentwicklung des Referenzmodells für die Industrie 4.0-Komponente. Ergebnispapier. https://www.zvei.org/fileadmin/user_upload/Presse_und_Medien/Publikationen/2016/april/Struktur_der_Verwaltungsschale/Struktur-der-Verwaltungsschale.pdf. Zugegriffen am 20.08.2019

Plattform Industrie 4.0 (2018a) Details of the asset administration shell. Part 1 – The exchange of information between partners in the value chain of Industrie 4.0 (Version 1.0). Federal Ministry for Economic Affairs and Energy (BMWi)(Hrsg), ZVEI & Plattform Industrie 4.0. https://www.

plattform-i40.de/PI40/Redaktion/DE/Downloads/Publikation/2018-verwaltungsschale-im-detail.html. Zugegriffen am 05.08.2019
Plattform Industrie 4.0 (2018b) Zugriffssteuerung für Industrie 4.0-Komponenten zur Anwendung von Herstellern, Betreibern und Integratoren. Diskussionspapier. https://www.plattform-i40.de/PI40/Redaktion/DE/Downloads/Publikation/zugriffssteuerung-industrie40-komponenten.html. Zugegriffen am 20.08.2019
Plattform Industrie 4.0 (2018c) Relationships between I4.0 Components – Composite Components and Smart Production. Federal Ministry for Economic Affairs and Energy (BMWi) (Hrsg), ZVEI & Plattform Industrie 4.0. https://www.plattform-i40.de/PI40/Redaktion/EN/Downloads/Publikation/hm-2018-relationship.html. Zugegriffen am 20.08.2019
Plattform Industrie 4.0 (2019) Verwaltungsschale in der Praxis. Wie definiere ich Teilmodelle, beispielhafte Teilmodelle und Interaktion zwischen Verwaltungsschalen (in German). Version 1.0, Plattform Industrie 4.0 in Kooperation mit VDE GMA Fachausschuss 7,20, Federal Ministry for Economic Affairs and Energy (BMWi) (Hrsg). https://www.plattform-i40.de/PI40/Redaktion/DE/Downloads/Publikation/2019-verwaltungsschale-in-der-praxis.html. Zugegriffen am 20.08.2019
VDI 2770 (2018) VDI 2770 Blatt 1. Betrieb verfahrenstechnischer Anlagen – Mindestanforderungen an digitale Herstellerinformationen für die Prozessindustrie – Grundlagen. https://www.vdi.de/richtlinien/details/vdi-2770-blatt-1-betrieb-verfahrenstechnischer-anlagen-mindestanforderungen-an-digitale-herstellerinformationen-fuer-die-prozessindustrie-grundlagen. Zugegriffen am 20.08.2019

Integration von Automatisierungsgeräten in Industrie-4.0-Komponenten

Christian Diedrich und Matthias Riedl

Zusammenfassung

Industrie 4.0-Komponenten sind wesentliche Bausteine aus denen Industrie 4.0 Systeme bestehen. Sie bilden die Strukturelemente, die von den sich immer mehr flexibilisierenden Wertschöpfungsketten in der Produktion verwendet werden. Auch die I40-Komponenten müssen eine hohe Anpassungsfähigkeit aufweisen, die nicht mehr manuell sondern auch automatisiert aktiviert werden kann. Automatisierungsgeräte (AT-Geräte) sind die Systemkomponenten, die die Bindeglieder zwischen den Maschinen und Anlage und den Anwendungen der Produktion bilden. Streng hierarchische Leitsysteme werden für verschiedene Anwendungen aufgelöst und flachere Strukturen werden Eingang finden. Dazu müssen die AT-Geräte in die I40-Komponenten integriert werden. In diesem Beitrag wird gezeigt, welches Potential die bereits vorhandenen Gerätebeschreibungstechnologien und damit die installierte Basis dafür bietet.

1 Einleitung

Kürzere Innovationszyklen und individuellere Produkte erhöhen die Notwendigkeit für eine flexiblere Produktion. Daraus ergibt sich, dass die Produktionslinien oft verändert werden müssen, die Kosten für die Produkte sollen sich aber nicht wesentlich vergrößern. Die notwendigen Veränderungen dürfen nur wenig Zeit

C. Diedrich (✉)
IFAT – Institut für Automatisierungstechnik, Otto-von-Guericke-Universität Magdeburg, Magdeburg, Deutschland
E-Mail: christian.diedrich@ovgu.de

M. Riedl
ifak – Institut für Automation und Kommunikation e. V. Magdeburg, Magdeburg, Deutschland
E-Mail: matthias.riedl@ifak.eu

B. Vogel-Heuser et al. (Hrsg.), *Handbuch Industrie 4.0*,
https://doi.org/10.1007/978-3-662-58528-3_63

und Ressourcen benötigen. Dies sollte sowohl für die elektromechanischen Anpassungen als auch für die automatisierungstechnischen Anpassungen gelten. In diesem Beitrag liegt der Fokus auf automatisierungstechnischen Geräten, die das Automatisierungssystem bilden.

In der Betriebsphase und den darauf aufbauenden Phasen, wie z. B. Instandhaltung, Produktionsmanagement oder Qualitätsmanagement gibt es zwischen den Planungs- und Instrumentierungsergebnissen zahlreiche Querbezüge, wie z. B. beim Gerätetausch bei dem Prozessleitsystem-, MES- und ERP-Aufgaben koordiniert abgearbeitet werden müssen. Problem heute ist, dass die Aufgaben in den einzelnen Phasen noch ungenügend integriert sind, weil diese durch die Trennung der Gewerke in der Planung und im operativen Betrieb als Dateninseln ausgeprägt sind.

Die Merkmale sowohl der Maschinen- und Anlagenkomponenten als auch der Geräte und Instrumentierung spielen bei der Integration der Phasen und Ebenen eine entscheidende Rolle. Folgende Anwendungsszenarien im Betrieb einer Anlage soll hier hervorgehoben werden.

- Szenario1: IH/Wartung von Anlagenkomponenten
  - „mechanische Pflege“,
  - ruft typischer Weise keine Änderungen der Betriebsparameter hervor (außer z. B. Rücksetzen des Betriebsstundenzählers, o.ä.)
- Szenario2: Optimierung des Betriebs
  - „Feintuning“ der Anlage
  - Veränderung von Parametern, die die Fahrweise, evtl. Performanceparameter von Geräten, neue Anforderungen an PLS, HMI, Archivierung, o.ä. betreffen
  - keine Änderungen der funktionalen Struktur einer Anlage
- Szenario3: Reengineering/Modernisierung der Anlage
  - funktionale Struktur bleibt prinzipielle gleich, Geräte (+ Parameter)
  - Architektur der PLS, Tools (und deren Datenrepräsentation), etc. verändern sich
- Szenario4: Produktwechsel
  - funktionale Daten, Gerätedaten, Fahrweise, etc.
  - Folge: Erhaltung der konsistenten Struktur aller Anlagendaten (alt+neu) muss gewährleistet sein

Dies führt zu einer unterschiedlichen Graduierung von Änderungen an den Automatisierungsgeräten, die wie folgt charakterisiert werden können:

- Änderungen der Parameterwerte von Automatisierungsgeräten (AT-Geräte)
- Änderungen von Strukturen von AT-Geräte
- Änderungen der AT-Gerätetypen
- Änderungen der Steuerungsprogramme

Heutzutage muss ein AT-Ingenieur diesen Abgleich zwischen Anforderungsänderung und AT-Geräteeinstellungen vornehmen. Nimmt man regelmäßige Änderungen im AT-System als gegeben an, so muss der AT-Ingenieur diese ständig verfolgen, vornehmen und dokumentieren. Dieses manuell vorzunehmen ist ineffizient und fehleranfällig. Er benötigt digitale Unterstützung.

AT-Geräte sind eingebettete Systeme. Deshalb können sie als Teil von Cyber Physical Systems (CPS) Lee und Seshia (2011) angesehen werden, wenn die AT-Geräte mit Kontakt zum technologischen Prozess und ihre digitale Repräsentation eine Einheit bilden.

Diese Betrachtung wird im Konzept Industrie 4.0 verfolgt. Systemkomponenten ob AT-Geräte, mechatronische Komponenten, klassisch, nicht mit eigener Verarbeitungsleistung und Kommunikation ausgerüstete Systemelemente (z. B. Rohre) oder nicht-materielle Elemente (z. B. Konstruktionspläne) werden als sogenannte I40-Komponenten betrachtet und modelliert. Die Geräte, Komponenten oder nicht materiellen Elemente (auch als Assets bezeichnet) werden in einer Informationsschicht digital repräsentiert (Abb. 1). Die Informationsschicht beinhaltet eine ganze Reihe von Beschreibungen, die für den Umgang mit den Komponenten in den vielfältigen Anwendungen im Lebenszyklus einer Anlage notwendig sind. Heute sind diese Beschreibungen sowohl in Form von Papierdokumenten als auch digital verfügbar. Beispiele für das Papierformat sind Handbücher oder Wartungspläne. Aber es gibt auch viele Informationen der Mechanik (CAD-Unterlagen, der Elektrik (E-CAD-Unterlagen)), der Kommunikation- und Gerätefunktionen, die in digitalem und damit maschinenauswertbar verfügbar sind. Letztgenannte werden heute zur Kommunikationskonfiguration und zur Diagnose von AT-Geräten verwendet. Diese

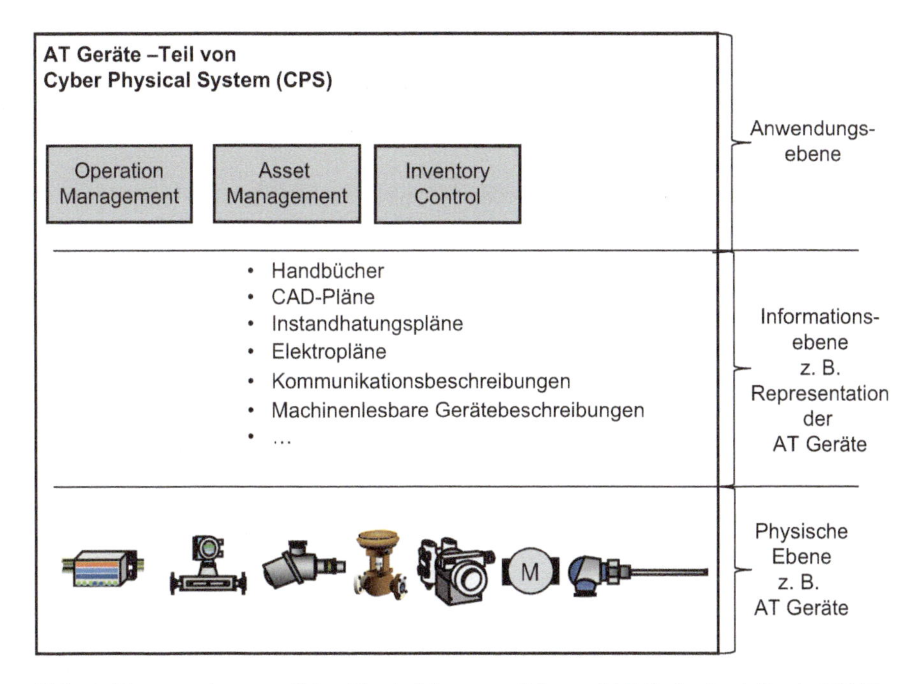

Abb. 1 Ebenenstruktur von Cyber Physical System – Fokus auf AT-Geräte [nach Drath (2014)]

Beschreibungen haben aber ein weitaus höheres Nutzungspotential, das in diesem Beitrag vorgestellt wird.

2 I40 Komponenten

I40-Komponenten gehören zu den wichtigen Bausteinen einer I40-Systemsarchitektur. Der GMA Ausschuss 7.21 – Industrie 4.0 und die Arbeitsgruppe „Architektur und Standardisierung" des ZVEI Steuerkreises für I40 definieren diese neue Architektur und die I40-Komponenten. Der Grundgedanke soll hier noch einmal kurz wiedergegeben werden.

Eine I40-Komponente bezieht sich zunächst auf einen Betrachtungsgegenstand, der in diesem Kontext als Asset bezeichnet wird. Dieser Betrachungsgegenstand kann ein phyisch vorhandener Gegenstand (eine Pumpe) oder ein konzeptionell gedachtes Artefakt (CAD-Zeichnung) sein. Die Assets können folgenden Bekanntheitsgrad haben:

1. Unbekannt – die Assets sind nicht interessant im Kontext von I40
2. anonym bekannt – ein individuelles Asset ist nicht von Interesse, aber es ist bekannt dass diese sich an einem bestimmten Platz befinden (z. B. Schrauben in einer Box in einem bekannten, konkreten Regalfach)
3. individuell bekannt – jedes individuelle Asset hat einen eindeutigen Namen oder Identifizierer in der Informationswelt, z. B. eine Seriennummer eines Motors
4. als Entität bekannt – das Asset hat über seinen gesamten Lebenszyklus eine Repräsentation in der Informationswelt, die auch über die gesamte Zeit verwaltet wird.

Zusätzlich und unabhängig vom Bekanntheitsgrad haben die Assets unterschiedliche Kommunikationsfähigkeiten.

1. keine Kommunikationsmittel – das Asset kann keine Information von sich bereitstellen, z. B. ein Rohrflansch
2. passive Kommunikation – die Information kann von dem Asset abgelesen werden, z. B. von einem Typenschild, das Asset bleibt dabei inaktiv
3. aktive Kommunikation – das Asset hat einen Kommunikationscontroller auf den durch andere Kommunikationspartner zugegriffen werden kann, z. B. eine Feldbusschnittstelle an Sensoren und Aktoren
4. I40 konforme Kommunikation – die Geräte haben eine I40 konforme Kommunikationsschnittstelle

Die Assets müssen (d. h. es ist verpflichtend für eine I40-Komponente) durch eine oder mehrere sogenannte Verwaltungsschalen ergänzt werden, mit denen diese eine Einheit, die I40-Komponente bilden (Abb. 2). Die Verwaltungsschale(n) bestehen aus Informationen, die die Assets in der Informationswelt repräsentieren. Zum Beispiel Gerätehandbücher, E-CAD-Dateien, Zertifikate, Instandhaltungslis-

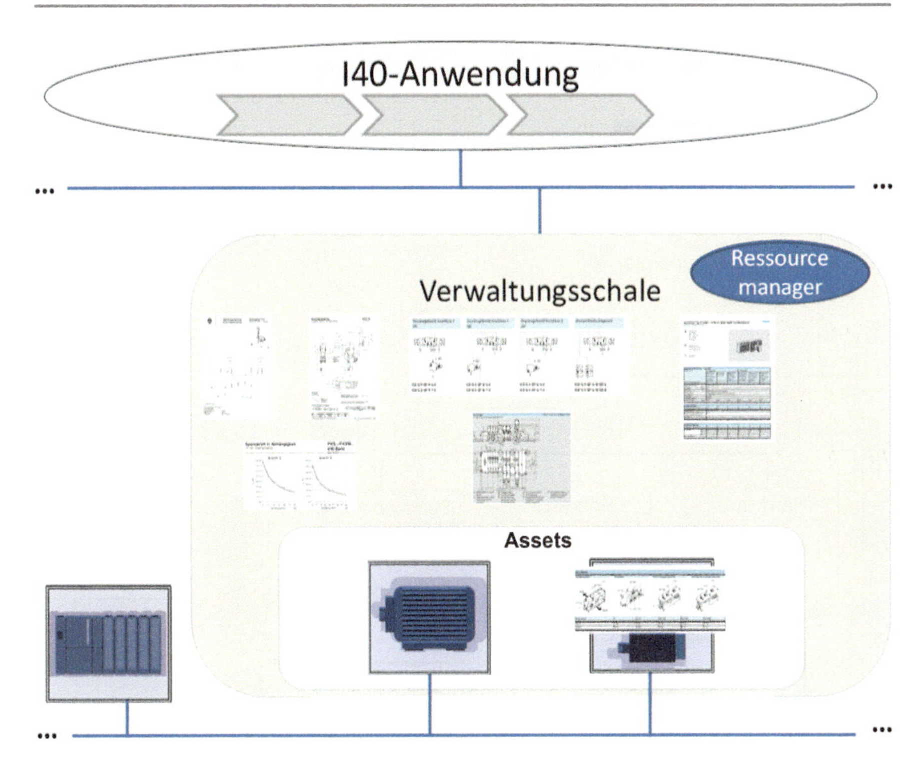

Abb. 2 I40-Komponente [in Anlehnung an Epple VDI Fachtagung I40 – 2015]

ten, Gerätestatus, und anders mehr. Diese Verwaltungsschale stellt in Richtung des I40-Systems eine I40-konforme Schnittstelle zur Verfügung. In der Verwaltungsschale existiert ein Ressourcemanager, der die Informationen in der Schale und die Kommuikation zu den Assets mit passiver oder aktiver Kommunikationsfähigkeit organisiert [5]. Aktive Komponenten können außerdem untereinander kommunizieren, z. B. um Steuerungs- und Regelungsaufgaben zu erfüllen.

Im Folgenden wird beschrieben, was ein AT-Gerät ist und wie sich diese in einer Verwaltungsschale einbetten.

3 Modell der AT-Geräte

AT-Geräte sind heute eingebettete Systeme mit industriellen Kommunikationsschnittstellen. Sie wandeln Eingangs- in Ausgangssignale unter Zuhilfenahme von Hilfsenergie um (Abb. 3a). Außerdem besitzen sie eine gewisse Flexibilität, die durch Parametrierung und Konfiguration eingestellt werden kann. Dafür bestehen sie aus Hardware und Software. Ein allgemeingültiges Modell in Form eines Klassendiagramms zeigt (Abb. 3b). AT-Geräte können modular sein. Der Überbegriff für solche Module ist „Funktionselemente“, welche je nach Gerätetechnologie Parameterlisten und -gruppen, Objekte oder Funktionsbausteine sein können. AT-Geräte

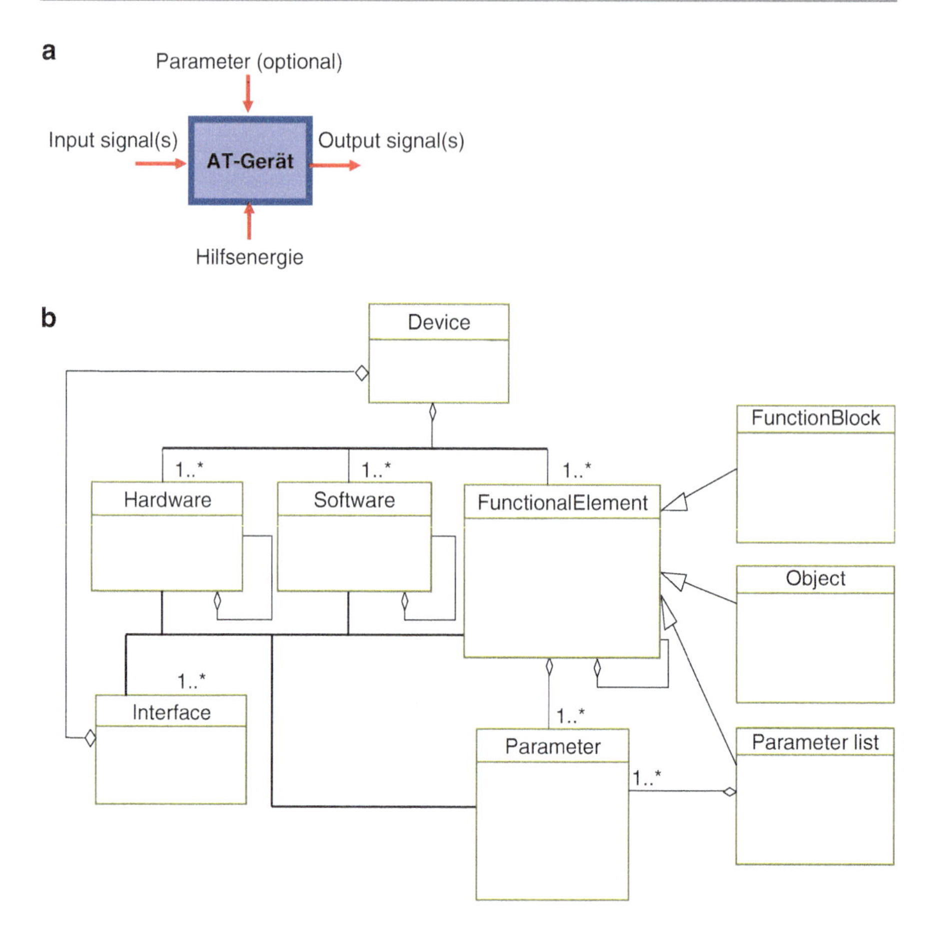

Abb. 3 Externe Sicht auf AT-Geräte und deren prinzipielle Struktur

haben verschiedene Schnittstellen, d. h. zum Prozess, für die Kommunikation, für Diagnose und teilweise für die lokale Bedienung.

Am Beispiel eines Messumformers wird die Struktur und die Funktion von AT-Geräten dargestellt (Abb. 4). Der Sensor konvertiert das zu messende physikalische Signal, z. B. Temperatur, Konzentration, Position, … in ein elektrisches Abbildungssignal. In mikroprozessorbasierten AT-Geräten wird dieses elektrische Signal durch einen Analog/Digital-Umsetzer (ADU) in ein digitales Signal verwandelt, das dann kalibriert, linearisiert und in weiteren Verarbeitungsschritten letztlich zum Messwert wird. Ein Kommunikationskontroller stellt dann diese Werte bereit, entweder sie können ausgelesen werden oder er sendet diese an die Kommunikationspartner. Solch ein Gerät ist im oben benannten Sinne ein Asset mit aktiver Kommunikation und individuell bekannt (siehe Kap. „Cyber-physische Produktionssysteme (CPPS)“), da diese Geräte in der Regel eine Seriennummer haben.

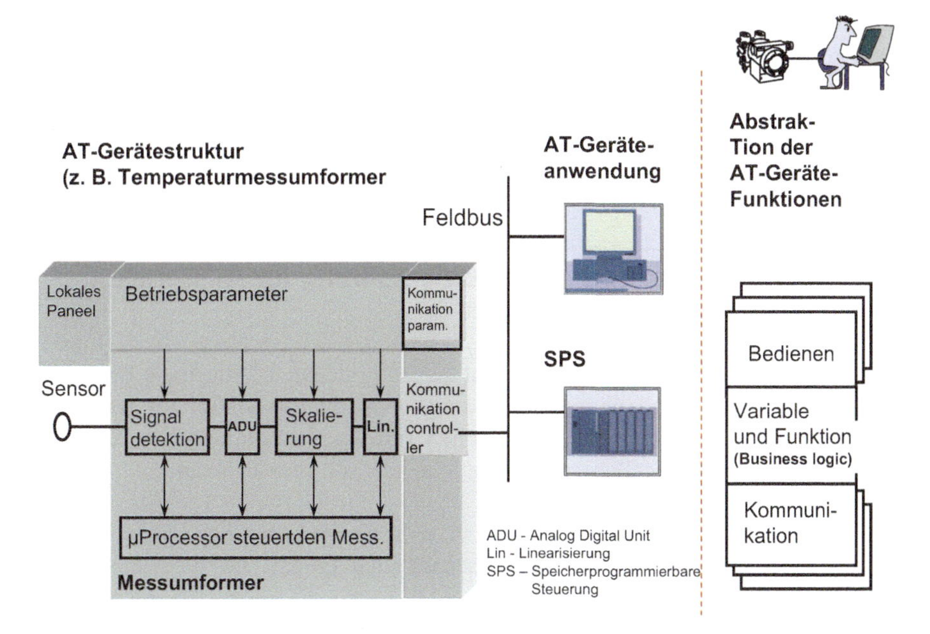

Abb. 4 Abstraktion eines AT-Gerätes für die Gerätebeschreioibung

Die Signal- und Verarbeitungskette in einem AT-Gerät muss in den meisten Fällen auf die konkrete Aufgabe, für die das Gerät eingesetzt wird, speziell eingestellt werden. Dies resultiert daraus, dass die Geräte für ein großes Aufgabenspektrum entwickelt werden, um große Stückzahlen zu erreichen. Mit den Anpassungen (Parametrierung und Konfiguration) erfolgt dann die Ausprägung für den Anwendungsfall. Hieraus ergibt sich das Flexibilitätspotential. Einige Geräte bieten ein lokales Paneel, an dem die Einstellungen vorgenommen werden können. Fasst man das Gesagte abstrakt zusammen, so bieten die Geräte folgende Funktionen:

1. Parametrierbare und konfigurierbare Funktionen, die die Signalverarbeitung vornehmen
2. Funktionen, die die Parametrierung und Konfiguration ermöglichen
3. Kommunikationsfunktionen

Der rechte Teil von Abb. 4 zeigt diese abstrakte Sicht: Bedienen, Variable und Funktionen und Kommunikation. Für eine Repräsentation eines Gerätes in der Verwaltungsschale, die den Zugriff auf all diese Funktionen ermöglichen soll, müssen auch alle drei Funktionsanteile vertreten sein. Diese werden in sogenannten Gerätebeschreibungen umgesetzt.

In der Automatisierungstechnik gibt es seine große Anzahl von solchen Gerätebeschreibungstechnogien beispielsweise EDD, FDI, FDT, EDS, DDXML, IODD, FDCML und viele andere mehr. Diese Liste soll zunächst zeigen, dass in verschiedenen Anwendungsgebieten (Verfahrenstechnik, Fertigungstechnik, für einfache und komplexe AT-Geräte) Gerätebeschreibungen verfügbar sind.

Die benannten Gerätebeschreibungen folgen prinzipiell dem oben benannten Gerätemodell, das hier nur auszugsweise dargestellt ist. Es wurde von Simon (2001) entwickelt und ist auch in Diedrich (2004) veröffentlicht. Für diesen Beitrag fokussieren wir uns auf die Abstraktion der Funktionen.

4 Informationstechnische Beschreibung für AT-Geräte – Gerätebeschreibungen

Der Begriff Gerätebeschreibung ist nicht eindeutig definiert. Allgemein betrachtet umfasst die Gerätebeschreibung alle Informationen, die das AT-Gerät in der Informationswelt, im Rahmen von I40-Komponenten in der Verwaltungsschale repräsentiert. Dabei kann die Gerätebeschreibung folgende Rollen einnehmen:

- Nutzung der Beschreibung für Bediener, d. h. für die Interaktion mit Menschen
  - z. B. Handbücher oder CAD-Schemata sind typisch für die menschliche Nutzung
- Nutzung der Daten in den Gerätebeschreibungen für Parametrierung und Konfiguration mittel Softwarewerkzeuge
  - z. B. Kommunikationsbeschreibungen wie PROFINET GSD, CAN EDS oder DDXML für Modbus TCP werden in Konfigurationswerkzeugen verarbeitet
  - diese Beschreibungen sind untrennbar mit dem AT-Gerät verbunden, d. h. ohne diese Beschreibungen können die AT-Geräte nicht in die entsprechenden Kommunikationssysteme integriert werden.
- Nutzung als Verhaltensbeschreibung z. B. zur Ausführung in Programmen, zur Simulation oder interpretativen Ausführung
  - PLCopen XML Format ist die Beschreibungssprache für ein Austauschformat Steuerungsprogrammen zwischen SPS-Entwicklungsumgebungen.
  - Eine Gerätebeschreibung in Matlab oder FMU-Format kann Geräteverhalten hinsichtlich ihres dynamischen Verhaltens (zum Beispiel Performenzanalysen von pneumatischen Stellantrieben) simulieren.
  - Gerätebeschreibungen wie z. B. EDD und FDI werden während des operativen Betriebs ausgeführt, damit Einstellungs-, Diagnose- oder Analyseaufgaben am AT-Gerät durchgeführt werden können. Der Begriff Gerätebeschreibungen wird in diesem Sinne in diesem Beitrag verwendet.
- Nutzung von strukturierten Daten allgemein zum Informationsaustausch zwischen Werkzeugen, z. B. bei der Planung zwischen verschiedenen Gewerken oder bei der Instandhaltung zwischen Planungsdaten und Daten des operativen Betriebs.
  - AutomationML ist hierfür ein ausgewiesener Vertreter. Es stellt einen Rahmen zur Verfügung, in den verschiedenste Beschreibungen eingefügt werden können. Es könnte prinzipiell auch die hier benannten Gerätebeschreibungen einschließen, integriert sind zurzeit nur PLCopen XML-Beschreibungen.

Diese Liste von charakteristischen Rollen ist nicht vollständig und diese schließen sich auch nicht gegenseitig aus. Eine Beschreibung kann in verschiedenen Rollen verwendet werden, da die enthaltenden Informationen prinzipiell nicht zweckgebunden sind.

Eine Gerätebeschreibung mit der das Anpassungspotential eines Gerätes in einer I40-Komponente genutzt werden kann, ist eine Möglichkeit, die Bedienung, Variable und Funktion sowie Kommunikation (Abb. 5) von AT-Geräten bereitstellen. Beispielhaft werden diese nun an den Technologien EDDL (Electronic Device Description Language Riedl und Naumann (2011)), FDT (Field Device Tool Simon (2005)) und FDI (Field Device Interface Großmann et al. (2013)) vorgestellt. Abb. 5 zeigt übersichthaft, mit welchen Mitteln die drei Teilfunktionen umgesetzt werden. Um den Umfang des Beitrags nicht zu sprengen, wird hier nur der Funktionsanteil Variable und Funktion, bekannt auch als Business logic, auszugsweise benannt:

- EDDL als deklarative Beschreibungstechnologie bietet eine Reihe von Schlüsselwörter wie z. B. VARIABLE, METHOD or RELATIONS
- In einem FDT DTM werden die entsprechenden Funktionen ausprogrammiert und an einer standardisierten Schnittstelle bereitgestellt

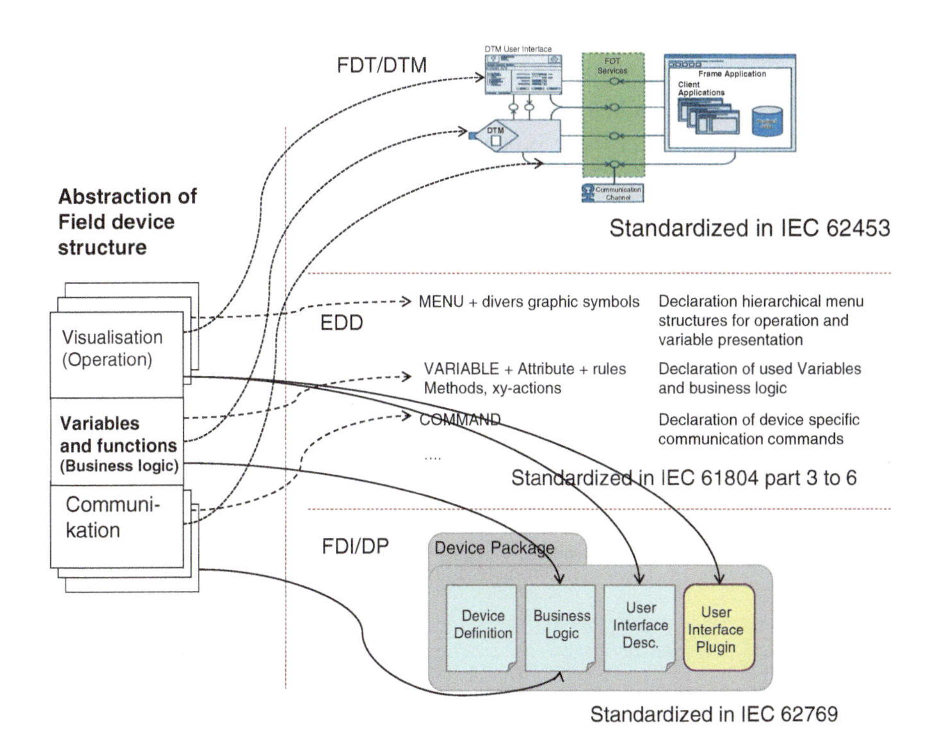

Abb. 5 Abbildung der Geräterepräsentation zu den Strukturelementen der Gerätebeschreibung

- Die Business logic bei einem FDI Device Package wird in Form einer EDD beschrieben, die dann über die OPC UA Schnittstelle (standardisiert in IEC 62541) den Anwendungen bereitgestellt wird. Die Items des OPC UA-Schnittseller entsprechen dem standardisierten Informationsmodell von FDI.

Für die FDI-Technologie soll dies hier detaillierter betrachtet werden (Abb. 6). Die FDI-konformen Geräte (dies kann z. B. bei PROFIBUS-Geräten der Fall sein) werden mit einem Device Package ausgestattet, d. h. dieses gehört verpflichtend zum Auslieferungsumfang der Geräte, ähnlich wie das Handbuch, Klemmbelegungspläne, Zertifikate, etc.. In dem Device Package befinden sich die Business logic, beschrieben in einer EDD, in der die Variablen und Funktionen, die dafür notwendigen Kommunikationsdienste und die Bedienungsstrukturen enthalten sind. Optional können zusätzliche meist graphisch aufwendigere Bedienelemente in Form von ausprogrammierten Softwarekomponenten (z. B. Windows-DLLs) enthalten sein. Dieses Device Package wird in dem FDI-Server geladen, einer Softwarekomponente in einem Parametrierungs- oder Inbetriebnahmewerkzeug. Dieser stellt die bedienungsbezogenen Beschreibungsanteile dem FDI Host, d. h. der Anwendung mit dem Bedienerinterface zur Verfügung. Diese interagiert dann mit der Business logic, die interpretativ die EDD-Beschreibungsstatements abarbeitet. Soll z. B. eine Wert an der Bedienoberfläche angezeigt werden, so wird das entsprechende Item über die Schnittstelle zwischen FDI Host und FDI Server (OPC UA) geholt. Wenn sich das Datum im Gerät befindet, so verwendet der FDI-Server den in der EDD beschriebenen Kommunikationsdienst um den Wert zu holen. Die Werte können auch im lokalen Zugriff im FDI Server gehalten werden, so dass mit diesem Wert die

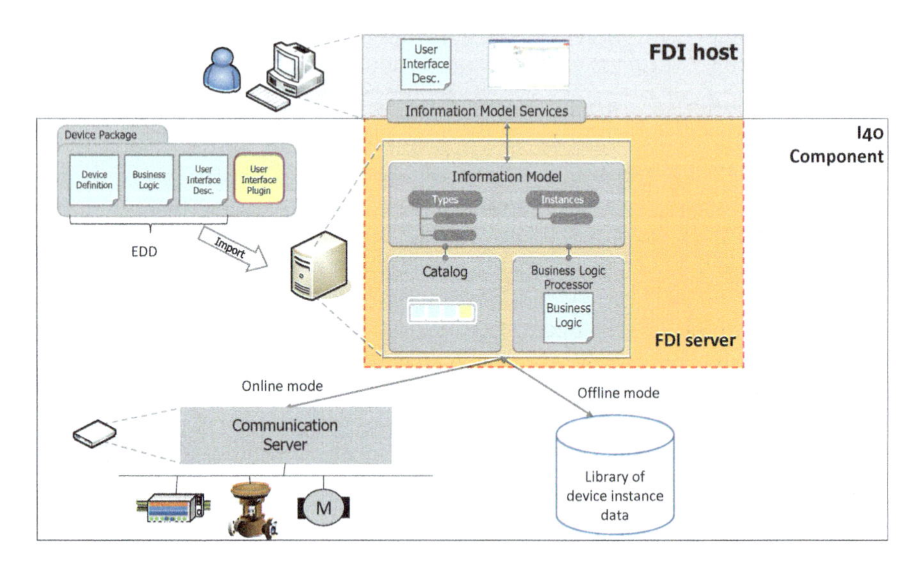

Abb. 6 Online und offline Modus der Gerätebeschreibung (am Beispiel von FDI)

Host-Anfrage beantwortet wird. Betrachtet man diese Architektur der FDI-Beschreibungstechnik, so kann man die Struktur einer I40-Komponente erkennen. Die AT-Geräte sind Assets und der FDI-Server ist ein Element der Verwaltungsschale. Die Schnittstelle zwischen der Anwendung und der I40-Komponente ist zwar noch nicht endgültig festgelegt, OPC UA ist aber ein aussichtsreicher Kandidat. Die Wirkprinzipien können hier bereits demonstriert werden.

Der FDI Server kann sich an einer beliebigen Stelle im System befinden, die einen Kommunikationszugang zu dem Gerät bietet. Der FDI Host kann sich ebenfalls an irgendeiner Stelle befinden, die einen OPC UA-Zugriff ermöglicht. Dies muss nicht zwingend im gleichen Segment oder Domäne sein. Wie schon angedeutet, hält der FDI Server eine lokale Kopie der Daten des Gerätes, dadurch ist auch eine Offline-Interaktion mit diesem möglich. Für eine Konsistenz zwischen den Geräte- und Serverdaten muss jedoch gesorgt werden. Die Daten sind an der Oberfläche als online oder offline erkennbar. Aus softwaretechnischer Sicht kann ein Vergleich mit den Entwurfsmustern Proxy und Model View Control vorgenommen werden. Dies ist in Diedrich und Riedl (2015) beschrieben.

Die beschriebene Beschreibungstechnik ist am Markt etabliert und standardisiert IEC 61804, IEC 62453, IEC 62769 und weiter. Die Anbindung an OPC UA als eine dienstorientierte und plattformunabhängige Schnittstellenspezifikation mit integrierten Informationsmodell und Securitymaßnahmen ist eine konsequente Weiterentwicklung der Beschreibungstechnologie. AT-Geräte, ausgerüstet mit diesen Gerätebeschreibungen sind also heute schon in I40-Komponenten integrierbar. Dies betrifft alle PROFIBUS-PA, HART und Foundation Fieldbus Geräte sowie in Kürze AT-Geräte mit FDT DTMs. Die installierte Basis beträgt mehrere Millionen AT-Geräte, vor allem Eingangs- und Ausgabegeräte, wie Messumformer und Stellantriebe.

Eine zusätzliche besondere Erweiterung ist durch die Möglichkeit des FDI-Informationsmodells und damit der OPC UA-Schnittstelle gegeben, dass nicht nur die Werte und graphische Repräsentation der Variablen und Parameter der Funktionen ausgetauscht werden können, sondern auch deren Eigenschaften, die ja in der Gerätebeschreibung ausformuliert vorliegen. Gleiches gilt auch für die Beschreibung der Bedienoberflächen Elemente, Strukturen und deren Eigenschaften. Anders gesagt, an der OPC UA-Schnittstelle liegen auch die Typinformationen jedes Items in der Gerätebeschreibung vor. Dies sind z. B. Variablenname, Datentyp, Zugriffsrechte und Maßeinheiten sowie Menühierarchie der Bedienoberfläche mit Menünamen und deren enthaltenen Items, graphische Anzeige Elemente (z. B. Bargraph mit Skalierung, Farbkennzeichnung der Balken und evtl., Farbumschlag bei Grenzwertüberschreitungen). Der FDI-Server kann also auch Auskunftsfunktionen über die AT-Geräte zur Verfügung stellen. Dies bedeutet, dass Teile der Semantik der AT-Geräte maschinenlesbar zur Verfügung stehen. Anwendungsfunktionen können sich über die Struktur und Details der austauschbaren Variablen informieren.

Die Integration von AT-Geräten in IT-orientierte Anwendungen wurde bereits in verschiedenen geförderten EU-Projekten wie z. B. SOCRADES (2010), IMS-AESOP (2013) und anderen demonstriert. Der Ansatz basiert aus Service Oriented Architecture (SOA) Technologien Jammes und Smit (2005). Die Verwendung von Gerätebeschreibungen, die für einen erheblichen Teil von AT-Geräten existiert, hat durch die Verfügbarkeit von OPC UA-Schnittstellen einen neuen Anschub erhalten. Eine Anwendung in I40-Komponenten stellt damit eine sehr vielversprechende Option dar.

5 Anwendungsbeispiel

Betrachten wir folgendes Beispiel: Eine neue Produktvariante in einer Anlage benötigt einen neuen Sensortyp, der an den Messumformer angebracht werden muss. Für den Messumformer bedeutet dies, dass er umkonfiguriert werden muss. Dies kann mit der FDI basierten I40-Komponente erfolgen. Abb. 7 zeigt die entsprechende in EDDL geschriebene Business logic. Das Schlüsselwort VARIABLE und seine Attribute repräsentieren einen Parameter. Ein neuer Sensortyp erfordert Anpassungen an mehreren Funktionen im Messumformer. In diesem Ausschnitt wird gezeigt, wie die Maßeinheit angepasst (IF (SensorType = = SensorCharacteristic_xy)) wird, da Sensortyp und Linearisierung des Signals mit einer zugeordneten Maßeinheit verbunden sind. Dies kann während des aktiven Betriebs umgestellt werden. Der Befehl dafür kann von einer externen Anwendung über die OPC UA Schnittstelle an den FDI-Server gesendet werden.

Dies ist aber nur eine mögliche Nutzung. Die Anwendung könnte durch Anfrage bei dem FDI-Server des Gerätes erkunden, welche Sensortypen vom Gerät unterstützt werden oder auf welcher Maßeinheit das Gerät gerade eingestellt ist. Dazu wird die OPC UA-Schnittstelle des FDI Servers verwendet. Die Anwendung wäre dann ein FDI host, der jedoch nicht die Bedienoberfläche lädt, sondern über das FDI Informationsmodell die Gerätestruktur und den Gerätezustand abfragt. Eine Änderung im produktiven Ablauf aufgrund veränderter Produkteigenschaften kann automatisch in eine entsprechende Geräteparametrierung umgesetzt werden, ohne dass der Mensch eingreifen muss.

6 Zusammenfassung

Industrie 4.0 (I40)-Komponenten werden eines der zentralen strukturellen Elemente von Industrie 4.0 orientierten Systemen sein. In diesen müssen auch die Anlagenkomponenten und Automatisierungsgeräte integriert werden. Die Anwendungsaufgaben, z. B. repräsentiert durch die Funktionen der MES-Systeme, wie diese in der IEC 62264 beschrieben sind, interagieren mit diesen I40-Komponenten. Basierend auf einigen Szenarien werden Aufgaben beschrieben, die von den AT-Geräten in I40-Kompoennten zu erfüllen sind. Dazu stehen schon heute Gerätebeschreibungen zur Verfügung, die sowohl von ihrer Modellstruktur als auch exemplarisch vorgestellt werden. Dem liegt der Gedanke zugrunde, dass das bereits bestehende Potential von mit Gerätebeschreibungen ausgelierten großen Typenvielfalt an AT-Geräten hervorragend für diese Aufgaben genutzt werden kann. Dies wird an einem kleinen Beispiel demonstriert.

```
VARIABLE trans1_primary_value_unit
{       LABEL               [digital_units];
        HELP                [digital_units_help];   /*  Text */
        CLASS               CONTAINED;
        TYPE                ENUMERATED (2)
        {
                { 1000,     [unit_1000],            [unit_1000_help]     }, /* K     */
                { 1001,     [unit_1001],            [unit_1001_help]     }, /* degC */
                { 1002,     [unit_1002],            [unit_1002_help]     }, /* degF */
                { 1003,     [unit_1003],            [unit_1003_help]     } /* Rk */
                IF (SensorType == SensorCharacteristic_xy)
                {
                        { 1243,     [unit_1243],            [unit_1243_help]     }, /* mV */
                        { 1281,     [unit_1281],            [unit_1281_help]     }, /* Ohm */
                        { 1211,     [unit_1211],            [unit_1211_help]     } /* mA */
                }
                DEFAULT_VALUE       IF (SensorType == SensorCharacteristic_xy)
                                    {
                                            1281;
                                    }
                                    ELSE
                                    {
                                            1001;
                                    }

        }
        HANDLINGREAD & WRITE;
} ...
```

Abb. 7 Auszug aus der EDD-Gerätebeschreibung

Literatur

Diedrich C (2004) Integration technologies of field devices in distributed control and engineering systems. The field device instrumentation technologies. In: Zurawski R (Hrsg) The industrial information technology handbook. CRC Press LLC, Boca Raton/Florida, S 71-1–71-24

Diedrich C, Riedl M (2015) Engineering and integration of automation devices in I40 systems. at (Sonderheft – Industrie 4.0)

Drath R (2014) Industrie 4.0 – eine Einführung. In: Open automation 2014 (2014), 03/2014, S 2–7 – Überprüfungsdatum 2014-07-24VDI 2014

Großmann D, Braun M, Danzer B, Riedl M (2013) FDI – field device integration: Handbuch für die einheitliche Integrationstechnologie, 1. Aufl. VDE, Berlin. ISBN-13 978-3800735136

IEC 61804 (2010) Function block for process control and electronic device description language EDDL

IEC 62390 (2004) Profile development guideline

IEC 62453 (2010) Field device tool (FDT) interface specification

IEC 62541 (2010) OPC unified architecture

IEC 62769 (2014) Devices and integration in enterprise systems. Field Device Integration, FDIS

IMC-AESOP (2013) ArchitecturE for service-oriented process – monitoring and control, Contract No: INFSO-ICT- 258682. http://www.socrades.eu/

Jammes F, Smit H (2005) Service-oriented paradigms in industrial automation. IEEE Trans Ind Inf 1(1):62–70

Lee EA, Seshia SA (2011) Introduction to embedded systems – a cyber-physical systems approach. http://LeeSeshia.org

Riedl M, Zipper H, Meier M, Diedrich C (2013) CPS alter automation architectures. In: IFAC symposium IMS

Riedl M, Naumann F (2011) EDDL electronic device description language, 2. Aufl. Deutscher Industrieverlag, München. ISBN-10 3835632434

Simon R (2001) Methods for field instrumentation of distributed computer control systems (in German). PhD thesis, Otto-von-Guericke University Magdeburg

Simon R (2005) Field device tool – FDT, 1. Aufl. Oldenbourg Wissenschaftsverlag, München. ISBN-13 978-3486630701

Service-Oriented Cross-layer Infrastructure for Distributed smart Embedded Devices (SOCR-ADES) (2010) Contract No: EU FP6 IST-5-034116 IP SOCRADES. http://www.socrades.eu/, http://www.socrades.eu/

VDI/VDE-GMA-Fachausschuss „Industrie 4.0“ (2014) Industrie 4.0 Statusreport: Gegenstände, Entitäten, Komponenten

Weiterführende Literatur

Hoffmann FJ (2017) iBin – Anthropomatics creates revolutionary logistics solutions. In: Vogel-Heuser B, Bauernhansl T, ten Hompel M (Hrsg) Handbook Industry 4.0, Bd. 1. Springer Reference Technology. Springer Vieweg, Berlin/Heidelberg. https://doi.org/10.1007/978-3-662-45279-0_25

Lechler A, Schlechtendahl J (2017) Control from the cloud. In: Vogel-Heuser B, Bauernhansl T, ten Hompel M (Hrsg) Handbook Industry 4.0, Bd. 1. Springer Reference Technology. Springer Vieweg, Berlin/Heidelberg. https://doi.org/10.1007/978-3-662-45279-0_27

Lucke D, Defranceski M, Adolf T (2017) Cyber-physical systems for predictive maintenance. In: Vogel-Heuser B, Bauernhansl T, ten Hompel M (Hrsg) Handbook Industry 4.0, Bd. 1. Springer Reference Technology. Springer Vieweg, Berlin/Heidelberg. https://doi.org/10.1007/978-3-662-45279-0_28

Semantik durch Merkmale für Industrie 4.0

Christian Diedrich, Thomas Hadlich und Mario Thron

Zusammenfassung

Der Grad an Interaktion und Kooperation zwischen informationstechnisch gekoppelten Maschinen- und Anlagenkomponenten steigt ständig. Während Menschen vage Informationen teilweise richtig interpretieren können, weil sie Erfahrungen und Wissen einbringen, können Maschinen nur richtig agieren, wenn die Informationen eindeutig sind. Deshalb wird die semantisch eindeutige Beschreibung von Informationsmodellen immer wichtiger. Ein vielversprechender Ansatz um Semantik eindeutig und auch maschinenlesbar zu beschreiben ist, Merkmale zur Beschreibung der Eigenschaften von Komponenten zu verwenden. Diese Merkmale können mit einem Informationsmodell unterlegt werden, welches maschinell auswertbar ist. Wird dieser Ansatz in Engineering-Werkzeugen umgesetzt, so kann die Durchgängigkeit von Informationen im Lebenszyklus technischer Systeme wesentlich erhöht werden. Die methodischen Grundlagen und das prinzipielle Vorgehen werden in diesem Beitrag vorgestellt.

C. Diedrich (✉)
IFAT – Institut für Automatisierungstechnik, Otto-von-Guericke-Universität Magdeburg, Magdeburg, Deutschland

ifak – Institut für Automation und Kommunikation e.V. Magdeburg, Magdeburg, Deutschland
E-Mail: christian.diedrich@ifak.eu; christian.diedrich@ovgu.de

T. Hadlich
IFAT – Institut für Automatisierungstechnik, Otto-von-Guericke-Universität Magdeburg, Magdeburg, Deutschland
E-Mail: thomas.hadlich@ovgu.de

M. Thron
ifak – Institut für Automation und Kommunikation e.V. Magdeburg, Magdeburg, Deutschland
E-Mail: mario.thron@ifak.eu

B. Vogel-Heuser et al. (Hrsg.), *Handbuch Industrie 4.0*,
https://doi.org/10.1007/978-3-662-58528-3_69

1 Einleitung

Industrie 4.0 steht für den zunehmenden Einfluss digitaler Technologien in der Produktion. Dabei werden nicht nur existierende Funktionen und Aufgaben, die von Menschen oder von mechanischen, elektrischen, pneumatischen bzw. elektronischen Systemen gelöst werden, durch informationstechnische Prozesse ergänzt, sondern es entstehen auch neue Funktionen und neue Wertschöpfungsprozesse. Zusätzlich zur Digitalisierung wird die weitere Entwicklung durch die Individualisierung von Produkten und die damit geforderte höhere Flexibilität der Produktionsanlagen getrieben. Diese Entwicklung erfordert auch eine Veränderung der Anlagen- und Automatisierungsstrukturen, Veränderungen an den Produktionsabläufen und eine engere Verzahnung von operativen und dispositiven Funktionen, d. h. von Shop Floor und Office Floor.

Diese Veränderungen können nur im System betrachtet und vorgenommen werden. Deshalb wurde eine Referenzarchitektur für Industrie 4.0 (RAMI 4.0) gemeinschaftlich von GMA und ZVEI entwickelt und in (RAMI 2015) veröffentlicht (Abb. 1). Die Referenzarchitektur setzt den Produkt- und Anlagenlebenszyklus mit den in der Anlagenhierarchien verorteten Funktionalitäten und Verantwortlichkeiten sowie mit den übereinander angeordneten Sichten wie Funktionalitäten, Informationen und Assets in Beziehung. Jeder Aspekt erstreckt sich auf den gesamten Lebenszyklus und die vollständige Hierarchie der Anlage. Für weitere Informationen zu RAMI 4.0 sei auf den entsprechenden Statusreport verwiesen (RAMI 2015).

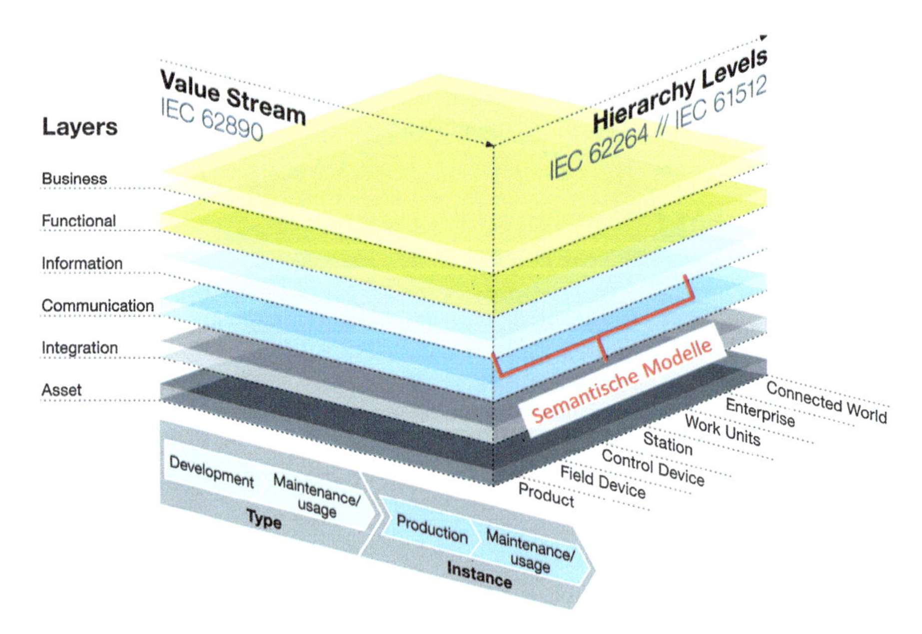

Abb. 1 Einordnung des Beitragsinhalts in RAMI 4.0. (Nach RAMI 2015)

Dieser Beitrag behandelt den Aspekt Semantik, der eng mit der Informationssicht in I40-Systemen verbunden ist. Informationen sind um ihre Bedeutung angereicherte Daten. Die Bedeutungen werden benötigt, damit die Daten den richtigen Funktionen zugeordnet werden können. Diese Bedeutungen werden in semantischen Modellen festgelegt.

Als Ausgangspunkt für die semantischen Modelle wird eine Begriffsdefinition vorgenommen. Dabei stehen zunächst nicht technologische, sondern sprachliche und informationstechnische Aspekte im Mittelpunkt. Im IT-Umfeld sind Technologien und Methoden, z. B. Wissensrepräsentation mit Ontologien (Busse et al. 2014) und Semantik Web entstanden (Grütter 2008). Grundgedanke ist im Wesentlichen, dass mit Hilfe von formalen Beschreibungsmitteln eine Wissensverarbeitung, wie z. B. Schlussfolgerungen, Ähnlichkeitsuntersuchungen oder Regelwerke, durchführbar ist. Diese Arbeit bezieht sich zunächst ausschließlich darauf, welche Konzepte für die semantische Modellierung zu verwenden sind. Die Art des Beschreibungsmittels spielt dabei noch keine Rolle.

In vielen Phasen des Betriebsmittel-Lebenszyklus und der entsprechenden Wertschöpfungsketten haben die Eigenschaften der Betriebsmittel eine herausragende Bedeutung. Ausgehend von Beschaffungsprozessen beginnen sich Merkmalsysteme (Epple 2011) für die Behandlung der Betriebsmitteleigenschaften zu etablieren. Diese Merkmalsysteme setzen in hervorragender Weise die Charakteristika von Semantik um. Der hier vorgestellte Ansatz stellt nicht eine bestimmte Wissensdomäne in den Mittelpunkt sondern modelliert zunächst ausschließlich die Basisbausteine, d. h. Merkmale in semantisch eindeutiger Art und Weise. Daraus können später, wie z. B. in Legat et al. 2014 vorgeschlagen, Ontologie modular zusammengesetzt werden. Dieser Beitrag diskutiert die semantisch eindeutige Modellierung von Merkmalsystemen und deren Beitrag zum Engineering.

2 Was bedeutet Semantik?

Die Semantik befasst sich mit der Beziehung zwischen Zeichen und ihrer Bedeutung. Zeichen können grafischer Natur (z. B. Verkehrszeichen) oder alphanumerische Einheiten (z. B. Wörter) sein, die Dinge benennen. Das Ding (der Betrachtungsgegenstand) ist ein konzeptueller oder realer Gegenstand, der semantisch bestimmt werden soll. Dieses Ding wird durch einen Begriff (eine Definition) beschrieben. Durch die Benennung wird das Ding identifiziert und die Beschreibung des Dings (der Begriff) wird referenziert (um zu erklären was gemeint ist). Diese Beziehung zwischen Benennung, Begriff und Ding kann in einem semiotischen Dreieck beschrieben werden (Abb. 2 links). In Glossaren, Terminologien und anderen Begriffssystemen werden die üblichen Benennungen durch Definitionen komplettiert. Diese Begriffssysteme kommen universell für alle Dinge zur Anwendung. Die Dinge gehören der realen Welt an, die Symbole und die Begriffsdefinitionen sind Informationen, die Bestandteile der Informationswelt sind (Abb. 2 rechts). Dies ist ein grober Überblick zum Verständnis von Semantik, der in Höme et al. 2015 vertiefend dargestellt ist.

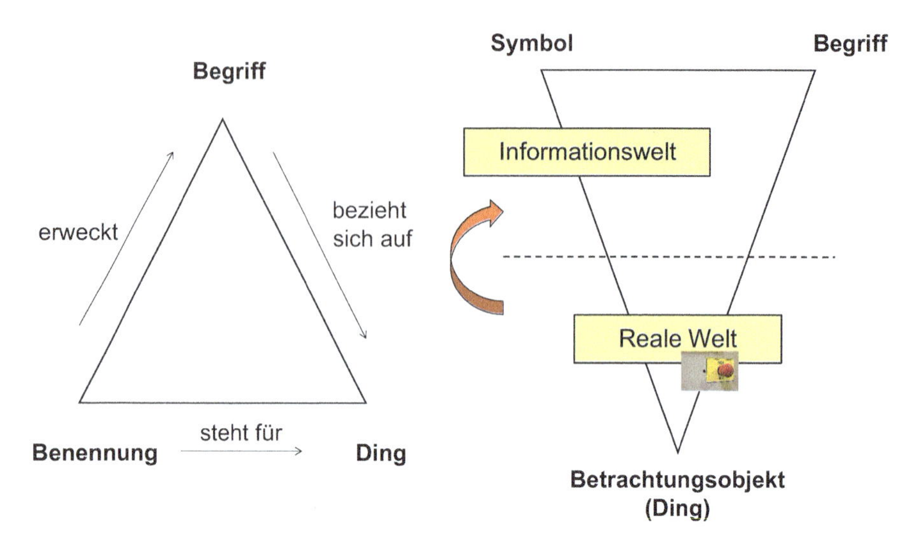

Abb. 2 Semiotisches Dreieck als Grundlage der Semantik

Verfeinernd hat sich eine Struktur in 3 Betrachtungsebenen etabliert (siehe Abb. 3, links):

- Syntax (beschreibt die in einer Sprache nutzbaren Elementarzeichen sowie die Regeln wie Elementarzeichen zu Gruppen (z. B. Wörter) und Gruppen zu Sätzen zusammengesetzt werden – Grammatik),
- Semantik (Beschreibung der Bedeutung) und die
- Pragmatik (Beschreibung des Zwecks).

Ein wichtiges Ziel bei der Beschreibung technischer Systeme ist es heute, Informationen digital, d. h. in Form von Daten verfügbar zu machen, und diese dann maschinell zu verarbeiten. In diesem Fall sind die Dinge Dateneinheiten. Dabei werden die Daten nicht nur atomar betrachtet, sondern auch als Strukturen aus mehreren Einzeldaten. Dies ist für die Nutzung in Informationsmodellen notwendig. Die Begriffsdefinitionen finden Eingang in die Semantikbeschreibung der einzelnen Datenelemente, die auch Beziehungen zwischen den einzelnen Begriffen beschreiben können (Abb. 3, rechts). Die Begriffe Syntax und Semantik kommen sowohl zur Gestaltung von Sprachen als auch zur Beschreibung von Dateneinheiten zur Anwendung.

Die Kenntnis über die Syntax und die Semantik der Daten reicht jedoch noch nicht aus um Aktionen mit diesen Daten auszuführen. Sie beschreiben zwar das Verständnis, aber nicht für welchen Zweck sie eingesetzt werden können. Informationstechnische Aufgabenstellungen (z. B. im Engineering von Anlagen) werden in Workflows bearbeitet. Die Pragmatik beschreibt für die Work-Flow-Aktivitäten *wie* die Daten verwendet werden können oder sollen, d. h. welche Funktionen wie ausgeführt werden. Die Pragmatik ist spezifisch für die Erfüllung einer Aufgabe und wird durch die Semantik nicht abgedeckt. Ein Daten-Element mit einer eindeutigen Semantik kann

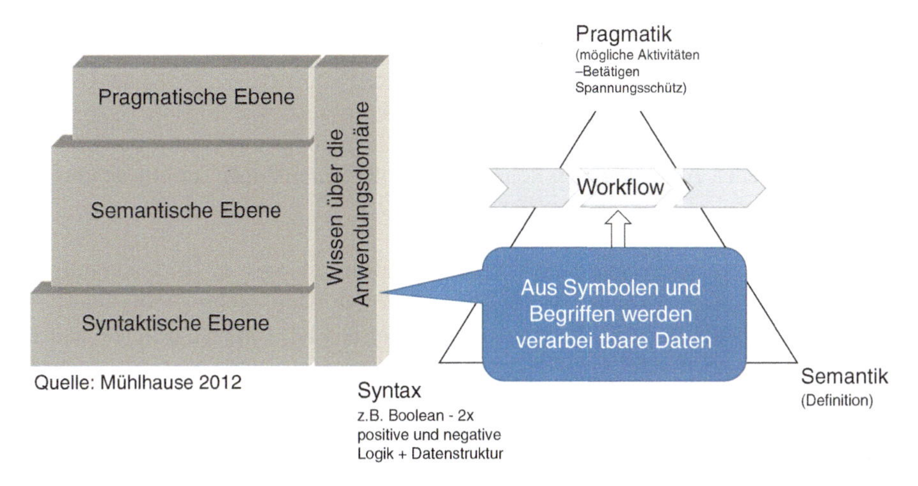

Abb. 3 Semantik als Teil des Tripels Syntax, Semantik und Pragmatik

in unterschiedlichen Aufgaben zu unterschiedlichen Aktionen führen. Ein Daten-Element „Fehlermeldung" soll hier als Beispiel dienen. Bei der Planung wird entschieden, ob ein Gerät die geforderte Aufgabe (z. B. Erkennen eines undichten Anschluss bei einem Druckmessumformer) unterstützt. Die Aktion bei der Planung besteht also darin zu ermitteln, ob ein solches Daten-Element vom Messumformer bereitgestellt wird. Die Aktion im Sinne der Pragmatik ist das Treffen einer Ja/Nein-Entscheidung für oder gegen ein konkretes Produkt. Im operativen Betrieb muss genau diese Fehlermeldung dahingehend ausgewertet werden, ob der bestimmungsgemäße Betrieb aufrechterhalten werden kann oder ob in ein Notfallregime übergegangen werden muss. Die Semantik beschreibt nur die Bedeutung der Fehlermeldung. Vom Anwender, einmal vom Planer und ein anderes Mal vom Entwickler des Steuerungsprogramms werden unterschiedliche Aktionen ausgelöst.

An dem Beispiel eines Not-Aus-Schalters wird im Folgenden das Zusammenwirken der einzelnen Aspekte verdeutlicht. In Abb. 2, rechts unten wird ein solcher Schalter als Betrachtungsgegenstand der realen Welt dargestellt. Das Wort „Not-Aus-Schalter" ist eine übliche Benennung. Eine mögliche Definition (Begriff) ist „Not-Aus-Schalter ist ein Schalter zur Unterbrechung der Stromversorgung in technischen Systemen". In der Informationswelt wird der Not-Aus-Schalter z. B. durch ein oder mehrere Datenelemente (z. B. zur Erhöhung der Sicherheit sowohl mit positiver als auch mit negativer Logik) mit dem Datentyp Boolean repräsentiert. Die entsprechende Variable in der Software (z. B. im SPS-Programm) könnte den Namen „Not-Aus-Schalter" tragen. Die Bedeutung wird oft als Kommentar in die Softwarequellen aufgenommen. Der Zweck für einen Not-Aus-Schalter ist es (pragmatischer Aspekt), beim Betätigen die Stromversorgung eines Verbrauchers zu unterbrechen, z. B. durch Aktivieren eines Schützes. In anderen Anwendungsfällen kann der Zweck darin bestehen, eine „sichere Lage" herzustellen, d. h. die Stromversorgung sicherzustellen und z. B. ein Fallgewicht in einer definierten Lage zu halten.

3 Rolle der Semantik beim Informationsaustausch

Semantik wird benötigt, wenn zwei oder mehrere Partner (z. B. Sender und Empfänger) Informationen austauschen, da ohne Bedeutung zwar Signale (Symbole) vorhanden sind, diese aber nicht verstanden werden können (Abb. 4). Im Kontext von industriellen Anwendungen können Sender und Empfänger verschiedene Rollen einnehmen.

- Menschen bearbeiten gemeinschaftlich Aufgabenstellungen, dabei kommunizieren sie mit Worten (Symbole). Sie verstehen sich dann, wenn sie die gleichen Begriffe (Bedeutung) für die verwendeten Benennungen haben, d. h. sie haben sich über die Semantik der Dinge, die Gegenstand des Austauschs sind, geeinigt.
- In der Mensch-Maschine-Kommunikation stehen sich Mensch und Maschine als Sender und Empfänger wechselseitig gegenüber. Die Maschinen verarbeiten Daten und Menschen denken in Begriffen. In diesem Fall muss die Semantik der Maschine mit den Begriffen des Menschen übereinstimmen. Die Maschinen verwenden Symbole jedoch ohne deren Bedeutung zu verstehen. Da die Maschinen von Menschen gestaltet werden, kann sichergestellt werden, dass die Symbole mit der richtigen Bedeutung verwendet werden, wenn die Entwickler der Maschinensoftware das gleiche Begriffsverständnis als Grundlage ihrer Programmierung verwenden und für die Nutzer die richtigen Benennungen für die zu kommunizierenden Begriffe bereitstellen.

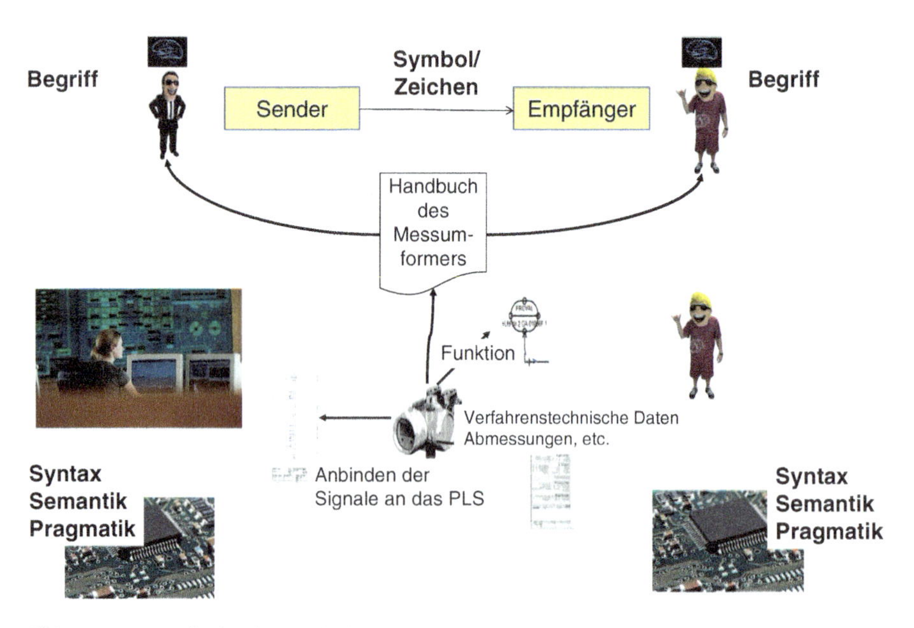

Abb. 4 Kommunikation in technischen Systemen

- Die Maschine-zu-Maschine-Kommunikation setzt voraus, dass beide Seiten sich sowohl syntaktisch als auch semantisch verstehen. Es muss eindeutiges Einverständnis für die Interpretation der Daten auf beiden Seiten geben.

In technischen Systemen ist der Betrachtungsgegenstand meist aus der Welt der Technik. Deshalb kommen entsprechende Begriffssysteme zum Einsatz, wie im Beispiel der Abb. 4 bei einem Druckmessumformer.

Dieser Druckmessumformer ist zunächst in Handbüchern beschrieben, um Planern, Installateuren, Wartungs- und Servicemitarbeitern die notwendigen Informationen für die Erfüllung ihrer Aufgaben zu geben. Das ist in der oberen Hälfte von Abb. 4 dargestellt. Wesentliche Informationseinheiten in einem Handbuch sind die Eigenschaften eines Gerätes, hier z. B. des Druckmessumformers, die durch Merkmale beschrieben werden. Typische Merkmale sind neben Angaben auf dem Typenschild (Hersteller, Modelname, Modelltyp, Version, Seriennummer, ...) auch geometrische Informationen, Signaleingangs- und Ausgangsinformationen, Einsatzbedingungen, Preis, Lieferbedingungen und vorhandene Zertifikate. Es kann allgemein festgestellt werden, dass technische Dinge hinreichend genau durch ihre Merkmale beschrieben werden können, da diese in großer Detailtiefe die Funktionen und Eigenschaften der Dinge abbilden. Ein Druckmessumformer z. B. beschrieben durch IEC 61987-13:2012 wird mit mehr als 1500 Merkmalen abgebildet. Das heißt, es stehen über 1500 Symbole zur Verfügung um die Eigenschaften des Druckmessumformers zu beschreiben. Die Gesamtheit der Merkmale, die ein Betriebsmittel beschreiben, werden als Merkmalleiste benannt.

Merkmalleisten sind typischerweise strukturiert, wobei unterschiedliche Teile einer Merkmalleiste jeweils unterschiedliche Aspekte eines Geräte beschreiben können. So werden z. B. Aspekte wie Gerätetyp, Einsatzzweck, Beschaffungsinformationen, Prozessanschlüsse und Module des Gerätes durch Teile der Merkmalliste beschrieben. Die IEC 61987-10 definiert beispielsweise wie man verschiedene Aspekte mit Merkmalleisten auf eine objekt-orientierte Art und Weise beschreiben kann (siehe Abb. 5).

In den Handbüchern sind die Merkmale jeweils durch Benennungen (Symbole) angegeben. In manchen Handbüchern gibt es Glossare, welche die Begriffsbeschreibungen enthalten. Oft wird vorausgesetzt, dass dieses Wissen in der Fachgemeinschaft vorhanden ist, da sie in Fachbüchern und anderen Quellen nachlesbar sind (Abb. 6).

Sollen aber Geräte, Komponenten oder Softwarewerkzeuge diese Informationen für Menschen oder für andere Softwarewerkzeugen zur Verfügung stellen, so müssen Symbole mit einer einheitlichen Syntax verwendet werden und die Semantik muss für alle Beteiligte gleich definiert werden (Abb. 7). Reicht es bei der Mensch-Maschine-Kommunikation noch aus, wenn der Mensch den richtigen Begriff für die von der Maschinenanwendung bereitgestellten Symbole hat, so muss bei der Maschine-zu-Maschine-Kommunikation die Semantik (d. h. Symbole und Begriffe) auf beiden Seiten gleich implementiert sein.

Die Definition der Semantik für ein Ding, hier im Beispiel ein automatisierungstechnisches Betriebsmittel, wird durch die Zusammenstellung aller relevanter Merkmale (Merkmalleiste) vorgenommen. Das Ding wird in der Informationswelt zu der

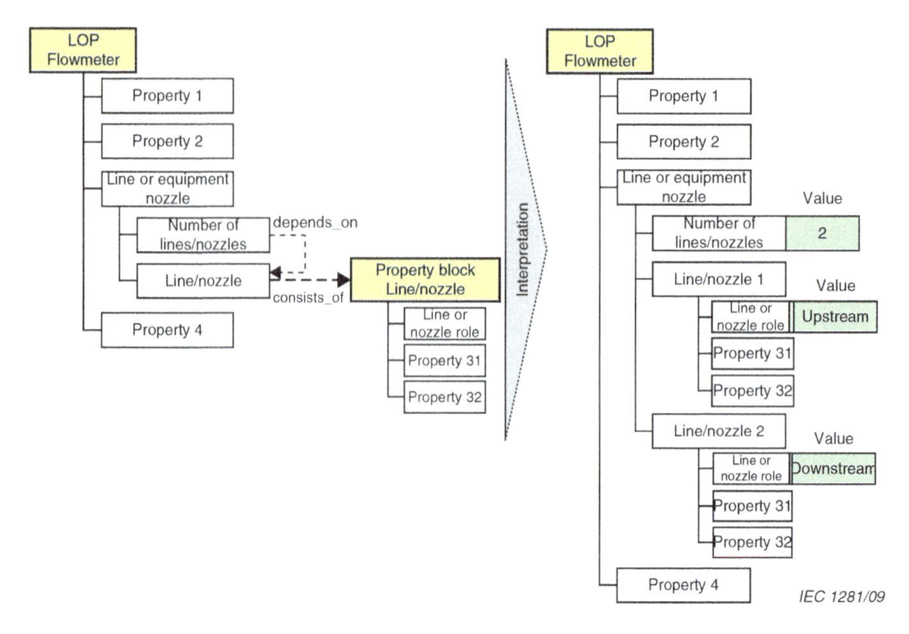

Abb. 5 Beschreibung einer Schnittstelle nach. (IEC 61987-10:2009, S. 20)

Gesamtheit der relevanten Merkmale und damit semantisch eindeutig. Dabei ist jedes einzelne Merkmal ebenfalls ein konzeptuelles Ding, das entsprechend der oben gezeigten Dreiecke zu betrachten und beschreiben ist. Gelingt es also alle relevanten Eigenschaften von Dingen in Merkmalleisten mit eindeutigen Beschreibungen zu erstellen, so ist die Basis für eine eindeutige Semantik gegeben. Dies ist ansatzweise durch verschiedene industrielle Spezifikationen oder durch ISO oder IEC erarbeitete Standard bereits heute möglich. Wichtige Vertreter der Definition von Merkmalen sind ecl@ss, PROLIST (die Teil von ecl@ss geworden sind), ProSTEP, IEC 61987 und ISO 22745 die in bedeutendem Umfang begriffliche Klarheit mit eindeutigen Definitionen geschaffen haben.

Dies ist eine notwendige Voraussetzung, um ein gegenseitiges Verständnis zu ermöglichen. Eine zusätzliche Bedingung ist es jedoch, diese Semantik maschinenlesbar zu mindestens in wichtigen Teilen bereitzustellen. Dafür sind Informationsmodelle notwendig, die im Folgenden betrachtet werden.

4 Informationsmodell für Syntax und Semantik

4.1 Übernahme der Benennungen ins Informationsmodell

Benennungen und Symbole sind nicht immer eindeutig. Mehrsprachigkeit, Homonyme, unterschiedliche Sichtweisen können in der maschinellen Verarbeitung weit weniger toleriert werden als von Menschen. Deshalb erhalten Dinge für diesen

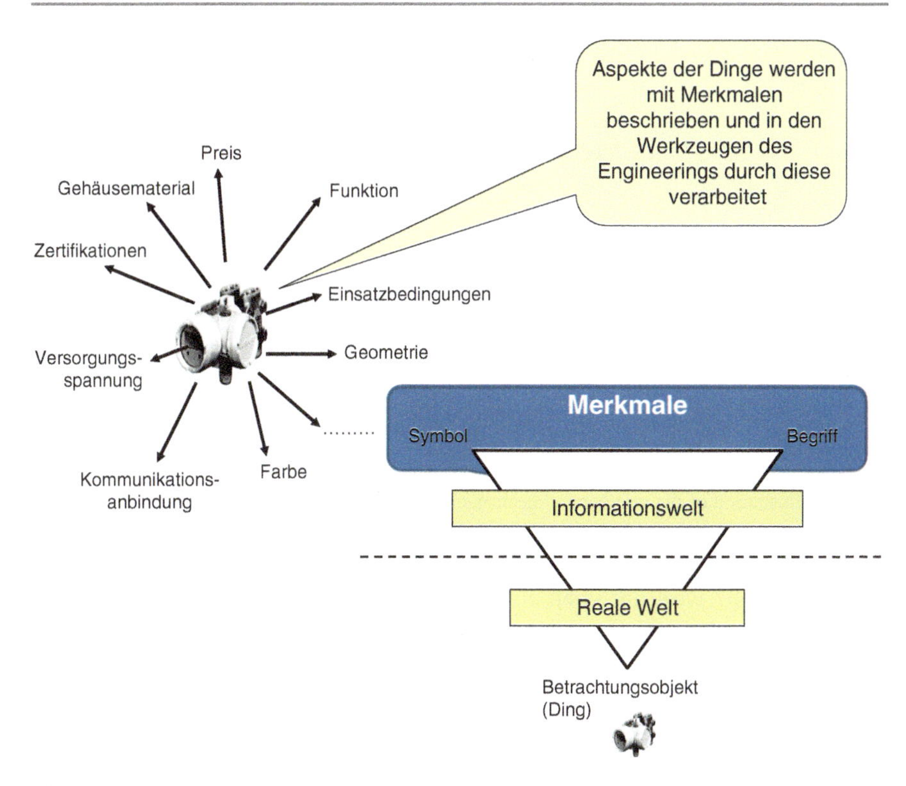

Abb. 6 Merkmale beschreiben die Eigenschaften der Dinge

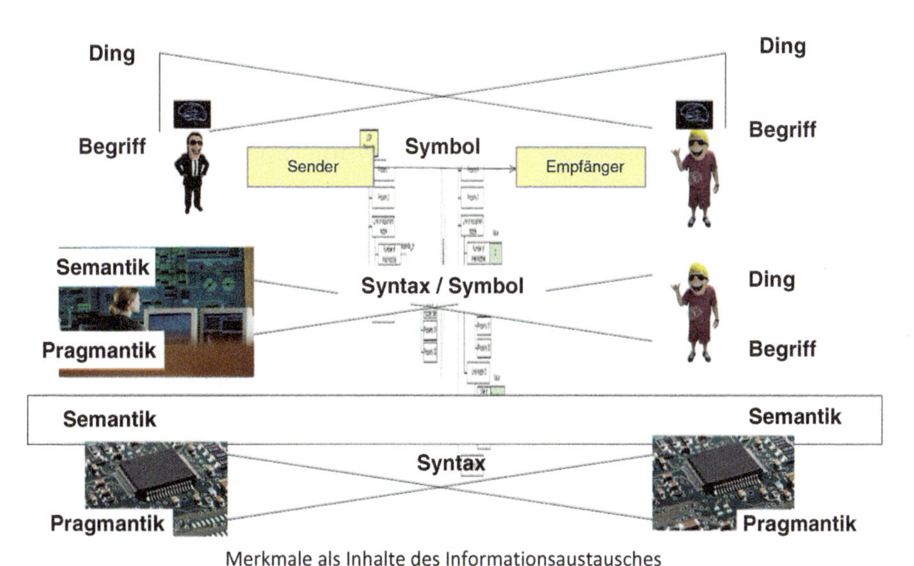

Abb. 7 Kommunikation der Merkmale

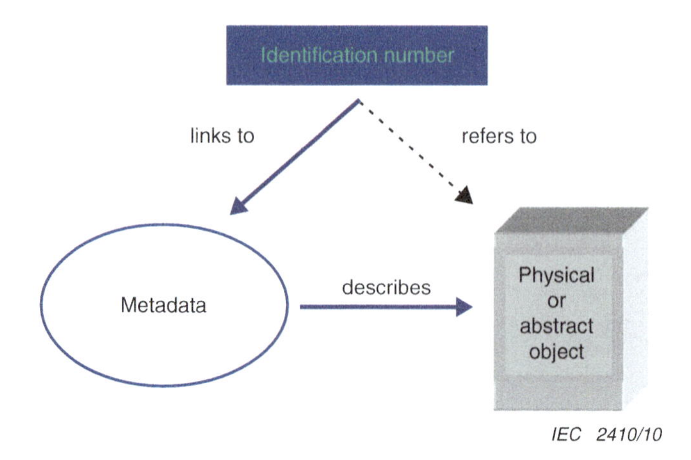

Abb. 8 Illustration of the referencing mechanism. (IEC 62507-1:2010)

Anwendungszweck eindeutige alphanumerische Identifikationsnummern. Im Standard ISO 62507 wird das oben eingeführte semiotische Dreieck hinsichtlich der Benennung/Symbol abgewandelt (Abb. 8). Das in der Abbildung dargestellte beschriebene Objekt kann dabei das Betriebsmittel (physikalisches Objekt) oder ein Merkmal (abstraktes Objekt) sein, welches wiederum als Bestandteil der Metadaten des Betriebsmittels referenziert werden kann. Nicht direkt aus der Abbildung ist ersichtlich, dass menschenverständliche Benennungen (auch mehrsprachige Benennungen) oder Symbole zu Metadaten der Dinge werden.

4.2 Informationsmodell für Merkmale

Für die Definition von Merkmalen existiert ein standardisiertes Informationsmodell (IEC 61360-1:2009 identisch zur ISO 13584-42:2010). Dieses Informationsmodell definiert für jedes Merkmal einen maschinenlesbaren Identifier (siehe oben), Benennungen, eine Definition und weitere Informationen, wie Maßeinheit, Abkürzung (falls vorhanden), graphisches Symbol, Berechnungsgleichungen, Verweise auf Standards, die zusätzlich die Bedeutung des Merkmals festschreiben und Beziehungen zu anderen Datenelementen, die in einer Datenstruktur hinterlegt sind (Abb. 10 unten). Die meist natürlich-sprachliche Begriffsdefinition wird für die Nutzung von Menschen eingeordnet. Es werden jedoch wesentliche Informationen aus der Begriffsdefinitionen entnommen und als Attribute in das standardisierte Informationsmodell der Merkmale eingetragen. Die entstandene semi-formale Notation erlaubt eine maschinelle Verarbeitung. Maßeinheitenumrechnungen können automatisiert werden, da die numerischen Beziehungen zwischen ihnen bekannt sind. Bei Angabe von Gleichungen können diese ebenfalls in eine maschinelle Auswertung einbezogen werden. Verweise auf Standards können helfen alternative

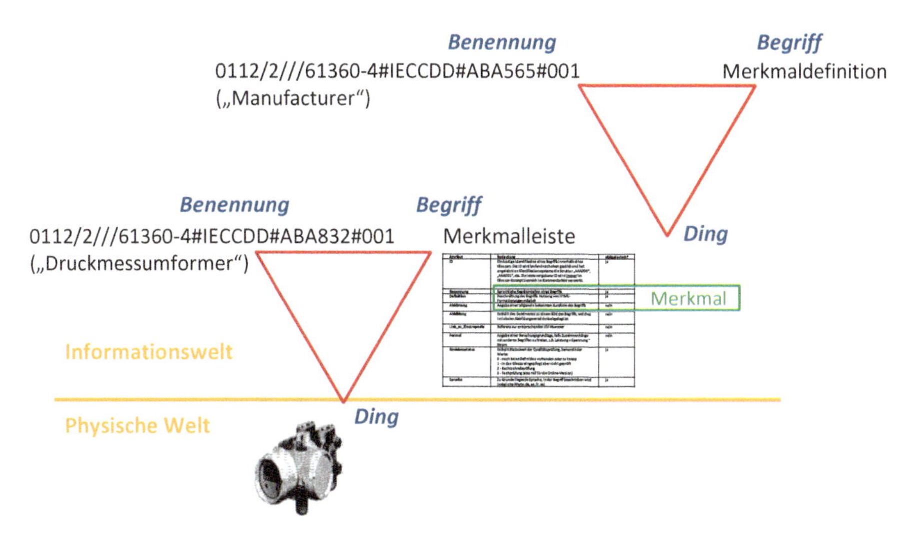

Abb. 9 Rekursivität bei Begriffsbestimmungen

Einstellungen zu erkennen (z. B. Sensortyp Pt100 nach IEC 751 / DIN EN 60751) oder sogar eine gewünschte Auswahl einzustellen.

Dabei ist jedes einzelne Merkmal ebenfalls ein konzeptuelles Ding, das entsprechend zu betrachten und beschreiben ist. Diese Rekursivität ist in Abb. 9 beschrieben. Ein Druckmessumformer hat z. B. eine Benennung, hier in der Kodierung von ecl@ss (siehe Abschn. 3). Zur Begriffsdefinition wird eine Merkmalleiste verwendet, bei der jedes einzelne Merkmal ebenfalls als ein Ding betrachtet werden kann. Die Merkmale (als konzeptuelle Dinge) werden ebenfalls mit den drei Aspekten des semiotischen Dreiecks beschrieben.

Beschreibungen der Dinge werden damit zu maschinenverarbeitbaren Informationseinheiten, da diese in eindeutig definierten Datenstrukturen mit fester Zuordnung zu deren Bedeutungsinhalten verfügbar sind. Standards für Dinge aus verschiedenen Domänen sind vorhanden (Abb. 10).

Basierend auf diesen Merkmaldefinitionen können die Interaktionspartner verschiedenste Aufgaben miteinander lösen. Es gibt Fälle, bei denen die Partner dafür feste Absprachen getroffen haben, die über längere Zeiträume unverändert bleiben. Dies ist z. B. bei der Programmierung von Steuerungen der Fall, bei der Sensor- und Aktor-Signale fest verdrahtet sind und sich die Zuordnung beim operativen Betrieb nicht mehr ändert. Die Programmierer haben den entsprechenden Informationen beim Programmentwurf berücksichtigt. Es werden dann nur die Daten (d. h. Symbole, ohne Syntax und Semantik-Beschreibungen) ausgetauscht. Syntax und Semantik werden nur lokal beim Sender und Empfänger behandelt (Abb. 11 unten). Die Pragmatik ist wie oben beschrieben spezifisch für die Aufgaben der Interaktionspartner. Alle drei Aspekte sind ausprogrammiert.

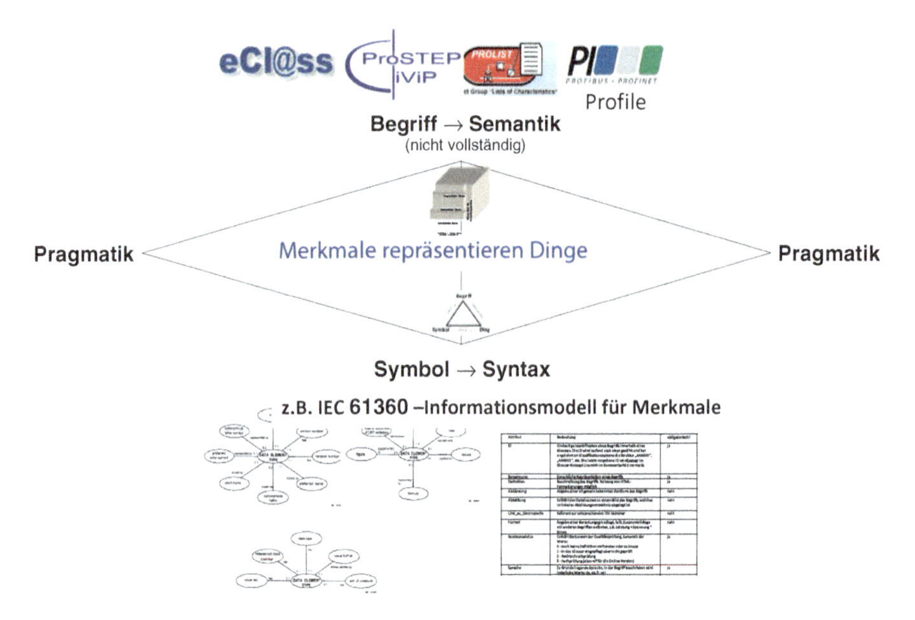

Abb. 10 Syntax und Semantik von Merkmalen

Wenn die Informationen für den Austausch nicht fest in Strukturen definiert werden können, dann muss die Identifikation der Information mit in das Austauschformat eingefügt werden(Abb. 11 Mitte). Dies ist zum Beispiel zu erwarten, wenn die Komponenten mittels Diensten kommunizieren. So wird eine hohe Flexibilität der Interaktionstypen und Inhalte erreicht.

Durch die Existenz eines Informationsmodells, in dem Syntax *und* Semantik für die Merkmale hinterlegt sind, kann zusätzlich zu der Syntax auch die Semantik abrufbar und austauschbar gestaltet werden. Dadurch können auch Funktionen und Fähigkeiten von Komponenten erkundet werden (Abb. 11 oben). Für die beiden letzten Varianten stehen in der Automatisierungstechnik entsprechende Technologien und Austauschformate (z. B. OPC UA, IEC 61987 und AutomationML) zur Verfügung.

5 Erhöhung der Durchgängigkeit im Engineering durch merkmalbasierte Semantik

Merkmalbeschreibungen von Betriebsmitteln werden heute vor allem bei der Planung von Anlagen eingesetzt. Das heißt merkmalbasierte Beschreibungen unterstützen die Kommunikation zwischen den beim Anlagen-Engineering beteiligten Personen und Werkzeugen (z. B. bei der Beschaffung von Betriebsmitteln). Dabei ist es möglich, sowohl die Anforderungen an ein Gerät durch eine Betriebsmerk-

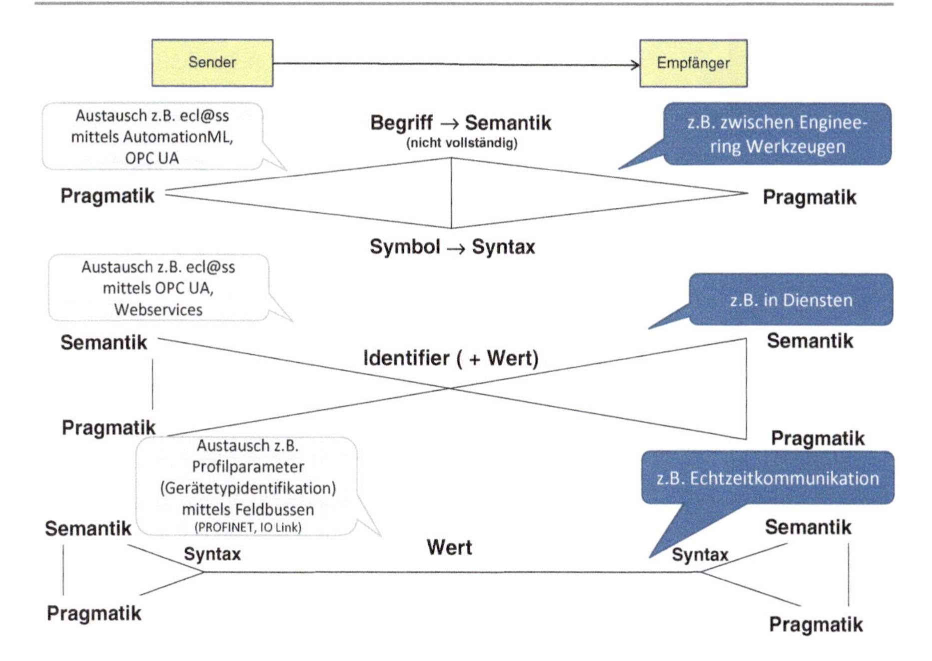

Abb. 11 Austauschvarianten von Merkmalen

Abb. 12 Kommunikation mittels Merkmalen in der Beschaffung

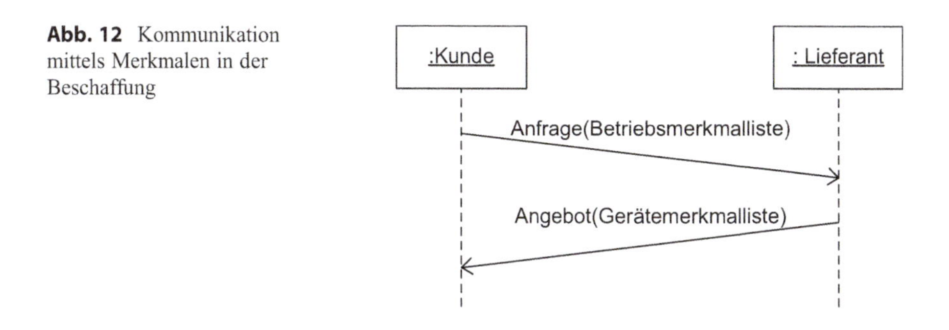

malleiste (mit Anforderungsmerkmalen), als auch die Eigenschaften des Geräts durch eine Gerätemerkmalsleiste (mit Zusicherungsmerkmalen) zu beschreiben (siehe Abb. 12).

Der Datenaustausch kann dabei sowohl effizient in Form von Identifier + Wert als auch in Form einer vollständigen Beschreibung erfolgen.

Die Daten der Merkmalleisten können aber auch in weiteren Phasen des Lebenszyklus im Engineering verwendet werden. Beispielsweise kann die Betriebsmerkmalleiste in R&I-Fließbildern zur genaueren Beschreibung von Messstellen genutzt werden, während die Gerätemerkmalleisten zur Beschreibung der bereits geplanten

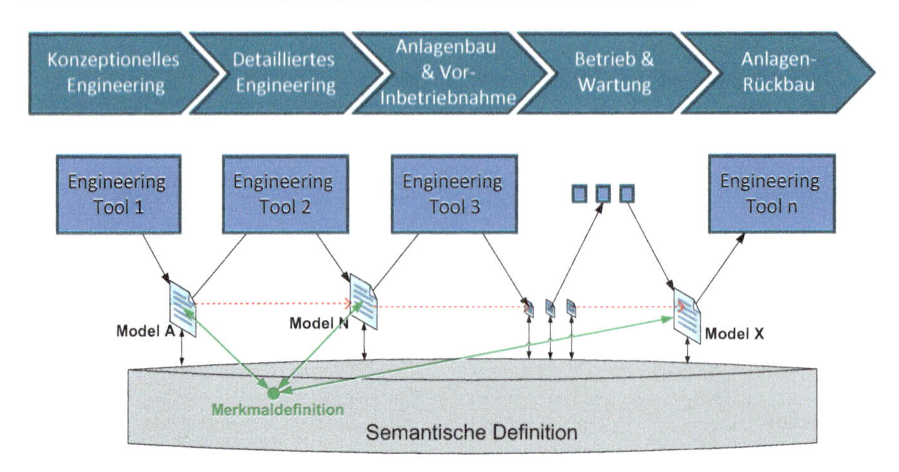

Abb. 13 Gemeinsame semantische Basis in verschiedenen Phasen des Engineerings. (Hadlich 2015)

Betriebsmittel eingesetzt werden kann. Ausgehend von einem Komponenten-Modell, kann durch schrittweise Verfeinerung und dem Hinzufügen von weiteren Merkmalen eine immer genauere Beschreibung der geplanten Betriebsmittel erfolgen, bis letztendlich eine Entscheidung für jeweils konkrete Betriebsmittel gefällt werden kann. Da die verschiedenen Modelle des Produktionssystems auf einer gemeinsamen semantischen Basis basieren, können Designentscheidungen nachvollzogen und verifiziert werden.

Abb. 13 verallgemeinert die vorherigen Beispiele. Im Laufe des Lebenszyklus eines Produktionssystems kommunizieren die verschiedenen Engineering-Tools, die in den Phasen des Lebenszyklus eingesetzt werden. Das heißt, sowohl Sender als auch Empfänger der Information sind Maschinenprogramme. Die Daten können z. B. in Form von AutomationML-Dateien kommuniziert werden und sind jeweils als „Model ..“ dargestellt. Basieren die Beschreibung der Komponenten und ihrer Eigenschaften auf Merkmalen, so gilt für die gesamte Toolkette eine einheitliche semantische Definition. Durch die Verwendung dieser einheitlichen semantischen Grundlage entlang der gesamten Toolkette ist es möglich den Zusammenhang von Anforderungen (beschrieben durch Anforderungsmerkmale) und Lösungen (beschrieben durch Zusicherungsmerkmale) im gesamten Lebenszyklus des Produktionssystems zu verfolgen und zu verstehen.

Dies hilft zum Beispiel auch bei dem folgenden Szenario. Mit Industrie 4.0 wird ein Produktionssystem in der Betriebsphase des Lebenszyklus wiederholt auf die Anforderungen des jeweiligen Produktes umgestellt (VDI/VDE-GMA-Fachausschuss „Industrie 4.0“ 2015). Das heißt, es kommt während der Betriebsphase des Produktionssystems zu einem wiederholten Re-Engineering des Systems. Nur wenn alle Informationen über das Produktionssystems in einem eindeutigen, maschinenverarbeitbaren Format vorliegen, kann dieses Re-Engineering automatisiert erfolgen. Das heißt, merkmalbasierte Beschreibungen der Produktionssysteme sind eine wesentliche Voraussetzung für die dynamische Rekonfiguration der Produktionssysteme.

6 Zusammenfassung

In diesem Beitrag wurden die methodischen Grundlagen für die semantisch eindeutige Beschreibung von Produkten und Produktionssystemen vorgestellt. Ausgehend von der Rolle der Semantik beim Informationsaustausch wurde dargestellt, wie eindeutige Informationen zwischen den verschiedenen Komponenten eines Produktionssystems ausgetauscht werden können, indem merkmalbasierte Beschreibungen als Grundlage des Informationsaustausches dienen. Sowohl die Syntax als auch die Semantik der Merkmale werden durch ein Informationsmodell dargestellt, wodurch beide Aspekte maschinenlesbar und verarbeitbar sind. Mit dieser Art der Beschreibung ist es möglich eine durchgängige Verwendung von Informationen in allen Phasen des Anlagenlebenszyklus zu erreichen und eine Grundlage dafür zu schaffen, dass Informationen zwischen Komponenten eines Industrie4.0-konformen Produktionssystems nicht nur ausgetauscht sondern auch verstanden werden können.

Literatur

Busse J, Humm B, Lübbert C, Moelter F, Reibold A, Rewald M, Schlüter V, Seiler B, Tegtmeier E, Zeh T (2014) Was bedeutet eigentlich Ontologie? Inform Spektrum 37:286–297

Epple U (2011) Merkmale als Grundlage der Interoperabilität technischer Systeme. At – Automatisierungstechnik 59(7):440–450

Grütter R (2008) Semantic Web zur Unterstützung von Wissensgemeinschaften. Oldenbourg Wissenschaftsverlag, ISBN 978-3-486-58626-8

Hadlich T (2015) Verwendung von Merkmalen im Engineering von Systemen. Dissertation. Magdeburg

Höme S, Grützner J, Hadlich T, Diedrich C, Schnäpp D, Arndt S, Schnieder E (2015) Semantic Industry: Herausforderungen auf dem Weg zur rechnergestützten Informationsverarbeitung der Industrie 4.0. At – Automatisierungstechnik 63(2):74–86

IEC: IEC 61360-1 (2009) Standard data element types with associated classification scheme for electric components – part 1: definitions – principles and methods IEC 61360-1

IEC: IEC 61987-10 (2009) Industrial-process measurement and control – data structures and elements in process equipment catalogues – part 10: lists of properties (LOPs) for industrial-process measurement and control for electronic data exchange – fundamentals IEC 61987-10

IEC: IEC 61987-13 (2012) Industrial-process measurement and control – data structures and elements in process equipment catalogues. Part 13: lists of properties (LOP) for pressure measuring equipment for electronic data exchange IEC 61987-13

IEC: IEC 62507-1 (2010) Identification systems enabling unambiguous information interchange – requirements – part 1: principles and methods IEC 62507-1

ISO: ISO 13584-42 (2010) Industrial automation systems and integration – parts library – part 42: description methodology: methodology for structuring parts families ISO 13584-42

Legat C, Seitz C, Lamparter S, Feldmann S (2014) Semantics to the shop floor: towards ontology modularization and reuse in the automation domain. In: 19th IFAC world congress. Cape Town, S 3444–3449

VDI/VDE-GMA-Fachausschuss „Industrie 4.0" (2015) Statusreport. Referenzarchitekturmodell Industrie 4.0 (RAMI4.0)

Prof. Dr.-Ing. Christian Diedrich leitet den Lehrstuhl Integrierte Automation an der Otto-von-Guericke-Universität Magdeburg. Außerdem ist er stellvertretender Institutsleiter des ifak e.V. in Magdeburg. Seine Hauptarbeitsfelder umfassen Beschreibungsmethoden für Automatisierungsgeräte und -systeme (Funktionsblocktechnologie, Feldbusprofile, Gerätebeschreibungen (EDD), FDT, IEC 61131), Engineeringmethoden und Informationsmanagement (Objektorientierte Analyse und Design, UML, Web-Technologien, Wissensverarbeitung), formale Methoden in der Automatisierungstechnik. Er ist in nationalen und internationalen Standardisierungs- und Fachgremien (IEC, DKE, ZVEI, PNO) tätig

Dr. Thomas Hadlich ist wissenschaftlicher Mitarbeiter am Lehrstuhl Integrierte Automation an der Otto-von-Guericke-Universität Magdeburg. Zuvor hatte er eine leitende Stelle in der Industrie im Bereich der Softwareentwicklung automatisierungstechnischer Komponenten. Seine Arbeitsfelder sind insbesondere merkmalbasiertes Engineering von Systemen, Geräteintegration und die digitalen Fabrik. Er ist auf diesen Gebieten in nationalen und internationalen Standardisierungs- und Fachgremien (IEC, DKE, FDT Group) tätig

Mario Thron ist wissenschaftlicher Mitarbeiter am Institut für Automation und Kommunikation e.V. in Magdeburg (ifak). Er ist dort Ansprechpartner für das Themenfeld Digitale Produktionsysteme. Er bearbeitet und leitet Projekte zur Integration von Daten aus Automatisierungsgeräten in betriebswirtschaftliche Systeme (ERP) und zum systematischen Test von Steuerungsprogrammen im Rahmen der Virtuellen Inbetriebnahme. Er ist auf diesen Gebieten in nationalen Fachgremien aktiv (VDI/VDE-GMA, AutomationML e.V.).

Agentenbasierte dynamische Rekonfiguration von vernetzten intelligenten Produktionsanlagen

Evolution statt Revolution

Dorothea Pantförder, Felix Mayer, Christian Diedrich, Peter Göhner, Michael Weyrich und Birgit Vogel-Heuser

Zusammenfassung

Viele Unternehmen und Institute beschäftigen sich aktuell mit dem Begriff Industrie 4.0 und seiner genauen Auslegung. Daraus resultierend existieren viele verschiedene Vorstellungen darüber, was unter dem Begriff genau zu verstehen ist. Die Vernetzung von bisher getrennt betrachteten Geräten, Komponenten, Anlagen oder gesamten Unternehmen unter der Nutzung von Internettechnologien ermöglicht neue, automatisierte Ansätze zur Datenintegration und Datenauswertung. Der vorliegende Beitrag beschreibt Szenarien und Technologien, anhand derer die Potenziale von Industrie 4.0 aufgezeigt werden sollen.

1 Industrie 4.0 Demonstrator *MyJoghurt*

Ein Kernthema von Industrie 4.0 ist die Auflösung der starren Strukturen und Hierarchien der Ebenen der Automatisierungspyramide in den Unternehmen und über Unternehmensgrenzen hinweg. Realisiert wird dieses durch eine gesteigerte vertikale (über die Ebenen der Automatisierung hinweg) und horizontale (unterschiedliche IT-Systeme) Vernetzung (vgl. Beitrag Vogel-Heuser „Herausforderun-

D. Pantförder (✉) · F. Mayer · B. Vogel-Heuser
Lehrstuhl für Automatisierung und Informationssysteme, Technische Universität München, Garching, Deutschland
E-Mail: pantfoerder@ais.mw.tum.de; mayer@ais.mw.tum.de; vogel-heuser@ais.mw.tum.de

C. Diedrich
IFAT – Institut für Automatisierungstechnik, Otto-von-Guericke-Universität Magdeburg, Magdeburg, Deutschland
E-Mail: christian.diedrich@ovgu.de

P. Göhner · M. Weyrich
Institut für Automatisierungs- und Softwaretechnik, Universität Stuttgart, Stuttgart, Deutschland
E-Mail: peter.goehner@ias.uni-stuttgart.de; michael.weyrich@ias.uni-stuttgart.de

B. Vogel-Heuser et al. (Hrsg.), *Handbuch Industrie 4.0*,
https://doi.org/10.1007/978-3-662-58528-3_47

gen und Anforderungen aus Sicht der IT und der Automatisierungstechnik"). Die Agentenbasierte dynamische Rekonfiguration von verteilten vernetzten intelligenten Produktionsanlagen im Industrie 4.0-Demonstrator *MyJoghurt* (Vogel-Heuser et al. 2014; Mayer et al. 2013) beschreibt die Motivation von Industrie 4.0 für eine verteilte Produktion und stetzt die Ziele am Beispiel einer Joghurtproduktion um (Abb. 1). Der Demonstrator zeigt exemplarisch die informationstechnische Kopplung und Vernetzung räumlich getrennter Produktionsanlagen. Diese Kopplung erfolgt weitestgehend automatisch und ist bezüglich der Anzahl der teilnehmenden Anlagen im Verbund sowohl dynamisch, als auch skalierbar. Die verteilte Produktion berücksichtigt dabei nicht nur die Anlagen zur Herstellung und Verpackung des Joghurts an einem Standort, sondern bezieht sowohl die Gerätehersteller für die beteiligten Anlagen, als auch Hersteller der entsprechenden Verpackungen sowie die Zulieferer der jeweiligen Joghurtzusätze (verschiedene Obstsorten, Toppings, regionale und/oder Biozutaten usw.) mit ein. Zudem wurden Szenarien entwickelt, die kurz und knapp das Potential von Industrie 4.0 veranschaulichen. In diesem Beitrag werden nur ausgewählte Szenarien erläutert. Die Initiative ist offen für weitere Partner.

Eine wesentliche Anforderung für das agentenbasierte Konzept ist die geforderte Migrationsfähigkeit. In den meisten Industrie 4.0-Ansätzen wird eine komplett neue

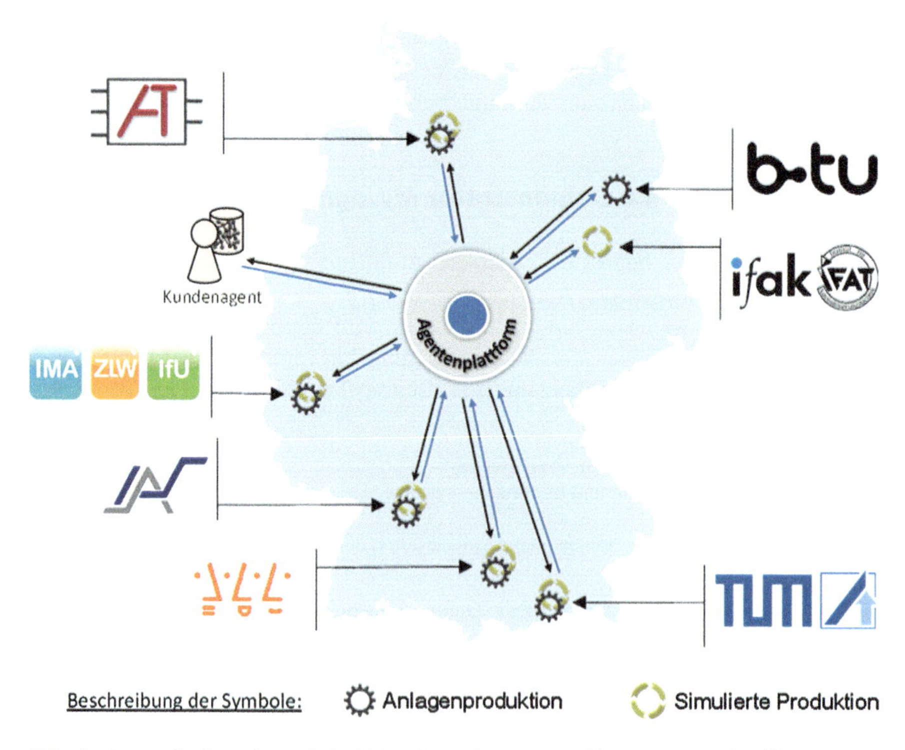

Abb. 1 Agentenbasierte dynamische Rekonfiguration von verteilten vernetzten intelligenten Joghurtproduktionsanlagen: *MyJoghurt*

Hardware und Software-Struktur gefordert (Onori et al. 2012). Der hier gewählte agentenbasierte Ansatz hingegen ist schlank und leicht auch auf bestehenden Anlagen zu integrieren und somit auch ideal für klein- und mittelständische Unternehmen (Vogel-Heuser et al. 2014; Ulewicz et al. 2014). Bestehende Anlagenteile oder ganze Anlagen werden in diesem Ansatz zu Cyber-Physikalischen-Produktions-Systemen (CPPS) gekapselt. Ein CPPS ist der Zusammenschluss mehrerer, zunächst unabhängiger Cyber-Physikalischer-Systeme (CPS) zu einem größeren Produktionssystem, welches durch einen hohen Vernetzungsgrad der Systeme untereinander gekennzeichnet ist und eine eigenständige intelligente Produktionseinheit darstellt. Nach außen wird diese Produktionseinheit durch einem Anlagenagenten repräsentiert, welcher die Schnittstelle zwischen dem Industrie-4.0-Agentensystem und der eigentlichen Anlage darstellt (vergl. Kap. Vertikale und horizontale Integration der Wertschöpfungskette). Die interne Struktur der jeweiligen Anlage (Hard- und Software) kann beibehalten werden (Vogel-Heuser et al. 2014).

Im Folgenden werden zunächst beispielhafte Szenarien und die aus diesen Szenarien resultierenden Anforderungen an eine Kopplungsarchitektur beschrieben. Anschließend werden der prinzipielle Aufbau des *MyJoghurt*-Demonstrators sowie der agentenbasierte Kopplungsansatz des verteilten vernetzten intelligenten Produktionssystems dargestellt.

2 Szenarien und daraus resultierende Herausforderungen

Die im Folgenden aufgeführten Szenarien werden vollautomatisch, ohne direkten manuellen Eingriff während des Betriebs, selbstständig ausgeführt. Für die Realisierung des Joghurt-Demonstrators sind die Informationsflüsse und ihre Darstellung entscheidend. Ein Transport realer Güter, zum Beispiel Joghurt-Behälter, zwischen den Anlagen oder die Herstellung realen Joghurts ist dabei letztlich nicht nötig. Insbesondere die Schaffung dieses verteilten Systems und damit die Informationstechnische Kopplung der beteiligten Anlagen sind für die erfolgreiche Realisierung des Demonstrators wichtig. Dazu ist ein einheitlicher Kommunikationsstandard zwischen den Anlagen notwendig, damit Daten ausgetauscht werden können und die Funktion des Gesamtsystems ermöglicht wird. Hierfür ist wiederum ein einheitliches Datenmodell nötig, mit dessen Hilfe die für die Realisierung erforderlichen Daten ausgetauscht werden. Mit dieser flexiblen und einheitlichen Schnittstelle ist der Demonstrator dann auf weitere Szenarien zu erweitern.

Jede am Produktionsnetzwerk beteiligte Anlage ist durch definierte Fähigkeiten und Möglichkeiten charakterisiert, welche zur erfolgreichen Teilnahme am Netzwerk bekannt gemacht werden müssen. Basierend auf den zur Verfügung stehenden Fähigkeiten und Möglichkeiten der aktuell am Demonstrator beteiligten Anlagen wurden zunächst fünf unterschiedliche Szenarien entwickelt: Produktion, Qualitätssicherung, Optimierung, Diagnose und Rekonfiguration. Diese werden im Folgenden genauer erläutert.

2.1 Produktion: Auftragserteilung und -verteilung

Auftragserteilung

Basierend auf Kundenanforderungen soll das Produktionsnetzwerk flexibel neue Aufträge abarbeiten. Als Ausgangspunkt neuer Aufträge dient dabei ein Webinterface, mit dessen Hilfe der Kunde direkt mit dem Produktionsnetzwerk interagieren kann. Auf Basis der Kundenanforderungen wird ein Auftrag generiert, welcher durch das verteilte, dezentrale Produktionssystem just-in-time produziert wird. Bei der Produktion von Joghurt in einem solchen Netzwerk sind die Kundenanforderungen z. B. die Geschmacksrichtung und unterschiedliche Toppings oder Mengenangaben und Verpackungen. Abb. 2 zeigt ein Beispiel für eine Konfigurationsmaske zur Joghurtbestellung. Neben den direkten Anforderungen an das Produkt können zudem Anforderungen an den Produktionsprozess gestellt werden, beispielsweise die Verwendung von Bio-Rohstoffen, oder der CO_2-Footprint. Die Herausforderung dieses Szenarios besteht in der Entwicklung eines plattformunabhängigen Kundeninterfaces mit einem hohen Maß an Gebrauchstauglichkeit. Dieses Interface muss sich bezüglich wechselnder Bestellmöglichkeiten und Bestelloptionen dynamisch einstellen und an das Produktionsnetzwerk anpassen lassen.

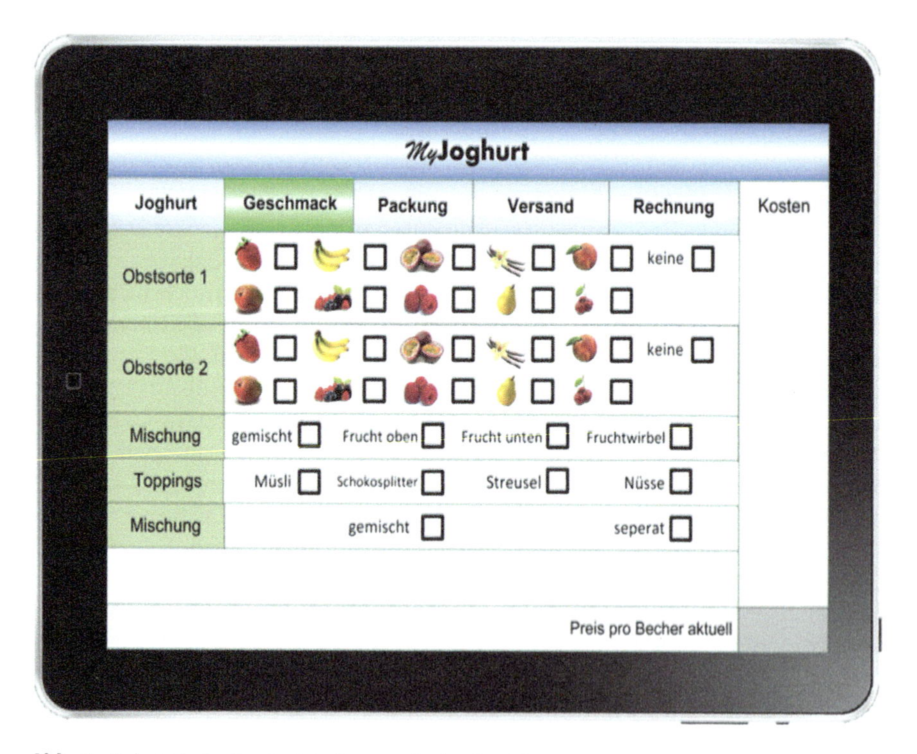

Abb. 2 Beispielhafte Kundeninterface zur Joghurtbestellung

Auftragsverteilung an die beteiligten Fabriken
Basierend auf den zum Anmeldezeitpunkt übertragenen Fähigkeits- und Anlagendaten, wie auch aktuellen Verfügbarkeiten, verhandelt das Produktionsnetzwerk selbstständig und automatisiert über die Zuteilung von Teilaufträgen zu Produktionsanlagen. Aus den während der Auftragserteilung festgelegten Kundenanforderungen und allgemeinen Produktspezifikationen folgen unmittelbar Kriterien für die Auftragsverteilung. Zu berücksichtigende Kriterien umfassen dabei sowohl kundenspezifische, kosten- wie auch zeitkritische Aspekte der Produktion. Diese fließen in die Optimierung des Produktionsprozesses ein.
Während des laufenden Betriebs auftretende, abnormale Zustände innerhalb einer unabhängigen Produktionsanlage erfordern ein gezieltes, unmittelbares Eingreifen geeigneter Sicherheitsmechanismen zur Sicherstellung der termin- und kostengerechten Auslieferung des herzustellenden Produktes. Aufgrund der zeitlichen Anforderungen an die Produktion und der hohen Komplexität ist hierbei, ebenso wie bei der Auftragserteilung, eine automatisierte Lösung anzustreben. Der Lösungsraum umfasst dabei unter anderem die Möglichkeit zur dynamischen Neuverteilung des Kundenauftrags innerhalb des Produktionsnetzwerks und die damit verbundene Aufrechterhaltung der Produktion.
Basierend auf dem vorherigen Teilszenario zur Einbringung von Kundenaufträgen in das dynamische Produktionsnetzwerk und den daraus resultierenden technischen Lösungen kann den aus der Auftragsverteilung abgeleiteten Herausforderungen begegnet werden. Hierzu ist zunächst eine Kopplung der Kundeneingaben an eine koordinative Stelle innerhalb des Netzwerkes herzustellen. Diese Kopplung ist sowohl physikalischer, wie auch logischer Natur und dient im fertigen Ausbauzustand der Übertragung des Auftrages bis hinunter zur produzierenden Anlage. Eine der Schlüsselanforderungen ist in diesem Zusammenhang die Definition einer gemeinsamen Syntax und Semantik, um die Prozesse, Produkte und Ressourcen sowie die Merkmale dieser drei Objekte adäquat beschreiben zu können (Diedrich et al. 2013). Ebenso entscheidend ist die Definition einer Anlagenrepräsentation innerhalb des virtuellen Raumes – bisher für sich stehende Anlagen müssen sich zu Cyber-Physical-Produktion-Systems (CPPS) entwickeln. Insgesamt ist eine durchgängige Datenbasis zu schaffen, die auf ein gemeinsames Datenmodell aufbaut.

2.2 Sicherung der Produktqualität

Bei einer verteilten Produktion eines Produktes ist die Gewährleistung einer gleichbleibenden Produktqualität eine große Herausforderung. Im Gegensatz zu einer vollständig lokalen Produktion, d. h. nur an einem Standort, existiert nicht nur ein Qualitätssicherungsprozess. Stattdessen müssen an jeder Anlage vergleichbare Mechanismen zur Durchführung der Qualitätsprüfung vorhanden sein. Diese Messungen müssen zur Laufzeit adaptiert werden können, um je nach gewünschtem Qualitätskriterium dynamisch andere Prozessparameter erfassbar zu machen und sich somit den aktuellen Anforderungen automatisiert anzupassen. Über einen Austausch der gewonnenen Informationen über die Qualität der Produktion und deren Ergebnisse können diese Daten anlagenübergreifend analysiert und verarbeitet werden. (vgl. Beitrag Pötter et al. „Enabling Industrie 4.0 – Chancen und Nutzen für die Prozessindustrie"; Pötter et al. 2014) Sollten an einem Standort beispielsweise die Ergebnisse der Qualitätsprüfung kontinuierlich schlechter sein als an einem anderen Produktionsstandort, können diese Informationen direkt verwendet werden, um die Auftragsverteilung entsprechend anzupassen oder um Informationen zur Verbesserung der Qualität am entsprechenden Standort vorzuschlagen (vgl. Beitrag Mayer et al. „Unterstützung des Menschen in Cyber-Physical-Production-Systems"). Durch die Vernetzung der beteiligten Anlagen können Daten, die aufgrund gesetzlicher Vorgaben zu speichern sind, zentral in einem entsprechenden Archiv abgelegt werden, so dass später erkannte Qualitätsmängel analysiert und zurückverfolgt werden können, obwohl diese verteilt an verschiedenen Standorten entstanden sind.

Die Bereitstellung der während der Laufzeit der Anlage anfallenden Prozessdaten in geeigneter Form und auf geeignete Art und Weise ist eine der zentralen Herausforderungen, welche sich aus diesem Szenario ergeben. Ebenso zentral ist die Fragestellung, wie eine Produktionsanlage automatisch auf die Ergebnisse externer Berechnungen und Analysen reagieren kann – insbesondere unter Berücksichtigung der Sicherheit und Zuverlässigkeit. Weitere zu untersuchende Fragestellungen umfassen die Verknüpfung der Daten mit Qualitätsmerkmalen und die anschließende Analyse der Daten hinsichtlich dieser Qualitätsmerkmale.

2.3 Prozessoptimierung

Da zunächst prinzipiell keinerlei Einschränkungen bezüglich der Teilnahme an einem Produktionsnetzwerk bestehen, ist eine Teilnahme annähernd gleichartiger Produktionsanlagen am Produktionsnetzwerk nicht ausgeschlossen. Trotzdem können sich die ablaufenden Prozesse innerhalb der Anlagen hinsichtlich der Geschwindigkeit oder des Energieverbrauchs signifikant unterscheiden. Aufgrund der gegebenen großen Ähnlichkeit der Anlagen müssen sich die Abweichungen aus den Maschinen- und Prozessparametern ergeben, mit denen die jeweilige Anlage gefahren wird. Ein manueller Abgleich aller Parameter ist aufgrund der großen Anzahl an Parametern aber ausgeschlossen. Ein automatischer Parameterabgleich, unter Umständen durch gelerntes Personal unterstützt, bietet hingegen den nötigen Komfort, einen Parameterabgleich durchzuführen.

Trotz der unter Umständen großen Kosten- und Zeiteinsparungen durch die Übernahme besserer Maschinen- und Prozessparameter besteht zunächst die Problematik der Erkennung ähnlicher/gleicher Anlagen beziehungsweise Anlagenteile. Zusätzliche Herausforderungen ergeben aus den teilweise nur impliziten Abhängigkeiten zwischen Parametern und Qualität.

2.4 Diagnose

Wie bereits erwähnt sind im Produktionsnetzwerk ähnliche oder gar identische Anlagen zusammengeschlossen. Im Falle eines Defekts werden bisher allerdings zwischen diesen Anlagen keine Daten ausgetauscht, die ein einfacheres und schnelleres Auffinden der Fehlerursache erlauben, was möglich wäre, wenn zum Beispiel auf Gründe für Ausfälle in der Vergangenheit zugegriffen werden könnte (Vogel-Heuser et al. 2015). Ebenso wenig werden die Möglichkeiten, welche sich aus der Tatsache, dass auf Prozess- und Diagnosedaten einer größeren Anzahl desselben Gerätetyps zugegriffen werden kann, genutzt. Daher werden Ausfälle, die auf die Parametrierung oder die Umweltbedingungen (welche die Lebenszeit eines Gerätes beeinflussen) zurückzuführen sind, schwer erkannt.

Die Diagnose wird verbessert, wenn alle am Produktionsnetzwerk beteiligten Anlagen auf Wissen anderer Anlagen zurückgreifen können. Hierfür können die Anlagen die verbauten Komponenten in anderen Anlagen, sowie deren für die Diagnose relevanten Daten abfragen. Im Fehlerfall können dann zum Beispiel Vorgehensweisen zur Fehlerbehebung ausgetauscht werden. Ebenso ist eine Warnung über erhöhte Ausfallraten einer Komponente an andere Anlagen des Netzwerks möglich. Die Daten anderer Anlagen werden vor dem Verschicken an Dritte jeweils entsprechend anonymisiert und gefiltert, so dass ein entsprechender Know-how-Schutz gewährleistet ist. Zusätzlich können erweiterte Schutzmechanismen, wie Zugriffsbeschränkungen für bestimmte Beteiligte, erstellt werden.

Die Herausforderungen dieses Szenarios bestehen zunächst darin, die innerhalb einer Steuerung anfallenden Prozessdaten zeitnah und möglichst vollständig auf ein Datenverarbeitungssystem zu transferieren. Da die Zykluszeiten einer Steuerung unter Umständen sehr kurz sind, in jedem Zyklus aber eine große Datenmenge anfällt, müssen geeignete Wege gefunden werden, diese Daten außerhalb der Steuerung zugänglich zu machen, um sie dort weiterverarbeiten zu können. Die nächste Herausforderung besteht im Anschluss darin, die gewonnenen Daten weiterzuverarbeiten. Hierfür sind neue Algorithmen und Vorgehensweisen erforderlich, mit deren Hilfe aus den Daten Informationen extrahiert werden können. (vgl. Beitrag Pötter et al „Enabling Industrie 4.0 – Chancen und Nutzen für die Prozessindustrie“, Pötter et al. 2014)

Als Nächstes folgt die Herausforderung, die Informationen für den Menschen verständlich und in geeigneter Weise anzuzeigen. Da die gewonnenen Informationen bisher unbekannte Zusammenhänge aufzeigen, die für den Menschen daher auch sehr schwer nachvollziehbar sind, ist ein besonderes Augenmerk auf die Nachvollziehbarkeit zu richten. Auf die Problematik der Informationsgewinnung aus großen Datenmengen und deren Darstellung wird im Laufe dieses Buches genauer eingegangen. (vgl. Beitrag Mayer et al. „Unterstützung des Menschen in Cyber-Physical-Production-Systems“)

2.5 Rekonfiguration

Flexible, zukünftige Produktionsanlagen müssen automatisch binnen kürzester Zeit an veränderte Bedingungen angepasst werden (Legat et al. 2013). In diesem Zusammenhang heißt dies, dass die Steuerungssoftware auf der Feldebene sowie das technische System (Mechanik und Elektrik) anpassbar gestaltet sind. Hierdurch ist es möglich, eine Vielzahl unterschiedlicher, technischer Prozesse zu realisieren.

Durch Einflüsse innerhalb und außerhalb der Anlage ist eine möglichst vollständige automatische Rekonfiguration der Hardware und/oder Software wünschenswert. So ist es zum Beispiel möglich, dass ein Auftrag auf einer Anlage mit mehr oder weniger großen Änderungen durchaus durchführbar wäre, auch wenn die Anlage aktuell nicht dazu fähig ist. Hierdurch kann die Menge herstellbarer Produkte erweitert werden. Neben einer hohen Flexibilität hinsichtlich der Software ist diese unter Umständen auch für die Hardware erforderlich, wenn zum Beispiel Abfülleinrichtungen auf geänderte Glasabmessungen und die Software hierzu auf das geänderte Glasvolumen eingestellt werden müssen. Nicht alle der Rekonfigurationsschritte müssen dabei zwingend vollautomatisch geschehen – eventuell muss auch ein Mitarbeiter mechanische Anpassungen durchführen. Dieser Mitarbeiter muss dann mit entsprechenden Handlungsanweisungen automatisch unterstützt werden.

Weitere Beispiele für die Rekonfigurationsmöglichkeit sind die Anpassung eines Kundenauftrags in Echtzeit und die Anpassung des technischen Prozesses hinsichtlich ungeplanter Abweichungen vorangelagerter Produktionsschritte (Heinecke et al. 2012).

Im ersten Fall, der Anpassung von Kundenaufträgen in Echtzeit, kann ein Kunde, über das in Kap. „Use Case Production“ erwähnte Interface, seine Bestellung innerhalb vorgegebener Grenzen noch während sich der Auftrag bereits in Bearbeitung befindet, anpassen. Dies ist heutzutage nur selten möglich, nicht nur, weil Unternehmen eine Planungssicherheit bevorzugen, sondern weil die sogenannte Frozen Zone, auch aus technischer und logistischer Sicht, notwendig ist. Durch eine Flexibilisierung des technischen Systems beziehungsweise technischen Prozesses kann diese Frozen Zone potenziell entfernt und sogar angepasst werden, während sich eine Bestellung bereits in Bearbeitung befindet. In einem Produktionsnetzwerk der Zukunft ist dies möglich, solange der entscheidende Teil des Auftrags noch nicht begonnen wurde und gegebenenfalls sogar darüber hinaus, falls dem Netzwerk entsprechende alternative Nutzungen, zum Beispiel für andere Kunden, zur Verfügung stehen.

Die Anpassung des technischen Prozesses hinsichtlich ungeplanter Abweichungen in vorgelagerten Produktionsschritten ist unter anderem dann notwendig, wenn auf Grund von Ungenauigkeiten des technischen Prozesses oder der Steuerung/Regelung unterschiedliche Produkte beziehungsweise Produkte mit unterschiedlichen Rezepten entstehen. In diesem Falle müssen nachgelagerte Produktionsanlagen diese Ungenauigkeiten ausgleichen können.

Die wesentlichen Herausforderungen dieses Szenarios bestehen darin, die hohe Flexibilität von Steuerung und Mechanik sicherzustellen und zu implementieren. Zusätzlich zur hohen Flexibilität muss außerdem eine Möglichkeit vorgesehen werden, die Änderungen an einer Domäne den anderen beteiligten Domänen bekannt zu machen und von diesen passend verarbeitet zu werden. Eine weitere Herausforderung besteht darin, den Fertigungsprozess selbst so flexibel zu gestalten, dass nachträgliche Änderungen berücksichtigt werden können.

3 Aufbau des Demonstrators und prinzipieller Ablauf

Die oben beschriebenen Szenarien sollen nun mit Hilfe des im Folgenden beschriebenen Demonstrators umgesetzt werden.

Für das Szenario *Produktion von kundenspezifischem Joghurt* wurden mehrere Prozessschritte identifiziert, die teils sequentiell, teils parallel zu bearbeiten sind – je nach den gegebenen gegenseitigen Prozessabhängigkeiten. Innerhalb der obersten Abstrahierungsschicht wurden die in Abb. 3 (oben) ersichtlichen vier grundsätzlichen Prozessschritte der Joghurtherstellung identifiziert und mit Hilfe der von Witsch und Vogel-Heuser (2012) entwickelten MES-ML (Manufacturing-Execution-System-Modelling-Language) dargestellt:

1. die Herstellung des Rohjoghurts (Joghurtherstellung)
2. die Beimischung von Früchten, Schokolade, ... (Joghurtveredelung)
3. die Herstellung der Verpackung (Deckelherstellung)
4. die Abfüllung des fertigen Joghurts in die Verpackung (Abfüllung).

Die MES-ML erlaubt die schrittweise Detaillierung (vergleiche Detaillierung bzw. Zerlegung des Prozessschrittes Rohjoghurtherstellung in Subprozesse, Abb. 3 unten) beziehungsweise Abstrahierung eines Prozesses und der Prozesszusammenhänge unter Berücksichtigung des technischen Systems beziehungsweise der Produktionsressourcen und des MES. Zudem ist es möglich Beziehungen, Daten- und Stoffflüsse zwischen den drei Sichten (Prozess, technisches System, MES) darzustellen (1), sowie die Art der Prozesse (z. B. automatisch (2) oder manuell (3)) anzugeben. Weitere Elemente der MES-ML sind beispielsweise Bedingungen (4) und Verzweigungen im Prozessablauf (5).

Die am Demonstrator beteiligten Partner können entweder reale Anlagen zum Verbund beitragen oder auch Simulationen von Anlagen, um die Szenarien anschaulich zu präsentieren. Die Anlagen, bzw. Anlagensimulationen, sind miteinander verbunden und tauschen sich über eine definierte Schnittstelle aus.

Der Zusammenhang zwischen den einzelnen, oben beschriebenen Szenarien sieht folgendermaßen aus: Ein Kunde kann sich über eine entsprechende Webseite einen personalisierten Wunschjoghurt zusammenstellen. Dabei kann er zwischen einer Vielzahl unterschiedlicher Parameter wählen, wie zum Beispiel der Bechergröße, dem Geschmack, dem Topping und weiteren, bereits im Kap. „Use Case Production" beschriebenen Auswahlkriterien. Der aus der Kundenkonfiguration generierte personalisierte Auftrag wird an einen Anbieter übermittelt. Dieser plant, koordiniert und verteilt die Produktion vollautomatisch. Der Anbieter holt Angebote der angeschlossenen Anlagen ein und wählt daraufhin, basierend auf den Kundenanforderungen,

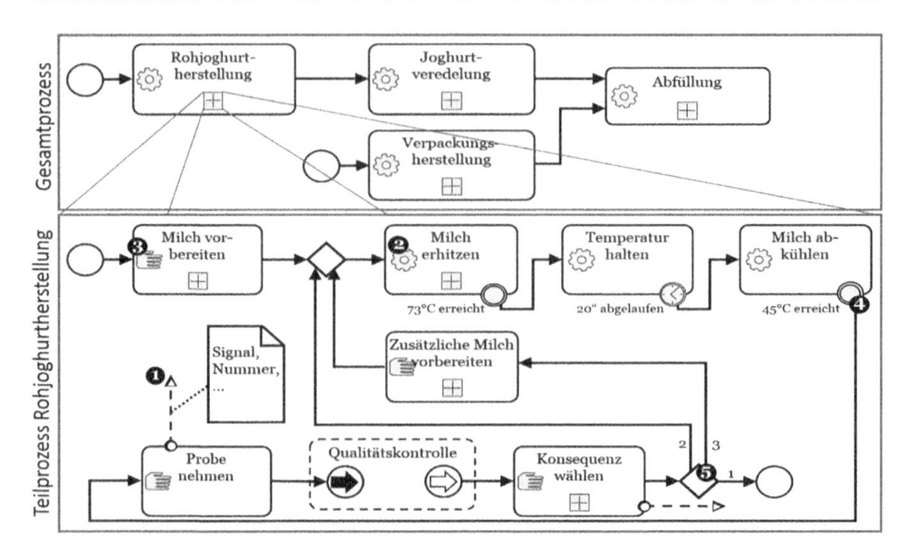

Abb. 3 Joghurtherstellungsprozess, dargestellt in der MES-ML in zwei verschiedenen Abstrahierungsebenen

die am besten geeigneten Anlagen aus. Während der Produktion ist sowohl eine laufende Überwachung des Produktionsprozesses möglich, als auch die Diagnose im Fehlerfall, die Optimierung von Prozessen und – sofern nötig – eine Rekonfiguration von Anlagen. Alle Schritte werden automatisiert und über ein lose gekoppeltes Netzwerk durchgeführt.

4 Agentenbasierter Kopplungsansatz der Modellfabriken

Um einen vollautomatischen Verteilungs- und Produktionsprozess gewährleisten zu können, ist für die Umsetzung des Demonstrators eine neuartige Kommunikationsarchitektur auf Agentenbasis notwendig, welche zunächst die Abstimmung innerhalb des Produktionsverbundes ermöglicht (Schütz et al. 2013; Ulewicz et al. 2014). Im weiteren Verlauf werden auch alle weiteren Szenarien über diese Architektur ausgeführt. Die Architektur muss demnach sowohl den aktuellen Herausforderungen für die Kommunikation genügen, als auch flexibel sein, um auch zukünftigen Anforderungen genügen zu können.

Jede am *MyJoghurt*-Demonstrator beteiligte Produktionsanlage in Kombination mit dem Anlagenagent stellt ein CPPS dar. Der jeweilige Anlagenagent bildet die Schnittstelle zwischen dem übergelagerten Agentensystem und dem CPPS (Abb. 4). Der Anlagenagent dient folglich dazu, die Anlage und den Zugriff auf die Anlage zu kapseln beziehungsweise zu beschränken. Durch den Einsatz eines Anlagenagenten und die Kapselung der Anlage gegenüber dem verbundübergreifenden, überlagerten Agentensystem, ist eine einfache Migration einer bestehenden singulären Anlage,

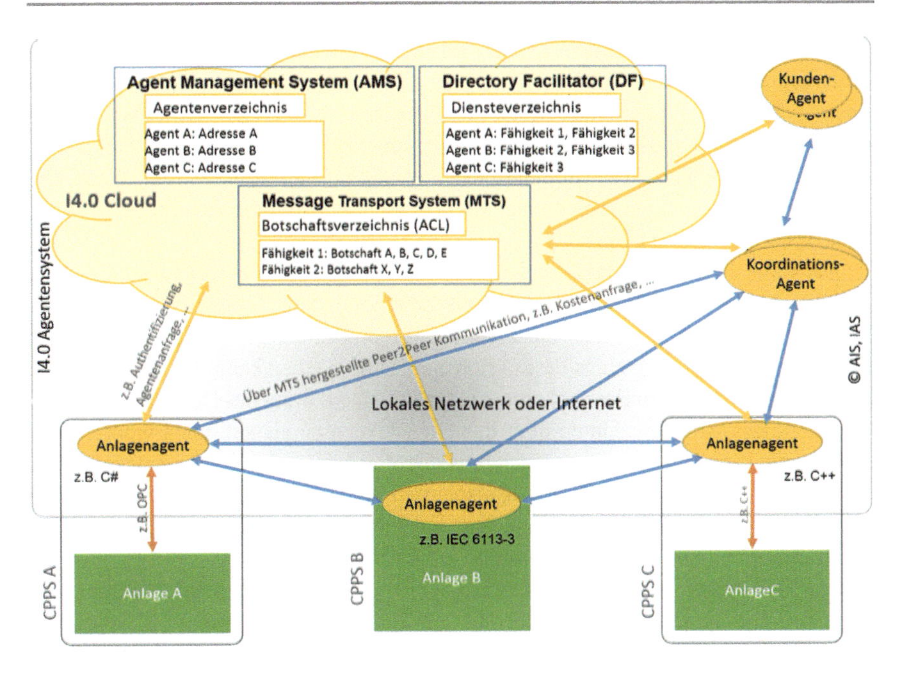

Abb. 4 Kommunikation mittels Agententechnologien

bis hin zu einer global vernetzen Anlage möglich. Dabei muss die einzelne Anlage selbst nicht angepasst werden – die Übersetzung zwischen dem Datenmodell des Agentensystems und dem anlagen – beziehungsweise betriebsinternen Datenmodell übernimmt alleine der vom Produktionsprozess unabhängige Anlagenagent. Um die Anbindung weiter zu vereinfachen, kann der Anlagenagent dabei sowohl eine eigene Entität (also lose gekoppelt), als auch direkt in der Anlage integriert sein. So ist es sowohl möglich, dass der Agent zusammen mit einem Steuerungsprogramm auf einer SPS, als auch auf einem getrennten Rechner läuft (Vogel-Heuser et al. 2014). Der Anlagenagent kann somit in einer beliebigen Sprache implementiert werden, zum Beispiel C#, C++ oder IEC 61131–3. Um nun die Kommunikation zwischen den Agenten (1) sowie den Agenten und den Verzeichnissen (2) zu ermöglichen, ist allerdings eine gemeinsame Sprache erforderlich, um die Interoperabilität zu gewährleisten. Durch die beschriebene Repräsentation einer Anlage durch einen Anlagenagenten ist die Sprache nach innen (3) hingegen jedem Betreiber selbst überlassen – möglich ist hier zum Beispiel OPC oder eine eigene Sprache in C++.

Alle Anlagenagenten sind über das Internet oder ein lokales Netzwerk verbunden und kommunizieren direkt miteinander. Zusätzlich zur Kommunikation zwischen den einzelnen Agenten findet außerdem eine Kommunikation zwischen den Agenten und den verschiedenen Verzeichnissen und Verzeichnisdiensten statt. Die Verzeichnisse sind dezentral in einer Cloud hinterlegt, was die Robustheit und Fehlertoleranz erhöht.

Die Adressen der Agenten werden im dezentralen Agentenverzeichnis (Agent Management System (AMS)) innerhalb der Cloud abgelegt. Hier findet die Zuordnung zwischen Namen und Hardware-/IP-Adresse statt. Mit Hilfe des AMS können die Verbindungen zwischen den Agenten dynamisch (basierend auf Namen) aufgebaut werden, ohne dass die Adressen im Vorhinein bekannt sein müssen. Wenn also lediglich der Name eines Anlagenagenten bekannt ist, kann die zugehörige Adresse über das Agentenverzeichnis erfragt werden.

Ebenfalls dezentral in der Cloud angesiedelt ist das Diensteverzeichnis (Directory Facilitator (DF)). In diesem Verzeichnis sind zu jedem Agent die zugehörigen Fähigkeiten hinterlegt, so dass das Agentensystem, basierend auf Fähigkeiten, nach geeigneten Teilnehmern eines Produktionsnetzwerks suchen kann. Wenn also für die Joghurtherstellung zum Beispiel eine Anlage zur Herstellung des Deckels fehlt, kann der Name des Anlagenagenten über das Diensteverzeichnis gefunden werden. Anschließend kann das Agentenverzeichnis für die Adresse und das Botschaftsverzeichnis für die zu verwendenden Botschaften abgefragt werden. Das Botschaftsverzeichnis als ein Teil des Message Transport Systems (MTS) enthält alle zu einer Fähigkeit gehörigen Botschaften und deren Aufbau.

Zur Kommunikation der Agenten im Agentensystem untereinander melden sich zunächst alle Agenten bei der Cloud an und werden entsprechend registriert (Abb. 5). Sofern ein Agent andere Agenten mit bestimmten Fähigkeiten sucht – im Beispiel sucht der Koordinationsagent Anlagenagenten – wird diese Anfrage an die Cloud gestellt, die ein entsprechendes Ergebnis zurückliefert. Im Anschluss findet direkte Kommunikation zwischen den Agenten statt, unter Umständen (nach

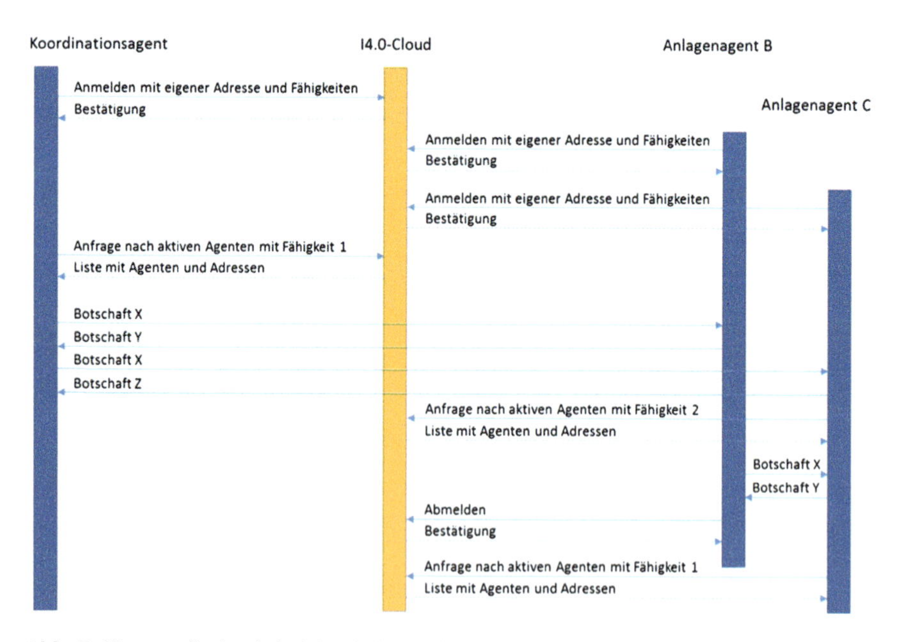

Abb. 5 Kommunikationsbeispiel zwischen mehreren Agenten des Industrie-4.0-Agentensystems für *MyJoghurt*

einer entsprechenden Anfrage an die Cloud) auch zwischen den Anlagenagenten. Die Sequenz endet mit der Abmeldung der Agenten.

Das Management der Cloud übernimmt ein Managementagent, der sich um die Wartung der dezentralen Verzeichnisse innerhalb der Cloud kümmert, neue Agenten in die Verzeichnisse einträgt, inaktive Agenten entsprechend löscht und Authentifizierungen neuer Agenten prüft.

Neben den Anlagenagenten, die eine Anlage repräsentieren und dem Managementagenten gibt es innerhalb des Agentensystems weitere Agenten, zum Beispiel den Koordinationsagent und den Kundenagent. Der Kundenagent repräsentiert die Möglichkeit, einen Auftrag in das Agentensystem einzubringen, zum Beispiel indem – wie beschrieben – auf einer mobilen Webseite ein entsprechendes Wunschprodukt konfiguriert wird. Dieser Auftrag wird vom Kundenagenten angenommen, vorverarbeitet und geht anschließend zunächst an den sogenannten Koordinationsagenten, der die Produktion des Produktes steuert, koordiniert und überwacht. Hierzu kommuniziert dieser dann mit den entsprechenden Anlagenagenten.

Für weitere, von der Auftragsplanung unabhängige Szenarien, wie zum Beispiel der Diagnose, sind zusätzliche Agenten, wie zum Beispiel ein Diagnoseagent, vorgesehen. Diese Agenten können sowohl parallel zu den bestehenden Agenten existieren, als auch in diesen integriert werden.

Literatur

Diedrich C, Fay A, Grützner J, Göhner P, Vogel-Heuser B, Weyrich M, Wollschlaeger M (2013) Automatisierungstechnischer Forschungsanlagenverbund für Industrie 4.0. Markt&Technik Summit Industrie 4.0, München

Heinecke G, Köber J, Lepratti R, Lamparter S, Kunz A (2012) Event-driven order rescheduling model for just-in-sequence deliveries to a mixed-model assembly line. In: Emmanouilidis C, Taisch M, Kiritsis D (Hrsg) Advances in production management systems. Competitive manufacturing for innovative products and services, part I. Springer, Berlin/Heidelberg, S 326–333

Legat C, Lamparter S, Vogel-Heuser B (2013) Knowledge-based technologies for future factory engineering and control. In: Borangiu T, Thomas A, Trentesaux D (Hrsg) Service orientation in holonic and multi-agent manufacturing and robotics, Bd 472. Springer, Berlin, S 355–374

Mayer F, Pantförder D, Diedrich C, Vogel-Heuser B (2013) Deutschlandweiter I4.0-Demonstrator – Technisches Konzept und Implementierung. Technischer Report. http://nbn-resolving.de/urn/resolver.pl?urn:nbn:de:bvb:91-epub-20131112-1178726-0-0. Zugegriffen am 11.01.2016

Onori M, Barata J, Durand F, Hoos J (2012) Evolvable assembly systems: entering the second generation. In: Hu J (Hrsg) Proceedings of the 4th CIRP conference on assembly technologies and systems, S 81–84

Pötter T, Vogel-Heuser B, Pantförder D (2014) Vorteile von Industrie 4.0 für die Prozessindustrie. In: Früh KF, Maier U, Schaudel D (Hrsg) Handbuch der Prozessautomatisierung, 5. Aufl. DIV Deutscher Industrieverlag, München, S 44–56

Schütz D, Wannagat A, Legat C, Vogel-Heuser B (2013) Development of PLC-based software for increasing the dependability of production automation systems. IEEE Trans Ind Inf 9 (4):2397–2406

Ulewicz S, Schütz D, Vogel-Heuser B (2014) Integration of distributed hybrid multi-agent systems into an industrial IT environment. In: IEEE international conference on industrial informatics (INDIN), Porto Alegre

Vogel-Heuser B, Diedrich C, Pantförder D, Göhner P (2014) Coupling heterogeneous production systems by a multi-agent based cyber-physical production system. In: IEEE international conference on industrial informatics (INDIN), Porto Alegre

Vogel-Heuser B, Schütz D, Folmer J (2015) Criteria-based alarm flood pattern recognition using historical data from automated production systems (aPS). Mechatronics. https://doi.org/10.1016/j.mechatronics.2015.02.004

Witsch M, Vogel-Heuser B (2012) Towards a formal specification framework for manufacturing execution systems. IEEE Trans Ind Inf 8(2):311–320

Weiterführende Literatur

Kaufmann T, Forstner L (2014) The horizontal integration of the value chain in the semiconductor industry – opportunities and challenges. In: Bauernhansl T, ten Hompel M, Vogel-Heuser B (Hrsg) Industry 4.0 in production, automation and logistics. Springer Vieweg, Wiesbaden. https://doi.org/10.1007/978-3-658-04682-8_18

Agentenorientierte Verknüpfung existierender heterogener automatisierter Produktionsanlagen durch mobile Roboter zu einem Industrie-4.0-System

Daniel Regulin und Birgit Vogel-Heuser

Zusammenfassung

Die Anforderungen hinsichtlich der Flexibilität steigen durch die Herstellung komplexer, auf den Endkunden individualisierter Produkte (Mass Customization). Das Kapitel zeigt die Verknüpfung von Unternehmen mit verschiedenen Kernkompetenzen im Rahmen von Industrie 4.0. Eine Agentenplattform dient als Basis für die Zusammenarbeit verschiedener Unternehmen an einem gemeinsamen Produkt sowie dessen Transport durch mobile Roboter in einem gemeinsamen Produktionsnetzwerk. Die Aspekte der modellbasierten Entwicklung des Demonstrators sowie sein Verhalten unter realitätsnahen Einsatzbedingungen ergeben wichtige Faktoren für die Weiterentwicklung der Referenzarchitektur sowie die Portierung dieser in andere Domänen.

1 Motivation

1.1 Reduzierung der Losgröße und Flexibilisierung der Produktion

Die Anforderungen an die moderne Produktion steigen stetig, da im internationalen Wettbewerb der Unternehmen ein Vorsprung oft nur durch einen höheren Grad der Individualisierung sowie zuverlässige Qualitätsstandards erreicht werden kann. Die Förderung dieser Entwicklung ist Teil des, von der Bundesregierung initiierten und durch viele Unternehmen schon in einigen Aspekten umgesetzten Ansatzes „Industrie 4.0". Dieser umfasst, ergänzend zu einer unternehmensinternen Verknüpfung von

D. Regulin (✉) · B. Vogel-Heuser
Lehrstuhl für Automatisierung und Informationssysteme, Technische Universität München, Garching, Deutschland
E-Mail: regulin@ais.mw.tum.de; vogel-heuser@ais.mw.tum.de

B. Vogel-Heuser et al. (Hrsg.), *Handbuch Industrie 4.0*,
https://doi.org/10.1007/978-3-662-58528-3_96

Produktionsprozessen, auch die Bündelung von Kernkompetenzen verschiedener Unternehmen zur Herstellung komplexer Produkte. Als weitere Herausforderung kann die Flexibilisierung der Produktion identifiziert werden. Ziel ist es, die Auftragseigenschafen bzw. Parameter bis zur tatsächlichen Produktion, Manipulation oder Bearbeitung variabel zu gestalten. So bleibt die Ausprägung dieser Werte für einen möglichst langen Zeitraum beeinflussbar und für Auftraggeber verbleibt als Option die Konfiguration auch nach Auftragsvergabe.

Neben den produkt- und auftragsspezifischen Faktoren existieren Anforderungen bezüglich der eingesetzten Produktionsmittel, Anlagen und Maschinen. In vielen Unternehmen der Produktion besteht ein gewisser Grad an Automatisierung. Die Architektur dieser Lösungen kann meist in Form der Automatisierungspyramide veranschaulicht werden (Lauber und Göhner 1999). Ausgehend von den Aktoren und Sensoren erfolgt die Aggregation zu Busknoten von mehreren Feldgeräten oder die direkte Verbindung zu den Ein- bzw. Ausgängen der „Speichprogrammierbaren Steuerungen" (SPS). Auf dieser Ebene werden die echtzeitfähigen Programmcodes für die Ansteuerung der Maschinen und Anlagen ausgeführt. In den Schichten über den Feldgeräten existiert eine Leitebene, welche die Produktionsplanung und -Steuerung mittels „Manufacturing Excecution Systems" (MES)- oder „Enterprise Resource Planning" (ERP)-Systemen ausführt.

Moderne Produktionsmaschinen sind komplexe mechatronische Systeme, deren Bestandteile verschiedener Domänen ineinander greifen. Eine Kategorisierung von Produktionsmaschinen in die Bereiche „Maschinenbau Mechanik", „Automatisierungstechnische Hardware" sowie „Software" und die Analyse des Lebenszyklusses zeigt zudem erhebliche Unterschiede in der Neuerungsrate auf (Birkhofer et al. 2010). Laut der Studie erfolgt die Anpassung der Software in einem Zyklus von 1,5 Jahren, während „Automatisierungstechnische Hardware" im Rhythmus von zehn bis 15 Jahren erneuert wird. Der mechanische Aufbau bleibt bis zu 50 Jahre fixiert. Auf Basis dieser Laufzeiten ist erkennbar, dass eine Flexibilisierung nicht die Anforderung an die Neuerstellung oder umfangreichen Umbau von Produktionsanlagen stellen darf, sondern auf Basis eines Migrationskonzeptes einfließen muss. Eine Hauptanforderung an ein Konzept zur Verknüpfung von Produktionsanlagen besteht daher in der Integration verschiedenster Plattformen und Betriebssysteme von Steuerungen, z. B.: SPS, Mikrocontroller, Robotersteuerungen, PC-basierte Systeme. Zusätzlich erfolgt die Ausführung der Produktionsabläufe oftmals durch proprietäre Software ohne standardisierte Schnittstellen. Ziel einer Lösung zur Verknüpfung und Flexibilisierung ist daher die Bereitstellung einer plattformunabhängig ausführbaren Software, welche eine Portierung auf bestehende Plattformen und Betriebssysteme zulässt.

1.2 Beschreibung der verknüpften Produktion- und Transportmittel für die Demonstration einer verteilten Produktion

Ein Demonstrator, welcher die genannten Anforderungen und Herausforderungen aufgreift und die Verknüpfung verschiedener Produktionsschritte eines Werkstücks mittels unterschiedlichster Produktionsmittel und Unternehmen zeigt, wurde auf der Messe „Automatica 2014“ vorgestellt. Während der Präsentation auf der Messe erfolgte die Produktion eines kundenindividuellen Flaschenöffners. Die Produktion umfasste die Stationen Lager, simuliertes Laserschneiden und -Härten, Spritzgießen, Lasergravieren, Verpacken und Kundenübergabe mit Labeling der Verpackungskartons. Die einzelnen Produktionsanlagen wurden auf dem Gelände der Messe München, verteilt auf verschiedene Messehallen, errichtet. Der Transportweg des Werkstücks für einen Produktionsdurchlauf umfasste dabei ca. einen Kilometer.

Lager

Das Endprodukt, der Flaschenöffner besteht aus einem Metallrohling mit der Kontur des Öffners, welcher zugleich Ausgangspunkt des Produktionsprozesses ist. Im Lager befinden sich die beschriebenen Rohteile und werden in Chargen zu je zehn Stück bereitgestellt.

Autonomer Transportroboter

Den Weg vom Lager zur Station „Simulation Laserschneiden und -Härten“ absolvierte ein autonomer Transportroboter, welcher eigene Manipulationsfunktionalitäten durch einen integrierten Roboterarm besitzt. Eine umfangreiche Sensorausstattung ermöglicht die Navigation zum Zielort, die Werkstückübergabe sowie die Berücksichtigung von Hindernissen sowie des Publikumsverkehrs.

Mobile Transportroboter

Aufgrund der Entfernung und zu erreichenden Geschwindigkeit insbesondere mit Rücksicht auf das Messepublikum kamen operatorgeführte Roboterplattformen zum Einsatz. Diese Einheiten sind mit einem Werkstückträger ausgestattet und können je eine Charge, das heißt zehn einzelne Werkstücke transportieren.

Simulation Laserschneiden und -Härten

Die Bearbeitung des Metallrohlings konnte aufgrund geltender Sicherheitsbestimmungen der Messe nur simulativ veranschaulicht werden. An dieser Station erfolgte daher der simulierte Ausschnitt der vorgegebenen Kontur durch einen stationären Laserschneidkopf, wobei die zur Kontur des Werkstücks korrespondierende Trajektorie mittels eines 6-Achs-Roboters umgesetzt wurde. Pro Werkstück sind zwei Schritte erforderlich: Im ersten Schritt erfolgte der simulierte Ausschnitt des Metallkerns, in einem zweiten die Härtung der Kanten durch den Laserstrahl.

Spritzgießen

Im Anschluss an die Bearbeitung durch den Laser erfolgte die Ummantelung des Metallkerns mit Kunststoff in einer automatisierten Spritzgussmaschine. Ein 6-Achs-Roboter platzierte je einen Rohling in der Form der Spritzgussmaschine. Diese umspritzte den Metallrohling mit Kunststoff. Auf den Verarbeitungsschritt folgend, entnahm der der 6-Achs-Roboter den umspritzten Metallkern, trennte den Anguss ab und platzierte das Werkstück auf der Position des zuvor entnommenen Platzes auf dem Warenträger.

Lasergravieren
Die Individualisierung des Öffners nach Vorgabe der Kundenbestellung war ebenfalls das Ergebnis eines automatisierten Prozesses. Eine mit 6-Achs-Roboter ausgestattete Fertigungszelle übernimmt einzelne Werkstücke in den Manipulator des Roboters und führt diese in den Fokus eines Gravurlasers. Abgeschirmt durch ein Gehäuse, aktivierte der Laser ein dem Kunststoff zugegebenes Additiv, welches an den bestrahlten Stellen mit einem Umschlag der Farbe reagierte. Im Anschluss platzierte der 6-Achs-Roboter das Werkstück auf dem bereitstehenden Warenträger.

Verpacken
Vor der Übergabe an den Kunden wurden die fertig produzierten Flaschenöffner vollautomatisch in Schachteln verpackt. Die Bereitstellung geöffneter Verpackungen geschah mittels eines Warenträgers, welcher auf einem Förderband im Arbeitsraum eines Delta-Roboters platziert wurde. Dieser entnahm einzeln komplettierte Öffner, platzierte sie in den entsprechenden Verpackungen und verschloss diese. Das Förderband platzierte die verpackten Öffner an der Übergabeposition für die angeschlossene Kundenübergabe.

Kundenübergabe
Die Ausgabe der verpackten Öffner erfolgte durch einen 6-Achs-Roboter mit Zulassung für die Kooperation mit dem Menschen. Unter diesen Voraussetzungen ließ sich die Aufgabe des Roboters in zwei Bereiche einteilen: Die automatische Entnahme der verpackten Flaschenöffner und die Übergabe an den Bediener bzw. Kunden. Der zweite Bereich umfasst zudem die Zuführung des Produktionscodes als eindeutige Identifikationsmöglichkeit in Form eines Labels.

2 Konzept für die Verknüpfung der Produktions- und Transportmittel

Eine Möglichkeit zur Verknüpfung heterogener Produktionseinheiten, welche durch den Demonstrator „MyJghourt“ (Vogel-Heuser et al. 2015; Vogel-Heuser und Schütz 2014) bereits erfolgreich evaluiert werden konnte, besteht in der Anwendung eines Multi-Agent-Systems. In der Domäne Joghurtproduktion werden verschiedene Produktionsanlagen über das Internet gekoppelt, um gemeinsame Arbeitsschritte stellvertretend für die Produktion, Veredelung und Verpackung von individuellen Joghurtbestellungen durchzuführen. Dabei wird jede Entität durch einen Agenten repräsentiert. Dieser wird laut Richtlinie des VDI definiert: „Ein technischer Agent ist eine abgrenzbare (Hardware- oder/und Software-) Einheit mit definierten Zielen. Ein technischer Agent ist bestrebt, diese Ziele durch selbstständiges Verhalten zu erreichen und interagiert dabei mit seiner Umgebung und anderen Agenten“ (VDI 2010).

Die bestehende Referenzarchitektur sowie das „Starter-Kit“, eine minimale Implementierung des Agenten, kamen auch bei der Demonstration für die Produktion des

Flaschenöffners auf der Messe „Automatica 2014" zum Einsatz. Die interdisziplinäre Zusammenarbeit bei der Spezifikation, Herstellung und Inbetriebnahme erfordert ein gemeinsames, für alle Beteiligten aus unterschiedlichen Domänen verständliches Vorgehen. Aus Vorarbeiten zum Thema Engineering von Automatisierungsanlagen resultiert die modellbasierte Entwicklung basierend auf Beschreibungssprachen wie der „Systems Modeling Language" als vorteilhaft (Vogel-Heuser 2014).

2.1 Beschreibung Referenzarchitektur

Die Architektur des Agenten-Systems kann in eine organisatorische und technische Schicht gegliedert werden. Der Beitrag (Pantförder et al. 2014) beschreibt die Organisation des Agentensystems sowie die Optionen für Rekonfiguration mit den zugehörigen Organisationseinheiten, ebenfalls repräsentiert durch Agenten. Die technische Sicht auf die Agentenplattform, insbesondere eines Agenten sowie dessen technische Voraussetzung zur Interaktion und Kommunikation sind in Kap. Modellbasierte Softwareagenten als Konnektoren zur Kopplung von heterogenen Cyber-Physischen Produktionssystemen dargestellt. Aufbauend auf der Architektur sind die Spezifikation der Applikationsschicht sowie der Schnittstelle zur herstellerspezifischen Hardware des Agenten für die verteilte Produktion inklusive dem Werkstücktransport zu entwickeln.

2.2 Modellbasiertes Vorgehen in der Entwicklung eines Agentensystems

Spezifikation der Hardwareschnittstellen

Die verteilte Produktion stellt den Anspruch an eine gemeinsame Beschreibung des Werkstücks, um auf dessen Basis die Aspekte Transport, Handling, Bearbeitung sowie Schnittstellen zu spezifizieren. Ein einheitliches Austauschformat für geometrische Daten, welche die Option zum Import in verschiedene „Computer Aided Design" (CAD)-Tools bietet, ist das „.stp"-Format. Auf Basis des Werkstückmodells ist eine Auslegung der Warenträger, Robotergreifer sowie Werkzeuggeometrien möglich. Neben der Applikation in einer Fertigungszelle ist insbesondere die Interaktion zwischen Fertigungszelle und Transporteinheiten von Relevanz. Die Arbeitsräume der Transport- bzw. Produktionseinheiten muss eine Schnittmenge, den Interaktionsraum besitzen. Aufgrund der durch 6-Achs-Roboter automatisierten Prozessschritte liegt dieser Interaktionsraum im Arbeitsraum des 6-Achs-Roboters und muss abgesichert werden. Dies kann durch auf die Transportroboter montierte Sicherheitsschalter geschehen, welche den Interaktionsraum durch elektrische Beschaltung von Sicherheitskreisen nur freigeben, wenn ein Transportroboter die korrekte Be- bzw. Entladeposition erreicht hat. Die Sicherung gegen Eingriff erfolgt zudem durch entsprechende Klappen, welche erst kurz vor dem Ein- bzw. Ausfahren des Transportroboters in den abgesicherten Produktionsbereich betätigt werden.

Neben dem Interaktionsraum und dessen Absicherung ist der Austausch der Werkstücke eine Voraussetzung für die Verknüpfung verschiedener Produktionsstationen. Die Transportroboter selbst besitzen einen Warenträger, auf welchem die Werkstücke zentriert gelagert sind, jedoch keine Handling- Aktorik. Es besteht daher die Notwendigkeit die Position der Werkstücke zu fixieren. Dies erfolgt entweder über eine mechanische Zentrierung des Transportroboters oder die visuelle Detektion der Werkstückposition auf dem Roboter in Bezug auf ein Referenz- Koordinatensystem. Im Falle der mechanischen Zentrierung kann auf die im Modell hinterlegten Werte für die Positionen zurückgegriffen werden. Im Gegensatz dazu erfordert die visuelle Methode zum einen die Platzierung des Transportroboters im Interaktionsraum und zum anderen die Erkennbarkeit, das heißt einen Kontrast zwischen Werkstück und Warenträger. Der 6-Achs-Roboter kann mit dem Greifer bzw. Sauger, welcher der Kontur des Werkstückmodells entspricht, die Teile be- und entladen bzw. manipulieren.

Eine Alternative des Austauschs besteht durch den Einsatz von Transportrobotern mit einem integrierten Aktor. In diesem Fall ist kein direkter Interaktionsraum von Transportplattform und 6-Achs-Roboter notwendig. Zum Austausch genügen passive Einrichtungen, z. B.: Rutschen. Aus Sicht der Absicherung sind ebenfalls passive Einrichtungen ausreichend, da der Arbeitsraum des 6-Achs-Roboters bzw. der Produktionseinheit nicht zum Ein- bzw. Ausfahren geöffnet werden muss.

Eine Ausnahme bezüglich der Absicherung zwischen Mensch und Roboter bilden Roboter mit Zulassung für die Mensch-Roboter-Kooperation. Durch integrierte Sensorik kann eine externe Krafteinwirkung detektiert und eine entsprechende Reaktion ausgelöst werden. Auf dieser Grundlage kann die Übergabe an den Bediener bzw. Kunden ohne Schutzeinhausung konzipiert werden.

Weitere Informationen, welche durch die modellbasierte Entwicklung des mechanischen Aufbaus der Fertigungs- und Transporteinheiten bekannt sind, betreffen das Layout. Diese sind für die Planung der Wegstrecken zwischen den Produktionseinheiten sowie deren Platzierung in den Hallen des Messegeländes von großer Bedeutung. Es können auf dieser Basis Durchlaufzeiten, Wegstrecken, Hindernisse sowie der Durchsatz berechnet werden.

Spezifikation der Anlagen aus Steuerungstechnischer Sicht und Anbindung des Agenten

Die an der Produktion beteiligten Stationen verfügen über Steuerungssysteme unterschiedlicher Hersteller und stellen daher zumeist proprietäre Schnittstellen zur Verfügung. Diese ermöglichen entweder die Ausführung von Programmen, in diesem Fall die Agentensoftware, auf der Steuerungsplattform selbst oder mittels eines externen Rechners. Wie im Kap. Modellbasierte Softwareagenten als Konnektoren zur Kopplung von heterogenen Cyber-Physischen Produktionssystemen beschrieben, verfügt ein Agent über eine maschinenseitige sowie eine zur Agentenplattform gerichtete Schnittstelle, welche die Anlage als „Cyber-physical production system" (CPPS) in der Agentenplattform repräsentiert (Abb. 1).

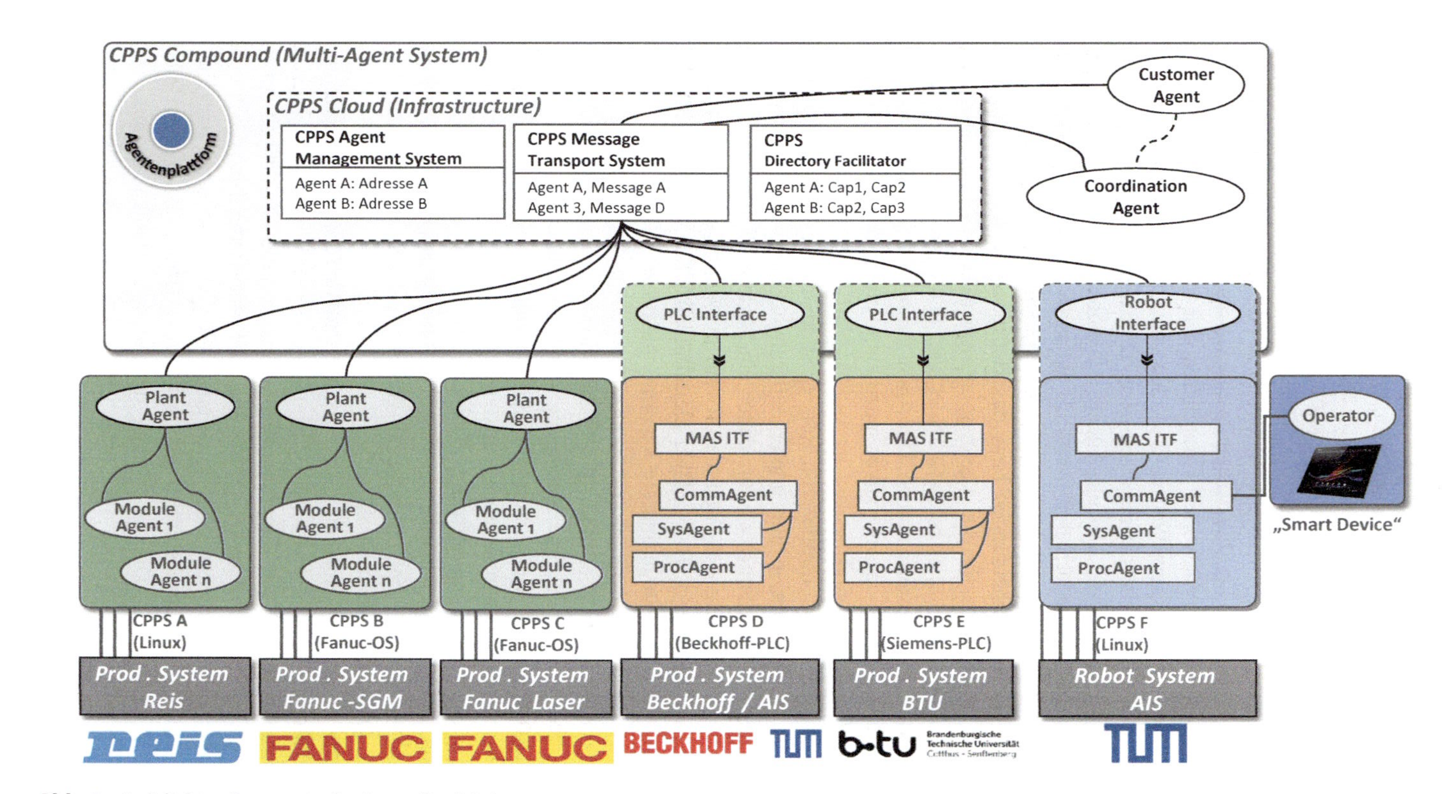

Abb. 1 Architektur des agentenbasierten Produktionssystems

Grundsätzlich kann zwischen zwei Formen der Implementierung unterschieden werden: Ausführung der Agenten-Software auf der Steuerungsplattform und Ausführung der Agenten-Applikation auf externer Rechenhardware.

Im Fall der „Reis"-Steuerungsplattform kann die Agentensoftware, bestehend aus dem „Starter-Kit" angereichert mit Applikationsspezifischen Inhalten, direkt auf der Robotersteuerung implementiert werden. Der C-Code mit den entsprechenden Bibliotheken (vgl. Kap. Modellbasierte Softwareagenten als Konnektoren zur Kopplung von heterogenen Cyber-Physischen Produktionssystemen dargestellt) lässt sich für das Betriebssystem „VXWorks" kompilieren und in die Start-Routine der Steuerung einbinden. Auf diesem Weg wird die Kommunikation zur Agentenplattform mit dem Start der Robotersteuerung instanziiert. Die Agentensoftware „Plant Agent" greift mit ihren Funktionen „Module-Agent" auf globale Variablenwerte der Roboterapplikation zu und bettet deren Werte als Parameter in die Nachrichten an die Agentenplattform ein. Der Zugriff auf die Daten kann dabei in Echtzeit erfolgen, sodass der Agent Entscheidungen bzw. das Betriebsverhalten aktiv beeinflussen kann. Dabei werden nur für die Agentenplattform relevante Daten ausgetauscht. Der Produktionsteilnehmer selbst entscheidet über den Umfang, die Erhebung und die Aggregation dieser Informationen. Der Agent kapselt die Steuerung aus informationstechnischer Sicht, sodass nur zuvor spezifizierte und in den Agenten implementierte Abfragen zulässig sind.

Im Gegensatz zum Controller von Reis existiert für die „Fanuc-Robotersteuerung" keine direkte Option zur Implementierung der Agentensoftware auf der Steuerungsplattform. Alternativ kann daher eine externe Schnittstelle verwendet werden. Die Ausführung der Agentensoftware erfolgt in dieser Architektur auf einem externen Rechner, z. B. PC. Über die proprietäre Schnittstelle erfolgt analog zum Konzept der Reis-Steuerung die Kommunikation zur Übertragung von Variablenwerten zwischen Roboter-Applikation und Agenten-Applikation. Die Schnittstellenfunktionen sind dabei durch die „Fanuc-Software" spezifiziert und werden vom Agenten aufgerufen. Eine Kapselung der Informationen erfolgt analog zur Softwarearchitektur der „Reis-Controller-Applikation".

Für die Schnittstelle zum Gravurlaser existiert ein vergleichbares Konzept. Dieser arbeitet mit einer Steuerungssoftware, welche die Steuerung durch externe Resourcen zulässt. Aufgrund der baulichen Nähe von Gravurlaser und „Fanuc-Robotersteuerung" können die Applikation beider Agenten getrennt voneinander auf einer Rechenhardware ausgeführt werden.

Die Optionen zur Implementierung des Agenten auf den „Speicherprogrammierbaren Steuerungen" (SPS) der Hersteller Beckhoff und Siemens sind im Vergleich zu den Controllern der Roboter vielfältiger. Es besteht einerseits die Möglichkeit zur Implementierung als SPS-Code nach IEC 61131-3, z. B. Strukturierter Text, die Anbindung auf externer Rechenhardware, z. B. durch eine OPC-Schnittstelle als auch die Ausführung unter einem Betriebssystem auf der Steuerungshardware, z. B.: Embedded PCs, vgl. Beckhoff IPC. Die Ausführung der Agenten-Applikation außerhalb der „IEC 61131-3"-Umgebung nutzt die globalen Variablen zum Austausch von Informationen und Statusmeldungen, da sowohl der OPC- als auch der „Automation Device Specification" (ADS)-Standard (Papenfort et al. 2015) Funktionen zum Lesen und

Schreiben der Variablenwerte zur Verfügung stellen. Eine Implementierung von Agenten nach den Sprachen der Norm IEC 61131-3 ist nach den Ergebnissen der Arbeiten von (Ulewicz et al. 2012) möglich, schränkt jedoch die Verwendung des „Starter-Kits ein". Eine Methode zur modellbasierten Erstellung von Agenten beschreibt (Schütz und Vogel-Heuser 2013). Die vorgestellten Konzepte für die Agentenimplementierung auf SPS-Steuerungen eignet sich für die Stationen Verpackung und Kundenübergabe, da hier Steuerungskomponenten der Hersteller Beckhoff bzw. Siemens verbaut sind.

In Differenz zur Referenzarchitektur berücksichtigt der Demonstrator mobile Transportroboter, welche ebenfalls durch je einen Agenten im Agentennetzwerk repräsentiert werden. Sowohl die Steuerung des autonomen als auch des operatorgeführten Transportroboters basieren auf einem Embedded-Computer mit einem Linux-Betriebssystem. Diese Voraussetzungen erlauben die Verwendung eines für das Betriebssystem angepassten Kompilates des „Starter-Kits". Neben der Schnittstellenfunktion führt der Agent an dieser Stelle auch die Kommunikation mit dem Operator bzw. dessen Eingabegerät aus und steuert die Aktoren mittels Verfahrbefehlen. Spezifiziert für die Systemfunktionen sind die Agentenfunktionen „SysAgent" und „ProcAgent". Die Konzeption aus technischer Sicht findet demnach sowohl für Anlagen als auch für Transporteinheiten Anwendung. Unterschiede existieren lediglich auf Applikationsebene sowie der Art der Datenübertragung.

Spezifikation der Botschaften zwischen den Anlagenagenten

Die Anbindung der Agenten durch geeignete, oft proprietäre Schnittstellen ist in vielen Fällen herstellerspezifisch. Im Gegensatz dazu sind die Inhalte und Formate der Nachrichten zwischen den Agenten bzw. an die Agentenplattform zum Autausch von Informationen spezifiziert. Die Funktion hängt daher maßgeblich von einer konsistenten Formulierung der Nachrichten sowie deren korrekten Inhalten ab. Ein modellbasiertes Vorgehen auf Basis von SysML-Sequenzdiagrammen vermeidet Unschärfen bzw. Interpretationsspielraum im Vergleich zu einer textuellen Beschreibung und erleichtert das Verständnis gegenüber Formulierungen in Form von Softwarecode. Für den Betrieb eines Produktionssystems dieser Art können Nachrichten zwischen Agentenplattform und Produktions- bzw. Transportmittel in die Bereiche Produktion, Transport und Schnittstellen eingeteilt werden. Zur Abdeckung der benötigten Funktionalität sind folgende Nachrichteninhalte in den zugehörigen Bereichen klassifiziert:

- Produktion
  - Status der Produktionseinheit
  - Merkmale des zu bearbeitenden Werkstücks
  - Angebot für die Bearbeitung eines Werkstücks
- Transport
  - Status der Produktionseinheit
  - verbleibende Wegstrecke/Ladezustand des Akkus
  - Angebote für Transportauftrag
  - aktuelle Position

- Schnittstellen
  - Freigebe Ein-/Ausfahren des Transportroboters in/aus Sicherheitsbereich Anlage
  - Be-/Entladefreigabe des Transportroboters für eine Produktionszelle
  - Be-/Entladung von Werkstück mit spezifizierter Auftrags-ID
  - Werkstücke von Transportroboter sind vollständig be-/entladen

Die Nachrichten zu den genannten Inhalten sind jeweils nach dem Handshake-Prinzip vorzusehen, sodass sowohl der Empfang als auch die korrekte Interpretation des jeweiligen Empfängers sichergestellt sind. Weiterhin besitzt eine Produktionseinheit oftmals mehrere mechanische Schnittstellen zur Interaktion mit Transporteinheiten. In Konsequenz ist als Parameter der Nachrichten neben Absender und Empfänger auch die zu verwendende Schnittstelle, das sogenannte „Dock" zu spezifizieren. Nach der Vorgabe für das Design der Applikationsschicht ist die Kommunikation der Agenten als Repräsentanten der an der Produktion beteiligten Systeme vollständig spezifiziert. Die Fähigkeiten der Anlagen bzw. Transporteinheiten sind dem jeweiligen Namen zugeordnet in dem „Directory-Facilitator"-Verzeichnis hinterlegt (vgl. Pantförder et al. 2014). Neben dem Austausch von Nachrichten über die Plattform, gesteuert durch den „Koordinator-Agent", besteht ein bilateraler Austausch von Nachrichten zwischen Transporteinheit und Produktionseinheit bei direkter Interaktion, z. B. Arbeitsraumfreigaben. Diese Form der Kommunikation senkt die Kommunikationslast über die Plattform sowie den Anspruch an den „Koordinator-Agent".

Spezifikation der Botschaften von Kunden- und Koordinator-Agent
Neben den Nachrichten zur Bearbeitung eines Werkstücks sind ergänzende Informationen bezüglich der Aufträge nötig. Die Inhalte dienen zum einen der Entgegennahme von kundenindividuellen Anfragen und zum anderen zur Informationssicht für Nutzer des Systems. Für die Überwachung eines Auftrags stellt beispielsweise der Kundenagent eine Anfrage über den Status an den Koordinator. Als Reaktion fragt dieser alle bei allen an einem Auftrag beteiligten Agenten den aktuellen Status an und leitet die Rückmeldung weiter an den Kundenagent. Ein analoges Vorgehen liegt bei der Aktualisierung eines Auftrags vor (Abb. 2). Die Agentenplattform umfasst zudem verschiedene Nutzerrollen, z. B.: Kunden, Bediener, Administration, und stellt für diese ein geeignetes Interface via Webseite zur Verfügung.

Für Kunden besteht ein offener Zugang über eine Webseite, welche durch Eingabe der Adresse, z. B. über einen „Quick Response" (QR)-Code, erreichbar ist. Ein impliziter Leitfaden zur Erfassung der Bestelldaten, realisiert durch ein Bestellformular, aggregiert alle Informationen und Merkmale, welche für die Fertigung des Produktes notwendig sind. Neben der Aggregation umfasst der Aufgabenbereich des Kundenagenten auch das Management, insbesondere die Einsteuerung, des komplettierten Datensatzes in das Auftragsscheduling. Ergänzend zu der plattforminternen Verarbeitung verfügt der Kunden-Agent über Update- und Benachrichtigungsfunktionen, welche dem Kunden Rückmeldung über den Auftragseingang, die erwartete Fertigstellung sowie Updates über den aktuellen Status geben, z. B. in Form von E-Mail-Nachrichten.

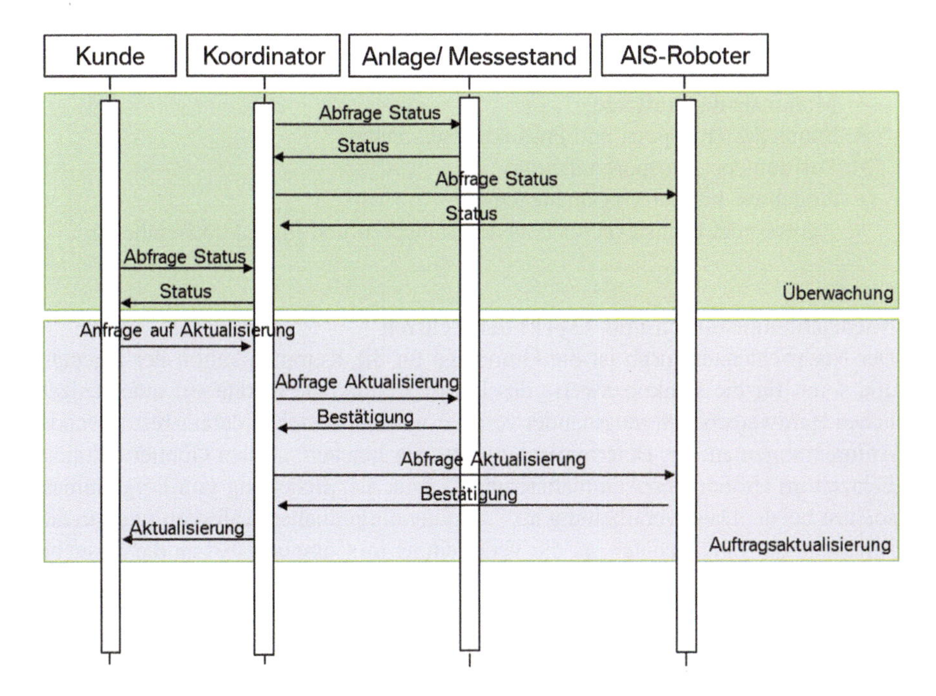

Abb. 2 Nachrichtenaustausch des Kundenagenten

Die Bedienersicht umfasst den Gesamtstatus der Agentenplattform mit aktuellem Auftragsstatus, Zustand der Produktions- und Transporteinheiten sowie historischen Daten. Der Agent stellt diese Daten, analog zur Ansicht für Kunden, ebenfalls über eine Website grafisch aufbereitet zur Verfügung.

Die Administrationssicht stellt der Kundenagent in tabellarischer Form zur Verfügung. Diese Ansicht umfasst alle durch Nachrichten übermittelten Informationen und lässt deren Manipulation zu. Eingriffe über diese Schnittstelle wirken sich direkt auf das Verhalten des Agentensystems aus, wodurch Fehlerfälle auftreten können. Der Zugang zu dieser Ansicht ist daher durch entsprechende Zugangsdaten gesichert.

Zusammenfassend resultieren für die Kundenagenten Nachrichteninhalte zu folgenden Bereichen:

- Kundensicht:
  - Merkmale des Auftrags
  - Status des Auftrags
- Bedienersicht ergänzt die Kundensicht um:
  - Status aller Aufträge
  - Status der Transport- und Produktionseinheiten
  - Positionen der Transporteinheiten
  - Historische Daten

- Administrationssicht ergänzt die Bedienersicht um:
  - Status der Aufträge
  - Merkmale der Aufträge
  - Status der Transport- und Produktionseinheiten
  - Position der Transporteinheiten
  - Angebots- und Auftragsmanagement
  - Adress- und Diensteverzeichnis der Transport- und Produktionseinheiten

Nachrichtenaustausch und Aspekt der Echtzeit
Der Nachrichtenaustausch ist die Grundlage für die Kommunikation der Agenten und somit für die Funktionsweise des Demonstrators. Da Geräte auf unterschiedlichen Hardwareebenen miteinander vernetzt werden, bestehen daraus resultierende Anforderungen an den Determinismus, bzw. die Echtzeit. Lauber/Göhner definiert Echtzeit im Umfeld der Automatisierungstechnik als „Erstellung von Programmen so, dass bei der Datenverarbeitung im Computer die zeitlichen Anforderungen an die Erfassung der Eingabedaten, an die Verarbeitung im Computer und an die Ausgabe der Ausgabedaten erfüllt werden" (Lauber und Göhner 1999). In Abhängigkeit der Applikation sowie der zugehörigen Schicht des ISO/OSI-Referenzmodells (Schnell und Wiedemann 2012) gelten nach genannter Definition unterschiedliche Anforderungen an das Zeitverhalten der Datenübertragung. Das Agentennetzwerk deckt die Ebenen von der Datenverbindungsschicht (Schicht 2) bis zu den Apps auf der Anwendungsschicht (Schicht 7) und somit fast den gesamten Bereich des Schichtenmodells ab. Es ist daher von Bedeutung, die Bestandteile des Agentennetzwerkes in den Kontext des Schichtenmodells unter Berücksichtigung der Randbedingungen Kommunikationszeit und Datenmenge einzuordnen. Die Kommunikationszeiten der Bestandteile des Agentensystems des Demonstrators ist in Tab. 2 dargestellt und nach dem Ansatz von Jasperneite den Schichten des ISO-OSI-Referenzmodells zuordenbar. Kriterien sind die Komplexität der übermittelten Informationen sowie die Anforderung an die Übertragungsgeschwindigkeit.

Die Anlagen- und Transportagenten bilden durch die anlagenseitige und die plattformseitige Schnittstelle das Bindeglied zwischen den Ebenen des Schichtenmodells. Regelungstechnische Anwendungen der Anlagen fordern eine definierte, maximale Latenzzeit. Diese setzt sich aus den dynamischen Eigenschaften des Systems sowie den Transmissionszeiten für die Datenübertragung zusammen. Insbesondere auf hardwarenaher Ebene sind die Zeitspannen für die Digitalisierung von Sensorwerten, der Signalübertragung zur Steuerung, die dortige Verarbeitung sowie die Stellgrößenübermittlung an den Aktor ausschlaggebend für die Steuerbarkeit und Regelbarkeit des Systems. Echtzeit-Bussysteme können die Anforderungen an eine Kommunikation im Bereich weniger Millisekunden erfüllen. Das deterministische Verhalten dieses Kommunikationsprozesses ist eine wichtige Voraussetzung für die Ausführung von regelungstechnischen Abläufen. Die Integration der automatisierungstechnischen Hardware in übergeordnete Steuerungssysteme darf demnach keine Einschränkungen der Echtzeit-Kommunikation hervorrufen.

2.3 Management der Aufträge

Die Kundenaufträge sind zu Chargen von je zehn Werkstücken zusammengefasst. Der „Koordinator-Agent“ partitioniert die Aufträge nach Auftragsdatum bzw. nach Wunschtermin für die Fertigstellung. Dabei gilt für die Priorität P der Zusammenhang aus gewünschter Fertigstellungsdauer t_{Wunsch}, der aktuell verstrichenen Zeitdauer seit Produktionsbeginn t_{ist}, dem Zeitpunkt des Auftragseingangs $t_{Auftragseingang}$ sowie dem Priorisierungsfaktor p:

$$P = \frac{1}{t_{Wunsch}} \cdot \left(t_{ist} - t_{Auftragseingang}\right) \cdot p$$

Anhand der Stellung N nach dem Scheduling, der Durchlaufzeit t_{DLZ}, der Zeitdifferenz bis zum nächsten Start t_c einer Charge und Anzahl einer Charge c kann der „Koordinator-Agent“ den Fertigstellungszeitpunkt $t_{produced}$ bestimmen:

$$t_{produced} = t_{DLZ} + \frac{N}{c} t_c$$

Die Vergabe eines Auftrags an Produktions- bzw. Transporteinheiten kann in vier Phasen gegliedert werden (Abb. 3). In Phase eins fordert der „Koordinator-Agent“ Angebote der Produktions- bzw. Transportagenten für die Ausführung eines Dienstes an, welche im Anschluss daran in Phase zwei bei dem „Koordinator-Agent“

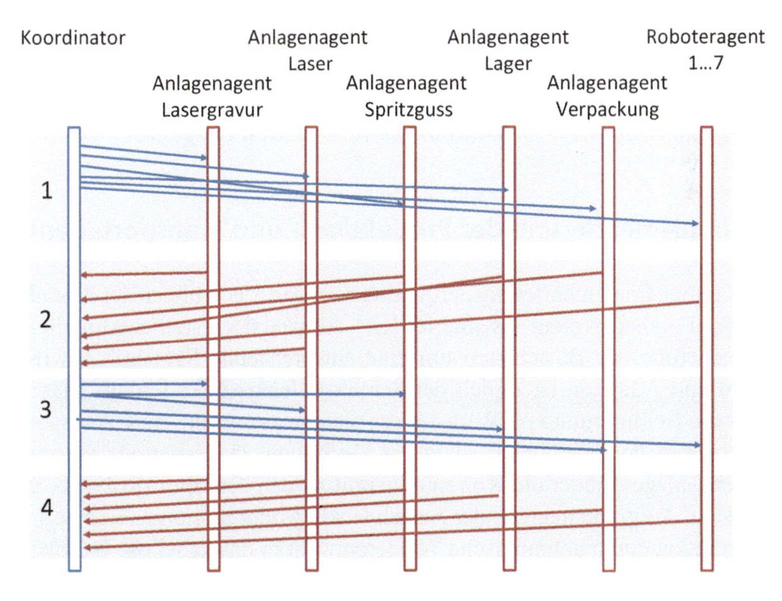

Abb. 3 Marktplatzprinzip der Auftragsvergabe

eingehen. Anhand des Ergebnisses einer Kostenfunktion erfolgt die Vergabe der Aufträge in Schritt drei. Nach dem Handshake-Prinzip senden alle angefragten Agenten die Bestätigung des Auftragseingangs in Phase vier.

3 Umsetzung für den Demonstrator Robot Integrated Agent Network (RIAN)

Die praktische Umsetzung des Konzeptes auf der Messe „Automatica 2014" erfolgt nach den Beschriebenen Konzepten des vorangegangenen Kapitels.

3.1 Implementierung der Agentenplattform

Die Agentenplattform mit „Directory Facilitator" (DF), „Agent Management System" (AMS), „Message Transport System" (MTS) sowie der „Koordinator-Agent" sind Verzeichnisse bzw. Applikationen, deren Vorhaltung und Ausführung einer Hardwareplattform bedingen (vgl. Pantförder et al. 2014). Da für den Demonstrator RIAN die Verknüpfung verschiedener Transport- und Produktionseinheiten über das Internet vorsieht, besteht die Anforderung nach einem extern über das Internet zugänglichen Server, auf dem die zentralen Einrichtungen für die Agentenplattform instanziiert sind.

Ergänzend zu den infrastrukturellen Einrichtungen sind ebenfalls die über das Internet zugänglichen Instanzen der Kundenagenten (Kunden-, Bediener- und Administrationssicht) auf dem Server angelegt. Auf der Nutzerseite bilden Webseiten, deren Daten vom jeweils zugeordneten Agent gesteuert werden, die Schnittstelle nach außen. Durch Web-Browser Anwendungen auf den Endgeräten und die Optimierung der Webseiten auf Bildschirme mit Touch-Steuerung besteht weitestgehend Unabhängigkeit von Art und Plattform des verwendeten Endgerätes.

3.2 Implementierung der Produktions- und Transportagenten

Als Basis für die Implementierung der Agenten auf den Steuerungen der Produktions- und Transporteinheiten dient das „Starter-Kit". Anhand der erstellten Modelle erfolgt die Anreicherung der Botschaften um eine entsprechende Semantik sowie deren Definition und Adaption bezüglich der Schnittstellenspezifikation auf Maschinenseite. Für die Beförderung von Werkstücken stehen insgesamt sechs Transportroboter, repräsentiert durch je einen Agent zur Verfügung. Im Gegensatz zu ortsfesten Produktionsanlagen findet die Kommunikation zu den Transport-Roboter-Agenten kabellos statt. Aufgrund mangelnder Netzabdeckung oder Störungen ist eine schnelle Rekonfiguration durch automatische Wiedereinwahl in das kabellose Netzwerk von hoher Relevanz. Insgesamt existieren auf der Plattform die in Tab. 1 gelisteten Agenten bzw. deren assoziierte Entitäten:

Tab. 1 Agentenbezeichnung und assoziierte Anlageneinheiten

Nr.	Agent	Assoziierte Entität
1	Roboteragent A...G	Transportroboter A...G
2	Anlagenagent Laser	Produktionseinheit Laser schneiden/-härten
3	Anlagenagent Spritzguss	Produktionseinheit Spritzgießen
4	Anlagenagent Lasergravieren	Produktionseinheit Lasergravieren
5	Anlagenagent Verpacken	Produktionseinheit Verpacken
6	Anlagenagent Kundenübergabe	Produktionseinheit Kundenübergabe
7	Kundenagent	Kundensicht für Bestellung
8	Bedieneragent	Bedienersicht zur Überwachung
9	Administrationsagent	Administrationsansicht
10	Koordinator-Agent	Koordination und Auftragsverwaltung

3.3 Kommunikation über die Agentenplattform

Die Funktion eines Agentensystems hängt neben der softwaretechnischen Implementierung der Agenten und deren Anbindung an die Anlagenhardware sowie deren zugehörige Steuerungsprogramme maßgeblich von der Kommunikation ab. Entscheidend für die Verhandlungen der einzelnen Agenten sind kurze Laufzeiten der Nachrichten und eine hohe Verfügbarkeit der Konnektivität. Nur unter diesen Voraussetzungen können der Empfang von Anfragen und die Versendung von Angeboten rechtzeitig erfolgen. Während für den unternehmensinternen Einsatz die entsprechenden Voraussetzungen geschaffen werden können, existiert die Messeinfrastruktur als eine gegebene Randbedingung für den Demonstrator.

- Alle an das Messenetzwerk angeschlossenen Geräte erhalten bei Verbindung oder Wiederverbindung eine IP-Adresse.
- Es besteht keine Möglichkeit die verbundenen Agenten initial über deren IP-Adresse zu identifizieren.
- Kabellose Verbindungen sind aufgrund unvollständiger Netzabdeckung und Überlastung nicht durchgängig verfügbar.

Der Koordinator-Agent sowie die zentralen infrastrukturellen Einrichtungen (DF, AMS, MTS) sind zentrale Instanzen und müssen daher über das Internet verfügbar und sichtbar sein. Unter den gegebenen Voraussetzungen kann ein im Messenetzwerk platzierter Server diese Anforderungen daher nicht leisten. Es kommt daher nur der Betrieb in einem externen Netzwerk in Betracht, welches die Sichtbarkeit des Servers durch eine statische Adresse unterstützt. Die verbundenen Agenten (vgl. Tab. 1) registrieren sich durch den Eintrag der spezifischen Daten bei den infrastrukturellen Einrichtungen (AMS, DF) und können namensbasiert identifiziert werden. Für die Produktions- und Kundenagenten ist durch eine kabelgebundene Netzwerkverbindung in das Internet und somit zu dem Koordinator-Agent die ständige Verbindung möglich. Im Gegensatz dazu sind für die zeitweise unterbrochenen Verbindungen der Transportroboter eine Wiedereinwahlroutine sowie ein

Nachrichtenpuffer vorzusehen. Die Kommunikation nach dem Handshake-Prinzip stellt dabei die sichere Zustellung sowie den Status der einzelnen Nachrichten sicher.

4 Evaluation an dem RIAN-Demonstrator

Das Engineering, die Implementierung sowie der Betrieb des RIAN-Demonstrators umfasst einen bisher selten durchgeführten Prozess anhand dessen Erfahrungen über bestehende Defizite als auch die Vorteile angewandter Vorgehensweisen sowie des Systemverhaltens evaluiert werden konnten.

4.1 Architektur und Portabilität der Agentenplattform

Eine Herausforderung und zugleich Grundlage für die Planung des Systems ist die Verwendung der bestehenden Referenzarchitektur des „My-Joghurt"-Demonstrators. Dessen im Laborumfeld entwickelte Architektur musste an den Kontext der bestehenden Anforderungen, insbesondere die Erweiterung um den Aspekt Transport angepasst werden. Weiterhin ist die Ausrichtung der Plattform auf einen anderen Produktionsablauf bzw. ein anderes Produkt mit einer Erweiterung und Änderung der Applikationssicht, insbesondere der Nachrichteninhalte sowie deren Bedeutung erforderlich. Für die einzelnen Agentenimplementierungen besteht ebenfalls die Notwendigkeit der Adaption auf den jeweiligen Kontext der Produktion. Es besteht hier die Möglichkeit, einen Agenten (z. B.: Anlagenagent) auf verschiedenen Plattformen zu registrieren und darüber hinaus Aufträge außerhalb des Netzwerkes zu verwalten, sodass die Verwendung einer Anlage nicht auf ein Agentennetzwerk begrenzt ist. Im Gegensatz zu den produktionsspezifischen Eigenschaften ist die Kommunikationsarchitektur durch die verwendeten Protokolle und die Kommunikation über das Internet sehr flexibel und weitestgehend automatisch adaptierend. Die Agentenplattform kann daher in die meisten bestehenden Netzwerkarchitekturen eingebunden werden.

4.2 Lessons learned

Modellbasiertes Vorgehen bei der Entwicklung des Multi-Agent-Systems
Das modellbasierte Vorgehen kann sowohl für die Erstellung eines Agenten (Schütz und Vogel-Heuser 2013) als auch für die Definition applikationsspezifischen Inhalte angewandet werden. Trotz kurzer Entwicklungszeit bewährt sich die Verwendung von Modellen zur Beschreibung der Struktur und des Verhaltens, da auf diese Weise ein gemeinsames Verständnis der dargestellten Mechanismen und Architektur erreicht wird. In Konsequenz können Personen unterschiedlicher Disziplinen sowie Funktion an der Gestaltung der Agentenplattform aktiv mitwirken. Das so geförderte proaktive Vorgehen kann Fragestellungen frühzeitig beantworten bzw. Randbedin-

gungen schon während der Engineering-Phase berücksichtigen. Die semi-formale Beschreibungsweise liefert dabei alle benötigten Daten für die Konstruktion, Softwareentwicklung und Systemintegration.

Ein weiterer bedeutender Vorteil der modellbasierten Entwicklung resultiert aus der Möglichkeit, Testfälle abzuleiten und Simulationen zu instanziieren. Auf Basis des beschriebenen Verhaltens kann die Agentenplattform den Produktionsablauf für einzelne Teilnehmer des Agentensystems emulieren. Insbesondere bei der Inbetriebnahme kann diese Fähigkeit genutzt werden, um anlagen- oder roboterspezifische Funktionen ohne zusätzliche Testprogramme zu validieren.

Im Vorfeld der Inbetriebnahme des RIAN-Demonstrators wurden Nachrichtensequenzen für die Anlagen- und Transportagenten erstellt, welche die entsprechenden Produktions- und Transportabläufe abbildeten und auf diese Weise als Testumgebung für die Teilnehmer der Produktionslinie als Testumgebung zur Verfügung stand.

Implementierung der Agenten auf unterschiedlichen Plattformen

Die Integration eines auf proprietären, bzw. geschlossenen Systemen der Hersteller gestaltet sich oft schwierig, da Hardwarespezifikationen oft speziell für die applizierte Software ausgelegt sind oder durch Erweiterungen Sicherheitszertifikate bzw. Bestimmungen verletzt würden. Das agentenbasierte Vorgehen schafft durch die Migrationsmöglichkeit dennoch die Voraussetzungen zur Ertüchtigung der Anlagen für Industrie 4.0.

Für den Messedemonstrator wurde deshalb absichtlich auf bestehende Anlagen- und Steuerungsarchitekturen, zum Teil wiederverwendete Messeapplikationen, zurückgegriffen. Durch das modellbasierte Vorgehen, konnten die Entwickler der Teilnehmer an der Produktion frühzeitig die Tiefe der Schnittstelle sowie die benötigten Rechenressourcen des Anlagen-Agenten abschätzen und auf dieser Basis über ausführende Hardware (steuerungsintern oder -extern) entscheiden.

Nachrichtenaustausch und Aspekt der Echtzeit

Der Eingriff in das Steuerungsprogramm durch den Agenten kann innerhalb der terminierten Zykluszeit erfolgen und somit auch Bestandteil regelungstechnischer Prozesse sein. Beispielsweise kann der Agent Zielpositionen der Werkstücke eines Warenträgers für Industrieroboter vorgeben. Geregelte Strecken können in übergeordnete Systeme integriert werden, welche die Informationen zur Generierung von entsprechenden Führungsgrößen bereitstellen. Voraussetzung hierfür ist die rechtzeitige Bereitstellung der benötigten Informationen. In Produktionsanlagen existieren viele dieser geregelten Strecken. In Abhängigkeit der Anwendung liegt die maximale Zykluszeit daher bei ca. 100 Millisekunden (Tab. 2).

Über dieser Schicht sind aus automatisierungstechnischer Sichtweise insbesondere Prozesse angesiedelt, welche Planung- und Managementcharakter besitzen und geringere Anforderungen an die Zykluszeit bzw. das terminierte Verhalten stellen. Hingegen besteht die Notwendigkeit, komplexere und größere Datenstrukturen zu übertragen. Dabei variiert die Übertragungstechnologie, welche auch den drahtlosen

Tab. 2 Einordnung der erzielten Übertragungsraten

Entität im Agentennetzwerk	Komplexität der übermittelten Informationen	Anforderung an Übertragungs-geschwindigkeit	Einordnung in Dienstgüteklasse nach (Jasperneite 2005)
mechatr. Einheit (eine Steuerung)	gering (analoge/digitale Signale)	<=1 ms	3
Anlage (mehrere Steuerungen)	gering (Echtzeit-protokoll)	10–100 ms	2
Agent-Anlagenseite	gering (Echtzeitprotokoll)	10–100 ms	2
Agent-Cloudseite	mittel (LAN, WLAN, mobile Daten)	1–5 s	-
Koordinator-Agent	mittel (LAN, WLAN, mobile Daten)	1–5 s	-
Kunden-Agent	hoch (LAN, WLAN, mobile Daten)	5–10 s	-
Agent Management System (AMS)	mittel (LAN, WLAN, mobile Daten)	1–5 s	-
Directory Facilitator (DF)	mittel (LAN, WLAN, mobile Daten)	1–5 s	-
Message Transport System (MTS)	mittel (LAN, WLAN, mobile Daten)	1–5 s	-

Datenaustausch über „Wireless LAN" oder Mobilfunkprotokolle umfasst. Diese Technologien konnten durch den RIAN-Demonstrator unter hoher Last durch eine Vielzahl von Anfragen als auch Störungen, welche durch überschneidende Funknetzwerke hervorgerufen wurden, evaluiert werden. Das Ergebnis sind Reaktionszeiten im Bereich von einer bis fünf Sekunden. Diese Zeitdauer enthält bereits Verarbeitungszeiten der Agentenplattform, welche Optimierungspotential bieten. Im Betrieb des Demonstrators zeigen sich diese für den Bereich der Automatisierungstechnik langen Zeitdauern nur an den Schnittstellen zwischen Transport- und Produktionseinheiten. An diesen Schnittstellen findet der Austausch von Arbeitsraumfreigaben zwischen den betroffenen Teilnehmern statt und die gegebenen Antwortzeiten resultieren in kurzen Wartezeiten für die Transporteinheiten.

Die Übertragung der Webseiteninformationen zur Aufgabe einer Bestellung umfassen zum einen große Datenmengen und werden zum anderen meist über das Mobilfunknetz übertragen. Diese Kombination führt zu den längsten im System detektierten Reaktionszeiten von fünf bis zehn Sekunden (Tab. 2). Da die Reaktionszeit eines Nutzers nicht deterministisch festgelegt ist, können jedoch keine zeitkritischen Anfragen der Agentenplattform an den Nutzer gestellt werden und eine längere Übertragungszeit hat keine Einschränkungen zur Folge.

Integration des Systems in eine bestehende Infrastruktur

Industrie 4.0 trifft häufig auf bestehende infrastrukturelle Einrichtungen, deren Anpassung mit großem Aufwand verbunden ist. Die Migration des Agentensystems in die bestehende Infrastruktur der Messe München demonstrierte die Anpassungsfähigkeit der Agenten und deren Kommunikation hinsichtlich dieses Aspekts. Die Kommunikation über das Internet ermöglicht eine flexible Anbindung der Produktions- und Transporteinheiten, wobei die erprobten Mechanismen z. B.: Verschlüsselung, für eine sichere Verbindung genutzt werden können. Da Internetverbindungen in vielen Teilen der Industriebetriebe bereits zur Fernwartung oder Prozessdatenabfrage existieren, besteht die Möglichkeit der Betreiber Industrie 4.0 auf Agentenbasis kontinuierlich nur mit den gewünschten Aspekten einzuführen.

Inbetriebnahme des agentenbasierten Anlagensystems

Auf Basis der anhand von Modellen erstellten Spezifikation, können das Engineering sowie der physische Aufbau und die Softwareerstellung an verschiedenen Standorten erfolgen. Die Inbetriebnahme der Anlagen und Transportroboter ist ebenso ortsungebunden möglich. Anhand der im Kap. Modellbasiertes Vorgehen in der Entwicklung beschriebenen Emulationsfähigkeit des Koordinator-Agenten, kann die Funktionalität der Softwarefunktionen mittels einer Verbindung über das Internet zur Agentenplattform getestet werden. Ergänzend sind die Zuführung sowie der Abtransport durch geeignete mechanische Installationen an der Anlage simulierbar.

Im Falle des Messedemonstrators konnte auf diese Weise eine unabhängige Inbetriebnahme der einzelnen Produktions- und Transporteinheiten an verschiedenen Standorten umgesetzt werden. Die Zeitdauer für die Inbetriebnahme der Produktionslinie auf dem Messegelände begrenzte sich trotz der erstmaligen realen Verknüpfung der Anlagen und Transportroboter auf fünf Tage.

4.3 Steigerung der Flexibilität

Die eingangs gestellte Anforderung nach Flexibilisierung der Produktionsprozesse kann sowohl an das Produkt als auch an die Produktions- und Transportmittel gestellt werden. Für das Produkt soll daher eine maximale Zeit für Änderungen der Ausprägung bestimmter Merkmale gegeben sein. Durch den Demonstrator RIAN konnte gezeigt werden, dass Änderungen im Rahmen des Merkmalsraumes, hier die personalisierte Gravur, sowie die Auftragspriorität bis zum Zeitpunkt der tatsächlichen Umsetzung (Zeitpunkt der Gravur) unterstützt werden. Der Fertigstellungszeitpunkt, welcher durch die Priorität eines Auftrags beeinflusst wird, konnte ebenfalls bis zum Start der Produktionscharge variiert werden. Der Scheduling-Algorithmus weist dem Auftrag in hochprioren Fällen eine frühere Charge zu, wodurch die Bearbeitung dringender Bestellungen eines Produktes auf der Messe erreicht werden konnte. Grundlage für diese Flexibilität sind die Verhandlungen der

Agenten, welche auf Basis von Kosten (ein aus verschiedenen Aspekten aggregierter Wert) Entscheidungen über die Auftragsvergabe an die Produktions- und Transporteinheiten treffen.

Trotz steigender Verfügbarkeit können Produktions- und Transporteinheiten ausfallen bzw. keine Kapazität für das Agentensystem bereitstellen. Für das Agentensystem besteht in diesem Fall die Anforderung, neu zu planen und verfügbare Ressourcen zu nutzen. Im Falle des Demonstrators RIAN konnte das Agentensystem diese Fähigkeit maßgeblich bei den Transporteinheiten unter Beweis stellen. Die schwankende Verfügbarkeit aufgrund des Akkuzustandes, bzw. durch Ausfall oder Wartung führt zu unterschiedlichen Einsatzzeiten und damit einhergehend schwankender Kapazität für den Transport von Werkstücken (Abb. 4). Das Agentensystem reagiert auf Zwischenfälle dieser Art einerseits durch Bereitstellung eines Ersatz-Transportroboters an notwendiger Stelle sowie der Neuberechnung der Fertigstellungszeitpunkte für betroffene und nachfolgende Aufträge soweit keine Redundanzen im System verfügbar sind.

Die schwankende Durchlaufzeit der einzelnen Chargen des Demonstrators RIAN spiegelt die äußeren Störeinflüsse auf den Produktionsprozess wider (Abb. 5). Aufgrund der Linearität und der daraus resultierenden Abhängigkeit der Durchlaufzeit von einzelnen Produktionseinheiten kann das Agentensystem keine Ausweichstrategie für die Bearbeitungsschritte identifizieren und nur eine Korrektur für die Fertigstellungszeitpunkte berechnen. Verbesserungspotential existiert daher bezüglich der Gestaltung von Produktions- und Transporteinheiten. Mit zunehmender Anzahl an Einheiten, welche gleiche Aufgaben im Produktionsprozess übernehmen können, wächst der Vorteil eines agentengesteuerten Systems. Damit einher geht die Verfeinerung der Kostenfunktion, welche durch Einbeziehung weiterer Maschinenparameter die Effizienz des Produktionsprozesses weiter steigern kann.

4.4 Akzeptanz bei den Nutzern

Ein wichtiger Erfolgsfaktor von Industrie 4.0 und den angeschlossenen Systemen ist die Akzeptanz der Bediener und Nutzer. Die Ausstellungsbedingungen des Demonstrators RIAN und die Interaktion mit den fachlich informierten Messebesuchern ermöglichten die Beobachtung der Akzeptanz und des Verständnisses potentieller Anwender.

Die Kundensicht über die mobilen Endgeräte und der erleichterte Zugang über entsprechende QR-Codes ist ein derzeit häufig angewandtes Eingabemittel und stößt bei den Nutzern auch ohne ergänzende Erklärungen auf Akzeptanz. Eine entsprechende Visualisierung, welche Informationen zu den Produktions- und Transporteinheiten als Reaktion auf das Anklicken eines Symbols bereitstellt, trifft bei den Nutzern ebenfalls auf Verständnis. Die Ansicht spiegelt den Betriebszustand des Demonstrators wieder und vermittelt den Produktionsweg mit den einzelnen, über das Gelände der Messe München verteilten Stationen (Abb. 6). Auf diese Weise konnte das Nutzerverständnis für den Produktionsprozess mit Losgröße eins und die Einordnung in das Thema Industrie 4.0 erzeugt werden.

Das Prinzip der agentengesteuerten Produktion trifft bei vielen Besuchern auf Interesse, ruft jedoch zugleich Bedenken hinsichtlich der Transparenz eines intelli-

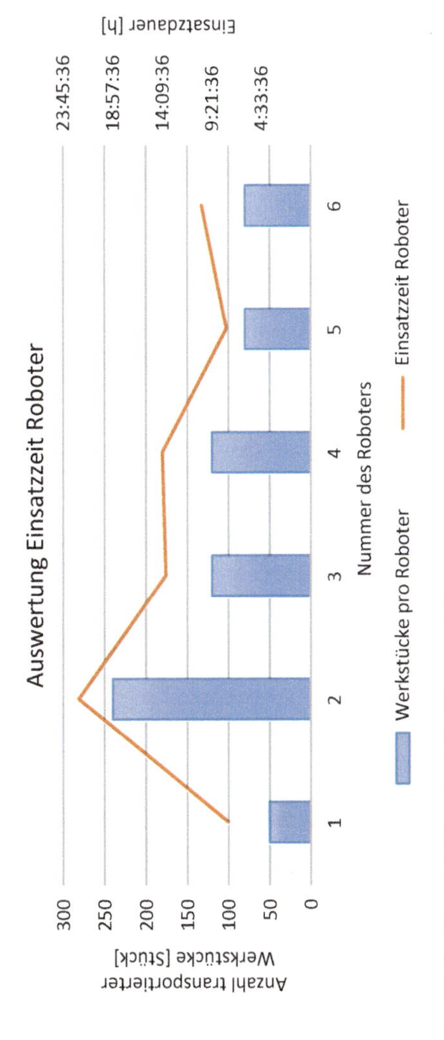

Abb. 4 Transportierte Werkstücke und Einsatzzeit der Transportroboter

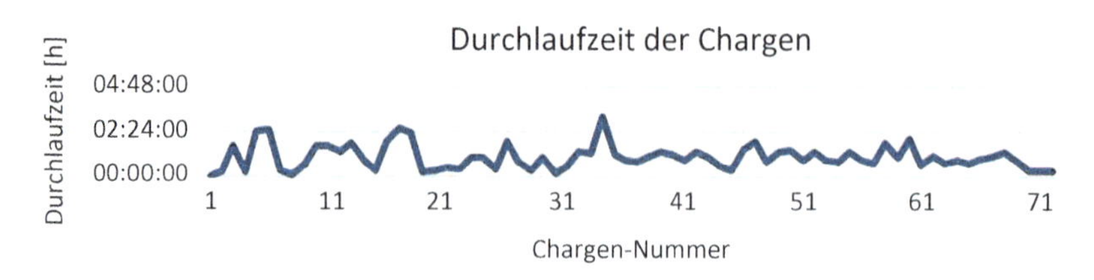

Abb. 5 Durchlaufzeit der Chargen

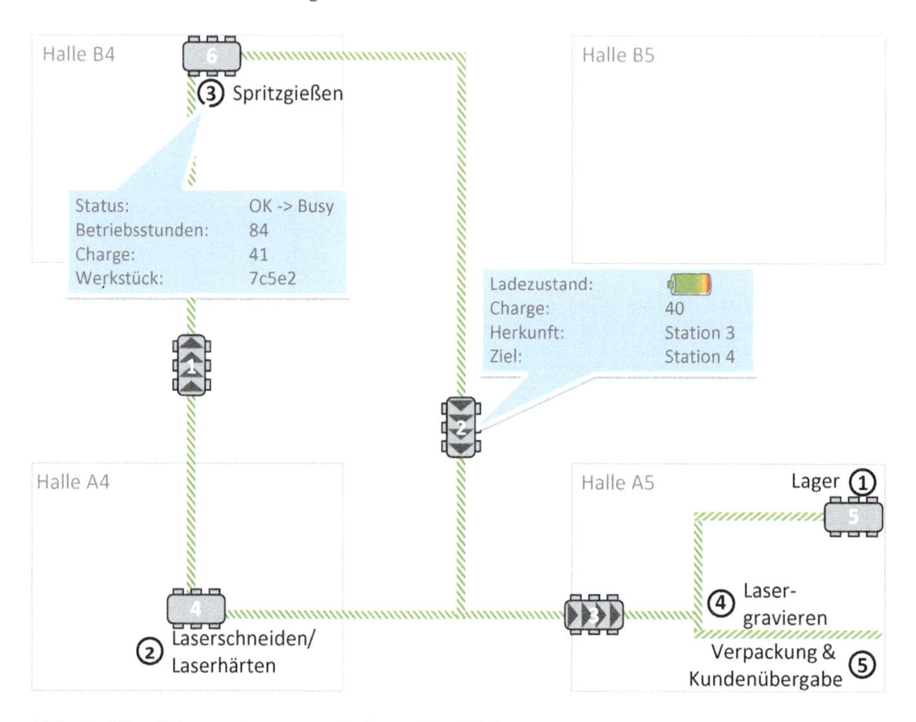

Abb. 6 Visualisierung der agentenbasierten Produktionssystems

genten Systems dieser Art hervor. Als Ursache für diese Problematik konnte die mangelnde Visualisierung der Agenten sowie deren Verhandlungen identifiziert werden. Auf diesem Gebiet existieren bisher keine wissenschaftlich fundierten Vorarbeiten. Ein aktuelles Forschungsprojekt fokussiert daher die Entwicklung von geeigneten Visualisierungsmethoden für agentenbasierte Systeme.

5 Überblick und Entwicklungen

Auf Basis des Konzeptes, der Implementierung in Form einer agentenbasierten Produktionslinie sowie den erhobenen Evaluationsdaten und Erfahrungen ergeben sich sowohl Fragestellungen hinsichtlich der Optimierung verschiedener Aspekte als auch Erfolgsmethoden.

5.1 Überblick

Der Beitrag beschreibt den Engineering Prozess, die Implementierung sowie den Betrieb einer Produktionsanlage, deren Entitäten durch eine Agentenplattform organisiert sind. An dem Messedemonstrator RIAN stellt der Beitrag Methoden und Lösungen für das Engineering und die Implementierung vor und zeigt anhand durch den Demonstrator erhobener Werte die Randbedingungen und Grenzen eines agentenbasierten Systems auf.

Für die Entwicklung können modellbasierte Methoden erfolgreich eingesetzt werden. Auf Basis grafischer Modelle entsteht der konzeptuelle Ansatz, welcher bis hin zum Verhalten einzelner Agenten und deren Kommunikation eine detaillierte Spezifikation für die Implementierung darstellt. Ausgangspunkt ist hierbei ein Referenzmodell, welches aus dem bereits im akademischen Umfeld erprobten Bereich der Joghurtproduktion portiert wurde. Zusätzlich erfolgte die Erweiterung um den Logistikanteil, welcher im Rahmen des Demonstrators durch Transportroboter repräsentiert wird. Die Integration bzw. Schnittstelle eines Agenten ist dabei migrationsfähig und ermöglicht die leichte Integration bereits bestehender Systeme in das Agentennetzwerk.

Das Werkstück, ein Flaschenöffner, welcher individuell von den Kunden gestaltet werden kann, repräsentiert die Produktion mit der Losgröße eins. Das agentenbasierte System bietet dabei den Vorteil, Aufträge bis zur tatsächlichen Ausführung eines Arbeitsschrittes hinsichtlich ihrer Merkmale zu beeinflussen und Produktions- sowie Transportmittel flexibel einzusetzen. Die Folge ist ein Produktionssystem, welches auf Ausfälle einzelner Einheiten reagieren und den gesamten Produktionsprozess optimieren kann. Die Optimierung ist das Ergebnis von Verhandlungen zwischen den Agenten, deren Angebote auf Basis von Gütemaßen bewertet und vergeben werden.

Mit dem Messedemonstrator bestand neben der Entwicklung und Implementierung die Möglichkeit die Nutzerakzeptanz und Erfahrungen während des Betriebs zu evaluieren. Das Ergebnis ist eine durch Agenten organisierte Produktionslinie, deren Aufträge direkt durch den Kunden angelegt und verarbeitet werden. Die Migrationsfähigkeit für bestehende Systeme unterstützt die Nutzung einzelner Aspekte von Industrie 4.0 und der somit relevanten Bereiche für ein Unternehmen. Eine internetbasierte Plattform für das Agentenmanagement sowie die infrastrukturellen Einrichtungen und der echtzeitfähige Eingriff in das Steuerungsprogramm auf der anderen Seite ermöglichen den Anschluss auch in bestehenden IT-Strukturen. Darüber hinaus steigert die gleichzeitige Nutzung der Anlagen über das Agentennetzwerk hinaus die Akzeptanz der Nutzer. Negativen Einfluss übt die mangelnde Visualisierung der Verhandlungen und des Marktplatzprinzips aus, da Maschinen- und Anlagenbetreiber eine bessere Datenaufbereitung für mehr Transparenz fordern. Die Reaktion auf den Ausfall von Komponenten sowie die Kooperation von Mensch und Maschine wurden dagegen als positive Aspekte bestätigt.

5.2 Entwicklung und Forschungsbedarf

Optimierung der Durchlaufzeit

Die ganzheitliche Betrachtung eines Produktionsprozesses inklusive dem Transport von Werkstücken erfordert die Wegplanung zwischen den einzelnen Stationen der Produktion. Sowohl das Ziel der kurzen, effizienten Wege als auch die optimale Einsatzplanung in Abhängigkeit des Zustandes (z. B. Ladezustand) einer Transporteinheit kann für die Verhandlung der Agenten um die entsprechenden Aufträge einbezogen werden. Der Fokus des RIAN-Demonstrators liegt auf der Verknüpfung der Produktions- und Transportprozesse im Allgemeinen und eröffnet damit auch Spielräume hinsichtlich der Optimierung des Routings einzelner Einheiten. Die Entwicklung einer Kostenfunktion, welche die Transportproblematik im Detail abbildet, ist daher Gegenstand zukünftiger Arbeiten. Grundlagen existieren durch bestehende Ansätze aus dem Logistikbereich (Barbati et al. 2012).

Eine verbesserte Wegplanung ist nur ein Einflussfaktor für die Optimierung der gesamten Durchlaufzeit eines Werkstücks. Darüber hinaus kann durch Vorausplanung eine gleichmäßigere Auslastung der Produktions- und Transportmittel gewährleistet werden. Dies betrifft zum Beispiel die Zeitpunkte für Wartung und Wiederaufladung der Akkumulatoren der Transporteinheiten. Eine gleichmäßige Auslastung der Produktionseinheiten ist analog zu der Optimierung des Routings durch Einbezug der Auslastung durch Aufträge, welche nicht über die Agentenplattform abgefertigt werden, in die Kostenfunktion der Agenten möglich. Schwankungen der Einsatzzeiten von Transportmitteln (Abb. 4) und Durchlaufzeiten (Abb. 5) der Werkstücke können auf diese Weise minimiert werden.

Optimierung des Vorgehens zur Entwicklung

Die Entwicklung des Demonstrators war mit Herausforderungen verbunden, welche auf Basis modellbasierter Methoden strukturiert und mit domänenübergreifenden Verständnis gelöst werden konnten. Trotz der Vorteile dieser Vorgehensweise ist die Anwendung in Entwicklungsprozessen der Branche eher gering. Der Grund liegt in dem Aufwand zur Erstellung der entsprechenden Dokumente und der Hürde zur Erlernung der Notation. Die Standards UML und SysML decken zudem nicht alle Anwendungsfälle für die Maschinen- und Anlagenentwicklung ab, bzw. enthalten in anderen Bereichen zu umfangreiche Darstellungsinstanzen. Eine geeignete Entwicklungsumgebungen und eine für den Maschinen- und Anlagenbau zugeschnittene Notation sind Voraussetzungen für die effiziente Anwendung im Entwicklungsprozess. Laufende (Barbieri et al. 2014) und abgeschlossene Forschungsarbeiten (Vogel-Heuser et al. 2014) liefern Beiträge für die Weiterentwicklung auf diesem Feld und zeigen bestehende Lücken auf. Aufbauend auf dem methodischen Vorgehen ist zudem eine anwenderfreundliche Toolumsetzung Voraussetzung für den erfolgreichen Einsatz der modellbasierten Methoden.

Neben der konzeptuellen Entwicklung ist die Umsetzung durch Implementierung ein wesentlicher Bestandteil des Engineering-Prozesses. Im Falle des Demonstrators RIAN konnten die modellbasiert spezifizierten Funktionen durch die Entwickler der teilnehmenden Unternehmen implementiert werden. Gegenstand der Forschung ist jedoch die Generierung des steuerungsspezifischen Programmcodes auf Basis der erstellten Modelle (Witsch und Vogel-Heuser 2005). Diese Entwicklung ist für den industriellen Einsatz von hoher Bedeutung, da der Aufwand für die Erstellung von Modellen mit Einsparungen bei der Implementierung einhergeht.

Literatur

Barbati M, Bruno G, Genovese A (2012) Applications of agent-based models for optimization problems: a literature review. Expert Syst Appl 39(5):6020–6028

Barbieri G, Kernschmidt K, Fantuzzi C, Vogel-Heuser B (2014) A SysML based design pattern for the high-level development of mechatronic systems to enhance re-usability. In: 19th IFAC world congress, S 3431–3437

Birkhofer R, Feldmeier G, Kalhoff J, Kleedörfer C, Leidner M, Mildenberger M, Mühlhause M, Niemann J, Schrieber R, Wickinger J, Winzenick M, Wollschläger M (2010) Life-Cycle-Management für Produkte und Systeme der Automation: ein Leitfaden des Arbeitskreises Systemaspekte im ZVEI Fachverband Automation. Zentralverb. Elektrotechnik- und Elektronikindustrie, Fachverb. Automation, Frankfurt

Jasperneite J (2005) Echtzeit-Ethernet im Überblick. Autom Prax 3:29–34

Lauber R, Göhner P (1999) Prozessautomatisierung 1. Springer, Berlin

Pantförder D, Mayer F, Diedrich C, Göhner P, Weyrich M, Vogel-Heuser B (2014) Agentenbasierte dynamische Rekonfiguration von vernetzten intelligenten Produktionsanlagen – Evolution statt Revolution. In: Industrie 4.0 in Produktion, Automatisierung und Logistik. Springer, Berlin

Papenfort J, Frank U, Strughold S (2015) Integration von IT in die Automatisierungstechnik. In: Informatik-Spektrum, Bd 38. Springer, Berlin, S 199–210

Schütz D, Vogel-Heuser B (2013) Werkzeugunterstützung für die Entwicklung von SPS-basierten Softwareagenten zur Erhöhung der Verfügbarkeit. In: Göhner P (Hrsg) Agentensysteme in der Automatisierungstechnik. Springer, Berlin, S 291–303

Schnell G, Wiedemann B (Hrsg) (2012) Bussysteme in der Automatisierungs- und Prozesstechnik, 8. Aufl. Vieweg & Teubner, Wiesbaden

Ulewicz S, Schütz D, Vogel-Heuser B, Member S, Schutz D (2012) Design, implementation and evaluation of a hybrid approach for software agents in automation. In: Proceedings of 2012 I.E. 17th international conference on emerging technologies & factory automation (ETFA 2012), S 1–4

VDI-Richtlinie 2653 Blatt 1. 2010

Vogel-Heuser B, Schütz D, Göhner P (2015) Agentenbasierte Kopplung von Produktionsanlagen. In: Informatik-Spektrum, Bd 38. Springer, Berlin, S 191–198

Vogel-Heuser B, Schütz D (2014) Agentenbasierte Vernetzung zur Informationsgewinnung und Diagnose heterogener Produktionssysteme in der Lebensmittelproduktion Wunschjoghurt á la Industrie 4.0. In: Chemie&More, Bd 14. Succidia AG, Darmstadt, S 10–13

Vogel-Heuser B (2014) Usability experiments to evaluate UML/SysML-Based model driven software engineering notations for logic control in manufacturing automation. In: Journal of Software Engineering and Applications, Bd 7. Scientific Research Publishing, Irvine, S 943–973

Vogel-Heuser B, Schütz D, Frank T, Legat C. (2014) Model-driven engineering of manufacturing automation software projects – a SysML-based approach. Mechatronics

Witsch D, Vogel-Heuser B (2005) Automatische Codegenerierung aus der UML für die IEC 611313. In: Steuerungstechnik aktuell (2005) – Trends, Produkte und Entscheidungshilfen. Oldenbourg Verlag, München, S 43–51

Weiterführende Literatur

Regulin D, Vogel-Heuser B (2017) Agent-oriented linking of existing heterogeneous automated production plants using mobile robots to form an Industry 4.0 system. In: Vogel-Heuser B, Bauernhansl T, ten Hompel M (Hrsg) Handbuch Industrie 4.0, Bd. 2. Springer Reference Technik. Springer Vieweg, Berlin/Heidelberg. https://doi.org/10.1007/978-3-662-53248-5_96

Einsatz einer service-orientierten Architektur zur Orchestrierung eines dezentralen Intralogistiksystems

Jan-Philipp Schmidt, Timo Müller und Michael Weyrich

Zusammenfassung

Softwarearchitekturen sind mit Blick auf die Komplexität von Softwaresystemen ein zentraler Ansatzpunkt, um die Entwicklung, spätere Erweiterungen und die Wartung durchführen zu können. Daher wird in diesem Beitrag wird eine service-orientierte Architektur (SOA) vorgestellt, die dezentrale Logistikmodule in Form von dezentralen Intralogistiksystemen organisiert, sodass Werkstücke auf ihrem individuellen Weg durch das Produktionssystem gesteuert werden können. Dabei bieten einzelne Logistikmodule ihre Transportfähigkeiten in Form von sogenannten Services an. Der individuelle Transport wird durch die Koordinierung der Logistikmodule in einer service-orientierten Architekturermöglicht. Um die Koordinierung zu ermöglichen, wird hierfür ein schlankes und dadurch echtzeitfähiges, busunabhängiges, Kommunikations-Protokoll beschrieben.

1 Flexible Produktionssysteme Kontext Industrie 4.0

1.1 Intralogistik für flexible und rekonfigurierbare Produktionssysteme

Um dem Bedarf an neuartigen Konzepten für eine immer höhere Flexibilität in der Produktion bis hin zur Individualproduktion gerecht zu werden, muss neben den Bearbeitungsprozessen des Produktionssystems auch dessen Intralogistik flexibel gesteuert werden können. Hierzu wurde in der aktuellen Forschungsagenda der Plattform Industrie 4.0 Forschungsbedarf hinsichtlich Logistikkonzepten identifiziert, um die Dynamikanforderungen der flexiblen und kleinteiligen Produktion

J.-P. Schmidt (✉) · T. Müller (✉) · M. Weyrich
Institut für Automatisierungstechnik und Softwaresysteme (IAS), Universität Stuttgart, Stuttgart, Deutschland
E-Mail: ias@ias.uni-stuttgart.de; michael.weyrich@ias.uni-stuttgart.de

B. Vogel-Heuser et al. (Hrsg.), *Handbuch Industrie 4.0*,
https://doi.org/10.1007/978-3-662-58528-3_124

bedienen zu können. Neben der Forderung nach erhöhter Flexibilität kommt es zukünftig in der Produktion absehbar immer öfter zu Anforderungsänderungen zur Betriebszeit, welche zur Entwicklungszeit des Produktionssystems nicht vorhersehbar sind (Hansson et al. 2017; Järvenpää et al. 2016; Müller-Schloer et al. 2012). Dies resultiert in einem erhöhten Rekonfigurationsbedarf zur Betriebszeit und somit auch in der Forderung nach einer erhöhten Rekonfigurierbarkeit des Produktionssystems. Bezogen auf die Intralogistik bedeutet dies sowohl einen Bedarf an einer erhöhten Rekonfigurierbarkeit des Intralogistiksystems selbst als auch an einem Intralogistiksystem dessen Funktionalität auch nach einer Rekonfiguration der Bearbeitungsmodule noch zur Verfügung steht.

Die Produktorientierung adressiert die genannten Flexibilitätsanforderungen und ermöglicht mit Hilfe der „intelligenten Produkte“ (IP) die Individualproduktion. Der Forderung nach erhöhter Rekonfigurierbarkeit hingegen, kann durch die Modularität der Anlagensteuerung, bestehend aus Hard- und Software, welche gemeinsam funktionale Einheiten bilden, begegnet werden.

Hieraus ergibt sich der Bedarf an einer Koordination der Module, welche sowohl, potenziell heterogene, Bearbeitungsmodule als auch Logistikmodule sein können. In Bezug auf die Intralogistik des Produktionssystems muss gewährleistet sein, dass die intelligenten Produkte auf ihrem individuellen Weg durch das Produktionssystem befördert werden können um von den, produktspezifisch, benötigten Bearbeitungsmodulen bearbeitet werden zu können. Um insgesamt die Forderungen nach Flexibilität und Rekonfigurierbarkeit erfüllen zu können sollte der Verbund der Logistikmodule seine Transportfunktionalität in Form eines dezentral koordinierten Intralogistiksystems zur Verfügung stellen. Die hierfür notwendige Architektur sollte diese Funktionalität ohne menschlichen Eingriff und auch nach einer Rekonfiguration zur Verfügung stellen.

1.2 Architekturen für flexible Produktionssysteme in der Forschung

Um die steigenden Flexibilitätsanforderungen zu adressieren wurden in den letzten Jahren einige Konzepte und die daraus resultierenden Architekturen präsentiert. Agentenbasierte Produktionssysteme sollen diesen Anforderungen gerecht werden (Faul et al. 2018). Des Weiteren wurde in (Regulin und Vogel-Heuser 2017) und (Pantförder et al. 2017) die Architektur eines agentenbasierten Produktionssystems präsentiert, welches die Produktion und den Transport auch über Unternehmensgrenzen hinweg koordiniert. Evaluiert wurde diese Architektur z. B. durch verschiedene Demonstratoren wie den „My-Joghurt“- bzw. den „RIAN“-Demonstrator.

In (Hompel 2006) wird eine erhöhte Flexibilität und Adaptivität erreicht indem, basierend auf dem Paradigma der SOA, das Konzept für eine Steuerungsarchitektur vorgestellt wird um den Materialfluss von Paketen zu organisieren. Insbesondere wird dabei die Vision einer „Zellularen Materialflusstechnik“ verfolgt welche sich, inspiriert von einem Nervensystem, organisch verhält wodurch die gesamte Steuerung während der Laufzeit entsteht.

Im Rahmen des H2020 PERFoRM-Projekts wurde eine Drei-Schichten-Architektur präsentiert, welche ebenfalls auf dem Paradigma der SOA basiert. Die Architektur enthält als Schlüsselelemente eine industrielle Middleware, Standardschnittstellen, Technologie-Adapter sowie integrierbare Tools, um eine nahtlose Integration der heterogenen Hardware-Geräte und der Software-Tools zu ermöglichen. Damit soll den Anforderungen an ein flexibles und rekonfigurierbares Produktionssystem begegnet werden (Hennecke und Ruskowski 2018).

2 Koordinierungskonzepte der dezentralen Intralogistik

In der zentralen Steuerung können alle steuerungstechnischen Abhängigkeiten zwischen den Modulen direkt im gelöst werden, in dem Steuerungscode programmiert wird, der alle Sensoren und Aktoren über Feldbusse ansteuert. Für dezentrale Lösungen muss hingegen ein Koordinierungskonzept realisiert werden, da die Modulsteuerungen über die Durchführung ihrer dedizierten Funktionalität hinaus koordiniert werden müssen um die gesamte Produktionssequenz durchführen zu können. Für die Koordinierung sind ein Kommunikationsnetzwerk, sowie ein entsprechendes Protokoll erforderlich.

2.1 Anforderungen an die Koordinierung der Intralogistik

Folgende Anforderungen werden an eine Koordinierung der dezentralen Intralogistik gestellt und in den folgenden Absätzen erläutert:

- Heterogenität
- Flexibilität
- Rekonfigurierbarkeit
- Echtzeitfähigkeit

Zudem müssen Softwaresysteme heute so strukturiert werden, dass eine Erweiterung und spätere Wartung mit einem überschaubaren Aufwand durchführbar bleiben.

2.1.1 Heterogenität

Das Koordinierungskonzept muss berücksichtigen, dass die modulare Anlagensteuerung heterogen aufgebaut sein kann. Sensoren, Aktoren und Steuergeräte, die im Netzwerk kommunizieren, werden in der Regel von unterschiedlichen Herstellern geliefert und laufen entsprechend auf unterschiedlicher Hardware (Kagermann et al. 2016).

Je nach Anforderung an Datenrate, Echtzeitfähigkeit und Rechenleistung muss das Konzept der Koordinierung auf unterschiedlichen Bussystemen für die Kommunikation und Hardwareplattformen für die Steuerung der Module anwendbar sein.

2.1.2 Flexibilität

Im Kontext Industrie 4.0 spielt Flexibilität bis hin zur Individualproduktion eine große Rolle (Pantförder et al. 2017). Die Flexibilität beschreibt dabei die Fähigkeit eines Produktionssystems seinen In- oder Output zu verändern ohne dass das System selbst verändert wird (Zaeh et al. 2006). Die so umfasste Funktionalität kann auch als Flexibilitätskorridor bezeichnet werden. Entsprechend muss die Koordinierung der Logistikmodule mit dieser Flexibilität umgehen können. Individuell produzierte Produkte nehmen unter Umständen unterschiedliche Transportwege durch die Anlage und halten an unterschiedlichen Bearbeitungsmodulen, um dort jeweils bearbeitet zu werden.

2.1.3 Rekonfigurierbarkeit

Die Rekonfiguration wird immer dann notwendig, wenn neue Produktionsaufträge nicht im Flexibilitätskorridor der Anlage liegen. Der Erfolg eines rekonfigurierbaren Produktionssystems (RMS) misst sich vor allem am Aufwand den ein Rekonfigurationsvorgang verursacht und dem daraus resultierenden Nutzen (Hees 2017; Stehle und Heisel 2017). Entsprechend sollte die Intralogistik der Anlage einfach rekonfigurierbar sein. Optimal wäre ein Plug&Produce-Konzept, bei dem einfach neue Logistikmodule ergänzt, entfernt oder in der Position in der Anlage verändert werden können.

2.1.4 Echtzeitfähigkeit

Echtzeit wurde in der DIN 44300 wie folgt definiert:

> *„Unter Echtzeit versteht man den Betrieb eines Rechensystems, bei dem Programme zur Verarbeitung anfallender Daten ständig betriebsbereit sind, derart, dass die Verarbeitungsergebnisse innerhalb einer vorgegebenen Zeitspanne verfügbar sind. Die Daten können je nach Anwendungsfall nach einer zeitlich zufälligen Verteilung oder zu vorherbestimmten Zeitpunkten anfallen."*

Echtzeit-Bussysteme können die Anforderungen an eine Kommunikation im Bereich weniger Millisekunden erfüllen. Das deterministische Verhalten dieses Kommunikationsprozesses ist eine wichtige Voraussetzung für die Ausführung von regelungstechnischen Abläufen (Regulin und Vogel-Heuser 2017).

Die Koordinierung der Logistikmodule innerhalb einer Anlage muss in Echtzeit erfolgen. Insbesondere bei Produktionsanlagen mit einer hohen Taktung der Werkstücke müssen die Intralogistikmodule sehr schnell und präzise mit den wertschöpfenden Modulen kooperieren. Aber auch die Koordinierung zwischen Intralogistikmodulen muss echtzeitfähig umgesetzt werden, sodass Werkstücke schnell zu Modulen transportiert, abtransportiert und sortiert werden können.

Beispiele für Intralogistiksysteme mit hohen Echtzeitanforderungen sind automatisierte Logistikzentren, Gepäcksysteme bei Flughäfen und Produktionsanlagen mit hohen Taktraten.

2.2 Koordinierungskonzepte für die Intralogistik

Für die Koordinierung verteilter Funktionalität in der Automatisierungstechnik werden im Bereich der Forschung gegenwärtig folgende Paradigmen diskutiert (Bloch et al. 2017; Caridi und Cavalieri 2004; Cucinotta et al. 2009; Ribeiro et al. 2008):

- SOA
- Softwareagenten
- Microservices

Da die Koordinierungsmechanismen zusätzliche Softwarefunktionalität beinhalten steigt die Komplexität des Gesamtsystems (Geisberger und Broy 2012; Msadek et al. 2015) . Die erhöhte Komplexität der Software wirkt sich negativ auf Entwicklungsaufwand, Rekonfigurierbarkeit und Wartbarkeit aus. Die nach außen wahrgenommene Komplexität kann durch Kapselung von Funktionalität und durch die Verwendung von einfachen und stabilen Schnittstellen verringert werden.

Die hier diskutierten Konzepte werden alle in ISO/OSI-Layer 7, der Applikation umgesetzt. Das bedeutet, dass sie auf unterschiedliche Kommunikationsstacks aufgesetzt werden können und zunächst unabhängig vom eingesetzten Kommunikationsmedium sind. Bezogen auf die Heterogenität ist wichtig, dass die Hersteller der Komponenten, die zusammengestellt werden, Schnittstellen für gängige und Standardisierte Bussysteme anbieten. Der Anlagenbauer muss dann, wenn er die spezifische Automatisierungslösung für seine Anlage entwickelt innerhalb der Applikation die Koordinierung auflösen. Dies geschieht in der Regel nicht direkt in der Applikationslogik, sondern über ein zusätzliches Protokoll oder eine Middleware, die auf dem Kommunikations-Stack aufgesetzt werden. Gängige Protokolle für Software-Agenten und SOAs sind immer in der Applikations-Schicht angesiedelt und übernehmen die Koordinierungsaufgaben für die Anwendung, sodass sich der Automatisierungsingenieur auf die Applikationslogik der Automatisierungsfunktionen konzentrieren kann.

2.2.1 Verteilung von Funktionalitäten in der Software

Statische Abhängigkeiten bedeutet, dass Informationen, die für ein anderes Modul relevant sind über ein Kommunikationsmedium gesendet werden. Die Reaktion darauf kann dann im anderen Modul implementiert werden (Abb. 1).

Die Norm IEC 61499 definiert ein Modell für die Verteilung von Funktionsbausteinen auf mehrere Steuergeräte. Sie ermöglicht eine zunächst hardwareunabhängige Entwicklung der Funktionsbausteine (FB) und ein späteres Mapping auf unterschiedliche Rechenressourcen. Die Abbildung zeigt wie die Verteilung von Funktionalität auf unterschiedliche Steuergeräte in IEC 61499 vorgesehen ist. Die Schnittstellen zwischen den Funktionsbausteinen (FB) können gemeinsame Daten oder Funktionsaufrufe sein. Im Falle von Anwendung B werden diese Informationen über das Kommunikationsinterface und ein Bussystem kommuniziert.

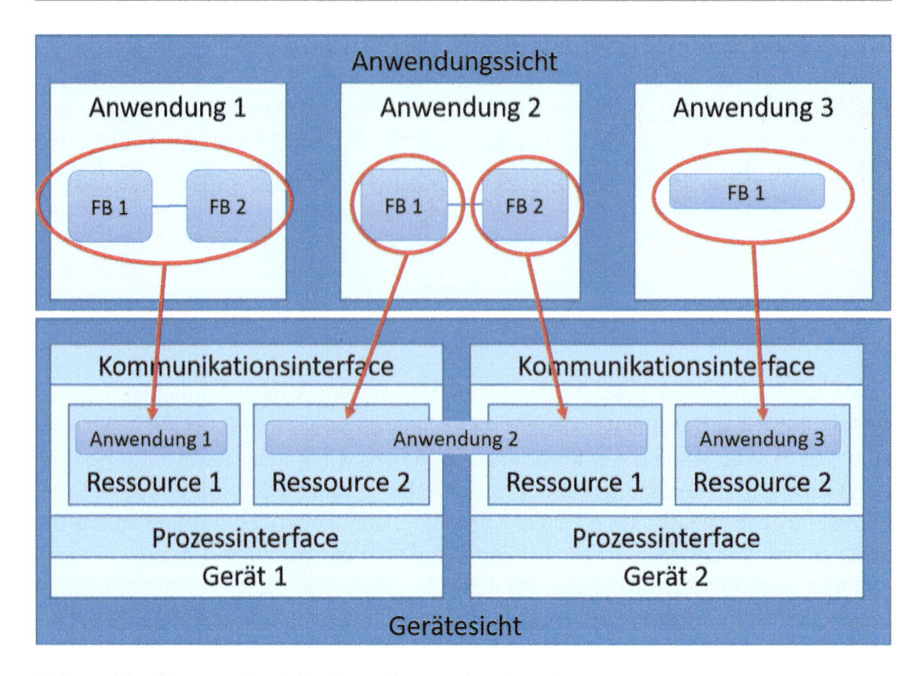

Abb. 1 Verteilung von Funktionsbausteinen nach IEC 61499

Eine Änderung der Signale ist immer mit großem Aufwand verbunden, da sich Änderungen auf Sender, Empfänger und auf die Bus-Auslegung auswirken. Da alle Signalwege statisch ausgelegt werden, lässt sich das Systemverhalten sehr gut vorhersagen. Es ist also eine sehr gute Echtzeitfähigkeit gewährleistet. Aufgrund des hohen Aufwandes für Änderungen an der Kommunikation ist dieses Konzept nicht geeignet, um eine hohe Flexibilität und Rekonfigurierbarkeit zu gewährleisten.

Eine Kapselung von Funktionalität ist zunächst nicht vorgesehen. Die Abhängigkeiten werden klassisch in der Applikation aufgelöst. Die Sensor- und Aktor-Signale durchlaufen die Prozessinterfaces. Je nachdem, auf welchem Gerät die Steuerung gerechnet wird, werden entweder Sensor-Signale oder Stellgrößen für die Aktoren über den Bus gesendet.

Die weiteren Koordinierungsmechanismen kapseln Funktionalität als Services. Diese können in der Applikations-Schicht als Wrapper umgesetzt werden oder als zusätzliche Middleware für Applikationen in den Geräten umgesetzt werden. Service- oder agentenbasierte Koordinierungskonzepte können so durch Kapselung und Spezifikation der FB-Schnittstellen IEC 61499-konform umgesetzt werden.

2.2.2 Softwareagenten

Softwareagenten sind ein Konzept, welches für die Koordinierung verteilter Funktionalität eingesetzt werden kann. Die Funktionalität wird dabei von Agenten gekapselt, die auf einer Agentenplattform kommunizieren. So kann die Funktionalität im Agentennetzwerk angeboten werden (Siehe Abb. 2). Weitere Agenten können als

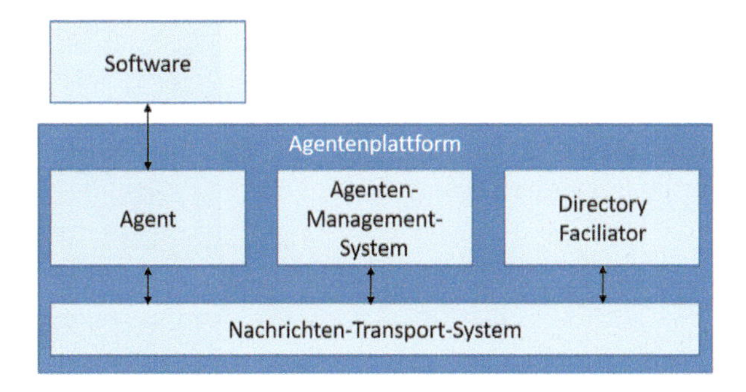

Abb. 2 Agentensystem. (Nach FIPA 2004)

Konsumenten auftreten und die Funktionen nutzen. So können ähnliche Mechanismen realisiert werden, wie sie bereits in Abschn. 2.2.1 beschrieben wurden. Ein Produktagent kann für das Produkt, das er vertritt, individuell Funktionalitäten der Anlage, durch Kommunikation mit den entsprechenden Agenten, abrufen.

Hilfreich sind hierbei die Eigenschaften, die Softwareagenten zugeschrieben werden (VDI 2653, Blatt 1). Diese Eigenschaften zeigen bereits, dass Softwareagenten das Potenzial bieten deutlich mehr Intelligenz umsetzen zu können, als für die einfache Koordinierung der Module notwendig ist.

- Autonomie
- Interaktion
- Kapselung
- Persistenz
- Reaktivität
- Zielorientierung

So eignen sich Agentensysteme insbesondere dafür Mechanismen für die Selbstorganisation und Selbstoptimierung wertschöpfender Systeme zu realisieren (Vogel-Heuser et al. 2019). Die für die Koordinierung geforderte Flexibilität, Rekonfigurierbarkeit sowie der Umgang mit Heterogenität kann mit Hilfe eines Agentensystems realisiert werden. Für eine echtzeitfähige dezentrale Anlagensteuerung ist es allerdings nicht wünschenswert, dass Agenten eigenständig entscheiden ob, wann und wie lange sie rechnen.

Harte Echtzeitfähigkeit ist daher für Agenten nur unter Beschränkung ihres Kommunikationsverhaltens realisierbar (Fay und Wassermann 2018). Hierzu ist es möglich rein reaktive Agenten einzusetzen. So kann ein echtzeitfähiges Agentennetzwerk aufgebaut werden. Das

2.2.3 Microservices

Microservices sind ein servicebasiertes Konzept zur Modularisierung von Applikationen. Sie haben ihren Ursprung im Bereich der Web-Services. Das Ziel beim Einsatz von Microservices ist eine hohe Skalierbarkeit. So können Rechen- und Speicherbedarf durch Instanziierung neuer Services dynamisch angepasst werden (Abb. 3).

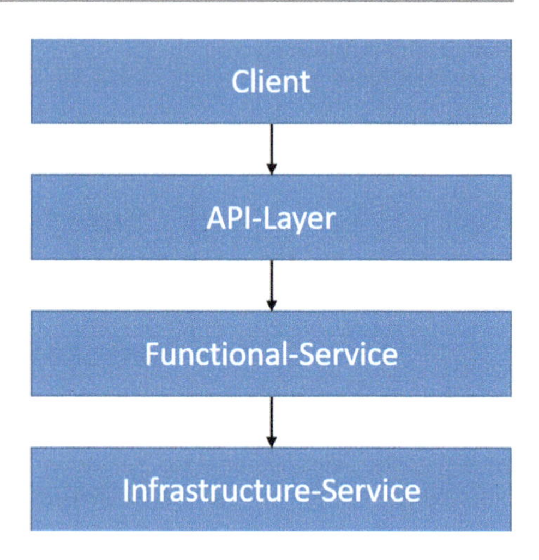

Abb. 3 Micro-Services

Microservices basieren auf drei Grundideen:

1. Ein Programm soll nur eine Aufgabe erfüllen
2. Die Programme sollen zusammenarbeiten können
3. Programme sollen eine universelle Schnittstelle nutzen.

Damit stellen Microservices ein Modularisierungskonzept für große Systeme dar. Das besondere an Microservices im Vergleich zu anderen Modularisierungskonzepten ist, dass jeder Service unabhängig von anderen in Produktion gebracht werden kann. Wenn für eine Aufgabe, die ein Microservice eine bessere Implementierung oder eine bessere Technologie bereitstehen, dann dieser Service unabhängig von den anderen neu ausgeliefert werden. Die unabhängige Auslieferung der Microservices bedeutet, dass sie als virtuelle Maschinen oder unabhängige Applikationen umgesetzt werden müssen. Nur dann sind die Services als eigenständige Programme lieferbar (Wolff 2016).

Gegenwärtig werden Microservices als Architektur-Konzept für die Automatisierung von modularen Prozess-Anlagen diskutiert (Bloch et al. 2017).

Microservices gliedern sich in Functional-Services, die wiederum auf Infrastructure-Services zugreifen. So kann nicht nur die Software, sondern auch die notwendige Hardware dynamisch skaliert werden. Dies ist im Falle von Rechenleistung oder Speicherbereich auf Servern vergleichbar einfach möglich. Im Falle der Automatisierungstechnik bedeutet diese Skalierung allerdings eine Hardware-Rekonfiguration, die gegenwärtig nicht vollständig automatisiert werden kann. Grundsätzlich könnte eine Linienproduktion so durch Instanziierung von Microservices zwar, was die Software anbelangt mit geringem Aufwand skaliert werden. Aufgrund des geringen Automatisierungsgrades der Hardware-Rekonfigurationsmaßnahmen wird der große Vorteil der Micro-Services in dieser Domäne allerdings stark eingeschränkt.

2.2.4 Service-orientierte Architekturen

Die SOA haben ihren Ursprung im Bereich der Geschäftsprozesse und stellen ein Paradigma zur Koordinierung verteilter Funktionalität dar (MacKenzie et al. 2006). Funktionalität wird dabei in Services gekapselt und im Netzwerk den Service-Konsumenten bereitgestellt. Services und Konsumenten finden sich durch den Discovery-Server, der die entsprechenden Meta-Daten kennt und entsprechend Abb. 4 ein Serviceverzeichnis darstellt.

Durch den Einsatz einer SOA wird eine Ad-hoc-Vernetzung zur Laufzeit im Sinne des Plug & Produce-Gedanken ermöglicht. Besonderheit der SOA sind die wohldefinierten Schnittstellen der Services. Wohldefiniertheit bedeutet im Software-Kontext, dass die Schnittstellen nicht nur syntaktisch, sondern auch semantisch definiert sind. Diese Schnittstellenspezifikation dient einer Kompatibilität zwischen allen Komponenten, die das entsprechende SOA-Protokoll beherrschen. Eine Registrierung der Services beim Eintreten in das Netzwerk kann so realisiert werden, dass die Verwaltung der Services im Discovery Server vollständig automatisiert werden kann. Position in der Anlage, Fähigkeiten des Moduls und weitere Metadaten müssen so nur einmal im Service konfiguriert werden. Die Rekonfiguration wird softwareseitig also maximal unterstützt, was zu einer hohen Rekonfigurierbarkeit des Gesamtsystems führt.

Eine hohe Flexibilität wird durch das Service-Konsument-Konzept erreicht. Ein Produkt, das sich durch die Anlage von Bearbeitungsmodul zu Bearbeitungsmodul bewegt kann mit Intelligenz ausgestattet werden und im SOA-Netzwerk als Konsument auftreten. So kann jedes Produkt individuelle Wege und Bearbeitungsschritte in Anspruch nehmen.

2.2.5 Gegenüberstellung der Koordinationskonzepte

In der nachfolgenden Tabelle werden die Konzepte für die Koordinierung gegenübergestellt (Tab. 1).

Die statische Koordinierung ist nicht flexibel und rekonfigurierbar, da die Signale bei jeder Änderung bei Sender und Empfänger angepasst werden müssen. Eine Entkopplung findet nicht statt.

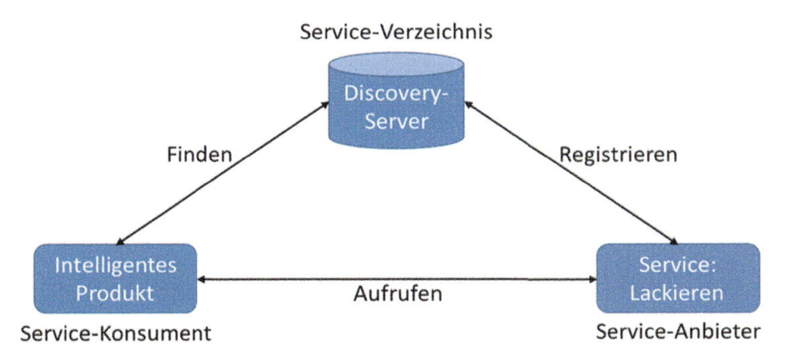

Abb. 4 SOA-Mechanismen

Tab. 1 Koordinierungskonzepte

	Echtzeit-Fähigkeit	Heterogenität	Flexibilität	Rekonfigurierbarkeit
Statische Koordinierung	++	0	–	–
Software-Agenten	– bis +	++	++	++
Micro-Services	0	0	+	0
SOA	+	++	++	++

Microservices und SOA sind beide servicebasierte Paradigmen, haben jedoch fundamentale Unterschiede. Microservices gliedern ein Programm in Module, die über ihre API zu einem Programm zusammengeführt werden. Die SOA stellt eine Architektur dar, die eine flexible Koordinierung verteilter Funktionalität bietet. Damit befinden sich Microservices und die SOA auf unterschiedlichen Ebenen, nämlich innerhalb eines Programmes und zwischen Programmen. Da Microservices unabhängig in Produktion gebracht werden sollen, werden sie häufig in Form von virtuellen Maschinen umgesetzt. Alternativ wären Docker-Container-Konzepte in Java denkbar. Die Anwendung von Microservices im Embedded-Umfeld für die Automatisierungstechnik ist daher nur über eine Java-Laufzeitumgebung denkbar. Daher ist die Echtzeitfähigkeit bei Microservices nur bedingt gegeben. Die Flexibilität ist nur im vordefinierten Flexibilitätskorridor gegeben. Microservices unterstützten keine Rekonfigurierbarkeit, da einzelne Services zwar ausgetauscht werden können, diese dann aber nur neue Technologien oder Implementierungen enthalten, jedoch keine neuen Features. Die ersetzten Services müssen über die gleichen Funktionen und Schnittstellen verfügen.

Die SOA betrachtet im Gegensatz zu den Microservices die Koordinierung zwischen den Funktionen. Der Discovery-Server ermöglicht für jeden Client eine dynamische, individuelle Zuordnung von Services. Die Echtzeitfähigkeit ist umsetzbar, indem die Services auf eingebetteten Steuergeräten ihre jeweilige Automatisierungsfunktion umsetzten. Die Koordinierung erfolgt auf ISO/OSI-Layer 7 und muss auf echtzeitfähigen Kommunikationsprotokollen aufsetzen. Da alle Services über die gleichen Schnittstellen aufgerufen werden, ist es sehr einfach Services mit neuen Features in das Netzwerk einzubinden oder auszutauschen. So ist eine hohe Rekonfigurierbarkeit gegeben.

Wird ein Agentensystem echtzeitfähig und reaktiv eingesetzt, unterscheidet es sich nach außen hin nicht mehr von einer SOA. Tatsächlich ist es so möglich mit einem Agenten-Framework eine SOA zu realisieren.

Aus der Gegenüberstellung folgt, dass sich die SOA für die Koordinierung der verteilten Anlagensteuerung am besten eignet. Daher wird im Folgenden die Entwicklung einer SOA für die verteilte Anlagensteuerung inklusive der Steuerung der Intralogistik betrachtet.

3 Orchestrierung der dezentralen Intralogistik

3.1 Service-Hierarchie der Organisationsstruktur

Die Architektur der dezentralen Intralogistik wurde derart konzipiert, dass sich das Intralogistiksystem für die Koordination der Logistikprozesse als ein unabhängig agierendes Teilsystem des Produktionssystems verhält. Es stellt den restlichen Bestandteilen des Produktionssystems die Funktionalität dieser Logistikprozesse in Form von aufrufbaren Services zur Verfügung. Deshalb wird nun zunächst die in (Schmidt et al. 2018) vorgestellte hierarchisch aufgebaute Organisationsstruktur eingeführt. Diese wurde für die service-orientierte Steuerung von modularen Produktionssystemen (MPS) entwickelt und ist in Abb. 5 dargestellt.

Dieser Organisationsstruktur liegt die Entkopplung von Produkt, Prozess und der benötigten Intralogistik zugrunde. Die Entkopplung wird durch die Einführung der drei Layer „Produkt Layer", „Prozess Layer" und „Logistik Layer" erreicht.

Dem „Produkt Layer" werden hierbei die zu produzierenden intelligenten Produkte zugeordnet.

Ein intelligentes Produkt ist ein gefertigter Gegenstand, der mit der Fähigkeit ausgestattet ist, seinen gegenwärtigen oder zukünftigen Zustand zu überwachen, zu analysieren und zu bewerten und gegebenenfalls sein Ziel zu beeinflussen (McFarlane et al. 2002).

Das intelligente Produkt ist also eine Software, die ein physisches Produkt vertritt und aufgrund seiner Fähigkeiten dessen Produktion vertreten kann. Das intelligente Produkt kennt dabei alle zur Produktion notwendigen Prozessschritte und den aktuellen Zustand des physischen Produkts (Werkstück). Außerdem kann das intelligente Produkt in der SOA mit den Bearbeitungsmodulen kommunizieren, um deren Services in Anspruch zu nehmen. So kann das intelligente Produkt die Koordinierung der Produktion seines Produkts übernehmen. Jedes Produkt wird von einem eigenen, individuell modellierten intelligenten Produkt vertreten. So kann eine Individualproduktion erreicht werden.

Dem „Prozess Layer" werden die Bearbeitungsservices zugeordnet, welche die einzelnen Prozessschritte, der für die intelligenten Produkte benötigten Produktionssequenzen, anbieten. Bearbeitungsservices können nicht nur klassische Prozessschritte, wie Drehen, Bohren oder Fräsen sein, sondern auch Prozessschritte, die der Qualitätssicherung dienen und in die Produktionssequenz der Produkte eingeplant werden können.

Dem „Logistik Layer" werden entsprechend die Logistikservices, welche für die Transportaufgaben der Intralogistik zuständig sind, zugeordnet. Die Logistik wird vollständig dezentral aufgebaut und organisiert, um eine hohe Flexibilität und Rekonfigurierbarkeit zu gewährleisten. Logistikmodule bewegen die Werkstücke in der Anlage. Dazu gehören Förderbänder, fahrerlose Transportsysteme oder Roboterarme, die neben Bearbeitungs- auch Logistikaufgaben übernehmen können. Das „Logistik Layer" umfasst somit alle Bestandteile des Intralogistiksystems und verwendet den Discovery Server um dem Restsystem seine Funktionalität anbieten zu können.

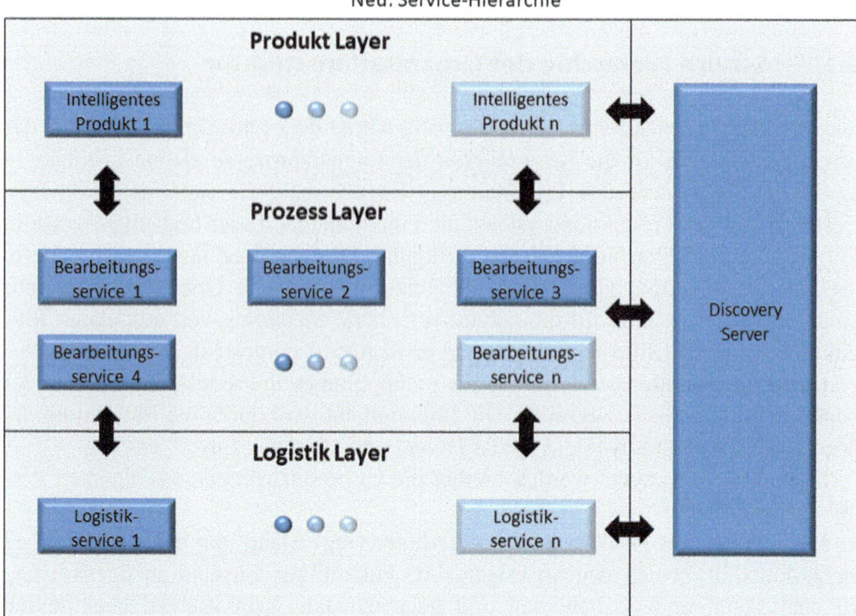

Abb. 5 Service-Hierarchie

Die Kommunikation mit dem Discovery Server ist von allen drei Layern aus möglich und dient dem Auffinden der jeweils benötigten Services und dem Abfragen von Informationen, um mit diesen Services kommunizieren zu können.

Der Discovery Server, stellt hier zunächst betrachtet einen Single Point of Failure dar. Während der Ausfall eines Logistikmoduls in der SOA bei redundant ausgelegten Transportwegen durch neue Service-Calls ein anderer Weg gewählt werden kann, muss beim Discovery Server eine hohe Verfügbarkeit gewährleistet sein. Ist dies durch eine einzelne Netzwerkkomponente nicht möglich, muss der Discovery Server redundant ausgelegt werden.

3.2 Koordinations-Ablauf

Der Ablauf der Koordination zur Durchführung eines Prozessschrittes lässt sich wie folgt beschreiben:

Die *intelligenten Produkte* kennen die benötigten Prozessschritte und die Reihenfolge, in welcher diese benötigt werden entsprechend ihrer Bill of Process (BOP). Somit können sie mit Hilfe des Discovery Servers den jeweils benötigten Service des Bearbeitungsmoduls aufrufen, der diesen Prozessschritt anbietet.

Wird der Service eines *Bearbeitungsmoduls* aufgerufen und von diesem akzeptiert und bestätigt, so ruft das Bearbeitungsmodul das geeignete Logistikmodul auf, welches dann den Transport des Produkts zum Bearbeitungsmodul organisiert. Dies geschieht wiederum unter Zuhilfenahme des Discovery Servers, welcher dem Bearbeitungsmodul das geeignete Logistikmodul vermittelt.

Sobald der Transportservice eines Logistikmoduls aufgerufen wird, agiert der Logistik Layer als dezentrales Intralogistiksystem. Der Transport des Produkts von seiner aktuellen Position zum aufrufenden Bearbeitungsmodul wird innerhalb dieses Layers organisiert. Dies geschieht, falls nötig unter Zuhilfenahme der Services von weiteren Logistikmodulen. In Abschn. 3.3 werden verschiedene Möglichkeiten zur Wegfindung für typische Layouts von Produktionssystemen genauer beschrieben.

So wird nicht nur die Bearbeitung dezentral koordiniert, stattdessen ist auch die Intralogistik nicht mehr nur eine monolithische Logik die zentral Wegfindungen berechnet, sondern jedes Logistikmodul kann durch sein Wissen und seine Fähigkeiten zur gesamten Intralogistik beitragen. Dabei benötigt das Logistikmodul Wissen über folgende Aspekte:

1. Welche Werkstücke kann ich aktuell transportieren?
2. Welche weiteren Logistikmodule können mir Werkstücke zuliefern?

Die Informationen über aktuell transportierbare Werkstücke ist notwendig um entsprechende Transportservices abzuarbeiten. Das Wissen über Logistikmodule, die zuliefern können ist notwendig, um Transportwege über mehrere Module hinweg realisieren zu können. Da die Transportservice-Beauftragung vom Bearbeitungsmodul, also dem Transportziel ausgeht, werden von dort aus bis zum Standort des Werkstücks mögliche Wege aufgespannt. Daher ist es für die Logistikmodule nicht notwendig, nachfolgende Module zu kennen. Diese werden die Services des Moduls gegebenenfalls aufrufen.

3.3 Realisierung einer Wegfindung mit einer Service-orientierten Architektur

3.3.1 Beschreibung von Intralogistik-Layouts

Die Realisierung der Wegfindung durch die Anlage wird maßgeblich durch das zugrunde liegende Layout des Produktionssystems beeinflusst. Die wohl einfachste Layout-Form stellt die Linienproduktion dar. In dieser Variante gibt es keine redundanten Transportwege oder Abzweigungen. Trotzdem muss sich die Intralogistik an die individuellen Produkte anpassen, da die Bearbeitungsstationen für jedes Produkt variieren können.

Für die Beschreibung der Wegfindung eines Werkstücks durch die Anlage werden hier zunächst typische Anlagenlayouts (Smriti 2014) vorgestellt:

In der *Linienproduktion* gibt es einen fest vorgegebenen Weg durch die Anlage. Das Werkstück bewegt sich entlang der Linie. Eine Flexible Produktion ist in diesem Fall auch ohne redundante oder alternative Wege möglich, indem die Produkte an unterschiedlichen Bearbeitungsmodulen halten oder an einem Modul produktspezifisch unterschiedliche oder unterschiedlich parametrierte Services abgerufen werden. Die Intralogistik, die die Werkstücke bewegt, muss auch in diesem Fall indivi-

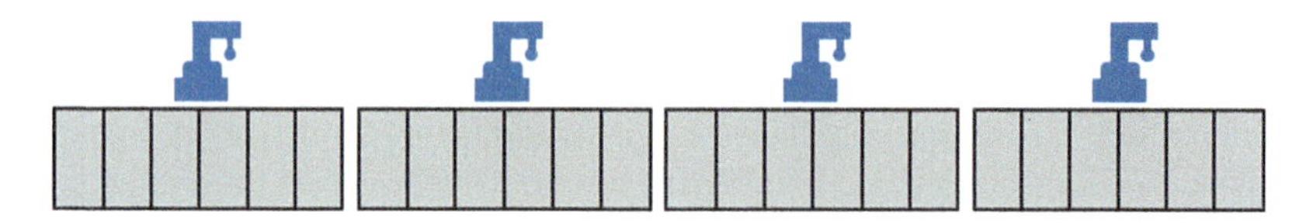

Abb. 6 Linienproduktion

duell auf jedes Produkt reagieren, da die Produkte an unterschiedlichen Stellen halten (Abb. 6).

Eine Alternative stellt das *Functional Layout* dar. In diesem Layout haben die Bearbeitungsmodule feste Positionen in der Anlage. Die Werkstücke bewegen sich allerdings nicht entlang eines fest definierten Weges, sondern müssen je nach Produktionssequenz in unterschiedlicher Reihenfolge unterschiedliche Module anfahren. Die Positionen sind in diesem Szenario häufig in Form einer Matrix angeordnet. Herausforderung hierfür sind für die Intralogistik nicht mehr nur individuelle Stopps, sondern auch die Wegfindung der Werkstücke jeweils zum nächsten Modul. Diese muss dynamisch für jeden Schritt berechnet werden, da sich der Anlagenzustand mit den Belegungen der Module durch Werkstücke und die Positionen der Werkstücke ständig ändern (Abb. 7).

Die dritte Variante ist das *Fixed Position Layout*. In dieser Variante ist die Position des Produkts fixiert und Material, Werker und Bearbeitungsmaschinen werden zum Produkt transportiert. Da in diesem Szenario die Produkte nicht bewegt werden und es nach (Smriti 2014) mit einem hohen Personalaufwand verbunden ist und nur einen geringen Automatisierungsgrad aufweist, wird dieses Layout im Beitrag nicht weiter betrachtet.

Die vierte Variante ist eine *Kombination der drei vorher beschriebenen Layouts*. Häufig wird eine Linienproduktion mehrfach aufgebaut, was zu einer Matrix führt, die gleiche, parallele Strukturen enthält. Die Linienproduktion bietet aufgrund der Kombinatorik von Bearbeitungsservices bereits ein gewisses Flexibilitätsspektrum. Durch die redundante Linie wird neben einer Skalierung der Produktion auch Redundanz und Flexibilität verbessert.

Abb. 8 zeigt die Mischform von Functional Layout und Linie. Die Produktionssequenz der Linie (blau, rot, grün) wird dreimal umgesetzt. Querverbindungen ermöglichen den Wechsel von einer Linie zur anderen.

3.3.2 Wegfindung in Linie und Matrix

Die einfache Variante der Wegfindung findet im Szenario der Linienproduktion statt. Der oben beschriebene Mechanismus zum Koordinationsablauf wird ausgeführt. Das Intelligente Produkt findet über den Discovery-Server das nächste Bearbeitungsmodul und ruft dessen Service auf (1) (Abb. 9).

Das aufgerufene Modul ruft den Transportservice eines Logistikmoduls auf, das ihm Werkstücke zuliefern kann (2). Wenn dieses das aufrufende Werkstück nicht hat, ruft es den Service des Moduls auf, das ihm zuliefern kann (3). So werden die Services weiter aufgerufen, bis ein Logistikmodul das Werkstück hat (4). Die Services werden entsprechend gegenläufig zur Aufruf-Hierarchie abgearbeitet. In

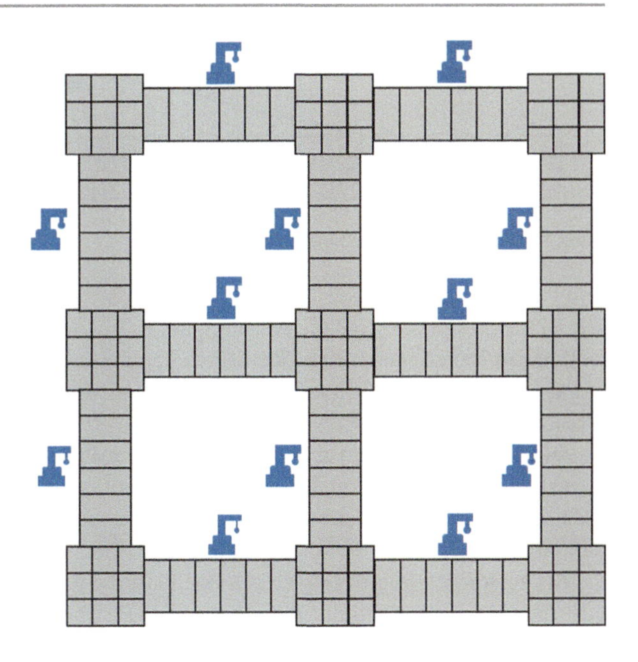

Abb. 7 Functional Layout

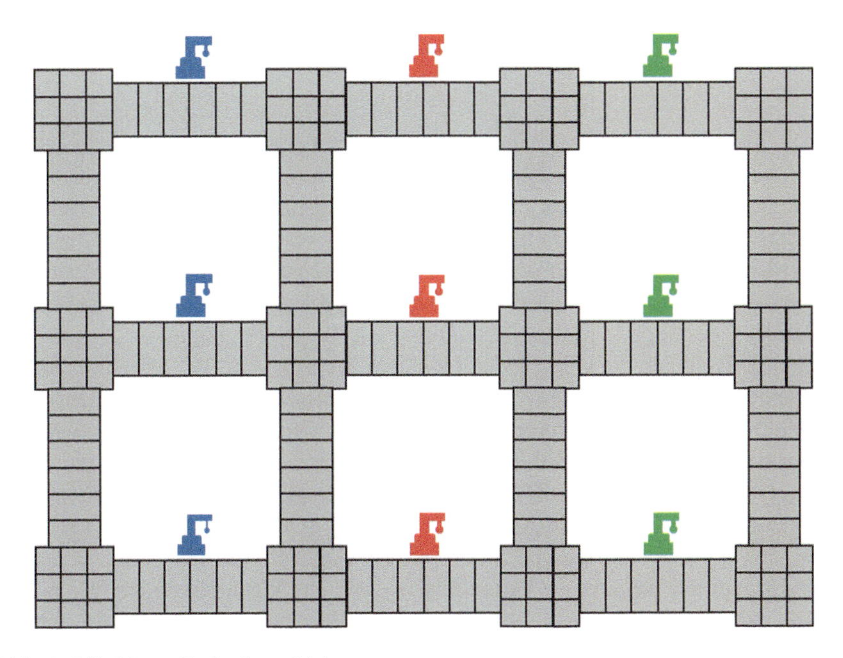

Abb. 8 Mischform, Redundante Linie

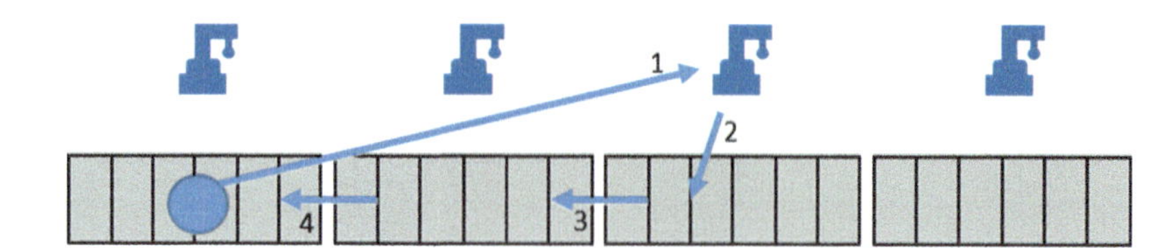

Abb. 9 Wegfindung in Linienproduktion

der Linienproduktion sind die Abhängigkeiten im Gegensatz zum Functional Layout einfach zu hinterlegen. Jedes Werkstück kann also gemäß seinem Produktionsplan transportiert und bearbeitet werden. Aufgrund des Linien-Layouts gibt es keine Mehrfach-Aufrufe von Services.

Die gleichen Mechanismen können auch im Functional Layout eingesetzt werden. Um das Szenario zu beschreiben werden zunächst nur ein Produkt und ein Bearbeitungsmodul in einem allerdings vergleichsweise komplexen Layout betrachtet (Abb. 10).

Bis zum Aufruf eines Logistikservice läuft die gleiche Sequenz ab. Das Produkt ruft das Bearbeitungsmodul auf (1) und das Bearbeitungsmodul ruft das Logistikmodul auf (2). Anschließend folgt die Aufruf-Hierarchie grundsätzlich den gleichen Regeln, wie in der Linienproduktion. Die Komplexität steigt jedoch, da es nicht mehr nur ein Modul gibt, das zuliefern kann, sondern in der dargestellten Struktur bis zu drei. In diesem Fall gibt es drei Varianten die Service-Calls bis zum Produkt fortzusetzen:

1. Alle Logistikmodule, die einem Logistikmodul zuliefern können werden aufgerufen (3). Ein Netz aus möglichen Fahrwegen spannt sich vom Transportziel bis zur Position des Produkts auf. Wenn das Logistikmodul mit dem Werkstück beginnt den Service abzuarbeiten und den Service-Call diesbezüglich bestätigt, werden für den Transport unnötige, aber bereits getätigte Service-Anfragen im Netzwerk gelöscht. Da nur verfügbare Logistikmodule weiter aufrufen und Services bestätigen, werden so automatisch Wege gefunden, auch, wenn der direkte Weg gerade belegt oder blockiert ist, oder ein Modulausfall auftritt. Nachteil dieses Algorithmus ist ein relativ großer Kommunikations-Overhead. Der Overhead steigt überproportional mit einer höher skalierten Anlagengröße.
2. Der rudimentäre Algorithmus aus Variante 1 kann reduziert werden, indem die Logistikmodule mit zusätzlicher Intelligenz ausgestattet werden. Wenn jedes Modul, auch die Service-Aufrufe für andere Module mithört und speichert, können Mehrfachaufrufe von Modulen (4) vermieden werden.
3. Die sicherlich eleganteste Variante ist jedoch ein Wegfindungsservice, der im Logistik Layer angesiedelt wird und die Anlagenstruktur, sowie die aktuelle Belegung der Module kennt. Logistikmodule, die für die Erfüllung ihres Transportauftrages auf andere Module angewiesen sind, können diesen Service anfragen und dann gezielt, wie bei der Linie jeweils einen Service aufrufen. Dieser Wegfindungsservice kann beliebig im Netzwerk verortet werden und muss mit

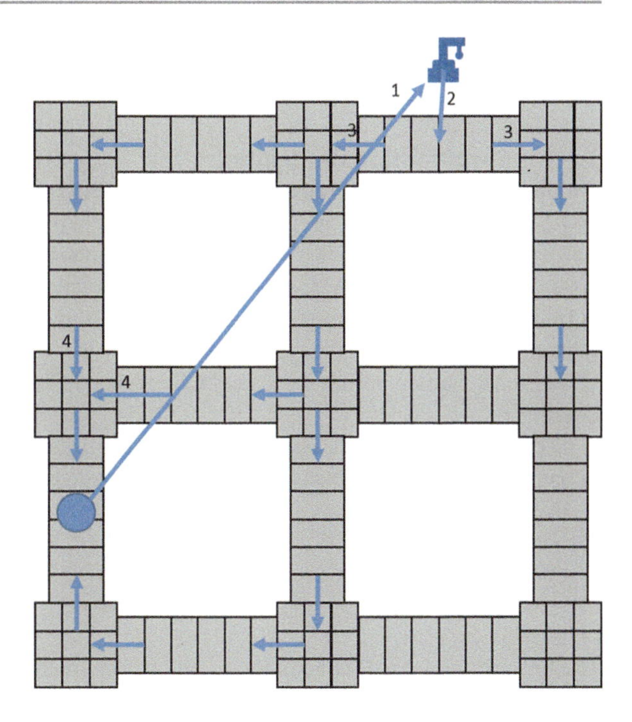

Abb. 10 Wegfindung im Functional Layout

Modellen über die Anlagenstruktur und Wissen über den aktuellen Anlagenzustand angereichert werden. Die Anlagenstruktur muss beim Anlagenbau einmalig modelliert und nach jeder Rekonfiguration aktualisiert werden. Die aktuelle Belegung der Module kann aus der Kommunikation zwischen den Modulen ermittelt werden, da Zustandsänderungen an der Anlage durch Abarbeitung von Services erfolgen und die erfolgreiche Abarbeitung im Netzwerk kommuniziert werden muss. Diese Variante kann ebenfalls für jeden Transportauftrag einen individuellen Weg finden und vermeidet den Kommunikationsoverhead. Nachteil ist der zusätzliche Entwicklungs- und Modellierungsaufwand für den Wegfindungsservice.

Alle drei Varianten führen zu einer dezentralen Intralogistik, die hochgradig automatisiert in dem Sinne agiert, dass weitere Eingriffe des Menschen oder von anderen technischen Systemen nicht notwendig sind.

3.4 Echtzeitfähiges SOA-Protokoll

Um die Kommunikation innerhalb eines Produktionssystems umzusetzen muss das resultierende Kommunikationsverhalten der service-orientierten Organisationsstruktur, des eingesetzten Kommunikationsprotokolls und der eingesetzten Kommunikationsmedien die bestehenden Echtzeitanforderungen erfüllen.

Für eine SOA müssen Syntax und Semantik spezifiziert sein. Diese werden nachfolgend beschrieben.

3.4.1 Spezifikation der Syntax

Für die Koordinierung wurde ein echtzeitfähiges Protokoll entwickelt. Es ist in ISO/OSI-Layer 7 angesiedelt und kann auf unterschiedliche Bus-Systeme aufgesetzt werden. Das Protokoll selbst ist sehr leichtgewichtig mit geringem Kommunikations-Overhead. Je nach Anforderungen an Antwortzeiten und Datenraten muss das SOA-Protokoll auf ein angemessenes Bus-System und somit Bus-Protokoll aufgesetzt werden.

Zunächst wurden notwendige Nachrichtentypen definiert mit den entsprechenden Daten.

Die Messages enthalten Nutzdaten, die in den Datenfeldern übertragen werden. Folgende Tabelle zeigt, welche Nutzdaten den Messages zugeordnet werden (Tab. 2):

Die weiteren Datenfelder im Service-Call können zur Parametrierung der Services genutzt werden.

Im folgenden Diagramm wird die Kommunikation im Falle eines Service-Aufrufs dargestellt. Die Registrierung und Fehlerfälle werden dabei nicht betrachtet (Abb. 11).

Zunächst wird das Bearbeitungsmodul mit der Bearbeitung des Produkts beauftragt. Wenn dieses den Auftrag akzeptiert, ruft es das Logistik-Modul auf, um den Transport des Werkstücks in die Wege zu leiten. Da ein Förderband unter Umständen mehrere Werkstücke transportiert, ist die Reaktion nicht nur ein *Answer_Service*, sondern der Status des Förderbands. Nach erfolgreichem Transport wird das Werkstück bearbeitet. Anschließend wird die Abarbeitung des Service dem intelligenten Produkt gemeldet.

3.4.2 Spezifikation der Semantik

Für eine SOA muss auch die Semantik spezifiziert werden. Das bedeutet, dass den Nachrichtentypen und Nutzdaten je eine Bedeutung gegeben werden muss. Nur kann zwischen den verschiedenen Geräten eine Interoperabilität dahingehend hergestellt werden, dass Geräte die Netzwerkbotschaften verstehen (Schiekofer et al. 2018). Diese müssen im SOA-Netzwerk der Anlage einheitlich verwendet werden. Daher ist es sinnvoll diese Daten im Discovery-Server zu verwalten, der sie den Modulen auf Abfrage bereitstellt.

3.4.3 Umsetzung des Protokolls am modularen Produktionssystem

Das beschriebene Protokoll wurde am MPS umgesetzt. Die 12 Mikrocontroller, die die Bearbeitungs- und Logistikmodule steuern unterstützen bereits den Controller Area Network (CAN)-Bus. Dieser deckt die ISO/OSI-Layer 1 und 2 ab. Die Layer 3 bis 6 sind in diesem Fall nicht notwendig. Durch Priorisierung der Messages kann der CAN-Bus echtzeitfähig ausgelegt werden (Abel et al. 2006).

Tab. 2 Protokoll

Nachrichten-Typ	Datenfeld 1	Datenfeld 2	Datenfeld 3	Datenfeld 4
Call_Service	Service-ID	Product-ID	Recall-Bit	
Answer_Service	Status-IP	Product-ID	Service-ID	
Get_Info_DS	Service-Type	Consumer-ID		
Info_from_DS	Service-ID	LM-ID	Consumer-ID	
Call_LM-Service	Service-ID	Product-ID	LM-ID	Consumer-ID
LM_Status	LM-Status	Service-ID	Product-ID	Consumer-ID
Register_Service	Service-ID	Module-ID	Service-Type	Position-ID
Unregister_Service	Service-ID	Module-ID		

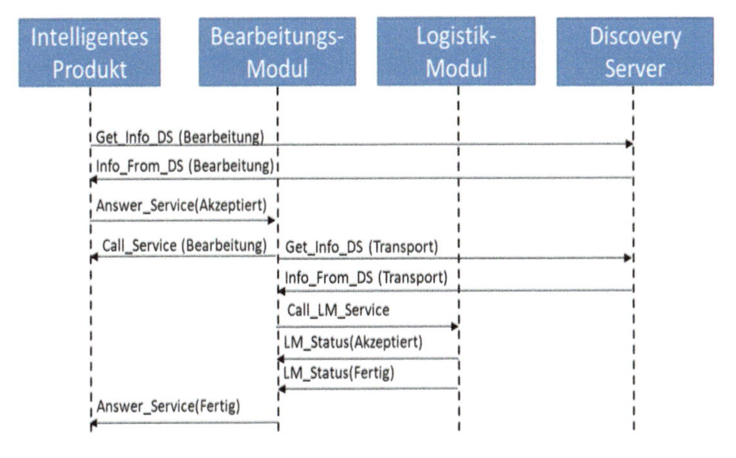

Abb. 11 Ablauf der Service-Calls

Den Nachrichtentypen wurden Message-IDs zugeordnet. Nachrichten, die für die Koordinierung benötigt werden (z. B. Service-Call), bekommen dabei höhere Prioritäten als Nachrichten für Verwaltungszwecke (z. B. Registrierung).

3.5 Automatisierungsgrad des Intralogistiksystems

Durch die dezentral organisierte, modulare Intralogistik wird im Vergleich zu monolithischen Logistiksystemen, neben der Individualproduktion, auch eine hohe Rekonfigurierbarkeit auf Modul- und Systemebene erreicht.

Ein hoher Automatisierungsgrad nach (Parasuraman et al. 2000) wird dadurch erreicht, dass auch nach einer Rekonfiguration keinerlei menschliche Eingriffe in die Steuerung der Intralogistik notwendig sind, da die Abhängigkeiten zwischen den Modulen durch die SOA aufgelöst werden.

So wird ein Intralogistiksystem orchestriert, das den Bearbeitungsmodulen, die zur Individualproduktion notwendigen Transportservices anbietet.

4 Umsetzung der service-orientierten Architektur mit einem Modellierungs-Framework

Die SOA stellt eine Architektur dar, die den Anforderungen an zukünftige Automatisierungssysteme gerecht wird. Daher lohnt sich eine Betrachtung der Entwicklungsprozesse, die notwendig sind, um eine SOA zu entwickeln.

Es lohnt sich in diesem Kontext das Paradigma der modellgetriebenen Entwicklung zu betrachten, das die Minimierung des Entwicklungsaufwandes durch maximale Automatisierung der Softwareentwicklung zum Ziel hat. Sie basiert auf einer vollständigen funktionalen Modellierung der Software, sodass Folgemodelle oder Code automatisiert generiert werden können. Gerade in Bezug auf die Rekonfigurierbarkeit, die den Aufwand im Rekonfigurationsfall in den Fokus stellt, bringt der optimierte Entwicklungsprozess neben der SOA weitere Vorteile.

Angelehnt an dieses Paradigma wird im Folgenden ein Schalenmodell vorgestellt, das die Modellierung der Software erleichtert, Codegenerierung für die verteilten Steuerungen ermöglicht und so den Entwicklungsprozess vereinfacht.

4.1 Das Modellierungsframework für die Services

Im disruptiven Umfeld zukünftiger Produktionssysteme werden Rekonfigurationen häufig vorkommen. In Bezug auf die SOA bedeutet das, dass ständig neue Services in die Anlage integriert oder bestehende Services angepasst werden müssen. Dies bezieht sich sowohl auf die Intralogistik, als auch auf die wertschöpfenden Bearbeitungsmodule.

Die Anforderungen, die in Abschn. 2 hergeleitet wurden, wurden in dem Schalenmodell berücksichtigt, sodass Automatisierungsfunktionen einfach modelliert und in einem Service gekapselt in das SOA Netzwerk integriert werden können (Abb. 12).

Im Folgenden werden die Schalen kurz erläutert.

Basissoftware-Shell:

Um die Heterogenität zu adressieren, werden alle hardware-abhängigen Teile des Modells in dieser der Basissoftware-Shell (BSW) modelliert. Dies ermöglicht eine einfache Wiederverwendung der weiteren Modelle und einen einfachen Umzug auf eine andere Hardware. Support-Packages gewährleisten einen einfachen Hardware-Zugriff aus den Modellen heraus und eine einfache Modellierung der Signalflüsse, bzw. eine Konfiguration entsprechender Bausteine im Modell.

RTE-Shell:

Die Laufzeitumgebung (RTE) ist notwendig, da ein Modul unter Umständen mehrere Services anbieten kann. Die notwendigen Signalflüsse werden in der RTE

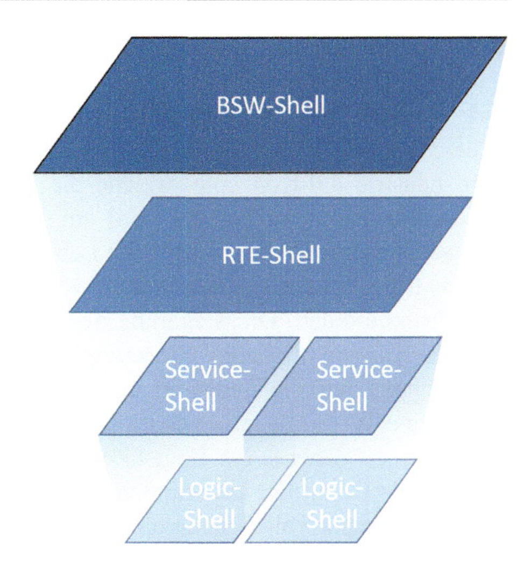

Abb. 12 Schalenmodell

zugeordnet. Im RTE-Modell werden die Services gekapselt. So können Services, die von mehreren Modulen verwendet werden wiederverwendet werden.

Service-Shell:

Die Service-Shell kapselt die Logic-Shell, die die eigentliche Applikationslogik enthält. In der Service-Shell werden die SOA-Mechanismen und das SOA-Protokoll umgesetzt. Service-Aufrufe werden hier verarbeitet und beantwortet. Die Service-Shell kann mit wenigen Parametern konfiguriert und, wenn sie einmal modelliert wurde, für alle Module wiederverwendet werden.

Logic-Shell:

Die Logic-Shell enthält die eigentliche Applikationslogik, die der Automatisierungsingenieur modelliert. Hier findet die Modellierung der Automatisierungsfunktion statt. Die Kapselung in der Logic-Shell ermöglicht eine hohe Wiederverwendung der Applikationen, sowie eine Fokussierung des Entwicklungsingenieurs auf die Applikation.

4.2 Verwendung des Frameworks

Das so entwickelte Schalenmodell kann als Framework für die Entwicklung verteilter SOA-Steuerungen verwendet werden. Für die BSW-Shell, muss ein Supportpackage für die Zielhardware mit der zugehörigen Toolchain einmalig in Betrieb genommen werden, um eine Konfiguration der Hardware im Modell zu ermöglichen. RTE- und Service-Shell müssen für jedes Modul konfiguriert werden. Lediglich die Applikationen müssen individuell modelliert werden.

Das Ergebnis sind dann vollständige und funktionale Modelle, aus denen der Code für die gesamte Anlagensteuerung generiert werden kann.

5 Evaluation der service-orientierten Architektur

5.1 Realisierung der SOA im Labor-Maßstab

Um Industrie 4.0-Konzepte, welche die oben genannten Anforderungen erfüllen sollen, evaluieren zu können wird am Institut für Automatisierungstechnik und Softwaresysteme (IAS) ein MPS im Labormaßstab eingesetzt.

Das MPS besteht aus den in Abb. 13 dargestellten 8 Bearbeitungsmodulen und 4 Logistikmodulen. Die Steuerung der Anlage wurde zunächst klassisch mit einer speicherprogrammierbaren Steuerung (SPS) realisiert, die über Feldbusse und Bus-Koppler auf die Sensoren und Aktoren der Module zugreift. Anschließend wurde eine dezentrale, mikrocontrollerbasierte Steuerung realisiert. Jeder Mikrocontroller steuert dabei je ein Logistik- oder Bearbeitungsmodul. Über ein Bussystem können alle Controller kommunizieren und koordiniert werden.

Die Mikrocontroller-Steuerung setzt eine SOA um. Dabei wird jedes Modul dezentral von einem Mikrocontroller gesteuert. Jeder Mikrocontroller bietet im Netzwerk den entsprechenden Service an. Intelligente Produkte können über das Netzwerk die Services abrufen. So wird eine sehr flexible Produktion mit einer hohen Rekonfigurierbarkeit erreicht. Abhängigkeiten zwischen Modulen werden echtzeitfähig aufgelöst.

Die intelligenten Produkte wurden über generische Zustandsautomaten auf einem Desktop-PC realisiert. Dabei repräsentiert jeder Zustand einen Bearbeitungsschritt.

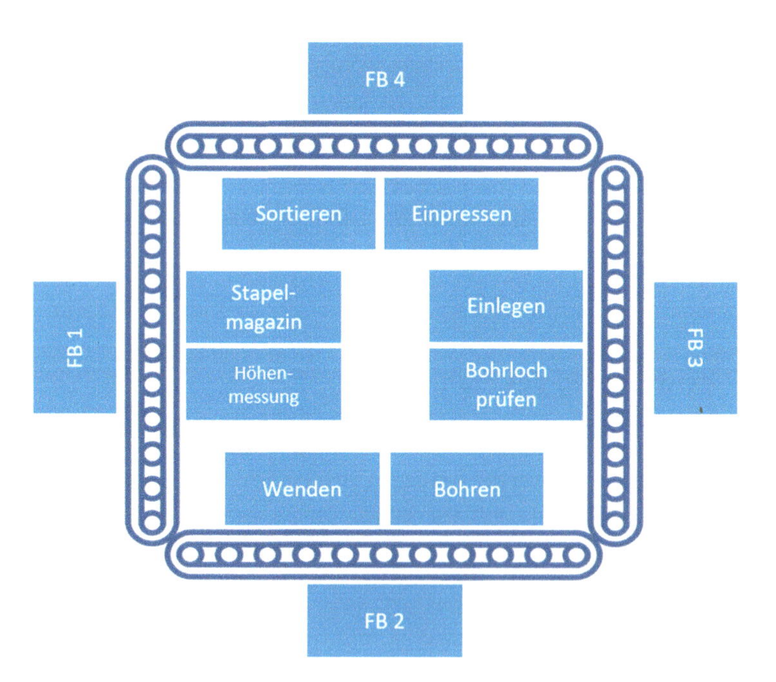

Abb. 13 Modulares Produktionssystem

Diese können über eine GUI individuell konfiguriert werden und über ein CAN-Interface mit dem Anlagenbus kommunizieren und so die Services abrufen. Durch die Trennung von Bearbeitungs- und Logistikmodulen ist es möglich Produkte ohne Kenntnis über die räumliche Verteilung der zur Herstellung notwendigen Bearbeitungsmodule zu konfigurieren.

5.2 Bewertung der service-orientierten Architektur

An der Laboranlage kann die SOA der zentralen SPS-Vairante gegenübergestellt werden. Beide Architekturen können anhand der Anforderungen aus Abschn. 2 bewertet werden. In Abschn. 2.2.5 wurde beschrieben, dass Software-Agenten für die Realisierung einer SOA genutzt werden können. Grundsätzlich kann das vorgestellte Konzept also auch mit einem Agentennetzwerk realisiert werden. Daher wird im Folgenden nur die SOA mit der konventionellen Realisierung verglichen.

Flexibilität: Durch die SOA wurde eine Individualproduktion realisiert. Abhängig vom Bauplan des individuellen Produkts werden unterschiedliche Module angesteuert und die entsprechenden Services abgerufen. Bereits bei dieser kleinen Labor-Anlage ist die Produktion von 64 Produktvarianten möglich. Die Variantenvielfalt der Produkte und damit die Produktflexibilität steigen exponentiell mit einer größeren Anzahl verfügbarer Module und Services. An der SPS wurde klassisch ein Ablauf umgesetzt. Neue Produktabläufe erfordern eine Änderung des SPS-Codes. Damit ist die SOA zunächst flexibler. Grundsätzlich ist es allerdings möglich alle Varianten im SPS-Code zu berücksichtigen. Dann wären beide Steuerungsparadigmen gleich flexibel. Die hohe Flexibilität würde sich die SPS-Variante jedoch mit enormem Entwicklungsaufwand erkaufen.

Heterogenität: Das Framework ermöglicht eine einfache Portierung auf andere Hardware oder Bus-Systeme, da hardwarespezifische Modell-Teile in die BSW ausgelagert sind. Das SOA-Protokoll wird in der Applikationsschicht implementiert und kann auf beliebige Kommunikations-Stacks aufgesetzt werden. Eine Portierung des SPS-Codes auf eine andere Hardware ist nicht sinnvoll. Im Kontext der Heterogenität stellt sich im SPS-Kontext die Frage, ob neue Sensoren, Aktoren oder Bus-Koppler mit der SPS kompatibel sind.

Rekonfigurierbarkeit: Die SOA am MPS wurde rekonfigurierbar aufgebaut. Um diese nachzuweisen wurden folgende Rekonfigurations-Szenarien durchgeführt und protokolliert:

- Neubau
- Erweiterung
- Rückbau
- Austausch von Modulen (Änderung der Position im Anlagenlayout)
- Änderung in einer Modulsteuerung

Bei der Evaluation der Rekonfigurierbarkeit haben sich folgende Vorteile der SOA gegenüber der SPS herauskristallisiert:

Die Entwicklung und Änderung von Steuerungslogik werden erleichtert, da sich die Services nur auf ein Modul beziehen und nicht der gesamte SPS-Code nachvollzogen werden muss. Außerdem wird der Entwicklungsprozess durch die modellgetriebene Entwicklung unterstützt.

Änderungen im Layout (Erweiterung, Rückbau, Austausch) werden durch die wohldefinierten Schnittstellen der Services vereinfacht. Diese ermöglichen es die Services durch Konfiguration schnell an den neuen Ort im Layout anzupassen. Änderungen am Produkt oder den anderen Modulen sind nicht notwendig. Abhängigkeiten zwischen den Modulen werden durch die SOA-Mechanismen aufgelöst. Bei der SPS müssen Abhängigkeiten manuell aufgelöst werden.

Echtzeitfähigkeit: Der CAN-Bus mit einer hohen Baud-Rate und einer geringen Bus-Auslastung gewährleistet garantierte Antwortzeiten. Bei höheren Echtzeitanforderungen ist die Portierung auf einen anderen Bus einfach realisierbar, da die Heterogenität im Konzept berücksichtigt wurde. Die SPS arbeitet zyklisch und gewährleistet so ebenfalls garantierte Antwortzeiten (Abb. 14).

Über den Trace der Kommunikation auf dem Bus lässt sich die Reaktionszeit auf eine Service-Anfrage messen. Der rote Rahmen im Trace zeigt die Abarbeitung eines Produktionsschrittes vom Service-Aufruf über den Transport bis zur Abarbeitung des Service. Über die Baudrate und die Konfiguration der Zykluszeiten, in denen die Modelle gerechnet werden, können die Reaktionszeiten beeinflusst werden.

Die Laufzeiten genügen den Echtzeitanforderungen des MPS. Theoretisch sind deutlich schnellere Reaktionszeiten realisierbar. Die Reaktion auf ein Event dauert zwei Berechnungen auf dem Controller und eine Call-Service-Message auf dem Bus. Die Zykluszeiten für die Berechnung der Modelle können in wenigen Mikrosekunden berechnet werden. Für das Versenden einer 8 Byte CAN-Message mit CAN-Frame (insgesamt 108 bit) wird bei einer Baud-Rate von 500kbaud eine Laufzeit von 216µs benötigt. Reaktionszeiten von unter einer Millisekunde sind in einer SOA also durchaus erreichbar.

5.3 Rahmenbedingungen

Bei der Realisierung und Evaluation des Konzepts wurden einige Annahmen getroffen. Diese sollen hier aufbereitet werden.

Zunächst wurden nur stationäre Logistikmodule für die Realisierung verwendet. Unter gewissen Rahmenbedingungen kann das Konzept auch für mobile Logistikmodule, wie fahrerlose Transportsysteme eingesetzt werden. Die Voraussetzung hierfür ist, dass sich Transportaufträge als Services kapseln lassen. Bei definierten Zielorten für Transportaufträge, z. B. Lagerorten oder Bearbeitungsmodulen, können relativ einfach Services im Netzwerk angeboten werden, um die Produktion mit Hilfe von mobilen Logistikmodulen zu realisieren. Bei der Realisierung einer entsprechenden Mensch-Maschine-Schnittstelle und Ausgabe von klaren Anweisungen wäre sogar ein manueller Transport durch Menschen denkbar, um einen Service abzuarbeiten und so Bedienpersonal in die Produktion einzubinden.

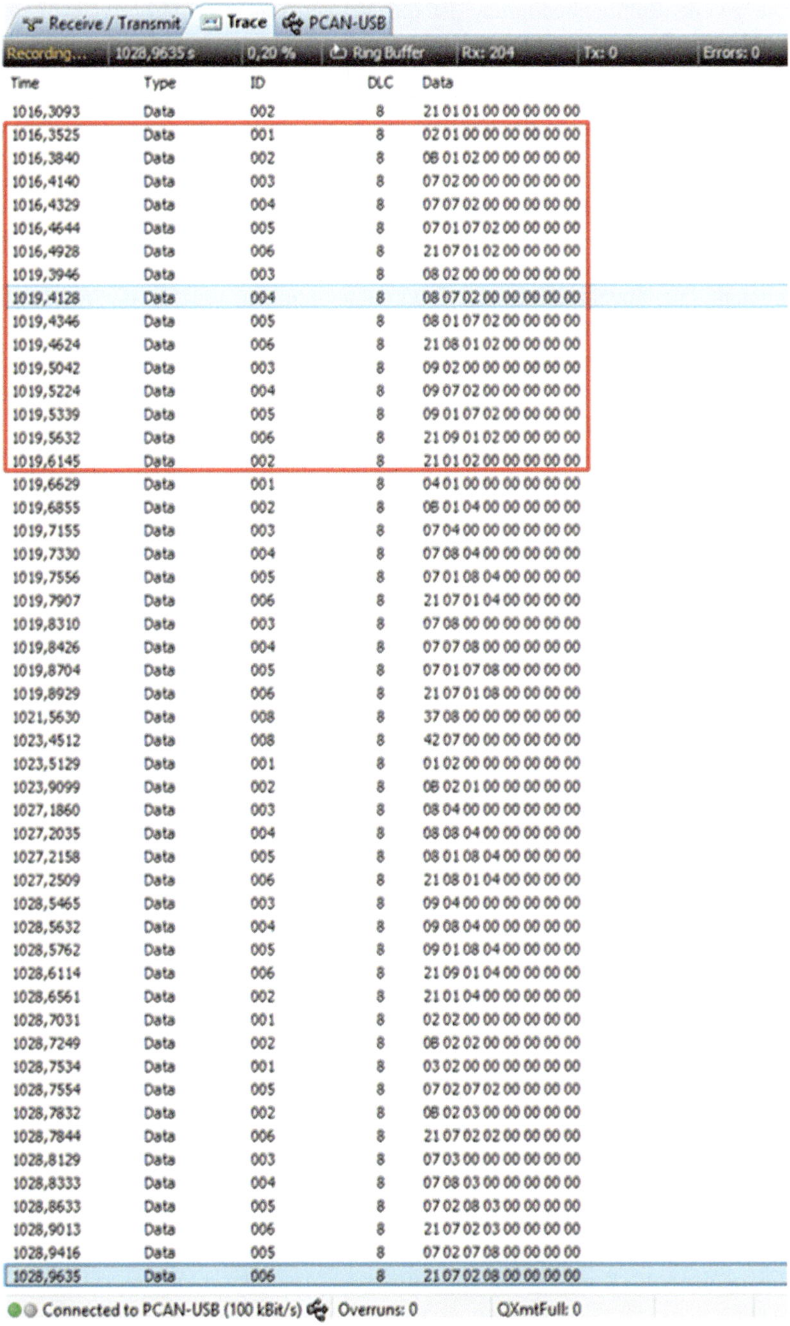

Receive / Transmit | Trace | PCAN-USB

Recording... | 1028,9635 s | 0,20 % | Ring Buffer | Rx: 204 | Tx: 0 | Errors: 0

Time	Type	ID	DLC	Data
1016,3093	Data	002	8	21 01 01 00 00 00 00 00
1016,3525	Data	001	8	02 01 00 00 00 00 00 00
1016,3840	Data	002	8	08 01 02 00 00 00 00 00
1016,4140	Data	003	8	07 02 00 00 00 00 00 00
1016,4329	Data	004	8	07 07 02 00 00 00 00 00
1016,4644	Data	005	8	07 01 07 02 00 00 00 00
1016,4928	Data	006	8	21 07 01 02 00 00 00 00
1019,3946	Data	003	8	08 02 00 00 00 00 00 00
1019,4128	Data	004	8	08 07 02 00 00 00 00 00
1019,4346	Data	005	8	08 01 07 02 00 00 00 00
1019,4624	Data	006	8	21 08 01 02 00 00 00 00
1019,5042	Data	003	8	09 02 00 00 00 00 00 00
1019,5224	Data	004	8	09 07 02 00 00 00 00 00
1019,5339	Data	005	8	09 01 07 02 00 00 00 00
1019,5632	Data	006	8	21 09 01 02 00 00 00 00
1019,6145	Data	002	8	21 01 02 00 00 00 00 00
1019,6629	Data	001	8	04 01 00 00 00 00 00 00
1019,6855	Data	002	8	08 01 04 00 00 00 00 00
1019,7155	Data	003	8	07 04 00 00 00 00 00 00
1019,7330	Data	004	8	07 08 04 00 00 00 00 00
1019,7556	Data	005	8	07 01 08 04 00 00 00 00
1019,7907	Data	006	8	21 07 01 04 00 00 00 00
1019,8310	Data	003	8	07 08 00 00 00 00 00 00
1019,8426	Data	004	8	07 07 08 00 00 00 00 00
1019,8704	Data	005	8	07 01 07 08 00 00 00 00
1019,8929	Data	006	8	21 07 01 08 00 00 00 00
1021,5630	Data	008	8	37 08 00 00 00 00 00 00
1023,4512	Data	008	8	42 07 00 00 00 00 00 00
1023,5129	Data	001	8	01 02 00 00 00 00 00 00
1023,9099	Data	002	8	08 02 01 00 00 00 00 00
1027,1860	Data	003	8	08 04 00 00 00 00 00 00
1027,2035	Data	004	8	08 08 04 00 00 00 00 00
1027,2158	Data	005	8	08 01 08 04 00 00 00 00
1027,2509	Data	006	8	21 08 01 04 00 00 00 00
1028,5465	Data	003	8	09 04 00 00 00 00 00 00
1028,5632	Data	004	8	09 08 04 00 00 00 00 00
1028,5762	Data	005	8	09 01 08 04 00 00 00 00
1028,6114	Data	006	8	21 09 01 04 00 00 00 00
1028,6561	Data	002	8	21 01 04 00 00 00 00 00
1028,7031	Data	001	8	02 02 00 00 00 00 00 00
1028,7249	Data	002	8	08 02 02 00 00 00 00 00
1028,7534	Data	001	8	03 02 00 00 00 00 00 00
1028,7554	Data	005	8	07 02 07 02 00 00 00 00
1028,7832	Data	002	8	08 02 03 00 00 00 00 00
1028,7844	Data	006	8	21 07 02 02 00 00 00 00
1028,8129	Data	003	8	07 03 00 00 00 00 00 00
1028,8333	Data	004	8	07 08 03 00 00 00 00 00
1028,8633	Data	005	8	07 02 08 03 00 00 00 00
1028,9013	Data	006	8	21 07 02 03 00 00 00 00
1028,9416	Data	005	8	07 02 07 08 00 00 00 00
1028,9635	Data	006	8	21 07 02 08 00 00 00 00

Connected to PCAN-USB (100 kBit/s) | Overruns: 0 | QXmtFull: 0

Abb. 14 CAN-Trace

Die zweite Rahmenbedingung ist die Verwendung von Mikrocontrollern zur Realisierung. Eine dezentrale und durch eine SOA koordinierte Steuerung kann auch mit SPSen realisiert werden. Hier muss zunächst die Open Platform Communication (OPC) Foundation mit ihrer OPC Unified Architecture (OPC-UA) genannt werden. OPC-UA als Kommunikationsstandard bietet die Möglichkeit eine SOA zu realisieren. OPC-UA bietet hierfür ein Kommunikationsprotokoll, darüber hinaus arbeiten Standardisierungsgremien an Standards für domänenspezifische Informationsmodelle, um auch die Semantik zu standardisieren. Dieser Quasi-Industriestandard wird an aktuellen SPS-Modellen als Kommunikationsprotokoll bereits angeboten. Die Spezifikation von Nachrichteninhalten, die für die Realisierung des Konzepts im Prototyp notwendig war, wird zukünftig vereinfacht oder im Idealfall entfallen, wenn die Standardisierungen entsprechend fortgeschritten sind. Die Implementierungen werden ebenfalls vereinfacht, wenn Geräte genutzt werden können, die entsprechende Protokolle unterstützen.

In der vorgestellten Realisierung sind Deadlocks aufgrund der Linienstruktur der Intralogistik nicht möglich. Daher wurden Konzepte zur Deadlockverhinderung oder -vermeidung nicht implementiert. Wenn IPs ihren Weg zur Laufzeit dynamisch umplanen, um auf Fehler in einzelnen Modulen zu reagieren oder um aufgrund neuer Modulbelegungen durch andere Produkte den Weg zu optimieren, sind theoretisch auch Lifelocks denkbar.

Für den Einsatz in einer Matrix-Struktur wären folgende Konzepte denkbar:

1. Deadlock Prevention durch die Verhinderung von Hold and Wait: Wenn ein Produkt einen Weg durch die Anlage benötigt, werden alle dafür notwendigen Services gleichzeitig zugeteilt. So kann eine Verklemmung aufgrund mehrerer Produkte, die den gleichen Service benötigen nicht auftreten.
2. Ein Life- oder Deadlock kann aufgelöst werden, indem eine intelligente Überwachung der Prozesse (Transportaufträge durch IPs) implementiert wird und den Produkten zugewiesene Services entzogen werden (Preemtion). Eine solche Überwachung könnte zentral im Discovery-Server implementiert werden.

6 Zusammenfassung

Um den Anforderungen der zukünftigen Produktion nach erhöhter Flexibilität und Rekonfigurierbarkeit gerecht zu werden, werden Lösungen für die Intralogistik von Produktionssystemen benötigt, welche die Flexibilität des Produktionssystems unterstützen und auch nach Rekonfiguration des Produktionssystems noch greifen.

- Das Paradigma der SOA wurde aufgrund der Erfüllung der angeführten Anforderungen an die Koordination der Intralogistik von Produktionssystemen ausgewählt.
- Die vorgestellte Service-Hierarchie der Organisationsstruktur für die SOA deckt sowohl die Bearbeitungsprozesse als auch die Intralogistikprozesse von Produktionssystemen ab und basiert auf einer Entkopplung von Produkt, Prozess und

Intralogistik durch die Einführung entsprechender Layer. Dies ermöglicht die Organisation der Intralogistik innerhalb des Logistik Layers in Form eines hochautomatisierten Intralogistiksystems.
- Zur Realisierung einer echtzeitfähigen Kommunikation wurde ein leichtgewichtiges, busunabhängiges, SOA-Protokoll entwickelt, welches zur Umsetzung des Koordinationskonzepts eingesetzt wird.
- Darüber hinaus wurde ein Schalenmodell präsentiert, das als Modellierungsframework eine modellgetriebene Entwicklung ermöglicht und so einen optimierten Entwicklungsprozess für die Anlagen- und Intralogistiksteuerung bereitstellt.

Das vorgestellte Protokoll wird nicht allen Anforderungen der Automatisierungstechnik genügen. Als SOA-Protokoll wird OPC-UA als Quasi-Industriestandard eine große Rolle spielen. Gegenwärtig wird von den Organisationen IEC SC65C/MT9 und IEEE 802 versucht die Kommunikation im Feld als Profil für OPC-UA zu standardisieren. Ein solcher Standard für die Feldebene könnte dann genutzt werden, um die beschriebene Service-Hierarchie und die Aufruf-Mechanismen tatsächlich herstellerunabhängig umzusetzen.

Für einen industriellen Einsatz sind weitere Studien bezüglich der Skalierbarkeit in Kombination mit Echtzeitfähigkeit notwendig. Insbesondere der Kommunikationsaufwand wird mit dem hochskalieren der Anlage deutlich steigen, sodass möglicherweise eine Partitionierung des SOA-Netzwerks oder der Einsatz von Feldbussen mit höherer Bandbreite notwendig werden können. Beide Ansätze können simulationsbasiert analysiert werden.

Literatur

Abel H-B, Blume H-J, Skabrond K, Beikirch H, Boller S, Frey G, Kraft D, Löhr W, Meyer H, Predelli O et al (2006) Handbuch der Mess-und Automatisierungstechnik im Automobil: Fahrzeugelektronik, Fahrzeugmechatronik. Springer, Berlin/Heidelberg

Bloch H, Fay A, Knohl T, Hoernicke M, Bernshausen J, Hensel S, Hahn A, Urbas L (2017) A microservice-based architecture approach for the automation of modular process plants 2017 22nd IEEE international conference on emerging technologies and factory automation (ETFA), Limassol, Cyprus, S 1–8

Caridi M, Cavalieri S (2004) Multi-agent systems in production planning and control: an overview. Prod Plan Control 15:106–118

Cucinotta T, Mancina A, Anastasi GF, Lipari G, Mangeruca L, Checcozzo R, Rusinà F (2009) A real-time service-oriented architecture for industrial automation. IEEE Trans Ind Inf 5:267–277

Faul A, Beyer T, Klein M, Vögeli D, Körner R, Weyrich M, Vogel-Heuser B (2018) Eine agentenbasierte Produktionsanlage am Beispiel eines Montageprozesses. In: Software-Agenten in der Industrie 4.0. S 89–108. https://doi.org/10.1515/9783110527056-005

Fay A, Wassermann E (2018) Sicherstellung von Interoperabilität. atp magazin 60:34–45

Foundation for Intelligent Physical Agents (2004) FIPA Agent Management Specification, Document Number SC00023K. http://www.fipa.org, Genf, Schweiz

Geisberger E, Broy M (2012) CPS-Themenfelder. Springer, Berlin/Heidelberg

Hansson MN, Järvenpää E, Siltala N, Madsen O (2017) Modelling capabilities for functional configuration of part feeding equipment. Procedia Manuf 11:2051–2060

Hees AF (2017) System zur Produktionsplanung für rekonfigurierbare Produktionssysteme. Herbert Utz Verlag GmbH, München

Hennecke A, Ruskowski M (2018) Design of a flexible robot cell demonstrator based on CPPS concepts and technologies 2018 IEEE Industrial Cyber-Physical Systems (ICPS). Saint-Petersburg, Russia, S 534–539

Hompel Mten (2006) Zellulare Fördertechnik. Logistics Journal: nicht-referierte Veröffentlichungen. https://www.logistics-journal.de/not-reviewed/2006/8/599. Zugegriffen im August 2006

Järvenpää E, Siltala N, Lanz M (2016) Formal resource and capability descriptions supporting rapid reconfiguration of assembly systems 2016 IEEE international symposium on assembly and manufacturing (ISAM). Fort Worth, TX, USA, S 120–125

Kagermann H, Anderl R, Gausemeier J, Schuh G, Wahlster W (2016) Industrie 4.0 im globalen Kontext: Strategien der Zusammenarbeit mit internationalen Partnern. Herbert Utz Verlag GmbH, München

MacKenzie CM, Laskey K, McCabe F, Brown PF, Metz R, Hamilton BA (2006) Reference model for service oriented architecture 1.0. OASIS standard 12

McFarlane D, Sarma S, Chirn JL, Wong CY, Ashton K (2002) The intelligent product in manufacturing control and management. IFAC Proc Vol 35:49–54

Msadek N, Kiefhaber R, Ungerer T (2015) A trustworthy, fault-tolerant and scalable self-configuration algorithm for organic computing systems. J Syst Archit 61:511–519

Müller-Schloer C, Schmeck H, Ungerer T (2012) Organic Computing. Informatik Spektrum 35:71–73. https://doi.org/10.1007/s00287-012-0599-2

Pantförder D, Mayer F, Diedrich C, Göhner P, Weyrich M, Vogel-Heuser B (2017) Agentenbasierte dynamische Rekonfiguration von vernetzten intelligenten Produktionsanlagen Handbuch Industrie 4.0, Bd 2. Springer Vieweg, Berlin/Heidelberg, S 31–44

Parasuraman R, Sheridan TB, Wickens CD (2000) A model for types and levels of human interaction with automation. IEEE Trans Syst Man Cybern-Part A: Syst Humans 30:286–297

Regulin D, Vogel-Heuser B (2017) Agentenorientierte Verknüpfung existierender heterogener automatisierter Produktionsanlagen durch mobile Roboter zu einem Industrie-4.0-System. In Handbuch Industrie 4.0, Bd 2. Springer Vieweg, Berlin/Heidelberg, S 93–118

Ribeiro L, Barata J, Mendes P (2008) MAS and SOA: complementary automation paradigms international conference on information technology for balanced automation systems. Springer, Boston, MA, S 259–268

Schiekofer R, Scholz A, Weyrich M (2018) REST based OPC UA for the IIoT 2018 IEEE 23rd international conference on emerging technologies and factory automation (ETFA). Turin, Italy, S 274–281

Schmidt J-P, Müller T, Weyrich M (2018) Methodology for the model driven development of service oriented plant controls. Procedia CIRP 67:173–178

Smriti C (2014) Four main types of plant layout. http://www.yourarticlelibrary.com/industries/plant-layout/four-main-typesof-plant-layout/34604/. Zugegriffen am 10.12.2019

Stehle T, Heisel U (2017) Konfiguration und Rekonfiguration von Produktionssystemen. In Neue Entwicklungen in der Unternehmensorganisation. Springer Vieweg, Berlin/Heidelberg, S 333–367

Vogel-Heuser B, Fay A, Seitz M, Gehlhoff F (2019) Agenten zur Realisierung von Industrie 4.0. VDI/VDE-Gesellschaft Mess-und Automatisierungstechnik

Wolff E (2016) Microservices; Grundlagen flexibler Softwarearchitekturen. dpunkt, Heidelberg

Zaeh MF, Moeller N, Muessig B, Rimpau C (2006) Life cycle oriented valuation of manufacturing flexibility proceedings of the 13th CIRP international conference on life cycle engineering, LICE. Leuven, Belgien, S 699–704

Smart Data Architekturen

Vertikale und horizontale Integration

Emanuel Trunzer, Birgit Vogel-Heuser, Jens Folmer und
Thorsten Pötter

Zusammenfassung

Durch zunehmende Digitalisierung stehen immer größere Mengen an Daten aus Produktionssystemen zur Analyse bereit. Jedoch bereitet die Integration dieser Daten derzeit noch Probleme. Innovative Smart Data Architekturen versuchen die Lücke zwischen klassischer Automatisierungstechnik und der IT-Welt der Datenanalyse zu schließen. Diese können durch den Einsatz von Middlewares realisiert werden. Dieser Beitrag fasst industriellen Anforderungen an Middlewares und zur Verfügung stehende Technologien zusammen. Anschließend werden eine generische Systemarchitektur und zwei Anwendungen vorgestellt.

1 Datenanalyse als Treiber für die Datenintegration

Globalisierung und hoher Wettbewerbsdruck erfordern von produzierenden Unternehmen neue Lösungen wie die Digitalisierung bestehender Produktionsprozesse, massiven Informationsaustausch und die Entwicklung neuer Geschäftsmodelle. Die neuen Technologien werden unter anderem als Industrie 4.0, Cyber Physische Produktionssysteme (CPPS) oder Industrial Internet of Things (IIoT) bezeichnet (Bassi et al. 2013; Trunzer und Pethig 2018).

E. Trunzer (✉) · B. Vogel-Heuser
Lehrstuhl für Automatisierung und Informationssysteme, Technische Universität München, Garching bei München, Deutschland
E-Mail: emanuel.trunzer@tum.de; vogel-heuser@tum.de

J. Folmer
HAWE Hydraulik SE, Aschheim, Deutschland
E-Mail: j.folmer@hawe.de

T. Pötter
SAMSON AG, Frankfurt am Main, Deutschland
E-Mail: Thorsten.Poetter@samsongroup.com

B. Vogel-Heuser et al. (Hrsg.), *Handbuch Industrie 4.0*,
https://doi.org/10.1007/978-3-662-58528-3_48

Eine wesentliche Voraussetzung, um das volle Potenzial von Industrie 4.0-Anwendungen auszuschöpfen, ist die Integration großer Datenmengen aus den Produktionssystemen. Mehrere Faktoren erschweren die automatisierte Datenanalyse im Bereich der Produktionssysteme. Insbesondere die Vielzahl und Heterogenität von Datenquellen, Formaten und Protokollen durch lange Lebenszyklen (bis zu 30 Jahre) (Li et al. 2012) in der Produktionsumgebung stellen eine Herausforderung dar. Darüber hinaus müssen große Mengen an historischen Daten mit kontinuierlich übertragenen Daten aus der Anlage kombiniert werden, um Entscheidungen zeitnah auf Basis der Analyseergebnisse zu treffen. Daher sind innovative Systemarchitekturen zur Integration der Daten und Systemen notwendig, welche es erlauben, diese Daten und Systeme für alle Produktionssysteme verfügbar zu machen, weiter zu vernetzten und diese mit den Datenanalysen und entlang der digitalen Wertschöpfungskette zu verbinden (Jirkovsky et al. 2016; Trunzer und Pethig 2018; Vogel-Heuser und Hess 2016).

Diese Schwierigkeiten werden am Beispiel der Prozessindustrie deutlich: Eine Vielzahl von Sensoren erfasst kontinuierlich Prozessdaten, die hauptsächlich zu Dokumentationszwecken in Datenbanken gespeichert werden. Ein Manufacturing Execution System (MES) dient unter anderem der Verwaltung und Verarbeitung von Daten zur Ressourcenplanung und Auftragsabwicklung. Darüber hinaus enthält ein Schichtbuch Informationen der jeweiligen Maschinenbediener, die für die Überwachung der Betriebsweise und der Vorkommnisse während ihrer Schichten verantwortlich. Ergänzend können weitere Qualitäts- und Wartungsdaten in anderen Systemen oder Datenbanken gespeichert werden. Zusammen bilden sie ein komplexes Netzwerk aus ineinander verwobenen IT-Systemen, die an unterschiedlichen Standorten auf unterschiedlichen, oft inkompatiblen Datenformaten basieren. Die Gewinnung von Wissen aus dieser heterogenen Systemlandschaft ist schwierig und ohne großen manuellen Aufwand von Experten unmöglich, wenn die Daten semantisch korrekt verknüpft werden sollen. Eine Architektur zur Integration dieser Daten und zur Vereinheitlichung des Datenzugriffs kann daher die Möglichkeiten der Datenanalyse in Produktionsumgebungen erheblich verbessern. Dies kann erreicht werden, indem alle relevanten Quellen einbezogen und ihre Daten für Analysewerkzeuge integriert und zur Verfügung gestellt werden. So wird ein transparenter Zugriff auf alle verfügbaren Daten und Informationen ermöglicht.

Unter dem Begriff „Architektur" verstehen die Autoren in diesem Zusammenhang die Beschreibung des Gesamtsystems um dessen Aufbau, Erweiterung und Nutzung zu beschreiben. „Smart Data" bildet wiederum das Gegenstück zu Big Data: Während bei Big Data eine große Menge an ungeordneten Daten ohne Expertenwissen verarbeitet wird, beschreibt Smart Data die Symbiose aus großen Datenmengen und Expertenwissen. Smart Data umfasst die intelligente Vorauswahl von Daten zur gezielten Reduktion der Datenmengen, einen hybriden Datenanalyseansatz unter Verwendung datengetriebener Analyseverfahren unter Berücksichtigung des vorhandenen Expertenwissens und die gezielte Aufbereitung der Ergebnisse zur effizienten Nutzung dieser im Produktionsprozess (Trunzer und Pethig 2018; Trunzer et al. 2019a).

2 Systemarchitektur im Wandel durch Industrie 4.0

Die gestiegenen Anforderungen an Flexibilität in der Produktion und umfassende Informationsintegration im Zuge von Industrie 4.0 stellen die klassische Struktur der Automatisierungsarchitektur vor Herausforderungen. Bestehende Systeme folgen derzeit oft einer Organisation gemäß der sogenannten Automatisierungspyramide (siehe Abb. 1), wie sie in der ISA-95 (The Instrumentation, Systems, and Automation Society 2000) sowie der DIN EN 62264-1 (European Committee for Electrotechnical Standardization 2014) standardisiert ist. Beide Normen beschreiben eine strikte Komponentenzuordnung innerhalb der verschiedene Produktionssystemebenen, die jeweils klare abgrenzbare Aufgaben und Anforderungen haben. Diese umfassen die in Tab. 1 dargestellten Ebenen 0 bis 4. In den höheren Ebenen werden zunehmend übergreifende und zeitlich unkritische (asynchrone) Koordinationsaufgaben wahrgenommen, während die Ebene 1 direkt echtzeitkritischen Prozessregelungen (Ebene 0) durchführt. Diese klare Aufgabentrennung zeigt sich auch im Zeitrahmen der Aufgaben/Aktionen, sowie der Datencharakteristik. Während die Beeinflussung des Prozesses meist im Zeitrahmen von Sekunden oder Millisekunden geschieht, verarbeitet beispielsweise ein ERP Informationen überwiegend ereignisbasiert mit einem Zeithorizont von Tagen bis Monaten. Hierfür müssen auf Feldebene (Ebene 1) eine Vielzahl an relativ begrenzten Anweisungen und Daten ausgetauscht werden, während auf ERP-Ebene wenige, dafür sehr große Daten-

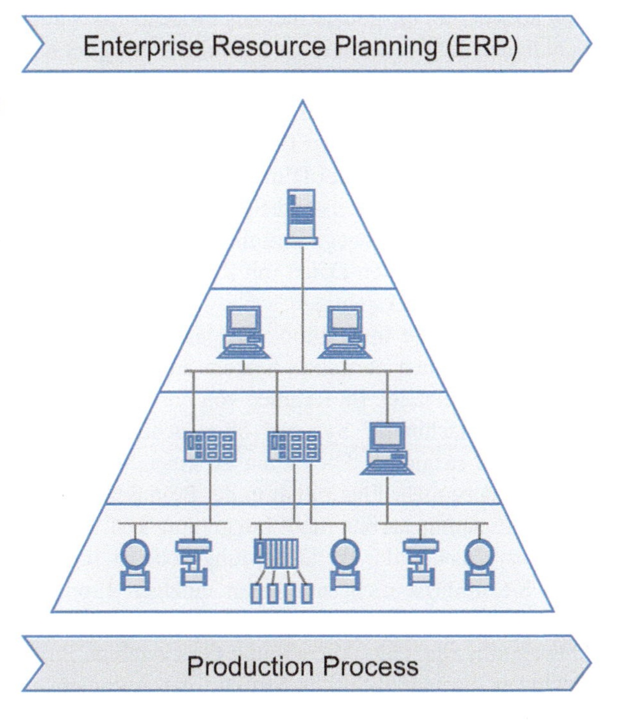

Abb. 1 Klassische Automatisierungspyramide nach ISA-95 (The Instrumentation, Systems, and Automation Society 2000)/ DIN EN 62264-1 (European Committee for Electrotechnical Standardization 2014) (Vogel-Heuser et al. 2009)

Tab. 1 Hierarchieebenen nach ISA-95 (The Instrumentation, Systems, and Automation Society 2000)/DIN EN 62264-1. (European Committee for Electrotechnical Standardization 2014)

Ebene	Aufgabe/ Beschreibung	Zeitrahmen	Typische Systeme oder Komponenten
4	Geschäftsbezogene Aktivitäten und Grobplanung	Tage, Wochen, Monate	Enterprise-ResourcePlanning (ERP)
3	Koordination der Prozesse und Arbeitsabläufe, Feinplanung	Millisekunden, Sekunden, Stunden, Schichten, Tage	Manufacturing Execution Systeme (MES)
2	Überwachen und Regeln	Millisekunden, Sekunden, Minuten, Stunden	Speicherprogrammierbare Steuerungen (SPS, PLC), Supervisory Control and Data Acquisition (SCADA)
1	Messen und Beeinflussen	Millisekunden, Sekunden	Sensoren und Aktoren
0	Physikalischer Produktionsprozess		

pakete verarbeitet werden. Ein Datenaustausch findet hierbei immer nur zwischen zwei aneinandergrenzenden Hierarchieebenen statt (bspw. zwischen SPS und SCADA, aber definitionsgemäß niemals zwischen SPS und ERP). Diese Aufteilung der Funktionen auf Ebenen und klare Strukturierung der Kommunikation vereinfacht die Entwicklung und Wartung komplexer automatisierungstechnischer Systeme, stellt in Zeiten von Industrie 4.0 aber gleichzeitig das Haupthindernis bei der Vernetzung der beteiligten Systeme und der Datenintegration dar.

Integration wird in drei Dimensionen unterteilt: Vertikale Integration beschreibt die Integration von Daten und Systemen über verschiedene Ebenen der Automatisierungspyramide hinweg. Entscheidungen auf höheren Ebenen sind somit nicht mehr von aggregierten Daten mit Zeitversatz abhängig, sondern können direkt die Rohdaten mitberücksichtigen.

Als horizontale Integration wird andererseits der direkte Austausch von Daten und Informationen zwischen System auf derselben Ebene der Automatisierungspyramide bezeichnet. Im Rahmen von horizontaler Integration können Systeme den Zustand benachbarter Systeme überwachen und geeignet auf sich verändernde Situationen reagieren. Dies kann zu einer Dezentralisierung der Steuerung/Interaktion und zu mehr Flexibilität in der Produktion führen.

Die Zusammenarbeit und Integration von Daten und Systemen entlang des Lebenszyklus und der Wertschöpfungskette ist eine weitere Dimension der Integration. Sie umfasst nicht nur einen einzigen Produktionsprozess und das eigene Unternehmen, sondern beinhaltet die Vernetzung über Standorte und Unternehmen hinweg, um eine enge Verzahnung der einzelnen Prozesse zu erreichen. Auch hier erschwert die monolithische Struktur der Automatisierungspyramide den direkten Austausch von Informationen entlang der Wertschöpfungskette.

Durch den geforderten zunehmenden Datenaustausch zwischen Systemen wird daher die starre Struktur der Automatisierungspyramide ständig weiter aufgeweicht und dynamischer gestaltet; der Datenaustausch findet nicht mehr nur zwischen zwei benachbarten Ebenen der ISA-95 statt, sondern stattdessen ebenenübergreifend. Weiterhin werden Daten vermehrt horizontal innerhalb einer Schicht ausgetauscht und die klassische Master-Slave-Kommunikation durch flexiblere Kommunikationsmuster ersetzt. Dies führt zu einer immer größer werdenden Zahl an Kommunikationskanälen zwischen den Einzelsystemen und damit auch zu größeren Abhängigkeiten in den Produktionssystemen (vgl. Abb. 2 (links)). Durch die Heterogenität der Systeme in Bezug auf verwendete Kommunikationsprotokolle, angebotene Schnittstellen und Format der übertragenen Daten, sind solche mesh-artig vernetzten Systeme aber komplex in der Implementierung und in Betrieb zu halten. Dies trifft vor allem dann zu, wenn bestehende Altsysteme, welche im automatisierungstechnischen Umfeld alltäglich sind, berücksichtigt und eingebunden werden müssen und dies nur mit zusätzlichen Systemen wie Gateways realisiert werden kann. Die Verbindung zwischen zwei Systemen wird in solchen Fällen oftmals spezifisch an die Systeme angepasst. Nur explizit vorgesehene und umgesetzte Kommunikationskanäle können dann benutzt werden. Systeme, welche keine Verbindung zu einem bestimmten anderen System besitzen, können dessen Daten nicht empfangen. Dies erschwert den transparenten Datenzugriff und die Datenintegration zwischen den Systemen.

Ein Bindeglied zwischen den Systemen (vgl. Abb. 2 (rechts)), welches sowohl eine einheitliche Schnittstelle, einen Satz an definierten Protokollen sowie ein gemeinsames Informationsmodell zum Datenverständnis enthält, kann den Bedarf nach zusätzlicher und gleichzeitig flexibler Vernetzung erfüllen. Solche Systeme, genannt Middleware oder Mediatoren, werden in anderen Domänen, bspw. im Finanzwesen, bereits seit längerem eingesetzt. Zur Anbindung von Altsystemen muss dann nur ein spezifischer Adapter oder Übersetzer implementiert werden, um das System mit der Middleware kompatibel zu machen. Die Gesamtzahl an für eine

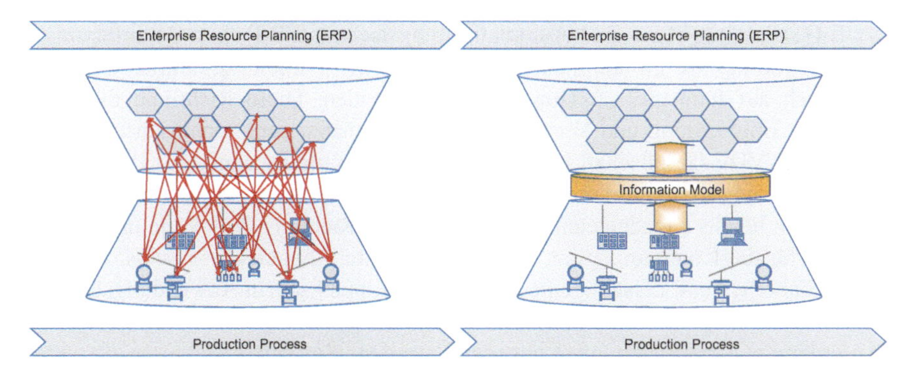

Abb. 2 Zunehmende Punkt-zu-Punktvernetzung in modernen Systemen (links) und Middleware mit Informationsmodell als Bindeglied zwischen Feldebene und höheren IT-Ebenen. (Vogel-Heuser et al. 2009)

vollständige Vernetzung notwendigen Adaptern und Schnittstellen verringert sich im Vergleich zu Meshnetzwerken enorm, was den Implementierungs- und Wartungsaufwand vereinfacht. Gleichzeitig kann somit eine effiziente und flexible Integration der Daten sichergestellt werden. Der Datenzugriff erfolgt transparent für alle beteiligten Systeme, ohne die spezifischen Protokolle und Schnittstellen des Partnersystems kennen zu müssen.

Neben der reinen Vernetzung der Systeme und der Ermöglichung von technischer Interoperabilität ist auch die Schaffung syntaktischer und semantischer Interoperabilität notwendig (European Committee for Standardization 2011). Hierunter versteht man ein gemeinsames Verständnis über den strukturellen Aufbau, die Bedeutung und die Interpretation der Daten. Beispielsweise werden Durchflusswerte in Produktionsanlagen sowohl als Massen- als auch als Volumenströme erhoben. In den Datenbanken der Prozessleitsysteme fehlt die Information über die physikalischen Einheiten zumeist. Deshalb ist bei der Übertragung der Daten unklar, um welche Art von Durchfluss es sich handelt und ob dieser beispielsweise in Tonnen pro Stunde oder Liter pro Minute gespeichert wurde. Das Fehlen dieser Informationen erschwert die Datenanalyse deutlich, führt womöglich zu falschen Datenauswertungen oder kann diese sogar unmöglich machen. Bei der Vernetzung einer großen Anzahl an Systemen mit den Zielen einer nahtlosen Zusammenarbeit und des transparenten Datenzugriffs, ist eine Selbstbeschreibung der Daten notwendig. Zwischen allen Partnern und Systemen muss ein einheitliches Verständnis für die Daten hergestellt werden. Nur so kann das volle Potenzial der Daten gehoben werden. Die Schaffung eines sogenannten gemeinsamen Informations- oder Datenmodells ist ein aufwändiger Schritt und muss zu Beginn meist händisch ausgeführt werden.

3 Industrielle Anforderungen an Middlewares

Die VDI/VDE Richtlinie 2657 *Middleware in der Automatisierungstechnik* (VDI/VDE-Gesellschaft Mess- und Automatisierungstechnik 2013) fasst Anforderungen an eine Middleware im automatisierungstechnischen Umfeld zusammen und lässt sich auch auf Industrie 4.0 Umgebungen anwenden. Diese Richtlinie dient der Auswahl, Entwicklung und Verwendung von automatisierungstechnischer Middleware (VDI/VDE-Gesellschaft Mess- und Automatisierungstechnik 2013). Eine Zusammenfassung der Anforderungen aus der Richtlinie findet sich in Tab. 2 wieder. Neben den bereits angedeuteten Anforderungen in Richtung Protokolle und Datenformate für die Kommunikation, spielen auch weitere Aspekte wie Selbstbeschreibung, Sicherheit und Leistung eine Rolle. Je nach spezifischem Anwendungsfall und den Anforderungen aus diesem heraus, müssen die in der VDI/VDE 2657 genannten Anforderungen priorisiert oder angepasst werden. Systemarchitekturen im automatisierungstechnischen und Smart Data Umfeld sollten diese Anforderungen berücksichtigen.

Tab. 2 Anforderungen an Middlewares in der Automatisierungstechnik nach VDI/VDE 2657 Blatt 1. (VDI/VDE-Gesellschaft Mess- und Automatisierungstechnik 2013)

Anforderung	Beschreibung
Abstraktion der Kommunikation	Eine der Hauptaufgaben der Middleware ist es, die unterschiedlichen und systemspezifischen Kommunikationsprotokolle und -datenformate zu abstrahieren und einen Datenaustausch über standardisierte/festgelegte Protokolle und Datenformate anzubieten. Die Middleware stellt hier zentrale Dienste für alle Teilnehmer im Netzwerk bereit. Ziel ist es, Teilnehmern eine einheitliche Programmierschnittstelle zur Nutzung der Kommunikation über die Middleware bereitzustellen und so die Softwarestruktur zu vereinheitlichen.
Abbildung des Daten- und Informationsraums	Die Middleware muss Syntax (das Format der Daten) und Semantik (die Bedeutung der Daten) festlegen und interpretieren können. Abhängig vom Anwendungsfall muss das verwendete Informationsmodell konkret oder abstrakt, erweiterbar oder festgelegt sein.
Selbstbeschreibung und Abfragen	Die Middleware muss Schnittstellen bereitstellen, um zur Verfügung stehende Teilnehmer und Daten abfragen zu können. Hierfür müssen sowohl die Middleware, als auch alle Teilnehmer, über eine Selbstbeschreibung der angebotenen Schnittstellen, Funktionalitäten und Daten verfügen. Dies erlaubt die Konnektivität aller Teilnehmer auch in einer dynamischen Umgebung mit sich ständig verändernden Zusammensetzungen an aktiven Teilnehmern (vgl. Plug&Produce).
Informationssicherheit	Die angebotenen Daten und Dienste müssen vor unberechtigtem Zugriff geschützt werden. Der Middleware spielt hier eine zentrale Rolle. Ein adäquates IT-Sicherheitskonzept ist für den Betrieb notwendig. Verschlüsslungs- und Authentifikationsverfahren können hier einen wichtigen Baustein darstellen. Wichtig sind die kontinuierliche Überwachung der Infrastruktur sowie die Wartung dieser.
Geschäftslogik/Verhalten	Das Verhalten des Gesamtsystems sowie aller möglichen Aktionen und Reaktionen muss mittels geeigneter Beschreibungsmittel beschreibbar sein. Durch die Abstraktion zwischen Teilnehmern und Verhalten kommt der Middleware auch hier eine zentrale Rolle zu und erlaubt die Entkopplung von eingesetzten Systemen und zugehöriger, übergeordneter Geschäftslogik.
Interoperabilität	Eine Vielzahl heterogener, unabhängiger Systeme müssen durch die Middleware in die Lage versetzt werden, Daten untereinander auszutauschen. Hierfür ist eine Definition geeigneter einzuhaltender Standards (bspw. Kommunikationsprotokolle, Dateiformate, Interaktionsmodelle) notwendig. Es spielt keine Rolle, ob Systeme auf der gleichen Hierarchieebene (horizontal) oder über Ebenen hinweg (vertikal) kommunizieren. Die Middleware erfüllt eine vermittelnde Rolle zwischen den Teilnehmern, kann alleine aber keine Interoperabilität sicherstellen. Interoperabilität kann nur im Gesamtkontext hergestellt werden.

(Fortsetzung)

Tab. 2 (Fortsetzung)

Anforderung	Beschreibung
Flexibilität	Middlewares müssen die relativ lange Lebensdauer automatisierungstechnischer Systeme aktiv unterstützen. Während der Betriebsdauer des Gesamtsystems werden unter Umständen Systeme ausgetauscht, neue Systeme nachgerüstet oder zusätzliche Funktionalitäten von der Middleware gefordert. Um diese sich verändernden Anforderungsprofile zu unterstützen muss die Middleware flexibel anpassbar sein. Flexibilität umfasst hierbei die Punkte Skalierbarkeit, Erweiterbarkeit und Konfigurierbarkeit.
Skalierbarkeit	Bei Skalierbarkeit wird zwischen horizontaler und vertikaler Skalierbarkeit unterschieden.Horizontale Skalierbarkeit beschreibt hierbei die Fähigkeit der Middleware, mit einer unterschiedlichen Anzahl an Teilnehmern und verbundenen Systemen skalieren zu können. Denkbar ist auch eine verteilte Middlewarelösung, welche je nach Bedarf neue Recheneinheiten akquiriert oder freigibt. Vertikale Skalierbarkeit bezeichnet die Anpassung der genutzten Ressourcen in Abhängigkeit der notwendigen und verfügbaren Leistung auf der Rechenplattform. Auf der Feldebene muss die Middleware beispielsweise mit sehr begrenzten Ressourcen lauffähig bleiben, während zentrale Knoten auf deutlich leistungsfähigeren Plattformen ausgeführt werden.
Erweiterbarkeit	Um die lange Lebensdauer von automatisierungstechnischen Systemen zu unterstützen, sollten zusätzliche Funktionalitäten nachrüstbar sein. Weiterhin spielt das Ladeverhalten dieser Erweiterungen eine Rolle. Beispielsweise können diese nur bei einem Neustart der Middleware geladen werden, oder auch zur Laufzeit dynamisch nachgeladen werden.
Konfigurierbarkeit	Bezeichnet die Fähigkeit, das Verhalten und die Eigenschaften der Middleware ohne erneute Erstellung oder Installation der Software, beispielsweise über Konfigurationsdaten dynamisch, je nach Bedarf und sich verändernden Randbedingungen, anzupassen. Wie bei der Erweiterbarkeit, spielt hier der Zeitpunkt der Konfiguration eine große Rolle (Start- versus Laufzeitverhalten).
Wartbarkeit	Instandhaltung der Middleware, welche nicht auf eine Erweiterung, sondern den kontinuierlichen, nachhaltigen Betrieb dieser abzielt. Hierunter fallen Dokumentation, Modularität oder automatisierte Bereinigungsprozesse.
Zuverlässigkeit	Da die Middleware eine zentrale Rolle bei der Kommunikation im Gesamtsystem einnimmt, ist ihre Zuverlässigkeit von hoher Bedeutung. Hier können zuverlässige Komponenten, Redundanzkonzepte, verteilte Speicherung von Informationen und festgelegte Fehlertoleranzschwellen verwendet werden. Ziel ist es, eine möglichst hohe Verfügbarkeit der angebotenen Kommunikationsdienste sicherzustellen.

(Fortsetzung)

Tab. 2 (Fortsetzung)

Anforderung	Beschreibung
Leistung	Die Middleware muss im Betrieb bestimmten Leistungsanforderungen genügen, diese sind zum Beispiel: • Speicherverbrauch im Hauptspeicher oder im ständigen Speicher, Energieverbrauch, notwendige Rechenzeit • Latenz und Jitter bei der Kommunikation • Durchsatz an Nachrichten und Datenmengen.
Zertifizierbarkeit	Je nach Anwendungsdomäne und -fall können verschiedene Arten der Zertifizierung notwendig werden. Hierbei werden bestimmte Eigenschaften des Systems geprüft und nachgewiesen. Die VDI/VDE 2657 (VDI/VDE-Gesellschaft Mess- und Automatisierungstechnik 2013) gibt hierfür einige relevante Beispiele an.

4 Aktueller Stand der Forschung und Technologie

Nachfolgend soll eine kurze Übersicht über vorhandene Ansätze, Empfehlungen und Technologien zur Realisierung von innovativen Systemarchitekturen für die Daten- und Systemintegration gegeben werden.

4.1 Referenzarchitekturen

Referenzarchitekturen beschreiben eine abstrakte Sicht auf das zu realisierende System und geben Empfehlungen für eine erfolgreiche Realisierung. Im Rahmen von Industrie 4.0 und IIoT existieren mehrere Referenzarchitekturen. Die wichtigsten sind das deutsche Referenzarchitekturmodell Industrie 4.0 (RAMI 4.0) (Deutsches Institut für Normung e.V 2016), die American Industrial Internet Reference Architecture (IIRA) (Industrial Internet Consortium 2017) und der internationale Standard ISO/IEC 30141 (International Organization for Standardization 2018) für die Internet of Things Reference Architecture (IoT RA). Diese Referenzarchitekturen bieten eine abstrakte, technologieneutrale Darstellung der Systeme und Regeln für die Entwicklung einer realen Architektur. Sie stellen daher eine abstrakte Beschreibung dar, die übernommen werden soll, um die spezifischen Eigenschaften eines realen Systems darzustellen.

Das in der DIN SPEC 91345 definierte Referenzarchitekturmodell Industrie 4.0 (RAMI 4.0) (siehe Abb. 3) beschreibt die Funktion eines technischen Gegenstands (Assets) mit Hilfe eines Schichtmodells entlang der drei Achsen *Lebenszyklus und Wertschöpfungskette*, *Hierarchieebenen* (adaptiert von ISA-95), und *Architekturebene*. Hierbei bilden die Achsen *Lebenszyklus und Wertschöpfungskette* die horizontale, und die Achse *Hierarchieebene* die vertikale Integration von Daten und Systemen ab. Die zusätzliche Achse *Architekturebene* strukturiert die Funktionen bzw. den Zweck eines Assets.

Die drei Referenzarchitekturen unterscheiden sich in den adressierten Domänen (RAMI 4.0 beschränkt auf die Produktion und Fertigung, IIRA und IoT RA deutlich diverser) und der Tiefe der Beschreibung. Alle stellen jedoch einen technologie-

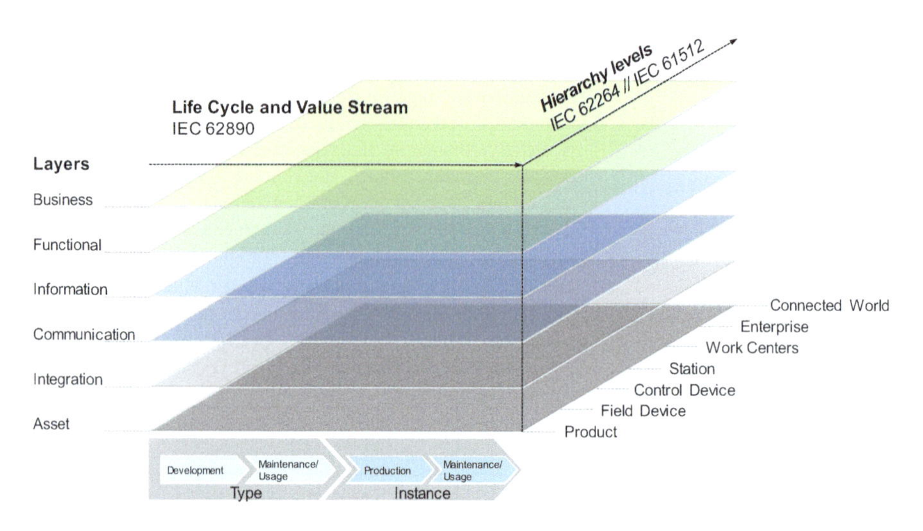

Abb. 3 Referenzarchitekturmodell Industrie 4.0 (RAMI 4.0) mit den Dimensionen Architekturebenen (Layers), Lebenszyklus und Wertschöpfungskette (Life Cycle & Value Stream), sowie Hierarchieebenen (Hierarchy Levels). (Abbildung nach DIN SPEC 91345 (Deutsches Institut für Normung e.V 2016))

neutralen Startpunkt für Industrie 4.0-Architekturen dar, legen aber nicht fest, wie diese konkret zu realisieren sind. Weiterhin sind bestehende (Alt-)Systeme zwar prinzipiell kompatibel zu den Referenzmodellen, deren Integration in die Industrie 4.0-Welt wird aber nicht explizit thematisiert.

Genau hier setzt die Namur Open Architecture (NOA) der NAMUR (Interessengemeinschaft Automatisierungstechnik der Prozessindustrie) an, welche von Klettner et al. (Klettner et al. 2017) vorgestellt wird. Sie ist eine zusätzliche Struktur zur klassischen Produktionspyramide (vgl. Abb. 4). Ihre Struktur ermöglicht einen offenen Informationsaustausch über einen sekundären Kommunikationskanal zwischen nicht benachbarten Ebenen der Automatisierungspyramide und einen sicheren Rückfluss aus einer IT-Umgebung in die Prozesssteuerung. Die NOA legt fest, wie Informationen von der Kernprozesssteuerung auf anlagenspezifische Überwachungs- und Optimierungsanwendungen übertragen werden. Dies wird durch offene und herstellerunabhängige Schnittstellen erreicht. Ein besonderes Interesse der NOA ist die Unterstützung verschiedener bestehender Systeme und Datenquellen. Die Architektur kann mit verschiedenen Anwendungen und Analysemitteln verbunden werden. Ein organisationsübergreifender, horizontaler Datentransfer ist über den Teil „Zentrales Monitoring + Optimierung“ vorgesehen. NOA beschreibt zwei Kanäle für den Datentransfer von Feldgeräten zum Analyseteil („Central M+O“). Der direkte Weg kann für die Übertragung von Echtzeitdaten genutzt werden, während offene Schnittstellen für die Verarbeitung von Chargendaten genutzt werden können. Somit können bestehende Systeme zur Prozesssteuerung unverändert betrieben werden, während weiterreichende Anwendungen über den zweiten Datenkanal einfach nachrüstbar sind.

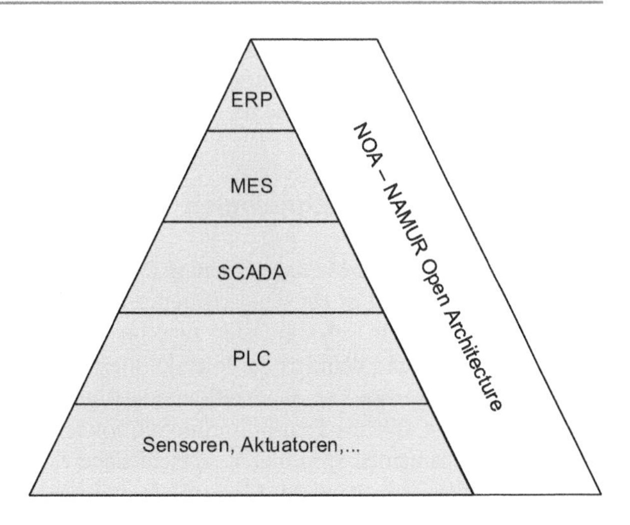

Abb. 4 Namur Open Architecture (NOA) als Erweiterung der klassischen Automatisierungspyramide um einen zweiten Kommunikationskanal. (Abbildung nach Klettner et al. (2017))

4.2 Technologische Hintergründe

Eine Middleware wird als Bindeglied zwischen heterogenen Systemen und Informationsdarstellungen eingesetzt. Sie kann zur Realisierung der in den Referenzarchitekturen spezifizierten Konzepten genutzt werden. Durch einheitliche Schnittstellen wird die Integration von Systemen und Daten deutlich vereinfacht. Die spezifischen Schnittstellen, Protokolle und Informationsdarstellungen von Altsystemen müssen hierfür gezielt zwischen der teilnehmerspezifischen Sicht und der gemeinsamen Sicht auf der Middlewareebene übersetzt werden. Neu zu entwickelnde Systeme können direkt kompatibel zur Middleware erstellt werden, um den zusätzlichen Integrationsaufwand zu verringern. Durch eine Middleware müssen zwei mit der Middleware verbundene Systeme nicht mehr die teilnehmerspezifischen Details des andern Systems kennen.

Ein typischer Vertreter einer Middleware ist das Konzept des Enterprise Service Bus (ESB) (Chappell 2004). Der ESB beschreibt eine Kommunikations- und Integrationsplattform, um verschiedene Anwendungen und Technologien in einem Unternehmen zu verbinden. Er nutzt Webservicetechnologien und unterstützt verschiedene Kommunikationsprotokolle und -dienste. Eines der Hauptziele des ESB ist die Einbeziehung verschiedener heterogener Quellen und Dienste. Dies wird durch die Verwendung eines gemeinsamen Datenmodells für die Weiterleitung von Nachrichten über den zentralen Bus erreicht, welches aber im Konzept des ESB selbst nicht beschrieben wird und anwendungsfallspezifisch zu erstellen ist. ESBs werden bereits erfolgreich in anderen Branchen, bspw. dem Finanzwesen, angewandt. Typische Vertreter eines ESBs sind die OpenSource-Projekte Apache ServiceMix (Apache Software Foundation ServiceMix 2019) und RabbitMQ (Pivotal Software Inc 2019), sowie verschiedene kommerzielle Vertreter (z. B. IBM WebSphere ESB, Microsoft BizTalk, Oracle ESB und SAP Process Integration). Diese unterscheiden sich in unterstützten Schnittstellen, Protokollen und Umsetzungen. Im Folgenden sollen deshalb verschiedene Middlewarekonzepte, -protokolle und -technologien vorgestellt werden. Je nach Anwendungsfall kann die Wahl einer anderen Technologie sinnvoll sein.

4.3 Verfügbare Technologien

Das AMQP (Advanced Message Queuing Protocol) (International Organization for Standardization 2014) ist ein standardisiertes Kommunikationsprotokoll zum nachrichtenbasierten Austausch von Daten zwischen Systemen. AMQP ist herstellerneutral standardisiert und definiert die Interaktionen zwischen Client und Middleware. Unter anderem werden das durchzuführende Routing, das Nachrichtenformat, die Verwendung von TCP als Transportprotokoll, sowie Verschlüsselungs- und Authentifikationsmechanismen spezifiziert. Verschiedene Softwarepakete implementieren und unterstützen den Standard. Man spricht aufgrund der Nachrichtenorientierung von einer Message-oriented Middleware (MOM, nachrichtenorientierte Middleware). Typische Vertreter verfügbarer Middlewares sind unter anderem RabbitMQ (Pivotal Software Inc 2019) und Apache ActiveMQ (Apache Software Foundation ActiveMQ 2019). MOMs bilden häufig die Kommunikationsplattform einer vollständigen ESB-Implementierung (vgl. ActiveMQ als Teil des Apache ServiceMix). AMQP hat seine Ursprünge im Finanz- und Bankensektor, wird aber vermehrt auch in anderen Branchen zur Anwendung gebracht.

Mit MQTT (Message Queuing Telemetry Transport) (International Organization for Standardization 2016) ist ein weiteres TCP-basiertes Kommunikationsprotokoll standardisiert. Wie auch AMQP ist MQTT herstellerneutral definiert, so dass verschiedene Implementierungen, welche die gleiche Version des Standards unterstützen, zueinander kompatibel sind. Typische Vertreter für MQTT-Broker (Middlewares) sind RabbitMQ, welches neben AMQP auch MQTT zum Nachrichtenaustausch anbietet, und der reine MQTT-Broker Eclipse Mosquitto (Eclipse Foundation 2019). Die Spezifikation von MQTT ist deutlich weniger umfangreich, weshalb MQTT-Implementierung insgesamt deutlich leichtgewichtiger sind und sich deshalb auch für steuerungs- oder sensornahe Umsetzungen auf beschränkter Hardware eignen. Andererseits ist der Funktionsumfang im Vergleich zu AMQP dementsprechend eingeschränkt.

Sowohl AMQP als auch MQTT unterstützen das sogenannte Publish-Subscribe-Kommunikationsmuster. Im Gegensatz zur einem klassischen Server-Client Ansatz fragt nicht der Client periodisch Daten vom Server ab, sondern wird von diesem direkt benachrichtigt. Dies führt zu einer Entkopplung der Komponenten und erlaubt eine bessere Skalierbarkeit der Lösung, da unnötige Kommunikation und Rechenaufwand verringert werden.

REST Webservices (Representational State Transfer) (Fielding 2000), welche auf dem im Internet weit verbreiteten HTTP-Protokoll (TCP-basiert) basieren, stellen eine weitere Möglichkeit zur Realisierung von Integrationsarchitekturen dar. REST basiert auf einer klassischen Client-Server Kommunikation, welche jedoch nicht dauerhaft aufrechterhalten werden muss, sondern bedarfsgerecht Daten anfordert und austauscht (genannt zustandslose Kommunikation wie bei Browsern). REST Webservices beschreiben hierbei nur das zu verwendende Protokoll und eine einfache, standardisierte Schnittstelle (GET, POST, PUT, UPDATE, PATCH und DELETE). Die technische Realisierung muss fallspezifisch erfolgen, verfügbare Broker wie für AMQP und MQTT sind nicht verfügbar. Jedoch basieren mit CoAP (Constrained Application Protocol) (Internet Engineering Task Force 2014) und MTConnect (MTConnect® Standard 2018) zwei für Industrie 4.0 spezifische Spezifikationen für die Maschinenkommunikation auf REST Webservices. Für CoAP gibt es verschiedene, kompatible Implementierungen (bspw. Eclipse Californium 2019). CoAP ersetzt HTTP als Kommunikationsprotokoll und verwendet UDP für den Nachrichtentransport. In MTConnect wird weiterhin TCP als Transportprotokoll verwendet, es wird aber eine verteilte Architektur ohne zentrale Middlewarekomponente spezifiziert. MTConnect findet vor allem im Bereich von CNC-Maschinen Anwendung (bspw. Mazak 2019) und spielt im englischsprachigen Raum eine wichtige Rolle.

Auch die OPC Unified Architecture (OPC UA) der OPC Foundation (International Electrotechnical Commission 2016) kann als Integrationsplattform genutzt werden. OPC UA sieht einen klar strukturierten Adressraum (Metamodell) und ein einheitliches Informationsmodell (genormte Knoten) sowie Kommunikationsprotokoll mit Zugriffsberechtigungen und Datenverschlüsselungen vor. Die Spezifikation von OPC UA ist somit deutlich umfangreicher als die Spezifikationen für AMQP und MQTT, welche nur das Protokoll beschreiben. Das OPC UA Informationsmodell beschreibt sowohl genormte Typen als auch genormte Instanzen (z. B. zur Diagnostik). Von diesen Basismodellen abgeleitete, serverspezifische Informationsmodelle müssen für eine übergreifende Datenintegrationsanwendung jedoch weiterhin vereinheitlicht werden. Zur Vereinheitlichung arbeitet die OPC Foundation an branchenspezifischen Informationsmodellen, sogenannten Companion Specifications (OPC Foundation 2019b). Beispiele für spezifische Informationsmodelle innerhalb von OPC UA sind die Informationsmodelle für das allgemeine AutomationML oder PackML spezifisch für die Verpackungsindustrie. Doch auch die branchenspezifischen Informationsmodelle müssen in einen übergeordneten Kontext für die Datenintegration eingebettet werden. Aktuelle OPC UA-Implementierungen basieren zumeist auf dem Client/Server-Kommunikationsparadigma mit TCP als Transportprotokoll, dessen Skalierbarkeit in Zeiten von Industrie 4.0 oftmals unzureichend ist. Über sogenannte Discovery Services können OPC UA Server im Netzwerk identifiziert werden. Die bereitgestellten Daten müssen dann dezentral von Clients abgefragt werden oder die Clients werden automatisch mit neuen Daten versorgt, wenn der Client diese Daten abonniert hat. Des Weiteren können Methoden von einem OPC UA Client auf einem OPC UA Server aufgerufen werden. Die Methoden beinhalten Übergabeparameter und Rückgabewerte. Alternativ bietet sich die Verwendung eines Aggregation Servers an, welcher die Informationen mehrerer OPC UA Server sammelt und zentral bereitstellt. In größeren Netzwerken stößt dieser Ansatz aber wegen seiner starken Zentralisierung und schlechten Skalierbarkeit an seine Grenzen. Mit einem zweiten spezifizierten Kommunikationsparadigma, Publish-Subscribe (PubSub), begegnet die OPC Foundation dieser Herausforderung (OPC Unified Architecture 2018). PubSub bietet eine lose Kopplung von Publishern und Subscribern, die sich nicht gegenseitig kennen und eine Verbindung zueinander aufbauen müssen. In einem lokalen Netzwerk wird diese lose Kopplung durch UDP-Multicast-Mechanismen (UADP) erreicht. In einer brokerbasierten Variante wird ein Protokoll-Mapping der zu übertragenden Informationen auf MQTT oder AMQP spezifiziert. Mit PubSub unterstützt OPC UA die Verwendung von ESBs zur Verteilung und Zustellung der modellierten Informationen. Dies ermöglicht eine bessere Skalierbarkeit und weiterreichende Quality of Service-Unterstützung (QoS). OPC UA ist in Form einer frei verfügbaren Referenzimplementierung (OPC Foundation 2019a) und anderen OpenSource-Projekten (open62541 2019) benutzbar.

Eine Alternative zu OPC UA stellt der Data Distribution Service (DDS) der Object Management Group (OMG) dar (OMG 2015). Der Ansatz beschreibt eine dezentrale Architektur zum Verteilen von Daten in großen Netzwerken. DDS bietet daher eine gute Skalierbarkeit, eine umfassende Unterstützung für Quality of Service und Echtzeitfähigkeit durch Verwendung eines geeigneten Protokolls für die Kommunikation. Während die Spezifikation von DDS frei verfügbar ist, existieren verschiedene offene und proprietäre Umsetzungen, welche die Spezifikation unterschiedlich und in verschiedenen Umfängen umsetzen (bspw. OpenDDS (Object Computing I 2019)). Als Transportprotokoll wird UDP verwendet. Weiterhin sieht die Spezifikation eine Vielzahl von Quality of Service (QoS) Richtlinien vor, welche deutlich umfangreicher sind als die von AMQP, MQTT oder OPC UA angebotenen.

Seit 2018 existiert die Spezifikation eines OPC UA/DDS Gateways (OMG 2018), um Daten zwischen den beiden Technologien austauschen zu können. Die zwischen der OMG und der OPC Foundation gemeinsam ausgearbeitete Spezifikation beschreibt eine Gatewayfunktionalität sowie die Verknüpfung der unterschiedlichen Datentypen. Die Spezifikation erlaubt es die Systeme parallel und transparent miteinander zu betreiben. Abhängig vom Anwendungsfall können die Einzelsysteme dann bestimmte Teilbereiche erfüllen, um so die Stärken der Ansätze gleichzeitig nutzbar zu machen. Bisher existiert jedoch keine funktionsfähige Umsetzung der Spezifikation, was sich jedoch in Zukunft ändern dürfte.

Als weitere Middlewaretechnologie kommt der Broker Apache Kafka (Apache Software Foundation 2019) in Frage. Apache Kafka entstand im Umfeld der Verarbeitung großer Mengen an Logdateien und ist daher sehr gut für den Umgang mit großen Datenmengen geeignet. Kafka überlässt einige in AMQP vorgesehene Funktionalitäten dem Client. Hierdurch kann der Aufwand auf Brokerseite verringert und im Netzwerk verteilt werden. Apache Kafka weist daher eine gute Skalierbarkeit auf und nutzt TCP als Transportprotokoll. Weiterhin existiert inzwischen eine große Anzahl an Adaptern, sogenannte Connectoren, bspw. für ActiveMQ, RabbitMQ und MQTT, welche es erlauben Kafka gemeinsam mit anderen Technologien zu nutzen.

Eine wichtige Voraussetzung für Industrie 4.0 und die nahtlose Vernetzung zwischen Feldebene und übergeordneten IT-Systemen ist ein durchgängiges Kommunikationsmedium. Mit dem TSN (Time-Sensitive Networking) Profil für Ethernet, welches derzeit von der IEEE 802.1 Arbeitsgruppe standardisiert wird (International Electrotechnical Commission 2019) kann Standard-Ethernet, welches derzeit im IT-Bereich dominant ist, auch für die Echtzeitkommunikation auf der Feldebene verwendet werden. Aus Diesem Grund wir auch an OPC UA over TSN (OPC Foundation 2019c) geforscht, um OPC UA Dienste über Ethernet echtzeitfähig zu machen. Hierbei sollen alle Vorteile von OPC UA auch bei echtzeitkritischen Applikationen möglich werden und agieren wie ein Feldbus. Die Einführung von TSN führt jedoch auch bei den anderen Kommunikationstechnologien zu einer deutlich erhöhten Durchgängigkeit der Kommunikation und der potenziellen Eignung zur echtzeitnahen Kommunikation.

Die verfügbaren Kommunikationstechnologien und eine Bewertung nach verschiedenen Kriterien sind in Tab. 3 zusammengefasst.

Zur Realisierung von gemeinsamen Datenmodellen kommen verschiedene Technologien in Betracht. Zum einen wird ein geeignetes Austauschformat für die Daten benötigt. Hier eignen sich XML (Extensible Markup Language) (World Wide Web Consortium (W3C) 2008), JSON (JavaScript Object Notation) (Internet Engineering Task Force 2017) und Ontologien. Informationen können mit Hilfe einer geeigneten Beschreibungssprache dargestellt werden. Neben den Informationsmodellen, welche bereits in OPC UA integriert sind, können diese zum Beispiel auch mit der AutomationML (Automation Markup Language) (International Electrotechnical Commission 2018) beschrieben werden.

5 Smart Data Systemarchitektur

Im Folgenden wird das Konzept einer Systemarchitektur zur System- und Datenintegration (siehe Abb. 5) unter besonderer Berücksichtigung der Eignung für unterschiedliche Anwendungsfälle dargestellt. Der Fokus liegt auf der Definition des Gesamtkonzeptes in technologieunabhängiger Form, d. h. die spezifischen Technologien für eine Implementierung können an die Anforderungen des jeweiligen Anwendungsfalles angepasst werden (z. B. Einsatz von MQTT anstelle von OPC UA oder Apache Kafka anstatt eines Enterprise Service Bus).

Um verschiedene bestehende Altsysteme, darunter Steuerungen und höherliegende IT-Anwendungen, sowie neue Anwendungen, bspw. zur Datenanalyse, zu unterstützen, sind standardisierte Schnittstellen notwendig. Die Verwendung einer Schichtenstruktur mit klar definierten Schnittstellen vereinfacht die Rekonfiguration und Anpassung an eine Vielzahl von Anwendungsfällen. Die Architektur unterscheidet zwischen Schichten für Kommunikationsteilnehmer, der Interaktion mit dem Menschen und der Architekturfunktionalität selbst. Der so genannte Datenmanagement- und -integrationsbus, eine Middleware, verbindet Datenquellen mit ihren Konsumenten und überträgt Daten zwischen den Komponenten und Schichten der Architektur. Diese Aufteilung ermöglicht sowohl die Anbindung bestehender Altanwendungen als auch neu hinzukommender Software- und Hardwarekomponenten über die definierten Schnittstellen. Der Bus kann weiterhin über zwei Kommunikationskanäle verfügen: Einen Integrationsbus für nicht-echtzeitfähige Anwendungen zur Datenintegration und einen Echtzeitkanal für zeitkritische Daten und Informationen. Die klare Trennung zwischen den Kanälen erlaubt eine Priorisierung und Trennung des Datenverkehrs, um den Echtzeitdatenaustausch nicht zu stören. Für die Realisierung der einzelnen Kommunikationskanäle können auch verschiedene Technologien zum Einsatz kommen (vgl. Tab. 3).

Ein gemeinsames Informationsmodell ist notwendig, um das dargestellte System und seine Daten einheitlich und in einer Sprache zu beschreiben, welche von allen

Tab. 3 Vergleich verschiedener Kommunikationstechnologien. (Adaptiert und übersetzt nach Trunzer et al. (2019c))

Kriterium	DDS	Kafka	AMQP	OPC UA			MQTT	REST	CoAP	MTConnect
				Standard	PS					
					UADP	Broker				
Messaging-Muster	PS	PS	PS	RR	PS & RR		PS	RR	RR	PS & RR
Protokol	UDP	TCP	TCP	TCP	UDP	TCP	TCP	TCP	UDP	TCP
Architektur	DZ	V	Z	DZ	DZ	Z	Z	DZ	DZ	DZ
QoS	++	–	+	–	+	–	+	–	+	–
Verschlüsselung	✓	✓	✓	✓	✓	✓	✓	✓	✓	
Authentifizierung	✓	✓	✓	✓	✓	✓	✓	✓	✓	
Open Source Anbieter	✓	✓	✓	✓	✓	✓	✓	✓	✓	
Anzahl Anbieter	5-10	1	>10	>10	1	0	>10		>10	>10
Besitzer Standard	OMG	Open	ISO/IEC	IEC	OPC Foundation		ISO/IEC	Open	IETF	MTC

PS: Pusblish-Subscribe; RR: Request-Response; DZ: Dezentralisiert; Z: Zentralisiert; V: Verteilt

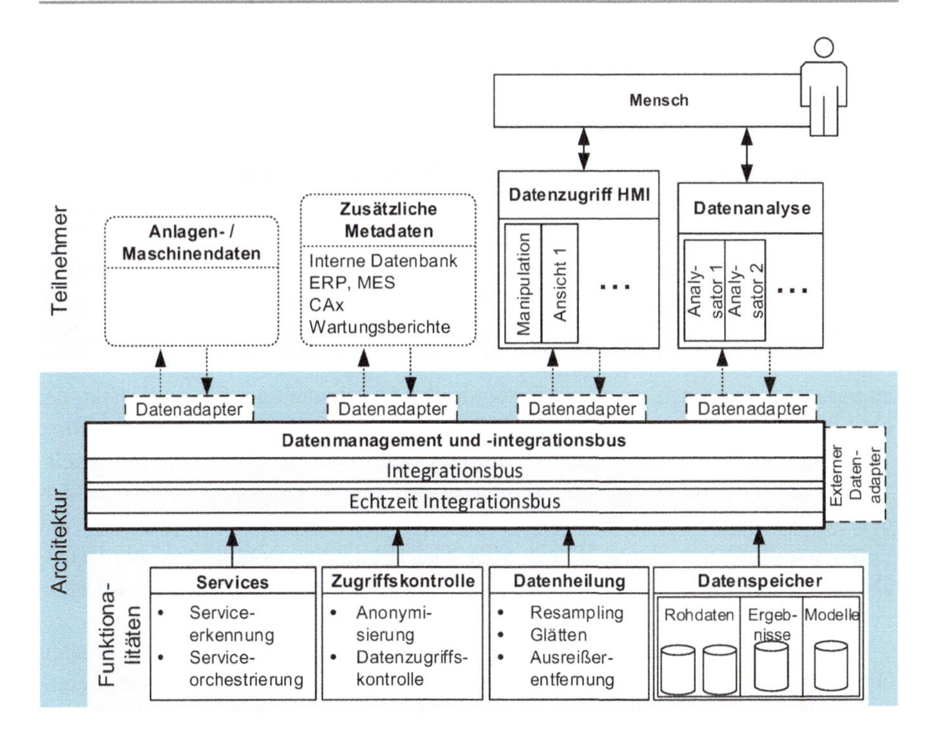

Abb. 5 Schematischer Aufbau der entwickelten, generischen Systemarchitektur. (Trunzer et al. 2019b)

Schichten und Komponenten verstanden wird. Das Datenmodell muss Darstellungen der Rohdaten, zusätzliche Metadaten (Anreicherung der Rohdaten mit Informationen über Maßeinheiten, zugehörige Geräte usw.), zuvor erlernte und vorkonfigurierte Modelle, Bedienerkenntnisse, Parametersätze und Konfigurationen der Komponenten enthalten. Jedes System kann mit einer Teilmenge des Gesamtdatenmodells zur Durchführung seiner Operationen arbeiten. Für die Domäne der Produktionssysteme existieren keine allgemeinen und standardisierten Informationsmodelle. Eine Beispiel für ein solches allgemeines Informationsmodell bietet das in der EN 61968 (European Committee for Electrotechnical Standardization 2013) standardisierte Common Information Model (CIM) für die Elektrizitätsversorgung. Jedoch können bestehende Standards aus spezifischen Anwendungsdomäne als Basis für die individuellen Erstellung eines gemeinsamen Datenmodells dienen.

Daten, die nicht mit dem gängigen Modell übereinstimmen, müssen von Datenadaptern umgewandelt und übertragen werden, um mit den anderen Daten kompatibel zu sein. Mit Datenadaptern können Anwendungen von Drittanbietern gekapselt und standardisierte, kompatible Schnittstellen bereitgestellt werden. Datenadapter sind hierbei eigenständige, individuell zu erstellende Programme, die Daten zwischen den unterschiedlichen Sichtweisen übersetzen. Ihre Funktion ist mit denen von Gerätetreibern im Computerumfeld vergleichbar.

Die Zuordnungen und Anpassungen der verschiedenen Sichtweisen auf die Daten (das sogenannte Mapping) müssen derzeit von Hand durchgeführt werden, wenn es sich um ein neues Informationsmodell oder Änderungen während des Asset-Lebenszyklus handelt. Insbesondere bei Altsystemen kann der Aufwand für die Übersetzung von Daten hoch sein, aber die Vorteile, die sich aus dem Umgang mit nur einem gemeinsamen Datenformat ergeben, wie die einfache Inbetriebnahme neuer Funktionen, sowie die hohe Kompatibilität und erhöhte Flexibilität, sind erheblich. Dies ist auch ein Grund, warum ein paralleler Rollout der Architektur zu bestehenden Systemen und eine schrittweise Anpassung, vorgeschlagen wird. Dies minimiert den initialen Übersetzungsaufwand, nutzt aber die Vorteile der Architektur und des Datenmodells an den notwendigen Stellen. Je größer die Zahl an portierten Systemen, desto größer wird mit der Zeit auch der Synergieeffekt, der sich durch die Portierung weiterer Systeme ergibt. Zukünftig können geeignete Verfahren des maschinellen Lernens auf Basis der manuellen Verknüpfungsregeln, welche bei der händischen Verknüpfung zweiter Informationsmodelle erstellt wurden, Anpassungen automatisch vornehmen bzw. den Aufwand verringern.

Weitere Funktionalitäten können über eine Bibliothek modular und bei Bedarf aktiviert werden. Im Basisumfang ist lediglich der Integrationsbus und ein Informationsmodell verpflichtend.

Die Architektur verfügt über einen zentralen Datenspeicher, um Daten zu speichern und für spätere Analysen zur Verfügung zu stellen. Echtzeitdaten aus Datenquellen werden vom Broker in den Datenspeicher übertragen und dort zur Verfügung gestellt. Je nach Anwendungsfall (z. B. Anzahl der Quellen und Nachrichtenintensität) kann die Datenspeicherung in eine relationale oder nicht-relationale Datenbank erfolgen, welche zentral oder aber auch verteilt bereitgestellt werden kann. Teilnehmer können über die oben genannten Standardschnittstellen Daten aus dem Datenspeicher über den Bus anfordern. Die zentrale Datenhaltung gewährleistet eine breite Verfügbarkeit der Daten für alle Schichten. Je nach Anwendungsfall kommen hierbei eine Vielzahl verschiedener Datenbanktechnologien (relational, NoSQL, graph-basiert, Datenbanken für Zeitreihen) in Frage. Auch eine Kombination verschiedener Technologien ist denkbar.

Für den Datentransfer über Organisationsgrenzen hinweg ist eine Zugriffskontroll- und Anonymisierungskomponente erforderlich. Insbesondere bei der Arbeit mit Daten aus anderen Organisationseinheiten oder Unternehmen kommt dem Datenschutz und der Integrität der Daten eine große Bedeutung zu. Der Verlust von Daten, die nicht übertragen werden sollten, muss vermieden werden. Daher verfügt der Broker über eine Zugriffskontroll- und Anonymisierungskomponente, die nur einen genehmigten Datenzugriff garantiert. Die Inhalte können je nach Anforderung und Sicherheitsfreigabe anonymisiert oder zugriffsbeschränkt sein. So können Daten zum Beispiel gezielt normalisiert oder mit zusätzlichem Rauschen beaufschlagt werden, um die Rohdaten zu verschleiern.

Um Teilnehmer und Funktionalitäten in der Systemarchitektur zu finden und nutzen zu können, steht ein zentraler Verzeichnisdienst zur Verfügung. Dieser erkennt die vorhandenen Services der Teilnehmer und bietet weiterhin die Möglichkeit einen Verbund an Services zu orchestrieren. Hierfür meldet sich ein Teilnehmer zunächst beim Verzeichnisdienst an und übermittelt eine Beschreibung seiner Funktionalitäten. Benötigt ein anderer Teilnehmer die angebotenen Services, konfiguriert der Verzeichnisdienst die Teilnehmer und macht sie einander bekannt.

Für Datenanalyseanwendungen wird weiterhin eine Datenheilungsfunktion bereitgestellt. Diese kann zentral genutzt werden, um die Qualität der Daten für alle verarbeitenden Teilnehmer zu erhöhen. So können Daten beispielsweise zentral geglättet oder in der Zeitauflösung angepasst werden. Weiterhin können Ausreißer entfernt werden. Durch die Verarbeitung auf Architekturebenen können die Teilnehmer diese Funktionalität zentral nutzen und müssen diese nicht separat bereitstellen. Dies vermindert Redundanzen in der Architektur und vereinheitlicht die Datenverarbeitung.

Abb. 5 zeigt die konzeptionierte Architektur, die eine Unternehmens- oder Organisationsstruktur widerspiegelt. Jedes Unternehmen oder jede Struktur kann einen eigenen Teil der Architektur einsetzen, was eine Kommunikation über den Broker und die Analyse der an einem anderen Ort gespeicherten Daten ermöglicht. Mehrere Instanzen können über einen *externen Datenadapter*, welcher die Instanzen verbindet, miteinander kommunizieren und Daten austauschen. Dieser übersetzt zwischen den möglicherweise unterschiedlichen Informationsdarstellungen der einzelnen Instanzen und kümmert sich um die Prüfung der Zugriffsrechte von außen (Trunzer et al. 2019b).

6 Anwendungsbeispiele

Nachfolgend sollen verschiedene technische Realisierungen auf unterschiedlichen Ebenen vorgestellt werden. Diese dienen als Anwendungsbeispiele und zeigen exemplarisch wie eine Datenintegration durchgeführt werden kann und welchen Nutzen diese hat.

6.1 Anwendungsbeispiel: Nachrüstung von Ventilen

Durch die Nachrüstung eines zweiten Kommunikationskanals gemäß des NOA-Ansatzes kann die Messung der Prozessgrößen von der weiteren Datennutzung (z. B. Datenanalyse) entkoppelt werden. Weiterhin kann die notwendige Sensorik direkt im Asset integriert werden, um bisher nicht erfasste Messsignale aufzuzeichnen. Abb. 6 gibt eine innerhalb des Projekts SIDAP (2019) umgesetzte Nachrüstung eines Regelventils innerhalb einer prozesstechnischen Anlage mit zusätzlicher Sensorik wieder. Prototypisch angepasste Ventile mit erweiterter Sensorik wurden neben der für die Steuerung relevanten Kommunikation über HART auch über einen zweiten Kanal in Form von WirelessHART (Grebner et al. 2013) und MQTT angeschlossen. Die beiden Datenkanäle werden für das Analysesystem wieder zusammengeführt, ohne die Steuerung und das Prozessleitsystem zu beeinflussen. Hierbei kommen Datenadapter zur Übersetzung der Informationsmodelle und ein

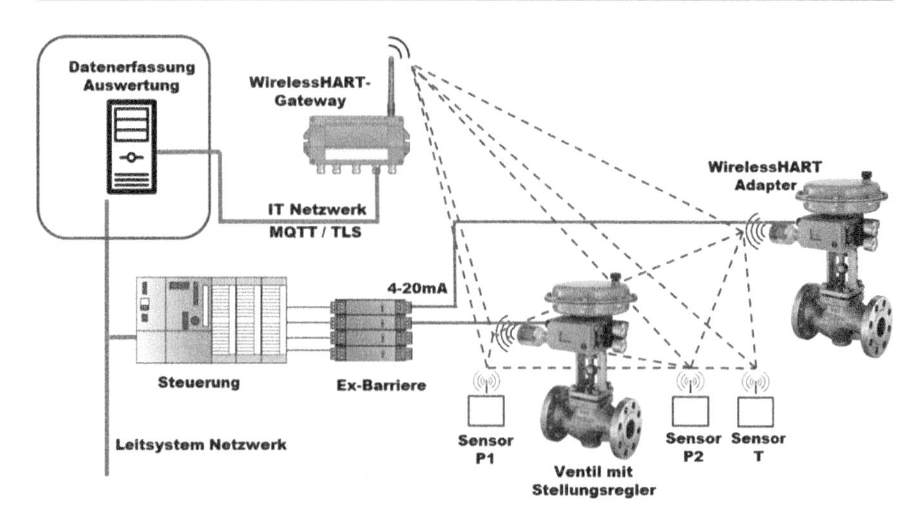

Abb. 6 Nachrüstung von prozessrelevanten Regelarmaturen und Anbindung an Datenanalyse über einen zweiten Kommunikationskanal mittels WirelessHART. (Vermum und Unland 2018)

MQTT-Broker als einfacher Datenmanagement- und -integrationsbus zum Einsatz (Vermum und Unland 2018).

Von Interesse war für die nachgerüsteten Ventile neben Vor- und Nachdruck auch die Temperatur des Mediums. Die drei Messgrößen dienen zur Verbesserung der Analysemodelle und versetzen diese in die Lage den Solldurchfluss noch besser in Abhängigkeit der relevanten Einflussfaktoren zu beschreiben. Weiterhin werden auch die internen Diagnosedaten der Stellungsregler übertragen und erlauben somit eine noch detailliertere Analyse der Vorgänge im Ventil. Im Analyseschritt werden diese Daten sowie die Daten aus dem Prozessleitsystem selbst (bspw. Durchflussmessungen) kombiniert, um einen vollständigen Datensatz zu erhalten. Des Weiteren kann über eine definierte Schnittstelle ein Datenzugriff nahezu in Echtzeit erfolgen, was für ein zukünftiges Überwachen der Ventile im echten Betrieb notwendig ist. Die gesamte Nachrüstung erfolgte im genannten Beispiel unter Berücksichtigung der spezifischen Anforderungen durch Installation im explosionsgeschützten Bereich und den Sicherheitsanforderungen seitens der informationstechnischen Umsetzung (Vermum und Unland 2018).

Die Nachrüstung vorhandener Geräte in Bestandsanlagen erlaubt es somit, effizient eine vertikale Datenintegration zu realisieren, ohne das bestehende Steuerungs- und Prozessleitsystem verändern zu müssen. Hierdurch können kritische Eingriffe in bestehende Systeme und Stillstandzeiten für Nachrüstungen minimiert werden. Die zusätzlich verfügbaren Prozesswerte helfen andererseits bei der Datenanalyse und somit bei der Optimierung des Produktionsprozesses. Die Verwendung des leichtgewichtigen MQTT-Protokolls belastet die bestehende Infrastruktur nur minimal und erlaubt die einfache Nachrüstung und Anbindung von bestehenden Ventilen.

6.2 Anwendungsbeispiel: Datenintegration über Firmengrenzen hinweg

Für eine umfassende und zielorientierte Datenanalyse für industrielle Prozesse wird oftmals das Wissen und die Daten verschiedener Partner benötigt. Nur durch die gemeinsame Analyse kann der wahre Mehrwert der Daten gehoben werden, da jeder Partner für sich auf seinem eigenen Datensatz nur ein Teilbild des Gesamtzusammenhangs sieht.

Ein Beispiel hierfür ist die ebenfalls im SIDAP-Projekt durchgeführte Fehlerdiagnose von Regelventilen. Verschiedene Partner entlang des Lebenszyklus von Regelventilen, darunter Ventilhersteller, Anlagenbetreiber, Datenanalysten und Sensorhersteller versuchten gemeinsam Fehler in Regelarmaturen zu erkennen, um so die Verfügbarkeit der Produktionsprozesse zu optimieren. Nur durch die Kombination der Datensätze (Prozessdaten des Betreibers, Auslegungsdaten des Herstellers etc.) konnte eine umfassende Diagnose sichergestellt werden. Insbesondere muss hervorgehoben werden, dass die Daten verschiedener Betreiber gemeinsam analysiert wurden, um die vorhandene Datenmenge zu erhöhen. Da Ventilausfälle während der Produktion durch geplante Wartungszyklen gezielt vermieden werden sollen, ist die Anzahl der aufgezeichneten Ventilversagen in den Datenbanken sehr klein. Erst durch eine Kombination der Datensätze von verschiedenen Anlagen und Betreibern wurde eine Datenanalyse möglich gemacht.

Neben dem Vertrauen und den rechtlichen Rahmenbedingungen der Partner untereinander bedarf es für die gemeinsame Datenanalyse auch nach einer Integration der Daten verschiedener Unternehmen (horizontal) und aus verschiedenen Ebenen der Automatisierungspyramide (vertikal, z. B. Wartungsberichte aus dem ERP-System, historische Prozessdaten aus dem SCADA) hinweg. Hierfür wurde eine gemeinsame Analyseplattform geschaffen, in welcher die Daten durch alle Partner analysiert werden können. Abb. 7 zeigt das konzeptionierte Cloud-System zur gemeinsamen Datenintegration und -analyse. Betreiber laden ihre Daten zunächst jeweils in eine eigene private Cloud, in welche nur sie Zugriff haben. Anschließend werden bestimmte und anonymisierte Datensätze in einer geteilten Cloud zur gemeinsamen Verwendung zur Verfügung gestellt. So werden die Datensätze der verschiedenen Betreiber kombiniert. Weiterhin stellt der Komponentenhersteller sein Expertenwissen zur Komponente für die Analyse bereit. Externe Dienstleister, aber auch Betreiber und Hersteller, können nun auf Basis des gemeinsamen Datensatzes Diagnosemodelle anpassen. Die so erstellten Modelle werden dann in die privaten Clouds übertragen und hier an die spezifischen, nicht-anonymisierten Daten aus der Produktionsanlage angepasst. Nach dieser Anpassung können sie zur Überwachung und Diagnose der Komponenten eingesetzt werden. Weiterhin kann der Hersteller auf Basis der geteilten Daten seine Komponenten verbessern und durch Einblick in die echten Betriebsbedingungen auch Empfehlungen zur Optimierung des Komponenteneinsatzes und der Wartung geben.

Alle beteiligten Partner profitieren somit durch die Integration der Datensätze und die gemeinsame Nutzung: Der Betreiber kann die Verfügbarkeit seines Prozesses optimieren und unter Umständen Wartungsaufwände reduzieren, während der Her-

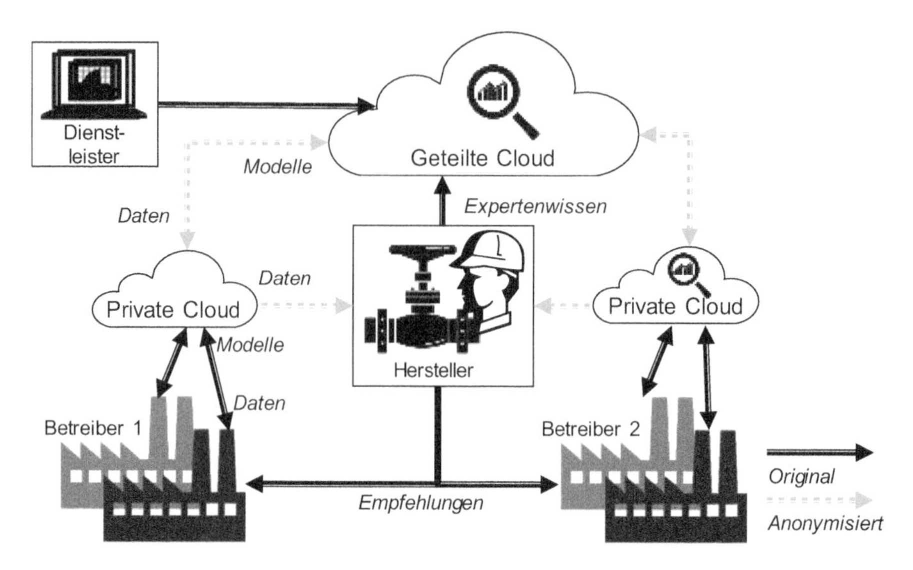

Abb. 7 Datenaustausch zwischen verschiedenen Betreibern, Herstellern und Dienstleistern für eine gemeinsame Fehlerdiagnose und – vorhersage für Regelventile. Verschiedene Cloud-Umgebungen (public/private) mit beschränkten Zugriffen und anonymisierte Datenströme sichern das System ab

steller zusätzliche Dienstleistungen anbieten kann und seine Produkte auf Basis der echten Einsatzbedingungen verbessern kann.

Als Basis für eine technische Realisierung dienen wiederum Datenmanagement- und -integrationsbroker. Diese werden in den jeweiligen Private Cloud Umgebungen der Betreiber sowie der geteilten Cloud ausgeführt. Jeder Betreiber kann hierbei sein eigenes, passendes Informationsmodell in seiner Umgebung ausführen um den individuellen Aufwand zur Anbindung der Datenquellen und die Integration der Daten zu minimieren. Die Schnittstelle zum unternehmensübergreifenden Austausch regelt hierbei die Übersetzung zwischen den verschiedenen Datensichten der jeweiligen Private Clouds, sowie die Beachtung von Zugriffsrechten.

7 Zusammenfassung

Die Integration und Nutzung von Daten im Bereich der Automatisierung und Produktion ist derzeit aufgrund der Vielzahl von Protokollen und Datenformaten, die von bestehenden Systemen verwendet werden, stark eingeschränkt. Die manuelle Datenerfassung aus einem geschlossenen, proprietären System und die anschließende Integration der Daten durch Experten sind oft die einzige Möglichkeit, auf die große Menge an Daten zuzugreifen. Es besteht jedoch die Notwendigkeit, diese Daten automatisch über verschiedene Systeme (vertikal) und Unternehmen (horizontal) hinweg zu integrieren, um daraus Informationen zu gewinnen, insbesondere mit dem Aufkommen der Ideen der Industrie 4.0 und von Data Mining. Für CPPS spielen die Transparenz von Informationen sowie die Big Data-Analyse eine große Rolle. Neue, flexible Architekturen sind notwendig, um diese Informationen zugänglich zu machen und große Datenmengen im Bereich der Automatisierung einzusetzen.

Eine geeignete Lösung muss eine Reihe von Anforderungen erfüllen, welche im industriellen Einsatz von hoher Bedeutung sind. Neben der Skalierbarkeit der Lösung muss auch die spezifische Kommunikation zwischen den Systemen abstrahiert werden, um den Integrationsaufwand nachhaltig zu verringern und den Prozess zu automatisieren. Weiterhin ist ein gemeinsames Informationsmodell notwendig, welches die relevanten Informationen abdeckt und strukturiert und es so allen verbundenen Systemen und Partner erlaubt die Daten korrekt zu interpretieren. Für eine technische Umsetzung existiert derzeit eine Vielzahl an unterschiedlichen Technologien aus verschiedenen Branchen und Domänen. Zum einen existieren Referenzmodelle, welche zwar ein Rahmenwerk vorgeben, aber keine konkreten Umsetzungshinweise enthalten. Zum anderen existieren beispielsweise mit AMQP, OPC UA und DDS verschiedene Middlewaretechnologien und -produkte für eine industrielle Umsetzung. Abhängig vom spezifischen Anwendungsfall muss hier ein anderes Protokoll oder Softwareprodukt ausgewählt werden.

Die Integration von Daten und der transparente Zugriff auf die vorhandenen Informationen innerhalb eines Unternehmens, aber auch entlang des Lebenszyklus eines Assets, werden auch in Zukunft eine immer größere Rolle spielen. Durch den zunehmenden Einzug von künstlicher Intelligenz und digitaler Zwillinge in die Produktion ist der transparente Zugriff auf alle verfügbaren Informationen von immer größerer Bedeutung. Diese Revolution muss aber Hand in Hand mit den bestehenden, teilweise gewachsenen Strukturen in der Prozessautomatisierung durchgeführt werden. Nur so können bestehende Anlagen digitalisiert werden und der hierdurch entstehende Mehrwert genutzt werden.

Literatur

Apache Software Foundation (2019) Apache Kafka. https://kafka.apache.org/. Zugegriffen am 03.12.2019

Apache Software Foundation ActiveMQ (2019). https://activemq.apache.org/components/classic/. Zugegriffen am 03.12.2019

Apache Software Foundation ServiceMix (2019). https://servicemix.apache.org/. Zugegriffen am 03.12.2019

Bassi A, Bauer M, Fiedler M et al (2013) Enabling things to talk. Designing IoT solutions with the IoT architectural reference model. Springer, Berlin/Heidelberg; Imprint: Springer, Berlin/Heidelberg

Chappell DA (2004) Enterprise service bus. Theory in practice. O'Reilly Media, Sebastopol

Deutsches Institut für Normung e.V. (2016) Reference Architecture Model Industrie 4.0 (RAMI4.0) 03.100.01; 25.040.01; 35.240.50(91345)

Eclipse Foundation (2019) Eclipse Mosquitto. https://github.com/eclipse/mosquitto. Zugegriffen am 03.12.2019

Eclipse Foundation Californium (2019). https://github.com/eclipse/californium. Zugegriffen am 03.12.2019

European Committee for Electrotechnical Standardization (2013) Application integration at electric utilities – System interfaces for distribution management – Part 1: Interface architecture and general recommendations (IEC 61968-1:2012) 33.200(61968-1)
European Committee for Electrotechnical Standardization (2014) Enterprise-control system integration – Part 1: Models and terminology (IEC 62264-1:2013) 01.040.35; 35.240.50(62264-1)
European Committee for Standardization (2011) Advanced automation technologies and their applications – Requirements for establishing manufacturing enterprise process interoperability – Part 1: Framework for enterprise interoperability 25.040.01(11354–1:2011)
Fielding RT (2000) Architectural Styles and the Design of Network-based Software Architectures
Grebner J, Rotmensen S, Skowronek R (2013) Wireless vom Feld in die Welt: Sicher drahtlos kommunizieren im Automatisierungsumfeld. WirelessHart, WLAN und Mobilfunk bieten zuverlässige Lösungen für nahezu alle Szenarien. Teil 1 atp edition 55(9): 22–25
Industrial Internet Consortium (2017) The industrial internet of things. Volume G1: Reference Architecture. V1.80. Industrial Internet Consortium. https://www.iiconsortium.org/IIC_PUB_G1_V1.80_2017-01-31.pdf. Zugegriffen am 13.01.2020
International Electrotechnical Commission (2016) OPC unified architecture – Part 1: Overview and concepts(62541-1)
International Electrotechnical Commission (2018) Engineering data exchange format for use in industrial automation systems engineering – Automation Markup Language – Part 1: Architecture and general requirements(62714-1)
International Electrotechnical Commission (2019) TSN Profile for Industrial Automation(CD 60802 D1.1)
International Organization for Standardization (2014) Information technology – Advanced Message Queuing Protocol (AMQP) v1.0 specification(19464)
International Organization for Standardization (2016) Information Technology – Message Queuing Telemetry Transport (MQTT) v3.1.1(20922)
International Organization for Standardization (2018) Information technology – Internet of Things Reference Architecture (IoT RA)(30141)
Internet Engineering Task Force (2014) The constrained application protocol (CoAP)(7252)
Internet Engineering Task Force (2017) The JavaScript Object Notation (JSON) Data Interchange Format(8529). https://tools.ietf.org/html/rfc8259. Zugegriffen am 30.06.2020
Jirkovsky V, Obitko M, Marik V (2016) Understanding data heterogeneity in the context of cyber-physical systems integration. IEEE Trans Ind Inf (99):1–8. https://doi.org/10.1109/TII.2016.2596101
Klettner C, Tauchnitz T, Epple U et al (2017) Namur open architecture. Atp 59(01–02):17. https://doi.org/10.17560/atp.v59i01-02.620. Zugegriffen am 30.06.2020
Li F, Bayrak G, Kernschmidt K et al (2012) Specification of the requirements to support information technology-cycles in the machine and plant manufacturing industry. IFAC Proceedings Volumes 45(6): 1077–1082. https://doi.org/10.3182/20120523-3-RO-2023.00146
Mazak Corporation (2019). https://www.mazakusa.com/machines/technology/digital-solutions/mtconnect/. MTConnect. Zugegriffen am 03.12.2019
MTConnect® Standard (2018) Part 1.0 Overview and fundamentals
Object Computing I (2019) OpenDDS. https://github.com/objectcomputing/OpenDDS. Zugegriffen am 03.12.2019
Object Management Group (OMG) (2015) Data Distribution Service (DDS). Version 1.4. Object Management Group (OMG). http://www.omg.org/spec/DDS/1.4/PDF. Zugegriffen am 13.01.2020
Object Management Group (OMG) (2018) OPC UA/DDS Gateway. FTF Beta 1. Object Management Group (OMG). Zugegriffen am 13.01.2020
OPC Unified Architecture (2018) Specification Part 14, PubSub. https://opcfoundation.org/developer-tools/specifications-unified-architecture/part-14-pubsub. Zugegriffen am 13.01.2020
OPC Foundation (2019a) UA-.NetStandard. https://github.com/OPCFoundation/UA-.NETStandard. Zugegriffen am 23.07.2019

OPC Foundation (2019b) OPC UA Information Models. https://opcfoundation.org/developer-tools/specifications-opc-ua-information-models. Zugegriffen am 30.06.2020
OPC Foundation (2019c) Initiative: Field level communications (FLC). OPC Foundation extends OPC UA including TSN down to fi eld level. Version 02. https://opcfoundation.org/wp-content/uploads/2018/11/OPCF-FLC-v2.pdf. Zugegriffen am 24.10.2019
open62541 (2019) open62541. https://github.com/open62541/open62541. Zugegriffen am 03.12.2019
Pivotal Software Inc (2019) RabbitMQ. https://github.com/rabbitmq/rabbitmq-server. Zugegriffen am 03.12.2019
SIDAP (2019) Skalierbares Integrationskonzept zur Datenaggregation, -analyse, -aufbereitung von großen Datenmengen in der Prozessindustrie. www.sidap.de. Zugegriffen am 30.06.2020
The Instrumentation, Systems, and Automation Society (2000) Enterprise-control system integration – Part I: models and terminology (95.00.01–2000)
Trunzer E, Pethig F (2018) Systemarchitekturen für Smart Data Ansätze. Aggregiertes Konzept aus mehreren Projekten. In: Vogel-Heuser B (Hrsg) Produktions- und Verfügbarkeitsoptimierung mit Smart Data Ansätzen. Automation Symposium 2018. Sierke, Göttingen, S 13–27
Trunzer E, Weiß I, Pötter T, Vermum C, Odenweller M, Unland S, et al (2019a) Big Data trifft Produktion. Neun Pfeiler der industriellen Smart-Data-Analyse. Automatisierungstechnische Praxis (atp) 61(12):S. 9098
Trunzer E, Calà A, Leitão P et al (2019b) System architectures for Industrie 4.0 applications. Prod Eng Res Devel 13(2):411. https://doi.org/10.1007/s11740-019-00902-6
Trunzer E, Prata P, Vieira S, Vogel-Heuser, B (2019c) Concept and evaluation of a technology-independent data collection architecture for industrial automation. In: IECON 2019 45th annual conference of the IEEE industrial electronics society. IECON 2019 - 45th Annual Conference of the IEEE Industrial Electronics Society. Lisbon, 14.10.2019 – 17.10.2019: IEEE, 2830–2836
VDI/VDE-Gesellschaft Mess- und Automatisierungstechnik (2013) Middleware in Industrial Automation – Fundamentals 25.040.40; 35.240.50(2657 Part 1)
Vermum C, Unland S (2018) Schadensfallklassifikation von Ventilen und Retrofitting von bestehenden Anlagen. Anwendung für die Ventilfehlerdiagnose. In: Vogel-Heuser B (Hrsg) Produktions- und Verfügbarkeitsoptimierung mit Smart Data Ansätzen. Automation Symposium 2018. Sierke, Göttingen, S 29–37
Vogel-Heuser B, Hess D (2016) Guest editorial industry 4.0–prerequisites and visions. IEEE Trans Automat Sci Eng 13(2):411–413. https://doi.org/10.1109/TASE.2016.2523639
Vogel-Heuser B, Kegel G, Bender K et al (2009) Global information architecture for industrial automation. Automatisierungstechnische Praxis (atp) 51(1–2):108–115
World Wide Web Consortium (W3C) (2008) Extensible Markup Language (XML) 1.0. W3C Recommendation. (Fifth Edition). https://www.w3.org/TR/2008/REC-xml-20081126/. Zugegriffen am 30.06.2020

Smart and Adaptive Interfaces for Inclusive Factory Environments

Frieder Loch, Christopher Brandl, Julia Czerniak, Cesare Fantuzzi, Alexander Mertens, Florian Morlok, Verena Nitsch, Lorenzo Sabattini, Valeria Villani, and Birgit Vogel-Heuser

Abstract

Modern manufacturing systems are becoming increasingly complex due to an increasing demand for flexible and, at the same time, efficient production. In order to efficiently integrate older and limited employees into the production process, a good introduction to the systems is necessary. This chapter presents an adaptive virtual training system to improve the skills of diverse user groups of industrial manufacturing systems. The skills of the user are measured and used to adapt the interface of the machine or provide appropriate teaching methods. This chapter discusses and motivates the components and explains the benefits of the system.

1 Introduction

Demographic change has been shifting the population structure of Germany considerably in recent decades. It is projected that the population in the working age between 20 and 64 years will decrease in the coming years and will also age (Fuchs 2013). One of the main reasons for this is the dominance of strong age

F. Loch (✉) · F. Morlok · B. Vogel-Heuser
Chair for Automation and Information Systems, Technical University of Munich, Garching, Germany
e-mail: frieder.loch@tum.de; florian.morlok@tum.de; vogel-heuser@tum.de

C. Brandl · J. Czerniak · A. Mertens · V. Nitsch
Institute of Industrial Engineering and Ergonomics, RWTH Aachen University, Aachen, Germany
e-mail: c.brandl@iaw.rwth-aachen.de; j.czerniak@iaw.rwth-aachen.de; a.mertens@iaw.rwth-aachen.de; v.nitsch@iaw.rwth-aachen.de

C. Fantuzzi · L. Sabattini · V. Villani
University of Modena and Reggio Emilia, Reggio Emilia (RE), Italy
e-mail: Cesare.fantuzzi@unimore.it; lorenzo.sabattini@unimore.it; valeria.villani@unimore.it

B. Vogel-Heuser et al. (Hrsg.), *Handbuch Industrie 4.0*,
https://doi.org/10.1007/978-3-662-58528-3_141

cohorts between 40 and 60 years, which are followed by smaller cohorts from the 1970s and 1980s (Pötzsch und Rößger 2015). The ensuing workforce depletion is evident, in particular for manufacturing companies that rely on skilled workers (Scheller et al. 2015). Many manufacturing companies look for ways to counteract this depletion to remain competitive, e.g., by creating more opportunities to employ those that have had traditionally fewer opportunities for employment (the elderly, people with disabilities, or women). Combined with the fact that production systems become increasingly complex with the trend towards individualized and networked production, ergonomic design of work and workplaces gains in importance as a means to utilize human resources (Villani et al. 2017).

The interaction with complex computer-supported systems is particularly cumbersome for marginalized groups. On the one hand, experienced middle-aged employees may feel uncomfortable working with complex HMIs, on the other hand, young, inexperienced employees may not feel able to control production facilities effectively (Villani et al. 2017). The possible conflict between system complexity and usability requires intelligent and innovative, worker-oriented design approaches to ensure competitiveness and production workplaces in high-wage countries. Digital training methods, whose HMIs correspond to skills and flexibility needs of the employees, can support the prospective process design and in this way avoid cost-intensive modifications in advance.

The research project INCLUSIVE develops adaptive user interfaces and training systems for industrial applications. The project targets use cases that are representative of many industrial scenarios.

1.1 Approach

The basic idea of INCLUSIVE is to enable user interfaces to measure skills, experience, and cognitive load of the user to adapt the complexity of the HMI accordingly. Appropriate training and support are provided if necessary. These three pillars (see Fig. 1) are executed consecutively in a recurring cycle during the application.

- The first pillar concerns *measurement.* It collects data to measure dynamic and static human capabilities by digital sensors and questionnaires.
- The second pillar concerns *adaptation.* It adapts the HMI of the industrial machine to the physical state and discomfort of individual users (e.g., computer experience, mental workload).
- The third pillar concerns *training and support.* It provides instructions on the HMI and guides through the functions of the machine.

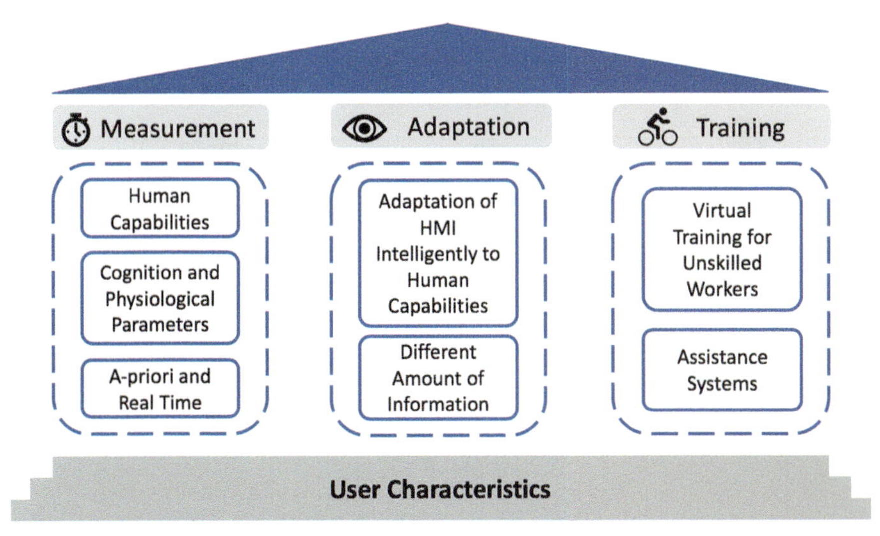

Fig. 1 Main pillars of the INCLUSIVE project

1.2 Adaptive and Inclusive Production Environments

Adaptive and inclusive production environments modify the characteristics of an interactive system to address the characteristics of the present user. A novice user, for instance, can receive a simplified user interface that removes information that is not necessary for the current task. An experienced operator does not require such a simplification since it would be considered superfluous and subsequently impede the interaction with the user interface (Villani et al. 2017). Similarly, the teaching module could be adapted to provide instructions that are more detailed for novice users. This approach supports users with different knowledge states and facilitates the transformation from novice to expert operators.

A technical architecture with four modules to realize these functions was created. The central component of the architecture is a *middleware* that connects all modules and enables a seamless and efficient exchange of data between these modules and the controlled machine. The *adaptive user interface* controls the *industrial machine* through that middleware. Fig. 2 shows the components of the architecture.

Measurement. The measuring unit consists of three modules: a priori measurement, real-time measurement, and longitudinal measurement. In the first module, features of the user are collected in advance to adapt the HMI for the initial interaction. The real-time measurement records the cognitive load by physiological parameters such as eye movements and heartbeat to add further adaptations. The longitudinal measurement tracks the user behavior. Based on these modules, a user profile is created, which is used in the further course of the application.

Adaptation. The adaptation module is based on the results of the measurement module. It adapts the way the information is presented to the user profile and the resulting abilities of each user. These abilities are physical, visual, and auditory as

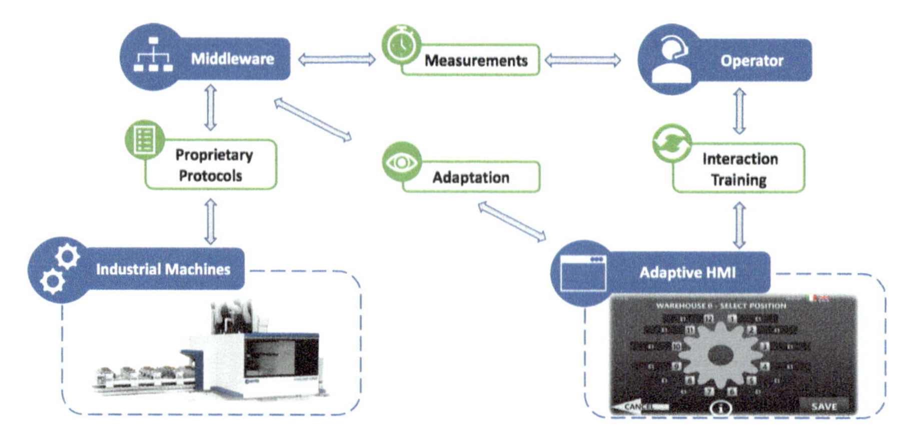

Fig. 2 System architecture of the INCLUSIVE system

well as cognitive and the degree of experience. Adaptation is achieved considering three levels: perception (i.e., how information is presented), cognition (i.e., what information is presented), and interaction (i.e., how interaction is enabled).

Teaching. The teaching module provides initial training and assistance during the procedure. A virtual training system provides initial training before the operator is working with the machine during the procedure. An online assistance system supports the operator during the procedure. The INCLUSIVE system provides various assistance modalities (e.g. speech, AR, HTML) based on the needs of the operator and the procedure.

1.3 Exemplary Use Case (SCM)

1.3.1 Woodworking Machine

The project addresses the interaction with the SCM Accord 40 FX woodworking machine (Fig. 3). The machine allows the production of wooden components for, for instance, windows, doors, and stairs. The products can have a length of about six meters and a width of about two meters. The primary function is the removal of solid wood, which is done by a 5-axis machining head specially developed for demanding applications. Six to 48 tools can be picked up from the tool store.

1.3.2 Scenario and Main Issues

The operator of the woodworking machine has to conduct different procedures during the changeover of the machine or to rectify errors. These procedures consist of complex sequences of actions of different types (e.g., manipulations of the user interface, visual inspection).

A lack of structured guidance with the current user interface leads to errors, especially of inexperienced operators. No guidance is available, and operators do not refer to the reference manual since they consider it inconvenient. Errors, especially

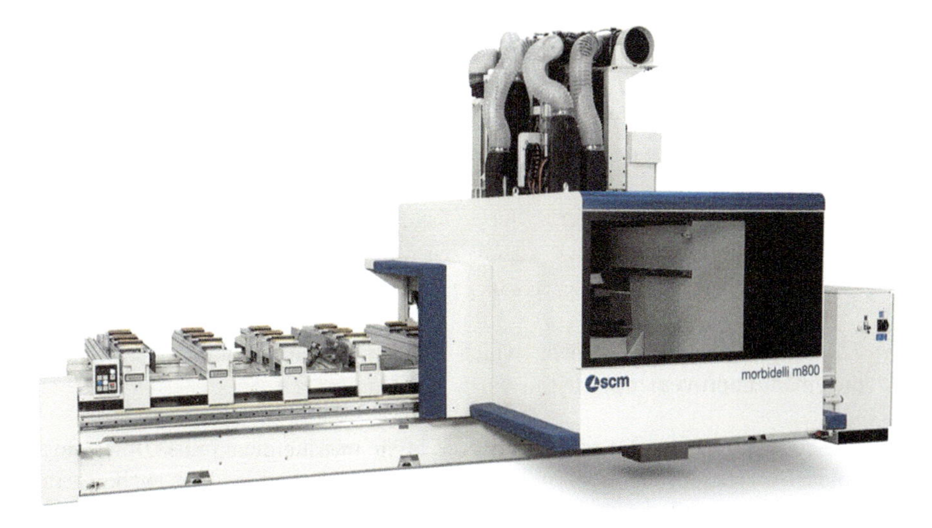

Fig. 3 Woodworking machine addressed by the project

concerning the tuning of the tool warehouse, may have serious consequences. The structured guidance provided by the INCLUSIVE project can, therefore, support operators of the machine. The aim is to improve the satisfaction of the operators and reduce the number of errors.

2 Components of the INCLUSIVE Approach

2.1 Measurement Module

Since human performance can vary considerably between and within individuals, due to diverse skills and abilities, it is necessary to develop a system that adapts to individual needs. Performance characteristics can be subdivided into constitutional (neither changing, nor influenceable, e.g., gender, genetic disposition), dispositional (changeable, but not influenceable, e.g., age) and adaptational (dependent on situation, quickly changeable, e.g., strain, emotion) characteristics, as well as qualification and competence (willingly influenceable, e.g., experience, knowledge) (Luczak 1989). This classification offers the basis for the design of the measurement module, which consists of three measurement pillars:

- The a-priori measurement, which defines default user settings of constitutional and dispositional characteristics, as well as relevant qualification and competence aspects;
- The real-time measurement, which is in charge of capturing the current strain of the user(s), which belongs to the adaptational characteristics; and

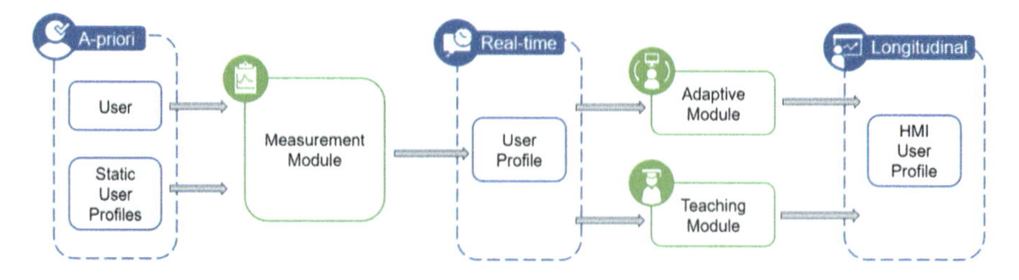

Fig. 4 Different types of user profiles according to system architecture

- The longitudinal measurement, which consists of performance parameters to document improvements.

The concept defines user profiles for each of the measurement pillars, to create a complete overview of the users' need for support whilst working. Fig. 4 shows the user profiles in accordance to the INCLUSIVE system architecture. In the following, each user profile is described in detail.

A-Priori Measurement

The approach of the a-priori measurement is to define initial parameters for the static user profile, which represent the default settings of the HMI. In contrast to situational user characteristics that quickly adapt to the current situation, relevant static user characteristics, such as age, education, computer skills, and experience were identified based on the systems, tools, processes and according user requirements. With first use, the context-sensitive interface creates the initial design of the HMI under consideration of the General Data Protection Regulation of the European Union. The information is updated automatically, if e.g. age changes, experience has been gained, or computer skills have been improved, as detected by the longitudinal user profiles.

Real-time Measurement

Machine operation is characterized by informational work, which can cause mental strain when internal or external influences, such as the work task, environment conditions, or the individual requirements lead to over- or under- load (Kantonwitz and Campbell 1996). The real-time measurement approach deals with these situational factors, as they influence the user's performance. For this reason, the specific requirement of the real-time measurement pillar is to measure the user's current strain for real-time adaption of the HMI. Different physiological parameters, such as pupil diameter and galvanic skin response that serve as indicators for mental strain, are measured using different sensor modules. Fig. 5 gives an overview of the real-time measurement module architecture.

Each module consists of a sensor and an interface application, which analyses the raw data and translates it into a strain code (from 1 "no strain" to 3 "high strain"). The analyzed data are then further transmitted to the INCLUSIVE HMI and middleware, to prepare the adaption of the HMI. It becomes clear that data input from different sensors requires data prioritization, which is conducted by the middleware. A prioritization algorithm was developed following the directives of Article 153 of the TFEU (Treaty on the Functioning of the European Union) concerning occupational safety and health regulations, which considers the most critical value for the adaption.

Longitudinal Measurement
The longitudinal user profile is in charge of the users' experience and training evolution. This user profile accumulates specific experiences, training, or other changes in the individual user profile. For example, the correctness of a procedure, assessed by tracking time and the number of steps the operator takes to complete a task, is used as an indicator for individual changes in the profile. Any improvements in experience or training status will directly be retransmitted to the a-priori module to activate the HMI adaption.

2.2 Adaptive User Interfaces

The adaptation system allows the interaction system to fully adapt to the human operator, taking into account as much information as possible about the user, the environment, and the current situation. In particular, we propose to provide adaptation according to three different levels, namely:

- *Perception*: Sensorial capabilities of the user are accommodated, and information is presented accordingly. This level of adaptation refers to *how information* is presented.
- *Cognition*: User's ability to understand information is considered. This level of adaptation is influenced by the user's skills and emotional status and the kind of interaction task. This level of adaptation refers to *what information* is presented.
- *Interaction*: Depending on user's sensorial and physical abilities, the best interaction technique is selected to allow a smooth interaction. This level of adaptation refers to *how interaction* is enabled.

To define a methodological approach that has general validity for any industrial application, the INCLUSIVE project focused on the identification of hardware and application-independent rules and methods that describe how a HMI can be adapted to the characteristics of the user. This is referred to as *meta-HMI*. The specific requirements and characteristics of every single application and operator instantiate the concrete implementation of the interface. The complete scheme of the adaptation module is shown in Figs. 5 and 6.

2.2.1 Perception Adaptation

Two main causes might affect the perception of important information in the HMI: i) erroneous presentation of content, and ii) limitations in user's perceptive capabilities.

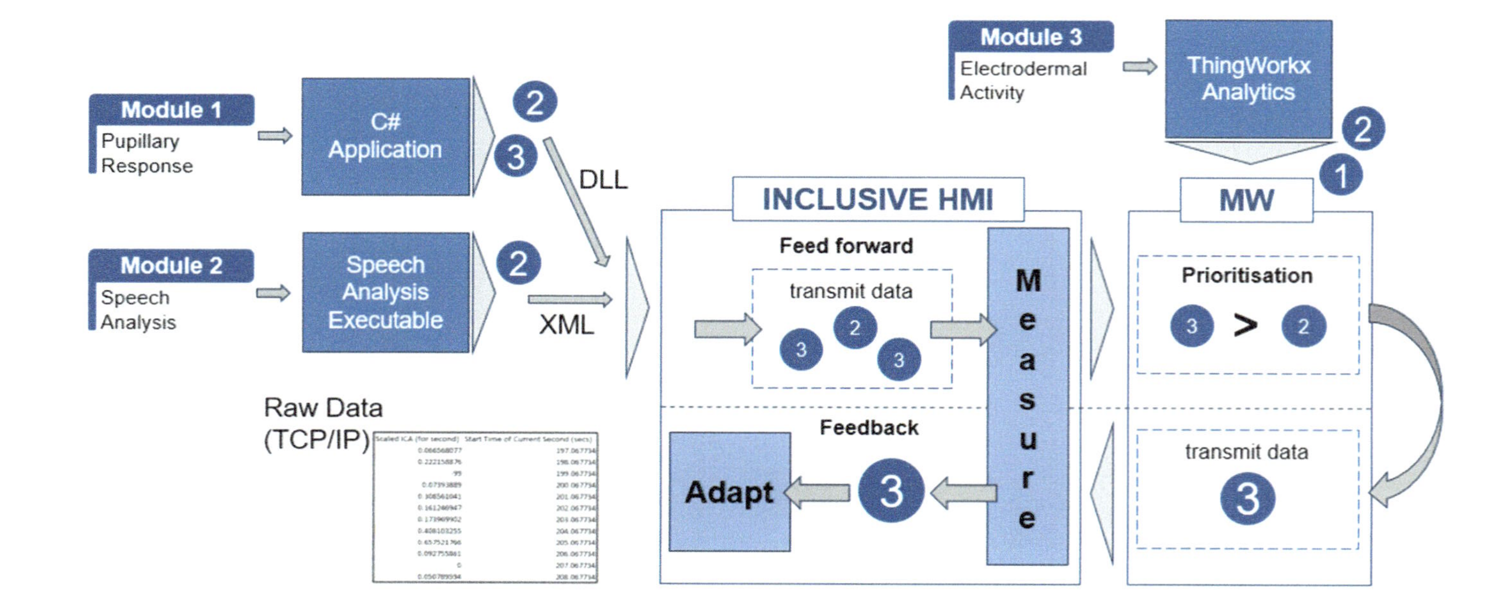

Fig. 5 Architecture of the Real-time Measurement Module

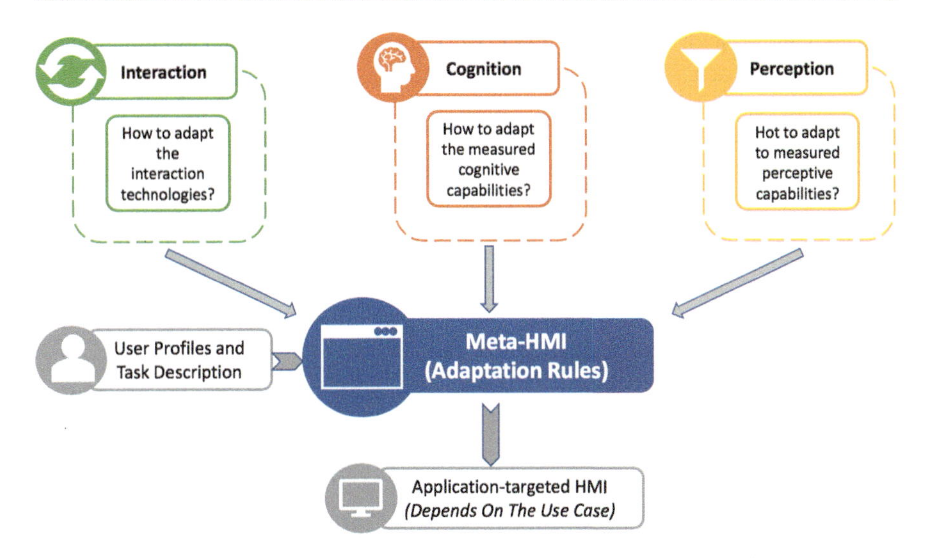

Fig. 6 Overview of the proposed approach to the design of adaptive industrial operator interfaces

To avoid these adverse conditions, user's perception abilities should be explicitly taken into account, in order to accommodate sensorial impairments.

To this end, the component of the meta-HMI related to perception adaptation was identified regarding the universal design approach (The Center for Universal Design 1997). Thus, this component of the meta-HMI relies on the principles of universal design that should be implemented to address the special needs of subjects with physical impairments. Although a thorough classification of possible perception impairments cannot be provided, it was found that the most common impairments affecting operators working in industrial plants are motoric limitations and visual and auditive deficits.

2.2.2 Cognition Adaptation

Different users might have different abilities to understand a given piece of information, or the abilities of each user might change over time, based on the current emotional state, the task, or the level of experience. The way the HMI adapts to cognitive abilities depends on the interaction task, user's characteristics (education, experience, and cognitive impairments) and incoming mental fatigue or decay of performance.

In the framework of the INCLUSIVE project, four rules for cognition adaptation have been derived. These regard: i) the selection of information to display to the user, ii) the organization and prioritization of alarms, iii) the amount of guidance to provide with respect to user's awareness and iv) the functionalities to enable for the different user's levels. The suitability of these rules depends on the characteristics of the task at hand. In particular, for procedural tasks cognition adaptation consists in providing the user with a sufficient level of guidance in following the correct procedure and disabling advanced functionalities to forbid dangerous actions or excessively difficult operations. In the case of supervision tasks, cognition adaptation consists in defining the correct amount and quality of presented information, and important actions to be taken in the presence of severe alarms. Furthermore, when supervising a complex system, the number of available functionalities needs to be tuned, reducing the possibilities for cognitively overloaded users. Finally, in the case of extraordinary maintenance tasks, being not frequently executed, proper guidance needs to be provided, and only high priority alarms should be displayed, to let the user focus on the most relevant events.

2.2.3 Interaction Adaptation

The interaction modalities that the operator can use have to match: i) the constitution and disposition as well as qualification and competence, ii) the requirements of the task and the environment, and iii) the current state of the operator (i.e., mood and mental fatigue) and the measurements that describe the interactions with the user interface over time (e.g., performance metrics, number of errors, time to take a decision, etc.). Providing different interaction modalities ensures that a user can apply an interaction modality that allows a satisfying and efficient interaction with the HMI. Relevant interaction modalities are based on visual, physical or auditive interaction.

In the INCLUSIVE project, three factors for the selection of the interaction modality have been considered. First, static factors that are determined by the user's constitution and disposition and the task and environmental requirements are taken into account to filter modalities that are not applicable for the present user and task. This subset is further narrowed down by dynamic measurements about the user's emotional state and performance.

2.3 Training and Assistance Systems

The third component of the INCLUSIVE system provides training and support to the human operator. It combines an initial virtual training system, with assistance systems that support operators during work processes. Both systems can be adapted to the requirements of individual operators and procedures. This should provide optimal support in a variety of situations.

- The *virtual training system* is based on a virtual environment that simulates the machine using virtual reality technology. This system allows to train different procedures safely and reduce anxiety to support on-the-job training of the operators.
- The *assistance systems* support the operators during processes, such as the changeover procedure addressed introduced previously. Different assistance systems (e.g., speech-based assistance systems) allow the provision of help that is adapted to the needs of the operator.

The following sections describe both systems. They discuss the motivations of both systems, their implementation, and adaptation mechanisms.

2.3.1 Virtual Training Systems

The use of virtual training systems is becoming increasingly important in production and logistics. Despite rapidly increasing automation, human operators keep a central role in future production systems. Ever more flexible manufacturing systems for higher quality lead to more efficient but also more complex production systems (Brettel et al. 2014). Tasks for human operators concern maintenance, changeover, and troubleshooting. The focus, however, is on machine maintenance, as this cannot be solved by automation in the future and requires highly-qualified employees. The training of such specialists is crucial in order to follow the technological change. Virtual training systems play an essential role in this and are vital components in the project.

Motivation

The use of virtual training environments offers advantages over physical training systems from different points of view. Advantages are that different scenarios can be trained in virtual training environments, which can only be implemented in virtual reality due to high costs, endangerment, time, or effort. Physical risks for the user can be excluded. The possibility of gaining experience and making mistakes without having to draw real consequences shows the practical use of virtual systems. Certain situations can be created to train specific behaviors. In addition to learning routine tasks, it is also possible to practice crisis management in order to avert more significant damage. With appropriate hardware, training at different locations is possible and can be flexibly integrated into a strictly timed working day.

Adaptive Virtual Training Systems

The training systems proposed in the project adapt to the abilities of the trainee. These adaptations address several aspects of the training system, such as the presentation, the instructions, or the interaction techniques. The increasing presence of older operators, for instance, was addressed by an adaptation of the visualization techniques. This allowed less relevant details of the task to be removed or smaller structures and components to be merged for better understanding and identification. The coloring could also be adjusted to enhance the contrast between neighboring components. Acoustic output read out the instructions verbally. Additional acoustic feedback indicated whether a step was completed successfully.

Fig. 7 shows an exemplary modification of the presentation of the virtual environment that was evaluated with seniors. The simplification of the virtual environment should facilitate the perception of vital components of the machine to support later on-the-job training and avoid cognitive overload during training. Further user groups, such as low-experienced users, may benefit from similar adaptations of the system.

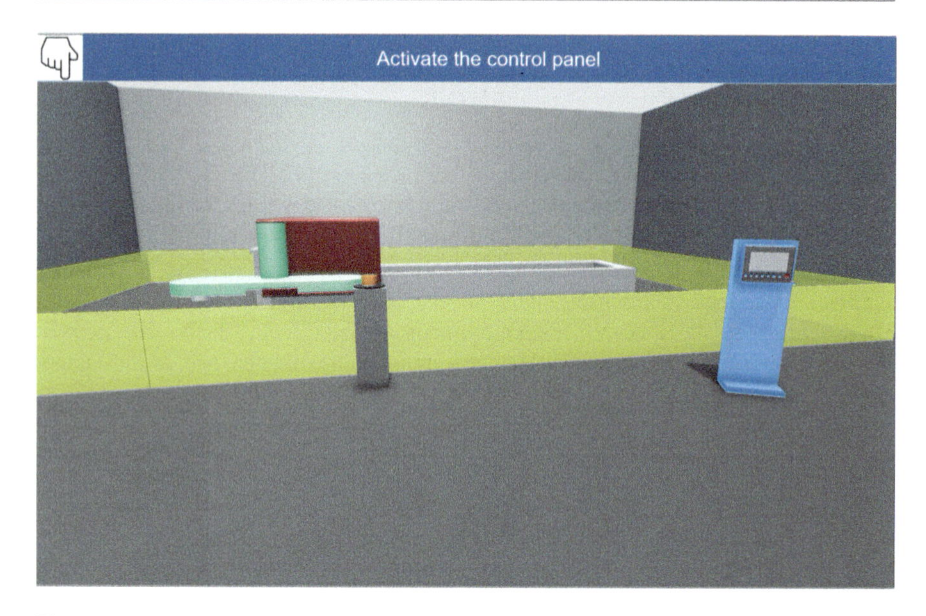

Fig. 7 Screenshot of the adaptive virtual training system

2.3.2 Assistance Systems

Assistance systems have the aim of supporting the operators while carrying out industrial procedures. They should be used if the operator is experiencing difficulties in carrying out an industrial procedure correctly. To support the requirements of different types of procedures, several assistance modalities are offered.

- An *AR-based assistance system* guides the user through the procedures by visual in-situ instructions. This allows providing clear guidance in various procedures.
- A *speech-based assistance system* assists the user by providing spoken instructions on the procedure. This provides effective assistance in circumstances when no visual attention must be occupied.
- An *HTML-based assistance system* provides a hypermedia environment that instructs the user on how to complete a procedure. This environment contains images or videos that describe the procedure.

The availability of various approaches for the support allows selecting the most appropriate modality in a given situation. Speech-based assistance, for instance, is appropriate in situations when an experienced operator needs to be supported, while inexperienced operators can benefit from the clear visual aids of HTML-based or AR-based assistance systems. Changes between the provided components of the assistance system can be carried out by the user of the application as required (Fig. 8).

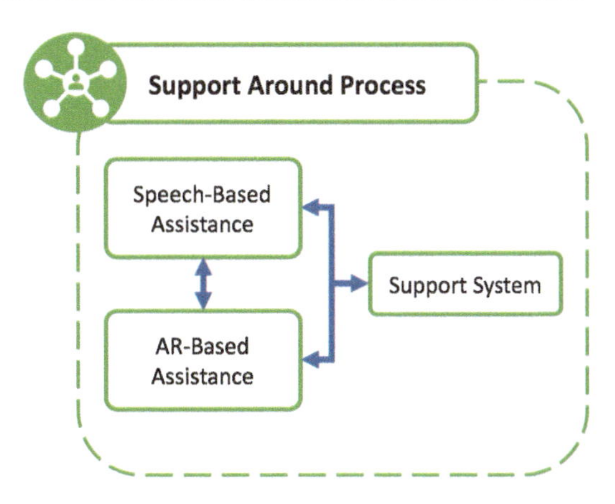

Fig. 8 Interaction of the components of the assistance system

3 Conclusion and Summary

In this chapter, a system architecture for adaptive industrial environments was presented. The concept should allow creating industrial environments that support the productivity and participation of different user groups. The consequence is an influence on the adaptation of the manufacturing processes and the possibility of introducing a significant degree of adaptation in the products and production processes. The core of the system is the combination of different presentation techniques to support the capabilities of diverse users. This support can be generated offline within the system or provided online from the network by various means. The interfaces between system and user present information individually adapted to cognitive strain limits. The work environment thus created is accessible to all types of employees and independent of age, educational level, cognitive and physical impairments, and work experience. Adaptation takes place iteratively through real-time measurements during application. Different scenarios can be trained in a virtual training environment. In this way, physical risks can be estimated, and high costs avoided.

Acknowledgment This work has been supported by the INCLUSIVE collaborative project, which has received funding from the European Union's "Horizon 2020" Research and Innovation Program under grant agreement No 723373.

References

Brettel M, Friederichsen N, Keller M, Rosenberg M (2014) How virtualization, decentralization and network building change the manufacturing landscape: an industry 4.0 perspective. World academy of science. Eng Technol 8:37–44

Chen K, Chan AHS (2011) A review of technology acceptance by older adults. Gerontechnology 10:1–12

Fuchs J (2013) Demografie und Fachkräftemangel. Bundesgesundheitsbl Gesundheitsforsch Gesundheitsschutz 56:399–405

Kantowitz BH, Campbell JL (1996) Pilot workload and flightdeck automation. In: Parasuraman R, Mouloua M (ed) Automation and human performance: theory and applications. Lawrence Erlbaum Associates, Mahwah

Luczak H (1989) Wesen menschlicher Leistung. In: Institut für angewandte Arbeitswissenschaft e.V (ed) Arbeitsgestaltung in Produktion und Verwaltung. Wirtschaftsverlag Bachem, Köln

Pötzsch O, Rößger F (2015) Bevölkerung Deutschland bis 2060–13. koordinierte Bevölkerungsvorausberechnung. Statistisches Bundesamt, Wiesbaden. https://www.destatis.de/DE/Themen/Gesellschaft-Umwelt/Bevoelkerung/Bevoelkerungsvorausberechnung/Publikationen/Downloads-Vorausberechnung/bevoelkerung-deutschland-2060-presse-5124204159004.pdf;jsessionid=69B0222614C44267284E6C5B250B6480.internet8742?__blob=publicationFile

Scheller K, Wittemann P, Pirger A, Müglich D, Sinn-Behrendt A, Bruder R (2015) Auswertung altersdifferenzierter Fähigkeitsdaten zur Entwicklung von ergonomischen Gestaltungsansätzen in der Produktion. Zeitschrift Für Arbeitswissenschaft 69:137–145

Streb CK, Voelpel SC (2009) Analyzing the effectiveness of contemporary aging workforce management. Organ Dyn 38:305–311

The Center for Universal Design (1997) The principles of universal design. New York State University

Villani V, Sabattini L, Czerniaki JN, Mertens A, Vogel-Heuser B, Fantuzzi C (2017) Towards modern inclusive factories: a methodology for the development of smart adaptive human-machine interfaces. Proceedings of the IEEE international conference on Emerging Technologies and Factory Automation (ETFA) 1–7 IEEE. https://doi.org/10.1109/ETFA.2017.8247634

Teil III

Daten-, Informationsanalyse und maschinelles Lernen

Unternehmensübergreifendes Teilen von Wissen und Daten in Industrie 4.0 Anwendungen – Beispiele aus den Projekten SIDAP und M@OK

Iris Weiß und Birgit Vogel-Heuser

Zusammenfassung

Die Digitalisierung eröffnet neue Möglichkeiten in der datengetriebenen Modellierung komplexer Produktionsprozesse. Besonders effizient können Daten aus Produktionsprozessen eingesetzt werden, wenn die Informationen und Daten des gesamten Lebenszyklus einer Anlage betrachtet werden und somit ein ganzheitliches digitales Abbild entsteht. Eine Voraussetzung hierzu ist, dass Informationen und Daten auch über Unternehmensgrenzen hinweg geteilt werden. Dieser Beitrag zeigt zwei Anwendungsszenarien, eines aus dem Condition Monitoring und eines aus dem Quality Monitoring, bei denen das Teilen von Daten einen essenziellen Vorteil erbracht hat.

1 Einleitung

Die Digitalisierung eröffnet neue Möglichkeiten in der datengetriebenen Modellierung komplexer Produktionsprozesse. Mit Predictive bzw. Prescriptive Maintenance werden Anlagen zum Beispiel mithilfe von Sensordaten überwacht, um den Verschleiß von Geräten und Anlagenteilen vorherzusehen, Maßnahmen gegen den Verschleiß zu ergreifen und letztlich Instandhaltungsarbeiten effizient zu planen. Dies ist besonders interessant für Geräte und Anlagenteile, deren Zustände von außen für einen Bediener nicht erkennbar sind, und die bei einem Ausfall zu einem Anlagenstillstand führen. Weiterhin können Methoden des maschinellen Lernens oder der künstlichen Intelligenz dazu genutzt werden, die Qualitätsparameter eines

I. Weiß · B. Vogel-Heuser (✉)
Lehrstuhl für Automatisierung und Informationssysteme, Technische Universität München, Garching, Deutschland
E-Mail: iris.weiss@tum.de; vogel-heuser@tum.de

B. Vogel-Heuser et al. (Hrsg.), *Handbuch Industrie 4.0*,
https://doi.org/10.1007/978-3-662-58528-3_133

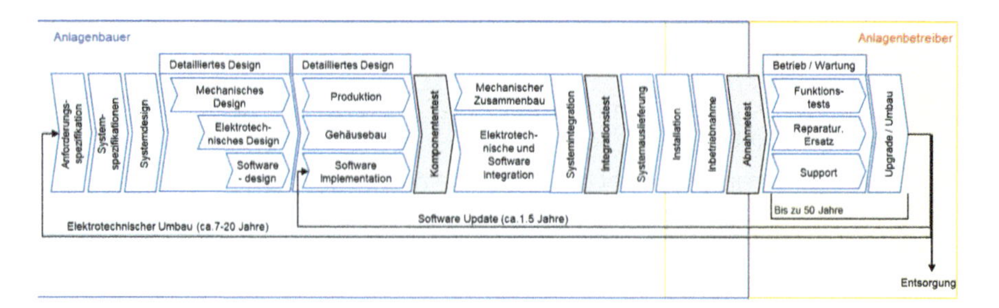

Abb. 1 Lebenszyklus einer Anlage

Produkts bereits während des Produktionsprozesses vorherzusagen. Eine aufwendige Prüfung einzelner Produkte kann somit eingespart werden. Zudem können Maßnahmen ergriffen werden, sollte die derzeitigen Produktionseinstellungen die zulässigen Qualitätswerte nicht erreichen. So kann die Produktion von Ausschussware vermieden werden. Dies ist besonders interessant für Prozesse, die eine inline Messung der Produktqualität gar nicht oder nur mit erheblichem Aufwand zulassen oder für Qualitätsmerkmale, die nur durch zerstörende Verfahren gemessen werden können. Insgesamt kann durch die Verarbeitung und Nutzung von Daten des Produktionsprozesses die Gesamtanlageneffektivität (OEE), hier gezeigt anhand der Erhöhung der Verfügbarkeit und der Sicherung der Qualität, verbessert werden.

Besonders effizient können Daten aus Produktionsprozessen eingesetzt werden, wenn nicht nur Sensor- und Aktordaten des laufenden Betriebs, sondern die Informationen und Daten des gesamten Lebenszyklus (vgl. Abb. 1) einer Anlage betrachtet werden und somit ein ganzheitliches digitales Abbild (digital Twin oder digitaler Zwilling) entsteht.

Im Reengineering oder Retrofitting zum Beispiel können die Erfahrungen aus dem Betrieb der Anlage genutzt werden, um strukturelle Fehler zu beheben. Eine Voraussetzung hierzu ist, dass Informationen und Daten auch über Unternehmensgrenzen hinweg geteilt werden. Der Komponentenhersteller bzw. Maschinenbauer muss Teile seines digitalen Zwillings mit dem Anlagenbetreiber teilen und anders herum. Diese Integration entlang der Wertschöpfungskette stellt zum einen Herausforderungen an die technische Umsetzung (vgl. Beitrag Smart Data Architekturen – Vertikale und horizontale Integration) als auch an die rechtliche Ausgestaltung (vgl. Beitrag Juristische Aspekte bei der Datenanalyse 4.0 in Band 2). Diese Herausforderungen können jedoch überwunden werden, wenn die Notwendigkeit des Teilens von Daten anerkannt und der Nutzen greifbar ist.

2 Nutzenszenario für unternehmensübergreifenden Datenaustausch

Durch das Teilen von Daten über Unternehmensgrenzen hinweg kann ein gegenseitiges Verständnis von Prozessen und ein ganzheitliches Bild auf Maschinen und Anlagen erreicht werden. Im Speziellen kann jede Partei individuell Nutzen generieren. Hier können zwei Fälle unterschieden werden (vgl. Abb. 2).

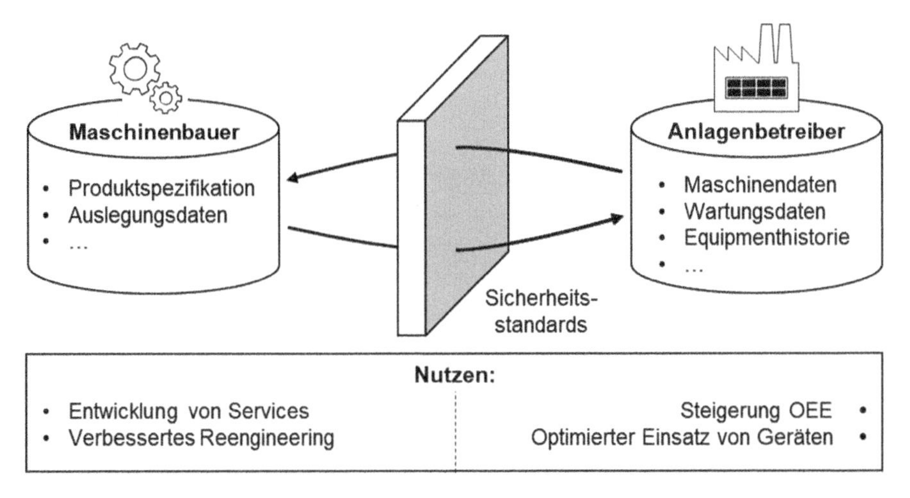

Abb. 2 Nutzen aus dem Teilen von Daten zwischen Anlagenbauer und Anlagenbetreiber

Zum einen kann der Anlagenbetreiber Daten mit dem Komponentenhersteller bzw. Maschinenbauer teilen. Der Komponentenhersteller kann auf Basis dieser Daten datengetriebene Modelle über das Anlagenverhalten entwickeln und Services wie zum Beispiel Predictive Maintenance anbieten. Zudem kann der Maschinenbauer durch Zugriff auf die Live-Daten sowie auf historische Wartungs- und Instandhaltungsberichte bei der Fehlersuche an Anlagen unterstützen. Die gewonnenen Informationen über das tatsächliche Anlagenverhalten beim Kunden kann auch beim Reengineering eingesetzt werden. Auf der anderen Seite kann die OEE des Anlagenbetreibers erhöht werden. Hohe Verfügbarkeit und gleichbleibend hohe Qualität wirken sich positiv auf den Unternehmenserfolg aus. Gesamtwirtschaftlich gesehen ist es zudem effizienter datengetriebene Modelle einer Maschine bzw. Anlage über den Maschinen- und Anlagenbauer zu beziehen als Einzellösungen durch die einzelnen Anlagenbetreiber herbei zu führen.

Zum anderen kann der Komponentenhersteller seine Daten mit dem Anlagenbetreiber teilen. Dabei erhält der Anlagenbetreiber ein besseres Verständnis über die Funktionsweise der Maschine und kann diese optimal innerhalb seiner Prozesskette einsetzen. Auch das Wissen über Geschäftsprozesse kann hier eine Rolle spielen. Das Beispiel Ventilauslegung zeigt, dass ein besseres Verständnis der Prozesse und der Austausch von Informationen zur Optimierung des Einsatzes von Geräten und Anlagen beitragen kann. Bei der Konstruktion von Ventilen wird zur Einhaltung der Sicherheitsstandards stets ein Sicherheitsfaktor bei der Auslegung aufgeschlagen, um mögliche ungewöhnliche Prozessspitzen (z. B. hoher Druck) abzufangen und die Funktionalität des Ventils zu jeder Zeit zu gewährleisten. Zudem wird zusätzlich bei der Auslegung durch den Komponentenhersteller ein Sicherheitsfaktor auf die Angaben des Anlagenbetreibers aufgeschlagen. Die Angaben des Anlagenbetreibers beinhalten in der Regel darüber hinaus einen eigenen Sicherheitsfaktor. Im Endeffekt ist dadurch zu erwarten, dass viele Ventile überproportioniert sind und nicht am optimalen Betriebspunkt gefahren werden.

Dieser Beitrag zeigt zwei Anwendungsszenarien, eines aus dem Projekt SIDAP und eines aus dem Projekt M@OK, bei dem das Teilen von Daten über Unternehmensgrenzen hinweg zu einem Erkenntnis- und Nutzengewinn für alle Parteien geführt hat.

Skalierbares Integrationskonzept zur Datenaggregation, -analyse, -aufbereitung von großen Datenmengen in der Prozessindustrie (SIDAP) gefördert durch das Bundesministerium für Wirtschaft und Energie (BMWi) unter der Fördernummer 01MD15009F. (http://sidap.de/)

Online Echtzeit-Wissensmanagement, Data-Mining und Machine-Learning für den Maschinen- und Anlagenbau (M@OK) gefördert durch das Bayerische Staatsministerium für Wirtschaft und Medien, Energie und Technologie (StMWi) unter der Fördernummer IUK566/001. (https://www.ais.mw.tum.de/forschung/aktuelle-forschungsprojekte/mok/)

3 Anwendungsszenario Prozessindustrie: Steigerung der Verfügbarkeit durch Condition Monitoring von Ventilen (Projekt SIDAP)

In prozesstechnischen Anlagen stellen Ventile, welche Durchflüsse von Fluiden regeln, einen elementaren Bestandteil dar. Allein aufgrund der Menge an Ventilen wirkt sich das Condition Monitoring und die zustandsbasierte Instandhaltung dieser erheblich auf die Kosten aus. Auf der einen Seite können unplanmäßige Anlagenstillstände aufgrund eines unbemerkten Ventildefekts vermieden werden (Erhöhung der Verfügbarkeit der Anlage) und auf der anderen Seite kann die Nutzungsdauer des Equipments optimal ausgenutzt werden. Im Projekt SIDAP sind datengetrieben Methoden für die Zustandsüberwachung von Ventilen entwickelt worden.

3.1 Ausgangssituation

Aufgrund der Kritikalität von Ausfällen und abrupten Stopps von Prozessen in prozesstechnischen Anlagen verfolgen die Betreiber derzeit eine vorbeugende Instandhaltungsstrategie. Durch regelmäßige Wartung bzw. Wechsel der Ventile wird stets eine einwandfreie Funktionsfähigkeit sichergestellt. Dies wird in oftmals jährlichen Revisionen umgesetzt. Alle Ventile der Anlagen, meist eine erhebliche Anzahl, werden ausgebaut und geöffnet. Das Wartungs- und Instandhaltungspersonal kann so den Zustand des Ventils einsehen und gegebenenfalls Wartungen durchführen oder ein neues Ventil einbauen. In der hier vorliegenden Arbeit werden zwei spezifische Fehlerfälle, die besonders häufig in Ventilen beobachtet werden, betrachtet. Es handelt sich dabei zum einen um Anhaftungen am Ventilkegel (vgl. Abb. 3(2)), welche den Durchflussquerschnitt des Ventils und somit das Ventilver-

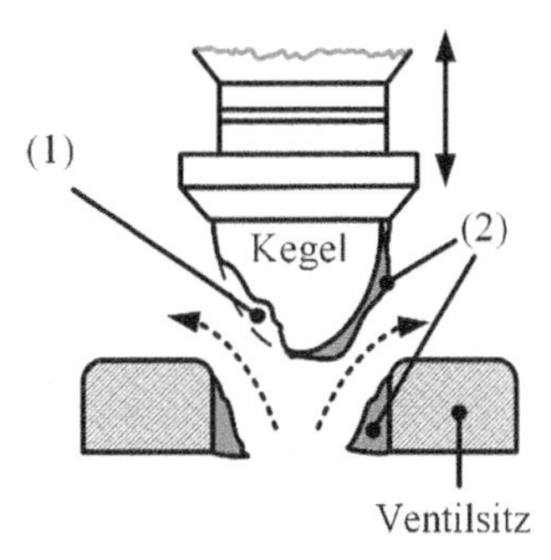

Abb. 3 Schematische Darstellung der betrachteten Fehlerbilder Verschleiß (1) und Anhaftungen (2)

halten (Ventilkennlinie) verändern, und zum anderen um Verschleiß des Kegels (vgl. Abb. 3(1)), was ebenfalls eine Änderung des Durchflussquerschnitts und somit der Ventilkennlinie verursacht. Für die Zustandsüberwachung an Ventilen wurden im Projekt SIDAP die folgenden Anforderungen gestellt:

A1. Erkennung von Abweichungen des Istverhaltens zum Normalverhalten bezüglich der Ventilkennlinie: Aufgrund der Datenlage (geringe Anzahl an dokumentierten Fehlerfällen an Ventilen) soll ein unüberwachtes Lernverfahren angewendet werden. Ein Modell, welches das Normalverhalten des Ventils beschreibt, soll trainiert und über die Lebensdauer des Ventils mit dem Ist-Modell verglichen werden. Weicht das Ist-Verhalten signifikant vom Normalverhalten ab, ist eine Anomalie detektiert.
A2. Datenbasierte Identifizierung der Fehler: Anhand des Ist-Verhaltens und der detektierten Anomalie soll erkannt werden, ob es sich bei dem Defekt um Anhaftungen oder Verschleiß des Ventilkegels bzw. – sitzes handelt.
A3. Bestimmung der Schwere des Fehlers: Zusätzlich zur Identifizierung soll eine Beurteilung der Schwere des Fehlers möglich sein. Dazu muss ermittelt werden, wann eine gewisse Abweichung vom Normal-Verhalten als kritisch einzuschätzen ist.

Die Entwicklung von datengetriebenen Modellen, die die Anforderungen A1-A3 erfüllen, erfordert eine enge Zusammenarbeit zwischen Anlagenbetreiber und Komponentenhersteller. Der Anlagenbetreiber muss Daten liefern, welche das Trainieren von Modellen in realen Szenarien erlauben. Nur so können robuste Modelle entwickelt werden. Der Komponentenhersteller dagegen muss seine Expertise einbringen, um die Identifizierung der Fehler und die Bestimmung der Schwere zu gewährleisten. Dies kann nicht durch die Daten des Anlagenbetreibers bestimmt werden, da aufgrund der vorbeugenden Instandhaltungsstrategie kaum bzw. keine Fehlerfälle in den Daten vorhanden sind. An einem Teststand muss daher bestimmt werden, welche Prozessgrößen die Fehlerfälle Anhaftung und Verschleiß am besten beschreiben können und welche Schwellwerte für die Abgrenzung von Normal- zu Fehlerverhalten gelten.

3.2 Konzept zur Ventilüberwachung

a) Bestimmung von Grenzwerten zur Identifikation und Bewertung einer Anomalie
Das Generieren von Daten an einem Versuchsstand eröffnet die Möglichkeit, alle zuvor als relevant identifizierten Messgrößen zu erheben, gezielt Fehlerbilder in die verwendeten Ventile einzubringen und somit sowohl Fehlerdetektions- als auch Fehleridentifikationsmodelle zu entwickeln. Aus diesem Grund wurden 30 kontrollierte Messreihen an einem Versuchsstand gefahren und Daten mit einer Abtastrate von 50 ms erhoben. Dabei wurden Sensoren für den Vor- sowie Nachdruck, Temperatur, Durchfluss, Schallintensität und Hub eingesetzt (vgl. Tab. 1). Jeweils 10 Messreihen wurden mit demselben Ventilkegel erhoben, um zufällige Schwankungen und Abweichungen ausgleichen zu können. Im Versuchsstand wurde Ventil mit einem V-Kegel verwendet. Der Ventilkegel 0 ist ein Original-Kegel ohne Beschädigungen. Ventilkegel 1 weist eine Beschädigung im oberen Hubbereich in Form einer Materialabtragung auf (vgl. Abb. 4(1)). Ventilkegel 2 weist ebenfalls eine Materialabtragung, allerdings im mittleren Hubbereich, auf (vgl. Abb. 4(2)). Als Medium wurde Wasser eingesetzt.

Um ein Modell des Normalverhaltens zu entwickeln wurden die 10 Datenreihen des Ventilkegels 0 herangezogen. Dieser Datensatz wurde in 80 % Trainings- und 20 % Testdaten untergliedert, um die Validität des Modells zu prüfen (vgl. Abb. 5).

Das trainierte Modell wird dann auf die Daten der defekten Ventile, Kegel 1 und 2, angewendet. Die Abweichung zwischen Modellwert und tatsächlichem Wert für die Ausgangsgröße (Residuum) kann als Fehlermerkmal verwendet werden. Sie zeigt an, wie stark die Abweichung vom Normalverhalten ist. Da die Fehler im Kegel 1 und 2 bewusst indiziert und bekannt sind, können die Ergebnisse der Anomaliedetektion mit einer Bewertung der Schwere des Fehlers verknüpft werden.

Zur Analyse der Daten wurde eine Random Forest Regression herangezogen. Diese generiert auf Basis der Trainingsdaten eine Vielzahl an Entscheidungsbäumen und berechnet mittels Stimmenmehrheit oder Mittelwertberechnung die abhängige Variable. Gegenüber anderen nicht-linearen Regressionsmethoden wie der Support Vektor Regression bietet die Random Forest Regression den Vorteil, dass keine Annahmen über die Art des Zusammenhangs (gleichprozentige oder lineare Ventilkennlinie) getroffen werden müssen, diese schnell berechnet werden

Tab. 1 Messstellen am Versuchsstand

Messstelle	Einheit
Zeit	s
Vordruck	bar
Nachdruck	bar
Temperatur	°C
Durchfluss	m^3/h
Schallintensität	dB
Hub	mm

Abb. 4 Indizierte Ventilfehler

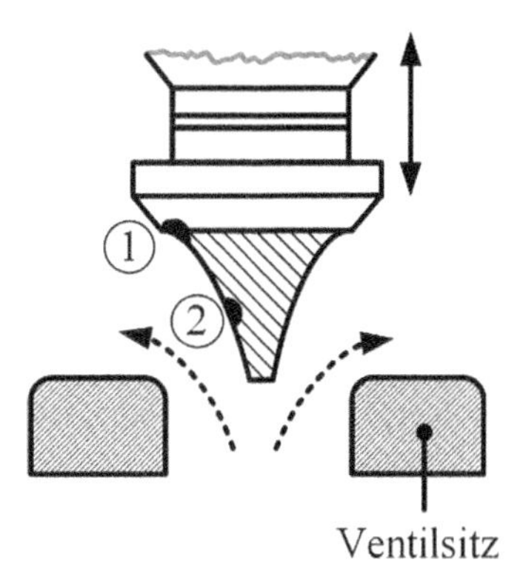

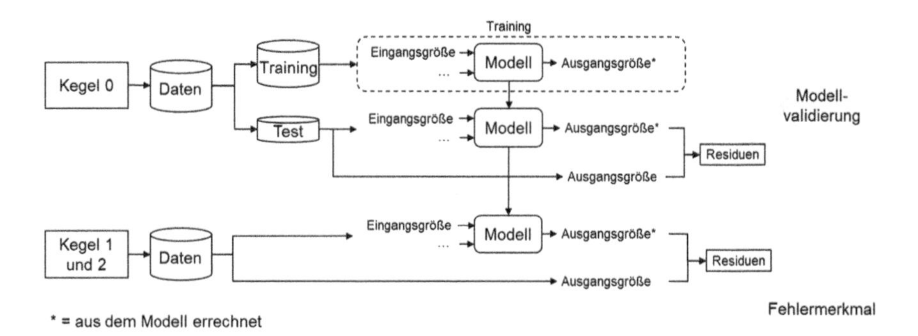

Abb. 5 Konzept zur datengetriebenen Auswertung von Versuchen am Teststand

kann (dadurch auch für sehr große Datensätze geeignet ist) und eine Interpretation der Einflussstärke der Variablen durch Experten zulässt.

b) Übertragung auf industrielle Daten
Die Erkenntnisse der Versuchsreihen müssen auf die Anwendung in industriellen Daten übertragen werden. Das Modell mit den trainierten Parametern selbst kann nicht einfach übernommen werden. Andere Ventilgeometrien führen zu anderen Kennlinien, welche nicht durch das in den Versuchsreihen trainierte Modell abgebildet werden können. Deshalb wird nicht das trainierte Modell, sondern das Wissen über geeignete Algorithmen, hier der Random Forest Regression, und die relevanten Eingangs- und Ausgangsgrößen von den Versuchsreihen auf die industriellen Daten übernommen. Für jedes Ventil wird daher nach Einbau auf Basis der Daten der ersten Wochen ein eigenes Random Forest Regressionsmodell trainiert. Mithilfe der in den Versuchen ermittelten Grenzwerte kann in den industriellen Daten eine Anomaliedetektion durchgeführt werden.

3.3 Ergebnisse anhand Experimenten am Teststand und industrieller Daten

a) Ergebnisse Teststand
Der Durchfluss des Ventils ist in der Random Forest Regression als abhängige Variable (Ausgabe) definiert. Der Ventilhub, die Druckdifferenz und das Druckniveau sind als unabhängige Variablen (Eingabe) definiert. Zur Visualisierung der Ergebnisse wurden die Residuen (tatsächlicher Wert – berechneter Wert) im Testdatensatz ermittelt und auf den relativen Ventilhub aufgetragen (vgl. Abb. 6 (A)). Zudem wurde ein relatives Residuum berechnet (vgl. Abb. 6 (B)). Das relative Residuum ist zur Bestimmung der Schwere eines vorliegenden Fehlers von Bedeutung. Eine Abweichung von z. B. 0,5 m^3/h lässt bei einem fast vollständig geschlossenen Ventil mit einem Normaldurchfluss von 1 m^3/h auf eine größere Beschädigung schließen als bei einem weit geöffneten Ventil mit einem Normaldurchfluss von 30 m^3/h.

Da das Residuum zufällig um den Wert 0 (Abweichung zwischen tatsächlichen und berechneten Wert gleich 0) schwankt, kann eine hohe Modellqualität im Testdatensatz festgestellt werden. Jedoch ist ein leichter Anstieg der Standardabweichung des Residuums ab einem relativen Ventilhub von circa 70 % zu erkennen (vgl. Abb. 6(C+D)). Es ist zu vermuten, dass bei größer werdendem Hub Phänomene wie sich verändernde Vorwiderstände höhere Unsicherheit ins

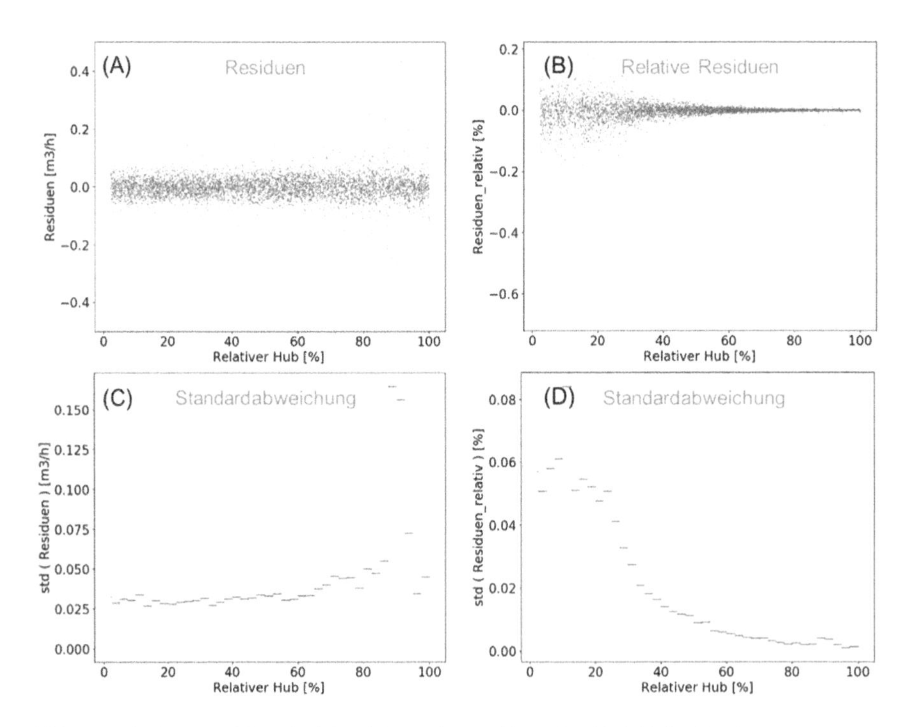

Abb. 6 Mittelwert und Standardabweichung der Residuen des Modells im Testdatensatz

Modell eintragen. Die Standardabweichung der relativen Residuen zeigt, dass bei minimalem Ventilhub Abweichungen um ± 10% als Normalverhalten eingeschätzt werden müssen, da das Modell keine genaueren Werte liefern kann.

Im Folgenden werden die trainierten Modelle auf die vorgeschädigten Kegel (1 und 2) angewandt.

Die Analyse der relativen Residuen zeigt (vgl. Abb. 7), dass die beiden Fehlerfälle Kegel 1 und Kegel 2 in unterschiedlichen Effekten zum Vorschein treten. Während bei Kegel 1 die Residuen bei 20 % Ventilöffnung ein Maximum erreichen, zeigt Kegel 2 größere Abweichungen im niedrigen Hubbereich, welche sich mit größer werdendem Hub abschwächen. Da die Abweichungen in beiden Fällen im unteren bis mittleren Hubbereich die beobachteten Schwankungen von ± 10 % im Normalverhalten übersteigen, kann hier von einem Fehler ausgegangen werden. Das Modell erkennt das Fehlverhalten, weshalb Anforderung 1 erfüllt ist. Da die Fehler im Kegel 1 und 2 unterschiedliche Muster in den Residuen zeigen ist eine Identifikation möglich. Somit ist auch Anforderung 2 erfüllt. Die Schwere des Fehlers kann hier nur durch Experten evaluiert werden. Die Manipulation der Kegel 1 und 2 wird als geringfügige Beschädigung eingeschätzt. Das heißt, auch geringe Schäden können im unteren Hubbereich bereits durch große Abweichungen zwischen Normal- und Istverhalten detektiert werden.

b) Anwendung auf industrielle Daten
Die in den Messversuchen gewonnenen Erkenntnisse müssen nun auf reale industrielle Daten übertragen werden. Das betrachtete Ventil wurde im November 2015 eingebaut und im Oktober 2016 bereits wieder ausgebaut. Ein Problem mit dem Ventil ist den Bedienern Ende April 2016 aufgefallen. Dies ist in den Stör- und Warnungsmeldungen dokumentiert. Ein Model zur Überprüfung des Ventilverhaltens kann bereits im Februar eine leichte Beschädigung des Ventils anzeigen (vgl. Abb. 8). Die Residuen zeigen bereits unmittelbar nach dem Modelltraining eine ansteigende Tendenz. Es ist daher zu vermuten, dass bereits unmittelbar nach dem Einbau eine kontinuierliche Degradierung des Ventils eingesetzt hat. Eine dauer-

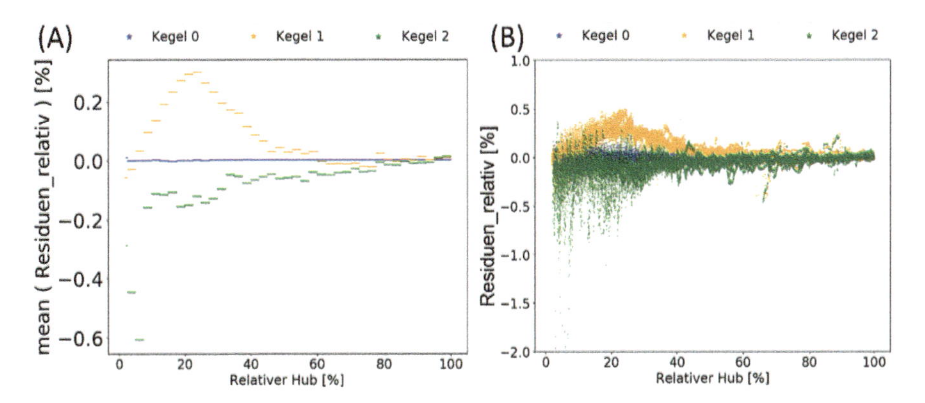

Abb. 7 Gemittelte relative Residuen des Modells 1 für alle Kegel (A) und relative Residuen des Modells 1 für alle Kegel (B)

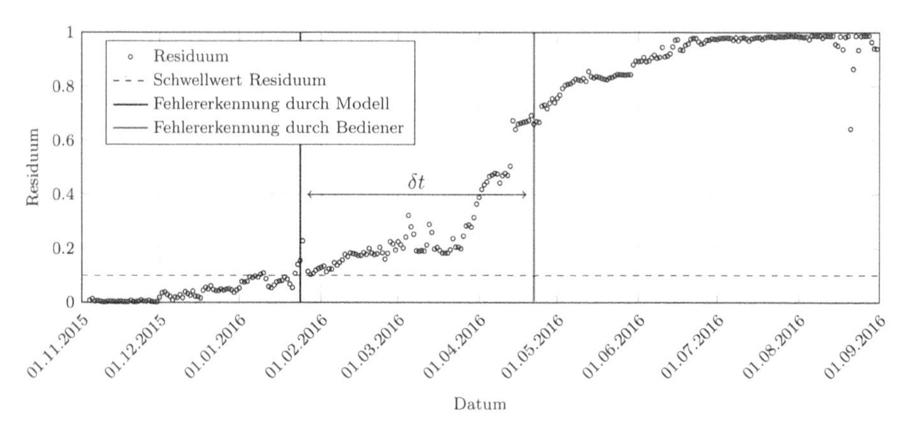

Abb. 8 Anwendung des Modells auf industrielle Daten eines Ventils mit Wartung im September-2016

hafte Überschreitung des 10 %-Grenzwertes wird ab Februar erreicht. Eine Beschädigung ähnlichen Grades der Teststandsventile ist daher zu vermuten. Im weiteren Verlauf nimmt der Grad der Beschädigung kontinuierlich zu. Sprunghafte Anstiege sind vor allem im April erkennbar. Diese sind auch von den Bedienern der Anlage wahrgenommen worden. Das Modell kann somit die Beschädigung wesentlich früher (δt) feststellen und lässt somit mehr Handlungsspielraum für geeignete Gegenmaßnahmen.

3.4 Fazit

Durch die Kombination aus Daten des Anlagenbetreibers und Daten bzw. Expertise des Komponentenherstellers konnte im Fall der Ventilwartung ein Ansatz zur Zustandsüberwachung erarbeitet werden. Bei getrennter Betrachtung der Daten dagegen könnte der Anlagenbediener keine Identifizierung der Fehler vornehmen oder die Schwere des Defektes abschätzen. Zudem wäre der Komponentenhersteller nicht in der Lage, den tatsächlichen Einsatz der Ventile abzuschätzen und die Modelle zu validieren. Durch die entwickelten Modelle zur Zustandsüberwachung können nun die Wartungsarbeiten an den Anlagen optimiert werden. Bestenfalls werden bei einer Revision nur noch Ventile ausgebaut und geöffnet, die tatsächlich eine Auffälligkeit aufweisen. In diesem Fall ist es von hoher Bedeutung, dass das Modell keine defekten Ventile übersieht (False-Negative-Rate = 0). Eine geringe False-Positive-Rate, d. h. Ventile werden als defekt deklariert, weisen jedoch keine Beschädigung auf, kann dagegen akzeptiert werden. Zudem werden ungeplante Anlagenstillstände reduziert, indem kritische Zustände der Ventile bereits durch die Zustandsüberwachung detektiert werden. Auf der anderen Seite kann der Komponentenhersteller die Zustandsüberwachung von Ventilen als zusätzlichen Service für seine Kunden anbieten.

4 Anwendungsszenario Fertigungsindustrie: Qualitätsüberwachung an Metallpulverpressen (Projekt M@OK)

Die Qualität eines Produktes ist ein maßgebliches Kriterium für die Zufriedenheit von Kunden. Der Überwachung dieser wird daher in Produktionsprozessen eine bedeutende Rolle zugemessen. Ist die Produktqualität jedoch nur mit erheblichem Aufwand oder zerstörend messbar, müssen alternative Methoden erarbeitet werden. Die datengetriebene Überwachung setzt dabei auf die Analyse von Prozessdaten, welche bei der Produktion aufgezeichnet werden, um die Produktqualität im laufenden Betrieb vorherzusagen oder Anomalien im Prozessverlauf zu detektieren. Im Projekt M@OK werden die Prozessdaten einer Metallpulverpresse herangezogen, um bestimmte Anomalien, die auf Risse im Bauteil hinweisen können, zu detektieren.

4.1 Ausgangsituation

Das Verpressen von Metallpulver zu Automotive-Teilen stellt ein wirtschaftliches, aber auch technologisch sehr komplexes Fertigungsverfahren dar, bei dem die Qualität der hergestellten Pressteile einen hohen Stellenwert einnimmt. Die in diesem Verfahren eingesetzten Produktionsmaschinen sind mit bis zu 15 geregelten Werkzeugachsen ausgestattet. Aufgabe der Trajektorienplanung, in der das technologische Know-how des Maschinenherstellers steckt, ist es, diese Achsen derart zu koordinieren, sodass ein perfektes, rissfreies Pressteil entsteht.

Das in der Branche übliche SPC-Verfahren (statistical process control, deutsch statistische Prozesslenkung) beruht auf der manuellen Analyse von Samples während der Produktion. Ein solches statistisches Verfahren garantiert jedoch keine 100 %-ige Fehlerfreiheit. Als Ergänzung zu den etablierten Qualitätsprüfungsmethoden wird eine online mitlaufende Prüfmethode angestrebt, die mit hoher Frequenz Daten der Istwert-Verläufe der einzelnen Werkzeugebenen auf eventuelle Anomalien untersucht. Nachdem sich diese Kurvendaten pressteilspezifisch stark unterscheiden können, muss ein Machine-Learning-Verfahren eingesetzt werden, das die Gegebenheiten des aktuell zu fertigenden Artikels lernt und in weiterer Folge die Überwachungsalgorithmen an die jeweils vorherrschende Situation anpasst. Eine treffsichere Detektion (true positive) kann nur erreicht werden, wenn neben den Anomalien der einzelnen Werkzeugebenen auch das Zusammenwirken der Gesamtheit der Werkzeugebenen bewertet wird.

Um rechtzeitig reagieren zu können, muss die Auswertung quasi in Echtzeit erfolgen, denn das Ergebnis der Anomaliedetektion wird bereits am Ende eines

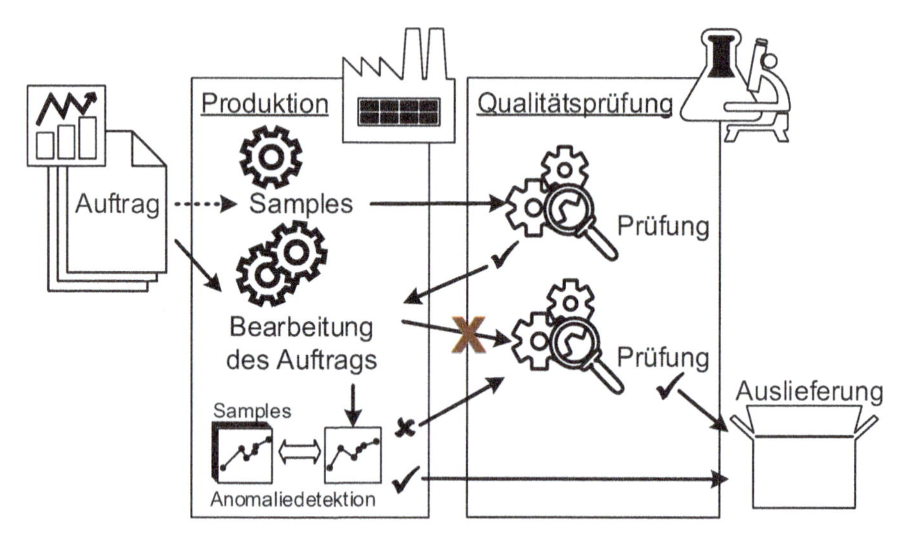

Abb. 9 Qualitätsüberwachung in Metallpulverpressen

jeden Pressenhubes benötigt, der in der Regel weniger als zehn Sekunden dauert. Das in die Presse integrierte Handling-System hat in weiterer Folge die Aufgabe, jene Pressteile, bei denen die Algorithmen Qualitätsabweichungen erkannt haben, während der Entnahme auszusortieren, um sie der Qualitätsprüfung zuzuführen (vgl. Abb. 9).

Die Auswahl eines passenden Algorithmus und das Evaluieren von Modellen ist dem Maschinenhersteller nur möglich, wenn ein Kunde die tatsächlichen Daten der Produktion zur Verfügung stellt. Nur so kann sichergestellt werden, dass die entwickelte Methode mit den Unsicherheiten und den Störfaktoren in realen Produktionseinsätzen umgehen kann. Zudem ist zur Bewertung der eingesetzten Algorithmen das Feedback zum Zustand des Pressteils erforderlich, denn nur dadurch kann die Güte des Modells evaluiert werden. In diesem Anwendungsfall ist neben dem korrekten Detektieren von Anomalien (true positive) im Besonderen sicherzustellen, dass kein Bauteildefekt unerkannt bleibt (false negative). Erfüllt die entwickelte Methode diese Kriterien, kann der Betreiber die Qualität eines jeden Bauteils garantieren und schafft somit einen erheblichen Wettbewerbsvorteil.

4.2 Konzept zur Qualitätsüberwachung

Zur Qualitätsüberwachung werden im Projekt M@OK zwei parallele Ansätze verfolgt, auf die im Folgenden im Detail eingegangen wird. In beiden Fällen handelt es sich nicht um eine Vorhersage des Qualitätswertes im Sinne einer numerischen Berechnung, sondern um eine Anomaliedetektion. Diese trifft die binäre Entscheidung 1) Auffälligkeiten im Produktionsablauf und damit voraussichtlich Defekte am Bauteil oder 2) regulärer Produktionsablauf.

a) Dynamische Abstandsmaße
Das Konzept der dynamischen Abstandsmaße vergleicht den Verlauf zweier Kurven mittels der Methode Dynamic Time Warping[1] und ermittelt einen numerischen Abstandswert, welcher die Ähnlichkeit zwischen den Kurven ausdrückt (vgl. Abb. 10). Mithilfe von Samples, die vor der Ausführung eines Auftrags an der Maschine produziert werden, kann das Normalverhalten bei der Produktion beobachtet werden. Dieses dient als Vergleichsbasis. Die Abstandmaße, welche zwischen den Kurven der einzelnen Samples ermittelt werden, verdeutlichen die regulären, minimalen Schwankungen des Prozesses. Sie zeigen keine Anomalie an und werden daher zur Bestimmung eines Grenzwertes herangezogen. Erst wenn der Prozessverlauf die regulär zu beobachtenden Schwankungen, d. h. den zulässigen Grenzwert, überschreitet, kann von einer Anomalie gesprochen werden. Bei der Produktion des Auftrags werden dann die Kurvenverläufe paarweise mit den Kurvenverläufen der Samples verglichen. Der minimale Abstand aus allen paarweisen Vergleichen wird als Maß verwendet. Weist eine Kurve einen Abstand zu den Samplekurven auf, welcher oberhalb des Grenzwertes liegt, wird eine Anomalie in dieser Kurve angenommen (vgl. Abb. 10).
Vorteil der Anomaliedetektion mittels Kurvenvergleich ist, dass kein Modell trainiert werden muss und somit eine potenzielle Fehlerquelle eliminiert ist. Die Kurven werden rein nach ihrem Verlauf verglichen anstatt vorab ein Modell des Normalverhaltens lernen zu müssen. Dadurch ist diese Methode schnell auf andere Produkte und Prozessverläufe zu übertragen. Durch den paarweisen Vergleich und die Berechnung eines Abstandswertes zwischen allen Kurven stellt der Kurvenvergleich jedoch ein rechenintensives Verfahren dar. Da diese Berechnungen aber unabhängig voneinander sind, können sie parallel ausgeführt werden und tragen somit dennoch den Anforderungen Rechnung. Kritisch an dieser Methode ist zu sehen, dass die Kurven auf den unterschiedlichen Werkzeugebenen unabhängig voneinander betrachtet werden. Der Kurvenverlauf einer Werkzeugebene wird mit den Sample-Kurven der gleichen Werkzeugebene verglichen unabhängig von den Verläufen anderer Ebenen. In den betrachteten Pressen sind die Kraftverläufe der Ebenen jedoch nicht unabhängig. Aus diesem Grund wird parallel der Ansatz der Regression verfolgt, um die Abhängigkeiten zwischen den Werkzeugebenen darstellen zu können.
b) Regression: Support Vector Regression
Im Gegensatz zum Konzept der dynamischen Abstandsmaße wird bei der Regression ein Modell des Normalverhaltens trainiert. Im Fall der Metallpulverpressen dienen die Positionsdaten der Werkzeugebenen als Input des Modells, mit denen die resultierende Kraft berechnet wird. Die Kraft, welche an einer bestimmten Werkzeugebene anliegt, ist somit das Resultat der Positionen aller

[1]Dynamic Time Warping, ein in der Spracherkennung häufig verwendeter Algorithmus, vergleicht zwei Datenreihen $x_1 = [1, .., n]$ und $x_2 = [1, .., m]$, indem er die paarweisen Distanzen der einzelnen Datenpunkte in einer Matrix auftr ägt und den Weg mit den geringsten Distanzen von der Position (1, 1) nach (n, m) ermittelt. Die Summe der geringsten Distanzen beschreibt die Ähnlichkeit der beiden Datenreihen.

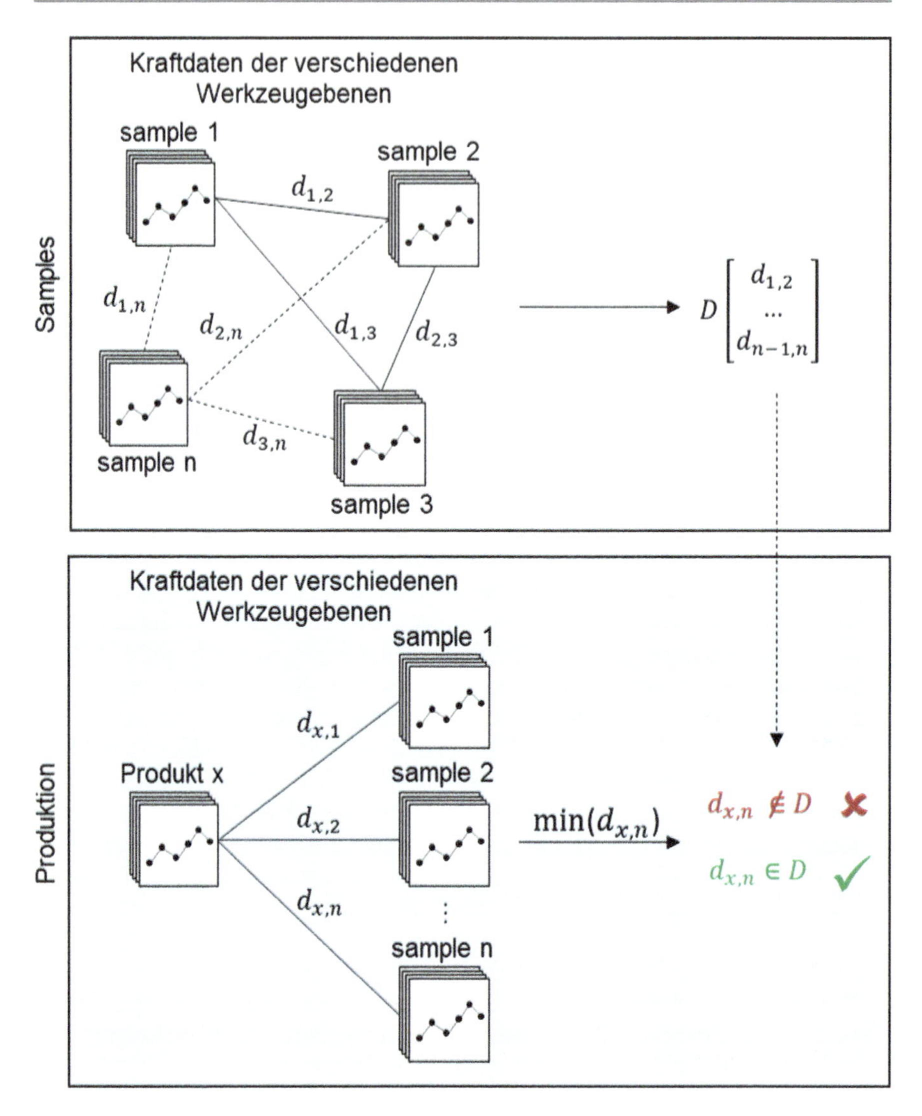

Abb. 10 Konzept der Anomaliedetektion mittels Kurvenvergleich

Werkzeugebenen. Den Abhängigkeiten zwischen den Ebenen wird dadurch Rechnung getragen. Die Sampledaten dienen als Normalverhalten und damit als Trainingsdatensatz. Ein Modell wird trainiert, welches bei der Qualitätsüberwachung als Berechnungsmodell für die Kraftdaten dient. Weicht der geschätzte Kraftwert einer Werkzeugebene von dem tatsächlich anliegenden Kraftwert signifikant ab, ist eine Anomalie im Prozessverlauf detektiert (vgl. Abb. 11). Ob eine Abweichung signifikant ist oder nicht, d. h. ob ein Grenzwert überschritten

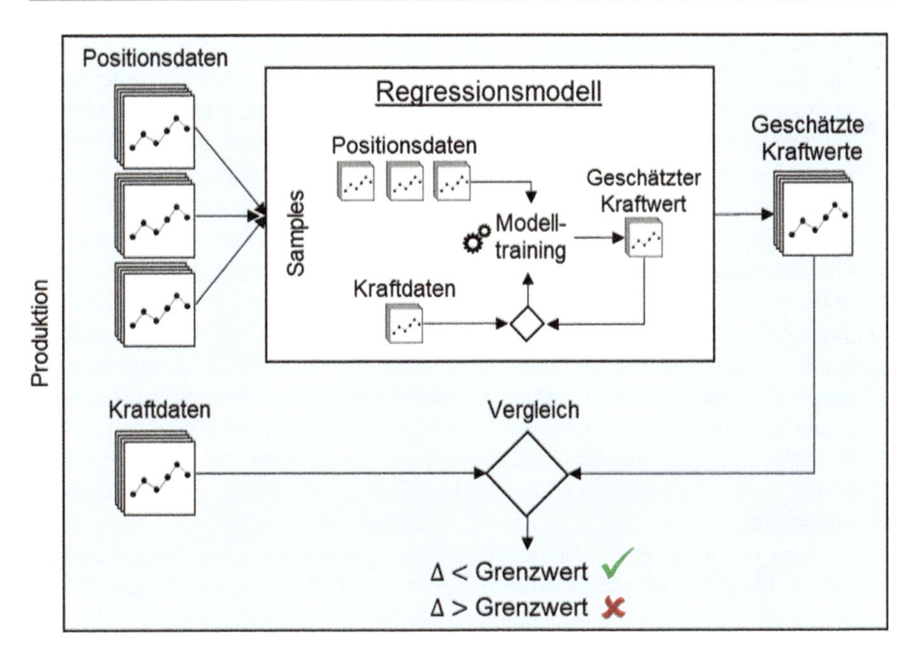

Abb. 11 Konzept der Anomaliedetektion mittels Regression

ist oder nicht, wird wie bei den dynamischen Abstandsmaßen über die Ergebnisse der Sampledaten ermittelt.

4.3 Ergebnisse

Zur Evaluation der Ergebnisse steht ein Datensatz mit 37 Hüben, d. h. 37 einzelnen, aber geometrisch identischen Bauteilen, zur Verfügung. Dieser Datensatz wurde durch Versuche generiert, in denen durch bewusste Manipulationen des Prozesses Risse in zwei Bauteilen provoziert wurden. Die hier betrachtete Metallpulverpresse weist drei untere und vier obere Werkzeugebenen auf. Je Werkzeugebene stehen die Positions- sowie die Kraftdaten zur Verfügung. Je Hub und Werkzeugebene liegen circa 850 Einträge vor. In Summe ergibt sich eine Datenmenge von circa 691.900 Datenpunkten.

Aufgrund der speziellen Versuchsbedingungen liegen für diese Analyse keine speziellen Sampledaten zur Verfügung. Im Gegensatz zum Konzept können daher die Grenzwerte für Anomalien nicht vorher bestimmt werden. In den folgenden Analysen werden die 37 Hübe untereinander verglichen und dann wird nach ungewöhnlich hohen Ausschlägen im Distanzmaß bzw. in der Regression gesucht. Diese werden als Anomalien bewertet.

a) Dynamische Abstandsmaße
Die Kraftverläufe der einzelnen Werkzeugebenen werden paarweise miteinander verglichen. Bei 37 Hüben ergeben sich 666 eindeutige Abstandswerte für jede Werkzeugebene, welche in einer Matrix dargestellt werden können. Eine Beispielachse ist in Abb. 12 gezeigt. Da die Matrix symmetrisch ist ($d_{1,\ 2} = d_{2,\ 1}$) wird nur die obere Hälfte angezeigt. Für eine bessere Lesbarkeit werden die Distanzwerte in eine Farbskala übersetzt. Dabei werden Werte, welche nahe des Durchschnitts liegen gelb markiert. Werte, die darunter liegen erhalten eine hellgelbe Färbung. In beiden Fällen kann von einem normalen Prozessverlauf ausgegangen werden. Besonders hohe Distanzwerte, welche auf eine Abweichung des Prozesses und damit auf eine Anomalie hinweisen, werden orange bzw. rot eingefärbt und sind somit einfach zu identifizieren. Der Grenzwert zur Bestimmung besonders hoher Distanzwerte wird über Statistiken wie den Mittelwert und die Streuung, d. h. aus der Charakteristik der Daten, festgelegt. Aus den Ergebnissen in Abb. 12 lässt sich erkennen, dass Nummer 12, 13, 16 und 26 Anomalien aufweisen.

Zwei der detektierten Anomalien lassen sich auf Risse im Bauteil zurückführen. Sie gelten als richtig erkannt (vgl. Abb. 13 (A)). Nummer 12 und 13 sind allerdings Fehlalarme. Es handelt sich hierbei um Abweichungen im Prozessablauf (vgl. Abb. 13 (B)), die nicht zu Bauteildefekten geführt haben. Zusammenfassend lässt sich feststellen, dass die Methode der dynamischen Abstand-

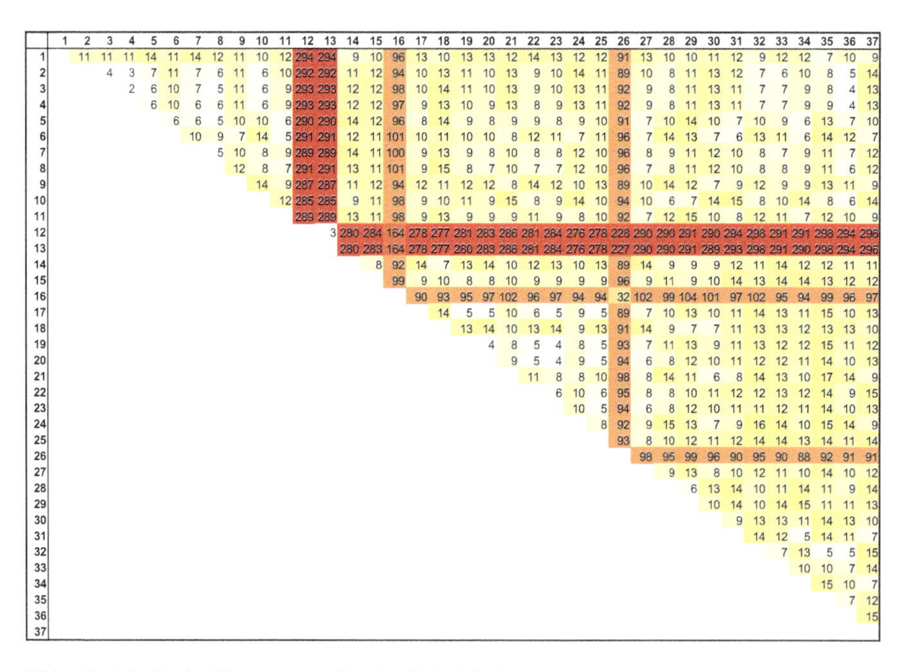

	1	2	3	4	5	6	7	8	9	10	11	12	13	14	15	16	17	18	19	20	21	22	23	24	25	26	27	28	29	30	31	32	33	34	35	36	37
1		11	11	11	14	11	14	12	11	10	12	294	294	9	10	96	13	10	13	13	12	14	13	12	12	91	13	10	10	11	12	9	12	12	7	10	9
2			4	3	7	11	7	6	11	6	10	292	292	11	12	94	10	13	11	10	13	9	10	14	11	89	10	8	11	13	12	7	6	10	8	5	14
3				2	6	10	7	5	11	6	9	293	293	12	12	98	10	14	11	10	13	9	10	13	11	92	9	8	11	13	11	7	7	9	8	4	13
4					6	10	6	6	11	6	9	293	293	12	12	97	9	13	10	9	13	8	9	13	11	92	9	8	11	13	11	7	7	9	9	4	13
5						6	6	5	10	10	6	290	290	14	12	96	8	14	9	8	9	9	8	9	10	91	7	10	14	10	7	10	9	6	13	7	10
6							10	9	7	14	5	291	291	12	11	101	10	11	10	10	8	12	11	7	11	96	7	14	13	7	6	13	11	6	14	12	7
7								5	10	8	9	289	289	14	11	100	9	13	9	8	10	8	8	12	10	96	8	9	11	12	10	8	7	9	11	7	12
8									12	8	7	291	291	13	11	101	9	15	8	7	10	7	7	12	10	96	7	8	11	12	10	8	8	9	11	6	12
9										14	9	287	287	11	12	94	12	11	12	12	8	14	12	10	13	89	10	14	12	7	9	12	9	9	13	11	9
10											12	285	285	9	11	98	9	10	11	9	15	8	9	14	10	94	10	6	7	14	15	8	10	14	8	6	14
11												289	289	13	11	98	9	13	9	9	9	11	9	8	10	92	7	12	15	10	8	12	11	7	12	10	9
12													3	280	284	164	278	277	281	283	286	281	284	276	278	228	290	290	291	290	294	298	291	291	298	294	296
13														280	283	164	278	277	280	283	286	281	284	276	278	227	290	290	291	289	293	298	291	290	298	294	296
14															8	92	14	7	13	14	10	12	13	10	13	89	14	9	9	9	12	11	14	12	12	11	11
15																99	9	10	8	8	10	9	9	9	9	96	9	11	9	10	14	13	14	14	13	12	12
16																	90	93	95	97	102	96	97	94	94	32	102	99	104	101	97	102	95	94	99	96	97
17																		14	5	5	10	6	5	9	5	89	7	10	13	10	11	14	13	11	15	10	13
18																			13	14	10	13	14	9	13	91	14	9	7	7	11	13	13	12	13	13	10
19																				4	8	5	4	8	5	93	7	11	13	9	11	13	12	12	15	11	12
20																					9	5	4	9	5	94	6	8	12	10	11	12	12	11	14	10	13
21																						11	8	8	10	98	8	14	11	6	8	14	13	10	17	14	9
22																							6	10	6	95	8	8	10	11	12	12	13	12	14	9	15
23																								10	5	94	6	8	12	10	11	11	12	11	14	10	13
24																									8	92	9	15	13	7	9	16	14	10	15	14	9
25																										93	8	10	12	11	12	14	14	13	14	11	14
26																											98	95	99	96	90	95	90	88	92	91	91
27																												9	13	8	10	12	11	10	14	10	12
28																													6	13	14	10	11	14	11	9	14
29																														10	14	10	14	15	11	11	13
30																															9	13	13	11	14	13	10
31																																14	12	5	14	11	7
32																																	7	13	5	5	15
33																																		10	10	7	14
34																																			15	10	7
35																																				7	12
36																																					15
37																																					

Abb. 12 Matrix der Distanzwerte für eine Beispielachse

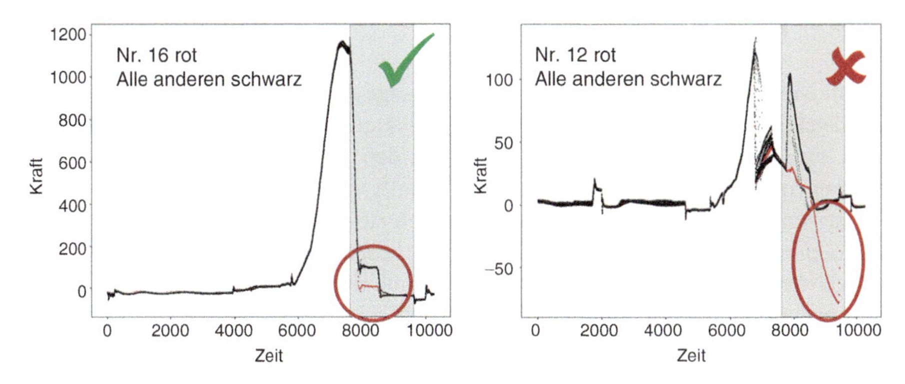

Abb. 13 Zeitdiagramm zweier detektierter Anomalien

Tab. 2 Klassifikationstabelle für die Anomaliedetektion mittels Dynamic Time Warping

		Tatsächlicher Wert	
		Anomalie	Keine Anomalie
Algorithmus	Anomalie	2	2
	Keine Anomalie	0	33

maße mittels Dynamic Time Warping eine Detektionsrate von 100 % erreicht hat, welche mit einer Fehlalarmquote von 5,4 % einhergeht. Zudem hat der Algorithmus keine Anomalie unentdeckt gelassen (vgl. Tab. 2).

b) Support Vektor Regression
Die Support Vektor Regression ermöglicht die Modellierung nicht linearer Zusammenhänge zwischen den Inputfaktoren, hier den Positionsdaten aller Werkzeugebenen, und dem Outputfaktor, hier die Kraftdaten einer bestimmten Werkzeugebene. Bei einer Maschine mit 7 Werkzeugebenen werden dementsprechend 7 Modelle trainiert. Die Modellparameter werden beim Training über ein Grid-Search-Algorithmus ermittelt.

Da bei diesem Versuchsaufbau keine Sampledaten zur Verfügung stehen, werden vier Hübe mit korrektem Prozessablauf aus den Daten als Trainingsdaten extrahiert. Die Anwendung des trainierten Modells auf die verbleibenden 33 Hübe stellt dann das Ergebnis dar. Der Root Mean Squared Error (RMSE), welcher die quadrierte Differenz zwischen dem tatsächlichen und dem berechneten Kraftwert darstellt, dient als Merkmal zur Detektion von Anomalien. Ist der RMSE eines Hubs im Verhältnis zu den anderen Hüben sehr groß, wird eine Anomalie angezeigt. Analog zum dynamischen Distanzmaß werden durch die Regression die Nr. 12, 13, 16 und 26 als Anomalien detektiert. Es ergibt sich eine identische Klassifikationsmatrix wie in Tab. 2.

4.4 Fazit

Beide Methoden sind im Testdatensatz in der Lage die beiden indizierten Anomalien zu detektieren und damit eine geringere Produktqualität zu identifizieren. Ein System zur Qualitätsüberwachung könnte damit den Aufwand der Qualitätskontrolle verringern (es werden nur noch Bauteile geprüft, die Anomalien im Prozessablauf aufzeigen). Der Vorteil der Regression ist, dass sie die Signalverläufe nicht isoliert, sondern als Verbund betrachtet und somit gegebenenfalls komplexere Anomalien detektieren kann. Dem gegenüber steht, dass die dynamischen Abstandsmaße kein Training erfordern und damit eine potenzielle Fehlerquelle eliminieren.

Unabhängig von der angewandten Methode müssen zur Evaluierung weitere Daten betrachtet werden. Damit der Maschinenbauer seinen Kunden ein umfassend getestetes System zur Verfügung stellen kann, muss eine enge Kooperation zwischen Maschinenbauer und Kunde entstehen. Eine wesentlich höhere Zahl an Hüben sollte betrachtet werden, um Methoden und Modelle zu evaluieren. Zudem müssen die Ergebnisse der Qualitätskontrolle zur Verfügung stehen um eine entsprechende Klassifikationstabelle bilden zu können.

5 Zusammenfassung

Durch die Digitalisierung des Engineerings und der Produktion steigt die Menge an zur Verfügung stehenden Daten stetig an. Diese Daten effizient zu nutzen stellt eine große Herausforderung dar. Zur Entwicklung von Services wie Predictive Maintenance oder Quality Prediction sind zudem häufig Kooperationen zwischen verschiedenen Unternehmen notwendig. Der Maschinenbauer muss z. B. Daten mit dem Maschinenbetreiber und andersherum teilen. Ohne eine solche Zusammenarbeit kann der Maschinenbauer die Anforderungen des tatsächlichen Betriebs nicht adäquat abbilden. Zwei Anwendungsbeispiele, eines aus dem Bereich Condition Monitoring und eines aus dem Bereich Qualitätsüberwachung, haben die Möglichkeiten dieser Kooperationen aufgezeigt. Das Zusammenführen von Daten über Unternehmensgrenzen hinweg ermöglicht eine ganzheitliche Betrachtung in real vorliegenden Umgebungen und damit eine Verbesserung von datengetriebenen Methoden und Modellen.

Implementierung von autonomen I4.0-Systemen mit BDI-Agenten

Richard Verbeet und Hartwig Baumgärtel

Zusammenfassung

Der Anforderung von Industrie 4.0 nach flexiblen Software-Architekturen für eine digitale Vernetzung kann durch Multiagenten-Systeme begegnet werden, die Integration autonomer Problemlösung erfordert aber kognitive Software-Architekturen, die über regelbasierte Systeme hinausgehen. BDI-Agenten sind durch ihre Ziel- und Kontext-Orientierung ein Lösungsansatz, da sie mit verschiedenen Stufen kognitiver Komplexität zur Bearbeitung von Aufgaben eingesetzt werden können. Ihre Kommunikation kann durch serviceorientierter Architekturen gewährleistet werden, wodurch auch die Anbindung an andere IT-Systeme erfolgen kann. Steuerungskonzepte für eine Supply Chain, ein Transportsystem und ein Produktionssystem demonstrieren den Einsatz von BDI-Agenten. Daraus wird eine Klassifikation von Agenten für industrielle Anwendungen abgeleitet. Abschließend wird eine ganzheitliche Industrie 4.0-Architektur durch das Framework Arrowhead, die Verwaltungsschale und BDI-Agenten beschrieben.

1 Herausforderung Industrie 4.0

Industrie 4.0 (I4.0) ist ein weltweiter Megatrend der Industrie, Wissenschaft und Politik. Es basiert auf Entwicklungen der Computer- und Automatisierungstechnik, der Halbleiterindustrie, den Funktechnologien sowie dem Software-Engineering und vereint viele Lösungsansätze für Probleme in den Bereichen Produktion, Supply Chain Management und Product Lifecycle Management der letzten 20 Jahre (Baumgärtel und Verbeet 2020). In Tjahjono et al. (2017) werden vier Merkmale von Industrie 4.0 genannt:

R. Verbeet (✉) · H. Baumgärtel
Institut für Betriebsorganisation und Logistik, Technische Hochschule Ulm, Ulm, Deutschland
E-Mail: Richard.Verbeet@thu.de; verbeet@mail.hs-ulm.de; Hartwig.Baumgaertel@thu.de

B. Vogel-Heuser et al. (Hrsg.), *Handbuch Industrie 4.0*,
https://doi.org/10.1007/978-3-662-58528-3_130

Vertikale Vernetzung intelligenter Produktionssysteme
Technische und organisatorische Komponenten eines Produktionssystems erhalten eine digitale Repräsentation, um ganzheitlich rekonfigurierbare Fabriken (Smart Factory) aufzubauen, deren Prozesse flexibel und adaptiv auf Anforderungen reagieren können. Die Komponenten müssen dafür in der Lage sein, Informationen auszutauschen und miteinander interagieren zu können, um z. B. Objekte lokalisieren oder Abweichungen von Soll-Prozessen erkennen zu können. Diese Vernetzung der digitalen Repräsentationen ersetzt die hierarchische Kommunikation der klassischen Automatisierungspyramide und ermöglicht den Austausch von Informationen zwischen Komponenten unterschiedlicher Ebenen. Produkte werden ebenfalls mit digitalen Repräsentanten versehen und die Vernetzung integriert, was in der klassischen Automatisierungspyramide ebenfalls nicht betrachtet wird.

Horizontale Integration in Wertschöpfungsnetzwerken
Der Aufbau einer Smart Factory erfordert und ermöglicht neue Strategien und Geschäftsmodelle in Netzwerken, um eine horizontale Integration verschiedener Stufen in Produktions- und Logistikprozessen über Unternehmensgrenzen hinaus zu etablieren. Durch die Transparenz und Kommunikation einer digitalen Infrastruktur entlang der Wertschöpfungskette wird es Unternehmen ermöglicht, Kunden- und Prozessanforderungen proaktiv zu erkennen und in die eigenen unternehmerischen Prozesse und Entscheidungen von der Entwicklung bis zum Vertrieb zu integrieren.

Technische Unterstützung des gesamten Produktlebenszyklus
Product-Lifecycle-Management (PLM) beschreibt die datentechnische und organisatorische Unterstützung im Produktentstehungsprozess von der Entwicklung, Planung, Konstruktion und Testphase bis hin zur Inbetriebnahme von Produktklassen. Außerdem wird die Herstellung, Nutzung, Wartung und Entsorgung von Produktinstanzen betrachtet. Aktuelle PLM-Systeme berücksichtigen allerdings nur den Lebenszyklus von Produktklassen (Digitale Fabrik 1.0), integrieren aber keine Produktions- oder Feldinformation einzelner Instanzen. Industrie 4.0 soll die Chance ermöglichen, auch die Phasen einer Produktinstanz in den Lebenszyklus zu integrieren (Baumgärtel und Verbeet 2020).

Technologische Entwicklungen
Der innovative Einsatz von Technologien ermöglicht Unternehmen ein effizienteres Systemdesign, z. B. durch die dezentrale Echtzeit-Kommunikation von Komponenten und Maschinen durch das Internet of Things (IoT), und neue Geschäftsmodelle, z. B. durch das Angebot von Web-Services in einer Cloud. Die Automatisierung und Autonomisierung von Robotern und Maschinen werden durch Methoden des Machine Learning (z. B. Random Forest, Clustering, Q-Learning, Neuronale Netze) und des Reasoning (z. B. Inferenz-Mechanismen, Automatisierte Planung) unterstützt. Die Kommunikation und Vernetzung von Komponenten wird durch technologische Konzepte und Standards wie RFID, BLE, SemanticWeb, Publish-and-Subscribe (MQTT), Serviceorientierte Architektur (OPC-UA) ermöglicht (Lu 2017).

1.1 Anforderungen an Industrie 4.0-Systeme

Ein Produktions- oder Logistiksystem im Kontext von Industrie 4.0, auf den folgenden Seiten I4.0-System genannt, stellt für die Umsetzung dieser Merkmale an ihre Komponenten und Anwendungen die folgenden in (Trunzer et al. 2019) beschriebenen Anforderungen:

Flexibilität und Adaptivität
Die Anwendungen müssen einzeln oder durch Interaktion mit anderen Anwendungen Funktionen bereitstellen, um flexibel auf Anforderungen reagieren zu können, d. h. möglichst generische Fähigkeiten besitzen, um diese für die Bewältigung unterschiedlicher Aufgaben einsetzen zu können. Eine Integration von neuen Systemen, Anpassungen oder Erweiterungen der Funktionen müssen mit geringem Aufwand oder automatisiert erfolgen können.

Skalierbarkeit
Es gibt keine Einschränkungen durch die Größe eines Systems oder seiner Anwendungsdomäne. Ein System darf durch eine steigende Anzahl Komponenten zwar komplexer, aber nicht komplizierter werden, d. h. die notwendige Funktionalität und Transparenz eines Systems muss unabhängig von der Anzahl der Komponenten darin gewährleistet werden.

Modularisierung und Standardisierung von Schnittstellen
Das Ersetzen und Hinzufügen eines Systems sollte aus Gründen der Modularität durch standardisierte Schnittstellen keine oder nur geringe Anpassungen der abhängigen Systeme verursachen. Ist eine Anpassung erforderlich, sollte diese automatisiert erfolgen.

Standardisierung von Informationsmodellen
Die Verarbeitung von Daten aus verschiedenen Systemen in einem Datenmodell erfordert ein gemeinsames Informationsmodell (Ontologie) der Systeme oder Mechanismen, um verschiedene Informationsmodelle automatisiert zu vereinen.

Datenpflege
Die Funktionalitäten von Komponenten basieren auf zuverlässigen Daten und Information, ein System muss daher Mechanismen zur Gewährleistung der notwendigen Datenqualität bereitstellen.

Zugriff auf historische Daten
Komponenten, die nicht immer die Berechnungskapazität oder Netzwerkfähigkeit haben, um in Echtzeit mit den anderen Komponenten eines Systems zu interagieren (constraint devices), sind darauf angewiesen, dass für sie relevante Informationen für einen asynchronen Zugriff gespeichert werden, z. B. ein passiver RFID-Transponder eines Ladungsträgers.

Datenaustausch zwischen Unternehmen
Für eine horizontale Integration muss ein Datenaustausch zwischen Systemen und ihren Komponenten auch über Unternehmensgrenzen hinweg möglich sein, etwa um kollaborierende Planungsprozesse zu ermöglichen. Die dafür notwendige Infrastruktur muss verschiedene Datenformate und Schnittstellen sowie die großen Datenmengen einer durchgängigen Digitalisierung der Systeme beherrschen können.

Gewährleistung von Schutz, Integrität und Sicherheit von Daten
Der Datenaustausch mit anderen Systemen ist ein sicherheitskritischer Aspekt der Vernetzung. Daher sind Funktionen zur Gewährleistung von Datenschutz, Integrität und Sicherheit, wie Verschlüsselungsalgorithmen und Verfahren zur Authentifizierung und Autorisierung, erforderlich.

Suche und Orchestrierung von Diensten
Für die Integration neuer Systeme ist es notwendig, dass Dienste registriert und erkannt werden können. Sie müssen automatisch konfiguriert und verwendet werden können, was z. B. durch eine semantische Beschreibung der Services und die Verwendung von Standards wie SOAP (Simple Object Access Protocol) und WSDL (Web Services Description Language) oder REST (Representational State Transfer) und WADL (Web Application Description Language) ermöglicht werden kann.

Echtzeit-Kommunikation
Verteilte Anwendungen müssen Informationen in Echtzeit kommunizieren können, um dezentrale Ansätze zur Datenspeicherung und Problemlösung zu implementieren.

Durch das Konzept des verteilten Systemdesigns und der Kommunikation zwischen Komponenten ist das Internet of Things ein zentraler Aspekt von Industrie 4.0. Daher werden ergänzend aus (Fortino et al. 2017) einige Anforderungen an IoT-Anwendungen aufgeführt:

Virtualisierung
Komponenten haben eine digitale Repräsentation (digital twin, device shadow), der zu einer Verbindung von digitaler und physischer Welt beiträgt.

Dezentralität
Systemkomponenten werden nicht durch eine zentrale Instanz gesteuert, sondern sind zur Selbstorganisation fähig. Viele Systeme sind allerdings eine Hybrid-Lösung, welche einige Funktionen einer Anwendung zentral und einige dezentral von einzelnen Komponenten ausführen lassen, z. B. wird in einem KIVA-System die Auftragszuweisung über einen zentralen Job-Manager Server gesteuert, die Navigation und Bearbeitung der Aufträge aber in den Robotern und Stationen lokal berechnet (D'Andrea und Wurman 2008).

Dynamische Evolution
Die Funktionalität von Anwendungen kann von dieser selbst oder durch geringen Aufwand automatisiert erweitert und deren Effizienz durch Verfahren des Machine Learning optimiert werden.

Kontext-Bezug
Anwendungen können autonom agieren, d. h. sie können selbstständig ohne externen Einfluss Entscheidungen treffen, um ihre Funktion zu erfüllen, und sich in Gruppen selbst organisieren. Sie sind dabei in der Lage auf Veränderung in ihrer Umwelt dynamisch zu reagieren und diese Veränderungen in ihre Entscheidungsprozesse mit einzubeziehen.

Ein allgemeiner Ansatz für die Implementierung von I4.0-Systemen sollte zwar konzeptionell geeignet sein, alle diese Anforderungen zu erfüllen. Für manche I4.0-Systeme ist aber die Umsetzung einiger Anforderungen wegen ihres spezifischen Aufgabenspektrums nicht relevant, z. B. ist für ein Produktionssystem oder dessen Komponenten die Kommunikation mit anderen Unternehmen nicht erforderlich, da diese Aufgabe durch ein übergeordnetes ERP-System (Enterprise Ressource Planning) erfüllt wird. Neben der betriebs- bzw. produktionswirtschaftlichen Notwendigkeit einer direkten Vernetzung von Komponenten des eigenen Produktionssystems mit Komponenten anderer rechtlich und organisatorisch unabhängiger Unternehmen stellt sich auch die Frage nach der Akzeptanz solcher Lösungen hinsichtlich Transparenz und Datensouveränität. Im Projekt Dynamic-Truck-Meeting (Kunze et al. 2012) wurden u. a. verschiedene Architekturvarianten für die Kommunikation der LKW und Speditionen zur Organisation von Begegnungsverkehre aufgestellt und untersucht. Von den beteiligten Unternehmen wurde nur die Variante akzeptiert, durch die Informationen über die ERP-Systeme ausgetauscht wurden. Andere Varianten zur Kommunikation, z. B. LKW zu LKW oder LKW zu Telematik-Systemen anderer Unternehmen wurden abgelehnt. Auch (SCI 4.0 2018) stell fest, dass eine horizontale Integration nur für Anwendungen auf einer technischen und organisatorischen Ebene für Funktionen zur Erfüllung von Geschäftsprozessen stattfindet und nicht auf Ebene physischer Komponenten. Bei dem Entwurf von I4.0-Systemen ist daher immer deren Kontext zu berücksichtigen: Industrie 4.0 und deren Realisierung durch I4.0-Systeme erfüllt keinen Selbstzweck, sondern muss sich in die Prozesse und Anforderungen von Unternehmen einfügen, um einen ganzheitlichen Mehrwert zu liefern.

1.2 Implementierung von Verteilten Systemen

Die verteilte Natur des Internet of Things bzw. des Industrial Internet of Things (IIoT) und deren Realisierung durch Cyber-Physischen Systeme (CPS) bzw. Cyber-Physische Produktionssystemen (CPPS) (Vogel-Heuser et al. 2014), um die Anforderungen nach Flexibilität und Adaptivität von I4.0-Systemen zu erfüllen, erfordern dezentrale Software-Architekturen für die konkrete Implementierung (Vialkowitsch et al. 2018).

Das Reference Architecture Model Industrie 4.0 (RAMI4.0) (SCI 4.0 2018) ermöglicht die Klassifikation von Technologien und Konzepten, geht aber nicht auf die konkrete Implementierung und Verbindung der Anwendungen ein. In (Gran-gel-González et al. 2016) werden die Elemente eines I4.0-Systems als Industrie 4.0 Komponenten beschrieben, die durch eine Verwaltungsschale (Administration Shell) miteinander kommunizieren und interagieren können, welche den formulierten Anforderungen nach Interoperabilität, Authentifizierung und Authorization gerecht wird. (Derhamy et al. 2015) beschreibt verschiedene Plattformen und Frameworks für I4.0-Anwendungen vor und in (Delsing 2017a) wird das Arrowhead-Framework vorgestellt, das in (Bicaku et al. 2018) von anderen Ansätzen über seinen dezentralen und serviceorientierten Ansatz abgegrenzt wird. Arrowhead schlägt das Konzept von Local Clouds (Delsing 2017b) mit standardisierten Komponenten und Protokollen vor, welche eine Serviceorientierte Architektur (SoA) sowie ein darauf aufsetzendes System-of-Systems realisieren (Varga et al. 2017). Weitere Ansätze wie IMPROVE, PERFoRM und BaSys werden in (Trunzer et al. 2019) diskutiert. Dort wird eine I4.0-Architektur vorgeschlagen, die auf einem 2-Ebenen-Bus-System (real-time, non-real-time) basiert, das über Data-Adapter verschiedene Systeme und Funktionen vernetzen kann, u. a. Services, Authentication/Authorization-Systeme, Maschinen, ERP- oder MES-Systeme (Manufacturing Execution System). Die dafür notwendige technische Kommunikationsinfrastruktur kann durch kabelgebundene Systeme des Industrial Ethernet, z. B. ProfiNet, EtherCAT oder CC-Link, sowie durch echtzeitfähige Funksysteme, z. B. 5G oder Industrial WLAN, bereitgestellt werden.

1.3 BDI-Multiagenten-Systeme als Architekturansatz für I4.0-Systeme

Ein Implementierungsansatz für I4.0-Systeme sind Multiagenten-Systeme, durch die Anwendungen mit einer autonomen Steuerung umgesetzt werden können. Sie ermöglichen die Integration von Methoden der Künstliche Intelligenz wie Machine Learning (Wissen durch Erfahrung) oder Reasoning (Entscheidung durch Wissen). Industrielle Anwendungen finden sich in vielen Bereichen wie Diagnose, Monitoring, Netzwerksteuerung, Automatisierung, Logistik, Produktion oder Prozesssteuerung (Kamdar et al. 2018). Der VDI/VDE-GMA FA 5.15 „Agentensysteme in der Automatisierungstechnik" beschäftigt sich mit der Entwicklungen von industriellen Multiagenten-Systemen und hat einen aktuellen (Juli 2019) Statusreport für die Realisierung von I4.0-Anwendungen durch Software-Agenten veröffentlicht (Fay et al. 2019).

BDI-Agenten definieren durch die Trennung von Informationen (Belief), Funktionen (Intention) und Steuerung (Desire) eine Struktur für die Implementierung von Software-Agenten, deren einfache Implementierung und das Einhalten von Standards durch Entwicklungsframeworks gewährleistet werden. Die Integration von Entscheidungsmethoden aus der Künstlichen Intelligenz in eine kontextorientierte Auswahl von Handlungsalternativen für das Erreichen von Zielen kann eine flexible

Bearbeitung von Aufgaben ermöglicht werden. Eine solche ziel- und kontextorientierte Implementierung zur Bewältigung komplexer Abläufe geht damit über rein regelbasierte Systeme hinaus. Durch die Fähigkeit von BDI-Agenten durch Kommunikation und Interaktion Konflikte aufzulösen wird auch der als Emergenz bekannte Effekt aus verteilten Systemen verstärkt, durch den sich aus der Interaktion zwischen Elementen ein Mechanismus entwickeln kann, der über die Fähigkeiten der einzelnen Elemente hinausgeht. Diese Eigenschaft kann für Anwendungen in vernetzten Systemen der Industrie 4.0 verwendet werden, um deren Effizienz nachhaltig zu erhöhen.

2 Grundlagen von Software-Agenten

Aufgaben werden in komplexen Systemen durch das Zusammenwirken vieler, verteilter Komponenten erfüllt, welche gemeinsam oder allein Prozesse ausführen, um eine Funktion zu erfüllen. Unter verteilten Prozessen versteht man diejenigen Prozesse, bei denen die Ausführung von Funktionen über mehrere Orte verteilt wird, so dass die Aktivitäten jedes Prozesses ein wenig zu einer Funktion beitragen. Der Koordination dieser Prozesse kommt daher für eine stabile Funktionsausführung eine wichtige Bedeutung zu. Ein dezentraler Lösungsansatz für diese Koordinationsaufgabe wird durch Methoden der Verteilten Künstlichen Intelligenz beschrieben.

2.1 Agenten und Multiagenten-Systeme

Systeme aus der Verteilten Künstlichen Intelligenz werden als eine Gruppe intelligenter Einheiten definiert, sogenannte Agenten, die durch Kooperation, Koexistenz oder Wettbewerb miteinander interagieren. Es gibt keine allgemeine Definition eines Agenten, da diese für ein sehr heterogenes Feld von Aufgaben und Domänen verwendet werden. In (Wooldridge 2009) werden allerdings potenzielle Eigenschaften von Agenten beschrieben, die in (Khare und Kumar 2015) ausführlich diskutiert und von den meisten Agenten-Anwendungen implementiert werden. Im Folgenden sind exemplarisch drei Definitionen aufgeführt:

- „Ein technischer Agent ist eine abgrenzbare (Hardware- und/oder Software-) Einheit mit definierten Zielen. Ein technischer Agent ist bestrebt, diese Ziele durch selbstständiges (autonomes) Verhalten zu erreichen und interagiert dabei mit seiner Umgebung, u. a. mit anderen Agenten." (VDI/VDE 2010)
- „Ein Agent ist ein Computerprogramm, das durch eigenständiges Handeln versucht vorgegebene Ziele zu erreichen." (Wooldridge 2009)
- „Ein rationaler Agent soll für jede mögliche Wahrnehmungsfolge eine Aktion auswählen, von der erwartet werden kann, dass sie seine Leistungsbewertung maximiert, wenn man seine Wahrnehmungsfolge sowie vorhandenes Wissen, über das er verfügt, in Betracht zieht." (Russell und Norvig 2016)

Agenten, die in einer Umgebung miteinander kommunizieren und interagieren, werden als Multiagenten-System bezeichnet.

2.2 Verteilte Problemlösung

Vorprogrammiertes Verhalten ist für die Lösung komplexer Probleme in dynamischen Umgebungen nicht zielführend. Agenten können daher Aufgaben und Informationen mit anderen Agenten teilen, um so ein übergeordnetes Problem zu lösen. Multiagenten-Systeme folgen dadurch dem Konzept der verteilten Problemlösung und zeichnen sich durch die beiden Eigenschaften Autonomie und Emergenz aus (Bogon 2012):

Autonomie
Jeder Agent wird durch Ziele angetrieben, die er durch seine Aktionen erreichen will, so dass ein Multiagenten-System nicht durch eine zentrale Instanz gesteuert werden muss. Wenn die Agenten ihre Zustände durch Aktionen nicht mehr verbessern können, weil es ihre Fähigkeiten übersteigt oder sie durch Restriktionen ihre Umwelt limitiert werden, ist ein stabiles Gleichgewicht erreicht. Oft wird es als Pareto-Optimum oder als Nash-Gleichgewicht bezeichnet. Allgemein sind die Bedingungen für diese beiden Gleichgewichtskonzepte aber nicht zwangsläufig für ein Multiagenten-System gegeben. Asynchrone Informationen zwischen den Agenten können dafür sorgen, dass ein Pareto-Optimum nicht erreichbar ist und das Meta-Reasoning der Agenten kann das Konzept des Nash-Gleichgewichts in manchen Situationen nicht anwendbar machen. Unabhängig von der Bezeichnung ist das Gleichgewicht durch die Inaktivität der Agenten stabil und kann nur durch Veränderung der internen Agentenstruktur oder der Umwelt gestört werden.

Emergenz
Sie beschreibt ein Phänomen, bei dem durch Wechselwirkungen zwischen kleineren oder einfacheren Einheiten größere Einheiten entstehen, so dass diese größeren Einheiten Eigenschaften und Fähigkeiten aufweisen, welche die einfacheren Einheiten nicht aufweisen können. Es kann genutzt werden, um durch Selbstorganisation in einem Multiagenten-System Probleme in komplexen Umgebungen zu lösen, die sonst wegen der schwer überschaubaren Anzahl von Abhängigkeiten nur schwer zu fassen sind. Die Ziele und Eigenschaften einzelner Agenten können zwar beschrieben werden, die Lösung entsteht aber erst durch die dynamische Interaktion zwischen den Agenten. Der Effekt von emergentem Verhalten kann gezielt verwendet werden, z. B. um das Verhalten eines Marktes zu modellieren. Er kann aber auch überraschend auftreten und zu intransparentem Verhalten der Agenten führen, was in Automatisierungssystemen zur Anlagensteuerung zu Problemen führen kann.

2.3 BDI-Agenten

Das Belief-Desire-Intention-Modell (BDI) wurde von (Bratman 1987) als Theorie zur Erklärung von menschlichen Entscheidungsprozessen entwickelt. Es wurde als Procedural-Reasoning-System (George und Lansky 1987) implementiert, welches die abstrakte Beschreibung von Wünschen und Absichten auf die konkreten Konzepte von Zielen und Plänen reduziert, eine Formalisierung für Software-Agenten erfolgte später durch (Rao 1996). Das BDI-Konzept beinhaltet keine Lernfähigkeit, was es von kognitiven Architekturen wie CLARION (Sun et al. 2001) oder SOAR (Laird 2012) abgrenzt. Es kann aber mit entsprechenden Verfahren erweitert werden, um einen Reasoning-Mechanismus zu integrieren (Guerra-Hernández et al. 2004).

BDI-Agenten können Informationen über sich und ihre Umwelt in einem Modell speichern. Jede Instanz dieses internen und externen Modells wird dadurch zu einem Zustand der Umwelt, welcher der individuellen Ansicht, der Überzeugung (Belief), des Agenten entspricht und sein Verhalten beeinflusst. Dieser Zustand der Umwelt kann sich durch andere Entitäten, die Umwelt selbst oder eigene Aktionen verändern. Eine Abfolge von Aktionen, um den Zustand der Umwelt bewusst zu verändern (Intention), wird als Plan eines BDI-Agenten bezeichnet. Ein Plan kann die Ausführung weiterer Pläne auslösen und dadurch eine Hierarchie von Plänen bilden. Inaktivität ist ebenfalls eine Handlungsalternative. Die Ausführung von Plänen wird durch Ziele (Desire) gesteuert, die einen speziellen Zustand der Umwelt beschreiben. Ein Agent ist dadurch bestrebt den aktuellen Zustand der Umwelt in diese Zielzustände zu transformieren. Die Auswahl von Plänen und deren Abfolge, um ein Ziel zu erreichen wird als Meta-Reasoning bezeichnet.

Das Meta-Reasoning kann durch Nutzenfunktionen über eine rein regelbasierte Logik hinausgehen, so dass Agenten auch handlungsfähig sind, wenn durch einen einzigen Plan ein Ziel nicht erreicht werden kann und nur eine Annäherung an den Zielzustand erfolgt. BDI-Agenten sind daher auch zu proaktiven Handlungen fähig, da sie durch ihr internes Modell in der Lage sind, die Auswirkungen ihrer Entscheidungen zu bewerten. Sie können dabei mit Verfahren der Entscheidungsfindung, des Machine Learning, Simulation oder mathematischer Optimierung implementiert werden, um den Mechanismus der Auswahl von Plänen zu verbessern. Durch diesen flexiblen Prozess der Lösungsfindung realisieren BDI-Agenten einen kontextabhängigen Entscheidungsprozess. Es ist ihnen dadurch möglich lokale und globale Ziele parallel zu verfolgen, um einen Mittelweg zwischen individueller Nutzenoptimierung und kollaborativen Entscheidungen zu finden. BDI-Agenten sind außerdem durch ihr adaptives Verhalten und ihrer Fähigkeit der Kommunikation zur Konfliktlösung mit gegenläufigen Zielen anderer Agenten durch Verhandlungen oder Auktionen befähigt. Eine Auktion folgt einem festen Ablauf, eine Verhandlung unterscheidet sich von einer Auktion durch einen dynamischen Austausch von Informationen. Exemplarisch seien gegensätzliche Planungsziele in der Materialbeschaffung im Supply Chain Management (Preisverhandlung: min. Einkaufspreis vs. max. Verkaufspreis) oder der Maschinenbelegung in der Produktionssteuerung (Kapazitätsplanung: max. Auslastung vs. max. Termineinhaltung) genannt.

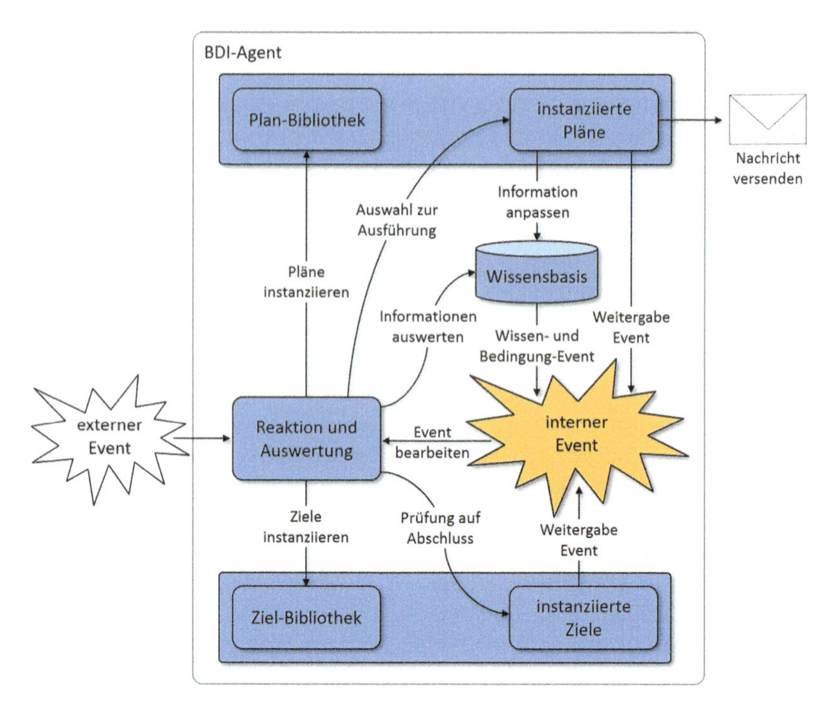

Abb. 1 Architektur eines BDI-Agenten nach. (Braubach et al. 2003)

Das BDI-Konzept basiert auf einem dynamischen Event-Management in der Architektur des Agenten, dessen Herz der Reaction-and-Deliberation-Mechanismus ist (Abb. 1). In diesem werden externe und interne Events unter Berücksichtigung der instanziierten Ziele ausgewertet, um die Wissensbasis zu aktualisieren und/oder neue Ziele und Pläne zu instanziieren, was wiederum interne Events auslösen kann. Die Auswertung eines Events kann auch ergeben, dass keine Reaktion erfolgen muss. Instanziierte Pläne können die Wissensbasis verändern, Nachrichten an andere Agenten und Systeme schicken, mit der Umwelt interagieren oder durch die Erzeugung von internen Events neue Ziele und Pläne instanziieren.

Ein Event einer BDI-Architektur unterscheidet sich von einem „normalen" Event, wie es z. B. im Supply Chain Event Management (SCEM) vorkommt, wo es als Informationsobjekt etwa den Status von Prozessen oder die Identifikation von Objekten beschreibt. Ein solches Supply-Chain-Event würde in der BDI-Architektur als externer Event im Reaction-and-Deliberation-Mechanismus ausgewertet werden, um eine Veränderung der Wissensbasis und dadurch eventuell einen internen Event auszulösen. Dieser interne Event würde wieder den Reaction-and-Deliberation-Mechanismus durchlaufen, der als Reaktion entscheiden kann, inwiefern durch die Auswahl von Plänen das Erreichen von Zielen beeinflusst wird oder sogar neue Ziele instanziiert werden müssen. BDI-Agenten können ein klassisches SCEM-System daher ergänzen, indem sie eine intelligente Verarbeitung von Event-Informationen ermöglichen.

Die Ausführung von Plänen und der Entscheidungsprozess von BDI-Agenten sind direkt miteinander verknüpft. Da eine Handlung direkt aus einem Entscheidungsprozess als Reaktion auf einen Event resultiert, wird dadurch z. B. vermieden, dass eine Entscheidung als Reaktion auf eine Umweltveränderung nicht mehr dem Zustand der Umwelt gerecht wird. Diese Eigenschaft begünstigt den Einsatz von BDI-Agenten in komplexen und dynamischen Systemen.

2.4 Entwicklungsumgebungen für Multiagenten-Systeme

Bei dem Entwurf und der Implementierung von Multiagenten-Systemen gibt es einige Stolpersteine, die in (Kantamneni et al. 2015) diskutiert werden. Einige davon, wie die zeitaufwändige Implementierung einer Agenten-Infrastruktur/-Architektur oder eine fehlerhafte Agenten-Modellierung, können durch die Verwendung von geeigneten Frameworks und Entwurfsmethoden vermieden werden.

Im Kontext der Software-Programmierung besteht ein *Framework* aus Objekten, die durch ihre Eigenschaften und Funktionen eine abstrakte Vorlage für den Entwurf eines Programms mit spezifischer Funktionalität sind. Eine Komponente eines Frameworks ist dabei für den Anwender oft eine Black-Box, für deren Verwendung die genaue Funktionsweise ihres Programmcodes nicht bekannt sein muss, die in einzelnen Funktionen aber durch zusätzlichen Code ergänzt werden kann. Neben den Objekten für den Entwurf und die Implementierung von Anwendungen kann ein Framework auch unterstützende Programme, Code-Bibliotheken oder Werkzeuge für die Entwicklung enthalten, insbesondere kann es auch standardisierte Schnittstellen (API) und Methoden für die Kommunikation der Objekte untereinander bereitstellen. Ein Framework unterscheidet sich in folgenden Merkmalen von einer Software-Bibliothek (Riehle 2000):

Inversion der Kontrolle
Im Gegensatz zu einer Software-Bibliothek wird der generelle Programmablauf von dem Framework vorgegeben und nicht durch die Anwendung selbst.

Erweiterbarkeit
Ein Framework kann oder muss teilweise durch Programmcode erweitert bzw. selektiv überschrieben werden, um die Funktionen der Anwendung anzupassen.

Nicht-Modifizierbarkeit des Framework-Codes
Der Programmcode des Frameworks sollte bis auf die vorgesehenen Anpassungen nicht verändert werden, d. h. das Framework darf zwar erweitert, die grundlegenden Objekte und Funktionen aber nicht verändert werden.

Eine *Middleware* bezeichnet dagegen System-Dienste, die standardisierte Schnittstellen und Protokolle verwenden, um die Kommunikation und Datenverwaltung in verteilten Systemen zu unterstützen. Die Bezeichnung resultiert aus der Lage dieser Dienste zwischen Betriebssystemen mit ihren Netzwerk-Funktionen und industriellen Anwendungen. In diesem Sinne kann Middleware auch als „-" in Client-Server oder „-to-" in peer-to-peer bezeichnet werden (Herron et al. 2015).

2.5 Agentenplattformen

Eine Agentenplattform bietet ein Framework für die Implementierung von Software-Agenten, das spezifische Middleware verwendet oder eigene Lösungen für die Kommunikation der Komponenten implementiert. In den letzten Jahren wurden viele solcher Plattformen entwickelt, häufig für spezielle Anwendungsdomänen und nicht für beliebige Anwendungen. (Kravari und Bassiliades 2015) gibt einen Überblick über einige dieser Plattformen, die eine sehr heterogene Landschaft von Entwicklungsumgebungen für Agenten schaffen.

Eine weit verbreitet Agentenplattform ist das in Java implementierte JADEX, das als Framework für die generische Implementierung von BDI-Agenten entwickelt wurde (Braubach und Pokahr 2012). Es ist eine Erweiterung der Plattform JADE (Bellifemine et al. 2001), welche Agenten nach FIPA-Spezifikationen (FIPA 2019) realisiert und eine entsprechende Middleware für die Kommunikation und Interaktion von Agenten bereitstellt. Ein JADEX-Agent realisiert dabei das Konzept einer Active-Component (Pokahr und Braubach 2011), das für die Implementierung von verteilten Systemen die Konzepte der Objekt-, Komponenten-, Service- und Agenten-Orientierung kombiniert (Abb. 2). Eine Active-Component realisiert durch BDI-Agenten ermöglicht daher die Modellierung von verteilten Systemen durch autonome Komponenten, die durch Services miteinander interagieren und kommunizieren können und dabei zu ziel- und kontextorientierter Problemlösung befähigt sind.

Für den Entwurf von Multiagenten-Systemen wurden Meta-Frameworks entwickelt, welche bei der Beschreibung von Komponenten sowie deren Eigenschaften und Kommunikation unterstützen. Ein generelles Vorgehen ist in (Pudāne und Lavendelis 2017) beschrieben, verbreitete Methoden sind Gaia (Wooldridge et al. 2000) und die DACS-Methode (Bussmann et al. 2013), welche einen Ansatz für den

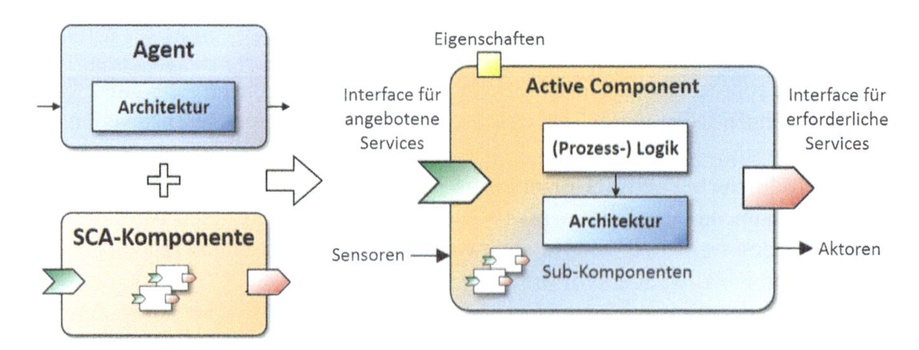

Abb. 2 Active-Component als Anbieter und Verbraucher von Services nach. (Braubach und Pokahr 2012)

Entwurf einer Produktionssteuerung durch Agenten beschreibt. Eine speziell für BDI-Agenten entwickelte Methode ist AAII (Kinny et al. 1996), die neben der Definition von Zielen und Handlungsalternativen in einem Agentenmodell auch die Interaktionen zwischen den Agenten berücksichtigt.

3 Abgleich der Anforderungen an I4.0-Systeme mit BDI-Agenten

Multiagenten-Systemen können in vielen Anwendungsdomänen der Industrie eingesetzt werden. In (VDI/VDE 2013) werden Anwendungen in der Produktion und Automatisierung beschrieben, in (Adeyeri et al. 2015) und (Kirn et al. 2006) werden umfangreiche Reviews für Agenten und Multiagenten-Systeme in den Domänen Supply Chain, Logistik, Produktionsplanung- und -steuerung präsentiert. In seinem aktuellen Statusreport diskutiert der VDI/VDE-GMA FA 5.15 „Agentensysteme in der Automatisierungstechnik" die Notwendigkeit einer einheitlichen Sprache zur Realisierung von Interaktionen zwischen Agenten in I4.0-Anwendungen (Fay et al. 2019). Einige der genannten Anwendungen basieren zwar auf dem BDI-Konzept, realisieren aber keinen Ziel- und Kontext-Bezug in den Agenten, um die Anforderung nach Autonomie von I4.0-System zu erfüllen. Um den Mehrwert von BDI-Agenten im Kontext von Industrie 4.0 zu bekräftigen, werden zunächst die Anforderungen an ein I4.0-System mit den Eigenschaften von Multiagenten-Systemen und BDI-Agenten abgeglichen.

Flexibilität und Adaptivität
BDI-Agenten bieten durch die Entkopplung von Zielen und Handlungsalternativen die Möglichkeit verschiedene Funktionen zu implementieren, mit denen sie ihre Aufgaben bewältigen können. Diese können erweitert werden, ohne die bestehenden Strukturen des Multiagenten-Systems anpassen zu müssen.

Skalierbarkeit
Eine Agentenplattform kann weitere Agenten als Instanzen starten, die Anwendungen werden in einem Register verwaltet. Wird das Multiagenten-System als Service-orientierte Architektur entworfen, sind auch die Services in einem zentralen Register hinterlegt, Anwendungen können sich dann einfach an- oder abmelden und können direkt von den anderen Systemen angesprochen werden. Eine grundlegende Eigenschaft von Multiagenten-Systeme ist ihre Fähigkeit zur Selbstorganisation, die auch bei steigender Anzahl Agenten dessen Stabilität gewährleistet. Dadurch wird eine strukturelle Skalierbarkeit (Einschränkung durch Systemgröße) gewährleistet. Die Frage nach einer räumlichen Skalierbarkeit (Speicherbedarf) hängt von der konkreten Implementierung der Agenten ab. BDI-Agenten verwalten individuell ihre Beliefs, wodurch viel redundante Information entstehen werden kann. Die Informationen können aber auch in zentralen Instanzen verwaltet werden und ein Agent behält sich eine individuelle Interpretation dieser Informationen vor. Last- und zeitlich-räumliche Skalierbarkeit (Performance) kann in Multiagenten-Systemen

wie bei allen verteilten Software-Anwendungen allerdings nicht generell gewährleistet werden.

Modularisierung und Standardisierung von Schnittstellen
Agenten können verschiedene Standards für Schnittstelle benutzen und sind daher nicht zwingend auf einen allgemeinen Standard angewiesen. Wenn sie mit der gleichen Agentenplattform implementiert werden, verwenden sie allerdings per se den gleichen Standard, nur für die Integration anderer Software oder Multiagenten-Systeme müssen zusätzliche Schnittstellen verwaltet werden. Diese können aber als separate Komponente integriert werden und mit bereits vorhandenen Funktionen verknüpft werden. Wird ein Multiagenten-System als Serviceorientierte Architektur entworfen, was in vielen Agentenplattformen bereits als Funktionalität integriert ist, können die angebotenen Services mit beliebigen Interfaces versehen werden.

Standardisierung von Informationsmodellen
Viele Agentensysteme integrieren in die Beschreibung von Services oder in Nachrichtenobjekte Ontologien, um deren Inhalt auswerten zu können, im Abschn. 4.2 wird exemplarisch ein Ansatz beschrieben, wie Agenten ein Kommunikationsmodell austauschen können.

Datenpflege
BDI-Agenten bieten keine spezielle Funktionalität für die Gewährleistung von Datenqualität an, durch die Trennung von Funktionen und Daten als Plan und Belief können diese aber effizient analysiert und auf ihre Qualität überprüft werden. Da jeder Agent zwar seine eigene Sicht auf die Umwelt hat, die daraus resultierenden Informationen aber viele Gemeinsamkeiten aufweisen sollten, können inkonsistente Daten bei der Kommunikation zwischen Agenten schnell erkannt werden.

Zugriff auf historische Daten
BDI-Agenten müssen Informationen für ihren internen Entscheidungsprozess als Belief speichern und sind daher auch arbeitsfähig, wenn sie vom Kommunikationsnetzwerk getrennt sind.

Datenaustausch zwischen Unternehmen
Agentenplattformen wie Jadex bieten oft die Funktionalität verschiedene Multiagenten-Systeme über Standard-Protokolle wie TCP/IP miteinander zu verbinden, meist über sogenannte Proxy-Agenten, die von einer Plattform-Anwendung erzeugt werden und Verbindungen zu Agenten anderer Systeme darstellen.

Gewährleistung von Schutz, Integrität und Sicherheit von Daten
Agentensysteme basieren zwar auf der Kommunikation einzelner Anwendungen, insbesondere als BDI-Agenten behalten sie aber ihre Daten- und Entscheidungssouveränität. Agentenplattformen bieten oft Funktionen für Authentifizierung und Autorisierung an, Verschlüsselungsverfahren können in die verwendeten Kommunikationsprotokolle integriert werden.

Suche und Orchestrierung von Diensten
Viele Agentenplattformen wie Jadex basieren auf einer serviceorientierten Architektur und integrieren die geforderte Funktionalität. Das Anbieten und Suchen von Services fügt sich generell gut in die Struktur eines Multiagenten-Systems mit seiner Komponenten-Verwaltung ein.

Echtzeit-Kommunikation
Kommunikation ist ein wesentlicher Aspekt in Multiagenten-Systemen, die Event-Verarbeitung in Agenten und die Funktionen der Agentenplattformen sind darauf ausgelegt, dass Agenten effizient Informationen austauschen können. Die interne Informationsverarbeitung und die komplexen Interaktionsprotokolle limitieren BDI-Agenten allerdings für ihren Einsatz in der Automatisierung, die teilweise Reaktionen im Bereich von Mikrosekunden erfordert.

Virtualisierung
BDI-Agenten können als digitale Repräsentation für physische und immaterielle Objekte wie Aufträge, Systeme oder Prozesse verwendet werden. Als exemplarische Anwendung von immateriellen BDI-Agenten seien Kundenauftrag-Agenten genannt, die sich am Auftragsentkoppelungspunkt nach einem Paint-Shop einer Automobilfertigung selbst organisieren und sich Karossen zuweisen, so dass eine zentrale Auftragseinplanung nicht mehr notwendig ist.

Dezentralität
Agentensysteme sind inhärent verteilte Systeme, besonders BDI-Agenten treffen ihre Entscheidungen lokal. Zentrale Aspekte betreffen nur Referenz-Objekte wie Service- und Komponenten-Register und Hilfs-Instanzen für die Kommunikation wie Message-Broker oder Mediator-Agenten bei Verhandlungen.

Dynamische Evolution
Das Konzept von BDI-Agenten ist zwar eng mit kognitiven Architekturen verwandt, enthält aber keine Komponente für das Lernen. Entsprechende Verfahren müssen als Pläne integriert werden, Ansätze dafür werden z. B. in (Guerra-Hernández et al. 2004) beschrieben. Die Erweiterung um neue Datenstrukturen oder Funktionen ist durch den modularen Aufbau eines BDI-Agenten aber mit nur geringem Aufwand verbunden.

Kontext-Bezug
Dem Aspekt des Kontext-Bezuges kommt eine besondere Bedeutung zu, da erst durch diesen die Autonomie von Anwendungen gewährleistet wird, um die Fähigkeiten Selbstorganisation und Selbstoptimierung zu implementieren. Industrielle Software-Anwendungen werden in (Bearzotti et al. 2012) nach den vier Stufen (1) Monitoring-, (2) Alarm-, (3) Decision-Support- und (4) Autonomous-Corrective-System klassifiziert. Monitoring-Systeme erfassen Informationen ihrer Umwelt, ein Alarm-System kann diese Informationen auswerten und Abweichungen von Vorgaben erkennen. Ein Decision-Support-System kann Lösungen erstellen, um diese

Abweichungen zu beseitigen, aber erst ein Autonomous-Corrective-System setzt diese Lösungen auch selbstständig um. Die Systeme erfordern daher mit aufsteigender Stufe eine höhere Autonomie bei der Ausführung ihrer Aufgaben. Autonomie darf allerdings nicht mit Automatisierung gleichgesetzt werden (Hartelt 2017). Automatisierung wird definiert als das Ausrüsten einer Einrichtung, so dass sie ganz oder teilweise ohne Mitwirkung des Menschen bestimmungsgemäß arbeitet (DIN 1999). Autonomie beschreibt dagegen einen Zustand der Souveränität und Handlungsfreiheit sowie die Fähigkeit, Entscheidungen ohne externe Kontrolle zu treffen.

4 Anwendungen mit BDI-Agenten für die Industrie 4.0

Agenten vieler Anwendungen von Multiagenten-Systemen werden mit einer BDI-Struktur implementiert, realisieren aber kein kontext- und zielorientiertes Meta-Reasoning. Die folgenden Anwendungen aus der der Fördertechnik- und Produktionssteuerung sowie dem Supply Chain Management zeichnen sich durch die Verwendung von BDI-Agenten mit einem hohen Grad an Autonomie aus.

4.1 Kooperative Werkstücksteuerung in einem Produktionssystem

1996 initialisierte die Daimler AG das Projekt „Production 2000+“. Das Ziel war ein flexibles Produktionssystem bestehend aus CNC-Maschinen und einem verbindenden Transportsystem. Die Steuerung des Transportsystems wurde als Multiagenten-System realisiert, der operative Nutzen wurde in einem mehrjährig betriebenen Prototypen für eine Zylinderkopf-Fertigung nachgewiesen.

Das Transportsystem von Production 2000+ ermöglicht den nicht-sequenziellen Transport zwischen den Maschinen und gewährleistet die Systemstabilität bei Leistungsspitzen im Produktionssystem (Abb. 3). Es besteht aus unidirektionalen Fördertechnikelementen, die Werkstücke in zwei Richtungen horizontal zwischen den Maschinen transportieren. Der Ein- und Ausgang der Maschinen wird über bidirektionale Verschiebetische realisiert, welche vertikal angebunden werden, Werkstücke auch zwischen der horizontalen Fördertechnik bewegen können und als Puffer vor und nach den Maschinen fungieren.

Die Steuerung KoWest (Kooperierende Werkstücksteuerung) des Transportsystems wird als Multiagenten-System implementiert, das zur Laufzeit darüber entscheidet, wie und wann Werkstücke einzelnen Maschinen zugewiesen werden. In der Steuerung werden Agenten für die Repräsentation der Maschinen, Werkstücken, Verschiebetischen und Auftragsfreigabe (CONWIP) verwendet (Abb. 3):

- Die *Werkstück-Agenten* verwalten den Status und Produktionsfortschritt der Werkstücke und sind für die Suche und Auswahl von Maschinen für den Abschluss des eigenen Produktionsprozesses verantwortlich.

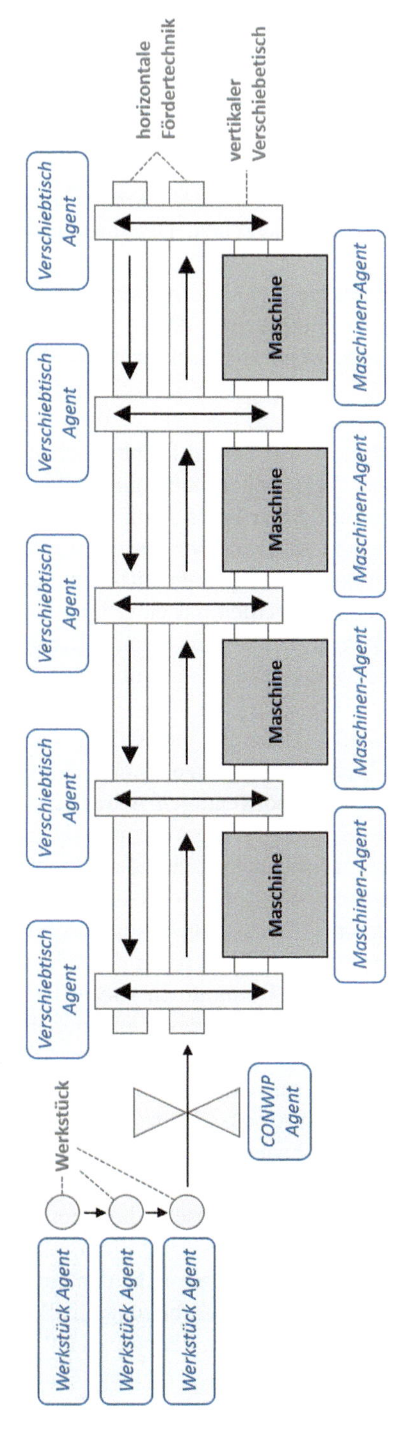

Abb. 3 Produktionssystem von Production 2000+ mit Multiagenten-System (KoWest) nach. (Bussmann et al. 2013)

- Die *Maschinen-Agenten* kontrolliert den Füllstand der Maschine und kennt deren Fertigungsprozesse. Sie sind durch eine Auktion (CNP) in die Allokation der Werkstücke eingebunden.
- Die *Verschiebetisch-Agenten* suchen für ein Werkstück abhängig von der Auslastung des Transportsystems den kürzesten Weg zu seinem nächsten Ziel. Kann das Ziel aufgrund hoher Auslastung nicht angefahren werden, werden Werkstücke auf der horizontalen Fördertechnik auf Kreisbahnen gepuffert, bis das Ziel freie Kapazität hat, um Stau oder einen Deadlock auf der Fördertechnik zu vermeiden.
- Der *CONWIP-Agent* steuert die Freigabe von Aufträgen für das Produktionssystem, d. h. er überwacht als „Gatekeeper“ den Systemeingang und lässt nur neue Werkstücke in das System, wenn abgeschlossene Werkstücke dieses verlassen haben.

Die technische Integration der Agenten ist für physische Ressourcen mit eigener IT-Infrastruktur (Maschinen, Verschiebetische) durch die Implementierung einer Plattform mit einem Agenten auf dieser Infrastruktur möglich, wodurch die Agenten direkt mit der Ressource verbunden werden. Die Werkstücke besitzen allerdings keine entsprechende Infrastruktur, ihre Agenten müssen auf einer externen Hardware realisiert werden. Die Werkstücke werden mit einer ID versehen, die von den Verschiebetischen und Maschinen gelesen werden kann, z. B. durch RFID-Transponder. Deren Agenten können die Werkstück-Agenten über den Status des Werkstückes informieren. (Bussmann 2012)

Die Konzepte der Materialflusssteuerung von KoWest werden in (Bussmann und Schild 2001) beschrieben. Werkstück-Agenten kennen den Fertigungsprozess ihres Werkstückes, d. h. sie kennen die notwendigen Arbeitsschritte und deren Reihenfolge. Ihr Ziel ist es diesen Fertigungsprozess abzuschließen. Da sie ihren eigenen Status überwachen ist der nächste auszuführende Arbeitsschritt bekannt. Nach Abschluss eines Arbeitsschrittes wählt der Werkstück-Agent die aus seiner Sicht beste Maschine für den nächste Arbeitsschritt aus und es erfolgt keine Planung für den gesamten Fertigungsprozess. Das Prinzip nur den nächsten Arbeitsschritt auswählen wird als späte Bindung (Late Commitment) bezeichnet. Durch dieses Prinzip ist keine Neuplanung wegen Veränderung des Kontextes der Planung notwendig, z. B. wegen hoher Auslastung oder fehlender Verfügbarkeit von Maschinen. Die Entscheidung zur Allokation wird zum spätmöglichsten Zeitpunkt getroffen, d. h. bei Verlassen der Maschine des letzten Arbeitsschrittes. Die Allokation erfolgt nach dem CNP durch die Phasen Anfrage, Abgabe und Bewertung. Jedes Werkstück kann eine Allokation anstoßen, daher können mehrere dieser Allokationen parallel stattfinden, d. h. eine Maschine kann gleichzeitig an diesen Allokationen teilnehmen.

- *Anfrage nach Angeboten* – Die Allokation wird von einem Werkstück-Agenten angestoßen, der eine Anfrage für eine Bearbeitung an alle Maschinen verschickt, die den nächsten Arbeitsschritt ausführen können. Das Wissen über die Fähigkeiten der Maschinen wurde den Agenten in der prototypischen Implementierung

über eine statische Liste zur Verfügung gestellt. Es kann aber auch dynamisch über Services abgerufen werden.
- *Abgabe von Angeboten* – Eine Anfrage wird von einem Maschinen-Agenten durch den Abgleich von den in der Maschine durchführbaren mit den angefragten Arbeitsschritten sowie ihrem aktuellen Füllstand beantwortet. Ist aktuell keine Bearbeitung möglich, wird die Anfrage ignoriert.
- *Bewertung der Angebote* – Erhält ein Werkstück-Agent keine Angebote wird nach einer kurzen Wartezeit erneut eine Anfrage verschickt. Ansonsten werden die Angebote ausgewertet, wobei der Füllstand einer Maschine die höchste Priorität und danach die Fähigkeit die meisten angefragten Arbeitsschritte auszuführen berücksichtigt wird. Die Maschine mit dem besten Angebot wird als nächsten Ziel ausgewählt und ihr Maschinen-Agent darüber informiert. Dieser reserviert für das Werkstück einen Platz in seinem Puffer.

Obwohl das Konzept über 20 Jahre alt ist realisiert es in Ansätzen viele aktuell diskutierte Konzepte der Industrie 4.0. Die Steuerung von Fertigungsprozessen erfolgt durch das zu fertigende Produkt selbst. Das wird durch den dynamischen Abgleich zwischen dessen Vorgangsgraph und den Fähigkeiten (Capabilities) der Anlagen im Produktionssystem ermöglicht. Ein ähnlicher Ansatz wird im Skill-based Engineering (Malakuti et al. 2018) verfolgt. Die Kommunikation zwischen den Agenten basiert auf dem Austausch von Nachrichten, aktuelle Agentenplattformen realisieren aber zusätzlich inhärent eine SoA. Das Konzept von Production 2000+ enthält daher das Potenzial durch eine Implementierung von Services neben den Materialfluss- und Fertigungsprozessen auch die Software-Architektur zu modularisieren. Werkstücke können dadurch in einer Service-Registry nach Maschinen für die Bearbeitung der Arbeitsschritte suchen, wodurch das System durchgängig modularisiert wäre: Maschinen können an das Produktionssystem angedockt oder entfernt werden, ohne dass bestehende Komponenten angepasst werden müssen. Die neuen Maschinen müssen sich nur in der Service-Registry anmelden. Eine Implementierung einer solchen SoA kann durch OPC UA erfolgen. Die Entwicklung von Agentenplattformen hat eine Alternative zur physischen Verteilung der Agenten eröffnet: Analog zum Flexförderer (Mayer 2009) kann sich ein Werkstück-Agent mit dem Werkstück durch das System von Komponente zu Komponente bewegen, anstatt zentral in einer Datenbank referenziert zu werden. Diese Anforderungen können von BDI-Agenten erfüllt werden. Durch die Entwicklung kostengünstiger und leistungsfähiger Micro-Controller könnten solche Agentenplattformen auch direkt einem Werkstück physisch mitgegeben werden.

4.2 Unterstützung der Shop-Floor-Steuerung durch BDI-Agenten

Störungen in Produktionssystemen reduzieren die Produktivität oder führen zu Systemstillständen. Die Fähigkeit des Systems sich an diese zu anzupassen setzt das selbstständige Erkennen und Beheben der Ursachen dieser Störungen voraus. Diese Fähigkeit kann von automatisierten Steuerungssystemen nicht gewährleistet werden, welche Prozesse zwar selbstständig ausführen können, aber nur nach definierten Regeln reagieren können. Ein in (Park und Tran 2011) vorgeschlagener Lösungsansatz ist die Implementierung eines Autonomous Manufacturing System (AMS) (Abb. 4). In diesem werden Prozesse und Komponenten zu autonomen Entitäten, welche ihre Fähigkeiten und Eigenschaften kennen, um Informationen zu sammeln und Entscheidungen bei Veränderung des Produktionssystems zu treffen.

Ein AMS besteht aus einem Shop-Floor-System und einem Cognitive-System. Der Task-Generator des Shop-Floor-Systems erhält Aufträge vom ERP-System und generiert eine Abfolge notwendiger Aktionen, um diese Aufträge zu bearbeiten. Diese Aktionen werden an das MES zur Ausführung und das Cognitive-System zur Prüfung übermittelt. Das Belief-Modul im Cognitive-System ist für die Erfassung von Informationen über Komponenten und Prozesse verantwortlich. Diese Informationen werden mit den Zielen im Desire-Modul durch das Decision-Making-Modul abgeglichen. Wenn die erfassten Informationen und die Abfolge von Aktion mit den Ergebnissen des Decision-Making-Moduls übereinstimmen, wird der Zustand des Systems als normal befunden und eine Bestätigung an der MES übertragen. Wenn eine Abweichung festgestellt wird, z. B. aufgrund einer Störung, wird vom Cognitive-System eine neue Abfolge von Aktionen generiert und an den Shop-Floor übertragen, d. h. das Cognitive-System übernimmt die Steuerung des Shop-Floor. Wenn die Störung behoben wurde und der Zustand wieder als normal bewertet wird, wird die Steuerung wieder an das MES übertragen.

Für die Umsetzung werden Software-Agenten mit kognitiven Fähigkeiten zu kognitiven Agenten erweitert, um die notwendige Autonomie und Kooperation für die Problemlösung zu gewährleisten. Ein kognitiver Agent ist nach dem BDI-Konzept aufgebaut (Abb. 4). Beliefs (Wissen) sind statische Informationen über das Produktionssystem und der dynamische Status von dessen Maschinen und Prozesse. Desires (Ziele) sind Zustände von Maschinen und Prozessen, welche erreicht werden sollen. Intentions (Pläne) sind alle Aktionen, welche das System durchführen muss, um die angestrebten Zustände zu erreichen.

Die Komponenten im Produktionssystem werden dafür jeweils mit einem kognitiven Agenten versehen, deren Architektur aus den folgenden Modulen besteht:

- Wahrnehmung: Sensoren, um Informationen zu sammeln
- Entscheidungsfindung: Fuzzy-Logik und Neuronale Netze, um Abweichungen zu erkennen
- Wissen: Informationen über den Shop-Floor, Agenten und das MES
- Kontrolle: Transformation von Plänen in Aktionen und Übertragung an Komponenten
- Kommunikation: Austausch von Informationen mit andren Agenten und MES

Die Anpassung an Störungen erfolgt in drei Stufen: Wird eine Störung erkannt, versucht der Agent der gestörten Komponente zunächst selbst das Problem zu beheben. Wenn ihm dazu die Fähigkeiten fehlen sollten oder er andere Komponenten beeinflussen müsste, kontaktiert er andere Agenten, um mit diesen kooperativ

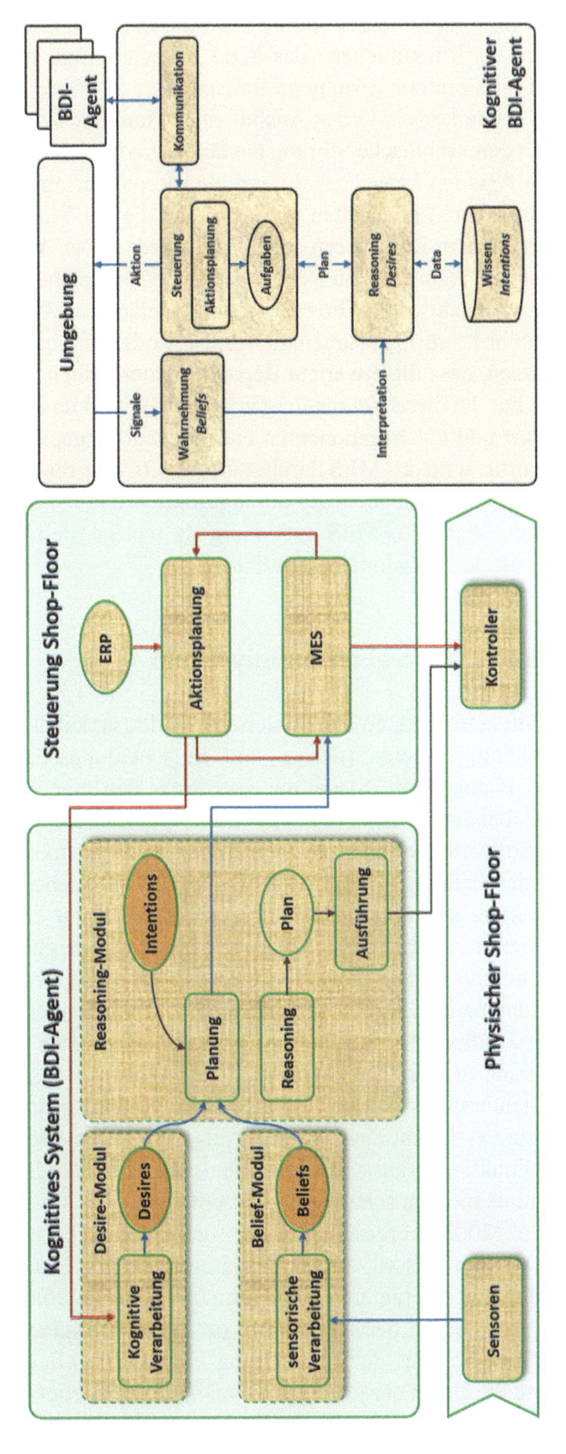

Abb. 4 Autonomous Manufacturing System und Architektur eines kognitiven Agenten nach. (Park und Tran 2011)

eine Lösung für die Störung zu finden. Sollte auch dieser Austausch nicht zu einer Lösung führen, wird als Rückfallebene das MES benachrichtigt, um durch einen neuen Planungslauf eine zentrale Lösung zu finden.

Der Ablauf wird exemplarisch für den Ausfall einer Maschine beschrieben. Wenn eine Maschine durch eine technische Störung ausfällt, wird die Instandhaltung durch den entsprechenden Agenten benachrichtig und eine Reparatur angestoßen. Damit der Produktionsprozess nicht angehalten wird, müssen die der Maschine zugewiesenen Aktionen von anderen Ressourcen ausgeführt werden. Der Agent stellt daher eine Anfrage an andere Agenten, die vom Ausfall der Maschine betroffen sind. Diese versuchen durch Neuplanung ihrer Bearbeitungspläne die Aktionen der ausgefallenen Maschine auf ihre Ressourcen zu verteilen oder ihre eigenen Aktionen dahingegen anzupassen, dass die erwartete Reparaturdauer keinen Einfluss auf den Produktionsprozess hat. Ist diese Neuplanung erfolgreich, wird das MES über diese Anpassung informiert und die Komponenten entsprechend angepasst. Wenn keine Lösung gefunden wurde, wird das MES darüber informiert, dass die Aktionen für die Erfüllung der Produktionsaufträge nicht durchgeführt werden können und eine komplette Neuplanung durch das MES notwendig ist, welche die reduzierte Kapazität durch den Ausfall der Maschine berücksichtigt.

4.3 Interoperabilität in einer Supply Chain

Da eine Supply Chain aus mehreren Unternehmen besteht (verteiltes System), diese Unternehmen unabhängig agieren (Daten- und Entscheidungssouveränität) und deren ganzheitliche Planung und Steuerung von Prozessen eine effiziente Koordination erfordert (Collaborative Planning), sind BDI-Agenten ein Ansatz für die Implementierung von Software-Systemen im Supply Chain Management. Die Agenten können dabei für die Erfüllung von Aufgaben in den Bereichen Infrastruktur, Informationsverarbeitung und Dienste eingesetzt werden (Jabeur et al. 2017), um die Horizontale Integration entlang einer Supply Chain zu ermöglichen. Eine Herausforderung von autonom agierenden Systemen in einer Supply Chain ist die Kommunikation untereinander. Dabei ergeben sich nicht nur Probleme bei der Auflösung von Planungskonflikten zwischen den Systemen, sie müssen auch Nachrichten der anderen Systeme zu verstehen können. Die Definition von allgemein gültigen Protokollen und Standards ist in der heterogenen Systemlandschaft moderner Software-Systeme eine vielleicht nicht lösbare Aufgabe. Systeme sollten daher mit Eigenschaften und Funktionen ausgestattet werden, um selbstständig die Grundlagen für eine Kommunikation zu schaffen und zu erhalten.

Ein in (Ahn et al. 2003) vorgestellte Ansatz geht der Frage nach, wie BDI-Agenten aufgebaut werden müssen, um als Repräsentanten von Unternehmen einer Supply Chain miteinander interagieren und kommunizieren zu können. Das übergeordnete Ziel der Agenten ist der Abschluss von Kundenaufträgen (Desire), die kurzfristigen Ziele bestehen aus der Bearbeitung konkreter Anfragen (Intention), deren Grundlage sind die Daten der jeweiligen Unternehmen (Belief), z. B. Produktinformationen oder Materialbestände. Das Multiagenten-System ist als Service-

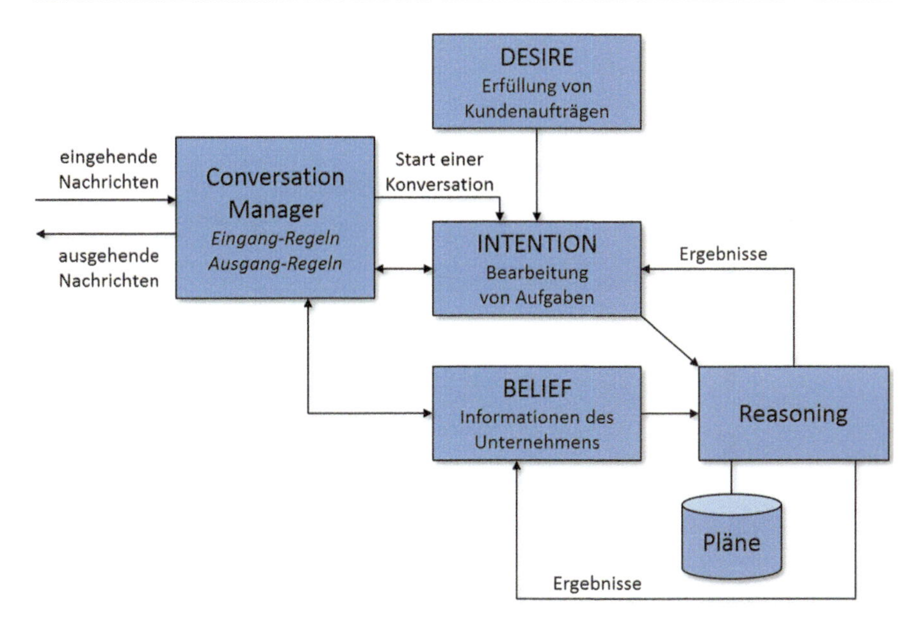

Abb. 5 Struktur von BDI-Agenten in einer Supply Chain nach. (Ahn et al. 2003)

orientierte Architektur konzipiert, der Austausch von Informationen erfolgt nach Conversation-Policies, um spezifische Prozesse abzuwickeln. Diese sind aus Standard-FIPA-Bausteinen nach einem Policy-Modell aufgebaut, die jedem Agenten bekannt sein müssen und definieren, welche Nachrichten mit welchen Informationen in welcher Reihenfolge ausgetauscht werden. Sie können sich aufgrund technischer oder organisatorischer Anpassungen in der Supply Chain verändern, wonach die Agenten durch eine Meta-Conversation selbstständig eine neue Conversation-Policy abstimmen und ausführen können. Die Architektur der BDI-Agenten basiert auf der Trennung der Kommunikation im Conversation Manager von der internen Informationsverarbeitung (Abb. 5).

Der Conversation Manager kann neue Conversation-Policies durch eine Meta-Conversation abrufen und diese dauerhaft speichern. Er kontrolliert die Abfolge von Nachrichten, um die Einhaltung dieser Conversation-Policies zu gewährleisten, und verwaltet Status-Informationen über aktuelle Konversationen. Außerdem enthält er Regeln für die Auswertung von eingehenden und die Erstellung von ausgehenden Nachrichten. Das Reasoning reagiert auf Veränderungen von Zielen und Wissen und führt zu der Ausführung von definierten Plänen, die wieder zu einer Anpassung von Zielen und Wissen führen können. Dadurch ist der BDI-Agent nicht an vordefinierte Kommunikationsabläufe gebunden.

In Abb. 6 wird der Ablauf einer internen Materialbestellung des MES beschrieben, welche die Suche eines neuen Lieferanten erfordert und dessen Conversation-Policy für eine Bestellung abgerufen werden muss. Eine eingehende Nachricht für eine Materialbestellung des MES wird nach den Eingang-Regeln im Conversation Manager ausgewertet und als Belief gespeichert. Die aus dem Desire „Erfüllung von

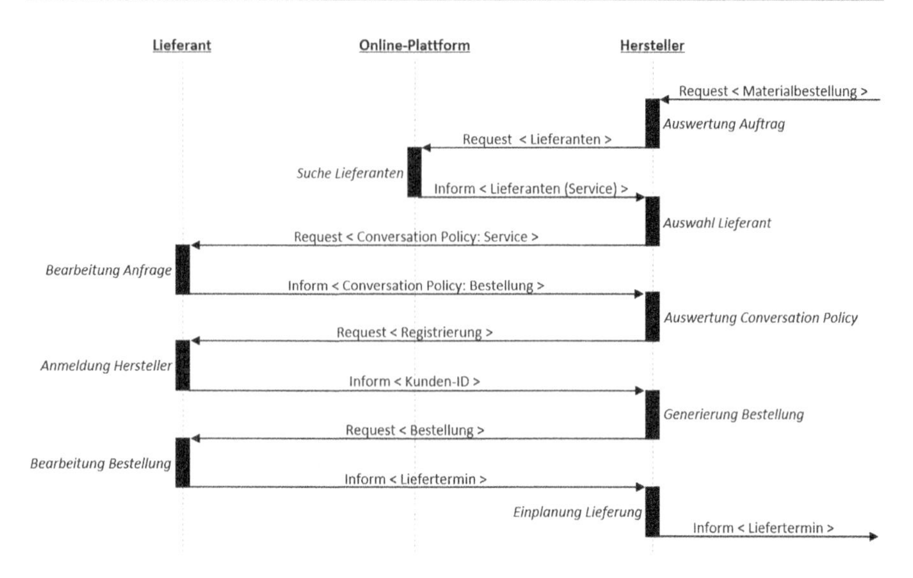

Abb. 6 Ablauf einer Materialbestellung mit Lieferantenauswahl und Meta-Conversation

Kundenaufträgen" abgeleitete Intention „Bearbeitung von Aufgaben" wird im Reasoning mit dem Plan verknüpft zu prüfen, ob alle Parameter des Auftrages bekannt sind. Bei dieser Prüfung wird festgestellt, dass zwar das Material bekannt ist, für dieses aber kein Lieferant gespeichert ist. Das Reasoning initialisiert einen Plan, der einen neuen Lieferanten suchen soll. Dafür wird eine Nachricht an eine Online-Plattform verschickt, auf der Lieferanten Web-Services für Materialbestellungen registrieren können (Baumgärtel und Verbeet 2020). Der Conversation Manager analysiert die Beschreibungen dieser Services, um nach den Spezifikationen des vom MES angeforderten Materials mögliche Lieferanten auszuwählen. Eine Beschreibung kann durch Referenz auf DIN oder ISO-Normen, aber auch durch Konzepte des Semantic Web erfolgen (Baumgärtel et al. 2018). Durch die Suche können mehrere Lieferanten identifiziert werden, deren Bestellkonditionen motiviert durch das Desire „minimiere Kosten" ausgewertet werden und ein Lieferant ausgewählt wird. In der Service-Beschreibung des ausgewählten Lieferanten wird eine Conversation-Policy für den Bestellprozess referenziert, die nicht als Belief hinterlegt ist. Der Conversation-Manager schickt daher eine Meta-Anfrage an den Lieferanten und fordert die Conversation-Policy an, welche ihm nach einer kurzen Bearbeitung zur Verfügung gestellt wird. Sie wird analysiert und als Belief gespeichert, so dass im Reasoning alle Voraussetzungen für den Versand der Bestellung gegeben sind. Ein Bestellprozess des Lieferanten erfordert eine Kunden-ID, welche durch eine Registrierung vergeben wird. Der Conversation Manager stellt daher zunächst eine entsprechende Anfrage beim Lieferanten. Nachdem die Kunden-ID vergeben wurde, kann eine Bestellung generiert und verschickt werden. Da es sich um eine kleine Menge von vorrätigem Material handelt, wird die Bestellung vom Lieferanten umgehend angenommen und ein Liefertermin übermittelt.

5 Klassifikation von BDI-Agenten

BDI-Agenten können in der Industrie 4.0 für verschiedene Aufgaben unterschiedlicher Hierarchie-Level innerhalb einer Software-Architektur eingesetzt werden. Sie können dabei nach Zeitsensitivität, kognitiver Komplexität und Systemintegration klassifiziert werden (Abb. 7).

Zeitkritische Steuerungen, Regler oder Sensoren brauchen keine komplexen Verfahren zur Entscheidungsfindung, sondern können oder müssen aufgrund technischer oder organisatorischer Einschränkungen auf regelbasierten Algorithmen aufbauen. MES- (Diagnose, Auftragsverfolgung, Produktionssteuerung, Auftragseinplanung) oder ERP-Systeme (Masterplanning, Transportplanung, Lieferantenmanagement) können dagegen bei zeitlich unkritischen Aufgaben wesentlich aufwändigere Verfahren nutzen, um die Qualität von Entscheidungen zu erhöhen. Die zeitliche Sensitivität einer Anwendung lässt sich dafür in die Bereiche strategisch, taktisch und operativ klassifizieren, für den operativen Bereich erfolgt noch eine Gliederung in harte, weiche und feste Echtzeit-Anwendungen nach (Wörn und Brinkschulte 2006):

- *harte Echtzeitanforderungen*: Eine Reaktion muss unter einem vorgegebenen Schwellwert erfolgen. Die Überschreitung der Reaktionszeit wird als ein Fehler gewertet.
- *weiche Echtzeitanforderungen*: Die Reaktionszeit erreicht einen akzeptablen Mittelwert oder ein anderes statistisches Kriterium. Ein Überschreiten der Zeitanforderung muss nicht als Fehler gewertet werden, solange sie sich in einem vorgegebenen Toleranzbereich befindet.

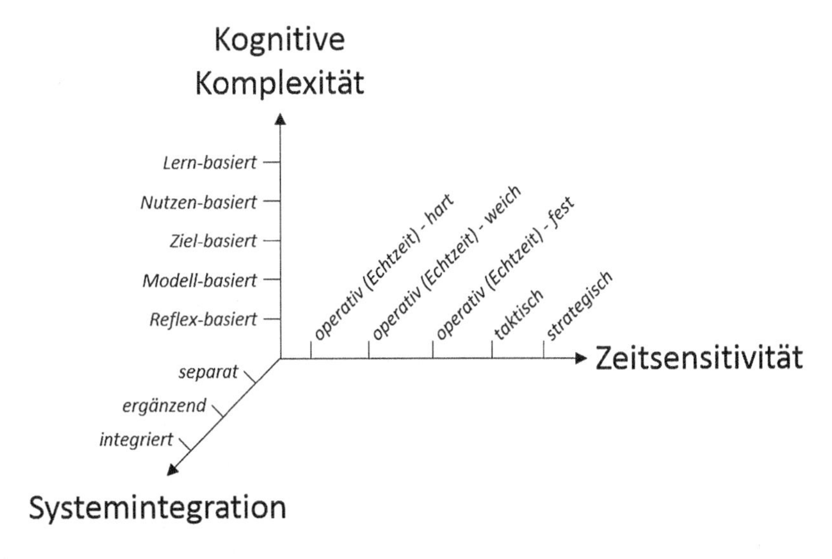

Abb. 7 Klassifikation von BDI-Agenten

- *feste Echtzeitanforderungen*: Eine Reaktion soll zwar unter einem vorgegebenen Schwellwert erfolgen, ihr Ausbleiben führt zu keinem unmittelbaren Fehler. Das Ergebnis der Reaktion wird dann verworfen.

Je näher BDI-Agenten oder BDI-Agenten-Systeme am Shop Floor eingesetzt werden, desto geringer sind deren kognitive Anforderungen und desto häufiger werden sie eine Schnittstellenfunktion haben, um physische Komponenten zu repräsentieren (Digital Twin: Maschinen, Fördertechnik, Produkte) oder um Basisfunktionen (Micro-Service: Produktions-/Logistik-Prozesse, Monitoring, Analyse) anzubieten. Mit steigender Komplexität werden sie dagegen einem eigenständigen I4.0-System immer ähnlicher, da sie für die Erfüllung ihrer Ziele ein eigenes Netzwerk von Funktionalitäten und Datenquellen nutzen können, etwa durch die Orchestrierung und Komposition von Services zur Zielverfolgung. Die kognitive Leistung eines Systems wird nach der Klassifikation von intelligenten Agenten aus (Russell und Norvig 2016) vorgenommen, die Agenten über deren interne Informationsverarbeitung in Reflex-, Modell-, Ziel-, Nutzen- und Lern-Agenten einteilt.

Für den Entwurf eines Multiagenten-Systems müssen die Beziehungen zu anderen IT-Systemen, z. B. zu einem ERP oder MES, beschrieben werden. Dafür sind folgende Varianten zur Systemintegration möglich:

1. Die IT-Systeme brauchen eine Schnittstelle in die Agenten-Middleware, behalten aber ihre Funktionalität und Geschäftslogiken. IT-Systeme und Agenten sind separate Einheiten.
2. Die IT-Systeme haben eine Schnittstelle in die Agenten-Middleware und dazu Agenten als Funktionsschnittstelle. Diese Agenten können nach außen mit anderen Agenten kommunizieren und nutzen nach innen Funktionalitäten des IT-Systems.
3. Das IT-System ist komplett agentenbasiert implementiert. Die IT-Systeme werden in die Agenten integriert und die Kommunikation erfolgt ausschließlich über die Agenten.

Ein operatives Multiagenten-System wird eine Kombination aus diesen Varianten sein. Je mehr IT-Systeme in Agenten integriert werden, desto mehr kann das gesamte System von den Vorzügen der Agenten-Technologie profitieren. In der Praxis muss aber der Anschluss von Legacy- oder Experten-Systemen berücksichtigt werden, die eventuell nur mit unverhältnismäßig hohem Aufwand vollständig in Agenten integriert werden können. Die vollständige Trennung von IT-Systemen und Agenten integriert letztendlich nur eine zusätzliche Middleware in die Systemlandschaft, die von den IT-Systemen beherrscht werden muss, es kann aber ein erster Schritt sein, um eine Transformation eines bestehenden Systems hin zu einem Multiagenten-System einzuleiten. Diese Klassifikation kann auch durch die beiden Dimensionen Hierarchy und Layer des RAMI4.0 (SCI 4.0 2018) veranschaulicht werden (Abb. 8).

Ein BDI-Agent ist die digitale Repräsentation eines physischen oder nichtphysischen Objektes einer Hierarchie-Ebene, von einem einzelnen Produkt bis zu einem Netzwerk von Unternehmen. Die Layer-Ebene gibt an, über welche Fähigkei-

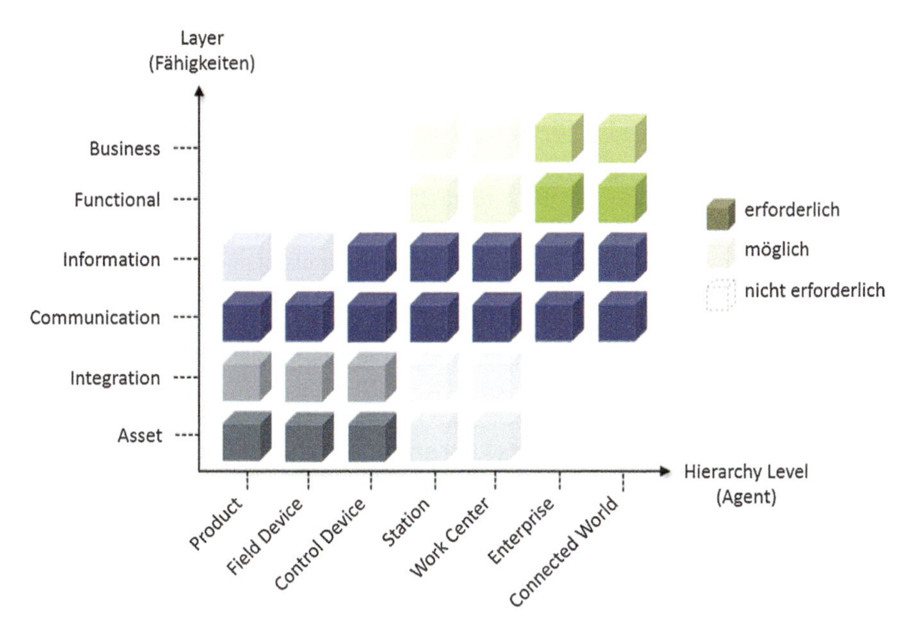

Abb. 8 Fähigkeiten von BDI-Agenten in den RAMI4.0-Dimensionen Hierarchy und Layer

ten ein BDI-Agent einer Hierarchie-Ebene verfügen muss, um seine Aufgaben zu erfüllen. Für die Klassifizierung werden folgende Leitfragen definiert:

- *Business:* Muss ein Agent die Ausführung von Geschäftsprozesse kontrollieren?
- *Functional:* Muss ein Agent Funktionen zur Erfüllung von (Wertschöpfungs-) Prozessen anbieten?
- *Information:* Muss ein Agent über Daten- /Informationsmodelle sowie Funktionen zu deren Verarbeitung verfügen?
- *Communication:* Muss ein Agent mit anderen Agenten direkt kommunizieren können?
- *Integration:* Muss ein Agent eine Verbindung zwischen einem physischen Asset und der digitalen Welt herstellen?
- *Asset:* Muss ein Agent ein physisches Objekt repräsentieren?

Da eine Einordnung teilweise nicht eindeutig ist, wird für die Beantwortung der Leitfragen die Antwort „möglich“ zugelassen, um einen Übergangsbereich für die Klassifizierung zu schaffen.

Die Repräsentation von Assets durch Agenten und deren Integration ist bis zur Hierarchie-Ebene Station und Work-Center möglich, auf höheren Ebenen ist die Vernetzung mit der physischen Welt aber nicht mehr sinnvoll. Dort werden verarbeitete Information verwendet, die von den darunter liegenden Agenten bereitgestellt werden. Da ein Multiagenten-System auf Kommunikation und Interaktion basiert, müssen alle Agenten auf Funktionen im Communication-Layer zugreifen können. Ebenso sind alle Agenten, die Informationen verarbeiten, auf das Information-Layer angewiesen. Nur bei passiven Produkten und Sensoren/Aktoren, die als Reflex-Agenten rein regelbasiert arbeiten, kann auf dessen Funktionen und Modelle verzichtet werden. Das Business- und Functional-Layer kann zwar auch auf Station- oder Work-Center-Ebene berücksichtigt werden, für Agenten, die ein Unternehmen oder ein ganzes Netzwerk repräsentieren, sind sie allerdings zwingend erforderlich. Die Klassifikation zeigt, dass nicht alle System-Komponenten miteinander vernetzt werden müssen, sondern eine Kommunikations-Hierarchie etabliert werden sollte. Diese enthält Repräsentanten von Objekten nahe dem Shopfloor und eine übergeordnete Steuerung der Geschäftsprozesse und Funktionen zu deren Ausführung durch Agenten auf einer höheren Aggregationsebene.

6 Ganzheitlicher Architekturansatz für I4.0-Systeme mit BDI-Agenten

Um eine ganzheitliche Architektur für die Implementierung eines I4.0-System zu schaffen können das Arrowhead-Framework (Delsing 2017b) und die I4.0-Komponente (Ye und Hong 2019) mit BDI-Agenten kombiniert werden.

6.1 Arrowhead

Arrowhead ist ein Framework für eine I4.0-Middleware, das der Vermittlung von Services zwischen verschiedenen Anwendungen dient. Diese Vermittlung umfasst u. a. Funktionen für die Suche und Orchestrierung von Services sowie Verfahren zur Authentifizierung und Autorisierung, die von den drei Kernkomponenten Authorization System, Service Registry und Orchestration System angeboten werden, die innerhalb eines Systems von Anwendungen in einer Local Cloud angelegt sind. Eine Verbindung zu einer anderen Local Cloud wird durch ein Gatekeeper-System über einen Gateway hergestellt, so dass Services zwischen Local Clouds angeboten und abgerufen werden können. Das Framework spezifiziert allerdings außer der Forderung nach der Nutzung der Kernkomponenten nicht, wie die einzelnen Anwendungen aufgebaut sein sollen.

6.2 Verwaltungsschale

Eine I4.0-Komponente besteht aus einer Verwaltungsschale (Administration Shell), die eine digitale Repräsentation für physische und nicht-physische Objekte ist, z. B. Produkte, Maschinen oder Aufträge. Die Verwaltungsschale enthält Informationen über Eigenschaften und Funktionen der repräsentierten Objekte und kann mit anderen Verwaltungsschalten kommunizieren. Sie wird in einen öffentlich einsehbaren Header, der z. B. eine eindeutige ID oder Bezeichnung des Objektes oder angebotene Services enthält, und einen internen Body unterteilt, dessen Submodule von einem Komponenten-Manager verwaltet werden. Sie bilden damit eine Vermittlungsschicht zwischen den Objekten und anderen Objekten, Anwendungen oder Menschen.

6.3 Active Component Shell

Die Motivation für die Kombination die beiden Ansätze ist, dass eine Verwaltungsschale zwar die Einhaltung von Standards und eine digitale Repräsentation ermöglicht, aber keine Aussagen über ein übergreifendes System-Design macht. Arrowhead fehlt dagegen eine Beschreibung für den Aufbau der Applikation in einer Local Cloud, bietet aber wichtige Eigenschaften und Funktionen für Systemübergreifende Integration auf Grundlage einer SoA. Die Verbindung der beiden Konzepte soll die jeweiligen Schwächen ausgleichen.

Es gibt viele Übereinstimmungen von Anforderungen der Verwaltungsschale mit den Fähigkeiten und Eigenschaften einer Active-Component (Abschn. 2), für die Realisierung der Verwaltungsschale können daher BDI-Agenten als Implementierung der Active-Component verwendet werden. Die Eigenschaften der Verwaltungsschalte werden als Belief gespeichert, Funktionen der Objekte durch Intentions implementiert und eine Zielsteuerung ermöglicht neben regelbasierten auch komplexen, kontextabhängigen Abläufen im Komponenten-Manager. Das Konzept der Administration Shell wird dadurch um die Problemlösungs- und Kommunikationsfähigkeiten von BDI-Agenten zu einer Active Component Shell erweitert und kann bei der Implementierung auf bestehende Agentenplattformen aufbauen (Baumgärtel und Verbeet 2020). Abb. 9 zeigt den internen Aufbau einer Active Component Shell und die Service-Interaktionen mit den Core Components einer Local Cloud von Arrowhead, wenn deren Applikation durch BDI-Agenten realisiert werden.

6.4 Anwendungsbeispiel der Architektur

In diesem Kapitel wird eine Anwendung der Active Component Shell und Arrowhead am Beispiel der vorbeugenden Instandhaltung (Wang 2016) einer Fördertechnik vorgestellt. Dafür wird der drohende Ausfall einer Antriebsrolle eines Fördertechnikmoduls betrachtet, die durch einen Sensor überwacht wird. Das Modul ist eine von vielen Fördertechnik-Komponenten in einem Produktionssystem, das durch ein MES mit einem kognitiven System (Abschn. 4.2) gesteuert wird. Die Kommunikation mit externen Systemen erfolgt über einen Conversation Manager (Abschn. 4.3) und die Instandhaltung erfolgt durch den Hersteller der Fördertechnik.

Die Systeme der beiden unabhängigen Unternehmen (Produktionssystem, Fördertechnikhersteller) sind jeweils in einer Arrowhead Local Cloud realisiert, die durch ein TCP/IP-Gateway zwischen den Gatekeepern miteinander verbunden sind und jeweils eigene Core Components implementieren (Abb. 10). Alle Komponenten im Beispiel werden als Arrowhead-Applikationen durch eine Active Component Shell bzw. durch einen BDI-Agenten realisiert. Sie können auf unterschiedlichen

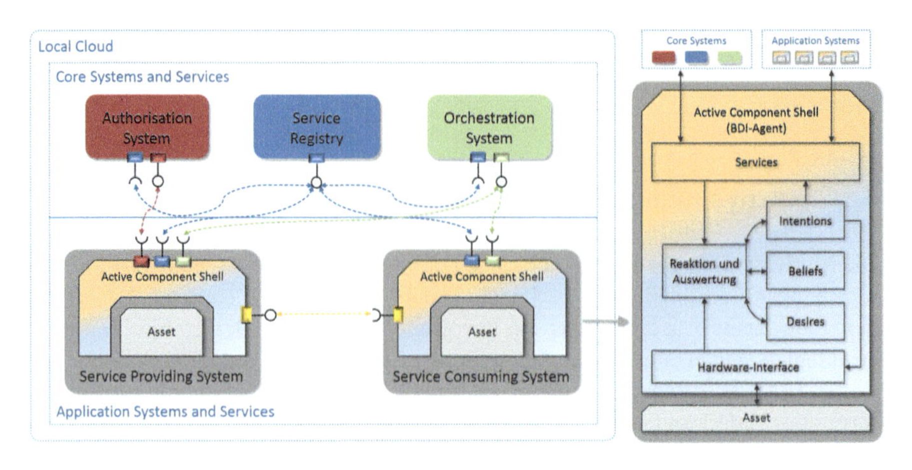

Abb. 9 Realisierung eines I4.0-Systems durch Arrowhead, Verwaltungsschale und Active-Component

Ebenen in RAMI4.0 eingeordnete und ihren Aufgaben entsprechend nach dem Schema aus Abschn. 5 (Abb. 7) klassifiziert werden. Die Kommunikation zwischen den Agenten basiert, durch die Nutzung der Core Components, auf einer Arrowhead-konformen Serviceorientierten Architektur. Dadurch wird eine Integration der Komponenten (vertikal) und den Unternehmen (horizontal) ermöglicht. In Abb. 11 werden zwei Varianten für den Ablauf und die Interaktionen zwischen den Komponenten bzw. den BDI-Agenten gezeigt.

In der ersten Variante wird die Instandhaltung durch den Fördertechnikhersteller angestoßen. Der Sensor ist direkt mit dem externen Fördertechnikhersteller verbunden und schickt diesem seine Messdaten. Diese Daten werden gesammelt und durch Verfahren des Machine Learning ausgewertet, z. B. Neuronale Netze oder Random Forest, um eine notwendige Instandhaltung frühzeitig zu erkennen. Der Hersteller kann dafür auf die Daten all seiner Kunden zugreifen, um die Qualität der Auswertung zu gewährleisten. Wird die Notwendigkeit einer Instandhaltung festgestellt, muss ein Termin abgestimmt werden. Diese Abstimmung erfolgt durch Verhandlung zwischen den Conversation Managern (Fujita et al. 2017). Das MES muss aber die möglichen Zeitintervalle in seiner Kapazitätsplanung identifizieren und dem Conversation Manager bereitstellen. Dafür können generell Zeitintervalle eingeplant werden, um sie bei Bedarf für eine Wartung zu verwenden, oder das MES führt einen Planungslauf auf Zuruf des Conversation Managers durch. Ist ein Termin gefunden, wird dieser an die anderen Komponenten weitergeben und in die Kapazitäts- und Transportplanung aufgenommen.

In der zweiten Variante kommunizieren die Local Clouds ausschließlich über die Conversation Manager, die Instandhaltung wird durch eine Meldung des Sensors angestoßen. Das MES berechnet auf Grundlage lokaler Daten einen Schwellwert für den Sensor. Werden dieser erreicht wird, schickt der Sensor eine Anfrage für eine Instandhaltung an das Fördertechnikmodul. Dieses wertet die Anfrage aus, z. B. um sie mit Anfragen weiterer Sensoren zu aggregieren, und benachrichtigt das MES

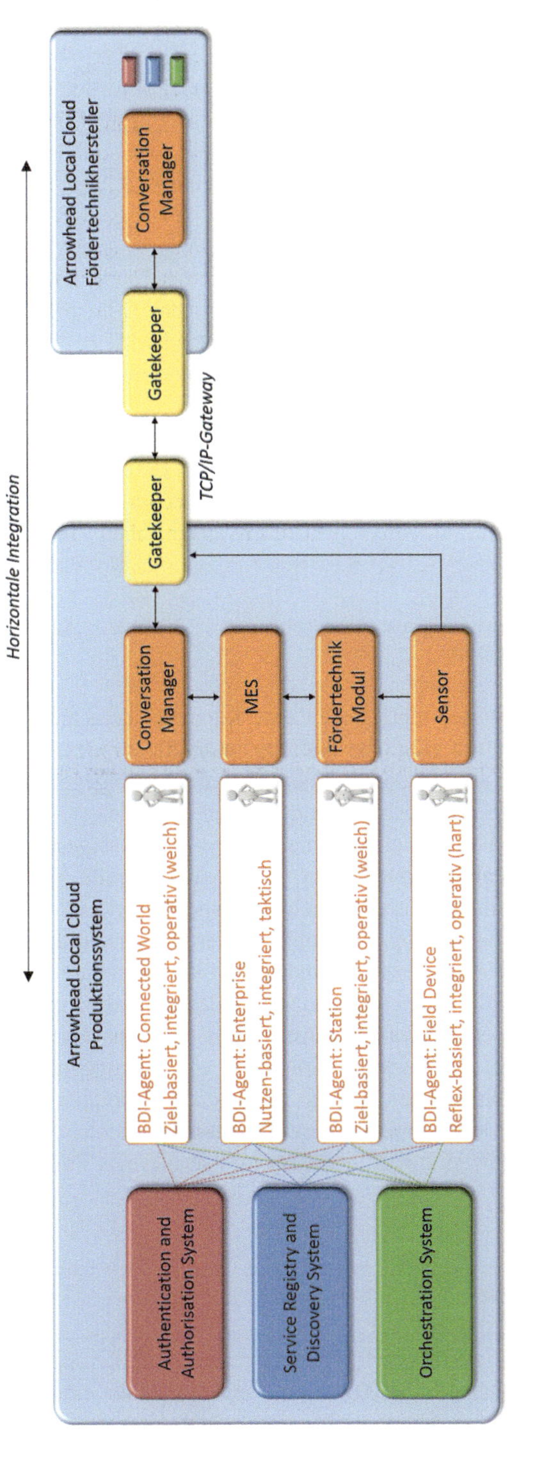

Abb. 10 Arrowhead Local Clouds mit Realisierung der Applikationen durch BDI-Agenten

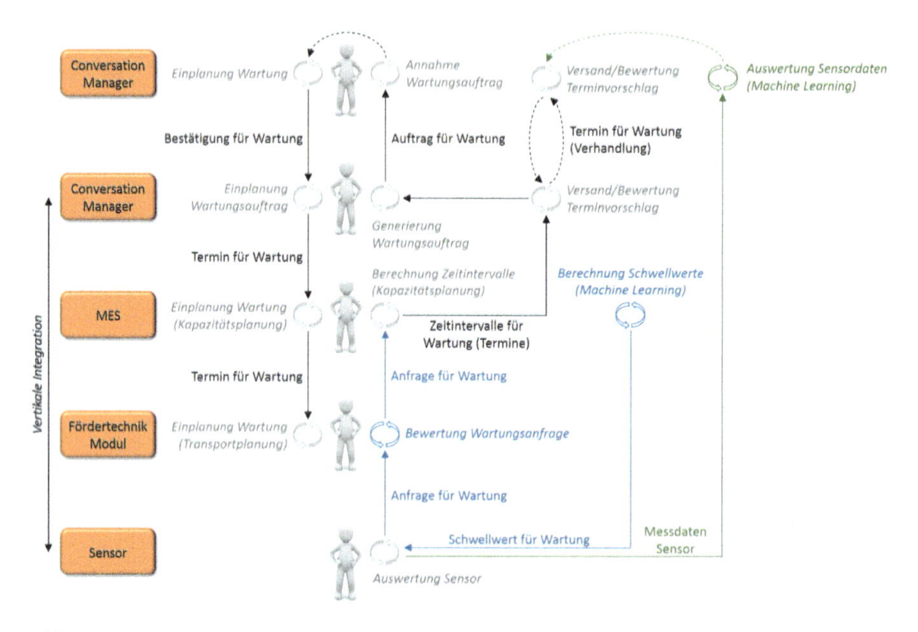

Abb. 11 Varianten für vorbeugende Instandhaltung (grün: Variante 1 „Auslöser Hersteller", blau: Variante 2 „Auslöser Sensor")

über die Anfrage. Dieses führt gezielt eine Kapazitätsberechnung für das Fördertechnikmodul durch, um mögliche Wartungsintervalle zu identifizieren. Diese werden mit der Anfrage an den Conversation Manager weitergegeben. Der Prozess der Auftragsvergabe erfolgt danach wie in der ersten Variante.

Die beiden Varianten schließen sich allerdings nicht kategorisch aus. Der Sensor könnte den Fördertechnikhersteller nur über seine generelle Nutzung informieren, damit dieser eine Routine-Wartung nach einer spezifizierten Nutzungsdauer durchführen kann. Drohende technische Probleme werden anhand der Schwellwerte des MES erkannt und an eine interne Instandhaltung kommuniziert, welche die Ursache behebt, gegebenenfalls unter Einbeziehung des Fördertechnikherstellers, wenn z. B. Komponenten ersetzt werden müssen. Der methodische Ansatz für das frühzeitige Erkennen von Ausfällen auf Grundlage von Vergangenheitsdaten sowie die Frage nach einer Wahrung der Prozess- und Datensouveränität müssen im Anwendungskontext diskutiert werden. Diese Diskussion ist nicht Gegenstand dieses Artikels, die Autoren sind sich gleichwohl der offenen Fragen dieser Themen bewusst.

7 Diskussion

Multiagenten-Systeme erfüllen viele der genannten Anforderungen an I4.0-Systeme. Die Anforderung nach (Teil-) Autonomie erfordert aber eine ziel- und kontextorientierte Auswahl von Aktionen, die durch BDI-Agenten implementiert werden kann. In Abschn. 4 wurden dafür exemplarische Anwendungen aus unterschiedlichen Domänen beschrieben. Strukturelle Skalierbarkeit muss durch Selbstregulierung der Systemkomponenten hergestellt werden, da die Dynamik und Komplexität von Systemen digitaler Repräsentationen nicht mehr durch eine zentrale und/oder regelbasierte Steuerung beherrscht werden können. Auch dafür sind BDI-Agenten durch ihre Fähigkeit zur Konfliktlösung ein Lösungsansatz. Eine auf BDI-Agenten und dem Framework Arrowhead basierender Architektur ist ein Ansatz für die Realisierung der Vertikalen und Horizontalen Integration von Industrie 4.0.

Die Integration von neuen Technologien und Verfahren der Künstlichen Intelligenz wird weiterhin ein zentrales Thema der Industrie 4.0 bleiben. Durch ihre modulare Struktur sind BDI-Agenten ein Ansatz für die Implementieren zukünftiger, technischer und methodischer Entwicklungen. Sie können beliebige Schnittstellen beherrschen, um auch in Legacy-Systeme integriert zu werden. Der BDI-Ansatz ermöglicht daher den in (Bearzotti et al. 2012) beschriebenen Wandel von Monitoring- und Alarm-Systemen hin zu Decision-Support- und Autonomous-Corrective-Systemen.

Ein Problem bei BDI-Anwendungen in der Produktion bzw. der Automatisierung sind neben dem teilweise nicht vorhersagbaren Verhalten von Multiagenten-Systemen (Emergenz) die technischen Anforderungen von Rechenkapazität und Reaktionszeit an das Reasoning und die Kommunikation. Es ist nicht klar, ob eine kontextabhängige Informationsverarbeitung den Echtzeit-Anforderungen von Automatisierungssystemen standhalten kann, insbesondere, wenn die Vernetzung einer beliebigen Anzahl Komponenten umgesetzt werden soll. Für die Erfüllung einer Echtzeit-Forderung können aber zentrale Mediatoren oder Hierarchien und Cluster für die Kommunikation eingesetzt werden. Für deren dynamische Konfiguration fehlt es aber noch an belastbaren Konzepten. Das Problem kann reduziert werden, wenn Agenten mit geringerer kognitiver Komplexität verwendet werden, die ihre Aufgaben dadurch schneller und effizienter ausführen können.

Agenten sind zu komplexer Problemlösung fähig, die auch das Auflösen von Konflikten mit anderen Agenten beinhalten kann. Es muss allerdings gewährleistet werden, dass dieser Lösungsprozess auch zu Ergebnissen führt. Daher sind Mechanismen notwendig, die Konflikte innerhalb der Abstimmungsprozesse unabhängiger Agenten auflösen können. Selbst wenn spieltheoretische Betrachtung von Vertrauen und Betrug ausgeschlossen werden, ist das bei gegensätzlichen Zielen der Agenten eine komplexe Aufgabe, die z. B. ihren operativen Einsatz als Repräsentation oder autonomes Steuerungssystem von Unternehmen in einer Supply Chain limitieren. Ansätze werden in (DIN 2018) beschrieben und sind Gegenstand aktueller Forschung.

BDI-Agenten sind keine Patentlösung, um alle Probleme der Software-Entwicklung zu lösen. Sie lösen nicht durch ihre bloße Existenz die Probleme von digitaler Repräsentation und Vernetzung, aber sie sind ein Ansatz, um eine Architektur und Anwendungen für I4.0-Systeme zu entwerfen sowie die Integration von technischen und methodischen Lösungen zu ermöglichen.

Literatur

Adeyeri MK, Mpofu K, Olukorede TA (2015) Integration of agent technology into manufacturing enterprise: a review and platform for industry 4.0. In: International conference on industrial engineering and operations management (IEOM), Dubai, United Arab Emirates, S 1–10

Ahn HJ, Lee H, Park SJ (2003) A flexible agent system for change adaption in supply chains. Expert Syst Appl 25:603–618

Baumgärtel H, Verbeet R (2020) Service- und Agenten-basierte Ansätze für Industrie 4.0-Systeme. In: Vogel-Heuser B, Bauernhansl T, ten Hompel M (Hrsg) Handbuch Industrie 4.0: Industrie 4.0-Anwendungsszenarien für die Automatisierung. Springer, Berlin/Heidelberg

Baumgärtel H, Ehm H, Laaouane S, Gerhardt J, Kasprzik A (2018) Collaboration in supply chains for development of CPS enabled by semantic web technologies. In: 2018 Winter simulation conference (WSC), IEEE Press, Gothenburg, Sweden, S 3627–3638

Bearzotti L, Salomone E, Chiotti O (2012) An autonomous multi-agent approach to supply chain event management. Int J Prod Econ 135:468–478

Bellifemine F, Poggi A, Rimassa G (2001) JADE: a FIPA2000 compliant agent development environment. In: Proceedings of the 5th international conference on autonomous agents, Montreal, Canada, S 216–217

Bicaku A, Maksuti S, Hegedus C, Tauber M, Delsing J, Eliasson J (2018) Interacting with the arrowhead local cloud: on-boarding procedure. In: Proceedings 2018 IEEE industrial cyber-physical systems (ICPS), IEEE, Piscataway, USA, S 743–748

Bogon T (2012) Agentenbasierte Schwarmintelligenz. Dissertation

Bratman M (1987) Intention, plans, and practical reason. Harvard University Press, Cambridge

Braubach L, Pokahr A (2012) Developing distributed systems with active components and Jadex. Scalable Comput Pract Exp 13:100–120

Braubach L, Lamersdorf W, Pokahr A (2003) Implementing a BDI-infrastructure for JADE agents. EXP 3:76–85

Bussmann S (2012) Production 2000+. http://www.stefan-bussmann.de/en/agents/p2000p.html. Zugegriffen am 25.10.2019

Bussmann S, Schild K (2001) An agent-based approach to the control of flexible production systems. In: 8th International conference on emerging technologies and factory automation, Boston, USA, S 481–488

Bussmann S, Jennings NR, Wooldridge MJ (2013) Multiagent systems for manufacturing control: a design methodology. Springer Science & Business Media, Berlin/Heidelberg

D'Andrea R, Wurman P (2008) Future challenges of coordinating hundreds of autonomous vehicles in distribution facilities. In: International conference on technologies for practical robot applications (TePRA), Woburn, USA, S 80–83

Delsing J (2017a) IoT automation: arrowhead framework. CRC Press/Taylor & Francis Group, Boca Raton

Delsing J (2017b) Local cloud internet of things automation: technology and business model features of distributed internet of things automation solutions. IEEE Ind Electron Mag 11:8–21

Derhamy H, Eliasson J, Delsing J, Priller P (2015) A survey of commercial frameworks for the internet of things. In: 20th Conference on emerging technologies & factory automation, Luxembourg City, Luxembourg, S 1–8

DIN. 16593-1 (2018) Reference model for industrie 4.0 service architectures. DIN, Beuth, Berlin

DIN. 19233 (1999) Leittechnik – Prozessautomatisierung – Automatisierung mit Prozessrechensystemen. DIN, Beuth, Berlin

Fay A, Gehlhoff F, Seitz M, Vogel-Heuser B, Baumgärtel H, Diedrich C, Lüder A, Schöler T, Sutschet G, Verbeet R (Hrsg) (2019) Agenten zur Realisierung von Industrie 4.0. VDI-Statusreport, VDI/VDE. https://www.vdi.de/ueber-uns/presse/publikationen/details/agenten-zur-realisierung-von-industrie-40. Zugegriffen am 06.12.2019

FIPA (2019) FIPA. http://www.fipa.org/index.html. Zugegriffen am 05.06.2019

Fortino G, Russo W, Savaglio C, Shen W, Zhou M (2017) Agent-oriented cooperative smart objects: from IoT system design to implementation. IEEE Trans Syst Man Cybern 48:1–18

Fujita K, Bai Q, Ito T, Zhang M, Ren F, Aydoğan R, Hadfi R (2017) Modern approaches to agent-based complex automated negotiation, Bd 674. Springer International Publishing, Cham

George M, Lansky A (1987) Reactive reasoning and planning: an experiment with a mobile robot. In: Proceedings of the 6th national conference on artificial intelligence (AAAI 1987), Seattle, USA, S 677

Grangel-González I, Halilaj L, Coskun G, Auer S, Collarana D, Hoffmeister M (2016) Towards a semantic administrative shell for industry 4.0 components. In: 10th International conference on semantic computing (ICSC), Laguna Hills, USA, S 230–237

Guerra-Hernández A, El Fallah-Seghrouchni A, Soldano H (2004) Learning in BDI multi-agent systems. In: International workshop on computational logic in multi-agent systems. Springer, Berlin/Heidelberg, S 218–233

Hartelt S (2017) Der Unterschied zwischen Automatisierung und Autonomisierung. https://medium.com/@stefanhartelt/der-unterschied-zwischen-automatisierung-und-autonomisierung-ddf0bc0a6815. Zugegriffen am 17.04.2019

Herron D, Castillo O, Lewis R (2015) Systems and methods for individualized customer retail services using RFID wristbands: U.S. Patent Application(14/034,395)

Jabeur N, Al-Belushi T, Mbarki M, Gharrad H (2017) Toward leveraging smart logistics collaboration with a multi-agent system based solution. Proc Comput Sci 109:672–679. https://doi.org/10.1016/j.procs.2017.05.374

Kamdar R, Paliwal P, Kumar Y (2018) A state of art review on various aspects of multi-agent system. J Circuit Syst Comp 27:1830006. https://doi.org/10.1142/S0218126618300064

Kantamneni A, Brown L, Parker G, Weaver WW (2015) Survey of multi-agent systems for microgrid control. Eng Appl Artif Intell 45:192–203

Khare AR, Kumar BY (2015) Multiagent structures in hybrid renewable power system: a review. J Renew Sustain Energy 7:63101. https://doi.org/10.1063/1.4934668

Kinny D, Georgeff M, Rao A (1996) A methodology and modelling technique for systems of BDI agents. In: European workshop on modelling autonomous agents in a multi-agent world. Springer, Berlin/Heidelberg, S 56–71

Kirn S, Herzog O, Lockermann P, Spaniol O (2006) Multiagent engineering: theory and applications in enterprises. International handbooks on information systems. Springer, Berlin/New York

Kravari K, Bassiliades N (2015) A survey of agent platforms. J Artif Soc Soc Simul 18:11

Kunze O, Baumgärtel H, Neitmann A, Rosemeier S (2012) Dynamic Truck Meeting (DTM): Ein Prozess- & Schnittstellenstandard zur Realisierung von dynamischen Begegnungsverkehren mit Hilfe von Dispositions- und Telematik-Systemen (ca. 2012). https://edocs.tib.eu/files/e01fn12/731853814.pdf. Zugegriffen am 23.01.2020

Laird J (2012) The Soar cognitive architecture. MIT Press, Cambridge, MA/London

Lu Y (2017) Industry 4.0: a survey on technologies, applications and open research issues. J Ind Inf Integr 6:1–10

Malakuti S, Bock J, Weser M, Venet P, Zimmermann P, Wiegand M, Grothoff J, Wagner C, Bayha A (2018) Challenges in skill-based engineering of industrial automation systems*. In: 2018 IEEE 23rd International Conference on Emerging Technologies and Factory Automation (ETFA), IEEE, Turin, Italien, S 67–74

Mayer S (2009) Development of a completely decentralized control system for modular continuous conveyors. Dissertation, Karlsruhe Institute of Technology

Park HS, Tran NH (2011) An autonomous manufacturing system for adapting to disturbances. Int J Adv Manuf Technol 56:1159–1165

Pokahr A, Braubach L (2011) Active components: a software paradigm for distributed systems. In: Proceedings of international conference on web intelligence and intelligent agent technology (WI-IAT 2011), Lyon, France, S 141–144

Pudāne M, Lavendelis E (2017) General guidelines for design of affective multi-agent systems. Appl Comput Syst 22:5–12. https://doi.org/10.1515/acss-2017-0012

Rao AS (1996) AgentSpeak (L): BDI agents speak out in a logical computable language. In: European workshop on modelling autonomous agents in a multi-agent world. Springer, Berlin/Heidelberg, S 42–55

Riehle D (2000) Framework design: a role modeling approach. Dissertation, ETH, Zürich

Russell SJ, Norvig P (2016) Artificial intelligence: a modern approach. Pearson Education, Pearson, Boston/Columbus/Indianapolis

SCI 4.0 (2018) Alignment report for reference architectural model for Industrie 4.0/Intelligent Manufacturing System Architecture/Intelligent Manufacturing System Architecture: Sino-German Industrie 4.0/Intelligent Manufacturing – Standardisation Sub-Working Group. https://www.plattform-i40.de/PI40/Redaktion/DE/Downloads/Publikation/hm-2018-manufacturing.html. Zugegriffen am 09.03.2020

Sun R, Merrill E, Peterson T (2001) From implicit skills to explicit knowledge: a bottom-up model of skill learning. Cogn Sci 25:203–244

Tjahjono B, Esplugues C, Ares E, Pelaez G (2017) What does industry 4.0 mean to supply chain? Proc Manuf 13:1175–1182

Trunzer E, Cala A, Leitao P, Gepp M, Kinghorst J, Lüder A, Schauerte H, Reiferscheid M, Vogel-Heuser B (2019) System architectures for industrie 4.0 applications-derivation of a generic architecture proposal. Prod Eng 13:247–257

Varga P, Blomstedt F, Ferreira LL, Eliasson J, Johansson M, Delsing J, Martínez de Soria I (2017) Making system of systems interoperable: the core components of the arrowhead framework. J Netw Comput Appl 81:85–95. https://doi.org/10.1016/j.jnca.2016.08.028

VDI/VDE. 2653 (2010) Agentensysteme in der Automatisierungstechnik. VDI/VDE, Berlin/Heidelberg

VDI/VDE. 2653 (2013) Agentensysteme in der Automatisierungstechnik. VDI/VDE, Berlin/Heidelberg

Vialkowitsch J, Schell O, Willner A, Vollmar F, Schulz T, Pethig F, Neidig J, Usländer T, Reich J, Nehls D, Lieske M, Diedrich C, Belyaev A, Bock J, Deppe T (2018) I4.0-Sprache – Vokabular, Nachrichtenstruktur und semantische Interaktionsprotokolle der I4.0-Sprache, BMWi (Hrsg), Plattform I4.0. https://www.plattform-i40.de/PI40/Redaktion/DE/Downloads/Publikation/hm-2018-sprache.html. Zugegriffen am 23.01.2020

Vogel-Heuser B, Diedrich C, Pantforder D, Gohner P (2014) Coupling heterogeneous production systems by a multi-agent based cyber-physical production system. In: 12th International conference on industrial informatics (INDIN), Porto Alegre, Brazil, S 713–719

Wang K (2016) Intelligent predictive maintenance (IPdM) system–industry 4. 0 scenario. WIT Trans Eng Sci 113:259–268

Wooldridge M, Jennings NR, Kinny D (2000) The Gaia methodology for agent-oriented analysis and design. Auton Agent Multi-Agent Syst 3:285–312

Wooldridge MJ (2009) An introduction to multiagent systems, 2. Aufl. Wiley, Chichester

Wörn H, Brinkschulte U (2006) Echtzeitsysteme. Grundlagen, Funktionsweisen, Anwendungen. Springer, Berlin

Ye X, Hong SH (2019) Toward industry 4.0 components: insights into and implementation of asset administration shells. IEEE Ind Electron Mag 13:13–25. https://doi.org/10.1109/MIE.2019.2893397

Service- und Agenten-basierte Ansätze für die Implementierung von I4.0-Systemen

Hartwig Baumgärtel und Richard Verbeet

Zusammenfassung

Industrie 4.0 basiert auf den drei Säulen Vertikale Integration, Horizontale Integration und Produktlebenszyklus-Management. Die Implementierung von Systemen zur Realisierung dieser Säulen erfordert eine Architektur, welche die Interoperabilität verteilter Komponenten und deren digitale Repräsentation ermöglicht. Als Middleware werden die Serviceorientierten Architekturen OPC UA, Arrowhead und JADEX/JADEX untersucht. Agenten-Technologie wird verwendet, um eine Active Component-Shell als Realisierung der Verwaltungsschale zu implementieren. Dadurch soll die Middleware von Prozessen und Hardware entkoppelt werden und ein modularer Aufbau der Architektur gewährleistet werden.

1 Säulen von Industrie 4.0

Industrie 4.0 (I4.0) ist ein allgegenwärtiger Megatrend in Industrie, Wissenschaft und Politik. Er wird getrieben von technologischen Fortschritten in der Informations- und Automatisierungstechnik, der Halbleiterindustrie, Funktechnologien sowie dem Software-Engineering und eröffnet neue, ganzheitliche Lösungsansätze für die Optimierung, Flexibilisierung und Vernetzung von Produktion, Wertschöpfungsnetzwerken und Unterstützung von Produktlebenszyklen.

Die Deutsche Akademie der Technikwissenschaften (acatech) beschrieb 2012 die vierte industrielle Revolution als „autonome eingebettete Systeme, die drahtlos

H. Baumgärtel (✉)
Institut für Betriebsorganisation und Logistik, Technische Hochschule Ulm, Ulm, Deutschland
E-Mail: Hartwig.Baumgaertel@thu.de

R. Verbeet
Institut für Betriebsorganisation und Logistik, Technische Hochschule Ulm, Ulm, Baden-Württemberg, Deutschland
E-Mail: verbeet@mail.hs-ulm.de

B. Vogel-Heuser et al. (Hrsg.), *Handbuch Industrie 4.0*,
https://doi.org/10.1007/978-3-662-58528-3_129

untereinander und mit dem Internet vernetzt sind. In der Produktion entstehen sogenannte Cyber-Physical Production Systems (CPPS) mit intelligenten Maschinen, Lagersystemen und Betriebsmitteln, die eigenständig Informationen austauschen, Aktionen auslösen und sich gegenseitig selbstständig steuern. Sie können industrielle Prozesse in der Produktion, dem Engineering, der Materialverwendung sowie des Lieferketten- und Lebenszyklusmanagements enorm verbessern." (Kagermann et al. 2012) Dadurch werden die drei Säulen eingeführt, auf denen die Industrie 4.0 beruht:

- Horizontale Integration über Wertschöpfungsnetzwerke
- Vertikale Integration und vernetzte Produktionssysteme
- Durchgängigkeit des Engineerings über den gesamten Lebenszyklus

Während der Begriff „Industrie 4.0" in den letzten Jahren zu einem Hype wurde und zahlreiche unterstützende Technologien aus dem Bereich der Produktion den Begriff öffentlichkeitswirksam besetzten, z. B. additive Fertigungsverfahren, kollaborationsfähige Roboter und Drohnen, erfordert die Entwicklung und Umsetzung von Konzepten der drei Säulen enormen Aufwand und neue Ansätze in der Automatisierungs- und Informationstechnik. Diese sind Gegenstand dieses Beitrags. Zunächst sollen hierfür die drei Säulen näher beschrieben werden.

1.1 Horizontale Integration

Die horizontale Integration steht für die unternehmensübergreifende Zusammenarbeit im Supply Network Management. Sie erstreckt sich auf alle Ebenen der Netzwerke: institutionelle Ebene (Kooperation zwischen Unternehmen durch Verträge), sozial Ebene (Kooperation menschlicher Vertreter der Institutionen, z. B. Ein-/Verkäufer oder System-/Komponentenentwickler), informationelle Ebene (Austausch und Verarbeitung von Daten und Informationen) und physische Ebene (physische Materialflüsse zwischen Standorten der Institutionen).

Die technischen Fortschritte, durch welche die Horizontale Integration realisiert wird, wirken primär auf die Informations- und Datenebene, durch die vertikale Vernetzung aber indirekt auch auf die anderen drei Ebenen. Insbesondere sollen Menschen in den Wertschöpfungsnetzwerken durch schnellere Informationsverfügbarkeit und effiziente, intelligente Informationsverarbeitung, bei der Ausübung ihrer Aufgaben unterstützt werden. Horizontale Integration auf der Informations- und Datenebene ist dabei nicht neu. Sie wird schon seit Jahren in vielen Industriezweigen durch den Informationsaustausch zwischen ERP-Systemen per elektronischem Datenaustausch (EDI) oder Datenaustausch über Internet-Plattformen (webEDI) realisiert. Zunehmend kommen auch Lösungen hinzu, die durch Anwendungs-Programmierschnittstellen (API) Serviceorientierte Architekturen (SoA) im unternehmensübergreifenden Kontext einführen.

1.2 Vertikale Integration

Unter vertikaler Integration wird eine neue Qualität der Vernetzung von physischen Entitäten von Produktionssystemen, z. B. Sensoren und Aktuatoren, Maschinen oder Transportsystemen, mit Steuerungs- und IT-Systemen bis hin zu Arbeitsplätzen mit Mensch-Computer-Interaktion verstanden. Traditionell erfolgt diese Integration entlang der Automatisierungspyramide (ANSI ISA-95, IEC 62264), die aus den Ebenen Feldgeräte (Sensoren Aktoren), Steuerungen (SPS, Mikrocontroller, IPC), Anlagensteuerungen und Datenerfassung (SCADA, Visualisierungen), Leitstandebene (MES, Transportleitstand, WMS) und betriebliche Standardsoftware (ERP-, APS-, PLM-, BI-Systeme) besteht (ANSI 2000).

Kommunikation zwischen Systemen in dieser Pyramide findet ausschließlich zwischen Entitäten der gleichen oder benachbarter Ebenen statt. Dabei werden ebenen-spezifische Kommunikationstechnologien der Automatisierungstechnik verwendet, z. B. Feldbusse (Ebenen 1 und 2), Anlagenbusse (Ebenen 2 und 3) und Industrielles Ethernet (Ebenen 3 und 4). Während auf den unteren Ebenen oft in Echtzeit kommuniziert wird, erfolgen Datenaustausche auf höherer Ebenen oft im Batch-Betrieb, z. B. einmal pro Tag bzw. über Nacht. Eine direkte Kommunikation von Systemen über mehrere Ebenen hinweg existiert nicht. Das erschwert die Informationsverfügbarkeit über den Zustand des Produktionssystems in den höheren Ebenen und die Weitergabe von Steuerungsanweisungen.

Cyber-physischen Produktionssysteme (CPPS) erweitern diese Kommunikationsarchitektur. Sie basieren auf dem Konzept der Cyber-physischen Systeme, welche die Integration physischer Gegenstände durch Informations- und Kommunikationstechnologie beschreiben. Sie können sich einerseits autonom steuern bzw. regeln und andererseits mit anderen CPS kommunizieren, so dass ihre Steuerungen miteinander vernetzt werden und sich gegenseitig beeinflussen können. Dadurch werden aus einfachen, lokalen Regelkreisen vernetzte, komplexe Regelsysteme, in denen physischen Prozesse aufeinander wirken und die Steuerungen nicht nur auf eigene Zustände, sondern auch auf die anderer Steuerungen reagieren (Xinping 2016).

In der Industrie 4.0 werden nicht nur Feldgeräte als Entitäten angesehen, sondern auch die Werkstücke und Produkte, an denen die Arbeit im Produktionssystem verrichtet wird. Werden diese ebenfalls zu CPS, können sie zusammen mit den Feldgeräten die Interaktionen der Steuerung und Regelung nutzen, um sich selbstständig ohne zentrale Steuerung einen Weg durch die Fertigungsprozesse zu suchen. Für die technische Kommunikation kommt dabei drahtlosen Technologien eine große Bedeutung zu, z. B. RFID, Industrial WLAN (IEEE 802.11), BLE (IEEE 802.15.1), WPAN (IEEE 802.15.4), LTE oder 5G. Die technische Kommunikation auf den Ebenen 1-4 des OSI-Schichtenmodells wird durch diese ermöglicht, so dass Geräte vom Sensor bis zum Server eines MES- oder ERP-Systems Daten austauschen können.

Eine weitere Frage für die Vernetzung der Systeme ist, wie die Anwendungssoftware auf den Geräten die technischen Kommunikationsmöglichkeiten nutzt. Diese

Frage kann unter anderem mit Serviceorientieren Architekturen und Agentensystemen beantwortet werden. Neben der Kommunikation ist auch die Gestaltung von Software-Systemen im Kontext von Industrie 4.0 Gegenstand aktueller Forschung und Entwicklung. Die Software einzelner CPS, die von der Plattform Industrie 4.0 als Industrie 4.0-Komponenten bezeichnet werden, können durch Konzepte zur Digitalisierung von Objekten und Prozessen, der Integration von Methoden der Künstlichen Intelligenz (Russell und Norvig 2016) oder Konzepten zur Integration von Autonomie und Self-x-Eigenschaften (Gudemann et al. 2006) entwickelt werden. Die angestrebten Eigenschaften dieser Entwicklung sind Dezentralität, Skalierbarkeit und Daten- sowie Prozesssouveränität. Ein möglicher Ansatz zur Realisierung solcher intelligenten Komponenten wird in (Verbeet und Baumgärtel 2019) vorgestellt.

1.3 Durchgängigkeit des Engineerings über den gesamten Produktlebenszyklus

„Die Ziele von Industrie 4.0 erfordern eine Durchgängigkeit des Engineerings über den gesamten Lebenszyklus des Produkts und des zugehörigen Produktionssystems hinweg. Für neuartige technische Produkte müssen die entsprechenden neuen oder modifizierten Produktionssysteme zeitlich verzahnt entwickelt werden. Dies führt zu einer integrierten Vorgehensweise bei der Entwicklung von Produkt und Produktionssystem sowie der Abstimmung ihrer Lebenszyklen. Die lebenszyklus-überspannende Betrachtung erlaubt die frühzeitige Berücksichtigung von Wartungs- und Instandhaltungskonzepten (Reuse von Engineering-Daten). Dies bedeutet, dass Wettbewerbsvorteile (Qualität, Service) bei Konsumprodukten erzielt werden und erhöht im Fall der Verwendung dieser Produkte innerhalb einer weltweiten Fertigung die Verfügbarkeit des Produktionssystems. Diese Aspekte erfordern, dass die „richtigen“ Daten und Informationen allen Beteiligten in allen Lebenszyklus-Phasen zur Verfügung stehen müssen. Dazu sind Konzepte und Werkzeuglösungen erforderlich (Welche Daten müssen auf welcher Abstraktionsebene in welcher Phase vorgehalten werden?).“ (Kagermann et al. 2012)

Eine große Herausforderung sind die unterschiedlichen Innovations- und Lebenszyklus-Zeiten in verschiedenen Industrien, die in Produktionssystemen miteinander verbunden werden. Nach einer ZVEI-Studie reichen diese Zeiten von Industrieanlagen mit Lebenszyklen zwischen 20 und 50 Jahren bis zu weniger als 3 Jahren für Mikrochips und andere elektronische Bauteile (Birkhofer et al. 2010). Eine Ursache ist die oft branchen-, kunden- oder anwendungsspezifische Entwicklung von Maschinen, Anlagen und komplexen Automatisierungssystemen, die ihre Kosten über wenige Installationen amortisieren müssen. Computer, elektronische Bauteile oder Mikrochips werden dagegen anwendungsneutral und -übergreifend entwickelt, produziert und verkauft. Eine Synchronisation dieser Zeiten ist faktisch nicht möglich. Um neue Technologien für bestehende Anlagen und Maschinen nutzbar zu machen, müssen Konzepte wie Nachrüstungen, Umbau oder Retrofits angewendet werden. Ein modularer Aufbau von Maschinen, Anlagen und Software erleichtert diese Anwendung.

Abb. 1 zeigt eine Konstellation für die Entwicklung eines neuen Produktionssystems. Sie kombiniert die Säulen des Produktlebenszyklus eines Produktionssystems (waagerecht) und der horizontalen Integration entlang des Wertschöpfungsnetzwerks (senkrecht, über drei Stufen des Netzwerks). Die Entwicklung eines neuen Produktionssystems parallel zu einem neuen Produkt erfordert eine hohe Abstimmung zwischen dem Produkthersteller, dem Maschinenhersteller, Herstellern von Komponenten und Bauteilen dieser Maschinen und deren Lieferanten. Der Lebenszyklus der Produktionsanlage, der in der unteren Ebene der Abbildung dargestellt ist, umfasst nicht nur die Entwicklung, Konstruktion, Test, Absicherung und Erstellung von Wartungs- und Recycling-Dokumenten, sondern auch die Inbetriebnahme, den Betrieb, Wartungen und Erneuerungen. Eine besondere Bedeutung kommt der Betrachtung der Modifikation von Produktionssystemen zu. Während in der Vergangenheit in einigen Branchen für ein neues Produkt auch ein komplett neues Produktionssystem entwickelt und aufgebaut wurde, z. B. in der Automobilindustrie, geht der Trend hin zu flexiblen und modularen Produktionssystemen, die für neue Produktgenerationen umgebaut, rekonfiguriert und weitergenutzt werden können. Das ist angesichts kürzerer Produktlebenszyklen ein Gebot der Wirtschaftlichkeit und Nachhaltigkeit.

Jedes Produktionssystem unterliegt den Anforderungen an die Vertikale Integration. Seine physischen Komponenten, z. B. Maschinen, Anlagen, Transportsysteme oder Roboter, müssen als CPS ausgelegt werden, d. h. Industrie 4.0-Komponenten werden. Das muss bereits in der Entwicklung neuer Maschinen und Produktionssysteme berücksichtigt werden, so dass die Anforderungen an die Vertikale Integration zu Anforderungen an die Entwicklungsphasen im Lebenszyklus dieser Produktionssysteme und Maschinen werden. Um Maschinenentwickler bei dieser Aufgabe zu unterstützen, können Konzepte des Semantic Web eingesetzt werden, mit denen Produktbeschreibungen und Funktionsanforderungen über Schlussfolgerungsmechanismen und Suchalgorithmen in Graph-Datenbanken miteinander verbunden werden können (Baumgärtel et al. 2018).

Die digitalen Repräsentanzen einzelner Maschinen und Komponenten eines Produktionssystems und die digitale Repräsentanz des kompletten Produktionssystems („Digitale Fabrik 2.0") sollen sich ergänzen und im Sinne der Vertikalen Integration miteinander kommunizieren. Das soll den Aufbau einer digitalen Repräsentanz eines kompletten Produktionssystems vereinfachen, bedarf aber weiterer Forschungs- und Entwicklungsarbeiten auf dem Gebiet der Digitalen Fabrik.

1.4 Das Referenzarchitekturmodell Industrie 4.0

Die Plattform Industrie 4.0 entwickelte ein Referenzmodell für die Architektur von Industrie 4.0-Systemen, das viele der bisher vorgestellten Aspekte umfasst und kompakt zusammenführt. Es wird als Referenzarchitekturmodell Industrie 4.0

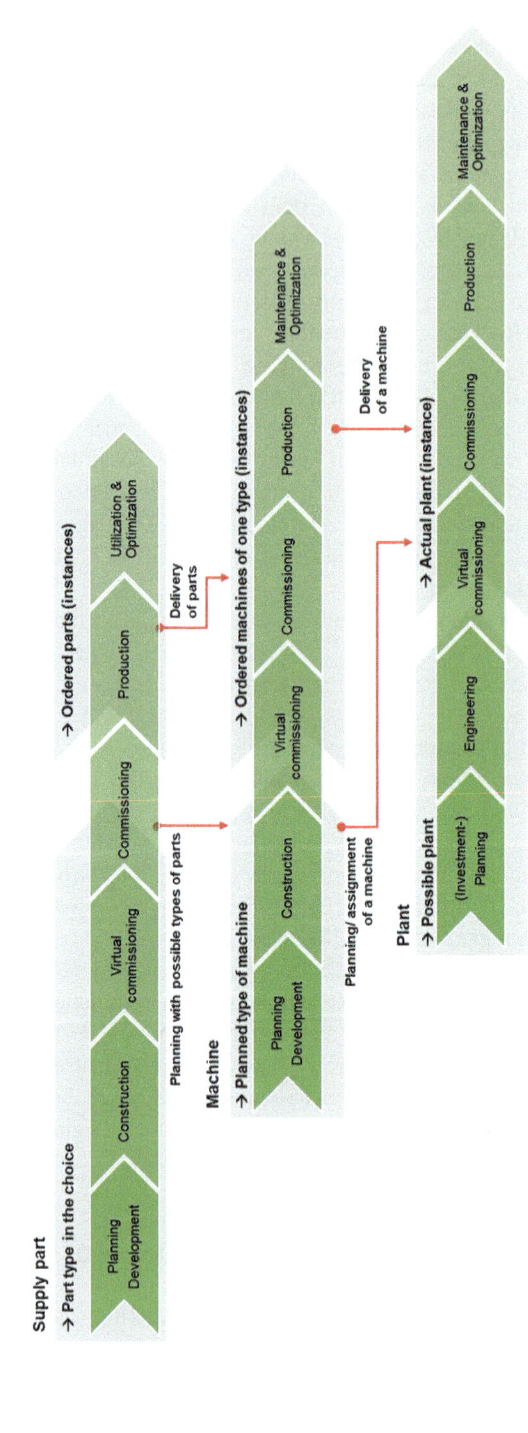

Abb. 1 Product lifecycles of machine parts, machines and production systems/plants. (IEC 2017)

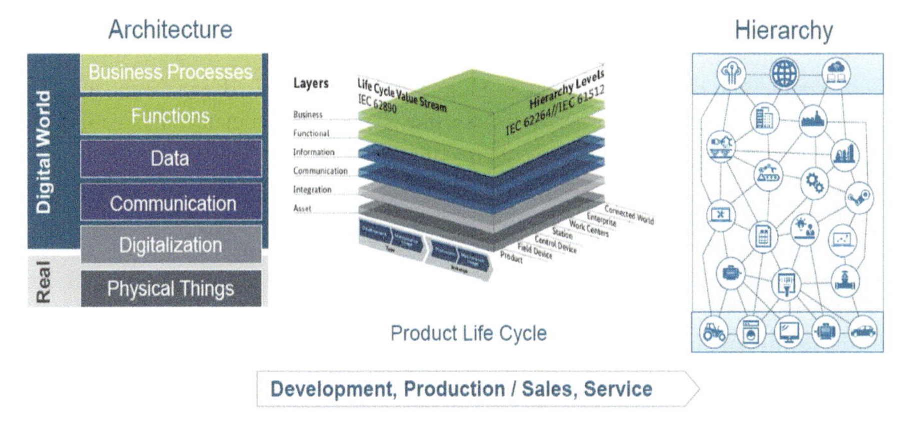

Abb. 2 Reference Architecture Model Industry 4.0 (RAMI4.0). (IEC 2017)

(RAMI4.0) bezeichnet und wurde von der IEC im Jahr 2017 als Standard veröffentlicht (IEC 2017) (Abb. 2).

Das Modell umfasst drei Dimensionen, die als Hierarchiestufen, Lebenszyklusphasen und Ebenen bezeichnet werden. Die Hierarchiestufen entsprechen nahezu den Stufen von automatisierten Produktionssystemen, die bereits zur Vertikalen Integration vorgestellt wurden. Sie basieren auf den Standards IEC 62264 (Automatisierungsstufen in der diskreten Industrie) und IEC 61512 (Prozessindustrie) und ergänzen diese nach unten um intelligente Produkte sowie nach oben um die Stufe „Vernetzte Welt", mit der reale oder virtuelle Systeme oberhalb der betrieblichen Standard-IT-Systeme abgebildet werden können, z. B. Datenspeicher oder Kommunikationsserver im Internet. Die Lebenszyklusphasen bilden genau den Standard IEC 62890 ab, der auf dem Lebenszyklusmodell von automatisierten Systemen des ZVEI basiert (Birkhofer et al. 2010). Hervorzuheben ist hierbei die Unterscheidung in Phasen, in denen eine gesamte Produkt- bzw. Systemklasse betrachtet wird, wie Produktplanung und Produktentwicklung, und Phasen, in denen Individuen zu diesen Klassen betrachtet werden (Herstellung, Nutzung, Wartung). Die Ebenen-Dimension besteht aus den folgenden Ausprägungen:

- *Asset-Layer* – Die Ebene beschreibt physische Komponenten der realen Welt. Menschen werden ebenfalls auf dieser Ebene erfasst. Ein Objekt muss nicht aktiv durch Sensoren und Aktoren mit der digitalen Welt verbunden sein, sondern kann auch passiv, z. B. durch einen QR-Code, integriert werden.
- *Integration-Layer* – Diese Ebene stellt Informationen über physische und nichtphysische Komponenten bereit, die von den darüber liegenden Ebenen verarbeitet werden können. Sie ermöglicht die Steuerung technischer Prozesse und die Erfassung von Signalen. Die Interaktion mit Menschen durch ein Human Machine Interface (HMI) findet ebenfalls auf dieser Ebene statt.
- *Communication-Layer* – Die Ebene standardisiert die Kommunikation durch einheitliche Datenformate in Richtung des Information-Layer und dem Angebot von Services für die Interaktion mit dem Integration-Layer.

- *Information-Layer* – Diese Ebene enthält Daten- und Informationsmodelle sowie Regeln für die Auswertung von Signalen aus den unteren Ebenen, um diese aufzubereiten oder an Anwendungen im Function-Layer weiterzuleiten. Sie enthält außerdem die Definitionen von Service-Interfaces.
- *Functional-Layer* – Die Ebene enthält Funktionen für die Erfüllung von Geschäftsprozessen, die über Services angeboten werden können. Sie enthält Entscheidungslogiken (Reasoning) und ist die Plattform für konkrete Anwendungen und die Horizontale Integration.
- *Business-Layer* – Diese Ebene enthält Beschreibungen von Geschäftslogiken, ein rechtliches Framework und Regeln für die Orchestrierung des Functional-Layer zur Erfüllung der Geschäftsprozesse. Sie enthält keine IT-Systeme, wie z. B. ein ERP-System.

RAMI4.0 korrespondiert somit zu einem großen Teil mit den drei Säulen der Industrie 4.0: Die Dimension der Produktlebenszyklusphasen bildet die Säule des durchgängigen Engineerings entlang des Produktlebenszyklus gut ab, wobei sie keine explizite Verbindung zwischen der Entwicklung von Produkten und der Entwicklung von deren Produktionssystemen herstellt.

Die Dimension der Hierarchiestufen bildet von den intelligenten Produkten bis zur betrieblichen Standardsoftware die Vertikale Integration ab, gleichzeitig aber auch über die Stufe „Vernetzte Welt" die Horizontale Integration. Der rechte Teil von Abb. 2 zeigt hierbei die Vernetzung aller Komponenten über die Hierarchiestufen hinweg.

Die Dimension der Ebenen stellt zusätzlich eine Verbindung zu Standard-Konzepten der Automatisierungs-, Informations- und Kommunikationstechnologie her. Sie strukturiert Objekte, Daten und IT-Systeme einschließlich ihrer Kommunikation und korrespondiert somit in gewisser Weise mit dem ISO/OSI-Schichtenmodell. Sie konkretisiert somit die Säulen der Industrie 4.0 mit informationstechnischen Konzepten, z. B. der technischen Kommunikation (Integration-Layer) und den Serviceorientierten Architekturen (Integration-Layer).

2 Anforderungen an Industrie 4.0-Anwendungen

Ein I4.0-System ist eine Gruppe von interagierenden, physischen oder nicht-physischen Komponenten, welche die Merkmale von Industrie 4.0 erfüllen. Ansätze für die Implementierung von I4.0-Systemen finden sich in den Konzept des IoT (IIoT) (Wan et al. 2016) und CPS (CPPS) (Vogel-Heuser et al. 2014), welche die Konzept verteilter Anwendungen und digitaler Repräsentation aufgreifen.

Anforderungen für IoT-Systeme und seine Komponenten werden in (Fortino et al. 2017) beschrieben. Diese werden zwar im Kontext der Implementierung eines Multiagenten-Systems definiert, können aber allgemein verwendet werden. Es fehlen allerdings Sicherheitsanforderungen hinsichtlich Authentifizierung und Autorisierung. Anforderungen nach der Autonomie von Komponenten, Quality-of-Service-Mechanismen, der Datensouveränität und Konzepten für Inter-System-Kommunikation werden nur implizit aufgeführt und in diesem Beitrag als Anforderungen definiert. Die konzeptionelle Anbindung an Prozesse wird ebenfalls aufgenommen.

2.1 Eigenschaften von I4.0-Systemen

Ein System besteht aus einer Gruppe von Komponenten und stellt übergreifende Funktionen für diese Komponenten zur Verfügung, damit sie ihre Aufgaben und die des Systems erfüllen können. Für ein I4.0-System werden die folgenden Anforderungen definiert, die mit „+“ gekennzeichneten Eigenschaften wurden gegenüber (Fortino et al. 2017) hinzugefügt:

S1 Hardware Devices (Virtualization) – Für die Verbindung von heterogenen Komponenten sollen diese als homogene, digitale Objekte virtualisiert werden können (Plug&Play-Prinzip).
S2 Communication (Abstraction) – Komponenten im System sollen miteinander kommunizieren können, um unabhängig von Netzwerkprotokollen kooperieren und interagieren zu können.
S3 Software Interfaces – Heterogene Software soll durch generische und standardisierte Schnittstellen angesprochen werden können.
S4 Physicality (Self- and Context-Awareness) – Hard- und Software-Komponenten sollen sich dynamisch an ihren Einsatzort und den Kontext ihres Einsatzes anpassen können.
S5 Data (Abstraction) – Damit ein kontinuierliche Datenaustausch zwischen den Komponenten möglich ist, sollen diese über einheitliche Daten- und Informationsmodelle verfügen, um die Interoperabilität zu gewährleisten.
S6 Development Process (Methodology) – Der Entwurf, die Implementierung und Analyse einzelner Komponenten und des Systems sollen durch geeignete Werkzeuge ermöglicht werden.
S7 System's Scale Characterization – I4.0-Systeme können in ihrer geografischen Lage, ihrer Netzwerk-Infrastruktur und der Anzahl Komponenten variieren. Auch wenn in verteilten Systemen keine generelle Skalierbarkeit gewährleistet werden kann, sollen Systeme klassifiziert werden können, um diese vergleichbar zu machen.
+*S8 Inter-System-Communication* – I4.0-Systeme sollen über ihre Grenzen hinaus mit anderen I4.0-Systemen durch dynamische Schnittstellen interagieren können, ohne dabei ihre Daten- und Entscheidungssouveränität einzuschränken. Diese Interaktion soll auch die Verbindung zwischen Komponenten dieser Systeme ermöglichen.
+*S9 Authentication-Certificate* – I4.0-Systeme sollen über ein standardisiertes Verfahren zur Authentifizierung verfügen, um die Zuverlässigkeit und Gültigkeit von Anfragen externer Systeme und Komponenten bewerten zu können.
+*S10 Process-Link* – Das System und dessen Komponenten sollen in die Prozesse eines Unternehmens eingebunden werden.

2.2 Eigenschaften von I4.0-Komponenten

Eine Komponente ist eine Software oder ein physisches Objekt, das durch eine Software mit der digitalen Welt verbunden ist (digitale Repräsentation). Die Verbindung mit der digitalen Welt ist eine so fundamentale Anforderung, dass sie nicht als separate Eigenschaft aufgeführt wird. Für die Komponenten werden die folgenden Eigenschaften gefordert, die mit „+“ gekennzeichneten Eigenschaften wurden gegenüber (Fortino et al. 2017) hinzugefügt:

K1 Heterogeneity and Interoperability – Software soll sich an ein Objekt anpassen können, um für gleichartige Objekte verwendet werden zu können (Produktklasse). Sie soll auch über Funktionen verfügen, um sich an unbekannte Objekte anpassen zu können.
K2 Augmentation Variation – Komponenten sollen ihre Funktionen und Eigenschaften durch verschiedene Schnittstellen anbieten können (Services), so dass auch gleichartige Komponenten unterschiedliche Services anbieten können bzw. unterschiedliche Komponenten den gleichen Service.
K3 Decentralized Management – Der dezentrale Aufruf und das Suchen von Funktionen (Services) soll ermöglicht werden, um sich verändernden Aufgaben zu erfüllen und sich an neue Infrastrukturen anzupassen
K4 Dynamic Evolution – Komponenten sollen sich selbstständig anpassen (Lernen) oder sich mit geringem, manuellem Aufwand für neue Anforderungen konfigurieren lassen (modulares Software-Engineering)
K5 Objects Scale Characterization – Ein physisches Objekt einer Komponente soll durch Kriterien beschrieben werden können, um es mit anderen Objekten vergleichen zu können.
+*K6 Autonomy* – Komponenten sollen konzeptionell in der Lage sein, autonome Entscheidungen treffen zu können. Sie müssen dafür mit einer notwendigen Wissensrepräsentation und Mechanismen zur Entscheidungsfindung ausgestattet sein.
+*K7 Authorization* – Die Berechtigung für den Aufruf von Funktionen oder die Abfrage von Eigenschaften durch andere Komponenten soll anhand interner Listen oder Zertifikate geprüft werden können.
+*K8 Data Sovereignty* – Komponenten sollen entscheiden können, welche Informationen wann an wen weitergeben werden.
+*K9 Quality of Service* – Die Anforderungen an Services sollen bei der Suche nach Services geprüft werden können. Dafür ist eine standardisierte Beschreibung von Services oder die Fähigkeit zu deren dynamischer Auswertung erforderlich.

3 Ansätze für Industrie 4.0-Architekturen

Die Grundlage für die Implementierung von I4.0-Systeme ist eine Software-Architektur, welche die Erfüllung der obigen Anforderungen ermöglicht. Eine Software-Architektur ist eine strukturierte oder hierarchische Anordnung von Systemkomponenten sowie eine Beschreibung ihrer Beziehungen, Eigenschaften und Fähigkeiten.

Ansätze für Architekturen von I4.0-Systeme sind neben dem schon genannten RAMI4.0 die Architekturen IMSA (SCI 4.0 2018) und IIRA (Lin und Mellor 2018). Die Projekte IDEAS (Onori et al. 2012), PRIME (Rocha et al. 2014) und GOOD-MAN (Barbosa et al. 2018) schlagen eine Implementierung durch Multiagenten-Systeme vor. Sie werden zwar für Anwendungen unterschiedlicher Domänen beschrieben, aber generell geht es um die Vernetzung der Komponenten eines Produktionssystems und deren Steuerung, weniger darum, einen generischen Ansatz für eine I4.0-Architektur zu definieren. IDEAS und GOOD-MAN basieren auf einer Serviceorientierten Architektur. Die Implementierung von IoT-Systemen durch Agenten wird in (Fortino et al. 2017) durch ACOSO beschrieben.

IDEAS, PRIME und GOOD-MAN beschreiben Architekturen für Produktionssysteme, ACOSO und IIRA realisieren das Internet of Things. RAMI4.0 ist dagegen eine abstrakte, dafür aber genzheitliche Architektur, die sich besser als generische Vorlage für I4.0-Architekturen eignet. Die Ausprägungen der Ebenen-Dimension von RAMI4.0 können dabei auf die folgenden Ebenen aggregiert werden.

- *Prozess-Ebene (Business + Functional)*: Business-Logik und Anwendungen
  Auf dieser Ebene werden Funktionen für die Erfüllung von Geschäftsprozessen durch IT-Systeme (ERP, MES, ...) ausgeführt, die auf definierten Regeln und Logiken basieren.
- *Information-Ebene (Information + Communication)*: Daten- und Informationsmodelle sowie Kommunikation
  Diese Ebene gewährleistet die Interoperabilität von physischen (Maschine, Ladungsträger, Fördertechnik, ...) und nicht-physischen (IT-Systeme wie ERP oder MES, Aufträge, ...) System-Komponenten.
- *Technik-Ebene (Integration + Asset)*: Digitale Repräsentationen
  Auf dieser Ebene wird die Verbindung der physischen und digitalen Welt (Digitaler Zwilling, Device Shadow, ...) hergestellt, um die Steuerung und Auswertung von Hardware zu ermöglichen.

In der Prozess-Ebene befinden sich Software-Anwendungen, die nach vorgegebener Logik und Regeln implementiert werden, um Funktionen für die Erfüllung von Geschäftsprozessen zur Verfügung zu stellen. Die Technik-Ebene beschreibt die physischen Objekte, die für viele dieser Funktionen notwendig sind. Diese Ebenen kommunizieren in klassischen IT-Systemen hierarchisch über Bussysteme (Feldbus, Anlagen-/Prozessbus), Ethernet (LAN) oder lokale Funktechnologien (WLAN, BLE) miteinander, wie es in der Automatisierungspyramide nach ISA 95 (Forstner und Dümmler 2014) beschrieben wird. Es gibt dabei keine direkten Verbindungen über mehrere Ebenen hinweg. Eine Middleware für eine ganzheitliche Vermittlung zwischen den beiden Welten „Prozess" und „Technik" durch eine digitale Information-Ebene muss im Kontext I4.0 neuen Anforderungen gerecht werden und eine Vertikale Integration und Horizontale Integration der Systeme ermöglichen. Serviceorientierte-Architekturen sind ein Ansatz für die Umsetzung einer solchen Middleware.

4 Serviceorientierte-Architekturen

Serviceorientierte Architekturen ermöglichen die Erfüllung der geforderten Eigenschaften eines I4.0-Systems. Vertreter aus verschiedenen Domänen, die auf dem Konzept einer Serviceorientierten Architektur aufbauen, sind JADE/JADEX, OPC UA und Arrowhead. Eine Serviceorientierte Architektur (SoA) ist im Wesentlichen ein Stil der Gestaltung von Software. SoA ermöglichen es, vormals monolithische, komplexe Softwaresysteme zu modularisieren. Sie kommen in unterschiedlichen Domänen zum Einsatz, z. B.

- Organisation von Basis-Diensten in lokalen Netzwerken, z. B. Drucken oder Scannen.
- Organisation des Informationsaustauschs zwischen verschiedenen betrieblichen IT-Systemen in einem Unternehmen, z. B. ERP-, PLM- oder MES-Systeme.
- Organisation des Informationsaustauschs und der Kooperation in industriellen, automatisierten Produktions- und Logistiksystemen.
- Organisation des Informationsaustauschs zwischen IT-Systemen an beliebigen Lokationen im Internet, insbesondere auch zwischen Cyber-physischen Systemen und Cloud-Anwendungen großer IT-Unternehmen wie Google, Amazon und Microsoft.

Eine Serviceorientierte Architektur basiert auf folgenden Grundkonzepten:

- *Service:* Ein Mechanismus, der den Zugriff auf eine oder mehrere Fähigkeiten eines Systems ermöglicht, wobei der Zugriff über eine vordefinierte Schnittstelle erfolgen und im Einklang mit den Restriktionen und Grundsätzen (Policies) stehen muss, die in der Service-Beschreibung hinterlegt sind (OASIS 2006).
- *Software-Systeme (Software-Applikationen):* Software-Programme, die Services anbieten und/oder nutzen.
- *Hosts:* Hardware-Geräte mit der Basisarchitektur eines Computers, d. h. mindestens bestehend aus Prozessor, Hauptspeicher, internem Datenbus und externer Kommunikationsschnittstelle sowie einem Betriebssystem, auf denen Software-Systeme ausgeführt werden.
- *Kommunikationsnetzwerk:* Netzwerk technischer Kommunikation, das Hosts miteinander verbindet. Kommunikationsnetzwerke können dabei lokale (local area), erweiterte (wide area) oder globale (global area) Ausbreitung haben.

Die Organization for the Advancement of Structured Information Standards (OASIS) beschreibt in ihrem Referenzmodell für Serviceorientierte Architekturen von 2006 folgende Grundkonzepte (OASIS 2006):

- *Service-Beschreibung:* Repräsentiert die Information, die benötigt wird, um den Service zu nutzen oder seine Nutzung zu erwägen.
- *Sichtbarkeit (Visibility):* Beziehung zwischen Service-Nutzern und Service-Anbietern, die erfüllt ist, wenn diese Applikationen in der Lage sind, miteinander zu interagieren.

- *Interaktion:* Behandelt die Frage, wie mit einem Service interagiert werden kann (Verhaltensmodell), um die gewünschten Ziele zu erreichen.
- *Auswirkungen auf die reale Welt (Real-world Effect):* Umfasst die Folgen des Aktivierens eines Service, z. B. Informationen, die als Antwort auf eine Anfrage gesendet werden, Änderungen von Zuständen bestimmter Entitäten, die zwischen den beiden Applikationen geteilt werden, oder eine Kombination von beidem.
- *Vertrag und Grundsätze (Contract and Policy):* Repräsentieren Restriktionen oder Bedingungen für die Nutzung, Verwendungsmöglichkeiten oder Beschreibungen von privaten Entitäten, die von einer Applikation definiert werden
- *Ausführungskontext:* Menge von Infrastrukturelementen, Prozessentitäten, instanziierten Grundsätzen und Verträgen, die zu einer instanziierten Service-Interaktion gehören.

Das OASIS-Referenzmodell liegt auch dem Referenzmodell für Industrie 4.0-Service Architekturen zu Grunde, das vom Deutschen Institut für Normung e.V. (DIN) herausgegeben und zuletzt 2018 als DIN SPEC 16593-1 überarbeitet wurde (DIN 2018). Services werden hier zu Industrie 4.0 Services konkretisiert, wenn sie Funktionen eines Industrie 4.0 Assets bzw. einer Industrie 4.0-Komponente realisieren und folglich in der Informationswelt einen digitalen Repräsentanten haben, die sogenannte Asset Administration Shell (Verwaltungsschale). Dies mag auf den ersten Blick irritieren, da Services in der IT-Welt oft als rein digitale Entitäten erscheinen bzw. wahrgenommen werden. Gerade das Konzept der Auswirkungen auf die reale Welt aus dem OASIS-Referenzmodell führt aber vor Augen, dass auch in anderen Kontexten bereits Services sehr wohl auf physische Entitäten bezogen sein können und nur ihre Beschreibungen und ihre Zugriffs- und Interaktionsmechanismen in der digitalen Welt liegen. Die Implementierung eines Service kann beispielsweise Aktivitäten einer Steuereinheit (SPS, Mikrocontroller, ...) zur Folge haben, die Aktuatoren in einem physischen System in Bewegung setzen und somit Auswirkungen in einer ganz konkreten physischen, realen Welt haben. Das oft zitierte Beispiel einer Kaffeemaschine in einem Forschungsinstitut mag dies verdeutlichen: der angebotene Service besteht darin, Kaffee zu kochen. Dies ist eine Handlung in einer physischen, realen Welt. Der Service wird in der Informationswelt über die Service-Beschreibung dokumentiert und kann von Service-Nutzern genutzt werden. Dies sind typischerweise Menschen, die einen Kaffee trinken wollen, sich zur Nutzung des Service aber einem Bestandteil der digitalen Welt bedienen, z. B. einem Web-Browser auf einem PC, der in der digitalen Welt die Rolle der Applikation des Service-Nutzers einnimmt.

Analog können über Services physische Elemente von Produktionssystemen, wie Maschinen, Roboter oder Transportsysteme, dazu gebracht werden, im Sinne der obigen Definition den Zugriff auf ihre Fähigkeiten zu ermöglichen, also z. B. ein Loch in ein Werkstück zu bohren, ein Werkstück einer Maschine zuzuführen und zur Bearbeitung zu platzieren oder es zu einem bestimmten Platz zu transportieren. Die folgenden Betrachtungen fokussieren sich auf die digitalen Anteile von Serviceorientierten Architekturen, beruhen aber auf dem Grundkonzept der Industrie 4.0-Services wie in (DIN 2018) beschrieben.

4.1 JADE/JADEX

JADE (Java Agent Development Framework) (Bellifemine et al. 2001) ist ein Framework für den Entwurf von Multiagenten-Systemen nach FIPA-Standard (FIPA 2019), der die Interoperabilität von Agenten gewährleisten soll. Eine JADE-Agentenplattform stellt die dafür notwendigen Komponenten bereit:

- Agent Management System (AMS) (Agenten-Verwaltung)
- Directory Facilitator (DF) (Service-Registry)
- Agent Communication Channel (ACC) (Middleware)

Die JADE-Architektur ist in Abb. 3 dargestellt. Eine JADE-Anwendung besteht aus Komponenten, die sich Agenten nennen und über einen eindeutigen Namen identifiziert werden. Agenten führen Aktionen aus und interagieren durch den Austausch von Nachrichten miteinander. Sie werden auf einer Plattform implementiert, die Funktionen für die Ausführung der Agenten bereitstellt, z. B. für den Transfer von Nachrichten. Eine Plattform besteht aus einem oder mehreren Containern, die auf einem oder mehreren Host-Systemen ausgeführt werden können und Agenten enthalten können. Auf jeder Plattform existiert ein spezieller Container (Main-Container), der mindestens die beiden folgenden Agenten enthält und bei dem sich andere Container registrieren müssen:

- *AMS-Agent:* Dieser Agent verwaltet die Komponenten der Agentenplattform und kann andere Agenten und Container erschaffen und löschen oder die gesamte Plattform beenden.
- *DF*-Agent: Dieser Agent verwaltet die Yellow Pages der Serviceorientierten Architektur der Plattform. Andere Agenten können ihre Services bei ihm registrieren oder nach Services suchen.

Beide Agenten verwenden für die Erfüllung ihrer Aufgaben die Methoden register, deregister, modify und search, die auch von anderen Systemen und Agenten aufgerufen werden können.

Die Ausführung eines JADE-Agenten wird durch „Behaviour" definiert, die eine Abfolge von Aktionen beschrieben. Sie folgen dem Konzept der objektorientierten Programmierung und können als separate Software-Module integriert werden.

Agenten können unabhängig von ihrem Container, ihrem Host oder ihrer Plattform miteinander kommunizieren. Die Kommunikation basiert dabei auf der asynchronen Übermittlung von Nachrichten, deren Format durch die Agent Communication Language (ACL) nach FIPA definiert wird. Dieses Format enthält u. a. die folgenden Datenfelder:

- *Sender und Empfänger* – Namen der Agenten. Für den Versand einer Nachricht ist keine Netzwerkadresse notwendig, die Verbindung zwischen Namen und Adressen wird durch das AMS der Plattform hergestellt.

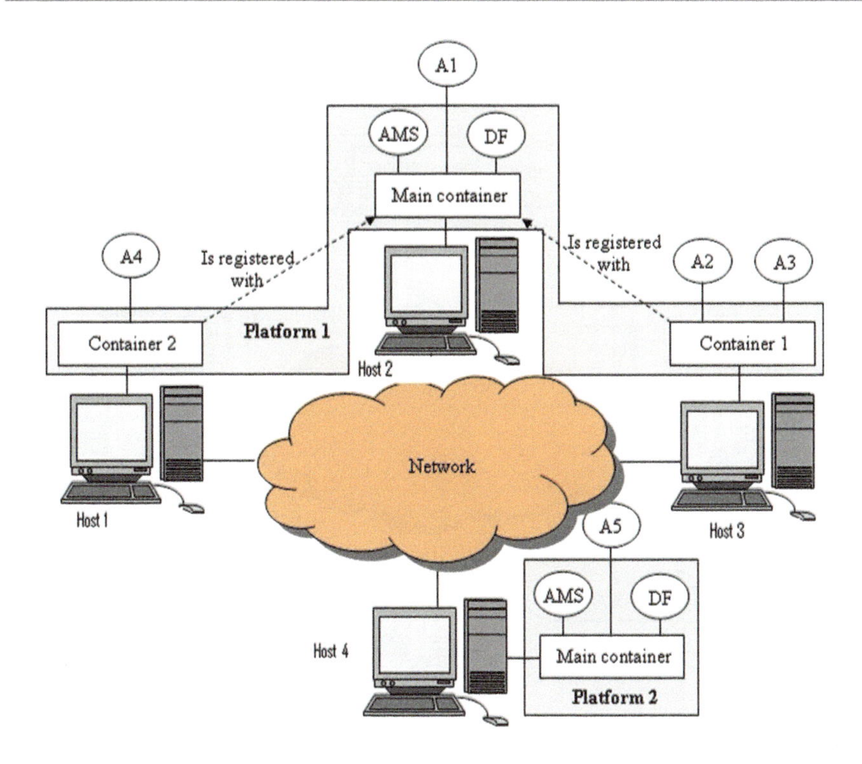

Abb. 3 Struktur der JADE-Architektur. (Grimshaw 2010)

- *Communicative Act (Performative)* – Intention der Nachricht, z. B. INFORM oder REQUEST. FIPA definiert 22 verschiedene Communicative Acts, die jeweils mit einer eigenen Semantik beschrieben sind.
- *Inhalt und Ontologie* – Informationen der Nachricht. Für das Lesen der Information ist eventuell eine dem Empfänger unbekannte Ontologie erforderlich, auf die in einem separaten Datenfeld referenziert werden kann.

Die Kommunikation zwischen Plattformen wird durch MTP-Module (Message Transport Protocol) realisiert, die ACL-Nachrichten empfangen oder senden können und in einem Container implementiert werden. Dadurch können die Agenten einer Plattform Nachrichten an Agenten anderer Plattformen oder IT-Systeme senden, die FIPA-konform über ACL-Nachrichten kommunizieren. Für den Transfer der Nachrichten werden die Protokolle HTTP und IIOP angeboten, wobei jedes Protokoll ein eigenes MTP-Modul braucht. Den MTP-Modulen müssen die Netzwerkadressen der anderen MTP-Module bekannt sein und der Transfer von Nachrichten wird durch eine Nutzer-Passwort-Abfrage verifiziert. Wenn der Container eines Agenten kein MTP-Modul enthält, werden Nachrichten an Empfänger außerhalb der Plattform von JADE an einen Container weitergeleitet, der über ein entsprechendes MTP-Modul verfügt (Abb. 4).

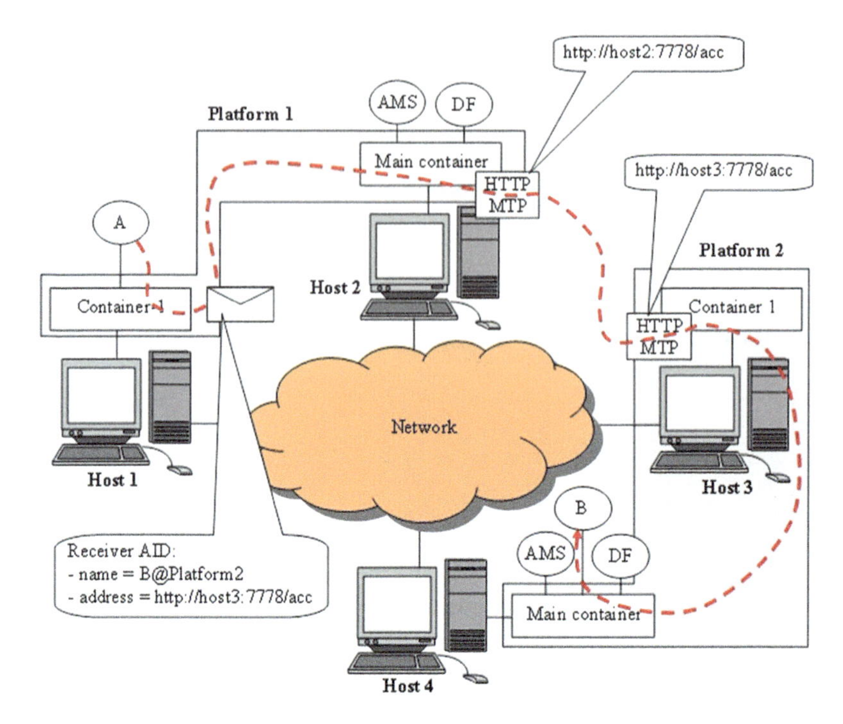

Abb. 4 Weiterleitung von Nachrichten in der JADE-Architektur. (Grimshaw 2010)

Das Modul Web Service Integration Gateway (WSIG) ist eine Erweiterung der JADE-Architektur, die Services von Agenten als Web-Services realisieren und SOAP-Aufrufe in ACL-Nachrichten transformieren kann. WSIG überwacht den DF-Agenten und erstellt für jeden registrierten Service automatisch auf Grundlage der Service-Beschreibung einen Web-Service in WSDL.

JADE unterstützt den Transfer von Agenten zwischen Host-Systemen. Die Ausführung eines Agenten kann auf einem Host angehalten, der Agent auf einen anderen Host migriert und die Ausführung danach fortgesetzt werden.

Das auf JADE basierende JADEX (JADE eXtension) (Braubach und Pokahr 2012) ist ein Agenten-Framework, welches das ziel- und kontextorientierte BDI-Konzept (Abschn. 5.2) in die Agenten integriert und die Funktionalität von JADE hinsichtlich Interoperabilität zwischen Komponenten und Agentenplattformen in folgenden Aspekten erweitert:

- *S3 Software-Interface, S8 Inter-System Communication:* Die Platform-Discovery bzw. Platform-Awareness einer Agentenplattform erlaubt das Einbinden von Agenten anderer Plattformen (Proxy-Agenten) und dadurch auch die Nutzung von deren Services. Das WSIG wird um REST erweitert.
- *S4 Self-Context-Awareness:* Das BDI-Konzept ermöglicht ziel- und kontextorientiertes Handeln.

- *K1 Heterogeneity and Interoperability:* Ein JADEX-Agent folgt einem klaren Aufbau durch Annotationen im Programmcode (@Service, @Agent, @Plan, @Goal, ...) und Pläne können in einer Capability als Java-Klasse analog eines JADE-Behaviour gespeichert werden. Dadurch wird ein hohes Maß an Modularität erreicht.
- *K2 Augmentation Variation:* Services werden direkt in die Struktur von Agenten integriert. Ein Service wird als Java-Interface angelegt und kann beliebig von Agenten implementiert und überladen werden, z. B. um einen Service für verschiedene Datenformate anzubieten.
- *K3 Decentralized Management:* Durch den Awareness-Mechanismus können Services anderer Plattform ad hoc aufgerufen werden. Der Reaction-Deliberation-Mechanismus von BDI-Agenten ermöglicht eine lokale Service-Orchestration.
- *K6 Autonomy:* Das ziel- und kontextorientierte Handeln ermöglicht ein hohes Maß an Autonomie.
- *K7 Authorization:* Services können mit zusätzlichen Zertifikat-Abfragen und Passwörtern versehen werden, um einen unerlaubten Zugriff durch eine zusätzliche Sicherheitsschranke innerhalb einer Komponente zu verhindern.
- *K9 Quality of Service:* Durch das Interface eines Service sind einem JADEX-Agenten die Auswirkungen eines Service-Aufrufs bekannt.

4.2 OPC UA

OPC UA (Object Linking and Embedding for Process Control Unified Architecture) ist eine Serviceorientierte Architektur, die auf Microsoft-Konzepten für Windows Betriebssysteme (OLE: Object Linking and Embedding) und deren Anwendung für industrielle Systeme (OPC: OLE for Process Control) zurückgeht. Nach dem grundlegenden Technologiewechsel bei Microsoft von DCOM zu .Net verlor OPC an Gewicht bei Microsoft, wurde aber von einem Konsortium an Interessenten weitergeführt und von Grund auf neu gestalten, was zu OPC Unified Architecture führte.

OPC UA ist ein umfassendes und vielschichtiges Konzept. Zu den Grundkonzepten gehört wie bei jeder SoA, dass es Service Producer und Service Consumer gibt, die hier OPC UA Server und OPC UA Client heißen. Diese interagieren über Services miteinander. Beide sind Software-Applikationen, die auf einem Hardware-Gerät, dem Host, installiert sind und ausgeführt werden. Auf jedem Host gibt es einige Standard-Komponenten wie die Local Discovery Service-Applikation (LDS), eine Authentifizierungs-Applikation und eine Autorisierungs-Applikation. Die LDS innerhalb eines lokalen Netzwerks können durch einen erweiterten Mechanismus ihre Service-Anmeldungen untereinander austauschen und somit Suche nach Anwendungen im lokalen Netzwerk ermöglichen.

Drei der wesentlichen Komponenten von OPC UA sind

- der Adressraum bzw. das Informationsmodell eines OPC UA Servers.
- standardisierte Services, die jeder OPC UA Server bereitstellen muss und jeder OPC UA Client nutzen kann.

- ein spezifisches, binäres Kommunikationsprotokoll, das alternativ zu HTTP oberhalb von TCP genutzt werden kann, um sehr effizient Daten auszutauschen.

Der Adressraum (address space) eines OPC UA Servers besteht aus Knoten von bestimmtem, vordefiniertem Typ. Drei wichtige Typen von Knoten sind Objekte, Variablen und Methoden. Mit Objekten werden Prozesse, Systemkomponenten und Systeme abgebildet. Variablen repräsentieren Datenvariablen oder beschreiben Eigenschaften anderer Knoten. Methoden repräsentieren „leichtgewichtige" Funktionen. Methoden können über einen Standard-Service (Method Call) von OPC UA Clients aufgerufen und somit ausgeführt werden.

Informationsmodelle ergänzen Adressräume von OPC UA Servern, um standardisierte, über den Basis-Umfang von OPC UA hinausgehende Knoten. Sie erweitern zwar die Knotentypen nicht, können aber standardisierte Objekte, Variablen und Methoden definieren, die auf einen bestimmten Kontext bezogen sind. Ein solcher Kontext kann beispielsweise eine Werkzeugmaschine, ein Roboter, ein automatisches Lager oder ein Transportsystem sein, das seine Leistungen über OPC UA Services anbietet.

Gelingt es Branchenverbänden, Interessensgruppen oder einzelnen Unternehmen, Standards für Informationsmodelle für bestimmte Kontexte zu etablieren, können diese von unterschiedlichen Herstellern entsprechender technischer Systeme implementiert und von beliebigen Software-Applikationen, die OPC UA Clients realisieren, genutzt werden.

Knoten können über Referenzen miteinander verbunden werden. Auch für Referenzen gibt es zahlreiche vordefinierte Typen. Die Knoten eines Adressraums bzw. eines Informationsmodells können damit ähnlich intensiv vernetzt werden wie Klassen in einer Ontologie.

Während die Objekte, Variablen und Methoden im Adressraum bzw. Informationsmodell eines OPC UA Servers kontextabhängig sind, sind die Services, mit denen OPC UA Clients und Server miteinander kommunizieren, fest definiert. Services dienen dazu, Applikationen, die OPC UA Server realisieren, zu registrieren und zu suchen, gesicherte Verbindungen aufzubauen, Sessions zu etablieren und zu beenden, Knoten des Adressraums bzw. Informationsmodells zu manipulieren, d. h. Knoten oder Referenzen hinzuzufügen oder zu löschen, Sichten auf Knoten zu nutzen, Werte von Knoten abzufragen, Attribute zu lesen oder zu schreiben, Methoden aufzurufen, sich für permanente Informationsweiterleitungen von Servern an- bzw. abzumelden (create, modify, delete subscriptions) oder bestimmte Informationen von Knoten zu publizieren.

Für die Kommunikation zwischen OPC UA Servern und Clients stehen drei verschiedene Protokollstapel zur Verfügung, die alle auf der technischen Kommunikationsinfrastruktur der untersten vier ISO/OSI-Schichten aufbauen, wobei die ersten beiden Schichten beliebige kabelgebundene oder drahtlose Technologien nutzen können und die Schichten 3 und 4 durch die Internet-Protokolle IP und TCP definiert belegt sind. Oberhalb von TCP bietet OPC UA ein spezifisches, neu entwickeltes Binärprotokoll an, das als tcp:opc bezeichnet wird. Aus Kompatibilitätsgründen zum originalen OPC kann hier aber auch HTTP genutzt werden, wahlweise mit oder ohne Verschlüsselung mit SSL oder TLS. Schließlich gibt es noch eine Mischform aus beiden Protokollstapeln.

OPC UA ist für die standardisierte Vernetzung von Systemen in lokalen IT- und Automatisierungsdomänen konzipiert. Es unterstützt die Vertikale Integration von automatisierten Produktions- und Logistiksystemen. OPC UA ist in der Automatisierungsbranche und dem Maschinenbau bereits sehr weit verbreitet, es sind zahlreiche Implementierungen, sowohl kommerzieller Art als auch open source, verfügbar.

Die Zweiteilung des Konzepts in fest standardisierte Services und frei gestaltbare Adressräume bzw. Informationsmodelle, in denen lediglich die Struktur durch die fest definierten Knotentypen vorgegeben ist, hat Vor- und Nachteile. Zu den Vorteilen gehört, dass sich OPC UA Server und Client-Funktionalitäten sehr gut von verschiedenen Unternehmen und Organisationen implementieren lassen, was die Verbreitung stark unterstützt. Implementierungen sind zudem nicht auf bestimmte Programmiersprachen oder Betriebssysteme beschränkt. Die Funktionalitäten werden typischerweise als Programmbibliotheken angeboten, die in Software-Applikationen eingebunden werden können.

Des Weiteren brauchen auf Grund der standardisierten Services keine einzelnen Services registriert oder gesucht zu werden. Die Dienste zur Registrierung und Suche arbeiten mit Applikationen, nicht mit Services. Dies macht einerseits die Registrierung sehr kompakt, andererseits die Suche nach bestimmten Anwendungsfunktionalitäten bzw. -fähigkeiten komplex. Die eigentlichen Fähigkeiten der Cyberphysischen Systeme werden nicht als Services, sondern als Methoden im Adressraum angeboten. Eine dynamische Suche nach Fähigkeiten zur Laufzeit, die Voraussetzung für das SoA-Prinzip der späten Bindung ist, wird dadurch erschwert. Sie funktioniert nur dann, wenn die Server a priori bekannte, gegebenenfalls standardisierte, Informationsmodelle benutzen.

Die Plattform Industrie 4.0 und das Industrial Internet Consortium (IIC) beschreiben in einem gemeinsamen White Paper, in dem die Relation ihrer Referenzmodelle RAMI4.0 und Industrial Internet Reference Architecture (IIRA) beschrieben wird, die Position von OPC UA im RAMI4.0 wie in Abb. 5 dargestellt.

Die RAMI4.0-Dimensionen Hierarchiestufen und Produktlebenszyklus-Phasen sind hierbei vollständig abgebildet, die Ebenen-Dimension ist auf die Ebene der Kommunikation beschränkt, diese ist dafür aber detailliert durch das ISO/OSI-Schichtenmodell repräsentiert.

OPC UA füllt nach dieser Darstellung die Ebenen 5 bis 7 des OSI-Schichtenmodells, darunter werden Standard-Technologien oder auch aufkommende Technologien wie Time Sensitive Networks oder 5G gesehen. OPC UA wirkt auf Instanzen von Produktionssystemen, d. h. den zweiten Teil der Produktlebenszyklus-Phasen. Bezogen auf die Hierarchiestufen in Produktionssystemen findet OPC UA Einsatz zwischen der Feldebene und den intelligenten Produkten bis zur Ebene der Arbeitsstationen bzw. lokalen Automatisierungsdomänen. Ganze Unternehmens-IT-Welten oder die vernetzte, unter-

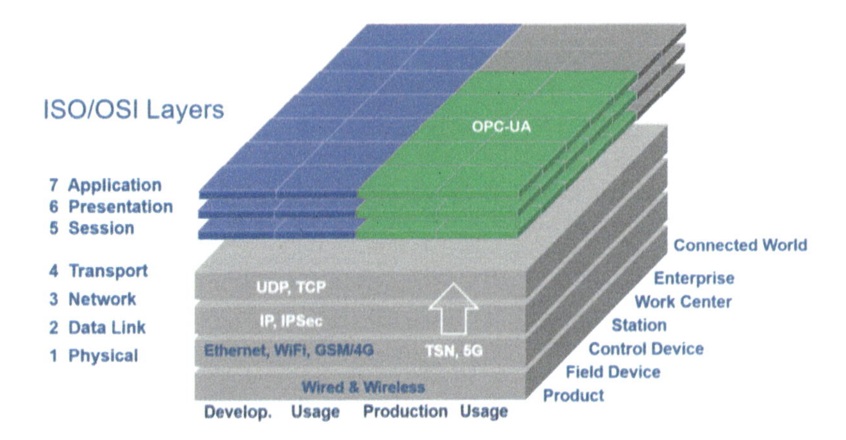

Abb. 5 Einordnung von OPC UA in RAMI4.0. (Lin und Mellor 2018)

nehmensübergreifende IT-Welt, werden von OPC UA nach Ansicht der beiden Gremien nicht adressiert. Die Bereiche der Unternehmens- und Cloud-übergreifenden Kommunikation sowie der Bereich der Entwicklungsprozesse von Produkt- und Produktionssystemklassen seien noch in der Diskussion. (Lin und Mellor 2018)

4.3 Arrowhead

Arrowhead ist ein Framework für den Entwurf und die Implementierung eines System of Systems auf Grundlage des Konzepts einer Local Cloud, deren Software-Applikationen über Services miteinander interagieren. Für diese Interaktion werden von der Local Cloud verschiedene Funktionen durch standardisierte Komponenten bereitgestellt. Ein Arrowhead-Service ist dabei ein Austausch von Information zwischen dem Anbieter und dem Nutzer eines Service. Er kann von einer beliebigen Anzahl von Applikationen realisiert und abgerufen werden. Sein Interface enthält eine Beschreibung, die ein gemeinsames Verständnis über dessen Auswirkungen und Parameter schaffen soll. Eine Applikation kann mehrere Dienste nutzen, deren erhaltene Information verarbeiten und selbst Dienste bereitstellen, um komplexe Aufgaben zu erfüllen. Die Applikation kann dabei direkt mit einer Hardware verbunden sein.

Jede Local Cloud muss die folgenden Core-Components in ihrem Netzwerk bereitstellen, um die Kommunikation und Interaktion von Applikationen zu gewährleisten (Abb. 6) (Delsing 2017):

- *Service-Registry-and-Discovery-System:* Das System erfasst alle Applikationen einer Local Cloud und deren angebotenen Services. Es ermöglicht dem Anbieter eines Service seinen Service in einer für andere Applikationen zugänglichen Instanz anzubieten, so dass diese den Service suchen und abrufen können.

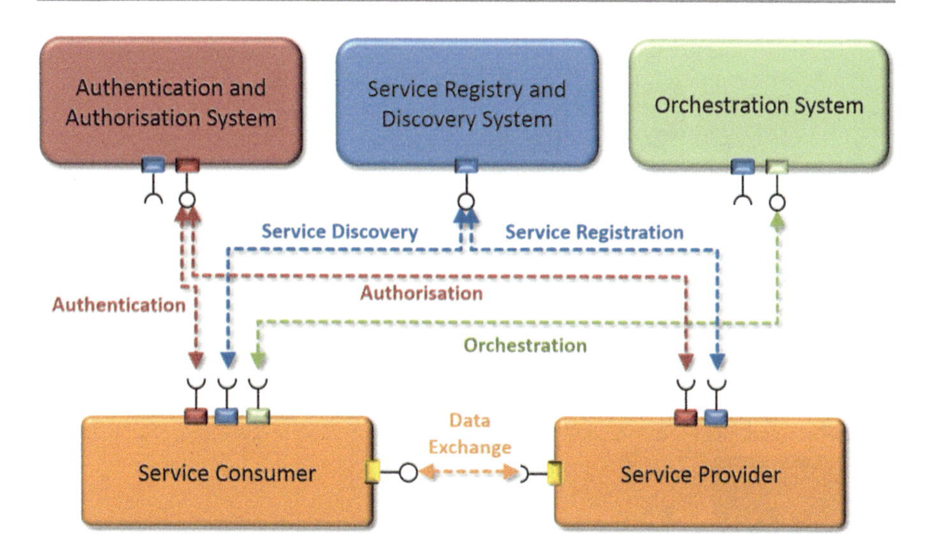

Abb. 6 Core-Systems and Service Consumer/Producer in a Local Cloud. (Hegedus et al. 2016)

- *Authentication-and-Authorization-System:* Das System ermöglicht den Zugriff auf einen Service zu kontrollieren und nur spezifischen Applikationen Zugang zu gewähren (Authorization). Es erfüllt außerdem Sicherheitsaufgaben, z. B. die Verwaltung von Zertifikaten, bei der Verbindung mit anderen Local Clouds (Authentification).
- *Orchestration-System:* Dieses System ist für die Organisation der Applikationen bzw. deren Services in der Local Cloud verantwortlich: Welche Applikation muss wo und wann welchen Service abrufen? Diese Zuweisung erfolgt durch eine Request-Response-Sequenz, bei der eine Applikation auf eine Service-Anfrage einen Anbieter für einen Service erhält.

Eine Local Cloud kann zusätzliche System-Services durch Arrowhead-Standard-Applikationen bereitstellen, um Core-Components zu unterstützen oder Funktionen und Eigenschaften anzubieten, die für das System of Systems nützlich sind, z. B. die Plant-Description-Engine zur Visualisierung von Prozessen und Objekten oder dem Deployment-System zur Registrierung von Applikationen und der Verwaltung ihrer Konfigurationen.

Eine Verbindung zu einer anderen Local Cloud kann über den Service „Global Service Discovery“ (GDS) initiiert werden, der von der Arrowhead-Standardapplikation Gatekeeper-System angeboten wird (Abb. 7). Das Gatekeeper-System leitet dazu eine Service-Anfrage einer lokalen Applikation an Gate-Keeper-Systeme anderer Local Clouds weiter. Diese prüfen bei ihrer lokalen Service-Registry, ob es für die Service-Anfrage passende Service-Anbieter gibt. Ist das der Fall, melden sie dies dem anfragenden Gatekeeper zurück. Nach Klärung der Auswahl eines Service-Anbieters und der Autorisierung des Anfragers wird eine Verbindung zwischen den beiden Applikationen hergestellt. Für diese Verbindung bauen die Gatekeeper-Systeme der beiden Local

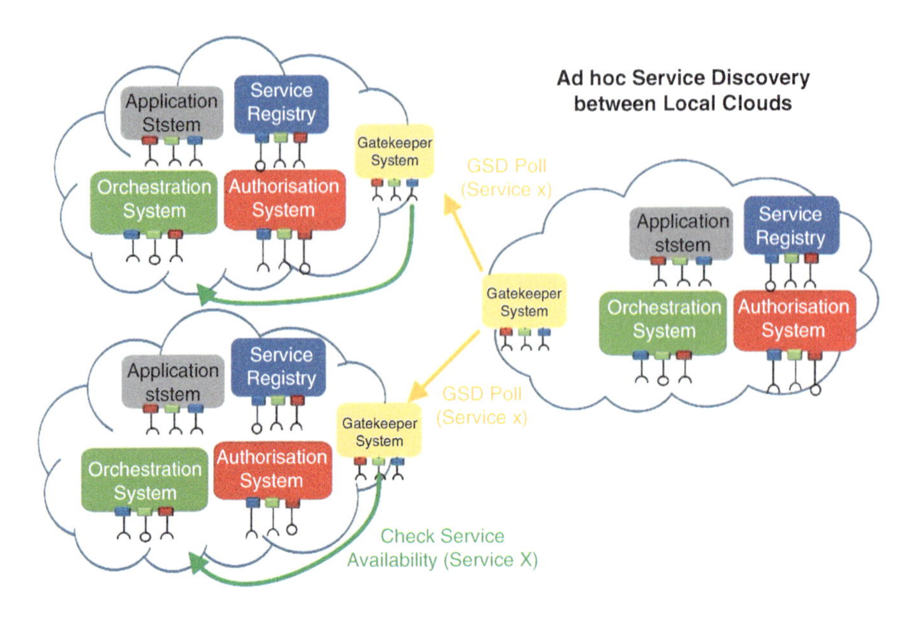

Abb. 7 Interoperability of Local Clouds by Gatekeeper-Systems. (Hegedus et al. 2016)

Clouds eine gesicherte Verbindung (Gateway) auf, über die beiden Applikationen kommunizieren können.

4.4 Vergleich

Die vorgestellte Middleware OPC UA, Arrowhead und JADE/JADEX sollen zwar alle die generelle Aufgabe erfüllen, die Prozess- und Technik-Ebenen einer Architektur zur verbinden, unterscheiden sich aber in einigen Aspekten (Tab. 1):

- *Systemdesign:*
  Arrowhead und JADE/JADEX basieren auf Plattformen für Software-Komponenten (Arrowhead: Local Cloud, JADE/JADEX: Agentenplattform). OPC UA braucht keine Plattform und ist für die Repräsentation und Verbindung von Hardware-Komponenten konzipiert.
- *Kommunikationskonzept:*
  Alle Ansätze können eine Serviceorientierte Architektur als Kommunikationskonzept implementieren, deren Realisierung sich allerdings durch die verwendeten Komponenten und Funktionen unterscheidet. Während Arrowhead und JADE/JADEX eine Service-Registry und Service-Discovery ihrer Plattformen verwenden, sind in OPC UA Standard-Services vorgesehen, die aber keine direkte Suche nach einem Service erlauben. OPC UA-Server können im Netzwerk von OPA UCA-Clients gesucht werden und Methoden abgerufen werden, diese müssen aber durch ein separates Informationsmodell referenziert werden.

Tab. 1 Vergleich von OPC UA, Arrowhead und JADE/JADEX als Middleware

	OPC UA	Arrowhead	JADE/JADEX
Systemdesign	Hardware-Komponenten	Software-Komponenten Plattform (Local Cloud)	Software-Komponenten Plattform (Agentenplattform)
Kommunikationskonzept	Serviceorientierte Architektur + Application-Discovery + Remote-Procedure-Call Publish-Subscribe	Serviceorientierte Architektur + Service-Discovery + Service-Registry	Serviceorientierte Architektur + Service-Discovery + Service-Registry FIPA-Machrichten
Schnittstellen	OPC UA Service	Arrowhead Service	Service: Java-Interface (Plattform) Web-Service (SOAP, REST) Message: FIPA-Standard
Interoperabilität	Transportprotokoll TCP Local Area Network	Transportprotokoll TCP Gatekeeper + Gateway	Transportprotokoll TCP MTP-Modul + Proxy-Agent
Komponentenverwaltung	Application-Discovery	Service Registry and Discovery System	Agent Management System Directory Facilitator
Authentifizierung und Autorisierung	ID + Passwort Zertifikat	Arrowhead Chain of Trust: Zertifikat + Token	Plattform: ID + Passwort Service: Passwort
Datensouveränität	Applikation/ Komponente	Applikation/ Komponente	Applikation/ Komponente
Entwicklung	Software-Bibliothek Dokumentation	Software-Bibliothek Dokumentation User System	Software-Bibliothek Dokumentation Control Center

JADE/JADEX bietet außerdem die Option über Nachrichten nach FIPA-Standard zu kommunizieren, OPA UA stellt auch einen Service bzw. Methoden für einen Publish-Subscribe-Mechanismus zur Verfügung.

- *Schnittstellen:*
  Eine Arrowhead-konforme Anwendung muss die Registrierung und Nutzung von Services über die Core-Components einer Local Cloud abwickeln, d. h. sie muss über entsprechende Schnittstellen für deren Nutzung verfügen. Eine Vorgabe, welche Standards oder Protokolle dabei verwendet werden, gibt es nicht. JADE/JADEX verwendet für die lokale Realisierung von Services Java-Interfaces, die von den Agenten implementiert werden. Diese können aber auch als Web-Services (SOAP, REST) für Anwendungen außerhalb der Agentenplattform angeboten werden. Die

MTP-Module können Nachrichten nach FIPA-Standard verarbeiten, unabhängig davon, ob diese von Agenten einer JADE/JADEX-Plattform oder externen IT-Systemen kommen. OPC UA verwendet neben Services zum Lesen und Bearbeiten des Informationsmodells einen Call-Service, über den Methoden von Anwendungen durch einen Remote-Procedure-Call aufgerufen werden.

- *Interoperabilität:*
  OPC UA, Arrowhead und JADE/JADEX verwenden TCP als Transportprotokoll. Arrowhead nutzt ein Gatekeeper-System, um Applikationen unterschiedlicher Local Clouds durch Gateways zu verbinden. Eine JADEX/JADEX-Plattform erzeugt Proxy-Agenten von verbundenen Plattformen (Platform Awareness). OPC UA ist für Anwendungen in einem Local Area Network (LAN) konzipiert.
- *Komponentenverwaltung:*
  Arrowhead und JADEX/JADEX bieten Module für die Registrierung und Verwaltung von Komponenten an (Arrowhead: Service-Registry and -Discovery-System, JADE/JADEX: AMS, DF). In OPC UA gibt es keine zentrale Verwaltung der OPC UA-Applikationen, die OPC UA-Server können allerdings durch einen Service gesucht werden.
- *Authentifizierung und Autorisierung:*
  Arrowhead beschränkt den Zugriff zwischen Applikationen durch eine „Chain of Trust", die Zertifikate für den Zutritt zu einer Local Cloud und ein Token-System für das Nutzen von Services einer Applikation beinhaltet. Agentenplattformen von JADE/JADEX werden durch eine Kombination aus Plattform-ID und Passwort geschützt, Agenten können den Zugriff auf einzelne Services zusätzlich durch ein Passwort beschränken. Ein OPC UA-Server kann den Zugriff auf Methoden ebenfalls durch Zertifikate und eine Nutzer-Passwort-Kombination einschränken.
- *Datensouveränität:*
  OPC UA-, Arrowhead- und JADE/JADEX-konforme Anwendungen verfügen über ein Konzept für den autorisierten Zugriff auf ihre Services und damit auf ihre Daten. Die Datensouveränität liegt daher bei allen Konzepten bei den Applikationen.
- *Entwicklung:*
  Für die Implementierung von OPC UA-, Arrowhead- und JADE/JADEX-Anwendungen stehen Software-Bibliotheken mit umfangreichen Dokumentationen zur Verfügung. Arrowhead und JADE/JADEX bieten auf ihren Plattformen Module für den Entwurf, das Debugging und die Verwaltung von Anwendungen an (Arrowhead: User System, JADE/JADEX: Control Center).

5 Vorschlag für eine ganzheitliche Industrie 4.0-Architektur

Die in Abschn. 3 vorgestellten Ansätze erfüllen viele Anforderungen für eine I4.0-Architektur, bieten aber kein ganzheitliches Konzept für Horizontale und Vertikale Integration. Es wird daher eine Implementierung durch ein BDI-Multiagenten-System vorgeschlagen.

5.1 Verwaltungsschale

Eine I4.0-Architektur braucht auf der Technik-Ebene ein Konzept für die digitalen Repräsentation von Komponenten, damit diese durch die Prozess-Ebene ansprechbar sind. Ein Ansatz dafür ist die I4.0-Komponente der Plattform I4.0.

Adolphs et al. (2016) definieren eine I4.0-Komponente als Kombination eines oder mehrerer Objekte mit einer Verwaltungsschale (Abb. 8). Die Verwaltungsschale ist eine digitale Repräsentation für physische und nicht-physische Objekte, z. B. Produkte, Maschinen oder Aufträge, enthält Informationen über Eigenschaften und Funktionen der repräsentierten Objekte und kann mit anderen Verwaltungsschalen kommunizieren. Sie wird in einen öffentlich einsehbaren Header, der z. B. eine eindeutige ID oder Bezeichnung des Objektes oder angebotene Services enthält, und

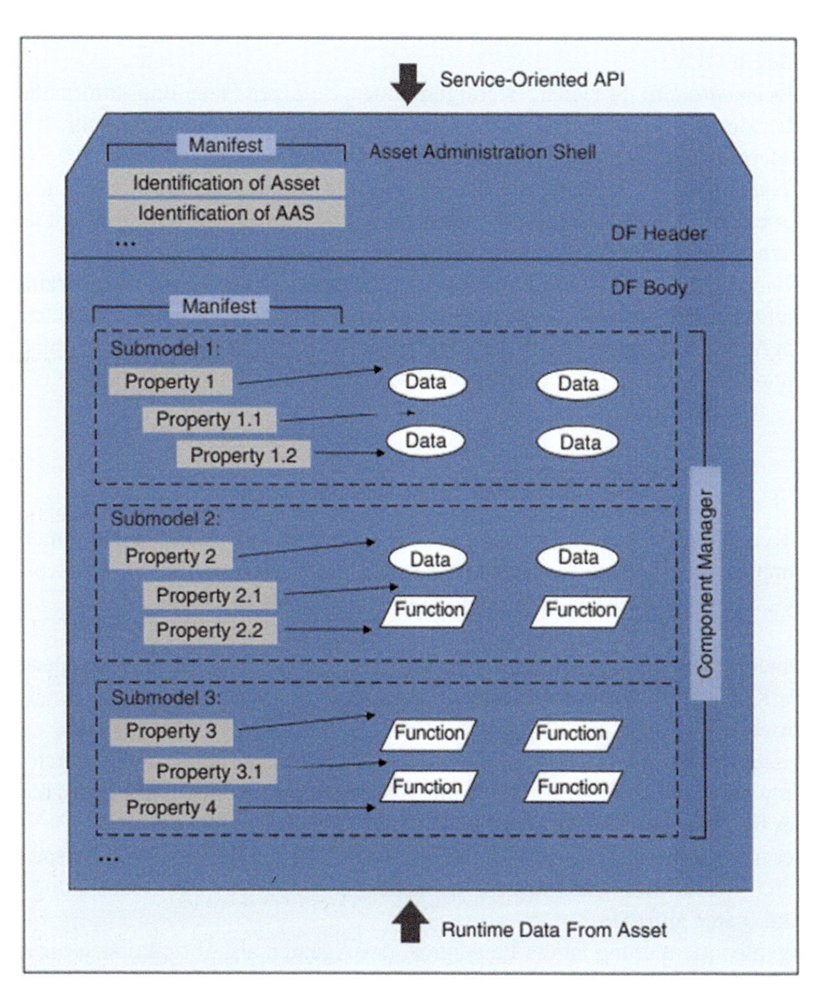

Abb. 8 Struktur der Verwaltungsschale. (Ye und Hong 2019)

einen internen Body unterteilt, dessen Submodelle jeweils eine Hierarchie von Properties definieren, die Daten oder Funktionen beschreiben. Ein Komponenten-Manager verwaltet den Zugriff und die Aktualisierung dieser Properties. Die Verwaltungsschalen bilden damit eine Vermittlungsschicht zwischen einer Komponente und anderen Komponenten, Anwendungen oder Menschen.

Ye und Hong (2019) beschreiben Standard-Submodelle für eine Verwaltungsschale, die für ihre Funktionalität als digitale Repräsentation erforderlich sind:

- *Index data item:* Enthält eine Liste mit den Submodelle der Verwaltungsschale, so dass diese eindeutig referenziert werden können.
- *Property value statement*: Beschreibt die statischen Properties (Data) einer Verwaltungsschale und Meta-Informationen, um diese zu referenzieren. Da sich diese Daten während des Lebenszyklus ändern können, muss sich das Submodell regelmäßig aktualisierten und einen historischen Verlauf der Veränderungen pflegen.
- *Documentation*: Speichert Konfigurationen, Laufzeitdaten und Informationen über den Status im Lebenszyklus des Assets. Die Dokumentation enthält auch Referenzen auf Informationen anderer Verwaltungsschalen.
- *Communication*: Enthält Information über die Kommunikationsfähigkeiten des Assets. Eine Verwaltungsschale muss mindestens einen Mechanismus enthalten, kann aber mit einer beliebigen Anzahl realisiert werden.
- *Function*: Beschreibt die Funktion eines Assets, durch die es eine spezifische Aufgabe erfüllen kann, z. B. die mechanische Bearbeitung eines Produktes. Da ein Asset mehrere oder auch gar keine Funktion haben kann, ist dieses Submodell optional.

5.2 Active-Component

Das Konzept einer Active-Component (Pokahr und Braubach 2011) kombiniert für die Implementierung von verteilten Systemen die Konzepte der Objekt-, Komponente-, Service- und Agenten-Orientierung:

- Objektorientierung modelliert reale Szenarien, wobei Objekte und Schnittstellen als Konzept verwendet werden, um eine Abstraktion von realen Objekten und Prozessen zu erstellen.
- Komponentenorientierung erweitert das objektorientierte Konzept durch den Entwurf eigenständiger Entitäten mit definierten Funktionen und Eigenschaften, um für mehr Modularität und Wiederverwendbarkeit zu sorgen.
- Serviceorientierung integriert eine geschäftliche und technische Perspektive durch Workflows, die Prozesse darstellen und Services zur Realisierung von Aktivitäten aufrufen.
- Agentenorientierung ist ein Paradigma, das Agenten als Abstraktionen für autonom agierenden Entitäten mit der Kontrolle über ihren Status und ihre Aktionen beschreibt.

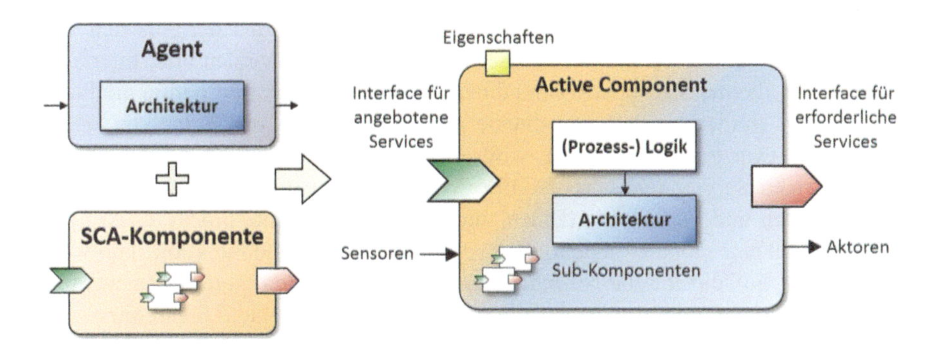

Abb. 9 Active-Component als Anbieter und Verbraucher von Services nach. (Braubach und Pokahr 2012)

Eine Active-Component basierte auf dem Konzept der Service-Component-Architecture (SCA) (Marino und Rowley 2009) und erweitert dieses durch die Integration von Agenten. Der generelle Ansatz ist die Transformation von passiven SCA-Komponenten in autonom agierende Anbieter und Nutzer von Services (Abb. 9):

- Das Verhalten von Agenten wird durch deren interne Architektur und deren Programmierung definiert, bei BDI-Agenten durch ihre Ziele, Pläne und ihr Wissen.
- SCA kombiniert das Konzept einer SoA mit dem der Komponentenorientierung durch die Definition von SCA-Komponenten, die Funktionen und Eigenschaften über Services anbieten und aufrufen können. Eine SCA-Komponente ist eine passive Entität, die definierte Schnittstellen mit anderen Entitäten hat, die durch den Aufruf und das Angebot von Services modelliert werden.

Eine Active-Component realisiert durch BDI-Agenten ermöglicht die Modellierung von verteilten Systemen durch autonome Komponenten, die durch Services miteinander interagieren und kommunizieren können und dabei zu ziel- und kontextorientierter Problemlösung befähigt sind.

Eine Active-Component kann für die Realisierung der Verwaltungsschale einer I4.0-Komponente verwendet werden, was exemplarisch für einen JADEX-Agenten beschrieben wird.

- *Header* – Einem JADEX-Agenten wird vom AMS eine eindeutige ID zugewiesen, die in Kombination mit der Plattform-ID eine globale Identifikation des Agenten erlaubt. Services des Agenten werden im DF registriert. Diese Informationen können entweder über einen Service beim Agenten selbst oder bei den genannten Plattform-Services angefragt werden.
- *Body* – Daten werden in einem JADEX-Agenten durch Beliefs gespeichert und Funktionen in Plänen realisiert. Diese können durch den Reaction-Deliberation-

Mechanismus, d. h. der Auswertung von Informationen und der Auswahl von Aktionen, aktualisiert und referenziert werden. Services werden über Interfaces angelegt, die bei Start oder während der Laufzeit implementiert und in die Pläne integriert werden können. Der direkte Zugriff auf Beliefs und Pläne von außerhalb ist zwar generell möglich, wird aber bei JADEX-Agenten normalerweise über einen Service realisiert. JADEX-Agenten haben selbst die Kontrolle über ihre Daten und Funktionen (Daten- und Prozesssouveränität), d. h. es ist nicht unbedingt eine globale Eindeutigkeit von Eigenschaften und Funktionen notwendig. Soll auf die interne Struktur eines JADEX-Agenten zugegriffen werden, referenziert der Agent selbst auf die entsprechenden Daten und Funktionen.

Ye und Hong (2019) nennt außerdem die folgenden technischen Anforderungen an die Realisierung einer Verwaltungsschale:

- *Identification – Eine Verwaltungsschale und das repräsentierte Asset sollen in einem I4.0-System eindeutig identifiziert werden können.* Jeder JADEX-Agent erhält vom MAS auf einer Plattform eine eindeutige ID, jede Plattform selbst ist ebenfalls über einen eindeutigen Schlüssel identifizierbar. In Kombination ist jeder Agent damit eindeutig identifizierbar.
- *Representation – Eine Verwaltungsschale soll eine Beschreibung des Assets enthalten.* Ein JADEX-Agent kann mit beliebigen Beliefs implementiert werden, die auf dynamische oder statische Eigenschaften des Assets verweisen und über Services abgerufen oder in deren Beschreibung integriert werden können.
- *Communication – Eine Verwaltungsschale soll mit anderen Verwaltungsschalen kommunizieren können.* JADEX-Agenten sind mit allen Agenten auf ihrer Plattform verbunden, die Plattform selbst kann sich mit anderen Plattformen verbinden, um die dortigen Agenten zu erreichen. Die Kommunikation ist durch direkte Nachrichten (FIPA) oder Services möglich.
- *Lifecycle Stage – Eine Verwaltungsschale soll für eine spezifische Phase im Lebenszyklus des Assets implementiert werden.* JADEX-Agenten können erzeugt und wieder gelöscht werden, es würde sich allerdings anbieten, die digitale Repräsentation des Assets über den gesamten Lebenszyklus zu erhalten und den Agenten mit Eigenschaften und Funktionen für alle Phasen auszustatten. Es ist dafür auch möglich einen JADEX-Agenten zwischen Plattformen zu bewegen, z. B. um ihn zwischen zwei Unternehmen zu transferieren.
- *Function – Eine Verwaltungsschale soll technische Funktionen des Assets ausführen und anbieten können.* Ein JADEX-Agent kann mit allen Funktionen des Assets verbunden werden und diese als Service auf der Plattform anbieten. Es können beliebige Funktionen in Plänen programmiert werden.
- *Interoperability – Die Verwaltungsschalen sollen ein gemeinsames semantisches Verständnis für ausgetauschte Informationen haben.* FIPA-Nachrichten enthalten ein Datenfeld für Ontologien. Sollen keine direkten Nachrichten, sondern Services verwendet werden, können Meta-Services eingerichtet werden, um Ontologien auszutauschen.

Die beschriebenen Submodelle können ebenfalls realisiert werden:

- *Index data item*: Ein JADEX-Agent überwacht seine Beliefs (Daten) und Pläne (Funktionen) selbstständig, so dass keine vorgegebenen Referenzen notwendig sind. Wenn ein externer Zugriff erfolgen soll, können diese nach einem beliebigen Informationsmodell klassifiziert werden.
- *Property value statement*: Ein JADEX-Agent ist sich ab Initialisierung seiner internen Struktur (Belief, Plan, Goal) bewusst und registriert alle Veränderungen an den Inhalten dieser Struktur.
- *Documentation*: Alle Veränderungen an Beliefs und Plänen werden vom Reaction-Deliberation-Mechanismus registriert und können gespeichert werden. Informationen über Agenten können beim AMS oder DF der Plattform angefragt, aber auch bei Initialisierung eines JADEX-Agenten als Belief direkt integriert werden.
- *Communication*: JADEX-Agenten kommunizieren über Services oder Messages, die von allen anderen JADEX-Agenten abgerufen und empfangen werden können. Es können auch separate Bibliotheken integriert werden, um neben dem ACC der Plattform zusätzliche Kommunikationsprotokolle wie MQTT zu verwenden.
- *Function*: Wenn ein Asset mit einem JADEX-Agenten verbunden ist, kann er dessen Funktionen in Plänen anlegen und in einen Service integrieren Durch die Ziel- und Kontextorientierung ist auch eine Orchestrierung dieser Funktionen möglich, um komplexere Service anzubieten.

5.3 BDI-Agenten

Ein technischer Agent ist eine abgrenzbare (Hardware- und/oder Software-) Einheit mit definierten Zielen. Ein technischer Agent ist bestrebt, diese Ziele durch selbstständiges (autonomes) Verhalten zu erreichen und interagiert dabei mit seiner Umgebung, u. a. mit anderen Agenten (VDI/VDE 2010). Agenten, die in einer Umgebung miteinander kommunizieren und interagieren, werden als Multiagenten-System bezeichnet. Das BDI-Konzept (Belief, Desire, Intention) wurde als Procedural-Reasoning-System (George und Lansky 1987) implementiert, welches die abstrakte Beschreibung von Wünschen und Absichten (Desire) auf die konkreten Erfüllung von Zielen und Plänen (Intention) auf Grundlage von vorliegender Information (Belief) reduziert.

Neben ihrem eigenen Zustand können BDI-Agenten durch ein internes Modell ihrer Umwelt Informationen über diese speichern. Jede Instanz dieses internen und externen Modells wird dadurch zu einem Zustand der Umwelt, welcher der individuellen Ansicht, der Überzeugung (Belief), des Agenten entspricht und sein Verhalten beeinflusst. Dieser Zustand der Umwelt kann sich durch andere Entitäten, die Umwelt selbst oder eigene Aktionen verändern. Eine Abfolge von Aktionen, um den Zustand der Umwelt bewusst zu verändern (Intention), wird als Plan eines

BDI-Agenten bezeichnet. Ein Plan kann die Ausführung weiterer Pläne auslösen und dadurch eine Hierarchie von Plänen bilden. Inaktivität ist ebenfalls eine Handlungsalternative. Die Ausführung von Plänen wird durch Ziele (Desire) gesteuert, die einen speziellen Zustand der Umwelt beschreiben. Ein Agent ist dadurch bestrebt den aktuellen Zustand der Umwelt in diese Zielzustände zu transformieren. Die Auswahl von Plänen und deren Abfolge, um ein Ziel zu erreichen, wird als Meta-Reasoning bezeichnet. Das Meta-Reasoning kann durch Nutzenfunktionen über eine rein regelbasierte Logik hinausgehen, so dass Agenten auch handlungsfähig sind, wenn durch einen einzigen Plan ein Ziel nicht erreicht werden kann und nur eine Annäherung an den Zielzustand erfolgt. BDI-Agenten sind daher auch zu proaktiven Handlungen fähig, da sie durch ihr internes Modell in der Lage sind, die Auswirkungen ihrer Entscheidungen zu bewerten. Ein BDI-Agent kann eine Verwaltungsschale als Active-Component realisieren und die Prozess-Ebene einer I4.0-Architektur durch seine skalierbare, kognitive Komplexität beschreiben (Verbeet und Baumgärtel 2019).

5.4 Industrie 4.0-Architektur

Die Ausführung von Geschäftslogik und Funktionen erfolgt in der Prozess-Ebene und die digitale Repräsentation in der Technik-Ebene. Eine Middleware verbindet die Ebenen miteinander, sie soll aber unabhängig arbeiten, um möglichst viele Komponenten miteinander verbinden zu können und nicht den Anspruch haben, Funktionen aus den anderen Ebenen direkt zu integrieren.

Die drei Middleware-Konzepte OPC UA, Arrowhead und JADE/JADEX können eine konsistente Verbindung zwischen IT-Systemen der Prozess-Ebene und nach ihren Spezifikationen repräsentierter Hardware der Technik-Ebene herstellen. Die Kompatibilität mit Hardware nach anderen Spezifikationen ist aber problematisch, da Referenzen auf Komponenten oder Protokolle nicht zur Verfügung stehen (Abb. 10). Arrowhead und JADE/JADEX haben ähnliche Komponenten und Funktionalitäten in einer Local Cloud bzw. einer Agentenplattform, die synchronisiert

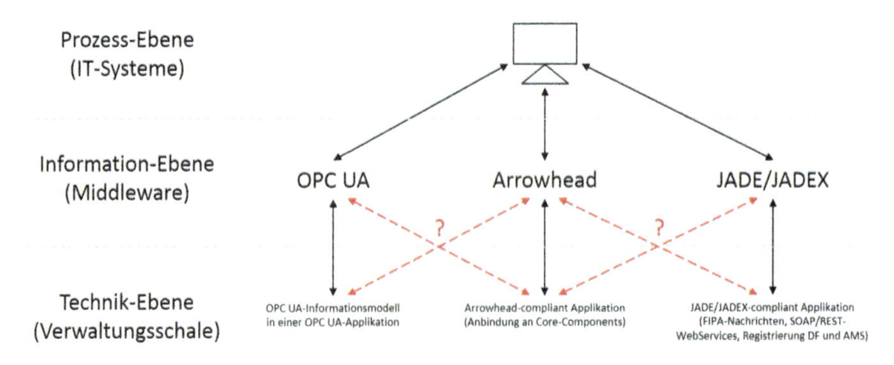

Abb. 10 Problem der Middleware-Kompatibilität in I4.0-Architekturen

werden können. Eine Interaktion mit OPC UA-Anwendungen ist dagegen schwierig, da OPC UA keine zentralen Plattform-Komponenten hat und auch keine beliebigen Service-Interfaces implementieren kann, wodurch eine Service-Discovery in OPC auch nur indirekt möglich ist.

Ein Ansatz für die Lösung dieses Kompatibilitätsproblems ist die Realisierung der Verwaltungsschale als Active Component Shell mit BDI-Agenten (Abb. 11). Diese können mit beliebigen Interfaces für einen Service implementiert werden und vereinen inhärent die Prozess- und Technik-Ebene.

Ein Asset in dieser Architektur kann durch folgende Klassifizierung beschrieben werden:

• *physisches Objekt*:	aktiv (z. B. Maschine)	passiv (z. B. Ladungsträger)
• *IT-System*:	aktiv (z. B. ERP)	passiv (z. B. Produktdatenbank)
• *Informationsobjekt*:	aktiv (z. B. Auftrag)	passiv (z. B. Dokumentation Instandhaltung)

Die Interaktion der BDI-Agenten mit den Assets und der Middleware innerhalb der Architektur kann nach (Verbeet und Baumgärtel 2019) durch folgende Varianten beschrieben werden:

- *separat* = ein Asset interagiert selbst mit der Middleware
- *ergänzend* = ein Asset wird durch eine Active Component Shell repräsentiert
- *integriert* = ein Asset wird vollständig in die Active Component Shell integriert

Eine Active Component Shell kann mit verschiedenen Interfaces für einen Service realisiert werden, so dass sie mit unterschiedlicher Middleware interagieren kann:

- OPC UA für Automatisierungstechnik in einem Produktionssystem (SoA oder Publish-Subscribe, Komponenten und Prozesse bekannt)
- Arrowhead für Interoperabilität zwischen Unternehmen (Security-Konzept des Gatekeeper-System)
- JADE/JADEX als native-Middleware der BDI-Agenten (geringer Aufwand der Implementierung, da kein separates Interface generiert werden muss)

6 Diskussion

Industrie 4.0 ist ein Megatrend in Industrie, Wissenschaft und Politik. Er wird getrieben von technologischen Fortschritten und basiert auf der Vertikalen Integration und Horizontale Integration von Komponenten und Prozessen sowie einem durchgängigen Produktlebenszyklus-Management. Die Realisierung von Systemen der Industrie 4.0 erfolgt z. B. durch das Internet of Things oder Cyber-physische

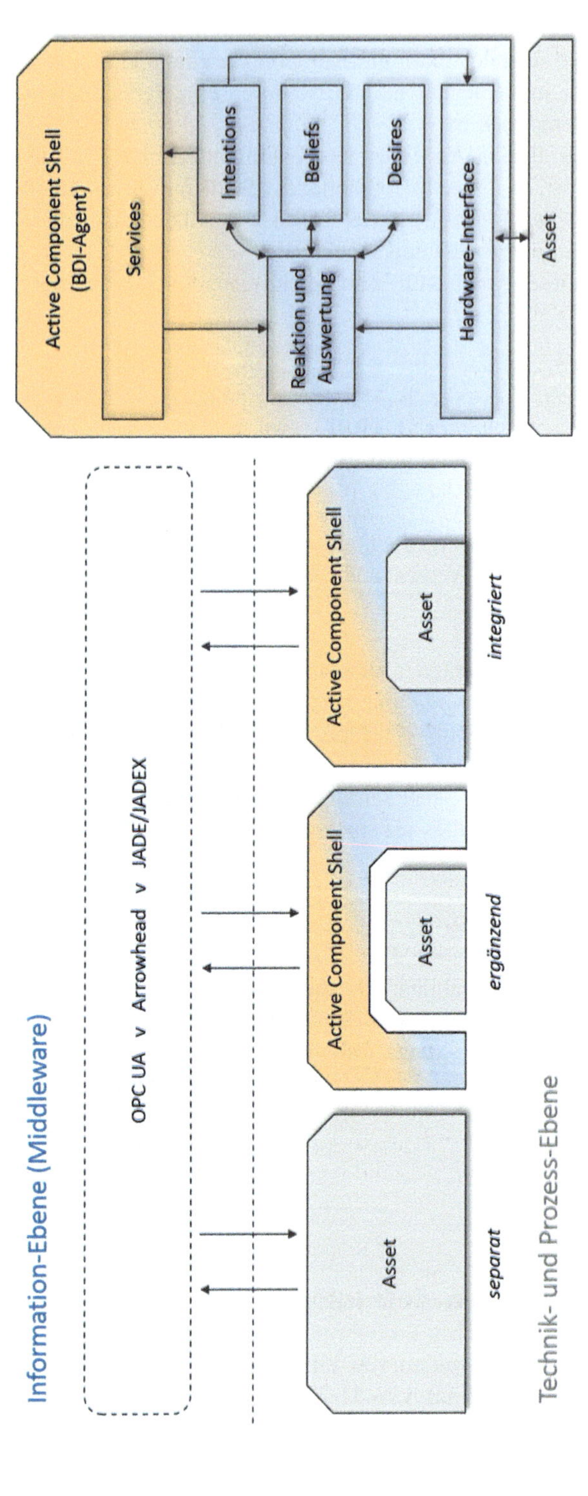

Abb. 11 Realisierung einer I4.0-Achirektur durch BDI-Agenten als Active Component Shell

Systeme, welche das Konzept verteilter Anwendungen und digitaler Repräsentation aufgreifen. Diese Systeme sind auf eine Architektur angewiesen, welche die Ebenen Prozess, Information und Technik beschreibt. Die Information-Ebene wird durch Middleware realisiert und hat in den digitalen und vernetzten Systemen der Industrie 4.0 eine wichtige Bedeutung. Durch die Anforderungen unterschiedlicher Domänen motiviert sind Ansätze für solche Middleware OPC UA (Automatisierung), Arrowhead (System of Systems) und JADE/JADEX (Multiagenten-Systeme).

Aus der Analyse dieser Middleware können folgende Erkenntnisse gewonnen werden:

- Die Realisierung von Hard- und Software-Repräsentation ist notwendig für Vertikale Integration und Konzepte für Security und Interoperabilität sind notwendig für Horizontale Integration. Das ist auch wichtig für die Schaffung einer Informationsgrundlage für die Unterstützung des PLM.
- Das Konzept einer Serviceorientierte Architektur ist ein vielversprechender Ansatz für die Realisierung von verteilten Anwendungen, wie sie in der Industrie 4.0 implementiert werden. Für einige Situationen sind Services allerdings nicht gut geeignet, z. B. ist bei sequenziellem Austausch von Informationen in Verhandlungsprozessen (Interaction-Pattern) eine Nachrichten-basierte Kommunikation oft sinnvoller oder ein Publish-Subscribe-Mechanismus wie MQTT in Automatisierungssystemen oft effizienter als Services.
- Im Kontext von Industrie 4.0 werden viele Transportprotokolle diskutiert, z. B. das Constrained Application Protocol (CoAP) oder das User Datagram Protocol (UDP), aber das Transmission Control Protocol (TCP) ist aufgrund seiner Verbreitung eine vielversprechende Grundlage für die Kommunikationskonzepte von Industrie 4.0. Es wird von vielen bestehenden Systemen verwendet, kann die entstehenden Datenmengen beherrschen und auf eine globale Infrastruktur zurückgreifen.

Der vorgeschlagene Architektur-Ansatz basiert auf der Agenten-Technologie. Die Verwaltungsschale der Plattform I4.0 wird durch eine Active Component Shell realisiert, d. h. ein Software-Artefakt, dass durch eine Prozess-Logik gesteuert wird und Service anbieten oder abrufen kann. Dadurch entsteht eine Active-Component-Shell, die durch BDI-Agenten implementiert werden kann. Die Prozess-Ebene einer Architektur wird durch deren Reaction-Deliberation-Mechanismus realisiert. In diesen können neben regelbasierten Mechanismen auch Verfahren der Künstlichen Intelligenz wie Machine Learning integriert werden. Die Technik-Ebene kann ebenfalls in einen BDI-Agenten integriert werden, für das Modul „Hardware-Interface“ gibt es aber noch keine generischen Ansätze. Hier besteht noch Forschungsbedarf.

Durch die Active Component-Shell sollen Aufgaben wie Service-Orchestrierung oder digitale Repräsentation von der Middleware entkoppelt und in die Komponenten integriert werden, so dass sich die Middleware auf den Transfer von Information konzentrieren kann. Es besteht ansonsten die Gefahr, dass die Grenzen der Ebenen einer I4.0-Architektur verwischen und Konzepte oder Systeme für Aufgaben verwendet werden, die sie eigentlich gar nicht bearbeiten sollten. Der Middleware kommt in digitalisierten und vernetzten Systemen eine tragende Bedeutung zu, daher sollte sie so transparent und effizient wie möglich funktionieren. Es wird wegen der heterogenen Anforderungen von Anwendungen allerdings niemals „die" I4.0-Middleware geben, z. B. können Eigenschaften zur Vernetzung oder die Reaktionszeit wichtiger sein. Das Ziel bei der Entwicklung einer I4.0-Architektur sollen daher modulare Ansätze sein und keine Konzepte, die nur für eine bestimmte Domäne eingesetzt werden können und auf einem einzigen Standard basieren.

Literatur

Adolphs P, Auer S, Bedenbender H, Billmann M, Hankel M, Heidel R, Koschnick G (2016) Struktur der Verwaltungsschale: Fortentwicklung des Referenzmodells für die Industrie 4.0-Komponente. Bundesministerium für Wirtschaft und Energie (BMWi), Berlin

ANSI (2000) ISA 95: Enterprise-control system integration 1: models and terminology

Barbosa J, Leitao P, Ferreira A, Queiroz J, Geraldes CAS, Coelho JP (2018) Implementation of a multi-agent system to support ZDM strategies in multi-stage environments. Faculty of Engineering of the University of Porto (2018) Proceedings IEEE 16th International Conference on Industrial Informatics (INDIN). IEEE, Piscataway, NJ, ISBN 9781538648308, S 822–827

Baumgärtel H, Ehm H, Laaouane S, Gerhardt J, Kasprzik A (2018) Collaboration in supply chains for development of CPS enabled by semantic web technologies. In: Rabe M (Hrsg) Proceedings of the 2018 Winter Simulation Conference, Gothenburg, S 3627–3638

Bellifemine F, Poggi A, Rimassa G (2001) JADE: a FIPA2000 compliant agent development environment. In: André E, Sen S, Frasson C, Müller JP (Hrsg) (2001) Proceedings of the 5th International Conference on Autonomous Agents. ACM, New York, S 216–217

Birkhofer R, Wollschläger M, Schrieber R, Winzenick M, Kalhoff J, Kleedörfer C et al (2010) Life-Cycle-Management für Produkte und Systeme der Automation. Ein Leitfaden des Arbeitskreises Systemaspekte im ZVEI Fachverband Automation. Zentralverb. Elektrotechnik- und Elektronikindustrie, Fachverb. Automation, Frankfurt am Main

Braubach L, Pokahr A (2012) Developing distributed systems with active components and Jadex. Scalable Comput Pract Exper 13:100–120

Delsing J (2017) IoT automation. Arrowhead framework. CRC Press/Taylor & Francis Group, Boca Raton

DIN 16593-1 (2018) Reference model for Industrie 4.0 service architectures

FIPA (2019) FIPA. http://www.fipa.org/index.html. Zugegriffen am 05.06.2019

Forstner L, Dümmler M (2014) Integrierte Wertschöpfungsnetzwerke. Chancen und Potenziale durch Industrie 4.0. e & i Elektrotechnik Informationstechnik 131:199–201

Fortino G, Russo W, Savaglio C, Shen W, Zhou M (2017) Agent-oriented cooperative smart objects: From IoT system design to implementation. IEEE Trans Syst Man Cybern 99:1–18

George M, Lansky A (1987) Reactive reasoning and planning. An experiment with a mobile robot. In: American Association for Artificial Intelligence (AAAI) (1987) Proceedings of the 6th National Conference on Artificial Intelligence. Morgan Kaufmann, Los Altos, California, ISBN 978-0-262-51055-4, S 677

Grimshaw D (2010) JADE administration tutorial. Hrsg. Telecom Italia. Ryerson University. https://jade.tilab.com/doc/tutorials/JADEAdmin/jadeArchitecture.html. Zugegriffen am 03.07.2019

Gudemann M, Ortmeier F, Reif W (2006) Formal modeling and verification of systems with self-x properties. In: International conference on autonomic and trusted computing. Springer, Berlin/Heidelberg, S 38–47

Hegedus C, Kozma D, Soos G, Varga P (2016) Enhancements of the arrowhead framework to refine inter-cloud service interactions. In: IECON 2016 – 42nd annual conference of the IEEE

Industrial Electronics Society. IECON 2016 – 42nd annual conference of the IEEE Industrial Electronics Society. IEEE, Florence, S 5259–5264

IEC (2017) Smart manufacturing – Reference Architecture Model Industry 4.0 (RAMI4.0). IEC Standard PAS 63088

Kagermann H, Wahlster W, Helbig J (2012) Deutschlands Zukunft als Produktionsstandort sichern. Umsetzungsempfehlungen für das Zukunftsprojekt Industrie 4.0. Hrsg. Deutsche Akademie der Technikwissenschaften e.V. https://www.acatech.de/publikation/umsetzungsempfehlungen-fuer-das-zukunftsprojekt-industrie-4-0-zwischenbericht-des-arbeitskreises-industrie-4-0/. Zugegriffen am 02.07.2019

Lin SW, Mellor S (2018) Architecture alignment and interoperability. An Industrial Internet Consortium and Plattform Industrie 4.0 joint whitepaper. IIC:WHT:IN3:V1.0:PB:20171205. www.iiconsortium.org. Zugegriffen am 27.11.2019

Marino J, Rowley M (2009) Understanding SCA (service component architecture). Pearson Education, Boston

OASIS (2006) Reference model for service oriented architecture 1.0. Committee specification 1. http://www.oasis-open.org/committees/download.php/19679/soa-rm-cs.pdf. Zugegriffen am 03.07.2019

Onori M, Lohse N, Barata J, Hanisch C (2012) The IDEAS project. Plug & produce at shop-floor level. Assem Autom 32:124–134

Pokahr A, Braubach L (2011) Active components. A software paradigm for distributed systems. In: Special Interest Group on Artificial Intelligence (SIGAI) (2011): Proceedings of the 2011 IEEE/WIC/ACM International Conferences on Web Intelligence and Intelligent Agent Technology – Volume 02. IEEE Computer Society, Washington, DC, USA, ISBN 978-0-7695-4513-4, S 141–144

Rocha A, Di Orio G, Barata J, Antzoulatos N, Castro E, Scrimieri D et al (2014) An agent based framework to support plug and produce. In: 12th International conference on Industrial Informatics (INDIN), Porto Alegre RS, S 504–510

Russell SJ, Norvig P (2016) Artificial intelligence: a modern approach. Pearson Education Limited, Malaysia

SCI 4.0 (2018) Alignment report for Reference Architectural Model for Industrie 4.0/Intelligent Manufacturing System Architecture/Intelligent Manufacturing System Architecture. Sino-German Industrie 4.0/Intelligent Manufacturing – Standardisation Sub-Working Group. Federal Ministry of Economic Affairs and Energy

VDI/VDE 2653 (2010) Agentensysteme in der Automatisierungstechnik

Verbeet R, Baumgärtel H (2019) Implementierung von autonomen Industrie 4.0-Systemen mit BDI-Agenten. In: Vogel-Heuser B, Bauernhansl T, ten Hompel M (Hrsg) Handbuch Industrie 4.0. Industrie-4.0-Anwendungsszenarien für die Automatisierung. Springer, Berlin/Heidelberg

Vogel-Heuser B, Diedrich C, Pantforder D, Gohner P (2014) Coupling heterogeneous production systems by a multi-agent based cyber-physical production system. In: 12th International conference on Industrial Informatics (INDIN), Porto Alegre RS, S 713–719

Wan J, Tang S, Shu Z, Li D, Wang S, Imran M, Vasilakos AV (2016) Software-defined industrial internet of things in the context of Industry 4.0. IEEE Sensors J 16:7373–7380

Xinping G (2016) A comprehensive overview of cyber-physical systems: from perspective of feedback system. IEEE/CAA J Autom Sinica 3:1–14

Ye X, Hong SH (2019) Toward Industry 4.0 components: insights into and implementation of asset administration shells. IEEE Ind Electron Mag 13(1):13–25. https://doi.org/10.1109/MIE.2019.2893397

Semantic Web: Befähiger der Industrie 4.0

Patrick Moder, Hans Ehm, Hartwig Baumgärtel und Nour Ramzy

Zusammenfassung

Vorgestellt wird die im Rahmen des von Horizon 2020/ECSEL JU geförderten Projekts Productive4.0 erarbeitete *Digital Reference.* Sie basiert auf einer Ontologie mit einer Vielzahl von Klassen und Eigenschaften zur Abbildung von Halbleiterprodukten, Lieferketten der Halbleiterherstellung und Prozessketten, die Halbleiter beinhalten. Konzipiert ist die *Digital Reference* als *lingua franca*, die als Plattform dient, um einen konsistenten Wissensaustausch über Abteilungs-, Domänen- oder Unternehmensgrenzen hinweg zu ermöglichen. Die Ontologie entspricht einer Beschreibungssprache, die sämtliche Teilnehmer befähigt, sich miteinander autonom auf eintretende Szenarien einstellen zu können. Sie beinhaltet neben einer Abbildung der Produkte, Anlagen und sämtlicher an der Wertschöpfung beteiligter Unternehmensprozesse auch deren Relationen. Die *Digital Reference* findet ihre Anwendung in einer Vielzahl von Einsatzgebieten im Kontext eines Halbleiterherstellers mit seinen Zulieferern und Kunden. Hierzu

P. Moder (✉)
Lehrstuhl für Automatisierung und Informationssysteme, Technische Universität München, Garching, Deutschland
E-Mail: patrick.moder@tum.de; patrick.moder@infineon.com

H. Ehm
Infineon Technologies AG, Neubiberg, Deutschland
E-Mail: hans.ehm@infineon.com

H. Baumgärtel
Institut für Betriebsorganisation und Logistik, Technische Hochschule Ulm, Ulm, Deutschland
E-Mail: Hartwig.Baumgaertel@thu.de

N. Ramzy
Fakultät für Elektrotechnik und Informatik, Leibniz Universität Hannover, Hannover, Deutschland
E-Mail: nour.ramzy@infineon.com

B. Vogel-Heuser et al. (Hrsg.), *Handbuch Industrie 4.0*,
https://doi.org/10.1007/978-3-662-58528-3_126

zählen Verbesserungen bei der auch überbetrieblichen gemeinsamen Nutzung, Aufbereitung und Bereitstellung von Informationen, der Extraktion impliziten Wissens sowie der Prüfung integrierter Modelle. Im Speziellen wird auf die Prinzipien der zugrunde liegenden Semantic Web Technologien eingegangen sowie Chancen und Risiken erörtert. Ein besonderes Augenmerk soll auf einer integrierbaren Subontologie der *Digital Reference* liegen, welche das Automatisierungsgerüst *Arrowhead* beschreibt. Es wird detailliert auf die zugrunde liegenden Paradigmen des Arrowhead Frameworks eingegangen und beschrieben, wie es als Ontologie umgesetzt Nutzen stiftet.

1 Semantic Web im digitalen Zeitalter

Die vierte industrielle Revolution umfasst im Wesentlichen erhöhte Autonomie und Interoperabilität zwischen den Komponenten eines industriellen Systems sowie deren vertikale und horizontale Integration. Dies führt unter anderem zu einer Verbesserung der Flexibilität, Automatisierbarkeit und Reaktionsfähigkeit von Lieferketten. Eine große Herausforderung stellen hier komplexe Strukturen dar, welche durch die Heterogenität der kooperierenden Geschäftsbereiche und miteinander vernetzten Unternehmen hervorgerufen werden. Dies gilt insbesondere in wissensintensiven Sektoren, etwa der Halbleiterbranche mit über 1000 unternehmensinternen Fertigungsschritten für die Herstellung eines Produktes und einem weitverzweigten Netz an Kunden und Zulieferern (Mönch et al. 2018). Großer Handlungsbedarf besteht dabei für die große Menge an Daten, die hier entlang des Produktlebenszyklus entsteht und zu jeder Zeit abgreifbar zu sein hat (Chien et al. 2008). Einen vielversprechenden Lösungsansatz bieten Semantic Web Technologien, welche auch in einem datenintensiven Umfeld die Zusammenarbeit zwischen Unternehmen, einzelnen Unternehmensbereichen sowie zwischen Mensch und Maschine verbessern können (Ye et al. 2008). Daten können mithilfe einer eindeutigen Semantik in konsistenten Ontologien inhaltlich vereinheitlicht und angereichert werden. So werden beispielsweise aus impliziten Relationen des vorhandenen Domänenwissens selbständig explizite Informationen durch logische Schlussfolgerungen gewonnen. Einer Übersetzung des Fachwissens durch einen IT-Experten bedarf es ebenso wenig wie der anschließenden Rückübersetzung zur Visualisierung für den Nutzer. Vielmehr geben Ontologien sowohl Menschen als auch Maschinen die Möglichkeit, die vorhandenen Informationen in Echtzeit zur Verfügung zu stellen, abzugreifen, zu interpretieren und weiter zu verarbeiten. Semantic Web ist ursprünglich von Tim Berners-Lee als Weiterentwicklung des World Wide Web hin zu einem Netz aus Daten konzipiert. Es trägt damit heute im Konsumgütermarkt zu einer erhöhten Automatisierung, Intelligenz und Reaktionsfähigkeit bei, wie es beispielsweise im e-Commerce beobachtet wird. Dies führt zu zielgerichteten Produktempfehlungen, flexiblen Lieferoptionen und einer hohen Verfügbarkeit der Produkte. Diese Aussichten sind auch für den Investitionsgütermarkt interessant, werden jedoch kaum ausgeschöpft, da unter anderem Semantic Web Ansätze im industriellen Kontext bisher selten adaptiert werden. Um in einer Business-to-Business (B2B) Umgebung die Chancen der vierten industriellen Revolution zu nutzen und die Digitalisierung in der Zeit von Big Data und künstlicher Intelligenz voranzutreiben, wird Semantic Web als Befähiger erachtet. Insbesondere werden Probleme angesprochen, die aufgrund der weiter steigenden Datenmenge entstehen, die während des Wertschöpfungsprozesses anfällt. (Gölzer 2017)

2 Vernetzung und Daten stehen im Zentrum der vierten industriellen Revolution

Industrie 4.0 Ansätze beinhalten eine Reihe von Technologien und Konzepten, die eine verbesserte und vernetzte Produktion sicherstellen sollen. Prinzipiell sollen sämtliche an der Wertschöpfung beteiligten Instanzen miteinander in Bezug gesetzt werden. Somit kommt der Vernetzung der Entitäten eine Grundaufgabe zu, um horizontale und vertikale Integration sowie die Betrachtung des gesamten Produktlebenszyklus zu ermöglichen. Die autonome Vernetzung zwischen produzierenden Anlagen und den Produkten selbst entspricht der Vorstellung von cyber-physischen Produktionssystemen. Reibungslose Kommunikation und autonome Steuerung können jedoch nur gelingen, wenn die gewonnenen Daten konsistent und uneingeschränkt verarbeitbar sind. Hinsichtlich der Kommunikation wird ein Paradigmenwechsel von der herkömmlichen Automatisierungspyramide hinzu einer auf cyber-physikalischen Systemen basierenden Netzstruktur festgestellt. Hierzu ist eine gemeinsame Sprache nötig, eine *lingua franca*, die es sowohl den Nutzern als auch den Maschinen ermöglicht, von der Menge der Daten zu profitieren, statt in ihr zu ertrinken (Baumgärtel et al. 2018). Zur Vernetzung der cyber-physikalischen Systeme wird häufig auf Ansätze zurückgegriffen, die auf den Prinzipien des Internet der Dinge (IoT, Internet of Things) basieren. Somit gelingt eine Koordination und Steuerung relevanter Prozesse entlang des gesamten Produktlebenszyklus. Da es entscheidend ist, fortdauernd Informationen zu den aktuellen Zuständen der Dinge und etwaigen Stellgrößen zu erhalten, spielen die anfallenden Daten eine große Rolle. Betrachtet man die Komplexität der entstehenden Netzwerke, ist es jedoch häufig schwer, klare Aussagen über die Konsequenzen zu treffen, die durch dynamische Prozesse oder bewusste Eingriffe hervorgerufen werden. Dies liegt zum einen an einer unbefriedigenden und limitierten Darstellung des Netzwerks und zum anderen an der anspruchsvollen Natur der Daten selbst. Semantische Ansätze sorgen für eine skalierbare Repräsentation der Realität und ermöglichen darüber hinaus die Integration von Datenanalyse im Umfeld von Big Data (Chauhan und Yu 2016).

Wird von Big Data gesprochen, so ist häufig von den vier V's zu hören, welche die Dimensionen der Daten beschreiben. Gemeint sind die Vielzahl (volume), die Verschiedenartigkeit (variety) und Vertrauenswürdigkeit (veracity) der Daten sowie die Geschwindigkeit ihrer Analyse (velocity) (Hofmann 2017). In manchen Werken ist zusätzlich auch der Mehrwert (value) der Daten als fünfte Ausprägung genannt. Je stärker die Dimensionen ausgeprägt sind, desto höher ist die Komplexität der Daten anzunehmen. Somit steigt auch die Schwierigkeit der Informationsextraktion, die dem Problem ähnelt, eine Stecknadel in einem Heuhaufen zu finden. In erster Linie ist zur Lösung des Problems – oder zumindest seiner Vereinfachung – das Vorhandensein aller relevanten Daten zu gewährleisten. Dies wird vor allem durch die großflächige Integration von Sensoren erreicht, welche die Prozessschritte überwachen. Zusätzlich existieren verschieden Ansätze (Local Cloud, Edge Computing, etc.), um die Daten für weitere Dienste abgreifbar zu machen. Weiterhin ist es nötig, die Daten aufbereiten zu können, um sie anhand gewisser Merkmale zu identifizieren. Hierzu ist eine fachübergreifend einheitliche Semantik notwendig. Mithilfe von Semantic Web Technologien können konsistente Antworten auf Suchanfragen geliefert werden, auch wenn es sich um Big Data handelt (Ostrowski et al. 2016). Durch einen festgelegten Formalismus entsteht eine *lingua franca*, die sowohl über Fach- als auch Unternehmensgrenzen hinweg eine gemeinsame Plattform zur Wissensdarstellung und -extraktion bietet.

3 Semantic Web befähigt Industrie 4.0 und zugrundeliegende Paradigmen

Die zunehmende Zahl an gewonnenen und verbreiteten Daten hat hauptsächlich eine hohe Informationsverfügbarkeit für Nutzer zum Ziel. Das trifft für die private Nutzung des Internets ebenso zu wie für eine Informationsbereitstellung im industriellen Kontext. Dies treibt in der Vergangenheit die Entwicklung des World Wide Web (WWW) voran, welches im Vergleich zu frühen Versionen des Internets den Informationsabruf erleichtert. Es wird durch die Verknüpfung von webbasierten Dokumenten und die Einführung von Suchmaschinen unterstützt. Jedoch ist das Netz aus Dokumenten auf die Darstellung und Verbindung der Informationen beschränkt, unterstützt jedoch nicht ihre Deutung. Somit können Synonyme, Metaphern oder Mehrdeutigkeiten nur mühevoll aufgelöst werden. Beispielsweise wird der Begriff *Löwe* neben der Bezeichnung eines Säugetiers auch für ein Sternbild verwendet. Während Menschen den Begriff durch ihr Erfahrungswissen in Beziehung zum Kontext setzen können, benötigen Maschinen einen entsprechenden Rahmen, um eine differenzierte Lösung zu liefern. Hieraus ergibt sich die Notwendigkeit einer semantischen Darstellung der Daten, die über die bestehende Syntax hinausgeht. Ursprünglich zur Verbesserung der Zusammenarbeit von Mensch und Maschine konzipiert, bewältigt das von Berners-Lee et al. (2001) vorgestellte Semantic Web diese Herausforderung. Es ist ein Netz aus Daten statt verknüpften Dokumenten und ermöglicht es somit auch Maschinen, Daten zu verstehen und zu interpretieren.

Die Bausteine des Semantic Web sind in Abb. 1 dargestellt, die den Semantic Web Stack zeigt. Unified Resource Identifiers (URIs) dienen der eindeutigen Bezeichnung von Ressourcen. Dies können beispielsweise Uniform Resource Locators wie bei Webseiten oder Digital Object Identifier für Publikationen sein. Im Zeichensatz kommen etwa die digital festgelegten Elemente des Unicode Standards zum Einsatz. Die Syntax des Semantic Web basiert auf RDF, dem Resource Description

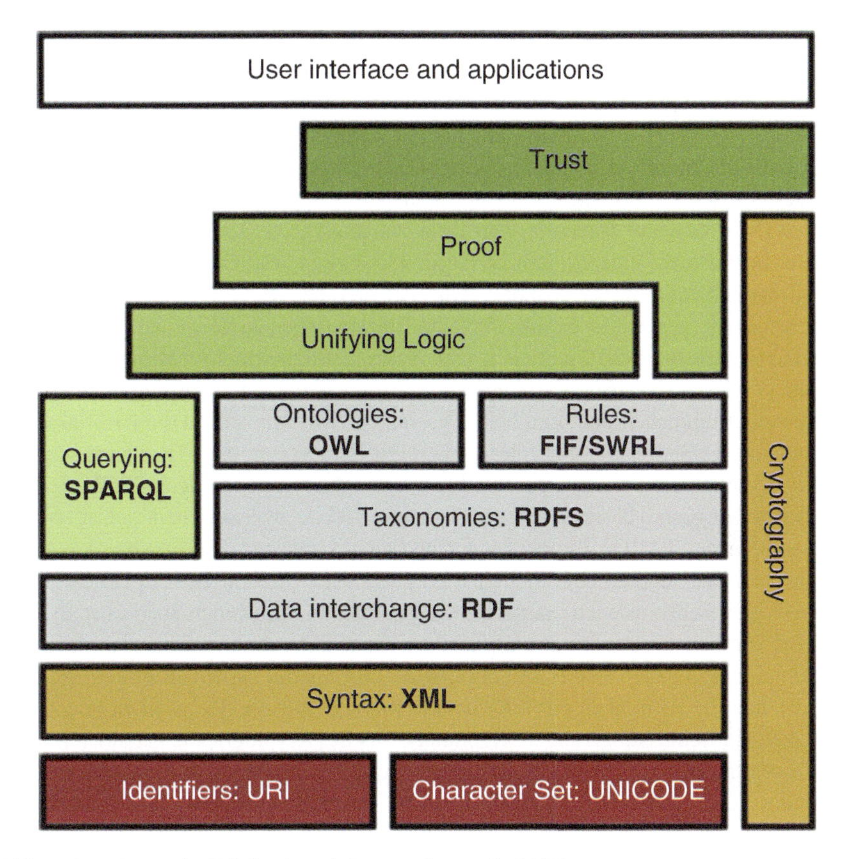

Abb. 1 Der Semantic Web Stack, vgl. Berners-Lee et al. (2001)

Framework, das Aussagen als Tripel von Ressourcen darstellt und wiederum auf den Syntaxregeln der Extended Markup Language (XML) aufbaut. Ähnlich der gängigen Grammatik bestehen Tripel aus einem Subjekt, einem gerichteten Prädikat und einem Objekt. Weiterhin betrachtet man Individuen, die einer Ressource zugehörig sein können. Sie bezeichnen die kleinste Einheit. Prädikate können auch als Eigenschaften betrachtet werden. Unterschieden werden Dateneigenschaften, falls das Subjekt einem Individuum und das Objekt einem Wert entspricht. Andernfalls bezeichnet man die Verbindung zwischen Ressourcen als Objekteigenschaft. Des Weiteren können auch Aussagen über Aussagen syntaktisch dargestellt werden, indem eine sogenannte Vergegenständlichung zur Anwendung kommt. Somit lassen sich auch komplexe Sachverhalte eindeutig beschreiben. Darauf aufbauend können sowohl eine Taxonomie als auch eine Ontologie erstellt werden. Während die Taxonomie eine hierarchische Klassifizierung der Wissensdomäne liefert, ermöglicht die Ontologie eine Aussage über die Validität der Informationen. Für Letzteres wird gemeinhin OWL (Web Ontology Language) als Sprache angewandt. Die Klassifikationsstruktur ist durch RDF Schema (RDFS) gegeben. OWL baut hierauf auf und erweitert das Schema um deskriptive

Logik. Folglich steigt die Ausdrucksstärke der Repräsentation durch die Definition weiterer Axiome. Somit werden den definierten Entitäten bestimmte Merkmale zugewiesen, welche das Wissen weiterhin spezifizieren. Zusätzlich können Regeln definiert werden, welche über die Möglichkeiten der deskriptiven Logik hinaus wichtige Fakten einer Domäne beschreiben und den Informationsgehalt weiter erhöhen. Regeln können auf verschiedenen Formaten basieren, etwa dem oben genannten Rule Interchange Format (RIF) oder der Semantic Web Rule Language (SWRL), aber auch einer Reihe anderer Formate, die unterschiedliche Ausdrucksstärken besitzen. Auf dieser Grundlage ist es möglich, mithilfe sogenannter Reasoner aus dem explizit modellierten Wissen Schlussfolgerungen zu ziehen, um implizite Informationen zu gewinnen. Des Weiteren garantieren Reasoner die Richtigkeit und Aussagefähigkeit der Ontologie. Der große Vorteil von Reasoning-Ansätzen liegt in der Möglichkeit, automatisierte Schlussfolgerungen zu ermöglichen und unmittelbar gewarnt zu werden, sobald die Richtigkeit der Darstellung gefährdet ist. Für die Erkundung, Extraktion und Transformation des dargestellten Wissens wendet man Suchanfragen (Querying) an, die auf SQL (Structured Query Language) basieren. Ein auf Semantic Web angepasster Standard ist etwa die Abfragesprache SPARQL Protocol and RDF Query Language. Das Ergebnis kann nach Bedarf angepasst und erneut durch eine graphähnliche Struktur aus Tripeln dargestellt werden. Um sicherzustellen, dass sich die getroffenen Annahmen auch über Systemgrenzen hinweg verarbeiten lassen, gibt es einen Satz an grundlegenden logischen Regeln, die einzuhalten sind (Unifying Logic). Eng hiermit verwoben ist der Nachweis (Proof) über die Richtigkeit der Informationen sowie über die Belegbarkeit und Zuverlässigkeit der Schlussfolgerungen. Kenntnisse aus der Kryptographie garantieren parallel die Vertrauenswürdigkeit der Informationsquellen. Zusammengenommen mit den Unifying Logic und Proof Schichten kann so Vertrauen entstehen. Dies umfasst beispielsweise Gebiete der Sicherheit und Glaubwürdigkeit der Informationsbereitstellung. Zudem schließt die Trust Schicht die Klärung von Befugnissen und den Datenschutz im Allgemeinen ein, wenn Informationen ausgetauscht werden. (Hitzler et al. 2009)

Semantic Web Ansätze bieten die Möglichkeit, den im vorigen Kapitel vorgestellten Herausforderungen die Stirn zu bieten. Es schafft eine flexible und weitreichend interpretierbare Wissensbasis und erlaubt es, große Datenmengen miteinzubeziehen. Es fördert die Automatisierung interner Prozesse, die sowohl administrativer Natur sind als auch im produzierenden Umfeld angesiedelt sein können. Aufstrebende technologische Disziplinen des Maschinellen Lernens, wie etwa Künstliche Intelligenz oder Deep Learning, können durch Semantic Web erklärbar werden. In die häufig im Verborgenen liegende Black Box hinter den Netzstrukturen kann also Licht gebracht und somit zum tieferen Verständnis beigetragen werden. Somit kann nachvollzogen werden, wie diese Konzepte tatsächlich arbeiten und welche Knoten des Netzes letztendlich für eine bestimmte Entscheidung verantwortlich sind. Im Folgenden wird anhand der *Digital Reference* die aktuelle Nutzung von Semantic Web in der industriellen Praxis beschrieben und zusätzlich im Detail auf die Subontologie des Arrowhead Frameworks eingegangen. Insbesondere sollen der praktische Nutzen und Anwendungsszenarien im Vordergrund stehen.

4 Die *Digital Reference* hat Vorbildcharakter

Die in Abschn. 2 beschriebenen Rahmenbedingungen treiben auch die Entwicklung der *Digital Reference* an, die seit ihren ersten Schritten im Rahmen des Projekts Productive 4.0 kontinuierlich verbessert wird. Das Modell nutzt die bedeutenden Möglichkeiten des digitalen Zeitalters aus und hilft, auftretende Hindernisse zu bewältigen. Die *Digital Reference* ist als digitaler Zwilling konzipiert und bildet neben Produkten und Lieferketten der Halbleiterherstellung auch jene Lieferketten ab, die Halbleiter beinhalten. So wird die eigentliche Supply Chain des Halbleiterherstellers ebenso repräsentiert sein als auch die Lieferketten von beispielsweise Werkzeugmaschinen- oder Fahrzeugherstellern, die entlang ihrer Wertschöpfungskette mit Halbleitern versehen sind, deren Aufgabe etwa eine Informationserfassung an kritischen Punkten ist. Durch die Beschreibung als Ontologie auf Basis von Semantic Web Technologien wird das Modell zu einer verbesserten Kollaboration führen. Nicht nur wird das Wissen von Experten unterschiedlicher Disziplinen abgebildet und untereinander zugänglich gemacht. Es ist darüber hinaus auch verständlich und interpretierbar für Maschinen. Hiermit werden Mensch-Maschine-Interaktion und Automatisierbarkeit von Prozessen erleichtert. Zusätzlich kann über gezielte Suchanfragen Entscheidungsunterstützung zur Verfügung gestellt werden. Eine holistische Darstellung der Ontologie kann Abb. 2 entnommen werden. (Moder et al. 2019)

Wie die entfernte Darstellung in obiger Abbildung zeigt, umfasst die *Digital Reference* relevante Teilbereiche, die an der Wertschöpfung beteiligt sind. Die einzelnen Bereiche sind als Subontologien konzipiert, die jeweils von Domänenexperten aufgebaut und validiert werden. Sie sind integrierbar gestaltet und halten sich an die zugrunde liegende Semantik. Hierdurch wird gewährleistet, dass die

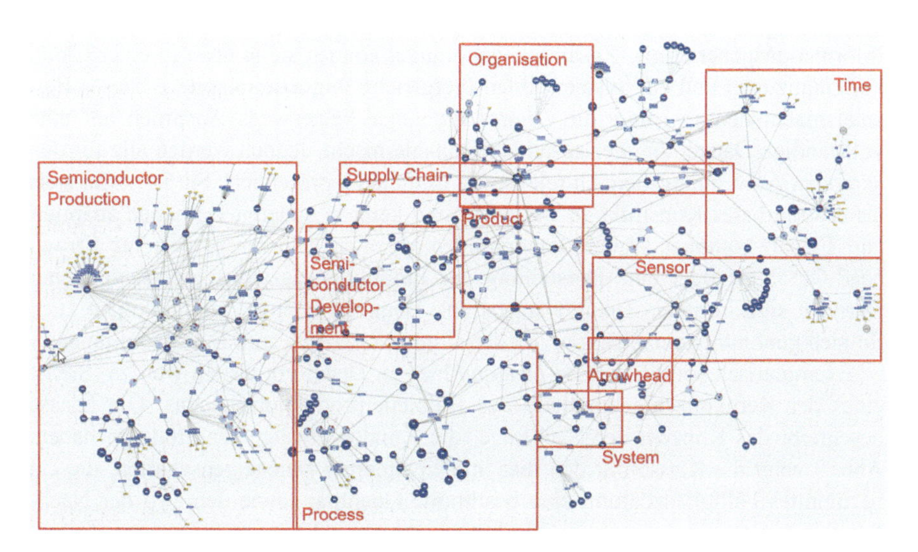

Abb. 2 Die *Digital Reference* mit Hervorhebung ihrer Teilgebiete

Darstellung skalierbar ist. Ein großer Vorteil hierbei ist die Möglichkeit, geeignete Ontologien wiederzuverwenden, die von Gremien oder anderen Institutionen erstellt und verwaltet werden. Sie sind aufgrund ihrer Reife und einer ausreichenden Verifizierung durch erfahrene Anwender als in hohem Maße glaubwürdig anzusehen. Jede konzipierte Ontologie kann also auch als Vorlage für interessierte Parteien dienen, sofern der Inhalt geteilt werden möchte. Somit entsteht ein Schatz an geprüften Darstellungen, auf die man für zukünftige Projekte zurückgreifen kann. Durch Verfahren des Matching und Merging können Anknüpfungspunkte zwischen Teilontologien erkannt und etwaige Abweichungen identifiziert werden, bevor Teilontologien in eine übergreifende Darstellung implementiert werden. Somit wird ein hoher Grad an Wiederverwendbarkeit sichergestellt. Obige Darstellung ist mit dem freizugänglichen Werkzeug *WebVOWL* erstellt und zur besseren Übersicht sind die Teilontologien als rote Rahmen hervorgehoben. Sie sind vergleichbar mit den Lappen eines menschlichen Gehirns, die für sich genommen einen bestimmten Schatz an Wissen beherbergen und gemeinsam aufgrund ihrer Verbindungen das gesamte Gehirn ausmachen. Diese Repräsentation ist interaktiv gestaltet und ermöglicht es den Nutzern, sowohl die Klassen und ihre Relationen näher kennenzulernen als auch innen liegende Individuen zu identifizieren. Außerdem können die einzelnen Knoten, die sich initial entsprechend ihrer Zugehörigkeit selbst verteilen, dem menschlichen Nutzer helfend im Raum bewegt und verankert werden. Dies ist in der hier gezeigten Darstellung geschehen, um etwa die Supply Chain als horizontale Linie im Kern der Visualisierung zu platzieren. Zu sehen sind im obigen Fall die Teilgebiete der Entwicklung, Fertigung und Lieferkette von Halbleitern. Betrachtet man weitere Abstraktionsniveaus, so kann man den Prozess, die Organisation, das System und die Zeit unterscheiden. Des Weiteren ergibt sich eine Produktontologie und Repräsentationen von Sensoren. Sensoren sind hier sowohl als eine bestimmte Familie an Produkten zu betrachten als auch als die eigentlichen Entitäten der Informationsgenerierung. Zusammengenommen können sie in etwa in einer Cloud kommunizieren und ein System bilden (vergleiche folgendes Kapitel). Dieses Beispiel macht deutlich, dass die *Digital Reference* keineswegs Anspruch auf eine vollständige Darstellung der gesamten Domäne macht. Jedoch werden alle für den aktuellen Anwendungsbereich relevanten Entitäten repräsentiert. Sie ist somit stets als erweiterbares Konstrukt zu verstehen und kann in anderen Domänen adaptiert zum Einsatz kommen. Weitere Integrationen wie etwa die unten vorgestellte Arrowhead-Ontologie oder eine Darstellung des Produktlebenszyklus unterschiedlicher Derivate sind in naher Zukunft angestrebt. Dennoch können Teilontologien auch für sich genommen unabhängig von der *Digital Reference* zum Einsatz kommen.

Exemplarisch soll die Klasse *Demand* hier im Detail vorgestellt werden. Sie ist eines der Kernkonzepte innerhalb des Halbleiterproduktionslappens. Die Klasse beschreibt das Konzept der Nachfrage, die Kunden etwaige für Produkte haben. Abb. 3 zeigt die Klasse mit den hier implementierten Dateneigenschaften, die ein bestimmtes Fälligkeitsdatum, eine bestimmte Quantität sowie den Typ der Nachfrage darstellen. Für jede der Eigenschaften ist hier ein bestimmter Datentyp festgelegt, den es einzuhalten gilt. Hierfür ist eine bestimmte Syntax notwendig, die einen Datenaustausch in der Folge erleichtert. Hier verdeutlicht sich auch die Möglichkeit,

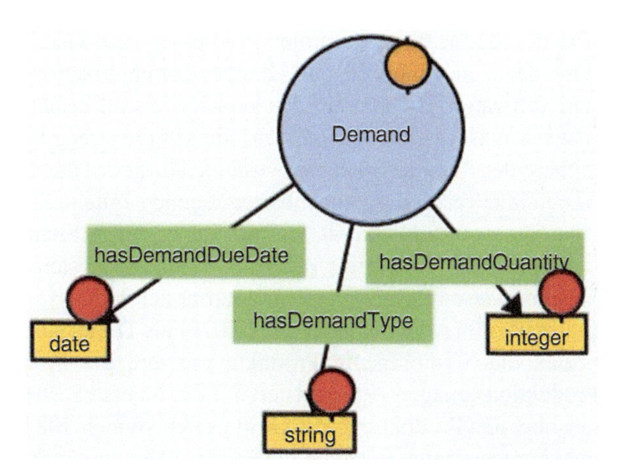

Abb. 3 Die Klasse *Demand* mit ihren Dateneigenschaften

kollaborierende Unternehmen an der semantischen Darstellung teilhaben zu lassen, um beispielsweise die teils langwierigen Bestellprozesse entscheidend zu beschleunigen und zusätzlich mit Hilfe von Reasonern Produkte vorzuschlagen, die ebenso von Interesse für den Kunden sein können. Das kann sowohl die häufig sehr variantenreiche Produktpalette verständlicher machen und den Absatz von jenen Produkten steigern, die das produzierende Unternehmen zu einem bestimmten Zeitpunkt explizit vertreiben möchte.

Mithilfe der *Digital Reference* kann gezeigt werden, dass Semantic Web Technologien zur Darstellung von Wissen und der Bereitstellung von Daten Anwendung finden können. Die vorgestellte Ontologie dient als *lingua franca*, also als Übersetzer, und verbindet verschiedene Fachbereiche auf innerbetrieblicher Ebene. Eine zusätzliche horizontale Integration ermöglicht es kollaborierenden Unternehmen, auf Daten zuzugreifen und interorganisationale Zusammenarbeit zu fördern sowie hier angesiedelte Prozesse zu automatisieren. Hinzu kommt die vertikale Integration von IT-Ansätzen und Kommunikationsgerüsten. Dies führt zu einer Abkehr von herkömmlichen Ansätzen, die der Automatisierungspyramide entspringen und ebnet den Weg für Netzwerkstrukturen und internetbasierte Konzepte. Anhand gezielter Anwendungsfälle wird der wirtschaftliche Nutzen der *Digital Reference* analysiert. Es kann gezeigt werden, dass jede Domäne mithilfe einer Ontologie darstellbar ist. Ontologien sind somit nicht nur für den Konsumgütermarkt von Interesse, sondern eignen sich auch im industriellen Kontext, um die Chancen von Industrie 4.0 und den ihr zugrunde liegenden Paradigmen zu nutzen.

5 Einblick in die Praxis am Beispiel der Arrowhead-Ontologie

Service-orientierte Architekturen und Industrie 4.0

Die Wertschöpfungsnetzwerke der Zukunft werden im Sinne der Industrie 4.0 maßgeblich von drei Säulen getragen sein: vertikaler Integration, horizontaler Integration und der Betrachtung gesamter Produktlebenszyklen. Unter vertikaler Integration wird dabei die nahtlose und direkte Kommunikation von physischen Elementen und Software-Systemen auf den verschiedenen Ebenen von Produktions- und Automatisierungssystemen verstanden. Sie löst die streng hierarchische Kommunikation entlang der *Automatisierungspyramide* ab, in der nur Elemente der gleichen Ebene beziehungsweise aus benachbarten Ebenen miteinander kommunizieren konnten, etwa Sensoren und Aktuatoren mit Steuerungen, Steuerungen mit Leitständen und diese mit ERP (Enterprise-Resource-Planning) Systemen. Vertikale Integration, die beispielsweise im Referenzarchitekturmodell Industrie 4.0 (RAMI4.0) der Plattform Industrie 4.0 (Adolphs und Epple 2015) als Dimension *Hierarchie* beschrieben ist, bezieht auch intelligente Produkte mit ein, die in Interaktion mit intelligenten Produktionsanlagen automatisiert auf der untersten Ebene selbständig Entscheidungen über den Produktionsfortschritt treffen können. Sie halten hierüber aber jederzeit die übergeordneten Systeme informiert, nehmen gegebenenfalls Anweisungen oder Restriktionen aus diesen Systemen zur Kenntnis und beachten sie folglich. Ebenso fügt RAMI 4.0 der Hierarchie-Dimension oberhalb der betrieblichen IT-Systeme – wie etwa ERP – eine Ebene der vernetzten Welt ein, mit der im Kontext der Industrie 4.0 gesamte Wertschöpfungsnetzwerke (Supply Networks) gemeint sind. Die Interaktion auf dieser Ebene, die auch die ERP-Ebene beteiligter Unternehmen einbezieht, realisiert die horizontale überbetriebliche Integration der Industrie 4.0. Um diesen hohen konzeptionellen Ansprüchen gerecht zu werden, bedarf es in jenen IT-Systemen von Unternehmen, die mit Planung, Steuerung, Überwachung und Kontrolle von Wertschöpfungsprozessen befasst sind – etwa ERP-Systeme, MES (Manufacturing Execution Systems), LES (Logistics Execution Systems), Lagerverwaltungs-, Produktionssteuerungs-, Transportsteuerungs-, SCADA- (Supervisory Control and Data Acquisition), Steuer- und Regelungs-Systeme – eines einheitlichen informationstechnischen Konzepts für die Kommunikation dieser Systeme miteinander. Die Programmierung individueller Schnittstellen zum Datenaustausch zwischen jeweils zwei dieser Systeme ist bei der Anforderung, dass alle Elemente des Wertschöpfungssystems über alle Hierarchieebenen hinweg miteinander kommunizieren können sollen, aus Aufwandsgründen nicht realistisch. Die Informatik und die Automatisierungstechnik verfolgen hierzu seit etlichen Jahren zwei zentrale Konzepte für moderne Kommunikationsinfrastrukturen: Service-Orientierung und Middleware.

Service-Orientierung im Softwareentwurf bezeichnet ein Konzept, nach dem Software-Applikationen ihre Leistungen in Form von Services auch anderen Softwaresystemen zur Verfügung stellen (Josuttis 2008). Services müssen dazu eindeutig beschrieben sein und auf einem definierten Endpunkt zur Verfügung gestellt werden, dessen Adresse eine Kombination aus einer IP-Adresse und einem Port des Rechners ist, auf dem die anbietende Software läuft. Mit diesem Konzept lassen sich große, monolithische Systeme in Service-orientierte Architekturen (SoA) überführen, die modular aufgebaut sind und lokale Aktualisierungen erlauben, welche keine Auswirkungen auf andere Module des Systems haben, so lange sie die Beschreibung eines Service nicht verändern. Zu den entscheidenden Vorteilen Service-orientierter Architekturen gehört, dass konkrete Service-Anbieter und Rechner, auf denen sie laufen, nicht bekannt sein müssen, wenn ein Programmierer in seinem Code auf sie zugreifen möchte. Es genügt, einen Service mit seiner Beschreibung zu kennen. Die konkrete Instanz eines Service-Anbieters kann die SoA zum Ausführungszeitpunkt des Codes ermitteln. Dieses Prinzip wird als *späte Bindung* (late binding) bezeichnet. Es basiert darauf, dass konkrete Software-Applikationen, die Services anbieten, diese als erstes bei einer zentralen Meldestelle für Services anmelden, der sogenannten Service Registry. Sie hinterlegen dort die Art und Beschreibung des Service sowie die konkreten Informationen zum Endpunkt, auf dem sie den Service anbieten. Service-Anbieter können ebenso Services wieder abmelden oder die Informationen zu ihnen aktualisieren. Eine Software, die einen Service nutzen möchte, kann sich an die Service Registry wenden, um eine konkrete, aktive Instanz eines Anbieters für einen gesuchten Service zu ermitteln. Nach der Klärung der Authentifizierung und Autorisierung des anfragenden Systems erhält dieses die entsprechenden Informationen und kann damit die Nutzung des Service beginnen. Jene Software-Applikation, welche die Service-Registrierung und Suche realisiert, ist somit das entscheidende Element in einer SoA. In der Regel ist diese Applikation selbst service-orientiert aufgebaut, und bietet den Service-Anbietern Services wie *Service anmelden*, *Service abmelden* oder *Service aktualisieren* an. Nachfragern wird wiederum der Service *Service finden* (service discovery) angeboten. Weitere wichtige Elemente von SoA sind die Mechanismen zur Authentifizierung und Autorisierung sowie zur Orchestrierung von Services, also dem Zusammenfügen von elementaren Services zu komplexeren Services.

Eine Middleware bezeichnet System-Dienste, die standardisierte Schnittstellen und Protokolle verwenden, um die Kommunikation und Datenverwaltung in verteilten Systemen zu unterstützen. Die Bezeichnung resultiert aus der Lage dieser Dienste zwischen Betriebssystemen mit ihren Netzwerk-Funktionen und industriellen Anwendungen (Bernstein 1996). In diesem Sinne kann Middleware auch als der Bindestrich in Client-Server oder das *-to-* in peer-to-peer bezeichnet werden (Herron et.al. 2015). (DATACOM 2019) unterscheidet zwei Arten von Middleware: kommunikationsorientierte und anwendungsorientierte. Eine kommunikationsorientierte Middleware stellt eine logische Infrastruktur zur Kommunikation bereit, dabei verwendete Programmiermodelle sind Remote Procedure Call (RPC), Remote Method Invocation (RMI) oder Message Oriented Middleware (MOM). Eine anwendungsorientierte Middleware erweitert die Kommunikation um eine Laufzeitumgebung oder ein Komponentenmodell. Implementierungskonzepte sind in diesem Fall Object Request Broker (ORB) und Application Server (AS). Bekannte Middleware-Systeme sind *Exchange Infrastructure* (SAP), *MQSeries* (IBM), *WebSphere Application Server* (IBM), *CORBA* (Object Management Group), *Enterprise Service Bus* (Oracle), *Tibco* (TIBCO), *OLE for Process Control* (OPC, Microsoft) und *OPC UA* (OPC UA Foundation). Auf ihrer Basis wurden bereits in den Jahren 2000 bis 2010 Konzepte wie Enterprise Application Integration (EAI) erarbeitet, die als Vorläufer der vertikalen Integration der Industrie 4.0 angesehen werden können. Fast alle anwendungsorientierten Middleware-Systeme basieren auf dem Ansatz der Service-Orientierung, sind also Service-orientierte Architekturen. Sie unterscheiden sich allerdings bezüglich ihrer Reichweite: viele der bisherigen Ansätze sind auf lokale

Systeme beschränkt, beispielsweise einen Fertigungsbereich, eine Montagehalle oder allenfalls eine Fabrik. Im informationstechnischen Sinne ergibt sich das lokale Netzwerk als Beschränkung.

Für die Herstellung und Nutzung von Halbleitern in Wertschöpfungsnetzwerken haben service-orientierte Middleware-Ansätze eine große Bedeutung. Viele Halbleiter realisieren in Produktionssystemen die Funktion von Sensoren. Im Sinne der vertikalen Integration sollen diese in der Lage sein, ihre Sensor-Informationen allen Elementen und Systemen im Produktionssystem unabhängig von deren Hierarchieebene zu übermitteln. Dafür müssen die Sensoren beziehungsweise ihre unmittelbaren Umgebungen – die Sensor-Geräte – in Middleware-Konzepte eingebunden sein. Dies wird bei der Entwicklung der Halbleiter berücksichtigt. Moderne Trends wie Micro-Electro-Mechanical-Systems (MEMS) oder auf einem Chip integrierte Sensor-Geräte, die in einem Chip auf verschiedenen Ebenen die Funktionen Sensor, Speicher, Informationsverarbeitung (Prozessor) und Kommunikation (meist Niedrig-Energie-Funktechnologie) integrieren, müssen sicherstellen, dass ihre Sensor-Geräte so leistungsfähig sind, dass sie die Software-Komponenten einer SoA-basierten Middleware beherbergen und ausführen können. So können sie die Übermittlung der Sensor-Daten in einer Middleware als Service anbieten. Neben den Messwerten können auch Funktionen wie Kalibrierung oder Datenvorverarbeitung (etwa Filterung und Komprimierung) als Services angeboten werden. Auch die Halbleiter-Herstellung als technologisch äußerst anspruchsvoller Prozess profitiert vom massenhaften Einsatz der Sensoren zur Steuerung und Überwachung des Produktionsprozesses und der Qualität seiner Zwischenprodukte. Daher liegt es nahe, in die *Digital Reference* eine moderne, zukunftsweisende service-orientierte Middleware aufzunehmen. Dies ist das Middleware-Framework Arrowhead (Delsing 2017a, b; Arrowhead 2019).

Einführung in das Arrowhead Framework

Arrowhead wurde und wird in verschiedenen europäisch geförderten Projekten entwickelt, etwa Arrowhead (2013–2016), Productive4.0, Arrowhead Tools, EMC2 und FAR-EDGE. Arrowhead hebt sich dabei von anderen SoA-basierten Middleware-Systemen dadurch ab, dass es über die Ebene der lokalen Netzwerke hinaus konzipiert ist und hierfür einen System-of-Systems-Ansatz (SoS) verfolgt. Lokale Netzwerke werden als *local cloud* bezeichnet, die Interaktion von *local clouds* erfolgt über definierte Systemkomponenten namens Gatekeeper und Gateway. Jede *local cloud* verfügt über eine Service-Registrierungs-, eine Authentifizierungs- und Autorisierungs- sowie eine Service-Orchestrierungs-Komponente. Diese werden als verpflichtende Kernkomponenten bezeichnet und müssen in jeder *local cloud* vorhanden sein. Das Arrowhead-Framework stellt weitere Standard-Komponenten zur Verfügung, wie etwa die eben erwähnten Gatekeeper und Gateway. Die Service-Registrierungs- und die Gatekeeper-Komponenten realisieren dann zum Beispiel gemeinsam einen Service *global service discovery* (GSD), der es Service-Nachfragern erlaubt, Service-Anbieter auch außerhalb ihrer eigenen lokalen Cloud zu finden und zu nutzen.

Das Arrowhead-Framework basiert auf einer klar definierten hierarchischen Terminologie seiner physischen und informationstechnischen Komponenten. Diese ist in Abb. 4 dargestellt. Die zentralen physischen Elemente in Arrowhead sind Geräte (*Devices*). Ein Device muss in jedem Fall über die Fähigkeiten eines Computers verfügen, also einen Prozessor, Datenspeicher und Kommunikationsmodule zu anderen Devices haben, denn auf ihm sollen ein oder mehrere Software-Systeme ausgeführt werden. Ein Device kann somit ein PC oder industrieller PC, eine speicherprogrammierbare Steuerung (SPS) oder ein Mikrocontroller, aber auch ein Roboter, eine Maschine mit einer integrierten computergesteuerten numerischen Steuerung (Computerized Numeric Control, CNC) oder ein integriertes Sensorgerät sein. Neben herkömmlichen Computern ist also jedes cyber-physische System ein Device im Sinne von Arrowhead. Die Software-Systeme, die auf Geräten installiert sind und ausgeführt werden, heißen in der Arrowhead-Terminologie *System*. Die Besonderheit an diesen Software-Systemen im Vergleich zu beliebiger Software ist, dass sie nach den Prinzipien der service-orientierten Architekturen aufgebaut sein müssen. Das heißt, dass jedes Software-System in Arrowhead einen oder mehrere *Services* anbieten muss, und für bestimmte Basis-Operationen wie das Registrieren eigener Services oder das Suchen von Services anderer Systeme, die Services der Arrowhead-Kernkomponenten benutzen muss. Wie oben bereits dargelegt, müssen Services eindeutig beschrieben sein und an einem definierten Endpunkt bereitgestellt werden. Der Endpunkt ist hierbei eine Kombination aus zwei Eigenschaften des Geräts, auf dem das Software-System installiert ist, das den Service anbietet: der URL des Geräts und einem Port, den das Gerät für diesen Service bereitstellt.

Services implementieren eine oder mehrere *Methoden*. Methoden sind die Elementareinheiten in der Software-Architektur von Arrowhead. Sie können von anderen Software-Systemen, die den Service nutzen möchten (*Service Consumer*), nach dem Aufbau einer Verbindung zum anbietenden Software-System (*Service Producer*) ausgeführt werden. Dazu übermittelt der Service Consumer dem Service Producer die in der Service-Beschreibung definierten Parameter für die Methode sowie die Anforderung, die Methode mit diesen Parametern auf dem Gerät des Service

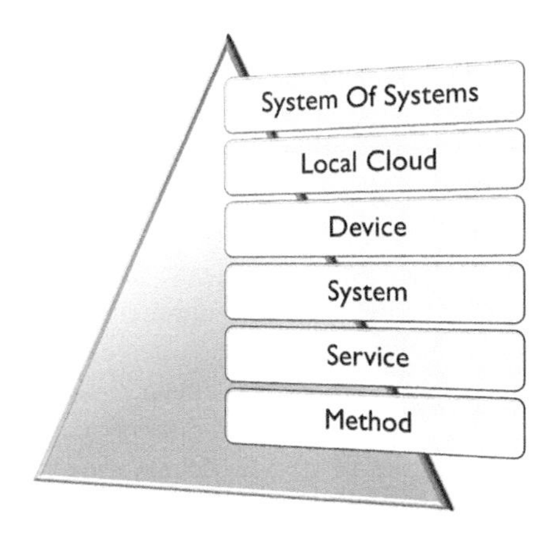

Abb. 4 Terminologie der Arrowhead-Systemarchitektur

Producers auszuführen. Nach der Ausführung der Methode übermittelt der Service Producer eine Antwort gemäß des in der Service-Beschreibung angegebenen Antwortschemas. Dieses enthält Beschreibungen der Syntax und der Semantik der Antwort. Der entsprechende Teil der Service-Beschreibung heißt daher auch Semantic Profile (SP). Auch der Protokollstapel, den die beiden Services für ihre Kommunikation benutzen, wird in der Service-Beschreibung festgelegt. Basis ist in jedem Fall das Internet-Protokoll IP, da dieses für die Auflösung der URL auf eine IP-Adresse des Geräts benötigt wird. Darüber können jedoch verschiedene Transportprotokolle wie TCP oder UDP sowie verschiedene Anwendungsprotokolle wie http, MQTT, AMQP, CoAP oder das binäre OPC UA-Protokoll verwendet werden. Diese Festlegungen werden in der Service-Beschreibung in einem Communication Profile (CP) festgehalten.

Ein oder mehrere Geräte zusammen mit ihren Software-Systemen und Services bilden eine Arrowhead Local Cloud (LC). Jede LC verfügt über genau eine Instanz der sogenannten notwendigen Kernkomponenten (*Mandatory Core Components*) von Arrowhead. Komponente ist hierbei ein Synonym für Software-System. Die notwendigen Kernkomponenten jeder Arrowhead-LC sind die *Service Registry*, der *Service Orchestrator* und das *Authorization System*. Diese Software-Systeme bieten einen bzw. zwei Services an, die passend als notwendige Kern-Services (*Mandatory Core Services*) bezeichnet werden. So bietet das Software-System *Service Registry* die Services *Service Discovery* und *StoreManagementService* an. Die Methoden des *Service Discovery* Service heißen PublishService, UnpublishService und LookUp. Mit der Methode *PublishService* kann ein Software-System einen von ihm angebotenen Service bei der Service Registry registrieren, mit der Methode *UnpublishService* einen Service abmelden und mit der Methode *LookUp* nach einem Service suchen lassen, den es gern nutzen möchte. Analog bieten der Service Orchestrator und das Authorization System ihre Services und Methoden für ihre jeweiligen Aufgaben an. Die Endpunkte dieser Services setzen sich aus der URL des Geräts innerhalb der Local Cloud, auf dem diese Systeme ausgeführt werden, und einem für den jeweiligen Service festgelegten Port zusammen.

Weiterhin können in einer Local Cloud beliebig viele der sogenannten nichtverpflichtenden Kernkomponenten (*Non-mandatory Core Components*) ausgeführt werden. Welche das sind, hängt vom Einsatzzweck der Local Cloud und den Anforderungen nach Kommunikation mit anderen Local Clouds ab. In einer autarken Local Cloud können alle Software-Systeme nur Services benutzen, die von anderen Software-Systemen in der gleichen Local Cloud angeboten werden. Die lokale Service Registry ist in dem Fall allumfassend, es gibt keine weiteren Quellen für Services. Sollen dagegen die lokalen Software-Systeme auch auf Services aus anderen Local Clouds zugreifen können, müssen die nicht-verpflichtenden Kernkomponenten (Software-Systeme) *Gatekeeper* und *Gateway* in der Local Cloud ausgeführt werden. Gatekeeper ermöglichen der lokalen Service Registry, eine Suchanfrage nach einem Service, der in der eigenen Local Cloud nicht angeboten wird, an die Service Registries anderer Local Clouds zu senden. Die Anfrage wird vom Gatekeeper aufgenommen und an die Gatekeeper anderer LCs weitergeleitet (siehe Abb. 5). Gatekeeper sind die einzigen Software-Systeme im übergeordneten

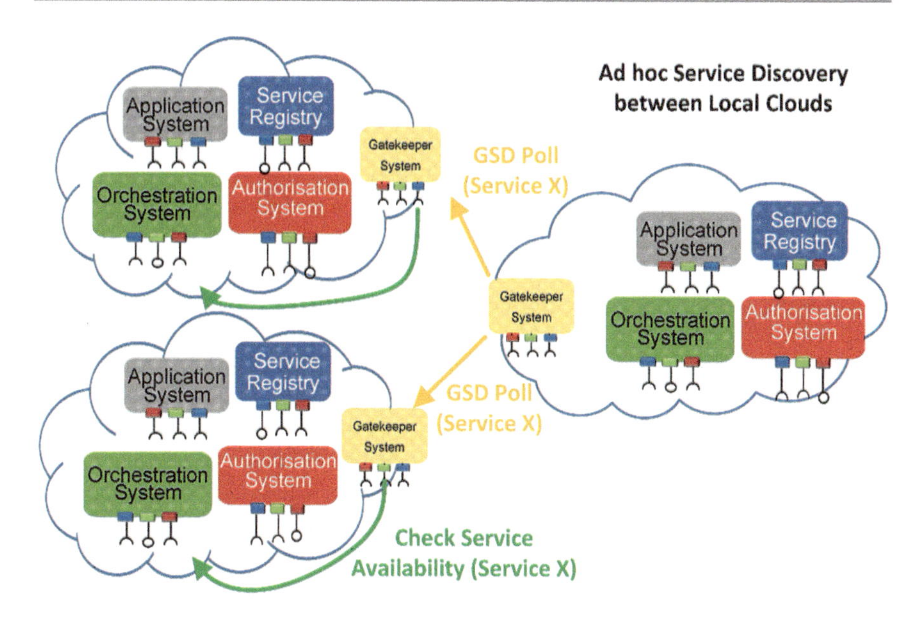

Abb. 5 Arrowhead Local Clouds, Kernkomponenten und Global Service Discovery. (Vgl. Hegedüs et al. 2016)

System-of-Systems, die jederzeit miteinander kommunizieren können. Dies wird in Arrowhead mit Hilfe des Protokolls MQTT realisiert. Findet sich ein passender Service Producer in einer anderen LC, erfolgen die Authentifizierung und Autorisierung für die Service-Nutzung. Sind diese erfolgreich, können Service Consumer und Service Producer eine Kommunikationsverbindung aufbauen, z. B. eine TCP-Session. Dies erfolgt mit Hilfe der Gateways, die eine sichere Tunnel-Verbindung zwischen sich aufbauen. Innerhalb der Local Clouds erfolgt somit die Kommunikation gesichert nach den Sicherheitsmechanismen dieser lokalen Netzwerke, zwischen den LCs läuft die Kommunikation über den sicheren Tunnel zwischen den Gateways.

Die ganze Arrowhead-Infrastruktur wäre allerdings nutzlos, wenn es nicht in jeder Local Cloud mindestens ein weiteres Software-System gäbe, das eine reale Anwendung darstellt. Diese werden als *Arrowhead Application System* bzw. als *non-core component* bezeichnet. Das Spektrum dieser Anwendungssysteme reicht von einfachen integrierten Sensor-Geräten über Aktoren mit integrierter Steuerung, Robotern (samt ihrer Steuerung), CNC-Maschinen, also jeglicher Art von cyber-physischen Systemen, bis hin zu komplexen Software-Systemen wie MES oder ERP-Systemen. Bei cyber-physischen Systemen verschmelzen hierbei Gerät und Software-System in der Wahrnehmung, bei großen Software-Systemen wird die Hardware, auf denen sie ausgeführt wird, oft nicht explizit wahrgenommen, muss jedoch für die konkrete Beschreibung des Endpunkts ihrer Services analysiert und festgelegt werden. Hierbei zeigt sich ein großer Vorteil, die Endpunkte über URLs und nicht über IP-Adressen festzulegen, denn dank des heutigen dynamischen Domain Name Service kann eine URL je nach Bedarf auf verschiedene IP-

Adressen abgebildet werden. Somit kann beispielsweise die Installation eines ERP-Systems auf einer Serverfarm aus mehreren physischen Servern, die die Software spiegeln, problemlos dargestellt werden. Die entscheidende Anforderung an *Arrowhead Application Systems* ist wiederum, dass sie nach den Prinzipien von service-orientierten Architekturen aufgebaut sind, also ihre tatsächlichen anwendungsbezogenen Leistungen als Services bereitstellen und dokumentieren. Dies ist ein zentraler Unterschied zu OPC UA als eine Middleware, in der Services nur dazu genutzt werden können, um auf Variablen und Methoden des Informationsmodells der Applikation zuzugreifen. Die eigentliche Anwendungslogik ist in OPC UA jedoch in Form von Methoden implementiert, die über einen Service *Methodenaufruf* aufgerufen werden müssen. Das bietet zwar eine einheitliche Definition von Services über alle Applikationen hinweg, erschwert aber die Suche nach geeigneten anwendungsbezogenen Funktionalitäten erheblich, da diese eben nicht als Services mit entsprechenden Service-Beschreibungen angeboten werden können. Innerhalb von lokalen Automatisierungs-Bereichen ist dies eventuell noch weniger von Belang, eine globale Service-Suche wird durch diesen Ansatz hingegen enorm erschwert. Hier bietet Arrowhead durch seine konsequente Service-Orientierung auch bezüglich der Applikationen und ihrer Geschäftslogiken klare Vorteile. Das Ziel der Arrowhead-Ontologie, einer Teil-Ontologie der *Digital Reference*, ist es daher nicht nur, das Arrowhead Framework und seine Standardkomponenten vorzustellen, sondern ebenfalls die standardisierten Dokumentationsprinzipien und Dokumente. Somit kann die Arrowhead-Ontologie als Nukleus für die Beschreibung beliebiger anwendungsbezogener Services und ihrer Dokumentation herangezogen werden, die in Arrowhead-kompatiblen Systemen angeboten werden. Die Ontologie bezieht daher neben den Komponenten des Arrowhead Frameworks auch die Architekturebenen (siehe Abb. 4) sowie die Dokumentationsebenen und jeweiligen Dokumente (siehe Abb. 6) mit ein. Diese werden dazu im Folgenden kurz vorgestellt.

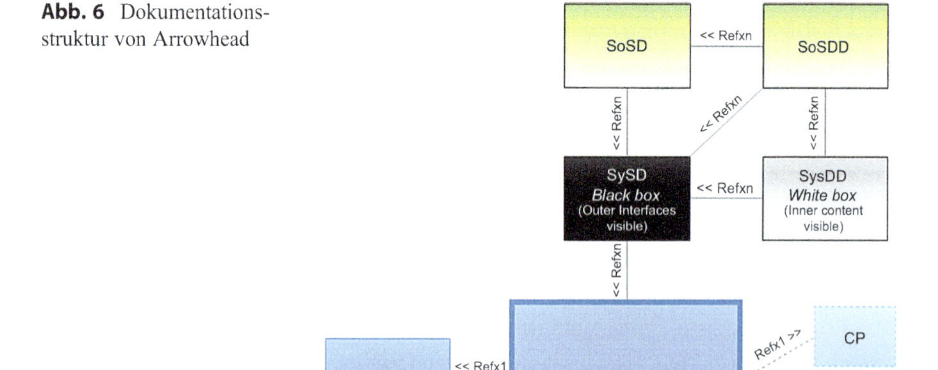

Abb. 6 Dokumentationsstruktur von Arrowhead

Dokumentationsstruktur von Arrowhead

Die Knoten in der Abbildung der Dokumentationsstruktur stehen für verschiedene Dokumenttypen. Sie sind in drei Ebenen angeordnet, die den Ebenen *Service*, *System* und *System-of-Systems* der Systemarchitektur entsprechen, zu denen die Dokumente gehören. Das zentrale Dokument zur Dokumentation eines *Service* ist die *Interface Design Description* (IDD). Sie enthält die Beschreibung eines Service und seiner Methoden und schließt deren Implementierung mittels bestimmter Kommunikationsprotokolle und Datenformate mit ein. Eine Abstraktion der Service- und Methodenbeschreibung ohne konkrete Implementierungsangaben kann in die *Service Description* (SD) ausgelagert werden. Diese kann somit als Verallgemeinerung von verschiedenen konkreten Implementierungen des gleichen Service angesehen werden. Werden hingegen Kommunikationsprotokoll-Stapel und Datenformate mehrfach in Service-Implementierungen verwendet, so können sie modular in *Communication Profiles* (CP) beziehungsweise *Semantic Profiles* (SP) beschrieben werden. Die IDDs konkreter Implementierungen können dann auf diese ausgelagerten modularen Beschreibungen referenzieren. Sind die Kommunikations-Protokollstapel oder Semantik-Beschreibungen dagegen sehr speziell für einen Service, können sie auch direkt als Abschnitt in der *Interface Design Description* enthalten sein.

Auf der Ebene der Systeme, also der Software-Applikationen, gibt es die Dokumentarten *System Description* (SysD) und *System Design Description* (SysDD). Diese stellen das Software-System entweder als Black Box vor, also lediglich mit den nach außen veröffentlichten Schnittstellen, oder jedoch als White Box mit transparenter Beschreibung der Umsetzung. Da ein Software-System mehrere Services anbieten kann, vermag eine SysD auf mehrere IDDs zu referenzieren. Das gleiche Prinzip wird auch ein weiteres Mal auf der Ebene der System-of-Systems angewendet. Hier gibt es die System-of-System Description (SoSD) und die System-of-Systems Design Description (SoSDD) im entsprechenden Sinne als Black Box oder White Box einer oder mehrerer Local Clouds.

Die Arrowhead-Ontologie

Die Arrowhead-Ontologie enthält als Klassen zum einen IT-Entitäten wie Device, Software-System, Service und Methode, zum anderen Dokumentations-Entitäten gemäß den zuvor gezeigten Dokumentations-Elementen.

Eine grafische Übersicht über die Konzepte der Arrowhead-Ontologie gibt ein Entity-Relationship-Diagramm (ERD), das während der Entwurfsphase der Ontologie erstellt wurde (siehe Abb. 7). Das ERD zeigt alle wichtigen Konzepte der Taxonomie und viele wichtige Relationen (Objekteigenschaften) auf, ohne dabei einen Anspruch auf Vollständigkeit zu erheben. Für die verbesserte Übersichtlichkeit werden unterschiedliche Farben für verschiedene Teilbereiche der Taxonomie verwendet. In hellgrüner Farbe sind links oben einige Eigenschaften von Service-orientierten Architekturen dargestellt und ihre Erfüllung durch Arrowhead mittels Relationen angezeigt. Gelb dargestellt sind Software-Systeme beziehungsweise Applikationen, die Services anbieten. Diese werden unterteilt in standardisierte und zentral bereitgestellte Kern-Systeme (Arrowhead Core Systems) und Arrowhead-kompatible Anwendungssysteme (Arrowhead Application Systems). Die

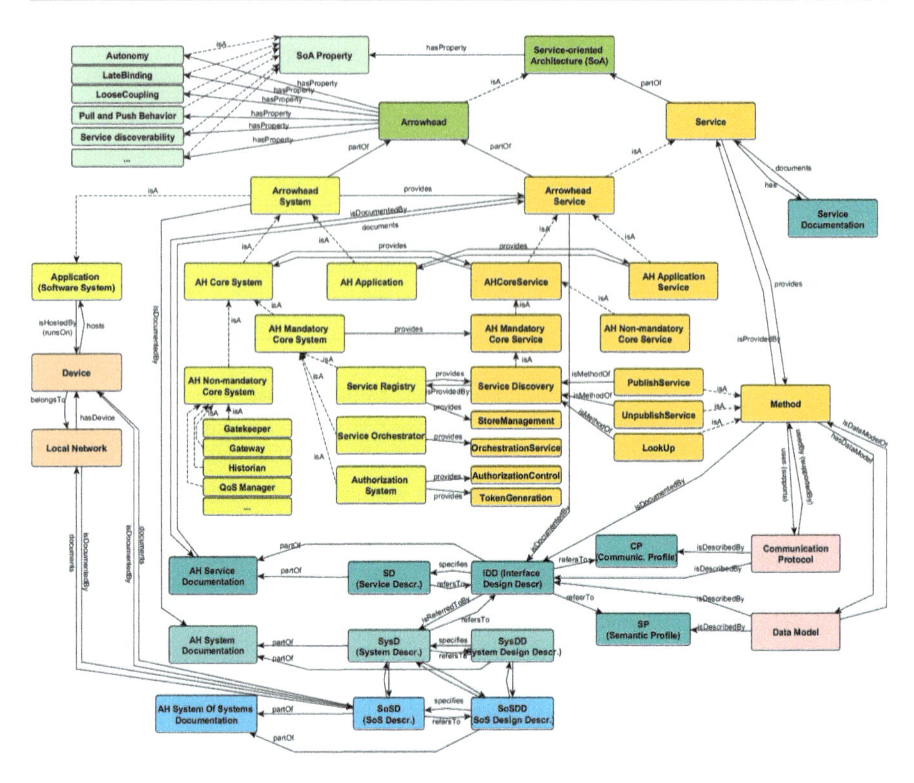

Abb. 7 Entity-Relationship-Diagramm der Arrowhead-Ontologie

Kern-Systeme werden weiterhin unterschieden in verpflichtende und optionale Kern-Systeme (Mandatory Core Systems und Non-Mandatory Core Systems oder Automation Support Systems). Die drei verpflichtenden Kern-Systeme, die in jeder lokalen Cloud enthalten sein müssen, sind Service Registry, Service Orchestrator und Authorization System. Sie sind als Knoten im ERD enthalten. Die ockerfarbenen Knoten repräsentieren Services und ihre Methoden. Hier gilt die gleiche Klassifikation wie bei den Systemen in Kern-Services und Anwendungs-Services, und unterhalb der Kern-Services in verpflichtende und optionale Kern-Services. Diese werden jeweils von entsprechenden Systemen angeboten. Das ERD zeigt die verpflichtenden Kern-Services vollständig, sowie die Methoden des Service Discovery Service exemplarisch auf. Die Ontologie enthält jegliche Services und Methoden aller verpflichtenden Kern-Systeme sowie die meisten Services und Methoden des-Automation Support Systems. Die Knoten in blau und türkis repräsentieren die Dokumentations-Dokumente entsprechend obiger Beschreibung. Durch die Relationen ist gut nachvollziehbar, welches Dokumentations-Dokument zu welcher IT-Entität von Arrowhead gehört.

Abb. 8 zeigt einen Ausschnitt aus der Visualisierung der Arrowhead-Ontologie, die mit dem Ontologie-Editor *Protégé* erstellt wurde. Diese Visualisierung wurde mit dem in *Protégé* integrierten Werkzeug *OntoGraf* erzeugt. Visualisierungen der

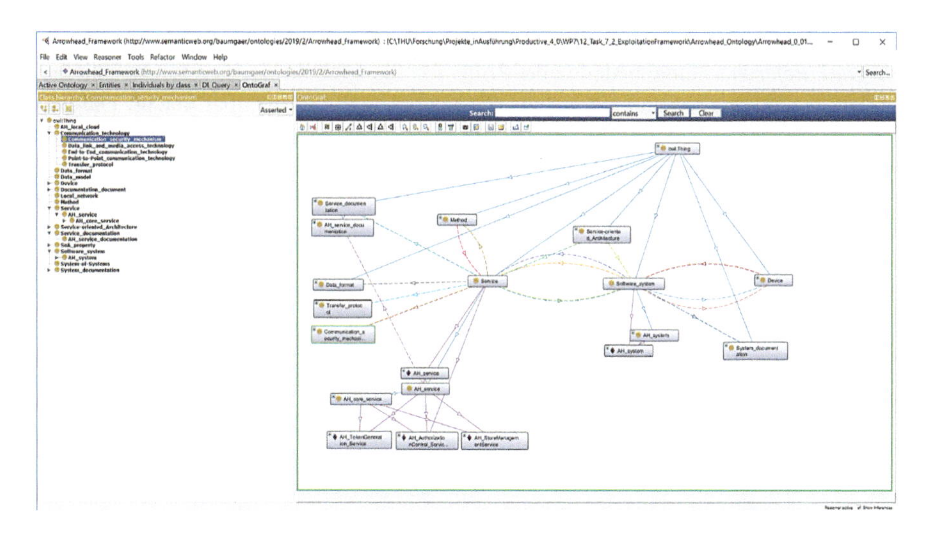

Abb. 8 Systeme und Services und ihre Beziehungen in der Arrowhead-Ontologie

Digital Reference werden dagegen in der Regel mit dem Werkzeug *WebVOWL* erzeugt. Die Visualisierung dient zum einen der schnellen Informationsextraktion und wird zum anderen auch für die Überprüfung von Ontologien verwendet. Die Pflege bestehender und die Überprüfung ergänzender (Teil-)Ontologien ist von großer Bedeutung für die Qualität der Darstellung. Neben der Validität der Daten muss auch die Richtigkeit der Klassenbezeichnungen und der Relationen sichergestellt werden. Anders als für die allgemein anerkannten Standardontologien, die als Grundlage verwendet werden können, ist es für domänenspezifische Konzepte unumgänglich, deren Qualität zu gewährleisten. Ein mögliches Vorgehen bezieht eine Sicherheitshülle mit ein, die etwa in einer auf *Distributed Ledger Technik* basierten Architektur eingebettet ist. So kann über den Einsatz von Konsensus-Algorithmen mithilfe spezifischer Regeln für unterschiedliche Teilnehmer die Integrität des Inhalts sichergestellt werden. Die Ontologie ist grundsätzlich skalierbar gestaltet und deshalb können hinzugefügte Teilbereiche das bestehende Konstrukt ergänzen. Um neu hinzukommende Bereiche auf Übereinstimmung zu überprüfen, können wie weiter oben erwähnt Matching und Merging Techniken zur Anwendung kommen. Für die Verifizierung des Inhalts können erneut Konsensus-Algorithmen sorgen. So entsteht eine evolvierbare Ontologie, die an wechselnde Umgebungsbedingungen angepasst und stetig erweiterbar ist.

Anwendungsbeispiel der Arrowhead-Ontologie

Wenn die *Digital Reference* ganze Wertschöpfungsnetzwerke der Halbleiter-Produktion und anderer Branchen dokumentiert, dann können lokale Netzwerke (local clouds) in diesen Systemen als Individuen zu den aufgezeigten Klassen der Arrowhead-Ontologie in die *Digital Reference* aufgenommen werden. Zu diesen lokalen Netzwerken muss nun nichts weiter in der *Digital Reference* dokumentiert sein als ihre verpflichtenden Kern-Systeme und deren Services sowie die Systeme zur Inter-Cloud-Kommunikation, also Gatekeeper und Gateway. Somit kann die *Digital Reference* eine bedeutende Rolle für die globale Service-Suche spielen, indem sie existierende lokale Netzwerke sichtbar und ansprechbar macht. Darüber hinaus können sich Anwendungssysteme in der *Digital Reference* dokumentieren lassen, und ihre Semantik in Form kleiner Teil-Ontologien an die *Digital Reference* andocken. Hierdurch kann sogar eine semantische globale Service-Suche ermöglicht werden. Die Nutzung der Digital Reference Ontology und der dazugehörigen Internet-Plattform soll anhand des folgenden Beispiels aus der Halbleiterindustrie dargestellt werden. Im Mittelpunkt des Beispiels stehen der Halbleiterhersteller Infineon Technologies AG und einer seiner Kunden, ein Hersteller von elektronischen Kommunikationsgeräten. Wenn der Kunde eine neue Produktgeneration plant, schreibt er viele Komponenten des neuen Produkts aus, insbesondere Halbleiterbauteile (Mikrochips). Halbleiterhersteller mit einem passenden Produktportfolio können sich an der Ausschreibung beteiligen und Angebote abgeben. Eines der wichtigsten Kriterien dieser Angebote ist die Zeit, nach der der Halbleiterhersteller die angefragten Chips liefern kann. Diese hängt zum einen von der Entwicklungszeit des entsprechenden Chips ab, zum anderen von der Herstellzeit. Die Entwicklungszeiten sind durch die hohe Automatisierung vieler Entwicklungsschritte und die Tatsache, dass es sich oft nicht um Neuentwicklungen sondern Anpassungsentwicklungen handelt, mittlerweile relativ kurz. Durch die hohe Nachfrage an Mikrochips in vielen Branchen ist jedoch die Auslastung der Produktionsressourcen in der Halbleiterindustrie sehr hoch und die Vorlaufzeit für die Einplanung von Produktionslosen entsprechend groß. Die Halbleiterhersteller greifen daher gern auf die Dienste von Produktions-Dienstleistern zurück, die über keine eigenen Produkte, jedoch über Fertigungsressourcen für Halbleiter verfügen. Dies ist möglich, weil die Produktionsprozesse für Halbleiter klar modularisiert und strukturiert sind.

Die Herstellung von Halbleiterprodukten gliedert sich in der Regel in fünf Phasen: Aufbau der Halbleiterstrukturen auf einer Silikon-Scheibe, dem sogenannten Wafer (*Frontend*), Test der Chips auf dem Wafer (*Wafer Test*), Herstellung der einzelnen Mikrochips inklusive ihrer Gehäuse und Kontakte (*Backend*), Test der fertigen Chips (*Final Test*) und Verpackung der Chips (*Packing*). Am Beginn der Backend-Bearbeitung steht die Vereinzelung der Chips. Dabei wird der Wafer auf eine Folie aufgebracht und dann zersägt. Der mit Abstand aufwändigste Produktionsschritt ist das Frontend. Hier wird die Struktur der Chips schichtweise auf dem Wafer aufgebaut. Dazu durchlaufen die Wafer für jede Schicht mehrere Arbeitsgänge wie die Beschichtung, das Abtragen und die Belichtung. Diese Arbeitsgänge werden auf hochspezialisierten und teuren Maschinen ausgeführt. Die Gesamtheit dieser Maschinen und der sie verbindenden Transporttechnik für Waferkassetten wird als Fab oder Silicon Foundry bezeichnet. Ein wichtiges Merkmal einer Fab ist der Durchmesser der Wafer, der bearbeitet werden kann. Diese Durchmesser sind standardisiert, die gängigsten Größen sind 150 mm, 200 mm und 300 mm. Die Entwicklung über der Zeit ging hierbei von kleineren zu größeren Durchmessern. Große Halbleiterfabriken können mehrere Fabs umfassen. Halbleiterhersteller erweiteren häufig bestehende Fabriken um weitere Fabs mit größeren Durchmessern. Das gleiche gilt für den Bereich der Wafer-Tests.

Auch die Backend-Produktion ist komplex und technologisch sehr anspruchsvoll. Da hier Chips in unterschiedlichen Bauformen entstehen, unterscheiden sich die

Fertigungsschritte und -technologien zwischen einzelnen Fabriken oder Gewerken innerhalb von Fabriken wiederum stark. So gibt es spezialisierte Backend-Produktionsbereiche für Chips mit Kontakt-„Beinen“, Chips mit Kontakten in Kugelform an der Unterseite des Gehäuses (Ball Grid Array, BGA) oder Chips, die in Plastikkarten integriert sind. Innerhalb dieser grundsätzlichen Bauformen können Fertigungsbereiche unterschiedliche Produkte herstellen, etwa Chips mit unterschiedlicher Speicherkapazität. Jedoch können Chipkarten nur in einer Chipkartenproduktion, BGA-Chips nur in einer BGA-Fertigung, usw. hergestellt werden. Jeder Halbleiterhersteller hat natürlich genaue Kenntnis darüber, welche Gewerke und Produktionstechnologien in seinen eigenen Fabriken installiert sind. Dabei gibt es die unterschiedlichsten Kombinationen von Gewerken, von einer Fab über mehrere Fabs und Wafer Test-Gewerken, reinen Backend- und Final Test-Werken bis hin zu Universalwerken. Schwieriger ist es, den Überblick über die Fähigkeiten von Produktionsdienstleistern zu behalten. Diese sind oft auf bestimmte Produktarten und damit verbundene Fertigungstechnologien spezialisiert.

Stellt ein Halbleiterhersteller bei der Erstellung eines Angebots fest, dass seine eigenen Ressourcen in einem oder mehreren Gewerken so lange komplett ausgebucht sind, dass das Fertigstellungsdatum der Produkte die Erwartungen des Kunden nicht erfüllen kann, wird er versuchen, für diese Gewerke auf Produktionsdienstleister zurückzugreifen. Hierzu muss der Angebotsersteller nun recherchieren, welche Produktionsdienstleister welche der benötigten Technologien mit den passenden Parametern anbieten. Diese muss er seinerseits kontaktieren und nach der Kompatibilität mit dem ausgeschriebenen Produkt die Verfügbarkeit von Produktionsressourcen prüfen. Dieser Prozess wird heute von der Erfahrung der Mitarbeiter getragen, die die Angebote erstellen. In Zukunft könnten diese Mitarbeiter bei ihrer Tätigkeit unterstützt werden, wenn sie eine einheitliche Datenquelle nutzen könnten, in der die Fähigkeiten aller für sie in Frage kommenden Produktionsgewerke eigener Fabriken sowie der Fabriken von Dienstleistern gespeichert sind und abgefragt werden können. Eine Ontologie über die Herstellung von Halbleitern, die die Konzepte der Fabrik (plant) und des Gewerks (fab oder facility) als Klassen enthält, deren Eigenschaften als Objekt- oder Dateneigenschaften (object properties, data properties) darstellen kann und die mit Daten als Individuen dieser Klassen und Eigenschaften gefüllt ist, kann eine solche Unterstützung bieten. Kombiniert mit der Darstellung der IT- und Service-Infrastruktur der Dienstanbieter besteht darüber hinaus die Möglichkeit, diese Datenquelle automatisiert aktuell zu halten und sie über den Anfrage- und Angebotsprozess hinaus später auch zur operativen Abwicklung von Aufträgen zu nutzen.

Das bedeutet, dass der Halbleiterhersteller sein ERP-System in eine Arrowhead Local Cloud eingebettet hat, sowie jedes Werk des Herstellers und der Dienstleister eine eigene Arrowhead Local Cloud betreiben, in der jede Fab bzw. Facility als ein *Device* angelegt ist, dessen Software-System (z. B. das MES-System der Fab bzw. Facility) die Ausführung von Produktionsaufträgen als Service in Arrowhead anbietet. Diese Services sind in der Service Registry des jeweiligen Werks registriert. Alle Werks- und ERP-Local Clouds verfügen über die Local Cloud-übergreifenden Kommunikationsmöglichkeiten, haben also jeweils einen Gatekeeper und ein Gateway laufen. Diese Local Clouds müssen nun mit ihren konkreten Parametern, also der URL und dem Port ihres Gatekeepers in der Digital Reference Ontologie auf der Digital Reference Plattform registriert sein. Das bedeutet, dass sie als Instanzen zu den Klassen Arrowhead Local Cloud, Core Systems und Core Services in der A-Box (dem Datenpool zu den Individuen der Ontologie) gespeichert sein müssen. Ebenso müssen die konkreten Produktions-Services, etwa die Frontend-Bearbeitung von 300 mm-Wafern, in der A-Box der Digital Reference Ontologie als *Application Services* der jeweiligen Local Cloud gespeichert sein. Dazu muss die Service Registry jeder Werks-Local Cloud diese Services an die Digital Reference-Plattform melden. Hierzu kann sie einen Service zum Registrieren von Anwendungsservices bei der DR nutzen, der von der Digital Reference Plattform zur Verfügung gestellt wird. (Die Digital Reference Plattform ist selbst natürlich auch in eine Arrowhead Local Cloud eingebettet und stellt Services darüber zur Verfügung).

6 Semantic Web als Weichensteller für Industrie 4.0: wohin geht die Reise?

Die Herausforderung, bei der Digitalisierung eine einheitliche Sprache zwischen Menschen und Maschine zu finden, wird mit den dargestellten Ansätzen des Semantic Web und der initialen Darstellung von RAMI4.0 mit semantischen Begriffen nicht beendet sein. Mit Halbleitern hat die Digitalisierung begonnen und so ist es naheliegend, dass auch die Domäne der Entwicklung und Herstellung sowie die Nutzung von Halbleitern eine führende Rolle bei der semantischen Beschreibung einnehmen, die sowohl von Menschen als auch von Maschinen verstanden wird und gedeutet werden kann. Das semantische Netz hat insbesondere den intrinsichen Vorteil, dass es wie ein Gehirn mit zusätzlichen Vernetzungen weiter lernen und sich mit anderen Domänen verbinden kann. Es kann somit als stets zu erweiterndes Netz betrachtet werden. Bereits heute kann ein großer Nutzen aus der *Digital Reference* durch Suchmaschinen und als Anwendung im Vertrieb von Halbleiterprodukten gezogen werden. Was Google, Amazon, Baidu und Alibaba im internationalen B2C (Business to Consumer) Umfeld oder die Technische Informationsbibliothek (TIB) mit DBPedia (Semantic Web basierte Version von Wikipedia als Wissensbasis) im Bibliotheksumfeld bereits erfolgreich bewiesen haben, ist mit der *Digital Reference* somit auch im hochtechnologischen B2B (Business to Business) Umfeld möglich. Die Herausforderungen von Semantic Web im industriellen Kontext werden hauptsächlich durch eine erhöhte Dynamik der Datensätze hervorgerufen, die durch eine stetige Informationsgeneration an einer Vielzahl von Sensoren entsteht. Gleichzeitig ergeben sich immer stärker verteilte Suchanfragen, was eine Informationsextraktion erschweren kann.

So wie sich die B2C Giganten Werkzeuge geschaffen haben, um ihre Klassen und Instanzen zu vernetzen wird dies auch im B2B Umfeld zeitnah nötig sein. Mächtige Werkzeuge wie DBPedia helfen Ingenieuren und Technikern, mit Informatikern das semantische Netz aus unterschiedlichen Blickwinkeln betrachten zu können, es zu vervollständigen und die Vernetzung zu optimieren. Hierbei schaffen Instrumente wie *WebVOWL*, *OntoGraf* oder ähnliche graphähnliche Darstellungen ein interaktive Visualisierung für eine Vielzahl an Nutzern. Für den Maschinenbau bricht damit eine neue Ära an, da sich die Elektronik sehr viel einfacher in die mechanischen Anlagen integrieren lässt und sich die Maschinen einfacher untereinander verbinden können. Die herkömmliche drahtgebundene Verbindung wird zunehmend durch drahtlose Verbindungen ergänzt. Das Arrowhead Framework, das eine sichere und schnelle Erkennung von drahtlosen Sensoren und Aktoren in einer Edge, Fog oder Cloud Umgebung ermöglicht, kann hier eine zentrale Rolle spielen. Die semantische Beschreibung des Arrowhead Frameworks in der *Digital Reference* ist in dieser Beziehung ein Meilenstein, da hiermit dem *plug and play* für Sensoren und Aktoren in und mit Maschinen eine Grundlage geschaffen wird. Weiterhin kann ermöglicht werden, über NFC (Near Field Communciation), Bluetooth, WLAN und öffentliche oder lokale LTE und 5G Netze sicher miteinander zu kommunizieren. Hohe Geschwindigkeit sowie gewährleistete Sicherheit der Kommunikation werden zwei künftige Herausforderungen bei der Industrie 4.0 sein. Insbesondere letztere wird an Wichtigkeit gewinnen, wenn kollaborierende Unternehmen gegenseitig auf Datensätze zugreifen möchten. Für viele Firmen im wissensintensiven Umfeld gehört ein Großteil der Datenpunkte und Informationen zum essenziellen Kern der eigenen Existenz und ist daher im höchsten Grade schützenswert. Semantic Web lässt zu, nur bestimmte Bereiche (etwa Klassen) der eigenen Ontologie für das Partnerunternehmen zugreifbar zu machen und erhöht somit die Sicherheit des Austauschs.

Der mit Unterstützung des Semantic Web entwickelte Prototyp für ein *Smart Wristband for Voting*, das für Konferenzen, Bestätigungen bei der Bedienung von Maschinen, Meinungsbildungen oder auch in Parlamenten genutzt werden kann, dient der Demonstration der Möglichkeiten. Das Konzept ist in Abb. 9 dargestellt. Es

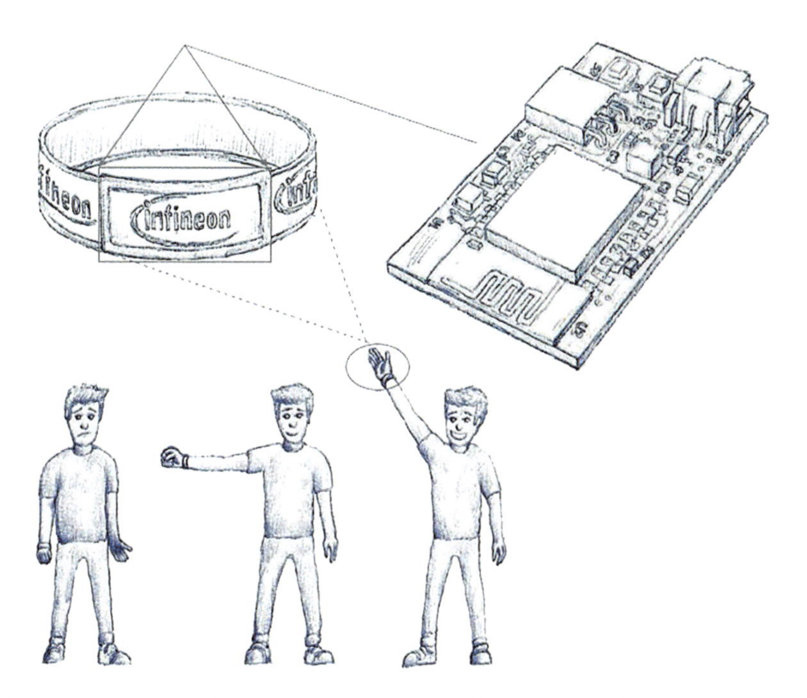

Abb. 9 Konzept des Abstimmungsvorgangs mit Smart Wristband for Voting

beinhaltet einen hochsensiblen Drucksensor, einen Microcontroller sowie ein Modul zur Stromversorgung und kommuniziert über das Arrowhead Framework mit der Umgebung. Anhand der Höhe des Armbands kann somit hochpräzise eine Einschätzung über das Abstimmungsbild gegeben werden. Auch eine prozentuale Abschätzung der Abstimmung entsprechend verschiedener Höhenbereiche ist möglich, was somit noch deutlicher die Tendenzen der Wähler visualisiert. Etwa können verschiedene Kategorien definiert werden, die einer neutralen Einstellung oder einer *etwas* zustimmenden Haltung entsprechen. Des Weiteren können auch definierte Höhenzustände der Armhaltung eines Anlagenbedieners Folgeprozesse automatisiert anstoßen. Bei diesem Anwendungsbeispiel wurden von Beginn die Paradigmen des Semantic Web verfolgt. So konnten die Auswahl der richtigen Halbleiterbauelemente, das Design des Printed Circuit Board (PCB), die Integration in ein smartes Textil und die Auswertung der generierten Daten vereinfacht werden. Grund dafür war vor allem, dass die Sprache zur Abstimmung innerhalb der Expertendomänen und zwischen Mensch und Maschine für alle verständlich und interpretierbar war. Es ist dabei nur *ein* Beispiel für das große Potenzial einer durch Semantic Web befähigten Industrie 4.0 der Zukunft.

Für Unternehmen, die den Ansatz einer domänenspezifischen Ontologie verfolgen wollen, bieten sich verschiedene Herangehensweisen. Einerseits bietet die initiale Betrachtung des großen Ganzen (etwa des gesanten Unternehmens oder der gesamten Lieferkette) einen wohl definierten Überblick über allgemeingültige Konzepte innerhalb des relevanten Bereichs. Man erhält so ein ganzheitliches Grundgerüst und erarbeitet sich dann innen liegende Konzepte und deren Besonderheiten gegenüber der höchsten Abstraktionsebene. Jedoch ergibt sich daraus die Schwierigkeit, all jene Datenquellen zu identifizieren, die Informationen zu einer bestimmten Klasse enthalten.

Andererseits können für verschiedene kleine Anwendungsfälle einzelne Ontologien entwickelt werden. Die Datenquellenanbindung ist hier häufig intuitiv. Gegeneinader abgeglichen und anschließend zusammengenommen kann so aus den einzelnen Teilontologien eine ganzheitliche Repräsentation entstehen, die sich iterativ nach dem selben Schema erweitern lässt. Herausfordernd an dieser Herangehensweise ist jedoch die Problematik, dass die selben Konzepte, Klassen oder Relationen in verschiedenen Teilontologien unterschiedlich definiert werden. Man kann die beiden Ansätze auch auf verschiedene Weisen kombinieren, sie bestehen dann nebeneinander oder abwechselnd werden abwechselnd bemüht. Hier geht die Entwicklung der Ontologien einzelner Anwendungsfälle stets vor dem Hintergrund eines allgemeingültigen Gerüsts vonstatten. Wie ein Unternehmen vorgehen sollte, liegt vor allem an seinen Interessen und Zielen, jedoch auch an der Komplexität und Größe der betrachteten Domäne. Um möglichst schnell Ergebnisse auszuschöpfen, wird der Fokus häufig auf die spezifischen Probleme und somit die einzelnen Anwendungsfälle gelegt. Soll die Ontologie als allgemeine Plattform zur Darstellung und Übersetzung des relevanten Wissens dienen, sollte die höchste Abstraktionsebene zu Beginn die größte Rolle spielen. Ein großes Augenmerk ist grundsätzlich darauf zu legen, welche Bereiche tatsächlich von Semantic Web profitieren, wo es konkreten Handlungsbedarf für eine Semantic Web basierte Lösung gibt und inwiefern die Ergebnisse messbar oder darstellbar sind.

Literatur

Adolphs P, Epple U (2015) Referenzarchitekturmodell Industrie 4.0 (RAMI 4.0), Statusbericht, April 2015; VDI/VDE-Gesellschaft Mess- und Automatisierungstechnik und ZVEI. https://www.plattform-i40.de/

Arrowhead Konsortium (2019) Arrowhead Web-Seite. https://www.arrowhead.eu/. Zugegriffen am 01.07.2019

Baumgärtel H, Ehm H, Laaouane S, Gerhardt J, Kasprzik A (2018) Collaboration in supply chains for development of CPS enabled by semantic web technologies. In: 14th international conference on Modeling and Analysis of Semiconductor Manufacturing (MASM) at winter simulation conference 2018, Gothenburg/Denmark

Berners-Lee T, Hendler J, Lassila O (2001) The semantic web. In: Scientific American Magazine 284

Bernstein PA (1996) Middleware: a model for distributed system services. Commun ACM 39:86–98

Chauhan A, Yu L (2016) Semantic web & big data. Working paper, Georgia State University

Chien C-F, Dauzere-Peres S, Ehm H, Fowler JW, Jiang Z, Krishnaswamy S et al (2008) Modeling and analysis of semiconductor manufacturing in a shrinking world: Challenges and successes. In: 2008 Winter Simulation Conference (WSC), Miami, FL, USA, 07.12.2008–10.12.2008. IEEE, S 2093–2099

DATACOM (2019) Middleware. www.itwissen.info/Middleware-middleware.html. Zugegriffen am 13.06.2019

Delsing J (2017a) IoT automation. Arrowhead framework. CRC Press/Taylor & Francis Group, Boca Raton

Delsing J (2017b) Local cloud internet of things automation: technology and business model features of distributed inter-net of things automation solutions. IEEE Ind Electron Mag 11:8–21

Gölzer P (2017) Big Data in Industrie 4.0 – Eine strukturierte Aufarbeitung von Anforderungen, Anwendungsfällen und deren Umsetzung. Dissertation, Friedrich-Alexander-Universität Erlangen-Nürnberg

Hegedüs C, Kozma D, Soos G, Varga P (2016) Enhancements of the arrowhead framework to refine inter-cloud service interactions. In: IECON 2016 – 42nd annual conference of the IEEE industrial electronics society. Florence, Italy, 2016. IEEE, S 5259–5264

Herron D, Castillo O, Lewis R (2015) Systems and methods for individualized customer retail services using RFID wrist-bands. US-Patent, Veröffentlichungsnr: 14/034,395

Hitzler P, Kroetzsch M, Rudolph S (2009) Foundations of semantic web technologies. CRC Press/Taylor & Francis Group, Boca Raton

Hofmann E (2017) Big data and supply chain decisions: the impact of volume, variety and velocity properties on the bullwhip effect. Int J Prod Res 55(17):5108–5126

Josuttis N (2008) SOA in der Praxis – System-Design für verteilte Geschäftsprozesse. dpunkt, ISBN-10: 3898644766

Moder P, Ehm H, Jofer E (2019) A holistic digital twin based on semantic web technologies to accelerate digitalization. In: Proceedings of the 1st European Advances in Digitization Conference (EADC). Zittau, Germany, 29.11.2018

Mönch L, Uzsoy R, Fowler J (2018) A survey of semiconductor supply chain models part I. Semiconductor supply chains, strategic network design, and supply chain simulation. Int J Prod Res 56(13):4524–4545

Ostrowski D, Rychtyckyj N, Macneille P, Kim M (2016) Integration of big data using semantic web technologies. In: 2016 IEEE tenth International Conference on Semantic Computing (ICSC). Laguna Hills, CA, USA, 04.-06.02.2016. IEEE, S 382–385

Ye Y, Yang D, Jiang Z, Tong L (2008) Ontology-based semantic models for supply chain management. Int J Adv Manuf Technol 37(11–12):1250–1260

Anwendungsfälle und Methoden der künstlichen Intelligenz in der anwendungsorientierten Forschung im Kontext von Industrie 4.0

Benjamin Maschler, Dustin White und Michael Weyrich

Zusammenfassung

Es wird erwartet, dass datengetriebene Methoden künstlicher Intelligenz im Kontext Industrie 4.0 die Zukunft industrieller Fertigung prägen werden. Obwohl das Thema in der Forschung sehr präsent ist, bleibt der Umfang der tatsächlichen Nutzung dieser Methoden unklar. Dieser Beitrag analysiert daher von 2013 bis 2018 veröffentlichte wissenschaftliche Artikel, um statistische Daten über den Einsatz von Methoden künstlicher Intelligenz in der Industrie zu gewinnen. Besonderes Augenmerk wird dabei auf die Trainings- und Evaluations-Datentypen, die Verbreitung in verschiedenen Industriezweigen, die betrachteten Anwendungsfälle sowie die geografische Herkunft dieser Artikel gelegt. Die resultierenden Erkenntnisse werden in praxisnahe Hinweise für Entscheider destilliert.

1 Einleitung

Die Bezeichnung „Industrie 4.0“ beschreibt den fortschreitenden Trend der umfassenden Vernetzung von Produktionsanlagen auf der Basis von cyber-physischer Systemen (Kagermann et al. 2013). Diese Entwicklung wird im englischen Sprachraum auch als „Industrial Internet of Things“ beschrieben (Jeschke et al. 2017) und stellt aufgrund der Vielzahl der Kommunikationsteilnehmer und der daraus resultierenden Systemkomplexität erhebliche Anforderungen an die Steuerung derselben und die Verarbeitung der dabei anfallenden Daten (Runkler 2015).

Eine zentrale Basistechnologie zur Realisierung von Industrie 4.0 sind damit Methoden künstlicher Intelligenz, die einerseits die Komplexität beherrschbar ma-

B. Maschler (✉) · D. White (✉) · M. Weyrich
Institut für Automatierungstechnik und Softwaresysteme (IAS), Universität Stuttgart, Stuttgart, Deutschland
E-Mail: benjamin.maschler@ias.uni-stuttgart.de; dustin.white@ias.uni-stuttgart.de; michael.weyrich@ias.uni-stuttgart.de

B. Vogel-Heuser et al. (Hrsg.), *Handbuch Industrie 4.0*,
https://doi.org/10.1007/978-3-662-58528-3_123

chen und andererseits weitere Mehrwerte realisieren können (Runkler 2015; Sharp et al. 2018; Wang et al. 2018; Muhuri et al. 2019).

Obwohl es seit vielen Jahren eine erhebliche Forschungstätigkeit im Bereich der datengetriebenen Methoden künstliche Intelligenz gibt (Jordan und Mitchell 2015; Sharp et al. 2018; Wang et al. 2018; Muhuri et al. 2019; Diez-Olivan et al. 2019), ist der Umfang deren praktischen Einsatzes in der Industrie nicht gut dokumentiert. Deshalb werden in dieser Veröffentlichung mittels einer Literaturrecherche die Trends hinsichtlich der Nutzung von Methoden künstlicher Intelligenz in verschiedenen Industriesektoren untersucht und dargestellt.

Ausgehend von den genannten derzeitigen Entwicklungen in der Forschung und der Industrie wird in Abschn. 2 der Betrachtungsraum dieser Veröffentlichung näher spezifiziert. Darauf aufbauend wird in Abschn. 3 die genutzte Methodik für die Literaturrecherche beschrieben und die ihr zugrundliegenden Kriterien genannt. Abschn. 4 stellt die resultierenden Ergebnisse vor und gibt neben einem allgemeinen Überblick eine genauere Betrachtung im Hinblick auf die Fertigungsindustrie wider. Abschn. 5 zieht ein Fazit mit besonderem Fokus auf die Auswahl von KI-Methoden für Entwicklungsprojekte in der Industrie.

2 Betrachtungsgegenstand

Die vorliegende Veröffentlichung betrachtet Anwendungsfälle und Methoden der künstlichen Intelligenz (KI) in der anwendungsorientierten Forschung im Kontext von Industrie 4.0. Die Kernbegriffe dieses Themenfeldes werden im weiteren Verlauf folgendermaßen interpretiert:

- Unter „*Methoden der künstlichen Intelligenz*“ seien Verfahren zu verstehen, die von Computersystemen verwendet werden, um intelligentes, sonst nur von Menschen gezeigtes Verhalten bei der Lösung spezifischer Aufgaben nachzuahmen (Flasinski 2016). Konkreter müssen diese Verfahren „*datengetrieben*“ sein und damit auf der automatisierten Informationsbeschaffung aus großen Datenmengen basieren – und nicht auf der Modellierung von zuvor bekannten (physikalischen) Beziehungen durch Menschenhand, wie z. B. in regelbasierten intelligenten Systemen.
- Unter „*anwendungsorientierter Forschung*“ sei Forschung zu verstehen, die den praktischen Einsatz einer Methode in einem konkreten Geschäftsmodell zur Kostensenkung oder Profitsteigerung zum Ziel hat. Damit sei die Erforschung des Einsatzes einer Methode in einem reinen Forschungskontext ausgeschlossen.
- Unter „*Industrie*“ seien Unternehmen zu verstehen, deren Geschäftsmodell auf der Umwandlung von Energie und Materialien zum Zwecke der Herstellung von (Roh-)Materialien, Fertigprodukten oder der Energieversorgung basieren bzw. Dienstleistungen im unmittelbaren Kontext derartiger Geschäftsmodelle anbieten. „Industrie 4.0“ beziehe sich dann auf derartige Unternehmen, die derartige Geschäftsmodelle auf Basis cyber-physischer Produktionssysteme und vernetzter digitaler Prozessketten betreiben (Vogel-Heuser 2017).

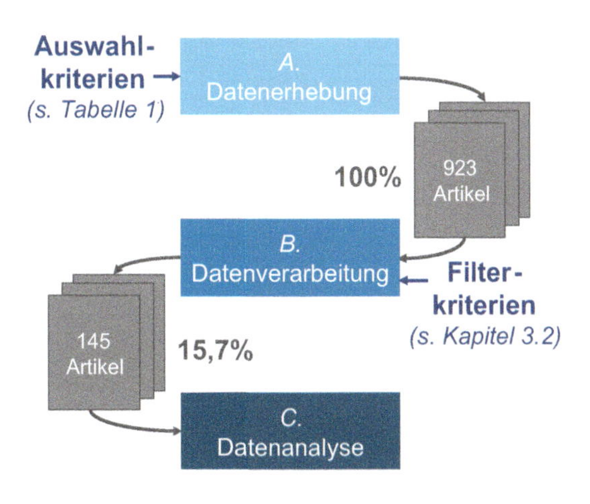

Abb. 1 Methodik – 3-stufiger Prozess von der Datenerhebung bis zur Datenanalyse

3 Methodik

Die Methodik der im Folgenden vorgestellten Untersuchung orientiert sich an der Systematic Literature Review (SLM) nach Kitchenham (2004). Ihre Relevanz ergibt sich dabei aus der in Abschn. 1 dargelegten Diskrepanz zwischen den hohen Erwartungen an den Einsatz von KI-Methoden in der Industrie und der schlechten Studienlage hinsichtlich dessen tatsächlicher Umsetzung.

Konkret wurde ein 3-stufiger Prozess gewählt: Im Rahmen der Datenerhebung wurden Veröffentlichungen identifiziert, die eine Reihe von Basisanforderungen erfüllen. Diese Veröffentlichungen wurden dann weiterverarbeitet und hinsichtlich zusätzlicher Kriterien manuell gefiltert. Schließlich wurden die verbleibenden Veröffentlichungen manuell analysiert (siehe Abb. 1).

Die manuelle Filterung und Analyse wurde trotz des Nachteils reduzierter Reproduzierbarkeit einer automatischen Lösung mittels einfacher Suchen oder komplexerer Textanalysetools vorgezogen, da letztere bisher nicht qualitativ vergleichbare Ergebnisse liefern können. Dies liegt in der großen Kontextabhängigkeit der Relevanz genutzter Begriffe sowie der erheblichen inhaltlichen Breite und teilweise durchwachsenen sprachlichen Qualität der betrachteten Veröffentlichungen begründet.

3.1 Datenerhebung

Die in dieser Untersuchung verwendeten Daten stammen von einem der am weitesten verbreiteten Repositorien wissenschaftlicher Publikationen, der Plattform ScienceDirect. Als anfänglicher Suchbegriff wurde „Künstliche Intelligenz" in Kombination mit zusätzlichen Schlüsselwörtern zu industriellen Anwendungen auf Veröffentlichungstitel, Zusammenfassungen und Stichwörter angewendet. Diese Begrenzung des Suchraums hatte den Zweck, die beiläufige Nennung der Suchwörter im

Tab. 1 Kriterien für die Datenerhebung

Eigenschaft	Kriterien
Plattform	ScienceDirect
Veröffentlichungsjahre	2013–2018
Suchphrase	„Artificial Intelligence" UND („Application" ODER „Fabrication" ODER „Generation" ODER „Industry" ODER „Production" ODER „Industrial" ODER „Product" ODER „Manufacturing")
Suchraum	Titel, Zusammenfassung, Schlagworte
Veröffentlichungstyp	Research Articles
Sprache	Englisch

Textkörper (bspw. in Form von Vergleichen und Abgrenzungen) herauszufiltern. Darüber hinaus wurden die Publikationsjahre auf 2013 bis 2018 begrenzt, um die Relevanz der betrachteten Veröffentlichungen zu erhöhen und sich auf aktuelle Entwicklungen zu konzentrieren. Um die unterschiedlichen Zahlen der verschiedenen Publikationsjahre vergleichen zu können, konnte das noch nicht abgeschlossene Jahr 2019 nicht berücksichtigt werden. Schließlich wurden nur englischsprachige Publikationen aufgenommen und der Artikeltyp musste „Research Article", also ein die Ergebnisse originärer Forschung darstellender Artikel, sein, um Doppelnennungen durch Surveys, die bereits gesammelte Informationen erneut erwähnen, zu vermeiden. Tab. 1 enthält eine Zusammenfassung der oben genannten Datenerhebungskriterien.

Die Datenerhebung lieferte insgesamt 923 verschiedene Artikel. Dies entspricht 100 % der gesammelten Veröffentlichungen.

3.2 Datenverarbeitung

Der für diese Untersuchung erhobene Datensatz wurden anschließend aufbereitet, um noch enthaltene irrelevante Veröffentlichungen herauszufiltern. Zu diesem Zweck wurden die Veröffentlichungen manuell nach mehreren Kriterien gefiltert:

- Eine Veröffentlichung soll (eine) spezifische KI-Methode(n) im Fokus haben.
- Eine Veröffentlichung soll die Nutzung der Methode(n) in Bezug auf einen spezifischen Anwendungsfall aus der Industrie (gemäß der Definition in Kapitel II) im Fokus haben.
- Eine Veröffentlichung soll eine Bewertung der Methode(n) in Bezug auf den Anwendungsfall beinhalten.

Dies ergab 145 unterschiedliche Artikel (was 15,7 % der gesammelten Veröffentlichungen entspricht), die alle oben genannten Anforderungen erfüllen und sich damit für die Ableitung von Aussagen über Anwendungsfälle und Methoden künstlicher Intelligenz in der anwendungsorientierten Forschung im Kontext von Industrie 4.0 eignen.

3.3 Datenanalyse

Die im Rahmen dieser Untersuchung verarbeiteten Daten wurden anschließend manuell analysiert. Zu diesem Zweck wurde jede Veröffentlichung basierend auf ihrem Volltext in Bezug auf unterschiedliche Dimensionen kategorisiert. In dieser Veröffentlichung werden lediglich die in Tab. 2 aufgeführten Dimensionen näher betrachtet. Zwar wurden im Rahmen der hier vorgestellten Untersuchung weitere Dimensionen analysiert, jedoch lieferte dies keine ausreichend aussagekräftigen Ergebnisse.

Außerdem mussten aufgrund zu geringer Fallzahlen einige der ursprünglich erhobenen Ausprägungen unter „Sonstige" zusammengefasst werden (s.u.). Sie werden vollständigkeitshalber in den Diagrammen mit abgebildet aber nicht weiter analysiert oder diskutiert.

Die Ausprägungen der Dimension „Anwendungsfall" stellen das Ergebnis einer inhaltlichen Cluster-Bildung angelehnt an Niggemann et al. (2017) und Bitkom e.V. (2018) dar. Dabei wurden die Ausprägungen folgendermaßen definiert:

- Unter „*Erkennung*" seien Anwendungsfälle zu verstehen, in denen es um die automatische, optische Erkennung und Interpretation von Texten, Objekten oder Abbildungen geht.
- Unter „*Filterung*" seien Anwendungsfälle zu verstehen, in denen es um automatische Signalverarbeitung geht.

Tab. 2 Veröffentlichungsdimensionen und die dazugehörigen Ausprägungen

Dimension	Ausprägung
Anwendungsfall	Erkennung Filterung Modellbildung Optimierung Prognostik Sortierung Überwachung
Datentyp	Simulationsdaten Experimentaldaten Produktivdaten
Herkunftsland	<Herkunftsland>
Industriezweig	Produktion Chemie (Prozessindustrie) Energie Sonstige
KI-Methoden-Gruppe	Fuzzy Systeme (Fuzzy) (Alcala-Fdez und Alonso 2016) Künstliche Neuronal Netze (KNN) (Schmidhuber 2015) Metaheuristiken (Metah.) (Glover und Kochenberger 2006) Statistische Klassifizierer (Klass.) (Fukunaga 2013) Support Vector Maschinen (SVM) (Salcedo-Sanz et al. 2014) Sonstige
Zitationen	<Anzahl>

- Unter „*Modellbildung*“ seien Anwendungsfälle zu verstehen, in denen es um die automatische Parametrierung vorhandener bzw. die automatische Erstellung neuer Modelle geht.
- Unter „*Optimierung*“ seien Anwendungsfälle zu verstehen, in denen es um die automatische Optimierung einzelner Parameter oder ganzer Prozesse, bspw. in Form einer Anpassung der Prozessabfolge, geht.
- Unter „*Prognostik*“ seien Anwendungsfälle zu verstehen, in denen es um die automatische Prognose von Signalverläufen in der Zukunft oder, wie bspw. in Softsensoren, Gegenwart geht.
- Unter „*Sortierung*“ seien Anwendungsfälle zu verstehen, in denen es um die automatische Cluster-Bildung oder Klassifizierung, also bspw. die Einteilung in Fallgruppen, geht.
- Unter „*Überwachung*“ seien Anwendungsfälle zu verstehen, in denen es um die automatische Überwachung einzelner Signal- oder ganzer Prozessverläufe geht.

Die Dimension „Anwendungsfall“ wurde dabei nur für Artikel mit dem Industriezweig „Produktion“ erhoben.

Die Ausprägungen der Dimension „Herkunftsland“ ergibt sich aus den in den jeweiligen Artikeln angegebenen Wirkungsstätten der Autorinnen und Autoren (nicht beschränkt auf Erstautorinnen und -autoren).

Die Ausprägungen der Dimensionen „Industriezweig“ und „Datentyp“ stellen das Ergebnis einer inhaltlichen Cluster-Bildung dar. Dabei wurden in Bezug auf die Dimension „Industriezweige“ die Ausprägungen „Bau“, „Biotechnologie“, „Landwirtschaft“, „Logistik“ sowie „Öl und Gas“ unter „Sonstige“ zusammengefasst.

Die Ausprägungen der Dimension „KI-Methoden-Gruppe“ ergeben sich aus den bezeichneten Quellen. Dabei wurden primär die Ausprägungen „Expertensysteme“, „Statistische Regression“ sowie „Numerische Analyse“ unter „Sonstige“ zusammengefasst.

Die Ausprägungen der Dimension „Zitationen“ ergibt sich aus einer am 20.08.2019 durchgeführten Erhebung der Zitationen der einzelnen Artikel auf der Plattform GoogleScholar.

Als primäres Qualitätskriterium im Sinne der SLM wurde in dieser Untersuchung der Datentyp gewählt, da dieser Auskunft über die Anwendungsnähe der veröffentlichten Lösungen bzw. Methoden geben kann.

4 Ergebnisse und Diskussion

In diesem Abschnitt werden die Ergebnisse der Studie einem zweigeteilten Ansatz folgend dargestellt und diskutiert: Zunächst wird ein allgemeiner Überblick über Methoden der künstlichen Intelligenz in verschiedenen Industriezweigen gegeben. Anschließend wird ein fokussierter Blick auf die Situation im Industriezweig *Produktion* geworfen.

4.1 Überblick

Abb. 2 zeigt die Entwicklung der Anzahl von Artikeln mit Bezug zur Anwendung von Methoden der künstlichen Intelligenz nach Industriezweig und Publikationsjahr. Es zeigt sich, dass die betrachteten Industriezweige einen erheblichen Anstieg der Anzahl einschlägiger Artikel insbesondere von 2017 nach 2018 erfahren (+85 % für *Produktion*, +700 % für *Chemie* und +433 % für *Energie*). Der Anteil von Anwendungsfällen aus der *Produktion* beträgt insgesamt 44 % (*Chemie*: 10 %, *Energie*: 17 %, *Sonstige*: 29 %).

Das erst in jüngerer Vergangenheit vermehrte Auftreten einschlägiger Artikel mag aufgrund der bereits deutlich länger (siehe Einleitung) dominierenden Rolle des Themas in der wissenschaftlichen Gemeinschaft verwundern, jedoch ist zu bedenken, dass die Entwicklung marktreifer Lösungen auf Basis neuartiger Technologien eine erhebliche Zeit in Anspruch nimmt (Mankins 2009). Ein erster Ansatz zur Deutung dieser Verteilung der Industriezweige könnte die häufig geringere Distanz zwischen Produkt und zu dessen Fertigung genutzter Werkzeuge in der *Produktion* gegenüber bspw. der *Chemie* sein.

Abb. 3 zeigt die Entwicklung der Anzahl von Artikeln mit Bezug zur Anwendung von Methoden der künstlichen Intelligenz nach KI-Methoden-Gruppe und Publikationsjahr. Es zeigt sich, dass nennenswertes Wachstum für die meisten der betrachteten KI-Methoden-Gruppen erst 2017 vorliegt (*Fuzzy*: +57 %, *KNN*: +225 %, *Metah.*: +33 %, *Klass.*: +360 %, *SVM*: +367 %, *Sonstige*: +333 %). Lediglich *KNN* (Durchschnittliche jährliche Wachstumsrate 2013 bis 2017: +37 %) und *Metah.* (Durchschnittliche jährliche Wachstumsrate 2013 bis 2017: +52 %) zeigen auch vorher schon eine signifikant positive Entwicklung. Die absolute Zahl von *KNN*-Artikeln (65 Artikel 2018) übersteigt dabei die aller anderen Gruppen erheblich (zwischen 11 und 23 Artikeln 2018).

Verglichen mit der Gesamtzahl relevanter Artikel nahm der Anteil von *KNN* im Betrachtungszeitraum zu (von 30 % 2013 auf 45 % 2018, durchschnittlich 35 %),

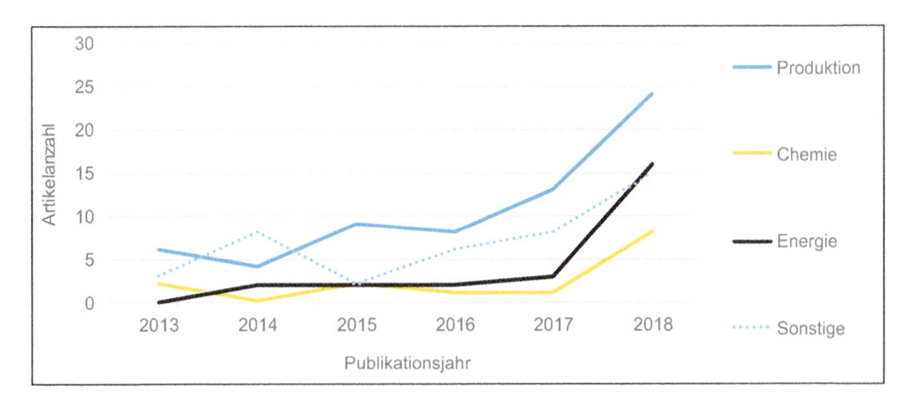

Abb. 2 Entwicklung der Anzahl von Artikeln mit Bezug zur Anwendung von Methoden der künstlichen Intelligenz nach Industriezweig und Publikationsjahr

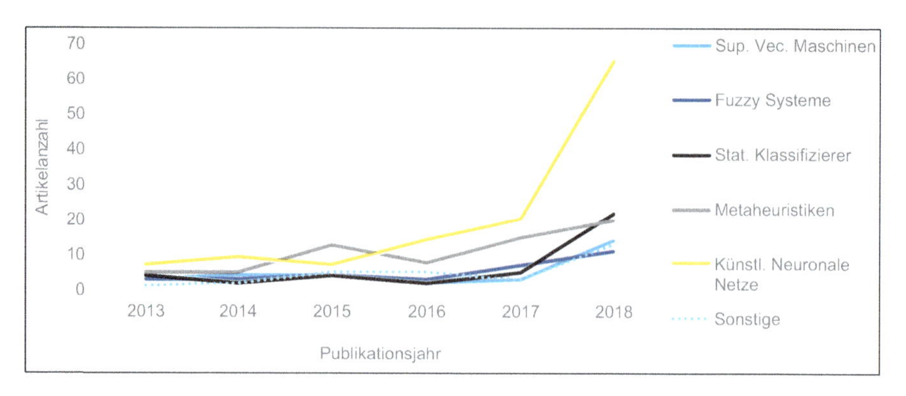

Abb. 3 Entwicklung der Anzahl von Artikeln mit Bezug zur Anwendung von Methoden der künstlichen Intelligenz nach KI-Methoden-Gruppe und Publikationsjahr

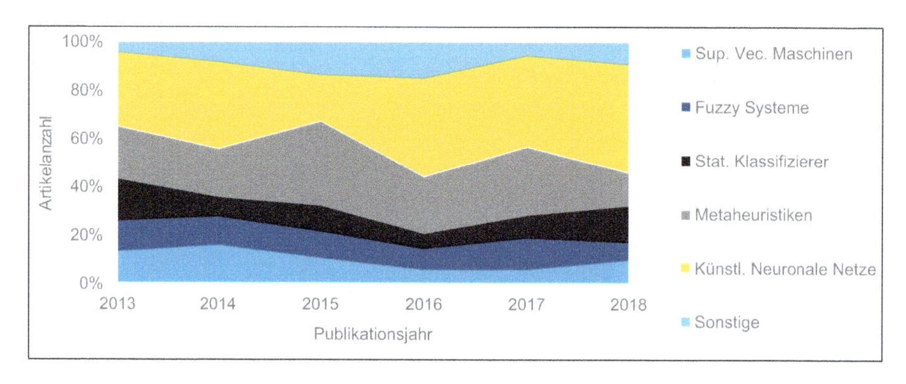

Abb. 4 Entwicklung des Anteils von Artikeln mit Bezug zur Anwendung von Methoden der künstlichen Intelligenz nach KI-Methoden-Gruppe und Publikationsjahr

während insbesondere der Anteil von *Fuzzy* abnahm (von 13 % 2013 auf 8 % 2018, durchschnittlich 11 %, siehe auch Abb. 4). Dies, genauso wie die absolute Verteilung, scheint in Einklang zu stehen mit den in den letzten zwei Jahrzehnten unter Nutzung von *KNN* erzielten Durchbrüchen in der KI-Forschung, die erhebliche Potenziale erkennen lassen und damit zu Experimenten auf derselben Basis einladen.

Abb. 5 zeigt die Entwicklung der Anzahl von Artikeln mit Bezug zur Anwendung von Methoden der künstlichen Intelligenz nach genutztem Datentyp und Publikationsjahr. Es ist zu erkennen, dass die Nutzung von *Simulationsdaten* im Betrachtungszeitraum auf geringem Niveau ein leichtes Wachstum erfährt. Die Nutzung von *Experimentaldaten* verhält sich in den ersten 4 Jahren weitgehend statisch, um dann stark anzusteigen (+0 % von 2013 nach 2017, +257 % von 2017 nach 2018). Auch die Nutzung von *Produktivdaten* zeigt in den ersten Jahren einen statischen Verlauf und erst ab 2016 ein starkes Wachstum (+0 % von 2013 nach 2016, +767 % von 2016 nach 2018). In absoluten Zahlen liegen *Experimentaldaten* (60 Artikel) und *Produktivdaten* (54 Artikel) nahe beieinander und stellen damit – aufgrund der geforderten Anwendungsnähe nachvollziehbarerweise – die große Mehrheit (84 %)

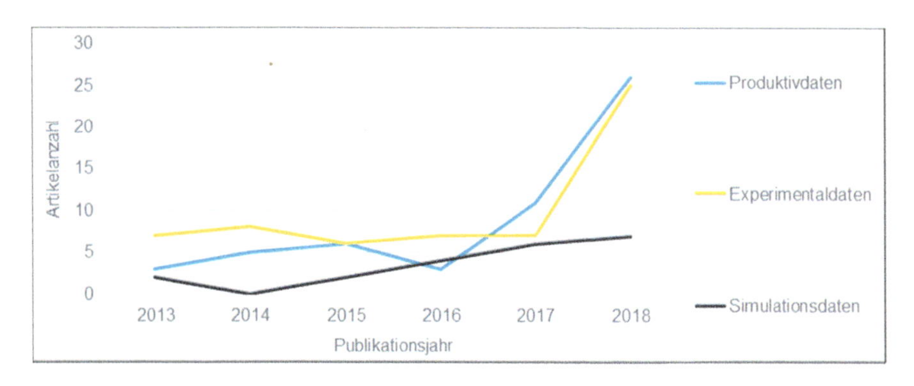

Abb. 5 Entwicklung der Anzahl von Artikeln mit Bezug zur Anwendung von Methoden der künstlichen Intelligenz nach genutztem Datentyp und Publikationsjahr

der Trainings- und Evaluationsdaten innerhalb der betrachteten Artikel. Verglichen mit der Gesamtzahl der Artikel nahm der Anteil der *Produktivdaten*-basierten Artikel im Betrachtungszeitraum stark zu (von 25 % 2013 auf 45 % 2018), während der *Simulationsdaten* (von 17 % auf 12 %) und *Experimentaldaten* (von 58 % auf 43 %) abnahm. Dies erscheint plausibel, da angewandte Forschung auf Basis neuer Technologien vielfach mit *Simulations*- und *Experimentaldaten* startet um Potenziale und Risiken abzuwägen und sich erst im weiteren Verlauf Produktivumgebungen und den dort erhobenen Daten zuwendet.

Abb. 6 zeigt, dass die Potenziale der Methoden künstlicher Intelligenz für die Industrie bereits in jedem Kontinent entdeckt wurden und erforscht werden. Dabei ist deutlich zu erkennen, dass China und die USA am meisten Veröffentlichungen in diesem Bereich aufweisen. Werden nur die Länder der korrespondierenden Autoren betrachtet liegen Deutschland und Indien nur eine Veröffentlichung hinter China und den USA. Damit spiegelt sich in diesem Beispiel genau der Wissenschaftswettbewerb im Bereich der Automatisierung und der Informatik der vier in diesen Bereichen führenden Länder wider.

4.2 Künstliche Intelligenz in der Produktion

Abb. 7 zeigt die Entwicklung der Anzahl von Artikeln mit Bezug zur Anwendung von Methoden der künstlichen Intelligenz in der *Produktion* nach KI-Methoden-Gruppe und Publikationsjahr. Es zeigt sich, dass für die meisten KI-Methoden-Gruppen weder die Fallzahl signifikant ist noch ein eindeutiger Trend zu erkennen wäre. Lediglich *KNN* und *Metah.* weisen ein moderates (*Metah.*: +233 % von 2013 nach 2018) bis starkes (*KNN*: +360 % von 2013 nach 2018) Wachstum bei einer insgesamt aussagekräftigen Fallzahl auf. Vergleicht man Abb. 7 mit Abb. 3, die denselben Sachverhalt über alle Industriezweige hinweg abbildete, so fällt auf, dass der Anteil von *Metah.* größer (24 % insgesamt gegenüber 30 % in Produktion) und das Wachstum von *Klass.* (2018 +245 % verglichen mit dem Mittelwert insgesamt

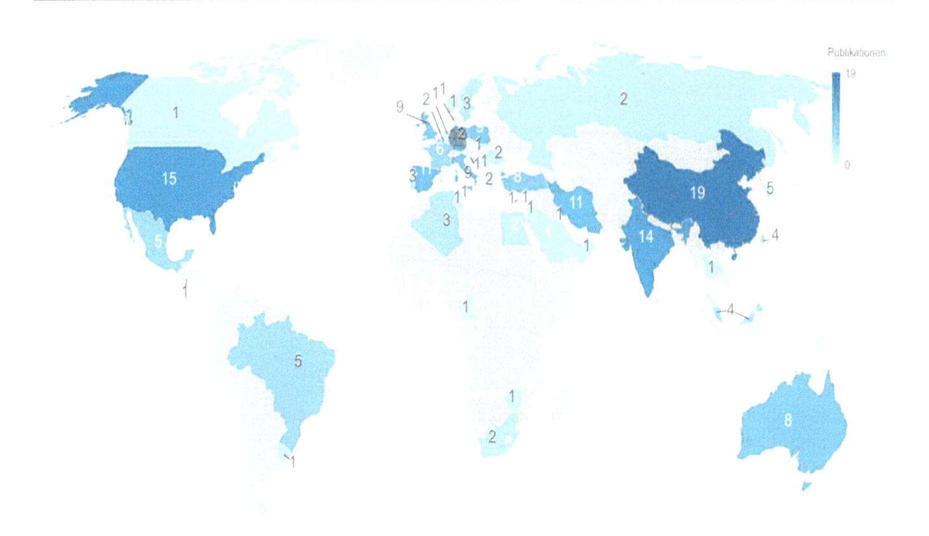

Abb. 6 Anzahl von Artikeln mit Bezug zur Anwendung von Methoden der künstlichen Intelligenz nach Herkunftsland

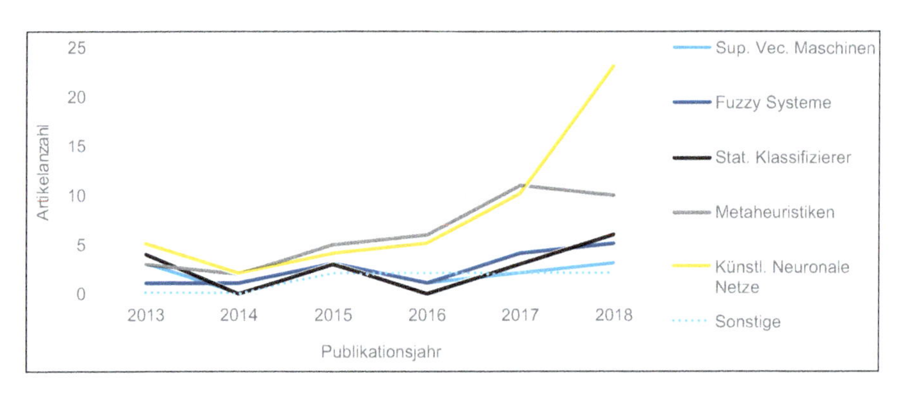

Abb. 7 Entwicklung der Anzahl von Artikeln mit Bezug zur Anwendung von Methoden der künstlichen Intelligenz in der Produktion nach KI-Methoden-Gruppe und Publikationsjahr

gegenüber +125 % verglichen mit dem Mittelwert in Produktion) sowie das von *KNN* insgesamt flacher (2018 +220 % verglichen mit dem Mittelwert insgesamt gegenüber +182 % verglichen mit dem Mittelwert in Produktion) ist.

Trotzdem nahm der Anteil von *KNN* verglichen mit der Gesamtzahl relevanter Artikel im Betrachtungszeitraum stark zu (von 31 % 2013 auf 47 % 2018, durchschnittlich 34 %, siehe Abb. 8). Die Anteile der anderen KI-Methoden-Gruppen lässt leider keine eindeutigen Trends erkennen. Auch in der Produktion ist somit der Trend hin zur Nutzung von *KNN* (siehe Erläuterungen zu Abb. 4) zu erkennen.

Abb. 9 zeigt die Entwicklung der Anzahl von Artikeln mit Bezug zur Anwendung von Methoden der künstlichen Intelligenz in der *Produktion* nach genutztem Daten-

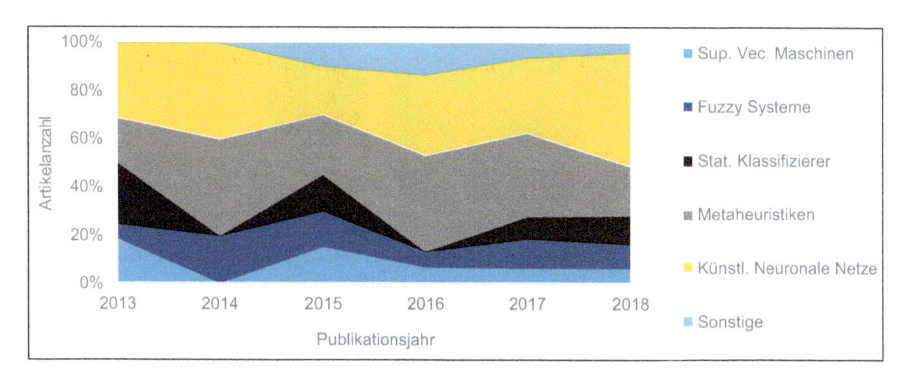

Abb. 8 Entwicklung des Anteils von Artikeln mit Bezug zur Anwendung von Methoden der künstlichen Intelligenz in der Produktion nach KI-Methoden-Gruppe und Publikationsjahr

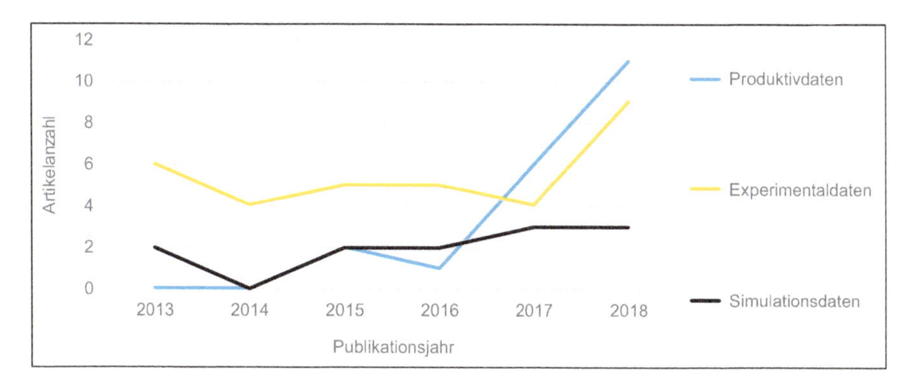

Abb. 9 Entwicklung der Anzahl von Artikeln mit Bezug zur Anwendung von Methoden der künstlichen Intelligenz in der Produktion nach genutztem Datentyp und Publikationsjahr

typ und Publikationsjahr. Es ist zu erkennen, dass die Nutzung von *Simulationsdaten* auf geringem Niveau ein leichtes Wachstum erfährt. *Experimentaldaten* weisen ein stagnierendes bis leicht abfallendes Level über die ersten vier Jahre des Betrachtungszeitraums und einen moderaten Anstieg im letzten Jahr auf (+125 % von 2017 nach 2018, +64 % gegenüber Mittelwert). Der Anteil von *Produktivdaten* hingegen stieg von 0 % in den Jahren 2013 und 2014 auf 48 % 2018. Ein Vergleich der Veränderungen der relativen Anteile, so auch der Abnahme des Anteils von *Simulations-* (von 25 % auf 13 %) und *Experimentaldaten* (von 75 % auf 39 %), in der *Produktion* mit denen insgesamt ergibt ein ähnliches Bild. Auffallend ist jedoch der späte Start der Nutzung von *Produktivdaten* in der *Produktion* (2015), der in anderen Industriezweigen schon vor 2013 erfolgt sein muss. Dies ist insbesondere bemerkenswert, da die auf anderen Daten basierende, anwendungsnahe Forschung in der *Produktion* der in anderen Industriezweigen zeitlich voraus war (siehe oben).

Abb. 10 zeigt die Verteilung der Anzahl von Artikeln mit Bezug zur Anwendung von Methoden der künstlichen Intelligenz in der *Produktion* nach Anwendungsfall.

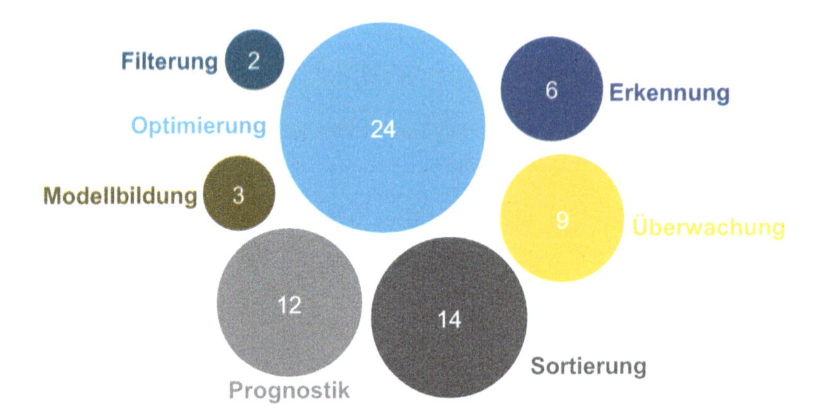

Abb. 10 Verteilung der Anzahl von Artikeln mit Bezug zur Anwendung von Methoden der künstlichen Intelligenz in der Produktion nach Anwendungsfall

Es zeigt sich, dass in dem Anwendungsfall *Optimierung* die Publikationszahl am größten ist. Insbesondere zeigt sich hier eine stärkere Konzentration im Bereich der Parameteroptimierung mit 15 Veröffentlichungen zu 9 Veröffentlichungen bei der Prozessoptimierung. Vogel-Heuser (2011) schreibt, dass hoher Wettbewerbsdruck und steigende gesetzliche Vorgaben Unternehmen verstärkt dazu zwingen ihre Prozesse und Produkte zu optimieren, weshalb die starke Publikationstätigkeit hier nachvollziehbar ist. Zunächst erscheint es überraschend, dass die *Sortierung* an zweiter Stelle liegt. Jedoch ist hier auch die Fehlerdiagnose mit einbezogen, die anhand von Vergleichen zwischen historischen Fehlerfällen und aktuellem Systemverhalten eine Zuordnung versucht. Da Fehler einen hohen Kostentreiber bei der Produktion darstellen, ist den betreffenden Unternehmen viel daran gelegen diese Kosten mittels automatischer Fehlerdiagnose zu reduzieren. Auch die Zitationszahl, welche für die gesammelten Veröffentlichungen im Bereich der Fehlerdiagnose am höchsten von allen Veröffentlichungen im Industriezweig Produktion ist, spiegelt dies wider. In eine ähnliche Richtung gehen die Veröffentlichungen mit dem Anwendungsfall *Prognostik*. Diese werden durch den gleichen Kostenfaktor wie die Fehlerdiagnose getrieben und befinden sich auf dem dritten Rang der am stärksten publizierten Anwendungsfälle. Mit unter 10 Veröffentlichungen sind die Anwendungsfälle Überwachung, Erkennung, Modellbildung und Filterung bisher scheinbar weniger relevant.

5 Fazit

In dieser Veröffentlichung wurden 145 wissenschaftliche Artikel analysiert, die mittels einer an die Systematic Literature Review angelehnten Methode aus einer 923 einschlägige Publikationen von der Plattform ScienceDirect umfassenden Eingangsdatenmenge herausgefiltert wurden.

Es konnte anhand der Ergebnisse gezeigt werden, dass es in den Jahren 2013 bis 2018 einen stetigen Zuwachs der Publikationen über die Nutzung von Methoden künstlicher Intelligenz in allen betrachteten Industriezweigen gab. Hauptsächlich trug dabei ein Anstieg des Gebrauchs von neuronalen Netzen angewandt auf Produktivdaten in den jüngeren Jahren zu dem Zuwachs bei. Ein genauerer Blick auf die Publikationen im Industriezweig Produktion ergibt ein ähnliches Bild: Auch hier stieg die Anzahl an Veröffentlichung über das datengetriebene maschinelle Lernen stetig und im Besonderen aufgrund der Nutzung von künstlichen neuronalen Netzen. Auch hier zeigt sich ein Wechsel über die Zeit von Simulationsdaten hin zu Produktivdaten. Dies lässt auf eine zunehmende Reife der eingesetzten KI-Methoden und daraus folgend auf eine Zunahme des tatsächlichen Einsatzes derartiger Methoden in der industriellen Praxis schließen.

Innerhalb der einzelnen KI-Methoden-Gruppen herrscht eine große Vielfalt und Dynamik. Spezifische Methoden werden vielfach nur einmal angewandt, sodass sich insbesondere in der Gruppe der künstlichen neuronalen Netze kein Trend hin zu einer spezifischen Methode ablesen lässt. Ganz im Gegenteil scheint der Trend zu spezifisch auf den jeweiligen Anwendungsfall angepassten Methoden bzw. Algorithmen ungebrochen. Einzig die Komplexität, also die zunehmende sequenzielle Kombination verschiedener Algorithmen zur Erfüllung einer gemeinsamen Aufgabe, scheint zu steigen. Dies deckt sich mit der Entwicklung in der anwendungsferneren (Grundlagen-)Forschung.

Die Anwendungsfälle in der Produktion zeigen, dass die größte Anzahl an Publikationen die Parameter- und die Prozessoptimierung in diesem Industriezweig betreffen. Neben der Optimierung sind die Prognostik und die Sortierung mit der Fehlerdiagnose der Publikationsanzahl nach ein bedeutendes Forschungsfeld. Trotz der Konzentration entsprechender Publikationen auf diese Anwendungsfallkategorien werden Methoden künstlicher Intelligenz jedoch zunehmend über die gesamte Breite industrieller Anwendungsfälle eingesetzt.

Eine klare Zuordnung einzelner Methoden zu spezifischen Anwendungsfällen ergibt sich nicht. Vielmehr legt die große Vielfalt der erfolgreich angewandten Ansätze den Schluss nahe, dass eine solche auch prinzipiell nicht möglich ist. Bestimmend für die Auswahl konkreter KI-Methoden sind vielmehr Projekteigenschaften (Datenverfügbarkeit, Datenstrukturen etc.), Umweltbedingungen (Systemtopologien, verfügbare Hard- und Softwareumgebungen etc.) und grundlegende Charakteristika der jeweiligen KI-Methoden (Trainingsaufwand, Speicherbedarf etc.). Dies bedeutet in der Praxis, dass bspw. nicht die optimale Angepasstheit eines KNN-Algorithmus an ein Optimierungsproblem ausschlaggebend für dessen Projekteignung ist, sondern Eigenschaften wie bspw. die Verfügbarkeit entsprechender Bibliotheken für das Zielsystem, die Kompatibilität mit eventuell vorhandenen Hardwarebeschleunigern oder der resultierende Kommunikationsaufwand zur Bereitstellung der benötigten Daten. Umgekehrt folgt daraus, dass bei einem gegebenen Projekt bereits vergleichsweise kleine Änderungen von Projekteigenschaften oder Umweltbedingungen zu ganz unterschiedlichen Auswahlentscheidungen bzgl. der zu verwendeten KI-Methode führen können – ohne die Lösungsqualität zu verschlechtern.

Hesenius et al. (2019) tragen diesem Umstand mit ihrem Ansatz eines an die Entwicklung von datengetriebenen Anwendungen angepassten Software-Entwicklungskonzepts Rechnung. Die Nutzung datengetriebener Methoden künstlicher Intelligenz erfordert eine Anpassung des aktuellen Entwicklungsprozesses, denn die Auswahl konkreter KI-Methoden erfordert ein iterativ explorierendes Verfahren und lässt sich nicht im Vorhinein aufgrund einiger weniger Annahmen bspw. bezüglich des allgemeinen Anwendungsfalls sinnvoll vornehmen.

6 Open Data

Im Sinne des Open Data Konzepts sowie zur Ermöglichung der Überprüfung ihrer Ergebnisse stellen die Autoren den hier vorgestellten, 145 Artikel umfassenden Datensatz dauerhaft unter CC BY-SA 4.0 auf https://www.ias.uni-stuttgart.de/dokumente/Dataset_Utilization_Industry2019.zip zur Verfügung.

Literatur

Alcala-Fdez J, Alonso JM (2016) A survey of fuzzy systems software: taxonomy, current research trends, and prospects. IEEE Trans Fuzzy Syst 24(1):40–56

Bundesverband Informationswirtschaft, Telekommunikation und neue Medien e. V (Bitkom e.V.) (2018) Digitalisierung gestalten mit dem Periodensystem der Künstlichen Intelligenz – Ein Navigationssystem für Entscheider. Bitkom e.V., Berlin

Diez-Olivan A, Del Ser J, Galar D, Sierra B (2019) Data fusion and machine learning for industrial prognosis: Trends and perspectives towards Industry 4.0. Inf Fusion 50:92–111

Flasiński M (2016) Introduction to artificial intelligence, 1. Aufl. Springer, Wiesbaden

Fukunaga K (2013) Introduction to statistical pattern recognition. Elsevier, Amsterdam

Glover FW, Kochenberger GA (Hrsg) (2006) Handbook of metaheuristics, 57. Aufl. Springer, Wiesbaden

Hesenius M, Schwenzfeier N, Meyer O, Koop W, Gruhn V (2019) Towards a software engineering process for developing data-driven applications. In: Proceedings of the 7th international workshop on realizing artificial intelligence synergies in software engineering. IEEE Press, Piscataway, New Jersey, S 35–41

Jeschke S, Brecher C, Meisen T, Özdemir D, Eschert T (2017) Industrial internet of things and cyber manufacturing systems. In: Jeschke S, Brecher C, Song H, Rawat DB (Hrsg) Industrial Internet of Things. Springer, Berlin/Heidelberg, S 9–13

Jordan MI, Mitchell TM (2015) Machine learning: Trends, perspectives, and prospects. Science 349(6245):255–260

Kagermann H, Wahlster W, Helbig J (2013) Umsetzungsempfehlungen für das Zukunftsprojekt Industrie 4.0. Abschlussbericht des Arbeitskreises Industrie 4.0

Kitchenham B (2004) Procedures for performing systematic reviews. Technical Report der Keele University, Keele

Mankins JC (2009) Technology readiness assessments: A retrospective. Acta Astronautica 65(9–10):1216–1223

Muhuri PK, Shukla AK, Abraham A (2019) Industry 4.0: A bibliometric analysis and detailed overview. Eng Appl Artif Intell 78:218–235

Niggemann O, Biswas G, Kinnebrew JS, Khorasgani H, Voglmann S, Bunte A (2017) Datenanalyse in der intelligenten Fabrik. In: Vogel-Heuser B, Bauernhansl T, ten Hompel M (Hrsg) Handbuch Industrie 4.0, Bd 2. Springer Vieweg, Berlin/Heidelberg, S 471–490

Runkler TA (2015) Data Mining-Methoden und Algorithmen intelligenter Datenanalyse, 2. Aufl. Vieweg+Teubner, Wiesbaden

Salcedo-Sanz S, Rojo-Álvarez JL, Martínez-Ramón M, Camps-Valls G (2014) Support vector machines in engineering: an overview. WIREs Data Mining Knowl Discov 4(3):234–267

Schmidhuber J (2015) Deep learning in neural networks: an overview. Neural Netw 61:85–117

Sharp M, Ak R, Hedberg T (2018) A survey of the advancing use and development of machine learning in smart manufacturing. J Manuf Sys 48:170–179

Vogel-Heuser B (2011) Erhöhte Verfügbarkeit und transparente Produktion. In: Tagungsband Automation Symposium. Kassel University Press, Kassel

Vogel-Heuser B (2017) Herausforderungen und Anforderungen aus Sicht der IT und der Automatisierungstechnik. In: Vogel-Heuser B, Bauernhansl T, ten Hompel M (Hrsg) Handbuch Industrie 4.0, Bd 4. Springer Vieweg, Berlin/Heidelberg, S 33–44

Wang J, Ma Y, Zhang L, Gao RX, Wu D (2018) Deep learning for smart manufacturing: Methods and applications. J Manuf Sys 48:144–156

Remote Operations

Fernüberwachung von Produktionsanlagen

Emanuel Trunzer, Mina Fahimi Pirehgalin, Birgit Vogel-Heuser und Matthias Odenweller

Zusammenfassung

Zunehmender Wettbewerbsdruck und der demografische Wandel erfordern die immer weitreichendere Digitalisierung von prozesstechnischen Anlagen. Vor allem die Fernsteuerung und -überwachung (Remote Operation) von Anlagen aus zentralen Leitwarten ist von großem Interesse. Durch verbesserte Sensorik und datengetriebene Verfahren lassen sich manuelle Tätigkeiten zunehmend automatisieren und erlauben eine Fernüberwachung, -diagnose oder sogar (zeitweise) -steuerung von Anlagen. So ist zum Beispiel die Überwachung auf äußere Leckagen ein typischer Anwendungsfall der Fernüberwachung und somit wichtiger Bestandteil der Remote Operation.

1 Anlagenbetrieb aus der Ferne

Die Prozessindustrie ist einer der wichtigsten und umsatzstärksten Industriezweige in Deutschland. Auch im internationalen Vergleich belegen die deutsche Chemie- und Pharmaindustrie einen der vorderen Plätze. Dies ist insbesondere von hoher Wichtigkeit, da sich Chemie- und Pharmakonzerne immer in einem internationalen Marktumfeld bewegen und kontinuierlich alle wesentlichen Eckpunkte der Produktion verbessern müssen, um auch zukünftig ihre Positionen behaupten zu können. In diesem Zusammenhang ist ein höheres Automatisierungslevel, auch abseits der herkömmlichen Prozessautomatisierung, ein wichtiger Aspekt. Gerade im Bereich

E. Trunzer (✉) · M. F. Pirehgalin · B. Vogel-Heuser
Lehrstuhl für Automatisierung und Informationssysteme, Technische Universität München, Garching bei München, Deutschland
E-Mail: emanuel.trunzer@tum.de; mina.fahimi@tum.de; vogel-heuser@tum.de

M. Odenweller
Evonik Technology & Infrastructure GmbH, Hanau-Wolfgang, Deutschland
E-Mail: matthias.odenweller@evonik.com

B. Vogel-Heuser et al. (Hrsg.), *Handbuch Industrie 4.0*,
https://doi.org/10.1007/978-3-662-58528-3_173

des Anlagenbetriebs aus der Ferne (Remote Operation) bieten sich vielversprechende Möglichkeiten. Neben Effizienzsteigerungen erlaubt Remote Operation auch einen reibungsloseren Betrieb durch eine kontinuierlichere Überwachung von Anlagen im Vergleich zu manuellen Anlagenrundgängen. (Otten 2016). Auch als Antwort auf den demografischen Wandel und den zunehmenden Mangel an erfahrenen Fachkräften kann Remote Operation dienen (Birk und Krauss 2015), indem die Überwachungstätigkeiten für mehrere Anlagen an einem Ort konzentriert werden und damit von weniger Personal durchgeführt werden kann. Im Folgenden wird der Begriff Remote Operation genauer definiert und technologische Voraussetzungen identifiziert und diskutiert. Nachfolgendend wird der Anwendungsfall der Leckageüberwachung mittels Wärmebildkameras und datengetriebener Analysen als Beispiel eines Bausteins einer Remoteüberwachung von Anlagen vorgestellt und diskutiert (Odenweller et al. 2018).

2 Systematisierung des Begriffs Remote Operation

Die NAMUR (Interessengemeinschaft Automatisierungstechnik der Prozessindustrie)[1] nimmt bei Remote Operation eine Vorreiterrolle ein und definiert in ihrer NAMUR Empfehlung NE 161 (Interessengemeinschaft Automatisierungstechnik der Prozessindustrie (NAMUR): Grundlagen für Remote Operations 2016) drei Anlagenkategorien, um den Umfang von Remote Operations einzuordnen. Diese sind in Abb. 1 grafisch dargestellt.

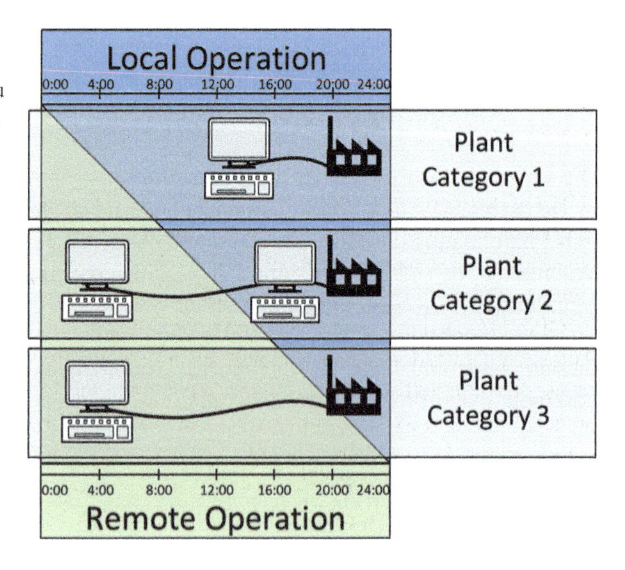

Abb. 1 Kategorien des Anlagenbetriebs von lokalem Betrieb (Kategorie 1) bis hin zu fast vollständigem autonomen Betrieb (Kategorie 3). (Interessengemeinschaft Automatisierungstechnik der Prozessindustrie (NAMUR): Grundlagen für Remote Operations 2016)

[1] https://www.namur.net/.

Während bei einer Anlage der Kategorie 1 ein Großteil des Betriebs lokal in der Anlage überwacht und gesteuert wird, umfasst Kategorie 2 einen steigenden Anteil am Betrieb aus der Ferne. Selbst bei Kategorie 1 können einzelne Systeme aus der Ferne angesteuert werden, jedoch ist für den Betrieb selbst weiterhin ständig Personal lokal in der Anlage erforderlich.

Eine Anlage der Kategorie 2 kann für einen begrenzten Zeitraum aus der Ferne und damit ohne lokales Personal betrieben werden. Es finden weiterhin lokale Tätigkeiten (bspw. Anlagenrundgänge oder Wartungen) in der Anlage statt, das hierfür notwendige Personal befindet sich jedoch nicht ganztägig vor Ort, sondern kann für verschiedene Anlagen der Kategorie 2 (oder 3) eingesetzt werden. Kategorie 2 umfasst den Fernbetrieb beispielweise während Nacht- oder Wochenendschichten.

Kategorie 3 beschreibt eine vollständig fernbetriebene Anlage, in der sich während Normalbetrieb kein Bedienpersonal mehr in der Anlage aufhält. Nur in speziellen Fällen (Fehlerfall, Anfahren der Anlage, Instandhaltung) wird Bedienpersonal hinzugezogen. Außerhalb dieser Zeiten wird die Anlage von einem entfernten Ort aus autonom betrieben.

Die Aspekte der Remote Operation werden in der NE 161 darüber hinaus in drei Ebenen gegliedert. Diese umfassen aufeinander aufbauend die Fernüberwachung, die Ferndiagnose und die Fernsteuerung.

Hierbei stellt die Fernüberwachung den ersten Schritt zu einem Betrieb aus der Ferne dar. Sie umfasst die Überwachung der Anlage, beispielweise in Form von Key Performance Indicators (KPIs) oder der Überwachung der technischen Einrichtungen auf Fehler. Im Falle von Auffälligkeiten kann das Bedienpersonal in der Ferne hierauf aufmerksam gemacht werden, eine Diagnose über die Ursache eines Fehlers oder anormalen Verhaltens kann jedoch nicht getroffen werden.

Dies ist erst mit der Ferndiagnose möglich, welche eine Analyse und Bewertung der im Rahmen der Fernüberwachung erfassten Kennwerte erlaubt. Sie erlaubt das Verständnis über Vorgänge in der Anlage und deren Zusammenhänge und die Ableitung manueller, vor Ort durchzuführender Maßnahmen, jedoch noch keinen automatischen Eingriff in den Prozess selbst.

Erst im Rahmen der Fernsteuerung sind solche Eingriffe möglich. So kann beispielsweise aus einer entfernten Leitwarte der Prozess direkt beeinflusst werden.

2.1 Technologische Voraussetzungen

Zur Ermöglichung von Remote Operation von Produktionsanlagen sind einige technologische Voraussetzungen zu erfüllen. Der Umfang der Anforderungen und Umsetzung hängt hierbei jeweils vom konkreten Anwendungsfall, den konkret verfügbaren Technologien, dem Ausgangszustand und dem geplanten Grad des Fernbetriebs ab. Im Folgenden sollen einige relevante Voraussetzungen vorgestellt und diskutiert werden. Weitere Ausführungen sind der NE 161 (Interessengemeinschaft Automatisierungstechnik der Prozessindustrie (NAMUR): Grundlagen für Remote Operations 2016) sowie Birk und Krauss (2015) zu entnehmen.

Zunächst ist hier die Instrumentierung der Anlage zu nennen. Derzeit sind prozesstechnische Anlagen oftmals für einen lokalen Betrieb entwickelt und instrumentiert. So ist an Pumpen oftmals ein analoges Manometer angebracht, welches bei Anlagenrundgängen oder bei Anfahrvorgängen vom Personal lokal untersucht wird. Beim Anfahren kann somit beispielsweise erkannt werden, ob die Pumpe gegen einen geschlossenen Schieber arbeitet. Soll die Pumpe aus der Ferne überwacht werden ist die Erfassung und Übertragung dieses Drucksignals notwendig. Nur so kann der aktuelle Anlagenzustand aus der entfernten Leitwarte bewertet werden. Um Remote Operation im Praxiseinsatz einzuführen müssen daher oftmals bestehende Anlagen nachinstrumentiert werden oder die zusätzlichen Anforderungen beim Neuengineering von Anlagen direkt berücksichtigt werden.

Doch nicht nur die Erfassung der Prozesswerte muss digitalisiert werden. Auch an die Produktionsanlage angegliederte Vorgänge müssen durchgehend digitalisiert werden. Als Beispiele sind hier die Wartung oder aber die Erfassung von Qualitätswerten durch Labormessungen genannt. Nur wenn Wartungspläne und -dokumente digital zur Verfügung stehen, können diese auch aus der Ferne bewertet werden. Vor allem in Hinblick auf die Produktqualität ist bei einer Fernsteuerung der Anlage die digitale Erfassung dieser Werte entscheidend. Dies erfordert oft die Installation erweiterter in-line, oder zumindest on-line, Prozessanalytik, um den Produktionsprozess entsprechend überwachen zu können.

Für Remote Operation müssen die vorhandenen Signale aus der Anlage zuverlässig an geografisch getrennte Leitwarten übertragen werden. Diese können sich teilweise auch in anderen Ländern oder sogar auf anderen Kontinenten befinden. Hierfür ist eine sichere und zuverlässige Übertragung der Daten erforderlich. Zu berücksichtigen sind hier zum Beispiel Anforderungen bezüglich der maximal akzeptablen Zeitverzögerung (Latenz) zwischen Aufzeichnung und Anzeige am entfernten Ort. Weiterhin sollte eine Redundanz in den Systemen und Übertragungskanälen gewährleistet werden. Für den Fall eines Verbindungsabbruchs aufgrund technischer Schwierigkeiten oder aber Hackerangriffen muss die Anlage automatisch in einen sicheren Zustand fahren oder vor Ort lokal weiter bedienbar sein. Für den Fall der Fernsteuerung von Anlagen muss auch der Rückkanal und die Gültigkeit des Steuersignals betrachtet werden (vgl. *Verification of Request* der Namur Open Architecture (de Caigny et al. 2019)).

Zur Überwachung der Anlage sind geeignete Lösungen notwendig, welche automatisch auf Anomalien im Anlagenbetrieb hinweisen (Folmer et al. 2017). Dies umfasst die Überwachung der technischen Einrichtungen auf Fehler (bspw. klemmende Ventile, defekte Pumpenlager, Fouling in Wärmetauschern), aber auch eine Überwachung des Prozesses selbst (Temperatur im Reaktor, Zusammensetzung der Produkte). Nur wenn hier geeignete Verfahren und Methoden zur Verfügung stehen, kann der Remote Betrieb sichergestellt werden. Die Überwachung kann in Form einfacher Grenzwerte, aber auch in Form komplexer Experten- oder datengetriebener Modelle erfolgen. Tritt eine Anomalie auf wird das Bedienpersonal entsprechend informiert (Remoteüberwachung) oder aber, falls möglich, eine entsprechende Gegenmaßnahme eingeleitet (Remotesteuerung). In beiden Fällen sind weitere Anforderungen zur berücksichtigen.

Soll das Bedienpersonal informiert werden muss ein entsprechendes Alarmmanagement eingeführt werden. Zum einen muss das Bedienpersonal dabei unterstützt werden, die ursprüngliche Ursache für einen Alarm schnell zu lokalisieren und einzugrenzen. Hierfür ist es notwendig, Alarmfluten zu vermeiden und zu filtern (vgl. Folmer et al. 2011). Andererseits muss bei den Alarmmeldungen berücksichtigt werden, dass sich das Bedienpersonal nicht vor Ort befindet und so direkt in der Anlage die Alarmursache prüfen kann. Hierfür sind beispielsweise Prozeduren zur Alarmierung von Bereitschaftspersonal vor Ort notwendig.

Soll die Fernsteuerung autonom Entscheidungen fällen ist eine gewisse Form von Künstlicher Intelligenz notwendig, um geeignete Gegenmaßnahmen und deren Implikationen in Echtzeit zu bewerten und durchzuführen (Fabritz und Weiß 2018; Trunzer et al. 2019). Oftmals soll jedoch kein automatischer Eingriff erfolgen, sondern dem Bedienpersonal geeignete Handlungsempfehlungen gegeben werden. Hierfür muss jedoch die Nachvollziehbarkeit der Ergebnisse sichergestellt werden, damit das Bedienpersonal dem Unterstützungssystem entsprechend vertraut und das System nicht abschaltet. Neben dem Eingriff in den Prozess selbst muss hier auch die vorausschauende Wartung (Predictive Maintenance) genannt werden, um vor Ort durchzuführende Wartungen zu planen und zu priorisieren.

Wird die Anlage zum Großteil aus der Ferne überwacht oder gesteuert verliert das Personal zwangsläufig Erfahrung und genaue Kenntnis über anlagenspezifische Gegebenheiten und eingebaute technische Einrichtung. Ansätze der erweiterten Realität (Augmented Reality) können das Personal jedoch bei Vorgängen direkt in der Anlage unterstützen. Durch AR-Brillen lassen sich so beispielsweise auszuwechselnde Bauteile hervorheben oder kontextsensitiv Informationen (Sensorwerte, Dokumentationen, etc.) einblenden. Andere Geräteklassen, wie Tablets, kommen hierfür je nach Anforderungen (bspw. freihändige Bedienung) ebenfalls in Frage. Weiterhin kann dem lokalen Personal aus der Ferne ein Experte zugeschaltet werden, der die lokalen Tätigkeiten aus der Ferne unterstützen kann.

3 Anwendungsfall Leckageüberwachung

Äußere Leckagen von technischen Einrichtungen in verfahrenstechnischen Anlagen sind einer der Hauptgründe für Anlagenrundgänge. So kann es beispielsweise durch Undichtigkeiten zu einem Tropfen des Prozessmediums aus den Rohren kommen. Diese Stoffe können sowohl für die Umwelt als auch für das Bedienpersonal schädlich sein, weshalb eine schnelle Reaktion in Form einer Wartung oder eines Anlagenstillstands erfolgen muss. Im Folgenden werden der Anwendungsfall genauer diskutiert und ein Vorgehen zur Automatisierung der Leckageerkennung vorgestellt. Weitere Informationen zu den verwendeten Algorithmen und Vorgehensweisen sind in den Beiträgen von Fahmi Pireghalin et al. (Odenweller et al. 2018; Fahimi Pirehgalin et al. 2019) zu finden.

3.1 Aktuell: Anlagenrundgänge zur Überwachung

Derzeit erfolgt die Überwachung der Anlage und der eingebauten technischen Einrichtungen zumeist durch manuelle Anlagenrundgänge des Bedienpersonals. Während dieser Inspektionsrundgänge achtet das Personal auf Auffälligkeiten (Anomalien), beispielsweise austretende Flüssigkeiten (Leckagen), anormale Pumpengeräusche (Lagerschaden) und Korrosion an Rohrleitungen oder Geräten. Die Rundgänge werden geplant durchgeführt und es liegen mitunter lange Zeitspannen zwischen zwei Rundgängen. Dies führt dazu, dass Anomalien mitunter spät erkannt werden. Weiterhin ist die Güte der Anomalieerkennung stark abhängig von der Erfahrung und Motivation des Prüfers. Für eine gute Erkennung bedarf es erfahrenem und gut geschultem Personal, welches den Normalzustand genau von Abweichungen unterscheiden kann. Die Anlagenrundgänge sind deshalb sehr zeit- und kostenintensiv. Weiterhin erlaubt die Notwendigkeit zur regelmäßigen Durchführung der Rundgänge keinen Fernbetrieb der Anlage, da ständig Personal vor Ort notwendig ist. Vor allem während Nacht- und Wochenendschichten, zu denen ein normaler Produktionsbetrieb ohne parallele Wartungsarbeiten angestrebt wird, stellt dies ein Hindernis dar.

3.2 Vision: Datengetriebenes Remote Monitoring

Durch steigende Rechenleistung und den Einzug von Künstlicher Intelligenz in die Produktion stehen inzwischen neue Möglichkeiten zur Überwachung von Anlagen zur Verfügung. Um ein Remote Monitoring zu ermöglichen, müssen die menschlichen Sinne (Sensorik) und Entscheidungsfindung (Intelligenz) des Personals nachgebildet werden.

Zur Automatisierung von Anlagenrundgängen müssen zunächst die abzudeckenden Überwachungsaufgaben spezifiziert werden. Anschließend kann geeignete Sensorik ausgewählt werden. Hier gilt es die menschlichen Sinne entsprechend des Anwendungsfalls nachzubilden. Nachfolgend sind für die jeweiligen Sinne einige relevante Beispiele gegeben:

- Sehen: Visuelle Kontrolle von Anlagen und technischen Einrichtungen, beispielsweise zur Erkennung von Korrosion oder Leckagen. Hier kommen unter anderem bildgebende Verfahren, wie zum Beispiel Kameras und Wärmebildkameras in Frage.
- Hören: Überwachung von Kreiselpumpen und Kompressoren, Erkennung von Kavitation in Pumpen und Ventilen. Neben Mikrofonen zur Aufzeichnung der auftretenden Geräusche und Frequenzen kommen hier auch akustische Kameras (Mikrofonarrays) in Frage, um Geräusche orten zu können.
- Riechen: Erkennung von Gerüchen in der Anlage beispielweise durch austretende Gase etc. Die hierfür anwendbare Gassensorik muss speziell für die zu detektierenden Stoffe ausgewählt werden. Weiterhin müssen hier Alterungsprozesse im Sensor berücksichtigt werden (Sensordrift).

- Fühlen: Fühlen von Temperatur zur Prüfung auf Undichtigkeiten unter der Isolierung, Funktion von Rohrbegleitheizungen oder Erkennung von Lagerschäden an Pumpen. Beispielsweise können Temperatur- oder Beschleunigungssensoren, aber auch Wärmebildkamers zum Einsatz kommen.
- Schmecken: Sollte aufgrund der Exposition des Personals vermieden werden. Im Prozess aber zum Beispiel die Erfassung das Vorhandensein und die Konzentrationen verschiedener Stoffe.

Neben der reinen Sensorik muss auch die Entscheidungsfindung nachgebildet werden. Dies kann durch Methoden der Künstlichen Intelligenz zur Auswertung der Sensordaten geschehen. Es existieren je nach Anwendungsfall und Datenlage verschiedene Methoden und Algorithmen, welche zum Einsatz gebracht werden können. Basierend auf den Ergebnissen muss das Personal in der entfernten Leitwarte dann auf Anomalien hingewiesen werden.

Ein großer Vorteil manueller Rundgänge im Vergleich zu fest installierter Sensorik ist die Mobilität des Personals. Um ganze Anlagenbereiche vollständig zu überwachen muss bei fest installierter Sensorik aufgrund der fehlenden Mobilität ein großer Aufwand für die Instrumentierung aufgebracht werden. Alternativ kann die Sensorik auf mobilen Plattformen (autonome Roboter oder Drohnen) montiert werden. Nicht zu unterschätzen ist darüber hinaus die Fähigkeit des Personals im Fehlerfall direkt vor Ort in der Anlage einzugreifen. Ist über das Remote Monitoring hinaus eine Fernsteuerung der Anlage erforderlich, muss neben der zusätzlichen Sensorik auch entsprechende Aktorik in den Prozess eingebracht werden, welche sich fernsteuern lässt.

Abb. 2 zeigt beispielhaft den Anwendungsfall des Remote Monitoring von äußeren Leckagen. Hierbei tritt beispielsweise an Flanschverbindungen das flüssige Prozessmedium aus und läuft als Flüssigkeit den Rohren entlang oder fällt in Form

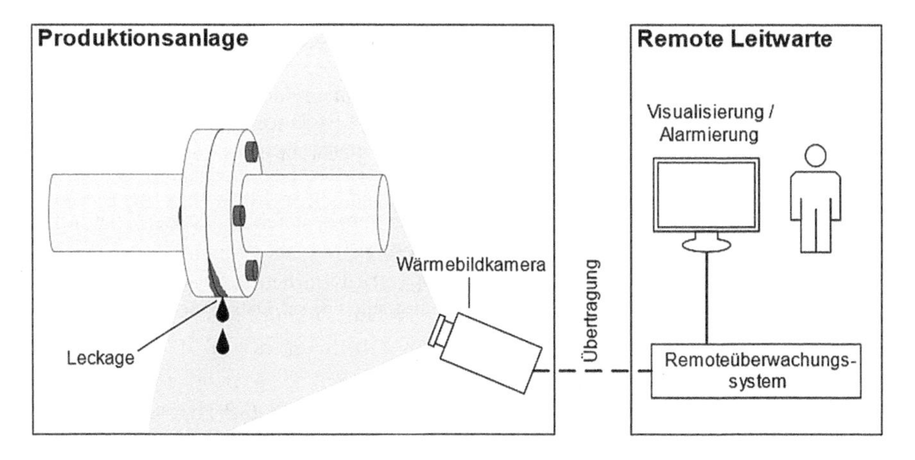

Abb. 2 Schematische Darstellung der Remoteüberwachung von Leckagen am Beispiel von Undichtigkeiten einer Flanschverbindung. Das Überwachungssystem kann sowohl in der entfernten Leitwarte als auch vor Ort in der Anlage oder an einem anderen Ort (z. B. Cloud) ausgeführt werden

von Tropfen zu Boden. Weist das Prozessmedium eine andere Temperatur als die Umgebung auf kommen Wärmebildkameras zur Überwachung in Frage. Durch den thermischen Kontrast zwischen Tropfen und Hintergrund kann die austretende Flüssigkeit detektiert werden. Die Wärmebildkamera filmt hierbei ganze Anlagenteile und überwacht diese zeitgleich. Vorteilhaft ist der große Abdeckungsbereich der Kamera und der geringe Installationsaufwand im Vergleich zu einer Nachrüstung von Leckagedetektionssensorik in den einzelnen zu überwachenden Leitungen. Das Kamerabild wird dann an ein Überwachungssystem übertragen. Dieses kann je nach zu übertragender Datenmenge und Anbindung zwischen Anlage und Leitwarte direkt in der Anlage, der Leitwarte oder einem anderen Ort (z. B. einer eigenen Cloudumgebung) die Daten auswerten und analysieren. Wird eine Anomalie erkannt kann das Personal in der entfernten Leitwarte durch einen Alarm aufmerksam gemacht werden und die Situation bewerten. Anschließend können gegebenenfalls Gegenmaßnahmen ergriffen werden.

Literatur

Birk J, Krauss M (2015) Remote Operations in der Prozessautomatisierung. Atp 57:60

Caigny, J de, Tauchnitz T, Becker, R, Diedrichn C, Schröder T, Großmann D, Banerjee S, Grauben M, Urbas L (2019) NOA – Von Demonstratoren zu Pilotanwendungen. Atp 61:44

Fabritz N, Weiß I (2018) Fehlerdiagnose an Ventilen. Herausforderungen, Ergebnisse und zukünftige Möglichkeiten. In: Vogel-Heuser B (Hrsg) Produktions- und Verfügbarkeitsoptimierung mit Smart Data Ansätzen. Automation Symposium 2018. Sierke Verlag, Göttingen, S 39–52

Fahimi Pirehgalin M, Trunzer E, Odenweller M, Vogel-Heuser B (2019) Leckagedetektion und lokalisierung in verfahrenstechnischen Produktionsanlagen unter Verwendung thermographischer Bildanalyse. In: VDI-Kongress Automation 2019. Baden-Baden, Deutschland, S 795–806

Folmer J, Pantförder D, Vogel-Heuser B (2011) An analytical alarm flood reduction to reduce operator's workload. In: Jacko JA (Hrsg) Human-computer interaction. Users and applications, 6764. Springer, Berlin/Heidelberg, S 297–306

Folmer J, Kirchen I, Trunzer E, Vogel-Heuser B, Pötter T, Graube M, Heinze S, Urbas L, Atzmüller M, Arnu D (2017) Big und Smart Data – Herausforderungen in der Prozessindustrie. Atp 59:58–69

NAMUR (2016) Interessengemeinschaft Automatisierungstechnik der Prozessindustrie: Grundlagen für Remote Operations. NAMUR-Geschäftsstelle, Leverkusen

Odenweller M, Pantförder D, Fahimi Pirehgalin M (2018) Remote Operations. Leckage-Erkennung mittels Analyse thermografischer Bilder. In: Vogel-Heuser B (Hrsg) Produktions- und Verfügbarkeitsoptimierung mit Smart Data Ansätzen. Automation Symposium 2018. Sierke Verlag, Göttingen, S 53–67

Otten W (2016) Industrie 4.0 und Digitalisierung. Atp 58:28

Trunzer E, Weiß I, Pötter T, Vermum C, Odenweller M, Unland S, Schütz D, Vogel-Heuser B (2019) Big Data trifft Produktion. Neun Pfeiler der industriellen Smart-Data-Analyse. Automatisierungstechn Prax (atp) 61(1–2):90–98

Datenqualität in CPPS

Iris Weiß und Birgit Vogel-Heuser

Zusammenfassung

Die Potenziale datengetriebener Methoden können nur ausgeschöpft werden, wenn die zugrunde liegenden Daten die geforderte Qualität aufweisen und damit die gelernten Modelle und Methoden valide sind. Um in zukünftigen Anwendungen von datengetriebenen Methoden in cyber-physischen Produktionssystemen die systematische Prüfung der Datenqualität zu fördern, werden in diesem Beitrag die Dimensionen von Datenqualität diskutiert. Zudem werden konkrete Beispiele für die Dimensionen erwartbarer Informationsgehalt und Glaubwürdigkeit gegeben.

1 Einleitung

Enorme Mengen von Daten stehen in cyber-physischen Produktionssystemen (CPPS) zur Verfügung, welche die Ausschöpfung von neuen Potenzialen in der Anwendung datengetriebener Methoden ermöglicht. Die vorausschauende Wartung oder die datengetriebene Qualitätsüberwachung sind nur zwei Beispiele, wie aus Produktionsdaten eine Steigerung der Verfügbarkeit bzw. Qualität und damit eine Steigerung der Gesamtanlageneffektivität (OEE) erreicht werden kann. Die Ergebnisse und Implikationen von datengetriebenen Methoden können jedoch nur korrekt sein, wenn die zugrunde liegenden Daten die geforderte Qualität aufweisen und damit die gelernten Modelle und Methoden valide sind. Soll zum Beispiel eine Abweichung in der Produktqualität im Promillebereich detektiert werden, müssen die zur Verfügung stehenden Daten eine Präzision aufweisen, die Veränderungen in dieser Genauigkeit erkennbar machen. Dies stellt nur ein einzelnes Beispiel aus einer

I. Weiß · B. Vogel-Heuser (✉)
Lehrstuhl für Automatisierung und Informationssysteme, Technische Universität München, Garching, Deutschland
E-Mail: iris.weiss@tum.de; vogel-heuser@tum.de

B. Vogel-Heuser et al. (Hrsg.), *Handbuch Industrie 4.0*,
https://doi.org/10.1007/978-3-662-58528-3_174

Vielzahl von Aspekten der Datenqualität dar. Um in zukünftigen Anwendungen von datengetriebenen Methoden in CPPS die systematische Prüfung der Datenqualität zu fördern, werden in diesem Beitrag die Dimensionen von Datenqualität in der Anwendung auf Daten aus Produktionsanalgen diskutiert.

Unter Daten werden Zeichen und Zeichenketten verstanden, die durch die allgemeingültige Syntax eine Struktur und einen Hintergrund erhalten. Es kann sich dabei sowohl um Buchstaben und Wörter, als auch um Zahlen oder Symbole handeln. Die Zeichenkette „70 °C“ ist im deutschen Sprachgebrauch im Allgemeinen als eine Angabe einer Temperatur von 70 Grad Celsius zu erkennen. Fügt man diesen Daten eine Bedeutung bzw. eine Vernetzung zu, wird sie zur Information bzw. zu Wissen. Im Falle der Temperatur kann bereits ein Referenzwert den Daten eine Bedeutung zuordnen. Durch den Referenzwert ist zu erkennen, ob eine Temperatur von 70 Grad Celsius zu hoch oder zu niedrig ist. Häufig ist die Bedeutung jedoch nicht so offensichtlich. Datengetriebene Ansätze, ob Data Mining, Machine Learning oder Künstliche Intelligenz, versuchen deshalb, aus Daten und dem Zusammenhang von Daten Erkenntnisse und Bedeutungen zu gewinnen, welche durch die Fülle oder Komplexität der Daten nicht offenkundig sind. Über die weitere Vernetzung, zum Beispiel die Auswirkungen einer zu hohen Temperatur, kann Wissen über die notwendigen Schritte abgeleitet werden. Um dieses Wissen sinnvoll einsetzen zu können, bedarf es darüber hinaus auch einen Anwendungsbezug und den Willen eine Maßnahme zu ergreifen. Setzt man diese Maßnahme richtig ein und weist eine hohe Kompetenz, welche von niemand anderem in dieser Weise geleistet werden kann, dabei aus, kann ein Wettbewerbsvorteil generiert werden. Eine grafische Übersicht über die Stufen zwischen Zeichen bzw. Zeichenketten hin zur Wettbewerbsfähigkeit ist in Abb. 1 gegeben.

Die Bestimmung der Qualität spielt bei der Verarbeitung von Daten eine große Rolle. Ohne eine ausreichende Datenqualität kann die Bedeutung der Daten nicht erkannt werden oder, schlimmer noch, wird den Daten eine falsche Bedeutung zugeordnet. Qualität wird im Allgemeinen angesehen als „Grad, in dem ein Satz inhärenter Merkmale eines Objekts Anforderungen erfüllt“ (DIN EN ISO 9000 2015). Um die Qualität von Daten bestimmen zu können, müssen daher die Anforderungen an diese klar definiert sein. Zudem muss das Objekt, also die Daten selbst, klar bestimmt werden. In Abschn. 2 werden daher die Typen von Daten in CPPS genauer beschrieben. Zudem wird der Data Management Life Cycle erläutert, um ein Verständnis für die Verarbeitung von Daten zu schaffen. Die Dimensionen von Datenqualität, welche die Anforderungen an die Daten stellen, werden in Abschn. 3 diskutiert. Die letztliche Messung durch Metriken wird in Abschn. 4 erläutert und in Abschn. 5 werden Maßnahmen zur Verbesserung der Datenqualität aufgezeigt.

2 Daten in CPPS

In CPPS fallen eine Vielzahl an Daten an (vgl. Tab. 1). Sensor- und Aktordaten stellen eine von den im folgenden diskutierten Gruppen dar. Es handelt sich in der Regel um Ziffern bzw. Ziffernfolgen, die mit einer gewissen Abtastrate übermittelt

Abb. 1 Wissenstreppe. (North 2011)

Tab. 1 Daten in CPPS

Numerisch	Metrisch		z. B. Temperatursensor
	Diskret		z. B. Anzahl Werkstücke im Zwischenlager
Kategorial	Ordinal		z. B. Güteklassen von Produktqualität
	Nominal	Binär	z. B. Zylinder (ausgefahren, eingefahren), Alarme
		Nicht binär	z. B. Zylinder 3-stufig
Text			Wartungsmeldungen

werden. Bei einem Temperatursensor zum Beispiel liegen numerische Daten vor. Wird die Temperatur mit maximaler Messauflösung gemessen, werden metrischen Daten generiert. Diskrete Daten dagegen, umfassen nur eine abgrenzbare Menge spezifischer numerischer Werte. Bei den Daten eines Aktors, z. B. eines Zylinders, handelt es sich häufig um kategorial, binäre Werte (ausgefahren vs. eingefahren). Da sowohl bei Sensor- als auch bei Aktordaten eine zeitliche Abhängigkeit besteht und die Daten eine Abfolge beschreiben, spricht man von Zeitreihen. Eine weitere Gruppe stellen die Alarmdaten da. Alarme werden meist in Logdateien gespeichert und über eine ID, einen Startzeitpunkt und einen Endzeitpunkt beschrieben. Jeder Alarm ist demnach ein diskretes Event. Werden Alarmdaten in Zeitreihen mit 0 für inaktiv und 1 für aktiv beschrieben, gehören sie zu den kategorialen, binären Daten. Häufig werden den Alarmen noch Informationen wie Status, textuelle Beschreibung oder ähnliches hinzugefügt. Wartungsberichte gehören zur dritten Gruppe von Daten. Sie beinhalten textuelle Beschreibungen von ergriffenen Maßnahmen zur Wartung von Maschinen und Anlagen.

Unabhängig vom Datentyp oder der Datenstruktur durchlaufen alle Daten den gleichen Datenlebenszyklus (vgl. Abb. 2). Vom Design, über die Sammlung, Verarbeitung, Speicherung bis zur Löschung von Daten können viele Probleme, die die Datenqualität beeinflussen, auftreten. Ist zum Beispiel beim Design vorgesehen, Daten in einer bestimmten Auflösung aufzuzeichnen, können begrenzt Anwendungen, welche eine höhere Auflösung erfordern, realisiert werden. Auch bei der Über-

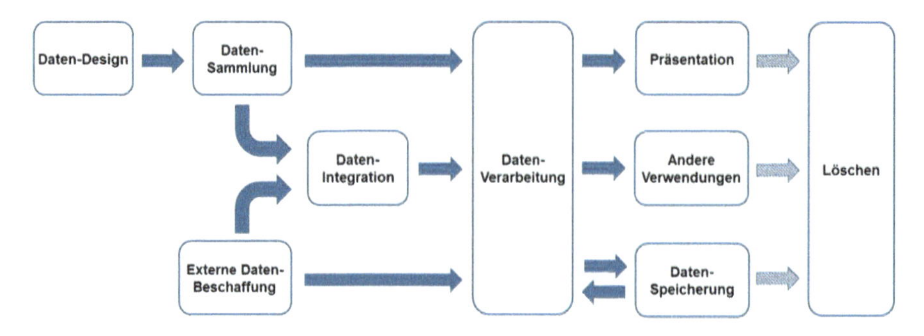

Abb. 2 Datenlebenszyklus. (ISO/IEC 25024 2015)

tragung von Daten können Defekte in Daten eingebracht werden. Gehen einzelne Daten verloren, ist die Vollständigkeit von Daten geschmälert.

3 Dimensionen von Datenqualität

Die Datenqualität wird in 19 verschiedene Dimensionen unterteilt (VDI/VDE 3714 Blatt 2 2019). Diese Dimensionen können in die Kategorien systemunterstützte (SU), inhärente (I), darstellungsbezogene (DB) und zweckabhängige (ZA) untergliedert werden (Wang und Strong 1996). Tab. 2 listet alle Dimensionen mit einem kurzen Erläuterungstext auf.

Viele Dimensionen von Datenqualität stehen in enger Verbindung zueinander. In manchen Fällen bedingen sie sich gleichläufig, in anderen jedoch auch gegenläufig. Sind bestimmte Daten zum Beispiel nicht zugänglich, liegen dem Nutzer also nicht vor, ist die Vollständigkeit der Daten dementsprechend eingeschränkt. Gegenläufig sind häufig die Dimensionen Aktualität und Fehlerfreiheit. Daten, die hoch aktuell benötigt werden, können keinen Validierungsprozess durchlaufen, der die Fehlerfreiheit sicherstellt.

4 Messung und Darstellung von Datenqualität

Die Messung von Datenqualität ist häufig anwendungsspezifisch. Ob zum Beispiel die Relevanz von Daten gegeben ist, hängt vom geplanten Verwendungszweck ab. Die Forschung befasst sich jedoch mit der Formulierung allgemeiner Regeln für die Verwendung von Metriken zu Beurteilung von Datenqualität bzw. mit der spezifischen Entwicklung von Metriken in gewissen Domänen. Das Bilden von Verhältnissen, Min-Max Operationen und gewichtete Mittelwerte ist ein Vorschlag zur Beschreibung von Datenqualität (Pipino et al. 2002). Die Dimension Fehlerfreiheit kann als Quotient aus der Anzahl fehlerhaften Einträgen und Gesamtzahl der Einträge subtrahiert von 1 beschrieben werden. Min-Max Operationen und gewichtete Mittelwerte sind vor allem bei Dimensionen interessant, welche in mehreren

Tab. 2 Datenqualitätsdimensionen. (VDI/VDE 3714 Blatt 2 2019)

SU	**Zugänglichkeit** (accessibility)	Daten sind zugänglich, wenn sie anhand einfacher Verfahren und auf direktem Weg für die Modellbildung und -validierung sowie für die spätere Verwendung des Modells in der erforderlichen Zeit abrufbar sind.
	Verfügbarkeit (availability)	Daten sind verfügbar, wenn sie ohne weitere Vorkehrungen für die Modellbildung und -validierung sowie für die Modellnutzung in der erforderlichen Zeit zur Verfügung stehen.
	Bearbeitbarkeit (ease of manipulation)	Daten sind leicht bearbeitbar, wenn sie leicht zu ändern und für unterschiedliche Zwecke zu verwenden sind.
I	**Fehlerfreiheit** (free of error)	Daten sind fehlerfrei, wenn sie mit der Realität übereinstimmen, oder diese bestmöglich annähern.
	Erwartbarer Informationsgehalt (information content)	Daten besitzen einen hohen zu erwartenden Informationsgehalt, wenn sie innerhalb des zu beobachtenden Bereichs die gesamte Bandbreite der real auftretenden möglichen Prozesswerte widerspiegeln.
	Synchronität (synchronicity)	Daten sind synchron, wenn sie sich auf eine gemeinsame Zeitbasis stützen und sich auf identische Zeitpunkte beziehen.
	Auflösung (resolution)	Daten sind in ihrer Digital-, Zeit- und Ortsauflösung an die durch das Modell geforderte jeweilige Auflösung angepasst.
	Objektivität (objectivity)	Daten sind objektiv, wenn sie streng sachlich und wertfrei sind.
	Glaubwürdigkeit (believability)	Daten sind glaubwürdig, wenn die Datenerfassung, -speicherung, -verarbeitung und -weiterleitung unter ständiger Qualitätsbeobachtung betrieben werden.
	Hohes Ansehen (reputation)	Daten sind hoch angesehen, wenn die Informationsquelle, das Transportmedium und das verarbeitende System im Ruf einer hohen Vertrauenswürdigkeit und Kompetenz stehen.
DB	**Verständlichkeit** (understandability)	Daten sind verständlich, wenn sie unmittelbar von den Anwendern verstanden und für deren Zwecke eingesetzt werden können.
	Übersichtlichkeit (concise representation)	Daten sind übersichtlich, wenn genau die benötigten Daten in einem passenden und leicht fassbaren Format dargestellt sind.
	Einheitliche Darstellung (consistent representation)	Daten sind einheitlich dargestellt, wenn die Daten fortlaufend auf dieselbe Art und Weise abgebildet werden.
	Eindeutige Auslegbarkeit (interpretability)	Daten sind eindeutig auslegbar, wenn sie in gleicher, fachlich korrekter Art und Weise begriffen werden.

(Fortsetzung)

Tab. 2 (Fortsetzung)

ZA	**Relevanz** (relevancy)	Daten sind relevant, wenn sie für den Anwender notwendige Informationen liefern.
	Angemessener Umfang (appropriate amount of data)	Daten sind von angemessenem Umfang, wenn die Menge der verfügbaren Information den gestellten Anforderungen genügt.
	Vollständigkeit (completeness)	Daten sind vollständig, wenn sie nicht fehlen und zu den festgelegten Zeitpunkten in den jeweiligen Prozess-Schritten zur Verfügung stehen.
	Aktualität (timeliness)	Daten sind aktuell, wenn sie die tatsächliche Eigenschaft des beschriebenen Objektes zeitnah abbilden.
	Wertschöpfung (value-added)	Daten sind wertschöpfend, wenn ihre Nutzung zu einer quantifizierbaren Steigerung einer monetären Zielfunktion führen kann.

Metriken gemessen werden können. Die Dimension Glaubwürdigkeit kann sich unter anderem auf die Datenquelle oder den Datentransfer beziehen. Ist die Glaubwürdigkeit einer der beiden gering, so ist die Glaubwürdigkeit insgesamt gering (Minimum aus beiden Metriken). Wichtig für die Formulierung von Metriken zur Datenqualität ist die präzise Definition der einzelnen Dimensionen und die Formulierung der anwendungsspezifischen Anforderungen (Pipino et al. 2002). Ist es möglich, die Anforderungen zu abstrahieren und auf mehrere Anwendungsfälle zu übertragen, können Metriken mit allgemeingültigem Charakter erarbeitet werden.

An das Entwickeln von effizienten Metriken müssen einige Anforderungen gestellt werden. Heinrich et al. (Heinrich et al. 2018) formulieren fünf Vorschriften:

- Vorliegen eines Minimal- und Maximalwertes: Um die Datenqualität nicht nur im Vergleich (ein Datensatz ist besser als der andere), sondern auch absolut bewerten zu können, muss ein Minimalwert, welcher die schlechteste mögliche Qualität beschreibt, und ein Maximalwert, welcher die bestmögliche Datenqualität beschreibt, gegeben sein.
- Metrik muss intervallskaliert sein: Differenzen und Intervalle müssen definiert sein und eine Bedeutung haben. Bei einer Metrik zwischen 0 und 1 ist ein Datensetz mit dem Wert 0,25 halb so gut, wie ein Datensatz mit dem Wert 0,5.
- Klarheit über die Parameter der Metrik: Müssen für eine Metrik Parameter bestimmt werden z.B. Intervallgrenzen oder Toleranzen, müssen diese eindeutig aus dem Prozess hervorgehen. Nur so kann sicher gestellt werden, dass die Metrik objektiv ist.
- Aggregationsregeln: Die Metrik muss auf eine einzelne Variable, als auch einen ganzen Datensatz, anwendbar sein. Hierzu müssen Aggregationsregeln vorliegen, welche eine konsistente Beschreibung auf allen Ebenen zulässt.
- Ökonomische Effizienz: Die Kosten für die Bestimmung von Datenqualität, darf den Nutzen nicht übersteigen.

Weitere Anforderungen können definiert werden:

- Visuelle Aufbereitung der Metrik: Eine visuelle Aufbereitung kann den Nutzer der Daten dabei unterstützen, das bestehende Problem, welches zu einer schlechten Datenqualität geführt hat, besser zu verstehen und entsprechende Gegenmaßnahmen zu ergreifen (Loshin 2011).

Bei der Beurteilung von Datenqualität bzw. bei der Entwicklung von Metriken müssen die genannten Anforderungen erfüllt sein, um objektive, nützliche und wiederverwendbare Kenngrößen entwickeln zu können. In den folgenden Abschnitten werden beispielhaft die Dimensionen erwartbarer Informationsgehalt und Glaubwürdigkeit näher erläutert.

4.1 Beurteilung des erwartbaren Informationsgehaltes

Der hohe Grad der Automatisierung in CPPS lässt sich auch in den Prozessdaten erkennen. Regelkreise und die Überlappung derer zeigen sich in den Zusammenhängen der einzelnen Signale der Sensordaten. Der erfahrene Bediener solcher Anlagen und Maschinen folgt in der Parametereinstellung darüber hinaus seinen Routinen und Erfahrungen. Dies führt dazu, dass in den Daten aus CPPS häufig nur eine sehr geringe Varianz vorkommt. Ganz spezifische Paramterkombinationen wiederholen sich stetig, weshalb der Datensatz nur einen schmalen Bereich der Anlagenvielfalt abdecken kann. Wird die Anlage nun von einem neuen, unerfahrenen Bediener in bisher durch die Daten nicht abgedeckten Bereichen gefahren, können mögliche datengetriebene Unterstützungssysteme nicht valide arbeiten. Denn die Extrapolationsstärke von datengetriebenen Methoden ist eingeschränkt.

Um die Stärken und auch Schwächen von datengetriebenen Modellen besser bewerten zu können, ist es daher unerlässlich, die Aussagekraft bzw. den Informationsgehalt eines Datensatzes, der zum Trainieren von Modellen herangezogen wird, zu untersuchen und zu bewerten. Dabei reicht es nicht, die Verteilung und Varianz einzelner Signale zu beurteilen. Der Datensatz als Ganzes und die vorliegenden Kombinationen von Signalwerten müssen untersucht werden. Da es sich in diesem Fall um eine hoch anwendungsspezifische Datenqualitätsdimension handelt, sind im ersten Schritt Visualisierungen, welche dem Nutzer der Daten eine Beurteilung erlaubt, zu entwickeln. Die Kombination aus einem Spinnendiagramm (alternativ auch Parallelkoordinaten) und der Hervorhebung von identifizierten Clustern in Daten unterstützt den Nutzer der Daten bei der Beurteilung der Varianz und Verteilung in mehrdimensionalen Datensätzen (Weiß und Vogel-Heuser 2018). In Abb. 3 ist ein Beispiel aus industriellen Daten gezeigt. Die Achsen beschreiben die unterschiedlichen Variablen, in diesem Fall acht Sensordaten. Die Verbindungslinien zwischen den Achsen markieren die Parameterkombinationen eines bestimmten Zeitpunktes. Für den Betrachter ist dadurch ersichtlich, welche Bereiche des Möglichkeitenraumes nicht abgedeckt sind (weiße Flecken im Diagramm) und in welchen Bereichen besonders viele unterschiedliche Parameterkombinationen in den

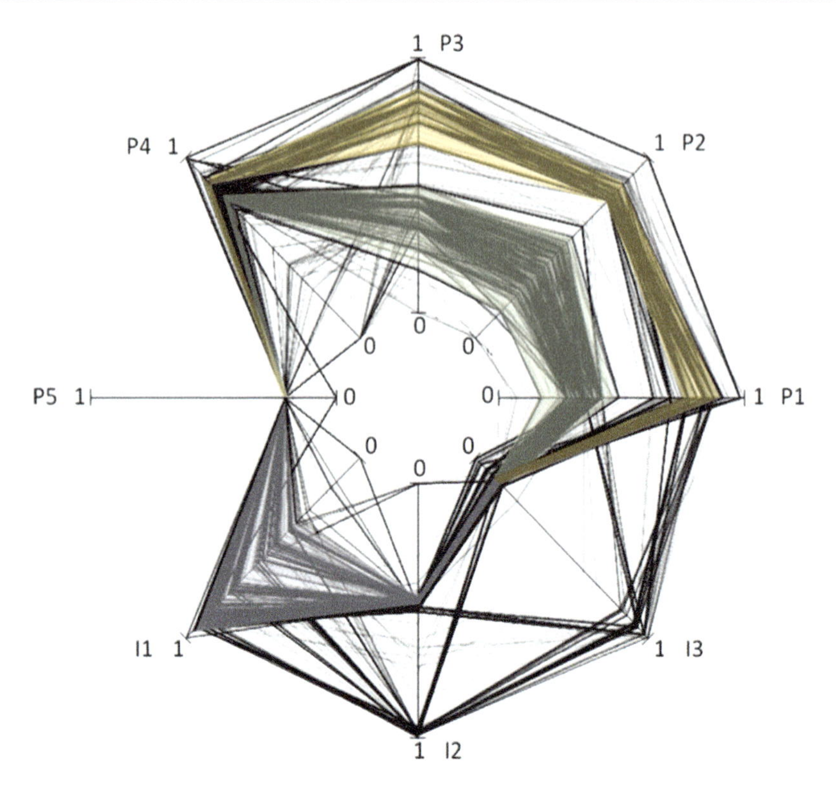

Abb. 3 Spinnendiagramm der Variablen P1-P5 und I1-I3 mit farblicher Hervorhebung häufig auftretender Cluster in einem industriellen Datensatz. (Weiß und Vogel-Heuser 2018)

Daten vorliegen (viele Überkreuzungen der Verbindungslinien). In Kombinationen mit dem Wissen über das Umfeld der Daten kann somit entschieden werden, ob der Informationsgehalt ausreichend ist oder nicht. Denn es ist durchaus möglich, dass gewisse Parameterkombinationen nur theoretisch möglich und sinnvoll sind und deshalb nicht in den Daten vorkommen.

4.2 Glaubwürdigkeit von Daten

Die Glaubwürdigkeit von Daten kann durch alle Phasen des Datenlebenszyklus beeinflusst werden. Bei Signaldaten von Sensoren hängt die Glaubwürdigkeit der Datenquelle vor allem von der korrekten Kalibrierung des Sensors ab. Sind dem Nutzer in der Vergangenheit Sensorfehler aufgefallen, sinkt die Glaubwürdigkeit. Daneben spielt auch die Datenübertragung und Abspeicherung eine wichtige Rolle. Werden Daten bei der Übertragung manipuliert oder falsch abgelegt, wird den Daten kein Vertrauen geschenkt. Ist vor der Nutzung der Daten eine standardmäßige Vorverarbeitung eingeschaltet, kann auch diese bei schlechter Umsetzung Zweifel an den Daten hervorrufen. Das Auffüllen von fehlenden Werten zum Beispiel (vgl.

Tab. 3 Streuung der Zugversuche pro Mitarbeiter

Person	A	B	C	D	E
Standardabweichung [%]	31	17	23	18	42
Anzahl Prüfungen	311	550	368	178	134

Abschn. 5) ist nur zielführend, wenn dem Verfahren hohe Validität für den gewünschten Einsatzzweck zugesprochen wird. Denn Daten und Ergebnisse aus datengetriebenen Methoden werden nur für Entscheidungen herangezogen, wenn sie als verlässlich und belastbar empfunden werden.

Die Glaubwürdigkeit von Daten hängt auch stark mit der Objektivität der Daten zusammen. Haben Daten durch den Einfluss des Menschen einen subjektiven Charakter erhalten, wird ihnen nicht mehr in Gänze vertraut. Auch in automatisierten Produktionssystemen kann der Einfluss des Menschen eine Verfälschung von Daten hervorrufen. Die Daten aus einem Zugversuch (Prüfung einer Schweißnaht) zeigen die Abhängigkeit des Ergebnisses vom Bediener der Maschine, welcher die Proben in der Maschine ausrichten und einspannen muss. Die Werte des Zugversuchs bei Person A schwanken mit 30,9 % um den Mittelwert, während die Werte bei Person B nur mit 16,5 % um den Mittelwert schwanken (vgl. Tab. 3). Da alle Personen jedoch die gleichen Teile der gleichen Grundgesamtheit prüfen, müssten die Verteilungen der Prüfergebnisse gleich sein. Ein Einfluss des Menschen auf die Daten ist daher zu vermuten. Die Glaubwürdigkeit sinkt. Bei Versuchen mit bewussten Manipulationen an der Ausrichtung des Prüfkörpers konnte ein Einfluss dieses Eingriffs des Menschen gezeigt werden (vgl. Abb. 4). Während ohne Fehlstellung die Werte um den Wert 0,65 schwanken, verursacht die Fehlstellung *A* ein deutliches Absinken des Mittelwerts. Fehlstellung *E* verursacht ebenfalls ein Absinken des Mittelwerts, aber gleichzeitig auch eine Erhöhung der Streuung. Insgesamt ist festzustellen, dass das Einbringen von Fehlern beim Einspannen des Prüfkörpers zu maßgeblichen Veränderungen in der gemessenen Zugkraft führt.

Die Beurteilung von Glaubwürdigkeit kann nur mit Betrachtung des gesamten Datenverarbeitungsprozesses durchgeführt werden. Der menschliche Einfluss, welcher zu Fehlern oder Verzerrungen in Daten führen kann, muss ermittelt und abgewogen werden. Zu Klassifizierung möglicher Fehler kann die H-FMEA Methoden herangezogen werden (Algedri und Frieling 2015). Diese definiert 15 Fehler, die eine strukturierte Aufnahme von Fehlerquellen ermöglicht.

5 Verbesserung der Datenqualität

Sind Defizite in der Datenqualität identifiziert, sollten Gegenmaßnahmen getroffen werden. Diese können sich zum einen auf die Anpassung des Datenerhebungs- und -speicherungsprozess beziehen und zum anderen auf die Verarbeitung der Daten. Zweiteres kann adhoc auf bereits bestehende Daten angewandt werden, wobei ersteres langwierige Prozesse und Veränderungen erfordern, die eine Verbesserung

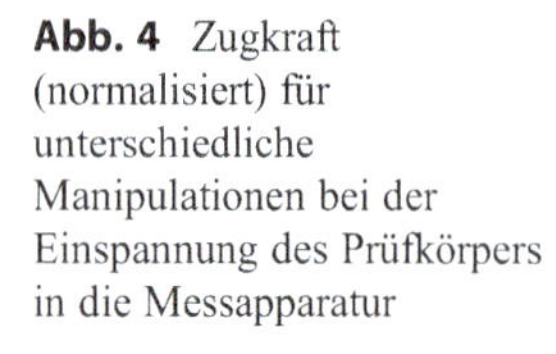
Abb. 4 Zugkraft (normalisiert) für unterschiedliche Manipulationen bei der Einspannung des Prüfkörpers in die Messapparatur

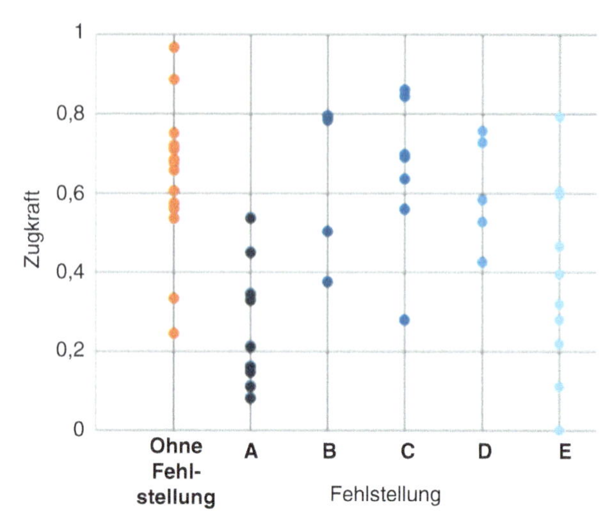

nur für zukünftige Daten erbringen. Im Folgenden werden einzelne Bespiele zu Verbesserung der Datenqualität gegeben.

Probleme bei der Datenintegration und Synchronisierung sowie bei der Zugänglichkeit sind meist durch die zugrunde liegenden IT-Systeme verursacht. Eine stringente und vernetze Systemarchitektur mit zentraler Datenmanagementplattform kann in diesen Fällen Abhilfe schaffen. Eine Systemarchitektur mit zentraler Datenmanagementplattform zur vertikalen Integration heterogener IT-Systeme im Produktionsumfeld ist von entscheidender Bedeutung (Trunzer et al. 2017). Das Datenmodell dieser Architektur muss sicherstellen, dass die Verständlichkeit, Übersichtlichkeit und einheitliche Darstellung von Daten gegeben sind. Bei der Verarbeitung von Daten können diese Defizite nicht ohne hohes Fehlerpotenzial ausgeglichen werden.

In der Vorverarbeitung von Daten können einige andere Defizite der Datenqualität beseitigt werden. Einzelne inkonsistente oder fehlerhafte Werte können zum Beispiel gelöscht werden. Der Datensatz mit den Datenlücken kann im Anschluss über Methoden zum Auffüllen fehlender Daten wieder komplettiert werden. Ein Ansatz zur Schätzung von fehlenden Werten basiert auf dem Expectation Conditional Maximization Algrithmus (Fahimi Pirehgalin und Vogel-Heuser 2018). Dieser modelliert den Zusammenhang mehrerer Variable und kann somit den fehlenden Wert einer einzelnen Variable abschätzen.

6 Zusammenfassung

Die Qualität von Daten spielt bei der Erarbeitung von datengetriebenen Modellen eine erhebliche Rolle. Aufgrund der hohen Abhängigkeit der Datenqualität vom spezifischen Anwendungsfall, ist die Bewertung und Verbesserung eine sehr individuelle Aufgabe. Nichtsdestotrotz können mögliche Defekte von Daten einer endlichen Anzahl von Dimensionen zugeordnet werden. Für Prozessdaten im speziellen können 15 Dimensionen von Datenqualität als relevant angesehen werden (vgl. Tab. 2). Die Untersuchung dieser Dimensionen und die Formulierung von Metriken zur Messung der Datenqualität sind Gegenstand von Forschungs- und Entwicklungsarbeiten.

Literatur

Algedri J, Frieling E (2015) Human-FMEA Menschliche Handlungsfehler erkennen und vermeiden 2. Aufl. Hanser Fachbuch, München

DIN EN ISO 9000 (2015) Qualitätsmanagementsysteme – Grundlagen und Begriffe

Fahimi Pirehgalin M, Vogel-Heuser B (2018) Estimation of missing values in incomplete industrial process data sets using ECM algorithm. In: 16th IEEE International Conference on Industrial Informatics (INDIN), IEEE, Porto Jul 2018, S 251–257

Heinrich B, Hristova D, Klier M, Schiller A, Szubartowicz M (2018) Requirements for data quality metrics. J Data Inf Q 9(2):1–32. https://doi.org/10.1145/3148238

ISO/IEC 25024 (2015) Systems and software engineering – Systems and software Quality Requirements and Evaluation (SQuaRE) – Measurement of data quality

Loshin D (2011) The practitioner's guide to data quality improvement. Morgan Kaufmann/Elsevier (The MK/OMG Press), Amsterdam

North K (2011) Wissensorientierte Unternehmensführung. Wertschöpfung durch Wissen, 5., akt. u. erw. Aufl. Gabler, Wiesbaden

Pipino LL, Lee YW, Wang RY (2002) Data quality assessment. Commun ACM 45(4):211. https://doi.org/10.1145/505248.506010

Trunzer E, Kirchen I, Folmer J, Koltun G, Vogel-Heuser B (2017) A flexible architecture for data mining from heterogeneous data sources in automated production systems. In: IEEE International Conference on Industrial Technology (ICIT), Toronto – 2017, Mar 2017, S 1106–1111

VDI/VDE 3714 Blatt 2 (2019) Implementierung und Betrieb von Big-Data-Anwendungen in der produzierenden Industrie – Datenqualität, Entwurf, Dez 2019

Wang R, Strong DM (1996) Beyond accuracy: What data quality means to data consumers. J Manag Inf Syst 12(4):5–33

Weiß I, Vogel-Heuser B (2018) Assessment of variance & distribution in data for effective use of statistical methods for product quality prediction. At – Automatisierungstechnik 66(4):344–355. https://doi.org/10.1515/auto-2017-0115

Big Smart Data – Intelligent Operations, Analysis und Process Alignment

Harald Schöning und Marc Dorchain

Zusammenfassung

Viele Aspekte von Industrie 4.0 werden erst durch das Internet der Dinge ermöglicht. Daten über Produktionsleistung und -qualität, Betriebszustand etc. können in Echtzeit überwacht, aber auch in die Planung und Steuerung der Produktion einbezogen werden. Die Szenarien zur Nutzung dieser Daten unterscheiden sich in ihrem Integrationsgrad. Jedenfalls sind Big-Data-Technologien notwendig, um den vollen Nutzen aus den Daten zu gewinnen. Ein solcher Nutzen besteht in der Kopplung der Datenanalyseergebnisse aus dem Internet der Dinge, speziell real-time Analytics, mit den Geschäftsprozessen.

1 Einführung in Big Smart Data

Globaler Wettbewerb und technischer Fortschritt haben in den vergangenen Jahren eine viel stärker individualisierte Anfertigung von Produkten jeglicher Art möglich gemacht. In einzelnen Beispielen ist aufgezeigt worden, dass die Produktion von kleinsten Mengen (Losgröße 1) ökonomisch sinnvoll machbar erscheint. Die meisten dieser Produktionsvorgänge basieren auf einer vereinfachten Produktionslandschaft mit niedriger Komplexität, ähnlich einer modernen Manufaktur (vgl. Hubschmid 2012). So können in einem einfachen Herstellungsprozess mit einfachen Zuliefererprozessen typische Individualanfertigungen von hoher Qualität und Exklusivität produziert werden. Oft werden diese dann über das Internet vertrieben.

Der Einzug der Losgröße 1, das Internet der Dinge und die damit einhergehende Vielzahl an Informationen betrifft nun ebenfalls klassische Industriebranchen, die sich in der Vergangenheit hochgradig auf die möglichst produktive Anfertigung von Serienprodukten. spezialisiert haben.

H. Schöning (✉) · M. Dorchain (✉)
Research, Software AG, Darmstadt, Deutschland
E-Mail: Harald.Schoening@softwareag.com; Marc.Dorchain@softwareag.com

B. Vogel-Heuser et al. (Hrsg.), *Handbuch Industrie 4.0*,
https://doi.org/10.1007/978-3-662-58528-3_70

Abb. 1 Schichtenmodell nach DIN ISO 62264

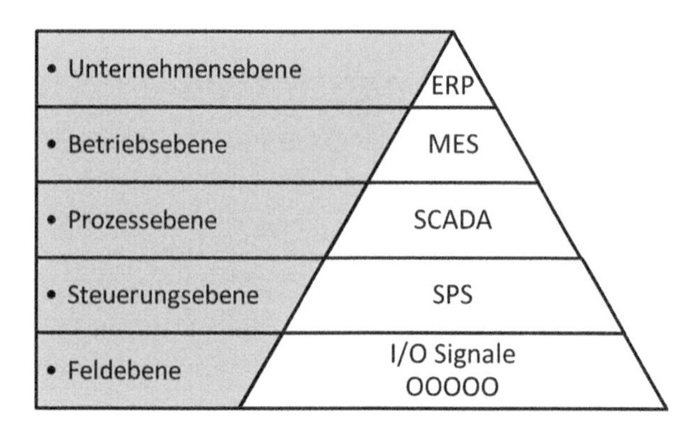

Das Schichtenmodell nach DIN ISO 62264 definiert die Einsatzgebiete von IT-Systemen im klassischen Produktionsumfeld (siehe Abb. 1).

Diese klassische Betrachtungsweise stellt die bislang hierarchisch gestaltete Automatisierungspyramide dar. Herkömmlicherweise gibt es relativ wenige Schnittstellen zwischen den einzelnen Ebenen. Die mit den Ebenen verbundene Betrachtungsweise und die damit verbundene Steuerung der Ebenen erfolgt daher heute in aller Regel noch isoliert. Das ändert sich mit Industrie 4.0.

2 Das Internet der Dinge in Industrie 4.0

Das Internet der Dinge steht für die Ausweitung des Internets in die reale Welt, zu den alltäglichen Objekten. Physische Gegenstände sind nicht länger von der virtuellen Welt getrennt, sondern können aus der Ferne überwacht und gesteuert werden und agieren als physische Zugriffspunkte auf Internetdienste. „Dinge", in denen physische Präsenz mit IT-Fähigkeiten verbunden sind, heißen Cyber-Physische Systeme. Hier werden also softwaretechnische Komponenten („embedded software") mit mechanischen und elektronischen Teilen verbunden, so dass das resultierende System über eine Dateninfrastruktur kommunizieren kann. Im Kontext von Industrie 4.0 sind Beispiele hierfür Produktionsmaschinen, die über Internet ihren Zustand kommunizieren, autonome Transportsysteme, die sich mit den Produktionsanlagen vernetzen usw. Die Dinge werden „smart". Im Internet der Dinge haben Objekte Netzwerkzugriff (ggf. auch über Drahtlostechnologien), können aus dem Internet adressiert werden (IPv6 bietet dazu die Voraussetzungen), sind eindeutig identifizierbar, können Informationen über ihre Umgebung sammeln oder diese Umgebung sogar manipulieren, haben ggf. selbst Rechenkapazitäten oder Benutzerschnittstellen. Besonders hohe Erwartungen werden hier an den kommenden Mobilfunkstandard 5G gestellt, sowie an bestimmte andere Technologien wie das Protokoll Long Range Wide Area Network (LoRaWAN) der sog. LoRa Alliance. Hier haben Dinge über ein LoRa Gateway Verbindung zum IP-basierten Internet.

Im Kontext von Industrie 4.0 kann man zwei Ausprägungen des Internets der Dinge unterscheiden.

- ***Die Produkte nehmen an Industrie 4.0 teil***
  Zum einen kann jedes (Vor-)Produkt Informationen tragen und mit seiner Umgebung austauschen, bis hin zu der Vision, dass die Produkte selbst „wissen", wie sie verarbeitet/produziert werden müssen und dadurch die Produktion steuern (vgl. Kagermann et al. 2013). Produkte können ferner ein „digitales Produktgedächtnis" tragen, das im Sinne einer vollständigen Nachweiskette jeden Schritt im Lebenszyklus des Produkts aufzeichnet und fälschungssicher abrufbar macht (vgl. Wahlster 2013). Immer mehr Produkte tragen ihre eigene URL und nehmen somit am Internet der Dinge teil. Diese Variante ist in Bezug auf Datenanalyse nur dann interessant, wenn das Produkt auch nach Verlassen der Produktion, also im Einsatz, aktive Daten erfasst und extern zugreifbar macht. Das ist besonders bei hochwertigen Produkten attraktiv, zum Beispiel Fahrstühle oder Kompressoren. Damit muss aber auch bei diesen Produkten IT-Sicherheit von Anfang an, das heißt schon bei deren Entwurf, mitberücksichtigt werden (Security by Design), anderenfalls können diese Produkte beispielsweise als Teil eines Bot-Netzes missbraucht werden. Das impliziert, dass sie nach dem Prinzip „Security by Default" konfiguriert werden, also z. B. keine Standard-Passwörter verwenden.
- ***Die Produktionsanlagen nehmen an Industrie 4.0 teil***
  Zum zweiten sind die Produktionsanlagen (d. h. die einzelnen Fertigungsmaschinen) schon heute ergiebige Datenquellen, allerdings im Stand der Technik ohne eine durchgängige Vernetzung im Sinne der Schichten von DIN ISO 62264. Wenn diese in das Internet der Dinge integriert werden, können Daten über Produktionsleistung, Produktionsqualität, Betriebszustand und viele andere mehr in Echtzeit überwacht, aber auch in die Planung und Steuerung der Produktion einbezogen werden. Die Szenarien zur Nutzung dieser Daten weisen einen unterschiedlichen Integrationsgrad auf, wie die folgenden Beispiele zeigen.

2.1 Nutzung der Maschinendaten zur Sicherstellung der störungsfreien Produktion durch vorhersagende Wartung (predictive maintenance)

Moderne Produktionsmaschinen erfassen heute schon eine Vielzahl von Daten über Last, Auslastung, Maschinenzustände, Umgebungsbedingungen usw. Entsprechende Sensorik kann auch bei älteren Maschinen oft kostengünstig nachgerüstet werden. Durch eine Erfassung und Auswertung dieser Daten über längere Zeiträume hinweg können detaillierte Prognosen über das Ausfallverhalten kritischer Komponenten erstellt werden. Dabei werden insbesondere schleichende Veränderungen im Verhalten gesucht, wie z. B. ein allmählicher Temperaturanstieg oder zunehmende Schwingungen. Somit kann eine Wartung eingeplant werden, bevor die entsprechende Störung auftritt, Ersatzteile können schon im Voraus beschafft werden, Produktionsausfälle können vermieden oder zumindest reduziert werden, Wartungsvorgänge können priorisiert werden. Im Gegensatz zur heute schon verbreiteten proaktiven Wartung, bei der Teile aufgrund historischer statistischer Daten nach einer gewissen Lebensdauer ausgetauscht werden, obwohl sie noch nicht ausgefallen sind, wird hier also die aktuelle Situation konkreter Teile im Einsatz als Basis für eine Entscheidung genutzt. Die Herausforderung besteht darin, zuverlässige Prognosen zu erstellen. Die Beobachtung einer einzelnen Maschine durch ihren Betreiber ist hierzu nicht ausreichend, da Abweichungen in den beobachteten Parametern ggf. auch von äußeren Faktoren wie z. B. der Außentemperatur verursacht sein können. Die Expertise des Maschinenherstellers und eine entsprechende Vergleichsbasis vieler Maschinen (auch mit verschiedenen Betreibern) sind erforderlich. Aus diesen kann das Normalverhalten von Maschinen gelernt werden und beispielsweise abgeleitet werden, welche Abweichungen tatsächlich einen Wartungsbedarf anzeigen. Viele Maschinenhersteller bieten entsprechende Dienste an, die die Betriebsdaten von den einzelnen Produktionsstätten zusammenführen. Oft werden Verfahren der Künstlichen Intelligenz, z. B. Machine Learning, oder statistische Methoden der Zeitreihenanalyse, eingesetzt, um die Prognosequalität zu verbessern.

Die Betriebsdaten einer Maschine sind allerdings aus Sicht des Betreibers schützenswert, da ggf. aus ihnen Produktionsmethoden und somit Geschäftsgeheimnisse abgeleitet werden können. Daher sind die Betreiber der Maschinen oft nicht bereit, die Daten nach außen zu geben. Hier liegt eine Herausforderung: Wie kann man die Daten im Sinne einer Ausfall-/Wartungsprognose auswertbar machen, ohne ihre Vertraulichkeit zu verletzen? Eine Lösung könnte in der Einschaltung einer vertrauenswürdigen Zwischeninstanz bestehen, eine andere in einer Bearbeitung der Daten analog der Anonymisierung bei personenbezogenen Daten, eine weitere in einer Vorverarbeitung der Daten an der Maschine (Edge Computing).

Praxisbeispiele

Im Projekt DISRUPT (www.disrupt-project.eu) werden CPS Systeme genutzt, um in der laufenden Fertigung von Bauteilen der Karosserie von Automobilen minimale Abweichungen in der Lackierung festzustellen. Diese Abweichungen sind ohne technische Unterstützung teilweise gar nicht oder nur sehr aufwändig durch menschliche Prüfung erkennbar und deuten oft auf eine notwendige Wartung der Lackieranlage hin. Dabei werden die Sensordaten mittels Complex Event Processing vorgefiltert, so dass die Datenmenge in einem ersten Schritt deutlich reduziert wird. In einem zweiten Schritt werden mittels Machine Learning trainierte Algorithmen zur Analyse von Bilddaten in Echtzeit eingesetzt. Voraussetzung dafür ist eine sehr große vorhandene Datenmenge in guter Qualität, die zum „Anlernen" nötig ist sowie eine sehr gute IT-Infrastruktur in der Fertigungsanlage. Als Ergebnis kann die Fertigung innerhalb der Produktionsstätte umgeleitet werden, bevor ein nicht brauchbares Teil gefertigt wurde.

Im Projekt SCIKE (Teilprojekt Singapur) (software-cluster.org/project) wurde die Nutzung von Sensoren in sog. Food Vending Machines erprobt. Dabei handelt es sich um im asiatischen Raum weit verbreitete Automaten, die verschiedene warme Gerichte zum Essen zur Verfügung stellen. Durch dort angebrachte Sensoren können verschiedene Faktoren wie Temperatur an verschiedenen Stellen (Kühlfunktion, Innenraum, Heizfunktion) oder Luftfeuchtigkeit mittels Complex Event Processing

(CEP) in Echtzeit analysiert werden, um kritische Zustände zu erkennen. Die Patterns, die bei CEP Anwendung finden, können mittels Zeitreihenanalysen der miteinander korrelierten Sensordaten einer Maschine definiert werden. Mittels einer cloudbasierten Cockpit-Software können kritische Zustände nun erkannt werden, bevor es zu einem Ausfall kommt. Da die Maschinen einfach zu warten sind, genügt dabei eine Vorlaufzeit von wenigen Stunden, bevor ein Bauteil endgültig ausfällt, um einen Techniker zur Wartung zu schicken. Zur Unterstützung der Wartung kann dabei sowohl auf eine in das System angebundene Funktion mit der passenden technischen Dokumentation zugegriffen werden, als auch die Verwendung von Augmented Reality (basierend auf den CAD des Automatenherstellers zur Unterstützung des Technikers). Beides kann sich als sinnvoll erweisen, da die Automaten sich oftmals in Details voneinander unterscheiden und unterschiedliche Materialien zum Einsatz kommen.

2.2 Echtzeitreaktion auf Produktionsdaten auf der Geschäftsebene

Wenn aktuelle Daten aus der Produktion (Qualität, Fertigungsmengen, insbesondere aber auch Abweichungen und Störungen) zeitnah den betrieblichen IT-Systemen (ERP) verfügbar gemacht werden können, kann daraus auf betrieblicher Ebene reagiert werden, z. B. mit Umplanung, Veränderungen in den aktuellen Logistikvorgängen, aber ggf. auch mit Rabattangeboten an Abnehmer (z. B. bei Lieferverzögerung oder Minderqualität).

Praxisbeispiel
Im Projekt LOGISTAR (logistar-project.eu) wird das das Problem der Effizienz des Güterverkehrs in Europa betrachtet. Die Integration von Transportvolumen und -arten, eine bessere Kapazitätsauslastung, Flexibilität, Ressourceneffizienz und die Zusammenarbeit zwischen allen Beteiligten entlang der Logistikkette sind erforderlich. Damit wird eine effektive Planung und Optimierung der Transportvorgänge in der Lieferkette ermöglicht, indem die Vorteile der horizontalen Zusammenarbeit genutzt werden, wobei auf die zunehmend in Echtzeit erfassten Daten aus dem vernetzten IoT-Umfeld zurückgegriffen wird. So können bei Abweichungen in der Produktion gegenüber der ursprünglichen Planung die folgenden Logistikvorgänge passend umgeplant werden. Dazu werden ein Echtzeit-Entscheidungswerkzeug und ein Echtzeit-Visualisierungstool für den Güterverkehr entwickelt, um Informationen und Dienstleistungen für die verschiedenen an der logistischen Lieferkette beteiligten Akteure, d. h. Güterverkehrsunternehmen, deren Kunden, Branchen und andere Interessengruppen wie Lager- oder Infrastrukturmanager, bereitzustellen: Die künstliche Intelligenz konzentriert sich auf Vorhersage, parallele hybride Metaheuristiken zur Optimierung, automatisierte Verhandlungstechniken und Problemlösungstechniken zur Erfüllung von Einschränkungen.

2.3 Steuerung der Produktion nach Geschäftsbedürfnis

Die bisher skizzierten Szenarien beruhten auf einer Kommunikation in nur einer Richtung – *weg von der Maschine.*

Das volle Potenzial des Internet der Dinge wird mit Industrie 4.0 aber nur nutzbar, wenn auch die Kommunikation zur Maschine hin mit einbezogen wird. So kann z. B. bei Engpässen in der Supply Chain oder Verzögerungen in der Logistik die Produktionsgeschwindigkeit gesenkt werden, um den Energiebedarf zu reduzieren oder um Zwischenlagerkapazitäten im Sinne einer Just-in-Time Produktion möglichst gering auszulasten. Offensichtliche Herausforderung in diesem Szenario ist die unternehmensübergreifende Vernetzung entlang der Wertschöpfungsnetzwerke.

Eine solche unternehmensübergreifende Vernetzung mit dem Ziel, auf die durch erneuerbare Energien hervorgerufene Volatilität des Stromangebots mit einer Anpassung des Energiebedarfs von Produktionsprozessen zu reagieren, wird im Projekt „Synergie" (Schott et al. 2018) erprobt.

Ziel ist es, die in der Produktion vorhandene Lastflexibilität nutzbar zu machen. Die entstehenden Flexibilitätspotenziale können entweder untereinander gehandelt oder systemdienlich zur Stabilisierung des Stromnetzes genutzt werden, indem der Energiebedarf von Produktion z. B. durch stärkere Kühlung oder Mehrabnahme in der Aluminiumverhüttung erhöht wird, wenn ein hohes Stromangebot vorliegt und umgekehrt reduziert wird, wenn eine Stromknappheit vorliegt. Die Anpassung der Produktionsprozesse soll dabei automatisch erfolgen, wobei natürlich betriebswirtschaftliche, organisatorische und prozessgegebene Schranken zu berücksichtigen sind.

Eine weitere Herausforderung entsteht durch den direkten Eingriff der steuernden IT-Systeme in die Produktionsabläufe, der einen neuen Risikofaktor in die Produktion einführt. Auch die im Vergleich zu Produktionsanlagen typischerweise kürzeren Lebensdauern von IT-Systemen können ein Problem darstellen, da jede Änderung im Gesamtsystem mit Risiken verbunden ist. Offensichtlich müssen auch Fragen der (IT-)Security neu bedacht werden, wenn ein Weg von „außen" in die Produktionsanlagen geöffnet wird.

weiteres Praxisbeispiel

Eine Kombination aus Logistik und 3D-Druck wird im Projekt Add2Log (projekte.fir.de/add2log) eingesetzt, um die Produktion flexibel zu steuern.

Dabei geht es darum, die Lieferzeit für Ersatzteile drastisch zu verkürzen. Anstatt die Ersatzteile in Verteilzentren vorrätig halten oder sie erst auf Kundenanfrage produzieren und per Kurier in alle Welt verschicken zu müssen, können sie nun in unmittelbarer Nähe des Kunden – z. B. bei Logistikern – oder sogar beim Kunden selbst ausgedruckt werden. Das erspart den Herstellern damit nicht nur Lieferkosten, sondern reduziert über geringere Lagerhaltung auch Kapitalbindungskosten. Zudem lassen sich Produktionsspitzen über Dienstleister – z. B. 3D-Druck-Auftragsfertiger – kurzfristig abfedern. Den Kunden bietet sich damit der Vorteil, über schnellere Ersatzteillieferung Produktionsstillstände verkürzen zu können.

2.4 Steuerung der Produktion durch Kommunikation von Maschinen untereinander

Maschinen, wie z. B. Lasermaschinen, müssen oft für das zu bearbeitende Material konfiguriert werden. Entsprechende Technologiedaten werden heute durch verschiedene, zum Teil experimentelle Methoden gewonnen und gewöhnlich nach Beendigung der Verarbeitung nicht weiterverwendet. Durch Technologiedatenaustausch zwischen vernetzten Maschinen und ggf. eine automatische Anpassung der Daten an die jeweilige Zielmaschine kann die Situation verbessert werden (vgl. Kagermann et al. 2013). Auch hier verspricht eine unternehmensübergreifende Vernetzung zum Handel solcher Daten Vorteile für alle Beteiligten, stellt allerdings auch hohe Anforderungen an die Vertrauenswürdigkeit und Qualität der Daten. Entsprechende Lizenz- und Geschäftsmodelle müssen allerdings entwickelt werden. Unter Umständen kann hier ein Makler/Händler durch seine Neutralität einen Interessensausgleich zwischen den beteiligten Parteien garantieren. Ein weiteres Beispiel ist die heute oft noch manuell vorgenommene Zuordnung von Produktionsaufträgen zu einer von mehreren gleichartigen Maschinen. Durch Kommunikation dieser Maschinen untereinander kann die Zuordnung unter Berücksichtigung von Rüstzeiten und prognostizierten Fertigungsdauern optimiert werden.

Praxisbeispiel
Eine domainübergreifende Datenplattform, die ebenfalls Datenflüsse ermöglicht, ist Ergebnis des Projekte I-BiDaaS (www.ibidaas.eu). Insbesondere steht dabei der Handel von Daten im Vordergrund. Einer der Schwerpunkte liegt dabei auf der produzierenden Industrie. Ein Großteil der IT-Infrastruktur in Fabriken wurde entwickelt, bevor Cloud, kostengünstiger Massenspeicher und allgegenwärtige Konnektivität zur Verfügung stand entwickelt.

Eine solche Infrastruktur kann nun in eine moderne Lamda-Architektur überführt werden, d. h. es gibt eine technologische Ebene für die Datenströme und Analyse mittels Complex Event Processing, eine Batch Ebene zur Analyse der Daten mittels Machine Learning, und ein Konzept eines sog. Data Lake zum Persistieren der Daten.

Um diese Daten und die Ergebnisse der Analysen auf einem Marktplatz sinnvoll teilen zu können, werden Standardformate wie z. B. die Predictive Model Markup Language (PMML) genutzt, die Modelle aus dem Bereich des Machine Learning beschreiben kann.

2.5 Beidseitige Interaktion von Geschäfts- und Produktionsebene

In der Prozessindustrie ist eine kontinuierliche Qualitätskontrolle der Zwischenprodukte erforderlich. Durch Qualitätsschwankungen bei den Rohstoffen, aber auch durch Sollabweichungen der Produktionsanlagen können Minderqualitäten entstehen, die rechtzeitig vor der Weiterverarbeitung erkannt werden müssen, damit entsprechend reagiert werden kann (z. B. durch Nachbearbeitung oder Nutzung für ein anderes Endprodukt geringerer Qualitätsstufe). Geeignete Sensorik im Produktionsprozess ist heute Stand der Technik. Wird ein solches Problem erkannt, sind die vorgeplanten Produktionsabläufe obsolet. Über eine Kopplung an das Prozessmanagementsystem findet eine intelligente Neuberechnung der Produktionspläne in Echtzeit statt, die auch die aktuell anstehenden Aufträge und ähnliche betriebliche Parameter mit einbezieht, also eine Kombination der Daten aus betrieblicher und Produktionswelt erfordert. Dabei kann die Auswertung der Sensordaten schon während eines Produktionsschrittes zur Prognose einer Minderqualität führen. Ein Problem hierbei ist die extrem große Datenmenge und -vielfalt, die mit der heutigen Technik nicht in Echtzeit bewältigt werden kann. Hierauf wird im Abschn. 3 näher eingegangen.

Praxisbeispiel
Ein Beispiel aus der Stahlindustrie (Projekt iPRODICT, software-cluster.org/projects/iprodict) illustriert eine solche Verknüpfung in beide Richtungen: Während der Produktion des Stahls wird die Zusammensetzung des Stahls dauernd kontrolliert. Diese hängt von den eingesetzten Rohmaterialien ab und schwankt daher am Anfang des Prozesses, so dass in der Produktion durch verschiedenen Prozessschritte störende bzw. in zu hohem Maße enthaltene Inhaltsstoffe (z. B. Kohlenstoff) reduziert, andere durch dosierte Zugabe angereichert werden müssen. Dennoch sind gewissen Schwankungen in der Qualität des Ergebnisses nicht immer zu vermeiden, auch nicht vollständig entfernte Schlackereste können zu Qualitätsverlusten in der Weiterverarbeitung führen. Daher muss auch in den folgenden Produktionsschritten eine fortlaufende Produktionskontrolle erfolgen. Dabei werden aktuelle Parameter wie die Temperatur durch Sensoren überwacht, aber auch durch Videoaufnahmen, auf denen über komplexen Bilderkennungsverfahren Unregelmäßigkeiten erkannt werden können. Wird nun eine Abweichung von der gewünschten Qualität erkannt, gibt es zum einen die Option, durch Nacharbeiten an der jeweiligen Charge die Qualität auf den gewünschten Stand zu bringen (was aber nur bei bestimmten Abweichungen möglich ist), die Charge als Ausschuss zu behandeln, oder die Charge einem anderen, noch nicht (vollständig) produzierten Auftrag zuzuordnen, der niedrigere Qualitätsanforderungen hat. Diese letzte Option ist im Allgemeinen die betriebswirtschaftlich sinnvollste, kann aber natürlich nur zum Einsatz kommen, wenn ein entsprechender Auftrag vorliegt. Falls nicht, muss die Produktion entweder Nachbearbeitungsschritte einplanen oder Mehrproduktion, weil Ausschuss angefallen ist. Die Entscheidung zwischen diesen Optionen ist offensichtlich zeitkritisch. Eine enge bidirektionale Verknüpfung von Produktion und ERP-System ist die Voraussetzung für eine effiziente Analyse der Gesamtlage und damit für eine rechtzeitige Entscheidung.

Die Verallgemeinerung dieses Beispiels wird als Complex Online Optimization charakterisiert, nämlich schwer lösbare Optimierungsprobleme unter Einbeziehung unterschiedlicher Entscheidungsträger/-ebenen und Planungsstufen bei gleichzeitiger Anforderung an kurze Antwortzeiten.

2.6 Produktdatenintegration

Die Kopplung zwischen den Daten aus der Produktion und den Daten auf betrieblicher Ebene, wie sie im vorigen Abschnitt exemplarisch vorgestellt wurde, wird als Produktdatenintegration bezeichnet. Offensichtlich ist es nicht sinnvoll, die Datenflut einzelner Sensormesswerte an die Geschäftsebene weiterzuleiten.

Vielmehr muss vorher eine sinnvolle Aufbereitung und Aggregation (s.u.) der Daten erfolgen. Eine technische Voraussetzung dafür ist Kopplung der Sensorik mit entsprechender Auswertungslogik beispielsweise über einen Kommunikations-„Standard" wie MQTT (http://mqtt.org). Zur Kopplung der verschiedenen Systemebenen (ERP und MES/PLC) bietet sich als Standardtechnik die Verwendung eines Enterprise Service Bus an. Ohne eine hinreichende semantische Beschreibung der Daten sind solche Kopplungen allerdings nicht ausreichend. Standards wie OPC UA (vgl. Burke 2018) spielen dazu auf der Ebene der Feldgerätekommunikation eine wichtige Rolle.

Wie die Beispiele schon gezeigt haben, wird aber auch die Vernetzung über Unternehmensgrenzen hinweg an Bedeutung zunehmen und das gesamte Wertschöpfungsnetzwerk umfassen. Schaffung und Sicherung von Interoperabilität werden daher noch weiter an Bedeutung gewinnen, um den reibungslosen Datenaustausch zu ermöglichen.

Umfassende Produktdatenintegration wird mit einigen Herausforderungen konfrontiert:

- Die Heterogenität hinsichtlich Alter und Herkunft des Maschinenparks hat zur Folge, dass eine Vielzahl von Automatisierungsprogrammen mit unterschiedlichen Technologieständen harmonisiert werden müssen.
- Entwicklungs- und Innovationszeiträume in IT und Maschinen- bzw. Anlagebau divergieren und damit auch die Aktualisierungsintervalle (Monate vs. Jahre).
- Die Sicherheitsanforderungen an die IT-Systeme nehmen noch mehr zu.
- Daten werden auch in diesem Bereich zu einem Handelsgut und müssen (monetär) bewertet und als Wert auch entsprechend geschützt werden (was heute oft implizit durch eine abgeschlossene Produktionsumgebung gewährleistet ist)

Praxisbeispiel
Die genannten Aspekte der Produktdatenintegration und noch weitere Technologien wie Complex Event Processing oder Machine Learning werden im Projekt ZDMP (www.zdmp.eu) zu einer Plattform zusammengeführt, die eine fehlerfreie Fertigung zum Ziel hat. Hersteller werden an Industrie 4.0 herangeführt, wobei durch eine tiefe Integration in die Fertigungsanlagen sowohl die Produkt- als auch die Prozessqualität verbessert wird.

Wichtig ist dabei das Konzept einer offenen Plattform. Basierend auf Technologien zur Anbindung sowohl von Backendsystemen wie Sensordaten besteht die Möglichkeit, spezifisch angepasste Apps mit geringem Aufwand in die Fertigung zu integrieren und damit verschiedenste Anwendungen zur Verfügung zu stellen.

2.7 Digital Twin

Digitale Zwillinge (Anderl et al. 2018) sind digitale Repräsentanzen von Dingen aus der realen Welt. Sie beschreiben sowohl physische Objekte als auch nicht-physische Dinge wie zum Beispiel Dienste, indem sie alle relevanten Informationen und Dienste mittels einer einheitlichen Schnittstelle zur Verfügung stellen. Für den digitalen Zwilling ist es dabei unerheblich, ob das Gegenstück in der realen Welt schon existiert oder erst existieren wird.

Digitale Zwillinge als Zwischenelement zwischen IT und OT integrieren das Internet der Dinge, Modelle künstlicher Intelligenz, maschinelles Lernen und Softwareanalyse. Sie sollten entsprechend Ihrer IoT Umgebung korrespondieren (Costello und Omale 2019), d. h. verschiedenen Geschäftszielen dienen können (z. B. des Herstellers, Kundenservice, Versicherungsgesellschaft etc.).

Ein digitaler Zwilling lernt und aktualisiert sich kontinuierlich aus mehreren Quellen (z. B. Sensordaten), um den Status, den Arbeitszustand oder die Position in Echtzeit darzustellen. Diese Informationen können durch Daten von Experten wie Ingenieuren angereichert werden. Ein digitaler Zwilling kann aber auch bereits vor der Existenz seines physischen Pendants genutzt werden, beispielsweise um Prozesse zu simulieren. Hierzu enthält ein digitaler Zwilling oft Simulationsmodelle, die auch physikalische Modelle einschließen. Ein digitaler Zwilling integriert auch historische Daten aus der vergangenen Maschinennutzung, um sie in sein digitales Modell zu integrieren.

Digitale Zwillinge werden genutzt, um den Status des Produktionsprozesses in Echtzeit zu beobachten, zu optimieren und eine erweiterte Analyse zu ermöglichen. Dazu gehören sowohl der Betrieb als auch die Wartung von physischen Anlagen. Gegebenenfalls stellen digitale Zwillinge auch die Schnittstelle zu der Aktorik ihrer realen Gegenstücke dar, d. h., diese können über den digitalen Zwilling gesteuert werden. Wenn ein Digital Twin auch CAD-Modelle enthält, kann er für Augmented Reality und Virtual Reality genutzt werden. Der digitale Zwilling ist auch Bestandteil des Cyber-Physical-System-Konzepts. Somit kann er sämtliche in den Abschn. 2.1, 2.2, 2.3, 2.4, 2.5 und 2.6 genannten Aspekte des Internet der Dinge in Industrie 4.0 adressieren.

Praxisbeispiel

Augmented Reality ist wesentlicher Bestandteil des oben beschriebenen Projektes SCIKE. Voraussetzung für die Nutzung sind die jeweiligen CAD Daten einer Maschine, was in der Praxis eine hohe Hürde darstellen kann, da oftmals verschiedene Hersteller Ihre Daten zur Verfügung stellen müssten und diese auch manchmal rechtliche Bedenken haben.

Virtual Reality wurde im Projekt Elise (elise-lernen.de) genutzt, um eine virtuelle Abbildung (digitaler Zwilling) von Geschäftsprozessen zu ermöglichen. Dabei wurden die Abläufe in der virtuellen Umgebung mittels angepasster und erweiterter ereignisgesteuerter Prozessketten (EPK) modelliert. Diese Prozessmodelle enthalten neben bestimmten Objekten, die zur virtuellen Welt korrespondieren, auch bestimmte Attribute, die zur Fallunterscheidung in der VR Umgebung genutzt werden, um so z. B. beim Erlernen eines Prozesses die Komplexität zu verändern.

2.8 Lessons Learned

Aus den genannten Praxisbeispielen lassen sich einige generelle Erkenntnisse ableiten.

Die Anbindung vieler Datenlieferanten aus dem Internet of Things kann zu enormen Datenmengen führen, insbesondere wenn es sich bei den Datenlieferanten um komplexe Systeme wie z. B. Produktionsanlagen handelt. Dabei ist unter Umständen nicht nur die reine Datenmenge groß, sondern auch die Frequenz, mit der Daten geliefert werden. Eine naive Herangehensweise, die eine zentrale Verarbeitung aller dieser Daten vorsieht, stößt meistens schnell an Skalierungsgrenzen. Eine verteilte Verarbeitung mit Vorverdichtung durch Datenstromanalyse, Edge- und ggf. Fog-Computing etc. ist im Allgemeinen unabdingbar.

Die Datenqualität, die von den datenerzeugenden Systemen geliefert wird, ist nicht immer zufriedenstellend. Das betrifft zum einen die Güte der eigentlichen Werte, bei denen Sensorstörungen leicht zu Ausreißern führen, zum anderen die Verlässlichkeit der Datenlieferung im Datenstrom, bei der es erstaunlich häufig zu „Aussetzern", also fehlenden Datenwerten kommt. Gegen diese beiden Charakteristika muss eine Datenanalytik robust sein, sonst entstehen unbrauchbare Ergebnisse. Ein weiterer Qualitätsaspekt ist die oft fehlende Datenbeschreibung (Schema, Metadaten), die eine Interpretation der Daten erschwert oder unmöglich macht, ferner eine sehr hohe Heterogenität der Daten einzelner Lieferanten (Einheiten, Semantik, Güte, Frequenz), die eine Kombination dieser Daten nicht immer erlaubt.

Daten aus dem Produktionsprozess werden, obwohl (oder vielleicht auch weil) von den jeweiligen Betreibern nicht vollständig verstanden, oft nur mit großen Einschränkungen oder gar nicht an andere (wie z. B. Maschinenhersteller) weitergegeben. Konzepte zum sicheren und vertrauensvollen Datenaustausch, wie Sie beispielsweise im International Data Space (https://www.internationaldataspaces.org) entwickelt werden, werden nicht in der Breite rezipiert oder akzeptiert.

Auch bei einer großen Datenmenge können Verfahren des Machine Learning nicht immer eingesetzt werden. Wenn Ausfälle beispielsweise selten vorkommen, weil sie heute durch proaktive Wartung verhindert werden, gibt es keine ausreichende Menge an Trainingsdaten, um die Erkennung sich anbahnender Ausfälle mit Machine-Learning-Verfahren zu realisieren. Eine Modellierung auf der Basis von Ingenieurwissen ist in solchen Fällen unabdingbar. Selbst in Fällen, in denen eine ausreichende Menge von Trainingsdaten zur Verfügung steht, müssen im Fall der oben beschriebenen Vorverarbeitung im Edge-Computing bzw. durch lokale Datenstromanalyse auch die Lernalgorithmen verteilt sein, aber dennoch ein zentrales Modell erstellen. Eine solche Modellerstellung ist zur Zeit allerdings noch ein Forschungsthema.

3 Big Data

Als „Big Data“ werden Daten bezeichnet, die sich bezüglich der „3V“ (Volume, Variety, Velocity), also hinsichtlich der Datenmenge, der Heterogenität der Daten und der Frequenz des Datenanfalls, bzw. der Anforderung an die Verarbeitungsgeschwindigkeit über das normale Maß hinaus auszeichnen. Offensichtlich sind auch die im oben dargestellten Kontext anfallenden Daten „Big Data“. Sensoren generieren riesige Datenmengen im Millisekundentakt über ganz unterschiedliche Sachverhalte. Diese Daten müssen sehr zeitnah verarbeitet werden. Wie schon erwähnt müssen die Daten für eine sinnvolle Weiterverarbeitung verdichtet werden, um relevante Informationen zu extrahieren. Um diese Verdichtung zu realisieren, wird real-time data & streaming analytics (z. B. *C*omplex *E*vent *P*rocessing, komplexe Ereignisanalyse, Datenstromverarbeitung) eingesetzt, das z. B. eingesetzt werden kann, um

- außergewöhnliche Werte (Ausreißer) im Datenstrom zu erkennen und nur diese an die Ebene der Prozess-Steuerung und -Adaption weiterzugeben,
- Trends (längerfristige Erhöhungen der Temperatur, steigende Fehlerraten usw.) in den Datenströmen zu identifizieren und nur diese Information weiterzugeben, so dass die Detaildaten auf wenige Aussagen reduziert werden,
- Summen, Minima, Maxima, Durchschnittswerte über bestimmte Zeitfenster zu bilden und nur diese zu kommunizieren.
- relevante Muster in den Daten zu identifizieren und deren Auftreten zu kommunizieren.

Der entscheidende Vorteil dieser Vorgehensweise ist, dass die Detaildaten des Datenstroms dabei nicht gespeichert werden müssen, so dass auch große Datenvolumina zeitnah verarbeitet werden können. Basierend auf diesen verdichteten Daten und deren Verknüpfung miteinander können betriebswirtschaftlich relevante Aussagen abgeleitet werden (z. B. Produktqualität) und Prozessadaptionen angestoßen werden.

Im Kontext von Industrie 4.0 werden dabei in der Umsetzung folgende Aspekte beachtet und zugeschnitten auf den Einsatzzweck gelöst:

- Die jeweilige Qualität der Ausgangsdaten wird berücksichtigt, da sich Qualitätsprobleme der Ausgangsdaten bei der Verdichtung potenzieren können.
- Sinnvolle Regeln zur Aggregation müssen erkannt werden. Dies setzt ausgefeilte Data Mining-Techniken voraus, die idealerweise auch auf Datenströmen operieren. Erste Ansätze für selbstlernendes Monitoring setzen Methoden des maschinellen Lernens zur Verfeinerung von relevanten Ereignismustern ein (vgl. Metz et al. 2012).
- Die aggregierten Daten sind semantisch hochwertiger und damit auch monetär wertvoller als die Einzeldaten. Sie müssen daher entsprechend geschützt werden.
- Durch die Aggregation entstehen neue Möglichkeiten, auch personenbezogene Daten über an Maschinen tätige Arbeitnehmer abzuleiten. Daher wird jeweils die Datenschutzrelevanz bewertet.

- Die Verfügbarkeit großer Datenmengen eröffnet neue Möglichkeiten der Simulation. In einer „digitalen Fabrik" wird ein digitales Modell des gesamten Produktionsprozesses geschaffen. Zusammen mit den gesammelten Daten werden Simulationen neuer, effizienterer Produktionssysteme durchgeführt, um so kostengünstig verschiedene Varianten bewerten zu können. Die hinreichend genaue Modellierung der Produktionsanlagen ist allerdings ein sehr aufwändiges Unterfangen.
- Durch Auswertung externer Daten (entlang der Supply Chain, aber z. B. auch aus sozialen Netzwerken, s.u.) entstehen neue Voraussagemöglichkeiten über Marktentwicklungen und Veränderungen in den Kundenpräferenzen, die in Kombination mit den eigenen Daten zur frühzeitigen Produktionsanpassung genutzt werden.
- Für Anwendungsszenarien mit Anforderungen wie hohem Datenvolumen und kürzesten Reaktionszeiten während des Analyseprozesses kann eine Verarbeitung mittels sog. Edge-Computing direkt an der Maschine betrieben werden. Für maximalen Nutzen ist möglicherweise eine Kombination mit der umfassenden Cloud- oder On-Premise-Technologie erforderlich. Während Cloud und Edge teilweise als konkurrierende Ansätze betrachtet werden, handelt es sich bei Cloud jedoch um einen Ansatz, bei dem elastisch skalierbare Technologiefunktionen als Service bereitgestellt werden und ein zentralisiertes Modell nicht zwingend erforderlich ist.
- Bedingt durch das offensichtliche Vorhandensein von Schwachstellen, möglichen Fehlern und gezielten Angriffen, die durch die Verwendung von Cloud- und IoT-Technologieplattformen verursacht werden, muss ein Schwerpunkt auf das Sicherheits- und Risikomanagement gelegt werden. Es gibt mehrere mögliche Ansätze, die Echtzeit-, Risiko- und Vertrauensszenarien unterstützen können. Um dies zu ermöglichen, werden ganzheitliche Entwurfszeitmodelle verfeinert. Studien zeigen, dass Risiko, Vertrauen und Integrität von Daten eine wichtige Rolle für die Akzeptanz eines Plattformkonzepts spielen (vgl. Zehl 2018).

Praxisbeispiel
Big Data ist nicht an bestimmte Industrien gebunden. Beispielsweise im Bereich der Mobilität und Logistik zeigt das Projekt TT Transforming Transport (transforming transport.eu) die enormen Potenziale, die Big Data dem Transportwesen bietet. Bis 2050 wird allein das Frachtaufkommen um 80 Prozent anwachsen. Jeder Effizienzgewinn im Transportwesen hat daher einen großen Effekt. So summieren sich die durch Big Data erzielbaren Zeit-und Treibstoffeinsparungen auf jährlich 500 Mrd. Euro. Zudem ließen sich knapp 380 Megatonnen CO_2 einsparen. Dennoch nutzen erst 19 Prozent der europäischen Transport- und Logistik unternehmen Big Data. TT hat es sich zum Ziel gesetzt, diese Quote deutlich zu erhöhen und dabei die Effizienz des Transportwesens um bis zu 15 Prozent zu steigern.

Eine Umsetzung findet dabei unter anderem am Hafen Duisburg, dem größten Binnenhafen der Welt, im Logistikterminal statt. Die Logistik wird durch sensorgetriebene permanente Erfassung der dortigen Twistlocks (Drehzapfen) deutlich verbessert, da dadurch die Zeit bis zur nächsten Wartung oder Ausfall vorhergesagt werden kann und die hochausgelasteten Terminals längere Betriebszeiten haben, wodurch die Wartezeit zur Verladung auf Schiene und Straße verkürzt wird.

4 Geschäftsprozesse im Kontext Industrie 4.0

In herkömmlichen Business Process Management (BPM)-Ansätzen sind die Geschäftsprozesse üblicherweise statisch entworfen, d. h. sie entsprechen weitestgehend einer Sollvorgabe zur Entwicklungszeit (Design Time). Mögliche Risiken werden, soweit vorhersehbar, geplant und mit vorgefertigten Prozessen mögliche Lösungen entworfen. Eine Optimierung dieser Prozesse erfolgt ex post, so wie sie im Prozesscontrolling und Prozessmining Anwendung findet. Grundsätzlich ist es möglich, durch diese Vorgehensweise ein strukturiertes Modell zur Optimierung der Abläufe in einem Unternehmen über mehrere Schichten (siehe Abb. 1) hinweg zu erzielen. Jedoch erfolgt dies zeitlich verzögert und ohne direkten Rückkanal zu den einzelnen Prozessen. Grund dafür ist oftmals, dass während der Ausführungsphase der Prozesse (Run Time) zwar vereinzelt aggregierte Informationen ermittelt und zwecks Monitoring in Key Performance Indikatoren (KPI) dargestellt werden, jedoch werden nur einzelne Teile der verfügbaren industriellen Prozesse verarbeitet (vgl. Abschn. 2.4).

Ausgehend von der bisher bekannten Betrachtung des Schichtenmodells und den aufgeführten Restriktionen lassen sich notwendige Optimierungen ableiten.

Wenn man die Strukturen der Automatisierungspyramide in einem cyberphysischen System (CPS) abbildet, wird der immens höhere Grad von Informationen deutlich. Verschiedene Ebenen können grundsätzlich direkt an die Datenströme der Feldebene gekoppelt werden. Durch diese Koppelung können bislang fehlende Rückkanäle eingeführt und zu Feedback Loops genutzt werden (vgl. Abb. 2).

Ein erster Schritt, der eine notwendige Grundlage für diese Rückkanäle darstellt, ist die aggregierte Kumulation der erfassten Daten. Dies geschieht zur Laufzeit (Run Time) mittels der Integration von Technologien zur komplexen auf real-time Daten und Daternstromanalyse basierten Ereignisanalyse, Informationen von Edge Devices und anderen mobilen Endgeräten in die Prozesse und die Anwendungen, die diese ermöglichen. Analysten sehen dies als wichtigen Trend im Bereich des BPM und bezeichnen dieses Segment als „intelligent business operations" (IBO) (vgl. Pettey und van der Meulen 2012a).

Die besonders hochwertige Generation von BPM-Suiten wird auch „intelligent business process management suites" (iBPMSs) genannt (vgl. Dunie et al. 2019). Merkmale werden die Aufbereitung der gesammelten Daten aus den Produktionsprozessen sein. Diese sind im Kontext des Internets der Dinge (siehe Abschn. 2) definiert.

Neben der geschilderten Aufgabe der Verarbeitung der expandierenden Datenmengen ist auch die Einbeziehung neuer Aspekte in die Geschäftsprozesse relevant:

- Mobile Endgeräte dienen der Unterstützung einzelner Mitarbeiter, um Zugang zu Ihren Arbeitsprozessen zu erhalten und so die Reaktionsfähigkeit zu verbessern,

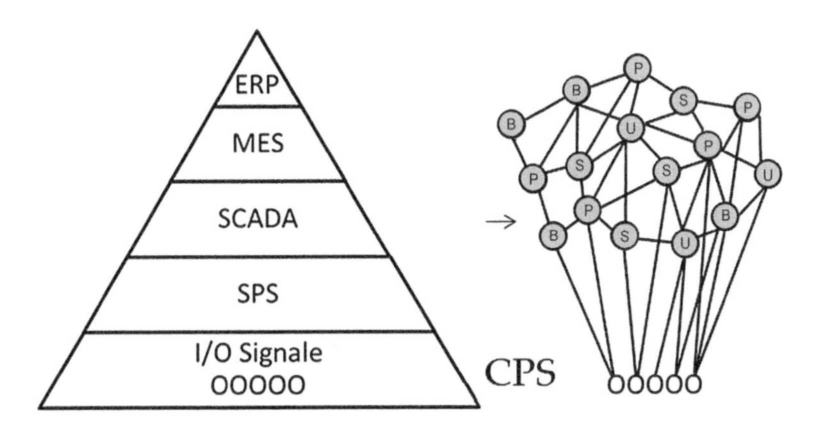

Abb. 2 Schichtenmodell mit CPS Automation

und auch um mobil unterstützte Interaktionen zu ermöglichen. Das betrifft auch die Abläufe in Industrieprozessen, wobei auf das Feedback der unmittelbar am Produktionsprozess beteiligten Nutzer geachtet werden soll (vgl. acatech 2019).

- Produktionsvorgänge sind in vielen Fällen sehr komplex. So durchläuft eine Platine, die in mehreren Schichten bestückt und verlötet wird, bis zu 1000 Bearbeitungsschritte an verschiedenen Bearbeitungsstationen (manche davon mehrfach im Verlauf der Herstellung), wobei die Reihenfolge des Durchlaufs sehr stark variiert, auch bedingt durch die dynamische Auslastung einer Verarbeitungsstation. Diese Komplexität erschwert die Identifikation von Engpässen und das Finden von Optimierungspotenzialen enorm. Hier tut sich ein neuer Anwendungsbereich für die Anwendung von Process Mining auf. Mit diesem können die einzelnen Herstellungsvorgänge aggregiert werden, zu einem Gesamtbild aller vorkommenden Pfade mit jeweiligen Durchlaufhäufigkeiten aggregiert und mit etablierten Technologien aus der Prozessanalyse analysiert werden. Vorausgesetzt, dass die Information in einem ERP oder anderem Produktionsplanungssystem abgebildet ist, kann dann mittels Process Mining die Verteilung von Abweichungen der extrahierten Daten analysiert und identifiziert werden. Dabei kann zwischen der Untersuchung von Abweichungen vom Planwerten oder auch ungeplanten Prozesskennzahlen unterschieden werden.
- Social Media, um mehr externe Datenquellen, externe Perspektiven (wie Experten -und Kundenstimmen) und Kontextdaten in den gesamten Lebenszyklus (nicht nur die Entwurfszeit) zu integrieren. Social Media trägt dazu bei, in einem situativen Kontext den Prozess zu verbessern (vgl. Spath 2013). Social Media bietet auch zusätzliche Analysetechniken, wie soziale Netzwerkanalyse, um Entscheidungen über die optimale nächste Prozesssituation und damit Produktionssituation zu unterstützen. Dies ermöglicht auch eine bessere Zusammenarbeit und Crowdsourcing. Falls sich in einem bestimmten sozialen Netzwerk (beispielsweise Twitter) Meldungen über Probleme mit einem bestimmten Produkt verstärkt auftreten, wird dies durch entsprechende Software erkannt, so dass

Probleme in der Produktion frühzeitig erkannt und behoben werden, was weitere Kosten spart.

- Bereiche wie Business Activity Monitoring (BAM) und CEP-Technologien dienen der Erweiterung von Analysefunktionen und erlauben bessere prädiktive Analysen. Dabei wird die Anzahl der technischen Möglichkeiten derzeit durch den verstärkten Einsatz von IoT Technologien und auch Edge Devices erweitert. Einblicke nahe Echtzeit in die Leistung der Geschäftsprozesse durch entsprechende interaktive Business-Dashboards erlauben auch eine schnellere Information über Ausnahmesituationen, die nicht mehr in der Design Time dargestellt sind. Allgemein wird somit das Kontextbewusstsein verbessert. Dies geht hin bis zu direkten Modifikationen an bereits erzeugten oder gar laufenden Prozessinstanzen und der Erzeugung neuer Prozessinstanzen. In dem oben erwähnten Beispiel der Stahlproduktion führt die (möglichst automatische) Entscheidung über das Schicksal einer Charge zur Änderung der laufenden Bearbeitungsprozesses und, für den Fall, dass die Charge als Ausschuss behandelt wird, zur Erzeugung einer neuen Prozessinstanz (erneute Herstellung). In dem Fall, dass die Charge für einen anderen Auftrag verwendet werden kann, wird zusätzlich die dieser Charge entsprechende Geschäftsprozessinstanz geändert. Zusätzlich können Informationen zur Optimierung des Geschäftsprozessmodells abgeleitet werden.
- Um Kompromisse abzuwägen und dadurch die effektivste verfügbare Entscheidung für einen Geschäftsprozess finden zu können, unterstützen Entscheidungsmanagementwerkzeuge vielfältige Funktionen (Polyanalytik), einschließlich leistungsfähiger Unterstützung für Regelmanagement, Optimierung und Simulationstechnologien sowie constraint-basierte Optimierungsalgorithmen, die fortschrittliche mathematische Techniken verwenden. Dadurch verfügt der verantwortliche Entscheider für einen Geschäftsprozess über diverse parallel zur Verfügung stehende Indikatoren.
- Durch die Verarbeitung prozessbezogener Daten und deren kumulierte Aggregation und Zusammenfassung zu Key Performance Indikatoren erhält man Aussagen über die aktuelle Performanz von Geschäftsprozessen. Diese Aufgabe des Process Monitoring bzw. Business Activity Monitoring (BAM) ermöglicht die visuelle Aufbereitung dieser Daten z. B. in Business-Dashboards und dient der Entscheidungsunterstützung zur Produktionszeit.

Zusätzlich erfolgt die Dokumentation von vertraglichen und rechtlichen Rahmenbedingungen. Durch die Nachverfolgbarkeit der detailliertesten einzelnen Produktionsschritte werden wichtige Nachweise für die Zeit nach der eigentlichen Herstellung generiert.

Business Activity Monitoring verlangt immer einen gewissen Grad an manuellen Entscheidungen und Interpretationen der zugrunde liegenden Daten und der abgeleiteten Maßnahmen.

Dies betrifft auch den Bereich der Risikobewertung, z. B. der Sicherheit gegen Angriffe in industrieller Produktion im Kontext einer hochvernetzten Industrie 4.0 (vgl. Abschn. 3 Big Data).

Diese separate Betrachtung kann durch verbesserte Technologien im Bereich der Geschäftsprozessoptimierung teilweise aufgelöst werden. Höhere Datenmengen und geringere Latenzzeiten bei der Verarbeitung gehen in Richtung eines Echtzeit-Monitoring (vgl. Janiesch et.al. 2012).

Der vermehrte Einsatz der Kombination aus BPMS- und CEP-Funktionen ermöglicht diese Art des Monitorings. Typische Ereignisse im Kontext von BPM sind z. B. „process started", „work item assigned", oder „activity completed" (vgl. WfMC 2008). In diesem Kontext wird auch die vermehrte Implementierung von Rückkanälen interner und externer Art sinnvoll, da dadurch wiederum diese Ereignisse übermittelt werden. Verbesserte cloud-taugliche Messaging-Systeme übermitteln diese Ereignisse mit deutlich höherer Performanz grundsätzlich auch über Unternehmensgrenzen hinweg.

Somit kann Monitoring von reinen Produktionsdaten durch bessere Vernetzung der bestehenden Systeme (z. B. ERP Systeme, Koppelung externer Systeme) und Analyse der Ereignisse bessere und zeitnahe Entscheidungen über Geschäftsprozesse ermöglichen (vgl. Abb. 3).

Die Integration der verschiedenen Aspekte der gestiegenen Komplexität der Geschäftsprozesse bietet innovative Möglichkeiten der besseren Verzahnung der verschiedenen Ebenen – ausgehend vom Schichtenmodell der Automatisierungspyramide.

Dabei wird nach wie vor die klassische Design Time von hoher Relevanz für Geschäftsprozesse sein, einerseits um die Berücksichtigung des Zusammenspiels digitaler und realer Welt modellbasiert darzustellen, aber auch um den Entwurf von Anpassungen an bestehenden Geschäftsprozessen zu berücksichtigen (Delta-

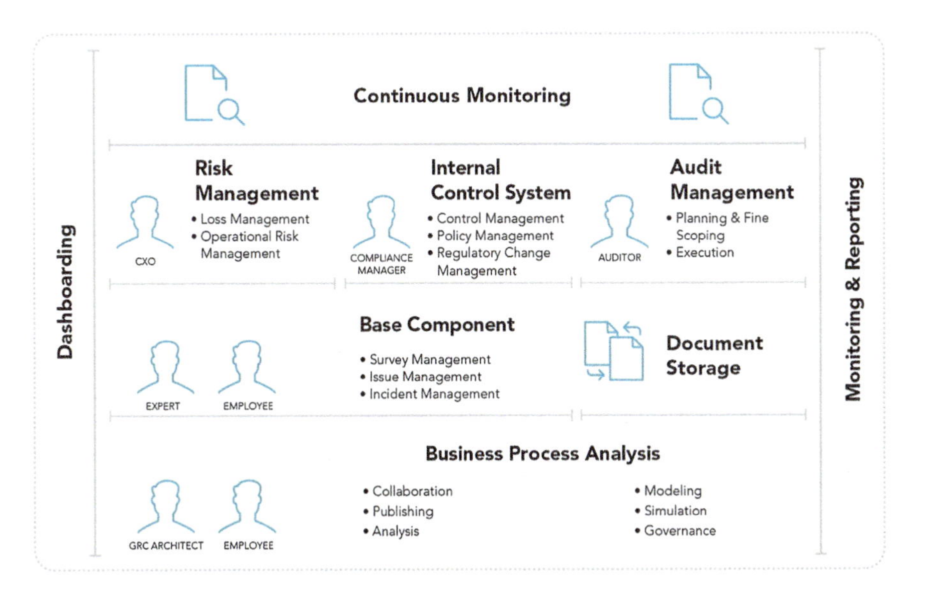

Abb. 3 Auswirkungen von fortlaufendem Process Mining auf das Prozessmanagement

Engineering). Jedoch kann sie alleine nicht in ausreichendem Maße einen Ausweg aus der Betrachtung der Geschäftsprozessdaten und der bestehenden Situation aufzeigen. Durch die Ergänzung der genannten Aspekte durch zusätzliche Datenquellen z. B. durch den verstärkten Einsatz von mobilen Endgeräten sowie der insgesamt weit fortgeschrittenen Analysemöglichkeiten und Simulationsmöglichkeiten und des Einsatzes von real-time data & streaming analytics wird der Bereich der „intelligent business operations" in der Lage sein, diese Aufgabe zu bewältigen.

Auf Grundlage von Big Data und des Internet der Dinge wird die Datenerhebung erst möglich sein. Die gezielte Auswertung und Aufbereitung sowie Kumulation der Daten zur Laufzeit wird durch den „intelligent business operations" (IBO) Ansatz geleistet.

Ein offenes Themenfeld ist die durch die vielfältigen Technologien gesteigerte Komplexität und dadurch die Nutzbarkeit der iBPMSs. Neben betriebswirtschaftlichen Kenntnissen über die Geschäftsprozesse sind auch weitere technische und mathematische Fähigkeiten nötig, um als Endbenutzer den IBO-Ansatz ganzheitlich nachzuvollziehen. Hier gilt es insbesondere Lösungen für den jeweiligen Nutzerkreis mit exakt zugeschnittenem Informationsgehalt zu finden, der genau auf einen speziellen Anwendungsfall in der Industrie 4.0 passt.

Praxisbeispiele

Eine Kombination aus der Erfassung und Analyse von Sensordatenströmen in der Produktion und der Anbindung an ein Prozessmanagement ist in dem oben erwähnten Projekt iPRODICT erfolgt. Dabei dient ein komplexes Ereignis als Auslöser, um eine bestimmte im betrieblichen Prozess in einem Prozessmodell definierte Aktion anzustoßen. In der Regel handelt es sich dabei um Aktionen, die das Involvieren von Entscheidungsträgern in Governance-Prozessen (z. B. Freigabe einer Umplanung einer Produktion während der Fertigung) zum Zweck haben.

Im Bereich Social Media wurden im Projekt Reveal (revealproject.eu) neben Technologien zur Verifizierung von Content auch die Analyse von spezifischen, kleinen geschäftlichen Nutzergruppen untersucht. So wurden anhand von Klassifizierung in großen Communites wie z. B. Twitter, Linkedin bestimmte Verhaltensmuster in Gruppen (vgl. Chan und Hayes 2010) unterteilt (z. B. Joining Conversationalists, Taciturns, Supporters, Elitists, Grunts, usw.). Derselbe Algorithmus wurde nachfolgend in kleinen Communities u. a. zum Thema Geschäftsprozesse erfolgreich zur besseren Integration und Erfassung von Information aus Social Media eingesetzt.

Ein weiteres Beispiel kann aus dem Projekt iTesa (software-cluster.org/itesa-wie-die-echtzeitanalyse-von-twitter-und-co.-reisen-sicherer-macht) abgeleitet werden. Eigentlich geht es dort um Reisewarnungen für Geschäftsreisende, die verwendete Methodik lässt sich aber auch direkt auf Logistikprozesse übertragen. Basierend auf Häufung, Inhalt und Ortsbezug von Nachrichten in sozialen Medien werden Situationen detektiert, die auf die geplante Reise (den geplanten Transport) Einfluss haben können, wie z. B. Staus, Sperrungen, Streiks, Extremwetter, Seuchenausbrüche, Sicherheitsprobleme etc.

Literatur

Acatech (Hrsg) (2019) Akzeptanz von Industrie 4.0. https://www.acatech.de/Publikation/akzeptanz-und-attraktivitaet-in-der-industriearbeit-4-0/. Zugegriffen am 21.05.2019

Anderl R, Haag S, Schützer K et al (2018) Digital twin technology – An approach for Industrie 4.0 vertical and horizontal lifecycle integration. it – inf Technol 60(3):125–132

Burke T (Hrsg) (2018) OPC UA: Interoperability for Industrie 4.0 and the Internet of Things, Edition v8. https://opcfoundation.org/resources/brochures/. Zugegriffen am 21.05.2019

Chan J, Hayes C (2010) Decomposing discussion forums using roles. WebSci'10: In: Proceedings of the international web science conference. Raleigh, North Carolina, USA, S 1–8

Costello K, Omale G (2019) Gartner survey reveals digital twins are entering mainstream use. https://www.gartner.com/en/newsroom/press-releases/2019-02-20-gartner-survey-reveals-digital-twins-are-entering-mai. Zugegriffen am 21.05.2019

Dunie R et al (2019) Magic quadrant for intelligent business process management suites. https://www.gartner.com/en/documents/3858663. Zugegriffen am 21.05.2019

Hubschmid M (2012) „Manufaktur-Betriebe: Eine große Liebe zum Produkt". Handelsblatt, 4. März 2012. http://www.handelsblatt.com/unternehmen/mittelstand/manufaktur-betriebe-eine-grosse-liebe-zum-produkt/6344478.html. Zugegriffen am 21.05.2019

Janiesch C, Matzner M, Müller O (2012) Beyond process monitoring: a proof-of-concept of event-driven business activity management. Bus Process Manag J 18(4):625–643

Kagermann H, Wahlster W, Helbig J (Hrsg) (2013) Deutschlands Zukunft als Produktionsstandort sichern – Umsetzungsempfehlungen für das Zukunftsprojekt Industrie 4.0, Abschlussbericht des Arbeitskreises Industrie 4.0, München. https://www.bmbf.de/files/Umsetzungsempfehlungen_Industrie4_0.pdf. Zugegriffen am 30.03.2020

Metz D, Karadgi S, Müller U, Grauer M (2012) Self-learning monitoring and control of manufacturing processes based on rule induction and event processing. In: 4th international conference on information, process, and knowledge management (eKNOW 2012). Valencia, Spanièn, S 88–92

Pettey C, van der Meulen R (2012a) Gartner says intelligent business operations is the next step for BPM programs. http://www.gartner.com/newsroom/id/1943514. Zugegriffen am 15.12.2013 und magic quadrant for intelligent business process management suites. https://www.gartner.com/en/documents/3899484. Zugegriffen am 21.05.2019

Schott P et al (2018) Flexible IT platform for synchronizing energy demands with volatile markets, it-Information Technology. De Gruyter Oldenbourg, Berlin 60.3, S 155–164

Spath D (Hrsg) (2013) Fraunhofer – Institut für Arbeitswirtschaft und Organisation IAO „Studie Produktionsarbeit der Zukunft – Industrie 4.0". ISBN: 978-3-8396-0570-7

Wahlster W (Hrsg) (2013) SemProM – foundations of semantic product memories for the Internet of things. Springer, Berlin/Heidelberg

WfMC – WorkflowManagement Coalition (2008) Business process analytics format draft version 2.0. http://www.wfmc.org/index.php/standards/bpaf. Zugegriffen am 21.05.2019

Zehl (Hrsg) (2018) IoT-Plattformen – aktuelle Trends und Herausforderungen. Handlungsempfehlungen auf Basis der Bitkom Umfrage 2018

Weiterführende Literatur

https://gi.de/informatiklexikon/digitaler-zwilling. Zugegriffen am 21.05.2019

https://www.digitale-technologien.de/DT/Redaktion/DE/Standardartikel/SmartDataProjekte/smart_data_projekt-mobilitaet-itesa.html

https://www.digitale-technologien.de/DT/Redaktion/DE/Standardartikel/SmartDataProjekte/smart_data_projekt-mobilitaet-itesa.html. Zugegriffen am 21.05.2019 https://www.gartner.com/en/newsroom/press-releases/2017-10-04-gartner-identifies-the-top-10-strategic-technology-trends-for-2018. Zugegriffen am 21.05.2019

https://www.mckinsey.com/~/media/McKinsey/Business%20Functions/McKinsey%20Digital/Our%20Insights/Big%20data%20The%20next%20frontier%20for%20innovation/MGI_big_data_full_report.ashx. Zugegriffen am 30.03.2020

Mattern F, Floerkemeier C (2010) From the Internet of computers to the Internet of things. In: Sachs K, Petrov I, Guerrero P (Hrsg) From active data management to event-based systems and more. Springer, Berlin/Heidelberg, S 242–259

Konzeptualisierung als Kernfrage des Maschinellen Lernens in der Produktion

Oliver Niggemann, Gautam Biswas, John S. Kinnebrew, Nemanja Hranisavljevic und Andreas Bunte

Zusammenfassung

Die Mehrheit der Projekte zur Überwachung und Diagnose Cyber-Physischer Systeme (CPS) beruht heute auf von Experten erstellten Modellen. Diese Modelle sind jedoch nur selten verfügbar, sind oft unvollständig, schwer zu überprüfen und zu warten. Datengetriebene Ansätze sind eine viel versprechende Alternative: Diese nutzen die großen Datenmengen die heutzutage in CPS gesammelt werden. Algorithmen verwenden die Daten, um die zur Überwachung notwendigen Modelle automatisch zu lernen. Dabei sind mehrere Herausforderungen zu bewältigen, wie zum Beispiel die Echtzeit-Datenerfassung und Speicherung, Datenanalyse, Mensch-Maschine Schnittstellen, Feedback- und Steuerungsmechanismen. In diesem Beitrag wird eine kognitive Referenzarchitektur vorgeschlagen, um diese Herausforderungen in Zukunft einfacher zu lösen. Anhand dieser Referenzarchitektur wird eine Schlüsselfrage diskutiert: Der Übergang von subsymbolische Informationen wie sie für das maschinelle Lernen typisch sind

O. Niggemann (✉)
Institut für Automatisierungstechnik, Helmut-Schmidt-Universität/Universität der Bundeswehr Hamburg, Hamburg, Deutschland
E-Mail: oliver.niggemann@hsu-hh.de

G. Biswas · J. S. Kinnebrew
Institute for Software Integrated Systems, Vanderbilt University, Nashville, USA
E-Mail: gautam.biswas@vanderbilt.edu; john.s.kinnebrew@vanderbilt.edu

N. Hranisavljevic
Fraunhofer IOSB-INA, Lemgo, Deutschland
E-Mail: nemanja.hranisavljevic@iosb-ina.fraunhofer.de

A. Bunte
Institut für Industrielle Informationstechnik (inIT), Technische Hochschule Ostwestfalen-Lippe, Lemgo, Deutschland
E-Mail: andreas.bunte@th-owl.de

B. Vogel-Heuser et al. (Hrsg.), *Handbuch Industrie 4.0*,
https://doi.org/10.1007/978-3-662-58528-3_73

und symbolischen Informationen, welche von Menschen einfacher verstanden werden, d. h. die Frage der Konzeptualisierung. Anwendungsfälle aus unterschiedlichen Branchen werden schematisch dargestellt und untermauern die Richtigkeit und den Nutzen der Architektur.

1 Motivation

Industrie 4.0 und CPS stehen für einen Paradigmenwechsel im Umfeld der Industrie und der Produktion: Intelligente Assistenzsysteme, Kognitive Systeme und Lernende Algorithmen ergänzen in Zukunft die bislang stark von manuellen Implementierungen und Modellierungen geprägten Vorgehensweisen (Jasperneite und Niggemann 2012). Durch diesen Technologiesprung entsteht aktuell die Chance, datengetriebene Lösungsansätze, wie sie für Big Data und Data-Mining typisch sind, auch in der Industrie zu implementieren. Die Industrie hat in den letzten Jahren diverse Anwendungsfälle für solche neuen Ansätze definiert:

1. *Ressourcenoptimierung:* Sensor- und Aktordaten von Produktionsanlagen können automatisch auf Optimierungspotenzial bzgl. Ressourcenverbrauch wie Wasser oder Energie untersucht werden (Faltinski et al. 2012; Gilani et al. 2013).
2. *Systemüberwachung:* Softwaresysteme können das Verhalten von Produktionsanlagen beobachten, das Normalverhalten abstrahieren und so Abweichungen wie Verschleiß oder Fehlerursachen erkennen (Bolchini und Cassano 2014; Niggemann et al. 2012).
3. *Mensch-Maschine-Schnittstelle:* Durch automatische Abstraktion der Daten einer Produktionsanlage sowie die maschinelle Interpretation und Hervorhebung relevanter Daten kann die Überforderung der Anlagenbediener durch die zu große Anzahl der Daten in Zukunft vermieden werden (Bista et al. 2013).

Das wirtschaftliche und gesellschaftliche Potenzial für solche neuen Ansätze ist gewaltig (Frauhofer IAIS 2013). Bisher stoßen datengetriebene Ansätze trotzdem auf viel Skepsis, in den meisten Projekten zur Optimierung und Diagnose werden physikalische und Verhaltensmodelle verwendet, die von Hand erstellt worden sind (Minhas et al. 2014). Bei einem Antrieb wird dieser modelliert; bei einem Reaktor werden dessen chemische und physikalische Prozesse modelliert. Allerdings haben die letzten 20 Jahre deutlich gezeigt, dass solche Modelle für komplexe und verteilte CPS selten zur Verfügung stehen. Sind Modelle vorhanden, sind sie oft unvollständig oder ungenau. Zudem ist es schwierig die Modelle von CPS über den gesamten Lebenszyklus aktuell zu halten. Hier kann die Verwendung von datengetriebenen Ansätzen Abhilfe schaffen.

CPS kommunizieren große Datenmengen die erfasst werden können (Data Mining), sodass eine große Sammlung von Daten entsteht (Big Data). Diese große Datenmenge kann zum Zwecke der Erkennung und Analyse von Anomalien und Störungen in großen Systemen verwendet werden: Das Ziel ist es, CPS zu entwickeln, die in der Lage sind, ihr eigenes Verhalten zu beobachten, ungewöhnliche

Situationen während des Betriebs zu erkennen und Experten zu informieren. Diese können in den Prozess eingreifen oder die Informationen zur Planung von Wartungs- oder Reparaturarbeiten verwenden.

Data Mining bezeichnet den Prozess des automatischen Gewinnens von gültigem, neuartigem, potenziell nützlichem und auch verständlichem Wissen aus großen Datenmengen, zumeist mittels Statistik und Maschinellem Lernen (Ester und Sander 2000). Für technische Systeme gibt es sehr verschiedene Data Mining Anwendungen: Analyse der Produktqualität, Anlagendiagnose, Wartungsoptimierung in Fabriken, Analyse in den Umweltwissenschaften, Auswertung von Crash-Simulationen in der Automobilindustrie oder Predicitve Maintenance von Flugzeugturbinen.

Big Data ist in der Literatur und in Community nicht eindeutig definiert. So bezeichnet (White 2009) Big Data als die Sammlung von Datensätzen mit einer Größe und Komplexität, welche die Verarbeitung mit aktuellen Datenbank-Management-Systemen und Datenanalyse-Applikationen nicht mehr zulässt In dem Leitfaden der BITKOM (Weber und Urbanski 2013) werden die vier Eigenschaften charakteristisch für Big Data genannt: Volume, Variety, Velocity und Value. Herausforderung ist es, die Datenerfassung, -vorverarbeitung, -speicherung und letztlich die Datenanalyse in einer annehmbaren Zeit durchführen zu können (Jacobs 2009).

Um dies zu realisieren müssen einige Herausforderungen gelöst werden, denn für technische Systeme lassen sich die „klassischen" Lösungsansätze und Algorithmen für Data Mining und Big Data nicht anwenden, da sie einige Besonderheiten aufweisen:

- *Zeitverhalten:* Technische Systeme sind zeitbehaftet und stellen zustandsbehaftete Systeme dar. Das heißt, das Verhalten zu einem Zeitpunkt t ist nur durch Kenntnis des Verhaltens zu allen Zeitpunkten $< t$ erklärbar. Aktuelle Datenanalysemethoden berücksichtigen dies kaum; stattdessen wird versucht, eine statische Situation herzustellen. Durch Schaltvorgänge wie das Öffnen eines Ventils oder das Einschalten eines Reaktors ändert sich das Verhalten eines technischen Systems zusätzlich grundlegend: das System verhält sich multi-modal, sein Verhalten ist durch die Abfolge von stark unterschiedlichen Verhaltensgrundzuständen, den sogenannten „Modes" geprägt. Ein Data-Miningverfahren muss dies explizit berücksichtigen, was aktuell jedoch nicht der Fall ist. Die Theorie hierzu steckt noch in den Anfängen, praktisch einsetzbare Algorithmen sind so gut wie nicht vorhanden.
- *Physikalisches Domänenwissen:* Das Verhalten technischer Systeme basiert letztendlich auf physikalischen Zusammenhängen. Alle Datenanalyseverfahren müssen daher physikalisches Wissen integrieren. Die dafür optimale Modellierungstiefe ist nicht erforscht: In den Ingenieurwissenschaften werden zumeist sehr tiefe Modelle in Form von Differenzialgleichungen hoher Ordnung verwendet, die für Data- Mining nicht geeignet sind.
- *Hybride Modellierung:* Technische Systeme sind hybrider Natur. Ihr Verhalten zeichnet sich durch einen Mix von diskreten und kontinuierlichen Signalen aus, wobei die diskreten Signale Steuerungsvorgänge modellieren. Aktuelle Data Mining Verfahren sind für hybride Systeme ungeeignet.

- *Konzeptualisierung:* Damit Menschen die Daten des CPS effizient verarbeiten können, müssen diese in Konzepte, d. h. in semantisch belegte Symbole, überführt werden. Dies geschieht in drei Schritten: *(i)* die Diskretisierung von wert- und zeitkontinuierlichen Signalen als Zustände, so dass Zustände wiederkehrenden Verhaltensmuster entsprechen, (ii) die semantische Zuordnung der Zustände zu Konzepten. Die Schritte (i) und (ii) sind heute nicht gelöst: Die Diskretisierung der komplexen Signalverläufe, z. B. zwecks Analyse von Zeitdauern, ist aktuell kein Schwerpunkt im Bereich des Maschinellen Lernens. Dies liegt an einer klassischen Zweiteilung der KI: Auf der einen Seite ist das aktuell sehr prosperierende Thema des Maschinellen Lernens mit Aspekten wie tiefen neuronalen Netzen und Big Data. Dieses Methodenspektrum wird auch als subsymbolische KI bezeichnet, da Daten und Ergebnisse oft numerisch und eben nicht symbolisch sind. Die symbolische KI auf der anderen Seite beschäftigt sich mit Semantik, Sprache und Wissen, zumeist in Form mathematischer Logikkalküle. Typische Anwendungen sind Diagnose (Ursachenerkennung), Rekonfiguration und Optimierung von Systemen. Während die subsymbolische KI in den letzten Jahren z. B. in Form tiefer neuronaler Netze entscheidende Anregungen gegeben hat, spielt sich das menschliche Verständnis (z. B. von Zeitdauern, Ereignissen) auf einer symbolischen Ebene ab. Für eine erfolgreiche Nutzung subsymbolischer KI-Methoden ist der Übergang zwischen Subsymbolik und Symbolik, d. h. eine automatische Konzeptualisierung, entscheidend.

In jedem Fall muss das Wissen, das in den Daten vorhanden ist, in geeigneter Weise modelliert werden, um es in komprimierter Form effizient nutzen zu können. Es gibt zahlreiche Modellierungsmöglichkeiten für diskrete und kontinuierliche Prozesse. Und es können bereits heute kontinuierliche Verhaltensmodelle sehr gut gelernt werden (Markou und Singh 2003). Auch für diskrete Ereignissysteme existieren eine Reihe von Algorithmen (Carrasco und Oncina 1999). Doch komplexe technische Systeme sind durch eine Kombination kontinuierlicher physikalischer Prozesse und diskreter Ereignisse charakterisiert (Ravi und Thyagarajan 2011). Als Modelle kommen deshalb oft hybride Automaten oder qualitativ-symbolische Ansätze zum Einsatz (Maurya et al. 2007). Aktuell wird an Zustandsautomaten mit zeitlichen Einschränkungen geforscht (Maier et al. 2011), wobei am Fraunhofer IOSB das Lernen hybrider Automaten wesentlich vorangetrieben wird (Niggemann et al. 2012; Faltinski et al. 2012). Dennoch ist Big Data Analytics in Kombination mit Data Mining für technische Systeme noch weit davon entfernt ein Standardvorgehen darzustellen, wie eine Analyse des Stands der Wissenschaft und Technik zeigt.

In diesem Beitrag wird ein allgemeines, datengetriebenes Framework zur Überwachung, Anomalieerkennung, Prognose (Verschleißmodellierung), Diagnose und Steuerung vorgestellt. Diese beinhaltet die wesentlichen Bestandteile zur Datenanalyse und definiert abstrakte Schnittstellen zwischen den einzelnen Schichten. Dadurch kann die Wiederverwendbarkeit von Hard- und Software erhöht werden, so dass sich ein Standardvorgehen entwickeln kann. Des Weiteren wird die Konzeptualisierung als eine zentrale Schnittstelle der Architektur behandelt: Der Übergang von Ergebnissen des Maschinellen Lernens, also subsymbolischer Informationen, zu von Menschen verständlichen Informationen wie Sprache, Ontologiemodellen oder Engineeringdaten, den sogenannten symbolischen Informationen.

2 Herausforderungen

Um datengetriebene Lösungen zur Überwachung, Diagnose und Steuerung von CPS zu implementieren, muss eine Vielzahl von Herausforderungen überwunden werden, um das in Abb. 1 dargestellte Lernen zu ermöglichen:

Datenerfassung: Alle in verteilten CPS gesammelten Daten, beispielsweise von Sensoren und Aktoren, Software-Protokolle und Unternehmensdaten müssen in Echtzeit erfassbar sein und teilweise zeitlich synchronisiert und räumlich gekennzeichnet sein. Besonders bei extrem schnellem Datenverkehr stellt die Zuordenbarkeit der Daten ein Problem dar. Darüber hinaus müssen Daten semantisch annotiert werden, um eine spätere Datenanalyse zu ermöglichen.

Datenspeicherung, -wiederherstellung und -aufbereitung: Die Daten müssen gespeichert und in einer verteilten Art und Weise aufbereitet werden. Umweltfaktoren und die tatsächliche Systemkonfiguration (beispielsweise für das aktuelle Produkt in einem Produktionssystem) müssen ebenfalls gespeichert werden. Je nach Anwendung müssen ein relationales Datenbankformat oder zunehmend verteilte non-SQL-Technologien verwendet werden, so dass die richtigen Daten für verschiedene Analysen abgerufen werden können. Reale Daten können rauschbehaftet, teilweise beschädigt und unvollständig sein. All dies muss bei der Gestaltung von Anwendungen zur Datenwiederherstellung, -speicherung, und -aufbereitung berücksichtigt werden.

Maschinelles Lernen: Die Daten müssen analysiert werden, um Muster abzuleiten und die Daten in komprimiertes und nutzbares Wissen zu abstrahieren. Zum Beispiel können Algorithmen des maschinellen Lernens Modelle des normalen Systemverhaltens generieren, um ungewöhnliche Muster in den Daten zu erkennen. Andere Algorithmen können verwendet werden, um die Ursache der beobachteten Probleme oder Anomalien zu identifizieren. Bei der Auswahl und Gestaltung geeigneter Analysen und Algorithmen sind Faktoren wie die Fähigkeit, große Mengen und manchmal hohe Geschwindigkeiten heterogener Daten zu beherrschen, zu berücksichtigen. Dafür sind normalerweise maschinelle Lernverfahren, Data Mining und andere Analysealgorithmen notwendig, die parallel ausgeführt werden können, wie zum Beispiel die Hadoop- und MapReduce-Architektur. In manchen Fällen ist dies unumgänglich, um die Anforderung der Echtzeit-Analyse zu erfüllen.

Services und Algorithmen: Das gelernte Wissen und die Modelle werden nun von Services wie Condition-Monitoring, Predictive Maintenance und Energieoptimierung genutzt. Diese Services bauen dabei zumeist aufeinander auf.

Condition-Monitoring und Anomalieerkennung: Zuerst werden alle Daten daraufhin analysiert, ob sie normal sind oder ein Symptom für ein Problem darstellen. Typische Probleme sind Fehler oder suboptimale Zustände, z. B. ein zu hoher Energieverbrauch,

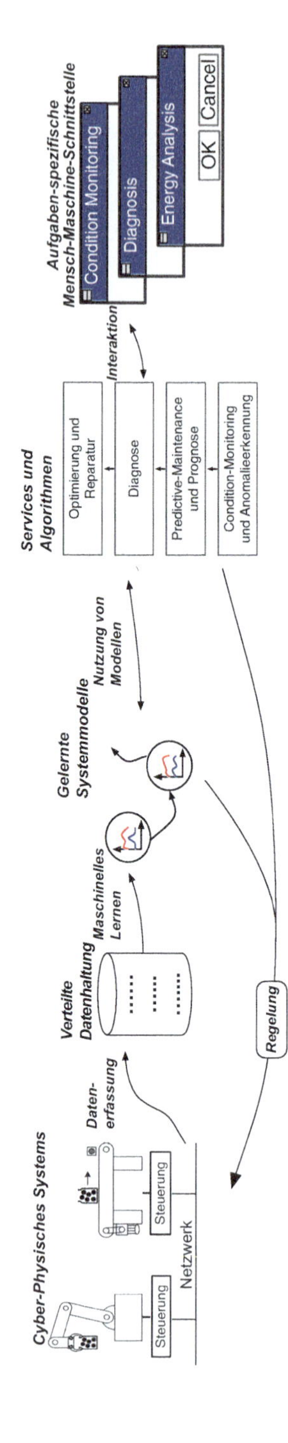

Abb. 1 Herausforderungen des Lernens in CPS

Predictive-Maintenance und Prognose: Wurden Symptome festgestellt können diese anhand der zuvor gelernten Modelle in die Zukunft prognostiziert werden. Dies erlaubt z. B. die Festlegung optimaler Wartungsintervalle.

Diagnose: Im nächsten Schritt werden die Ursachen für die Probleme identifiziert. Da Symptome an anderen Stellen auftreten können als die Fehlerursache (Chaining-Effekt), kann die Ursachenidentifikation komplex sein.

Optimierung und Reparatur: Um die Problemursachen zu beseitigen, werden entweder Fehler repariert oder Systemparameter optimiert.

Aufgabenspezifische Mensch-Maschine-Schnittstellen (HMI): Aufgaben wie die Zustandsüberwachung, Energiemanagement, vorausschauende Wartung oder Diagnose erfordern aufgabenspezifische Benutzerschnittstellen. Manche Schnittstellen etwa können für Offline-Analysen zugeschnitten sein, um Experten die Interaktion mit dem System zu ermöglichen. So können Experten beispielsweise durch Data Mining und Analyse erfasste Informationen verwenden, um neue Erkenntnisse abzuleiten, die sich vorteilhaft für den künftigen Betrieb des Systems auswirken. Andere Schnittstellen wären besonders für Bediener und Wartungspersonal gestaltet. Diese Benutzerschnittstellen würden beispielsweise so gestaltet, dass die Ergebnisse der Analysen in einer gut verständlichen Form ausgegeben werden, so dass sie dem Bediener eine Entscheidungshilfe bieten.

Feedback-Mechanismen und Regelung: Als Reaktion auf die erkannten Muster in den Daten oder die erkannten Probleme kann der Benutzer entsprechend handeln, zum Beispiel durch eine Rekonfiguration der Anlage oder eine Unterbrechung der Produktion zur Instandhaltung. In bestimmten Fällen könnte das System ohne Benutzereingriff reagieren. In diesem Fall wird der Benutzer nur darüber informiert.

3 Lösungen

Wie wir in Abschn. 4 zeigen werden, wiederholen sich die in Abschn. 2 dargestellten Herausforderungen in den meisten CPS-Beispielen. Während Details, wie die Algorithmen des eingesetzten maschinellen Lernens oder die gespeicherten Daten, Unterschiede aufweisen können, bleiben die wesentlichen Schritte konstant. Die meisten CPS-Lösungen implementieren alle diese Schritte immer wieder von neuem und nutzen sogar unterschiedliche Lösungsstrategien. Das führt zu einem Mehraufwand, verhindert jegliche Wiederverwendung von Hardware/Software und erschwert einen direkten Vergleich zwischen den Lösungen. Deshalb ist eine kognitive Referenzarchitektur für die Analyse von CPS entwickelt worden. Hier sei angemerkt, dass es sich dabei um eine reine Referenzarchitektur handelt, die spätere Implementierungen auf keine Weise einschränkt. Abb. 2 zeigt die wesentlichen Bestandteile der Architektur.

Big Data-Plattform (Schnittstellen 1 & 2): Diese Ebene vereint dann alle Daten – oft in Echtzeit – synchronisiert sie und versieht sie mit Metadaten, wie z. B. dem Gerätetyp, eine räumliche Zuordnung oder die Systemkonfiguration. Dies geschieht mittels domänenabhängiger, oft proprietärer Schnittstellen, hier mit Schnittstelle 1 (I/F 1) bezeichnet. Diese Daten werden über Schnittstelle 2 (I/F 2) bereitgestellt, die

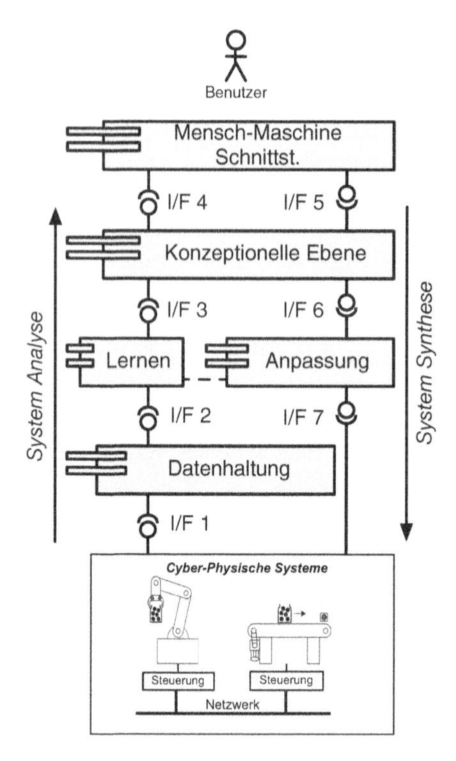

Abb. 2 Eine kognitive Architektur

daher neben den Daten selbst auch die Metadaten (d. h. die Semantik) beinhalten muss. Eine mögliche Methode zur Implementierung der Schnittstelle 2 stellt die Verwendung von Big Data-Plattformen wie Sparks oder Hadoop zum Speichern der Daten dar.

Lernalgorithmen (Schnittstellen 2 & 3): Diese Ebene erhält die Daten über Schnittstelle 2. Da die Schnittstelle auch die Metadaten beinhaltet, müssen die Algorithmen für das lernen und verwenden von Modellen nicht speziell für eine Domäne implementiert werden, sondern können sich an die bereitgestellten Daten anpassen. In dieser Ebene werden ungewöhnliche Muster in den Daten (für die Anomalieerkennung und Diagnose ausgewertet), Verschleißeffekte (für die Zustandsüberwachung verwendet) und Vorhersagen über das System (für die vorausschauende Wartung) berechnet. Die Ergebnisse sind prognosefähige Modelle, z. B. eine prognostizierte Restlaufzeit eines Bauteils, und werden über Schnittstelle 3 bereitgestellt.

Konzeptuelle Ebene (Schnittstellen 3 & 4): Die über Schnittstelle 3 bereitgestellten Informationen müssen gemäß der aktuellen Aufgabe ausgewertet werden. Die bereitgestellten Informationen zu ungewöhnlichen Verhaltensmustern, Verschleißeffekten und Vorhersagen werden deshalb mit anwendungsspezifischem Wissen kombiniert und auf dieser Ebene als symbolische Konzepte behandelt. Diese semantisch annotierten Informationen können dem Benutzer über die Mensch-Maschine-Schnittstelle als Entscheidungshilfe angezeigt werden. Es ist auch möglich, dass eine Entscheidung über Schnittstelle 6 direkt umgesetzt wird, z. B. das Stoppen der Anlage bei einer erkannten Anomalie. Aus Sicht der Informatik handelt es sich bei dieser Ebene um Schlussfolgerungen auf symbolischer Ebene, wo die Ergebnisse mit einem semantischen Kontext ergänzt werden.

Aufgabenspezifische Mensch-Maschine-Schnittstelle (HMI) (Schnittstellen 4 & 5): Bei der hier vorgestellten Architektur steht der Benutzer im Mittelpunkt. Für ihn sind aufgaben-, kontext- und rollenspezifische HMI erforderlich. Über Schnittstelle 4 bezieht die HMI notwendige Ergebnisse und stellt sie dem Benutzer bereit. Durch adaptive Schnittstellen könnten nicht nur die Ergebnisse derselben Gruppe von Analysen, sondern ein breiteres Spektrum an Informationen bereitgestellt werden. Dabei wird zugleich eine effiziente Darstellung zugesichert, ohne den Benutzer zu überfordern. Zusätzlich zu den typischen dynamischen Funktionen, wie die Ausgabe von Warnungen über erkannte Probleme oder Anomalien, könnten die Schnittstellen die angezeigten Informationen an den jeweiligen Kontext anpassen (z. B. Standort des Benutzers in einer Produktionsanlage, Erkennung dessen aktueller Tätigkeit, erkannte Verhaltensmuster bei früheren Informationssuchen und Wissen über das technische Fachwissen des Benutzers) und somit relevanter für den Benutzer gestalten. Beschließt der Benutzer in das System einzugreifen (z. B. Herunterfahren eines Teilsystems oder Anpassung des Systemverhaltens), wird diese Entscheidung über Schnittstelle 5 an die konzeptionelle Ebene kommuniziert.

Konzeptuelle Ebene (Schnittstellen 5 & 6): Die Entscheidungen des Benutzers werden über Schnittstelle 5 empfangen. Die konzeptionelle Ebene verwendet Wissen, um die zur Umsetzung der Benutzerentscheidung erforderlichen Maßnahmen zur treffen. Beispielsweise könnte eine Entscheidung, die Taktzeit einer Maschine um 10 % zu verlängern Maßnahmen wie eine Reduzierung der Betriebsgeschwindigkeit des Roboters um 10 % und des Förderbands um 5 % oder das Ausschalten eines Teilsystems zur Folge haben. Diese Handlungen werden der Anpassungsebene über Schnittstelle 6 übermittelt.

Anpassung (Schnittstellen 6 & 7): Diese Ebene erhält über Schnittstelle 6 Befehle zur Anpassung des Systems von der konzeptionellen Ebene. Die Anpassungsebene berechnet in Echtzeit die entsprechenden Änderungen an der Steuerung und setzt diese in dem CPS um. Das Ausschalten eines Teilsystems etwa erfordert vielleicht ein bestimmtes Netzwerksignal, oder die Taktrate einer Maschine wird durch eine Anpassung der Reglerparameter ebenfalls durch Netzwerksignale geändert. Aus diesem Grund werden für Schnittstelle 7 domänenabhängige Schnittstellen verwendet.

Durch die Kombination von symbolischer Interaktion mit dem Benutzer (konzeptionelle Ebene und Mensch-Maschine-Schnittstelle) und maschinellen Lernalgorithmen übernimmt die Architektur typische kognitive Aufgaben wie Adaption, Lernen und Selbstreflexion. Genau diese Aufgaben sind zentraler Bestandteil moderner Industrie 4.0 Ansätze.

4 Fallstudien

4.1 Energieanalyse in der Prozessindustrie

Im Gegensatz zu Fertigungsprozessen weisen Daten aus der Prozessindustrie vorwiegend kontinuierliche Größen und eine wesentliche geringere Abtastrate auf. In diesem Beispiel wird die Analyse des Energieverbrauchs in chemisch/pharmazeutischen Produktionsanlagen beschrieben. Im Vergleich zu den in Abschn. 4.1 beschriebenen diskreten Systemen, müssen die überwiegend kontinuierliche Signale wie der Energieverbrauch gelernt und analysiert werden. Aber auch die diskreten Signale müssen berücksichtigt werden, da kontinuierliche Signale nur in Bezug auf den aktuellen Systemzustand interpretiert werden können. So ist es z. B. wichtig zu wissen, ob ein Ventil geöffnet oder ein Roboter eingeschaltet ist. Darüber hinaus wird der Anlagenstatus in der Regel durch die Historie der diskreten Steuerungssignale definiert.

Hybride Modelle bieten den entscheidenden Vorteil einzelne Prozessabschnitte wesentlich besser mithilfe von klassischen kontinuierlichen Ansätzen abzubilden, als den Gesamtprozess kontinuierlich zu modellieren. Das Systemverhalten ändert sich durch diskrete Systemevents (Systemzustände) die bei der klassischen kontinuierlichen Betrachtung des Gesamtsystems nicht berücksichtig werden.

In (Kroll et al. 2014) wird ein Erkennungssystem für Anomalien des Energieverbrauches beschrieben, welches drei Produktionsmodule analysiert. EtherCAT und Profinet werden für Schnittstelle 1, und OPC UA für Schnittstelle 2 verwendet. Die gesammelten Daten werden dann auf der Ebene des Lernens in zeitbehaftete hybride Automaten komprimiert. Ebenfalls auf dieser Ebene wird der aktuelle Energieverbrauch mit dem prognostizierten Verbrauch verglichen. Anomalien in den kontinuierlichen Variablen werden dem Benutzer über mobile Plattformen signalisiert, die auf Basis von Webdiensten realisiert sind (Schnittstellen 3 und 4).

In Abb. 3 wird eine Pumpe erst mit Hilfe eines hybriden Automaten in einzelne Systemzustände modelliert, der zusätzlich das Zeitverhalten des Prozesses abbildet. Anschließend wird der Energieverbrauch innerhalb der einzelnen Zustände mit Hilfe linearer Regression modelliert. Die Zustände S0/S2 stellen den Pumpenanlauf bzw. Pumpenstopp dar. Im Zustand S1 ist die entsprechende Nennleistung über den Zeitraum konstant. Das Zeitverhalten ist unter der Angabe von minimal und maximal Zeitangaben an die Transition annotiert. So ist für die Transition von S0 zu S1 ein Zeitverhalten von 0 bis 18 Sekunden automatisch für das Normalverhalten gelernt worden.

Fazit 4.1: Das Lernen von hybriden Automaten kann nicht-diskrete Eingabesignale behandeln. Die Zustände dieser hybriden Automaten entsprechen wiederkehrenden Episoden aus dem Zeitverhalten des CPS. In dem Sinne stellen sie also einen Diskretisierungsschritt dar, über den eine Konzeptzuordnung möglich ist (IF 3 aus Abb. 2). Allerdings stoßen diese Lernverfahren für große Datenmengen an Laufzeitgrenzen und sie haben Schwierigkeiten zu lernen, wann neue Zustände beginnen bzw. enden.

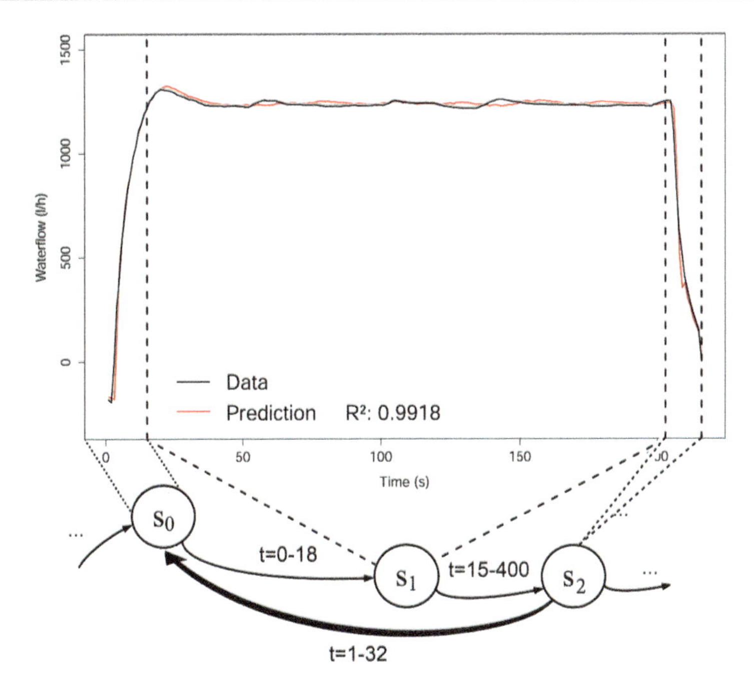

Abb. 3 Ein hybrider Automat für eine Pumpe mit Zustände s0,s1, s2, der Fluss wird durch drei aufeinander folgende Zustände modelliert

4.2 Diskretisierung komplexer Signalverläufe in der Fertigungsindustrie

Produktionsanlagen sind hybride Systeme mit sowohl wertdiskreten als auch wertkontinuierlichen Signalen. Aufgrund der zunehmenden Systemkomplexität und der Stochastizität weisen Systeme auf der einen Seite komplexe Kausalitäten und schwer zu analysierendes Zeitverhalten auf. Andererseits wird eine manuelle Analyse durch Experten immer schwieriger, da häufige Änderungen typische Eigenschaften von CPPS sind.

Für viele Services, wie Diagnose, Anomalieerkennung oder Alarmmanagement, ist das Wissen über Systemkausalitäten und Zeitverhalten von wesentlicher Bedeutung: Änderungen von diskreten Signalen können zu einem unterschiedlichen Verhalten von kontinuierlichen Signalen führen, Ereignissequenzen können als falsch eingestuft werden, Timing-Änderungen weisen auf bevorstehende Probleme hin, Systemabhängigkeiten können verwendet werden, um die Hauptursachen auf der Grundlage von Alarmen zu identifizieren und das Zeitverhalten deutet oft auf mögliche Systemoptimierungen hin. Die Konzepte von Kausalitäten und Zeitabläufen sind jedoch eng mit diskreten Ereignissen, Ereignissequenzen und Zeitabläufen zwischen diesen Ereignissen verbunden – alle undefiniert für den kontinuierlichen Teil des Systems. Das heißt dieser Anwendungsfall diskretisiert kontinuierliche Werte, damit im Anschluss gängige Verfahren für diskrete Anwendungsfälle verwendet werden können. Durch die intuitive Interpretation sind zeitbehaftete Automaten sehr gut für die Modellierung des Zeitverhaltens dieser Systeme geeignet. Verschiedene Algorithmen wurden entwickelt, um solche zeitbehaftete Automaten zu lernen, darunter RTI+ (Verwer 2010) und BUTLA (Niggemann et al. 2012).

Das zu lösende Problem ist also die Umwandlung von multivariaten Zeitreihen gemischten Typs in eine diskrete Darstellung wie z. B. einem endlichen Automaten. Die diskreten Zustände müssen dabei so gewählt werden, dass Sie möglichst wiederkehrenden Verhaltensmustern in den Originaldaten entsprechen. In (Hranisavljevic et al. 2016) wurden neuronale Netze zur Diskretisierung solcher hybriden Systeme verwenden: Schritt 1 (siehe auch Abb. 4) umfasst zunächst die Vorbereitung der Eingaben für das neuronale Netz, beispielsweise durch Anwenden eines Zeitfensters auf die kontinuierlichen Beobachtungen. Die kontinuierlichen Prozessdaten werden von der Big Data Plattform über I/F 2 zur Verfügung gestellt (siehe Abb. 2). Anschließend wird in Schritt 2 ein tiefes neuronales Netzwerk mit einem Gauß-Bernoulli-RBM (Restricted Boltzmann Machine) in der untersten Schicht verwendet, um dann in mehreren Hierarchieebenen eine zunehmende Abstraktion der Daten zu erreichen. Die oberen Schichten dieses Netzwerks erzwingen eine Bernoulli-verteilte (d. h. eine nahezu diskretisierte) Datendarstellung.

In Schritt 3 wird das erlernte Netzwerk zur Diskretisierung der kontinuierlichen Daten verwendet: Mit jeder RBM können wir die Aktivierungswahrscheinlichkeiten seiner Bernoulli-Neuronen, d. h. der obersten Schicht, zu jedem Zeitpunkt berechnen. Diese diskretisierte (binäre) Darstellung ist ein binärer Vektor von gerundeten Werten der Einheiten der obersten Schicht, so wird aus dem dreidimensionalen Vektor (0.1, 0.2, 0.8) z. B. die neue Darstellung (0,0,1). Vorhandene diskrete Steuerungssignale werden diesem Vektor hinzugefügt. Dieser Vektor definiert nun, zumeist als Zahl interpretiert, den Zustand zu dem Zeitpunkt. Über der Zeit ergibt sich nun eine Abfolge von Zuständen, wobei Transitionen zwischen den Zuständen durch Änderungen in der obersten Schicht des neuronalen Netzes hervorgerufen werden. Diese Änderungen entsprechen Events in ereignisbasierten Modellen, sodass ein zeitlicher Automat gelernt werden kann. Aus diesen Events lassen sich auch Zeitpunkte, Zeitdauern und Wahrscheinlichkeiten berechnen.

In Schritt 4 werden diese gelernten Automaten z. B. für eine Anomalieerkennung verwendet. Hierzu überprüft die Software den Pfad, der durch die Sequenz von beobachteten Ereignissen in dem Automaten entsteht. Eine Anomalie wird erkannt, wenn der Automat die Sequenz entweder wegen des Auftretens eines ungültigen Ereignisses oder wegen einer nicht erfüllten Zeiteinschränkung ablehnt. Auch ein Abweichen von den gelernten Wahrscheinlichkeiten kann erkannt werden. Annahme ist, dass die Trainingsdaten ein normales Verhalten darstellen. Abweichungen werden als Anomalie über Schnittstelle 3 (Abb. 2) kommuniziert. Auf der konzeptionellen Ebene wird entschieden, ob eine Anomalie relevant ist, so kann möglicherweise eine einmalige zeitliche Abweichung toleriert werden, wenn kein Trend zu erkennen ist. Schließlich ist eine grafische Benutzeroberfläche mit der konzeptionellen Ebene über OPC UA (Schnittstelle 4) verbunden.

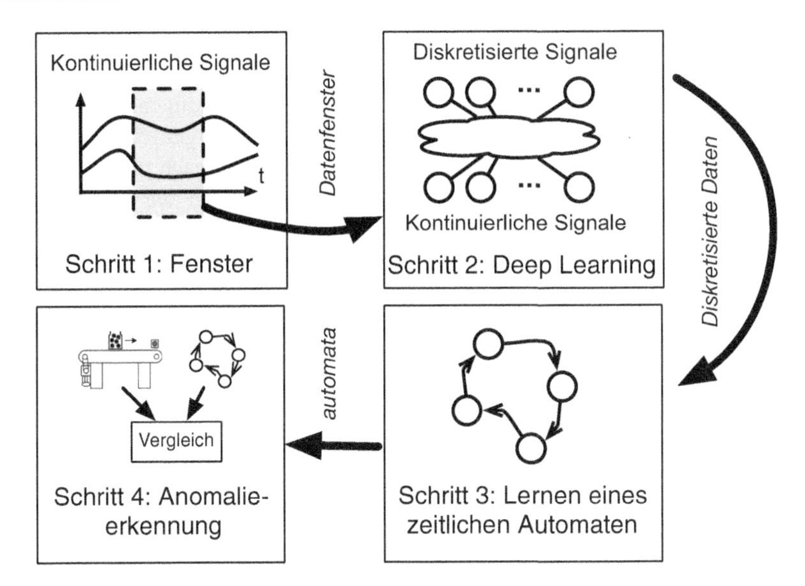

Abb. 4 Diskretisierung mittels Neuronaler Netze

Fazit 4.2: Auch hier werden im Grunde hybride Automaten wie in Abschn. 4.1 gelernt. Allerdings behandeln neuronale Netze diskrete und kontinuierliche Signale gleich und können die Grenzen von Zuständen automatisch erkennen. Dadurch wird die Konzeptbildung wesentlich vereinfacht, sodass mit diesem Ansatz eine sehr generische Lösung für das I/F 3 von Abb. 2 realisiert werden kann. Eine Abbildung auf semantische Konzepte fehlt aber hierbei.

4.3 Flugdaten in der Luftfahrt

Systeme zur Fehlererkennung und -eingrenzung haben die Aufgabe, das Auftreten von unerwünschten Ereignissen während des Betriebs von komplexen Systemen – beispielsweise in Flugzeugen und industriellen Prozessen – zu erkennen. Hier betrachten wir eine Technik zum erkennen von Anomalien, um bisher unerkannte Fehler in Flugzeugsystemen zu finden. Dazu wurden von Honeywell Aerospace zur Verfügung gestellt und von einer ehemaligen Regionalfluggesellschaft aufgezeichnet, die eine Flotte von vierstrahligen Flugzeugen in den USA betrieben hat. Die Flugzeuge der Flotte flogen je ca. 5 Flüge pro Tag über einen Zeitraum von 5 Jahren – in Summe mehr als 25.000 Flüge. Da es sich um eine regionale Fluggesellschaft handelte, hatten die meisten Flüge eine Dauer von 30 bis 90 Minuten. Für jeden Flug wurden 182 Eigenschaften bei einer Abtastrate von 1 Hz bis 16 Hz aufgezeichnet. Insgesamt ergibt das eine Datenmenge von etwa 0,7 TB. Die Daten wurden anonymisiert, behielten aber ausreichende Semantik über Sensoren und Monitore für eine diagnostische Analyse.

Während eines Fluges können Situationen auftreten, in denen das Flugzeug in bisher unbekannten Betriebsarten arbeitet. Diese können durch die maschinelle Ausstattung, die menschlichen Bediener oder Umweltbedingungen (z. B. das Wetter) verursacht werden. In solchen Situationen können datengetriebene Anomaliedetektionsverfahren (Chandola et al. 2009), d. h. eine Suche nach bisher unerwarteten Mustern in den Betriebsdaten des Systems, angewendet werden. Manchmal können Anomalien tatsächlich abweichendes, unerwünschtes und fehlerhaftes Verhalten darstellen. In anderen Situationen handelt es sich einfach um unerwartete Verhaltensweisen. Auf Basis überwachter Lern- und Clustering-Methoden wurde ein Offline-Verfahren zur Erkennung abnormaler Situationen entwickelt. Diese abnormalen Situationen wurden menschlichen Experten und Einsatzleitern gezeigt, die von Ihnen gedeutet und klassifizieren wurden.

Gesammelte Rohdaten werden vorverarbeitet, in dem Sensordaten die nicht für den Flugbetrieb notwendig sind herausgefiltert werden. Durch die Vorverarbeitung wird die Effizienz verbessert, da sich die Zahl der Features von 145 auf 87 reduziert. Ausgehend von 5333 ausgewählten Flugdaten (Ebene „Big Data Plattform" in Abb. 2) wurden die Zeitreihendaten mit Wavelet-Transformationen in eine komprimierte Vektorform gebracht. Im nächsten Schritt wurde mit der euklidischen Distanz eine Unähnlichkeitsmatrix der paarweisen Flugsegmente erstellt und die Flugdaten dann durch einen hierarchischen Clustering-Algorithmus verarbeitet (Ebene „Lernen" in Abb. 2). Die Verwendung der euklidischen Distanz in Kombination mit hierarchischem Clustering ist oft verwendet worden und hat sich bewährt. Außerdem hat das hierarchische Clustering den Vorteil, dass eine variable Anzahl an Clustern effizient ausgewählt werden können.

Typischerweise erzeugt der Algorithmus eine Reihe von größeren Clustern, die als nominaler Betriebszustand betrachtet werden, sowie eine Anzahl kleinerer Cluster und „Ausreißer"-Flüge, die zunächst als anomal gekennzeichnet wurden. Durch eine Untersuchung der unterschiedlichen Wertigkeiten zwischen den größeren nominalen und kleineren anomalen Clustern mit Hilfe von Fachexperten, konnten die Anomalien interpretiert und erklärt werden („Konzeptionelle Ebene" in Abb. 2). Diese Anomalien oder Fehler stellen Situationen dar, welche die Experten bislang nicht berücksichtigt hatten. Deshalb bot dieser un- oder teilweise beaufsichtigte, datengetriebene Ansatz einen Mechanismus zum Erlangen neuer Erkenntnisse über unerwartetes Systemverhalten. Sind die Anomalien von Experten erkannt worden, so kann hieraus auch ein Entscheidungsbaum gelernt werden.

Bei der Analyse der Flugdaten wurde eine Reihe von anomalen Clustern beobachtet. So wurde z. B. bei der Analyse anormaler Cluster, deren Werte deutlich vom Nennwert abwichen, durch Experten festgestellt, dass sich die automatische Drosselsteuerung mitten im Steigflug auskuppelte. Die Drosselautomatik dient zur Gewährleistung einer konstanten Geschwindigkeit während des Starts oder einer konstanten Schubkraft in anderen Flugphasen. Dies stellte eine ungewöhnliche Situation dar, weil die Drosselautomatik sich selbstständig von der Aufrechterhaltung der Startgeschwindigkeit auf eine Einstellung für konstanten Schub umstellte, was darauf hindeuten würde, dass sich das Flugzeug am Rande der Abrissgeschwindigkeit befand. Dies wurde durch den Flugpfad-Beschleunigungssensor bestätigt.

Der Experte stellte fest, dass die Drosselautomatik in solchen Situationen auf einen niedrigeren Schub schalten kann, um das Flugzeug in einen horizontalen Flug zu bringen und so den Geschwindigkeitsverlust zu kompensieren. Durch das Untersuchen der Triebwerksparameter konnte der Experte bestätigen, dass alle Triebwerke auf den Drosselbefehl korrekt reagierten. Wenngleich diese Analyse keinen definitiven Schluss ziehen ließ (abgesehen von der Tatsache, dass die Drosselautomatik und somit die Flugsysteme korrekt reagierten), folgerte der Experte, dass eine weitere Analyse erforderlich ist, um der Frage nachzugehen „Warum hat das Flugzeug auf diese Weise beschleunigt und warum war es so nahe der Abrissgeschwindigkeit?". Eine mögliche Ursache ist menschliches Versagen.

Fazit 4.3: Clustering ist eine weiteres interessanter Ansatz zur Diskretisierung und zur automatischen Konzeptbildung (I/F 3 aus Abb. 2). Gerade für große Datenmengen werden mit geringen Laufzeiten gute Ergebnisse erzielt.

4.4 Zuverlässigkeit und fehlertolerante Steuerung

Die meisten komplexen CPS interagieren mit Menschen, weshalb die Systeme Sicherheitskritisch sind. Fehler können durch einen Bedienungsfehler des Menschen, Cyber-Angriffe oder Systemfehler verursacht werden.

Um den Sicherheitsanforderungen gerecht zu werden sind fehlertolerante Steuerungen erforderlich. In der Literatur werden mehrere modellbasierte Strategien zur fehlertoleranten Steuerung dynamischer Systeme beschrieben (siehe z. B. Jin 2005; Blanke et al. 2003). Forschungsarbeiten haben sich auch mit der Netzwerksicherheit und der robusten Netzwerksteuerung befasst (siehe z. B. Schenato et al. 2007). Diese Methoden erfordern allerdings mathematische Modelle des Systems, welche für große und komplexe Systeme nicht immer vorhanden sind. Deshalb wurde in den vergangenen Jahren verstärkt an datengetriebenen Steuerungen (Hou und Wang 2013) und der datengetriebenen fehlertoleranten Steuerung (Wang et al. 2009) geforscht. Im Zusammenhang mit CPS müssen alle möglichen Fehlerquellen berücksichtigt werden.

Ein Hybridansatz kann ein abstraktes Modell des komplexen Systems verwendet und die Daten nutzen, um die Kompatibilität zwischen dem Modell und dem komplexen System zu gewährleisten. Techniken der Datenabstraktion und des maschinellen Lernens werden eingesetzt, um Muster zwischen den verschiedenen Konfigurationen der Steuerung und den Systemausgaben zu ermitteln. Dabei wird die Korrelation zwischen Steuersignalen und den Ausgängen der physikalischen Teilsysteme berechnet und die Sätze von stark korrelierenden Teilsystemen extrahiert (Ebene „Lernen" in Abb. 2). Ein fallbasiertes Softwaremodul kann für jedes stark korrelierende Teilsystem durch die Verarbeitung der Erfolge und Fehlschläge vergangener Einsätze und durch das Expertenwissen fehlgeschlagener Erfahrungen der Vergangenheit entworfen werden („Konzeptionelle Ebene" in Abb. 2). Basierend auf dem aktuellen Zustand des Systems bestimmt die Rekonfigurationseinheit oder der Experte die entsprechenden Steuerungskonfigurationen des Systems, wie etwa eine Modifikation der Einsatzabläufe oder der Einsatzziele, oder eine Änderung der Reglerparameter (Ebene „Anpassung“ in Abb. 2).

Beispiel einer fehlertoleranten Steuerung eines Treibstoff-Fördersystems: Das Treibstoffsystem beliefert die Triebwerke des Flugzeugs mit Kraftstoff. Jeder Einsatz stellt eigene Anforderungen. Dabei sind jedoch die gemeinsamen Anforderungen, wie ein gleich bleibender Schwerpunkt des Flugzeugs, die Sicherheit und der zuverlässige Betrieb, immer kritisch. Eine Reihe von integrierter Sensoren messen verschiedene Systemvariablen, wie z. B. den Füllstand der Treibstofftanks, den Treibstoffverbrauch der einzelnen Triebwerke, den Speisepumpendruck und die Ventilstellungen.

Es gibt mehrere Fehlermodi, wie etwa ein kompletter Ausfall oder ein Leistungsabfall elektrischer Pumpen, oder ein Leck in einem Tank oder den Treibstoffleitungen. Unter Verwendung der Daten und des abstrakten Modells lassen sich diese Fehler erkennen und lokalisieren und ihre Parameter einschätzen. Je nach Art und Schweregrad des Fehlers wählt dann die Rekonfigurationseinheit des Systems aus der Regelungsbibliothek ein geeignetes Regelungsszenario aus. Zum Beispiel werden im normalen Betrieb die Förderpumpen und Ventile so angesteuert, dass der Schwerpunkt des Flugzeugs innerhalb der definierten Grenzen bleibt. Dazu gehört der Ausgleich der Füllstände der Treibstofftanks in der linken und rechten Hälfte des Flugzeugs. Entsteht ein kleines Leck, so kann das vom System – je nachdem, wo sich das Leck befindet – normalerweise toleriert werden. Im Normalfall wächst ein Leck aber im Laufe der Zeit. Deshalb sind ein Abschätzenx der Leckrate und eine Umkonfiguration des Systems erforderlich, um den Treibstoff aus dem betroffenen Tank zu fördern oder die undichte Leitung zu isolieren, bevor es zu einer kritischen Situation kommt.

Fazit 4.4: Dieser Anwendungsfall löst ein bislang nicht diskutiertes Problem: Wie können Modelle aus der Engineeringkette (zumeist in der konzeptionellen Ebene aus Abb. 2) mit datenbasierten Methoden (Lernebene aus Abb. 2) kombiniert werden? Oft lassen sich mit der Kombination beider Informationsquellen gerade für technische Systeme die besten Ergebnisse erzielen. Ein Vorteil ist dabei, dass bei diesem Vorgehen passende semantische Konzepte automatisch aus der Engineeringkette übernommen werden können.

5 Fazit

Datengetriebene Ansätze zur Analyse und Diagnose von CPS sind herkömmlichen modellbasierten Ansätzen, mit von Experten erstellten Modellen, immer unterlegen. Experten verfügen über Hintergrundwissen, das nicht von Modellen erlernt werden kann. Zudem berücksichtigen Experten automatisch eine größere Anzahl möglicher System-Szenarien, die im normalen Lebenszyklus eines Systems eintreten können.

Die Frage ist somit nicht, ob ein daten- oder ein expertengetriebener Ansatz überlegen ist, sondern vielmehr, welche Art von Modellen realistisch in realen Anwendungen vorhanden sind – und welche Modelle automatisch erlernt werden müssen. Diese Betrachtung ist besonders im Zusammenhang mit CPS ausschlaggebend, da sich diese Systeme an ihre Umgebung anpassen und somit ein variierendes Verhalten aufweisen. Das bedeutet, dass auch die Modelle häufig angepasst werden müssten.

In den Abschn. 4.1 und 4.2 werden strukturelle Informationen über das Werk aus der Projektierungskette importiert und das zeitliche Verhalten in der Form von zeitbehafteten Automaten gelernt. In Abschn. 4.4 wird ein abstraktes Systemmodell zur Beschreibung der Ein-/Ausgabestruktur und der wichtigsten Fehlerarten beschrieben. Auch hier wird das Verhalten gelernt. Diese Ansätze sind typisch, da in den meisten Anwendungen strukturelle Informationen aus früheren Projektierungsphasen gewonnen werden können, während es kaum Verhaltensmodelle gibt und diejenigen, die es gibt, fast nie mit dem realen System validiert sind. Eine Betrachtung der Lernphase zeigt, dass alle beschriebenen Ansätze funktionieren und gute Ergebnisse liefern.

Bei CPS sind datengetriebene Ansätze in den Fokus der Forschung und Industrie gerückt, denn sie eignen sich gut für CPS: Sie passen sich automatisch an neue Systemkonfigurationen an, brauchen keine manuelle Projektierung und nutzen die große Anzahl an verfügbaren Datensignalen – die Konnektivität ist ein typisches Merkmal der CPS.

Ein weiterer gemeinsamer Nenner der beschriebenen Anwendungsbeispiele ist der Fokus auf die Anomalieerkennung und nicht auf die Ursachenanalyse: für datengetriebene Ansätze ist es einfacher, ein Modell des normalen Verhaltens zu erlernen als das Fehlverhalten zu lernen. Auch typisch ist, dass die einzige Fehlerursachenanalyse einen fallbasierten Ansatz verwendet (Abschn. 4.4), da sich fallbasierte Ansätze grundsätzlich für die datengetriebene Diagnose eignen. Die Beispiele zeigen schließlich, dass die vorgeschlagene kognitive Architektur (Abb. 2) den angeführten Beispielen entspricht:

Big Data-Plattform: Nur ein paar wenige Beispiele (z. B. Abschn. 4.2) verwenden explizite Big Data-Plattformen. Bisherige Lösungen nutzen oft proprietäre Ansätze. Durch die wachsende Datenmenge werden jedoch neue Plattformen für die Speicherung und Verarbeitung der Daten erforderlich.

Lernen: Alle genannten Beispiele verwenden Technologien des maschinellen Lernens mit einem klaren Fokus auf unüberwachten Lernmethoden, die kein a-priori-Wissen erfordern, wie etwa Clustering (Abschn. 4.3) oder Automaten-Identifizierung (Abschn. 4.1 und 4.2). In allen Anwendungsfällen sind Fragen der Konzeptbildung, d. h. des Überganges von dieser Ebene in die konzeptionelle Ebene, von zentraler Bedeutung.

Konzeptionelle Ebene: In allen Beispielen werden die erlernten Modelle auf einer konzeptionellen oder symbolischen Ebene evaluiert: In Abschn. 4.3 werden Cluster mit neuen Beobachtungen verglichen und Unterschiede zwischen Daten-Clustern zur Entscheidungsfindung verwendet. In den Abschn. 4.1 und 4.2 werden Modellprognosen mit Beobachtungen verglichen. Auch hier werden Ableitungen auf einer konzeptionellen Ebene entschieden.

Aufgabenspezifische HMI: Keines der genannten Beispiele arbeitet vollautomatisch: Der Benutzer ist in allen Fällen an der Entscheidungsfindung beteiligt.

Anpassung: In den meisten Fällen ist die Reaktion auf erkannte Probleme dem Experten überlassen. Der Anwendungsfall aus Abschn. 4.4 ist ein Beispiel für eine automatische Reaktion und die Nutzung von Analyse-Ergebnissen für den Kontrollmechanismus.

Die Verwendung einer solchen kognitiven Architektur hat mehrere Vorteile für Entwickler und Anwender: Zuallererst lassen sich Algorithmen und Technologien in den verschiedenen Ebenen schnell ändern und können wiederverwendet werden. Lernalgorithmen aus einem Anwendungsgebiet können beispielsweise auf andere Big-Data-Plattformen aufgesetzt werden. Darüber hinaus mischen und kombinieren die meisten aktuellen Ansätze die verschiedenen Ebenen, was einen Vergleich der Ansätze zur CPS-Analyse erschwert. Des Weiteren hilft eine solche Architektur, offene Fragen bei der Entwicklung intelligenter Überwachungssysteme eindeutig zu identifizieren.

Für einen erfolgreichen Einsatz solcher Architekturen ist der Übergang zwischen Subsymbolik und Symbolik entscheidend. Auch die KI-Strategie der Bundesregierung (Bundesregierung 2018) verweist einerseits auf symbolische KI, z. B. Deduktionssysteme, maschinelles Beweisen sowie Wissensbasierte Systeme, andererseits auch auf subsymbolische Methoden wie Musteranalyse, Mustererkennung und maschinelles Lernen. Aber nur in der Kombination und Integration beider KI-Bereiche wird das Ziel intelligenter Produktionssysteme erreicht werden.

Literatur

Bista SK, Nepal S, Paris C (2013) Back to results data abstraction und visualisation in next step: experiences from a government services delivery trial. Big Data Congress 1:263–270

Blanke M, Kinnaert M, Lunze J, Staroswiecki M (2003) Diagnosis and fault-tolerant control. Springer, Berlin

Bolchini C, Cassano L (2014) Machine learning-based techniques for incremental functional diagnosis: a comparative analysis. In: Defect and fault tolerance in VLSI and nanotechnology systems (DFT). IEEE, Amsterdam, S 246–251

Carrasco RC, Oncina J (1999) Learning deterministic regular grammars from stochastic samples in polynomial time. RAIRO (Theoretical Informatics and Applications) 33:1–20

Chandola V, Banerjee A, Kumar V (2009) Anomaly detection: a survey. ACM Comput Surv (CSUR) 41(3):1–72

Die Bundesregierung (2018) Strategie Künstliche Intelligenz der Bundesregierung

Eester M, Sander J (2000) Knowledge Discovery in Databases: Techniken und Anwendungen, Bd 1. Springer, Berlin/Heidelberg. ISBN 3540673288

Faltinski S, Flatt H, Pethig F, Kroll B, Vodenčarević A, Maier A, Niggemann O (2012) Detecting anomalous energy consumptions in distributed manufacturing systems. In: IEEE 10th international conference on industrial informatics INDIN, Beijing

Fraunhofer Institut für intelligente Analyse- und Informationssysteme IAIS: BIG DATA – Vorsprung durch Wissen Innovationspotenzialanalyse. 2013. – Technical Report

Gilani S, Windmann S, Pethig F, Kroll B, Niggemann O (2013) The importance of model-learning for the analysis of the energy consumption of production plant. In: 18th IEEE international conference on emerging technologies and factory automation (ETFA), Cagliari, Italy, Sept 2013

Hou ZS, Wang Z (2013) From model- based control to data-driven control: survey, classification and perspective. Inform Sci 235:3–35

Hranisavljevic N, Niggemann O, Maier A (2016) A novel anomaly detection algorithm for hybrid production systems based on deep learning and timed automata. In: International workshop on the principles of diagnosis (DX). Denver

Jacobs A (2009) The pathologies of big data. Commun ACM 52(8):36–44. https://doi.org/10.1145/1536616.1536632. ISSN 0001–0782

Jasperneite J, Niggemann O (2012) Intelligente Assistenzsysteme zur Beherrschung der Systemkomplexität in der Automation. In: ATP edition – Automatisierungstechnische Praxis 9/2012. Oldenburg Verlag, München

Jin J (2005) Fault tolerant control systems – an introductory overview. Acta Automatica Sinica 31(1):161–174

Kroll B, Schaffranek D, Schriegel S, Niggemann O (2014) System modeling based on machine learning for anomaly detection and predictive maintenance in industrial plants. In: 19th IEEE international conference on emerging technologies and factory automation (ETFA), Barcelona, Spain, Sept 2014

Maier A, Vodenčarević A, Niggemann O, Just R, Jäger M (2011) Anomaly detection in production plants using timed automata. In: 8th International conference on informatics in control, automation and robotics (ICINCO), Noordwijkerhout, The Netherlands, July 2011, S 363–369

Markou M, Singh S (2003) Novelty detection: a review – part 1. Department of Computer Science, PANN Research, University of Exeter, Exeter

Maurya MR, Rengaswamy R, Venkatasubramanian V (2007) Fault diagnosis using dynamic trend analysis: a review and recent developments. Eng Appl Artif Intel 20:133–146

Minhas R, Kleer J de, Matei I, Janssen BSB, Bobrow DG, Kurtogl T (2014) Using fault augmented modelica models for diagnostics, 10th international modelica conference, Lund, Sweeden, March 2014

Niggemann O, Stein B, Vodenčarević A, Maier A und Kleine Büning H (2012) Learning behavior models for hybrid timed systems. In: Twenty-sixth conference on artificial intelligence (AAAI-12). Toronto, Ontario, Canada, 2012. S 1083–1090

Ravi VR, Thyagarajan T (2011) International conference on process automation, control and computing, Coimbatore, India

Schenato L, Sinopoli B, Franceschetti M, Poolla K, Sastry S (2007) Foundations of control and estimation over lossy networks. Proc IEEE 95:163–187

Verwer S (2010) Efficient identification of timed automata: theory and practice. PhD thesis, Delft University of Technology

Wang H, Chai T, Ding J, Brown M (2009) Data driven fault diagnosis and fault tolerant control: some advances and possible new directions. Acta Automatica Sinica 25(6):739–747

Weber M, Urbanski J (2013) Big Data im Praxiseinsatz – Szenarien, Beispiele, Effekte, BITKOM 2012

White T (2009) Hadoop: the definitive guide. 1st. O'Reilly Media, Beijing. ISBN 0596521979, 9780596521974

Juristische Aspekte bei der Datenanalyse für Industrie 4.0

Beispiel eines Smart-Data-Austauschs in der Prozessindustrie

Alexander Roßnagel, Silke Jandt und Kevin Marschall

Zusammenfassung

Die unternehmensübergreifende integrierte Aggregation, Analyse und Auswertung großer Datenmengen verursacht vielfältige neue Rechtprobleme. Der Beitrag zeigt am Beispiel der Prozessindustrie, wie diese durch Vertragsgestaltung zwischen den Partnern gelöst werden können. Zuvor werden grundlegende Fragen der rechtlichen Einordnung von Smart Data und der Verfügungsbefugnis über sie geklärt. Als ein Ergebnis werden wesentliche Inhalte der vertraglichen Absprachen als Empfehlungen zusammengestellt.

1 Smart Data-Partnerschaften in der Prozessindustrie

Geräte in der industriellen Produktion könnten sowohl besser eingesetzt und nachhaltiger genutzt werden als auch besser weiterentwickelt und an die Einsatzbedingungen angepasst werden, wenn ihre Hersteller und Anwender ihre Produkt- und Prozessdaten zusammenführen und gemeinsam analysieren und auswerten würden. Sie könnten die Ausfallwahrscheinlichkeit dieser Geräte verringern und ihren Ausfall besser vorhersagen, sodass die „Overall Equipment Effectiveness" erhöht und Ausfall- und Stillstandzeiten minimiert werden.

Die dadurch entstehende Datensammlung und -auswertung wäre umso aussagekräftiger, je mehr zur Fehlerdiagnose relevante Daten der genutzten Geräte von verschiedenen Herstellern und von unterschiedlichen Anwendern zur Verfügung

A. Roßnagel (✉)
Institut für Wirtschaftsrecht, Universität Kassel, Kassel, Deutschland
E-Mail: a.rossnagel@uni-kassel.de

S. Jandt · K. Marschall
FB 07, Universität Kassel, Kassel, Deutschland
E-Mail: s.jandt@uni-kassel.de; k.marschall@uni-kassel.de

B. Vogel-Heuser et al. (Hrsg.), *Handbuch Industrie 4.0*,
https://doi.org/10.1007/978-3-662-58528-3_74

stehen. Hersteller werden ihre Produktdaten und Anlagenbetreiber ihre Prozessdaten aber nur dann in eine gemeinsame Datensammlung einspeisen, wenn sie einerseits sichergehen können, dass geheimhaltungsbedürftige Daten nicht preisgegeben werden, und sie andererseits erwarten können, dass ihnen die durch die Integration und Auswertung entstehenden Smart Data zur Verfügung stehen und für ihre Zwecke Nutzen bringen. Wenn sie darauf vertrauen können, dass diese Erwartungen erfüllt werden, könnten sie bereit sein, eine strategische Partnerschaft zur Datenaggregation, -analyse und -aufbereitung ihrer Produkt- und Prozessdaten einzugehen.

Zur Umsetzung dieser Zielsetzung könnten Gerätehersteller und Anlagenbetreiber eine Datenplattform betreiben, in der viele aktuelle und historische Produkt-, Prozess- und Umgebungsdaten gesammelt und ausgewertet werden, die sie in ihren Datenarchiven vorhalten und von ihren Sensoren bekommen. Diese unterschiedlichen Rohdaten könnten automatisiert in eine Datenbank übermittelt und dort inklusive einer Beschreibung der Daten gespeichert werden. Sie könnten dann mit Hilfe von Big Data Mining und Analytics-Technologien ausgewertet und die Ergebnisse den Partnern zur Verfügung gestellt werden (SIDAP 2015).

Das notwendige Vertrauen zwischen den Partnern wird nur entstehen, wenn eine ausreichende Rechtssicherheit darüber besteht, wem in der Partnerschaft welche Pflichten und welche Rechte zustehen. Diese Rechtssicherheit setzt unter anderem voraus, dass insbesondere folgende Fragen beantwortet sind:

- Wer hat welche Rechte an welchen Daten, wer kann über die Daten verfügen und wer kann die Übertragung, Verarbeitung und Nutzung der Daten verhindern?
- Wer kann mit welchen Rechtsfolgen welche Funktionen in der Partnerschaft übernehmen, wer kann das Integrationskonzept zur Datenaggregation, -analyse, und -aufbereitung umsetzen und durchführen? Auf welcher Rechtsgrundlage, mit welchen Verpflichtungen aller Beteiligten und mit welchem Haftungsrisiko wäre dies möglich?
- Welche Gestaltungsmöglichkeiten bestehen für die Partnerschaft, welche vertraglichen Absprachen sind möglich und welche Regelungen sind zu empfehlen?

Für die Untersuchung der Rechtsfragen können drei Akteursgruppen und drei Funktionsgruppen unterschieden werden. Die drei Akteure sind der Hersteller von Geräten für die Prozessindustrie, der Betreiber einer Industrieanlage als Anwender dieser Geräte und ein Dienstleister, der etwa als Berater oder Datenverarbeiter für Hersteller, Anlagenbetreiber oder beide tätig ist. Die drei Funktionen, die in der strategischen Partnerschaft erfüllt werden müssen, sind die Datenlieferung, der Betrieb der gemeinsamen Plattform und die Datenanalyse und -auswertung. Die Daten können nur die Hersteller und Anlagebetreiber liefern. Alle anderen Funktionen und Unterfunktionen können aber prinzipiell von jedem Akteur erbracht werden. Rückfragen, bei mehreren in Frage kommenden Partnern haben ergeben, dass kein Interesse besteht, für die datengetriebene strategische Partnerschaft eine eigene gemeinsame Gesellschaft zu gründen. Vielmehr gehen sie davon aus, dass einer der Akteure die Initiative ergreift, die wichtigsten Funktionen selbst erbringt und den anderen Akteuren die Mitwirkung in der strategischen Partnerschaft anbietet. Auch wenn eine gemeinsame Gesellschaft gegründet würde, müsste diese mit den Partnern die gleichen Verträge schließen, wie wenn dies ein Akteur übernimmt. Daher untersucht der Beitrag zuerst grundlegende Rechtsfragen, die die Rechtsbeziehungen zwischen den Akteuren bezogen auf die Daten betreffen. Sodann klärt er Rechtsfragen zu möglichen Vertragsverhältnissen zwischen den beteiligten Akteuren, die die Übernahme der Hauptfunktionen der Partnerschaft durch einen der Akteure und die Gegenleistungen der anderen Akteure zum Gegenstand haben.

2 Rechtliche Einordnung von Industriedaten

Um bestimmen zu können, wie die strategische Partnerschaft hinsichtlich der Integration von Daten aus unterschiedlichen Quellen und deren Auswertung zu Smart Data rechtlich verfasst sein soll, ist zu klären, über welche Rechte an den Daten die beteiligten Akteure verfügen und entsprechend vertragliche Beziehungen eingehen können.

2.1 Eigentum an Daten?

Als erstes stellt sich die Frage, wem die übertragenen und die erarbeiteten Daten „gehören". Wäre jemand Eigentümer der Daten, könnte er diese nutzen, andere davon ausschließen und über sie verfügen.

Eigentum kann nach § 903 Bürgerliches Gesetzbuch (BGB) nur an Sachen bestehen. Sachen sind nach § 90 BGB aber nur körperliche Gegenstände. Daten sind jedoch keine körperlichen Gegenstände – auch dann nicht, wenn für ihre Nutzung die Speicherung auf einem physischen Datenträger erforderlich ist (Roßnagel 2014). Eigentum kann daher nicht an Daten, sondern nur an Datenträgern bestehen (Staudinger 2011, § 90 BGB Rn. 18). Da ein physischer Datenträger, wie beispielsweise der Speicherchip einer Anlage, eines Sensors oder eines Ventils, ein körperlicher Gegenstand ist, kann an ihm auch ein Eigentumsrecht bestehen, das an andere Personen übertragen werden kann. Da aber der bisherige Eigentümer des Chips nicht Eigentümer der darauf gespeicherten Daten ist, kann auch der neue Eigentümer des Chips nicht Eigentümer der mit dem Chip übergebenen Daten werden.

Bezogen auf Daten gibt es somit kein Eigentumsrecht und kein auf Eigentum gegründetes Recht auf exklusive Nutzung von Daten und Verfügung über Daten. Daten unterliegen keiner Eigentumsordnung, sondern einer Kommunikationsordnung, die bestimmt, wer berechtigt ist, auf Daten zuzugreifen, mit ihnen umzugehen, sie weiterzugeben oder etwa ihre Nutzung zu beschränken. Diese Kommunikationsordnung gewährt somit Verfügungsberechtigungen, Umgangsrechte und Beschränkungen im Hinblick auf die Verwendung der Daten, nimmt aber keine Güterzuweisung vor (Roßnagel 2014). Sie ist nicht als einheitliche, systematische Ordnung ausgeformt, sondern besteht aus Regelungen in diversen Rechtsgebieten, beispielsweise dem Datenschutzrecht, sofern es sich um personenbezogene Daten von natürlichen Personen handelt, dem Urheberrecht, sofern es sich um geistige Schöpfungen handelt, einzelnen Regelungen im Strafrecht, dem Gesetz gegen den unlauteren Wettbewerb, sofern es sich bei den Industriedaten um Betriebs- und Geschäftsgeheimnisse handelt, oder aus den Informationsfreiheits- und -Weiterverwendungsgesetzen. Ein Abwehrrecht gegen Störungen kann sich zudem auch aus dem Recht am eingerichteten und ausgeübten Gewerbebetrieb ergeben.

Da grundsätzlich keine Ausschließlichkeitsrechte an Daten selbst bestehen, sind Befugnisse der einzelnen Beteiligten im Hinblick auf ihre und andere Daten im Rahmen vertraglicher Vereinbarungen zu regeln. Daten können als selbstständiges vermögenswertes Gut Gegenstand vertraglicher Vereinbarungen sein (BGH 1996). Übertragen werden in diesem Rahmen jedoch keine „Rechte". Vielmehr handelt es sich lediglich um eine schuldrechtliche Gestattung zur Nutzung der Daten (Grosskopf 2011).

2.2 Urheberrechte an Daten

Ausnahmenweise könnten Ausschließlichkeitsrechte dadurch bestehen, dass für Daten oder Datenbankwerke Urheberrechte gelten. Nach § 2 Abs. 2 Urhebergesetz (UrhG) kann nur ein Werk, also eine persönliche geistige Schöpfung, urheberrechtlich geschützt werden. Ob dies bei Datensammlungen der Fall ist, muss für die einzelnen Datenkategorien geprüft werden.

Prozessdaten der Anlagenbetreiber werden nicht persönlich und damit nicht durch menschliches Schaffen, sondern ausschließlich in technischer Weise automatisch erzeugt. Sie sind daher urheberrechtlich nicht schutzfähig. Dies gilt sowohl für die Rohdaten als auch für die aggregierten Daten. Auch Metadaten können keinen Urheberrechtsschutz genießen, soweit sie technisch erzeugt und automatisch ergänzt werden. Schließlich ändert an diesem Ergebnis auch nichts, dass das Verfahren zur Erzeugung von Daten möglicherweise patentfähig ist. Denn der dadurch bewirkte Schutz gilt nur für das Verfahren selbst und nicht für die mit dem Verfahren erzeugten Daten (Peschel und Rockstroh 2014).

Für Analysedaten, die durch die Auswertung der aggregierten Daten gewonnen werden, gilt im Grunde das gleiche Ergebnis. Auch sie werden technisch und automatisiert erzeugt. Eine persönliche geistige Schöpfung mit Eigenart und Individualität gemäß § 2 Abs. 2 UrhG könnte allenfalls die Methode der Datenanalyse darstellen. Diese könnte sich auch innerhalb eines intelligenten Diagnosemodells im Rahmen eines Computerprogramms widerspiegeln. Der mögliche urheberrechtliche Schutz der Methode der Datenanalyse bezieht sich aber nicht auf die Analyseergebnisse (Smart Data), die bei ihrer Anwendung entstehen. Denn die geistige Schöpfung verkörpert sich nicht in ihnen (Dreier und Schulze 2015, § 2 UrhG Rn. 14).

Geschützt sein könnte jedoch die Anordnung der Daten, sofern diese selbst als spezifische charakteristische Darstellung eine persönliche geistige Schöpfung ist. Die konkrete Darstellung wird jedoch meist technisch – etwa durch ein Softwareprogramm

– bedingt sein und nicht Ausdruck eines individuellen und unverwechselbaren geistigen Schöpfungsaktes (Wandtke und Bullinger 2014, § 4 UrhG Rn. 9). Auch bei einer schöpferischen Visualisierung würde das Urheberrecht nur die Darstellung als solche schützen, nicht jedoch die Daten, die dargestellt werden.

Die Datenbank, in der die Daten vorgehalten werden, kann gemäß § 4 Abs. 2 UrhG als Datenbankwerk urheberrechtlich geschützt sein, wenn Auswahl und Anordnung der in der Datenbank enthaltenen Elemente auf einer schöpferischen Leistung beruhen. Hierfür müssen sie ein gewisses aus der Alltäglichkeit herausragendes Maß an Individualität und Originalität aufweisen (Peschel und Rockstroh 2014). Aufgrund der extrem großen Menge an Daten, die in der Datenbank gespeichert werden, wäre eine individuelle persönlich schöpferische Anordnung und Auswahl der Daten jedoch nicht nur nicht zweckdienlich, sondern auch unmöglich. Der Datenbank wird es in aller Regel daher an der erforderlichen schöpferischen Eigenart der Auswahl und Anordnung der gespeicherten Daten fehlen (Zieger und Smirra 2013).

2.3 Leistungsschutzrecht für eine Datenbank

Auch wenn für die Datenbank kein Urheberrecht als geistige Schöpfung besteht, kann nach § 87a UrhG für sie ein Leistungsschutzrecht gelten, das die Investitionen in eine Datenbank schützt. Inhaber dieses Rechts ist der Hersteller der Datenbank, also derjenige, der die wesentlichen Investitionen vorgenommen hat (BGH 2011). Bloße „Ausführungsarbeiten" (z. B. Programmierung) oder Lieferungen von Daten werden nicht als Investition angesehen und begründen keine gemeinschaftliche Rechtsinhaberschaft (BGH 1999). Gemäß § 87b UrhG hat der Hersteller das ausschließliche Recht, die Datenbank zu vervielfältigen, zu verbreiten und öffentlich wiederzugeben. Dadurch werden solche Handlungen unterbunden, die geeignet sind, die Amortisation der Datenbank zu verhindern (Haberstumpf 2003). Soweit also Partner die Datenbank nutzen wollen, ohne selbst ihr Hersteller zu sein, müssen sie entsprechende Nutzungs- und Lizenzvereinbarungen mit dem Datenbankhersteller abschließen.

2.4 Schutz von Daten als Betriebs- und Geschäftsgeheimnisse

Beschränkungen im Umgang mit den Daten können sich aus dem Lauterkeitsrecht und insbesondere aus § 17 des Gesetzes gegen den unlauteren Wettbewerb (UWG) ergeben, sofern es sich bei den Produkt- und Prozessdaten und bei den Analyseergebnissen um Betriebs- und Geschäftsgeheimnisse der beteiligten Akteure handelt. Betriebsgeheimnisse betreffen den technischen Betriebsbereich, Geschäftsgeheimnisse die kaufmännische Seite des Unternehmens. Ein Geheimnis ist jede im Zusammenhang mit einem Geschäftsbetrieb stehende nicht offenkundige Tatsache, an deren Geheimhaltung der Unternehmensinhaber ein berechtigtes (wirtschaftliches) Interesse hat und die nach seinem bekundeten oder erkennbaren Willen geheim bleiben soll (BVerfG 2006). Die übermittelten und verarbeiteten Daten können unter den folgenden Bedingungen als Betriebs- und Geschäftsgeheimnisse Schutz genießen (Conrad und Grützmacher 2014).

Erste Voraussetzung für den Schutz als Unternehmensgeheimnis ist, dass die Daten im Zusammenhang mit einem konkreten Geschäftsbetrieb stehen und einen *Unternehmensbezug* aufweisen. Für die Annahme des Unternehmensbezugs ist es jedoch irrelevant, ob die Tatsache als solche oder nur ihre Beziehung zu einem bestimmten Geschäftsbetrieb geheim ist (Köhler und Bornkamm 2015, § 17 UWG Rn. 5). Auch die Tatsache, dass ein bestimmtes Unternehmen ein konkretes Herstellungsverfahren nutzt oder gewisse Geräte oder Anlagen zur Produktion einsetzt, kann ein Unternehmensgeheimnis sein. Dies betrifft auch Angaben über den Wirkungsgrad und die Einsatzbedingungen einer Anlage (BGH 2003). Solange die Produkt- oder Prozessdaten einen Bezug zu einem bestimmten Unternehmen aufweisen, können sie die erste Voraussetzung eines Betriebs- und Geschäftsgeheimnisses erfüllen.

Die zweite Voraussetzung, die *fehlende Offenkundigkeit* der Daten, ist gegeben, wenn der Anlagenbetreiber die Mitwissenden kennt und sie – etwa im Rahmen eines Vertragsverhältnisses – auf die Geheimhaltung verpflichten kann. Dies dürfte bei Kenntnis der Daten nur in einem Betrieb in der Regel der Fall sein.

Der *Geheimhaltungswille* als dritte Voraussetzung unterscheidet ein Unternehmensgeheimnis vom bloßen Unbekanntsein einer Tatsache. Hierfür ist es ausreichend, wenn der Wille für andere außerhalb des Unternehmens erkennbar ist. Ob dieser Wille nach außen hin erkennbar ist, ergibt sich aus den äußeren Umständen. Der Geheimhaltungswille und seine Erkennbarkeit können sich daher schon daraus ergeben, dass der Anlagenbetreiber Sicherungsmaßnahmen (etwa technischer Art) zum Schutz der Geheimnisse ergreift und hierdurch den Geheimhaltungswillen konkludent gegenüber Dritten erklärt. Für den Geheimhaltungswillen ist es unschädlich, dass der Anlagenbetreiber das Geheimnis konkret (noch) nicht kennt, wenn anzunehmen ist, dass er die unternehmensbezogenen unbekannten Daten bei Kenntnis als Geheimnis ansehen und auch so behandeln würde (BGH 1977). Dies ist etwa bei automatisch noch zu erzeugenden Prozessdaten ebenso der Fall wie bei den noch zu erstellenden Analyseergebnissen (Smart Data).

An den Produktdaten des Herstellers, an den Prozessdaten des Anlagenbetreibers und an den Analyseergebnissen des Datenanalytikers kann – als vierte Voraussetzung – jeweils auch ein *berechtigtes wirtschaftliches Geheimhaltungsinteresse* bestehen. Ein derartiges Interesse ist anzunehmen, wenn durch die Offenbarung das Unternehmen des Geheimnisinhabers geschädigt, die Wettbewerbsposition des Unternehmens verschlechtert oder die eines Konkurrenten verbessert werden kann (Mayer 2011). Sofern die Produktdaten spezifische Aussagen über die Konstruktion oder Produktionsmerkmale von Geräten oder die Prozessdaten und Analyseergebnisse Aussagen über vergangene und zukünftige Ausfall- und Stillstandszeiten von Anlagen in einem konkreten Unternehmen ermöglichen, sind sie potenziell geeignet, die Wettbewerbsposition des Unternehmens zu verschlechtern. In diesem Fall besteht ein berechtigtes Geheimhaltungsinteresse.

Als Betriebs- und Geschäftsgeheimnis können Produktdaten, Prozessdaten und Analyseergebnisse den Schutz des § 17 UWG genießen. Nach § 17 Abs. 1 UWG werden Mitarbeiter bestraft, die solche Geheimnisse weitergeben, und nach § 17 Abs. 2 UWG wird jeder bestraft, der sich ein solches Geheimnis unbefugt verschafft, sichert, verwertet oder jemandem mitteilt. Das durch das Geheimnis geschützte Unternehmen kann jedoch über die Daten verfügen. In vertraglichen Regelungen kann vereinbart werden, in welcher Weise mit welchen Daten umgegangen werden darf. Ein vertragsgerechter Umgang mit den Daten ist dann nicht „unbefugt". Ein Verstoß gegen die vertraglichen Vereinbarungen kann dagegen die Strafbarkeit nach § 17 Abs. 2 UWG begründen (Peschel und Rockstroh 2014).

2.5 Produktsicherheitsrecht

Da es um die Integration von Produkt- und Prozessdaten sowie deren Auswertung geht, die die Sicherheit von Produkten verbessern sollen, die in industriellen Prozessen eingesetzt werden, ist zu prüfen, ob und inwieweit hierfür das Produktsicherheitsrecht zu berücksichtigen ist.

Das Produktsicherheitsgesetz (ProdSG) gilt nach seinem § 1 Abs. 1, wenn im Rahmen einer Geschäftstätigkeit Produkte auf dem Markt bereitgestellt, ausgestellt oder erstmals verwendet werden. Es gilt somit grundsätzlich auch für die Herstellung und den Vertrieb von Produkten, die in industriellen Prozessen eingesetzt werden. Es gilt nach § 1 Abs. 2 ProdSG auch für die Errichtung und den Betrieb überwachungsbedürftiger Anlagen, die gewerblichen oder wirtschaftlichen Zwecken dienen oder durch die Beschäftigte gefährdet werden können. Die Anforderungen des Produktsicherheitsgesetzes dienen nach § 3 ProdSG dem Schutz vor einer Gefährdung der Sicherheit und Gesundheit von natürlichen Personen. Es schützt jedoch nicht vor Vermögensschäden, die etwa durch den Ausfall von Geräten und dadurch verursachten Produktionsstillständen entstehen.

Produkte für industrielle Prozesse unterliegen gemäß §§ 3 und 2 Nr. 14 ProdSG dem Produktsicherheitsgesetz. Sie sind für den gewerblichen Produktionsprozess bestimmt, nicht jedoch für Verbraucher. Sie können nach vernünftigem Ermessen von diesen auch nicht benutzt werden. Daher unterliegen sie nicht den besonderen Bestimmungen des Produktsicherheitsgesetzes für Verbraucherprodukte in § 6 ProdSG. Der *Gerätehersteller* ist daher „lediglich" für die Einhaltung des Produktsicherheitsgesetzes im Hinblick auf seine hergestellten und vertriebenen Produkte verantwortlich. Er muss gemäß § 3 ProdSG die jeweils spezifischen Regelungen für seine Produkte beachten, ihre Einhaltung überprüfen und bestätigen.

Daten, auch wenn sie sich auf Produkte beziehen, sind selbst jedoch keine Produkte im Sinne von § 2 Nr. 22 ProdSG. Dienstleistungen sind ebenfalls keine Produkte (Klindt 2015, § 1 ProdSG Rn. 13). Sie werden nach § 2 Nr. 26 ProdSG allenfalls dann erfasst, wenn die Hersteller sie Verbrauchern zusammen mit Produkten zur Verfügung stellen. Dienstleistungen, wie die Reparatur und Wartung eines Produkts oder die Bereitstellung von Informationen hierfür, unterfallen nicht dem Produktsicherheitsgesetz. Insofern gelten die Regeln des Produktsicherheitsrechts für die Sammlung und Analyse von Produkt- und Prozessdaten nicht unmittelbar.

Die *Anlagenbetreiber* könnten allerdings mittelbar in zweierlei Weise vom Produktsicherheitsgesetz betroffen sein: nämlich zum einen als Betreiber einer überwachungsbedürftigen Anlage und zum anderen als Hersteller des Produkts, das sie produzieren und auf den Markt bringen.

Sofern die Anlagenbetreiber eine überwachungsbedürftige Anlage betreiben, die in der abschließenden Auflistung des § 2 Nr. 30 a bis i ProdSG enthalten ist, müssen sie die Anforderungen an Produkte gemäß § 3 ProdSG erfüllen. Sie müssen vor einer Gefährdung für die Sicherheit und Gesundheit von natürlichen Personen ausreichenden Schutz bieten und insofern die eingesetzten Geräte sorgfältig aussuchen und einsetzen. Dies gilt insbesondere deshalb, weil gemäß § 2 Nr. 30 Satz 2 Halbsatz 1 ProdSG „auch Mess-, Steuer- und Regeleinrichtungen, die dem sicheren Betrieb dieser überwachungsbedürftigen Anlagen dienen", als Produkte im Sinne des Produktsicherheitsgesetzes anzusehen sind. In der Erfüllung dieser Pflicht kann das Smart Data-Austauschsystem die Anlagenbetreiber unterstützen.

Die eigenen Produkte der Anlagenbetreiber müssen die Sicherheitsanforderungen insbesondere des § 3 ProdSG erfüllen. Soweit diese Produkte Verbraucherprodukte sind, müssen die Anlagenbetreiber zusätzlich die Informations- und Organisationspflichten des § 6 ProdSG beachten. Relevant sind vor allem die Vorgaben aus § 6 Abs. 4 Satz 1 ProdSG, wonach die Anlagenbetreiber verpflichtet sind, den Marktüberwachungsbehörden unverzüglich mitzuteilen, wenn sie wissen oder wissen müssten, dass ihre Verbraucherprodukte ein Risiko für die Sicherheit und Gesundheit von natürlichen Personen darstellen (Polly und Lach 2012). Diese Kenntnis von produktsicherheitsrechtlich relevanten Sachverhalten kann sich auch aus Analyseergebnisse ergeben, die das Informationssystem der strategischen Partnerschaft bereitstellt. Daher sollte der Anlagenbetreiber aufgrund vertraglicher Vereinbarungen mit dem Plattformbetreiber/Datenanalytiker sicherstellen, dass er unverzüglich Kenntnis von produktsicherheitsrechtlich relevanten Sachverhalten erlangt, die Auswirkungen auf die Sicherheit seiner Produkte haben können. Der Anlagenbetreiber muss sodann seiner Informationspflicht nach § 6 Abs. 4 ProdSG nachkommen. Ansonsten besitzt das Produktsicherheitsgesetz für die Integration und Auswertung der Produkt- und Prozessdaten gegenwärtig keine weitere Relevanz.

Dies könnte sich allerdings durch Smart Data zukünftig ändern. Hintergrund des Produktsicherheitsgesetzes war bei seinem Erlass, dass der Verwender technischer Geräte, der diese vom Hersteller oder Händler bezieht, nur noch schwer in der Lage ist, die sicherheitstechnisch einwandfreie Beschaffenheit des in Rede stehenden Produkts zu beurteilen (Klindt 2015). Dies gilt insbesondere für den Unternehmer, der aufgrund anderer gesetzlicher Vorgaben, wie Arbeits- und Unfallverhütungsvorschriften, für den Schutz der bei ihm beschäftigten Arbeitnehmer verantwortlich ist, jedoch die Sicherheit der in seinem Betrieb eingesetzten technischen Geräte mangels Fachkenntnisse nicht eigenständig beurteilen kann. Umgekehrt gibt der Hersteller mit dem Verkauf des jeweiligen Produkts dieses weg und hat daher keinen direkten Einfluss mehr auf die – vor allem dauerhafte – Sicherheit des eigenen Produkts.

Diese Situation ändert sich, wenn Gerätehersteller und Anlagenbetreiber strategische Partnerschaften zur Auswertung ihrer Produkt- und Prozessdaten eingehen. Der Gerätehersteller erhält durch die Datenanalyse Informationen über die Nutzung seiner Produkte und ihrer Sicherheit in verschiedenen Anlage- und Prozessumgebungen im Rahmen unterschiedlicher Produktionsprozesse. Er kann dadurch auch nach dem Verkauf durch Empfehlung und Beratung noch sicherheitsrelevanten Einfluss auf die Geräte nehmen. Die durch das Informationssystem der strategischen Partnerschaft veränderte Informationsgewinnung und -verteilung von Smart Data wird durch das geltende Produktsicherheitsgesetz noch nicht erfasst, dürfte sich aber künftig auf die Sicherheitspflichten des Herstellers und Anlagenbetreibers auswirken. Sie dürfte zum einen die Produktbeobachtungspflicht beeinflussen. Zum anderen sollte sie zu einer Anpassung der gesetzlichen Regelungen dahingehend führen, auch in Zukunft Produktrisiken interessengerecht auf die involvierten Akteure zu verteilen und abzudecken.

3 Vertragliche Gestaltung eines Smart Data-Austauschs

Nach den bisherigen Erkenntnissen kann für den rechtlichen Aufbau einer strategischen Partnerschaft unter Umständen das Recht des Urheberschutzes und des Geheimnisschutzes eine Rolle spielen. Da dies aber für viele Fallkonstellationen nicht zutreffen wird, kann in der Praxis eine solche Partnerschaft nicht allein und nicht systematisch auf den Regelungen dieser Rechtsbereiche aufgebaut werden. Vielmehr ist sie auf vertragliche Absprachen zwischen den Beteiligten zu gründen, die allerdings auch Fälle des Urheberschutzes und des Geheimnisschutzes mit berücksichtigen müssen. Diese vertraglichen Absprachen können eine Vielzahl von Formen annehmen. Soweit gesellschaftsrechtliche Formen ausfallen, weil sie eine zu große Bindung und einen zu großen Aufwand erfordern, wird die Realisierung einer datengetriebenen strategischen Partnerschaft allein davon abhängen, dass einer der Akteure die Initiative ergreift und die Partnerschaft unter seiner Führung organisiert. Soweit eine gemeinsame Gesellschaft gegründet wird, muss sie die Initiative ergreifen und die im Folgenden erörterten Verträge mit den beteiligten Partnern schließen. Jedenfalls wird ein Initiator mit den anderen Partnern Verträge abschließen, die die Partnerschaft rechtlich verfassen. Wie diese Verträge gestaltet werden können und sollten, wird im Folgenden untersucht. Dabei wird aufgezeigt, mit welchem Vertragstypus die Umsetzung der Partnerschaft am besten vorgenommen werden kann, welche Vertragsregelungen vereinbart werden sollten und auf welche Vorgaben des Gesetzes zu diesem Vertragstypus zurückgegriffen werden kann, wenn eine gesonderte vertragliche Regelung einer bestimmten Frage fehlt. Darauf aufbauend werden dann entsprechende Gestaltungsvorschläge bezüglich der zu regelnden Inhalte und des Umfangs des Vertrags erarbeitet, die im Einklang mit den Interessen aller beteiligten Akteure stehen.

In Folgenden wird unterstellt, dass ein großer Gerätehersteller die Initiative ergreift und mit mehreren Anlagenbetreibern, die mit seinen Geräten arbeiten, eine strategische Partnerschaft zur gemeinsamen Nutzung der Produkt- und der Prozessdaten vereinbart. Er selbst betreibt Plattform und Datenbank, übernimmt die Datenanalyse und bietet den Anlagenbetreibern an, ihnen die ausgewerteten Smart Data zur Verfügung zu stellen. Bei dieser Konstellation muss der Gerätehersteller nicht alle Tätigkeiten unmittelbar selbst vornehmen, sondern kann einzelne Tätigkeiten und Teilleistungen auch an Dritte auslagern. Sofern sich wesentliche Änderungen ergeben, wenn ein großer Anlagenbetreiber oder ein Dritter (etwa ein Beratungsunternehmen oder ein IT-Dienstleister) die strategische Partnerschaft führt, wird anschließend erörtert.

3.1 Smart Data-Austausch als Dienstvertrag

Die Verabredung der notwendigen gegenseitigen Leistungen könnte entweder einen Dienst- oder einen Werkvertrag darstellen. Typisches Merkmal des Dienstvertrags ist gemäß § 611 Abs. 1 Satz 1 BGB die *Leistung* der versprochenen Tätigkeit oder anders ausgedrückt die ordnungsgemäße Erbringung der Dienstleistung für einen anderen (BGH 2002). Dagegen zeichnet sich ein Werkvertrag gemäß § 631 Abs. 2 BGB dadurch aus, dass ein bestimmter *Erfolg* geschuldet ist (Bamberger und Roth 2015, § 611 BGB Rn. 11). Die Beteiligten verfolgen mit der Zusammenführung der Prozessdaten des Anlagebetreibers und der Produktdaten des Herstellers und deren Auswertung und Nutzung als Smart Data sowohl gemeinsame als auch unterschiedliche Interessen. Der Hersteller will die Einsatzbedingungen seiner Produkte besser kennenlernen und sie dementsprechend hinsichtlich Material und Konstruktion verbessern. Er ist daher auf die Prozessdaten seiner Produkte beim Anlagenbetreiber angewiesen. Der Anlagenbetreiber will die Einsatzbedingungen der eingesetzten Produkte besser kennenlernen und sie so nutzen, dass ihre Ausfall- und Stillstandszeiten minimiert werden.

Aufgrund des bei beiden Parteien vorhandenen Interesses an einem „Erfolg“ der Analyseergebnisse und deren Richtig- und Genauigkeit wäre an einen Werkvertrag zu denken. Fraglich ist aber, ob als Leistung des Herstellers tatsächlich der konkrete Erfolg geschuldet sein soll, den der Anlagebetreiber sich wünscht, nämlich eine messbare Verkürzung der Ausfall- und Stillstandszeiten. Einen Werkvertrag hat die Rechtsprechung angenommen, wenn ein Gerätehersteller es unternimmt, einen bestimmten Wartungsgegenstand auf mögliche Störungsquellen zu untersuchen und diese sogleich zu beseitigen (BGH 2010). Die Datenanalyse, die sich aus ihr ergebende Prognose und die darauf aufbauende Beratung sind aber nicht auf bestimmte Geräte bezogen, sondern allgemein auf unterschiedliche Einsatzbedingungen. Für einen Werkvertrag müssten sie dagegen mit einem Einstehen für ihre Richtigkeit, Genauigkeit oder Qualität verbunden sein, durch die das Ziel der besseren Auslastung bestimmter Geräte erfüllt werden kann. Da aber eine Prognose eine auf Tatsachen gestützte Aussage von (bloßen) Wahrscheinlichkeiten ist, kann sich in ihr selbst nur schwer ein „Erfolg“ im Sinn von § 631 BGB manifestieren, der vom Werkhersteller zu beherrschen wäre (Schulze et al. 2014, § 611 BGB Rn. 6). Ein Werkvertrag würde in dieser Konstellation einerseits enorme Gewährleistungspflichten und hohe Haftungsrisiken des Werkherstellers bedeuten und ihn andererseits auch vor eine unmögliche Aufgabe stellen. Diese Rechtsfolgen können von den Vertragsparteien nicht gewollt sein. Der Abschluss eines Werkvertrags entspricht daher nicht ihrem Willen.

Sie streben vielmehr das Zusammenführen von Produkt- und Prozessdaten an, die daraufhin analysiert werden, wie die Nutzbarkeit der Produkte verbessert und potenzielle Störungsquellen ausgeschlossen oder vermindert werden können. Auf Grundlage dieses verbesserten Wissens über die Produkte und ihre Einsatzbedingungen sowie der Prognose ihres Verhaltens könnte der Hersteller als Systembetreiber eine Beratung des Anlagenbetreibers anbieten, wie er die Produkte am besten einsetzen kann. Der Hersteller will dabei sein – durch die Analyse der Smart Data – erarbeitetes Wissen in Form einer Beratungsleistung vermarkten, ohne aber die Gewähr dafür übernehmen zu wollen, dass die vom Anlagenbetreiber erwünschte bessere Auslastung und höhere Betriebsdauer der Geräte tatsächlich erreicht wird. Dies kann der Anlagenbetreiber aber auch nicht erwarten. Auf das Versprechen dieser Serviceleistungen ist daher Dienstvertragsrecht anzuwenden (BGH 2010; Säcker und Rixecker 2012, § 631 BGB Rn. 284; Palandt 2015, Einf. § 611 BGB Rn. 16 ff.). Da es bei der Bestimmung des Vertragstypus aber schlussendlich auf den im Vertrag zum Ausdruck kommenden Willen der Parteien ankommt, sollte aus Gründen der Rechtssicherheit eine vertragliche Klarstellung über den gewählten Vertragstypus unter Anlehnung an die jeweiligen Interessen der Beteiligten erfolgen.

Soweit es allein um die Leistung des Herstellers geht, ist der Anlagenbetreiber der Auftraggeber der Dienstleistung und der Gerätehersteller der Auftragnehmer und daher der Dienstleister. Allein diese Leistung zu betrachten, reicht aber nicht aus, um eine strategische Partnerschaft zur Zusammenführung der Prozessdaten des Anlagebetreibers und der Produktdaten des Herstellers und deren Auswertung und Nutzung als Smart Data zu begründen. Das zusätzliche Wissen, das der Hersteller durch die Auswertung und Analyse der zusammengeführten Daten erlangt, kann nur gewonnen werden, wenn der Anlagenbetreiber zuverlässig und im vereinbarten Umfang und der verabredeten Qualität seine Prozessdaten in die Plattform einspeist. Seine Leistungen sind ein unverzichtbarer Beitrag, um sowohl die gemeinsamen als auch die unterschiedlichen Interessen zu erreichen. Nur dadurch, dass der Hersteller die zusammengeführten Daten auswerten kann, ist er in der Lage, den Anlagenbetreiber zu beraten. Nur auf dieser Grundlage ist er auch fähig, seine Produkte zu verbessern und weiter zu entwickeln. Dies wiederum kommt auch dem Anlagenbetreiber zu gute. Der Hersteller als Systembetreiber ist nicht nur an der Gegenleistung für seine Dienstleistung, der Vergütung, interessiert, sondern existenziell auf die Kooperation mit dem Anlagenbetreiber im Rahmen des Datenaustauschs und damit auf seine Leistungen als Datengenerator und Datenübermittler angewiesen.

Dieser Abhängigkeit des Herstellers von Leistungen des Anlagenbetreibers wird ein schlichtes Auftraggeber-Auftragnehmer-Verhältnis nicht gerecht. Würde in einem solchen Verhältnis der Anlagenbetreiber seine Prozessdaten nicht zur Verfügung stellen, könnte der Hersteller seine Analyse- und Beratungsleistungen nicht erbringen. Der Hersteller würde in diesem Fall zwar als Schuldner nach § 275 Abs. 1 BGB von seiner Leistungspflicht frei und könnte sogar nach § 326 Abs. 2 BGB eine Vergütung als Gegenleistung fordern, könnte aber nicht die Datenübertragung als fehlende Vorleistung des Anlagenbetreibers als Auftraggeber einfordern. Diese Lösung eines möglichen Konflikts würde aber der gemeinsamen Zielsetzung einer strategischen Partnerschaft zur Zusammenführung und Auswertung der Prozess- und Produktdaten nicht gerecht. Nicht nur der Anlagenbetreiber muss einen Anspruch auf die Dienstleistung des Herstellers haben, sondern umgekehrt auch der Hersteller einen Anspruch auf die Dienstleistungen des Anlagenbetreibers. Nur dann kann er auch vertraglich sicher sein, dass der Anlagenbetreiber seinen Beitrag zur gemeinsamen Partnerschaft erbringt.

Um die gewünschte Partnerschaft umzusetzen, sind daher logisch zwei zusammenhängende Dienstleistungspflichten vorzusehen: Als erste Dienstleistungspflicht schuldet der Hersteller dem Anlagenbetreiber das Zusammenführen, Speichern und Aufbereiten der Prozess- und Produktdaten, die Analyse der so entstehenden Smart Data (eventuell auch den Zugriff auf diese) und die Beratung des Anlagenbetreibers auf der Grundlage von Prognosen zum Einsatz seiner Produkte in Einsatzumgebungen, wie sie beim Anlagenbetreiber herrschen. Als Gegenleistung wird typischerweise eine Geldzahlung vereinbart werden. In diesem Schuldverhältnis ist der Anlagenbetreiber der Auftraggeber und der Hersteller der Dienstleister. Als zweite Dienstleistungspflicht schuldet der Anlagenbetreiber dem Hersteller das Generieren und Übermitteln der Prozessdaten zum Zweck, sie mit den Produktdaten des Herstellers zusammenzuführen und zu Smart Data aufzubereiten. Auch für die Erfüllung dieser Dienstleistungspflicht könnte eine Entgeltzahlung als Gegenleistung vereinbart werden. In diesem Schuldverhältnis ist der Hersteller der Auftraggeber und der Anlagenbetreiber der Dienstleister.

In dem Gesamtvertrag, der beide korrespondierenden Dienstleistungspflichten regelt, könnten die jeweiligen Zahlungsleistungen miteinander verrechnet werden. Da der Hersteller die Initiative ergreift, die Plattform betreibt und Beratungsleistungen übernimmt, leistet er mehr als der Anlagebetreiber. Daher könnte in der Vertragsabsprache auch eine Vergütung für seine Mehrleistung vorgesehen werden.

Soweit in diesem Vertragsverhältnis Teilleistungen vorgesehen werden, für die ein entsprechender Erfolg versprochen wird, wie dies etwa bei der „richtigen“ Generierung, Anordnung und Aufbereitung der Daten der Fall sein könnte, so handelt es sich um einen Dienstleistungsvertrag mit werkvertraglichen Elementen. Für diese Teilleistungen wären dann die Vorschriften der §§ 631 ff. BGB zum Werkvertrag zu beachten.

3.2 Haupt- und Nebenpflichten der Dienstleister

Inhalt und Umfang eines Dienstvertragsverhältnisses ergeben sich neben den vertraglichen Absprachen aus § 611 BGB. Danach hat als Hauptpflicht der Dienstleister die versprochenen Dienste zu erbringen und der Auftraggeber die vereinbarte Vergütung zu gewähren. Die zu erbringenden Dienste sollten sowohl für den Hersteller als auch für den Anlagenbetreiber möglichst präzise und konkret beschrieben werden. Soweit eine solche Beschreibung fehlt, kann nicht der jeweilige Auftraggeber Inhalt und Umfang der Dienstleistungspflicht in Form einer Weisung konkretisieren. Vielmehr unterliegt bei fehlenden vertraglichen Vereinbarungen der freie Dienstleister für die Ausführung der Dienste keinem gesetzlichen Weisungsrecht des Auftraggebers, sondern ist frei, die Art und Weise sowie Zeit und Ort seiner Dienstleistung zu bestimmen (Palandt 2015, § 611 BGB Rn. 24). Hiernach könnte der Gerätehersteller beispielsweise bestimmen, wie und mit welchen Daten genau und in welchen Zeitabständen die Datenanalyse erfolgt und auf welche Parameter sich die Prognose stützt. Umgekehrt könnte der Anlagenbetreiber selbst festlegen, welche Prozessdaten in welchen Formaten er in welchen Abständen dem Hersteller übermittelt. Sollen Inhalt und Umfang der beiden Dienstleistungsvereinbarungen nicht dem jeweiligen Schuldner überlassen werden, sind die zu erbringenden Dienstleistungen durch vertragliche Vereinbarungen näher zu charakterisieren.

Das Dienstleistungsverhältnis ist im Grundsatz an die vertragsschließenden Personen gebunden. Daher ist die Dienstleistung gemäß § 613 Satz 1 BGB vom jeweiligen Dienstleister im Zweifel höchstpersönlich zu erbringen. Umgekehrt ist auch der Anspruch des Auftraggebers auf Durchführung der Dienste nach § 613 Satz 2 BGB grundsätzlich nicht auf Dritte übertragbar. Verpflichtung und Anspruch sind somit höchstpersönlich, es sei denn, es wurde ausdrücklich etwas anderes vereinbart oder nach dem Inhalt, der Art und den Umständen des Dienstleistungsvertrags ergibt sich im Einzelfall, dass die Dienstleistung nicht persönlich erbracht werden muss (Jauernig 2014, § 611 BGB Rn. 6). Bei der Vereinbarung einer strategischen Partnerschaft zum Austausch von Smart Data sind jedoch die jeweiligen Dienstleistungspflichten höchstpersönlich und ohne Übertragung auf Dritte zu erfüllen. Nur der Gerätehersteller kann die Produktdaten liefern, nur er kann aufgrund seiner Fach- und Sachkenntnis über seine eigenen Produkte deren Wirkungsweise und Verhalten in unterschiedlichen Prozessumgebungen auf der Grundlage der Prozessdaten analysieren und als Smart Data präsentieren, aus ihnen Prognosen ableiten und aufgrund dieses Wissens den Anlagenbetreiber beraten. Nur der Anlagenbetreiber setzt die Produkte des Geräteherstellers in seinem Betrieb ein, kann dazu die geeigneten Prozessdaten erheben und in der richtigen Form in das Partnerschaftssystem übermitteln. Umgekehrt kann nur der Anlagenbetreiber die Prognose und Beratungsleistung in vollem Umfang nutzen, nur ihm will der Gerätehersteller diese Dienstleistungen erbringen. Ebenso kann nur der Gerätehersteller die Prozessdaten zum Einsatz seiner Produkte verwenden und nur ihm will der Anlagenbetreiber sie auch übermitteln. Im Ergebnis sind die Dienstleistungen und der Anspruch auf diese somit höchstpersönlich.

Der Grundsatz der Höchstpersönlichkeit hindert den jeweiligen Dienstleister aber nicht, sich durch Hilfspersonen unterstützen zu lassen, die Hilfsleistungen unter seiner Verantwortung erbringen (Jauernig 2014, § 611 BGB Rn. 6). Dies könnte beispielsweise beim Betreiben der Plattform und der Datenbank der Fall sein. Die durch den Grundsatz der Höchstpersönlichkeit verbleibende Unsicherheit kann aber minimiert werden, wenn die Parteien diesen Aspekt vertraglich ausgestalten.

Neben den Hauptpflichten des Dienstleisters bestehen Neben(leistungs-)pflichten. Diese haben den Zweck, die Erbringung der Hauptleistung vorzubereiten und zu fördern, die Leistungsmöglichkeit des Dienstleisters zu erhalten und den dahinter liegenden Leistungserfolg zu sichern sowie darüber hinaus die Rechte und Interessen der Vertragsparteien zu schützen (Rolfs et al. 2014, § 611 BGB Rn. 385). Nebenpflichten können u. a. aus § 241 Abs. 2 BGB oder insbesondere aus den Grundsätzen von Treu und Glauben gemäß § 242 BGB abgeleitet werden. Solche Nebenpflichten sind beispielsweise Verschwiegenheitspflichten (auch aus §§ 17 Abs. 1, 18 und 19 UWG) bezüglich der Weitergabe von vertraulichen Daten an Dritte oder Schadenabwendungs- und Minderungspflichten. Diese Nebenpflichten sind umso umfassender und intensiver, je bedeutsamer das Vertrauen für das Dienstleistungsverhältnis selbst ist (Jauernig 2014, § 611 BGB Rn. 23). Sie können daher nicht abstrakt bestimmt werden und sind stark vom jeweiligen Vertrag oder vom Verhältnis der Parteien zueinander abhängig (Bamberger und Roth 2015, § 611 BGB Rn. 61). Da dieser „Vertrauensgrundsatz" wenig Anhaltspunkte zum Umfang der Nebenpflichten bietet, diese grundsätzlich nur während des Vertragsverhältnisses Bestand haben (Säcker und Rixecker 2012, § 611 BGB Rn. 1093) und das Vertrauen u. a. abhängig von den beteiligten Vertragspartnern ist, sollten diese Nebenpflichten sowie ihr Inhalt und Umfang durch vertragliche Vereinbarungen präzisiert werden.

3.3 Haupt- und Nebenpflichten der Auftraggeber

Die Hauptpflicht des jeweiligen Auftraggebers ist die Vergütung der Dienstleistung. Die Vergütung ist regelmäßig aber nicht zwingend in Geld zu erbringen und kann daher auch durch Gegenleistungen oder beispielsweise durch die Übertragung von Nutzungsrechten erbracht werden (Palandt 2015, § 611 BGB Rn. 56). Soll die Dienstleistung dagegen unentgeltlich erfolgen, so kann zwar im Einzelfall dennoch ein Dienstleistungsvertrag nach § 611 Abs. 1 BGB vorliegen, jedoch liegt dann regelmäßig ein Auftrag nach § 662 BGB vor (Palandt 2015, Einf. vor § 662 BGB Rn. 8). Die Art der Vergütung und was genau hierunter zu verstehen ist, obliegt jedoch der Parteivereinbarung (Schulze et al. 2014, § 611 BGB Rn. 21). Sie entscheidet auch über eine mögliche Aufrechnung verbundener Dienstleistungen.

Die Nebenpflichten des Auftraggebers entsprechen aufgrund der Gegenseitigkeit des Vertrags im Regelfall denen des Dienstleisters. Auch der Auftraggeber muss beispielsweise die Verschwiegenheitspflicht, z. B. im Hinblick auf Analyseergebnisse, beachten (Peschel und Rockstroh 2014). Allerdings treffen einen Auftraggeber bei freien Dienstverträgen grundsätzlich geringere Nebenpflichten als den Dienstleister.

3.4 Haftungsrisiken im Dienstleistungsverhältnis

Das Dienstvertragsrecht nach den §§ 611 ff. BGB regelt die vertragliche Haftung nicht ausdrücklich, sodass die allgemeinen Vorschriften zum Schadensersatz wegen Pflichtverletzung aus Vertrag gemäß §§ 280 ff. BGB anwendbar sind (Palandt 2015, § 280 BGB Rn. 16). Der Schuldner haftet gemäß § 280 Abs. 1 Satz 1 BGB dem Gläubiger auf Ersatz des entstandenen Schadens, wenn er eine Pflicht aus dem Dienstleistungsverhältnis verletzt und diese Pflichtverletzung zu vertreten hat.

Eine Pflichtverletzung liegt vor, wenn das zwischen den Parteien vereinbarte und geschuldete Leistungsversprechung nicht (Nichterfüllung) oder nicht wie geschuldet (Schlechterfüllung) erfüllt oder eine sich aus dem Dienstleistungsverhältnis ergebende Nebenpflicht, z. B. nach §§ 242, 241 Abs. 2 BGB, verletzt wird. Zu vertreten hat der Schuldner gemäß § 276 Abs. 1 BGB Vorsatz und Fahrlässigkeit. Für die Bestimmung der Fahrlässigkeit gilt ein objektiver Maßstab, wonach der Schuldner, für die Leistungserbringung die im Verkehr erforderliche Sorgfalt außer Acht gelassen haben muss (Säcker und Rixecker 2012, § 611 BGB Rn. 21). Fahrlässigkeit setzt Voraussehbarkeit und Vermeidbarkeit der pflichtwidrigen Vertragsverletzung voraus (Palandt 2015, § 276 BGB Rn. 12). Ohne ein solches Verschulden haftet der Schuldner nur in spezifischen Ausnahmefällen, etwa wenn er eine Garantie gegeben oder ein Beschaffungsrisiko übernommen hat.

Darüber hinaus muss durch die Pflichtverletzung in kausaler Weise ein Schaden entstanden sein. Ein Schaden ist jede Einbuße, die jemand infolge eines bestimmten Ereignisses an seinen Rechtsgütern erleidet (Palandt 2015, Vorb. § 249 BGB Rn. 9). Hierunter fallen im Rahmen einer Partnerschaft zur Datenauswertung insbesondere der Nicht-Erfüllungs- und Vertrauensschaden. Allerdings kann es schwierig sein, den Schaden und seine Kausalität zu beweisen (Bräutigam und Klindt 2015). Diese allgemeinen Haftungsregeln werden im Folgenden für den Gerätehersteller, den Anlagenbetreiber und Dritte als mögliche Haftungsschuldner präzisiert.

Eine Haftung des *Geräteherstellers* setzt eine Verletzung der für ihn bestehenden Vertragspflichten voraus. Im Folgenden werden die Nichterfüllung und die Schlechterfüllung der Hauptpflichten, die Verletzung von Nebenpflichten sowie die Schädigung Dritter und insbesondere der nicht korrekte Umgang mit den übertragenen Daten unterschieden.

Eine *Nichterfüllung* der vertraglich geschuldeten Dienstleistung liegt etwa vor, wenn der Dienstleister seine Pflicht zur Analyse der Daten, zur Bereitstellung der Ergebnisse und zur Beratung des Auftraggebers nicht oder verspätet erbringt. In diesem Fall muss der Dienstleister den Auftraggeber gemäß §§ 611 Abs. 1, 280 Abs. 1 und § 241 Abs. 1 BGB so stellen, wie dieser bei ordnungsgemäßer Erfüllung der dienstvertraglichen Verbindlichkeit stünde (Dauner-Lieb und Langen 2012, Vorb. §§ 249 – 255 BGB Rn. 23). Es ist nicht auszuschließen und liegt sogar nahe, dass der Anlagenbetreiber auch ohne Analyseergebnisse, Ausfallprognose und Beratung einen Schaden durch Stillstand seiner Anlagen erlitten hätte. Hätte der Dienstleister die geschuldete Dienstleistung aber wie vereinbart erbracht, so hätte der Anlagenbetreiber Maßnahmen zur Schadensvorsorge ergreifen können. Dadurch hätte er Schäden vermeiden oder verringern können, die durch die Pflichtverletzung entstanden sind. Hinsichtlich der Ergebnisdifferenz kann daher von einem durch die Pflichtverletzung kausal entstandenen Schaden beim Anlagenbetreiber ausgegangen werden, für den der Hersteller als Systembetreiber haften muss.

Eine *Schlechterfüllung* der geschuldeten Dienstleistung liegt vor, wenn der Dienstleister die Daten falsch speichert, falsch auswertet oder fehlerhaft analysiert, Ausfallprognosen falsch erstellt oder den Anlagenbetreiber fehlerhaft berät. Da er für diese Dienstleistungen keine Garantie abgeben wird oder abgeben will, haftet der Dienstleister nur, wenn er den jeweiligen Fehler verschuldet hat. Hierfür müsste er gemäß § 276 Abs. 2 BGB die im Verkehr erforderliche Sorgfalt außer Acht gelassen und daher bei der Erbringung seines Dienstes fahrlässig gehandelt haben. Der Gerätehersteller hat aufgrund seiner Sach- und Fachkenntnis über seine Produkte, deren Wirkungsweise und Verhalten einen erhöhten Sorgfaltsmaßstab bei der Vornahme der Analyse, Prognose und Beratung zu beachten. Bei der Bestimmung, ob dieser Sorgfaltsmaßstab missachtet und die Pflichtverletzung fahrlässig erbracht worden ist, können technische Regeln und Normen sowie Regeln der Mathematik herangezogen werden. Geschuldet ist daher lediglich eine fundierte Auswertung der Prozessdaten und die Beachtung wissenschaftlicher und mathematischer Standards, die die Grundlage einer *vertretbaren* Analyse, Prognose und Beratung bilden (LG Aachen 2011). Zu beachten ist auch, dass derjenige, der eine überwiegend unerprobte und neuartige Technik oder Vorgehensweise anwendet, verpflichtet ist, über deren Risiken und Auswirkungen zu informieren (BGH 1993). Diese (Hinweis-)Pflicht gilt insbesondere dann, wenn Schäden durch die Dienstleistung nicht zu verhindern oder allgemein nicht auszuschließen sind (Palandt 2015, § 276 BGB Rn. 21). Nur wenn diese Vorgaben bei der Vornahme der Analyse, Prognose und Beratung außer Acht gelassen werden, liegt eine fahrlässige Pflichtverletzung vor, die zur Haftung des Dienstleisters nach §§ 276 Abs. 2 und 280 Abs. 1 BGB führen kann.

Bei einem Schadensersatzanspruch aus fehlerhafter Analyse, Prognose und Beratung kann der Gläubiger nur den Schaden ersetzt verlangen, der ihm durch sein Vertrauen auf die Richtigkeit und Vollständigkeit der geleisteten Analyse, Prognose und Beratung entstanden ist (BGH 1994). Dieser ersatzfähige Schaden könnte beispielsweise darin liegen, dass der Anlagenbetreiber die Analyseergebnisse und die Prognose zur Grundlage seines daran anknüpfenden wirtschaftlichen Handelns dergestalt macht, dass er die Produktion einer Anlage stoppt, Wartungen vornimmt und dadurch zu diesem Zeitpunkt nicht notwendige Stillstandzeiten entstehen. Der ersatzfähige Vermögensschaden liegt dann in dem zusätzlichen Nutzungsausfall, der auf die fehlerhafte Analyse, Prognose oder Beratung zurückzuführen ist (Säcker und Rixecker 2012, § 249 BGB Rn. 60 ff.).

Ein besonderer Fall der Schlechtleistung besteht darin, dass der Dienstleister die bereitgestellten Daten fehlerhaft überträgt, sodass die Daten nicht oder unvollständig am Empfangsort ankommen, nicht lesbar oder beschädigt sind, verändert wurden oder sich nicht verarbeiten lassen (Peschel und Rockstroh 2014). Der Dienstleister haftet für die übertragenen Daten aber erst, wenn diese in seinen

Verantwortungs- und Herrschaftsbereich gelangt sind. Hierbei kommt es entscheidend darauf an, wo genau die Daten übergeben werden. Betreibt der Dienstleister eine Datenaustauschplattform (Cloud), so geht die Verantwortung auf den Dienstleister über, wenn die Daten die Plattform erreichen (Peschel und Rockstroh 2014).

Waren die vom Auftraggeber bereitgestellten Daten bereits im Zeitpunkt der Übergabe falsch, verfälscht oder von unzureichender Qualität, scheidet ein Anspruch des Auftraggebers gegen den Dienstleister wegen Schlechterfüllung nach §§ 280 Abs. 1 und 241 Abs. 1 BGB in den Fällen aus, in denen Fehler in Analyse, Prognose und Beratung auf diesen Daten beruhen. Vielmehr hat dann der Hersteller als Auftraggeber des Daten liefernden Anlagenbetreibers gegenüber diesem einen Schadensersatzanspruch nach §§ 280 und 241 Abs. 1 BGB wegen Verletzung von dessen Hauptleistungspflicht als Dienstleister. Allerdings ist ein (erhebliches) Mitverschulden des Herstellers nach § 256 Abs. 1 BGB dann anzunehmen, wenn er die Daten nicht zumindest automatisiert auf ihre Plausibilität geprüft oder seine Analyseergebnisse nicht auf offensichtliche Fehler oder Unstimmigkeiten kontrolliert hat (Palandt 2015, § 254 BGB Rn. 15).

Von besonderer Bedeutung ist eine Haftung aufgrund einer *Verletzung der Verschwiegenheitspflicht*, die sowohl während als auch grundsätzlich nach Ende des Vertragsverhältnisses besteht. Die dienstvertragliche Verschwiegenheitspflicht ist nicht auf die Offenbarung von Betriebs- und Geschäftsgeheimnissen begrenzt (Ascheid et al. 2012, § 626 BGB Rn. 272). Eine Verletzung liegt vielmehr auch dann vor, wenn sonstige Vorgänge und Tatsachen, die dem Dienstleister im Zusammenhang mit seiner dienstvertraglichen Tätigkeit bekannt geworden sind, offenbart werden und der Auftraggeber ein Interesse an der Geheimhaltung hat. Ein Haftungsrisiko des Dienstleisters besteht somit bei der Verwendung, Weitergabe oder Veröffentlichung von Daten mit Unternehmensbezug zum Auftraggeber. Rechtsgrundlagen der Haftung bei Verletzung der vertraglichen Verschwiegenheitspflichten bilden §§ 280 Abs. 1 Satz 1, 241 und 242 oder 823 Abs. 2 BGB und § 17 UWG. Bei einer Verletzung der Verschwiegenheitspflicht fallen die objektive Pflichtverletzung und das Vertretenmüssen des Dienstleisters praktisch zusammen (Jauernig 2014, § 280 Rn. 20). Der für eine Haftung erforderliche Schaden liegt in Umsatzeinbußen durch die Verschlechterung der Wettbewerbsposition gegenüber Mitbewerbern, die das Wissen über Schwachstellen im Produktionsprozess des Anlagenbetreibers ausnutzen. Ebenso kann die Veröffentlichung von Ausfallzeiten negative Auswirkungen auf das wirtschaftliche Stimmungsbild von Kreditgebern oder Aktionären der Anlagenbetreiber haben, wodurch auch Verluste im kapitalmarktrechtlichen Sinn möglich erscheinen. In all diesen Fällen wird jedoch die Kausalität zwischen Pflichtverletzung und Schaden nur schwer nachweisbar sein.

Eine Haftung des Dienstleisters kann nicht nur bei eigenem Handeln entstehen, sondern auch wenn er *Dritte* zur Erfüllung seiner Vertragspflichten heranzieht und diese Pflichtverletzungen begehen. Der Dienstleister haftet nämlich gemäß § 278 Satz 1 BGB für diese Personen wie für eigenes Verschulden. Schaltet der Dienstleister z. B. Dritte als Plattformbetreiber oder als Datenintegratoren ein, haftet er selbst, wenn diese Prozessdaten nicht speichern, verfälschen oder abredewidrig veröffentlichen. Der Dienstleister kann den Auftraggeber nicht auf die Hilfspersonen verweisen, sondern muss selbst den Schaden ersetzen. Er kann jedoch gegen diese Dritten eigene (Ausgleichs-)Ansprüche geltend machen.

Als Erfüllungsgehilfen müssen auch die anderen Anlagenbetreiber angesehen werden, die dem Hersteller ebenfalls Prozessdaten zu den Einsatzbedingungen seiner Produkte liefern. Wenn der Hersteller seine Analyse, Prognose und Beratung auf fehlerhafte Daten anderer Anlagenbetreiber gründet, muss er für seine dadurch fehlerhaften Analysen, Prognosen und Beratungen einstehen.

Der *Anlagenbetreiber* ist nicht nur Auftraggeber gegenüber dem Gerätehersteller, der das System der strategischen Partnerschaft betreibt, sondern auch Dienstleister hinsichtlich der Generierung und Übertragung seiner Prozessdaten. Wenn er diese Dienstleistungspflicht nicht oder schlecht erbringt, liegt nicht nur ein Gläubigerverzug vor, der den Gerätehersteller von seiner Leistungspflicht befreit und ihm seinen Vergütungsanspruch wahrt, sondern eine Nicht- oder Schlechterfüllung seiner Dienstleistungspflicht, die zu einer Haftung wegen Verletzung der Hauptleistungspflicht gemäß §§ 280 und 241 Abs. 2 BGB führt.

Als Auftraggeber kann der Anlagenbetreiber ein Mitverschulden nach § 256 Abs. 1 BGB zu verantworten haben, wenn er Analysen, Prognosen und Beratungen des Herstellers ungeprüft übernimmt (Palandt 2015, § 254 BGB Rn. 15). Wer die im Verkehr erforderliche Sorgfalt außer Acht lässt, um sich selbst vor Schäden und Beeinträchtigungen zu bewahren, muss nach § 254 BGB die Kürzung oder gar den Verlust seines Schadensersatzanspruchs hinnehmen (Palandt 2015, § 254 BGB Rn. 1). Ein Mitverschulden im Rahmen des Smart Data-Austauschsystems ist unter Beachtung des Grundsatzes der Vorhersehbarkeit des Schadenseintritts bei der enormen Menge an zu analysierender Prozessdaten aus unterschiedlichen Quellen auf offensichtliche Mängel der Analyse- und Beratungsergebnisse zu beschränken. Hat eine der beiden Parteien sowohl in den Prozessdaten des Anlagenbetreibers als auch in den Analyseergebnissen des Dienstleisters derartige Mängel entdeckt, ist jeder gemäß der aus §§ 254 Abs. 2 Satz 1 BGB und 242 BGB resultierenden Schadensabwendungs- und Minderungspflicht heraus verpflichtet, den jeweils anderen Teil hierauf aufmerksam zu machen (Palandt 2015, § 254 BGB Rn. 36).

3.5 Vertragliche Haftungsvereinbarungen

Die gesetzlichen Regelungen zur Haftung der Beteiligten können diesen als zu weitgehend oder unzureichend erscheinen. Daher stellt sich die Frage, inwieweit andere Haftungsregelungen vereinbart werden können. Grundlage für mögliche vertragliche Vereinbarungen zur Haftung bildet § 276 Abs. 1 BGB.

Besondere Schwierigkeiten, eine Haftung durchzusetzen, können für Analysen, Prognosen oder Beratungen entstehen. Für Haftungsansprüche müssen die Kausalität einer Schlechterfüllung für den bestimmten Schaden sowie das Verschulden des Dienstleisters konkret nachgewiesen werden. Dies ist nur sehr schwer möglich. Hier könnten verbindliche Vermutungen oder Nachweiserleichterungen vereinbart werden.

Umgekehrt könnten Haftungsbegrenzungen oder -ausschlüsse gewünscht werden. Hierfür ist zwischen Haftungsklauseln in individuellen und standardisierten Verträgen zu unterscheiden. Standardverträge unterfallen den Vorgaben des Rechts der Allgemeinen Geschäftsbedingungen, die die Gestaltungsmöglichkeiten einschränken.

In Individualverträgen kann der Dienstleister seine Haftung auf gewisse Verschuldensgrade beschränken. So kann er z. B. seine Haftung für leichte Fahrlässigkeit ausschließen und nur für eigenes grobes Verschulden einstehen. Eine Haftung wegen Vorsatz kann nach § 276 Abs. 3 BGB jedoch nicht ausgeschlossen werden. Hinsichtlich der Haftung für seine Gehilfen und eingeschaltete Dritte kann der Dienstleister seine Haftung auf eigenes Auswahlverschulden beschränken (Jauernig 2014, § 276 Rn. 38). Gemäß § 278 Satz 2 BGB kann auch ein Haftungsausschluss nach § 276 Abs. 3 BGB für vorsätzlich handelnde Erfüllungsgehilfen erfolgen. Weiterhin können die Vertragsparteien die Haftung auf bestimmte Arten von Schäden oder auf bestimmte Höchstbeträge beschränken (Jauernig 2014, § 276 Rn. 38). So kann die Haftung für mittelbare Schäden und für Folgeschäden ausgeschlossen oder auf eine bestimmte Höchstsumme begrenzt werden. Auch können zusätzliche Haftungsvoraussetzungen vereinbart werden, wie z. B. Anzeige-, Auskunfts- oder Dokumentationspflichten. Eine vertragliche Haftung setzt dann die Verletzung dieser vereinbarten und vorgelagerten Pflichten voraus.

Für Haftungsbegrenzungen und -ausschlüsse in Allgemeinen Geschäftsbedingungen (AGB) gelten die Schranken der §§ 307 und 309 Nr. 7 BGB. Gemäß § 307 Abs. 2 Nr. 2 BGB ist es nicht möglich, die Haftung für leichte Fahrlässigkeit bei Verletzung wesentlicher Vertragspflichten (Kardinalpflichten) von der Haftung auszunehmen. Das Gleiche gilt für Regelungen, die vertragstypisch vorhersehbare Schäden, wie etwa Schäden, die durch die schuldhafte Schlechterbringung der Analyse, Prognose und Beratung entstehen können, ausschließen sollen (Jauernig 2014, § 276 Rn. 38). Nach § 309 Nr. 7 b) BGB ist ein Haftungsausschluss für Schäden ausgeschlossen, die auf einer grob fahrlässigen Pflichtverletzung des AGB-Verwenders oder auf einer vorsätzlichen oder grob fahrlässigen Pflichtverletzung seines gesetzlichen Vertreters oder Erfüllungsgehilfen beruhen (Jauernig 2014, § 278 Rn. 15).

3.6 Beendigung des Dienstleistungsverhältnisses zum Smart Data-Austausch

Soll die strategische Partnerschaft zum Smart Data-Austausch zwischen den Parteien aufgelöst werden, stellen sich Fragen im Zusammenhang mit der Beendigung der Dienstleistungsverhältnisse.

Das Dienstleistungsverhältnis endet gemäß § 620 Abs. 1 BGB mit dem Ablauf der Zeit, für die es eingegangen ist. Dies setzt eine entsprechende Vereinbarung zwischen den Parteien voraus. Fehlt eine solche Vereinbarung und ist sie weder aus der Beschaffenheit oder dem Zweck des Dienstes zu entnehmen, so kann jede Partei das Dienstverhältnis nach Maßgabe der §§ 621 bis 623 BGB kündigen. Bei der

Dienstleistung im Rahmen der datengetriebenen strategischen Partnerschaft ergibt sich aus dem Zweck des Dienstes, dass dieser auf Dauer ausgelegt ist (Dauerschuldverhältnis). Sollten die zwischen den Parteien eingegangenen Dienstverhältnisse nur für eine begrenzte Zeit Bestand haben, würde dies die Wirkungsweise des Smart Data-Austauschsystems konterkarieren. Die Dienstvereinbarungen werden daher auf unbestimmte Zeit geschlossen und enden nur aufgrund einer *Kündigung*.

Die Frist für die Kündigung richtet sich gemäß § 621 BGB nach der zeitlichen Bemessung der Vergütung (Tag, Woche, Monat, Quartal) für die Dienstleistung, beträgt aber maximal sechs Wochen. Da das Smart Data-Austauschsystems und die es umsetzenden Vereinbarungen auf Dauer angelegt sind, könnte ohne vertragliche Vereinbarung von Kündigungsfristen und einer Mindestvertragsdauer (Dauner-Lieb und Langen 2012, § 624 BGB Rn. 10) das verfolgte Ziel unterlaufen werden. Sowohl die Kündigungsfristen und -termine als auch die „zulässigen" Gründe für eine Kündigung können frei zwischen den Parteien individualvertraglich vereinbart werden, sofern hierdurch nicht das nach § 626 BGB unabdingbare Recht zur außerordentlichen Kündigung aus wichtigem Grund eingeschränkt wird (Säcker und Rixecker 2012, § 621 BGB Rn. 29). Für AGB ist § 309 Nr. 9 BGB zu beachten. Um der Zielsetzung korrespondierender Vereinbarungen Rechnung zu tragen, sollte darauf geachtet werden, dass die Beendigung der einen Dienstleistungsverpflichtung jeweils auch die Beendigung der korrespondierenden Dienstleistungsverpflichtung nach sich zieht.

Werden die korrespondierenden Dienstleistungsvereinbarungen gekündigt, stellt sich die Frage, was mit den gegenseitig ausgetauschten Daten als Ergebnis der Dienstleistungen zu geschehen hat. Die Vorschrift des § 667 BGB, der die Herausgabepflicht nach Beendigung eines Auftragsverhältnisses regelt, gilt dem Grunde nach auch für Dienstleistungsverträge entsprechend (Palandt 2015, Einf. § 662 BGB Rn. 8). Der in ihr geregelte Herausgabeanspruch gilt jedoch nicht für die Leistungen, die im Rahmen des Dienstleistungsvertrags geschuldet worden sind. Wurden – wie hier vorgeschlagen (oben Abschn. 3.1) – korrespondierende Dienstleistungspflichten vereinbart, kann der Anlagenbetreiber nicht die gelieferten Prozessdaten und der Hersteller nicht die gelieferten Analyse- und Prognosedaten und die Beratungs- und Empfehlungsdaten herausverlangen. Dass diese Rückabwicklung nicht erfolgen muss, entspricht dem Sinn und Zweck der auf dem Datenaustausch beruhenden strategischen Partnerschaft und ist ein weiterer Vorteil der empfohlenen Vertragskonstruktion.

Sind keine abweichenden Regelungen getroffen worden, muss im Ergebnis der Dienstleister bis zum Ende der Kündigungsfrist seine Leistungspflichten erfüllen. Danach kann jeder Auftraggeber die ihm übertragenen Daten behalten und weiter verwenden. Sind andere Ergebnisse gewünscht, müssen diese Pflichten für die Zeit nach Beendigung des Vertragsverhältnisses ausdrücklich anders geregelt werden.

Die vertraglichen Nebenpflichten bestehen, soweit ihre Zielsetzung fortbesteht, gemäß §§ 280 Abs. 1 und 242 BGB grundsätzlich unverändert auch nach Vertragsbeendigung weiter. Dies gilt insbesondere für Verschwiegenheitspflichten, die der Wahrung der Interessen des Auftraggebers der Dienstleistung dienen sollen. Ebenso wirken Schutzpflichten, die als Aufklärungs- und Anzeigepflichten für das

Dienstleistungsverhältnis ausgestaltet sind, über das Vertragsende fort (Jauernig 2014, § 242 Rn. 28 ff.). Entstehen neue Erkenntnisse oder ändern sich die (Gefahren-)Umstände, hat der Dienstleister den Auftraggeber hierüber zu informieren. Dies kann auch die Pflicht umfassen, Auskünfte oder Beratungen nachträglich zu korrigieren (Säcker und Rixecker 2012, § 280 BGB Rn. 119). Aber auch diese fortwirkenden Nebenpflichten können durch ausdrückliche Vertragsregelungen abgeändert werden.

4 Andere Partnerschaftskonstellationen für den Smart Data-Austausch

Die vorstehenden Ausführungen haben unterstellt, dass ein großer Hersteller die Initiative ergreift und das Smart Data-Austauschsystem aufbaut. Im Folgenden ist zu prüfen, was sich ändert, wenn ein großer Anlagenbetreiber mit einer großen IT-Abteilung diese Aufgaben übernimmt oder wenn dies ein Dritter – etwa ein Beratungsunternehmen oder ein IT-Dienstleister – als interessante Geschäftsaufgabe ansieht.

4.1 Anlagenbetreiber als Initiator des Smart Data-Austauschs

Ergreift ein großer Anlagenbetreiber, der Geräte mehrerer Hersteller nutzt, die Initiative und vereinbart mit diesen (eventuell auch mit weiteren Anlagenbetreibern) eine strategische Partnerschaft zur Auswertung der Produkt- und der Prozessdaten, wertet er seine eigenen Prozessdaten (und eventuell die weiterer Anlagenbetreiber) aus und integriert diese mit den von den Herstellern gelieferten Produktdaten. Er betreibt selbst Plattform und Datenbank, analysiert die integrierten Daten, bietet den Herstellern an, ihnen die ausgewerteten Smart Data zur Verfügung zu stellen und ihnen Hinweise zur Verbesserung ihrer Geräte (und den anderen Anlagenbetreibern Empfehlungen zu ihrem Einsatz) zu geben. Auch in dieser Partnerkonstellation muss der Systembetreiber nicht alle Tätigkeiten unmittelbar selbst vornehmen, sondern kann einzelne Tätigkeiten und Teilleistungen an Dritte auslagern.

Die Zielsetzung der strategischen Partnerschaft ist die gleiche wie in der ersten Konstellation. Die Partner streben das Zusammenführen von Produkt- und Prozessdaten an, die daraufhin analysiert werden, wie die Nutzbarkeit der Produkte verbessert und potenzielle Störungsquellen ausgeschlossen oder vermindert werden können. Auf die Serviceleistungen des Anlagenbetreibers ist – wie in der ersten Konstellation – Dienstvertragsrecht anzuwenden. Ebenfalls wie in der ersten Konstellation würde es der gewünschten Vertragsbeziehung nicht gerecht, nur das Verhältnis des Anlagenbetreibers als Dienstleister zu den Geräteherstellern und anderen Anlagenbetreibern als Auftraggeber zu betrachten und vertraglich auszugestalten. Um eine strategische Partnerschaft zur Zusammenführung der Prozessdaten der Anlagebetreiber und der Produktdaten der Hersteller und deren Auswertung und Nutzung als Smart Data zu begründen, ist es notwendig, alle

Leistungen zu dieser Partnerschaft als Dienstleistungspflichten auszugestalten. Das zusätzliche Wissen, das sich der Systembetreiber durch die Auswertung und Analyse der zusammengeführten Daten erarbeitet, kann er nur gewinnen, wenn die Hersteller und die anderen Anlagenbetreiber zuverlässig und im vereinbarten Umfang und der verabredeten Qualität ihre Produkt- bzw. ihre Prozessdaten in das Smart Data-Austauschsystem einspeisen. Ihre Leistungen sind ein unverzichtbarer Beitrag, um sowohl die gemeinsamen als auch die unterschiedlichen Interessen zu erreichen. Der Systembetreiber ist nicht nur an der Gegenleistung für seine Dienstleistung, seiner Vergütung, interessiert, sondern existenziell auf die Kooperation mit den Herstellern und anderen Anlagenbetreibern im Rahmen des Smart Data-Austauschsystems und damit auf ihre Leistungen als Datengeneratoren und Datenübermittler angewiesen. Daher sind auch in dieser Konstellation korrespondierende Dienstleistungspflichten von allen Partnern vorzusehen, um die gewünschte Partnerschaft umzusetzen. Auch in diesem Vertragsverhältnis werden die jeweiligen Leistungen miteinander verrechnet. Da der Systembetreiber die Initiative ergreift, die Plattform betreibt und Beratungsleistungen übernimmt, leistet er mehr als die anderen Vertragspartner. Daher könnte in der Vertragsabsprache auch eine Vergütung für seine Mehrleistung vorgesehen werden.

Unabhängig davon, ob ein Anlagenbetreiber oder ein Hersteller Betreiber des Smart Data-Austauschsystems ist, gelten für die jeweiligen Dienstleister die gleichen vertraglichen Haupt- und Nebenpflichten. Dies gilt auch für die nebenvertragliche Verschwiegenheitspflicht. Der Anlagenbetreiber erhält die Prozessdaten der anderen Anlagenbetreiber und auch die Produktdaten der Hersteller. Er muss sie alle vor Kenntnisnahme Dritter schützen und darf sie nicht weitergeben. Diese Verschwiegenheitspflicht gilt insbesondere auch gegenüber den jeweils anderen beteiligten Herstellern und Anlagebetreibern, da diese sich zueinander in einem Wettbewerbsverhältnis befinden. Es gelten ebenfalls die Erkenntnisse zur Höchstpersönlichkeit der Dienstleistung, zur Einschaltung von Erfüllungsgehilfen, zur Vergütung und zu Haftungsrisiken bei Nichterfüllung der Dienstleistung, zur Haftung involvierter Dritter sowie zu vertraglichen Vereinbarungen zur Begrenzung oder zum Ausschluss der Haftung sowie zur Beendigung des Dienstleistungsvertrags. Auch hinsichtlich der Haftung für fehlerhafte Daten Dritter (andere Hersteller oder andere Anlagenbetreiber) gelten die bereits dargestellten Erkenntnisse. Sofern der Systembetreiber haftet, kann er bei dem Lieferanten fehlerhafter Daten Regress nehmen.

Neu in dieser Konstellation ist jedoch, dass ein Anlagenbetreiber als Systembetreiber aus den Analysen Prognosen und Empfehlungen für die Hersteller ableitet. Dies ist mit spezifischen Risiken verbunden. Der bei einer Schlechtleistung dieser Dienstleistungen mögliche und ersatzfähige Schaden könnte in nutzlos aufgewandten Investitions- und Entwicklungskosten liegen, die im Vertrauen auf die vom Anlagenbetreiber ausgegebenen Analyseergebnisse aufgewandt wurden. Fraglich bleibt die Kausalität der Pflichtverletzung im Hinblick auf einen möglichen Schaden. Dieser könnte zwar kausal auf fehlerhafte Analyseergebnisse zurückgeführt werden. Allerdings dürfte dann den Hersteller ein Mitverschulden treffen. Übernimmt er ungeprüft die Analyseergebnisse des Systembetreibers, wiegt dies aus mehreren Gründen besonders schwer. Die Weiterentwicklung und Verbesserung seiner Produkte ist sein Kerngeschäft. Eine ungeprüfte Übernahme der Analyseergebnisse wäre aufgrund der möglichen Auswirkungen eines Fehlers zumindest als grob fahrlässig einzustufen. Für die Prüfung der Ergebnisse und Empfehlungen hat der Hersteller auch ausreichend Zeit – zumindest im Vergleich zur ersten Konstellation, wenn zeitnahe Stillstandzeiten einer Anlage vorhergesagt werden und sofort Maßnahmen ergriffen werden müssen. Etwas anderes würde nur gelten, wenn der Hersteller sich zu unmittelbaren Warn-, Reparatur- oder Rückrufaktionen genötigt sieht.

Zumindest eine graduelle Verschärfung der Haftungsrisiken und eine Anhebung der Schutz-, Schadensabwendungs- und Minderungspflichten existiert innerhalb der zweiten Konstellation auch bei der Haftung für die Verletzung vertraglicher Nebenpflichten im Rahmen der Verschwiegenheit. Werden Produktdaten eines Geräteherstellers bekannt, dürfte sich seine Wettbewerbsposition im Regelfall leichter und stärker verschlechtern, als dies in der ersten Konstellation der Fall ist, wenn Prozessdaten eines Anlagenbetreibers bekannt werden.

4.2 Dritter als Initiator des Smart Data-Austauschs

Außer einem Hersteller oder einem Anlagenbetreiber könnte auch ein Dritter, beispielsweise ein Beratungsunternehmen, das sowohl Hersteller als auch Anlagenbetreiber berät, die Initiative ergreifen und sowohl mit Herstellern als auch Anlagenbetreibern vereinbaren, für diese die von ihnen gewünschte strategische Partnerschaft zur Auswertung ihrer Produkt- und Prozessdaten zu organisieren. Im Gegensatz zu den beiden ersten Konstellationen bringt dieser Dritte keine eigenen Daten ein und verfolgt auch keine Interessen, die Daten für die eigenen Anlagen oder Produkte auszuwerten. Vielmehr erweitert er sein Wissen, um z. B. seine Beratungstätigkeit auch auf die Analyse der Smart Data, die Prognose der Gerätenutzung und die Empfehlungen zu ihrer Fortentwicklung und Nutzung auszuweiten. Um die Integration und Auswertung der Daten für Hersteller und Anwender durchführen zu können, benötigt er die Daten der Hersteller und Anlagenbetreiber. Er verspricht ihnen als Gegenleistung Hinweise zu einer verbesserten Herstellung ihrer Produkte und ihren langfristigen Einsatz, Warnungen vor Ausfällen und Empfehlungen zur Fortentwicklung der Geräte und ihrer Einsatzmöglichkeiten. Der Dritte ist in dieser Konstellation für den Plattformbetrieb und die Datenanalyse zuständig. Er nimmt alle relevanten Rollen im System des Smart Data-Austauschs ein außer die des Datenlieferanten und des Empfängers der Analysen, Prognosen und Empfehlungen. Um seine Dienstleistungen zu erbringen, kann er Unteraufträge vergeben.

Die Zielsetzung der strategischen Partnerschaft ist die gleiche wie in den ersten beiden Konstellationen. Die Partner streben das Zusammenführen von Produkt- und Prozessdaten an, die daraufhin analysiert werden, wie die Nutzbarkeit der Produkte verbessert und potenzielle Störungsquellen ausgeschlossen oder vermindert werden können. Auf der Grundlage dieses verbesserten Wissens über die Produkte und ihrer Einsatzbedingungen sowie der Prognose ihres Verhaltens bietet der Dritte als Systembetreiber eine Beratung aller beteiligten Hersteller und Anlagenbetreiber an. Auch auf diese Serviceleistungen ist Dienstvertragsrecht anzuwenden.

Ebenfalls wie in den ersten beiden Konstellationen würde es den gewünschten Vertragsbeziehungen nicht gerecht, nur die Dienstleistungen der Dritten gegenüber den Geräteherstellern und Anlagenbetreibern als Auftraggebern zu betrachten und vertraglich auszugestalten. Um eine strategische Partnerschaft zur Zusammenführung der Produkt- und Prozessdaten sowie deren Auswertung und Nutzung als Smart Data zu begründen, ist es notwendig, alle Leistungen zu dieser Partnerschaft als Dienstleistungspflichten auszugestalten. Daher begründet der Dritte auch mit jedem teilnehmenden Hersteller und Anlagenbetreiber in dem zu schließenden Vertrag für diese jeweils eigenständige Dienstleistungspflichten, die jeweils erforderlichen Daten im notwendigen Umfang, im vereinbarten Format, in der erforderlichen Qualität und zum passenden Zeitpunkt zu generieren und zu übermitteln.

Auch in dieser Konstellation werden die jeweiligen Leistungen miteinander verrechnet. Da der Dritte die Initiative ergreift, die Plattform betreibt und Beratungsleistungen übernimmt, leistet er mehr als die anderen Vertragspartner. Für ihn steht die Vergütung für seine Mehrleistung im Vordergrund. Er betreibt das Smart Data-Austauschsystem, um mit diesem Geschäftsmodell Gewinne zu erwirtschaften.

Auch für einen Dritten sowie für die Hersteller und Anlagenbetreiber gelten die gleichen vertraglichen Haupt- und Nebenpflichten, wie sie in den beiden anderen Konstellationen festgestellt wurden. Dies gilt auch für die nebenvertragliche Verschwiegenheitspflicht. Der Dritte erhält sowohl die Prozessdaten der Anlagenbetreiber als auch die Produktdaten der Hersteller und muss alle diese Daten geheim halten. Grundsätzlich gelten auch die Erkenntnisse zur Höchstpersönlichkeit der Dienstleistung, zur Einschaltung von Erfüllungsgehilfen, zur Vergütung und zur Haftung des Dienstleisters sowie zur Beendigung des Dienstleistungsvertrags.

Abhängig von dem eigenen Fachwissen des Dritten über die Produkte und Prozesse könnte sich für ihn die Notwendigkeit ergeben, zur Analyse und Auswertung der Prozess- und Produktdaten Unterauftragnehmer einzuschalten, um die Hauptpflichten seiner Dienstleistung erbringen zu können. Dadurch würden weitere Akteure in das Dienstleistungsverhältnis integriert, die die Betriebsgeheimnisse der Anlagenbetreiber und Gerätehersteller zur Kenntnis nehmen müssen. Diese Ausweitung des Kreises der „Mitwissenden" könnte unter Umständen den Interessen der Anlagenbetreiber und Gerätehersteller zuwiderlaufen. Die Höchstpersönlichkeit der Dienstleistung und ihre Grenzen sowie die Haftungsregelungen bezogen auf die Tätigkeit der Unterauftragnehmer sollten in diesem Fall ausdrücklich geregelt werden.

Unabhängig von der Einschaltung von Unterauftragnehmern erlangen die nebenvertraglichen Verschwiegenheits- und Sorgfaltspflichten eine besondere Bedeutung. Der Dritte ist Herr aller Produkt- und Prozessdaten aller Beteiligten und kann faktisch über diese verfügen. Diese Daten sind im Regelfall rechtlich geschützte Betriebs- und Geschäftsgeheimnisse. Der Dritte muss mit diesen Daten besonders sorgfältig umgehen und sie vor Verlust und Bekanntwerden ausreichend schützen. Entsprechend dieser hohen Verschwiegenheits- und Sorgfaltspflichten bestehen auch hohe Haftungsrisiken des Dienstleisters, falls er diese Pflichten verletzt.

Die dritte Konstellation zeigt auch einen Unterschied in der Haftung der Hersteller und Anlagenbetreiber als Erzeuger und Übermittler fehlerhafter Daten. Schlagen sich diese in einem fehlerhaften Analyseergebnis nieder, entsteht bei dem Dritten als Systembetreiber kein primärer Schaden, da er die fehlerhaften Daten nicht selbst zur Grundlage seines eigenen wirtschaftlichen Handelns macht. Bei ihm könnte nur sekundär ein Schaden dadurch entstehen, dass er aufgrund der fehlerhaften Daten einen anderen Vertragspartner falsch beraten hat und aufgrund dieser Schlechterfüllung der Dienstleistung haftet. Dies sollte bei der Vereinbarung besonderer Haftungsklauseln berücksichtigt werden.

Ein Unterschied besteht auch für die auf der Schadensabwendungs- und Minderungspflicht beruhenden Anzeige- und Informationspflichten gemäß §§ 254 Abs. 2 Satz 1 und 242 BGB gegenüber anderen Vertragspartnern, sofern Mängel der Analyse, Prognose oder Beratung entdeckt werden. Erkennt beispielsweise ein Anlagenbetreiber Mängel in den Analyseergebnissen, muss er umgehend den Dritten als Systembetreiber informieren und dieser den betroffenen Gerätehersteller. Den Dienstleister als Plattformbetreiber trifft daher eine Pflicht, für die richtige Informationsverteilung zu sorgen. Dies gilt insbesondere für die Zeit nach Beendigung des Vertragsverhältnisses aufgrund der aus den nachvertraglichen Schutzpflichten resultierenden Aufklärungs- und Anzeigepflichten nach § 280 Abs. 1 BGB.

Etwaige Haftungsbegrenzungen, -erweiterungen und -ausschlüsse entfalten nur unmittelbar zwischen den jeweiligen Vertragsparteien Wirkung. Innerhalb der dritten Konstellation ist es daher erforderlich, im Fall solcher Vereinbarungen inhaltlich angepasste und nicht widersprechende Vereinbarungen mit beiden Akteuren (Gerätehersteller und Anlagenbetreiber) abzuschließen.

Auch bei der Kündigung spiegelt sich diese Dreieckskonstellation insofern wider, als die Vertragslaufzeiten mit allen Teilnehmern auf die gleiche (Mindest-) Dauer ausgerichtet sein müssen. Bei einer zwischen den Parteien im Einzelverhältnis abweichenden Laufzeit des Vertrags kann es sein, dass der Dienstleister seine Vertragspflichten gegenüber den noch „aktiven" Vertragspartnern nicht mehr erfüllen kann, weil ihm wichtige benötigte Daten der ausgeschiedenen Teilnehmer nicht mehr zur Verfügung gestellt werden.

5 Empfehlungen zur Vertragsgestaltung

Die rechtliche Analyse hat ergeben, dass es für die rechtliche Verfassung einer strategischen Partnerschaft zur Auswertung von Smart Data in der unternehmensübergreifenden Kooperation zwischen Herstellern und Anwendern von industriellen Geräten entscheidend auf die Vertragsvereinbarungen zwischen den Partnern ankommt. In der Ausgestaltung des Vertrages sind die Partner weitgehend frei. Insofern kommt es zur Wahrung der gemeinsamen und individuellen Interessen in der Partnerschaft darauf an, wie die Verträge ausgestaltet werden. Hierzu werden abschließend Hinweise und Empfehlungen gegeben, die auf der rechtlichen Analyse beruhen.

5.1 Inhalt, Umfang und Ausgestaltung des Vertragsverhältnisses

Der Zielsetzung der strategischen Partnerschaft entspricht die Vereinbarung korrespondierender Dienstleistungspflichten. Dabei kommt es auf zwei Aspekte an: Zum einen wollen die Parteien nicht für einen bestimmten Erfolg einstehen, sondern sich mit größter Sorgfalt und nach den besten Fähigkeiten um den gemeinsamen Erfolg bemühen und dazu ihre jeweils vereinbarten Dienstleistungen erbringen. Zum anderen würde der Kooperationscharakter verfehlt, wenn sie ein Vertragsverhältnis wählen würden, in dem ein Partner nur Dienstleister ist und die anderen nur dessen Auftraggeber sind. Daher sollte jeder Partner seinen Beitrag zum gemeinsamen Erfolg als Dienstleister erbringen. Er schuldet dann seinen Beitrag und insbesondere die Übermittlung „seiner“ Daten als Vertragspflicht. Dadurch wird vermieden, dass ein „Gläubigerverzug“ das gesamte Projekt in Frage stellt und dass nach Beendigung des Vertragsverhältnisses alle Daten wieder zurückübertragen werden müssten.

Die Dienstleistung ist höchstpersönlich zu erbringen. Dies wird beim Betrieb des Systems nicht immer möglich sein. Inwieweit Dritte im Rahmen der Dienstleistung als Erfüllungsgehilfen oder in anderer Funktion einbezogen werden sollen und dürfen, sollte hinsichtlich Funktion, Umfang, Anforderung und Haftung präzise geregelt werden. Auch ist festzulegen, wie Dritte mit den Daten umgehen dürfen und wie ihre Verschwiegenheitspflicht sichergestellt werden kann. Unter Umständen kann auch ein Verbot, bestimmte Funktionen auszulagern, für Klarheit zwischen den Partnern sorgen.

Wen auch immer die Partner mit der Entwicklung und dem Betrieb der Datenbank betrauen, müssen sie mit dem Datenbankhersteller die für sie erforderlichen Nutzungsrechte unter Beachtung der §§ 87a und 87e UrhG vereinbaren. Darüber hinaus müssen dem Datenbankbetreiber entsprechende Befugnisse eingeräumt werden, mit den Daten umzugehen.

Die Vergütung der Dienstleistungen ist präzise zu regeln. Soweit jeder Partner zum gemeinsamen Ziel einer strategischen Partnerschaft in der Auswertung der gemeinsamen Daten durch Übermittlung „seiner“ Daten und die Einräumung von Nutzungsrechten an den Daten beiträgt, sollte dies mit den vergleichbaren Leistungen der anderen Partner verrechnet werden. Soweit danach eine Vergütung in Geld – für den Systembetreiber oder einen Partner, der besonders viele Daten liefert – zu regeln ist, sollte dies explizit erfolgen.

Zur Konkretisierung des Inhalts, Umfangs und der Ausgestaltung der Dienstleistungspflichten und des zugrunde liegenden Vertragsverhältnisses sollten insbesondere die folgenden Regelungen vertraglich vereinbart werden.

5.2 Bereitstellung der Rohdaten und der Smart Data

Für die Dienstleistungspflichten der Datenlieferanten ist festzulegen, welche Prozess- oder Produktdaten zu generieren und an das Smart Data-Austauschsystem zu übermitteln sind. Hierfür sind insbesondere die Daten, ihr Format, ihre Qualität und Integrität sowie der Zeitpunkt ihrer Übermittlung festzulegen. Auch sollte geklärt werden, hinsichtlich welcher Prozessparameter die Prozessdaten zum Schutz des Anlagenbetreibers und die Produktdaten zum Schutz des Geräteherstellers von diesen anonymisiert werden können.

Für den Systembetreiber sind die notwendigen Befugnisse im Umgang mit den Daten einzuräumen und auf bestimmte Handlungen oder Zwecke zu beschränken. Insbesondere ist im Rahmen des Dienstleistungsvertrags mit dem Systembetreiber festzulegen, wer welche integrierten Daten oder Analysedaten als Smart Data erhält oder auf sie zugreifen kann, wer welche Auswertungen als Ergebnisberichte bekommt und wer unter welchen Voraussetzungen Warnungen, Hinweise oder Empfehlungen erhält. Soweit ein Zugriff auf die Systemdatenbank möglich sein soll, sind Zugriffs- und Berechtigungskonzepte zu vereinbaren, die Rechte zur Einsicht, zur Nutzung, zur Änderung und zur Löschung von Daten enthalten (Zech 2015).

Wenn die Bereitstellung (Zugang) der Analyseergebnisse durch die Anfertigung einer Kopie der Datenbank erfolgen soll, so dürfen die darin enthaltenen Daten keinen Unternehmensbezug aufweisen. Zudem sind die Grenzen der §§ 87a ff. UrhG zu beachten. Der Systembetreiber muss sich vom Hersteller der Datenbank das in diesem Rahmen relevante Vervielfältigungsrecht vertraglich einräumen lassen und an seine nutzungsberechtigten Teilnehmer weitergeben.

5.3 Verwendungszwecke der Daten

Die Vertragspartner sollten vertraglich vereinbaren, zu welchen Zwecken und unter welchen Voraussetzungen die gelieferten Daten und die Analysedaten verwendet werden dürfen. Unterschieden wird hierbei zwischen positiven Hauptzwecken, um das gemeinsam verfolgte Ziel zu erreichen, und unerwünschten Nebenzwecken, die ausgeschlossen werden sollen.

Die Zusammenführung der Produkt- und Prozessdaten und ihre Auswertung soll dazu dienen, mehr über die Einsatzbedingungen und das Einsatzverhalten der Geräte in unterschiedlichen Produktionsumgebungen der Anlagenbetreiber zu erfahren und daraus sowohl für die Verbesserung der Produkte des Geräteherstellers als auch für ihren angemessenen Einsatz beim Anlagenbetreiber zu lernen. Insbesondere sollen die integrierten Daten dazu dienen, Verschleiß und Reparaturbedürftigkeit der eingesetzten Geräte frühzeitig zu erkennen und ihren Ausfall und darauf folgend einen Stillstand der Anlage zu prognostizieren und zu vermindern. Um diese Zwecke zu erreichen, sind in den jeweiligen Dienstleistungsverträgen die erforderliche Zusammenführung der Daten, ihre

Weiterverwendung und ihre Auswertung zu gestatten. Dabei ist zu bestimmen, inwieweit der Plattformbetreiber die Daten zur Entwicklung und Verbesserung seiner Analysen nutzen darf. Die Nutzung der Daten und Analyseergebnisse muss auch nach Beendigung eines mit einer Partei geschlossenen Dienstvertrags weiter möglich sein, um das Ziel des Smart Data-Austauschsystems nicht zu verfehlen.

Inwieweit der Plattformbetreiber die Ergebnisse als Smart Data beschränkt oder allgemein, einzeln oder als ganzen Datensatz vervielfältigen, weitergeben und veröffentlichen darf, ist vertraglich festzulegen. Hierbei ist bestimmen, welche Empfänger welche Daten erhalten oder auf sie zugreifen dürfen und inwieweit die Datensätze zuvor anonymisiert oder zumindest pseudonymisiert werden müssen.

Andere Zwecke, die den genannten Hauptzwecken widersprechen, sollten ausdrücklich ausgeschlossen werden. Beispielhaft könnten als negative Nebenzwecke die Verwendung der Produkt- und Prozessdaten zu anderen gewerblichen Zwecken oder die Verwendung der Prozessdaten zur Leistungs- und Verhaltenskontrolle natürlicher Personen genannt werden. Zur Absicherung sollte vereinbart werden, dass die nachträgliche Aufnahme weiterer Nutzungszwecke stets der schriftlichen Zustimmung aller Vertragspartner bedarf.

Die Parteien sollten prüfen, ob sie den Rückgriff auf die Roh- oder Analysedaten zur Beweisführung in Rechtsstreitigkeiten über Haftungsansprüche vertraglich einschränken wollen (Rauscher und Krüger 2012, § 286 ZPO Rn. 161 ff.).

5.4 Schutz von Betriebs- und Geschäftsgeheimnissen

Zum Schutz von Betriebs- und Geschäftsgeheimnisse sollten die Befugnisse, die anderen im Umgang mit den Daten eingeräumt werden, vertraglich genau vereinbart werden. Auch empfiehlt sich, eine besondere Verschwiegenheitspflicht zu vereinbaren, die auch nach Beendigung des Dienstleistungsvertrags weitergilt.

Um Betriebs- und Geschäftsgeheimnisse zu gewährleisten und Haftungsrisiken zu minimieren, sollten technische und organisatorische Maßnahmen (VDI/VDE 2013) sowie deren Inhalt und Umfang vereinbart werden. Für Daten, die Betriebs- und Geschäftsgeheimnisse darstellen, ist der Schutzbedarf zu bestimmen und sind die notwendigen Schutzmaßnahmen festzulegen. Zur Sicherung der Vertraulichkeit und Integrität der Daten sollten während der Übertragung und Speicherung Verschlüsselungen und Signaturen genutzt werden, die dem aktuellen Stand der Technik entsprechen. Um die Geheimhaltungsinteressen der Datenlieferanten bestmöglich zu wahren, ist zu klären, wann und durch welche Maßnahmen der Datenlieferant oder der Systembetreiber die Daten hinsichtlich welcher Parameter automatisch zu anonymisieren haben. Dies ist allerdings nur dann möglich, ohne das Analyse- und Beratungsziel zu verfehlen, wenn die Zuordnung nicht oder nicht mehr notwendig ist, um die Dienstleistung zu erbringen. Um sicherzustellen, dass nur Berechtigte auf die Daten zugreifen können, sind Zugriffs- und Berechtigungskonzepte umzusetzen.

5.5 Reduzierung von Haftungsrisiken

Um Haftungsrisiken wegen Nichterfüllung der vertraglichen Pflichten zu reduzieren, sollten zeitliche Intervalle festgelegt werden, in denen die jeweiligen Dienstleistungspflichten erbracht werden müssen.

Um Haftungsrisiken wegen Schlechtleistung im Hinblick auf die Prognose und Beratung zu reduzieren, sollte festgelegt werden, unter welchen objektiven Voraussetzungen die Dienstleistung als fehlerhaft zu qualifizieren ist. Als Anknüpfungspunkt können hier die technische und kaufmännische Vertretbarkeit der Prognose sowie die Regeln der Technik und Mathematik dienen. Zudem könnte der erforderliche Verschuldensgrad angehoben werden. Zur Vermeidung von Haftungsrisiken können insbesondere im Hinblick auf den Ursprung, die Zuordnung und die Plausibilitätskontrolle der Daten, die der Analyse und Prognose zugrunde liegen, Dokumentationspflichten vereinbart werden. Dadurch kann im Streitfall dargelegt und bewiesen werden, dass die Schlechtleistung durch fehlerhafte Produkt- oder Prozessdaten bestimmter Hersteller oder Anlagenbetreiber hervorgerufen worden sind und sich diese Fehlerhaftigkeit in den Analyseergebnissen und der Prognose manifestiert hat.

Die Partner sollten sich auch darüber verständigen, ob sie die Haftung für einen Erfüllungsgehilfen auf das Auswahlverschulden des beauftragenden Dienstleisters begrenzen oder es bei der gesetzlichen Regelung des § 278 BGB belassen wollen, nach der der Beauftragende für das Verschulden des Gehilfen haftet.

Darüber hinaus sollten Vereinbarungen über die Haftung im Hinblick auf den jeweiligen Datenumgang getroffen werden; dies betrifft unter anderem die Haftung für die Bereitstellung und Qualität der Daten und sowie die Haftung für ein Bekanntwerdens der Daten an unberechtigte Dritte.

Ebenso sollten vertragliche Vereinbarungen getroffen werden, unter welchen Voraussetzungen nachvertragliche Aufklärungs- und Anzeigepflichten von den Partnern zu erbringen sind.

5.6 Zuordnung von Immaterialgüterrechten

Für den Fall, dass aus der Dienstleistung Immaterialgüterrechte erwachsen, sollte vereinbart werden, wem diese „Arbeitsergebnisse" zustehen sollen. Diese Vereinbarung sollte auch ein einfaches, kündbares und nicht ausschließliches und nicht übertragbares Nutzungsrecht aller Partner an den Ergebnisse einräumen, sofern die Nutzung in unmittelbarem Verhältnis zum Dienstleistungsvertrag steht und für die Umsetzung des Smart Data-Austauschkonzepts notwendig ist.

6 Ergebnis

Für die Realisierung datengetriebener unternehmensübergreifender strategischer Partnerschaften sind viele wirtschaftlich-organisatorische Umsetzungsmöglichkeiten denkbar, die sich vor allem danach unterscheiden, welcher Akteur welche Rolle innerhalb der Partnerschaft übernimmt. Für alle lassen sich auch rechtliche Lösungen finden.

Zur rechtssicheren Übertragung, Integration und Analyse von Produkt- und Prozessdaten sowie die Verwendung der Analyseergebnisse wurden in diesem Beitrag am Beispiel der Prozessindustrie drei typbildende Akteurskonstellationen untersucht, die eine solche Partnerschaft auf die Vereinbarung von Dienstverträgen gründen. Sie unterscheiden sich vor allem darin, wer das Smart Data-Austauschsystem betreibt und für diese Dienstleistungen von den anderen Partnern eine Vergütung erhält. Voraussichtlich wird der Partner die Initiative ergreifen, der sich davon die meisten Vorteile verspricht und die Dienstleistungen mit den geringsten Aufwänden erbringen kann.

In der ersten Konstellation übernimmt ein großer Gerätehersteller den Betrieb des Smart Data-Austauschsystems. Der Vorteil für ihn besteht darin, dass er über ein großes Know-How über die Geräte verfügt und dieses wettbewerbsrelevant ausbauen kann, wenn er durch die Datenintegration mehr über die Einsatzbedingungen seiner Produkte erfährt als seine Konkurrenten. Dieses Zusatzwissen kann er zur Verbesserung seiner Produkte und zur Beratung seiner Kunden nutzen. Das Vertrauen der Anlagenbetreiber könnte er leicht gewinnen, weil er zu ihnen ohnehin eine Kundenbeziehung aufgebaut hat. Sie könnten ihm ihre Prozessdaten bei entsprechenden Sicherungszusagen anvertrauen, auch wenn sie Betriebs- und Geschäftsgeheimnisse sind. Der Nachteil für den Hersteller ist, dass er für die Dienstleistung eine eigene Geschäftseinheit aufbauen muss, die sich die Kenntnisse und Fähigkeiten zur Integration und Analyse der Daten erwerben muss. Da künftig jedoch mehr Wertschöpfung über die Dienstleistungen erzielt wird, die mit Produkten verbunden sind, als über die Produkte selbst, könnte der Betrieb eines Smart Data-Austauschsystems für ihn interessant oder sogar zukunftsweisend sein. Voraussetzung ist allerdings, dass die Vergütung seiner zusätzlichen Dienstleistung ausreichend ist und die Vertragsbedingungen moderat sind.

In der zweiten Konstellation übernimmt ein großer Anlagenbetreiber den Betrieb des Smart Data-Austauschsystems. Der Vorteil für ihn besteht darin, dass er über viel Erfahrung mit den von ihm eingesetzten Geräten und ihren Einsatzumgebungen verfügt und dieses zur besseren Auslastung seiner Produktionsanlagen wettbewerbsrelevant einsetzen kann. Hierfür könnte er durch die Datenintegration mehr über die Eigenschaften seiner Geräte unter den bei ihm herrschenden Einsatzbedingungen erfahren. Soweit eine gefestigte Kundenbeziehung zum Hersteller besteht, die ein gemeinsames Interesse an einer Verbesserung der Produkte des Herstellers begründet, könnte auch das notwendige Vertrauen entstehen, dem Anlagenbetreiber Daten über die Produkte anzuvertrauen, die Betriebs- und Geschäftsgeheimnisse des Herstellers sind. Allerdings müsste auch der Anlagenbetreiber neue Kenntnisse und Fähigkeiten zur Datenintegration und -analyse aufbauen. Große Anlagenbetreiber verfügen über entsprechende IT-Abteilungen, für die diese Aufgabe umsetzbar wäre. Sofern die Organisations- und Investitionskosten für den Aufbau einer datengetriebenen unternehmensübergreifenden strategischen Partnerschaft vertretbar sind, die Vergütung für den Betrieb der Plattform ausreichend ist und die Vertragsbedingungen den Anlagenbetreiber nicht unvertretbar belasten, könnte die Übernahme dieser Aufgabe für ihn interessant sein.

Nicht auszuschließen ist auch, dass ein drittes Unternehmen, das zu Herstellern und Anlagenbetreibern bereits in einer Dienstleistungsbeziehung etwa als Berater oder als Betreiber von IT-Systemen steht, den Aufbau und Betrieb eines Smart Data-Austauschsystems übernimmt. Auch diese dritte untersuchte Konstellation ließe sich gut rechtlich regeln. In diesem Fall besteht für den Dritten der Vorteil darin, dass er sein Wissen über die Hersteller- und Anlagebetreiberunternehmen, die er berät oder für die er IT-Dienstleistungen betreibt, durch die Datenintegration und -auswertung erweitern und seine bereits bestehenden Dienstleistungen deutlich verbessern kann. Er kann dadurch über Know-How verfügen, das ihm für sein Angebot einen nicht zu übertreffenden Vorsprung gegenüber konkurrierenden Anbietern verschafft. Erfolgreich dürfte das Angebot eines Smart Data-Austauschsystems nur dann werden, wenn zwischen dem Dritten sowie den Herstellern und Anlagenbetreibern bereits eine Vertrauensbeziehung besteht, innerhalb derer diese dem Dritten als ihrem Berater oder ihrem IT-Dienstleister bereits viele Daten, die Betriebs- und Geschäftsgeheimnisse darstellen, anvertraut haben. Auf dieser Vertrauensbasis könnte der Dritte auch die Integration der Prozess- und Produktdaten und deren Auswertung sowie Beratung auf der Grundlage der neu gewonnenen Erkenntnisse anbieten. Für den Dritten dürfte Aufbau und Betrieb eines Smart Data-Austauschsystems am ehesten zu dem bereits bestehenden Kerngeschäft passen und die geringsten Umstellungs- und Investitionskosten verursachen. Da die Hersteller und Anlagenbetreiber zu ihm bereits eine Dienstleistungsbeziehung aufgebaut haben, dürfte es für sie auch naheliegen, die eigenen Anstrengungen für die datengetriebene strategische Partnerschaft zu begrenzen und dem Dritten zu übertragen. Sofern die Vertragsregelungen sich in dem rechtlichen Rahmen bewegen, der für die bestehenden Dienstleistungen ohnehin schon besteht, könnte diese Lösung für alle Beteiligten interessant sein.

Diese Konstellationen sind idealtypisch. Zwischen ihnen können beliebige Mischungen angestrebt werden. So könnten etwa zwei Akteure eine gemeinsame Betreibergesellschaft gründen oder es könnten sich alle Teilnehmer der strategischen Partnerschaft zu einer Genossenschaft zusammenschließen. Die Gesellschaft oder die Genossenschaft könnte dann als Betreiber des Smart Data-Austauschsystems Dienstleistungsverträge mit allen Partnern schließen. Die gesellschaftsrechtliche Organisation und Regelung würde die Beziehungen zwar verkomplizieren, wäre aber auch ein möglicher Aspekt einer organisatorischen Lösung. Für alle diese Lösungen lässt sich der passende rechtliche Rahmen finden.

Literatur

Aachen LG (2011) Landgericht Aachen vom 21.09.2010. Neue Juristische Online-Zeitschrift (NJOZ), S 1209–1210

Ascheid R, Preis U, Schmidt I (Hrsg) (2012) Kündigungsrecht, 4. Aufl. Beck, München

Bamberger G, Roth H (2015) Beck'scher Online Kommentar BGB, 36. Aufl. Beck, München

BGH (1993) Bundesgerichtshof vom 24.09.1992. Neue Juristische Wochenschrift – Rechtsprechungsreport (NJW-RR), S 26–27
BGH (1994) Bundesgerichtshof vom 02.12.1994. Neue Juristische Wochenschrift – Rechtsprechungsreport (NJW-RR), S 409–410
BGH (1996) Bundesgerichtshof vom 02.07.1996. Neue Juristische Wochenschrift (NJW), S 2924–2927
BGH (1977) Bundesgerichtshof vom 18.02.1977. Gewerblicher Rechtsschutz und Urheberrecht 1296 (GRUR), S 539–543
BGH (1999) Bundesgerichtshof vom 06.05.1999. Gewerblicher Rechtsschutz und Urheberrecht (GRUR), S 925–928
BGH (2002) Bundesgerichtshof vom 16.07.2002. Neue Juristische Wochenschrift (NJW), S 3323–3326
BGH (2003) Bundesgerichtshof vom 07.11.2002. Gewerblicher Rechtsschutz und Urheberrecht (GRUR), S 356–358
BGH (2010) Bundesgerichtshof vom 04.03.2010. Neue Juristische Wochenschrift (NJW), S 1449–1453
BGH (2011) Bundesgerichtshof vom 22.06.2011. Gewerblicher Rechtsschutz und Urheberrecht (GRUR), S 1018–1025
Bräutigam P, Klindt T (2015) Industrie 4.0., das Internet der Dinge und das Recht. Neue Juristische Wochenschrift (NJW), S 1137–1142
BVerfG (2006) Bundesverfassungsgericht vom 14.03.2006. MultiMedia und Recht (MMR), S 375–384
Conrad I, Grützmacher M (Hrsg) (2014) Recht der Daten und Datenbanken im Unternehmen. Otto Schmidt, Köln
Dauner-Lieb B, Langen W (Hrsg) (2012) BGB Schuldrecht, 2. Aufl. Nomos, Baden-Baden
Dreier T, Schulze G (Hrsg) (2015) Urheberrechtsgesetz, 5. Aufl. Beck, München
Grosskopf L (2011) Rechte an privat erhobenen Geo- und Telemetriedaten. IP-Rechts-Berater (IPRB), S 259–261
Haberstumpf H (2003) Der Schutz elektronischer Datenbanken nach dem Urheberrechtsgesetz. Gewerblicher Rechtsschutz und Urheberrecht (GRUR), S 14–31
Jauernig O (Hrsg) (2014) Kommentar zum BGB, 15. Aufl. Beck, München
Klindt T (Hrsg) (2015) ProdSG – Produktsicherheitsgesetz, 2. Aufl. Beck, München
Köhler H, Bornkamm J (Hrsg) (2015) Gesetz gegen den unlauteren Wettbewerb – UWG, 33. Aufl. Beck, München
Mayer M (2011) Geschäfts- und Betriebsgeheimnis oder Geheimniskrämerei. Gewerblicher Rechtsschutz und Urheberrecht (GRUR), S 884–888
Palandt O (2015) Bürgerliches Gesetzbuch, 74. Aufl. Beck, München
Peschel C, Rockstroh S (2014) Big Data in der Industrie, Chancen und Risiken neuer datenbasierter Dienste. MultiMedia und Recht (MMR), S 571–576
Polly S, Lach S (2012) Das neue Produktsicherheitsgesetz – Empfehlungen an Wirtschaftsakteure zur Compliance in der Produktsicherheit. Corporate Compliance Zeitschrift (CCZ), S 59–63
Rauscher T, Krüger W (Hrsg) (2012) Münchener Kommentar zur Zivilprozessordnung, ZPO, Bd 1, 4. Aufl. Beck, München
Rolfs C, Giesen R, Kreikebohm R, Udsching P (Hrsg) (2014) Beck'scher Online-Kommentar Arbeitsrecht, 36. Aufl. Beck, München
Roßnagel A (2014) Fahrzeugdaten – wer darf über sie entscheiden? Straßenverkehrsrecht (SVR), S 281–287
Säcker FJ, Rixecker R (Hrsg) (2012) Münchener Kommentar zum Bürgerlichen Gesetzbuch, Bd 1, 7. Aufl. Beck, München
Schulze R et al. (Hrsg) (2014) Bürgerliches Gesetzbuch – Handkommentar, 8. Aufl. Beck, Baden-Baden
SIDAP 2015 Forschungsprojekt „Skalierbares Integrationskonzept zur Datenaggregation, -analyse, -aufbereitung von großen Datenmengen in der Prozessindustrie (SIDAP)“. www.sidap.de/

Staudinger J (Hrsg) (2011) Kommentar zum Bürgerlichen Gesetzbuch, Bd 1, 13. Aufl. De Gruyter, Berlin

Verein Deutscher Ingenieure (VDI) (2013) Richtlinie VDI/VDE 2182 – Informationssicherheit in der industriellen (vernetzten) Automatisierungstechnik (Prozessindustrie 4.0). Düsseldorf

Wandtke A, Bullinger W (Hrsg) (2014) Praxiskommentar zum Urheberrecht, 4. Aufl. Beck, München

Zech H (2015) Daten als Wirtschaftsgut – Überlegungen zu einem „Recht des Datenerzeugers". Computer und Recht (CR), S 137–146

Zieger C, Smirra N (2013) Fallstricke bei Big Data-Anwendungen. Rechtliche Gesichtspunkte bei der Analyse fremder Datenbestände. MultiMedia und Recht (MMR), S 418–421

Teil IV

Engineering-Aspekte in der Industrie 4.0

Modulare Produktionsanlagen in der Verfahrenstechnischen Industrie

Jens Bernshausen und Mario Hoernicke

Zusammenfassung

Die vierte industrielle Revolution und die hiermit einhergehenden Bestrebungen zur Digitalisierung führen zu einer Änderung des Marktverhaltens. Durch die Spezialisierung von Produkten auf kleinere Marktgruppen bei gleichzeitiger Verkürzung der Produktlebenszyklen ist die Flexibilisierung des Produktionsprozesses von großer Bedeutung. Die Modularisierung verfahrenstechnische Produktionsanlagen wird hierbei als eine erfolgversprechende Möglichkeit zur Bewältigung dieser Anforderungen in der verfahrenstechnischen Industrie angesehen. Die geforderte Flexibilisierung von Produktionskapazitäten kann durch eine modulare und damit verfahrenstechnisch leicht anpassbare Anlagenarchitektur realisiert werden.

1 Motivation

Die Anforderungen des Markts an die verfahrenstechnische Produktion, haben sich im vergangenen Jahrzehnt stark verändert. Die Änderungen sind geprägt durch schwankende Beschaffungs- und Absatzmärkte (CEFIC 2018), sowie kürzeren Produktlebenszyklen, speziell in der chemischen und pharmazeutischen Industrie (Bramsiepe und Schembecker 2012). Des Weiteren werden kürzere Innovationszyklen gefordert und der Bedarf an kundenspezifischer Spezialisierung der Produkte steigt (ZVEI 2010). Im Umfeld der Industrie 4.0 werden diese Anforderungen noch verstärkt (acatech 2013). Umso wichtiger ist es, dass Innovationen schnell Markt-

J. Bernshausen
Engineering & Technology Formulation, Bayer AG, Leverkusen, Deutschland
E-Mail: jens.bernshausen@bayer.com

M. Hoernicke (✉)
ABB AG Forschungszentrum Deutschland, Ladenburg, Deutschland
E-Mail: mario.hoernicke@de.abb.com

B. Vogel-Heuser et al. (Hrsg.), *Handbuch Industrie 4.0*,
https://doi.org/10.1007/978-3-662-58528-3_135

reife erreichen. Ein früher Markteintritt neuer Produkte wird als entscheidender Faktor für den wirtschaftlichen Erfolg einer Produktion angesehen (PAAT 2009).

Das bedeutet das sich Produktionsanlagen, die Produktionsmenge und das Produktportfolio entsprechend den aktuellen Marktbedingungen anpassen müssen. Hierbei ist zu beachten, dass einem Anstieg der Kapazitätsflexibilität im konventionellen Anlagenbau jedoch ein Verlust an Produktionseffizienz gegenübersteht (Bramsiepe et al. 2012). Weder die kontinuierliche Produktion noch die Chargen-Produktion sind durch den konventionellen Anlagenbau auf diese Marktbedingungen ausgerichtet. Folglich sind produzierende Unternehmen gezwungen, höhere Produktionsverluste hinzunehmen, um ein möglichst optimales Preis-Absatz-Verhältnis zu erreichen. Entsprechend werden neue Produkte lediglich für zuverlässige Märkte eingeführt und neue, vielversprechende Technologien werden mit hoher Verzögerung angewandt (Bramsiepe et al. 2012).

Als eine Schlüsseltechnologie zur Überwindung dieser Herausforderungen, wird Wiederverwendung und Flexibilisierung durch Modularität angesehen (Obst et al. 2013). Der Ansatz der Modularisierung stellt einen erheblichen Schritt zur Beschleunigung von Planung und Bau von Produktionsanlagen kleiner bis mittlerer Größe dar (Bramsiepe und Schembecker 2012). Durch die Verwendung von branchenspezifischen Modulen, die fertige, in sich geschlossene funktionale Einheiten bilden, kann der Engineeringaufwand für verfahrenstechnische Anlagen erheblich reduziert werden (Urbas et al. 2012). Die Wiederverwendung von bewährten Modullösungen vermeidet Fehler in frühen Phasen des Engineerings, was wiederum zu Kosten- und Zeitersparnissen führt (Hady und Wozny 2012). Neben der erstrebten Skalierbarkeit durch Hinzu- und Wegnahme von Modulen (numbering-up) wird auch eine bessere Datenbasis zur Kostenschätzung für die Planung und Errichtung der Anlagen geschaffen, da sich bekannte Aufwände lediglich in neuer Zusammensetzung wiederholen (Hady et al. 2008).

2 Konzepte modularer Produktionsanlagen

Um die Beschriebenen Potenziale zu heben ist eine konsequente Modularisierung der verfahrenstechnischen Anlagen notwendig. Hierbei ist das Grundkonzept modularer Produktionsanlagen die Aufteilung des verfahrenstechnischen Prozesses in einzelne Produktionsschritte. Jeder Produktionsschritt erfüllt eine oder mehrere verfahrenstechnische Funktionen und wird sowohl verfahrenstechnisch, als auch automatisierungstechnisch gekapselt geplant und realisiert.

Die Abb. 1 zeigt die Struktur einer modularen Anlage aus Sicht der Prozess- und der Automatisierungstechnik. Jede Hierarchieebene der Prozesstechnik hat ein entsprechendes Pendant auf der Automatisierungsebene.

2.1 Verfahrenstechnische Modularisierung

Modulare Produktionsanlagen werden hierarchisch aufgebaut. Die oberste Ebene stellt nach VDI2776 Blatt 1 (VDI 2019e) die modulare Anlage dar. Diese wird

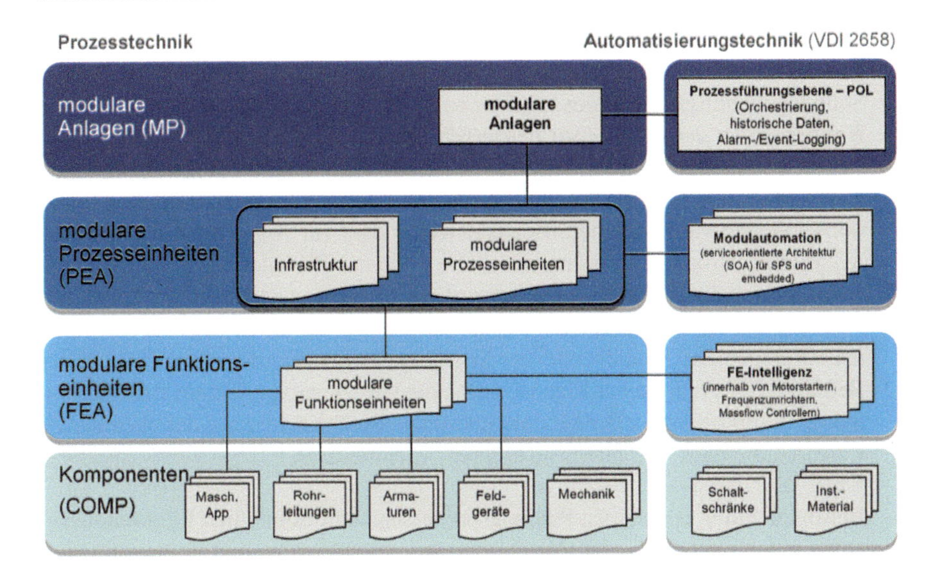

Abb. 1 Anlagenstruktur für modulare Anlagen ZVEI (2019)

aus modularen Prozesseinheiten (PEA) zusammengesetzt. Im Folgenden werden die Begriffe modulare Prozesseinheit (PEA) und Modul synonym verwendet. Jede modulare Prozesseinheit dient zur Erfüllung einer verfahrenstechnischen Funktion, wie zum Beispiel einer Filtration oder Destillation. Diese wiederum können aus unterschiedlichen modulare Funktionseinheiten (FEA) zusammengesetzt werden, die gemeinsam die verfahrenstechnische Funktion bilden, also beispielsweise ein Zusammenschluss eines Reaktors mit einer Pumpenbaugruppe. Die einzelnen modularen Funktionseinheiten werden wiederum gebildet aus dem Zusammenschluss von Komponenten, wie zum Beispiel Sensoren, Aktoren und Rohrleitungen.

Es wird davon ausgegangen, dass sich mit Verbreitung der modularen Produktion in der chemisch-pharmazeutischen Industrie die Planungsprozesse für diesen Typ von Produktionsanlage langfristig signifikant optimieren lassen. Während heutzutage überwiegend spezielle und vor allem individuelle modulare Prozesseinheiten gefertigt werden, die auf Kundenwunsch entworfen werden, können mit voranschreitender Modularisierung, modulare Prozesseinheiten künftig stärker standardisiert werden.

Hiermit wird es möglich sein, den in VDI (2019e) definierten Engineering-Workflows für modulare Anlagen umzusetzen. Dieser setzt sich aus folgenden Schritten zusammen:

1. ***Unterteilung des Prozesses in seine einzelnen verfahrenstechnischen Funktionen***
   Hierbei wir der Prozess durch die Zusammenschaltung unterschiedlicher Verfahrenstechnischer Schritte abstrahiert. Dies erfolgt unter Berücksichtigung der chemischen Eigenschaften und der Gefährdungsanalyse des Gesamtprozesses.

2. ***Abgleich der Prozessanforderungen mit einer Moduldatenbank***
Es wird innerhalb einer Datenbank nach geeigneten Modulen gesucht, die die in Schritt 1 identifizierten Eigenschaften besitzen.
3. ***Konfiguration der modularen Prozesseinheit***
Die im vorangegangenen Schritt identifizierten modularen Prozesseinheiten werden konfiguriert. Es wird also eine Anpassung der im Modul befindlichen Funktionseinheiten vorgenommen. Beispielsweise kann zur Anpassung des maximalen Volumenstroms die Dosiereinheit innerhalb des PEA getauscht werden.
4. ***Betrachtung der modularen Gesamtanlage***
Während die Analyse und Dokumentation der Eigenschaften der Prozesseinheiten auf Seiten des Modulherstellers liegt, liegt es im Verantwortungsbereich des Betreibers die Analyse der Eigenschaften der Gesamtanlage, die aus dem Zusammenspiel unterschiedlicher Module und unter Berücksichtigung der chemischen Eigenschaften des Verfahrens resultieren, vorzunehmen.

Bei Betrachtung des obigen Planungsprozesses, wird es möglich Produktionsanlagen verfahrenstechnisch und physikalisch zu modularisieren und Produktionsprozesse durch die Zusammenschaltung von modularen Prozesseinheiten abzubilden. Sollte der Produktionsprozess adaptiert werden, kann dies durch den Tausch von modularen Prozesseinheiten flexibel erfolgen. Dies wurde unter anderem in Projekten wie zum Beispiel F^3-Factory nachgewiesen. Um jedoch alle Vorteile der Modularisierung von Produktionsanlagen zu erschließen, ist es unerlässlich ebenfalls die Automatisierungstechnik zu modularisieren.

2.2 Automatisierung Modularer Anlagen

In Analogie zur verfahrenstechnischen Modularisierung der Anlage erfolgt eine funktionsorientierte Modularisierung der Automatisierungstechnik. Dabei stellt ein Modul seine verfahrenstechnische Funktion als Dienst einer übergeordneten Prozessführungsebene (PFE, engl. Process Orchestration Layer, POL) zur Verfügung. Die vom Modul angebotene Funktion kann von der PFE abgerufen werden. Zur aufwandsarmen Umsetzung der so entstehenden dienstorientierten Architektur muss ein Modul **mindestens** folgende Grundfunktionalitäten unterstützen, d. h. auch die Modulbeschreibung muss eine Beschreibung folgende Schnittstellen beinhalten:

1. ***Mensch-Maschine Schnittstelle***: Das Modul muss in der Lage sein Daten zu erzeugen und zu übermitteln. Die Daten werden zur Anzeige und Bedienung der Anlage verwendet, wobei das Modul in der PFE durch eigene Bedienbilder dargestellt wird;
2. ***Steuern und Überwachen***: Als Schnittstelle werden die Zustände des Moduls und der Funktionen benötigt. Diese müssen durch das Modul ermittelt, überwacht und übertragen werden. Zustandsinformationen des Moduls werden zur fehlerfreien und wunschgemäßen Bearbeitung der Funktionen benötigt.

Hinzu können Module Funktionalitäten, die aus herkömmlichen Produktionsanlagen bekannt sind, anbieten. Diese können z. B. Alarm und Event Generierung/ Handling, Archivierung oder Diagnosefunktionen sein.

2.2.1 AT-Architektur Modularer Anlagen

Jedes verfahrenstechnische Modul besitzt eine eigene Steuerung. Dies ist eine wichtige Voraussetzung zur Ermöglichung des dienstorientierten Konzepts im Modul. Die Steuerung beinhaltet alle Informationen und Automatisierungssoftware die notwendig ist, um das Modul unabhängig von der PFE zu steuern. Die im Folgenden beschriebene grundsätzlich Architektur ist in der VDI Richtlinie 2658 Blatt 1 (VDI 2019a) definiert und realisiert die Anforderungen aus der Namur Empfehlung 148 (Namur 2013).

Die Steuerung jedes Moduls beinhaltet einen OPC UA Server. Dieser stellt die Kommunikationsschnittstelle des Moduls dar, über welche alle Informationen veröffentlicht werden, die zur Steuerung der Funktionen des Modules notwendig sind. Die OPC UA Server jedes in der Anlage befindlichen Moduls können in die PFE integriert werden. Somit fungiert diese als OPC UA Client und verbindet die Bedienerschnittstelle und die Steuerungs- sowie Überwachungsfunktionen der Anlage mit den Modulen, vgl. Abb. 2.

Als PFE kann beispielsweise ein Prozessleitsystem eingesetzt werden. Wie in Obst et al. (2015) demonstriert, kann sich die PFE aber auch aus Komponenten (SCADA, Batch, etc.) zusammensetzen, die jeweils Teilfunktionen einer PFE übernehmen.

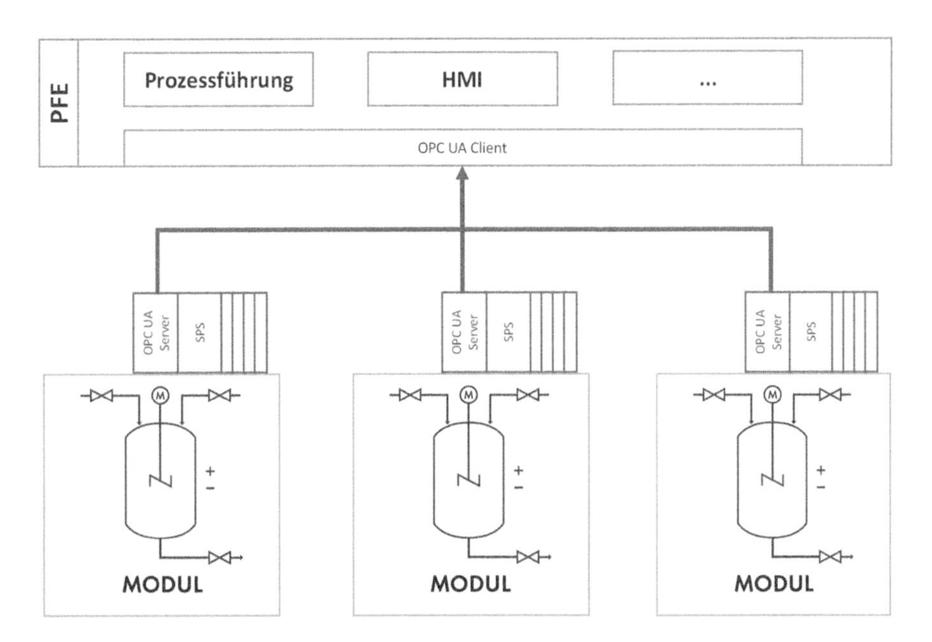

Abb. 2 Integration von Modulen in die PFE über OPC UA nach Bernshausen et al. (2016)

Neben der Integration der Module über OPC UA, das Anzeigen der Bedienerschnittstelle der Module und der Grundfunktionalitäten zur Steuerung und Überwachung bietet die PFE üblicherweise Funktionen zur so genannten Orchestrierung der modularen Produktionsanlage an. Orchestrierung bedeutet in diesem Zusammenhang das definierte Steuern der Modulfunktionen als Ablaufsteuerung oder Rezept und damit eine übergeordnete Automatisierung der Anlage.

2.2.2 AT-Engineering Modularer Anlagen

Das Engineering modularen Anlagen kann grundsätzlich in zwei Bereiche, wie in VDI (2019a) beschrieben, aufgeteilt werden:

1. ***Modultyp-Engineering*** – Abb. 3, linke Seite: Das Modultyp-Engineering beschreibt das projektunabhängige Engineering, ohne Kenntnis der vollständigen Produktionsanlage, von einem Experten der entsprechenden verfahrenstechnischen Teilaufgabe. Ein Modultyp beinhaltet sowohl die verfahrenstechnische Funktion und das nötige Equipment, als auch die informationstechnische Schnittstelle zu übergeordneten Systemen. Zusätzlich wird die Automatisierungstechnik der Modulsteuerung projektiert und die notwendigen Bedienbilder der Mensch-Maschine-Schnittstelle beschrieben. Letztlich wird das Engineering wie bei einer Package Unit durchgeführt, mit dem Unterschied, dass das Modul in seiner Funktion generisch für verschiedene Einsatzarten ausgelegt sein kann. Als Modultypbeschreibung liefert jedes Modul ein Module-Type-Package (MTP). Dieses enthält die Beschreibung über die realisierten Funktionen des Moduls, die Beschreibung der Bedienbilder und Kommunikationsschnittstelle. Je nachdem wofür der Modultyp verwendet werden soll, werden die notwendigen zusätzlichen Funktionalitäten, z. B. zur Diagnose, ebenfalls im MTP beschrieben.

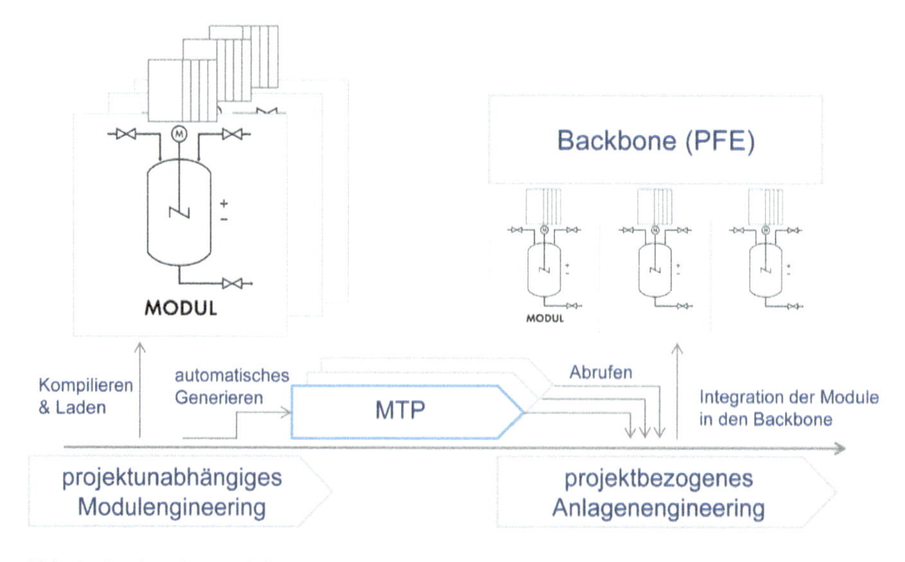

Abb. 3 Engineering modularer Anlage vgl. Bernshausen et al. (2016)

2. ***PFE-Engineering*** – Abb. 3, rechte Seite: Beim PFE-Engineering werden die Module in die PFE integriert. Letztlich wird das MTP während des Engineerings eingelesen und die nötigen Bestandteile auf PFE-Seite für jedes benötigte Modul generiert. Dies beinhaltet die Schnittstelle zum Informationsmodell des Moduls, als auch dessen Mensch-Maschine-Schnittstelle. Zusätzlich hierzu wird das modulübergreifende Verfahren in der PFE konfiguriert. Die Orchestrierung der Moduldienste wird erstellt. Die Ansteuerung der Dienste der Module parametriert und ggf. modulübergreifende Verriegelungslogik erzeugt. Letztlich wird die physikalische Kommunikation im Netzwerk-Engineering abgebildet und parametriert.

Dabei sind die Engineering-Prozesse des Modulherstellers (Modultyp-Engineering) und Anwenders (PFE-Engineering) voneinander entkoppelt. Die Wertschöpfung der Modullieferanten liegt in der Mehrfachanwendung seiner Modultypen, womit ein kostenintensiveres Engineering gerechtfertigt ist. Die Wertschöpfung des Modulanwenders besteht indes in der verringerten Engineeringzeit der Gesamtanlage.

2.2.3 Dienstbasierte Steuerung

Modulare Prozessanlagen unterscheiden sich hinsichtlich der Kommunikationsarchitektur von herkömmlichen Anlagen. Zentrales Element ist die modulinterne Kapselung verfahrenstechnischer Funktionen in Diensten innerhalb der Module. Diese Dienste können zur Orchestrierung des Moduls innerhalb der PFE verwendet und miteinander verschaltet werden.

Während des PFE-Engineerings werden die notwendigen Module nicht nur in die PFE integriert, sondern auch Ablaufsteuerungen oder Rezepte auf Basis der Modulfunktionen festgelegt. Innerhalb der Ablaufsteuerungen oder Rezepte müssen die Moduldienste zwischen den Modulen aufeinander abgestimmt sein. So muss zum Beispiel bei einem kontinuierlich betriebenen Reaktionsprozess das Anfahren des Reaktors mit dem Vorlegen der Edukte abgestimmt werden. Die Orchestrierungsfunktion wird erst durch Kombination verschiedener Module notwendig und muss deshalb während des PFE-Engineerings innerhalb der PFE-Automatisierungsinstanz, z. B. dem übergeordneten Leitsystem, vorgenommen werden.

Zur Orchestrierung der Moduldienste innerhalb der Anlage ist es also notwendig zu jeder Zeit den aktuellen Status des Dienstes des Moduls zu kennen. Deshalb definiert die VDI Richtlinie 2658 Blatt 4 (VDI 2019d) einen Zustandsautomaten der zwingend von jedem Dienst in jedem Modul implementiert werden muss. Dieser wird durch die Steuerung im Modul implementiert und dessen Schnittstellen werden über die Kommunikationsschnittstelle des Moduls zur Verfügung gestellt. Die Definition der Zustände ist hersteller- und modulunabhängig und somit einheitlich für alle Module und Dienste.

Der nach VDI (2019d) definierte Automat ist in Abb. 4 dargestellt. Der Automat ist angelehnt an die DIN EN 61512-1 (2010) definiert, bezieht aber weitere Überlegungen aus PackML (ANSI/ISA-TR 88.00.02 2015) und dem Entwurf der IEC 61512 Ed. 2 bereits mit ein. VDI (2019d) definiert ein hierarchisches Zustandsmo-

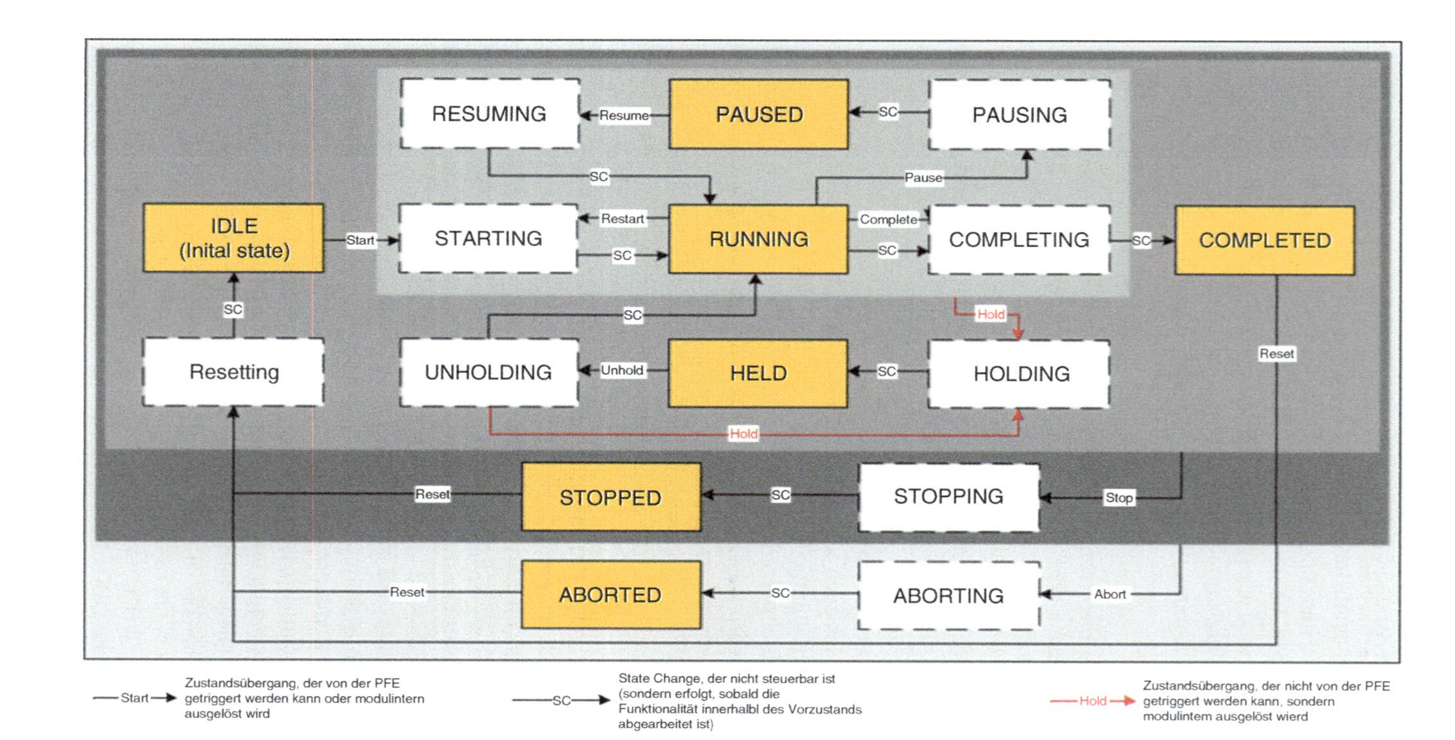

Abb. 4 Zustandsautomat nach Bernshausen et al. (2019)

dell. Hierdurch ist es zum Beispiel möglich, aus jedem Zustand in dem Fehlerzustand „Aborting“, über den Befehl „Abort“ zu wechseln. Die genaue Beschreibung des Automaten ist VDI (2019d) zu entnehmen.

Wie schon zuvor beschrieben, werden die in den Modulen vorgesehenen prozesstechnischen Funktionen als Dienste gekapselt. Ein Reaktormodul mit einem Rührer beispielsweise, könnte demnach einen Dienst *Mischen* anbieten. Da die Edukte in den Reaktor einzufüllen sind, wird vom Reaktor des Weiteren ein Dienst *Befüllen* angeboten, die sich je nach Anzahl und Benennung der Einfüllstutzen in z. B. *BefüllenA* und *BefüllenB* unterscheiden können. Verfügt der Reaktor über ein Heizsystem, kann ebenfalls ein Dienst *Heizen* ausgeführt werden. Ein entsprechender Parametersatz dieses Dienstes könnte die Zieltemperatur, die Temperatur-Anstiegsgeschwindigkeit und die Haltezeit sein. Jeder der Dienste implementiert das beschriebene Zustandsmodell und ist damit standardisiert über dessen Schnittstelle steuerbar.

2.2.4 Bedienerschnittstelle für Modulare Anlagen

Die Herausforderung der Bedien- und Beobachtbarkeit des über mehrere Module verteilten Prozesses ist sowohl die automatische Bedienbilderstellung als auch die Realisierung des nach Namur (2013) formulierten einheitlichen „Look and Feel“ einer modularen Anlage. Da der Modulhersteller für die Planung, den Aufbau und die Programmierung des Moduls verantwortlich ist, fertigt er auch die Bedienbilder des Moduls an.

Die Bedienbilder des Modultyps sind hierbei wenig vergleichbar mit herkömmlichen Bedienbildern. Während diese projektbezogen mit einer vordefinierten Bibliothek entworfen werden, werden die Bedienbilder für Module nicht im Zielsystem (PFE) entworfen und sind deshalb deutlich generischer gehalten. Die Modulbedienbilder beschreiben lediglich die Zusammenhänge der Symbole und deren ungefähre Lage. Das Engineering der Farben und des Symbolverhalten (z. B. Blinken beim Öffnen eines Ventils) werden erst während der Modulintegration im PFE-Engineering vereinheitlicht. Der Entwurf eines Bedienbilds in einem Engineeringwerkzeug für die Modulautomatisierung wird in Abb. 5 gezeigt.

Die Generierung des modulspezifischen Bedienbilds in der PFE kann somit erst nach der Integration des Moduls, im PFE-Engineering, erfolgen. Erst zu diesem Zeitpunkt ist die Bedienbildbibliothek einheitlich festgelegt.

Zur Umsetzung der modulspezifischen Bedienbilder in projektspezifisch vereinheitlichte Bedienbildelemente, müssen die Bedienbilder in einer darstellungsunabhängigen Beschreibungsform vorliegen. Diese Beschreibung enthält die Information zum Typ des darzustellenden Prozessequipments, dessen Lage- und Größeninformation und ist spezifiziert in der VDI Richtlinie 2658 Blatt 2 (VDI 2019b). Diese Informationen sind durch einen Algorithmus zugänglich, der die projektabhängigen Bedienbildelemente in gewünschter Darstellung und Lage auf das Bedienbild in der PFE setzt und mit den entsprechenden Variablen für die Kommunikation mit der Modulsteuerung verknüpft.

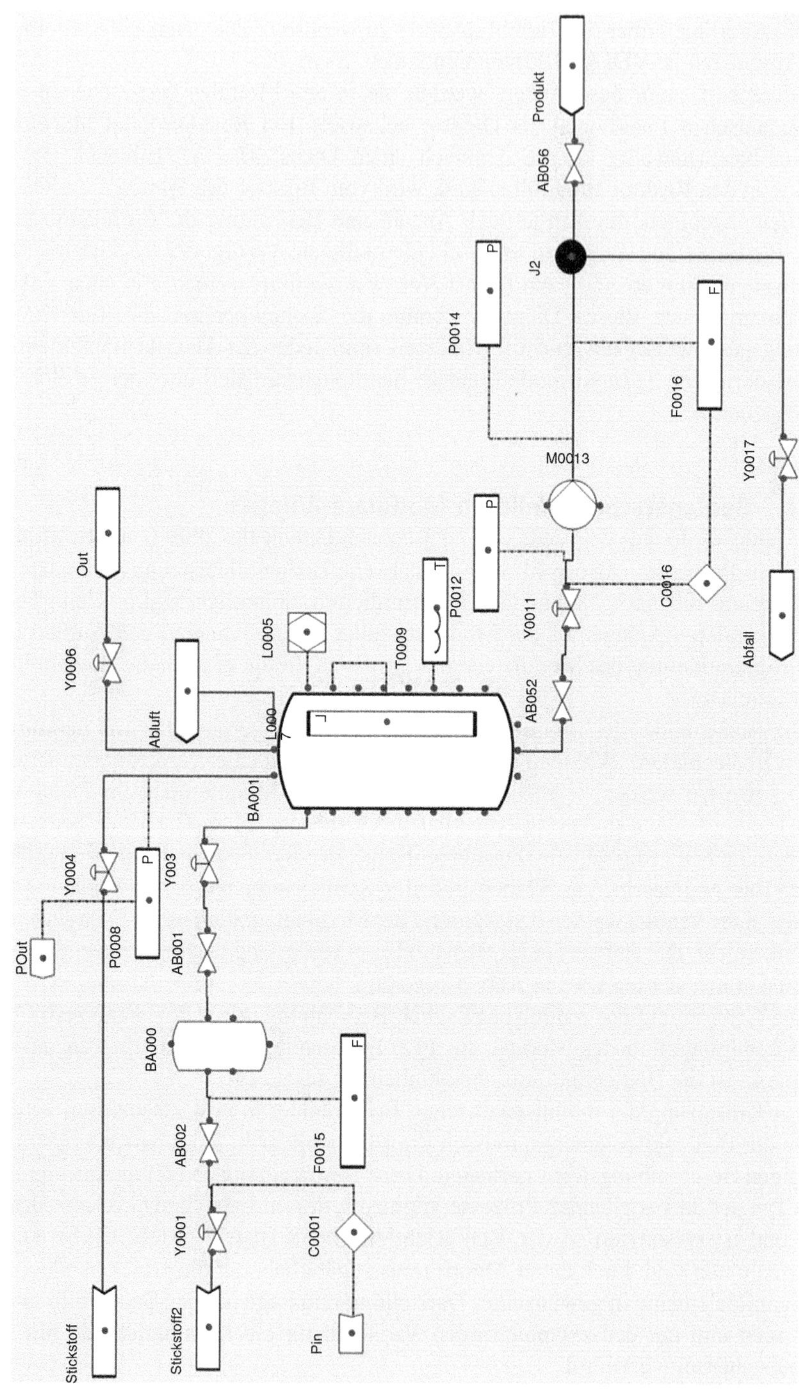

Abb. 5 Beispiel eines Bedienbilds im Engineeringwerkzeug des Modultyps

Tab. 1 Nach VDI (2019c) definierte Datenobjekte

Schnittstellenfamilie	Basis-Schnittstelle, (Erweiterungen), (...)
Analogwertanzeigen	AnaView, (AnaMon)
Analogwertoperationen	ExtAnaOp, (ExtIntAnaOp), (AdvAnaOp)
Digitalwertanzeigen	DigView, (DigMon)
Digitalwertoperationen	ExtDigOp, (ExtIntDigOp), (AdvDigOp)
Binärwertanzeigen	BinView, (BinMon)
Binärwertoperationen	ExtBinOp, (ExtIntBinOp), (AdvBinOp)
Zeichenkettenanzeige	StrView
Regelungen	PIDCtrl
Bistabile Ventile	BinVlv, (MonBinVlv)
Regelbare Ventile	AnaVlv, (MonAnaVlv)
Bistabile Antriebe	BinDrv, (MonBinDrv)
Regelbare Antriebe	AnaDrv, (MonAnaDrv)
Verriegelungsanzeigen	LockView4, (LockView8), (LockView16)

2.2.5 Standardisierte Bausteinschnittstellen

Die Nutzung eines Bibliothekskonzepts bedingt, dass die Bibliothek sowohl im Engineeringwerkzeug des Modulherstellers als auch im Engineeringwerkzeug für die PFE vorliegt. Die einheitlichen Schnittstellen dieser Bibliothek werden in der VDI Richtlinie 2658 Blatt 3 (VDI 2019c) beschrieben und umfassen aktuell im Wesentlichen die in Tab. 1 gezeigten Bausteine.

Die Bausteinschnittstellen müssen nicht zwangsläufig alle im Modul oder in der PFE implementiert werden. Es ist lediglich die Basis-Schnittstelle ohne Erweiterung nach der Richtlinie verpflichtend. Da es sich hier um die Modellierung einer objektorientierten Schnittstelle handelt, ist es jederzeit möglich von Erweiterungen auf die Ursprungsschnittstelle zurück zu gehen.

3 Architektur und Modellierung des Module-Type-Package

Alle Informationen, die im Modultyp-Engineering erarbeitet und während des PFE-Engineerings benötigt werden, werden in einer formalen Beschreibung, dem MTP abgelegt. Mit Hilfe des MTPs kann die PFE entsprechend konfiguriert werden.

Das MTP ist intern in verschiedene Aspekte aufgeteilt. Jeder Aspekt wird in VDI (2019a, b, c, d) in einem eigenen Blatt beschrieben, wodurch eine Entwicklung und Versionierung auf Basis der Aspekte erfolgen kann. Die Modelle innerhalb des MTP sind deshalb weitestgehend entkoppelt voneinander zu betrachten.

Das MTP ist letztlich eine .zip-Datei, die intern eine Ordnerstruktur aufweist. Die darin befindlichen Dateien beschreiben jeweils unterschiedliche Funktionen des Moduls. Übergeordnet, als Einstiegspunkt für eine Interpretation zu betrachten, wird das nach VDI (2019a) sogenannte *Manifest* abgelegt, welches die einzelnen Teile des MTP miteinander verbindet.

Als Modellierungssprache wird für das MTP u. a. AutomationML nach IEC 62714 (2013) verwendet. Alle Aspekte, die in AutomationML modelliert sind, können in der gleichen Datei (z. B. dem *Manifest*) abgelegt werden. Nach VDI (2019a) ist es aber auch möglich, diese in verschiedene Dateien aufzuteilen. Ferner ist das Konzept offen, um Aspekte, welche in anderen Modellierungssprachen vorliegen, zu integrieren.

Abb. 6 stellt verschiedene Aspekte eines Moduls und deren Abbildung im MTP dar. Betrachtet man die unterschiedlichen Automatisierungsebenen des Moduls, so werden die PLT-Stellen als Tagliste, die Beschreibung der Bedienbilder und die Beschreibung der Dienste benötigt. Als Kommunikation wird im MTP spezifiziert, wo sich die OPC UA Zugriffspunkte im Namensraum des Modul OPC UA Servers befinden. Übergeordnet wird das *Manifest* als Organisationsdatei benötigt. Dieses ist als Inhaltsverzeichnis zu verstehen, welches Verweise auf die anderen Aspekte enthält.

Zusätzlich zum *Manifest* als Inhaltsverzeichnis sind im MTP Querverweise zwischen den Aspekten möglich. Wird beispielsweise ein Dienst in der Dienstmodellierung abgelegt, kann dieser auch als Symbol auf einem oder mehreren Bedienbildern verwendet werden und zusätzlich kann er eine Kommunikationsschnittstelle und einen Tag in der Tagliste besitzen. Das heißt das gleiche Objekt wird in mehreren Aspekten verwendet. Um dies formal zu beschreiben werden im MTP *LinkedObjects* nach VDI (2019a) definiert, welche Verweise zwischen den verschiedenen Aspekten abbilden.

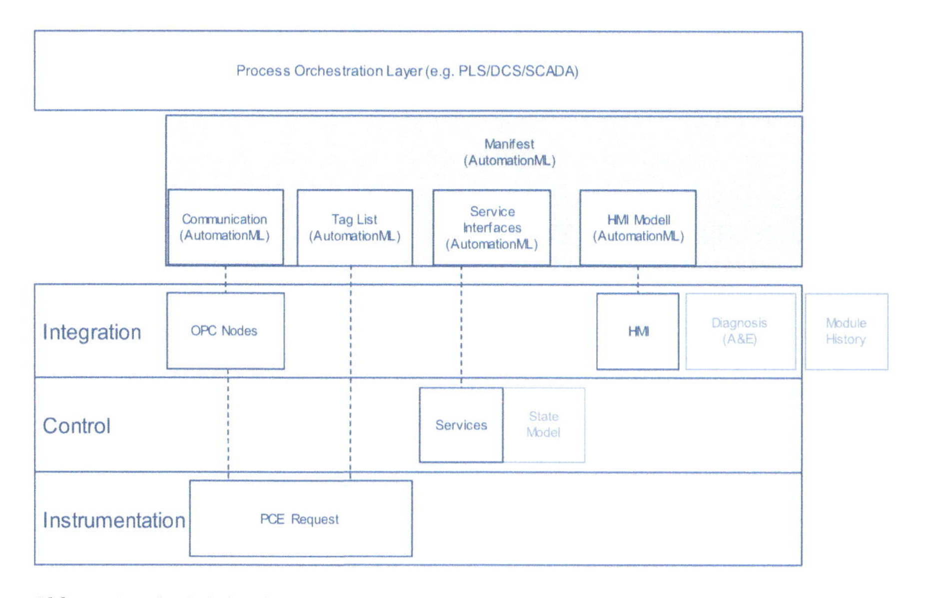

Abb. 6 Aspekte/Inhalte eines MTPs

3.1 Inhalte der Organisationsdatei

Das *Manifest* wird in AutomationML modelliert. Es wird als Organisationdatei verwendet und verweist, wie zuvor erwähnt, auf die anderen Aspekte des MTPs. Zusätzlich findet sich im *Manifest* die Tagliste, welche alle Objekte enthält, die zur Kommunikation zwischen dem Modul und der PFE verwendet werden. Die Tagliste wird innerhalb des Aspekts *Communication* abgelegt.

Abb. 7 zeigt beispielhaft ein Inhaltsverzeichnis im *Manifest*. Einer der Einträge verweist auf eine Diensthierarchie, der zweite auf eine Bedienbildhierarchie. Anhand des Typs des Attributes *refURI* lässt sich erkennen, dass die Bedienbildhierarchie in der gleichen AutomationML Datei abgelegt ist (Der Typ ist *xs:IDREF*, der Wert enthält die ID der zugehörigen Instanzhierarchie), während die Hierarchie der Services in einer separaten Dateien innerhalb der .zip-Datei liegt (Der Typ ist *xs: string*, der Wert enthält den Pfad zur zugehörigen Datei).

Neben der Tagliste befindet sich die Definition der Kommunikation im *Manifest*. Diese beinhaltet die Beschreibung der OPC UA Schnittstelle und die Zugriffspunkte der Tags. Alle Tags verweisen mit deren Attributen, wie in VDI (2019a, c) definiert, auf die einzelnen OPC UA Knoten des Kommunikationsaspekts. Der Knoten kann von der PFE verwendet werden um dynamisch Daten mit dem Modul auszutauschen. Selbstverständlich ist es auch möglich statische Variablen (z. B. Absolutgrenzen von Sensoren) direkt – d. h. ohne Verweis auf einen OPC UA Knoten als Zugriffspunkt – zu definieren. Diese werden ebenfalls in der Tagliste abgelegt.

Abb. 8 zeigt ein Beispiel für eine Modellierung für den *Communication* Aspekt im MTP. In der Instanzliste werden alle Tags abgelegt. Jeder Tag ist Instanz einer Klasse wie in VDI (2019c) beschrieben. Die Attribute der Klasse zeigen auf die zugehörigen OPC UA Knoten, diese enthalten den Pfad im OPC UA Namensraum.

Die notwendigen System-Unit-Klassen zur Definition des Inhaltsverzeichnisses und zur Beschreibung des OPC UA Servers sowie dessen Zugriffspunkte werden neben den Modellierungsvorschriften in VDI (2019a) beschrieben.

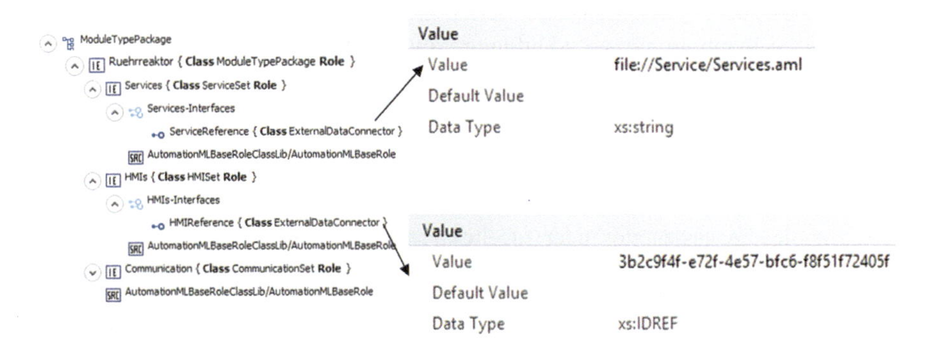

Abb. 7 Beispiel eines *Manifest* Inhaltsverzeichnisses

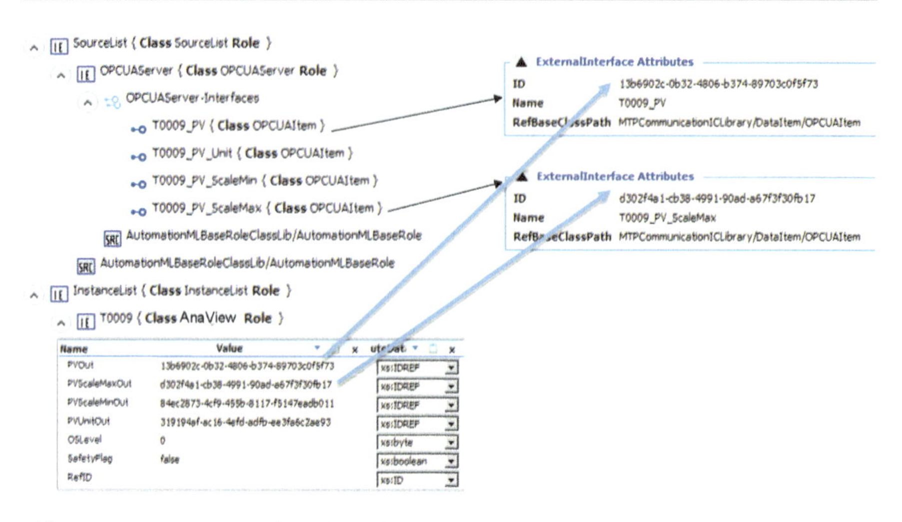

Abb. 8 Beispiel eines *Manifest* mit Tagliste und *Communication* Aspekt

3.2 Modellierung der Bedienerschnittstelle

In der VDI (2019b) wird beschrieben wie Bedienbilder im MTP modelliert werden. Die Bedienbilder im MTP sind nicht zu vergleichen mit Bedienbildern konventioneller Anlagen, sondern stellen mehr eine strukturelle Übersicht des Prozesses dar. Zusätzlich zur Beschreibung der Modellierungsvorschriften stellt die VDI (2019b) auch die für die Modellierung relevanten System-Unit-Klassen und Interface-Klassen zur Verfügung.

Im MTP werden im Bedienbild Symbolobjekte für jedes zu visualisierende Objekt erzeugt. Diese Objekte unterscheiden sich anhand einer darin definierten e-Class, welche genauer spezifiziert, um welches Symbol es sich handelt (z. B. Behälter, Magnetventil oder Analoganzeige).

Grundsätzlich gilt es hier zwischen zwei Arten von Symbolen zu unterscheiden:

1. Statische Symbole die zur Abbildung von verfahrenstechnischem Equipment, welches nicht gesteuert wird, verwendet werden. Also z. B. für Behälter, Filter oder Wärmetauscher. Diese werden einzig im Bedienbild beschrieben und verweisen nicht auf Objekte außerhalb dieses Aspektes. Zusätzlich ist hier vorgeschrieben den Typ dieser Symbole durch eine e-Class eindeutig zu beschreiben.
2. Symbole die gesteuertes oder regeltes Prozessequipment visualisieren. Diese verweisen als *LinkedObject* mindestens auf deren Tag in der Tagliste, wodurch die Kommunikation des Objekts hinter dem Symbol beschrieben ist. Da Tags immer von einem bestimmten Typ nach VDI (2019c) sind, ist hier die e-Class Beschreibung optional.

Die Lage der Symbole wird zum einen durch Absolutkoordinaten und zum anderen durch Beziehungsinformationen zwischen den Symbolen beschrieben. Hierdurch ist es möglich auch Algorithmen zur Ausrichtung der Symbole in der PFE zu verwenden. Als Beziehungsinformationen können zwischen den Symbolen Rohre mit Materialfluss-, oder Signale mit Informationsflussinformation verwendet werden. Die Schnittstellen des Material- und des Informationsflusses können dann über interne Links miteinander verbunden werden. Hierdurch wird eine logische oder physikalische Verbindung im Prozess abgebildet.

An der Bedienbildgrenzen werden mittels Quellen oder Senken die Anschlüsse des Moduls beschrieben. Handelt es sich um eine bidirektionale Verbindung, so können Terminierungen verwendet werden.

Abb. 9 zeigt ein Beispiel für eine Bedienbildmodellierung im MTP. Darin werden zwei Ventile mittels Rohleitungen in Reihe geschaltet und mit einem Behälter verbunden. Die Symbole werden als *VisualObject* modelliert, die Rohrleitungen als *Pipe*. Verbunden werden die Symbole über Stutzen, die wiederum Schnittstellen im Materialfluss haben, welche durch interne Links miteinander in Beziehung gebracht werden. Zusätzlich werden die Absolutkoordinaten und für die Symbole die e-Class Spezifikation im MTP abgelegt.

Werden zur Beschreibung eines Moduls mehrere Bedienbilder verwendet, so können im Bedienbildaspekt Hierarchien von Bedienbildern hinterlegt werden. Zusätzlich können Detailierungsgrad und Sprungmarken zwischen den Bildern definiert werden.

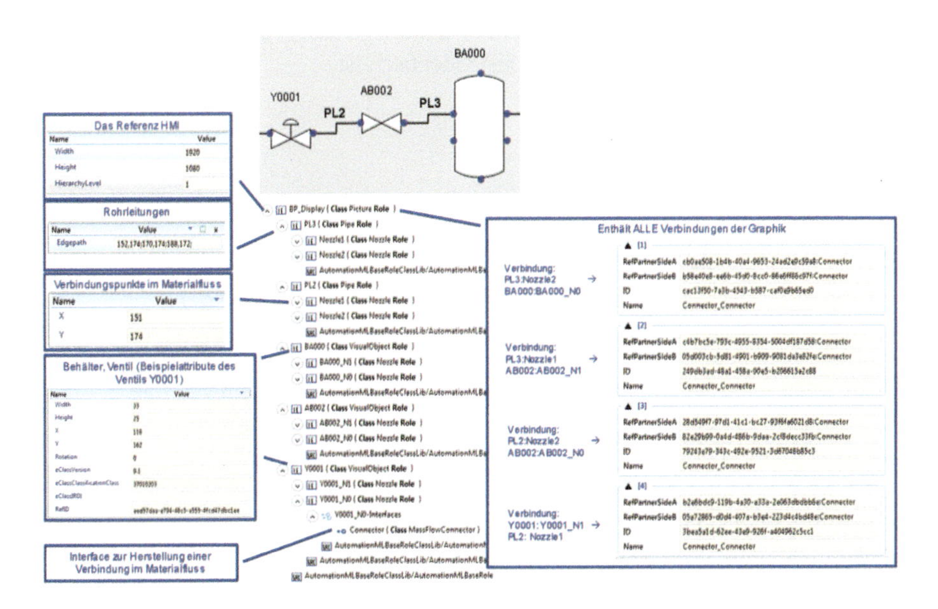

Abb. 9 Beispiel einer Bedienbildmodellierung

3.3 Modellierung der Dienstschnittstelle

Die Modellierung der Dienstschnittstelle wird in der VDI (2019d) beschrieben. Die Dienste werden wie die Bedienbilder ebenfalls in AutomationML modelliert und in einer eigenen Instanzhierarchie abgelegt. Für die Dienstmodellierung wird wie bei den Bedienbilder eine Instanzhierarchie verwendet, um alle Dienste und deren Abhängigkeiten abzubilden.

Innerhalb der Instanzhierarchie werden die verwendeten Dienste direkt als erstes Internes Element abgelegt. Hierarchisch unterhalb können den Diensten unterschiedliche Fahrweisen (engl. Procedure) zugeordnet werden. Ferner können Dienste Dienstparameter und Fahrweisen Fahrweisenparameter besitzen. Jeder Dienst hat einen eigenen Automaten nach VDI (2019d) und kann immer nur eine Fahrweise zeitgleich ausführen.

Jeder Dienst ist ein *LinkedObject* und zeigt mindestens auf den zugehörigen Tag in der Tagliste. Dieser Tag enthält die Informationen über die notwendigen Schnittstellen des Dienstes, um diesen zu steuern, den aktuellen Zustand abzufragen, die Fahrweise auszuwählen und die Betriebsarten umzuschalten. Jeder Dienstparameter ist auch ein *LinkedObject* und zeigt ebenfalls auf mindestens einen Tag in der Tagliste. Dieser enthält dem Datentyp des Dienstparameters entsprechend notwendigen Parameter.

Abb. 10 zeigt ein Beispiel für eine Instanzhierarchie welche drei Dienste enthält. Service1 enthält eine Fahrweise, die wiederum einen Fahrweisenparameter besitzt. Zusätzlich besitzt Service1 Parameter zur Konfiguration und für das Reporting aktueller Werte.

Das Zustandsmodell wird nicht im MTP hinterlegt, da es von VDI (2019d) bereits fest definiert und deshalb für alle Dienste identisch ist.

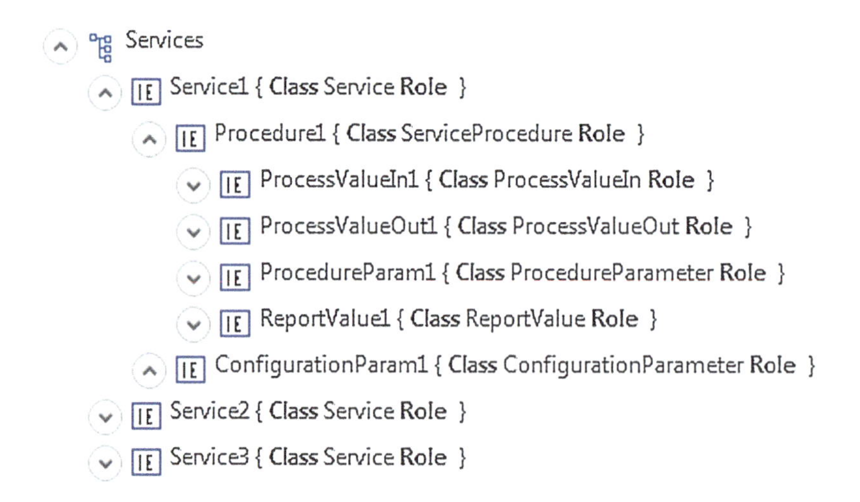

Abb. 10 Beispiel einer Diensthierarchie

4 Beispiel einer Modularer Produktionsanlagen

Viele Betreiber verfahrenstechnischer Anlagen erkennen mittlerweile die Potentiale modularer Produktionsanlagen. Deshalb werden Anlagen auch zunehmend modular geplant und erbaut. Dies ist zum Beispiel in Bernshausen et al. (2019) ersichtlich. Hier werden 4 Pilotprojekte vorgestellt. Eines der Projekte ist eine Pilotierung einer modularen Produktionsanlage der Bayer AG und steht in Leverkusen. Die Anlage besteht aus drei Modulen, die jedes für sich automatisiert ist. Die Modultypen sind (vgl. Abb. 11):

1. **Filtration**: Ein Modultyp um eine Flüssigkeit zu filtern, bestehend aus zwei redundante Prozesspfaden, welche durch die Verwendung der entsprechenden Dienste entlüftet, leergedrückt oder zur Filtration benutzt werden können.
2. **pH Analyse**: Ein Modultyp zur pH-Messung und pH-Einstellung einer Flüssigkeit. Es besitzt die Dienste Entlüften, Leerdrücken, Kalibrieren und Messen, Einstellen.
3. **Temperieren**: Ein Modultyp zum Temperieren und Umwälzen von Flüssigkeiten, eben durch diese zwei Dienste beschrieben. Ein Standardmodul der Firma Huber Kältemaschinenbau AG.

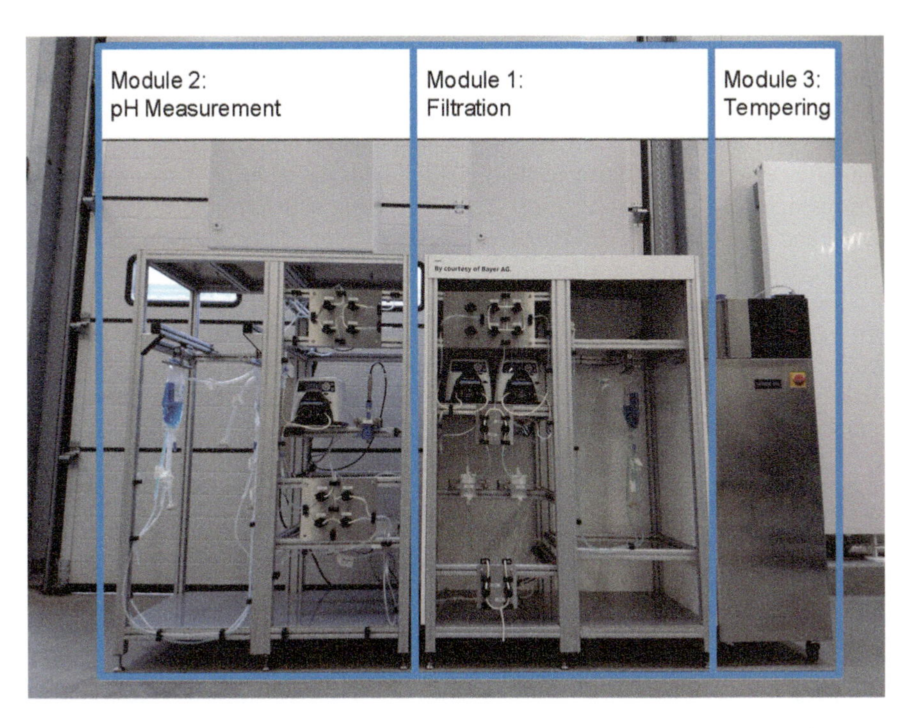

Abb. 11 Modulare Prozessanlage eines Pilotprojekts der Bayer AG. (Quelle: Invite GmbH)

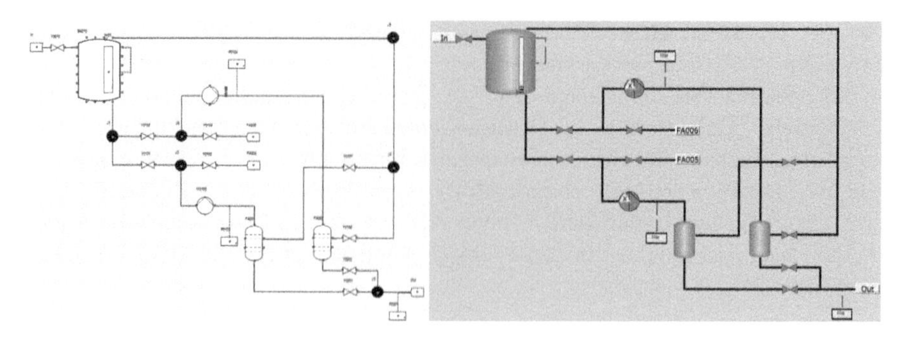

Abb. 12 Bedienbild des Filtermoduls im Modulengineeringwerkzeug (links) und importiert in die PFE (rechts)

Die Module wurden streng nach VDI (2019a, b, c, d) geplant und errichtet. Der hierfür verwendete Engineeringprozess und die Werkzeuge sind Stark et al. (2019) zu entnehmen. Des Weiteren wurde eine PFE geplant und eingebaut, welche die Module nur durch die Integration entsprechender MTPs einbindet, vgl. Hoernicke et al. (2019).

Als Kommunikation wurde ausschließlich OPC UA verwendet, wobei die Module jeweils einen OPC UA Server und die PFE einen OPC UA Client verwendet. Beispielhaft ist in Abb. 12 das Bedienbild des Filtermoduls im Engineeringwerkzeug für das Modul (links) und das automatisch in die PFE importierte Bild, inklusive der Onlinewerte (rechts) dargestellt. Dies beweist, dass mit Hilfe des MTP eine herstellerunabhängige, nahtlose Integration von Modulen in eine PFE möglich ist.

Die Ablaufsteuerung wurde so programmiert, dass diese zunächst die Dienste Entlüften eines jeden Moduls ausführt. Sind diese beendet, beginnt die Filtration in Prozesspfad 1. Setzt sich der Filter zu, so schaltet die Schrittkette in Prozesspfad 2 um und meldet dies an den Benutzer. Dieser kann den Filter reinigen und wieder einsetzen. Außerdem wird kontinuierlich der PH Wert überwacht.

Die Dienste werden innerhalb der PFE über eine Schrittkette orchestriert. Da es sich im vorliegenden Fall um einen kontinuierlichen Prozess handelt, ist dies auch die präferierte Weise zur Orchestrierung. Sind die Prozesse komplexer oder diskontinuierlich ist auch ein Aufruf der Moduldienste über ein Batchwerkzeug denkbar bzw. möglich.

5 Zusammenfassung

Die verfahrenstechnische Industrie setzt bei Anlagen kleiner und mittlerer Größe zunehmen auf Modularisierung. Modulare Anlagen zeichnen sich dadurch aus, dass diese flexibel und damit aufwandsarm anpassbar sind.

Werden Anlagen modular geplant und gebaut, darf nicht nur die verfahrenstechnische Modularisierung betrachtet werden, sondern auch die automatisierungstechnische. Hierbei werden Module mit einer eigenen Steuerung ausgestattet, die ihrerseits einen OPC UA Server zur Kommunikation besitzt. Das Betreiben von Modulen im Anlagenverbund übernimmt die PFE, welche zur Visualisierung, Bedienung und die Orchestrierung der Module dient.

Als wesentlich ist das Engineering modularer Anlagen zu betrachten, da dies sehr schnell und flexibel sein muss. Deshalb wird zur Beschreibung von Modultypen ein formales Beschreibungsmittel, das Module-Type-Package, verwendet. Das in der VDI (2019a, b, c, d) spezifizierte Format lässt sich nutzen um Module, in dem vorgestellten Format, automatisch in eine PFE zu integrieren. Durch die Wiederverwendung von einmal geplanten und in Betrieb genommenen Modulen, bzw. Modultypen, sowie die automatische Erstellung großer Teile der PFE, wird eine signifikante Reduzierung des Engineeringaufwands (Reduktion um bis zu 50 % des automatisierungstechnischen Engineering und zusätzlich bis zu 50 % des Inbetriebnahme Aufwands) bei der Integration von autark automatisierten Prozesseinheiten erreicht.

Mit den beschriebenen Methoden und Konzepten befindet sich die verfahrenstechnische Industrie auf einem guten Weg die Industrie 4.0 Szenarien umzusetzen, wobei auch hier die Modularisierung als zentraler Bestandteil zu betrachten ist, um die geforderte Flexibilität zu gewährleisten.

Literatur

acatech Deutsche Akademie der Technikwissenschaften (2013) Umsetzungsempfehlungen für das Zukunftsprojekt Industrie 4.0 – Abschlussbericht des Arbeitskreises Industrie 4.0

ANSI/ISA-TR 88.00.02 (2015) Machine and Unit States: an implementation example of ANSI/ISA-88.00.01

Bernshausen J, Haller A, Holm T, Hoernicke M, Obst M, Ladiges J (2016) Module-Type-Package – Definition. Beschreibungsmittel für die Automation modularer Anlagen. atp edition 58(1–2): 72–81. http://ojs.di-verlag.de/index.php/atp_edition/article/view/554/912. Zugegriffen am 25.11.2019

Bernshausen J, Haller A, Bloch H, Hoernicke M, Hensel S, Menschner A, Stutz A, Maurmaier M, Holm T, Schäfer C, Urbas L, Christmann U, Fleischer-Trebes C, Stenger F (2019) Plug & Produce auf dem Sprung in den Markt – Neuerungen in der Spezifikation und bei der Implementierung des MTP. atp magazin 61(1–2):56–59. http://ojs.di-verlag.de/index.php/atp_edition/article/view/2400/3300. Zugegriffen am 25.11.2019

Bramsiepe C, Schembecker G (2012) Die 50 %-Idee: Modularisierung im Planungsprozess. Chem Ing Tech 84(5):581–587

Bramsiepe C, Sievers S, Seifert T, Stefanidis GD, Vlachos DG, Schnitzer H, Muster B, Brunner C, Sanders JPM, Bruins ME, Schembecker G (2012) Low-cost small-scale processing technologies for production applications in various environments – mass produced factories. Chem Eng Process Process Intensif 51:32–52

CEFIC The European Chemical Industry Council (2018) The european chemical industry – facts and figures. http://www.cefic.org/Facts-and-Figures/. Zugegriffen am 25.11.2019

DIN EN 61512-1 (2010) Chargenorientierte Fahrweise

Hady L, Wozny G (2012) Multikriterielle Aspekte der Modularisierung bei der Planung verfahrenstechnischer Anlagen. Chem Ing Tech 84(5):597–614

Hady L, Dylag M, Wozny G (2008) Kostenschätzung und Kostenkalkulation im chemischen Anlagenbau. Czasopismo Techniczne z(5-M), 159–176

Hoernicke M, Knohl T, Bernshausen J, Bloch H, Hahn A, Hensel S, Haller A, Fay A, Urbas L (2017) Steuerungsengineering für Prozessmodule. Standardkonforme Modulbeschreibung automatisch erstellen. atp edition 59(3):18–29

Hoernicke M, Stark K, Knohl T, Wittenbrink A, Hensel S, Menschner A, Fay A, Urbas L, Haller A, Jeske R (2019) Modular process plants: part 2 – plant orchestration and pilot application. ABB Rev 3:30–35

IEC 62714 (2013) Datenaustauschformat für Planungsdaten industrieller Automatisierungssysteme – AutomationML

Namur (2013) Namur Empfehlung (NE) 148: Anforderungen an die Automatisierungstechnik durch die Modularisierung verfahrenstechnischer Anlagen

Obst M, Holm T, Bleuel S, Claussnitzer U, Evertz L, Jäger T, Nekolla T (2013) Automatisierung im Life Cycle modularer Anlagen: Welche Veränderungen und Chancen sich ergeben. atp edition 55(1–2):24–31

Obst M, Holm T, Urbas L, Fay A, Kreft S, Hempen U, Albers T (2015) Beschreibung von Prozessmodulen. atp edition 57(1–2):48–59

PAAT Team Tutzing, ProcessNet (2009) Die 50 % Idee: Vom Produkt zur Produktionsanlage in der halben Zeit. Thesen Tutzing, ProcessNet

Stark K, Hoernicke M, Knohl T, Wittenbrink A, Hensel S, Menschner A, Fay A, Urbas L, Haller A, Jeske R (2019) Modular process plants: part 1 – process module engineering. ABB Rev 2:72–77

Urbas L, Bleuel S, Jäger T, Schmitz S, Evertz L, Nekolla T (2012) Automatisierung von Prozessmodulen: Von Package-Unit Integration zu modularen Anlagen. atp edition 54(1–2):44–53

VDI Verein Deutscher Ingenieure (2019a) Richtlinie VDI 2658 „Automatisierungstechnisches Engineering modularer Anlagen in der Prozessindustrie“, Blatt 1 „Allgemeines Konzept und Schnittstellen“

VDI Verein Deutscher Ingenieure (2019b) Richtlinie VDI 2658 „Automatisierungstechnisches Engineering modularer Anlagen in der Prozessindustrie“, Blatt 2 „Modellierung von Bedienbildern“

VDI Verein Deutscher Ingenieure (2019c) Richtlinie VDI 2658 „Automatisierungstechnisches Engineering modularer Anlagen in der Prozessindustrie“, Blatt 3 (Entwurf) „Bibliothek für Datenobjekte“

VDI Verein Deutscher Ingenieure (2019d) Richtlinie VDI 2658 „Automatisierungstechnisches Engineering modularer Anlagen in der Prozessindustrie“, Blatt 4 (Entwurf) „Modellierung von Moduldiensten“ (Im Druck)

VDI Verein Deutscher Ingenieure (2019e) Richtlinie VDI 2776 „Verfahrenstechnische Anlagen – Modulare Anlagen“, Blatt 1 (Entwurf) „Grundlagen und Planung modularer Anlagen“

ZVEI Zentralverband der Elektrotechnik- und Elektroindustrie (2010) Life-Cycle-Management für Produkte und Systeme der Automation: Ein Leitfaden des Arbeitskreises Systemaspekte im ZVEI Fachverband Automation

ZVEI Zentralverband der Elektrotechnik- und Elektroindustrie (2019) Status Report – Process Industrie 4.0: The Age of Modular Production. On the doorstep to market launch. https://www.zvei.org/fileadmin/user_upload/Presse_und_Medien/Publikationen/2019/Maerz/Status_Report_Modulare_Produktion_-_On_the_doorstep_to_market_launch/Statusreport_Process_INDUSTRIE_4.0-_The_Age_of_Modular_Production_19.02.19__8_.pdf. Zugegriffen am 25.11.2019

Modulare mechatronische Produktentwicklung im Maschinen- und Anlagenbau mit Anwendungen zur Smart Factory

Peter Stelter

Zusammenfassung

Die Maschinen und Anlagen des Maschinen- und Anlagenbaus, speziell auch die Maschinen- und Anlagen des Verpackungsmaschinenbaus, sind einerseits durch eine hohe Produktkomplexität, die sich u. a. durch die komplexe Verfahrenstechnik und die vielfältigen kinematischen Bewegungsvorgänge ergeben, andererseits durch die marketinggetriebenen Entwicklungen der Konsumgüterproduzenten. Dieser Produktkomplexität, aus Sicht der Hersteller handelt es sich um eine *externe* Varianz, ist durch eine geeignete *modulare* Gestaltung der Maschinen und Anlagen zu begegnen. Ziel ist es weiterhin alle Anforderung des Marktes mit dem *Portfolio* abdecken zu können und in den Märkten zu wachsen, ohne ein zu starkes Anwachsen der Produkt- und Prozess- und Organisationskomplexität innerhalb des Unternehmens zu erzeugen.

Der Begriff Smart Factory ist sicher nicht scharf abgegrenzt und wird in verschiedene Branchen teilweise sehr unterschiedlich verwendet. Im Maschinen- und Anlagenbau, welcher vor allem Produktionsanlagen für eine große Produktpalette herstellt, geht es darum die Fabriken der Kunden „smarter" zu gestalten mit Automatisierungstechnik, Konnektivität und geeigneten Datenauswertungen für z. B. vorbeugende Instandhaltung.

Basierend auf der Automatisierungstechnik sind die Maschinen und Anlagen mit sinnvollen Vernetzungen aus dem Industrie 4.0 Baukasten ergänzbar. Die in der Vergangenheit überwiegend *mechanisch* geprägten Produktstrukturen sind sinnvoll durch *mechatronische* Architekturen zu ersetzen und zu ergänzen. Hierzu gehört eine modulare Gestaltung der elektronischen Hardware, wie auch der Softwaremodule. Diese sind maschinennah mit teilweise *proprietären* Softwarewerkzeugen (SPS) realisiert und werden zunehmend durch Softwaremodule in Hochsprachen ergänzt.

P. Stelter (✉)
Product Development, ID-Consult GmbH, München, Deutschland
E-Mail: peter.stelter@id-consult.com

B. Vogel-Heuser et al. (Hrsg.), *Handbuch Industrie 4.0*,
https://doi.org/10.1007/978-3-662-58528-3_128

Anhand von realisierten Beispielen werden die modernen Verfahren der Vernetzung und der Drahtlosverbindungen aufgezeigt. Hiermit sind innovative Formen der Mensch-Maschine-Kommunikation möglich. Aufgrund der zunehmenden Komplexität der Maschinen- und Anlagen und der vergleichsweise langen Nutzungsphase (10–30 Jahre), sowie der unterschiedlichen Lebenszyklen von mechanischen, elektronischen und Softwareelementen, ist eine methodische modulare Entwicklungsmethodik unabdingbar geworden.

Im Weiteren geht es auch darum, das eigene Unternehmen als Smart Factory auszugestalten indem eine lückenlose digitale Informationsweitergabe vom Vertrieb, über Entwicklung und Konstruktion bis hin zur eigenen Produktion und Lieferkette realisiert wird. Hier leisten die entsprechenden IT-Werkzeuge wie Konfigurationssysteme, Produktdatenmanagementsysteme und Enterprise Ressource Planning (ERP) Systeme einen wertvollen Beitrag. Vor allem die mechatronische Produktentwicklung ist in einem geeigneten *Produktentwicklungsprozess* (PEP) und mit einer innerbetrieblichen *medienbruchfreien* IT-Landschaft abzubilden.

1 Komplexität von Maschinen und Anlagen

Am Beispiel der Maschinen- und Anlagen der Verpackungstechnik, hierzu gehören beispielsweise Folienherstellungsanlagen, Papier- und Wellpappenanlagen und Getränkeverpackungsanlagen ist der Zusammenhang sehr gut darstellbar. Verpackungen werden in *primäre* produktberührende und *Sekundärverpackungen* (Umverpackungen) eingeteilt. Sie haben *drei* wesentliche Funktionen:

1. Verpackungen, speziell die Primärverpackungen, haben als Hauptfunktion den Schutz des Lebensmittels vom Hersteller, über den Transport und Lagerung bis hin zum Verbraucher. Wenn in den Medien über Verpackungen berichtet wird, stehen die ohne Zweifel vorhandenen negativen Seiten des Verpackungsmülls im Vordergrund. Es wird weniger darüber berichtet, dass Verpackungen einen wesentlichen Beitrag zur Milderung von Hunger in weiten Teilen der Erde beitragen. Noch heute verderben große Mengen an Nahrungsmittel auf dem Weg zum Verbraucher, wenn sie nicht hinreichend gegen die allgegenwärtig (ubiquitär) in der Luft vorhandenen Keime geschützt sind.
2. Verpackungen fördern den Verkauf, wir Verbraucher entscheiden uns im Supermarkt, oft unbewusst, in Bruchteilen von Sekunden, zu welchem Produkt wir greifen. Bei der angebotenen Vielfalt muss die Verpackung in Form, Größe, Aufmachung und Design herausstechen und auffallen, um gekauft zu werden. Weiterhin sollen diese nicht langweilig sein, daher sind sie hoher gestalterischer Kreativität unterworfen und werden ständig neu erfunden. Speziell dieser Designgedanke führt zu dem stark marketinggetriebenen Wettbewerb der Verpackungsgestaltungen, welcher in einer schier grenzenlosen Vielfalt an unterschiedlichen Verpackungsvarianten resultiert.
3. Durch die Kennzeichnung soll der Verbraucher über Produkteigenschaften und Inhaltsstoffe informiert werden. Auch diese ist aufgrund vieler Sprachen und der Anforderung an Aktualität ständigen Änderungen unterworfen. Die *externe* Viel-

falt an unterschiedlichen Formen, Größen, Materialien und Beschriftungen von Verpackungen führt zu einer hohen *Variantenvielfalt* und *Komplexität* der weitgehend vollautomatisierten Maschinen- und Anlagen der Hersteller.

Der Trend zur aktuellen Produktkennzeichnung führt u. a. dazu, dass viele Maschinen- und Anlagenbauer ihre Portfolios mit digitalen Druckmaschinen ergänzen, was zu einer weiteren Komplexitätssteigerung führt, da in den Unternehmen oft kein gewachsenes Know How für die Drucktechnologie existiert.

Weitere Treiber für Komplexität sind die immer stärkeren Kundenanforderungen nach *Bedienungskomfort*, nach exakt angepassten Anlagen, höherer Leistung, kompaktem Design, Datenerfassung und Vernetzung. Auf der anderen Seite entstehen unter dem Preisschirm der etablierten Hersteller, neue Wettbewerber. Oft führt ein Ausweichen in Nischensegmente, zu zusätzlichen Varianten. Eine teilweise ungesteuerte und nichttransparente Quersubventionierung für Produkte mit geringeren Deckungsbeiträgen ist oft die Folge.

Die daraus resultierende *Erzeugniskomplexität* bedingt eine Organisations- und Prozesskomplexität, die als Folge eine wachsende Datenkomplexität erzeugt, siehe Abb. 1. Dieser vom Markt herrührenden Vielfalt kann nur mit einer konsequenten modularen Produktgestaltung begegnet werden, welche die mechanischen, elektrischen/elektronischen Komponenten und zunehmend auch die Softwarekomponenten einschließt.

Weitere Komplexitätstreiber entstehen durch die Verlagerung von Entwicklungen und Fertigungen in die Länder der Kunden. In Folge kommt es zu einer Informationsvielfalt und damit zu einer komplexen Datenlandschaft, die beherrschbar gestaltet werden muss.

Es gilt das Gesetz von Ashby (1985): „Für ein komplexes System, benötigt man mindestens so viel Komplexität oder Varietät, wie das System selbst hat". Die Beherrschung der vielfältigen Komplexität erfordert den systematischen Einsatz einer geeigneten Methodik mit entsprechender Softwareunterstützung (Göpfert und Steinbrecher 2000). Diese wird im Folgenden näher beschrieben. Der vorliegende Bericht ist so aufgebaut, dass er zunächst die Treiber von Komplexität mit dem Beispiel Verpackungsmaschinenbau beschreibt, in einem 2. Schritt die Entwicklung modularer Maschinen- und Anlagen aufzeigt, mit der Betonung auf dem mechatronischen Aspekt. In einem 3. Schritt werden die Softwareelemente beschrieben, die in einer IT-Landschaft reibungsarm und möglichst redundanzfrei miteinander funktionieren müssen.

2 Entwicklung modularer Maschinen und Anlagen

2.1 Erwartungshaltungen an ein modulares Produkt

Für das längerfristige Überleben einer Organisation ist ein stetiges Wachstum anzustreben. Es sind neue Marktsegmente und neue Kunden zu erobern, was unter anderem durch dynamische *Innovationsaktivitäten* und Ausweitung des Produktportfolios möglich ist. Dies ist ohne proportional zum Umsatz wachsendem Perso-

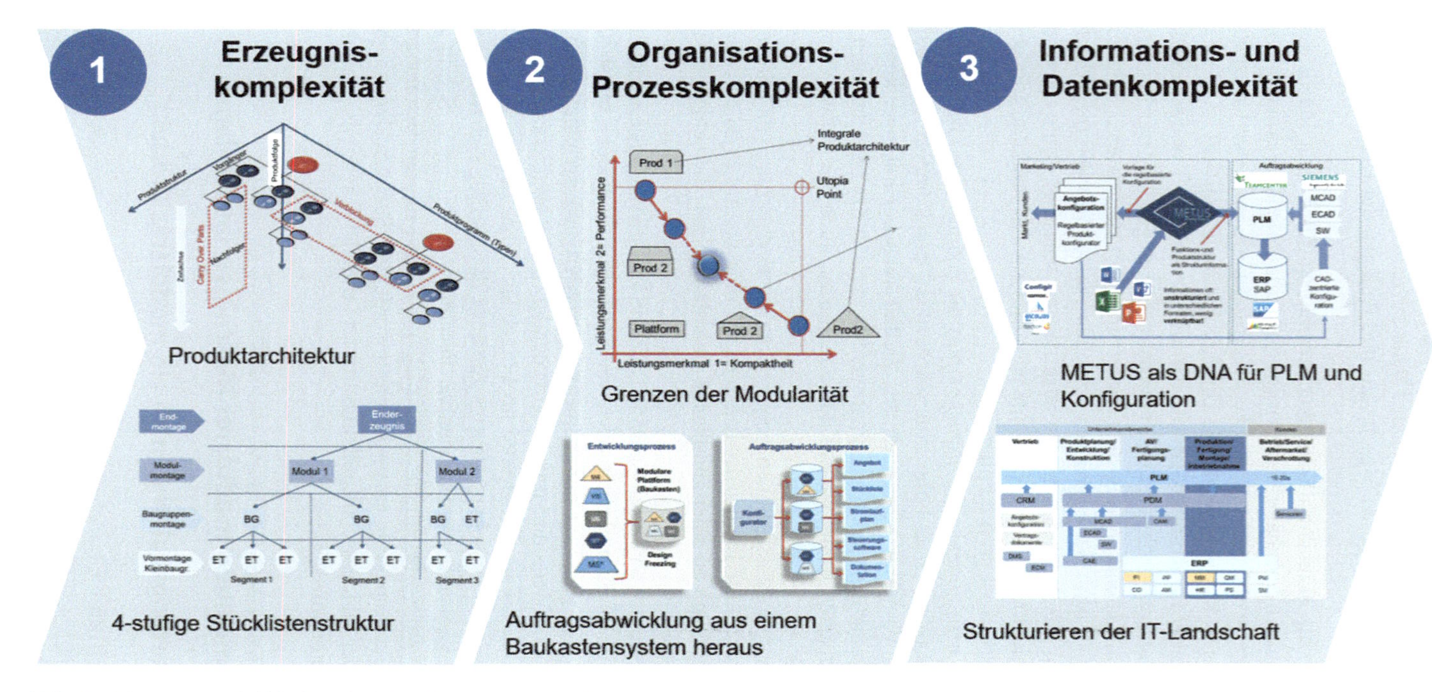

Abb. 1 Die externe Vielfalt führt bei den Herstellern (OEM) zu Erzeugnis-, Organisations- und Prozesskomplexität und weiterhin zur Informations- und Datenkomplexität

nalaufbau nur möglich, indem Enderzeugnisse aus standardisierten Modulen aufgebaut werden.

Oft gelingt es bei langlebigen Investitionsgütern nicht, bestehende Produkte durch neuentwickelte Produkte sowohl *funktional* als auch *preislich* abzulösen und die alten Produkte verbleiben im Portfolio, welches dadurch über die Jahrzehnte stetig anwächst. Ein konsequentes Portfoliomanagement, basierend auf einer modularen Produktarchitektur, kann hier Abhilfe schaffen.

Ein modular aufgebautes Produkt steht daher im Mittelpunkt der Betrachtungen und ist die Voraussetzung für viele Prozess- und Organisationsverbesserungen und steht damit für die Erhöhung der *operativen Exzellenz*, die ihrerseits auf einer leistungsfähigen medienbruchfreien *Softwareinfrastruktur* aufbaut.

Die Neu- und Weiterentwicklung der Maschinen und Anlagen ist mit einer modularen Produktarchitektur, einfacher und kostengünstiger realisierbar, da nicht komplette Sondermaschinen mit hohem Risiko neu entwickelt werden müssen, sondern nur *Module* mit den neuen Eigenschaften und Funktionen. Dieser Faktor wird in Folge der stärkeren Durchdringung mit elektronischen Baugruppen noch wichtiger, da mechanische und elektronische Komponenten sehr unterschiedliche Lebenszyklen aufweisen, siehe Vogel-Heuser et al. (2014).

Die Fertigung und Montage im Maschinen- und Anlagenbau leidet oft durch den hohen vorgelagerten Sonderkonstruktionsanteil, der zu einer schwer planbaren, schleppenden Materialbereitstellung führt und zu wenig *repetitiven* Vorgängen in der Montage selbst. Mit einem modular aufgebauten Produkt ist der Übergang zu *Fließmontagen* (ca. > 50 Maschinen/a) möglich, bei denen der Materialbereitstellung eine höhere Aufmerksamkeit gewidmet wird, im Vergleich zu Standplatzmontagen.

Durch die *Wiederverwendbarkeit* der Module und den standardisierten Einzel- und Gleichteilen sowie *Bündelungen* über Maschinengruppen und Werke hinweg, ist die Stückzahl steigerbar, und es sind *Skalenwirkungen* in der Teilefertigung und im Einkauf durch vorplanbare Bedarfe und Rahmenverträge möglich. Außerdem werden die indirekten Bereiche, wie Wareneingang, Lagerung, Kommissionierung, entlastet und es sind mehr Aufträge mit kürzeren Durchlaufzeiten durch die Organisation zu bringen. Hierdurch wird im Weiteren die pünktliche Auslieferung und Termintreue deutlich verbessert.

Daher sind Erwartungshaltungen an die Potentiale von modularen Produkten entsprechend hoch, sie gehen über den Entwicklungs- und Konstruktionsbereich weit hinaus, wie dies in Abb. 2 dargestellt ist. Es ist nicht übertrieben zu sagen, dass die Entwicklung und Konstruktion das Produkt so gestalten muss, dass es geeignet ist, viele Abläufe in der Organisation zu verschlanken und zu beschleunigen. Erst wenn das Produkt bestimmte Voraussetzungen erfüllt, ist es in den meist mittelständisch geprägten Unternehmen des Maschinen- und Anlagenbaus möglich, tiefgreifende Umgestaltungen der Prozesse vorzunehmen. Beispielsweise können durch einen geringeren Sonderkonstruktionsanteil die freiwerdenden Experten die Entwicklung und Produktpflege unterstützen. Die Analogie zu „Form follows function" zu „Process follows Product" drängt sich geradezu auf, siehe auch Stelter 2014.

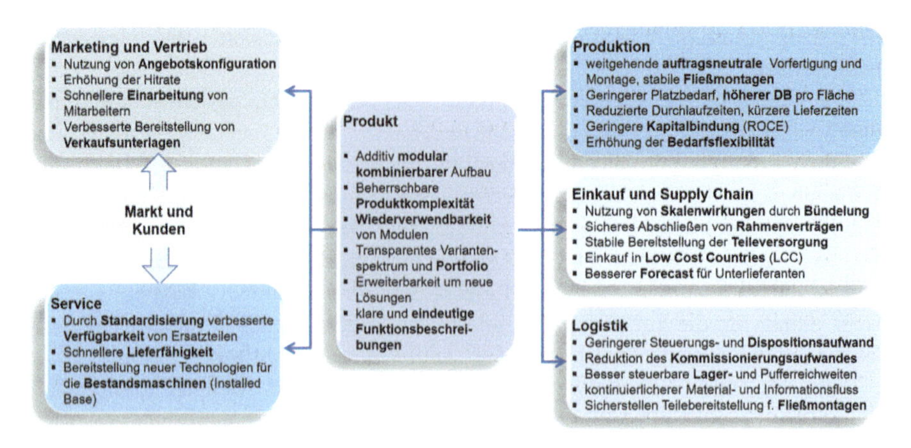

Abb. 2 Ein modulares Produkt steht im Zentrum der Optimierungsbestrebungen und eröffnet viele Potentiale für nahezu alle wertschöpfenden Abläufe in einem Unternehmen

2.2 Markt- und Kundenanforderungen (Requirements)

Für eine erfolgreiche Entwicklung ist es zunächst sehr wichtig, die *Markt- und Kundenanforderungen* systematisch zu erfassen und den entwickelnden Ingenieuren während der Produktentwicklung bereitzustellen. Methodische Werkzeuge zur Abbildung von Kundenanforderungen in technische Merkmale sind z. B. die Quality Function Deployment (QFD) oder das KANO Modell zur Kundenzufriedenheit.

2.3 Entwicklung einer lösungsneutralen Funktionsstruktur

Wie ist nun die konkrete Vorgehensweise: Kunden möchten in erster Linie *Funktionen* für ihre Produktionsanlagen kaufen. Im Maschinen- und Anlagenbau hat sich an den *Kernfunktionen* in den letzten Dekaden oft nichts Grundlegendes geändert, während Technologien und physische Funktionsträger sich stark verändert haben und weiterhin in einem dynamischen Wandel begriffen sind. Neue Technologien ermöglichen ebenfalls neue Funktionen, die vorher technisch und wirtschaftlich nicht realisierbar waren.

Eine *Funktionsstruktur* ist *die* gemeinsame Basis, auf die sich die unterschiedlichen Domänen der Produktentwicklung, wie Mechanikkonstrukteure, Elektrotechniker und Softwareentwickler als gemeinsame Sprache einigen und abstützen können. Daher ist die *Funktionsdefinition* in der frühen Produktentwicklungsphase so besonders wichtig, und ist durch den verstärkten Einsatz *mechatronischer Komponenten* zur Funktionserfüllung wieder stärker in den Fokus der Produktentwicklung gerückt.

Das Befassen mit Funktionen hat folgende positive Aspekte:

- Funktionen haben eine *Langzeitgültigkeit* im Gegensatz zu den physischen Funktionsträgern
- sie können Vorfixierungen und eingefahrene *Denkmuster* (Betriebsblindheit) vermeiden
- sie erleichtert das Erkennen und priorisieren von *Entwicklungsschwerpunkten*
- die Funktionsmodellierung dient als Grundlage für *Wirk-* und *modulare Produktstrukturen*
- sie kann als die gemeinsame Sprache zwischen Mechanik-, Elektrik-Konstrukteuren und Softwareentwicklern dienen und ist damit die Basis für eine *interdisziplinäre* Lösungssuche
- sie kann im Vertrieb für frühe Akzeptanzuntersuchungen in Märkten dienen, um etwa geeignete *Funktionscluster* zu bilden
- Weiterhin dient eine vollständige Funktionsstruktur dazu, schon sehr frühzeitig geeignete *Schnittstellen* zu definieren und fehlende oder überflüssige Funktionen zu erkennen.

Über eine geeignete Funktions- oder *Funktionenstruktur* wird über Technologien und Lösungen eine modulare *Produktstruktur* aufgebaut. Damit ist in einer frühen Entwicklungsphase der Produktaufbau, die Austauschbarkeit der Module und Baugruppen modellierbar. Es sind Funktionskosten und Herstellkosten ermittelbar. Teilefertigungen und Montagen mit Montagesequenzen und -zeiten sind in einem frühen Entwicklungsstadium planbar. Damit gelingt die Planung der Fertigungs- und Montageanlagen schon in der Produktentwicklungsphase.

2.4 Aufbau einer additiv modularen Produktstruktur

Die Module und Baugruppen sind basierend auf den Funktionsstrukturen modular zu gestalten, so dass sich das Enderzeugnis *additiv* möglichst erst in der Endmontage, basierend auf der Angebotskonfiguration, zusammenbauen lässt. Das Adjektiv *additiv* bezieht sich darauf, dass Maschinen und Anlagen für die unterschiedlichen Marktsegmente sehr unterschiedlich ausgeprägt werden müssen. In den „emerging countries“ sind eher weniger Optionen und Automatisierung möglich. Aufgrund des niedrigeren Preisniveaus im Vergleich zu den reiferen etablierten Märkten mit hohen Arbeitskosten. Idealerweise ist eine Maschine von dem „just enough“ Status bis hin zur Vollausstattung *additiv ergänzbar*. Die Umsetzung dieser bekannten Forderung bedingt oft einen tiefen Eingriff in den konstruktiven Aufbau einer Maschine.

Mit einem additiv modularen Konzept ist die auftragsbezogene Konstruktion weitgehend reduzierbar und durch den späten *Kundenkopplungspunkt* ist die Lieferkette optimierbar, indem viele Baugruppen *auftragsneutral* über Rahmenverträge disponierbar sind oder schon vormontiert eingekauft werden können. Von der Entwicklung/Konstruktion muss dieses Vorgehen durch „Einfrieren" (Design Freeze) der entsprechenden Baugruppen unterstützt werden. Es haben sich Freezeperioden von einem Jahr für Teile und Baugruppen und 3 Jahre für die Gesamtmaschinen zwischen den Weiterentwicklungsschritten (Faceliftings) bewährt.

Die Entwicklung modularer Plattformen ist i. a. zeit- und kostenintensiver als die Entwicklung einer spezifischen Sondermaschine für eine konkrete Anwendung. Durch den notwendigen Austausch über die erforderlichen *Schnittstellen* steigen die Herstellkosten an. Daher ist es erforderlich, durch stringentes Anwenden von Design-to-Cost-Maßnahmen Herstellkostenreduktionen umzusetzen, da der Materialanteil einer Sondermaschine ca. 70–80 % an den Herstellkosten ausmacht. Durch das zielgenaue Anpassen der Konstruktion an Kundenanforderungen und den daraus resultierenden Variantentreibern, wird außerdem ein *Overengineering* wirksam vermieden.

Modulare Plattformkonzepte ermöglichen eine Reduktion der Variantenanzahl von mehr als 50 %. Die Herstellkosteneinsparpotenziale liegen bei ca. 15–25 %. Diese setzen sich aus Einsparungen von Materialkosten und Reduktion von Prozesskosten (Auftragsengineering, Montage) zusammen. Durch die Prozessverschlankungen sind weiterhin Durchlaufzeitreduktionen von ca. 20–30 % realistisch, siehe Stelter und Keil (2017).

2.5 Besonderheiten der mechatronischen Produktgestaltung

Während in der Vergangenheit die erforderlichen Bewegungen in Maschinen und Anlagen durch mechanisch gekoppelte Baugruppen (Kurvenscheiben, Königswellen, Mechanismen etc.) realisiert wurden, erfolgen diese heute nahezu ausschließlich durch *mechatronische Aktoren*, meist realisiert über drehzahlgeregelte Antriebe, Servoantriebstechnik und Linearantriebe. Die zeitliche Entwicklung ist schematisiert in Abb. 3 dargestellt.

Damit hat eine starke Verlagerung der Funktionsrealisierungen in Richtung der Elektro- und Elektronikkomponenten (Sensoren und Aktoren) stattgefunden. Speziell in der Verpackungs- und Pharmaindustrie sind Öle und Fette zur Schmierung und z. B. ebenso Hydraulikantriebe wenig geduldet. Auch Pneumatikaktoren sind vergleichsweise energieintensiv und durch die notwendige Infrastruktur (Leitungen, Kompressoren, Reinigung, Undichtigkeiten . . .) vergleichsweise teuer. Zudem sind Pneumatikaktuatoren in der Geschwindigkeit begrenzt, bei Taktmaschinen kommt man z. B. über 80 Takte/min kaum hinaus.

Durch die Vernetzungsthematik kommen verstärkt Anforderungen aus der Industrie 4.0 hinzu, wie Ethernet-Switches, Nahfunkantennentechnik, i-Beacons und die Identifizierung von Objekten durch Bar- und Data Matrix Codes sowie aktiven und passiven RFID-Transpondern. Oft ist es nicht leicht, in den Unternehmen des Maschinen- und Anlagenbaus die hierfür erforderlichen Mitarbeiter zu finden oder weiterzubilden.

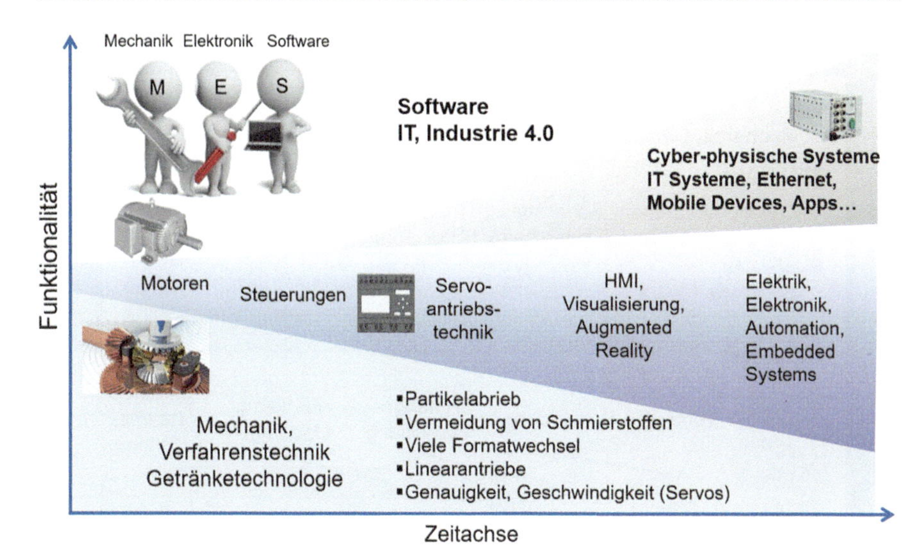

Abb. 3 Entwicklung von der Mechanik geprägten hin zu mechatronischen Komponenten

Die unterschiedlichen Ausbildungswege der beteiligten Ingenieure erschweren oft die Kommunikation in den frühen Produktentwicklungsphasen. Der bisher stark sequenziell geprägte Ablauf ist sehr zeitintensiv und von vielen *Rekursionsschleifen* geprägt. Hinzu kommt, dass aufgrund der unterschiedlichen Entwicklungswerkzeuge der Ingenieurdomänen oft mehrere Produktstrukturen entstehen. Die Verfahrenstechnik beschreibt die Zusammenhänge der Prozesstechnik (Pumpen, Rohrleitungen etc.) in P&ID-Diagrammen, die Mechanikkonstrukteure nutzen 3D-CAD-Systeme und die Elektrokonstrukteure ein Elektro-CAD-Programm, verbreitet sind etwa E-Plan P8 und Zuken. Dadurch kommt es oft zu *unverbundenen* und unterschiedlichen Produktstrukturen, z. B. zu Mechanik-, Pneumatik-, Hydraulik-, Elektrik- und Software-Produktstrukturen.

Die Miniaturisierung von elektronischen Komponenten führt weiterhin zu einer Verteilung der Sensoren und Aktoren auf die Baugruppen in Maschinen und Anlagen. Es besteht z. B. der Trend möglichst „schaltschrankarme" Maschinen zu bauen. Dabei ist zu beachten, dass ins Feld verlegte elektronische Komponenten eine höhere IP-Schutzart bedingen als im Schaltschrank platzierte Komponenten (IP 23).

Eine einheitliche *mechatronische Produktstruktur*, bei denen die Komponenten in mechatronische Stücklisten den Baugruppen direkt zugeordnet sind, ist der zu beschreitende Weg. Der Montagemitarbeiter möchte die richtige Lichtschranke oder Näherungsinitiator in der Vor- oder Endmontage zu seinem Auftrag finden. Er ist weniger daran interessiert, ob ein Mechanik-Konstrukteur, oder Elektro-Konstrukteur die Stückliste geschrieben hat.

Grundsätzlich hat eine mechatronische Komponente (Sensoren, Aktoren, Motoren) neben seiner elektronischen Kernfunktion immer eine mechanische Ausprä-

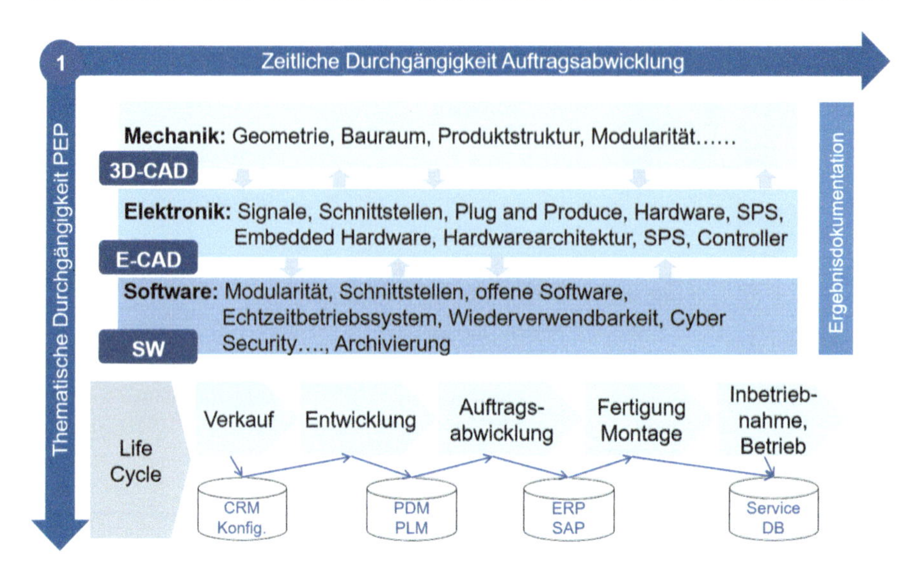

Abb. 4 Thematische und zeitliche Durchgängigkeit des Informationsflusses

gung, da sie Bauraum beansprucht und befestigt werden muss. Zu guter Letzt ist noch die richtige Software (mind. Firmware) versionsgerecht aufzuspielen.

Die Ingenieurentwicklungsumgebungen müssen so beschaffen sein, dass

1. eine thematische Durchgängigkeit für die Ingenieurdomänen existiert und
2. eine zeitliche Durchgängigkeit des Informationsflusses durch das gesamte Unternehmen beim Auftragsdurchlauf, siehe Abb. 4.

Die thematische Durchgängigkeit ist maßgeblich durch die Kopplung der unterschiedlichen Entwicklungswerkzeuge (M-CAD, E-CAD, Software) in einer PDM/PLM-Umgebung realisierbar. Der reibungsarme Durchlauf in der Auftragsabwicklung wird durch das Zusammenwirken über Schnittstellen von Kundenbeziehungsprogrammen (CRM), Konfiguration, PLM ERP und Dokumentenmanagementsystemen sichergestellt. Diese Zusammenhänge werden in den weiteren Abschnitten näher dargelegt.

2.6 Erzeugung unterschiedlicher Sichten auf die Produktstruktur

Es wird verschiedentlich kolportiert, dass es für die unterschiedlichen Sichtweisen und Bereichen in Firmen, unterschiedliche Produktstrukturen geben sollte. Eine *funktionsorientierte*, die in einer Konstruktions- oder Entwicklungsstückliste (E-BOM) dargestellt ist, eine montagegerechte Struktur (M-BOM) und auch Einkauf und Service haben weitere Schwerpunkte.

Dazu ist zu sagen, dass diese verschiedenen Sichten nur für *strukturkonstante* Produkte möglich sind und es muss eine Serienproduktion mit mehreren tausend

Einheiten pro Jahr dahinterstehen. Der Maschinen- und Anlagenbau mit im Mittel von 50–300 Einheiten pro Jahr sollte nur *eine* durchgängige Produktstruktur haben, was bedeutet, dass die unterschiedlichen Anforderungen der Stakeholder schon in den frühen Entwicklungsphasen berücksichtigt werden müssen.

Auch ist es oft nicht möglich, montage- und servicegerechte Produktstrukturen durch Umsortierungen von Stücklisten herzustellen, sondern die entsprechenden Eigenschaften müssen in das Produkt hineinkonstruiert werden. So hat es sich beispielsweise bewährt, ergonomische Zwangshaltungen (u. A. Montieren auf Leitern) durch „Zerlegen" des Produktes zu vermeiden. Dies ist nur durch eine grundlegende konstruktive Umgestaltung der Maschine möglich.

Darüber hinaus sollten für die verschiedenen Stakeholder ihren Interessen und Schwerpunkten gemäße „Sichten" auf die eine Produktarchitektur möglich sein.

Der Zusammenhang zwischen Marktsegmenten, Kundenforderungen, Lasten- und Pflichtenheften, den erforderlichen Funktionen, der Aufbau von *generischen* und *varianten* Produktstrukturen ist bei komplexen mechatronischen Produkten praktisch nur mit geeigneter Software möglich. Die in den letzten 20 Jahren entwickelte METUS-Methodik ist in einer Software zusammengeführt, die es gestattet, die verschiedenen Sichten auf eine Produktarchitektur abzubilden und zu visualisieren. Exemplarisch ist das in Abb. 5 dargestellt.

Die präzise Speicherung und Bereitstellung von Komponentendaten erfolgt später in den vorhandenen „Systems of Record"[1] vom CRM, PDM bis hin zu den ERP-Systemen.

3 3D-Mechanik-CAD und Elektro-CAD-Systeme

3.1 Der Weg vom Digitalen Master zum Digitalen Zwilling

Durch die fortschreitende Entwicklung der Rechnertechnologie sind in nahezu allen produzierenden Unternehmen 3D-CAD-Systeme zur mechanischen Konstruktion eingeführt, siehe Tab. 1. Die Systeme unterscheiden sich u. A. in den Funktionalitäten für die Darstellung von Freiformflächen mit NURBS, die bei Außenhautkonstruktionen (Class A) wichtig sind und in der Verarbeitung großer Baugruppen. Insgesamt ist ein hoher Reifegrad erreicht, der sich ständig weiterentwickelt.

Während in der Vergangenheit Teile, Baugruppen und Maschinen als *Ansichten* gezeichnet wurden, bilden die 3D-CAD-Systeme die vollständige Geometrie von Teilen und Baugruppen ab. Hierdurch ist eine *parametrische* Konstruktion (die Geometrie hängt an der Bemaßung) von Bauteilen (Parts) möglich. Topologisch ähnliche Bauteile sind tabellengesteuert automatisch erzeugbar. Dies wird intensiv zur automatisierten Konstruktion (Design Automation) von Teilefamilien in der Praxis genutzt.

Allerdings ist Vorsicht geboten, da mit jeder neuen Geometrie eine neue Teilenummer erzeugt wird, die in der Supply Chain Zusatzkosten, meist Gemeinkosten für das Verwalten der Teile, erzeugt. Weiterhin ist es möglich, Zusammenbauten von

[1] Der Begriff wurde von Gartner eingeführt.

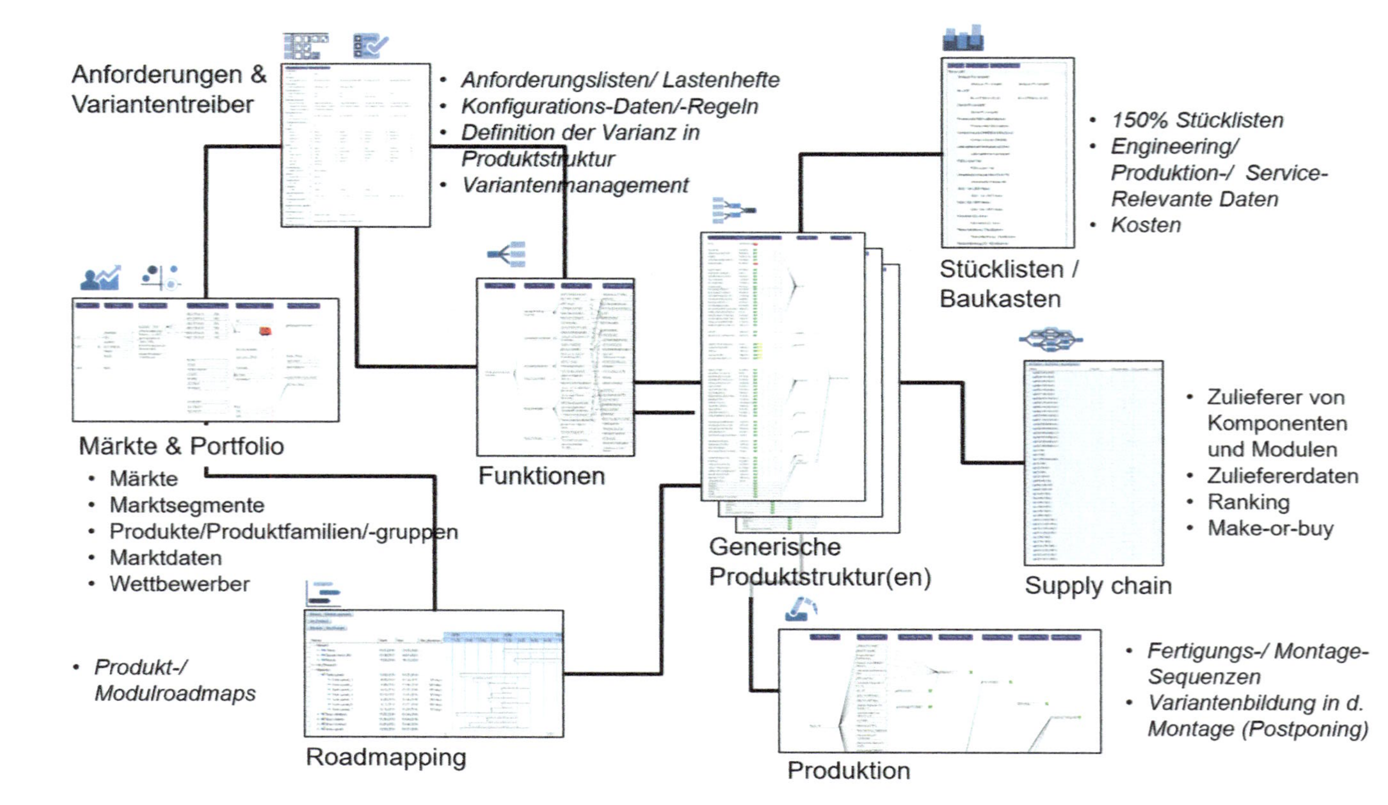

Abb. 5 Darstellung der verschiedenen Sichten auf eine modulare Produktstruktur mit METUS, das modulare Produkt steht im Mittelpunkt der Betrachtung, Stakeholder können unterschiedliche Sichten einnehmen

Tab. 1 Übersicht über die gängigen Mechanik-CAD-Systeme im Maschinen- und Anlagenbau

Produkt	Kern	Hersteller	Einsatz	Bemerkung
CATIA V5	„V5 Kernel“	Dassault	Full range Flächen/ Volumen	Quasi Standard im Automotive Umfeld, starke Flächenmodellierung
Siemens NX	Parasolid	Siemens PLM	Full range Flächen/ Volumen	Stammt vom System Unigraphics (McDonnel Douglas) ab und ist auch im Automotivebereich verbreitet
Pro-Engineer	Granite One	PTC	Mid/Full range Volumen/ Flächen	Starker Geometriekem, auch Flächen über ICEM Surf möglich
Inventor	ACIS	Auto Desk	Mid range Volumen	Durch Kopplung mit ACAD weite Verbreitung im Anlagenbau.
Solid Works	Parasolid*	Dassault	Mid range Volumen	Einfache Bedienung für Solids (Volumenteile). Viele Anwenderergänzungen
Solid Edge	Parasolid	Siemens PLM	Mid range Volumen	Ähnliche Eigenschaften wie Solid Works, kompatibel zum PDM Teamcenter

Teilen zu Baugruppen (Assemblies) tabellengesteuert zu erstellen, diese Eigenschaft ist zur CAD nahen Konfiguration nutzbar.

Es entsteht so im Rechner ein „Virtuelles Produkt“ mit allen maßstäblichen geometrischen Eigenschaften. Damit war es erstmalig möglich, „Module“ als eigenständige Objekte zu visualisieren. Es ist sicher nicht übertrieben zu behaupten, dass die parametrischen 3D-CAD-Systeme dem modularen Aufbau von Produkten einen starken Auftrieb gegeben haben.

Von diesem vollständigen geometrischen Modell eines Produktes leiten sich weitere wichtige Ingenieurdokumente ab, wie etwa Stücklisten, die alle im Modell abgebildeten Komponenten enthalten, siehe Abb. 6. Mittlerweile stehen leistungsfähige Systeme auch zur Abbildung von Verrohrungen und Verkabelungen zur Verfügung. Daher wird ein vollständiges digitales virtuelles Abbild eines Produktes auch digitaler Master genannt. Mit der Information über das Systemverhalten (Bewegungen, Kinematik) die durch Aktoren (Pneumatikstellglieder, Servomotoren) mit der zugehörigen Steuerung realisierbar sind, ist das System zu einem nahezu vollständigen Abbild des realen System weiterentwickelbar, dies stellt einen ersten wichtigen Schritt, hin zu einem Digitalen Zwilling des Produktes dar. Später sind reale Produktdaten mit den Daten des virtuellen Zwillings synchronisierbar.

Zum vollständigen Digitalen Zwilling gehört weiterhin das dynamische *Verhalten* des Systems. Das kinematische Verhalten ist durch Lösen von translatorischen und/oder rotatorischen Freiheitsgraden im 3D-CAD-System simulierbar. Oft reicht die Kinematik schon aus, um ein realistisches Bild des Verhaltens und die hierfür erforderlichen Steuerungsimpulse zu erhalten.

Der nächste Schritt wäre das Verhalten unter dem Einfluss von Kräften (Kinetik). Hierfür stehen leistungsfähige Mehrkörpersimulationssysteme (MKS-Systeme) zur

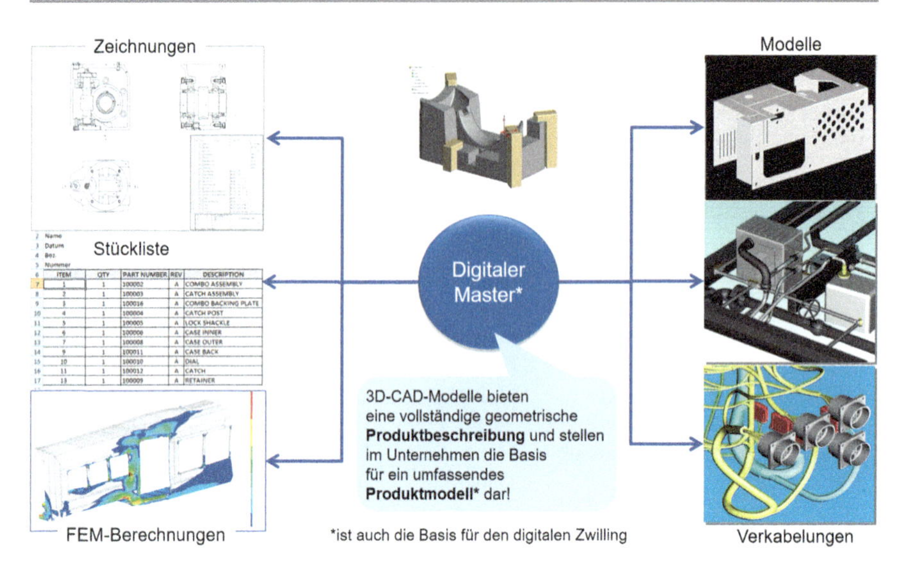

Abb. 6 Vom 3D-CAD-Modell abgeleitete Dokumente

Verfügung. Durch die Entwicklung von Computerspielen entstanden Simulationsprogramme, die Gewichtskräfte und z. B. Reibungskräfte abbilden können. Hiermit lassen sich z. B. Förderbandsysteme für Stückgüter mit hoher Schnelligkeit und hinreichender Genauigkeit simulieren.

Die Erzeugung der entsprechenden Kräfte und Momente erfolgt in realen Anlagen durch *Aktoren*, die durch geeignete Signale ansteuerbar sind. Es existieren die entsprechenden Hardware-in-the-Loop-Konzepte, bei den reale Baugruppen durch in der Software lauffähige Regler manipuliert werden und Software-in-the-Loop Konzepte, bei denen reale Maschinen und Anlagen zunächst mit Simulationssystemen abgebildet werden und mit echten SPS-Steuerungen gesteuert werden. Für große Maschinen und Anlagen ist das ein vielversprechender Weg, es ist damit ebenso möglich, Maschinen an mehreren Standorten zu montieren, zu testen und erst am Aufstellungsort zu komplettieren.

Wenn die erforderlichen Steuerungen und die entsprechende Software für das virtuelle mechatronische System erfasst sind, ist der Digitale Zwilling, der ein virtuelles Abbild der realen Maschinen repräsentiert, vollständig. Der digitale Zwilling wird über die Nutzungsphase mit realen gemessenen Daten ergänzt. Änderungen und Modifikationen fließen in den virtuellen Zwilling zurück.

3.2 Elektro-CAD-Systeme vervollständigen die mechatronische Struktur

Elektro-CAD-Systeme waren in der Vergangenheit grafische 2D-CAD-Programme (u. a. Autocad oder E-Plan 5), mit denen die *Stromlaufpläne* und Symbole gezeichnet wurden. Die Programme wurden weiterentwickelt und haben heute eigene

Datenbanken (Libraries), in denen die elektronischen Komponenten gespeichert sind. Jedem grafischen Symbol (Sensor/Aktor) ist eine Komponente mit einer Teilenummer zugeordnet. Da elektrische und elektronische Komponenten in Maschinen und Anlagenbau meist Zukaufteile sind, empfiehlt es sich, diese aus den Stammdaten des ERP-Systems in die Elektro-CAD Datenbank zu synchronisieren und dort mit den *domänenspezifischen* Informationen zu ergänzen.

Weiterhin ist es in der Elektrotechnik üblich, elektronische Komponenten nicht nur mit der Teilenummer, sondern mit einer *Betriebsmittelkennzeichnung (BMK)* zu kennzeichnen, indem der Anlagenort, Einbauort und Schaltschrank spezifiziert (z. B. B05.D04+A10-F03) ist. Damit hat jeder Sensor und jede Elektrokomponente, auch mit gleicher Teilenummer eine *eineindeutige* Bezeichnung. Dies erleichtert die Auffindbarkeit von mechatronischen Komponenten zwischen den Ingenieurdomänen. Pneumatische, hydraulische und P&ID-Komponenten werden heute ebenfalls im Elektro-CAD-System abgebildet.

Da jede Elektrokomponente Bauraum beansprucht und auch befestigt werden muss, hat sie ebenfalls eine *Volumenmodellrepräsentation* im Mechanik-CAD-System und eine funktionale Beschreibung sowie eine symbolische Repräsentation im Elektro-CAD-System. Zur besseren Verständigung und Auffindbarkeit ist es vorteilhaft, die BMK auch im Mechanik-CAD-System mitzuführen. Weiterhin erscheint es zielführend, dass die verantwortliche Bestellanforderung (Banf) der Elektrokomponenten (= alles was über Kabel oder über Funk angesteuert wird) von den Elektro-Konstrukteuren durchgeführt wird.

Weiterhin ist es ratsam, Software (Visualisierung, Logik und Safety und Motion sowie Firmware) versionssicher im PDM-System abzulegen. Für die proprietären Entwicklungsumgebungen z. B. STEP 7, SCOUT etc., die oftmals nur noch auf veralteten Betriebssystemen in Programmiersystemen (PG) laufen, existieren i. a. keine direkten Schnittstellen zu den PDM-Systemen.

Es ist ratsam im Sinne einer teilautomatisierten Abwicklung, die Informationen aus den Elektro-CAD-Systemen, etwa die SPS, Servocontroller, Schaltschrankausrüstung in die nachfolgenden Programmierumgebungen z. B. TIA-Portal zu übertragen. Dies kann durch geeignete Projektkonfigurationen erfolgen.

3.3 Erzeugung einer mechatronischen Stückliste

Aufgrund des vorher beschriebenen Sachverhaltes ist es vorteilhaft, nicht mehrere Produktstrukturen (Mechanik, Pneumatik, Hydraulik und Software) anzulegen, sondern diese in einer *mechatronischen Produktstruktur* zu vereinigen. Die Basis hierfür wäre eine *mechatronische* Stückliste, welche alle mechatronischen Komponenten den Baugruppen zuordnet, wie dies im Abb. 7 dargestellt ist. Damit wird es möglich, elektronische und Softwarekomponenten in die modulare Bauweise zu integrieren und sie damit konfigurierbar zu gestalten.

Es bestehen Konstruktionen, in denen ein modularer mechanischer Aufbau durch Verkabelungen wie mit einem „Fahrradschloss" verkettet wurden und damit die grundlegende Modularität wieder zerstört wurde. Daher ist es sinnvoll in einer frühen Entwicklungsphase die mechanischen, elektronischen Hardwaremodule und

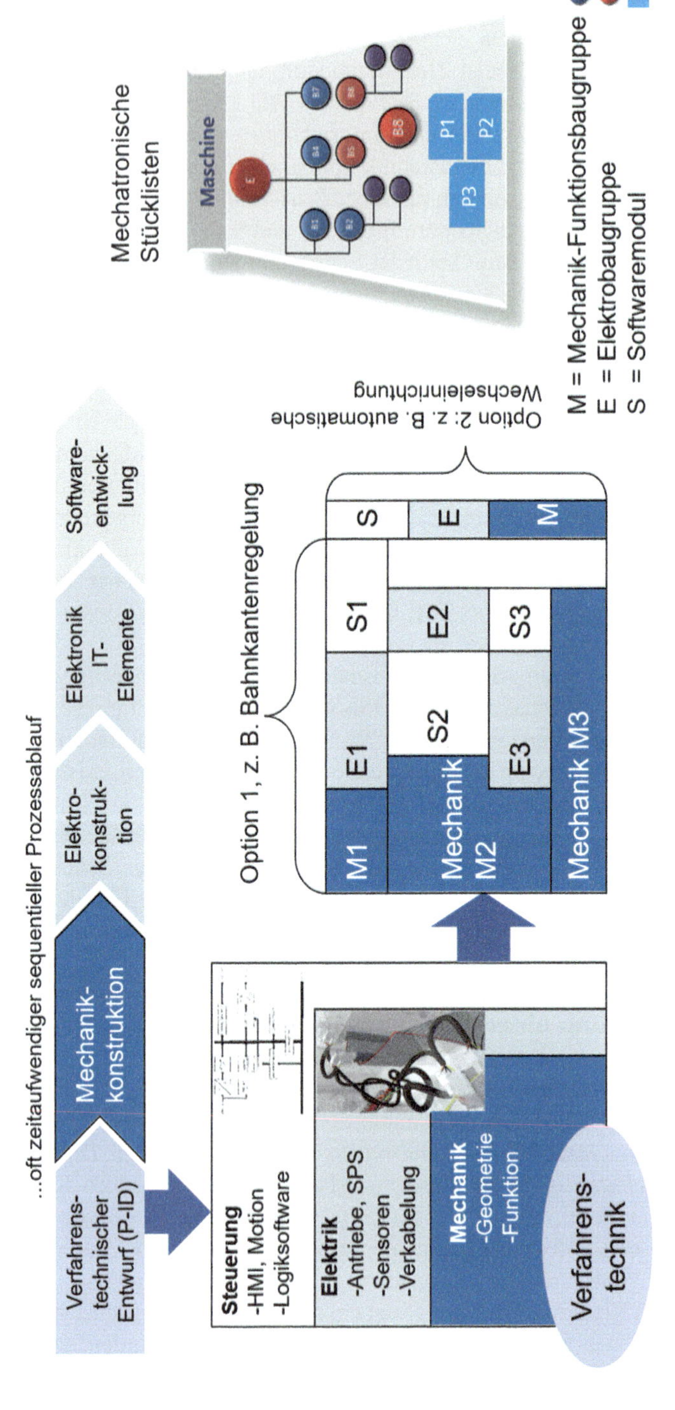

Abb. 7 Modularer Aufbau einer mechatronischen Produktstruktur und mechatronische Stückliste

Softwaremodule geeignet zu koppeln. Damit ist es möglich Optionen, wie z. B. eine Bahnkantenregelung, die optional manchmal mit gekauft wird und manchmal nicht, konfigurierbar zu gestalten. Software, die einmal entwickelt wurde, kann, falls es nicht zu höheren Speicherkosten führt, im System verbleiben und bei Nachrüstung einer Option freigeschaltet werden. Damit wäre die arbeitsintensive Software auch einzeln verkaufbar.

Es ist allerdings zu beachten, dass eine Automatisierungsproduktarchitektur sich nicht 1:1 mit der mechanischen Modularität koppeln lässt; die Signalstrukturen sind oft übergreifend zu den mechanischen Modulen zu organisieren.

4 Produktdatenmanagementsysteme

Mit der Vielfalt der vom 3D-CAD-Modell abgeleiteten digitalen Dokumente, den sehr unterschiedlichen Dateiformaten reichten die früher genutzten einfachen 2D-Zeichnungsverwaltungssysteme nicht mehr aus und es kam zur Einführung der *Produktdatenmanagementsysteme* (PDM), die heute den gesamten Lebenszyklus' eines Produktes begleiten. Daher wurden viele PDM-Systeme mit den 3D-CAD-Systemen, maßgeblich von den CAD-Systemherstellern eingeführt. Diese Tatsache unterstreicht die strategische Wichtigkeit für die CAD-Anbieter, die den PDM und PLM-Systemen beigemessen wird.

Zur Synchronisation und verbesserten Abstimmung über die Funktionsrealisierung ist es weiterhin sinnvoll, die drei *technischen Domänen* Mechanik-, Elektrik-Konstrukteure und Softwareersteller, in einen gemeinsamen *Workflow* zu integrieren. Aufgrund ihrer sehr unterschiedlichen Ausbildungen ist eine Verständigung schwierig. Diese gelingt am ehesten auf der Basis von mechatronischen *Funktionenstrukturen*, die im PDM-System geschlossen darstellbar sein sollten.

4.1 Strategische Ziele, die durch PDM-Systeme erreicht werden sollen

Die alleinige Umstellung vom Datenträger Papier auf digitale Datenhaltung führt nicht automatisch zu mehr Ordnung und einfacherer Wiederauffindbarkeit von Dokumenten. Nach wie vor werden Daten *redundant* gehalten.

Die Einführung von PDM hilft strategische Ziele für das Unternehmen zu realisieren:

- Steigern der Produktivität und Reduktion von Prozesszeiten,
- Reduzieren von Entwicklungsfehlern und damit Senken von Qualitätskosten,
- Ermöglichen und fördern der Zusammenarbeit (Collaboration) mit allen mit dem Produkt befassten Mitarbeitern, vor allem, wenn diese an unterschiedlichen Standorten verteilt sind.
- Erzeugen einer gesteigerten Transparenz, die zu besseren Geschäftsentscheidungen führt.

4.2 Funktionen der PDM-Systeme

PDM-Systeme sollen vor allem *unproduktive* Suchzeiten nach Informationen vermeiden und die Verwendung *nicht* aktueller Versionen sicherstellen.

Wichtig hierbei ist, dass die Funktionalität nicht nur *irgendwie* vorhanden ist, sondern dass das System die Mitarbeiter in ihrer täglichen Arbeit durch einfache und intuitive Bedienung effektiv unterstützt.

Ein PDM-System hat im Kern *drei* wichtige Funktionsbereiche:

1. Die *versionssichere* Datenverwaltung aller ingenieurtechnischen entwicklungsrelevanten elektronischen Dokumente.
2. Die Organisation der *Prozesse* (Workflows), wie etwa Freigabe- und Änderungsprozesse, siehe Abb. 8.
3. Die *Applikationsintegration* der an der Produktentstehung beteiligten Autorensysteme, wie Dokumentationssysteme, Officeanwendungen etc.

4.3 PDM als Integrator für weitere Autorensysteme

Mit entsprechenden *Kopplungssoftwarebausteinen* sind zudem weitere „Autorensysteme" wie die wichtigen Elektro-CAD-Systeme, bis hin zu den bekannten *Office-Dateiformaten* in der Datenbank *versionsgerecht* speicherbar. Das PDM-System stellt damit den *Backbone* für den Entwicklungszyklus und die weiteren Lebenszyklusphasen des Produktes dar. Damit sind alle nativen ingenieurtechnischen Dokumente in einem PDM-System verwaltbar, auch wenn diese aus sehr unterschiedlichen „Erzeugersystemen", auch *Autorensysteme* genannt, entstanden sind. Viele Systeme verfügen über *Direktschnittstellen,* so dass die *nativen* Originaldateien

1. Datenmanagement:

Aufnahme, Verwaltung und Bereitstellung aller **produktbeschreibenden Daten** (CAD-Modelle, Stücklisten, Berechnungen...) und elektronischen Dokumente in **nativen** Dateiformaten

2. Prozessmanagement

Definition, Verwaltung und Steuerung der **produktrelevanten Prozesse** wie Freigabeworkflow etc. in strukturierter Form

3. Applikationsintegration

Integration aller am Produktentwicklungsprozess beteiligten IT-Systeme, wie etwa Elektro-CAD-Systeme, Office (Word, Excel..) und Sicherstellung einer **versionssicheren** Ablage

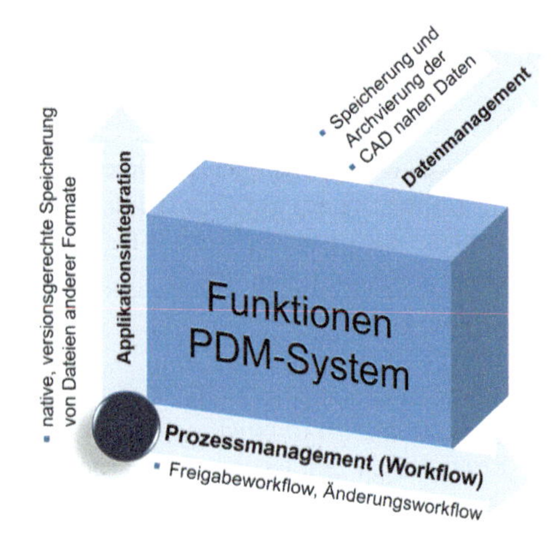

Abb. 8 Hauptfunktionen eines PDM-Systems

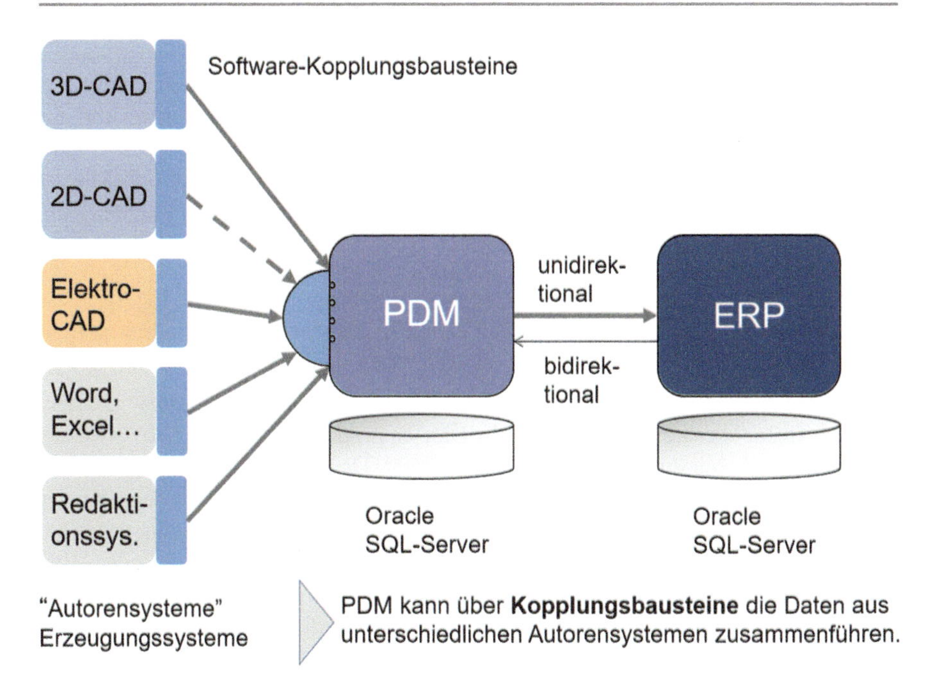

Abb. 9 PLM als Data-backbone und Integrationsplattform für verwendete Autorensysteme

aufgerufen (ausgecheckt) und wieder eingecheckt werden können. Neben den *nativen* CAD-Formaten sind praktisch alle gängigen nicht änderbaren Dateiformate, wie .tiff, .pdf, u. a., ebenso verwaltbar.

Das PDM-System ist in der Entwicklungsphase das *führende* System. Stücklisten z. B. sind für den weiteren Ablauf über entsprechende uni- oder bi-direktionale *Schnittstellen* in Enterprise Ressource Planning (ERP)-Systeme übertragbar (Abb. 9).

4.4 Weiterentwicklung der Produktdatenmanagementsysteme

Für eine Zeit lang wurde der Begriff PDM (Product Data Management) verwendet, mit dem alle in der Produktentstehung anfallenden Dokumente *versionsgerecht* speicherbar und alle Prozessschritte eines Produktentwicklungsprozesses (PEP) nachvollziehbar handhabbar sind. Es wurde jedoch offensichtlich, dass im Laufe eines Produktlebenszyklus' (Fertigung, Inbetriebnahme, Betrieb, Wartung bis hin zur Verschrottung) weitere Daten anfallen. Datenbanksysteme, die diese Aufgabe firmenintern und -übergreifend realisieren können, heißen PLM-Systeme (Product Lifecycle Management-Systeme).

Eine PLM-Software realisiert folgerichtig den Aufbau einer *unternehmensweiten* Lenkung aller mit dem Produkt verbundenen Dokumente und Informationen. Das Ziel ist, über alle Unternehmensbereiche hinweg einen lückenlosen Fluss aller Daten und Informationen zu gewährleisten. PLM ist mehr ein strategischer Begriff, und es gibt ein solch umfassendes System oft nicht „Out oft the Box“ zu kaufen. In jedem Fall ist ein PDM-System der erste Schritt und die *grundlegende Basis* für den Aufbau eines unternehmensweiten PLM-Systems. Der große Vorteil von PDM-Systemen ist die Haltung unterschiedlicher Formate. Nach Davidow und Malone definiert sich ein virtuelles Unternehmen durch die Art wie es mit den unterschiedlichen Informationen virtuos umgehen kann.

4.5 PLM-Systemarchitektur

Kernbestandteil einer PLM-Architektur ist ein zentrales *IT-Repository* (zumeist „Vault=Tresor“ genannt), in welchem alle Dateien gespeichert werden. Die Anwender arbeiten i. d. R. mit einem speziellen PLM-Client. Der physikalische Speicherort ist den Nutzern meist nicht bekannt. Hinsichtlich der PLM-Clients hat sich heute bei den meisten PLM-Systemanbietern der Web-Browser als *Benutzerinterface* durchgesetzt.

Während vor einigen Jahren fast ausschließlich lokale Client-Server- oder Web-basierte Architekturen zum Einsatz kamen, geht der Trend bei Product Lifecycle Management inzwischen immer mehr in Richtung Plattformen und Cloud-basierter Systeme. Ein Cloud-PLM hat den Vorteil, dass auch unternehmensübergreifende Prozesse, z. B. der Datenaustausch mit Kunden und Lieferanten, sehr einfach abbildbar ist. Bezüglich Cybersecurity ist die Cloud meist sicherer als on premise Installationen.

5 ERP- und Dokumentenmanagement Systeme

Die ersten IT-Systeme in Unternehmen in diesem Kontext waren die sog. Produktions-Planungssysteme PPS und die Buchhaltungssysteme, die zunächst mit hierarchischen, später mit relationalen Datenbanken realisiert wurden.

5.1 Funktionen der ERP-Systeme

Enterprise Ressource Planning Systeme sind geeignet, Prozesse in den Unternehmen zu automatisieren. Buchhaltungssysteme wurden durch Produktionsplanungssysteme (PPS) ergänzt. Über die Stufen MRP I und MRP II (Material Requirement Systeme) sind aus Stücklisten Bedarfe erzeugbar, die in der eigenen Fertigung produziert oder vom Einkauf beschafft werden können.

ERP ist ein Konzept zur Steuerung aller Aufträge und Produktionsmittel. Im Gegensatz zu PLM-Lösungen kommt es hier weniger auf die inhaltlichen Zusammenhänge an, sondern es geht um das schnelle und betriebswirtschaftlich korrekte Verbuchen, Verarbeiten, Suchen und Aufzeigen kommerzieller Daten. In diesem Sinne ist ein ERP-System vorwiegend *transaktionsgetrieben*.

In der Begriffswelt der PDM-Systeme geht es um Dokumente bzw. Dateien mit unterschiedlichen Formaten und in der ERP-Welt, um *Datensätze*. Auch wird oft die Frage nach dem führenden System gestellt. Als grobe Richtlinie kann gelten, dass bei allen eigenentwickelten Teilen in der Entwicklungsphase das PDM führend ist und bei allen eingekauften Komponenten ist das ERP-System führend. Zusammenfassend ist festzuhalten: Ein ERP-System verwaltet *Ressourcen*, es sorgt für die Basis in Form von *Stamm- und Bewegungsdaten*. Es begleitet die wertschöpfenden Prozesse (Einkauf, Montage, Inbetriebnahme, Versand und weitere logistischen Prozesse) und schafft mit einer integrierten Buchhaltung die gesetzlichen Voraussetzungen für die Rechnungslegung und die kommerziellen Kenndaten. PLM und ERP sind meist über *bi-direktionale* Schnittstellen miteinander verbunden.

5.2 Dokumentenmanagementsysteme (DMS)

Alle nicht in der Produktentwicklung erzeugten Dokumente (Verträge, Angebote ...) werden je nach Firmengröße in speziellen Datenbanken, den Dokumentenmanagementsystemen (DMS) abgelegt. Der generelle Zusammenhang zwischen IT-Systemen und Unternehmensbereichen ist in Abb. 10 dargestellt.

Als Grundsatz sollte gelten, dass jedes System seinen Stärken und der einfachen Bedienbarkeit nach genutzt werden sollte und bestimmte Gruppen in der Firma (Vertrieb, Marketing, Service ...), Entwicklung und Konstruktion, Arbeitsvorberei-

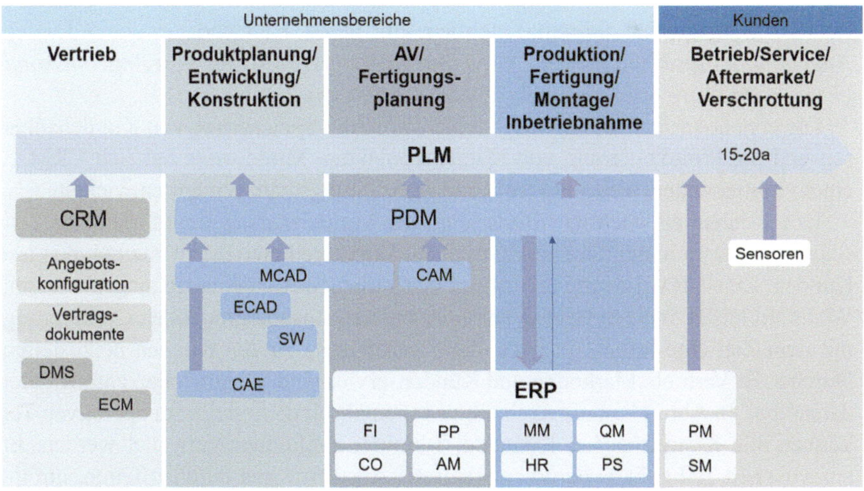

Abb. 10 Zusammenwirken der Unternehmensbereiche mit den IT-Landschaft und den Softwarewerkzeugen

tung und Fertigsteuerung sollten die für sie wichtigen Informationen in ihren Systemen finden und pflegen und nicht in verschiedenen Datenbanken mit unterschiedlicher Bedienphilosophie suchen müssen.

6 Kundenbeziehungsmanagement und Konfiguration

Im Maschinen- und Anlagenbau beginnt vieles mit dem Vertrieb; der Vertriebsmitarbeiter ist die erste Kontaktperson, die mit dem Kunden die Anforderungen für die entsprechende Anlage bespricht. Es sollte hier nicht zu tief in technische Details abgetaucht werden, da der Kundennutzen im Vordergrund steht. Oft sind die tiefergehenden technischen Informationen zu diesem Zeitpunkt noch gar nicht bekannt, bzw. können in der erforderlichen Tiefe vom Vertriebspersonal nicht diskutiert werden.

Zwei IT-Systeme, sind besonders geeignet und weitgehend eingeführt, die den Angebots- und Vertriebsprozess erleichtern können und die nachfolgende Auftragsabwicklung verkürzen. Es sind dies die Kundenbeziehungsmanagementsysteme (Customer Relation Managementsysteme CRM) und die Konfigurationssysteme auch Configure Price Quote CPQ-Systeme genannt, die in den folgenden Abschnitten näher beschrieben werden.

6.1 Kundenbeziehungsmanagement CRM

Im Vertrieb haben sich die Kundenbeziehungsdatenbanken (CRM = Customer Relation Management Systeme) etabliert, mit denen Kundendaten wie Adressen, Angebote, Ansprechpartner etc. verwaltet werden. Der Aufruf von *Angebotskonfigurationssoftware* erfolgt oftmals aus der CRM-Umgebung heraus.

Die ersten Ansätze für CRM-Systeme waren die Speicherung von Kundenadressen und die Protokollierung von Kundenkontakten. Mittlerweile hat sich CRM zu einem umfassenden Werkzeug im Kundenbeziehungsmanagement entwickelt.

Es gilt heute als wichtiger Bestandteil der Vertriebsstrategie und dient zur konsequenten Ausrichtung aller geschäftlichen Aktivitäten zwischen Unternehmen und Kunden. Eine CRM Lösung unterstützt in sämtlichen Kundenbeziehungsprozessen. Weiterhin leistet es einen Beitrag zur internen, bereichsübergreifenden Optimierung, mit dem Ziel eine insgesamt intensivere Verbindung zu den Kunden herzustellen. Durch z. B. Vertrieb, Marketing und Kundenservice sind Schnittstellen zum Kunden darstellbar. In Abb. 11 ist die Architektur schematisch dargestellt. Im operativen Teil können alle Kundenkanäle, Kontakte, Termine, E-Mailings verwaltet werden. Im analytischen Teil geht es darum, statistische Auswertungen durchzuführen, um die Vielfalt der Daten zu verdichten und zu visualisieren.

Zur Unterstützung von Vertrieb und Einkauf sind weitere Softwarewerkzeuge im Einsatz, die vor allem die horizontale Vernetzung mit Kunden und Unterlieferanten unterstützen, diese als die Basis für innovative Geschäftsmodelle im Rahmen der Industrie 4.0-Aktivitäten zu sehen, siehe Abb. 12.

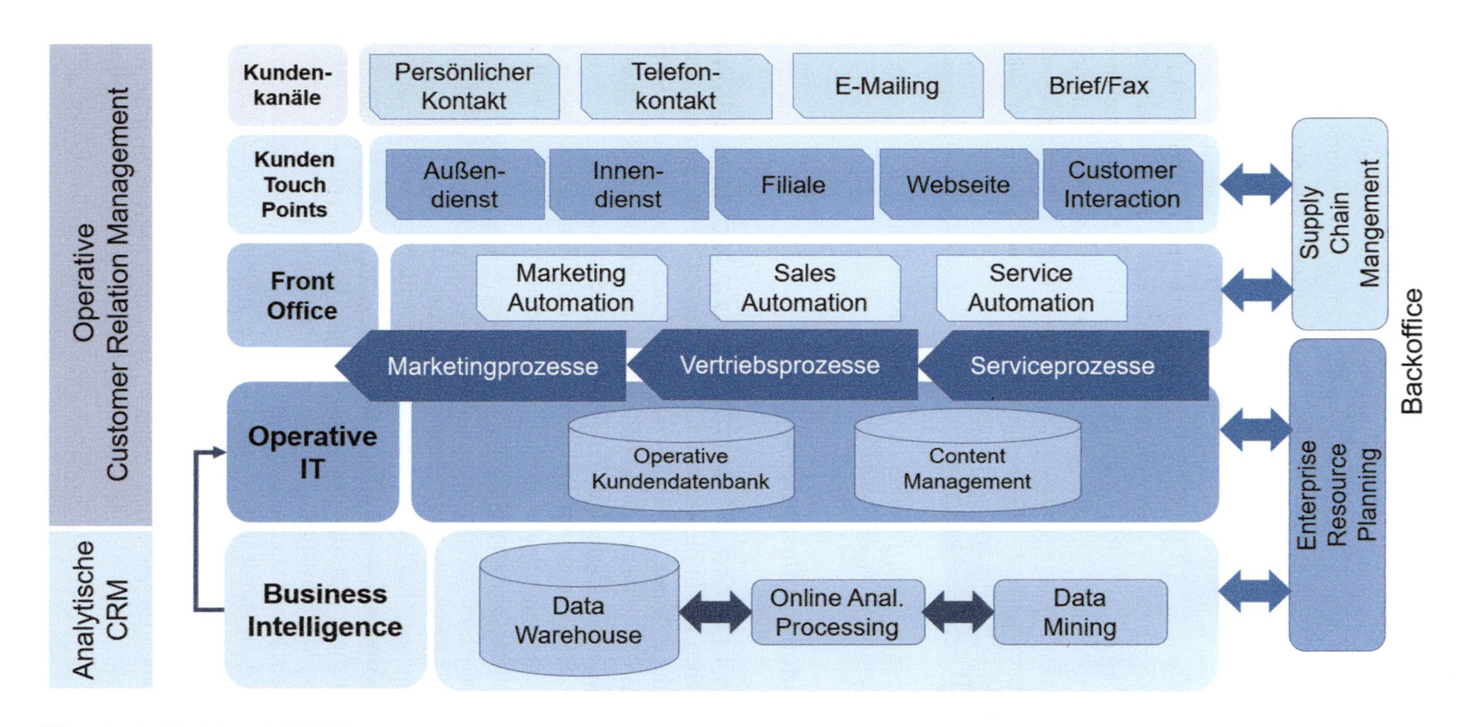

Abb. 11 Architektur von CRM-Systemen

Abb. 12 Digitalisierungsmöglichkeiten (5C) für Vertrieb und Einkauf. (Quelle: nach Reifegradmodell von T-Systems Multimedia Solutions)

6.2 Produktkonfigurationssysteme

Nachdem die ersten *Konfigurationssoftware* in den 80er-Jahren aufkamen, maßgeblich getrieben von Informatikinstituten, entstanden hieraus kommerzielle Konfigurationssysteme. Durch die erweiterten Funktionalitäten moderner Softwaresysteme, wie etwa *Objektorientierung* und Künstlicher Intelligenz (KI) haben sich die Systeme zu sehr leistungsfähigen Produkten weiterentwickelt.

Kommerzielle Systeme unterscheiden sich, je nach Entstehungshistorie, in Angebots- oder Vertriebskonfiguration und Stücklistenkonfiguration, die eine auftragsspezifische Einkaufs-, Fertigungs- und Montagestückliste generieren.

Bei der Auswahl ist es sehr wichtig, den dominierenden Auftragsabwicklungstyp in der eigenen Organisation zu beachten, siehe Abb. 13.

Für Großanlagen (Raffinerien, Chemieanlagen und spezifische Sondermaschinen herrscht der Abwicklungstyp ETO = Engineer-to-Order vor. Hierbei wird direkt nach dem Eingang eines Kundenauftrags der Entwicklungs- und Konstruktionsprozess ausgelöst. Um Maschinen und Anlagen modularer aufzubauen, ist es wichtig, den ETO-Anteil zu reduzieren in Richtung modularer Montierbarkeit. Ein Produkt, welches sich nach Kundenanforderungen in der Montage (durch „Kaltfügetechniken") modular zusammensetzen lässt, hat gute Voraussetzungen sich gut konfigurieren zu lassen. Daher wird dieser Auftragsabwicklungstyp auch CTO = Configure-to-Order genannt. Da speziell im Anlagenbau in aller Regel immer ein ETO-Anteil verbleibt, sollte der Produktkonfigurator diese Möglichkeit funktional abbilden können.

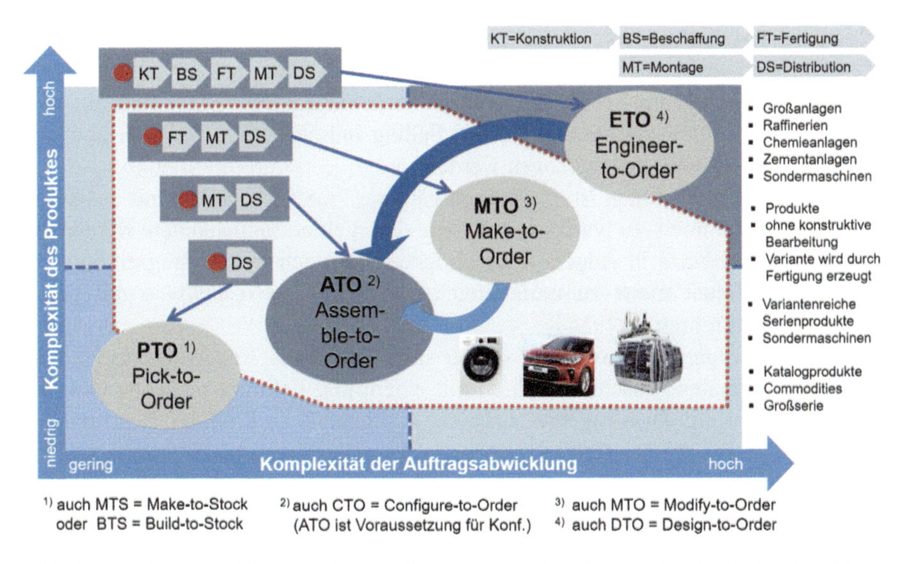

Abb. 13 Auftragsabwicklungstypologien oder Fertigungsprinzipien in unterschiedlichen Geschäftsfeldern

Für Konfigurationssysteme (Wüpping 2017) haben sich *vier* Kategorien herausgebildet, wobei oftmals keine scharfen Grenzen zwischen den Systemen bestehen:

1. Vertriebs- oder Angebots-Konfigurationssysteme, dienen dazu, fehlerfrei baubare Angebote (Quotes) mit den angepassten marktgerechten Preisen zu erzeugen. Daher heißen die Systeme Configure-Price-Quote- oder CPQ-Systeme.
2. ERP-basierte Konfigurationssysteme, die meist im ERP-System integriert sind. Diese Systeme haben Stärken bei der Erzeugung von Stücklisten und Arbeitsplänen für die entsprechenden Aufträge.
3. CAD-zentrierte Konfigurationssysteme, die basierend auf den Möglichkeiten moderner 3D-CAD-Systeme tabellengesteuert Modelle erzeugen können, die das anzubietende Produkt konfigurieren und „as built" darstellen.
4. PLM-basierte Konfigurationssysteme, die das PLM-System mit allen produktrelevanten Daten und Stücklisten als Plattform nutzen.

Die Eigenschaften und Unterschiede werden nachfolgend kurz dargestellt.

6.3 Angebotskonfigurationssysteme – Configure Price Quote

Die Erstellung aussagekräftiger Angebote für die komplexen Produkte des Maschinen- und Anlagenbaus ist eine sehr zeitaufwendige Aufgabe, die meist nicht explizit bezahlt wird. Von den angebotenen Produkten, können oft nur 30 % bis meist nicht mehr als 50 % als Auftrag erwartet werden. Das bedeutet die Hälfte der Zeit und

Kosten, die in die Angebote gesteckt werden, führt nicht zu Aufträgen. Es ist wie mit der Werbung, man weiß nur nicht welche Hälfte. Daher müssen alle Angebote sowohl preislich, vom Scope und von der technischen Baubarkeit stimmig sein. Ohne Konfigurationssystem und Guided Selling müssen große Teile der Technikexperten zur Klärung herangezogen werden.

In vielen Unternehmen ist es oft noch gängige Praxis, Angebote mit Textverarbeitungsprogrammen zu verfassen. Neben den Fehlermöglichkeiten werden oft sogenannte *Freitexte* in Angebote geschrieben, die nach der Auftragserteilung in den Unternehmen meist zu umfangreichen *Variantenkonstruktionen* mit hohen ETO-Anteilen führen.

Angebotskonfigurationssysteme stellen sicher, dass die Angebotstexte zu einer technisch baubaren Maschinen führen mit einem klar definiertem Scope und passender Bepreisung. Das Angebot muss eine weitgehend *vollständige* Beschreibung enthalten, die im Auftragsfall *Change und Claimprozesse* ermöglicht bzw. erleichtert.

Angebotskonfiguratoren manchmal (CAS = Computer Aided Selling-Systeme) genannt, sollen die Vertriebsmannschaft dabei unterstützen, die passenden Produkte schnell und sicher zu finden und zusammenzustellen (Guided Selling). In Abb. 14 sind die Funktionen eines CPQ Produktkonfigurationssystem exemplarisch dargestellt.

Konfigurationssysteme nutzen unterschiedliche Softwaretechnologien. In der Tab. 2 sind die meist verwendeten zusammengestellt. Ein Angebots-Konfigurationssystems sollte so gestaltet sein, dass:

1. Die zugrunde liegende Produkt- und Konfigurationskomplexität von der Regelwerkengine abbildbar ist, wichtig ist z. B. die Funktionalität zu mehrstufiger Konfiguration

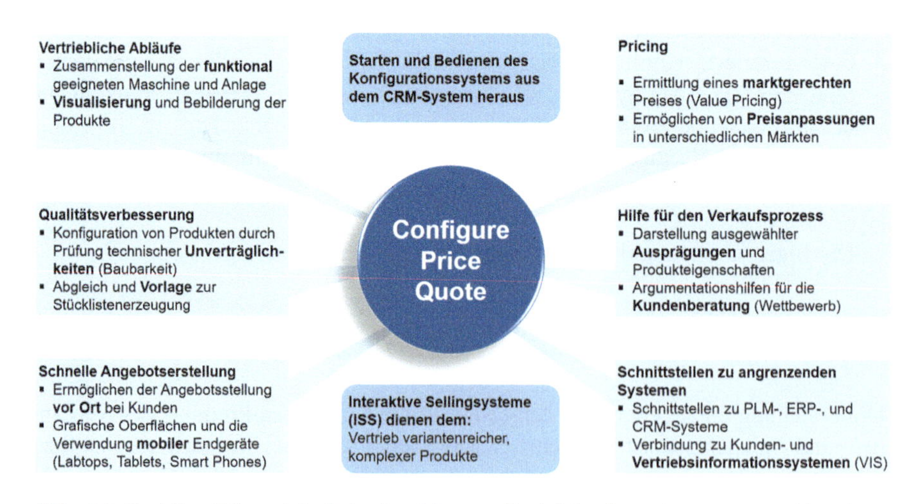

Abb. 14 Funktionalität und Aufgabenbereiche von Produktkonfigurationssystemen. (Angebots- oder Vertriebskonfiguratoren CPQ = Configure Price Quote)

Tab. 2 Verwendete Regelwerkengines in Konfigurationssystemen

Technologie	Beschreibung
1 Regeln in **Entscheidungs-tabellen**	• stellen **Regelwerke** relativ einfach und übersichtlich dar, Regel „feuert" beim Vorliegen von **Bedingungen** oder Kombinationen • **Entscheidungstabellen** sind **ohne** Programmierkenntnisse erstellbar und lassen sich einfach anpassen (pflegen) • Regeln sind in **Tabellen übersichtlich** anzuordnen • Bei komplexen **mehrstufigen** Konfigurationen sind Entscheidungstabellen begrenzt
2 **Regeln** mit **Scriptsprachen**	• **Skriptsprachen** verknüpfen Werte aus Tabellen oder Datenbanken • Regeln funktionieren nach einer **if-then-Struktur**, dadurch entstehen die Verzweigungen • **Skriptprogramme** sind mit **Entscheidungstabellen** verknüpfbar • Skriptsprachenprogramme erfordern grundlegende Programmierkenntnisse und sind damit in der Erstellung und Pflege aufwendiger • Für komplexe **variantenreiche** Produkte werden die Regelwerke **unübersichtlich**
3 **Regeln** mit **Bedingungen**	• Die Systeme nutzen **Constraint-Solver-Technologien**, die große **Lösungsräume** durchsuchen können • Sind erforderlich bei **variantenreichen** Produkten mit **mehrstufigen Abhängigkeiten**, diese sind jedoch durchaus typisch für den komplexeren **Maschinen- und Anlagenbau** • Durch geeignete Modellierung mit **Regelwerkstechnologien** sind mehrere tausend Regeln mit wenigen Bedingungen und Tabellen abbildbar • Dadurch ist der Erstellungs- und **Pflegeaufwand** überschaubar und leistbar • **Investitionskosten** können im Vergleich zu den Alternativen **höher** sein

2. Die Regelerstellung möglichst von den Fachbereichen *ohne* tiefergehende Programmierkenntnisse erfolgen kann und
3. Änderungen, die im variantenreichen Maschinen- und Anlagenbau durchaus häufiger vorkommen (ETO-Anteil), einfach berücksichtigbar sind.
4. Die spätere Regel- und Datenaktualisierung und -pflege einfach durchführbar ist.

Das Konfigurationssystem wird i. d. R. aus dem CRM-System gestartet, da hier alle Kundendaten und auch die Angebotsversionen gespeichert sind. Im Angebotstext ist das Produkt im Hinblick auf den Kundennutzen verständlich zu beschreiben und durch grafische Darstellungen anschaulich zu visualisieren. In Abb. 15 sind die Prozessschritte in der Abfolge dargestellt.

6.4 ERP integrierte Konfigurationssysteme

Die ERP-zentrierte Konfiguration gehört zu den schon früh eingesetzten Konfigurationssystemen im Maschinenbau. Es wird im ERP-System eine *generische* Stück-

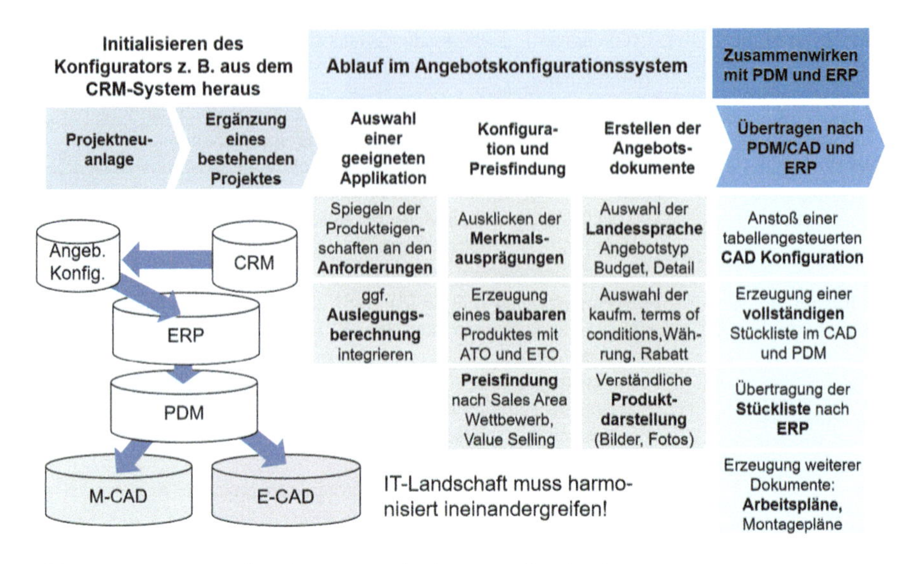

Abb. 15 Zusammenwirken der Prozesse in einem Angebotskonfigurator

liste (150 % Stückliste) erzeugt, mit Platzhaltern für die entsprechenden Varianten. Hiermit sind über entsprechende Verknüpfungen Stücklisten konfigurierbar. Reibungslos funktioniert das nur bei weitgehend vollständig vordefinierbaren standardisierten Produkten.

Sowie ein ETO-Anteil vorhanden ist, müssen meist Stücklistenpositionen manuell nachgetragen werden. Wenn dieses ohne Überprüfung in einem 3D-CAD-System erfolgt, ist die Gefahr sehr groß, dass die Komponenten nicht passen und konstruktive Änderungen erforderlich werden. Daher geraten diese Systeme schnell an ihre Grenzen. Auch ist der Pflegeaufwand nicht einfach zu bewerkstelligen.

6.5 CAD-basierte Konfigurationssysteme

Wie zuvor beschrieben, bieten die modernen 3D-CAD-Systeme umfangreiche Möglichkeiten, konstruktive Abläufe zu automatisieren (Design Automation). So sind Teilefamilien (Parts) und Geometrien mit Hilfe von Tabellen automatisiert erzeugbar.

Mit dem Ansatz wird sichergestellt, dass alle Module vorgedacht sind und damit funktional und geometrisch passen. Es ist damit möglich, ETO-Ansätze organisch zu integrieren. Die Wiederverwendbarkeit kann somit forciert werden, da ein Abgleich mit schon vorhandenen Baugruppen erfolgt. Für bestimmte Sondermaschinen mit überschaubarer Angebotskomplexität können diese Systeme auch für die Angebotskonfiguration herangezogen werden. Bewährt hat sich in der Praxis das System Speedmaxx der Firma Acatec GmbH. Mit dem System ist es weiterhin möglich, zu prüfen, welche Baugruppen schon als Stückliste vorhanden ist und welche als ETO-Anteil noch zu konstruieren ist.

6.6 PLM-basierte Konfigurationssysteme

Um die Nachteile der einzelnen Konfigurationstypen zu kompensieren, sind in der folge der PDM/PLM-Systeme die PLM basierten Konfigurationssysteme entstanden. Hiermit sind ERP und CAD-basierte Systeme effektiv zusammenführbar. Bei komplexen (Sonder-)Maschinen und -anlagen ist eine *durchgängige* Konfiguration oft sehr schwierig und aufwendig zu realisieren, es geht hier darum, die Angebotskonfiguration sinnvoll mit der Stücklistenkonfiguration zu koppeln. Im PLM-System Teamcenter der Siemens AG sind ein CAD-naher Konfigurator (Rulestream) und ein PLM basierter Produktkonfigurator integriert.

Bei der Kopplung von PLM und ERP erhalten im CAD erzeugte Dateien ein CAD-Kennzeichen, welches erzwingt, dass Änderungen nur über das PDM/CAD-System durchzuführen sind. Dies ist sehr wichtig, da beim Austausch nur im ERP-System, es oft zu Montagestopps, aufgrund nicht passender Teile kommt.

Zusammenfassend ist festzustellen, dass es oft sinnvoll ist, ein spezifischen Angebots- oder Vertriebskonfigurationssystem zu nutzen, da es hier auf die den Kundennutzen beschreibenden Eigenschaften des Produktes in mehreren Sprachen ankommt. Zur Erzeugung der detaillierten Stücklisten können die meisten Konfigurationssysteme eine Verbindung zu den Stücklistensystemen im PDM und/oder ERP-System herstellen, sogenanntes BOM-Mapping.

7 Zusammenwirken der Systeme

Die Realität in den Unternehmen sieht heute so aus, dass es keine umfassende „durchgängige" Datenbank als das eine „System" für die vielfältigen Aufgaben in den Unternehmen gibt. Die IT-Landschaft hat sich eher dezentral entwickelt. Es bestehen mittlerweile eine Vielzahl von Datenbanken und IT-Systeme, die es gilt, entsprechend zu orchestrieren. Im variantenreichen Maschinen- und Anlagenbau hat sich eine bestimmte IT-Landschaft, aus am Markt erhältlichen Softwareprodukten, herauskristallisiert und etabliert.

Durch die oft nichtabgestimmte Einführung der Systeme besteht vielfach weiterhin eine historisch gewachsene *redundante* Datenhaltung.

7.1 Synchronisation von CRM, PDM/PLM und ERP

Es gibt die drei großen Bereiche in den Unternehmen, wie die Vertriebsorganisation, die zum Markt hin agiert, die Technik, mit der Verantwortung für Entwicklung,

Konstruktion und Auftragsabwicklung und die Beschaffung, Fertigung/Montage und Inbetriebnahme (= Wertschöpfungsbereiche). In jedem der Bereiche haben sich entsprechende IT-Systeme etabliert, die geeignet gekoppelt und zumindest in Teilbereichen synchronisiert werden sollten.

Das führende System in der Technik ist das vorher beschriebene PDM/PLM-System, welches auch den Workflow der entsprechenden Mechanik-, Elektro-, und Softwareentwickler enthält.

Das System für Finance, Fertigung und Supply Chain ist das ERP-System. Die Anwendungsprogramme laufen ihrerseits auf Systemdatenbanken wie Oracle oder SQL-Server. Es hat sich bewährt, eine *Synchronisation* von PLM, M-CAD und Elektro-CAD mit den Kaufteilen aus dem ERP-System durchzuführen und diese mit dem domänenspezifischen Wissen zu anzureichern. Weiterhin wird eine Uni- oder Bi-direktionale Kopplung des PLM-Systems mit dem ERP-System realisiert. Damit werden die Stücklisten fehlerfrei in das ERP-System überführt und dort für die Fertigung, Montage und Bestellungen weiterverwendet. Um redundante Datenhaltung zu minimieren und einen medienbruchfreien Fluss der Informationen zu erhalten, ist eine systemische Organisation der Datenflüsse über geeignete Schnittstellen sicherzustellen.

7.2 Digitale Dokumente für das Produktmanagement

Das Produktmanagement kombiniert die strategische Definition des Produktportfolios und der operativen Umsetzung dieser Strategie in jeweilige Produkte. Der operative Anteil begleitet ein Produkt im gesamten Lebenszyklus. Zum anderen steht als Grundlage zur Entwicklung dieses Produktes die Produktstrategie aus einer stetigen Gesamtbetrachtung des eigenen Produktportfolios. Die Produktmanager sind die „CEOs" für ihre Produkte und damit mit der Handhabung aller mit der Betreuung eines Produkts oder einer Produktgruppe verbundenen Aufgaben, von der Information über die Planung bis hin zur Kontrolle und Koordination der Prozesse der Produktentstehung und Produktbetreuung befasst.

Der Erfolg des Produktes hängt vom gut abgestimmten Zusammenspiel sehr vieler unterschiedlicher Interessensgruppen innerhalb und außerhalb einer Unternehmung ab; jede Interessensgruppe optimiert ihr Arbeitsergebnis nach individuellen und sich teilweise widersprechenden Kriterien. Daher ist eine koordinierende Stelle erforderlich, welche die Gegensätze auflöst und ein Gesamtoptimum anstrebt.

Gerade in der frühen Produktentwicklungsphase ist es außerordentlich schwierig die teilweise sehr widersprüchlichen Forderungen der Kunden und internen Stakeholder quantitativ zusammenzustellen und zu verdichten. Der Produktmanager fungiert dabei als „marktorientierter Produktentwickler" und wichtiger Unterstützer für den Flächenvertrieb.

Die entsprechenden Dokumente, wie Lasten- und Pflichtenhefte, Gate- und Freigabereports, Marktlaunchstrategie bis hin zum Phase Out Plan kann in digitaler

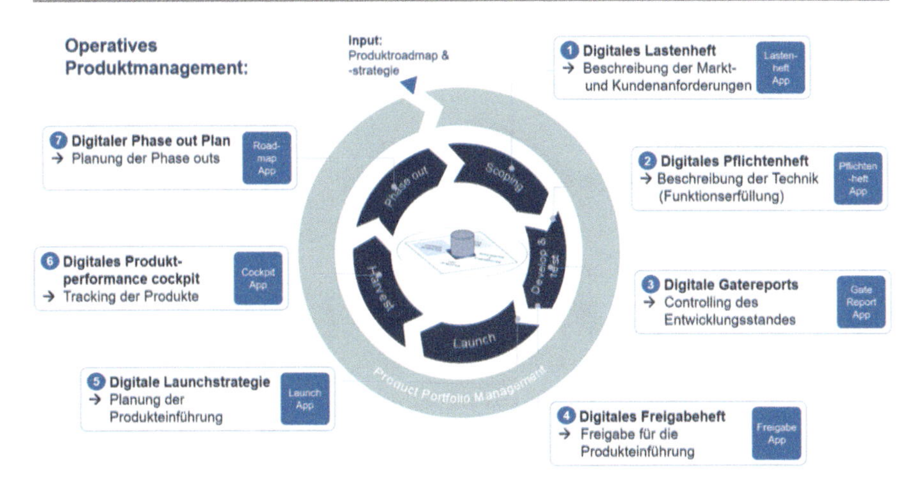

Abb. 16 Erzeugung und Nachhalten der digitalen Dokumente im Produktmanagement mit METUS. (Quelle: ID-Consult GmbH)

Form, mit den entsprechenden Verknüpfungen aufgebaut und nachgehalten werden. Der Zusammenhang ist in Abb. 16 dargestellt.

7.3 METUS als DNA für die Systems of Record

In den frühen Entwicklungsphasen dominieren oft Spreadsheet und Präsentationsprogramme, mit denen eine Verknüpfung und Zusammenführung der vielfältigen Daten aufgrund nicht kompatibler Formate schwierig, oft unmöglich ist, siehe Abb. 17.

Mit der Softwarelösung METUS sind die Zusammenhänge zwischen Kundenanforderungen und Variantentreiber zu generischen und varianten Komponenten abbildbar und visualisierbar. Diese Informationen und Beziehungen können als Produktarchitektur in die „Recording-systeme" PLM und ERP übernommen werden. Die Produktarchitektur beschreibt die „DNA" des Produktes, d. h. den Bauplan der alle wesentlichen Eckpunkte wie Kernanforderungen, Funktionen, geplante Varianten, Modulstruktur, Kosten, Produktionskonzept etc. und deren gegenseitigen Abhängigkeiten umfasst.

Wie in der Biologie „wächst" das Produkt im weiteren Verlauf des Entwicklungsprozesses entlang dieser vorgegebenen Architektur und die Details werden ausgeprägt – der Programmcode entsteht, Komponenten werden konstruiert, Tests durchgeführt, Montage- und Logistikkonzepte entwickelt und Kostenabschätzungen präzisiert.

Durch die Kombination und den Ausschluss der freien Kombinationen von Modulen ist in METUS ebenfalls eine Vorlage für *Konfigurationssysteme* möglich. Mit dem Konfigurationssystem Configit existiert sogar eine Direktschnittstelle, mit der die Regeln (Constraints) erzeugt unmittelbar erzeugbar sind.

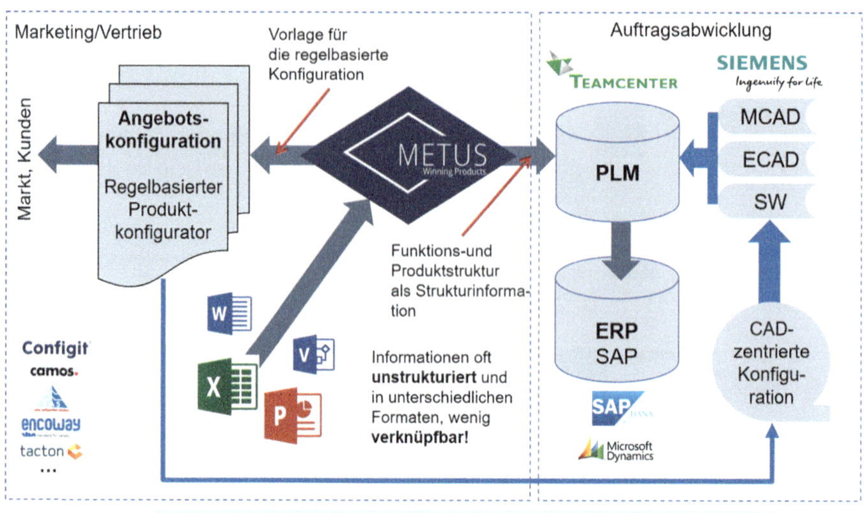

Abb. 17 METUS als DNA für Konfigurationssysteme und PDM-Systeme

8 Vorausschauende Instandhaltung

Bei Neumaschinen stehen Maschinen- und Anlagenbauer unter hohem Wettbewerbs- und entsprechendem Preisdruck. Dieser konnte bisher durch auskömmliche Margen im Ersatzteil- und Aftermarktgeschäft kompensiert werden. Mittlerweile versuchen viele Anwender verstärkt auch ihre Ersatzteilkosten und Wartungskosten zu reduzieren, darauf müssen sich die Hersteller von Maschinen und Anlagen entsprechend einstellen.

8.1 Entwicklung der Instandhaltungsstrategien

Die Instandhaltungsstrategien waren und sind stetigem Wandel unterzogen. Grundsätzlich sind Maschinen und Anlagen durch die Verbesserungen der Lebensdauern von Maschinenelementen, trotz der vorhandenen Leistungssteigerungen weniger wartungsintensiv geworden. In der Vergangenheit wurden bei den Anwendern mehrheitlich *vorbeugende* (preventive) Instandhaltungsstrategien verfolgt. Dies hatte den Vorteil, dass die Maschinen weniger Spontanausfälle aufwiesen, aber es wurden teilweise nahezu neuwertige Bauteile ausgetauscht, was hohe Kosten zur Folge hatte und das Vorhalten relativ großer Instandhaltungsabteilungen erforderte.

Ein weiterer Trend war nach Reduktion der Maintenanceabteilungen, die *ausfallorientierte* Instandhaltung. Bei diesem Ansatz wurden die Maschinen bis in den progressiven Verschleißbereich gefahren, oft bis zum Crash, mit entsprechenden Folgeschäden und teuren Reparaturen, siehe Abb. 18.

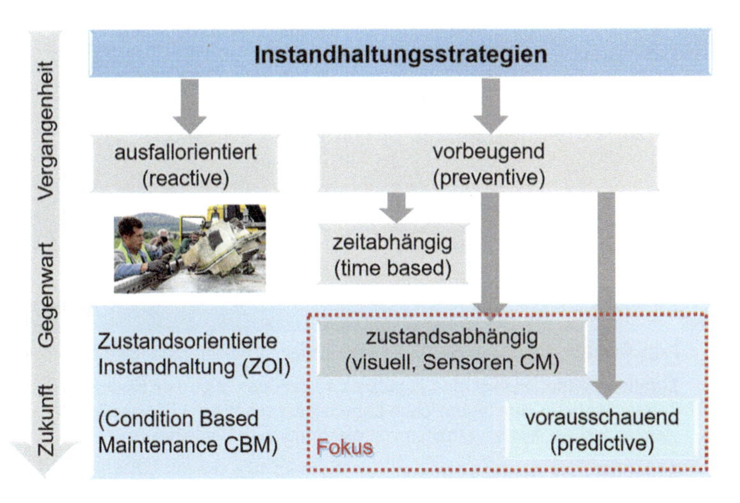

Abb. 18 Entwicklung der Instandhaltungsstrategien in Vergangenheit, Gegenwart und Zukunft

Der Trend geht über die zustandsorientierte Instandhaltung (ZOI), die für Engpassmaschinen schon mehrere Jahrzehnte üblich ist, bis hin zur *vorausschauenden* (predictive) Instandhaltung. Hiermit sollen die Nachteile der beiden vorab geschilderten Verfahren gemildert werden. Voraussetzung hierfür ist allerdings, das Verschleißverhalten in Maschinensignalen sicher erkennen und die Zeit bis zum Ausfall vorhersagen zu können.

Das Ausfallverhalten von Maschinen kann mit der WEIBULL-Verteilung beschrieben werden. Für einige Maschinenelemente existieren schon Werte für die Ausfallsteilheit und die charakteristische Lebensdauer. Es sei aber nicht verschwiegen, dass eine genaue Voraussage des Ausfallverhaltens mit hohen Schwankungen (Streuungen) versehen ist.

Am Beginn des Einsatzes kommt es zu Frühausfällen, die sich meist auf elektronische Bauteile beschränken (burn in). Im weiteren Verlauf ist die Ausfallrate konstant, es kommt zu zufälligen Ausfällen. In den späteren Einsatzphasen entsteht progressiver Verschleiß mit entsprechend ansteigenden Ausfallraten. Das Ziel der zustandsorientierten Instandhaltung ist, den Beginn der progressiven Verschleißphase zu erkennen und dort Verschleißteile auszutauschen, um ungeplante Stillstände in den Anlagen zu vermeiden. Die große Herausforderung ist, diesen Zeitpunkt sicher zu detektieren, siehe Abb. 19. Leider trifft dieser idealisierte Verlauf oft nicht zu und es bestehen kaum verlässliche Statistiken zum Ausfallverhalten.

Wer sich mit Verschleiß von Wälzlagerungen, Zahnrädern und Rissen in Strukturen befasst hat, weiß wie schwierig die Voraussage bis zum Ausfall ist. Es funktioniert recht gut bei Anwendungen mit *konstanten* äußeren Lasten, da verschleißbedingte Signale (Anomalien) dann einfacher zu detektieren sind. Daher sind die Anwendungen zur Voraussage von Verschleiß noch entsprechend dünn gesät. Außerdem sind nicht unerhebliche Anfangsinvestitionen in Sensoren erforderlich, die den Preis der Neumaschine nicht unerheblich erhöhen.

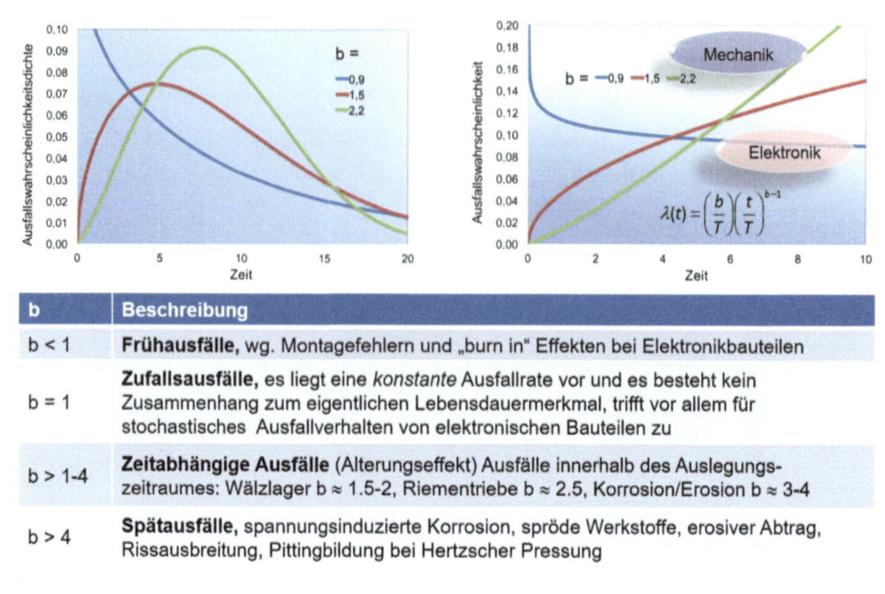

b	Beschreibung
b < 1	**Frühausfälle,** wg. Montagefehlern und „burn in" Effekten bei Elektronikbauteilen
b = 1	**Zufallsausfälle,** es liegt eine *konstante* Ausfallrate vor und es besteht kein Zusammenhang zum eigentlichen Lebensdauermerkmal, trifft vor allem für stochastisches Ausfallverhalten von elektronischen Bauteilen zu
b > 1-4	**Zeitabhängige Ausfälle** (Alterungseffekt) Ausfälle innerhalb des Auslegungszeitraumes: Wälzlager b ≈ 1.5-2, Riementriebe b ≈ 2.5, Korrosion/Erosion b ≈ 3-4
b > 4	**Spätausfälle,** spannungsinduzierte Korrosion, spröde Werkstoffe, erosiver Abtrag, Rissausbreitung, Pittingbildung bei Hertzscher Pressung

Abb. 19 Ausfallverhalten von Maschinen und Anlagen

Vielversprechend sind eher Ansätze, die *zählend* arbeiten, also Betriebsstunden, Laufwege, Belastungszyklen, Verpackungstakte etc. zählen und daraus indirekt den Verschleißzustand ableiten.

Der erste Schritt hin zu einer vorausschauenden Instandhaltung findet über Condition Monitoring (CM) statt. Speziell aus Schwingungssignalen lassen sich vielfältige Imperfektionen und Verschleißzustände (z. B. Unwuchten) ableiten. Daher nimmt die Schwingungsanalyse auch ca. 50 % aller Condition Monitoring Umfänge ein, siehe Abb. 20.

Die Ziele, die mit zustandsorientierter Instandhaltung erreichbar sind:

- Erhöhung der Produktionsqualität
- Steigerung der Anlagenverfügbarkeit, Vermeidung von kurzen Stopps
- Reduktion der Kosten für Wartung und Instandhaltung

Es existieren einige Ansätze, indem die OEM die Anlagen der Kunden betreiben und fahren und es Bezahlmodelle für produzierte Stückzahlen gibt. Hierbei ist zu bedenken, dass es eine Seite ist, Maschinen und Anlagen zu entwickeln und zu konstruieren und eine andere diese dann zu betreiben. Wenn der Hersteller selbst produziert, ist es das Designziel möglichst wenig Ersatzteile austauschen zu müssen, da sonst die Margen erodieren. Weiterhin ist bei diesen Geschäftsmodellen ein erhebliches „Verständnis des Kundengeschäfts" aufzubauen, um die spezifischen „Umgebungsfaktoren" des Geschäfts zu berücksichtigen. Falls dies nicht erfolgt, können die Geschäftsmodelle scheitern.

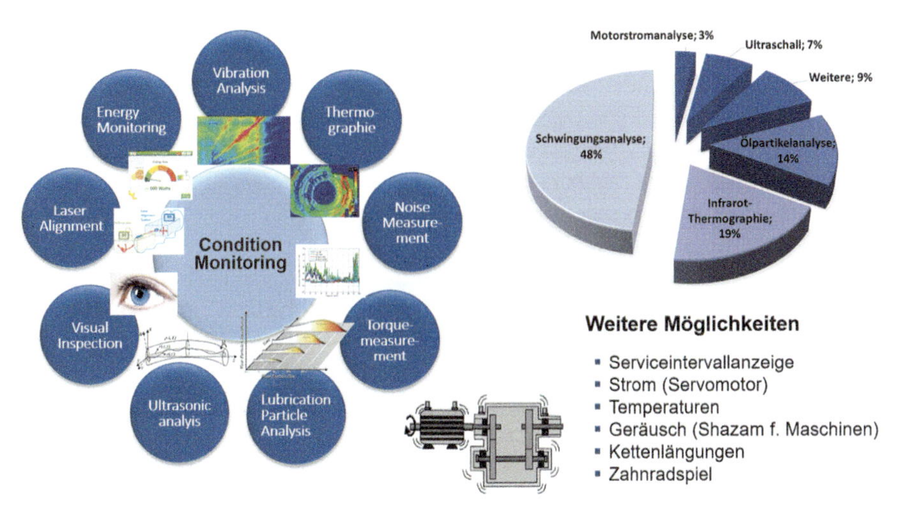

Abb. 20 Klassische Condition Monitoring Verfahren mit Anwendungshäufigkeiten

8.2 Übertragung und Auswertung der Daten

Maschinen und Anlagen produzieren neben den Produkten auch sehr viel Daten. Diese werden zur Steuerung und Regelung auch genutzt, in der Vergangenheit jedoch kaum gespeichert und ausgewertet. Nachdem mit der Erfindung der Clouds alles in die Cloud transferiert werden sollte, wird heute eine lokale Auswertung angestrebt, hierfür hat sich der Begriff Edge Computing etabliert. Anschließend können signifikante Kennwerte (KPIs) in eine Cloud übertragen und weiteren Analysen unterzogen werden. Das ist die Welt der großen Datenmengen (Big Data), wofür spezielle Auswertungsprogramme existieren. Eine Auswahl ist in Abb. 21 dargestellt.

Zur Auswertung stehen klassische statistische Methoden und moderne Methoden der künstlichen Intelligenz zur Verfügung. Speziell Lernalgorithmen mit neuronalen Netzwerken bis hin zum „Deep Learning“, die mehrschichtige Neuronale Netze verwenden, benötigen heute noch sehr große Datenmengen und damit sehr lange Zeiträume bis Anomalien sicher erkannt werden können. Daher ist es günstig die Verfahren mit der Expertise der Operatoren zu koppeln, Krüger (2018).

9 Elemente der Industrie 4.0

Seit der Begriff Industrie 4.0 vor ca. 8 Jahren erstmalig verwendet wurde, haben sich aus den zunächst futuristischen Begriffen eine Menge konkreter umsetzbarer Projekte entwickelt. Speziell die stufenweise Einführung von Industrie 4.0 in 6 Stufen der acatech (Schuh et al. 2017), zunächst die Sichtbarkeit herzustellen, dann Transparenz, bevor Vorhersage und autonomes Reagieren von Systemen umgesetzt werden, war sehr förderlich.

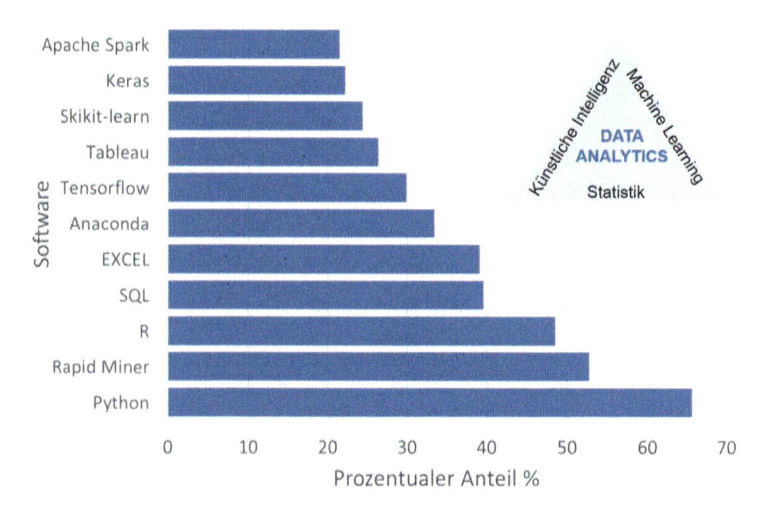

Abb. 21 Softwareprodukte, die im Bereich der Datenanalyse Verwendung finden. (Quelle: KDnuggets Analytics/Data Science 2018 Software Poll)

9.1 Umsetzungen im Maschinen- und Anlagenbau

Im Maschinen- und Anlagenbau, der bekanntermaßen stark exportorientiert aufgestellt ist, sind seit ca. 15–20 Jahren Ferndiagnosesysteme als Standard eingeführt. Am Beginn zogen viele Kunden den Ferndiagnosestecker, um ihren Maschinenlieferanten keinen tiefen Einblick in ihre Produktionsstrategie zu gewähren. Bei Problemen wurden und werden die Systeme mittler Weise intensiv genutzt, da die Zeit bis ein Inbetriebnehmer vor Ort erscheinen kann, oft Tage dauert.

Viele fortschrittliche Nutzer sehen mittlerweile die Vorteile der I 40 und es ergeben sich für OEM 3 Haupt-Handlungsfelder für Industrie 4.0 Lösungen.

- Die *internen Geschäftsprozesse* vom CRM-System über Konfiguration bis hin zu Servicedienstleistungen bieten ein weites Feld, um mehr Transparenz und Echtzeitfähigkeit in die Auftragsabwicklung zu bringen. Dies wurde in den vorangegangenen Abschnitten dargestellt.
- Die eigene Fertigung der Maschinen ist meist als Kleinserienfertigung von 50 bis 500 Maschinen im Jahr organisiert. Hier bieten sich vor allem Vernetzungsmöglichkeiten für die externe und interne Logistik an. CNC-Werkzeugmaschinen, Roboter und 3D-generative Fertigungstechnik werden schon seit Jahren intensiv genutzt.
- Die Abnehmer von Verpackungstechnik sind die großen Getränke- und Nahrungsmittelkonzerne, die in aller Regel hochautomatisierte Großserienproduktionen betreiben. Diese mit hoher Zuverlässigkeit zu betreiben, eröffnet neue Geschäftschancen für datengetriebene Services, siehe Abb. 22.

In Tab. 3 sind bereits realisierte Anwendungsmöglichkeiten dargestellt. Sie reichen von digitaler Erfassung von Gebäuden mit Laserscannern über die Darstel-

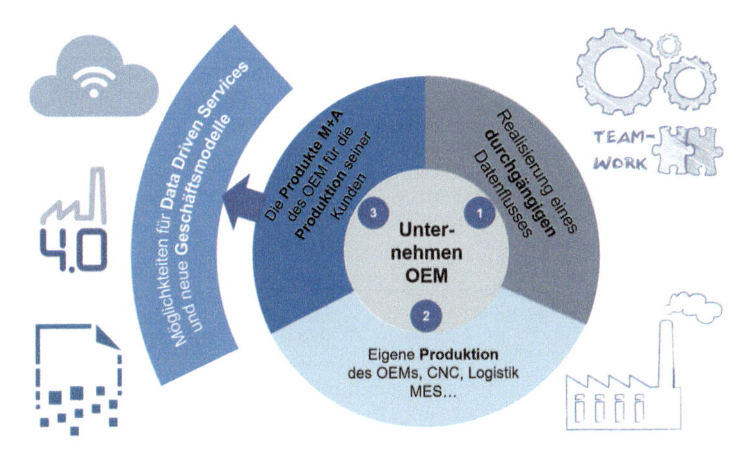

Abb. 22 Handlungsfelder für Industrie 4.0 Lösungen für Maschinen- und Anlagenbauer

lung von Maschinen und Anlagen mit Virtual- (VR) und Augmented Reality (AR) Anwendungen für Design Reviews und Trainings. Es geht über die virtuelle Inbetriebnahme, mit der reale Steuerungsprogramme in virtuell aufgebauten Anlagen getestet werden können und reichen bis hin zu vorausschauender Instandhaltung.

9.2 Maschine agiert als Cloud

In großen Industriehallen mit vielen Maschinen aus Stahl oder Edelstahl ist es schwierig, ein lückenloses WLAN aufzubauen. Daher ist die kabellose Kommunikation nicht einfach möglich. Außerdem ist es problematisch, den Aufenthaltsort von Personen zu verfolgen. Dies kann durch folgende prototypisch realisierte Anwendung gelöst werden, indem der in der Maschinenvisualisierung (HMI) vorhandene Panel-PC als Cloud agiert.

Ein i-Beacon, der über Bluetooth Low Energy gekoppelt ist, kann mit den Mobilen Devices der unterschiedlichen Rollen in einer Anlage kommunizieren und Arbeitsvorräte und Checklisten übertragen. Damit ist z. B. sichergestellt, dass notwendige Reinigungs- und Wartungsarbeiten (z. B. Abschmieren!) an den Maschinen ausgeführt werden. Außerdem kann gespeichert werden, welche Rolle zu welcher Zeit an der Maschine war und welche Aktivitäten dort ausgeführt wurden (Abb. 23).

10 Zusammenfassung und Ausblick

Firmen des Maschinen- und Anlagenbaus müssen aufgrund der langen Lebenszyklen ihrer Produkte bei der Einführung von neuen Technologien strategisch und methodisch vorgehen:

Tab. 3 Bereits realisierte Digitalisierungsanwendungen im Maschinen- und Anlagenbau

Anlagenplanung	Produktentwicklung	Konstruktion M, E, S	(Teile) Fertigung
–**3D-Anlagenlayouts** –**Laserscans** von Gebäuden –**Virtuelle** Realität (VR) –Begehen von Anlagen im **Cyber Space** –**Augmented** Reality	–Modulare **Produkt-Architektur** (METUS) –Simulationsverfahren Mehrkörper **MKS, FEM** Strömungen **CFD** –Digitaler **Zwilling** –Hardware/Software In the **Loop**	–3D-CAD **Digital Master** –Design Automation (Parametrische Tabellen gesteuerte Erzeugung von Geometrie und Baugruppen –**PDM/PLM ERP**-Koppl. –**Mechatronische** Stüli	–**CAD/CAM** Kopplung –Werkzeugmaschine in der **Cloud** (Tool Man.) –**Additive** Ftg. verfahren (Kunststoffe, Metalle) –Tracking und Tracing In der **Logistik (RFID, iBeacons)**
Montage und Test	**Inbetriebnahme**	**Service**	**Betrieb Nutzung**
–**Papierlose** Informationsbereitstellung –Fahrerlose Transportsysteme (FTS) –Roboter **Kollaboration (Cobots)** –Materialbereitstellung –Automatisches Testen	–**Virtuelle** Inbetriebnahme –Nutzen des **digitalen** Zwillings –Simulation der **Steuerungen** –Dynamisches Verhalten der **Anlage**	–**Ferndiagnose** –Planung von **Einsätzen** –**Voraus**schauende Instandhaltung –Daten In der Cloud –**Datenanalyse** –Training mit AR	–Automatischer Update von **Anlagendokumentationen** –Planung von **Instandhaltungen** –**TPM/EEM** Early Equipm. Management

Abb. 23 Maschine wirkt als Cloud und kommuniziert mit den Mobilen Endgeräten der Operatoren. (Quelle: KHS GmbH)

- Für Hersteller physischer Produkte steht das Produkt im Mittelpunkt der Betrachtungen. Ein modularer Aufbau erlaubt die Beherrschung der externen Vielfalt und ist die Voraussetzung für nachhaltige Ergebnisse und Wachstum
- Ein modularer Aufbau ist weiterhin die Voraussetzung für die Integration moderner Industrie 4.0 Anwendungen, mit den sehr unterschiedlichen Lebens- und Innovationszyklen
- Der modulare Aufbau ist auf die elektronischen und Softwarebausteine auszudehnen
- Ein modularer Aufbau erlaubt die effektive Abbildung in der IT-Landschaft, wie etwa Konfigurationssystemen, Produktdatenmanagementsystemen und ERP-Systemen

Bei der weiterhin rasanten Entwicklung der Informationssysteme werden sich sicherlich Erleichterungen in der Zukunft einstellen.

- Der Umstieg in die neuen Technologien kann nur als *evolutionärer Prozess* stattfinden. Es ist eine Adaptation der Technologie, der Ressourcen, der Organisation und der Kultur erforderlich
- Moderne Software- und Cloudtechnologien werden den heute noch sehr proprietär anmutenden Datenaustausch erleichtern
- Die maschinennahe Automatisierungstechnik wird voraussichtlich für *harte* Echtzeitanforderungen bestehen bleiben,
- während die Auswertung der Daten zunächst lokal mit Hilfe von Edge Devices erfolgen. Auswertungen und Kennzahlen für unterschiedliche Standorte sind sinnvollerweise in einer Cloud-Umgebung zu ermitteln
- Mit i-Beacons, Nahfeldfunk und RFID-Chips, ist es möglich Maschinen kommunikationsfähig als Industrie 4.0 Komponente mit Verwaltungsschale zu gestalten
- Condition Monitoring und zustandsorientierte Instandhaltung sowie vorausschauende Instandhaltung werden die Basis für datengetriebene Geschäftsmodelle im Servicebereich sein.

Literatur

Ashby WR (1985) Einführung in die Kybernetik, 2. Aufl. Suhrkamp, Frankfurt am Main

Davidow WH, Malone MS (1993) Das virtuelle Unternehmen: Der Kunde als Co-Produzent. Campus, Frankfurt

Davidow WH, Malone, MS (1997) Das virtuelle Unternehmen – Der Kunde als Co-Produzent, 2. Aufl. Campus, Frankfurt am Main

Göpfert J, Steinbrecher G (2000) Modulare Produktentwicklung leistet mehr. Harv Bus Manag 20:20–30. Verlagsgesellschaft mbH. www.id-consult.com

Krüger T (2018) Künstliche Intelligenz kann in Steuerungen und Edge-Controllern einiges bewirken. Markt & Technik, Paderborn

Schuh G, Anderl R, Gausemeier J, ten Hompel M, Wahlster W (2017) Industrie 4.0 Maturity Index Die digitale Transformation von Unternehmen gestalten. Utz Verlag, München

Stelter P (2014) Optimale Engineering Prozesse für variantenreiche Produkte mit dem Schwerpunkt auf Kostensenkung und Modularität. 4. VDI Jahrestagung: Optimierung des Engineering-Prozesses. Düsseldorf

Stelter P, Keil G (2017) Innovative product development for Versatile Portfolios in machine construction and engineering. In: 13. Symposium für Vorausschau und Technologieplanung, Berlin

Vogel-Heuser B, Lindemann U, Reinhart G (2014) Innovationsprozesse Zyklen orientiert managen: Verzahnte Entwicklung von Produkt-Service Systemen. Springer, München. ISBN 978-3-662-44932-5

Wüpping J (2017) Marktführer CPQ 2017 Anbieterübersicht CPQ und Produktkonfiguration

Softwaremodularität als Voraussetzung für autonome Systeme

Birgit Vogel-Heuser, Juliane Fischer und Eva-Maria Neumann

Zusammenfassung

Im Rahmen von Industrie 4.0 steigen die Anforderungen an Flexibilität und Autonomie von Maschinen- und Anlagen sowie ihrer Bestandteile stetig an. Um diesen Anforderungen bei gleichbleibender Softwarequalität gerecht zu werden, ohne dabei die Entwicklungszeit von Steuerungssoftware zu erhöhen, ist die Verwendung modularer, wiederverwendbarer Softwaremodule ein wirksamer Hebel, denn ein modulares Design von Steuerungssoftware erhöht zum einen durch die Kapselung der Daten und klare Trennung der implementierten Funktionalitäten die Verständlichkeit von Steuerungssoftware. Zum anderen ermöglicht das modulare Design durch klar definierte Schnittstellen den Austausch einzelner Softwareteile bzw. die Interaktion autonomer Systeme nach Prinzipien wie Plug & Produce.

In diesem Beitrag werden zunächst die Kriterien modularer Software eingeführt und in den Kontext der gewählten Softwarearchitektur gesetzt, welche sich oftmals an den Architekturrichtlinien der betrachteten Anwendungsdomäne orientiert. Zudem werden aktuelle Ansätze aus der Forschung zur quantitativen Bewertung der Reife von modularen Steuerungssoftwareteilen, wie z. B. Bibliotheksmodulen, präsentiert. Die metrikbasierte Berechnung der Reife ermöglicht eine objektive Aussage, welche zum einen als Grundlage für die Freigabe von Bibliotheksmodulen verwendet werden kann, darüber hinaus aber auch beispielsweise zur Testfallpriorisierung nutzbar ist. Zusätzlich unterstützen Metriken die Identifikation schwer verständlicher oder suboptimal umgesetzter Softwareteile, was anhand einer mit Industriesoftware evaluierten Metrik für Funktionsbaustein-

B. Vogel-Heuser (✉) · J. Fischer (✉) · E.-M. Neumann (✉)
Lehrstuhl für Automatisierung und Informationssysteme, Technische Universität München, Garching, Deutschland
E-Mail: vogel-heuser@tum.de; juliane.fischer@tum.de; eva-maria.neumann@tum.de

B. Vogel-Heuser et al. (Hrsg.), *Handbuch Industrie 4.0*,
https://doi.org/10.1007/978-3-662-58528-3_134

sprache (eine graphische Programmiersprache, definiert in der Norm IEC 61131-3) gezeigt wird. Basierend auf diesen Grundlagen, wird ein Anwendungsbeispiel aus der Domäne der Intralogistik beschrieben, um mithilfe von Codeanalyse und unter Verwendung von Softwaremetriken den Transfer von historisch gewachsener Legacy Software hin zu modularer Software als Basis für autonome Systeme zu schaffen. Im Rahmen der Codeanalyse von Legacy Software können hierbei durch die Analyse von Modulschnittstellen und von direktem sowie indirektem Datenaustausch in der Software Potenziale aufgezeigt werden, um die Modularität der analysierten Software zu erhöhen und diese geplant wiederzuverwenden. Hierbei spielt auch die Betrachtung verschiedener Varianten der analysierten Steuerungssoftware eine große Rolle, da beispielsweise bekannte Varianten eines Bibliotheksmoduls soweit wie möglich im geplanten Wiederverwendungskonzept berücksichtig werden müssen. Der Beitrag schließt mit einer kurzen Zusammenfassung ab.

1 Einleitung und Motivation

Im Maschinen- und Anlagenbau spielt Software, um genauer zu sein sowohl Steuerungs- als auch Regelungssoftware zur Ansteuerung automatisierter, technischer Systeme, eine immer größere Rolle. Der Anteil an Funktionalität, welche durch Steuerungssoftware implementiert ist, steigt zudem stetig an. Das liegt zum einen daran, dass es auf den ersten Blick einfacher wirkt, die Steuerungssoftware mit einem Update zu aktualisieren als Hardwareteile des automatisierten Systems auszutauschen. Zum anderen ermöglichen Trends wie die Anbindung von Produktionsanlagen an die Cloud die Aktualisierung von Software über Remotezugriff, ohne vor Ort an der Maschine oder Anlage zu sein. Solche Remote-Updates zur Laufzeit einer automatisierten Produktionsanlage erfordern jedoch eine geeignete Kapselung der implementierten Funktionalität und somit die Wahl einer geeigneten Modularität und entsprechenden Softwarearchitektur.

Durch den steigenden Anteil an Steuerungs- und Regelungssoftware und der somit wachsenden Bedeutung dieser Systembestandteile, steigen auch die Anforderungen an Softwarequalität und die Wahl einer geeigneten Softwarearchitektur im Maschinen- und Anlagenbau stetig an. Gerade im Hinblick auf die Einführung autonomer Systeme im Rahmen von Industrie 4.0, die teilweise standortübergreifend kooperieren sollen, um Produktionsprozesse hinsichtlich Kosten, Qualität und Zeit zu optimieren, gewinnt die Wahl einer geeigneten Software-Modularität immer mehr an Bedeutung. Um Trends wie Plug & Produce, bei dem unterschiedliche Systemteile (evtl. von unterschiedlichen Herstellern) ähnlich Legobausteinen zu einer Produktionsanlage zusammengesetzt werden und instantan, ohne Softwareänderungen an den einzelnen Modulen, miteinander funktionieren sollen, zu ermöglichen, muss die Steuerungssoftware dieser Systeme entsprechend gestaltet werden. Dies erfordert neben klar definierten, uniformen Schnittstellen zum Informationsaustausch zwischen den Systemen eine klare Aufteilung der Funktionalität und Zuständigkeiten der einzelnen beteiligten Elemente. Beides kann nur durch eine geeignete Softwarearchitektur ermöglicht werden.

Auch die steigende Nachfrage nach flexiblen, rekonfigurierbaren Produktionssystemen, die auf wirtschaftliche Art und Weise kundenspezifische Produkte mit Losgröße 1 fertigen können, erfordert ein Umdenken bezüglich aktueller Strategien zur Softwareerstellung. Automatisierte Produktionssysteme, die teilweise über fünf Dekaden in Betrieb sind, müssen im Laufe ihrer Betriebsphase an sich verändernde Anforderungen angepasst werden. Eine solche Anpassung ist nur möglich, wenn etwaige Änderungen bereits während der Entwicklungsphase dieser Systeme eingeplant werden und die Software entsprechend vorausschauend entwickelt wird.

Eine weitere Herausforderung beim Entwurf der Softwarearchitektur ist das Einbinden von Software aus unterschiedlichen Quellen – oftmals werden Zukaufteile wie intelligente Sensoren oder Aktoren inklusive der erforderlichen Steuerungssoftware von Komponentenherstellern, den sog. „Original Equipment Manufacturer" (OEM), erworben. Diese zugekaufte Software soll sich ohne hohen Aufwand möglichst problem- und nahtlos in die vorhandenen Softwarestrukturen eingliedern lassen. Hinzu kommt, dass die Softwareerstellung einer Produktionsanlage oftmals auf mehrere Mitarbeiter, teilweise sogar Standorte, aufgeteilt ist. Die Qualitätssicherung sowie eine kostengünstige Wartung solcher Systeme kann nur durch klar definierte Programmierrichtlinien ermöglicht werden. Diese zu definieren erfordert jedoch einen hohen Kenntnisstand über die vorhandenen Systemvarianten und deren Spezifika.

Schließlich stellt die Wahl einer geeigneten Softwarearchitektur eine der Grundvoraussetzungen für die geplante Wiederverwendung von Softwareteilen dar. Gerade im Hinblick auf immer kürzer werdende Entwicklungszeiten und die Notwendigkeit, mit dem internationalen Markt mithalten zu können, ist die Wiederverwendung von erprobten Softwarelösungen aus Gründen von Zeitersparnis und Qualität zwingend erforderlich. Neben der Softwarearchitektur spielt hierbei vor allem die Thematik der Modularität eine große Rolle. Nur wenn die Funktionen der Software in Module mit klaren Schnittstellen aufgeteilt sind, können Teile davon wiederverwendet werden. Im Gegensatz dazu können bei einer monolithischen Softwarestruktur, in der im Extremfall die gesamte Funktionalität in einem einzigen Softwaremodul implementiert ist, nur schwer die Teile herausgezogen werden, die zur Wiederverwendung geeignet sind. Erschwerend kommt hinzu, dass die Verständlichkeit der Software, auch im Hinblick auf Wartbarkeit, abnimmt, wenn die einzelnen Funktionen nicht klar voneinander getrennt, sondern ineinander verwoben sind.

Aktuelle Trends im Bereich automatisierter Produktionssysteme wie beispielsweise kundenindividuelle Massenfertigung mit häufig sehr kleinen Losgrößen sowie hohe Produktvariabilität führen zu einer sehr hohen Komplexität der Software, da diese immer mehr Funktionen erfüllen muss. Nach wie vor ist dabei in der Steuerungssoftwareentwicklung im Maschinen- und Anlagenbau ungeplante Wiederverwendung durch *Copy, Paste & Modify* ein weit verbreitetes Vorgehen (Fischer et al. 2018a), da dadurch in der Regel mit wenig Zeitaufwand beispielsweise eine zusätzliche Funktionalität in der Software implementiert werden kann. Langfristig führt dies jedoch zu einer unüberschaubaren Anzahl an Varianten, die ohne geeignete

Toolunterstützung kaum mehr verwaltet werden kann. Eine aktuelle Studie (Vogel-Heuser und Ocker 2018) mit 68 Unternehmen aus dem Maschinen- und Anlagenbau in Deutschland ergab jedoch, dass 44 % der befragten Teilnehmer komplett auf Variantenmanagementtools verzichten. Stattdessen verwenden Steuerungssoftwareentwickler häufig lediglich Metadaten, z. B. Kommentare oder Namenskonventionen, um Varianten zu kennzeichnen (Fischer et al. 2018a). Der Verzicht auf ein systematisches Variantenmanagement führt jedoch häufig zu einem erheblichen Mehraufwand hinsichtlich Entwicklungszeit und -kosten, beispielsweise aufgrund von Mehrfachimplementierung derselben Funktionalität. Um systematische Strategien für die Wiederverwendung von Varianten zu etablieren, ist eine modulare Softwarestruktur eine Grundvoraussetzung.

Generell ermöglicht ein modulares Softwaredesign die geplante Wiederverwendung von qualitativ hochwertiger Steuerungssoftware, die Reduzierung von Entwicklungszeiten und ist zudem nicht nur im Bereich von Serienmaschinenbauern realisierbar, sondern insbesondere auch für Hersteller von Anlagen und Sondermaschinen von großer Relevanz. Denn die Standardisierung von wiederkehrenden Komponenten ermöglicht auch im Sondermaschinenbau das Erzielen eines hohen Wiederverwendungsgrads auf den untersten Ebenen der Steuerungssoftware in der Ansteuerung von Aktoren und Sensoren. Wiederkehrende Aufgaben, wie die reine Ansteuerung von Standardantrieben oder das Positionieren von Achsen werden somit standardisiert und für alle Softwareentwickler des Unternehmens global verfügbar gemacht. Somit wird die Qualität der gesamten Software erhöht, da die Standardkomponenten als Bibliotheksmodule extensiv getestet und in verschiedensten Kontexten wiederverwendet werden. Im Optimalfall gibt es neben dem Modulhersteller einen weiteren Mitarbeiter, der für das Testen von neuen Bibliotheksmodulen zuständig ist und nach dem Vier-Augen-Prinzip agierend Fehler aufdecken kann, die dem Modulersteller nicht aufgefallen sind (vgl. Abb. 1, Pfad links). Durch das Standardisieren kann mehr Zeit auf die Erstellung der applikationsspezifischen Softwareteile aufgewendet werden. In einer Fragebogenstudie identifizierten Vogel-Heuser et al. (2017) die in der Praxis gängigen Vorgehensweisen im Maschinen- und im Anlagenbau zur Freigabe von Bibliotheksmodulen (vgl. Abb. 1). Dabei stellt der gezeichnete Weg links in Abb. 1 den besten Freigabeprozess im Maschinenbau dar, der jedoch in der Regel nicht eingehalten wird. Stattdessen ist oftmals eine verkürzte Form dieser Vorgehensweise etabliert (vgl. Abb. 1, links, Weg entlang gestrichelter Linien). Im Anlagenbau wird beim Erkennen eines Fehlers in einem Bibliotheksmodul als beste, in der Studie identifizierte Reaktion das in Abb. 1 rechts dargestellte Vorgehen verfolgt.

Somit kann auf Basis dieser, „auf Herz und Nieren getesteten" Standardmodule die maschinenspezifische Logik programmiert werden. Um die Wartbarkeit zu erleichtern sollten auch im Bereich der Steuerungslogik Namenskonventionen und Programmierrichtlinien des Unternehmens eingesetzt werden. Zudem ist eine Dokumentation der einzelnen Module inklusive ihrer Änderungshistorie erforderlich, um die Software insgesamt verständlich und wartbar zu halten. Die Verwendung von sogenannten Universalmodulen, die möglichst viele Varianten eines Softwaremoduls in einer Variante vereinen, führt jedoch teilweise zu Problemen in der Inbetriebnahme oder Wartung von Maschinen und Anlagen. Insbesondere die Fehlersuche auf der Speicherprogrammier-

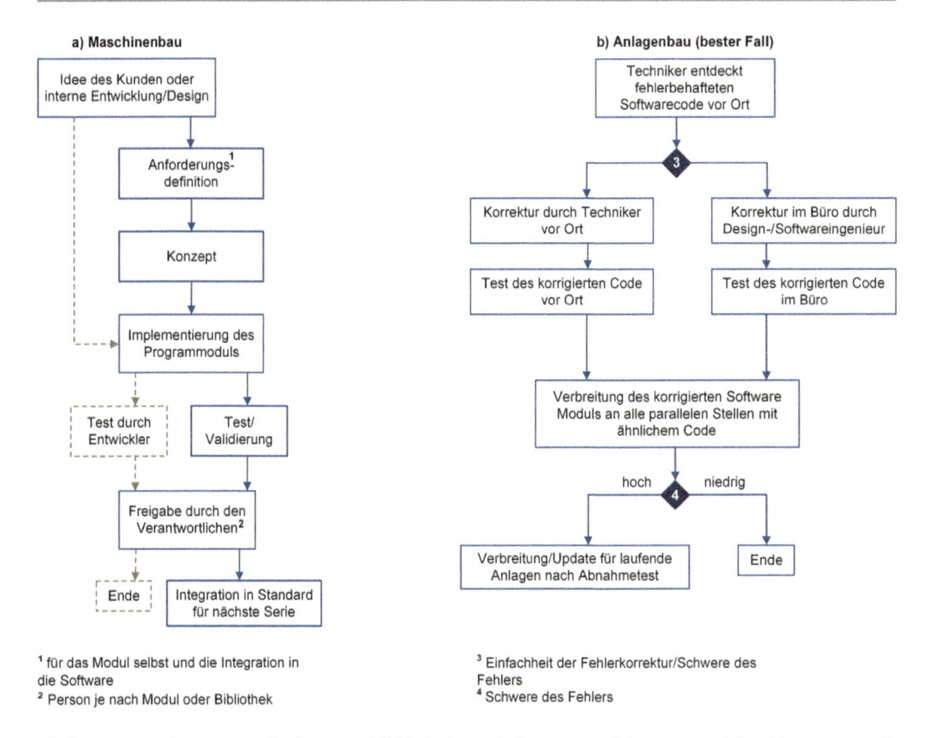

Abb. 1 Vorgehen zur Freigabe von Bibliotheksmodulen. (In Anlehnung an (Vogel-Heuser et al. 2017))

baren Steuerung (SPS) wird durch den teilweise großen Anteil an „toter" Software innerhalb des Bausteins erschwert. Insgesamt stellt somit die Verwendung von Bibliotheksmodulen zwar einen wichtigen Aspekt dar, um die Entwicklungszeit von qualitativ hochwertiger Steuerungssoftware zu verkürzen, aber alleine reicht diese geplante Wiederverwendung nicht aus, um autonome Systeme zu ermöglichen. Nachfolgend werden daher verschiedenen Aspekte von Steuerungssoftware als Basis für autonome Systeme definiert und eingehender betrachtet.

2 Einführung in die Grundlagen der Softwarearchitektur und Modularität

Im Folgenden werden die Begriffe Modularität und Architektur eingeführt und ihre Bestandteile und Auswirkungen auf den Entwicklungsprozess von Industrie 4.0-tauglicher Steuerungssoftware beleuchtet. Dabei spielt auch die geplante Wiederverwendung von Steuerungssoftwareteilen eine Rolle, die zudem eine Voraussetzung zur zeitsparenden Entwicklung qualitativ hochwertiger Softwaresysteme darstellt. Neben Standards, die teilweise domänenabhängig von Steuerungssoftware erfüllt werden müssen, werden auch Methoden zur Qualitätssicherung und Wiederverwendungsstrategien präsentiert.

2.1 Modularität und Richtlinien im Bereich der Steuerungssoftware

Die Erweiterbarkeit und Wiederverwendbarkeit von Software sind zwei ihrer wichtigsten Qualitätsmerkmale. Laut Meyer (1988) können diese beiden Punkte nur durch eine modulare Struktur der Software erreicht werden. Der Begriff Modularität ist daher eng mit dem Thema der Wiederverwendung, aber auch dem Zusammenbringen von Softwareteilen unterschiedlicher Quellen verknüpft. Durch die geplante Wiederverwendung von Softwaremodulen steigt die Qualität der einzelnen Module und somit auch die Qualität des Gesamtsystems. Außerdem kann durch das Verwenden bereits erstellter Module die Entwicklungszeit neuer Steuerungsprogramme verkürzt werden, wodurch Softwarelösungen günstiger werden (Angerbauer 2002). Zudem geht mit der Definition von Softwaremodulen auch die Definition ihrer Schnittstellen einher, die maßgeblich für ein erfolgreiches Zusammenwirken von unterschiedlichen Softwareteilen ist, wie sie bei autonomen Systemen zu finden sind.

Für den Begriff der Modularität bzw. die Definition eines Moduls gibt es bisher keine allgemeingültig anerkannte Definition, daher wird im Folgenden eine Auswahl an Moduleigenschaften, die in der gängigen Literatur zu finden sind, zu einer Definition zusammengefügt. Diese wird im Rahmen dieses Beitrags gelten.

Ein Modul stellt eine abgeschlossene, funktionale Einheit dar (Feldhusen et al. 2013; Lackes und Siepermann 2019; Balzert 2009), die definierte Schnittstellen besitzt, unabhängig von der Modulumgebung geprüft und entwickelt werden kann und durch die Kombination mit weiteren Modulen neue Produkte erzeugt (Feldhusen et al. 2013; Balzert 2009). Module sind weitestgehend kontextunabhängig (Balzert 2009) und können zu umfassenderen Modulen kombiniert werden, welche ebenso definierte Schnittstellen und eine festgelegte Funktion besitzen (Mahler 2014). Im Bereich der Automatisierungstechnik umfassen Module, je nach Betrachtungspunkt, nicht nur die Steuerungssoftware, sondern auch die zugehörige Automatisierungshardware wie Sensoren und Aktoren.

Neben dem Begriff Modul wird in Zusammenhang mit dem Thema Wiederverwendung auch oft der Begriff Komponente verwendet. Auch für diesen Begriff gilt, dass derzeit keine allgemeingültige Definition vorliegt und oft werden die beiden Begriffe synonym verwendet. Mahler definiert Module als abgeschlossene Komponenten (Mahler 2014), während nach Lackes und Siepermann (2019) Module zu Komponenten zusammengefasst werden können. Katzke et al. (2004) beschreiben hingegen, dass Module im Bereich der Automatisierungstechnik aus Software und Hardware bestehen, wobei zur Hardware unter anderem elektronische Komponenten gezählt werden.

Innerhalb dieses Beitrags werden Komponenten als nicht mehr weiter zerlegbare Elemente (im Bereich der Software, der Elektrotechnik oder der Mechanik) betrachtet, die Bestandteile eines Moduls sein können. Die Vorteile eines modularen Programmaufbaus sind unter anderem die einfache Wiederverwendbarkeit der Programmmodule, die Erweiterbarkeit um andere Module sowie die Möglichkeit, die Entwicklung des Programms auf verschiedene Mitarbeiter zu verteilen. Des Weiteren erhöht eine modulare Programmierweise die Verständlichkeit des Programms indem es die Komplexität des Programms durch die Kapselung der Funktionen in Module und die damit verbundene Reduzierung der Anzahl an Schnittstellen verringert. Das führt wiederum zu einer Verbesserung der Wartbarkeit der Software (Mahler 2014).

Trotz vieler Vorteile ist allerdings zu bedenken, dass die Erstellung und das anschließende Testen eines Moduls sehr zeitaufwendig sind und sich der Mehraufwand, der notwendig ist, um die Qualität des Moduls sicherzustellen, erst ab mehrmaliger Verwendung des Moduls bezahlt macht. Helbing gibt an, dass sich die Erstellung eines Moduls im Kontext der Fabrikplanung erst nach der fünften Verwendung des Moduls bezahlt macht (Helbing 2010). Andererseits bietet modulare Wiederverwendung gerade unerfahrenen Entwicklern die Möglichkeit über qualitativ hochwertige Einzelmodule zu einem Gesamtsystem mit hoher Qualität zu gelangen (Mahler 2014).

Wie bereits oben adressiert, gibt es verschiedene Definitionen rund um den Begriff Modularität. Eine weitere Definition liefert beispielsweise Meyer (1988), der unter dem Begriff modulare Entwicklung die Entwicklung von Programmen, die aus kleinen Teilstücken (Modulen) bestehen, versteht. Nur wenn die Module gewisse Eigenschaften besitzen, kann ein modularer Aufbau auch Vorteile für die Wiederverwendung und Erweiterbarkeit nach sich ziehen. Meyer erläutert jedoch auch, dass eine einzige Definition für den Begriff Modularität nicht ausreichend ist, da Modularität, auch im Hinblick auf die Softwarequalität, aus mehr als nur einem Blickwinkel betrachtet werden muss (Meyer 1988). Laut Meyer dient die Modularität eines Programms als Orientierung, um zu bewerten, wie gut einzelne Teile eines Programms wiederverwendet werden können. Zur Bewertung bzw. um ein modulares Programm zu erstellen, hat er Kriterien, Regeln und Prinzipien für die objektorientierten Programmiersprachen aufgestellt. Teilweise können diese nach leichter Anpassung auch zur Bewertung von IEC 61131-3 Steuerungscode verwendet werden.

Ein weiterer Vorteil durch modulare Softwarearchitektur ist die Unterstützung der Zusammenarbeit von mehreren Softwareentwicklern, welche unter anderem durch die Definition eindeutiger Schnittstellen ermöglicht wird. Hierfür sind in den unterschiedlichen Domänen der Automatisierungstechnik bereits Standards etabliert, die die Spezifika der einzelnen Domänen berücksichtigen. Im Nachfolgenden wird stellvertretend eine Auswahl dieser Standards eingeführt.

Im Bereich der Verpackungsmaschinen definiert beispielsweise der Standard PackML die Kommunikation und Implementierung, mit dem Ziel, eine einheitliche Formulierung und ein gemeinsames Verständnis domänenspezifischer Begriffe zu erreichen. Durch präzise Definitionen wird ermöglicht, dass unterschiedliche Hersteller kompatible, in ihrem Verhalten äquivalente Implementierungen erreichen können. Der Standard PackML stammt von der „Organization for Machine Automation and Control“ (OMAC) und beinhaltet unter anderem die sog. OMAC State Machine (vgl. Abb. 2). Diese stellt eine Zustandsmaschine mit abstrakter Sicht auf die betrachtete Verpackungsmaschine dar, welche klar den Übergang zwischen verschiedenen Zuständen der Maschine und ihrer Aktoren regelt, wie zum Beispiel den Übergang vom manuellen in den Automatikmodus oder den „Nothalt“ Zustand (siehe Abbildung). Durch die Program-

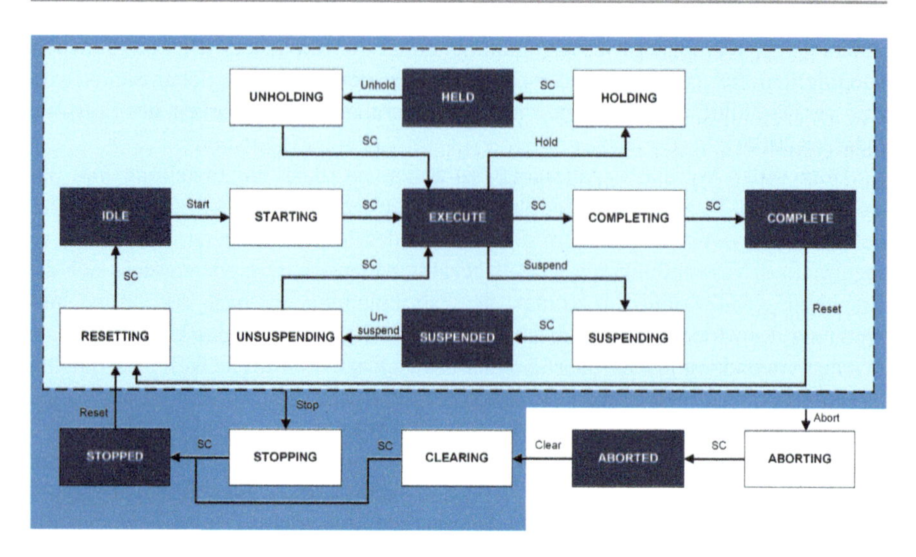

Abb. 2 PackML Interface State Model. (OMAC 2016)

mierung nach dem PackML Standard können Systeme unterschiedlicher Hersteller miteinander agieren, was eine Grundvoraussetzung für autonome Systeme ist. Nur durch eine einheitliche Softwarearchitektur mit klar definierten Schnittstellen, die von allen Parteien entsprechend umgesetzt wird, können Systeme miteinander interagieren und Informationen austauschen, auch wenn zu Beginn ihrer Entwicklung noch nicht klar war, mit welchen anderen Systemen zukünftig zusammengearbeitet werden soll.

Neben der OMAC und dem PackML Standard gibt es noch weitere Standards und Richtlinien, die sich, teilweise domänenspezifisch, mit der Strukturierung von Software auseinandersetzen. Beispielsweise wird in der Intralogistik der VDI/VDMA-Richtlinienentwurf 5100 „Softwarearchitektur für die Intralogistik (SAIL)“ verwendet (VDI/VDMA 2016). Dieser funktionsorientierte Ansatz zur Gestaltung intralogistischer Steuerungssysteme ist an die objekt-orientierte Programmierung angelehnt. Er verfolgt ähnlich der OMAC das Ziel, die Schnittstellen innerhalb des Steuerungssystems zu vereinheitlichen, um somit die Austauschbarkeit von Komponenten zu verbessern. Der Ansatz besitzt einen hierarchischen Charakter und teilt das Logistiksystem in vier Komponenten auf, nämlich Förderelemente, -gruppen, -segmente, und -bereiche. Dabei ist eine Komponente als Zusammenfassung des jeweils vorausgegangenen Bausteins zu sehen, die genau eine von fünf definierten, fördertechnischen Funktionen erfüllt. Die fünf Standardfunktionen sind Anlagensteuerung, Informationsgewinnung, Fahrtauftragsverwaltung, Richtungssteuerung und Ressourcennutzung. Zu erkennen ist, dass der SAIL Ansatz trotz der funktionalen Strukturierung einen hierarchischen Charakter besitzt.

Ein weiterer hierarchischer Ansatz ist die ISA 88 (ISA 2010), deren physikalisches Modell in hierarchischer Art und Weise den Aufbau eines automatisierten Systems, beispielsweise einer Anlage, beschreibt. Auch hier werden, ähnlich dem SAIL Ansatz, standardisierte Funktionen auf den verschiedenen Automatisierungsebenen definiert. Generell gelten Regelungs- und Steuerungsfunktionen (zum Beispiel reines Steuern von Hardware, Signalisieren, Überwachen, ...) auf allen Ebenen und nicht nur domänenspezifisch, sondern in verschiedenen Bereichen. So lässt sich erklären, dass die ISA 88 ihre Wurzeln in der Batch-Prozesstechnik hat, aber es ein großes Potenzial für verschiedene Anwendungen in anderen Domänen gibt. Das obenstehend beschriebene PackML Interface State Model stellt dabei eine mögliche Implementierung der ISA 88 dar.

Neben den oben beschriebenen Standards ist nach Meyer (1988) die Einführung von standardisierten Schnittstellen einer der wichtigsten Aspekte modularer Software, da diese die Zusammenarbeit stärken, zum Beispiel zwischen international agierenden Standorten, OEM und unternehmensintern erstellten Softwareteilen oder autonom entwickelten Einheiten, die (z. B. ähnlich zu Softwareagenten) zusammenarbeiten müssen, um kollaborativ eine Steueraufgabe zu erfüllen.

Die Umsetzung von geplanten Wiederverwendungsstrategien wie beispielsweise der Verwendung von Bibliotheksmodulen, Templates oder Code-Konfiguration ist nur möglich, wenn die Software eine klar strukturierte Architektur mit definierten Schnittstellen zum Informationsaustausch aufweist. Modularität stellt demnach die Grundvoraussetzung für geplante Wiederverwendung und somit für die effiziente Entwicklung von qualitativ hochwertigem, fehlerarmen Code dar.

Eine Herausforderung stellt dabei jedoch der mechatronische Charakter automatisierter Produktionssystem dar: durch die Verzahnung, sowohl sequenziell als auch parallel, unterschiedlicher Fachbereiche wie der Mechanik, der Elektrotechnik und der Software, können Softwaremodule oftmals nicht sinnvoll unabhängig von der Automatisierungstechnik-Hardware definiert werden. Erschwerend kommt hinzu, dass der angesteuerte Prozess mögliche Schnittstellen in der Software beeinflusst. Während bei diskreten Systemen, in denen überwiegend unabhängige Prozesse angesteuert werden, wie beispielsweise Materialflusssysteme in der Intralogistik, Schnittstellen zwischen den einzelnen Prozessschritten in der Regel klar definiert werden können, stellt dies bei kontinuierlichen Systemen wie beispielsweise in der Verfahrenstechnik eine große Herausforderung dar, da die starken Abhängigkeiten zwischen den einzelnen Prozessen die Modularisierung erschweren.

Um trotz des mechatronischen Charakters von Automatisierungssystemen deren modulare Entwicklung zu ermöglichen, werden verschiedene Modularisierungsstrategien angewendet. Einen Ansatz bietet die funktionsorientierte Modularisierung, wie sie beispielsweise in der SAIL Richtlinie beschrieben wird. Zudem gibt es Ansätze, mechatronische Module zu erstellen, welche in allen Disziplinen wiederverwendbar sind. Dies stellt jedoch eine große Herausforderung dar, da äußere Einflüsse wie beispielsweise die Abmessungen eines Schaltschranks eine Anpassung der mechatronischen Module erfordern könnten. Oftmals wird die Software, welche in der Regel nach der Hardwareplanung erstellt wird, in Anlehnung an die Mechanik modularisiert. Dies birgt jedoch die Gefahr, dass suboptimale Softwarestrukturen entstehen. Zudem lassen sich nicht alle Funktionalitäten, die in der Steuerungssoftware umgesetzt sind, eindeutig einem mechanischen Modul zuordnen (z. B. Fehlermanagement oder Betriebsartenwechsel). Insgesamt zeigt diese knappe

Gegenüberstellung, dass die Wahl einer geeigneten Strategie zur Modularisierung von vielen Faktoren abhängt und nicht allgemeingültig beantwortet werden kann.

Schlussendlich muss, gerade zur Befähigung von Industrie 4.0, die Wartbarkeit und die Evolution der Softwaresysteme berücksichtigt werden. Die gewählte Modularisierung muss eine Erweiterung bzw. eine Evolution der Software zulassen und gleichzeitig wartbar bleiben. Dies beinhaltet die Berücksichtigung von Modulvarianten mit Hilfe eines geeigneten Variantenmanagements. Zudem müssen auch die Versionen von Modulen geeignet verwaltet werden, um die Evolution zu unterstützen und gleichzeitig die Wartbarkeit älterer Maschinen und Anlagen zu ermöglichen. Darüber hinaus muss bei Auftreten von Fehlern und Anpassungen der betroffenen Softwaremodule die Steuerungssoftware aller Maschinen bzw. Anlagen aktualisiert werden, welche von dem korrigierten Fehler betroffen sind. Dies ist zum aktuellen Zeitpunkt nicht problemlos möglich, da durch die Verwendung von Copy, Paste & Modify nicht immer klar ist, welche Variante bzw. Version einer Steuerungssoftware aktuell auf welcher Maschine läuft. Eine Erhöhung der Modularität von Steuerungssoftware stellt hierbei einen möglichen ersten Schritt dar, um diese Herausforderung durch die Einführung eines Varianten- und Versionsmanagements für die einzelnen Softwaremodule zu adressieren.

2.2 Architektur von Steuerungssoftware

Beim Entwickeln von Modulen, unabhängig davon, ob es sich um reine Softwaremodule oder mechatronische Module handelt, spielt die Wahl einer geeigneten Softwarearchitektur eine bedeutende Rolle. In der Informatik gibt es für den Begriff Softwarearchitektur bereits verschiedene Definitionen. Reussner et al. (2003) definieren Softwarearchitektur zum Beispiel als eine hochgradige Abstraktion eines Softwaresystems, seiner Komponenten und deren Verbindung. Etwas allgemeiner definieren Cuesta et al. (2004) Softwarearchitektur als den Zweig innerhalb des Software Engineering, der sich mit dem Design, der Untersuchung und der Beschreibung der Struktur von Softwaresystemen befasst. Diese Definitionen sind jedoch nicht ausreichend, um Softwarearchitektur im Umfeld von Steuerungssoftware vollständig zu beschreiben. Neben der Softwareseite wie beispielsweise Modularität der betrachteten Software, Hierarchieebenen oder dem Datenaustausch zwischen den Modulen der Software, wird die Softwarearchitektur von Steuerungssoftware zudem durch weitere Faktoren beeinflusst. Diese sind zum Beispiel Randbedingungen aus anderen Disziplinen oder durch die verwendete, zyklisch arbeitende SPS, die Art des angesteuerten, technischen Prozesses oder gesetzlich einzuhaltende Richtlinien hinsichtlich Sicherheit und Qualität der gefertigten Produkte (zum Beispiel im Bereich der Medizintechnik). Die Art des technischen Prozesses – lose gekoppelt wie in der Intralogistik oder eng gekoppelt wie beispielsweise in der chemischen Prozessindustrie – wirkt sich oftmals direkt auf die wählbare Softwarearchitektur und dementsprechend den erreichbaren Grad an Modularisierung in der Steuerungssoftware aus. Auf den Faktor Modularität als Kernpunkt für Wiederverwendung und dessen Ermittlung durch statische Codeanalyse wird nachfolgend im Detail eingegangen.

Eine zentrale Herausforderung für die Entwicklung einer geeigneten Softwarearchitektur als Grundlage für autonome Systeme ist das Finden einer geeigneten Modulgranularität. Maga et al. (2011) identifizierten die Bestimmung einer optimalen Modulgröße als Kompromissentscheidung: Während kleine Modulgrößen zwar zu hoher Wiederverwendbarkeit und Standardisierung führen, führt dies jedoch häufig dazu, dass die Module auf Grund des geringen Funktionsumfangs auf einen hohen Datenaustausch mit anderen Modulen angewiesen sind, was das Modularitätsprinizip kleiner Schnittstellen von Meyer (1988) verletzt. Andererseits gehen große Module zwar in der Regel mit kleineren Schnittstellen zu ihrer Umgebung einher, sind jedoch auf Grund ihres großen, häufig anwendungsspezifischen Funktionsumfangs schwerer zu standardisieren und zu warten. Eine Analyse von industrieller SPS-Software hat zudem zur Identifikation von fünf Architekturebenen und dementsprechend fünf Granularitätsstufen von Modulen geführt (Vogel-Heuser et al. 2015): atomare Basismodule, Basismodule, Anwendungsmodule, Maschinenmodule und Anlagenmodule. Die Steuerungssoftware wird demnach meist hierarchisch nach dem Top-Down Prinzip entwickelt, sodass das zu steuernde System aus diesen Modulen beschrieben werden kann. Zwischen den Modultypen besteht eine hierarchische Beziehung, d. h. Anwendungsmodule können aus weiteren Anwendungs- oder Basismodulen zusammengesetzt sein. Während (atomare) Basismodule, z. B. Module zur Ansteuerung einzelner Antriebe, flexibel sind und ein hohes Wiederverwendungspotenzial haben, verursachen sie aufgrund der großen Anzahl kleiner Module einen hohen organisatorischen Aufwand. Maschinen- und Anlagenmodule sind dagegen weniger flexibel und stark mit ihrem Anwendungskontext verknüpft und daher in einem anderen Kontext schwer wiederverwendbar. Allerdings sind die Anlagenmodule transparenter und ermöglichen so die Wahrnehmung eines Gesamtsystems. Die identifizierten Architekturebenen in der Steuerungssoftware entsprechen zudem dem mechanischen Layout von automatisierten Produktionssystemen, welches oftmals an der ISA 88 orientiert ist. Neben einer Modularisierung anhand der Mechanik ist die funktionsorientierte Vorgehensweise ein gängiger Ansatz, um wiederverwendbare Module als Voraussetzung für autonome Systeme zu definieren, indem mechatronische Module entsprechend ihrer Funktion erstellt werden (Wilke 2006; Hirtz et al. 2002).

Um die Organisation der Module zu erleichtern, kann die geplante Wiederverwendung der entwickelten SPS-Software-Module durch die Beschreibung ihrer Organisation in Form von klar definierten Patterns unterstützt werden (Mahler 2014). Basierend auf dem Standard IEC 61499 (Vyatkin 2011) können weitere Ansätze für Softwarearchitektur für autonome Systeme abgeleitet werden. Jedoch hat sich die Norm aktuell noch nicht in der Industrie etabliert und wird dies laut Experteneinschätzungen auch in absehbarer Zukunft nicht tun, obwohl die Vorteile einer industriellen Anwendung bereits bestätigt wurden – beispielsweise ein hohes Maß an Softwaremodularität und Wiederverwendungspotenzial, was insbesondere für die Implementierung autonomer Systeme wesentliche Voraussetzungen sind.

Ein weiterer, wesentlicher Aspekt der Softwarearchitektur autonomer Systeme ist der Datenaustausch zwischen Modulen. Dabei wird zwischen direktem Datenaustausch durch Aufrufe und indirektem Datenaustausch über globale Variablen unterschieden. Letzteres ist in der Regel unerwünscht, da die Verwendung globaler Variablen zu unvorhersehbaren Quereffekten und langwieriger Fehlersuche und -behebung führen kann. Zudem hat indirekter Datenaustausch häufig zur Folge, dass die eigentlich vom Entwickler beabsichtigte Programmstruktur durch ungewollten Datenaustausch über globale Variablen unterbrochen wird und somit die Zielarchitektur nicht erreicht wird.

2.3 Statische Codeanalyse zur Bewertung der Eignung der aktuellen Softwarearchitektur für autonome Systeme

Mit Hilfe von statischer Codeanalyse können ohne Ausführung der analysierten Software gezielt bestimmte Eigenschaften der Steuerungssoftware untersucht werden, die Rückschlüsse auf die Softwarearchitektur erlaubten. Diese Rückschlüsse bilden eine Basis zur Bewertung der aktuell gewählten Softwarearchitektur im Hinblick auf ihre Eignung für autonome Systeme. Der Fokus der Analyse liegt hierbei vor allem auf der Bewertung der Modularität der betrachteten Steuerungssoftware und der Identifikation von Verbesserungspotenzial.

Ein Beispiel der Bewertung der Softwarearchitektur ist die Analyse der Umsetzung von sog. Infrastrukturaufgaben, also Teilen der Implementierung, die grundlegende Basisaufgaben erfüllen, die nicht zum Applikationsteil der Maschine bzw. Anlage gehören. Diese umfassen beispielsweise das Fehlermanagement (Fehlererkennung, -meldung und -reaktion), den Wechsel der Betriebsart, Operating Data Collection (ODC) oder Anbindung an das Human Machine Interface (HMI). ODC ist je nach Applikation und Anwendungsdomäne zwingend notwendig um zu überprüfen, ob die zu verwendenden Standards und Normen in der Software eingehalten werden und ist zudem Voraussetzung für Predictive Maintenance, um Fehler bereits vor ihrem Auftreten vorherzusagen und somit langfristig eine hohe Produktqualität sicherzustellen. Eine weitere, sog. Infrastrukturaufgabe stellt der Betriebsartenwechsel einer Maschine oder Anlage dar. Je nach gewählter Softwarearchitektur können diese Infrastrukturaufgaben in speziellen Softwaremodulen implementiert sein, die applikationsunabhängig in der Steuerungssoftware von verschiedenen Maschinen oder Anlagen verwendet werden. Alternativ gibt es die Möglichkeit, diese Funktionalitäten direkt in die jeweiligen Softwaremodule einzubinden, die zur Ansteuerung von Standardaktuatoren verwendet werden. Je nach gewählter Umsetzungsvariante wird die Modularität der analysierten Software positiv oder negativ beeinflusst. Gerade im Hinblick auf autonome Systeme ist es relevant, dass ein Softwaremodul eigenständig und losgelöst von den anderen Softwaremodulen funktionieren kann und gleichzeitig über klar definierte Schnittstellen mit anderen Softwaremodulen interagieren kann. Daher sind Infrastrukturaufgaben innerhalb eines jeden Softwaremoduls zu implementieren. Aktuelle Fragebogenergebnisse bestätigen, dass Unternehmen des Maschinen- und Anlagenbaus bereits jetzt gewisse

Standardfunktionalitäten in jedem Softwaremodul implementieren (Vogel-Heuser und Ocker 2018). Demnach implementieren 64 % der befragten Unternehmen in Standardmodulen Mechanismen zur Fehleridentifikation innerhalb des Moduls, 51 % berücksichtigen Diagnosefunktionen innerhalb der Softwaremodule und 46 % programmieren Funktionalitäten in Zusammenhang mit Betriebsarten in ihren Standardmodulen.

Neben der Analyse der Infrastrukturaufgaben ist prinzipiell die Aufteilung von Funktionalitäten in der Software ein zu berücksichtigender Aspekt, der mit statischer Codeanalyse bewertet werden kann. Dabei wird unter anderem analysiert, in wie viele Hierarchieebenen die betrachtete Software aufgeteilt ist und welche Funktionaliäten auf welcher dieser Ebenen implementiert sind. Für gewöhnlich werden die applikationsunabhängigen Standardfunktionalitäten auf den unteren Hierarchieebenen implementiert während applikationsspezifische Funktionalitäten wie Prozesslogiken auf den höheren Ebenen zu finden sind. Die Anzahl an verwendeten Bibliotheksmodulen ist hierbei ein Indiz für den Standardisierungsgrad der Steuerungssoftware, der oftmals mit dem Grad der Modularität eng verknüpft ist. Jedoch sagt die pure Anzahl an Softwaremodulen wenig über ihre Reife und Wiederverwendbarkeit aus. Um die Softwaremodule hinsichtlich ihrer Modularität und Wiederverwendbarkeit zu bewerten, können im Rahmen der statischen Codeanalyse die Regeln, Kriterien und Prinzipien von Meyer (1988) verwendet werden. Ansätze zur Bewertung der Qualität und Reife eines Bibliotheksmoduls werden im nachfolgenden Abschn. 2.4 im Detail diskutiert.

Für die Bewertung der Softwaremodularität im Hinblick auf autonome Systeme stellen die oben angesprochenen Infrastrukturaufgaben und die Modularität nach Meyer (1988) erste Anhaltspunkt dar. Des Weiteren spielt, wie bereits angesprochen, der Datenaustausch zwischen den Softwaremodulen eine entscheidende Rolle, da er eng mit den Schnittstellen der Module verknüpft ist. Auch dieser kann mithilfe der statischen Codeanalyse detailliert analysiert und bewertet werden. Gerade der indirekte Datenaustausch, wie er beispielsweise über globale Variablen stattfindet, ist hier ein Indiz für Verbesserungspotenziale hinsichtlich der Modularität der analysierten Software. Durch indirekten Datenaustausch bestehen Abhängigkeiten zwischen den Softwaremodulen, die auf den ersten Blick nicht sichtbar sind. Beim Aufteilen der Softwaremodule zur Ansteuerung von autonomen Systemen stellen diese indirekten Anhängigkeiten eine Hürde dar, die durch die Identifikation mittels Codeanalyse frühzeitig erkannt und überwunden werden kann. Die Analyse des Datenaustauschs erfolgt dabei in Kombination mit der Analyse der Funktionalitätsaufteilung, da ein hoher Datenaustausch zwischen zwei Softwaremodulen auch ein Indiz für suboptimal gewählte Modulgrenzen darstellt.

Um die Softwarearchitektur autonomer Systeme zu designen, bietet die Codeanalyse existierender Steuerungssoftware einen guten Ausgangspunkt, um Schwachstellen in der aktuellen Architektur aufzudecken und Verbesserungspotenziale zu identifizieren. Beim Entwurf des Modularitätskonzepts sind zudem verschiedene Aspekte zu berücksichtigen, wie beispielsweise die Definition der Modulschnittstellen in Abhängigkeit der Informationen, die ein Softwaremodul mit anderen Modulen austauschen muss bzw. anderen Softwaremodulen über sich selbst zur Verfügung stellen muss. Hierfür ist neben der statischen Codeanalyse eine Analyse der eigentlichen Steuerungsaufgabe in Abhängigkeit des technischen Systems erforderlich. Zudem sind Entscheidungen über die zentrale und dezentrale Umsetzung der verschiedenen Funktionalitäten zu treffen, wobei die Anforderungen an Echtzeit berücksichtigt werden müssen. Durch die dezentrale Implementierung von Standardfunktionalitäten wird zwar der Kommunikationsbedarf zwischen den Softwaremodulen teilweise erhöht, aber durch die Wahl eines geeigneten Kommunikationsansatzes können diese so minimal wie möglich gehalten werden.

Zusammenfassend kann die statische Codeanalyse als ein Hilfsmittel dienen, um bestehende Steuerungssoftware hinsichtlich verschiedener Faktoren bzgl. ihrer Steuerungsarchitektur zu bewerten. Dabei ist vor allem die Bewertung von Modularität ein entscheidender Faktor, um die Eignung von Software für die Steuerung autonomer Systeme im Kontext von Industrie 4.0 zu ermöglichen. Neben der statischen Codeanalyse gibt es weitere Ansätze, die mithilfe von Metriken die Qualität von Software und Softwaremodulen messen. Diese werden im nachfolgenden Abschnitt eingeführt.

2.4 Qualität von Steuerungssoftware

Eine zentrale Voraussetzung für autonome Systeme ist die objektive Bewertung der Qualitätseigenschaften eines Softwaresystems mit Hilfe geeigneter Kennzahlen, beispielsweise für die Komplexität der Software, des Umfangs oder der Modularität. In der Informatik gibt es dazu bereits einige Metriken, die sich über mehrere Jahrzehnte in verschiedenen industriellen Anwendungen bewährt haben. Diese Metriken sind jedoch meist nicht problemlos auf die Automatisierungstechnik übertragbar. Dies liegt beispielsweise an der Kombination von graphischen und textuellen Programmiersprachen innerhalb eines Softwareprojekts, welche die Anwendung von etablierten Metriken aus der Informatik erschwert. Bisherige Ansätze im Bereich der Softwaremetriken in der Automatisierungstechnik zeigen, dass eine Anwendung von Metriken auf Steuerungssoftware sehr nutzbringend ist, um beispielsweise Schwachstellen in der Software zu finden, Testfälle abzuleiten oder Ähnlichkeiten in der Software zu identifizieren, und somit Mehrfachimplementierung derselben Funktionalität („Not-Invented-Here-Syndrom") zu vermeiden.

Die Qualitätsnorm ISO 25010 (ISO/IEC 2011) definiert Softwarequalität als den Grad, in dem ein Softwaresystem die expliziten und impliziten Bedürfnisse seiner verschiedenen Stakeholder erfüllt und somit Wert erzeugt. Die Norm unterscheidet zwischen acht verschiedenen Qualitätskriterien, die jeweils in weitere Unterkriterien unterteilt sind (vgl. Abb. 3). Um zu ermitteln, in welchem Ausmaß ein Softwaresystem ein bestimmtes Qualitätskriterium erfüllt, sowie als Basis, um verschiedene Systeme miteinander zu vergleichen, sind Metriken notwendig, um die einzelnen Kriterien zu quantifizieren. Je besser die Metrikwerte für die jeweiligen Kriterien ausfallen, desto besser ist die Gesamtqualität des Systems einzustufen. Für die Umsetzung autonomer Systeme spielen insbesondere die Unterkriterien des Qualitätskriteriums *Wartbarkeit* eine wichtige Rolle, allen voran das Kriterium *Modula-*

Abb. 3 Qualitätsattribute von Software nach ISO 25010. (ISO/IEC 2011)

rität. Im Folgenden werden einige Metriken aus dem Bereich der Informatik vorgestellt, die diese Kriterien adressieren. Anschließend wird aufgezeigt, wie diese Kriterien für die Anwendung auf automatisierte Produktionssysteme angepasst werden können und welche neuen Metriken speziell für die Anwendung auf Software in der Automatisierungstechnik definiert werden können.

In der Informatik gibt es eine Vielzahl etablierter Metriken, um verschiedene Aspekte von Softwarequalität objektiv zu bewerten. Halstead's Metriken (Halstead 1977) beispielsweise adressieren primär das Kriterium *Wartbarkeit* und basieren auf der Einteilung eines Programms in Operatoren (aktive Elemente, die Daten manipulieren) und Operanden (passive Elemente, Daten). Basierend auf der Gesamtzahl der jeweils vorhandenen Operatoren (N_1) und Operanden (N_2) sowie auf der Anzahl der jeweils verschiedenen Operatoren (n_1) und Operanden (n_2) können mehrere Kennzahlen ermittelt werden, wie beispielsweise die Größe eines Programms (1) oder die Schwierigkeit, einen Codeausschnitt zu lesen oder zu schreiben (2):

$$N = N_1 + N_2 \tag{1}$$

$$D = \frac{n_1 \cdot N_2}{2 \cdot n_2} \tag{2}$$

Mit Hilfe der Metrik von McCabe (1976) hingegen kann die Komplexität des Kontrollflusses durch ein Programm bestimmt werden, indem basierend auf der Anzahl der Knoten (n) und Kanten (e) des Kontrollflussgraphs die sog. *Zyklomatische Komplexität V(G)* bestimmt wird. Folgendes Beispiel in Abb. 4 demonstriert die Anwendung der Metrik:

Abb. 4 Kontrollflussgraph (Beispiel)

$$V(G) = n - e + 2 \tag{3}$$

$$\Rightarrow V(G) = 7 - 8 + 2 = 1$$

Eine weitere Metrik, die bei klassischen Informationssystemen zu validen Ergebnissen führt, ist die *Fan-in Fan-out (FIFO) Metrik* von Henry und Kafura (1981), die basierend auf der Menge und Art der ausgetauschten Daten zwischen Modulen ein

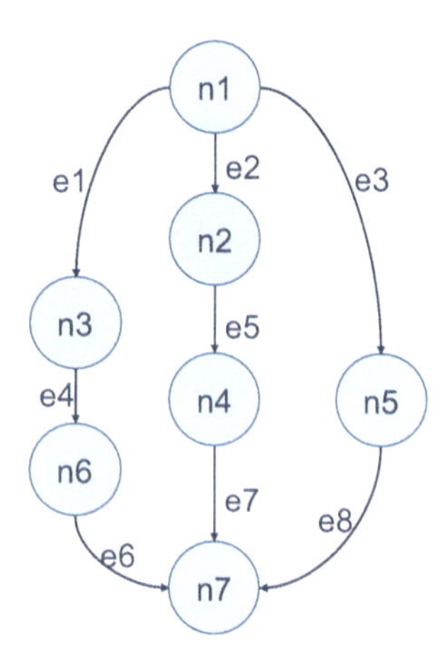

Abb. 4 Anwendungsbeispiel der Metrik Zyklomatische Komplexität. (McCabe 1976)

Maß für die *Modularität* der Software bestimmt. Es wird unterschieden zwischen der Anzahl von Lesezugriffen auf globale Strukturen und Datenfluss in ein Modul hinein (fan_{in}) sowie der Anzahl von Schreibzugriffen und Datenfluss aus einem Modul heraus (fan_{out}). Der Datenfluss wird mit einer Konstante (c) multipliziert, die je nach Anwendungsfall entweder die Programmlänge beinhaltet oder auf den Wert 1 gesetzt wird.

$$FIFO = c \cdot (fan_{in} \cdot fan_{out})^2 \tag{4}$$

Capitán und Vogel-Heuser (2017) untersuchten, wie die oben eingeführten Softwaremetriken aus der Informatik auf die Sprachen der IEC 61131-3 angewandt werden können. Für die Anwendung der Programmlänge nach Halstead auf IEC 61131-3 Steuerungssoftware wurde untersucht, welche Operatoren und Operanden jeweils für die fünf Programmiersprachen definiert werden können. Die Herausforderung bei der Anwendung der zyklomatischen Komplexität nach McCabe liegt primär in der Erstellung des Kontrollflussgraphen. Dazu wurde für jede der fünf Sprachen untersucht, welche bedingten Anweisungen auftreten können, um auf dieser Basis den Kontrollflussgraphen zu erstellen. Die Metriken wurden anhand einer Pick-and-Place-Einheit Anlage im akademischen Kontext evaluiert und mit Hilfe der Anpassungen konnten sowohl mit der Programmlänge nach Halstead als auch mit der zyklomatischen Komplexität nach McCabe sinnvolle Ergebnisse erzielt werden. Da insbesondere das Kriterium *Modularität* ein entscheidender Erfolgsfaktor für die Umsetzung autonomer Systeme ist, wurde außerdem untersucht, ob die FIFO-Metrik nach Henry und Kafura prinzipiell für die Anwendung auf automatisierte Produktionssysteme sinnvoll ist. Die Evaluation anhand der Pick-Place-Einheit zeigte jedoch, dass die Metrik aufgrund der großen Anzahl an digitalen und analogen Ein- und Ausgängen solcher Systeme nicht sinnvoll ist, da die Werte sehr schnell in die Höhe schießen und keine sinnvolle Abstufung mehr möglich ist.

Mit dem Ziel, Metriken zu entwickeln, die auch im industriellen Kontext zu validen Resultaten führen, konzentrierten sich Wilch et al. (2019) auf die Entwicklung von Metriken speziell für IEC 61131-3-FBD (Funktionsbausteinsprache), die in Kooperation mit einem Unternehmen aus der Verpackungsindustrie hergeleitet und evaluiert wurden. Ziel der Metriken ist es, Netzwerke (Implementierungsteile) mit besonders großem Umfang zu identifizieren, die die Wartbarkeit erschweren und zudem ein hohes Fehlerrisiko aufweisen. Zu diesem Zweck wurden zunächst etablierte Metriken aus der Informatik für die Verwendung auf FBD untersucht. Eine Expertenevaluation der für FBD angepassten Metriken nach Halstead ((1), (2)) mit Softwareentwicklern des Unternehmens ergab für beide Kennzahlen positive Ergebnisse. Zudem wurde versucht, durch weitere Anpassungen die Metrik von Henry und Kafura für die industrielle Anwendung zu optimieren, um somit ein Maß für die Modularität der Software zu erhalten. Um die extremen Effekte von kleinen Änderungen an den augetauschten Daten auf die Metrikwerte abzuschwächen, wurde einerseits das Quadrat des Produkts entfernt und die Konstante für die Programmgröße wurde auf den Wert 1 gesetzt. Dies führt zu folgender vereinfachten Version der Metrik:

$$FIFO_{FBD} = fan_{in} \cdot fan_{out} \tag{5}$$

Trotz der Anpassungen ergab die Expertenevaluation jedoch, dass auch diese Metrik nicht zu intuitiv nachvollziehbaren Ergebnissen führt, weshalb geschlussfolgert werden kann, dass eine Bestimmung der Modularität basierend auf der Metrik nach Henry und Kafura nicht zielführend ist. Die objektive Bewertung von Softwaremodularität in automatisierten Produktionssystemen ist also nach wie vor eine zentrale Forschungsfrage im Kontext von Industrie 4.0, insbesondere hinsichtlich der Umsetzung autonomer Systeme.

Wilch et al. (2019) untersuchten außerdem verschiedene Möglichkeiten, die Metrikwerte zu visualisieren, beispielsweise in Form eines Kuchendiagramms, aus dem zum einen die Größe der Netzwerke aus der Fläche der Sektoren und zum anderen die Komplexität durch die Farbe der Sektoren hervorgehen (vgl. Abb. 5, links), oder in Form einer Lorenzkurve, die die Netzwerke aufsteigend nach dem jeweiligen Metrikwert ordnet, sodass die Konkavität der Kurve als Maß für die Verteilung der Komplexität dient (vgl. Abb. 5, rechts). Durch die verschiedenen Arten der Visualisierung wird schnell ein Gesamtüberblick über das betrachtete Projekt ermöglicht, sodass kritische Stellen und Schwachpunkte in der Software effizient identifiziert werden können.

Für das Unterkriterium *Reife,* das zum Kriterium *Wartbarkeit* gehört, haben Vogel-Heuser et al. (2018) eine Metrik entwickelt, die basierend auf dem Umfang einer Änderung (Δ) an einem SPS-Bibliotheksmodul (FB_{lib}) einen Reifewert als Indikator für die Wiederverwendbarkeit des Moduls ermittelt:

$$Reife = 1 - \sum_{i=1}^{\#\Delta FB_{lib}} \Delta FB_{lib,i} \tag{6}$$

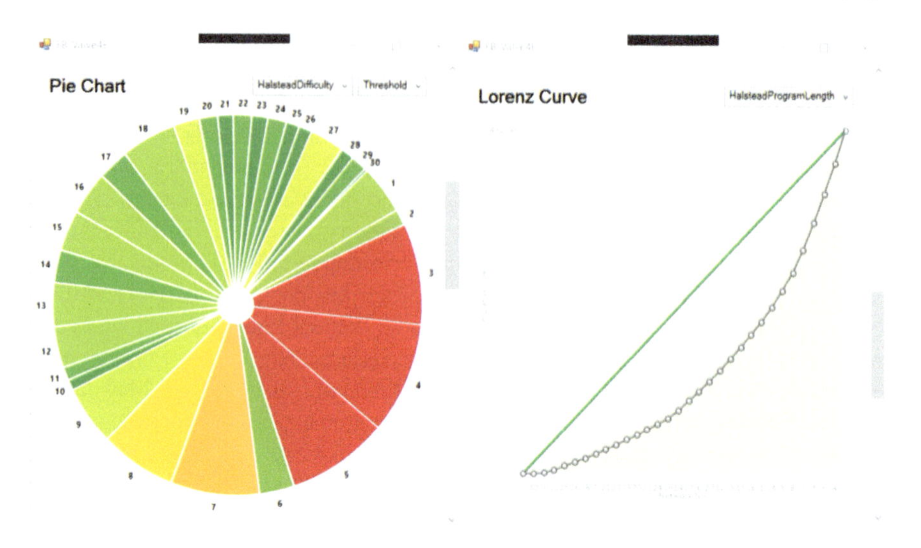

Abb. 5 Prototypische Visualisierung von Netzwerkkomplexität (links: Kuchendiagramm zur Visualisierung von Netzwerkgröße und -komplexität, rechts: Lorentzkurve zur Visualisierung der Komplexitätsverteilung)

Die Metrik adressiert das Problem, dass Applikationsingenieure oder Techniker bei der Inbetriebnahme häufig lieber auf eigene alte Projekte zurückgreifen, da sie beispielsweise den Modulen aus der Bibliothek, die von den Modulentwicklern in ihrer Funktionalität optimiert und umfassend getestet wurden, nicht vertrauen (vgl. Abb. 6). Dieses Vorgehen kann sehr häufig in der Industrie beobachtet werden und stellt ein bedeutendes Hemmnis für die Implementierung autonomer Systeme dar. Die Reifemetrik dient als objektiver Indikator, um das Bauchgefühl der Ingenieure zu unterstützen. Zudem wird durch eine intuitive Visualisierung basierend auf einem Ampelsystem die Einordnung des berechneten Wertes erleichtert: Eine grüne Ampel repräsentiert eine hohe Reife des Moduls und soll den Programmierer dazu animieren, den Baustein wiederzuverwenden. Eine gelbe Ampel hingegen informiert darüber, dass das Modul zwar bereits in einigen Anwendungen erfolgreich implementiert wurde, jedoch ein mittleres Risiko vorliegt, dass Fehler enthalten sind. Eine rote Ampel gibt an, dass eine Verwendung des Moduls mit einem hohen Risiko verbunden ist, Fehler in das Projekt einzubringen, und stattdessen lieber auf ältere, bewährte Module zurückgegriffen werden sollte.

Um die Eigenschaften von Steuerungssoftware objektiv und vergleichbar zu ermitteln, sind geeignete Softwaremetriken unerlässlich. Insgesamt stellt die Entwicklung von Metriken für Steuerungssoftware jedoch immer noch eine große Herausforderung dar. Insbesondere die Anwendbarkeit über mehrere Unternehmen hinweg ist aufgrund der vielen unterschiedlichen Randbedingungen eine große Herausforderung: Je nach Domäne unterscheidet sich Steuerungssoftware beispielsweise stark hinsichtlich der verwendeten Standards, Sicherheitsanforderungen, Prozessschnittstellen, Modulgranularität und mehr. Ein Lösungsansatz ist das Einführen

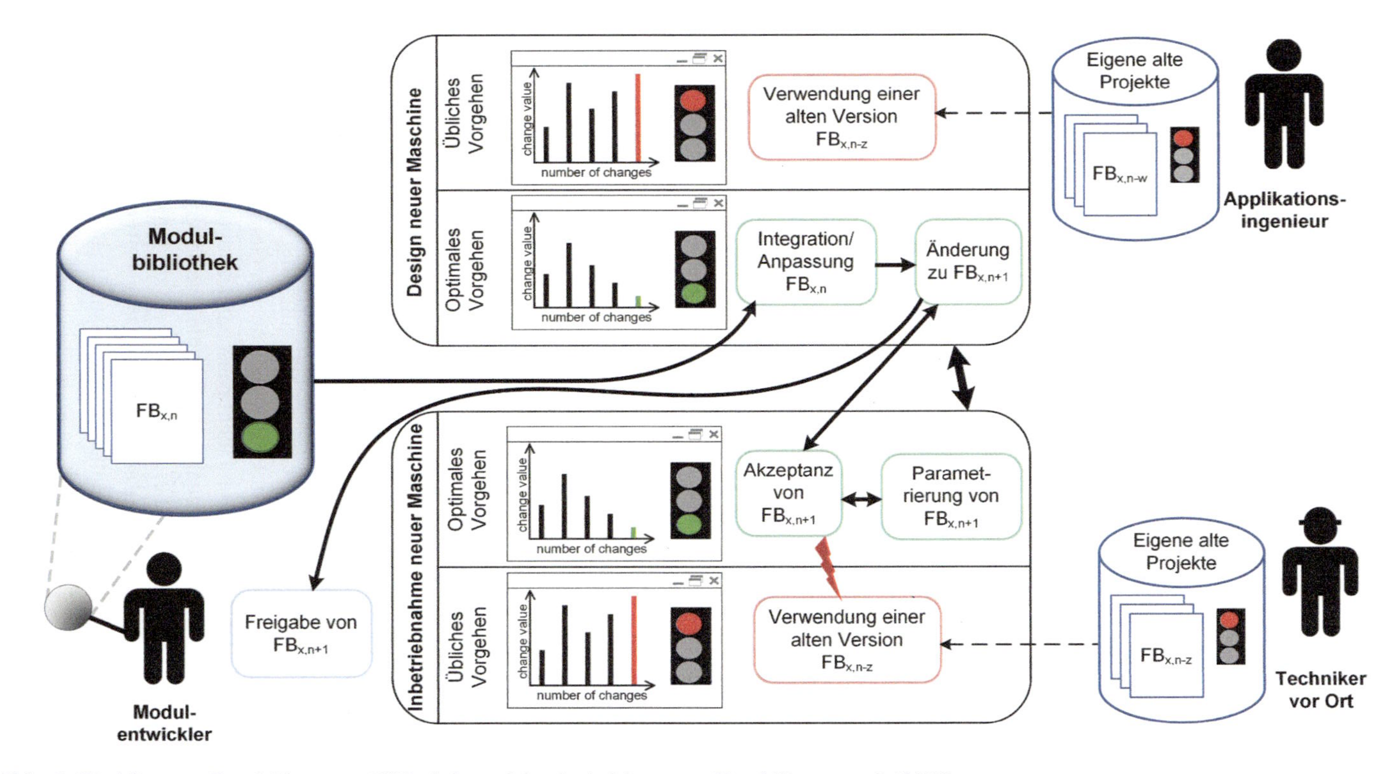

Abb. 6 Workflow zur Entwicklung von Bibliotheksmodulen in Anlehnung an Vogel-Heuser et al. (2018)

von Parametern und Gewichtungsfaktoren in die Berechnungsvorschrift, die je nach Unternehmen individuell festgelegt werden können, sodass die Metriken je nach Anwendungsfall an die jeweiligen Randbedingungen des Unternehmens angepasst werden können.

3 Von Legacy Software zu autonomen Systemen

Im folgenden Abschnitt wird an einem Beispiel der Intralogistik aufgezeigt, welche Schritte erforderlich sind, um zielführend von vorhandener Steuerungssoftware (sog. „Legacy Software") zu einer modularen, autonome Systeme ermöglichenden Software zu gelangen. Die Intralogistik eignet sich aufgrund der Eigenschaften ihrer Materialflusssysteme besonders gut als Beispiel für die Einführung autonomer Systeme: Durch die modulare Hardware, klar definierte Schnittstellen zwischen den Hardwaremodulen und einen hohen Grad an Wiederverwendung (Spindler et al. 2017) ist es vergleichsweise einfach, eine Softwarearchitektur zu wählen, die die Ansteuerung autonomer System ermöglicht. Für den Transfer von Legacy Software zu solch autonomen Systemen sind grundlegend vier Schritte erforderlich, welche in Abb. 7 dargestellt sind.

Da es nicht zielführend ist, „auf der grünen Wiese" von vorne zu beginnen und zudem in vorhandener Steuerungssoftware viel Erfahrungswissen über die angesteuerten Systeme steckt, ist der erste Schritt eine Art Bestandsaufnahme. Hierzu wird mit Mitteln der statischen Codeanalyse vorhandene Steuerungssoftware analysiert und in ihre Bestandteile zerlegt. Genauer gesagt, werden verschiedene Aspekte der historisch gewachsenen Software beleuchtet, die in der Regel nur mangelhaft bis gar nicht dokumentiert ist. Zum einen wird die Software hinsichtlich ihrer Struktur und der Aufteilung ihrer Funktionalität analysiert. Hierfür wird dokumentiert, welche Elemente der Software für die Ansteuerung welcher Hardwareteile zuständig sind oder wie Infrastrukturaufgaben implementiert sind. Zum Beispiel gibt es verschiedene Möglichkeiten, Funktionalitäten wie das Erkennen und Reagieren auf Fehler (zusammenfassend im Folgenden als „Alarmhandling" bezeichnet) zu implementieren, die sich unterschiedlich auf die Modularität, und somit auf die Wiederverwendbarkeit der Software, auswirken. Während, wie bereits obenstehend erläutert, Alarmhandling teilweise dezentral in jedem Aktuatormodul implementiert ist, sind teilweise auch zentrale, von der reinen Hardwareansteuerung unabhängige Bausteine für diese Funktionalität zuständig. Welche der beiden aufgezeigten Varianten die bessere ist, kann jedoch nur im Gesamtkontext der gewählten Softwarearchitektur bewertet und nicht pauschal beantwortet werden. Neben der Analyse der enthaltenen Funktionalitäten (beispielsweise sind nicht immer Funktionen zur ODC vorhanden, da diese nicht zwingend zur reinen Ansteuerung erforderlich sind, aber aus Gründen wie einer späteren Datenanalyse zur Abschätzung der Produktqualität teilweise implementiert werden), spielt auch die Komplexitätsverteilung eine Rolle. Beispielsweise ist es im Hinblick auf die Wiederverwendbarkeit hinderlich, wenn die Steuerungssoftware monolithisch aufgebaut ist und die Ansteuerung der einzelnen Aktoren mit der Kontrolllogik verknüpft in ein- und dem-

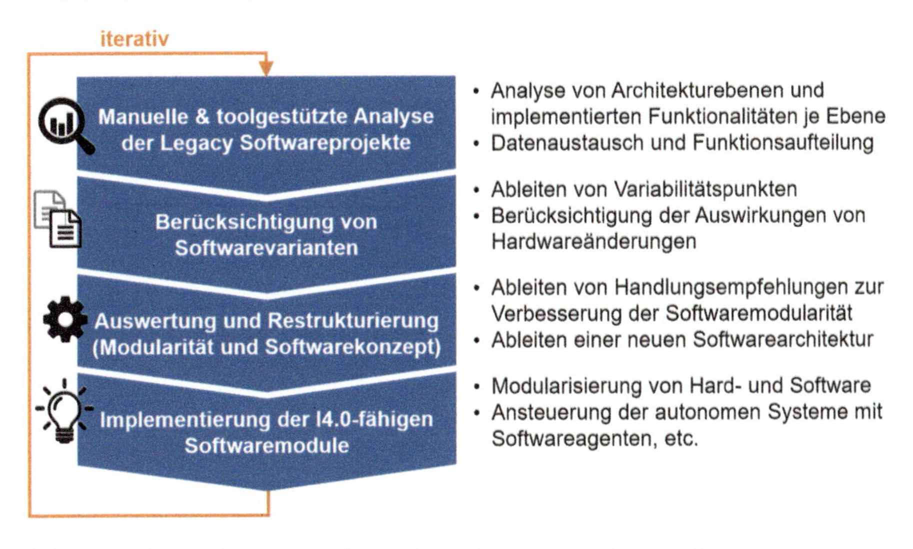

Abb. 7 Analyseschritte zum Transfer von Legacy Software zu autonomen Systemen

selben Baustein implementiert ist. Bei einer sehr feingranularen Unterteilung der Software und einer resultierenden, langen Aufrufkette innerhalb der Software, verliert man jedoch schnell den Überblick. Auch hier wird demzufolge die Auswahl der Bausteine, die zu einer Funktion gehören und somit gemeinsam wiederverwendet werden sollten, erschwert. Unabhängig von der Modulgröße gilt jedoch, dass die Funktionalität in den Softwaremodulen möglichst verständlich und wartbar implementiert sein sollte. Hierfür sind Metriken für die Berechnung des Umfangs, aber auch der Komplexität einzelner Softwaremodule erforderlich. Je nach den verwendeten Programmiersprachen wird die historische Software mit entsprechenden Metriken untersucht, um die einzelnen Module hinsichtlich ihres Umfangs (beispielsweise durch die Anzahl der Codezeilen im Strukturierten Text („Lines of Code")) oder hinsichtlich ihrer Komplexität (ähnlich Halstead oder McCabe's Metrik) mess- und möglichst vergleichbar zu machen.

Ein weiterer Aspekt, der gerade in Bezug auf die Modularität eine große Rolle spielt und daher im Detail untersucht werden sollte, ist der Datenaustausch, der direkt oder indirekt implementiert sein kann. Obwohl der direkte Datenaustausch zwischen Modulen prinzipiell befürwortet wird, ist es gemäß den Kriterien, Regeln und Prinzipien von Meyer (1988) nicht förderlich, wenn ein Modul zu viele Informationen über sich preisgibt. Der Datenaustausch, auch der direkte, sollte optimalerweise auf die zwingend notwendigen Informationen begrenzt sein, sodass ein Softwaremodul möglichst wenige, schlanke Schnittstellen besitzt. Alle weiteren Informationen, die nur modulbezogen und intern von Bedeutung sind, sollten nicht von anderen Modulen einseh- oder gar veränderbar sein, da sie dem Geheimnisprinzip nach nur dem Modul und nicht dessen Umgebung zugänglich sein sollten, um das Ändern der Daten durch „Unbefugte" von vornherein auszuschließen.

Besonders kritisch ist neben der Menge an ausgetauschten Daten der indirekte Datenaustausch zu bewerten. Oftmals sind diese Beziehungen zwischen Modulen nicht sofort erkennbar, was gerade im Hinblick auf Wiederverwendung Schwierigkeiten hervorruft und dem Design von autonomen Systemen im Wege steht. Durch den Austausch an Informationen über globale Variablen, auf die teilweise eine Vielzahl von Modulen Lese- und Schreibzugriffe ausübt, ist die Nachvollziehbarkeit der Software stark reduziert. Teilweise ist unklar, welches Modul welche Informationen von anderen Modulen benötigt und zu welchem Zeitpunkt die Informationen erforderlich sind.

Zusammenfassend dient die statische Codeanalyse vorhandener Steuerungssoftware primär dem Dokumentationszweck und der Identifikation zur geplanten Wiederverwendung geeigneter Softwarebausteine.

Zusätzlich zur Analyse einzelner Steuerungsprojekte werden im zweiten Schritt auch bekannte Softwarevarianten eines Maschinentyps verglichen (vgl. Abb. 8).

Gerade bei variantenreichen Systemen, deren Software für gewöhnlich trotz vieler Nachteile nach der Methode Copy & Paste & Modify entwickelt wird, ist eine rein statische Analyse der Software nicht ausreichend. Um die Auswirkung von Hardwarevarianten auf die Steuerungssoftware und ihre einzelnen Bestandteile zu analysieren, ist zusätzlich zunächst eine Analyse der Hardware-Varianten erforderlich. Je nach gewählter Softwarearchitektur, hat das Austauschen eines Antriebs in der Mechanik unterschiedlich große Auswirkungen auf die entsprechende Steuerungssoftware. Daher werden Unterschiede in der Hardware eines Maschinentyps dokumentiert und ihre Auswirkung auf die Steuerungssoftware analysiert. Diese

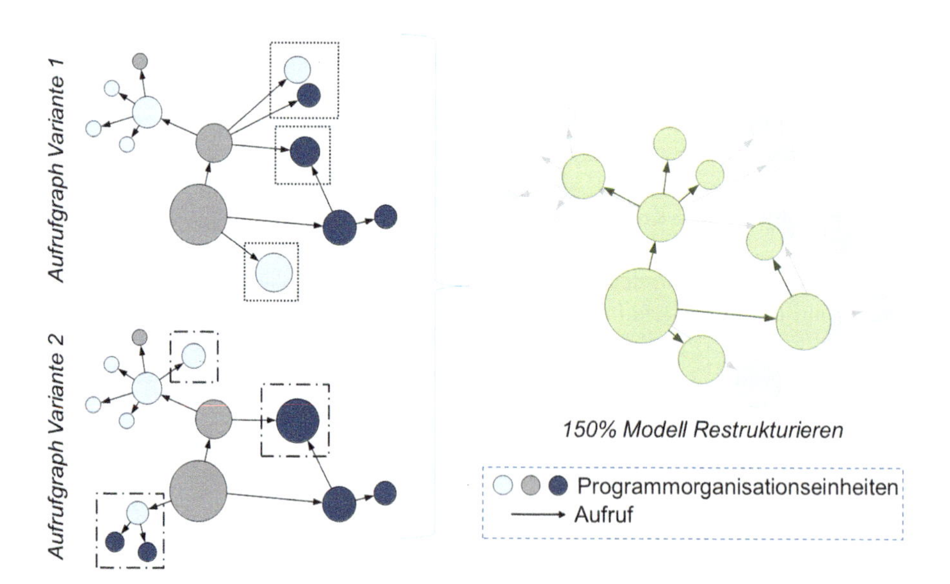

Abb. 8 Strukturelle Analyse vorhandener Steuerungsvarianten zur Identifikation von Software-Clones (links) sowie Refaktorisieren zur Erhöhung der Modularität und Wiederverwendbarkeit (z. B. als Bibliotheksbaustein)

Auswirkung kann von der Modifikation eines einzelnen Softwaremoduls, z. B. durch Hinzufügen oder Entfernen einer einzelnen Variable, bis hin zum Austausch und Anpassen mehrere Softwaremodule reichen. Zur Dokumentation der Variabilitätspunkte und ihrer Auswirkung auf die Steuerungssoftware können hierbei beispielweise in der Informatik weit verbreitete sog. Featuremodelle verwendet werden (Kang et al. 1990). Besonders relevant ist die Dokumentation der Auswirkung beim Austausch eines Hardware-Moduls auf die entsprechende Steuerungssoftware, da dies eine Abschätzung des Modularisierungsgrads der Software ermöglicht. Sofern die Software bereits in Anlehnung an die Automatisierungshardware modularisiert ist, sollten die erforderlichen Änderungen beim Austausch eines Hardwaremoduls vergleichbar klein ausfallen. Gerade in der betrachteten Domäne der Intralogistik bietet sich eine hardwarenahe Modularisierung der Software an, da die Schnittstellen zwischen den Hardwaremodulen (Übergabe von Transporteinheiten) in der Regel auch Schnittstellen zwischen den entsprechenden Softwaremodulen erfordern (z. B. Anfragen und Erteilen von Freigaben für den Transfer einer Transporteinheit).

Diese Analyse und Dokumentation dienen als Grundlage, um im dritten Schritt wiederverwendbare Module definieren zu können, die wiederum für das Ansteuern autonomer Systeme notwendig sind. Durch Ansätze wie das Parametrieren von Modulen über Schnittstellenvariablen oder das Programmieren nach Baukastenprinzip (dabei wird die allen Varianten gemeinsame Basisfunktionalität in einem Modul implementiert, welches durch weitere Softwaremodule mit variantenbezogener Zusatzfunktionalität ergänzt werden kann), können Module für variantenreiche Systeme entwickelt werden. Basierend auf den Analyseergebnissen kann ein geeignetes Softwarearchitekturkonzept entworfen werden. Für dessen Implementierung wird die analysierte Software entsprechend den identifizierten Schwachstellen und Optimierungspotenzialen angepasst. Dies geschieht zum Beispiel durch Trennen oder Zusammenfassen von Funktionalitäten, verschieben von Softwareteilen oder der Identifikation von sog. Code Clones (kopierten Softwareteilen), welche sich beispielsweise zur geplanten Wiederverwendung als Bibliotheksmodule eignen.

Hierbei ist ein zentraler Punkt die Trennung von Softwaremodulen zur reinen Hardwareansteuerung (wiederkehrende Funktionalität) und Softwaremodulen, welche die übergeordnete Steuerungslogik implementieren (applikationsspezifisch). Das Wiederverwendungspotenzial von Hardwaremodulen in Kombination mit den entsprechenden Softwaremodulen ist in der Logistik im Vergleich zu anderen Domänen sehr hoch, wie eine aktuelle Studie zeigt. In dieser Studie wurden die typischerweise verwendeten Fördermittel und Handhabungsgeräte in der Intralogistik analysiert mit dem Ergebnis, dass funktional betrachtet fünf Arten von Fördermitteln 95,4 % der Fördermittel in der Behälterfördertechnik und 98,5 % der Fördermittel in der Palettenfördertechnik ausmachen (Spindler et al. 2017). Diese Studie zeigt das große Wiederverwendungspotenzial der entsprechenden Softwaremodule auf, sofern diese geeignet modularisiert sind.

Eine mögliche Wahl der Softwarearchitektur in der Intralogistik ist eine applikationsunabhängige Definition von Softwaremodulen zur Ansteuerung der wiederkehrenden Fördermittel (Logistikhardware) in Kombination mit Softwaremodulen, welche die übergeordnete Steuerungslogik implementieren. Eine solche Zwei-

Schichten-Architektur wurde von Spindler et al. (2016) implementiert und erfolgreich zur automatischen Codegenerierung von Steuerungssoftware genutzt. Hierbei wurde durch die beschriebene Trennung bereits ein hoher Grad an Modularität und Wiederverwendbarkeit erzielt: Unabhängig von der Position eines Fördermittels wie beispielsweise eines Rollenförderers, bleibt die eigentliche Ansteuerung der Hardware gleich. Die Interaktion und Übergabebedingungen zu benachbarten Logistikmodulen kann in Abhängigkeit von der Position des Fördermittels in der übergeordneten Steuerungslogik angepasst werden. Dies wird vor allem durch die Modularisierung und die klar definierten Schnittstellen zur Ansteuerung der einzelnen Fördermittel ermöglicht.

Einen Schritt weiter gehen Fischer et al. (2018b), welche ein agentenbasiertes Steuerungskonzept für die Intralogistik auf der Basis von modularer Steuerungssoftware entwickelt haben. Hierbei wird jedes Logistikmodul (Fördermittel) softwareseitig durch einen Agenten in einem Multiagentensystem repräsentiert. Zu diesem Zweck enthält ein Softwaremodul nicht nur die reine Funktionalität zur Ansteuerung der Logistikhardware und die modulinterne Steuerungslogik, sondern der Softwareagent und Funktionalitäten des Agentensystems sind zusätzlich implementiert. Durch den hohen Grad an Modularisierung und die Ansteuerung mittels Softwareagenten, die eigenständig Entscheidungen treffen, ihre eigenen Ziele verfolgen und hierfür mit anderen Softwareagenten kollaborieren, können die einzelnen Logistikmodule (bestehend aus Hard- und Software) als autonome Systeme betrachtet werden. Diese Softwarearchitektur ermöglicht es, Materialflusssysteme flexibel aus den beschriebenen Logistikmodulen zusammenzusetzen und während der Laufzeit des Systems Änderungen am Layout durch Hinzufügen oder Entfernen einzelner Logistikmodule vorzunehmen. Die Kollaboration der einzelnen Logistikmodule wird durch eine modellbasierte Entwicklung, welche standardisierte Schnittstellen zur Kommunikation schafft, unterstützt. Somit ermöglicht die Kombination aus modularer Soft- und Hardware die Implementierung des sog. Plug & Produce Prinzips.

Den letzten, vierten Schritt stellt die eigentliche Implementierung der Softwarearchitketur für autonome Systeme dar. Hierbei ist es, wie oben beschrieben, erforderlich, auch die Hardware miteinzubeziehen. Durch den hohen Modularisierungsgrad wird das Testen einzelner Funktionen bzw. Softwaremodule erleichtert. Oftmals ist jedoch ein iteratives Durchlaufen der in Abb. 7 beschriebenen Schritte erforderlich, da Änderungen erst nach ihrer Implementierung in ihrer vollen Tragweite analysiert und bewertet werden können.

4 Zusammenfassung

Aktuelle Herausforderungen durch Trends wie Industrie 4.0, Plug & Produce sowie autonome Systeme können nur durch die Wahl einer geeigneten Softwarearchitektur bewältigt werden. Hierbei stellt die Anwendung eines modularen Softwarekonzepts eine Voraussetzung dar, um die Kommunikation zwischen und die Austauschbarkeit von autonomen Systemen im Umfeld der Industrie 4.0 zu ermöglichen. Wie am

Beispiel der Intralogistik gezeigt, ist es möglich auf vorhandenen Softwaresystemen aufzubauen und durch eine gezielte Codeanalyse den Transfer zu einer geeigneten, an das angesteuerte System angepasste und Standards berücksichtigende Architekturkonzept zu schaffen. Nur durch eine einheitliche und lückenlos eingehaltene modulare Architektur in der kompletten Steuerungssoftware ist die Kollaboration verschiedenartiger autonomer Systeme möglich.

Literatur

Angerbauer R (2002) Baukastensystematik in der Steuerungstechnik auf Basis einer Föderalen Informationsarchitektur. In: Proceedings of the National Workshop within the ARMMS Project, Universität Stuttgart, 20 März 2002

Balzert H (2009) Prinzipien. In: Balzert H (Hrsg) Lehrbuch der Softwaretechnik: Basiskonzepte und Requirements Engineering, 3. Aufl. Spektrum Akademischer, Heidelberg, S 25–51

Capitán L, Vogel-Heuser B (2017) Metrics for software quality in automated production systems as an indicator for technical debt. In: 13th IEEE Conference on Automation Science and Engineering (CASE), IEEE, Xi'an, 20–23 August 2017

Cuesta CE, Romay MP, de la Fuente P, Barrio-Solórzano M (2004) Reflection-Based, Aspect-Oriented Software Architecture. In: Oquendo F, Warboys BC, Morrison R (Hrsg) Software Architecture. EWSA 2004. Lecture Notes in Computer Science, Bd 3047. Springer, Berlin/Heidelberg, S 43–56

Feldhusen J, Grote KH, Göpfert J, Tretow G (2013) Technische Systeme. In: Feldhusen J, Grote KH (Hrsg) Konstruktionslehre, 8. Aufl. Springer, Berlin/Heidelberg, S 237–279

Fischer J, Bougouffa S, Schlie A, Schaefer I, Vogel-Heuser B (2018a) A qualitative study of variability management of control software for industrial automation systems. In: IEEE 34th International Conference on Software Maintenance and Evolution, Madrid, 23–29 September, S 615–624

Fischer J, Marcos M, Vogel-Heuser B (2018b) Model-based development of a multi-agent system for controlling material flow systems. Automatisierungstechnik (at) 66:438–448

Halstead MH (1977) Elements of software science. Elsevier, New York

Helbing KW (2010) Grundlagen der systematischen und methodischen Fabrikprojektierung. In: Helbing KW (Hrsg) Handbuch Fabrikprojektierung. Springer, Berlin/Heidelberg, S S 87–S182

Henry S, Kafura D (1981) Software structure metrics based on information flow. IEEE Trans Softw Eng 5:510–518

Hirtz J, Stone RB, McAdams DA, Szykman S, Wood KL (2002) A functional basis for engineering design: reconciling and evolving previous efforts. Res Eng Des 13:65–82

International Society of Automation (2010) Batch control – Part 1: models and terminology, ISA-8800.01

Internationale Organisation für Normung/Internationale Elektrotechnische Kommission (2011) Software-Engineering – Qualitätskriterien und Bewertung von Softwareprodukten (SQuaRE) – Qualitätsmodell und Leitlinien, ISO/IEC 25010

Kang KC, Cohen SG, Hess JA, Novak WE, Peterson AS (1990) Feature-oriented domain analysis (FODA) feasibility study. Carnegie-Mellon University Pittsburgh, Software Engineering Institute

Katzke U, Vogel-Heuser B, Fischer K (2004) Analysis and state of the art of modules in industrial automation. Automatisierungstechn Prax (atp) 46:23–31

Lackes R, Siepermann M (2019) Gabler Wirtschaftslexikon, Stichwort Modul. https://wirtschaftslexikon.gabler.de/definition/modul-40077/version-263472. Zugegriffen am 27.11.2019

Maga C, Jazdi N, Göhner P (2011) Reusable Models in Industrial Automation: Experiences in Defining Appropriate Levels of granularity. In: Preprints of the 18th IFAC World Congress, Milano, 28 August – 2 September 2011, S 9145–9150

Mahler C (2014) Automatisierungsmodule für ein funktionsorientiertes Automatisierungsengineering. Dissertation, Helmut-Schmidt-Universität/Universität der Bundeswehr Hamburg
McCabe TJ (1976) A complexity measure. IEEE Trans Softw Eng 4:308–320
Meyer B (1988) Object-oriented software construction, Second. Aufl. Prentice Hall, New York
Organization for Machine Automation and Control (OMAC) (2016) PackML unit/machine implementation guide part 1: PackML interface state manager. http://omac.org/wp-content/uploads/2016/11/PackML_Unit_Machine_Implementation_Guide-V1-00.pdf. Zugegriffen am 28.11.2019
Reussner RH, Schmidt HW, Poernomo ICH (2003) Reliability prediction for component-based software srchitectures. J Syst Softw 3:241–252
Spindler M, Aicher T, Vogel-Heuser B, Günther WA (2016) Efficient control software design for automated material handling systems based on a two-layer architecture. IEEE International Conference on Advanced Logistics and Transport (ICALT), Krakow, Juni 2016, S 1–6
Spindler M, Aicher T, Vogel-Heuser B, Fottner J (2017) Erstellung von Steuerungssoftware für automatisierte Materialflusssysteme per Drag & Drop. In: Fachkolloquium der wissenschaftlichen Gesellschaft für technische Logistik, Graz, Österreich, S 89–96
Verein Deutscher Ingenieure (VDI), Verband Deutscher Maschinen- und Anlagenbau (VDMA) (2016) Softwarearchitektur für die Intralogistik (SAIL), VDI/VDMA-Richtlinienentwurf 5100
Vogel-Heuser B, Ocker F (2018) Maintainability and evolvability of control software in machine and plant manufacturing – an industrial survey. Control Eng Pract 1:157–173
Vogel-Heuser B, Fischer J, Rösch S, Feldmann S, Ulewicz S (2015) Challenges for maintenance of PLC-software and its related hardware for automated production systems: selected industrial case studies. In: IEEE International Conference on Software Maintenance and Evolution, Bremen, 29 September – 1 October 2015, S 362–371
Vogel-Heuser B, Fischer J, Feldmann S, Ulewicz S, Rösch S (2017) Modularity and architecture of PLC-based software for automated production systems: an analysis in industrial companies. J Syst Softw 131:35–62
Vogel-Heuser B, Fischer J, Neumann E, Diehm S (2018) Key maturity indicators for module libraries for PLC-based control software in the domain of automated production systems. In: 16th IFAC symposium on information control problems in manufacturing. Bergamo, Italien, 11–13 June 2018, S 1610–1617
Vytakin V (2011) IEC 61499 as enabler of distributed and intelligent automation: state-of-the-art review. IEEE Trans Ind Inf 4:768–781
Wilch J, Fischer J, Neumann EM, Diehm S, Schwarz M, Lah E, Wander M, Vogel-Heuser B (2019) Introduction and evaluation of complexity metrics for network-based, graphical IEC 61131-3 programming languages. In: 45th Annual Conference of the IEEE Industrial Electronics Society (IECON), Lisbon, 14–17 October 2019, S 417–423
Wilke M (2006) Wandelbare automatisierte Materialflusssysteme für dynamische Produktionsstrukturen. Dissertation, Technische Universität München

Interdisziplinarität – DER Realisierungs-Schlüssel von Industrie 4.0 und der digitalen Transformation

Bagher Feiz-Marzoughi

Zusammenfassung

Das, was technisch und ziemlich futuristisch begann, entwickelte sich zu einer zeitkritischen technologischen und gesellschaftlichen Realität.

Sehr schwer zu vermitteln war die Nutzung des Wortes ‚Revolution' und zwar die vierte davon!

In der Tat können wir bis heute eine ‚evolutionäre Revolution' beobachten, die Grundsätze unserer Modelle aus der Vergangenheit umwirft!

Die ‚Dinge' sollen nun die Layers, die Domänen, die Boxes und die Clusters verlassen und sich direkt vernetzen. Keine ‚Pyramide' kann abbilden, was hier realisiert werden soll.

Das Netz und seine ‚Dinge', wozu auch der Mensch gehört, werden intelligent, kommunizieren direkt miteinander und kennen keine Grenzen mehr. Die Intelligenz, die man so selbstverständlich nur den Menschen zugerechnet hat, bekommt eine künstliche Form „KI", die inzwischen überall eine Anwendung findet! Das Volk unterhält sich inzwischen mit ChatGPT und zwar nicht nur über SW-Codes, sondern auch über die Kochrezepte. Dabei fragt man sich, wie wir dieses Ding nun gendern müssen (der, die, das).

Der Systemtheoretiker und Soziologe Niklas Luhmann *hätte es mit seiner Systemtheorie: ‚System=System-Umwelt' schwer, Umwelt zu definieren, wenn wir nun die Grenzen verschieben!*

The Internet of Things bedeutet, die Welt und ihre zugehörigen Dinge als EINS zu sehen und zu behandeln, und das nicht nur in der Technik. Interdisziplinarität ist der Schlüssel hierzu.

B. Feiz-Marzoughi (✉)
Advanta Global Delivery, Siemens AG, Amberg, Deutschland
E-Mail: bagher.feiz-marzoughi@siemens.com

B. Vogel-Heuser et al. (Hrsg.), *Handbuch Industrie 4.0*,
https://doi.org/10.1007/978-3-662-58528-3_138

1 Einleitung

Spätestens dann, als der Soziologe Niklas Luhmann Anfang der neunziger Jahre des vorigen Jahrhunderts über Liebe schrieb und dabei den renommierten Biologen und Philosophen Humberto Maturana zitierte, um sein soziales System zu erläutern, hätte man sich fragen müssen, ob die „festen Strukturen" , ganz gleich ob in der Organisation, der Gesellschaft, der Technik, der Software und in den Anwendungssystemen und Einführungsprojekten die richtigen Antworten zur Problemlösung liefern können.

Heute werden wir konfrontiert mit verschiedenen Themen, die zwar unterschiedlich heißen und auf unterschiedlichen Hypekurven unterschiedlich gewichtet werden, eins aber gemeinsam haben: kein Thema für sich und allein ist lebensfähig. Kein digitaler Zwilling kann entstehen, wenn man sich nicht Gedanken über ein domänenübergreifendes Datenmodell, über die Anwender aus unterschiedlichen Bereichen, u. a. in der Produktion und Entwicklung, in den operativen Einheiten und beim Management gemacht hat. Spätestens durch die Pandemie mussten wir lernen, dass **Unberechenbarkeit** ein fester Bestandteil des „Systems" wird.

Als Luhmann Anfang der neunziger Jahre des vorigen Jahrhunderts seine Systemtheorie entwickelt hat, löste er einen mathematischen Widerspruch aus: ein System sei „kein verdichtetes Objekt, sondern eine Differenz zwischen System und Umwelt": System = System – Umwelt. Gemeint ist natürlich, dass die Adressierung eines Objekts, um es zu analysieren, ohne die Betrachtung seines Umfelds nicht möglich ist. Die Fragestellung ist also, „wie eine Einkerbung in der Welt entsteht und wie sie sich hält." An anderer Stelle sagt Luhmann: „kein Verteilen von wichtig (System) und nichtwichtig (Umwelt), sondern es kommt auf den Unterschied an und auf die Art, wie derselbe Unterschied immer wieder reproduziert werden kann.[1]"

In seinen Überlegungen benutzt Luhmann den Begriff des Biologen Maturana „Autopoiesis"[2], also die Selbstproduktion, Selbstherstellung, Selbsterschaffung und -erhaltung: Ein Werk produziert sich selbst aus einer Kombination der Elemente, aus denen es selbst besteht.

Die Basis für diese Selbstproduktion sei, wie in der Biologie, die Kommunikation und wie sie zustande kommt, nämlich basierend auf früheren Kommunikationen.

Die autopoietischen Systeme unterscheiden den Erzeuger und das Erzeugnis nicht. Das Sein und das Tun sind untrennbar.

„Dies folgerten Maturana und Francisco Varela aus ihren Untersuchungen zur menschlichen Farbwahrnehmung. Laut diesen besitzt das Nervensystem keinen unmittelbaren Bezug zur Außenwelt, sondern entwirft vielmehr sein eigenes Bild

---

[1] $Zitat Luhman$.
Andreas Geyer im Gespräch mit dem Soziologen Niklas Luhmann über die Grundzüge seiner Systemtheorie zu Umwelt und System, Kommunikation, Komplexität, Organisation, Autopoiesis etc. (Mitschnitt vom 02.05.1994/Bayern 2/Sendereihe Schulfunk/Bayerischer Rundfunk/BR).

[2] $ Maturana$.
https://de.wikipedia.org/wiki/Autopoiesis.

der es umgebenden Welt durch rekursive Operationen."[3] *Um ein autopoietisches System zu sein, muss eine Einheit die folgenden Merkmale erfüllen:*

- *„Sie hat erkennbare Grenzen.*
- *Sie hat konstitutive Elemente und besteht aus Komponenten.*
- *Die Relationen zwischen den Komponenten bestimmen die Eigenschaften des Gesamtsystems.*
- *Die Komponenten, die die Grenze der Einheit darstellen, tun dies als Folge der Relationen und Interaktionen zwischen ihnen.*
- *Die Komponenten werden produziert von Komponenten der Einheit selbst oder entstehen durch Transformation von externen Elementen durch interne Komponenten.*
- *Alle übrigen Komponenten der Einheit werden ebenfalls so produziert oder sind anderweitig entstandene Elemente, die jedoch für die Produktion von Komponenten notwendig sind (operative Geschlossenheit)."*[4]

2 Systemtheorie trifft Digitalisierung

Weder Maturana noch Luhmann haben damals an Industrie 4.0 oder digitale Transformation gedacht, als sie ihre Theorien aufgestellt haben. Aber wir sehen heute Parallelen:

Eine Fabrik besteht u. a. aus Steuerungseinheiten (SPS), die sie selbst produziert. Die unterschiedlichen Applikationen und Softwaremodule kommunizieren mit- und untereinander und tauschen Informationen aus, um in einer bestimmten Konfiguration eine neue Applikation zu bilden.

In diesem Beitrag möchte ich aufzeigen, dass Themen wie Industrie 4.0, Digitalisierung, Agile, VUKA, Globalisierung oder Integration miteinander verwoben und nicht jeweils für sich zielgerichtet behandelt werden können und sollen.

Bei all diesen Themen ist es notwendig, möglichst vielseitig oder multiperspektivisch heranzugehen. Der Aufbau von Grenzen, Boxes, Layern, Domänen etc., ohne dass man das Gesamtbild vor Augen hat, ist kontraproduktiv. Sie sollen das Bild gemeinem im Ecosystem aus allen ‚Fraktionen' malen, bevor wir es in Puzzleteile schneiden. In Summe und *at the end oft the day* müssen die Einzelbilder wieder das gemeinsam gezeichnete Bild wiedergeben. Hierbei kann das Prinzip der **Modularität** ein sehr hilfreiches Mittel sein. Inzwischen finden Ideen und Konzepte adaptiert an Softwareentwicklung, z. B. Docker, Microservices, auch in der Organisationstheorie und Produkt- und Produktionsgestaltung wieder.

[3] $Zitat Maturana$.
https://de.wikipedia.org/wiki/Autopoiesis.

[4] $Zitat Wiki$.

3 Industrie 4.0 vs. Industry 4.0

Bevor wir interpretieren, was Industrie 4.0 ist bzw. zu sein hat und bevor sofort alles, was Digitalisierung angeht gleich Industrie 4.0 zu setzen, schauen wir nach, was offiziell auf der Homepage steht:

Was ist Industrie 4.0?

Schrauben kommunizieren mit Montagerobotern, selbstständig fahrende Gabelstapler lagern Waren in Hochregale ein, intelligente Maschinen koordinieren selbstständig Fertigungsprozesse. Menschen, Maschinen und Produkte sind direkt miteinander vernetzt: die vierte industrielle Revolution hat begonnen.

Für Unternehmen gibt es viele Möglichkeiten, intelligente Vernetzung zu nutzen.

Digitale Transformation „Made in Germany": Welche Rolle spielt die PlattformIndustrie 4.0?

Übergeordnetes Ziel der PlattformIndustrie 4.0 ist es, die internationale Spitzenposition Deutschlands in der produzierenden Industrie zu sichern und auszubauen. Dafür diskutieren die Teilnehmerinnen und Teilnehmer der Plattform über geeignete und verlässliche Rahmenbedingungen. Als Impulsgeber, Moderator unterschiedlicher Interessen und Botschafter sorgt die Plattform Industrie 4.0 für den vorwettbewerblichen Austausch aller relevanten Akteure aus Politik, Wirtschaft, Wissenschaft, Gewerkschaften und Verbänden. Die Plattform ist eins der weltweit führenden Netzwerke im Bereich Industrie 4.0.

Wir schalten auf der Homepage auf die Sprache Englisch um, um den englischen Text zu sehen:

3.1 The background to PlatformIndustrie 4.0

How can Germany become the leading factory equipment supplier for Industrie 4.0? How can Germany further improve its competitiveness as a production location through Industrie 4.0? What role can Germany play in setting standards and how can Industrie 4.0 benefit people in the world of work? Platform Industrie 4.0 aims to find answers to these questions through dialogue. Together, companies and their employees, trade unions, associations, science and politics want to make a big impact. Ambitious but achievable recommendations are to be drawn up for all stakeholders, including the initiation of appropriate standards. In addition, a coherent research agenda based on the needs of operators is to be developed. Finally, compelling practical examples should be identified that demonstrate the various effects of networked production and value networks and the benefits of new business and working models.

Und so ist die Organisation von Industrie 4.0 – Plattform aufgebaut:

Die Schlussfolgerung hieraus ist:

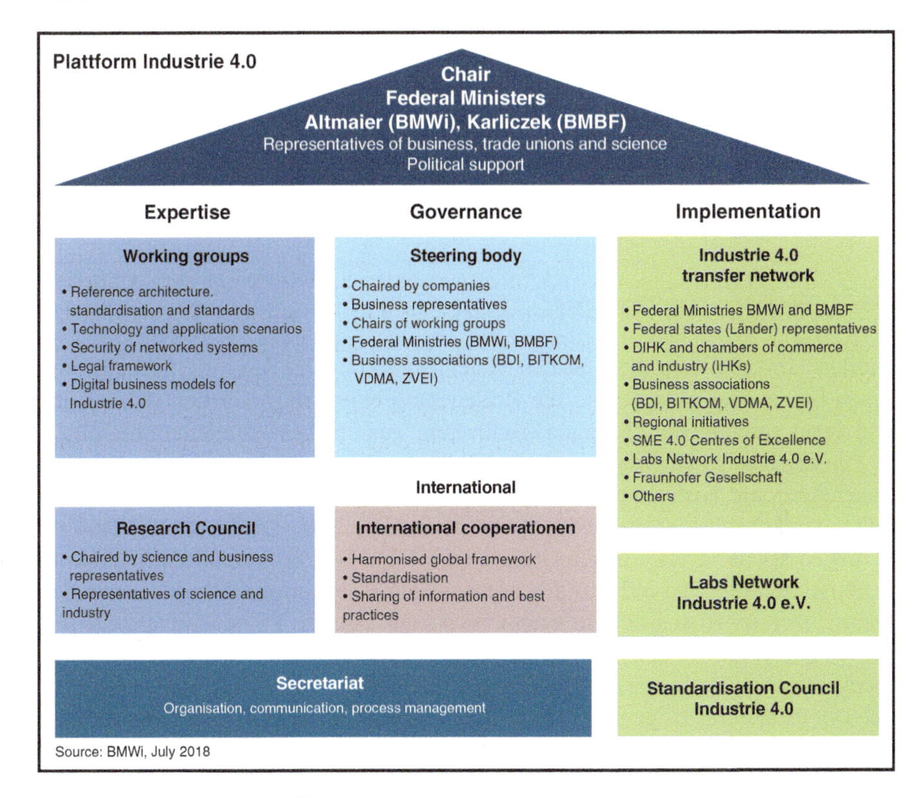

Abb. 1 Industrie 4.0 Aufbau[5]

- Industrie 4.0 sollte nicht als Indusdry 4.0 ins Englische übersetzt werden, weil es sich um eine Produktbezeichnung bzw. einen Brand handelt.
- Das Set-up bzw. die Plattform basiert auf einem interdisziplinären Ansatz. Die Politik, die Wissenschaft und die Industrie sollen gemeinsam die gesetzten Ziele umsetzen s. oben, Abb. 1.
- Das Hauptmerkmal von Industrie 4.0 ist die Vernetzung. Nicht nur die Maschinen, sondern auch die Menschen. Weg von Einzelnen und Monolithen, hin zu Komponenten und intelligente Vernetzung.

4 Layer vs. Netzwerk

Würden wir von vorneherein die einzelnen Disziplinen als voneinander unabhängige Systeme für sich definieren, würden wir uns notwendigerweise eher mit deren Abgrenzung anstatt mit den inhaltlichen Schwerpunkten auseinandersetzen. Dann

[5]Alle drei oben wiedergegebenen Schemata stammen aus: https://www.plattform-i40.de/PI40/Navigation/DE/Industrie40/WasIndustrie40/was-ist-industrie-40.html.

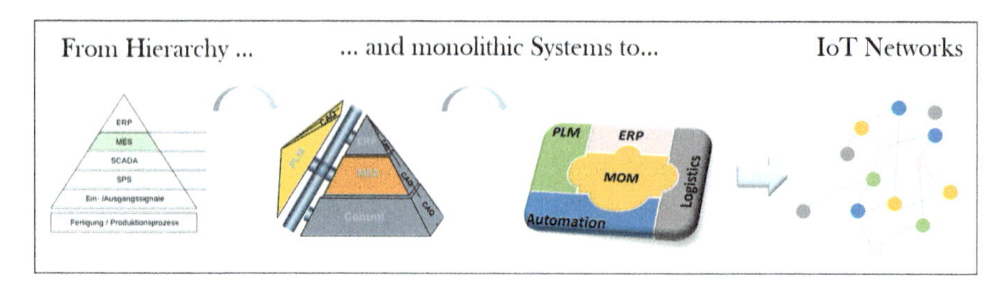

Abb. 2 Von Pyramide zu Netzwerken

würden nämlich die so abgegrenzten Systeme die Rolle der ‚Umwelt' im Luhmannschen Sinne übernehmen, und die Realisierung einer ganzheitlichen Betrachtung und damit verbundener Lösungen erschweren, wenn nicht verhindern (Abb. 2).

Die Erfahrung zeigt, dass der bisher übliche Ansatz, Großprojekte mit längeren Laufzeiten, und basierend auf monolithischen Ansätzen, mittelfristig nicht nachhaltig den erhofften Erfolg und die erhoffte Produktivität erzielen. Solche Ansätze vertragen rasche Veränderungen nicht. In einer VUCA-Welt[6] werden andere Ansätze benötigt: Investitionen und die dafür notwendige Umsetzungszeit werden knapp. Ein hierarchiebasierter Ansatz führt automatisch dazu, dass die Entscheidungswege und -zeiten größer und komplexer werden. Ein use cases-basiertes Requirement Management mit agilen Methoden scheint jedoch den Anforderungen des gesamten Bereichs der Digitalisierung zu genügen. Hier bilden App's-basierte Lösungssätze, die sich Cloudsystemen bedienen, oder eine Mischung von MES- bzw.- MES-System und cloudbasierten IoT- Plattformen die Zielarchitektur. Gartner[7] spricht von MES-IoT-Synchronisation. Der Grund liegt hier u. a. auch darin, dass man sich gerade in der Produktion nicht in der SCM-Welt allein austoben kann. The seamless Integration of PLM and MES oder die Anbindung von Kunden und Lieferanten bzw. Logistiksystemen jenseits der Intralogistik ist eine Notwendigkeit geworden, um Simulationsalgorithmen über die gesamte Lieferkette zu bedienen. Ohne diese Ganzheitlichkeit ist u. a. die Realisierung von Digital Twin im wahrsten Sinne des Wortes nicht umsetzbar. Wenn ein Use Case umgesetzt werden soll, interessiert es i. d. R. niemanden, ob es sich dabei um PLM- oder ERP-Use Case handelt. Die alte Diskussion, ob das Datenobjekt BOR (Bill of Ressource) in einem PLM- oder MES-System zu pflegen sei, wird obsolet, wenn wir dieses Objekt für sich konzipieren und in einem Netzwerk allen anderen zur Verfügung stellen. Das Design von Systemen in einer solch flexiblen und interdisziplinären Architektur wird noch viel flexibler und damit effizienter sein als in einem Monolithen. Es ist durchaus ein valides Use Case, ein BOR-Objekt mit einem FI-Objekt zu verknüpfen, wenn es darum geht, die Anschaffungskosten einer Anlage in der Produktion zu kalkulieren oder die Organisation des

[6] Vgl. unten S. $.
Wikipedia.

[7] $Lit.-Ang. Gartner$.
3738060-iot-technology-disruptions-a-gartner-trend-insight-report.pdf.

Beschaffers aus der HR dem Gebilde hinzuzufügen. Die notwendigen OEE-Daten gehen aus der IoT-Welt in die Verknüpfung ein und mit einem flexiblen Datenmodell, das sich über die Zeit und die Anzahl neuer Anwendungen weiterentwickelt, wäre wir in der Lage, ‚grenzen'-los neue Geschäftsmodelle zu definieren und zu integrieren.

Die Kunst wird allerdings bleiben (und das ist das ‚Aber' dabei), was wir bei der SOA leidvoll feststellen mussten: Ohne eine optimale Orchestrierung würde wir neue Monolithen bauen, deklariert als Service , der nur nach außen den Schein einer service-orientieren Architektur suggeriert. Wenn wir die Story weiter fortsetzen, werden wir feststellen, dass wir eine neue Art der Organisation brauchen. Zum Beispiel läßt man einen Personaler neben einem Produktdesigner und einem Produktionsplaner sitzen, weil wir gerade in der Produktion einen Use Case implementieren, der sich mit produktbegleitender Kalkulation beschäftigt und dafür die Real time Daten aus allen Bereichen. Mit einem solchen Ansatz werden wir in der Lage sein, kurzfristig und effizient neue Business-Logiken zu entwickeln als Grundlage für neue Business-Modelle.

4.1 Agil, agile, Agilität, SCRUM

„Agilität ist ein Merkmal des Managements einer Organisation (Wirtschaftsunternehmen, Non-Profit-Organisation oder Behörde), flexibel und darüber hinaus proaktiv, antizipativ und initiativ zu agieren, um notwendige Veränderungen einzuführen.“[8] Schauen wir uns die englische Übersetzung an:

„Agility or nimbleness is the ability to change the body's position efficiently, and requires the integration of isolated movement skills using a combination of balance, coordination, speed, reflexes, strength, and endurance.“ Auffällig ist die Anmerkung: *For other uses, see Agility (disambiguation).*Wir erleben in der Praxis, dass manche die Philosophie oder die Mindes der Agilität leider mit ‚Unverbindlichkeit' verbinden. Manchmal bedingt durch die direkte englisch-deutsch-Übersetzung *agile*=agil.

Hinter dem Ansatz ‚*agile*' verbergen sich nicht nur strikte Methoden, Regeln und Rollen, sondern eine Philosophie. Wenn diese Philosophie nicht verinnerlicht würde, müsste man sich fragen,ob man nicht anstatt reiner Methodenschulung mehr Überzeugungsarbeit leisten sollte. Sonst wird es in den Firmen nicht gelingen, die Menschen für diese neue Arbeitsweise zu gewinnen. Es geht hierbei darum, sehr diszipliniert und systematisch in kürzeren Zyklen ‚Produkte' zu erstellen, wobei der ‚Owner', in der Regel das Business und nicht etwa die IT, direkt in die Produktentwicklung mit einbezogen wird. Dieser hat somit die Möglichkeit, in jedem ‚Sprint' die Marschrichtung zu ändern und neue Prioritäten zu setzen, ohne das Gesamtziel aus den Augen zu verlieren.

[8] $ Wikipedia$.
Wikipedia.

Wenn wir zu unserem letzten Ansatz zurückkehren und die Prämissen aufstellen: „Weg von Layern, Domänen und Boxes und hin zu Netzwerken", bedeutet das für ‚agile', dass man zwar eine Vision definiert, den Weg bis dahin aber flexibel gestaltet. Es bedeutet, dass es keinen Chef gibt, der sagt, was und wie etwas gemacht werden soll, sondern nur einen, der sagt, welches Produkt erwartet und unter welchen Bedingungen er es abnehmen wird (Acceptance-Kriterien). Es bedeutet auch, dass sich das Team zusammensetzt aus Experten, die ein Projekt braucht, und zwar nur für die Dauer des Projektes und nicht als feste Organisation.

Um ein Beispiel aus meiner Praxis in meiner Rolle als CPO zu nennen:

Ein Verantwortlicher aus einer Einheit, die sich um die Organisation und Verwaltung der Räume kümmert, möchte wissen, wie die Belegungssituation der Besprechungszimmer ist, die über Outlook von Anwendern gebucht werden.

In unserer agilen Welt mit der SCRUM-Methode ist dieser Anforderer der ‚Product Owner'. Wir fragen nach: Warum wollen Sie das? Antwort: Weil ich die Heiz- und Stromkosten optimieren will!

Wir haken nach, wen wir im Team brauchen: Einen ITler, der die Netzinfrastruktur zur Verfügung stellt, eine Sicherheitsbeauftragte, den Werkschutz, einen Spezialisten aus der Sensorik, einen Spezialisten aus der IoT, jemanden, der das Datenmodell und Dataspace auf der IoT-Plattform designen und implementieren kann, einen App-Entwickler und einen Scrummaster, und später für die Predictive Maintenance einen Daten Scientisten. Wir vereinbaren 4 Sprints à 14 Tagen, stellen ein interdisziplinäres Team zusammen. Der Scummaster (hier eine Scrummasterin) organisiert das Team und die Meetings. Nach zwei Monaten bekommt der ‚Kunde' seine Pilot-Anwendung (MVP). Wir haben bei der Umsetzung keinen Chef gebraucht und ebenso wenig Abteilungs- und Gruppenleiter. Die Menschen kamen aus unterschiedlichen Organisationseinheiten und die Arbeit hat ihnen Spaß gemacht. Dabei entstand ein Produkt, das alle Beteiligten mit Stolz erfüllt hat.

Eine klassische Organisation würde dagegen bereits an der Definition der Requirement scheitern. In unserem Fall wurde ein digitales Produkt geschaffen, dessen Idee nicht aus einer IT-Einheit, sondern aus dem selbst Business kam. Die Lösung für diese echte Anforderung ist in 90 % der Fälle mehrwertbringend, weil ohne einen Mehrwert, Beschreibung in User Stories (die Angabe des Warum) nicht beschrieben werden können. Genauso ist die Beschreibung der Akzeptanzkriterien eine gute Sicherheit, dass das, was gewünscht wurde, auch entwickelt wird und nicht das, von dem der Entwickler meinte, was der Kunde braucht.

Um auf Luhmann zurückzukommen, haben wir durch diesen interdisziplinären Ansatz das System und damit die ‚Umwelt' nach dem Set-up definiert und nicht schon am Anfang und gerichtet nach bereits existierenden Organisationen. Das hätte nämlich zur Folge gehabt, dass viel Zeit und Energie mit der Abgrenzung der Einzelsysteme (hier Organisationen und Verantwortlichkeiten) miteinander verschwendet worden wären, weil die Systeme im Luhmannschen Sinne füreinander die Rolle der ‚Umwelt' übernommen und nicht als Gesamtsystem agiert hätten.

Hält man sich an die Grundprinzipien der agilen Methoden, z. B. SCRUM und lässt sich vor allem darauf ein, dann wird es gelingen, die Grenzen zu überschreiten,

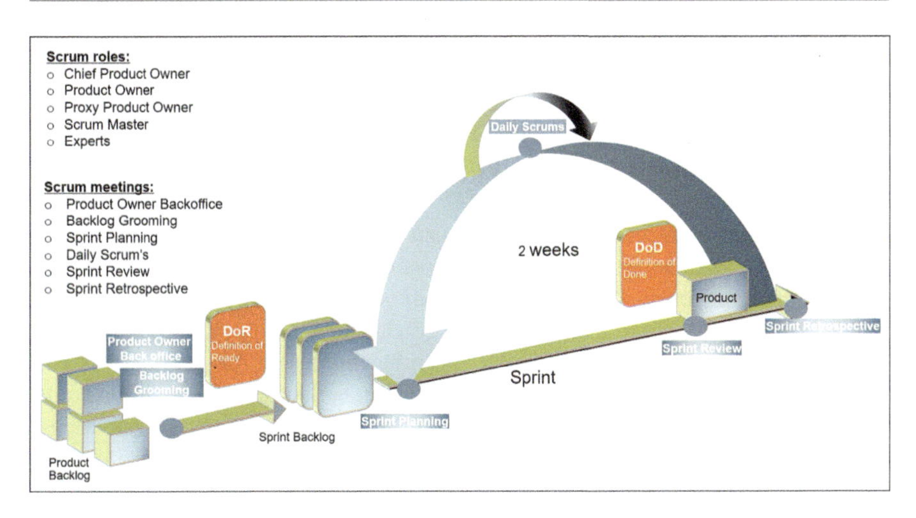

Abb. 3 Agile Prinzipien in der Praxis

um Mehrwert zu schaffen. Das ist meine persönliche Überzeugung nach fast zwei Jahren agiler Projektabwicklung im Bereich Digitalisierung, wo ich vom Chef zum Chef Product Owner mutiert bin (Abb. 3).

4.2 VUKA (VUCA)

VUKA (VUCA) beschreibt, wie Menschen in der Gesellschaft die heutige Welt empfinden, nämlich als zu schnell, als nicht direkt beeinflussbar, fremdgesteuert und labil, was bei ihnen Ohnmachtsgefühle auslösen kann:

- **V**olatilität (**V**olatility),
- **U**nsicherheit (**U**ncertainity),
- **K**omplexität (**C**omplexity) und
- **A**mbivalenz (**A**mbiguity),

Man denkt sich: ‚Bloß nicht längerfristig planen, du weißt nicht, was morgen ist'. Die Folge ist eine Unberechenbarkeit bei der Planung der Projekte, Produkte und Märkte.Niemand kann mit Sicherheit sagen, was demnächst geschehen wird und ob ein Investitionsschutz gegeben ist, wenn wir ein längerfristig angesetztes Projekt angehen wollen.

Alles scheint komplex geworden zu sein; alles ist vernetzt, alle Elemente der wahrzunehmenden Welt sind miteinander verknüpft, niemand scheint ‚frei' zu sein!

Die Elemente scheinen unabhängig voneinander zu interagieren, beeinflussen sich aber offensichtlich, auch wenn sie sich nicht kennen. Auch hier greifen wieder die Prinzipien von ‚actio re actio' bzw. das der Kausalität. Wenn jedoch die Vernetztheit der einzelnen Systeme unserer Welt offengelegt würde, wenn die Menschen also die Kausalitäten verstünden, würden sie die VUCA-Welt als nicht mehr bedrohlich, sondern wieder als kohärent wahrnehmen.

4.3 Der Schmetterlingseffekt (butterfly effect)

‚Does the Flap of a Butterfly's Wings in Brazil set off a Tornado in Texas?' Ein US-amerikanischer Mathematiker und Meteorologe Edward N. Lorenz hielt 1972 einen Vortrag mit dem diesem Titel vor der *American Association for the Advancement of Science*, die Stunde der Chaostheorie hatte geschlagen.Und nun wissen wir, dass er unsere VUKA-Welt beschreiben wollte, denn jeden Tag auf der ganzen Welt sind ‚Schmetterlinge' unterwegs und setzen unserer Planbarkeit und unserem Risikomanagement Grenzen. Allerdings hatte 1972 Lorenz die digitalisierte Welt ebenso wenig vor Augen wie Maturana und Luhmann. Die Interdisziplinärität, sei es organisatorisch oder technisch/technologisch, kann durch die Anwendung der Modularitätsprinzipien umgesetzt werden. Dabei erkennt man in der Regel sieben Merkmale eines modularen Systems:

1. Unabhängigkeit
2. Definierte Schnittstellen
3. Wiederverwendbarkeit
4. Skalierbarkeit
5. Fehlertoleranz
6. Testbarkeit
7. Kombinierbarkeit

Ob die Modularität in Widerspruch zum Prinzip des zu klein schneidenden Elefanten steht, oder eine andere Perspektive darstellt, muss individuell abgewogen werden.

5 Der Elefant und die blinden Männer oder eine monoperspektivische Sicht auf Multiperspektivität

In unterschiedlichsten Varianten und Formen wird die alte Erzählung einer ‚Objekt-Analyse' überliefert, die aufzeigen soll, dass es keine absolute Wahrheit gibt und dass man alle Sichtweisen zusammenführen soll, bevor man ein Urteil fällt. Auch hier begegnen wir der Philosophie speziell der Erkenntinstheorie. I. Kant sagte nämlich: „bevor du dir erlaubst, über etwas zu urteilen, musst du es kennen" (Abb. 4).

Alfred Holl und Edith Feistner haben eine hervoragenden Überblick über die Ausformungen dieser Erzählung in ihrem Buch *Mono-perspective views of multi-perspectivity: Information Systems modeling and ‚The blind men and the elephant* gegeben und diese in Beziehung zu Informationssystemen gesetzt.

Es geht um die blinden Männer (also Leute in der Dunkelheit), die ohne zu ‚sehen' einen Elephanten (ein reales Objekt) erkennen müssen, indem sie es anfassen

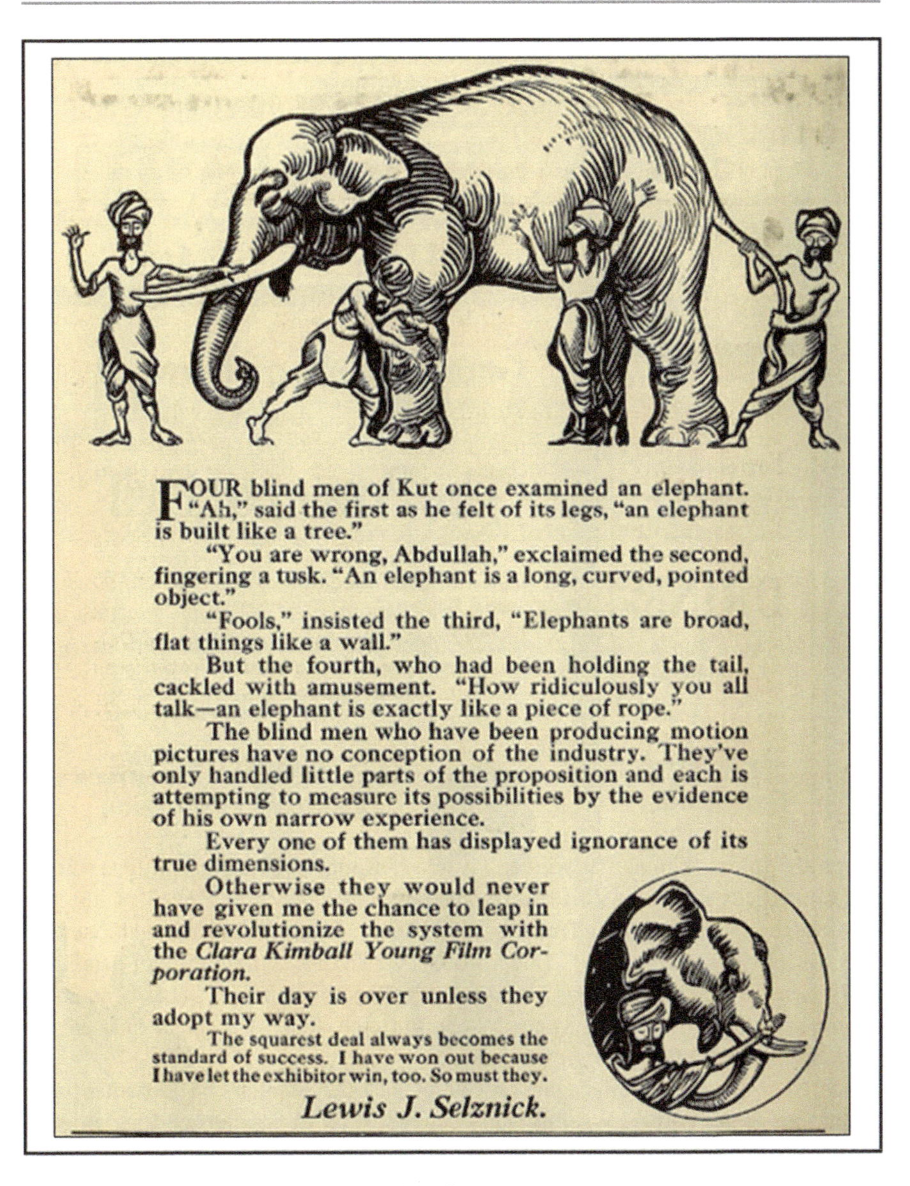

Abb. 4 Lewis J. Selznick, 1916. (Aus Wekipedia)

und das Ertastete in Beziehung zu ihrem Weltwissen setzen, um herauszubekommen, um welches ‚Ding' es sich handelt. Das Ergebnis ist nicht überraschend: Jeder stellt etwas anderes fest, behauptet die absolute Antwort herausgefunden zu haben und pocht auf seiner Sicht.

Zitiert wird im Buch auch Ed Young mit seiner Version der Geschichte Mäuse statt Männern laufen herum und versuchen zu beschrieben bzw. zu verstehen, was sie draußen gefunden haben. Sie haben unterschiedliche Wahrnehmungen und beschreiben diese, das Ergebnis konsolidiert die weiße Maus und fasst zusammen:

> "Now, I see. The Sometihng is
> as sturdy as a pillar,supple as a snake,wide as a cliff,sharp as a spear,breezy as a fan, stringy as a rope,but altogether the Soemtihng isan elephant!"

so robust wie eine Säule,
geschmeidig wie eine Schlange,
weit wie eine Klippe,
scharf wie ein Speer,
luftig wie ein Fächer,
seidig wie ein Seil,
aber insgesamt ist das Etwas ein Elefant!

Ed Young schlußfolgert: ‚*And when the other mice ran up one side and down the other, across the Sometihng from end to end, they agreed. Now they saw, too. The Mouse Moral: Knowing in Part may make a fine tale, but wisdom comes from seeing the whole*'.[9]

6 Conclusio

Durch die Interdisziplinarität würden wir eine Multiperspektivität erzeugen, die es uns ermöglicht in kurzer Zeit die Herausforderungen unserer Zeit, u. a. die der Digitalisierung zu meistern. Trainings in Change Managment abzuhalten, ist eine Sache, die Menschen in den Change-Prozess zu involvieren, an ihm zu beteiligen und ihnen die Chance zu geben, ihn mitzugestalten, eine andere. Dabei können die Prinzipien eines modularen Systems sehr hilfreich sein. Allerdings müssen die Voraussetzungen hierfür konsequent eingehalten werden.

Ob Mitarbeiter oder Manager, ob Studenten oder Schüler, ob Dozenten oder Lehrer, ob in der Politik, Wissenschaft oder Industrie, ob im eigenen Land oder in der Welt: Es ist unsere gemeinsame Pflicht und Schuldigkeit, uns interdisziplinär zusammenzufinden. Es muss uns allerdings auch gelingen, den ‚Elefanten' zu erkennen. Dazu müssen wir in der Lage sein, uns gegenseitig anzuerkennen, zu respektieren und voneinander zu lernen!

---

[9] $Nachweis Zitat$.
Mono-perspective views of multi-perspectivity: Information systems modeling and The blind men and the elephant.Holl, Alfred and Edith Feistner.

Literatur

Mono-perspective views of multi-perspectivity: Information systems modeling and The blind men and the elephant. Holl, Alfred and Edith Feistner

Einführung in die Systemtheorie Taschenbuch – 1. Januar 2017 von Dirk Baecker (Herausgeber), Niklas Luhmann (Autor)

Soziale Systeme: Grundriß einer allgemeinen Theorie (suhrkamp taschenbuch wissenschaft) Taschenbuch – 30. März 1987 von Niklas Luhmann (Autor)

Liebe: Eine Übung Gebundenes Buch – 22. September 2008 von André Kieserling (Herausgeber), Niklas Luhmann (Autor)

Schlüsselwerke der Systemtheorie Gebundenes Buch – Großdruck, 3. März 2016 von Dirk Baecker (Herausgeber)

Komplexitäten: Warum wir erst anfangen, die Welt zu verstehen von Sandra Mitchell und Sebastian Vogel | 20. April 2008

Industrie 4.0: Beherrschung der industriellen Komplexität mit SysLM (Xpert.press) Gebundenes Buch – 16. August 2013 von Ulrich Sendler (Herausgeber)

Laws of Form – Gesetze der Form (Englisch) Broschiert – 2004 von George Spencer-Brown (Autor), Thomas Wolf (Übersetzer)

Industrie 4.0 in Produktion, Automatisierung und Logistik: Anwendung · Technologien · Migration Gebundenes Buch – 8. Mai 2014 von Thomas Bauernhansl (Herausgeber), Michael ten Hompel (Herausgeber), Birgit Vogel-Heuser(Herausgeber)

Produktivität durch Industrie 4.0 Taschenbuch von Horst Wildemann (Autor)

Prozessunterstützung für modellorientiertes Engineering von CPPS von der Konzeptphase bis zur virtuellen Inbetriebnahme

Bedarfe und Lösungsansätze

Stefan Biffl, Dietmar Winkler, Lukas Kathrein, Felix Rinker, Richard Mordinyi und Heinrich Steininger

Zusammenfassung

Anlagen im Industrie 4.0 Umfeld erfordern den Austausch von Engineering-Modellen und Engineering-Daten über Fachbereichsgrenzen hinweg. Der Einsatz heterogener Software-Werkzeuglandschaften bestimmt jedoch häufig den Engineering-Prozess automatisierter Systeme. In der Kombination von standardisierten Datenformaten wie *AutomationML* und geeigneten Datenaustausch- und Verwaltungsplattformen für Engineering-Modelle und Daten lassen sich sowohl Engineering-Prozesse verbessern als auch Anlagemodelle über den gesamten Lebenszyklus effizient erstellen und pflegen. Häufig bilden Modelle jedoch nur einzelne Teilaspekte einer Anlage ab und erschweren somit einerseits eine ganzheitliche Sicht auf die Anlage und andererseits die Analyse von übergreifenden Faktoren, wie etwa Konfigurationen, die von unterschiedlichen Fachbereichen bereitgestellt und genutzt werden. Integrationsplattformen und Konzepte, wie etwa der Produkt-Prozess-Ressourcen-Ansatz (PPR) ermöglichen eine ganzheitliche Sicht auf die Anlage aus unterschiedlichen Sichtweisen und können einen effizienten Datenaustausch über Fachbereichsgrenzen hinweg ermöglichen. Dieses Kapitel diskutiert Bedarfe, Herausforderungen und Lösungsansätze sowie

S. Biffl · R. Mordinyi
Institut für Information Systems Engineering, Technische Universität Wien, Wien, Österreich
E-Mail: stefan.biffl@tuwien.ac.at; richard.mordinyi@tuwien.ac.at

D. Winkler (✉) · L. Kathrein · F. Rinker
Christian Doppler Labor für die Verbesserung von Sicherheit und Qualität in Produktionssystemen (CDL-SQI), Institut für Information Systems Engineering, Technische Universität Wien, Wien, Österreich
E-Mail: dietmar.winkler@tuwien.ac.at; lukas.kathrein@tuwien.ac.at; felix.rinker@tuwien.ac.at

H. Steininger
logi.cals GmbH, St. Pölten, Österreich
E-Mail: heinrich.steininger@logicals.com

B. Vogel-Heuser et al. (Hrsg.), *Handbuch Industrie 4.0*,
https://doi.org/10.1007/978-3-662-58528-3_88

Stärken und Einschränkungen von gängigen Ansätzen für effizienten Datenaustausch im heterogenen Engineering-Umfeld anhand von Forschungsfragen und Anwendungsfällen. Wesentliches Ziel der Forschung und Entwicklung ist das Herstellen einer effizienten Datenlogistik in einem heterogenen Engineering-Umfeld. Dadurch ergeben sich Möglichkeiten für eine verbesserte Beobachtung und Orchestrierung von Engineering-Prozessen.

1 Einführung

Industrie 4.0 verspricht, die künftige Produktion von Gütern durch eine umfassende Vernetzung der beteiligten Wertschöpfungsprozesse in Bezug auf Flexibilität, Geschwindigkeit und Effizienz zu revolutionieren (BMBF 2013). Dabei unterscheiden sich die prinzipielle Struktur der aus den Wertschöpfungsprozessen gebildeten Wertschöpfungsketten und deren Verbindungen nicht wesentlich von bereits existierenden Produktionssystemen. Vielmehr ergeben sich geänderte Anforderungen aus der Notwendigkeit, einzelnen Prozesse effizienter miteinander zu verbinden; an den Prozessgrenzen müssen Artefakte so gestaltet werden, dass sie im nachfolgenden Prozess bestmöglich genutzt werden können. Dies betrifft besonders die Konzeptionierungsphase bzw. Angebotsphase – als vorgelagerte Phase zur Anlagenplanung.

Speziell in den frühen Phasen des Anlagen-Engineerings werden viele Verbindungen in der Anlage und zwischen unterschiedlichen Artefakten und Konzepten festgelegt. Dabei spielen Abhängigkeiten von *Produkt*, *Prozess* und *Ressource (PPR)* eine wesentliche Rolle (Schleipen et al. 2015) und können in späteren Entwicklungsphasen weiter genutzt werden. Ein Produkt ist dabei das Ergebnis eines Herstellungsprozesses das mit Hilfe von Werkzeugen (Ressourcen) produziert wird (Kathrein et al. 2019a). Details zum PPR-Konzept sind in Abschn. 4 beschrieben. Dadurch ergeben sich unterschiedliche Sichten auf das Anlagen-Engineering, die einerseits geeignet abgebildet und andererseits geeignet aufeinander abgestimmt werden müssen. Im Anlagen-Engineering können Produkt- und Produktionssysteme (Ressourcen) gut über die ausgeführten Prozesse verbunden werden (Biffl et al. 2017b). Diese Verbindungen stellen somit eine vielversprechende Grundlage für einen effizienten Datenaustausch dar. Wesentliche Aspekte einer Anlage sowie deren Zusammenhänge und Eigenschaften können für Fachexperten explizit ausgedrückt werden. Durch diese ganzheitliche Betrachtungsweise mit Hilfe des PPR-Konzeptes ergibt sich auch der Vorteil, dass Design-Entscheidungen – unterstützt durch Software-Werkzeuge – fachbereichsübergreifend verfolgbar und nachvollziehbar werden. Voraussetzung dafür ist allerdings eine durchgängige PPR-Beschreibung, die mit den vier identifizierten Industrie 4.0 Wertschöpfungsketten (VDI/VDE 2014a) in Einklang gebracht werden muss: In der *Produkt- und Produktlinienentwicklung* werden die Eigenschaften und der Aufbau der zu produzierenden Ergebnisse festgelegt und das Variantenspektrum bestimmt. Die Kette der *Verfahrens- und Anlagenentwicklung* bestimmt, wie die Produkte hergestellt werden und wie die sie erzeugenden Anlagen aufgebaut sind. *Produktproduktion und After-Sales-Service* decken die eigentliche Herstellung und nachfolgende Dienstleistungen ab. Die Prozesse des *Anlagenbaus und des Anlagenbetriebs* stellen die zur Produktion erforderliche Infrastruktur bereit.

Abb. 1 stellt diese Wertschöpfungsketten und ihre Abhängigkeiten vereinfacht dar. In bisherigen Produktionssystemen ist die Parallelität der Aktivitäten in den einzelnen Prozessen und Ketten oft nur eingeschränkt gegeben. Beispielsweise erfolgt die Verfahrens- und Anlagenentwicklung im Allgemeinen nachdem die Produkt- und Produktlinienentwicklung abgeschlossen ist. Erst danach wird der Anlagenbau durchgeführt, bevor Anlagenbetrieb und Produktion parallel erfolgen. Diese Abfolge von Prozessen und Ketten ist in ähnlicher Form auch bei Umbauten der Anlagen zu beobachten. In Industrie 4.0 Landschaften gehen wir jedoch davon aus, dass alle vier Wertschöpfungsketten weitestgehend parallel und über den gesamten Anlagenlebenszyklus hinweg durchlaufen werden.

Die erwartete Flexibilität in der Produktvariabilität („Losgröße 1") sowie die Offenheit bei der Wahl der Zulieferer von Vorprodukten und der genutzten Logistikketten führen dazu, dass auch während des Betriebs einer Anlage Teilprozesse der Produktentwicklung durchlaufen und darauf abgestimmte Verfahren und Anlagen angepasst und die Produktplanung überarbeitet werden müssen.

Aktuell genutzte Werkzeugketten sind vom Grundprinzip her sequenziell strukturiert. Sie benötigen in der Regel menschliche Experten, die an den Schnittstellen *gemeinsame Konzepte* von der Darstellungsform in einem Fachbereich in die Konzepte eines anderen Fachbereichs übersetzen (Moser und Biffl 2012; Schneider et al. 2019). Beispielsweise müssen Konzepte aus der Elektroplanung (etwa Signale und Hardware-Pins) in Konzepte der Softwareplanung (etwa Software-Variablen) übersetzt werden. Diese Übersetzung erfolgt nach wie vor in hohem Maße manuell, sodass

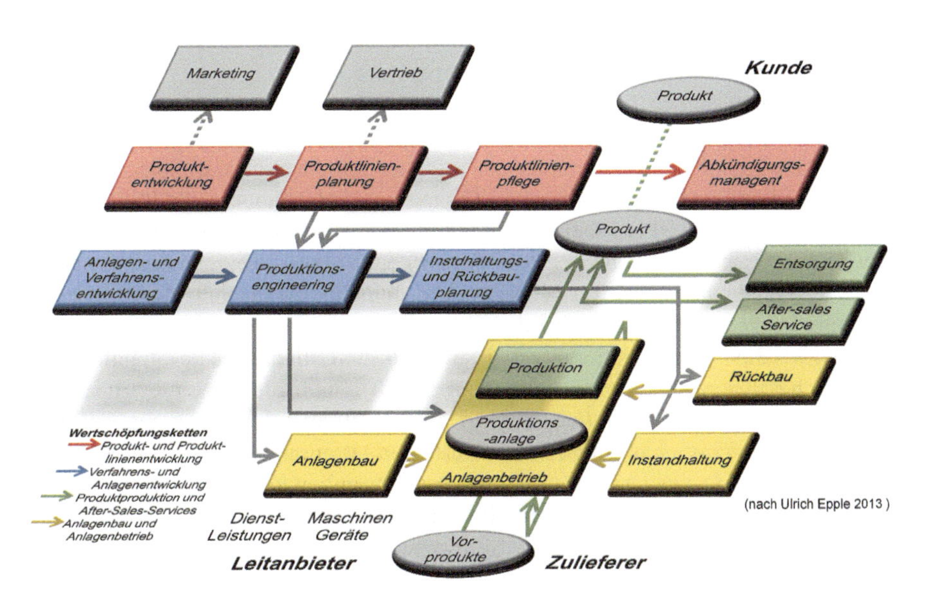

Abb. 1 Wertschöpfungsketten für industrielle Produktionssysteme. (VDI/VDE 2014a)

Anforderungen nach einem kontinuierlichen Engineering-Prozess aktuell nicht effizient erfüllt werden können. Ähnlich wird dies im „VDI VDE Statusreport Industrie 4.0 CPS-basierte Automation Forschungsbedarf anhand konkreter Fallbeispiele“ (VDI/VDE 2014b) gesehen. Dort wird neben den Bereichen *Anpassung der Vernetzungs-Systeme der Unternehmens-IT, Anpassung von Methoden der Automatisierungstechnik* und *Strukturelle Änderungsmöglichkeit zur Laufzeit* der Bereich der *Nutzung von Informationen von früheren Entwurfsphasen* als zentraler Forschungsbedarf angesehen. Dazu werden die beiden folgenden Forschungsfragen formuliert (VDI/VDE 2014b):

- *Bruchlose Modelle in Engineering-Phasen.* Wie können Modelle von Systemen und Komponenten umfassend und bruchlos in allen Engineering-Phasen eingesetzt werden, etwa für die Simulation, für eine virtuelle Inbetriebnahme, oder in der Betriebsphase zur Wartung oder Diagnose bei Störungen?
- *Durchgängige Werkzeugketten.* Wie kann eine durchgängige Werkzeugkette bereitgestellt werden, die auf den Modellen aufbaut und notwendige Schnittstellen anbietet, um Daten und Modelleigenschaften zwischen den Engineering-Schritten effizient auszutauschen?

Modelle von Systemen und Komponenten stellen zentrale Aspekte in beiden Forschungsfragen dar. Ein Modell ist beispielsweise ein Anlagenmodell eines Produktionssystems. Dieses Anlagenmodell ist dabei eine Beschreibung von Eigenschaften und Ausprägungen des Systems wie beispielsweise Mechanik, Elektrik und Verhalten (Drath 2010). Ein integriertes Anlagenmodell bzw. eine effiziente Datenlogistik ist ein sinnvoll erscheinender Ansatz, um Abhängigkeiten von Teilsystemen effizient und durchgängig abzubilden. Durch diesen Ansatz können Methoden und Verfahren der Modelltransformation genutzt werden.

Es ist zu beobachten, dass die unterschiedlichen Systemsichten bereits Teile einer zugrunde liegende PPR- bzw. Anlagensicht aufweisen bzw. beinhalten (Kathrein et al. 2019a). Um Fachexperten eine einheitliche Grundlage für das Anlagenmodell zur Verfügung zu stellen, ist aber ein durchgängiges Vorhandensein von PPR-Wissen notwendig. Dieses PPR-Wissen wird typischerweise fachübergreifend erstellt, erweitert und gepflegt. In den PPR-Modellen können so Abhängigkeiten zwischen wesentlichen Fachbereichen ausgedrückt werden, die für die Planung, die Errichtung und den Betrieb einer Anlage erforderlich sind. Beispielsweise können Konsistenzregeln zwischen Mechanik und Elektrik auf Basis der Grundfläche des Produktionssystems beschrieben werden (Kathrein et al. 2019b). Bereits jetzt ergeben sich durch *„anlagenmodellorientiertes Engineering“* (Drath 2010), also durch einen Engineering-Prozess mit einem zentralen konsistenten Datenmodell zahlreiche Vorteile: Eine integrierte Datensicht bzw. eine effiziente Datenlogistik ermöglicht beispielsweise einen effizienten Projektüberblick, eine systematische und lückenlose Datenweitergabe, die Versionierung von Projektständen oder auch Konsistenzprüfungen. Dazu sind – etwa für eine virtuelle Inbetriebnahme – aber Werkzeuge, wie Konfiguratoren und Generatoren notwendig, die auf einer integrierten Datensicht bzw. einer effizienten Datenlogistik aufsetzen.

Diese erreichbaren Verbesserungen lassen sich in drei grundlegende Bereiche einteilen: (a) Erhöhung der *Produktivität* einzelner Ingenieure, (b) Verbesserung der *Zusammenarbeit* innerhalb eines Fachbereichs aber auch zwischen einzelnen Fachbereichen und (c) Herstellung eines fachbereichsübergreifenden *Verständnisses* der geplanten bzw. laufenden Anlage und des Engineering-Prozesses, in dem die Anlage entsteht oder weiterentwickelt wird.

Anlagenmodellorientiertes Engineering bedeutet somit einerseits, dass im Engineering-Prozess ein Modell der Anlage entsteht und andererseits, dass dieses Modell während des Engineerings genutzt wird und auch zur Unterstützung weiterer Wertschöpfungsprozesse zur Verfügung steht. Somit ist die Frage zu beantworten, wie ein derartiges Modell erstellt werden kann. Dabei soll aber kein Zusatzaufwand für die Erstellung des Anlagenmodells entstehen, sondern bisherige Engineering-Prozesse sollen genutzt werden können, um dieses Modell (automatisch) zu erzeugen. Grundsätzlich sind dafür mehrere Herangehensweisen denkbar. Im Bereich der Integration von Daten und Funktionen (Biffl et al. 2012a, b, 2019a; Scholz 2018) aus heterogenen Software-Werkzeugen können unterschiedliche Ansätze beobachtet werden (Fay et al. 2013):

(a) *Hersteller spezifische (proprietäre) Ansätze*, um die Werkzeuge in der Werkzeug-Suite eines Herstellers besser zu integrieren;
(b) *Behelfslösungen* lokaler Experten, die Lücken zwischen Werkzeugen und Datenbeständen überbrücken, um spezifische Abläufe im Engineering-Projekt (teilweise) zu automatisieren; und
(c) *Herstellerneutrale Ansätze*, um alle heterogenen Software-Werkzeuge und Datenmodelle in einem Engineering-Projekt als Basis für wiederkehrende Abläufe, Berichte und Evaluierungen zu integrieren.

Jede Form der Daten- und Funktionsintegration bedingt zwar nicht notwendigerweise ein explizites Anlagenmodell, wird dadurch jedoch wesentlich erleichtert. Darüber hinaus ist festzustellen, dass die Verfügbarkeit eines offenen Modells geeignet ist, Schnittstellen zu angrenzenden Wertschöpfungsprozessen und den darin verwendeten Werkzeugen zu realisieren. Gerade dieser Aspekt ist bei proprietären Werkzeug-Suiten, die stets nur Teilaspekte der Anlage abdecken können, kaum oder nur eingeschränkt gegeben (Fay et al. 2013).

Im Vergleich zur **vorangegangenen Auflage dieses Kapitels** (Biffl et al. 2017a) liegt der Fokus dieses Kapitels verstärkt auf der Verwendung von *Modellen für Daten und Konzepte*. Ergänzend zu gemeinsamen Konzepten zum bruchlosen Datenaustausch wird in diesem Kapitel der *Produkt-Prozess-Ressourcen (PPR)* Ansatz als Grundlage für eine ganzheitliche Betrachtung der Anlage beleuchtet. Dabei werden unterschiedlichen fachbereichsspezifischen Sichtweisen berücksichtigt. Durch dieses Konzept kann ein effizienter Datenaustausch über Engineering-Phasen hinweg bis hin zur virtuellen Inbetriebnahme erfolgen. Ergänzend zu einem integrierten Datenmodell zeigt dieses Kapitel einen Lösungsansatz für eine *effiziente Datenlogistik* im Bereich des Anlagen-Engineerings. Eine effiziente Datenlogistik setzt dabei auf unterschiedlichen *AutomationML* Ausprägungen auf und ermöglicht somit einen bruchlosen Datenaustausch.

Ausgehend von exemplarischen Anwendungsfällen, die im Kontext von anlagenmodellorientiertem Engineering in Industrie 4.0 Landschaften identifiziert wurden, werden Bedarfe an Mechanismen und Systeme abgeleitet. In der Folge werden die angeführten Lösungsansätze in Bezug auf diese Bedarfe untersucht. Schlussendlich wird als Beispiel eines herstellerneutralen Ansatzes das Konzept einer *effizienten Datenlogistik* (Biffl et al. 2019d) beschrieben. Dabei werden auch Möglichkeiten diskutiert, die sich daraus für eine verbesserte Beobachtung und Orchestrierung der Engineering-Prozesse sowie darüber hinausgehender Prozesse des Anlagen-Betriebs und der Instandhaltung ergeben.

2 Anwendungsfälle

Basierend auf der Grundstruktur von Werkzeugketten ist davon auszugehen, dass die Wertschöpfungsnetzwerke, wie sie in heutigen Produktionssystemen Anwendung finden, auch in Industrie 4.0 Landschaften zu finden sind (VDI/VDE 2014a). Was sich jedoch ändern wird, ist sowohl die *Frequenz*, in der die einzelnen Ketten durchlaufen werden als auch der *Grad an Parallelität* der durchgeführten Aktivitäten. Bei beiden Faktoren ist von einer drastischen Erhöhung auszugehen. Um diese wirtschaftlich bewältigen zu können und eine Durchgängigkeit der Wertschöpfungsketten zu erreichen, müssen einerseits Verbesserungen der einzelnen Prozesse und anderseits kontinuierliche Abstimmungen zwischen den Prozessen erreicht bzw. ermöglicht werden. Aktuelle Vorgehensweisen scheinen für diese Herausforderungen unzureichend zu sein. In bestehenden Engineering-Wertschöpfungsprozessen kommen Software-Werkzeuge zum Einsatz, die in den vergangenen Jahren und Jahrzehnten weiterentwickelt wurden und Fachexperten in ihrem jeweiligen Bereich bestmöglich unterstützen. Weitere Verbesserungen in Bezug auf die Produktivität können vornehmlich durch eine bessere Verbindung der unterschiedlichen Fachbereiche ermöglicht werden (Biffl et al. 2014, 2019e; Kathrein et al. 2019c; Lüder et al. 2014; Schmidt et al. 2014).

Dadurch ergibt sich auch die Möglichkeit, in den komplexen und verschränkten Engineering-Prozessen eine bessere *Zusammenarbeit* der beteiligten Experten zu erreichen. Durch ein besseres und maschinell unterstützbares *Verständnis* der entwickelten Anlage bereits während des Entwicklungsprozesses ergeben sich weitere Verbesserungspotenziale, wie früheres Finden von Fehlern oder das frühe Aufzeigen von Inkonsistenzen (Lüder et al. 2018). In diesem Beitrag wird speziell sowohl die *Anlagenkonzeptionierungsphase* als auch die *Anlagenplanungsphase* untersucht. In beiden (frühen) Phasen des Lebenszyklus eines Produktionssystems werden wesentliche Entscheidungen für spätere Eigenschaften festgelegt und meist in Anlagenmodellen dokumentiert. In der *Konzeptionierungsphase* werden *Produkt, Prozess, und Ressourcen (PPR)* Konzepte und Modelle genauer betrachtet. Hier gilt es, besonders Relationen einzelner PPR-Konzepte zu verfolgen, da diese einen wesentlichen Beitrag für spätere Entscheidungen in der Anlagenplanung liefern. In der *Anlagenplanung* werden auch wesentliche Eigenschaften für den späteren Betrieb festgelegt. Damit entsteht auch in dieser Phase – entweder implizit oder explizit – ein Anlagenmodell. Um Anlagenmodelle aus beiden Phasen abgestimmt erstellen zu können, müssen Projektpartner – insbesondere aus den Bereichen *Elektroplanung, Mechanische Konstruktion* und *Steuerungsprogrammierung* – unter der Gesamtleitung eines oder mehrerer *Anlagenplaner* zusammenarbeiten. Für die Mehrheit der Ingenieure ist es auch wichtig, mit gewohnten und etablierten Software-Werkzeugen arbeiten zu können, um die Tätigkeiten in ihrem eigenen Fachbereich bestmöglich durchzuführen (Lüder et al. 2014).

Zur Ermittlung konkreter Anwendungsfälle und Bedarfe wurden Experten aus unterschiedlichen Fachbereichen bei Industriepartnern aus dem Anlagenbau befragt. Durch diese Befragungen von Experten aus den genannten Fachbereichen sowie aus den Bereichen *Prozess- und Qualitätssicherung*, *SCADA- und Leitsystemplanung* und *Virtuelle Inbetriebnahme* wurden folgende Bedarfe und Anwendungsfälle mit hohem Verbesserungspotenzial identifiziert.

Abb. 2 zeigt ausgewählte Anwendungsfälle (A), die im Rahmen von Diskussionen mit Industriepartnern aus dem Anlagen-Engineering ermittelt wurden und als Grundlage für die Identifikation konkreter Bedarfe (B) an Lösungskonzepten dienen:

A1. *Modellierung von PPR-Wissen* und Überführung von Produkt und Prozesswissen in neues Ressourcenwissen.
A2. *Effizienter Datenaustausch* zwischen Fachbereichen unter Berücksichtigung von PPR-Wissen.
A3. Gewerke übergreifende *Konsistenzprüfungen*.
A4. Einsatz von *Generatoren für Teilpläne*.
A5. *Virtuelle Inbetriebnahme*.

Anwendungsfall A1. Modellierung von PPR-Wissen und Überführung von Produkt und Prozesswissen in neues Ressourcenwissen. In der Konzeptionierungsphase von Anlagen übergibt der Kunde in vielen Fällen produkt- bzw. teilweise auch prozessspezifisches Wissen, das in Form von Modellen vorliegt. Ein zentrales Ergebnis diese Konzeptionsphase ist ein konkretes Angebot für die zu erstellende Anlage,

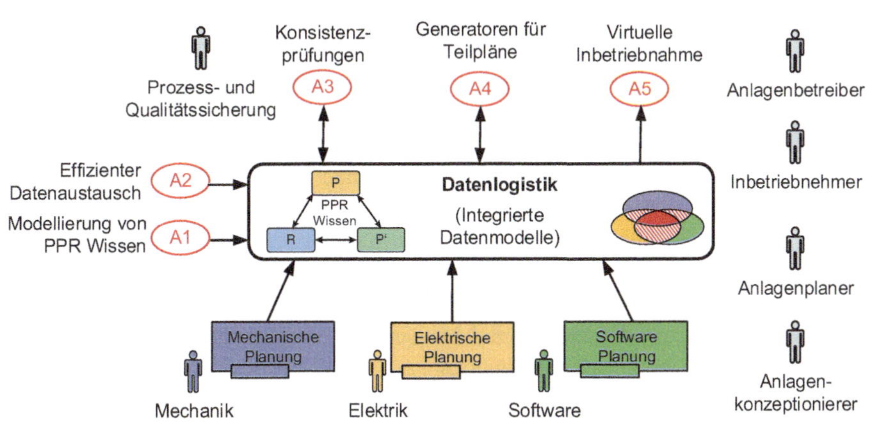

Abb. 2 Überblick ausgewählter Anwendungsfälle

das dem Kunden zur Beurteilung und Freigabe vorgelegt wird. Aufgrund oft unvollständiger Anforderungen vertrauen Ingenieure in dieser frühen Konzeptphase häufig auf jahrelange Erfahrung, um geeignete Angebote für den Kunden zu erstellen. Dieses Wissen stammt häufig aus vergleichbaren Projekten mit demselben oder einem ähnlichen Kunden. Diese Angebote, die auf diesem Expertenwissen aufgebaut sind, stellen einen ersten initialen Vorschlag für ein Produktionssystem dar, das die Anforderungen bezüglich Produkt und Prozess erfüllt. In vielen Fällen ist jedoch nicht dokumentiert, wie Entwurfsentscheidungen vom Ingenieur getroffen werden bzw. welches Kundenwissen hinsichtlich PPR wirklich relevant ist (Kathrein et al. 2019c). Ingenieure in der Anlagenkonzeptionierung haben zudem derzeit nur selten die Möglichkeit, PPR-Wissen explizit zu machen. Meist stellt auch die Überführung von Produkt- und Prozesswissen in Ressourcenwissen eine „Einbahnstraße" im Wissensfluss dar, die in späteren Detaillierungsphasen, etwa in der konkrete Anlagenplanung, nicht oder nur aufwändig zurückverfolgt werden kann. Diese fehlende Rückverfolgbarkeit beinhaltet in manchen Fällen Risiken, die den Projekterfolg gefährden (Biffl et al. 2019b, c), da die einzelnen Fachbereiche unabhängig und isoliert arbeiten und auf eine interne Effizienz ohne übergreifende Optimierungen ausgerichtet sind. Ursache dafür sind häufig proprietäre bzw. Behelfslösungen für Werkzeug- und Datenintegration, die einen Datenaustausch innerhalb eines Fachbereiches unterstützen aber keinen Datenaustausch über die eigenen Fachbereichsgrenzen hinweg ermöglichen.

Durch eine explizite PPR-Wissensrepräsentation, wie sie in diesem Anwendungsfall angedacht ist, können Ingenieure ihre Entscheidungsprozesse in der Konzeptionsphase klarer ausdrücken und auch für die Anlagenplanung, den Anlagenbau, die Inbetriebnahme und den Betrieb nutzbar und nachvollziehbar machen. Dies erleichtert es Ingenieuren, in nachgelagerten Phasen auf definierte Entscheidungen zuzugreifen und auch den Entscheidungsprozess, der auf PPR-Wissen aufbaut, nachzuvollziehen. Kathrein et al. (2019a) beschreibt anhand eines Beispiels, wie eine Auswahl von Ressourcen für ein Produktionssystem erfolgen kann. Dadurch kann der mögliche Lösungsraum für die Auswahl von Maschen und Prozessen besser dokumentiert und eingeschränkt werden. Zusätzlich zu dieser Unterstützung bietet ein PPR-Modell – als Datengrundlage – die Möglichkeit, Rückflüsse aus dem operativen Anlagenbetrieb zu erhalten, die in Neuentwicklungen oder Verbesserungen einfließen können.

Dieser Anwendungsfall beinhaltet folgende Bedarfe: PPR-Wissen kann spezifische Verbindungen, Abhängigkeiten und Konzepte für komplexe Anlagen beschreiben. Daher ist auch eine projektweite und übergreifende Konzeptbeschreibung *(Bedarf B1)* erforderlich, die in späten Phasen der Anlagenplanung gespeichert werden muss *(Bedarf B3)*. In der Konzeptphase wird in vielen Fällen iterative gearbeitet. Mehrere verschiedene Angebotsversionen werden erstellt und dem Kunden vorgelegt. Diese Angebotsversionen müssen geeignet abgelegt und versioniert werden *(Bedarf B4)*. Dies erfordert auch die Verfolgung und Auswertung von Änderungen in der Konzeptphase und der späteren Anlagenplanungsphase *(Bedarf B5)*. In vielen Fällen haben detaillierte Planungen der Anlage Auswirkungen auf die zugrunde liegenden Basiskonzepte. Durch Anpassungen in der Anlagenplanung muss sich auch der initiale Entwurf ändern. Diese Änderungen müssen nachverfolgbar, analysierbar und auswertbar sein. Um einen Rückfluss von Informationen und Daten zu ermöglichen und die Ingenieure bei Änderungen geeignet zu informieren, werden detaillierte Benachrichtigungen bzw. Berichte über Änderungen benötigt *(Bedarf B7)*. Dadurch kann die manuelle Nacharbeit signifikant reduziert werden. In weiterer Folge können diese Rückflüsse in neuen Projekten (etwa in Folgeprojekten) wiederverwendet werden. Aufgrund unterschiedlicher PPR-Konzepte und Abhängigkeiten ist es daher erforderlich, dass sich Ingenieure in unterschiedlichen Produkt-, Prozess-, oder Ressourcenbäumen orientieren und leicht zurechtfinden können bzw. individuell benötigte Sichten generieren können *(Bedarf B8)*. Natürlich soll weiterhin möglich sein, dass Fachexperten ihre Software-Werkzeuge weiter nutzen können, um Produkt- und Prozesswissen in Ressourcenwissen zu überführen *(Bedarf B9)*. Durch die ganzheitliche und phasenübergreifende Betrachtung des PPR-Konzepts *(Bedarf B11)* können PPR-Modelle auch als Grundlage für den Wissensaustausch zwischen Ingenieuren eingesetzt werden *(Bedarf B10)*.

Anwendungsfall A2. Effizienter Datenaustausch zwischen Fachbereichen unter Berücksichtigung von PPR-Wissen. In der Anlagenkonzeptionierung und in den Wertschöpfungsprozessen der Produkt- und Verfahrensentwicklung entstehen beschreibende Dokumente, wie Anforderungen und funktionale Spezifikationen, die in den Folgeprozessen der Anlagenplanung in unterschiedlichen Fachbereichen, wie Mechanik, Elektrik und Steuerungsprogrammierung umgesetzt werden müssen. Im Zuge der Anlageplanung entstehen somit unterschiedliche Sichtweisen auf das Anlagenmodell (etwa die elektrische Verdrahtung zwischen Sensoren und I-/O-Klemmen der eingesetzten Steuerungen), die mit den Sichtweisen der jeweils angrenzenden Fachbereiche (in diesem Fall Mechanik und Steuerungsprogrammierung) in Übereinstimmung gebracht werden müssen. Durch die Repräsentation von PPR-Wissen, die eine erhöhte Rundumsicht einer Anlage ermöglicht, können Ingenieure Konzeptentscheidungen besser nachvollziehen und benötigen dadurch weniger Rückkoppelungen in Form von unkoordinierter Kommunikation mit Ingenieuren der vorgelagerten Phasen. Der Austausch von (PPR) Daten zwischen den Fachbereichen ermöglicht es somit, die Effizienz des einzelnen Ingenieurs zu erhöhen und die Anzahl der Fehler, die zu einem späteren Zeitpunkt erkannt und behoben werden müssen, zu reduzieren. Dadurch erhöht sich somit auch die *Produktivität* und verbessert sich die *Zusammenarbeit*. Auch heute werden Daten zwischen Fachbereichen bereits an nachgelagerte Phasen und Prozesse weiter gegeben. Allerdings geschieht das – ohne PPR-Konzepte – meist unsystematisch, unvollständig und ohne geeignete Absicherung der Produkt- und Prozessqualität.

Um eine effiziente Qualitätssicherung und einen hohen Grad an parallelen Planungsaktivitäten zu ermöglichen, ergeben sich zahlreiche Bedarfe an ein System zur Unterstützung der Zusammenarbeit (Winkler et al. 2017). Es ist notwendig, inhaltlich und semantisch überlappende Sichtweisen der Teilpläne im Anlagenmodell anhand gemeinsamer PPR-Konzepte zu identifizieren *(Bedarf B1)* und auf einander abzubilden *(Bedarf B2)*. Vor allem die im Anwendungsfall A1 *(Modellierung von PPR-Wissen)* beschriebene Überführung von Produkt- und Prozesswissen zu neuem Ressourcenwissen muss hier berücksichtigt werden, um die Nachverfolgbarkeit zwischen Projektphasen zu gewährleisten *(Bedarf B10* und *B11)*. Darüber hinaus müssen die Daten zu gemeinsamen Konzepten integriert und versioniert gespeichert werden *(Bedarf B3* und *B4)*. Dadurch erhalten Ingenieure einen Überblick über das Anlagenmodell und parallele Änderungen, die geeignet analysiert und ausgewertet werden können. Außerdem kann die Konsistenz zwischen den unterschiedlichen Sichtweisen effizient überprüft und sichergestellt werden *(Bedarf B5* und *B6)*. Diese Fähigkeiten stellen auch die Grundlage dar, um das Projektteam und Projektmanagement bei relevanten Änderungen geeignet zu informieren *(Bedarf B7)*. Diese Benachrichtigungen sollen im gewohnten Arbeitsumfeld in den ausgewählten Werkzeugen erfolgen *(Bedarf B9)*. Dabei ist auch darauf zu achten, dass die Modelle unabhängig vom Hersteller sind und so einfach in den unterschiedlichen Software-Werkzeugen umgesetzt und benutzt werden können *(Bedarf B12)*.

Anwendungsfall A3. Gewerke übergreifende Konsistenzprüfungen. Auch eine umfassende Software-Unterstützung beim Datenaustausch zwischen Fachbereichen der Anlagenplanung garantiert keine konsistenten Sichtweisen der Fachbereiche (Feldmann et al. 2015, 2019). Es ist etwa nicht unmittelbar sichergestellt, dass jedem Element der Mechanik (etwa einem Sensor) in der Elektrik und der Steuerungsprogrammierung ein entsprechendes Objekt gegenübersteht. Es ist auch nicht unmittelbar sichergestellt, dass diese so realisiert sind, um eine gemeinsam an sie gestellte Aufgabe zu erfüllen. Dies betrifft sowohl einfache Fälle, wie die Skalierung von analogen Messgrößen als auch komplexere Konstellationen, in denen redundante Systeme – etwa in der Sicherheitstechnik – abgeglichen werden müssen. Daher ist es wünschenswert, dass die Konsistenz der entstehenden Pläne bereits in der Planungsphase kontinuierlich überprüft werden kann (Feldmann et al. 2015) und Inkonsistenzen in Engineering-Daten effizient erkannt werden (Vogel-Heuser et al. 2019). Diese Konsistenzprüfungen sollten sich natürlich auch auf Relationen von und zwischen PPR-Konzepten beziehen und ermöglichen somit auch eine Beurteilung bzw. Beobachtung des Projektfortschritts. Für Konsistenzprüfungen müssen Pläne unterschiedlicher Fachbereiche miteinander verknüpft werden, um daraus ein Anlagenmodell als Grundlage für Konsistenzprüfungen zu erstellen. Auch in diesem Anwendungsfall spielt die PPR-Wissensrepräsentation, die bereits im Anwendungsfall A1 *(Modellierung von PPR-Wissen)* beschrieben wurde, eine wichtige Rolle, um Verknüpfungen zwischen verschiedenen Konzepten und Domänen zu ermöglichen. So wird das *Verständnis* der geplanten Anlage bereits in der Planungsphase wesentlich erhöht. Zusätzlich wird aber auch die *Zusammenarbeit* der Ingenieure verbessert.

Zur Umsetzung von Konsistenzprüfungen ergeben sich erneut eine Reihe von Bedarfen an ein derartiges System: (a) das Identifizieren, Abbilden und Speichern gemeinsamer Konzepte aus den unterschiedlichen Sichtweisen der Teilpläne des Anlagenmodells *(Bedarfe B1, B2* und *B3)*, um PPR-Wissen Phasen übergreifend nutzen zu können *(Bedarf B10* und *B11)*; (b) das Beschreiben überprüfbarer Regeln über gemeinsame Konzepte hinweg *(Bedarf B6)*; sowie (c) eine effiziente Suche und Navigation in einem integrierten Anlagenmodell *(Bedarf B8)* im gewohnten Umfeld der für das Projekt best-geeigneten Werkzeuge *(Bedarf B9)*.

Anwendungsfall A4. Einsatz von Generatoren für Teilpläne. Die VDI 3695 unterscheidet zwischen projektabhängigen und projektunabhängigen Tätigkeiten

(VDI/VDE 2010/[2014]). Unternehmen wickeln in den meisten Fällen Projekte ab, in denen die geplanten Systeme zumindest in Teilbereichen mit früheren Projekten übereinstimmen bzw. diesen ähnlich sind. Diese Vorgehensweise ermöglicht – zumindest vom Prinzip her – die Wiederverwendung von Plänen bzw. die Verwendung von Generatoren, die Teile der Pläne aus Konfigurationsvorgaben erstellen. Da die Erstellung und Pflege derartiger Konfiguratoren und Generatoren mit substanziellen Aufwänden im Bereich der projektunabhängigen Tätigkeiten verbunden sind, muss der Nutzen im Einsatz optimiert werden. Die Nutzung ist aber nur dann möglich, wenn Pläne nicht für einen einzelnen Fachbereich, sondern aus einer gemeinsamen Quelle für mehrere Fachbereiche zugleich generiert werden. Dabei ist es bereits in der Konzeptionierungsphase wesentlich, dass PPR-Wissen verwendet wird; derzeit werden oft nur einzelne Aspekte (meist Ressourcenwissen) genutzt. Teile eines Anlagenmodells können in einem ersten Schritt konfiguriert und generiert werden. In einem zweiten Schritt können Pläne für unterschiedliche Fachbereiche (wie etwa Mechanik, Elektrik oder Steuerungsprogrammierung) aus einem integrierten Anlagenmodell, angereichert mit PPR-Wissen, erstellt werden.

Durch die Generierung und die Verwendung von PPR-Wissen gehen konzeptionelle Entscheidungen nicht verloren und können in der Detailplanung automatisiert weiterverwendet und wiederverwendet werden. Die Erstellung (Generierung) dieser Pläne erfolgt pro Projekt typischerweise nicht nur einmalig, sondern bei Bedarf, etwa aufgrund neuer Erkenntnisse oder bei Änderungen. Anstatt Anpassungen manuell (und auch fehleranfällig) durchzuführen, kann durch die Verwendung von PPR-Modellen eine automatische Generierung der Pläne erfolgen. Durch Informations-Rückflüsse, etwa Feedback-Schleifen, und Abstimmungen beteiligter Fachbereiche wird also ein iteratives Vorgehen mit konstanter Qualitätsverbesserung ermöglicht. Mechanismen für die Versionierung von Projektständen und die Protokollierung von Änderungen ermöglichen eine erhöhte Transparenz und Nachvollziehbarkeit. Generatoren ermöglichen auch die Steigerung der *Produktivität* durch (teil-)automatisierte Prozesse mit geeigneter Software-Werkzeugunterstützung. Die Berücksichtigung von *Varianten* ist ein weiterer Vorteil, der sich daraus ergibt: Basierend auf Konfiguratoren und (teil-)automatisierten Prozessen können Varianten effizient erstellt werden. Beispiele sind Generatoren auf der Basis von mechatronischen Basis-Modellen, in denen das Produktionssystem – mit den Bereichen Mechanik, Elektrik und Steuerungsprogrammierung – abgebildet ist, aber auch die für die virtuelle Inbetriebnahme erforderliche Prozess-Modellierung erfolgt. PPR-Modelle, die zusätzliches Wissen übergreifend über Fachbereiche abbilden, können für die Generierung einer ganzheitlichen Sicht auf die zu erstellenden Anlage eingesetzt werden. Aus dieser Sicht können benötigte Pläne für den jeweiligen Fachbereich abgeleitet werden.

Durch diesen Anwendungsfall ergeben sich die nachfolgenden Bedarfe: Um zugleich Teilpläne mehrerer Fachbereiche generieren zu können, müssen gemeinsame Konzepte beschreibbar sein *(Bedarf B1)*. Diese müssen auch geeignet abgespeichert und verwaltet werden können *(Bedarf B3)*. Zur effizienten Verwaltung, Verarbeitung und Propagierung von Änderungen ist eine Verwaltung der Versionen erforderlich *(Bedarf B4)*. Zur Unterstützung des Engineering-Prozesses nach Änderungen und Erweiterungen dienen Mechanismen für Notifikationen und für die Erstellung von

Berichten *(Bedarf B7)*. Die so erstellen Sichtweisen sind dann in den von den Ingenieuren gewohnten Werkzeugen weiter zu verarbeiten *(Bedarf B9)*. Unabhängig vom Hersteller *(Bedarf B12)* soll es eine PPR-Modellierung ermöglichen, sowohl einen Wissensaustausch über Fachbereichsgrenzen *(Bedarf B10)* hinweg zu ermöglichen als auch die Integration in spezifische Werkzeug-Lösungen zu erlauben.

Anwendungsfall A5. Virtuelle Inbetriebnahme. In zahlreichen Anwendungsbereichen, etwa im Anlagenbau für diskrete Fertigungsaufgaben, kommen Methoden der virtuellen Inbetriebnahme zum Einsatz, um automatisierte Systeme, wie beispielsweise Fertigungszellen, zu überprüfen. Damit lassen sich Errichtungs- und Stillstandzeiten, beispielsweise bei Änderungen oder Wartungsaufgaben, signifikant reduzieren. Durch eine virtuelle Inbetriebnahme können auch Fehler frühzeitig erkannt und somit die Fehlerrate reduziert werden (Biffl et al. 2019e; Pöschl et al. 2018; Wünsch 2008). Diesen Vorteilen stehen aber erhebliche Aufwände für die Erstellung von Simulationen gegenüber. Um eine virtuelle Inbetriebnahme wirtschaftlicher zu machen, müssen Teile des simulierten Systems aus den Planungsdaten des realen Systems gewonnen werden.

Herkömmliche Planungsmethoden unterstützen die Generierung fachbereichsübergreifender Anlagenmodelle nur unzureichend, da die einzelnen Sichten der Fachbereiche, etwa Mechanik, Elektrik, und Steuerungsprogrammierung, nur indirekt und mit teilweise hohem manuellem Aufwand aufeinander abgestimmt sind. Durch ein integriertes Anlagenmodell, das bereits in der Konzeptphase, basierend auf PPR-Wissen erstellt und in der Planungsphase weiter verfeinert werden kann, lassen sich diese Zusatzaufwände, etwa für die virtuelle Inbetriebnahme, erheblich reduzieren. Spezifische Beschreibungen der Merkmale von Produkt, Prozess, und Ressource, sowie deren Zusammenspiel verringern die Aufwände für die Erstellung und Aktualisierung der Anlagenmodelle erheblich. Zusätzlich ergibt sich der Vorteil, dass die Datenintegrität entsprechend erhöht wird und stabil bleibt. Somit ergeben sich sowohl für die *Produktivität* der einzelnen Fachbereiche als auch für die *Zusammenarbeit* zwischen den Fachbereichen, insbesondere aber für das *Verständnis* der geplanten Anlage erhebliche Verbesserungen.

Um das dafür erforderliche Anlagemodell kontinuierlich zu entwickeln, ergeben sich die nachfolgenden Bedarfe: Erneut sind projektweit einheitliche Konzepte über die Fachbereiche hinweg erforderlich *(Bedarf B1)*, um die Simulation des Systems effizient umzusetzen und – bei Bedarf – anzupassen. Diese Anlagenmodelle müssen identifiziert, abgelegt und versioniert werden *(Bedarfe B2, B3* und *B4)* um die Zusammenarbeit der Ingenieure während des Lebenszyklus zu ermöglichen bzw. zu unterstützen. Zur Integration unterschiedlicher Sichtweisen und zur Qualitätssicherung ist es erforderlich, vorgenommene Änderungen zu analysieren *(Bedarf B5)* und Konsistenzprüfungen auf der Basis vorgegebener Regeln durchzuführen *(Bedarf B6)*. Diese Integration wird durch den Zugang zu Informationen über die durchgeführten Änderungen in den Sichten *(Bedarf B7)* ermöglicht. Es muss auch eine Möglichkeit geben, um im integrierten Simulationsmodell effizient zu navigieren und zu suchen *(Bedarf B8)*. Auch in diesem Anwendungsfall ist es für Effizienz und Motivation wesentlich, dass die beteiligten Ingenieure ihre gewohnten Werkzeuge einsetzen *(Bedarf B9)*, das PPR-Wissen *(Bedarf B10)* für den Wissensaustausch nutzen sowie unabhängig von Herstellern halten *(Bedarf B12)*.

3 Bedarfe an durchgängigen Werkzeugketten, Datenlogistik und Engineering-Wissen

In den beschriebenen Anwendungsfällen (siehe Abschn. 2, A1 bis A5) wurden bereits zahlreiche Bedarfe an ein System zur Integration von Software-Werkzeugen über ein integriertes (zentrales) Datenmodell bzw. eine effiziente Datenlogistik ermittelt. Das *Produkt-Prozess-Ressource* (PPR) Konzept (Schleipen et al. 2015) ermöglicht eine ganzheitliche Sicht auf die zu planende Anlage. Wichtige Bedarfe entstehen daher auch im Hinblick auf die Modellierung und die Anwendung des PPR-Wissens. Tab. 1 fasst diese gesammelten Bedarfe und deren Beitrag zu den identifizierten Anwendungsfällen zusammen.

Die ermittelten Bedarfe lassen sich in drei grobe Bereiche einteilen: (a) Projektkonfiguration und Grundfunktionalität *(Bedarfe B1–B4)*; (b) Projektdurchführung, also Projektarbeit und Anwendung *(Bedarfe B5–B8)*; und (c) Projektinfrastruktur und Wartung *(Bedarfe B9–B12)*.

3.1 Projektkonfiguration und Grundfunktionalität

Diese Bedarfe beziehen sich auf die grundlegende Projektkonfiguration und Grundfunktionalität, die im Rahmen des Engineering-Projektes verfügbar sein müssen.

Tab. 1 Anwendungsfälle und daraus abgeleitete Bedarfe für eine durchgängige Werkzeugkette, Datenlogistik und Engineering-Wissen

	Identifizierte Bedarfe	A1	A2	A3	A4	A5
B1	Projektweite, gemeinsame Konzepte	✓	✓	✓	✓	✓
B2	Identifizierung korrespondierender Datenelemente zwischen Software-Werkzeugen		✓	✓		✓
B3	Speichern von gemeinsamen Konzepten	✓	✓	✓	✓	✓
B4	Versionierung fachbereichsübergreifender Werkzeugdaten	✓	✓		✓	✓
B5	Analyse und Auswertung von Änderungen.	✓	✓			✓
B6	Regeln über gemeinsame Konzepte		✓	✓		✓
B7	Notifikation und Berichte bei Änderungen	✓	✓		✓	✓
B8	Navigation und Suche im Anlagenmodell	✓		✓		✓
B9	Fachexperten sollen gewohnte Werkzeuge verwenden können	✓	✓	✓	✓	✓
B10	PPR-Wissen für Wissensaustausch	✓	✓	✓	✓	✓
B11	Einbeziehung der Vorprojektphase	✓	✓	✓		
B12	Hersteller Unabhängigkeit		✓		✓	✓

B1 – Projektweite, gemeinsame Konzepte. Fachexperten verwenden in der gemeinsamen Planung und Abstimmung projektweite und gemeinsame Konzepte, etwa Begriffe für die Anlagenstruktur oder für Schnittstellen. Diese gemeinsamen Konzepte werden in den lokalen Datenmodellen der verwendeten Werkzeuge oft unterschiedlich repräsentiert (Moser und Biffl 2012; Schneider et al. 2019). Signale sind etwa ein Beispiel für ein gemeinsames Konzept im Anlagenbau (Winkler et al. 2011): In der Elektrik repräsentiert ein *Signal* einen Hardware-Pin oder ein Spannungsniveau während ein Signal im Software-Engineering etwa eine Variable darstellt. Ein Mechaniker verbindet mit einem Signal beispielsweise einen Temperatursensor sowie eine Hardwareverbindung – ein Kabel – das mit einem bestimmten Hardware-Pin verbunden werden muss. Während die Bedeutung für Ingenieure – mit entsprechendem Hintergrundwissen – häufig ableitbar ist, muss für einen automatischen Datenabgleich ein passendes *Mapping* definiert werden.

Um die Fachexperten von der „Übersetzungsarbeit" zu entlasten, entsteht der Bedarf an Mechanismen, die eine Übersetzung zwischen den lokalen Datenmodellen und dem Datenmodell aus den gemeinsamen Konzepten effizient gewährleisten (Biffl et al. 2012a, 2019e). Ein definiertes PPR-Datenmodell kann die Grundlage für (a) die Beschreibung der unterschiedlichen Konzepte und (b) die Beschreibung der Relationen zwischen den Konzepten bilden. Dies kann für weitere Verarbeitungen, wie beispielsweise die Generierung von Plänen, verwendet werden. Der effiziente Datenaustausch zwischen Fachbereichen auf Basis dieser gemeinsamen Konzepte ist eine notwendige Grundlage für qualitätsgesicherte und durchgängige Werkzeugketten bzw. Werkzeugnetzwerke. Im Engineering wird dadurch auch die nahtlose Zusammenarbeit zwischen Engineering und Betrieb in typischen Industrie 4.0 Szenarien ermöglicht (Lüder et al. 2014; VDI 2014a).

B2 – Identifizierung korrespondierender Datenelemente zwischen Software-Werkzeugen. Anhand der projektweit gemeinsamen Konzepte (siehe Bedarf B1) ist es möglich, in den lokalen Datenmodellen der eingesetzten Software-Werkzeuge Elemente zu identifizieren, die bestimmte Konzepte abbilden (Moser und Biffl 2012; Schneider et al. 2019). Fachexperten aus den jeweiligen Fachbereichen können dadurch überprüfen, in welchem Ausmaß Schnittstellen in Werkzeugnetzwerken zwischen den Fachbereichen möglich sind und Mechanismen für die Weitergabe relevanter Informationen beschreiben. Informationen, die in PPR-Modellen enthalten sind, müssen gegebenenfalls aus dem Gesamtanlagemodell extrahiert und zurückgespielt werden können, um benötigte Daten und Modelle lückenlos verfügbar zu machen. Die Identifikation korrespondierender Datenelemente zwischen Werkzeugen bildet somit die Grundlage, um in lokalen Datenmodellen Integrationslücken zu finden und zu schließen. Durch gemeinsame Konzepte und die Integration von Datenelementen können Software-Werkzeuge in Werkzeugnetzwerke eingebunden werden. Dadurch ist es möglich, Industrie 4.0 Szenarien geeignet zu unterstützen (Feldmann et al. 2015, 2019).

B3 – Speichern von gemeinsamen Konzepten. Sobald Fachexperten gemeinsame Konzepte für die Planung und Abstimmung verwenden, zeigt sich der

Bedarf, gemeinsame Konzepte und relevante Daten geeignet abspeichern zu können. Erst dadurch kann eine integrierte Sicht, die für unterschiedliche Fachbereiche bzw. Rollen relevant ist, bereitgestellt werden (Lüder et al. 2014). Aus dieser integrierten Sicht können dann wieder lokale Sichten, die für die jeweiligen Fachbereiche relevant sind, abgeleitet werden. Die Fähigkeit, gemeinsame Konzepte zu speichern, erlaubt also die Mehrfachnutzung von Daten. Da diese gemeinsamen Konzepte und Daten zentral verfügbar sind, können auch Fehler oder Inkonsistenzen, die sich sonst aus parallelem Engineering ergeben können, vermieden werden. Somit stellt dieser Bedarf die Grundlage für ein integriertes Anlagenmodell dar, das in vielen Industrie 4.0 Szenarien als gegeben angenommen wird (Biffl et al. 2015).

B4 – Versionierung fachbereichsübergreifender Werkzeugdaten. Im parallelen Engineering ist über das Speichern gemeinsamer Konzepte hinaus eine konsistente Versionierung gemeinsamer Konzepte und Zusatzdaten aus Werkzeugen erforderlich. Fachexperten können so einen Überblick über lokale Arbeitsstände erhalten und eine Abstimmung auf Projektebene effizient ermöglichen (Biffl et al. 2015). Bei Bedarf kann auf früherer Versionen von Engineering-Daten zugegriffen werden, falls Änderungen rückgängig gemacht werden müssen oder – bei aufgetretenen Fehlern – auf frühere Versionen zurückgesprungen werden muss. Bereits für traditionelles paralleles Engineering ist es wesentlich, die Zustände der Modelle der Fachbereiche anhand von Speicherkopien für Analysen und Vergleiche in Richtung eines virtuellen integrierten Anlagenmodells bereit zu stellen. Speziell bei verteiltem Engineering können Konzepte für die Versionierung von Daten hohe manuelle Aufwände bei der Rückführung von Änderungen verhindern. Ein weiterer Anwendungsfall zeigt sich bei der Inbetriebnahme. Beispielswiese können vor Ort, etwa auf einer Baustelle, Änderung an den Anlagenmodellen durchgeführt werden, die später – über Versionsvergleiche – berücksichtigt werden müssen und analysiert werden können.

3.2 Projektdurchführung

Diese Gruppe an Bedarfen bezieht sich auf die Projektdurchführung, also die Projektarbeit und Anwendung im Engineering-Projekt, die einen Nutzen aus einer Integrationsplattform bzw. einer effizienten Datenlogistik ziehen können. Diese Bedarfe finden sich in den Anwendungsfällen (siehe Abschn. 2), die aus Diskussionen mit Fachexperten unserer Industriepartner ermittelt wurden.

B5 – Analyse und Auswertung von Änderungen. Sobald gemeinsame Konzepte versioniert abgespeichert werden, können Fachexperten Auswertungen und Analysen zu durchgeführten Änderungen nutzen, um Planungsstände zu vergleichen und bei signifikanten Änderungen Aktivitäten zu veranlassen (Biffl et al. 2015). Beispielsweise können bei sehr vielen Änderungen, die etwa durch die Korrektur von Fehlern verursacht wurden, zusätzliche Maßnahmen der Qualitätssicherung eingeplant werden, um beispielsweise vor der eigentlichen Datenintegration Reviews oder Inspektionen zur frühen Fehlererkennung durchzuführen. Die Sichtbarkeit von Änderungen ermöglicht es dem Projektmanager, die aktuellen Versionen der Engineering Pläne zu analysieren und mit dem Projektplan zu vergleichen. Eine unerwartet hohe Anzahl an Änderungen in einem bestimmten Bereich kann etwa auf häufige Änderungsanfragen seitens des Kunden hinweisen. Der Projektmanager kann mit transparenten Informationen auf diese Änderungshäufigkeit geeignet reagieren (Kathrein et al. 2019c; Kovalenko et al. 2014). Auch bei derartigen Analysen und Auswertungen kann PPR-Wissen helfen, Zusammenhänge besser und effizienter darzustellen und zu kommunizieren. Auswertungsmöglichkeiten von durchgeführten Änderungen ermöglichen (a) die Unterstützung der Fehlererkennung, etwa durch die fokussierte Überprüfung von Änderungen und davon abhängigen Planelementen und (b) zur Fortschrittskontrolle des Projektverlaufs. Industrie 4.0 Szenarien, die eine Adaptierung des Systems erfordern, benötigen ebenfalls Änderungsanalysen, um die Korrektheit der Änderungen nachweisen zu können.

B6 – Regeln über gemeinsame Konzepte. Gemeinsame Konzepte an den Schnittstellen der Fachbereiche eignen sich besonders gut, um Einschränkungen und Regeln zwischen mehreren Sichten zu formulieren und im Sinne eines integrierten Anlagenmodells zu überprüfen (Feldmann et al. 2015, 2019). Während der Planung benötigen Fachexperten Unterstützung für effektive und effiziente Konsistenzprüfungen über Gewerke der unterschiedlichen Fachbereiche hinweg, um Fehler frühzeitig zu erkennen. Darüber hinaus können Auswertungen zur Abstimmung in verteilten Projekten verwendet werden. Beispielsweise können Freigabelisten standardisierter Komponenten unterschiedlicher Hersteller in einem Projektkonsortium bekannt gegeben und als Grundlage für die weitere Entwicklungsarbeit verwendet werden. Für das Projektmanagement ist die Abbildung von Projektverantwortlichkeiten und von Projektstatusinformationen im verteilten Engineering-Team die Grundlage für eine effektive und effiziente Projektplanung und Projektsteuerung.

B7 – Notifikation und Berichte bei Änderungen. Sobald ein System für die Analyse von Versionen und Änderungen verfügbar ist, können Fachexperten über für sie relevante Änderungen im Projektumfeld geeignet informiert werden, etwa durch zeitnahe Notifikation bei Änderungen oder über zusammenfassende Berichte zu bestimmten Zeitpunkten (Mordinyi et al. 2012, 2016). Dadurch können Fachexperten zeitnah auf unerwartete Änderungen reagieren und eine gemeinsame Sicht auf das Projekt abstimmen, um Fehler frühzeitig zu erkennen. Darüber hinaus werden die Beiträge der Projektteilnehmer im Team besser sichtbar – ein Vorteil, von dem insbesondere stark verteilten Projektteams, profitieren.

B8 – Navigation und Suche im Anlagenmodell. Fachexperten benötigen für die Inbetriebnahme und die Fehlersuche über mehrere Fachbereiche hinweg Möglichkeiten, um zwischen unterschiedlichen Bereichssichten auf der Anlage zu wechseln. Gemeinsame Konzepte in einem virtuell integrierten Anlagenmodell bieten die Grundlage für eine effiziente Navigation und Suche (Mordinyi et al. 2012, 2016). Navigation und Suche im Anlagenmodell sind die Basis für systematische und effiziente Inspektionen und weitere Maßnahmen der Qualitätssicherung. Durch eine effiziente Navigation im integrierten Anlagenmodell kann die Fehlererkennung und Fehlerlokalisierung unterstützt werden, etwa während der virtuellen Inbetriebnahme von Anlagenteilen.

3.3 Projektinfrastruktur und Wartung

Während in Abschn. 3.2 Bedarfe für die Projektkonfiguration beschrieben wurden, adressiert dieser Abschnitt konkrete Bedarfe aus dem industriellen Umfeld im Zusammenhang mit der Projektinfrastruktur und Wartung. Auch diese Bedarfe leiten sich aus den identifizierten Anwendungsfällen (Abschn. 2) ab.

B9 – Fachexperten sollen gewohnte Werkzeuge verwenden können. In Projektkonsortien für Anlagen-Engineering wird eine Vielzahl an unterschiedlichen Software-Werkzeugen eingesetzt, da jedes individuelle Werkzeug für bestimmte Anwendungsbereiche besonders gut geeignet ist *(Best-of-Breed)*. Fachexperten schätzen diese Wahlmöglichkeit und möchten in der Lage sein, für ein Projekt die aus ihrer Sicht best-geeigneten bzw. gewohnten Werkzeuge zu verwenden (Biffl et al. 2012a, 2019a). Das bedeutet aber auch einen hohen Bedarf bezüglich der „Offenheit" der Werkzeuge, um Daten effizient und strukturiert exportieren zu können. Diese exportierten Daten sollen dann in anderen Projekten wiederverwendet oder im selben Projekt mit anderen Werkzeugen bearbeitet werden können (typische Anforderungen in Projektkonsortien mit verteilten Engineering-Teams). Durch effiziente Import/Export Funktionalitäten oder durch ein integriertes Datenmodell sollen Mehraufwände und Risiken minimiert werden (Fay et al. 2013). In Industrie 4.0 Szenarien gewinnt die Offenheit von Werkzeugen immer weiter an Bedeutung, da Engineering-Wissen aus der Konzeptphase bzw. der Planung auch im Betrieb zur Verfügung stehen soll, um Änderungen an der Anlage effizient umzusetzen.

B10 – PPR-Wissen für Wissensaustausch. Die explizite Abbildung von PPR-Wissen in Anlagenmodellen bildet die Grundlage für effizienten einen Datenaustausch und die Kommunikation mit Experten aus unterschiedlichen Fachbereichen. Durch integrierte Anlagenmodelle sind Entwurfsentscheidungen besser nachvollziehbar und nachverfolgbar (Kathrein et al. 2019d). Die durchgängige Verwendung eines bruchlosen PPR-Modells erlaubt Ingenieuren auch eine häufige Synchronisierung über Engineering-Phasen hinweg, beispielsweise von der Konzeptphase über die Planungs- und Umsetzungsphase bis zur virtuellen Inbetriebnahme und die Betriebsphase. Rückflüsse können im Sinn von PPR-Wissen verwendet und in künftigen Projekten berücksichtigt werden. PPR-Wissen erlaubt verschiedene Sichten auf ein Produkt- bzw. Produktionssystem. Allerdings ist eine durchgängige Verwendung nur möglich, wenn PPR-Wissen bereits in der frühen Anlagenkonzeptionierung erfasst wird und nicht – wie bisher in vielen Fällen – erst in der Überführung von Produkt und Produktionssystem zu Ressourcen dokumentiert wird. Eine weitere Voraussetzung ist, dass PPR-Wissen durchgängig durch den Anlagen-Entstehungsprozess erweitert wird und mit detailliertem Fachexperten-

Wissen angereichert wird. PPR-Wissen umfasst nicht nur bruchlose Modelle, sondern die Integration mit verschiedenen vorhandenen Werkzeugen. Daher stellt PPR-Wissen – als Grundlage für den Datenaustausch – die Grundlage für zahlreiche Anwendungsfälle dar.

B11 – Einbeziehung der Vorprojektphase. In der Praxis sind Vorprojektphasen (Konzeptionierung), Projektphasen (Projektplanung und -umsetzung) und Betriebsphasen häufig getrennt. Oft ist das Ziel der Konzeptionierungsphase, dem Kunden ein Angebot für eine Anlage zu legen, das seine (zum Teil vagen) Vorgaben erfüllt und detailliert genug für eine Entscheidung ist. Dieses Angebot beruht häufig auf Erfahrungswerten, etwa aus vorangegangenen Projekten und soll mit möglichst wenig Aufwand erstellt werden. Nach Auftragserteilung durch den Kunden wird häufig die Anlagenplanung neu begonnen, ohne Informationen aus der Vorprojektphase zu nutzen. Um diese Vorgehensweise zu verbessern, können projektweite und gemeinsame Konzepte, gemeinsam genutzte Datenmodelle und PPR-Wissen genutzt werden, um rasch ein Anlagenkonzept als Grundlage für das Angebot zu erstellen, das auf dokumentierten Erfahrungswerten aufbaut. In weiterer Folge ermöglicht dieser Ansatz eine effiziente Unterstützung des Engineering-Prozesses über sämtliche Projekt-Phasen hinweg (Winkler et al. 2019a). Durch eine ganzheitliche Betrachtungsweise durch das PPR-Konzept stehen sowohl individuelle Beschreibungen einzelner Fachbereiche als auch Relationen über Fachbereichsgrenzen zur Verfügung. Werden diese frühzeitig benutzt bzw. genutzt, etwa in der Vorprojektphase (Konzeptionierung), können diese Informationen in späteren Phasen wiederverwendet und detailliert ausgeführt werden. Rückflüsse können einerseits die gesamte Produktqualität erhöhen (durch die konsistente Nutzung einer gemeinsamen und versionierten Datenbasis) und andererseits auch für Folgeprojekte mit ähnlichen Aufgabenstellungen verwendet werden. Beispielsweise können diese gesammelte Erfahrungen und Rückflüsse in der Vorprojektphase eines Folgeprojektes genutzt werden.

B12 – Hersteller Unabhängigkeit. Wie bereits in Bedarf B9 erwähnt, wollen Fachexperten mit ihren gewohnten und bewährten Software-Werkzeugen arbeiten, die meist auf ihre besonderen Bedürfnisse abgestimmt sind; meist auch mit individuellen Erweiterungen, die gut zu ihren Bedürfnissen passen *(Best-of-Breed)*. Ein Wechsel zu alternativen Werkzeugen ist meist mit erheblichem Mehraufwand verbunden und wird nach Möglichkeit vermieden. Ein Konzept für ein integriertes Anlagenmodell bzw. eine effiziente Datenlogistik und die Anwendung von PPR-Wissen muss diesem Umstand Rechnung tragen und entsprechend unabhängig vom Hersteller gestaltet werden. Die Integration dieser Konzepte in bewährte Werkzeuge muss einfach und mit wenig Aufwand möglich sein, um die Akzeptanz entsprechend zu erhöhen. Auf diese Gesichtspunkte ist bei der Gestaltung von Lösungskonzepten daher besonderen Wert zu legen.

Die beschriebenen Anwendungsfälle (Abschn. 2) und abgeleiteten Bedarfe (Abschn. 3) stellen zentrale Anforderungen für Lösungskonzepte dar, um durchgängige und bruchlose Werkzeugketten zu ermöglichen. Durch PPR-Wissen, abgestimmte Integrationsplattformen und eine effiziente Datenlogistik kann eine Verbesserung des der Engineering-Prozesse im Anlagen-Engineering ermöglicht werden.

In den folgenden Abschnitten werden Lösungsansätze und Prototypen dargestellt, um diese Zielsetzungen zu erreichen.

4 Produkt-Prozess-Ressource (PPR) als Grundlage für ein bruchloses Anlagenmodell

Dieser Abschnitt widmet sich dem Thema „*PPR-Wissen*" und wie dieses Wissen in bruchlosen Modellen ausgedrückt werden kann. Schleipen et al. (2015) beschreiben, wie die Konzepte von *Produkt*, *Prozess* und *Ressource* zusammenspielen. Abb. 3 beschreibt diese Interrelationen in Form eines bidirektionalen Dreiecks. *Produkte* stehen im Zentrum, da sie am Ende der Wertschöpfungskette wirtschaftlich genutzt werden. Produkte werden durch die Ausführung von *Prozessen* auf *Ressourcen* erstellt. *Prozesse* beschreiben dabei die einzelnen notwendigen Produktionsschritte, die für die Erzeugung eines Produktes erforderlich sind. Typischerweise orientieren sich diese Produktionsschritte an einer *Fertigungsreihenfolge*, die die Abfolge der jeweiligen Fertigungsschritte beschreibt. Prozesse nutzen wiederum *Ressourcen,* die die eigentliche Aufgabe (d. h. die Bearbeitung oder den Transport) eines Fertigungsschrittes ausführen. Ressourcen stellen dafür die notwendigen Fähigkeiten für Prozesse zur Verfügung.

PPR-Wissen, als logische Erweiterung, beschreibt im Allgemeinen erfolgskritisches Expertenwissen, das *Produkt*, *Prozess*, und *Ressource* in einem Produktionssystem beschreibt (Kathrein et al. 2019c). Beispiele sind etwa Konfigurationen von Maschinen (beispielsweise Referenzpunkte einer Schweißzelle), Einstellwerte für einen Prozess (beispielsweise die Beschleunigung in einem Transportprozess), oder auch Relationen zwischen einzelnen Produktteilen, wie etwa Bauteil-Hierarchien eines Kugelschreibers. Diese Art von Wissen wird in allen Engineering-Phasen von unterschiedlichen Fachbereichen benötigt. Im Speziellen hängen aber Anlagenplaner in späten Engineering-Phasen oft von Entwurfsentscheidungen aus der Konzeptionierungsphase (etwa aus dem Konzept oder Angebot) ab. Dies bedeutet aber, dass bereits während der Anlagenkonzeptionierung PPR-Wissen festgehalten, geeignet dokumentiert und nachvollziehbar abgespeichert werden muss, um dieses Wissen später verfügbar und

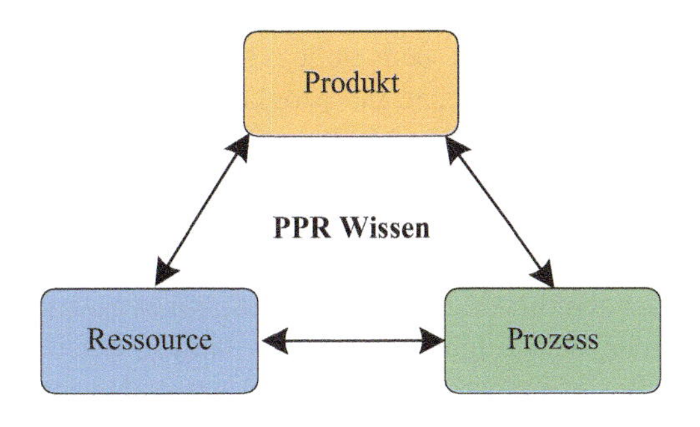

Abb. 3 Produkt-Prozess-Ressourcen in einem bidirektionalen Dreieck basierend auf Schleipen et al. (2015)

nutzbar zu machen. In heutigen Anwendungen wird sehr oft Wissen über das *Produkt* und den *Prozess* (typischerweise Anforderungen vom Kunden als Grundlage für das Angebot) lediglich in Ressourcen übertragen, ohne aber Entwurfs-Entscheidungen oder Wechselbeziehungen im Sinn von PPR-Wissen zu speichern.

Zur Identifikation von PPR-Wissen ist allerdings eine Analyse des Entwicklungsprozesses erforderlich, um die Konzepte von *Produkt*, *Prozess*, und *Ressource* zu verstehen und optimal auf die Gegebenheiten des Engineering-Prozesses abzustimmen, d. h., wie PPR-Wissen in einer durchgängigen Werkzeugkette integriert und verwendet werden kann. Um PPR-Wissen entsprechend erfassen und ausdrücken zu können, wird zuerst eine *Analyse der Anforderungen* aus Anlagenkonzeptionierung und Anlagenplanung benötigt. Ein konkretes Beispiel eines Analyseprozesses und des daraus resultierenden PPR-Models ist in Kathrein et al. (2019c) beschrieben. Basierend auf einer Ist-Analyse, d. h. einer Analyse, wie PPR-Wissen derzeit im Engineering-Projekt verwendet wird, werden verwendete Datenmodelle und Modellelemente, verwendete Software-Werkzeuge, Engineering-Dokumente und Prozessflüsse identifiziert. In einem nächsten Schritt werden dann PPR-Modellelemente aus dem Engineering Prozess extrahiert und das PPR-Modell entwickelt. Ziel ist es, eine möglichst durchgängige Werkzeugkette durch bruchlose PPR-Modelle zu erhalten. Diese Analyse erlaubt es zudem, kritische Pfade und Abhängigkeiten von PPR-Wissen zu erheben und so eine priorisierte Abarbeitung zu ermöglichen. Anlagenplaner sind beispielsweise am Entstehungsprozess einzelner Montagesequenzen interessiert (Entwurfsentscheidungen), wollen auf dieses Wissen zugreifen und gegebenenfalls ändern und optimieren. Dies bedeutet wiederum, dass Fachexperten in der Konzeptionierung dieses Wissen explizit machen und dokumentieren müssen. In weiterer Folge muss ein PPR-Modell Änderungen aus der Detailierungsphase der Anlagenplanung aufnehmen können. Kathrein et al. (2019c) zeigen anhand eines Beispiels, wie dieser Analyseprozess durchgeführt werden kann und welche Ergebnisse, etwa ein annotierter Fertigungsprozess, aus dem Analyseprozess gewonnen werden können.

Die explizite Modellierung des eigentlichen PPR-Wissen ist allerdings mit derzeitigen Mitteln nur schwer umsetzbar, da entsprechende Modellierungssprachen und Werkzeuge nicht zur Verfügung stehen (Kathrein et al. 2019d). Daher greifen Fachexperten derzeit oft auf proprietäre Werkzeuge für die Modellierung einzelner Teilaspekte zurück. Diese können aber meist nicht fachbereichsübergreifend verwendet werden und stellen somit einen Bruch im PPR-Wissensaustausch dar. Als vielversprechende Möglichkeit zur expliziten Darstellung von Entwurfs-Entscheidungen mit PPR kann die *Formale Prozessbeschreibungssprache (FPD)* VDI/VDE 3682 eingesetzt werden (VDI 2005). Basierend auf FPD können im Rahmen der Anlagenkonzeptionierung Basisentscheidungen modelliert werden. Allerdings ist auch mittels FPD keine vollständige PPR-Modellierung möglich sondern benötigt Erweiterungen, um den Anforderungen der bruchlosen Modellierung über Engineering-Phasen hinweg gerecht zu werden. Erste Ansätze wurden etwa in Kathrein et al. (2019b) untersucht und prototypisch umgesetzt. Allerdings wird auch bei diesem Konzept bisher (noch) keine Werkzeugkette verwendet. Als

Grundlage für eine mögliche Werkzeugkette, durch die eine Modellierung von PPR-Wissen möglich ist, kann etwa die VDI/VDE 3695 dienen, um einen möglichst einfachen und effizienten Datenaustausch zu erlauben (VDI 2010, 2014).

Die Modellierung kann etwa mit *AutomationML*[1] erfolgen, da dieses Datenformat bzw. die Beschreibungssprache in der Lage ist, PPR-Wissen explizit auszudrücken und Verbindungen zwischen unterschiedlichen Konzepten herzustellen. Daher könnte dieses Datenaustauschformat als Grundlage für die Entwicklung einer Werkzeugkette eingesetzt werden. Eine vielversprechende Möglichkeit zur Modellierung und Nutzung von PPR-Wissen stellen Integrationsplattformen und Konzepte für Datenlogistiklösungen dar. Diese bauen auf *AutomationML* auf, können mit PPR-Wissen verwendet und erweitert werden und bieten somit die Grundlage für einen PPR-getriebenen Datenaustausch.

5 Engineering Data Logistik (EDaL)

Die *Engineering Data Logistik (EDaL)* beschäftigt sich mit der effizienten Verteilung und Organisation von Anlageplandaten zwischen *Datenkonsumenten* und *Datenlieferanten* (Biffl et al. 2019d). Ein *Datenkonsument* ist dabei ein Fachexperte, der konkrete Engineering-Daten benötigt, also einen Bedarf an Engineering-Daten hat. Auf der anderen Seite ist ein *Datenlieferant* ein Fachexperte, der benötigte Engineering-Daten bereitstellen kann. Beispielsweise kann ein Simulationsexperte konkrete Parameter für die Simulation eines Roboters benötigen *(Datenkonsument)*, während ein Elektriker diese Daten bereitstellen kann *(Datenlieferant)*. Vorrangiges Ziel ist es, die Daten effizient vom Datenlieferanten zum Datenkonsumenten zu bringen. Allerdings muss der Datenlieferant vorab auch wissen, dass er diese Daten bereitstellen muss.

Das Ziel ist es also, einen mehrstufigen Datenaustauschprozess zwischen Datenlieferant und Datenkonsument mit heterogenen Engineering-Werkzeugen effektiv und zeitsparend zu gestalten, beispielsweise indem die Fachexperten durch eine geeignete Plattform bzw. passende Prozesse unterstützt werden. In weiterer Folge soll der Korrektur- und Nachbereitungsaufwand, der durch paralleles Engineering und Inkonsistenzen entstehen kann, minimiert werden. Realistische Anwendungsfälle in der Anlagenplanung beinhalten aber nicht nur einen einmaligen Datenaustausch zwischen zwei Fachexperten (quasi als „Einbahnstraße") sondern meist einen häufigen Datenaustausch bzw. bidirektionalen Datenabgleich, da die Detailplanungen aufeinander aufbauen und in der Regel auch andere Fachbereiche betreffen.

Abb. 4 gibt einen Überblick über die konzeptuellen Lösungsmechanismen der *Engineering Data Logistik (EDaL)*, um einen häufigen und parallelen Datenaustausch zu ermöglichen:

[1] AutomationML: www.automationml.org.

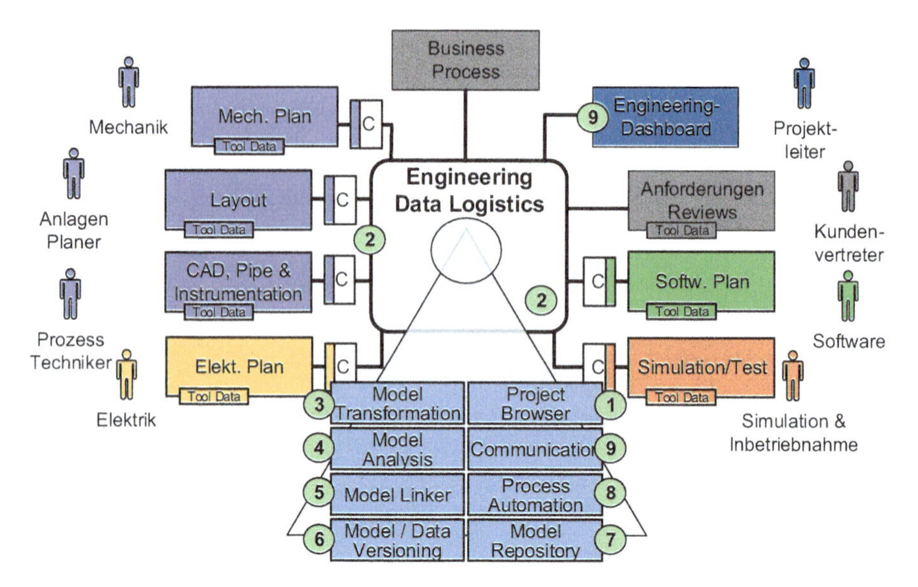

Abb. 4 Integriertes Anlagen-Engineering basierend auf dem „Engineering Data Logistik (EDaL)" Ansatz

(1) Der **Projekt Browser** *(Project Browser)* ist eine *Benutzer-Oberfläche* zum Betrachten der jeweiligen Struktur des Anlagenmodells. Der Benutzer kann zwischen fachbereichsspezifischen Sichten oder dem integrierten Überblick über das gesamte gemeinsame Modell wählen. Zusätzlich können Details, wie Attribute von Komponenten oder verbundene Artefakte können betrachtet werden. Beispiele sind etwa PDF-Dokumente oder externe Ressourcen.

(2) **Der Konnektor** *(Connector)* ist die formale Schnittstelle zu einem Engineering-Werkzeug. Dies ermöglicht beispielsweise den Import oder Export von Engineering-Daten (etwa Rohrleitungs- und Instrumentenfließbilder, Funktionspläne, Elektropläne, Systemkonfigurationen oder SPS-Kontrollprogramme) in Werkzeug spezifischen Formaten, die transformiert werden sollen.

(3) Die **Modelltransformation** *(Model Transformation)* ist verantwortlich für die Umwandlung eines spezifischen Modells *(Quellmodell)* in ein anderes Modell mit einer anderen Modellbeschreibung *(Zielmodell)*. Anhand der Transformationen werden Abhängigkeiten zwischen Fachbereichen explizit dargestellt. Dadurch wird die Weitergabe von Informationen zwischen Fachbereichen, die heterogene Werkzeuge verwenden, ermöglicht. Eine Umsetzung bieten Technologien wie beispielsweise die *ATLAS Transformation Language (ATL)* (Jouault et al. 2008; Hebig et al. 2018), die *Query-View-Transformation (QVT)* (Li et al. 2011; Kahani et al. 2018), *SPIN*[2] oder *SWRL*.[3]

[2]SPIN: „SPARQL Interferencing Notiation (SPIN)", http://spinrdf.org.

[3]SWRL: „Semantic Web Rule Language", www.w3.org/Submission/SWRL.

(4) Die **Modellanalyse** *(Model Analysis)* stellt sicher, dass die zu bearbeitenden Modelle vollständig und konsistent sind. Diese Überprüfungen, etwa mit der *Object Constraint Language (OCL)* (Pandey 2011) oder *SPARQL*,[4] beziehen sich sowohl auf die Korrektheit der Struktur als auch auf die Korrektheit der Semantik der Modelle.
(5) Der **Model Linker** hat die Aufgabe, die einzelnen Beiträge aus den unterschiedlichen Fachbereichen an den korrekten Stellen der Anlagentopologie zuzuordnen und diese so zu einem integrierten Anlagenmodell zusammenzuführen. Diese Verbindungen werden in einer vorangestellten Design-Phase bestimmt. Beispielsweise können verwendete Konzepte auch in einem gemeinsamen Glossar definiert werden. Der *Model Linker* stellt einen konsistenten Überblick über das Anlagenmodell bereit und ermöglicht die Formulierung von Abfragen auf Basis des integrierten Anlagenmodells.
(6) Die **Versionierung aller Modelle bzw. Dateien** *(Model/Data Versioning)*, die von den Werkzeugen zur Verfügung gestellt werden, ist eine Kernfunktion für das parallele Arbeiten an Anlagenplanungsdaten und ermöglicht bei Bedarf das Wiederherstellen vorangegangener Projektstände.
(7) Das **Model Repository** dient zur Verwaltung von Modellbeschreibungen als Grundlage für jede weitere Aktion an und mit den Daten, die im Rahmen des Datenaustauschs verwendet werden. Beispiele sind etwa das *Eclipse Modeling Framework (EMF)* (Steinberg et al. 2008) oder *Ontologien* (Moser and Biffl 2012; Schneider et al. 2019). Falls eine Modellbeschreibung vorhanden ist, wird für eine Datei (beispielsweise im AutomationML Datenformat) die entsprechende Modelldarstellung (beispielsweise CAEX) identifiziert, auf diese transformiert und als Modell versioniert. Versionierungen können etwa mit SVN (Pilato et al. 2008), GIT (Chacon und Straub 2014), CDO[5] oder EMFStore (Kögel und Helming 2010) (Häusler et al. 2019) umgesetzt werden. Durch Versionierungen ist es möglich, Unterschiede zwischen zwei Versionen nicht nur anhand von Änderungen an der Dateistruktur (z. B. „es wurden Elemente hinzugefügt") sondern auf einer semantisch höheren Modellebene (z. B. „es wurden die Sensoren X und Y hinzugefügt") zu erkennen. Versionierungen stellen somit sicher, dass jede Aktion an der Anlage entlang einer Werkzeugkette protokolliert wird. Es ist auch nachvollziehbar, *wann welche* Änderungen an Modellelementen *von wem* durchgeführt wurden. Der Grund der Änderung wird typischerweise als Kommentar angegeben.
(8) **Automatisierte Ausführung von Arbeitsabläufen** *(Process Automation)*. Für den effizienten Datenaustausch zwischen den Fachbereichen bzw. zur Unterstützung von paralleler Anlagenentwicklungen muss die Plattform die automatisierte Ausführung von Arbeitsabläufen zwischen Werkzeugen zu ermöglichen

[4]SPARQL: „SPARQL Query Language", www.w3.org/TR/rdf-sparql-query.
[5]CDO: „Connected Data Objects", www.eclipse.org/cdo.

und unterstützen. Beispielsweise kann dafür eine Beschreibungssprache von Engineering-Prozessen, die unabhängig von der eingesetzten Technologie ist, verwendet werden. Die *Business Process Modeling Notation (BPMN)*[6] (Havey 2005; Harmon 2019) ist ein Beispiel für eine Technologie unabhängige Prozess-Beschreibung, die eine formale Abbildung der Zusammenarbeit zwischen den Fachbereichen erlaubt und die gewünschte Art der Integration einzelner Werkzeuge im Projekt beschreibt.

(9) **Auswertungs- und Kommunikationsmöglichkeiten.** Basierend auf versionierten Werkzeugdaten, Datenmodellen und geeigneten Abfragemöglichkeiten können Auswertungs- und Kommunikationsmöglichkeiten auf Projektebene bereit gestellt werden. Diese bauen auf integrierten Daten und Funktionen der verwendeten Software-Werkzeuge auf. Das *„Engineering Cockpit“* (Moser et al. 2011) ist ein Beispiel für eine Kollaborationsplattform für Projektmanager und Ingenieure und kann, basierend auf der Analyse von automatisch erfassten Prozessdaten, etwa dem Projektleiter Informationen über den Projektfortschritt, absehbare Risiken und Informationen für das *„Claim Management“* ohne zusätzlichen Aufwand bereitstellen. Grundlage für diese Analysen bilden abgelegte Modelle und versionierte Instanzen. Abfragen über die Daten aus mehreren Werkzeugen und Team-Konfigurationen können auch kombiniert werden. Dadurch kann etwa festgestellt werden, welche Personen in einem bestimmten Zeitraum welche Änderungen an den Signalen eines Gewerks durchgeführt haben.

Für den Aufbau und für die Verwaltung des integrierten und versionierten Anlagenmodells müssen unterschiedliche Ebenen der Informationsdarstellung und Informationsverarbeitung berücksichtigt werden. Das erfolgt typischerweise in mehreren Schritten (Mordinyi und Biffl 2015) und ist in Abb. 5 schematisch dargestellt. Im ersten Schritt werden lokale Werkzeuge bzw. spezifische Anlagenplanungsdaten identifiziert, die der Plattform übermittelt werden müssen. Je nach Art der Integration und der Konnektoren können diese Daten Informationen über ein(e) oder mehrere Komponenten oder Geräte beinhalten. Im zweiten Schritt werden diese Daten versioniert. Sollte keine Modellbeschreibung zur Datei vorhanden sein, wird eine Datei-Versionierung vorgenommen. Ansonsten wird das entsprechende Modell instanziiert und als solches versioniert (Schritt 3). Im vierten Schritt wird die Anlagentopologie verwaltet, die etwa auf Basis einer entsprechenden *AutomationML*-Darstellung als Modell versioniert werden kann. Die einzelnen Beiträge (Dateien oder Modelle) aus den verschiedenen Fachbereichen werden der Anlagentopologie zugeordnet. Die Parametrisierung der Zuordnung erfolgt entweder von außen durch den Endbenutzer oder durch interne und austauschbare Mechanismen, wie durch den Abgleich eindeutiger Kennzeichnungen (IDs) der Modellelemente oder durch heuristische Vergleiche von Modellstrukturen. Mit Hilfe dieser Modellkomponenten wird ein integriertes Anlagenmodell erzeugt.

---

[6]BPMN: Business Process Modelling and Notation. www.omg.org/spec/BPMN/2.0/PDF.

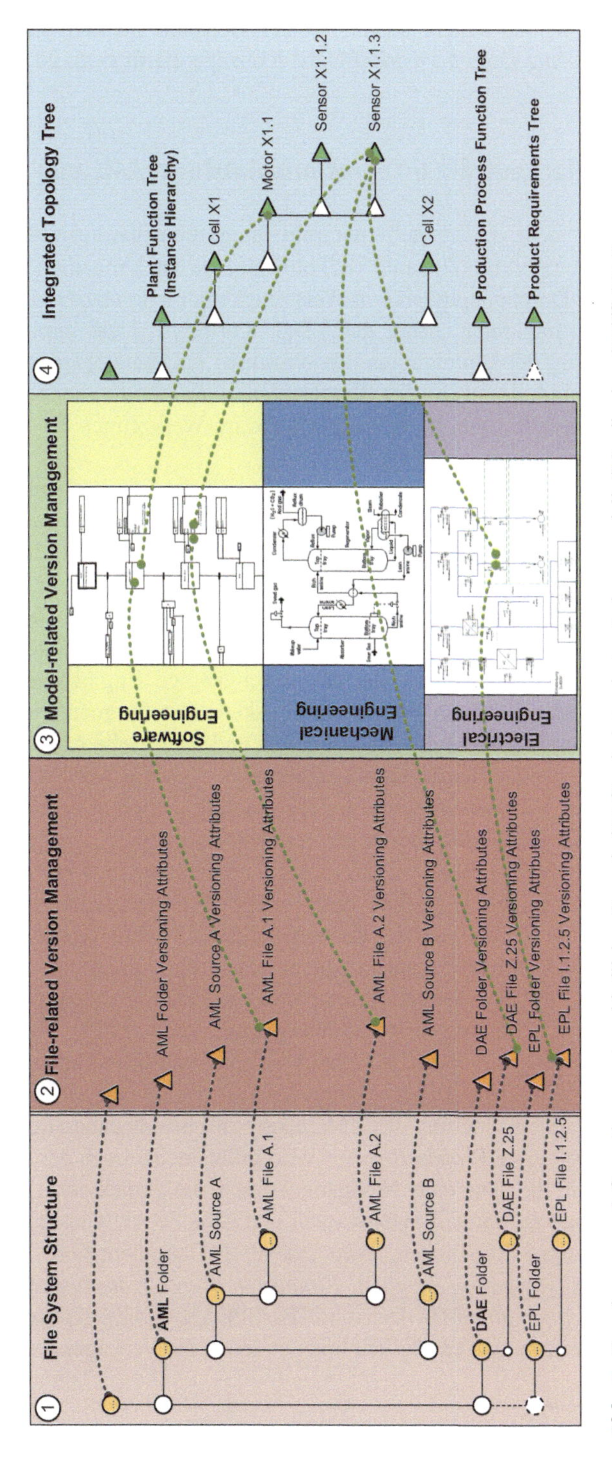

Abb. 5 Zuordnung von Informationen unterschiedlicher Granularität für ein integriertes Anlagenmodell. (Mordinyi und Biffl 2015)

Die folgenden beiden Unterabschnitte zeigen Beispiele für konkrete Umsetzungen eines *Engineering Data Logistik* (EDaL) Konzepts (Biffl et al. 2019d).

5.1 Herstellerneutrale Integrationsplattform *AML.hub*

Dieser Abschnitt stellt die herstellerneutrale Integrationsplattform *AML.hub*[7] als Konzept vor und beschreibt relevante Teilkonzepte, die den Umgang mit bruchlosen Modellen und die Durchgängigkeit von Werkzeugketten unterstützen. Der *AML.hub* ist eine konkrete Implementierung des EDaL-Konzepts. Ziele umfassen (a) die korrekte Zuordnung der Beiträge aus den einzelnen Fachbereichen zu einem integrierten Anlagenmodell und (b) das Bereitstellen einer offenen, herstellerneutralen Plattform zur Integration von heterogenen Software-Werkzeugen für die Entwicklung von Automatisierungssystemen.

Eine wesentliche Grundlage für den Aufbau eines integrierten Anlagenmodells und für die Neutralität der Plattform ist der Einsatz und Umgang mit *AutomationML*. Auch im „VDI VDE Statusreport Referenzarchitekturmodell Industrie 4.0 (RAMI4.0)" (VDI 2015) wird das nach IEC 62714 standardisierte Datenformat *AutomationML* (Automation Markup Language, DIN EN 62714 2018/2019) für die Speicherung und zum Austausch von Anlagenplanungsdaten zwischen Software-Werkzeugen als Ansatz für das durchgängige Engineering festgelegt. Dieses Modell wird entlang der Wertschöpfungskette erstellt, genutzt und gepflegt. Das Modell beschreibt sowohl die Eigenschaften und spezifische Ausprägungen des Systems, wie Mechanik, Elektrik und Verhalten als auch die Abhängigkeiten zwischen wesentlichen Fachbereichen die für die Planung, Errichtung und den Betrieb der Anlage. Auch wenn *AutomationML* zunächst konzipiert wurde, um Daten zwischen Software-Werkzeugen im Engineering automatisierter Systeme auszutauschen, so ist damit auch der Aufbau eines integrierten Anlagenmodells möglich. Dadurch können die Sichtweisen der unterschiedlichen Fachbereiche wie mechanische Konstruktion, Elektroplanung und Steuerungsprogrammierung zusammengeführt werden; man erhält eine digital nutzbare Beschreibung des Aufbaus und des Verhaltens des Produktionssystems (Feldmann et al. 2015, 2019). Weiterführende Informationen zu *AutomationML* finden sich beispielsweise im Beitrag „*AutomationML in a Nutshell*" (Drath 2010).

Die konkrete Implementierung des *AML.hub* erfüllt bereits einige der beschriebenen EDaL-Konzepte. Der *Projekt Browser* wird größtenteils durch das Management Cockpit umgesetzt, in dem eine Navigation durch die Projektdaten möglich ist. Dadurch werden etwas Status, Projektlaufzeit und aktuelle Aktivitäten sichtbar. Das Verweisen auf externe Ressourcen, etwa eine PDF Dokumentation, ist durch die *Signalquerverweis-Navigation* möglich. *Konnektoren* und *Transformatoren* können mit Signal- und *AutomationML*- Daten (z. B. EPLAN, CAEx II) umgehen. Eine *Versionisierung der Modelle* ermöglicht unter anderem die Verfolgung von Änderun-

[7] AML.hub: www.amlhub.at/.

gen, die Auflösung von Konflikten oder Massenänderungen. Eine *Modellanalyse* ermöglicht das Erkennen von Inkonsistenzen zur Sicherstellung der Vollständigkeit und Konsistenz der zu bearbeitenden Modelle. Diverse weiterführende *Auswertungen* sind durch verschiedene semantische Analysen möglich.

5.2 Engineering Data Logistik Information System (EDaLIS)

Das *Engineering Data Logistik Information System* (EDaLIS) ist ein plattformunabhängiges Informationssystem, das die digitalisierte Planung, Steuerung und Organisation von Engineering Daten ermöglicht. Das Hauptziel von EDaLIS ist, gemeinsame Konzepte zwischen verschiedenen fachbereichsspezifischen Sichten zu pflegen und zu visualisieren. Um diese gemeinsamen Konzepte zu erreichen, wird ein zweistufiger Prozess durchlaufen (Biffl et al. 2019e). Abb. 6 zeigt diesen zweistufiger Prozess: In der *ersten Phase* definieren sowohl Datenkonsument als auch Datenlieferant ihre Datenmodelle, um dann im letzten Schritt dieser Phase eine semantische Verknüpfung zwischen gemeinsamen Datenpunkte herzustellen. In der *zweiten Phase* werden die bereitgestellten Daten umgewandelt, transformiert und – wie angefordert – bereitgestellt.

Abb. 7 beschreibt die konzeptuelle Systemarchitektur von EDaLIS mit einer (a) *Web-Anwendung* (als Frontend) und (b) *Service Backend*. Der *EDEx*[8] *Team Workspace*, der durch eine Web-Anwendung umgesetzt wird, besteht aus mehreren Sichten für Datenkonsumente und Datenlieferanten, etwa für *Datenimport (O1)*, *Projekt-Browser* (O2) und *Datenexport (O3)*. Der Projektbrowser ermöglicht die Anzeige einer Übersicht über den *AutomationML*-Datenbestand und die Ergebnisse ausgewählter Datenanalysen, etwa Änderungen an Dateninstanzen des Kernmodells. Die Web-Anwendung kommuniziert über verschiedene Schnittstellen *(EDaLIS Ser-*

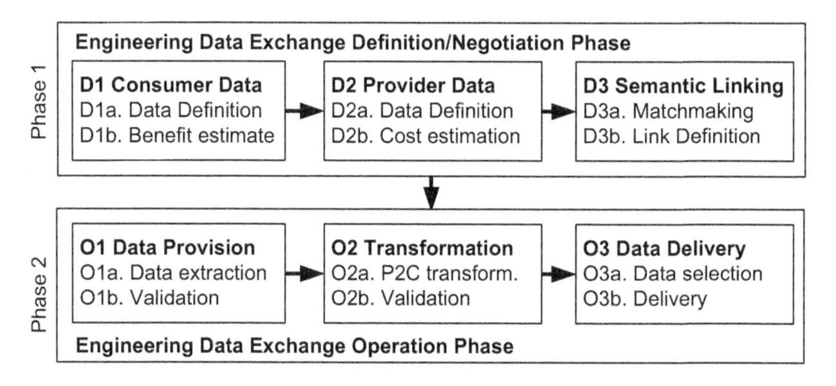

Abb. 6 Phasen im EDaLIS Datenaustauschprozess. (Biffl et al. 2019e)

[8]EDEx: **E**ngineering **D**ata **Ex**change.

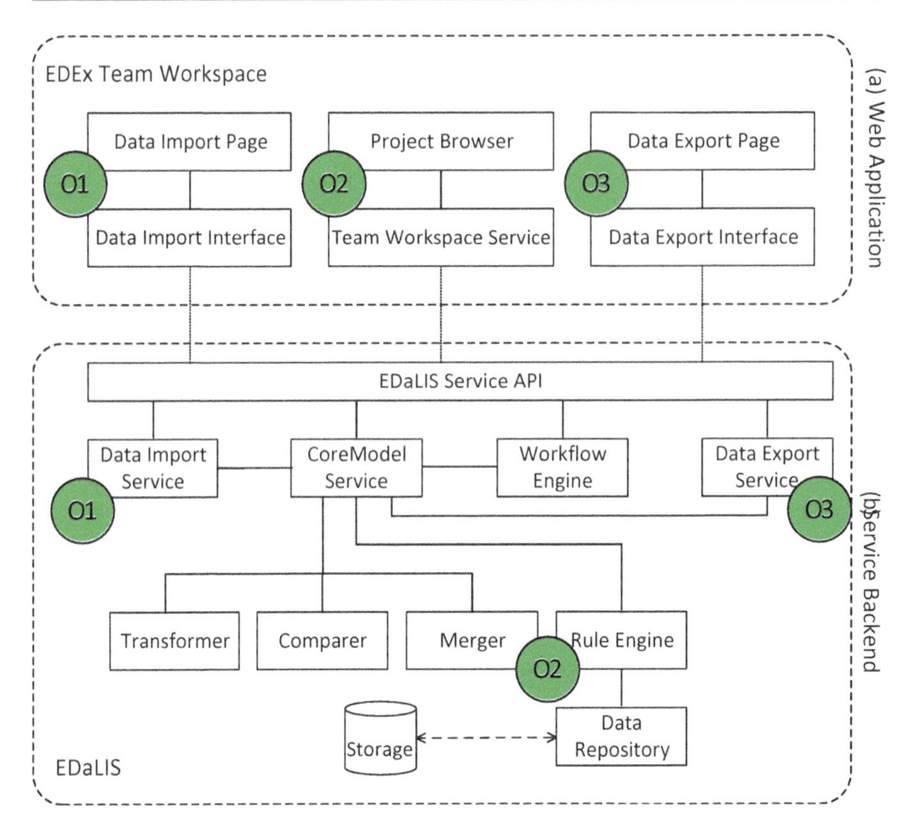

Abb. 7 Konzeptuelle Architektur von EDaLIS. (Biffl et al. 2019e)

vice API) mit einem *Service Backend*, das ebenfalls aus unterschiedlichen Diensten bzw. Komponenten besteht: *Datenimport* (O1) und *CoreModel Services mit Workflowunterstützung und Datenexport* (O3). *Zusätzliche Services* (O2) sind erforderlich, um Transformationen oder Vergleiche durchzuführen bzw. Daten aufeinander abzustimmen bzw. zusammenzuführen. Weiters beinhalten diese Services Validierungsmechansimen und Datenrepositories mit entsprechender Versionierung zur Unterstützung eines reibungslosen Datenaustauschs.

6 Vergleich grundlegender Lösungsansätze

In der industriellen Praxis finden sich typischerweise drei strukturell unterschiedliche Lösungsansätze (Fay et al. 2013): (a) *All-in-One* Lösungen, (b) *Behelfslösungen lokaler Experten* und (c) *herstellerneutrale Integrationsansätze* für heterogene Werkzeuge und Datenmodelle.

***All-in-One* Lösungen oder herstellerspezifische (proprietäre) Ansätze** sind dadurch gekennzeichnet, dass einzelne fachbereichsspezifische Werkzeuge, etwa für Elektro-, Mechanik- und Softwareplanung, innerhalb einer Werkzeugsuite eingebettet sind, auf ein gemeinsames Datenmodell aufbauen und daher ideal aufeinander abgestimmt sind. Neben den positiven Effekten für integrierte Anlagenplanung ergeben sich dadurch zahlreiche Herausforderungen, die bei der Auswahl der Projektpartner und der zu verwendenden Werkzeuge bei der Planung einer Anlage berücksichtigt werden müssen. Durch die Abhängigkeit von einem einzelnen Hersteller *(vendor-lock-in)* ist der Anwender auf die Funktionalität beschränkt, die eine *All-in-One* Lösung bietet. *„Komfortfunktionen“*, wie sie viele hoch-spezialisierte Software-Lösungen für einzelne Fachbereiche zur Verfügung stellen, werden von *All-in-One*-Lösungen meist nur eingeschränkt geboten, da der Schwerpunkt auf die Basisfunktionalität und den Datenaustausch innerhalb der Werkzeugsuite beschränkt ist. Eine Anbindung alternativer Werkzeuge ist kaum oder nur durch punktuelle Ansätze möglich. Die eingeschränkte Offenheit (Fay et al. 2013) von Werkzeugen und Werkzeugsuiten erschwert zudem auch einen effizienten Datenaustausch zwischen unterschiedlichen Projektpartnern, die verschiedene Lösungen, etwa Speziallösungen oder unterschiedliche Werkzeugsuiten einsetzen. Durch diese Einschränkungen wird auch die Berücksichtigung kleinerer Unternehmen – etwa im Rahmen eines Projektkonsortiums – erschwert, die meist keine teure *All-in-One* Lösung verwenden können oder wollen. Auch eine Nutzung der entstehenden Daten über den Planungszeitraum der Anlage hinaus setzt im Allgemeinen voraus, dass auch – beispielsweise in der Betriebs- und Wartungsphase dieselbe Werkzeugsuite eingesetzt wird. Dadurch sind vergleichbare Einschränkungen zu beobachten.

Behelfslösungen lokaler Experten. Viele Unternehmen in der industriellen Praxis, speziell auch „gewachsene“ Unternehmen mit einer bewährten und heterogenen Werkzeuglandschaft, greifen daher auf Behelfslösungen lokaler Experten zurück. Diese Werkzeuglandschaften decken zwar die einzelnen Fachbereiche gut ab, erfüllen aber Anforderungen an einen effizienten Datenaustausch, wie er etwa durch Industrie 4.0 erforderlich ist, nicht oder nur eingeschränkt. Anstatt eines manuellen Datenaustausches mittels Papier oder Dokumenten, werden Werkzeuge punktuell durch eine Behelfslösung verbunden. Dazu zählen etwa Spreadsheet-Lösungen, Datenbanken oder Skripts sowie kleine Behelfsprogramme, die eine überschaubare Menge an bestimmten Funktionen erfüllen. Diese Behelfslösungen erfüllen zwar den eigentlichen Zweck zur Unterstützung des Datenaustausches durch eine (teilweise) Automatisierung, beinhalten aber zahlreiche Nachteile: Beispielsweise hängen diese Behelfslösungen stark von lokalen Experten, deren Expertise und deren konkreten Bedarfen, ab, sodass sie nur eingeschränkt in einem größeren Umfeld eingesetzt werden können. Mangelnde Dokumentation und die Verfügbarkeit dieser lokalen Experten erschweren die Weiterentwicklung und Wartung dieser Behelfslösungen. Daher können geringfügige Änderungen, etwa an den Exportschnittstellen der betroffenen Werkzeuge, große Änderungen an der Behelfslösung erforderlich machen. Der Einsatz derartiger Behelfslösungen kann zwar kurzfristigen Erfolg bringen, ist jedoch langfristig wirtschaftlich nicht tragbar.

Herstellerneutrale Ansätze zur Integration. Um sowohl die Vorteile von spezifischen Werkzeugen als auch die Vorteile von *All-in-One* Lösungen zu nutzen, ist es anzustreben, auf herstellerneutrale Integrationsansätze zurückzugreifen, um alle heterogenen Software-Werkzeuge und Datenmodelle in einem Engineering-Projekt zu integrieren und als Basis für wiederkehrende Abläufe, Berichte und Evaluierungen zu verwenden. Dieser *„Best-of-Breed"* Ansatz ermöglicht den Projektteilnehmern die Verwendung ihrer bewährten Werkzeuge im jeweiligen Fachbereich und stellt Mechanismen zur Verfügung, um heterogene Daten – etwa auf Basis von *„gemeinsamen Konzepten"* – effizient auszutauschen (Moser und Biffl 2012; Schneider et al. 2019). Bei Bedarf können nicht nur gemeinsame Daten sondern darüber hinaus auch lokale Daten des jeweiligen Fachbereichs genutzt werden, etwa für eine virtuelle Inbetriebnahme oder für ein integriertes Anlagenmodell. Beim Datenabgleich werden nur die Datenfragmente verwendet, die zur Synchronisierung von Engineering-Plänen unterschiedlicher Fachbereiche, zur Benachrichtigung bei Änderungen, zur Navigation zwischen diesen Plänen oder für Maßnahmen der Qualitätssicherung auf Basis des integrierten Anlagenmodells benötigt werden. Alle anderen Daten, die etwa für andere Projektteilnehmer irrelevant sind, verbleiben in den lokalen Werkzeugen. Voraussetzung dafür ist allerdings die *Festlegung der gemeinsamen Konzepte bereits am Projektbeginn*, etwa während der Konzeptphase im Rahmen eines PPR-Modells. Eine gemeinsame und standardisierte Beschreibungssprache, wie etwa *AutomationML* (Drath 2010), erleichtert den Datenaustausch zwischen den einzelnen Werkzeugen bzw. Werkzeugsuiten und Datenmodellen (Biffl et al. 2015). Konzepte für eine *Engineering Data Logistik (EDaL)* stellen etwa Integrationsplattformen zur Verfügung, um – unabhängig vom Hersteller – auf Basis von *AutomationML* heterogene Werkzeuge effizient zu integrieren und somit integriertes Anlagen-Engineering zur ermöglichen.

Diese generellen Lösungsansätze (*All-in-One* Lösungen, lokale *Behelfslösungen* und herstellerunabhängige *Integrationsplattformen* bzw. Konzepte für eine integrierte *Datenlogistik*) eignen sich unterschiedlich gut, um die adressierten Fragestellungen (VDI 2014b) nach „*bruchlosen Modellen in Engineering-Phasen*" und „*durchgängigen Werkzeugketten*" zu beantworten und Lösungsmöglichkeiten bereitzustellen. Tab. 2 stellt die identifizierten Anforderungen (siehe Abschn. 3) den vorgestellten Lösungsansätzen gegenüber.

Für *All-in-One* Lösungen gilt, dass die Bedarfe soweit abgedeckt werden können, soweit die eingebetteten Werkzeuge in der Lage sind, diese Bedarfe zu adressieren. Die Einbindung alternativer Werkzeuge oder Werkzeug-Suiten ist meist nicht oder nur eingeschränkt möglich. Behelfslösungen unterstützen zwar die Verwendung von bewährten Werkzeugen, lassen aber eine Systematik in Bezug auf effizienten Datenaustausch vermissen. Die ermittelten Bedarfe lassen sich durch Erweiterungen dieser Behelfslösungen adressieren, sind meist aber keine langfristige Lösung des Integrationsproblems. Neutrale Integrationsplattformen, wie etwa eine Integrationsplattform (Biffl et al. 2015) bauen auf *AutomationML* und einem integrierten Anlagenmodell auf und bieten grundlegende Funktionsweisen, wie sie im integrierten Anlagen-Engineering benötigt werden. Grundlegende Funktionsweisen umfassen beispielsweise die Versionierung von Datenmodellen und Daten, ein systematischer, nachvollziehbarer und qualitätsgesicherter Datenaustausch zwischen den Fachbereichen, oder Benachrichtigungen und Navigation mit Workflow-Unterstützung. Integrierte Anlagenmodelle können durch PPR-Wissen *(Produkt-Prozess-Ressource)* eine ganzheitliche Sicht auf

Tab. 2 Gegenüberstellung der Bedarfe und Lösungsansätze

	Bedarfe und Lösungsansatz	All-in-One Lösungen	Behelfs-lösungen	EDaL-Konzepte
B1	Projektweite, gemeinsame Konzepte	Teilweise, soweit Werkzeuge enthalten sind	Nein, je nach beteiligten Werkzeugen individuell	Ja, durch AML, PPR-Konzepte
B2	Identifizierung korrespondierender Datenelemente zwischen Werkzeugen	Teilweise, soweit Werkzeuge enthalten sind	Teilweise, je nach beteiligten Werkzeugen	Ja, durch AML, PPR-Konzepte
B3	Speichern von gemeinsamen Konzepten	Teilweise, soweit Werkzeuge enthalten sind	Nein	Ja, Speicherung von AML Daten, PPR-Wissen und geg. Zusatzdaten
B4	Versionierung fachbereichsübergreifender Werkzeugdaten	Teilweise, soweit Werkzeuge enthalten sind	Nein	Ja, Speicherung von AML Daten, PPR-Wissen und geg. Zusatzdaten
B5	Analyse und Auswertung von Änderungen	Teilweise, soweit Werkzeuge enthalten sind	Teilweise, soweit durch Behelfslösungen umgesetzt	Ja
B6	Regeln über gemeinsame Konzepte	Teilweise, soweit Werkzeuge enthalten sind	Nein	Ja, über Auswertungen (etwa Freigabelisten zu Komponenten, die im Projekt verwendet werden dürfen)
B7	Notifikation und Berichte bei Änderungen	Teilweise, soweit Werkzeuge enthalten sind	Nein	Integrierte Workflow-Unterstützung
B8	Navigation und Suche im Anlagenmodell	Teilweise, soweit Werkzeuge enthalten sind	Nein	Ja
B9	Fachexperten sollen gewohnte Werkzeuge verwenden können	Nein, Werkzeug-Suite gibt die Werkzeuge vo	Ja, Verwendung bewährter Werkzeuge.	Ja, Verwendung bewährter Werkzeuge

(Fortsetzung)

Tab. 2 (Fortsetzung)

	Bedarfe und Lösungsansatz	All-in-One Lösungen	Behelfs-lösungen	EDaL-Konzepte
B10	PPR-Wissen für Wissensaustausch	Teile von PPR-Wissen in Werkzeugen	Teile von PPR-Wissen in Werkzeugen	Ja, kann im Modell umgesetzt werden.
B11	Einbeziehung der Vorprojektphase	Teilweise, soweit Werkzeuge enthalten sind	Nein	Ja, durch die Nutzung von PPR
B12	Hersteller Unabhängigkeit	Nein	Nein	Ja

das Engineering-Projekt und die zu planende Anlage ermöglichen. Dadurch sind sowohl (a) nachvollziehbare und rückverfolgbare Entwurfsentscheidungen als auch (b) Rückflüsse für Verbesserungen oder künftige Engineering-Projekte möglich.

7 Prozessunterstützung

Die VDI 2206 Richtlinie beschreibt eine konkrete Entwicklungsmethodik für mechatronische Systeme, und zeigt den Bedarf an integrierten Daten im Rahmen des gesamten Entwicklungsprojektes auf (VDI 2004). Dabei spielt nicht nur das parallele Engineering unterschiedlicher Fachbereiche sondern auch effizientes Änderungsmanagement und Standardisierung eine wesentliche Rolle. Das parallele Engineering erfordert aber nicht nur geeignete Mechanismen für den effizienten Datenaustausch sondern auch eine Prozessunterstützung. Ein effizienter Datenaustausch kann etwa über *Engineering Data Logistik (EDaL)* Konzepte bereitgestellt werden (siehe Abschn. 5). Im Rahmen der Prozessunterstützung müssen Bedarfe der Projektbeteiligten abgedeckt werden, wie beispielsweise ein effizientes Änderungsmanagement (Winkler et al. 2011), Benachrichtigung bei Fehlern oder Änderungen oder Navigationsmechanismen zum effizienten Auffinden der betroffenen Anlagenteile in den jeweiligen Plänen (Mordinyi et al. 2012, 2016).

Basierend auf den in Abschn. 2 beschriebenen Anwendungsfällen lassen sich speziell die Anwendungsfälle A2 „*Effizienter Datenaustausch zwischen Fachbereichen unter Berücksichtigung von PPR-Wissen*" und A3 „*Gewerke übergreifende Konsistenzprüfungen*" durch einen erweiterten exemplarischen Anwendungsfall „*Round-Trip-Engineering*" (VDMA 2012) zusammenfassen. Die Anwendungsfälle A1 „*Modellierung von PPR-Wissen und Überführung von Produkt und Prozesswissen in neues Ressourcenwissen*", A4 „*Einsatz von Generatoren für Teilpläne*" sowie A5 „*Virtuelle Inbetriebnahme*" werden meist durch lokale Werkzeuge unterstützt, die Modellelemente und Daten und von anderen Fachbereichen benötigen und diese über gemeinsame Konzepte erhalten können. Im Anwendungsfall A1 werden typischerweise verschiedene Werkzeuge verwendet, um ein gesamtheitliches und initiales Konzept der Produktionsanlage zu erhalten. Anwendungsfälle A4 und A5 greifen auf integrierte Anlagendaten zurück.

Ergänzend zu den involvierten technischen Rollen (z. B. Elektrik, Mechanik und Software) unterstützen integrierte Planungsdaten auch Rollen, wie Projekt- oder Qualitätsmanager oder Systemintegratoren. Der Anwendungsfall A1 mit dem Schwerpunkt PPR-Wissen, beschreibt einen Anwendungsfall übergreifend über die Engineering-Phasen. Da die Aspekte des Produkts und Produktionssystems in verschiedenen Fachbereichen bearbeitet werden, ist nicht nur die Anlagenkonzeptionierung sondern auch die Anlagenplanung und Anlagenumsetzung betroffen. Dies wiederum stellt Anforderungen an den Engineering-Prozess und der Prozessunterstützung. Wie bereits erwähnt, gilt es, anhand des bestehenden Engineering-Prozesses zu überprüfen, in welchen Fachbereichen PPR-Wissen vorhanden, benötigt, bzw. transformiert werden muss. Solche Analysen erlauben es, weitere Maßnahmen für eine PPR-Wissensrepräsentation einzuleiten und Fachexperten durch geeignete Software-Werkzeuge zu unterstützen.

Der exemplarische Anwendungsfall des *„Round-Trip-Engineering"* *(RTE)* beschreibt die Stärken eines *Engineering Data Logistik (EDaL)* Konzeptes, das beispielsweise durch den AML.hub oder EDaLIS umgesetzt wurde. Dieser Anwendungsfall kann im Rahmen eines Engineering-Prozesses als Grundlage für einen Verbesserungsprozesses auf Projektebene gesehen werden und somit als Benchmark oder für den Test einer Engineering-Plattform eingesetzt werden (Winkler et al. 2019b). In einem einfachen Round-Trip-Engineering Prozess (Abb. 8) wird die initiale Anlagentopologie durch den *Anlagenplaner* erstellt und bereitgestellt (1). Der *Fachexperte (Mechanik)* benutzt die Anlagentopologie (2), ergänzt sie um mechanische Planungsdaten und stellt diese wieder bereit (3). Der *Fachexperte (Elektrik)* benutzt sowohl die Anlagentopologie als auch relevante mechanische Pläne (MCAD V1) (4), ergänzt sie um elektrische Planungsdaten und stellt sie wieder zur Verfügung (5). Schlussendlich benutzt der *Fachexperte (PLC Programmierung)* alle benötigten Daten (6) und ergänzt sie um PLC-Daten.

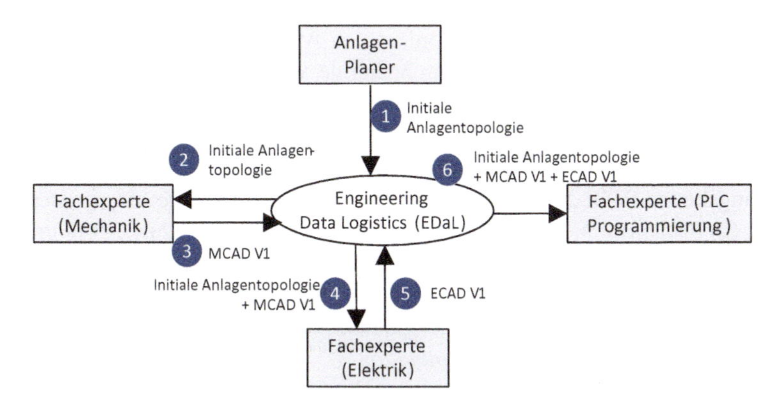

Abb. 8 Beispiel eines einfachen Round-Trip-Engineering Prozesses nach VDMA 66421. (VDMA 2012)

Zentrale Herausforderungen ergeben sich aber, falls bei Fehlern oder Änderungsanfragen mehrere Versionen derselben Planungsdaten existieren. Beispielsweise kann der elektrische Planer *(Fachexperte (Elektrik))* Fehler oder Änderungswünsche an den mechanischen Planer *(Fachexperte (Mechanik))* berichten und gleichzeitig seine Planungsdaten in einer ersten Version an den *Fachexperten (PLC-Programmierung)* senden. Die Aktualisierung der mechanischen Planungsdaten resultiert in einer zweiten Version (MCAD V2), die EDaL zur Verfügung steht, während der PLC Programmierer – aufbauend auf MCAD V1 – an seiner ersten Version arbeitet. Diese Konflikte müssen über geeignete Synchronisierungsmechanismen gelöst werden. Diese Synchronisierung kann zwar durch *AutomationML* unterstützt aber nicht umgesetzt werden – dazu sind Werkzeuge notwendig, die logische Verbindungen herstellen, auflösen und verwenden können, um konsistente Planungsdaten über Fachbereichsgrenzen hinweg herstellen zu können. Zusätzlich sind geänderte Anlagen-Topologien geeignet zu berücksichtigen, da neue oder geänderte Komponenten in verschiedenen Versionen verfügbar sind oder nicht mehr benötigte Komponenten entfernt werden müssen. Ein *Engineering Data Logistik (EDaL)* Konzept, Implementierungen, wie AML.hub oder EDaLIS realisieren Integrationsplattformen, um eine konsistente Datensicht im gesamten Projekt bereit zu stellen. Aus der Prozess-Sicht ergeben sich somit Anforderungen an eine integrierte Datensicht, Versionierungen, Konsistenzprüfungen, sowie die Anbindung zusätzlicher Werkzeuge für Konfigurationen, die Generierung von Engineering-Plänen oder die Unterstützung virtueller Inbetriebnahmen, die leicht an EDaL Implementierungen angebunden werden können. Dadurch kann die Wertschöpfungskette (siehe Abb. 1) durchgängig unterstützt werden und auch die identifizierten Bedarfe adressieren. Im Kontext von Industrie 4.0 können Integrationsplattformen mit PPR-Wissen genutzt werden, um laufend weitere Prozesse aus der Wertschöpfungskette zu integrieren und – im Sinn einer kontinuierlichen Prozessverbesserung – zu optimieren und zu verbessern.

8 Zusammenfassung und Ausblick

Anlagen im Industrie 4.0 Umfeld erfordern den Austausch von Engineering-Daten über Fachbereiche hinweg, um die durchgängige Vernetzung von Wertschöpfungsketten zu erlauben (VDI 2014a), parallele Engineering-Prozesse effektiv und effizient zu unterstützen, und eine stärkere Offenheit bei der Wahl der Zulieferer zu erlauben. Dieses Kapitel hat anhand ausgewählter Prozesse aus Industrie 4.0 Wertschöpfungsketten (VDI 2014a) zwei konkrete Forschungsbedarfe aufgegriffen (VDI 2014b): (a) *Bruchlose Modelle in Engineering-Phasen* und (b) *Durchgängige Werkzeugketten*. Wesentliches Ziel der Forschung und Entwicklung ist das Herstellen eines integrierten Anlagenmodells bzw. einer effizienten Datenlogistik in einem Umfeld heterogener Software-Werkzeuglandschaften. Die Kombination von standardisierten Datenformaten wie *AutomationML* und geeigneten Austausch- und Verwaltungsplattformen für Engineering-Daten erlaubt sowohl Engineering-Prozesse zu verbessern als auch Anlagenmodelle effizient zu erstellen und zu pflegen.

Anhand von Befragungen mit Experten aus dem anlagenmodellorientierten Engineering wurden die folgenden exemplarischen Anwendungsfälle ausgewählt: A1. Modellierung von PPR-Wissen und Überführung von Produkt und Prozesswissen in neues Ressourcenwissen; A2: Effizienter Datenaustausch zwischen Fachbereichen unter Berücksichtigung von PPR-Wissen; A3: Gewerke übergreifende Konsistenzprüfungen; A4: Einsatz von Generatoren für Teilpläne; A5: Virtuelle Inbetriebnahme. Ein integriertes Anlagenmodell mit PPR-Wissen kann diese Anwendungsfälle in der praktischen Umsetzung wesentlich unterstützen. Ausgehend von diesen Anwendungsfällen wurden konkrete Bedarfe an ein System abgeleitet, beispielsweise das Identifizieren, versionierte Speichern, Überprüfen und Auswerten von projektweit gemeinsamen Konzepten.

Als Beispiel für einen herstellerneutralen Ansatz wurde das Konzept *Engineering Data Logistik* (EDaL) mit konkreten Implementierungen AML.hub und EDaLIS beschrieben. In weiterer Folge wurden Möglichkeiten diskutiert, die sich daraus für eine verbesserte Beobachtung und Orchestrierung der Engineering-Prozesse ergeben. Die Lösungsansätze (a) *All-in-One* Lösungen, (b) Behelfslösungen lokaler Experten und (c) herstellerneutrale Ansätze zur Integration heterogener Werkzeuge und Datenmodelle wurden mit Bezug auf die ermittelten Bedarfe.

Insgesamt wurden folgende zentrale Ergebnisse erarbeitet: Proprietäre *All-in-One* Lösungen eignen sich gut in ausgewählten Bereichen, für die sie konzipiert wurden. Diese Lösungen sind für Nutzer allerdings nicht leicht erweiterbar bzw. die Integration von *Best-of-Breed* Lösungsnetzwerken gestalte sich als komplex, fehleranfällig und zeitaufwändig. *Lokale Behelfslösungen* sind bei lokalen Anwendern und Fachexperten sehr gut akzeptiert, da sie für einen speziellen Zweck erstellt wurden und diesen optimal unterstützen. Allerdings sind diese Behelfslösungen in Bezug auf Erweiterbarkeit stark limitiert, da fast alle anderen identifizierten Bedarfe nicht oder nur mit hohem Aufwand adressiert werden können. Eine neutrale Integrationsplattform, etwa auf Basis des offenen Standards *AutomationML,* erlaubt eine weitgehende und durchgängige Integration. Vorbedingungen, wie etwa ausreichende Schnittstellen zu gewählten Werkzeugen, müssen jedoch erfüllt werden. Wesentliches zusätzliches Ergebnis des Vergleichs ist die Beobachtung, dass offene Konzepte, die eine Basis zur Vernetzung von offenen Wertschöpfungsketten darstellen, in den Lösungsansätzen stark unterschiedlich berücksichtigt werden.

Ausblick. Forscher und Praktiker können die in diesem Kapitel beschriebenen Anwendungsfälle und Bedarfe in konkreten Anwendungsumfeldern nutzen, um lokale Bedarfe zu analysieren und die Fähigkeiten lokaler und existierender Lösungen im Hinblick auf die ermittelten Bedarfe zu bewerten. Aus der Diskussion mit Fachexperten hat sich ergeben, dass akzeptierte und bewährte Modelle eingebunden werden können und sollen, aber diese nicht ersetzt werden sollen. Das betrifft sowohl Engineering-Modelle aber auch Modelle, die das Produkt, die Organisation und die Geschäftsprozesse abbilden, da die Wertschöpfung schlussendlich in Geschäftsprozessen erfolgt. Diese Wertschöpfung muss daher als Teil der Wertschöpfungsketten modelliert werden. Dazu ist ein möglichst nahtloser Zugriff auf Daten aus Engineering- und Betriebsprozessen, etwa über ein integriertes Anlagenmodell, erforderlich. Das Konzept der *Engineering Data Logistik* erscheint in diese Richtung vielversprechend und wird daher als Integrationsplattform weiterentwickelt und mit PPR-Wissen angereichert. Aus dem Fokus des Kapitels auf Teile von Wertschöpfungsketten und ausgewählte Anwendungsfälle ergibt sich der zusätzliche Bedarf, Ergebnisse der Analysen in einem weiteren Umfeld zu ergänzen und zu validieren.

Literatur

Biffl S, Mordinyi R, Moser T (2012a) Anforderungsanalyse für das integrierte Engineering – Mechanismen und Bedarfe aus der Praxis. In: ATP Edition, 54(5). DIV Deutscher Industrieverlag GmbH, Essen, S 28–35. (Best Paper Award)

Biffl S, Mordinyi R, Moser T (2012b) Integriertes Engineering mit Automation Service Bus – Paralleles Engineering mit heterogenen Werkzeugen. In: ATP Edition, 54(12). DIV Deutscher Industrieverlag GmbH, Essen, S 36–43

Biffl S, Winkler D, Mordinyi R, Scheiber S, Holl G (2014) Efficient monitoring of constraints in a multi-disciplinary engineering project with semantic data integration in the multi-model dashboard process. In: Proceedings of the 19th IEEE international conference on Emerging Technologies and Factory Automation (ETFA). IEEE

Biffl S, Lüder A, Mätzler E, Schmidt N, Wimmer M (2015) Linking and versioning support for *AutomationML*: a model-driven engineering perspective. In: Proceedings of the 13th IEEE international conference on Industrial Informatics (INDIN). IEEE, Cambridge, UK

Biffl S, Mordinyi R, Steininger H, Winkler D (2017a) Integrationsplattform für anlagenmodellorientiertes Engineering: Bedarfe und Lösungsansätze. In: Vogel-Heuser B, Bauernhansl T, ten Hompel M (Hrsg) Handbuch Industrie 4.0, Bd 2. Springer, Berlin/Heidelberg

Biffl S, Gerhard D, Lüder A (2017b) Introduction to the multi-disciplinary engineering for cyber-physical production systems. In: Multi-disciplinary engineering for cyber-physical production systems. Springer, Cham, S 1–24

Biffl S, Kathrein L, Lüder A, Meixner K, Sabou M, Waltersdorfer L, Winkler D (2019a) Software engineering risks from technical debt in the representation of product/ion knowledge. In: 31st international conference on software engineering & knowledge engineering. KSI Research Inc., Lisbon

Biffl S, Ekaputra F, Lüder A, Pauly J-L, Rinker F, Waltersdorfer L, Winkler D (2019b) Technical debt analysis in parallel multi-disciplinary engineering. In: Proceedings of the 45th Euromicro conference on software engineering and advanced applications. Euromicro SEAA, IEEE, Thessaloniki/Chalkidiki

Biffl S, Lüder A, Rinker F, Waltersdorfer L, Winkler D (2019c) Quality risks in the data exchange process for collaborative CPPS engineering. In: Proceedings of the IEEE international conference on industrial informatics. IEEE, Helsinki-Espoo

Biffl S, Lüder A, Rinker F, Waltersdorfer L, Winkler D (2019d) Engineering data logistics for agile automation systems engineering. In: Security and quality in cyber-physical systems engineering. Springer, Cham, S 187–225

Biffl S, Lüder A, Rinker F, Waltersdorfer L (2019e) Efficient engineering data exchange in multi-disciplinary systems engineering. In: International conference on advanced information systems engineering (CAISE). Springer, Cham, S 17–31

BMBF (2013) Zukunftsbild „Industrie 4.0", Bundesministerium für Bildung und Forschung, Referat IT-Systeme

Chacon S, Straub B (2014) Pro Git, 2. Aufl. Apress. ISBN 978-1484200773

DIN EN 62714 (2018/2019) Datenaustauschformat für Planungsdaten industrieller Automatisierungssysteme – Automation Markup Language – Teil 1: Architektur und allgemeine Festlegungen, DIN EN 62714-1:2015-06, IEC 62714-1:2014, EN 62714-1:2014

Drath R (Hrsg) (2010) Datenaustausch in der Anlagenplanung mit *AutomationML*: Integration von CAEX, PLCOpenXML und COLLADA. Springer, Berlin/Heidelberg. ISBN 978-3-642-04673-5

Fay A, Biffl S, Winkler D, Drath R, Barth M (2013) A method to evaluate the openness of automation tools for increased interoperability. In: Proceedings of the 39th annual conference of the IEEE Industrial Electronics Society (IECON). IEEE, Vienna, S 6842–6847

Feldmann S, Herzig Sebastian JJ, Kernschmidt K, Wolfenstetter T, Kammerl D, Qamar A, Lindemann U, Krcmar H, Paredis Christiaan JJ, Vogel-Heuser B (2015) Towards effective management of inconsistencies in model-based engineering of automated production systems. In: Proceedings of the 15th IFAC symposium on Information Control in Manufacturing (INCOM), Ottawa

Feldmann S, Kernschmidt K, Wimmer M, Vogel-Heuser B (2019) Managing inter-model inconsistencies in model-based systems engineering: application in automated production systems engineering. J Syst Softw 153:105–134

Harmon P (2019) Business process change: a business process management guide for managers and process professionals. Morgan Kaufmann, Cambridge, MA

Häusler M, Trojer T, Kessler J, Farwick M, Nowakowski E, Breu R (2019) ChronoSphere: a graph-based EMF model repository for IT landscape models. Softw Syst Model 18:1–40

Havey M (2005) Essential business process modeling, 1. Aufl. O'Reilly Media, Sebastopol

Hebig R, Seidl C, Berger T, Pedersen JK, Wąsowski A (2018) Model transformation languages under a magnifying glass: a controlled experiment with Xtend, ATL, and QVT. In: Proceedings of the 2018 26th ACM joint meeting on European software engineering conference and symposium on the foundations of software engineering. ACM, Lake Buena Vista, S 445–455

Jouault F, Allilaire F, Bezivin J, Kurtev I (2008) ATL: a model transformation tool. J Sci Comput Program 72(1–2):31–39. Special Issue on Second Issue of experimental software and toolkits

Kahani N, Bagherzadeh M, Cordy JR, Dingel J, Varró D (2018) Survey and classification of model transformation tools. Softw Syst Model 18:1–37

Kathrein L, Lüder A, Meixner K, Winkler D, Biffl S (2019a) Efficient production system resource exploration considering product/ion requirements. In: 24th IEEE conference on emerging technologies and factory automation. IEEE, Zaragoza

Kathrein L, Lüder A, Meixner K, Winkler D, Biffl S (2019b) Extending the formal process description towards consistency in product/ion-aware modeling. In: 24th IEEE conference on emerging technologies and factory automation. IEEE, Zaragoza

Kathrein L, Lüder A, Meixner K, Winkler D, Biffl S (2019c) Production-aware analysis of multidisciplinary systems engineering processes. In: Proceedings of the 21st international conference on enterprise information systems, vol 2. ICEIS, S 48–60. ISBN 978-989-758-372-8. SCITEPRESS, Heraklion

Kathrein L, Lüder A, Meixner K, Winkler D, Biffl S (2019d) Product/ion-aware modeling languages that support tracing design decisions. In: 2019 IEEE 17th international conference on Industrial Informatics (INDIN). IEEE, Helsinki-Espoo

Kögel M, Helming J (2010) EMFSTore: a model repository for EMF models. In: Proceedings of the 32nd ACM/IEEE international conference on software engineering (ICSE), vol 2. ACM, Cape Town, S 307–308

Kovalenko O, Winkler D, Kalinowski M, Serral E, Biffl S (2014) Engineering process improvement in heterogeneous multi-disciplinary environments with the defect causal analysis. In: Proceedings of the 21th EuroSPI conference on systems software and service process improvement, communication in computer and information science. Springer, Luxembourg, S 73–85

Li D, Li X, Stolz V (2011) QVT-based model transformation using XSLT. ACM SIGSOFT Softw Eng Notes 36(1):1–8

Lüder A, Schmidt N, Steininger H, Biffl S (2014) Analyse von Anforderungen an Software-Systeme zum Steuerungsentwurf. In: Tagungsband der 13. Fachtagung für den Entwurf Komplexer Automatisierungssysteme (EKA). ifak/Otto-von-Guericke-Universität, Magdeburg, 14S

Lüder A, Pauly J-L, Wimmer M (2018) Modelling consistency rules within production system engineering. In: 2018 IEEE 14th international conference on automation science and engineering (CASE). IEEE, Munich, S 664–667

Mordinyi R, Biffl S (2015) Versioning in cyber-physical production system engineering – best-practice and research agenda. In: Proceedings international workshop on software engineering for smart cyber-physical systems (SEsCPS), collocated with the 37th international conference on software engineering (ICSE). IEEE

Mordinyi R, Moser T, Winkler D, Biffl S (2012) Navigating between tools in heterogeneous automation systems engineering landscapes. In: Proceedings of the 38th annual conference of the IEEE industrial electronics society (IECON). IEEE, Montreal, S 6182–6188

Mordinyi R, Serral E, Ekaputra FJ (2016) Semantic data integration: tools and architectures. In: Semantic web technologies for intelligent engineering applications. Springer, Cham, S 181–217

Moser T, Biffl S (2012) Semantic integration of software and systems engineering environments. IEEE Trans Syst Man Cybern Part SMC-C Appl Rev 42(1):38–50. Special issue on Semantics-enabled Software Engineering, IEEE, ISSN 1094-6977

Moser T, Mordinyi R, Winkler D, Biffl S (2011) Engineering project management using the engineering cockpit. In: Proceedings of the 9th international conference on industrial informatics (INDIN). IEEE, Caparica, S 579–584

Pandey (2011) Object Constraint Language (OCL): past, present and future. SIGSOFT Softw Eng Notes 36(1):1–4

Pilato M, Collins-Sussman B, Fitzpatrick BW (2008) Version control with subversion, 2. Aufl. O'Reilly and Associate, Sebastopol. ISBN 978-0596510336

Pöschl S, Wirth F, Bauernhansl T (2018) Strategic process planning for commissioning processes in mechanical engineering. Int J Prod Res 57(21):1–13

Schleipen M, Lüder A, Sauer O, Flatt H, Jasperneite J (2015) Requirements and concept for plug-and-work. At-Automatisierungstechnik 63(10):801–820. De Gruyter Oldenbourg

Schmidt N, Lüder A, Biffl S, Steininger H (2014) Analyzing requirements on software tools according to functional engineering phase in the technical systems engineering process. In: Proceedings of the 19th IEEE international conference on emerging technologies and factory automation (ETFA). IEEE, Barcelona, S 1–8

Schneider GF, Wicaksono H, Ovtcharova J (2019) Virtual engineering of cyber-physical automation systems: The case of control logic. Adv Eng Inform 39:127–143

Scholz A (2018) Unterstützung des Engineerings von fertigungstechnischen Produktionssystemen mit Hilfe von Maschinenfunktionen: Methode, Modell und Beschreibungsmittel für ein funktionsorientiertes Planen. Dissertation, Helmut-Schmidt University, Hamburg

Steinberg D, Budinsky F, Paternostro M, Merks E (2008) EMF: eclipse modeling framework 2.0, 2. Aufl. Addison-Wesley Professional, Upper Saddle River

VDI 2206 (2004) „Entwicklungsmethodik für mechatronische Systeme", VDI-Gesellschaft Entwicklung Konstruktion Vertrieb (VDI-EKV)VDI 2206

VDI/VDE (2014a) Industrie 4.0 – Wertschöpfungsketten, VDI/VDE Gesellschaft Mess- und Automatisierungstechnik, Statusreport

VDI/VDE (2014b) Industrie 4.0 – CPS-basierte Automation, Forschungsbedarf anhand konkreter Fallbeispiele, VDI/VDE Gesellschaft Mess- und Automatisierungstechnik, Statusreport

VDI/VDE (2015) Referenzarchitekturmodell Industrie 4.0 (RAMI4.0), VDI/VDE Gesellschaft Mess- und Automatisierungstechnik, Statusreport

VDI/VDE 3682 (2005) Formalisierte Prozessbeschreibungen. Beuth, Berlin

VDI/VDE 3695 (2010/[2014]) Engineering von Anlagen – Evaluierung und optimieren des Engineerings, Blatt 1: Grundlagen und Vorgehensweisen und Blatt 2: Themenfeld Prozesse (jeweils 2010–11), Blatt 3: Themenfeld Methoden und Blatt 4: Themenfeld Hilfsmittel, sowie Blatt 5: Themenfeld Aufbauorganisation (2014–11), VDI/VDE Gesellschaft Mess- und Automatisierungstechnik

VDMA (2012) Referenzprozess zur durchgängigen Produktionsplanung – Standardisiertes Vorgehen für das Engineering von Produktionssystemen, VDMA Einheitsblatt 66421

Vogel-Heuser B, Zou M, Ocker F, Seitz M (2019) Diagnose von Inkonsistenzen in heterogenen Engineeringdaten. In: Vogel-Heuser B, Bauernhansl T, ten Hompel M (Hrsg) Handbuch Industrie 4.0. Springer, Berlin/Heidelberg

Winkler D, Moser T, Mordinyi R, Sunindyo WD, Biffl S (2011) Engineering object change management process observation in distributed automation systems projects. In: Proceedings of the 18th EuroSPI conference on systems software and service process improvement, communication in computer and information science. Delta Improvement Series, Roskilde, S 73–85

Winkler D, Mordinyi R, Biffl S (2017) Qualitätssicherung in heterogenen und verteilten Entwicklungsumgebungen für industrielle Produktionssysteme. In: Vogel-Heuser B, Bauernhansl T, ten Hompel M (Hrsg) Handbuch Industrie 4.0, Bd 2. Springer, Berlin/Heidelberg

Winkler D, Kathrein L, Meixner K, Staufer P, Pauditz M, Biffl S (2019a) Towards a hybrid process model approach in production systems engineering. In: Proceedings of the 26th European & Asian systems, software & service process improvement & innovation (EuroSPI). Springer, Edinburgh

Winkler D, Rinker F, Kieseberg P (2019b) Towards a flexible and secure round-trip-engineering process for production systems engineering with agile practices. In: Proceedings of the 11th software quality days, scientific program. Lecture notes on business information processing, LNBIP, vol 338. Springer, Vienna, S 14–30. 978-3-030-05766-4

Wünsch G (2008) Methoden für die virtuelle Inbetriebnahme automatisierter Produktionssysteme. Dissertation, Technische Universität München, Forschungsberichte IWB, Band 215, Herbert Utz

AutomationML in a Nutshell

Arndt Lüder und Nicole Schmidt

Zusammenfassung

Die Welt der Produktionssysteme ist an einem Wendepunkt. Die wachsende Bedeutung der Kundenwünsche und die wachsende Geschwindigkeit des technischen Fortschritts haben Produktionssysteminhaber dazu gebracht, die Flexibilität von Produktionssystemen hinsichtlich Produktportfolio und Ressourcennutzung auszuweiten (Terkaj et al. 2009). Jedoch ist diese Flexibilitätserweiterung nicht kostenlos zu haben. Neue Vorgehensweisen und Methoden des Entwurfes und der Nutzung von Produktionssystemen haben sich als notwendig erwiesen, wie sie in der Industrie 4.0 Initiative anvisiert werden (Kagermann et al.; Jasperneite 2012).

Industrie 4.0 fordert eine verstärkte Integration in verschiedensten Richtungen bezogen auf die Struktur und Entwurf/Erstellung/Nutzung von Produktionssystemen. So empfiehlt es eine verstärkte Integration der verschiedenen Lebenszyklusphasen eines Produktionssystems, stärkere Integration der verschiedenen Ebenen der Automatisierungspyramide von der Feldebene bis zur Unternehmenssteuerung und die Integration entlang der Entwurfskette des Produktionssystems, d. h. die Abfolge von Aktivitäten, die von Ingenieuren mit entsprechenden Entwurfswerkzeugen auszuführen sind (Biffl et al. 2017).

Die zunehmende Flexibilität der Produktionssysteme erzwingt eine höhere Frequenz an Entwurfsaktivitäten (Neubau und Umbau). Deshalb nimmt die Bedeutung des Entwurfs im Lebenszyklus des Produktionssystems zu, dessen Anteile an Lebenszyklus und Kosten des Produktionssystems steigen. Die Integration von Ingenieuraktivitäten und ihre beteiligten Werkzeuge entlang der

A. Lüder (✉)
Lehrstuhl für Produktionssysteme und -automatisierung, Universität Magdeburg, Magdeburg, Deutschland
E-Mail: arndt.lueder@ovgu.de

N. Schmidt
PLM::Production, Daimler Protics GmbH, Leinfelden-Echterdingen, Deutschland
E-Mail: nicole.s.schmidt@daimler.com

B. Vogel-Heuser et al. (Hrsg.), *Handbuch Industrie 4.0*,
https://doi.org/10.1007/978-3-662-58528-3_61

Entwurfskette sollen ein Mittel sein, Zeit und Kosten des Entwurfs durch die Vermeidung von unnötigen Wiederholungen von Entwurfsaktivitäten zu sparen, eine Zunahme an Kontinuität der Entwurfswerkzeugketten sicherzustellen und eine Verbesserung der Zusammenarbeit unter den Ingenieuren (um nur einige erwartete Einflüsse zu nennen) zu erreichen (Biffl et al. 2017).

Eine Mittel, die Integration von Entwurfsaktivitäten und Werkzeugen entlang der Entwurfsketten des Produktionssystems zu ermöglichen und außerdem die Verwendung von Entwurfsdaten innerhalb der Nutzungsphase eines Produktionssystems möglich zu machen, ist ein geeignetes Datenaustauschformat. Folgend der Industrie 4.0 Roadmap (DIN/DKE 2018) muss ein solches Datenformat entwickelt werden. In diesem Paper wird das Datenaustauschformat AutomationML betrachtet. Um eine Bewertung der Anwendbarkeit von AutomationML im Industrie 4.0 Kontext zu ermöglichen, soll der Umfang der Darstellbarkeit von Entwurfsdaten mit AutomationML detailliert untersucht werden.

1 Einleitung

Der Entwurf von Produktionssystemen ist ein komplexer Prozess, der verschiedene Ingenieure aus verschiedenen Entwurfsbereichen einbezieht, die verschiedene Entwurfsaktivitäten durchführen und verschiedene Entwurfsartefakte nutzen/entwerfen, die nötig sind, um letztendlich in der Lage zu sein, ein Produktionssystem zu erstellen, zu nutzen und zu warten (Terkaj et al. 2009).

Wie unterschiedliche Untersuchungen gezeigt haben, umfasst der Entwurf von Produktionssystemen einen großen Anteil manueller Tätigkeiten (Alonso-Garcia et al. 2008). Jedoch müssen verschiedene Entwurfsaktivitäten innerhalb von unterschiedlichen Entwurfswerkzeugen wiederholt werden, da es keine geeigneten Instrumente für einen Datenaustausch zwischen diesen Werkzeugen gibt (Drath et al. 2011; Schmidt et al. 2014). Um dies zu vermeiden, werden Möglichkeiten für einen verlustfreien Datenaustausch entlang der kompletten Entwurfswerkzeugkette benötigt.

Um einen verlustfreien Datenaustausch zu gewährleisten, wurden verschiedene Herangehensweisen betrachtet. Viele Entwurfsorganisationen und – unternehmen haben ihre eigenen Softwarelösungen entwickelt. Bei der Betrachtung all dieser Ansätze können drei primäre Philosophien für die Sicherstellung eines verlustfreien Datenaustausches entlang der Entwurfsaktivitäten und -werkzeugketten identifiziert werden: „One Tool For All“, „Best of Breed“ und „Integration Framework“. Jedes von ihnen baut auf anderen Datenmodellen, Datenaustauschmethoden und -technologien und Softwaresystemen auf. Sie besitzen jeweils ihre besonderen Vor- und Nachteile (Hundt und Lüder 2012).

Innerhalb der „Best of Breed“ Philosophie (siehe Abb. 1), die für gewöhnlich in Entwurfsprojekten von KMUs und/oder Projekten, an denen mehr als ein Unternehmen beteiligt ist, angewendet wird, wie auch innerhalb der „Integration Framework“ Philosophie (siehe Abb. 2), werden existierende Entwurfswerkzeuge über einen bilateralen Datenaustausch oder über eine zentralisierte Datenvermittlung kombiniert.

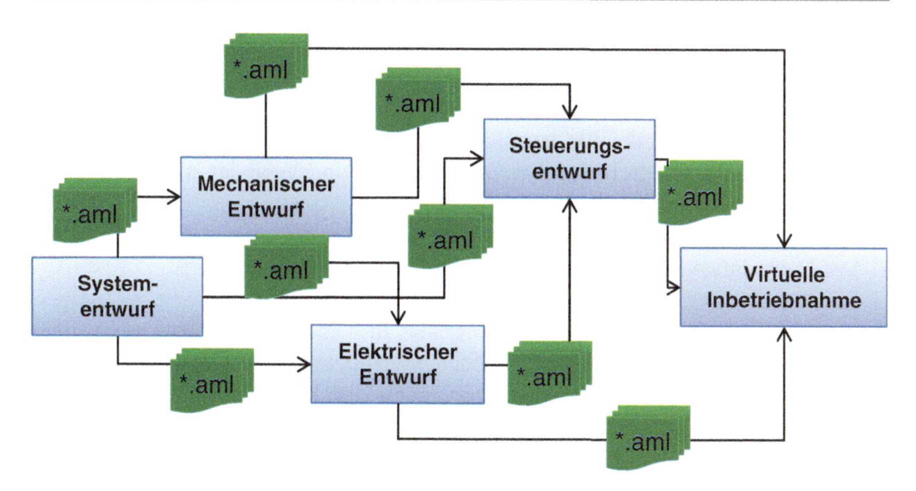

Abb. 1 Beispiel für ein „Best of Breed" basiertes Entwurfsnetzwerk

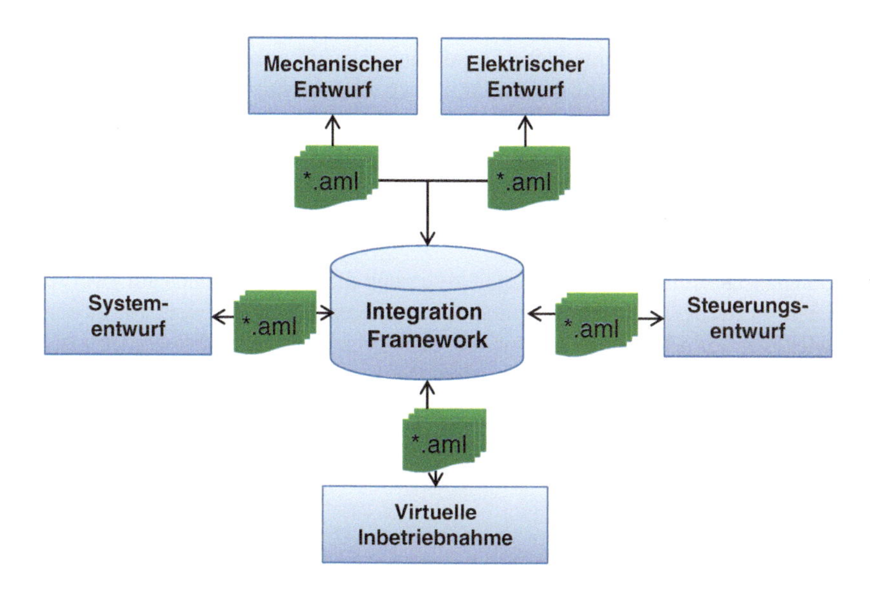

Abb. 2 Beispiel für ein „Integration Framework" basiertes Entwurfsnetzwerk

Um den benötigten Datenaustausch zwischen sich möglicherweise ändernden Entwurfswerkzeugen zu gewährleisten, könnte ein standardisiertes Datenaustauschformat wie AutomationML (Drath 2010) und STEP (Xu und Nee 2009) bevorzugt werden. Ein derartiges Datenformat muss in der Lage sein, alle oder zumindest einen Großteil der Informationen abzubilden, die innerhalb des Entwurfsprozesses des Produktionssystems benötigt und/oder erstellt werden.

Für ein solches Datenaustauschformat gibt es eine Reihe von (manchmal widersprüchlichen) Anforderungen, die erfüllt sein müssen:

- Das Datenformat sollte für verschiedene Anwendungsfälle angepasst werden können und flexible in Bezug auf Erweiterungen und Veränderungen sein.
- Die Datendarstellung sollte effizient sein.
- Die Datendarstellung sollte für Menschen lesbar sein.
- Die Datendarstellung sollte auf internationalen Standards basieren.

Zudem sollte ein Datenaustauschformat, das in beiden Philosophien anwendbar sein soll, Anforderungen hinsichtlich der Unterstützung von Methoden des Versionsmanagements, Vollständigkeitsmanagements und Konsistenzmanagements erfüllen sowie Anwendungsweisen zur Gewährleistung einer schrittweisen Einführung (Migration) unter Berücksichtigung der üblichen Arbeitsweisen der beteiligten Ingenieure (Engineeringhabit) unterstützen (Lüder et al. 2019).

Diese Voraussetzungen erfüllen XML basierte Datenformate (Drath et al. 2011) zumeist problemlos.

Folgend (Diedrich et al. 2011) erfordert der Datenaustausch zwischen Entwurfswerkzeugen zwei unterschiedliche Standardisierungsniveaus, die syntaktische und die semantische Ebene. Auf der syntaktischen Ebene wird die korrekte informationstechnische Darstellung der Datenobjekte innerhalb des Datenaustauschformats definiert. Dabei wird das Vokabular des Datenaustausches bereitgestellt. Im Gegensatz dazu wird auf der semantischen Ebene die Interpretation von Datenobjekten, d. h. ihre Bedeutung innerhalb der Konzeptualisierung von Objekten innerhalb der Entwurfswerkzeugketten, definiert.

Datenaustauschformate können die Umsetzung dieser zwei Ebenen auf zwei Arten angehen. Entweder werden Syntax und Semantik gemeinsam definiert, wie es bei der Entwicklung von STEP umgesetzt wurde, oder Syntax und Semantik werden getrennt definiert, wie bei AutomationML realisiert. Da die getrennte Definition der Semantik größere Flexibilität und Anpassungsvermögen des Datenaustauschformates für den Anwendungsfall ermöglicht, erscheint dieser Ansatz zu bevorzugen zu sein.

Nachfolgend wird die Automation Markup Language (AutomationML) detailliert beschrieben. Es wird dargestellt,

- welche Entwurfsprozesse und Entwurfsdaten bezogen auf die Anforderungen der Industrie 4.0 durch AutomationML in der aktuellen Version abgedeckt werden (Abschn. 2),
- was die generelle Architektur von AutomationML ist (Abschn. 4),
- wie die Topologie eines Produktionssystems, die seine Hierarchie an Systemkomponenten und Geräten umfasst, in AutomationML dargestellt wird (Abschn. 5),
- wie ein Modellelement in AutomationML um semantische Aspekte angereichert werden kann (Abschn. 6),
- wie Geometrie- und Kinematikinformationen in AutomationML modelliert werden (Abschn. 7),
- wie Verhaltensinformationen modelliert werden (Abschn. 8),
- wie Netzwerke in AutomationML modelliert werden (Abschn. 9),

- wie zusätzliche Informationen in Bezug auf Systemkomponenten und Geräte in einem AutomationML Modell ergänzt werden können (Abschn. 10),
- was berücksichtigt werden soll, wenn AutomationML für die Implementierung der Integration entlang von Entwurfsketten im Industrie 4.0 Kontext angewendet werden soll (Abschn. 11) und schlussendlich,
- welche Rolle AutomationML im Rahmen der Industrie 4.0 noch spielen kann (Abschn. 12).

2 Abgedeckte Entwurfsprozess und Entwurfsdaten

AutomationML wurde vorrangig für die Nutzung im Bereich des Entwurfs von Produktionssystemen und deren Inbetriebnahme entwickelt. In Anlehnung an die Betrachtung der Lebenszyklen verschiedener Systeme, die innerhalb eines Produktionssystems Relevanz besitzen (Produktionssystem, Produktionstechnologie, Produkt, Auftrag), wie sie in (VDI/VDE) gegeben sind, sind die für die Anwendung von AutomationML relevanten Phasen die Komponenten- und Technologie-entwicklungsphase, die für die Planung und Implementierung der Komponenten und Geräte des Produktionssystems verantwortlich sind, die Entwurfsphase des Produktionssystems, in der das detaillierte Design eines Produktionssystems ausführt wird, und die Inbetriebnahmephase einschließlich Systemtest, Installation und Ramp-up (siehe Abb. 3). Diese Phasen bilden gemeinsam den Fabrikplanungsprozess.

Hinsichtlich des Fabrikplanungsprozesses gibt es unterschiedliche, jedoch stark ähnliche Entwurfsprozesse, die in der Literatur beschrieben sind (Lüder et al. 2011). Ihre Unterschiede beziehen sich zumeist auf die Fokussierung auf spezifische Aspekte des Fabrikplanungsprozesses je nach Anwendungsfall (VDI/VDE). Abb. 4 zeigt einen Überblick über den aggregierten Prozess. Er besteht aus den fünf grundlegenden Phasen

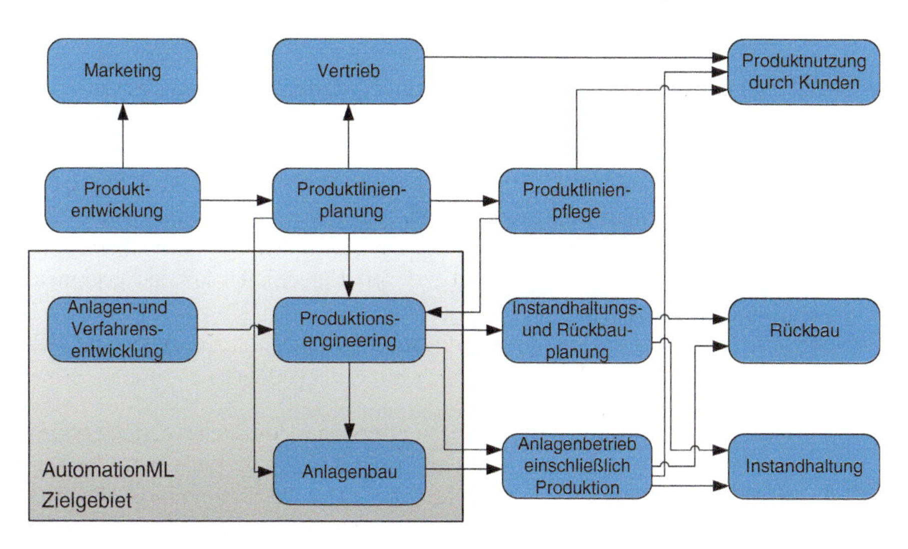

Abb. 3 Betrachteter Entwurfsprozess

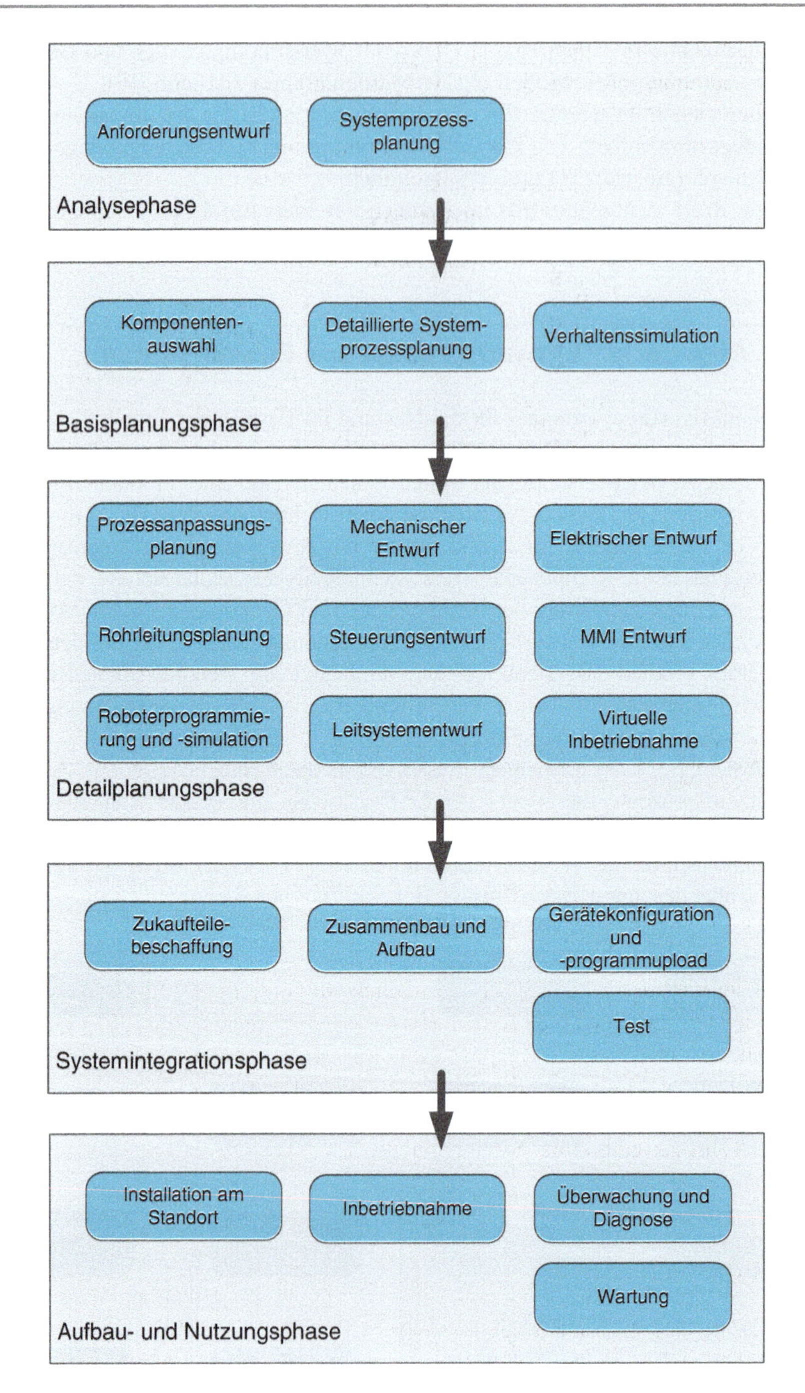

Abb. 4 Fabrikplanungsprozess

Analysephase, Basisplanungsphase, Detailplanungsphase, Systemintegrationsphase und Aufbau- und Nutzungsphase.

Ziel der Analysephase ist die Sammlung detaillierter Anforderungen an das zu entwerfende Produktionssystem, die sich zum einen aus dem zu produzierenden Produkt und zum anderen aus den für die Produktion notwendigen Prozessen ergeben. Zudem sollen weitere Anforderungen wie ökonomische Rahmenbedingungen, rechtliche Forderungen, Umweltschutzstandards, etc. gesammelt werden. Dazu beinhaltet die Analysephase die Aktivitäten Anforderungsentwurf und Systemprozessplanung, in denen die Anforderungen gesammelt, klassifiziert und konsistent beschrieben sowie alle Systemprozesse einschließlich notwendiger Herstellung- und Unterstützungsprozesse, die als konsistentes Funktionsmodell dargestellt werden. Das Ergebnis dieser Phase bildet die Prozessbeschreibung des Produktionssystems sowie die den einzelnen Prozessen bzw. Prozessteilen zugeordneten Anforderungen.

Die Basisplanungsphase deckt die Anlagengrobplanung des Produktionssystems ab. Sie berücksichtigt dabei noch keine Implementierungsdetails des später zu erstellenden Produktionssystems wie das konkrete Layout der Hallenfläche, auf der es aufzubauen ist. Dazu enthält diese Phase die Aktivitäten Komponentenauswahl, detaillierte Systemprozessplanung und Verhaltenssimulation. In der Komponentenplanung werden die technischen Mittel (Produktionsressourcen) zur Ausführung der einzelnen Prozesse bzw. Prozessteile aus der Prozessbeschreibung des Produktionssystems ausgewählt. Auf Basis der gewählten technischen Mittel kann dann der Produktionsprozess detailliert werden. Dabei werden die in den gewählten Produktionsressourcen ausführbaren Produktionsprozesse auf die entsprechenden Teile des notwendigen Produktionsprozesses abgebildet und notwendige weitere Prozessschritte (insbesondere sekundäre Prozesse) spezifiziert. Ist dies geschehen, können die gewählten Prozesse auf den gewählten technischen Mitteln simuliert werden. Damit können insbesondere die ökonomischen Anforderungen an das Produktionssystem validiert werden. Das Ergebnis der Basisplanungsphase bildet dann die validierte Menge von ausgewählten Produktionsressourcen und die detaillierten Spezifikation der Prozesse, die auf ihnen auszuführen sind.

Die Detailplanungsphase bezieht sich auf den detaillierten Entwurf des Produktionssystems, das sogenannte Functional Engineering. Hier werden alle notwendigen Planungsunterlagen und Realisierungsdetails entwickelt, die für einen erfolgreichen Aufbau und eine erfolgreiche Implementierung des Produktionssystems notwendig sind und die spezifischen Rahmenbedingungen der Umsetzung (zum Beispiel das nutzbare Hallenlayout) mit berücksichtigen. Damit umfasst diese Phase unter anderem den mechanischen, elektrischen, medienbezogen, steuerungstechnischen, netzwerktechnischen, und menschenbezogenen Entwurf des Produktionssystems. Teil dieser Phase sind die Aktivitäten mechanischer Entwurf, elektrischer Entwurf, Rohrleitungsplanung, Steuerungsentwurf, MMI Entwurf, Roboterprogrammierung und – simulation, Leitsystementwurf, Prozessanpassungsplanung und virtuelle Inbetriebnahme.

Der mechanische Entwurf spezifiziert die mechanische Struktur des Produktionssystems, die für die Ausführung der spezifizierten Produktionsprozesse notwendig ist. Dafür werden alle mechanischen Komponenten des Produktionssystems einschließlich der notwendigen Gerätetechnik (Sensoren und Aktoren) ausgewählt und im System positioniert. Der elektrische Entwurf ist verantwortlich für den Detailentwurf des gesamten elektrischen Systems des Produktionssystems. Dies schließt unter anderem die elektrische Verkabelung und das Kommunikationssystem und dessen Geräte mit ein und generiert damit entsprechende Signallisten für die Steuerungstechnik. Die Rohrleitungsplanung erstellt die detaillierte Beschreibung der hydraulischen, pneumatischen, etc. Komponenten des Produktionssystems, die sich auf die Nutzung von technischen Medien beziehen und beinhaltet damit neben den Rohrleitungssystemen auch die Rohrleitungsanschlüsse und die entsprechenden Geräte. Der Steuerungsentwurf hat zum Ziel, die Implementierung des gesamten Steuerungsprogrammcodes für die speicherprogrammierbaren Steuerungen des Produktionssystem sicherzustellen, der für die Gewährleistung eines sicheren, optimierten, und effizienten Systemverhaltens notwendig ist. In der Roboterprogrammierung und – simulation erfolgt analog die Erstellung des Steuerungscodes für Robotersteuerungen. Hier kommt zusätzlich die Validierung dieses, durch den Code erreichten, Bewegungsverhaltens mit simulativen Mitteln hinzu. Im MMI Entwurf und im Leitsystementwurf werden alle Mensch-Maschine-Schnittstellen einschließlich der notwendigen Gerätetechnik geplant und der dafür notwendige Programmcode erstellt und damit die Möglichkeiten des Menschen zum Eingriff in den Produktionsprozess festgelegt. Parallel zu allen genannten Aktivitäten (die partiell aufeinander aufbauen) erfolgt in der Prozessanpassungsplanung eine kontinuierliche Anpassung der Prozessplanung und der Layoutplanung an sich ändernde Anforderungen an das Produktionssystem als auch an die Ergebnisse der anderen Entwurfsarbeiten. So kann zum Beispiel eine spezifische mechanische Realisierung eines Prozesses weitere Unterstützungsprozesse erfordern. Am Ende können in der virtuelle Inbetriebnahme die entwickelten Beschreibungen des Produktionssystems, die Steuerungscodes, die Schnittstellen, etc. auf dem Wege der softwarebasierten Simulation überprüft werden. Ergebnis der Detailplanungsphase sind dann die validierten MCAD, ECAD und Fluidikpläne, Gerätelisten, Verkabelungslisten, Klemmlisten, Installationsanweisungen, Steuerungscodes, Konfigurationsanweisungen, etc. die für die physische Erstellung des Produktionssystems notwendig sind.

Ziel der Systemintegrationsphase ist die komponentenweise Installation des Produktionssystems auf der Basis der in der Detailplanungsphase erstellten Unterlagen. Dazu werden alle notwendigen Teile des Produktionssystems in der Zukaufteilebeschaffung beschafft, alle Komponenten zusammen- und aufgebaut, die verschiedenen Steuerungsgeräte konfiguriert, der Programmcode für speicherprogrammierbare Steuerungen, Robotersteuerungen, MMI, etc. geladen und letztendlich die Produktionssystemkomponenten getestet. Das Ergebnis der Systemintegrationsphase sind aufgebaute, in Betrieb genommene und vom Anlagennutzer abgenommene Produktionssystemkomponenten.

Diese werden dann in der finalen Aufbau- und Nutzungsphase wieder ab- und am intendierten Produktionsstandort wieder aufgebaut. In der Inbetriebnahme werden sie dann als vollständiges Produktionssystem in Betrieb genommen und entsprechen einer Anfahrserie produziert. War dies erfolgreich, kann das Produktionssystem wie gewünscht genutzt werden. Um diese Nutzung möglichst lange sicherzustellen, erfolgen während der Nutzung die Überwachung, Diagnose und (ggf.) die Wartung des Produktionssystems.

Wie in Abb. 4 dargestellt ist, hängen die verschiedenen Entwurfsaktivitäten voneinander ab. Insbesondere benötigen Entwurfsaktivitäten Ergebnisse anderer Entwurfsaktivitäten. In jeder von ihnen werden aktivitätsspezifische Entwurfswerkzeuge verwendet, die üblicherweise an die Arbeiten in den Entwurfsaktivitäten optimal angepasst sind, d. h. optimal für eine effiziente und fehlerfreie Erstellung der Entwurfsartefakte und das dazu notwendige Treffen von entsprechende Entwurfsentscheidungen geeignet sind (Hundt und Lüder 2012). Diese Entwurfswerkzeuge beziehen sich auf spezielle Modellierungsmittel und besitzen dafür optimierte interne Datenmodelle, die dem Werkzeug und dessen Softwarestruktur entsprechen. Dies macht es sehr schwer, einen konsistenten und verlustfreien Informations- und Datenfluss (Austausch von digitalen Artefakten oder Teilen von ihnen) entlang der Werkzeugketten[1] des Fabrikplanungsprozesses sicherzustellen (Drath et al. 2011).

Um den konsistenten und verlustfreien Datenaustausch innerhalb der Werkzeugketten des Fabrikplanungsprozesses mit einem Datenaustauschformat wie AutomationML sicherstellen zu können, muss dieses Datenformat alle Informationen abbilden können, die in mindestens zwei Entwurfsaktivitäten und damit in mindestens zwei Werkzeugen der Werkzeugketten relevant sind. Fasst man die Entwurfsaktivitäten der oben genannten fünf Entwurfsphasen zusammen, so ergibt sich die nachfolgende Mindestmenge abzubildender Entwurfsinformationen:

- Topologieinformationen: Diese Inforationsmenge beschreibt die hierarchische Strukturierung des Produktionssystems von der Produktionssystemebene, über die Zell- und Ressourcenebenen bis hinunter zu den Ebenen der Geräte und mechanischen Bauteile (Kiefer et al. 2006). Sie deckt dabei neben den einzelnen Hierarchieelementen auch deren Relationen und beschreibenden Eigenschaften ab.
- Informationen bezogen auf die mechanischen Eigenschaften: Diese Informationsmenge beschreibt die mechanische Konstruktion des Produktionssystems einschließlich seiner geometrischen und kinematischen Eigenschaften. Üblicherweise wird sie als technische Zeichnung eines MCAD Werkzeuges entwickelt. Zudem enthält diese Informationsmenge physikalische Eigenschaften des Produktionssystems und seiner Teile wie Kräfte, Geschwindigkeiten und Drehwinkel sowie chemische Eigenschaften wie Materialinformationen.
- Informationen bezogen auf die elektrischen, pneumatischen und hydraulischen Eigenschaften: Diese Informationsmenge beschreibt die elektrische und fluidische Konstruktion des Produktionssystems einschließlich der Verkabelung und Verrohrung, wie sie mit ECAD und FCAD Werkzeugen erstellt werden können. Dazu umfasst sie zum einen die verbundenen Komponenten und zum anderen die

[1]In diesem Papier wird der Begriff Entwurfskette verwendet unabhängig vom Fakt, dass die Entwurfsaktivitäten in einem realen Fabrikplanungsprozesses ein Netzwerk mit Parallelitäten, Nebenläufigkeiten, Abhängigkeiten und Zyklen bilden und diese in den Werkzeugketten abgebildet werden müssen.

Verbindungen zwischen ihnen mit ihren Schnittstellen und den jeweiligen Elektrik und Fluidik bezogenen Eigenschaften.

- Informationen bezogen auf die Funktionen des Produktionssystems: Diese Informationsmenge dient der Charakterisierung der Funktionen des Produktionssystems und seiner Komponenten. Dazu umfasst sie Verhaltensmodelle des ungesteuerten (physikalisch/chemisch/etc. möglichen) Verhaltens sowie des gesteuerten Verhaltens. Zu diesen kommen die funktionalen Parameter und die technischen Parameter. In von dieser Informationsmenge betrachteten Funktionen beziehen sich dabei nicht nur auf die in der Produktion notwendigen Funktionen, sondern auch auf alle notwendigen Hilf-, Diagnose-, Wartungs-, etc. Funktionen.
- Informationen bezogen auf die Steuerung des Produktionssystems: Diese Informationsmenge umfasst alle steuerungsgerätebezogenen Informationen. Dies sind insbesondere die Hardwarekonfiguration, Steuerungscode und Steuerungsparameter.
- Weitere Informationen: Diese Informationsmenge subsumiert weitere notwendige Informationen wie betriebswirtschaftlich relevante Informationen wie Herstellerartikelnummern oder Preise, organisatorische Informationen wie Montage- und Wartungsanleitungen, Handbücher usw.

Die genannten Informationsmengen sind noch einmal in Abb. 5 dargestellt. AutomationML ist in der Lage, all diese Informationsmengen abzubilden, wie in den nächsten Abschnitten verdeutlicht wird.

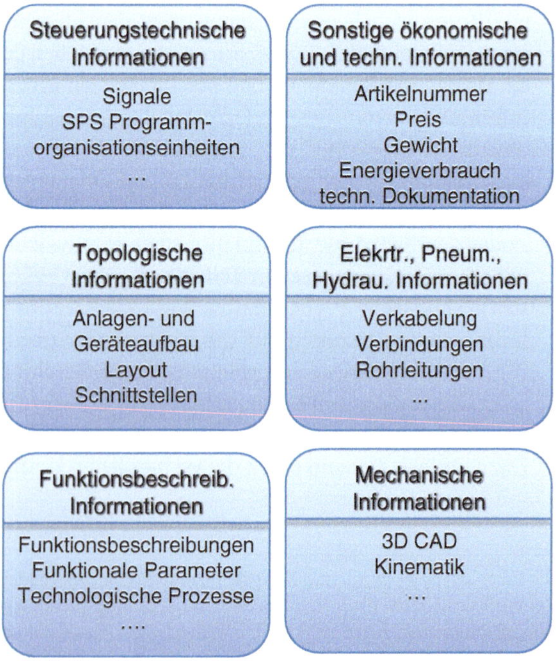

Abb. 5 Abzubildende Informationsmengen

Steuerungstechnische Informationen
Signale
SPS Programm-organisationseinheiten
...
Sonstige ökonomische und techn. Informationen
Artikelnummer
Preis
Gewicht
Energieverbrauch
techn. Dokumentation
Topologische Informationen
Anlagen- und Geräteaufbau
Layout
Schnittstellen
Elekrtr., Pneum., Hydrau. Informationen
Verkabelung
Verbindungen
Rohrleitungen
...
Funktionsbeschreib. Informationen
Funktionsbeschreibungen
Funktionale Parameter
Technologische Prozesse
....
Mechanische Informationen
3D CAD
Kinematik
...

3 Anwendungsbeispiel

Nachfolgend wird die Abbildung der genannten Informationsmengen mit AutomationML beschrieben. Neben den abstrakten Abbildungsregeln wird dabei auch ein Beispiel vorgestellt, das sich auf ein auf Fischertechnik basierendes Labormodell eines Fertigungssystems bezieht. Dieses Labormodell steht am Institut für Arbeitswissenschaften, Fabrikautomatisierung und Fabrikbetrieb der Otto-von-Guericke Universität Magdeburg und besteht aus drei geschlossenen Kreisen von Transportmodulen (acht Drehtische, acht Transportbänder), wie in Abb. 6 dargestellt. In jedem dieser drei Kreise befindet sich eine Bearbeitungsmaschine mit je drei unterschiedlichen Effektoren, um Bearbeitungswerkzeuge darzustellen. Die Sensoren und Aktoren sind auf drei verschiedenen Modbus Buskopplern verschaltet und diskreten Signalen zugeordnet. Als Steuerung wird eine IEC 61131 basierte Soft-SPS auf Basis eines Raspberry-Pi verwendet.

Für die Darstellungen in diesem Papier wird nur ein kleiner Ausschnitt dieses Labormodells verwendet, wie er in Abb. 7 schematisch gezeigt ist. Dieser Ausschnitt beinhaltet einen Drehtisch, der zwei Geräte enthält: einen Induktivsensor zur Werkstückerkennung und einen Antrieb zur Bandbewegung. Alle anderen Elemente des Drehtisches werden vernachlässigt. Die beiden betrachteten Geräte besitzen min-

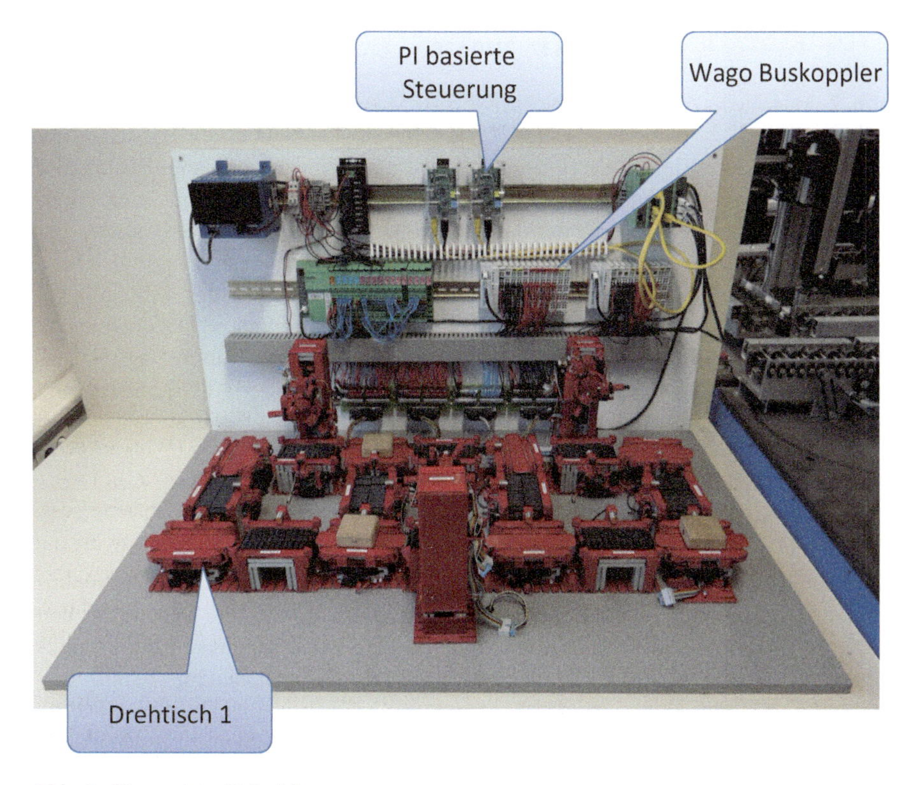

Abb. 6 Verwendetes Beispielsystem

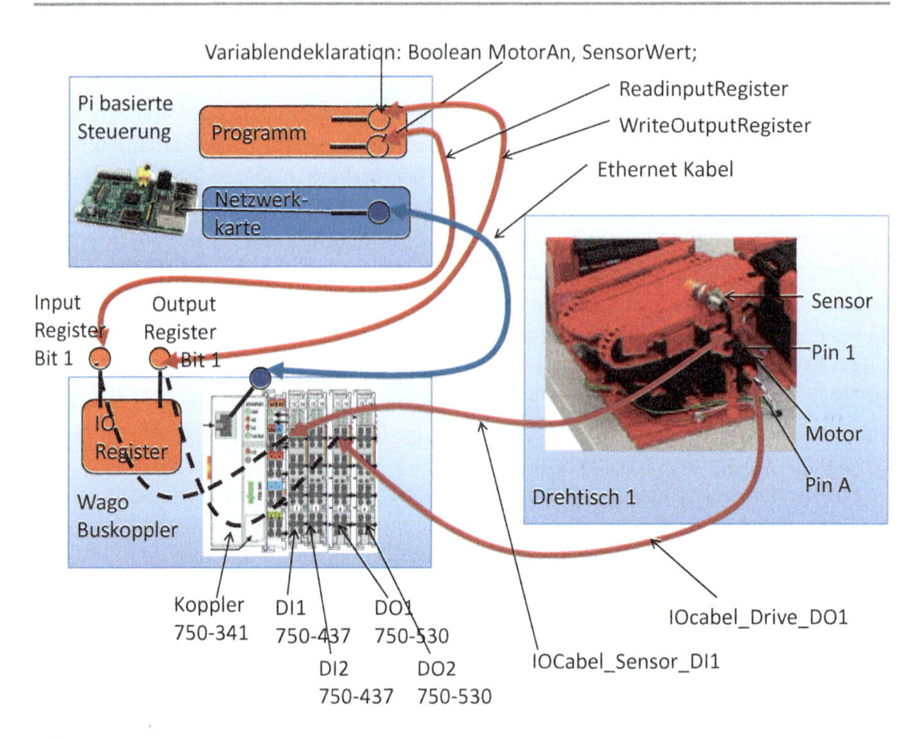

Abb. 7 Modellierter Ausschnitt des Beispielsystems

destens einen Anschlusspunkt (Pin), über den sie mit einem modularen Buskoppler verdrahtet werden können. Der Buskoppler wird durch einen modularen ModbusTCP Koppler repräsentiert, der die notwendige Hard- und Software besitzt, um die einzelnen Klemmpunkte des Buskopplers (Pins) auf entsprechende Registereinträge in einem Modbus TCP Server abzubilden. Der Buskoppler wiederum ist mittels eines Ethernet Kabels mit einem Raspberry-Pi verbunden. Der Raspberry-Pi führt in der auf ihm laufenden Soft-SPS das Steuerungsprogramm zur Ansteuerung der Sensoren und Aktoren des Drehtisches aus, mit dem die Sensoren und Aktoren angesteuert werden.

4 Grundlegende Architektur von AutomationML

Das AutomationML Datenaustauschformat wurde und wird durch den AutomationML e.V. entwickelt (siehe (AutomationML e.V.)): Es stellt eine Lösung für den konsistenten und verlustfreien Datenaustausch im Fabrikplanungs- bzw. Produktionssystemplanungsprozess für den Bereich der Automatisierungstechnik und darüber hinaus dar. Es ist ein offenes, neutrales, XML-basiertes und freies Datenaustauschformat, welches einen domänen- und unternehmensübergreifenden Transfer von Entwurfsdaten im Rahmen des Entwurfsprozesses von Produktionssystemen in einer heterogenen Werkzeuglandschaften ermöglicht.

AutomationML folgt bei der Modellierung von Entwurfsinformationen einem objektorientierten Ansatz und ermöglicht die Beschreibung von physischen und logischen Anlagenkomponenten als Datenobjekte, die unterschiedliche Aspekte zusammenfassen. Objekte können dabei eine Hierarchie bilden, d. h. ein Objekt kann aus anderen Unterobjekten bestehen und kann selbst ein Teil einer größeren Objekts sein. Typische Objekte in der Fabrikautomatisierung enthalten Information über die Struktur (Topologie), Geometrie und Kinematik sowie das Verhalten.

Dabei folgt AutomationML einem modularen Aufbau und integriert und adaptiert verschiedene bereits existierende XML-basierte Datenformate unter einem Dach, dem sogenannten Dachformat (siehe Abb. 8). Diese Datenformate werden „as-is" genutzt und sind nicht für AutomationML Anforderungen verzweigt worden. Jedoch definiert AutomationML Anwendungsregeln.

Logisch unterteilt sich AutomationML in:

- Beschreibung der Anlagestruktur und der Kommunikationssysteme, die in einer Hierarchie aus AutomationML Objekten dargestellt und mithilfe von CAEX nach IEC 62424 beschrieben werden (International Electrotechnical Commission 2008),
- Beschreibung der Geometrie und der Kinematik von unterschiedlichen AutomationML Objekten, die mithilfe von COLLADA (ISO/PAS 17506:2012) dargestellt werden (International Organization for Standardization 2012),
- Beschreibung der Steuerung in Bezug auf logische Daten von verschiedenen AutomationML Objekten, die mithilfe von PLCopen XML dargestellt werden (PLCopen association 2012) und

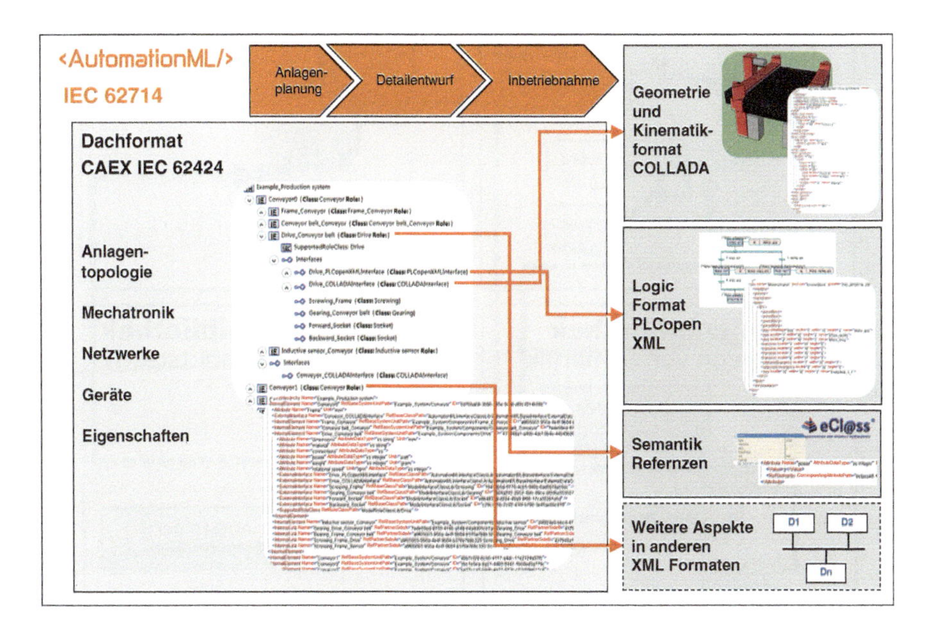

Abb. 8 Struktur eines AutomationML Projektes

- Beschreibung der Beziehungen zwischen den AutomationML Objekten und Verweisen zu Informationen, die in Dokumenten außerhalb des Dachformats gespeichert sind.

AutomationML wird derzeit in der IEC 62714 Normenreihe standardisiert (International Electrotechnical Commission 2014). Für weitere Informationen zu AutomationML sei an dieser Stelle auf (Drath 2010) und (AutomationML e.V.) verwiesen.

Das Fundament von AutomationML ist der Einsatz von CAEX als Dachformat und die Definition eines geeigneten CAEX Profils, das alle relevanten Anforderungen von AutomationML zur Modellierung von Entwurfsinformationen eines Produktionssystems, zur Integration der drei genannten Datenformate CAEX, COLLADA und PLCopen XML und zur Erweiterung, falls zukünftig erforderlich, erfüllt.

CAEX ermöglicht die oben beschriebene, objektorientierte Vorgehensweise (siehe Abb. 9). Es erlaubt die Festlegung von Semantiken der Objekte unter Nutzung von Rollenklassen, die in RoleClassLibraries (Rollenklassenbibliotheken) definiert und erfasst sind. Schnittstellen (Interfaces) zwischen Objekten werden unter Nutzung

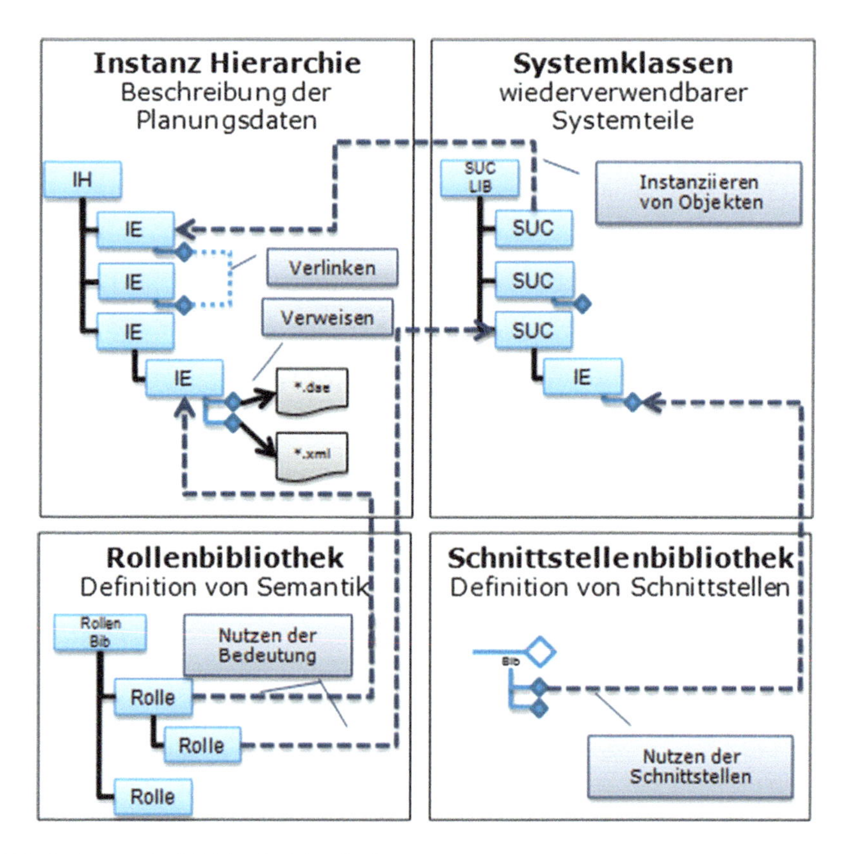

Abb. 9 AutomationML Topologiebeschreibung

von Interfaceklassen, die in InterfaceClassLibraries (Interfaceklassenbibliotheken) definiert und erfasst sind, spezifiziert. Auf Basis beider Typen von Klassen (und der entsprechenden Bibliotheken) werden Klassen von Objekten unter Nutzung von SystemUnitKlassen (SUC), die in SystemUnitClassLibraries (SystemUnitKlassenbibliotheken) definiert und erfasst sind, modelliert. Letztlich dienen alle modellierten Klassen der semantisch eindeutigen Modellierung der eigentlichen Projektinformationen, d. h. der einzelnen Objekte des modellierten Produktionssystems, in einer (oder mehreren) InstanceHierarchies (IH) als eine Hierarchie von InternalElements (IE) unter Bezugnahme auf sowohl SystemUnitKlassen, von denen sie abgeleitet werden, als auch Rollenklassen, die ihre Semantiken bestimmen. Diese können zur Verknüpfung untereinander oder mit extern modellierten Informationen (bspw. COLLADA oder PLCopen XML Dateien) Interfaces enthalten. Die spezifischen Eigenschaften von Objekten, SystemUnitKlassen, Rollen und Interfaces werden über Attribute abgebildet. Für weitere Details sei noch einmal auf die AutomationML Whitepaper in (Lindemann 2007) verwiesen.

Weitere wichtige Eigenschaften des AutomationML Datenaustauschformates sind: die Trennung von Syntax und Semantik für Datenobjekte auf Basis der Bibliotheken von Rollen und SystemUnitKlassen und ihres Referenzierens aus der InstanceHierarchy heraus, die Bereitstellung von eindeutigen Identifikationsmöglichkeiten für alle Datenobjekte über Universally Unique Identifiers (UUID) und die Bereitstellung von Versions- und Revisionsinformationen für jedes Datenobjekt durch entsprechende Attribute.

5 Modellierung der Systemtopologie und der Systemelemente

Wie oben beschrieben verwendet AutomationML CAEX als Dachformat für die Abbildung der Topologie und der Elemente eines Produktionssystems. Dafür stellt AutomationML die nachfolgenden Modellierungsmittel zur Verfügung.

Das erste Modellierungsmittel bilden die Rollenklassen (role classes) die in entsprechenden Rollenklassenbibliotheken (role class libraries) gesammelt werden. Eine Rollenklasse beschreibt eine abstrakte Funktion eines Systemelementes ohne dabei eine technische Realisierung dieser Funktion festzulegen. Entsprechend kann sie als Indikator für eine spezielle Semantik eines Systemelementes angesehen werden. Beispiel für die Rollenklassen sind die Klassen *MechanicalPart* und *Device*, die die Semantik von Strukturelementen tragen, oder die Klassen *LogicalDevice* und *PhysicalDevice*, die eine Semantik für Kommunikationssystemelemente beinhalten.

AutomationML definiert eine Menge von Basisrollen, die in Abb. 10 dargestellt sind. Zum einen werden im Teil 1 und 2 des AutomationML Standards (International Electrotechnical Commission 2014) mit der *AutomationMLBaseRoleClassLib* und weiteren Bibliotheken grundlegende Basisrollen definiert. Zum anderen kommen in den weiteren Teilen des AutomationML Standards weitere Rollen hinzu. Ein Beispiel ist hier die *CommunicationRoleClassLib*, die im Communication Whitepaper spezifiziert wurde (AutomationML e.V.).

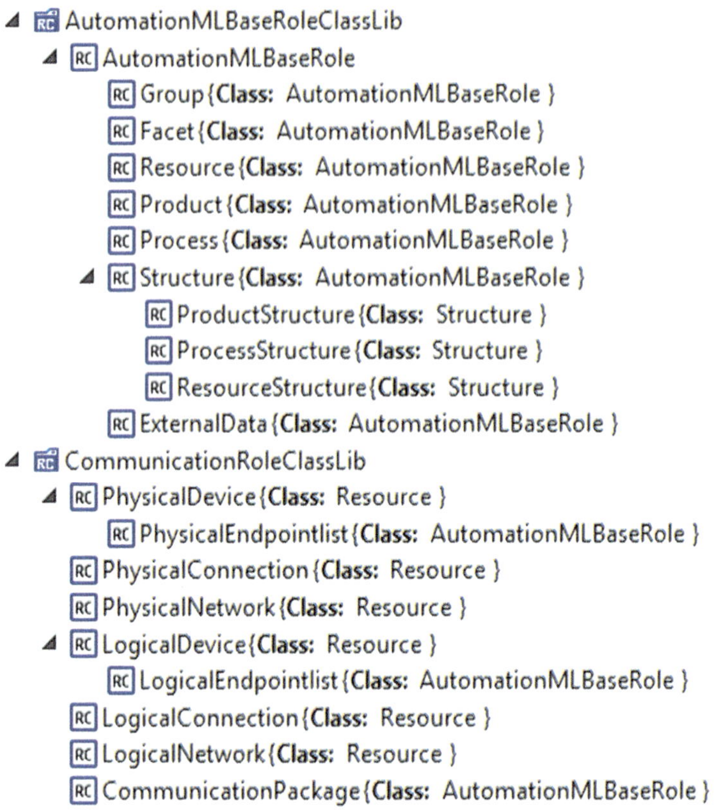

- AutomationMLBaseRoleClassLib
  - AutomationMLBaseRole
    - Group{**Class:** AutomationMLBaseRole }
    - Facet{**Class:** AutomationMLBaseRole }
    - Resource{**Class:** AutomationMLBaseRole }
    - Product{**Class:** AutomationMLBaseRole }
    - Process{**Class:** AutomationMLBaseRole }
    - Structure{**Class:** AutomationMLBaseRole }
      - ProductStructure{**Class:** Structure }
      - ProcessStructure{**Class:** Structure }
      - ResourceStructure{**Class:** Structure }
    - ExternalData{**Class:** AutomationMLBaseRole }
- CommunicationRoleClassLib
  - PhysicalDevice{**Class:** Resource }
    - PhysicalEndpointlist{**Class:** AutomationMLBaseRole }
  - PhysicalConnection{**Class:** Resource }
  - PhysicalNetwork{**Class:** Resource }
  - LogicalDevice{**Class:** Resource }
    - LogicalEndpointlist{**Class:** AutomationMLBaseRole }
  - LogicalConnection{**Class:** Resource }
  - LogicalNetwork{**Class:** Resource }
  - CommunicationPackage{**Class:** AutomationMLBaseRole }

Abb. 10 AutomationMLBaseRoleClassLib und CommunicationRoleClassLib

Jeder AutomationML Anwender kann neue Rollenklassen passend für seine Anwendungsfälle des Datenaustausches selbst definieren. Dabei legt AutomationML einige Regeln für die Definition von neuen Rollenklassen fest.

Jede Rollenklasse muss einen, innerhalb des Rollenbaumes/Rollenpfades der Rollenbibliothek eindeutigen Namen besitzen. Damit kann sie eindeutig über den hierarchischen Namenspfad referenziert werden. Die Rollenklasse *Port* in Abb. 11 hat den Identifikationspfad *AutomationMLBaseRoleClassLib/AutomationMLBaseRole/Port.* Zusätzlich zur eindeutigen Benennung muss jede Rollenklasse direkt oder indirekt von der Basisrollenklasse *AutomationMLBaseRole* unter Nutzung des *RefBaseClassPath* Attributes abgeleitet werden.

Jede Rolle kann Attribute und Interfaces enthalten. Diese Attribute und Interfaces sollen es dem Importer eines Entwurfswerkzeuges ermöglichen, die eingelesenen Informationen korrekt zu interpretieren und zu verarbeiten.

Ein Beispiel einer nutzerdefinierten Rollenklasse ist die Klasse *ModbusTCPPhysicalDevice* mit den Attributen *MACaddress* und *IPAddress,* die ein Automatisierungsgerät beschreiben würde, das mittels ModbusTCP kommunizieren kann.

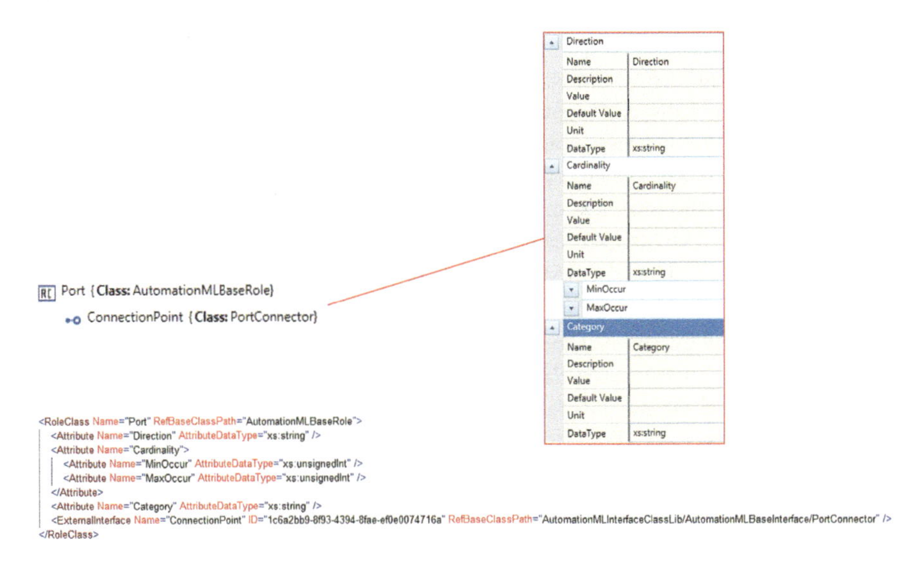

Abb. 11 *Port* Rollenklasse als Beispiel für eine Rollendefinition

Das zweite Modellierungsmittel bilden die Interfaceklassen. Eine Interfaceklasse beschreibt den Endpunkt einer abstrakten Relation zwischen den Systemelementen oder die Referenz auf Informationen, die außerhalb der CAEX Modellierung festgehalten werden (siehe Geometrie und Kinematik bzw. Verhaltensmodellierung). Beispiele für Interfaceklassen sind die Interfaceklassen *SignalInterface* und *PhysicalEndPoint,* die abstrakte Schnittstellen für den Anschluss von Kabeln für die Signalverarbeitung beschreiben oder die Interfaceklasse *ExternalDataConnector* zur Beschreibung des Zugangspunktes zu einer extern gespeicherten Information. AutomationML definiert eine Menge von Basisinterfaceklassen wie in Abb. 12 dargestellt. Zum einen werden im Teil 1 des AutomationML Standards (International Electrotechnical Commission 2014) mit der *AutomationMLInterfaceClassLib* grundlegende Basisinterfaces definiert. Zum anderen kommen in den weiteren Teilen des AutomationML Standards weitere Interfacebibliotheken hinzu. Ein Beispiel ist hier die *CommunicationInterfaceClassLib*, die im Communication Whitepaper spezifiziert wurde (AutomationML e.V.).

Jeder AutomationML Nutzer kann neue Interfaceklassen passend zu seinem Anwendungsfall des Datenaustauschs selbst definieren. AutomationML legt dazu einen Satz von Basisregeln fest.

Jede Interfaceklasse muss einen, innerhalb des Interfaceklassenbaumes der Interfaceklassenbibliothek eindeutigen Namen besitzen. Damit kann sie eindeutig über den hierarchischen Namenspfad referenziert werden. Die Interfaceklasse *COLLADA-Interface* in Abb. 13 hat den Identifikationspfad *AutomationMLInterfaceClassLib/AutomationMLBaseInterface/ExternalData-Connector/COLLADAInterface.* Zusätzlich zur eindeutigen Benennung muss jede Interfaceklasse direkt oder indirekt von

- AutomationMLInterfaceClassLib
  - AutomationMLBaseInterface
    - Order {**Class:** AutomationMLBaseInterface }
    - Port {**Class:** AutomationMLBaseInterface }
    - PPRConnector {**Class:** AutomationMLBaseInterface }
    - ExternalDataConnector {**Class:** AutomationMLBaseInterface }
      - COLLADAInterface {**Class:** ExternalDataConnector }
      - PLCopenXMLInterface {**Class:** ExternalDataConnector }
      - ExternalDataReference {**Class:** ExternalDataConnector }
    - Communication {**Class:** AutomationMLBaseInterface }
      - SignalInterface {**Class:** Communication }
- CommunicationInterfaceClassLib
  - PhysicalEndPoint {**Class:** Communication }
  - LogicalEndPoint {**Class:** Communication }
  - DatagrammObject {**Class:** Communication }

Abb. 12 AutomationMLBaseInterfaceClassLib und CommunicationInterfaceClassLib

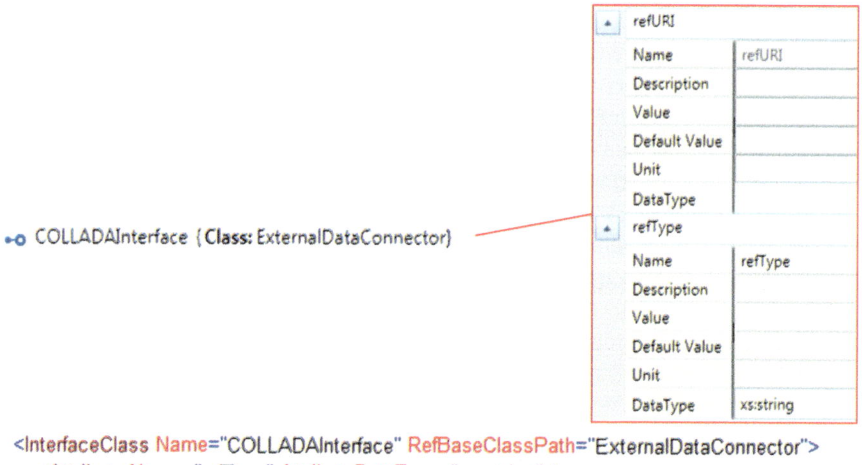

Abb. 13 COLLADAInterfaceClass als Beispiel für eine Interfacedefinition

der Basisinterfaceklasse *AutomationMLBaseInterface* unter Nutzung des *RefBaseClassPath* Attributes abgeleitet werden.

Jedes Interface kann Attribute enthalten. Diese Attribute sollen in jeder Instanz der Rollenklasse mit Werten gefüllt werden.

Ein Beispiel für eine nutzerdefinierte Interfaceklasse ist die Interfaceklasse *ModbusTCPSocket,* die im Anwendungsbeispiel definiert ist. Sie beschreibt die Schnittstelle, an der ein Ethernetkabel mit einem Kommunikationsgerät verbunden werden kann, das über ModbusTCP kommuniziert.

Das dritte Modellierungsmittel sind die Systemunitklassen. Systemunitklassen können als wiederverwendbare Systemkomponenten bzw. Systemelemente verstanden werden, die wie ein Template in der Modellierung Verwendung finden. Üblicherweise entsprechen sie entweder einem Herstellerkatalog für Geräte oder Bauelemente oder einer Menge von Templates eines spezifischen Entwurfswerkzeuges zur Strukturierung der disziplinspezifischen Informationen.

Im AutomationML Standard werden keine grundlegenden Systemunitklassenbibliotheken definiert. Entsprechend ist die Definition von Systemunitklassen Aufgabe des AutomationML Nutzers. Auch hier definiert AutomationML Regeln für die Definition von Systemunitklassen.

In Analogie zu den Rollenklassen und Interfaceklassen sollen Systemuniklassen einen eindeutigen Namen besitzen. Ihnen muss mindestens eine Rolle über das Subelement SupportedRoleClass zugeordnet werden, um der Systemunitklasse eine eindeutige Semantik zuzuordnen. Jede Systemunitklasse kann eine Hierarchie von Subobjekten vom Typ InternalElement, Attribute sowie Instanzen von Interfaceklassen enthalten, die gemeinsam die Struktur und die Eigenschaften der modellierten Klasse von Systemelementen bilden.

Zusätzlich kann jede Systemunitklasse über das *RefBaseClassPath* Attribut von einer anderen Systemunitklasse abgeleitet werden. In diesem Fall erbt sie alle zugeordneten Rolleninstanzen, Interfaceinstanzen und Attribute vom Elternelement.

Ein Beispiel für eine nutzerdefinierte Systemunitklassenbibliothek ist in Abb. 14 gegeben. Abb. 15 enthält dann das Beispiel der nutzerdefinierten Systemunitklasse *Motor*, die einen elektrischen Antrieb repräsentiert.

Alle beschriebenen Modellierungskonzepte können Attribute besitzen. Attribute können als Eigenschaftsbeschreibungen aufgefasst werden, die den einzelnen Rollenklassen, Interfaceklassen und Systemunitklassen zugeordnet sind.

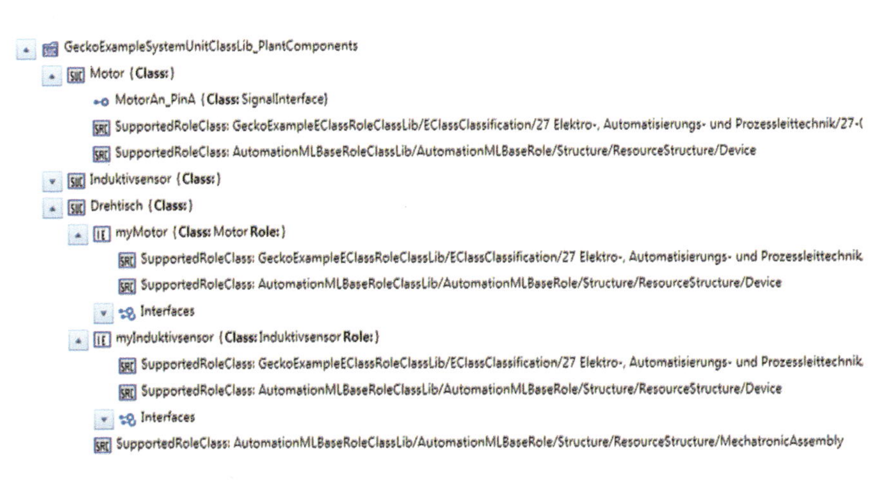

Abb. 14 Beispiel einer Systemunitklassenbibliothek

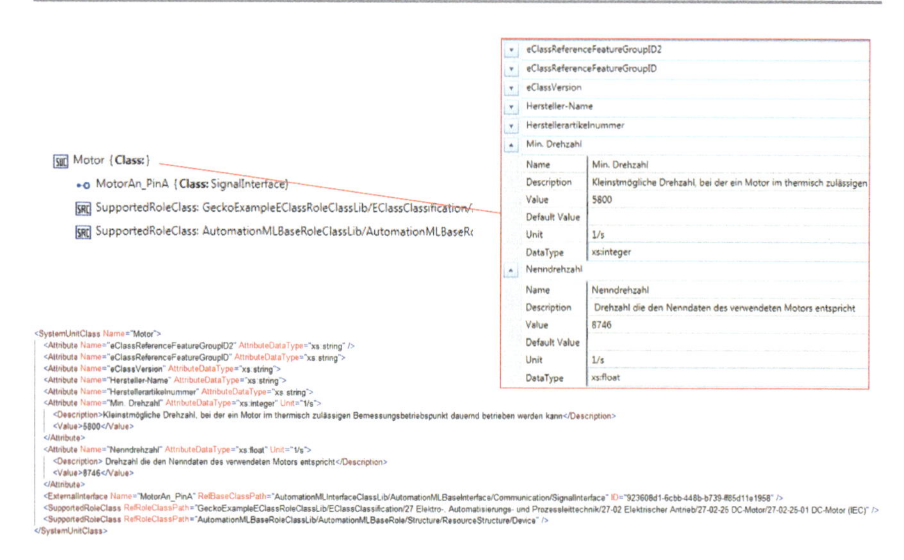

Abb. 15 *Motor* Systemunitklasse als Beispiel für eine nutzerdefinierte Systemunitklasse

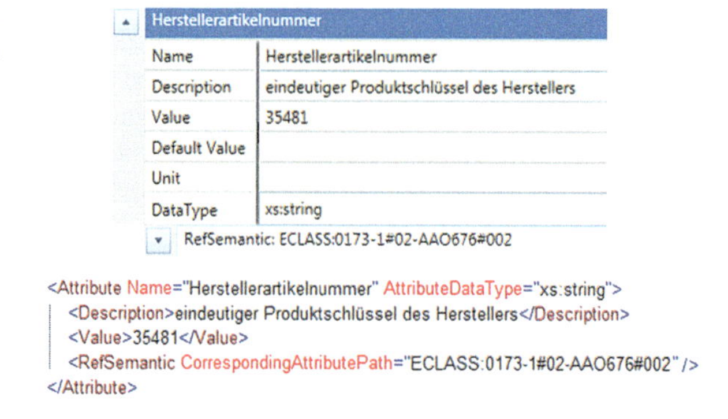

Abb. 16 *Herstellerartikelnummer* als Beispiel für ein nutzerdefiniertes Attribut

AutomationML legt Regeln für die Definition von Attributen fest. Jedes Attribut soll innerhalb seines Elternelementes einen eindeutigen Namen besitzen. Es darf ein *DataType* und ein *Unit* Attribut sowie Subelemente für Beschreibungen, Standardwerte, den aktuellen Wert und eine Semantikreferenz besitzen. Ein Beispiel für ein nutzerdefiniertes Attribut ist in Abb. 16 dargestellt.

Das wichtigste Modellierungsmittel der AutomationML ist jedoch die InstanceHierarchy mit den in ihr hierarchisch strukturierenden *InternalElements*. Sie repräsentiert die aktuellen auszutauschenden Entwurfsdaten, die in CAEX modelliert werden sollen.

Das Arbeitspferd der entsprechenden Modellierung ist das *InternalElement*. Es repräsentiert eine Objektinstanz im Produktionssystem, die abgebildet werden soll. Je nach betrachtetem Abstraktionsniveau kann es physische Produktionssystemkomponenten wie die gesamte Anlage, die funktionalen Einheiten wie Maschinen und Drehtische, Geräte wie Motoren oder Steuerungen oder mechanische Komponenten wie Bänder und Kabel repräsentieren. Es kann auch logische Komponenten wie SPS Programme, Produktbeschreibungen oder Aufträge abbilden.

InternalElements in der InstanceHierarchy sind generell nutzerdefiniert. Sie können Attribute und Instanzen von Interfaceklassen enthalten, die aus beliebigen Interfaceklassenbibliotheken stammen können. Sie können eine Referenz auf eine Systemunitklasse, die einer beliebigen Systemunitklassenbibliothek entstammt, im *RefBaseSystemUnitPath* Attribut enthalten. Diese Referenz ermöglicht die Identifikation der Systemunitklasse, von der das InternalElement instanziiert wurde. Dies bedeutet auch, dass das InternalElement dieselbe Substruktur, dieselben Attribute und dieselben Interfaces wie die Systemunitklasse, von der es instanziiert wurde, enthalten sollte. Zudem sollte jedes InternalElement mindestens eine Rollenklasse aus einen beliebigen Rollenklassenbibliothek referenzieren. Dafür werden die *RoleRequirements* und *SupportedRoleClass* Subobjekte verwendet werden. Die referenzierten Rollen sollen die Semantiken der einzelnen InternalElements definierten. Die Struktur eines *InternalElements* ist in Abb. 17 enthalten.

Ein Beispiel einer *InstanceHierarchy*, dass die Beispielanlage modelliert, ist in Abb. 18 dargestellt. Hier ist eine Entitätenhierarchie aus logischen und physischen Objekten modelliert, die von der obersten Ebene von *InternalElements* dem *FlexibleManufacturingSystem* über InternalElements, die Drehtische (*Drehtisch1*), Buskoppler (*WagoIOA*) und Steuerungen (*PIBasedControllerA*) repräsentieren, bis hinunter zu *InternalElements* für Steuerungsprogramme (*MyPIProgram*), Automatisierungsgeräte (*myMotor*) und Kabel *IOKabel_Motor_DO1_DrathB*) reicht.

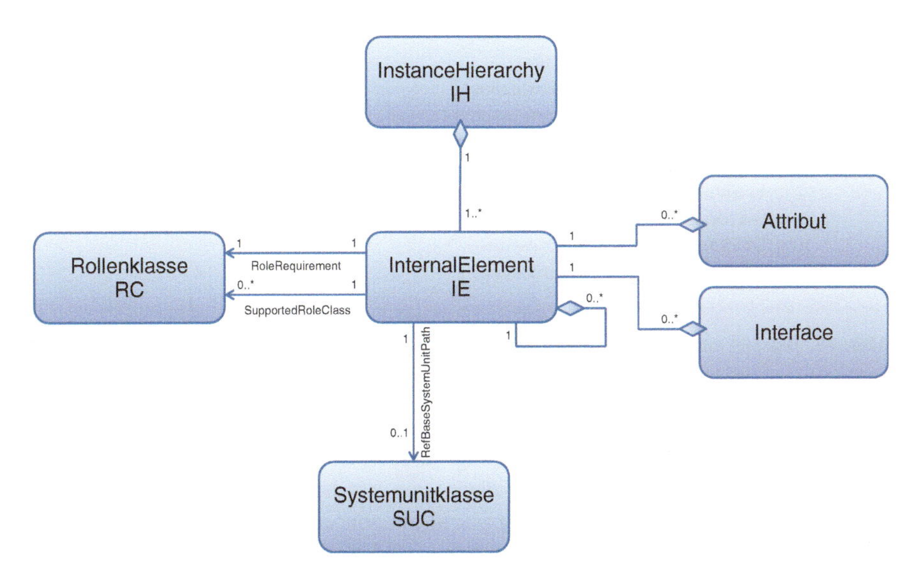

Abb. 17 Strukturmodell des InternalElements

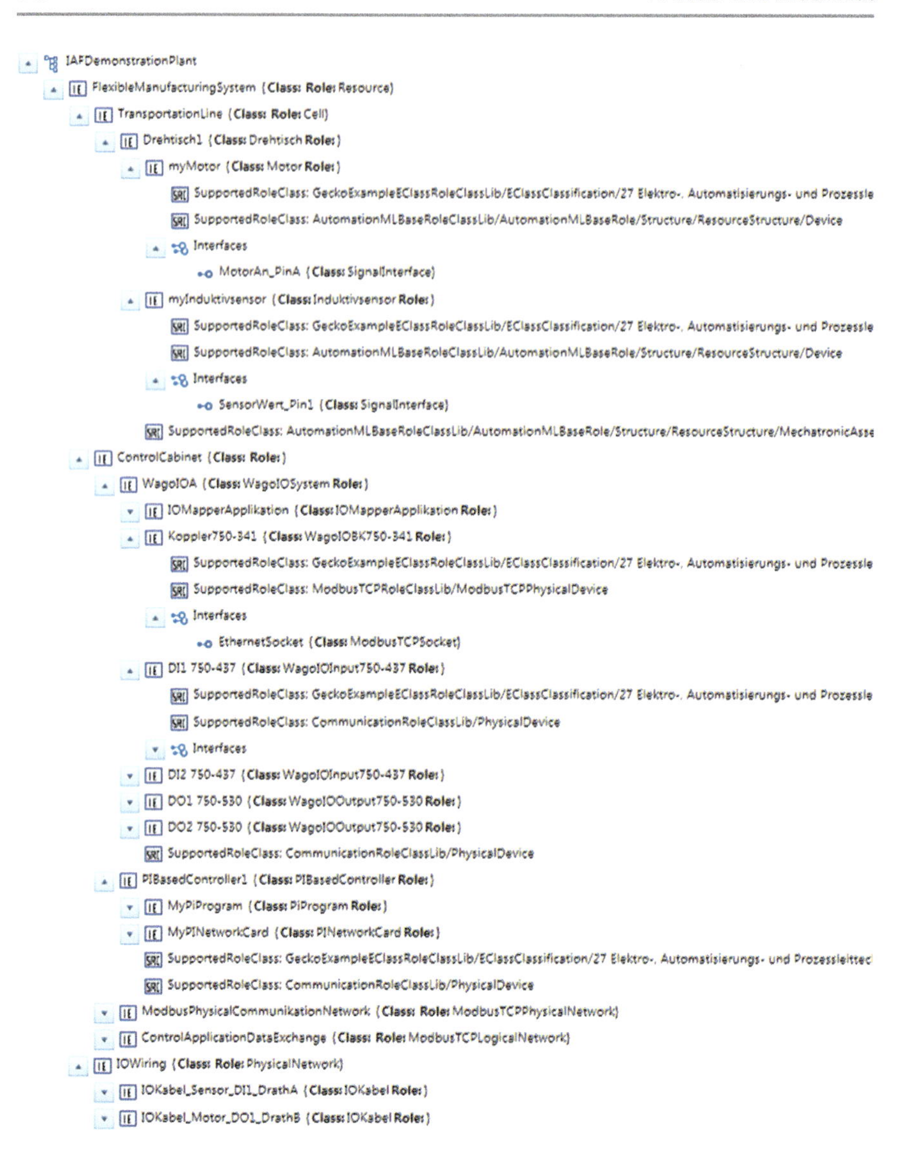

Abb. 18 Beispiel einer *InstanceHierarchy* für das Anlagenbeispiel (Ausschnitt)

Ein Beispiel eines spezifischen *InternalElements* ist in Abb. 19 gezeigt. Es beschreibt ein Kabel, dass ein Steuerungsgerät mit einem Buskoppler verbindet. Dieses *InternalElement* besitzt eine Vielzahl von Attributen wie die *Polzahl*, die die Anzahl der Adern im Kabel beschreibt, und die *min. zulässige Kabelaußentemperatur*, die die minimal zulässige Temperatur der Kabeloberfläche benennt. Zudem besitzt es zwei Interfaceinstanzen, die die beiden Kabelenden repräsentieren.

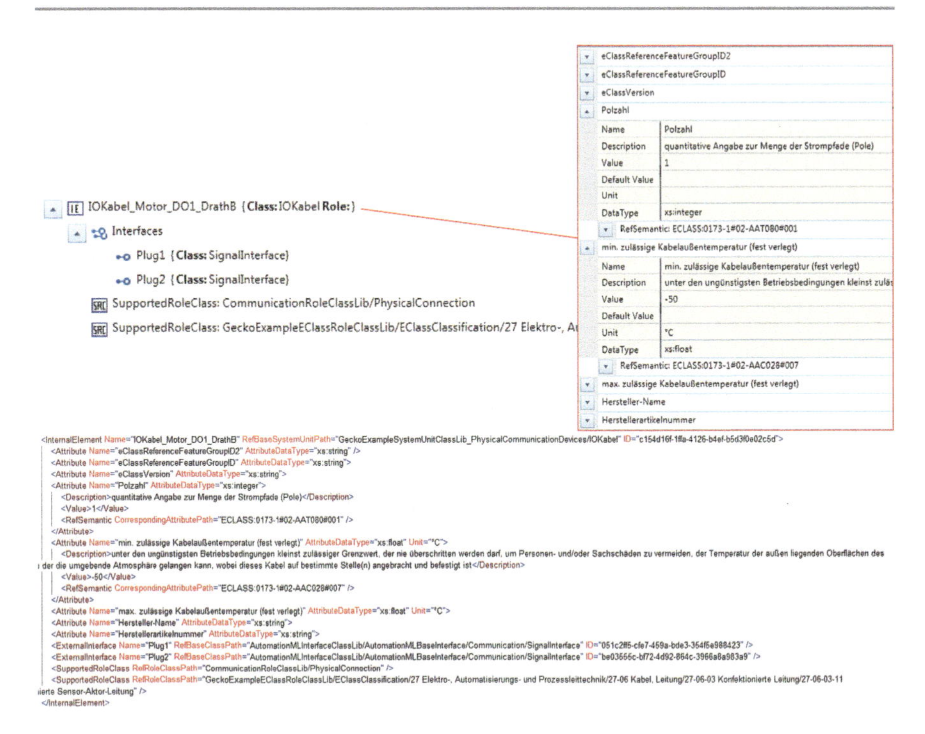

Abb. 19 *IOKabel_Motor_DO1_DrathB* als Beispiel für ein *InternalElement*

6 Integration von Objektsemantik

Ein kritischer Punkt beim Import von Entwurfsdaten in ein Entwurfswerkzeug ist die Abbildung der importierten Informationen auf des interne Datenmodell des importierenden Werkzeugs. In diesem Moment muss entschieden werden, welche Bedeutung ein gelesenes Datum innerhalb des internen Datenmodells besitzt und wie es entsprechend zu behandeln ist.

Beim Datenaustauschprozess mit AutomationML werden die eigentlichen auszutauschenden Daten in der *InstanceHierarchy* als *InternalElements* mit Attributen übertragen. Um die Semantik eines *InternalElements* in AutomationML zu modellieren, bestehen zwei Möglichkeiten: das Referenzieren von *Rollenklassen* und das Referenzieren von *Systemunitklassen*. Für das Referenzieren von Rollenklassen können die Subobjekte *RoleRequirements* und *SupportedRoleClass* verwendet werden. Für die Repräsentation der Semantik eines Attributes kann das Attribut *RefSemantic* verwendet werden, das es für jedes AutomationML Attribut gibt. Abb. 20 stellt diese Mittel zur Semantikabbildung noch einmal grafisch dar.

AutomationML wird nicht in jedem Fall die Semantik von Objekten, die in Produktionssystemen relevant sind, selbst definieren. Dies ist auch gar nicht notwendig, da bereits eine Vielzahl von Klassifikationsstandards für Produktionssys-

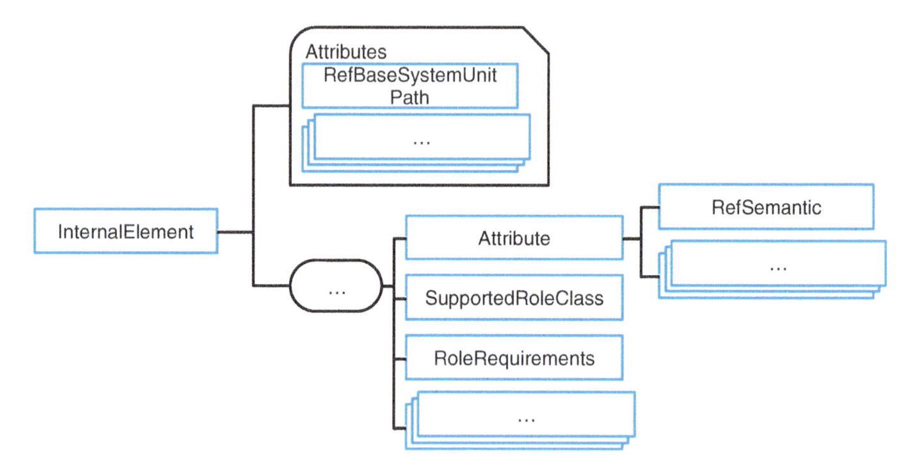

Abb. 20 Möglichkeiten der Semantikintegration in *InternalElements* und Attribute

temkomponenten und -geräte wie zum Beispiel eCl@ss (eCl@ss association) existieren.

eCl@ss ist eine hierarchisch strukturierte Semantikklassifikation für Materialien, Geräte, Produkte und Services mit einer logischen Strukturierung, die einen Detaillierungsgrad erreicht, der den produktspezifischen Eigenschaften von Produktionssystemkomponenten genügt. Für jede Klasse von Geräten und Materialien werden standardisierte beschreibende Eigenschaften festgelegt, die für die detaillierte Charakterisierung und Auswahl von Geräten und Materialien genutzt werden kann.

Schlüsselelement der eCl@ss Spezifikation ist die IRDI (International Registration Data Identifier), die auf den internationalen Standards ISO/IEC 11179-6, ISO 29002, und ISO 6532 basiert. Sie stellt eine Möglichkeit zur eineindeutigen Identifikation jedes einzelnen Attributes und jeder einzelnen Klassifikationsklasse bereit.

Um die Semantik von Attributen aus AutomationML heraus referenzieren zu können, wird die IRDI von eCl@ss Attributen verwendet. Für jedes Attribut kann das Attribut *CorrespondingAttributePath* des CAEX Schemaelementes *RefSemantic* in jedem Attribut mit einem String der Form *ECLASS:* + *IRDI* belegt werden, wobei die IRDI der IRDI des zu referenzierenden eCl@ss Attributs entsprechen soll.

Abb. 21 stellt ein Beispiel für diese Nutzung der *RefSemantic* dar. Hier ist das Attribut *max. Versorgungsspannung* enthalten, das die maximal zulässige Versorgungsspannung für einen induktiven Sensors angibt. Die Semantik dieses Attributs wird durch die IRDI *0173-1#02-AAC962#006* eindeutig festgelegt.

Die Semantikbeschreibung von *InternalElements* ist etwas komplexer. Hier kommt das Rollenkonzept zur Anwendung. Die Klassifikation des Klassifikationskataloges, der verwendet werden soll (in diesem Falle eCl@ss), muss in eine nutzerdefinierte AutomationML Rollenbibliothek übersetzt werden. Dabei sollte zum einen die hierarchische Struktur des Klassifikationsstandards beibehalten und zum anderen für jede Klassifikationsklasse eine entsprechende Rolle mit allen klassenspezifischen Attributen erstellt werden. Bei der Rollendefinition sollten drei

max. Versorgungsspannung	
Name	max. Versorgungsspannung
Description	höchster Grenzwert der Spannung, die an
Value	30
Default Value	
Unit	V
DataType	xs:float

RefSemantic: ECLASS:0173-1#02-AAC965#006

```
<Attribute Name="max. Versorgungsspannung" AttributeDataType="xs:float" Unit="V">
  <Description> höchster Grenzwert der Spannung, die am Versorgungseingang eines elektrischen Betriebsmittels zeitweise oder ständig anliegen muss</Description>
  <Value>30</Value>
  <RefSemantic CorrespondingAttributePath="ECLASS:0173-1#02-AAC965#006" />
</Attribute>
```

Abb. 21 Beispiel der Semantikbeschreibung für ein Attribut

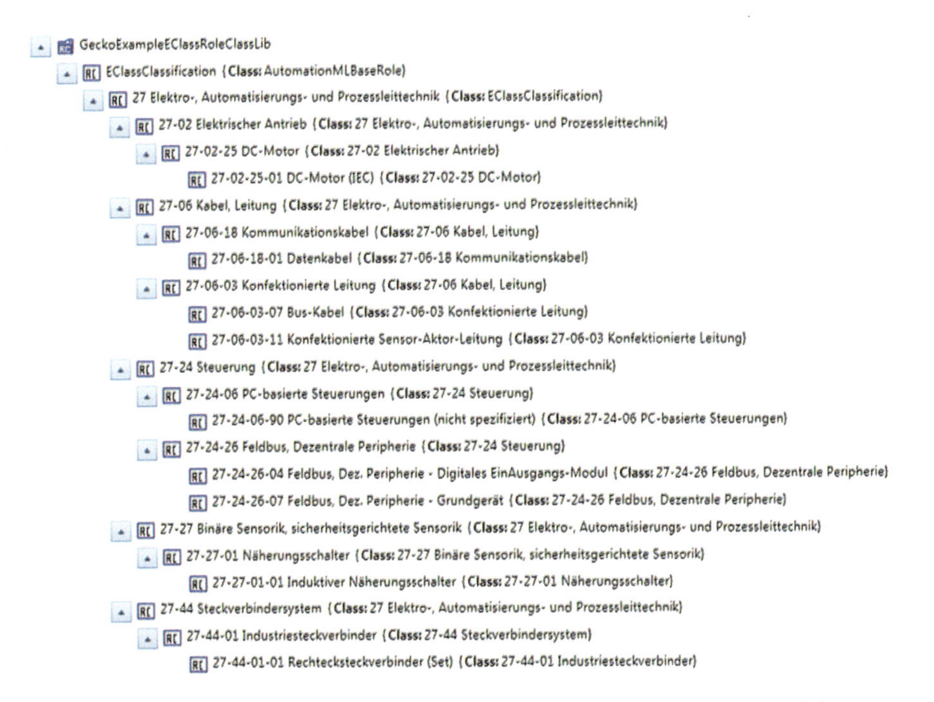

Abb. 22 Beispiel einer Rollenklassenbibliothek zur Semantikbeschreibung für *InternalElements*

weitere klassifikationsspezifische Attribute angelegt werden, die den Klassifikationsstandard in seiner Version, die Identifikation der Klasse und die Klassen-IRDI beinhalten sollen. Ein Beispiel für eine derartige nutzerdefinierte Rollenklassenbibliothek für das Anwendungsbeispiel ist in Abb. 22 gegeben.

Die erstellten Rollenklassen werden dann aus den *InternalElements* heraus unter Nutzung der *RoleRequirements* und *SupportedRoleClass* Subobjekte referenziert. Ein Beispiel dieser Referenzierung zeigt Abb. 23. Hier wird das *InternalElement myMotor* als IEC DC Drive mit der Klassifikationsklasse *27-02-25-01* nach eCl@ss identifiziert.

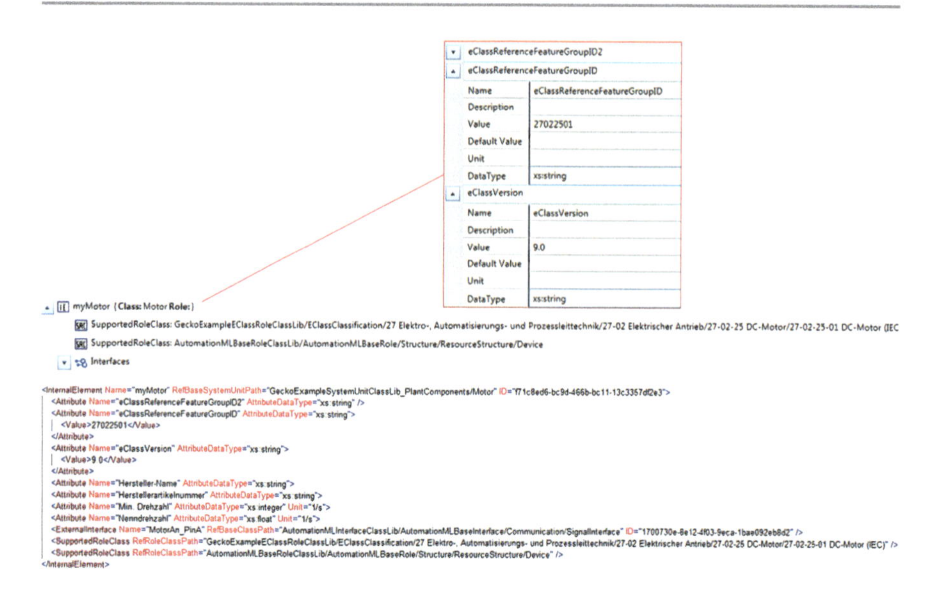

Abb. 23 Beispiel der Semantikbeschreibung für ein *InternalElement*

7 Geometrie und Kinematik

Wie bereits oben beschrieben, nutzt AutomationML für die Beschreibung von Geometrie- und Kinematikinformationen den internationalen Standard COLLADA 1.4.1 und 1.5.0, der innerhalb der ISO/PAS 17506:2012 standardisiert ist (International Organization for Standardization 2012).

Zum ersten werden relevante Geometrien und Kinematiken mittels COLLADA modelliert und als zweites aus einem CAEX Datenmodell der Topologie heraus referenziert.

COLLADA steht für COLLAborative Design Activity. Es wurde innerhalb der KHRONOS Association unter der Führung von Sony als ein Austauschformat für das Feld der Digital Content Creation der Spieleindustrie entwickelt. Es ermöglicht die Darstellung von 3D Objekten innerhalb von 3D Szenen einschließlich der relevanten visuellen, kinematischen und dynamischen Eigenschaften für eine Objektanimation.

COLLADA (Arnaud und Barnes 2006) ist ein XML basiertes Datenformat mit einer modularen Struktur, die die Definition von Bibliotheken für Geometrien, Materialien, Beleuchtungen, Kameras, visuellen Szenen, kinematischen Modellen, kinematischen Szenen und anderem ermöglicht. Ein Beispiel einer COLLADA Datei ist in Abb. 24 dargestellt. Das linke obere Bild zeigt das originale Band in der Beispielanlage. Zu diesem Beispiel ist das entsprechende Modell links unten und die COLLADA Datei in Ausschnitten rechts dargestellt.

Das wichtigste Modellierungsmittel für die Integration von COLLADA Dateien in AutomationML Projekten ist die eindeutige Identifizierbarkeit von Modellierungsobjekten in COLLADA. Alle für AutomationML wichtigen Modellierungsele-

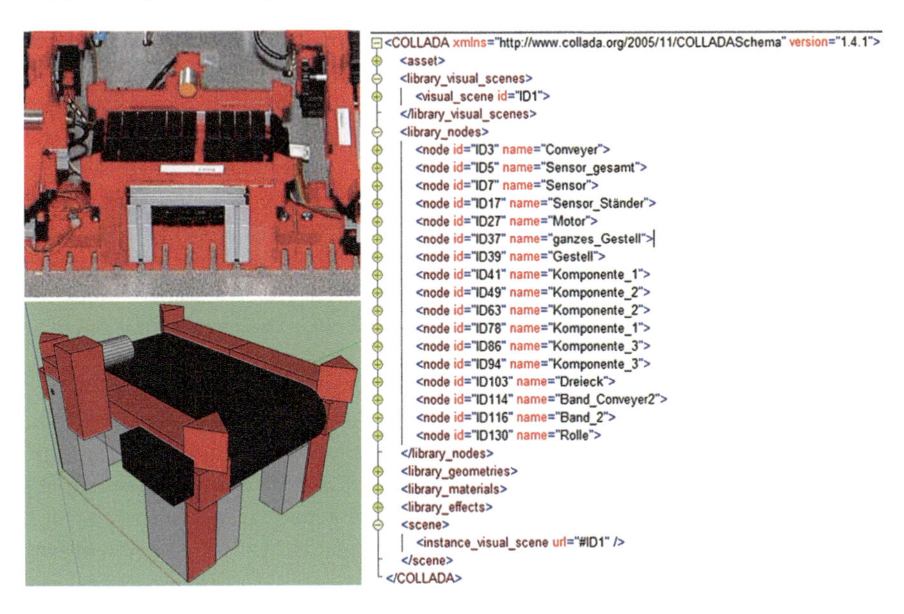

Abb. 24 Beispiel einer COLLADA Datei

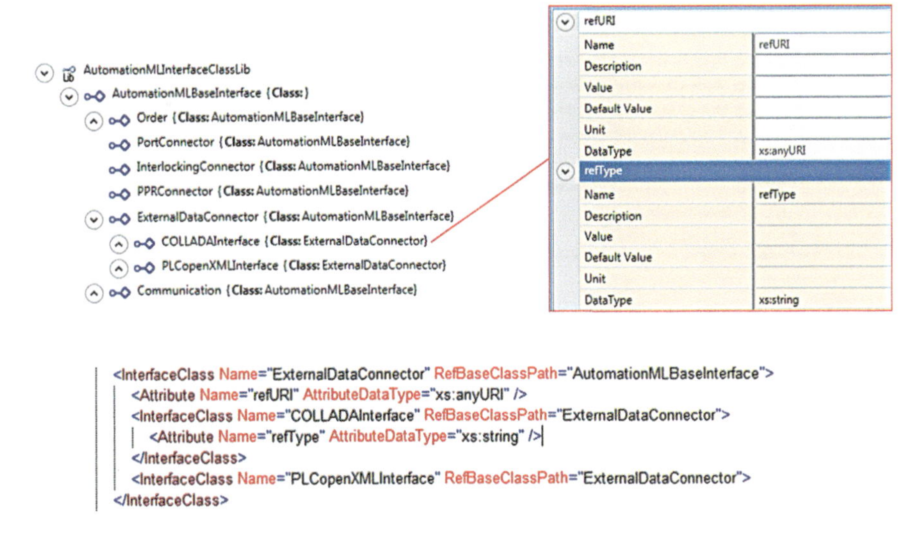

Abb. 25 Definition der *COLLADAInterface* Interfaceklasse

mente in COLLADA (wie Geometrien, visuelle Szenen oder kinematische Szenen) besitzen eine eindeutige Identifikationsnummer (ID).

Für die Referenzierung dieser identifizierbaren Objekte spezifiziert AutomationML die spezielle Interfaceklasse *COLLADAInterface* in der *AutomationMLInterfaceClassLib*. Diese Interfaceklasse ist (wie in Abb. 25 gezeigt) von der Interfaceklasse *ExternalDataConnector* abgeleitet und beinhaltet daher das Attribut *refURI*. Dieses Attribut wird dazu verwendet, auf IDs innerhalb einer COLLADA Datei zu referenzieren. Dazu soll der Wert dieses Attributes einen String der Form *file:///filename.dae#ID* enthalten. Das Attribut *refType* dient der Spezifikation der Art, wie ein Objekt in einer Szene eingebettet ist. Damit kann ein physikalischer Zusammenhang von Objekten modelliert werden. So sollte sich zum Beispiel ein Werkstück mit dem Transportband bewegen, wenn es auf diesem liegt und das Band sich bewegt.

Ein Beispiel für die Integration einer Geometrie in ein AutomationML Projekt ist in Abb. 26 zu sehen. Es zeigt, wie die Systemunitklasse zu einem Motor um eine entsprechende Geometrie erweitert werden kann.

Natürlich wird eine *InstanceHierarchy* mehr als ein *InternalElement* enthalten, das eine Geometriebeschreibung besitzt. Um die korrekte Positionierung des entsprechenden Geometrieobjektes in einer Szene zu ermöglichen, definiert AutomationML ein spezielles Attribut für *InternalElements*, das zur Positionsbestimmung dieses Elements bezogen auf die Koordinaten des Eltern-*InternalElements* genutzt werden kann, das *Frame* Attribut. Dieses Attribut ist in Abb. 27 dargestellt und

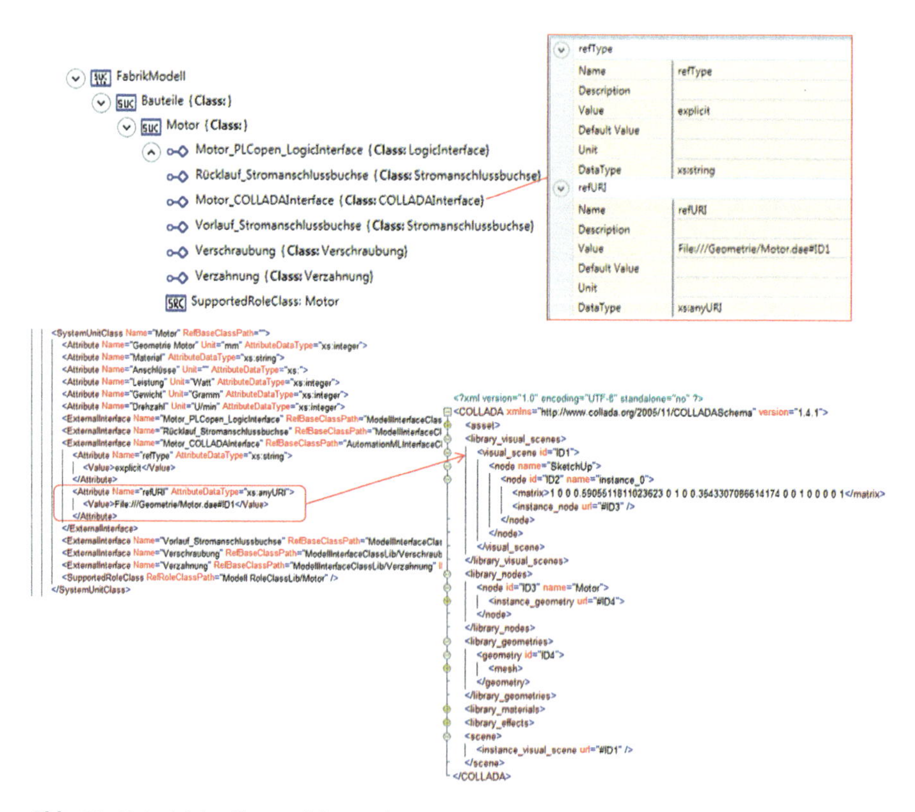

Abb. 26 Beispiel der Geometrieintegration

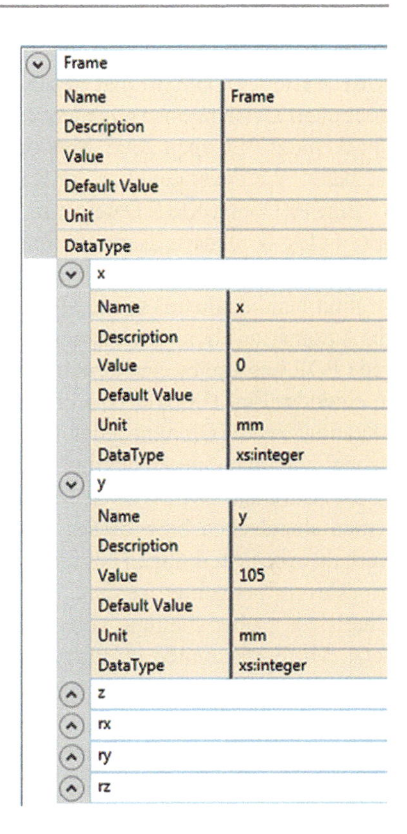

Abb. 27 Beispiel eines Frame Attributs

enthält den Verschiebungs- und Verdrehungsvektor für das betrachtete Objekt entlang der drei kartesischen Achsen x, y und z sowie den Rotationen um diese Achsen.

8 Verhaltensmodellierung

Ähnlich der Modellierung von Geometrie- und Kinematikinformationen nutzt AutomationML zur Modellierung von Verhalten ein weiteres XML basiertes Datenaustauschformat, PLCopen XML (PLCopen association 2012), was durch die PLCopen Assoziation entwickelt und letztendlich in der IEC 61131 als Teil 10 standardisiert wurde (International Electrotechnical Commission 2019). Der AutomationML e.V. hat zur Verhaltensmodellierung und zur Integration in CAEX einen zweistufigen Prozess erarbeitet. Als Erstes wird das relevante Verhalten modelliert und in einer PLCopen XML Datei abgelegt. Als Zweites wird diese Datei bzw. deren Inhalt aus der CAEX Datei heraus referenziert.

PLCopen ist eine hersteller- und produktunabhängige, weltweite Assoziation, die sich zum Ziel gesetzt hat, das Thema der Steuerungsprogrammierung durch internationale Standards zu unterstützen. Speziell fördern sie die Anwendung der IEC

61131-3. Mit PLCopen XML hat die PLCopen Assoziation ein neutrales, offenes, XML basiertes Datenformat geschaffen, was den Austausch von Steuerungsprogrammen zwischen verschiedenen Softwareumgebungen ermöglicht. AutomationML nutzt PLCopen XML Version 2.0, 2.0.1 und IEC 61131-10. Die Vorletztere ist aktuell die meist genutzte der IEC 61131-3 Edition 2.

Eine PLCopen XML Datei ist so strukturiert, dass sie alle essenziellen Teile eines IEC 61131-3 Steuerungsprogrammierungsprojektes fasst. Sie beinhaltet Softwarewerkzeuginformationen, den eigentlichen Steuerungscode (die Programmierungsstruktur beinbehaltend) sowie SPS-Hardwareinformationen. Wichtigster Bestandteil für AutomationML sind die Programmorganisationseinheiten (POEs), siehe Abb. 28. Jede POE beschreibt eine strukturelle Einheit eines SPS-Programms, die den Code in einer der fünf IEC 61131-3 Programmiersprachen enthält sowie die Variablendeklaration. Jede POE und jedes Objekt in der POE kann einen globalen Identifier haben, wodurch eine eindeutige Referenzierung der Objekte möglich ist.

Da AutomationML anstrebt, den gesamten Entwurfsprozess von Produktionssystemen abzudecken bzw. dessen Daten austauschbar zu machen, müssen auch die Verhaltensbeschreibungen auf unterschiedlichen Abstraktionsebenen bzw. Detaillierungsleveln betrachtet werden. Wie in Abb. 29 zu sehen, werden Gantt und PERT Charts zur groben Planung von Abläufen am Anfang des Entwurfsprozesses eingesetzt. Mit Fortschreiten im Prozess werden die Modelle immer konkreter. Es kom-

```
<?xml version="1.0" encoding="utf-8"?>
<project xmlns="http://www.plcopen.org/xml/tc6_0200">
 <fileHeader companyName="" productName="CODESYS" productVersion="CODESYS V3.5 SP3 Patch 7" creationDateTime="2013-12-18T19:32:28.4147223" />
 <contentHeader name="TEST.project" modificationDateTime="2013-12-18T18:56:49.0513577">
 <types>
  <dataTypes />
  <pous>
   <pou name="Motor" pouType="functionBlock" globalId="ISID_20131218-500">
    <interface>
     <localVars>
      <variable name="Signal" globalId="ISID_20131218-501">
      <variable name="AUS" globalId="ISID_20131218-502">
     </localVars>
    </interface>
    <body>
     <SFC>
      <step localId="0" initialStep="true" name="Motor AUS" globalId="ISID_20131218-503">
      <selectionDivergence localId="1">
      <inVariable localId="2">
      <transition localId="3">
      <step localId="4" name="Motor dreht links">
      <inVariable localId="5">
      <transition localId="6">
      <inVariable localId="7">
      <transition localId="8">
      <step localId="9" name="Motor dreht rechts">
      <inVariable localId="10">
      <transition localId="11">
      <selectionConvergence localId="12">
      <jumpStep localId="13" targetName="Init">
     </SFC>
    </body>
    <addData />
   </pou>
  </pous>
 </types>
 <instances>
 <addData>
</project>
```

Abb. 28 PLCopen XML Beispieldatei

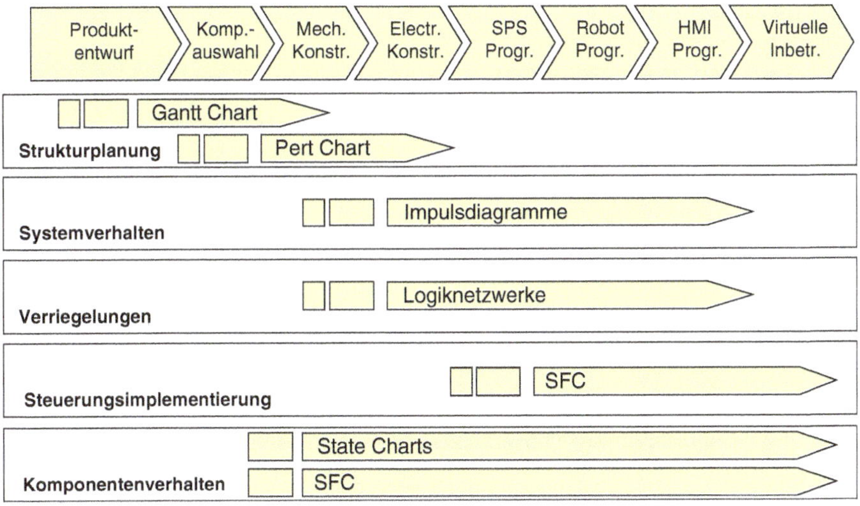

Abb. 29 Von AutomationML betrachtete Verhaltensbeschreibungen

men Impulsdiagramme oder Logiknetzwerke zum Einsatz. Am Ende stehen dann der finale Steuerungscode und das konkrete Komponentenverhalten, was als Automat abgebildet werden kann (Hundt 2012).

Der AutomationML e.V. hatte sich zu Beginn der Entwicklungsarbeiten entschieden, nicht alle IEC 61131-3 Programmierungssprachen zu unterstützen. Da die meisten relevanten Verhaltensmodelle ereignisdiskrete Systeme abbilden, wird lediglich Ablaufsprache (AS) bzw. Sequential Function Chart (SFC) zur Modellierung des gesteuerten Verhaltens verwendet. Daher wurden Transformationsregeln definiert, die ein Mapping der eingangs genannten Verhaltensbeschreibungen (Gantt, PERT Charts, Impulsdiagramme und State Charts) zu SFC und umgekehrt ermöglichen. Weiterführende Informationen sind in (Drath 2010; AutomationML e.V.) und (Hundt 2012) zu finden. Für die Abbildung von Logiknetzwerken und die Modellierung von Komponentenverhalten (ungesteuertem Verhalten) wird die Funktionsbausteinsprache (FBS) verwendet. Sowohl AS als auch FBS Modelle können in PLCopen XML ausgedrückt werden.

Zur Referenzierung des Inhaltes einer PLCopen XML Datei hat der AutomationML e.V. eine spezielle Interfaceklasse *PLCopenXMLInterface* aus der *AutomationMLInterfaceClassLib* definiert. Verhaltensbeschreibungsrelevante Interfaceklassen werden von dieser Klasse abgeleitet. *PLCopenXMLInterface* selbst (in Abb. 30 dargestellt) ist wiederum von *ExternalDataConnector* abgeleitet und besitzt somit das Attribut *refURI*. In diesem Attribut befindet sich der Pfad zu einer PLCopen XML Datei. Die Ableitungen von *PLCopenXMLInterface* besitzen allerdings nicht mehr nur den Pfad zur Datei; Sie verweisen über den globalen Identifier auf ein konkretes Objekt (z. B. POE oder Variable) innerhalb der Datei (gemäß *file:///filename.xml#globalID.*).

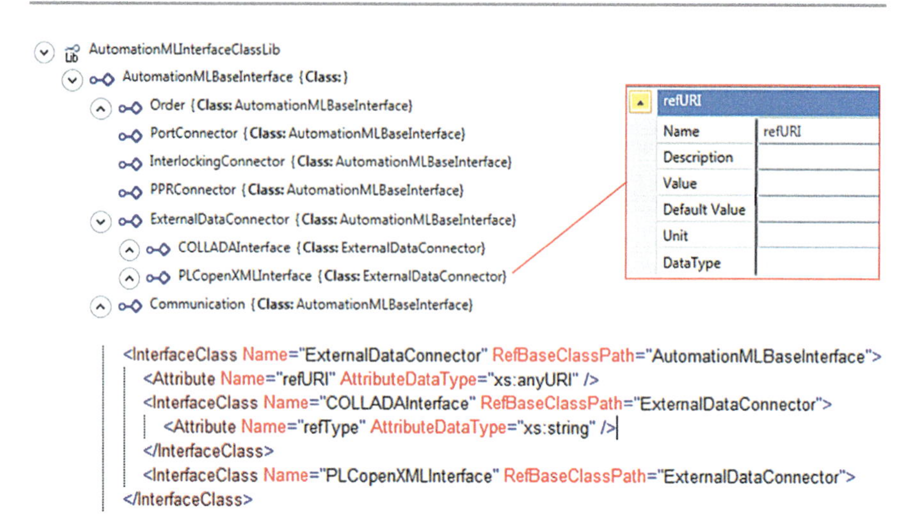

Abb. 30 Definition der Interfaceklasse *PLCopenXMLInterface*

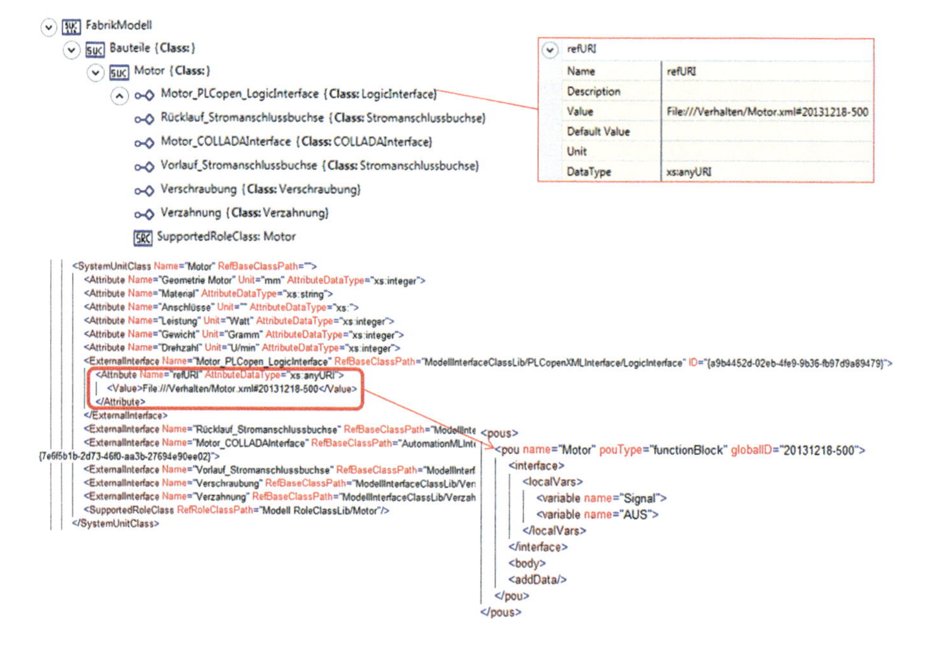

Abb. 31 Beispiel zur Referenzierung einer Verhaltensbeschreibung

Ein Beispiel zur Integration einer Verhaltensbeschreibung in ein AutomationML Projekt bzw. zur Referenzierung einer Verhaltensbeschreibung aus einem AutomationML Projekt ist in Abb. 31 zu sehen. Es zeigt, wie eine Systemunitklasse *Motor* um seine Verhaltensbeschreibung erweitert wird.

9 Modellierung von Netzwerken

In Produktionssystemen lassen sich Netzwerke unterschiedlicher Art finden, z. B. bei der Verkabelung, den Rohrleitungen, den Kommunikationssystemen oder in der Logistik. All diesen Netzwerken ist eins gemein: Sie können als graphenbasierte Strukturen dargestellt werden. Aus diesem Grund hat der AutomationML e.V. eine Methodologie zur Modellierung dieser entwickelt und auf die unterschiedlichen Netzwerkausprägungen angewandt (Lüder et al. 2013).

Ein Graph G = (V (G), E (G)) wird durch zwei nicht-leere Mengen definiert: einer Menge von Knoten (vertex) V (G) und Kanten (edge) E (G). Für beide Mengen gilt E (G) $\subseteq$ V (G) x V (G), d. h. die Knoten sind durch Kanten verbunden (Balakrishnan und Ranganathan 2012). Sollen Informationen zu diesen Objekten des Graphen hinzugefügt werden, wird das über Labels realisiert. Labels können unterschiedliche Ausprägungen annehmen, z. B. Zahlenwerte oder auch Textfelder. Bei der Entwicklung von Graphenmodellen stellen die Labels eins der wichtigsten Merkmale dar. Die oben gegebene Definition eines Graphen muss bei Verwendung von Labels erweitert werden: LG = (V (G), E (G), L1, L2). Solch ein gelabelter Graph weist zwei weitere Mappings aus L1, L2. Für die Mappings gilt, das die Menge von Annotationen A1 und A2 mit L1: V(G) $\rightarrow$ A1 ein Mapping der Menge der Knoten zur Menge der Annotationen 1 ist und L2: E(G) $\rightarrow$ A2 ein Mapping der Menge der Kanten zur Menge der Annotationen 2 ist.

Den Startpunkt zur Graphenmodellierung bildet die Definition von Transformationsregeln, die die Abbildung der Graphenobjekte (Knoten und Kanten) auf AutomationML Objekte beschreibt. Diese Abbildung findet in CAEX statt. Es wird ein *InternalElement*, was den gesamten Graphen repräsentiert, angelegt. Merkmale und zusätzliche Informationen, die den Graphen näher beschreiben (sprich Labels), werden diesem Element als Attribute angehängt. Im nächsten Schritt werden die Knoten- und Kantenobjekte als Kindelemente unterhalb des Graphenelements angelegt. Dazu werden die Knoten sowie die Kanten mit den jeweils zugehörigen Labels als *InternalElements* mit Attributen erstellt. Zur besseren Übersichtlichkeit empfiehlt es sich, alle Kantenelemente als Kindelemente eines zusätzlichen *InternalElements* anzulegen, was alle Kanten unter sich gruppiert. Um die Beziehungen zwischen Knoten und Kanten darzustellen, werden Interfaces genutzt. Das bedeutet, dass alle *InternalElements*, die Knoten repräsentieren, mit so vielen Interfaces ausgestattet werden, wie sie inzidente Kanten aufweisen. Die Kanten-*InternalElements* haben in der Regel nur zwei Interfaces. Interfaces von inzidenten Kanten und Knoten können dann mittels eines *InternalLinks* verbunden werden. Ein Beispiel findet sich in Abb. 32.

Der AutomationML e.V. hat diese Methodologie als erstes zur Modellierung von Kommunikationssystemen angewendet. Dazu wurden alle relevanten Objekte identifiziert, die als Graph modelliert werden sollten, es wurden Rollen- und Interfaceklassen definiert und ein Modellierungsvorgehen vorgeschlagen (siehe Communication Whitepaper (AutomationML e.V.)).

Jedes Kommunikationssystem besteht aus zwei Ebenen: Der logischen und der physikalischen Ebene. Die logische Ebene besteht aus „Bausteinen“ der Steuerungsapplikation, die unterschiedliche Funktionen des Steuerungsprozesses bereitstellen

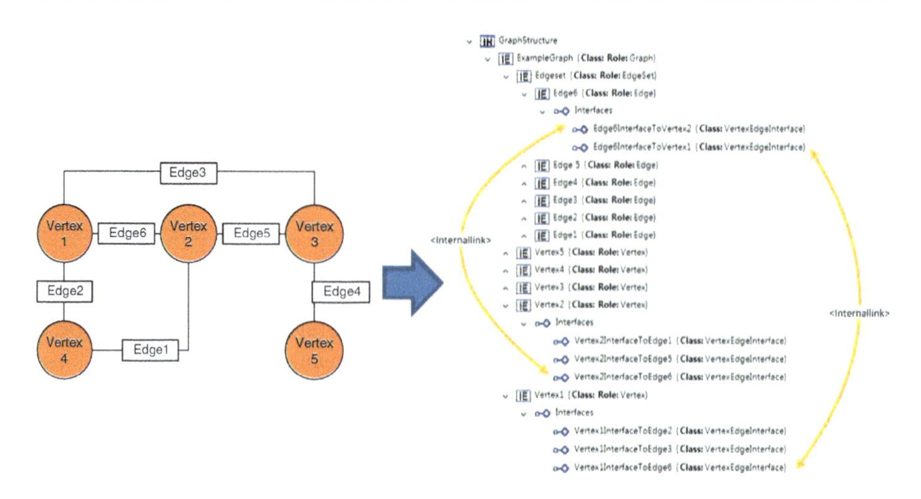

Abb. 32 Beispiel eines Graphenmodells in AutomationML

und selbst logische Geräte formen. Im Allgemeinen tauschen die logischen Geräte (Teile der Steuerungsapplikation) Informationen über logische Endpunkte aus. Dieser Informationsaustausch wird über logische Verbindungen zwischen den logischen Geräten realisiert. Das logische Netzwerk kann aus verschiedenen Objekten mit unterschiedlichen Eigenschaften, die diese beschrieben, bestehen. Während die logischen Geräte eindeutige Identifier, Zykluszeiten etc. haben können, können logische Endpunkte den Datentyp und logische Verbindungen die Übertragungsrate als Eigenschaft haben. In jedem Fall stellen sich diese beschreibenden Eigenschaften als Attribute der entsprechenden Objekte dar. Auf der physikalischen Ebene finden sich die physikalischen Geräte wieder. Sie besitzen physikalische Endpunkte, die die Schnittstellen wie Buchsen oder Ports repräsentieren. Die Endpunkte werden über physikalische Verbindungen verbunden. Im Unterschied zum logischen Ebene kann es auf der physikalischen Ebene zusätzliche physikalische Entitäten in Form von Infrastrukturkomponenten (wie Switches etc.) geben. Allerdings können die Objekte beider Ebenen beschreibende Eigenschaften aufweisen. Während die physikalischen Geräte Eigenschaften wie Prozessorleistung oder Identifiers haben können, können physikalische Endpunkte eine Adresse oder eine maximale Datenrate und die physikalischen Verbindungen eine mögliche Übertragungsrate oder Kabeltyp haben. In jedem Fall stellen sich diese beschreibenden Eigenschaften als Attribute der entsprechenden Objekte dar.

Beide Ebenen müssen jedoch für eine vollständige Netzwerkbeschreibung miteinander in Beziehung gesetzt werden. Dafür werden die logischen Geräte innerhalb der physikalischen Geräte untergebracht; Die physikalischen Geräte implementieren die Logischen. Zusätzlich werden die zusammengehörenden logischen und physikalischen Endpunkte aufeinander gemappt. Ein striktes Mapping der logischen Verbindungen auf die Physikalischen ist nicht vorgeschrieben, da bei manchen Kommunikationstechnologien die zu übertragende Information auf ihrem Weg zum Zielgerät einen Umweg

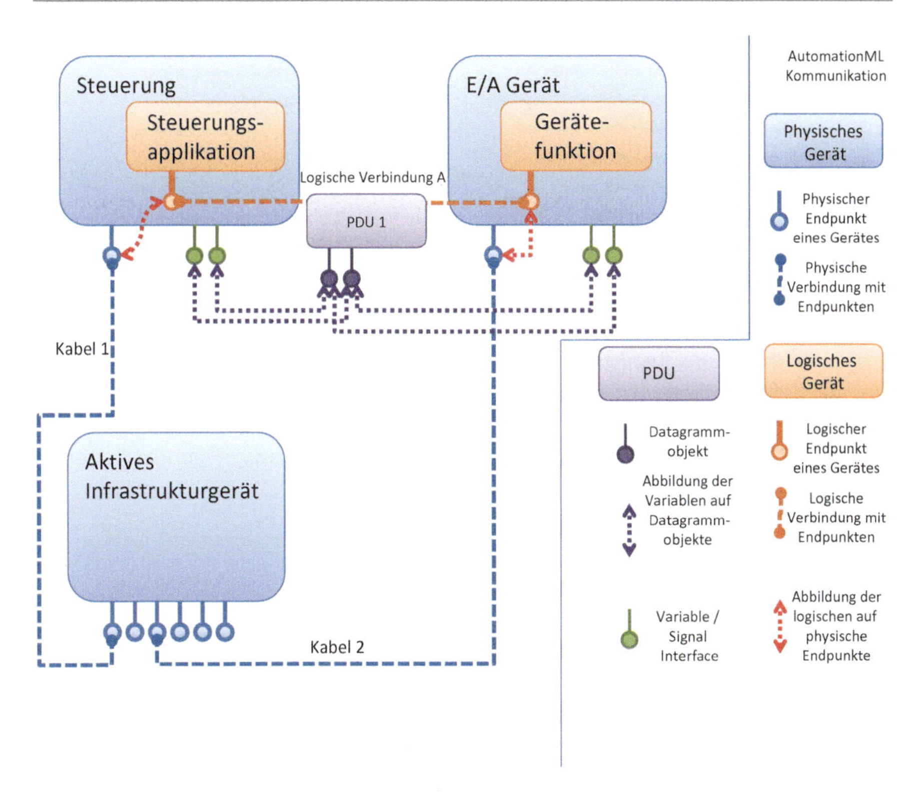

Abb. 33 Schematische Darstellung eines Kommunikationssystems in AutomationML

über weitere physikalische Geräte nehmen kann. Ein solches Beispiel ist in Abb. 33 zu sehen.

Innerhalb der Kommunikationssysteme werden auch Kommunikationsdatagramme (bekannt als Protocol Data Units/PDU) zwischen den einzelnen Teilen der Steuerungsapplikation ausgetauscht. Diese PDUs sind der logischen Verbindung zusortiert und beinhalten Steuerungsinformationen (wie Sensor- und Aktorsignale, Stati, Alarme etc.), die in AutomationML als Interfaces von Typ *PLCopenXMLInterface* modelliert werden (siehe oben). Das bedeutet, dass jede logische Verbindung ein PDU-Objekt enthält, was über diese Verbindung ausgetauscht wird. Jedes der PDU-Objekte ist mit einem *PLCopenXMLInterface* oder *SignalInterface* verbunden, die die ausgetauschte Information repräsentiert.

Als Grundlage der Methode zur Kommunikationssystemmodellierung in AutomationML dient die Definition von spezifischen Rollen- und Interfaceklassen. Die AutomationML Kommunikationsrollenklassenbibliothek umfasst bestimmte Rollenklassen, die *InternalElements* als physikalische Geräte, physikalische Verbindungen etc. sowie als logische Geräte, logische Verbindungen etc. oder Kommunikationspakete kennzeichnen. Die AutomationML Kommunikationsinterfaceklassenbibliothek umfasst bestimmte Interfaceklassen, die *ExternalInterfaces* als physikalische Endpunkte, logische

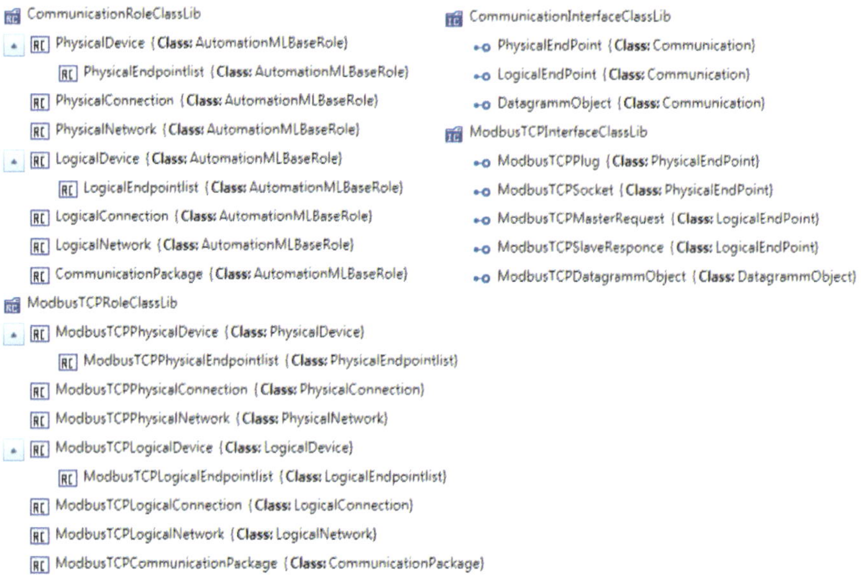

CommunicationRoleClassLib
PhysicalDevice {Class: AutomationMLBaseRole}
PhysicalEndpointlist {Class: AutomationMLBaseRole}
PhysicalConnection {Class: AutomationMLBaseRole}
PhysicalNetwork {Class: AutomationMLBaseRole}
LogicalDevice {Class: AutomationMLBaseRole}
LogicalEndpointlist {Class: AutomationMLBaseRole}
LogicalConnection {Class: AutomationMLBaseRole}
LogicalNetwork {Class: AutomationMLBaseRole}
CommunicationPackage {Class: AutomationMLBaseRole}
ModbusTCPRoleClassLib
ModbusTCPPhysicalDevice {Class: PhysicalDevice}
ModbusTCPPhysicalEndpointlist {Class: PhysicalEndpointlist}
ModbusTCPPhysicalConnection {Class: PhysicalConnection}
ModbusTCPPhysicalNetwork {Class: PhysicalNetwork}
ModbusTCPLogicalDevice {Class: LogicalDevice}
ModbusTCPLogicalEndpointlist {Class: LogicalEndpointlist}
ModbusTCPLogicalConnection {Class: LogicalConnection}
ModbusTCPLogicalNetwork {Class: LogicalNetwork}
ModbusTCPCommunicationPackage {Class: CommunicationPackage}

CommunicationInterfaceClassLib
PhysicalEndPoint {Class: Communication}
LogicalEndPoint {Class: Communication}
DatagrammObject {Class: Communication}
ModbusTCPInterfaceClassLib
ModbusTCPPlug {Class: PhysicalEndPoint}
ModbusTCPSocket {Class: PhysicalEndPoint}
ModbusTCPMasterRequest {Class: LogicalEndPoint}
ModbusTCPSlaveResponce {Class: LogicalEndPoint}
ModbusTCPDatagrammObject {Class: DatagrammObject}

Abb. 34 Allgemeine Rollen- und Interfaceklassen sowie konkrete Ableitungen davon

Endpunkte etc. kennzeichnen. Beide Bibliotheken, *CommunicationRoleClassLib* und *CommunicationInterfaceClassLib,* sind im oberen Teil von Abb. 34 zu sehen.

Auf Grundlage dieser allgemeinen Rollen- und Interfaceklassen können je nach Anwendungsfall kommunikationstechnologie- und kommunikationsprotokollabhängig Rollen- und Interfaceklassen abgeleitet werden. Ein Beispiel ist im unteren Bereich von Abb. 34 zu sehen: *ModbusTCPRoleClassLib* und *ModbusTCPInterfaceClassLib.*

Die anwendungsfallabhängigen Rollen- und Interfaceklassenbibliotheken können bei der Erstellung von gängigen physikalischen/logischen Geräten/Verbindungen als Systemunitklassen genutzt werden.

Zur eindeutigen Identifizierung der Semantik der unterschiedlichen Systemunitklassen werden die definierten Rollenklassen herangezogen und verwendet.

Jedes physikalische Gerät wird mit so vielen physikalischen Endpunkten ausgestattet, wie physikalische Ports vorhanden sind. Diese werden in die sog. *Endpointlist* aufgenommen. Jedes logische Gerät wird mit so vielen logischen Endpunkten ausgestattet, wie es logische Applikationszugangspunkte gibt. Auch diese werden in einer *Endpointlist* aufgenommen.

Jede physikalische Verbindung wird mit so vielen physikalischen Endpunkten ausgestattet, zu wie vielen physikalischen Geräten sie verbunden werden kann. Im Fall der üblichen Verkabelung gibt es genau zwei Endpunkte. Jede logische Verbindung wird mit so vielen logischen Endpunkten ausgestattet, zu wie vielen logischen Geräten sie verbunden werden kann. Im Fall einer Master-Slave-Kommunikation gibt es genau zwei Endpunkte. Im Fall einer Multicast-Kommunikation gibt es mehr als zwei Endpunkte.

Zur Abbildung von spezifischen Eigenschaften der verschiedenen Systemunitklassen müssen entsprechende Attribute modelliert werden.

Zur Abbildung von PDUs werden entsprechende Systemunitklassen definiert und mit einer Ableitung der Rolle *CommunicationPackage* versehen. Innerhalb der Klasse wird außerdem für jede zu übertagende Information ein Interface angelegt, was von der Interfaceklasse *DatagrammObject* abgeleitet ist. Zur Abbildung von spezifischen Eigenschaften der verschiedenen PDUs müssen entsprechende Attribute modelliert werden. Eine beispielhafte Systemunitklassenbibliothek ist in Abb. 35 zu sehen.

Aus der Systemunitklassenbibliothek heraus kann das Kommunikationssystem modelliert werden. Dafür werden alle notwendigen physikalischen und logischen Geräte als *InternalElement*s in der *InstanceHierarchy* instanziiert. Besonders die hierarchische Struktur des zu modellierenden Systems muss bewahrt werden. Das gilt vor allem für die Integration von logischen Geräten in den physikalischen Geräten (siehe Abb. 36; logisches Gerät *MyPIProgram*, physikalisches Gerät *PIBasedController1*).

Nachdem alle Geräte modelliert wurden, müssen die Attribute der Geräte u. U. vervollständigt, aber auf jeden Fall mit Werten gefüllt werden.

Im Anschluss können die Verbindungen verbunden werden. Dafür werden in der *InstanceHierarchy* des Netzwerkes zwei *InternalElement*s angelegt und denen abgeleitete Rollen der Rollenklassen *PhysicalNetwork* und *LogicalNetwork* zugewiesen. Sie fungieren als Container für jeweils die physikalischen Verbindungen und für die Logischen. Für jede physikalische Verbindung wird ein *InternalElement* angelegt, was eine Rolle abgeleitet von der Rollenklasse *PhysicalConnection* bekommt. Die Modellierung der Verbindungen wird durch die Vervollständigung der notwendigen Attribute und des Befüllens der Attribute mit Werten abgeschlossen. Gleiches wird für die Modellierung von logischen Verbindungen getan.

Wenn alle relevanten Geräte und Verbindungen in der *InstanceHierarchy* instanziiert wurden, müssen die in einem nächsten Schritt via *InternalLinks* miteinander verbunden werden. Die Geräte und Verbindungen, die in Beziehung zueinander stehen, werden über deren Interfaces mittels *InternalLink*s verbunden. Um die logischen Endpunkte mit den physikalischen Endpunkten in Verbindung zu setzen, werden auch sie mittels eines *InternalLink*s verbunden. Für das Beispiel zeigt Abb. 37 die sich ergebende Struktur.

Zur Abbildung von PDUs werden entsprechende *InternalElement*s angelegt und mit einer Ableitung der Rollenklasse *CommunicationPackage* versehen. Innerhalb des *InternalElement*s wird außerdem für jede zu übertagende Information ein Interface angelegt, was von der Interfaceklasse *DatagrammObject* abgeleitet ist. Zur Abbildung von spezifischen Eigenschaften der verschiedenen PDUs müssen entsprechende Attribute an *InternalElement* und Interface modelliert werden. Die Interfaces vom Typ *DatagrammObject* sind via *InternalLinks* mit den Interfaces vom Typ *PLCopenXMLInterface* oder *SignalInterface* verbunden.

Eine sehr spezifische Anwendung der Graphenmodellierung, die gleichzeitig eine Anwendung und eine Erweiterung der Kommunikationssystemmodellierung darstellt, wird durch die Modellierung von Steuerungskonfigurationen gebildet. Diese

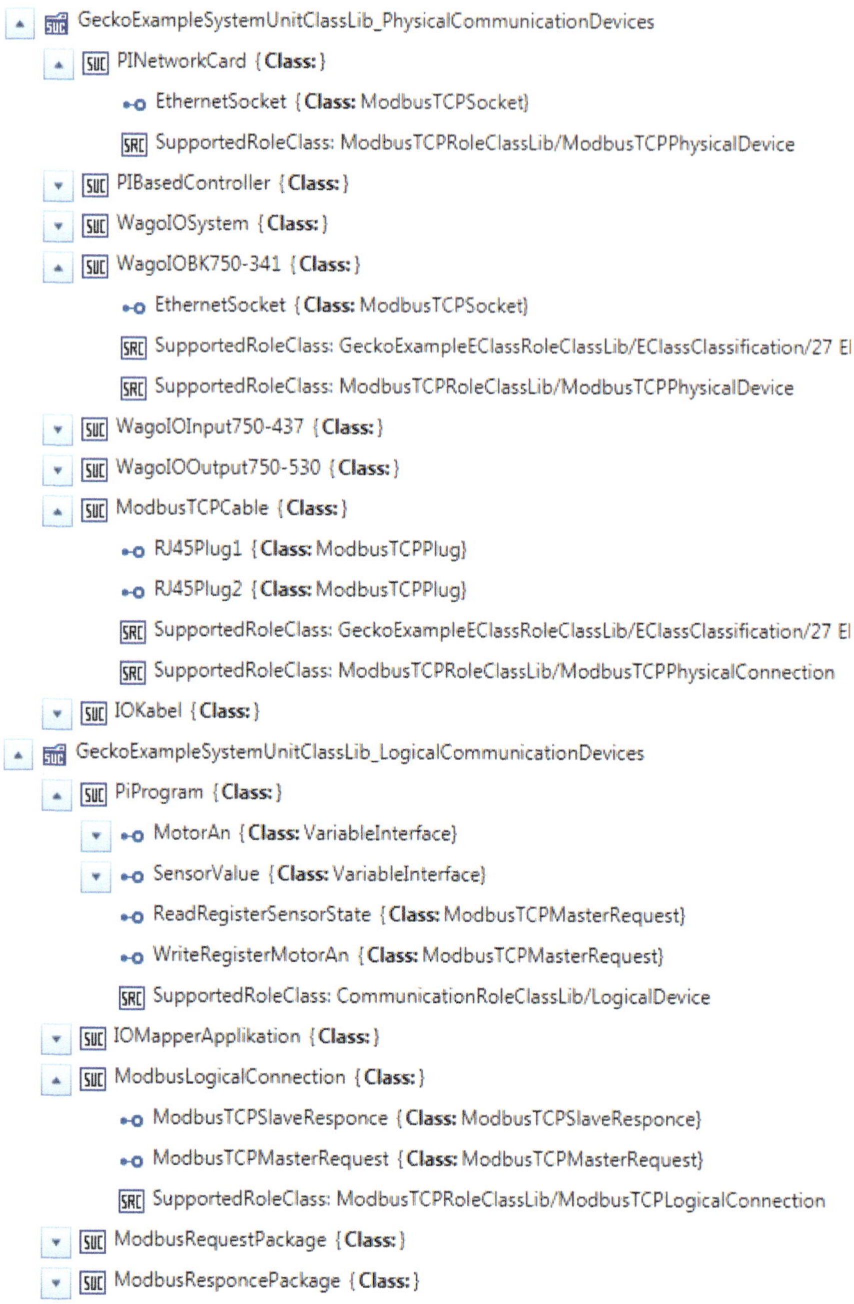

GeckoExampleSystemUnitClassLib_PhysicalCommunicationDevices
PINetworkCard {**Class:**}
EthernetSocket {**Class:** ModbusTCPSocket}
SupportedRoleClass: ModbusTCPRoleClassLib/ModbusTCPPhysicalDevice
PIBasedController {**Class:**}
WagoIOSystem {**Class:**}
WagoIOBK750-341 {**Class:**}
EthernetSocket {**Class:** ModbusTCPSocket}
SupportedRoleClass: GeckoExampleEClassRoleClassLib/EClassClassification/27 El
SupportedRoleClass: ModbusTCPRoleClassLib/ModbusTCPPhysicalDevice
WagoIOInput750-437 {**Class:**}
WagoIOOutput750-530 {**Class:**}
ModbusTCPCable {**Class:**}
RJ45Plug1 {**Class:** ModbusTCPPlug}
RJ45Plug2 {**Class:** ModbusTCPPlug}
SupportedRoleClass: GeckoExampleEClassRoleClassLib/EClassClassification/27 El
SupportedRoleClass: ModbusTCPRoleClassLib/ModbusTCPPhysicalConnection
IOKabel {**Class:**}
GeckoExampleSystemUnitClassLib_LogicalCommunicationDevices
PiProgram {**Class:**}
MotorAn {**Class:** VariableInterface}
SensorValue {**Class:** VariableInterface}
ReadRegisterSensorState {**Class:** ModbusTCPMasterRequest}
WriteRegisterMotorAn {**Class:** ModbusTCPMasterRequest}
SupportedRoleClass: CommunicationRoleClassLib/LogicalDevice
IOMapperApplikation {**Class:**}
ModbusLogicalConnection {**Class:**}
ModbusTCPSlaveResponce {**Class:** ModbusTCPSlaveResponce}
ModbusTCPMasterRequest {**Class:** ModbusTCPMasterRequest}
SupportedRoleClass: ModbusTCPRoleClassLib/ModbusTCPLogicalConnection
ModbusRequestPackage {**Class:**}
ModbusResponcePackage {**Class:**}

Abb. 35 Beispielhafte Systemunitklassenbibliothek

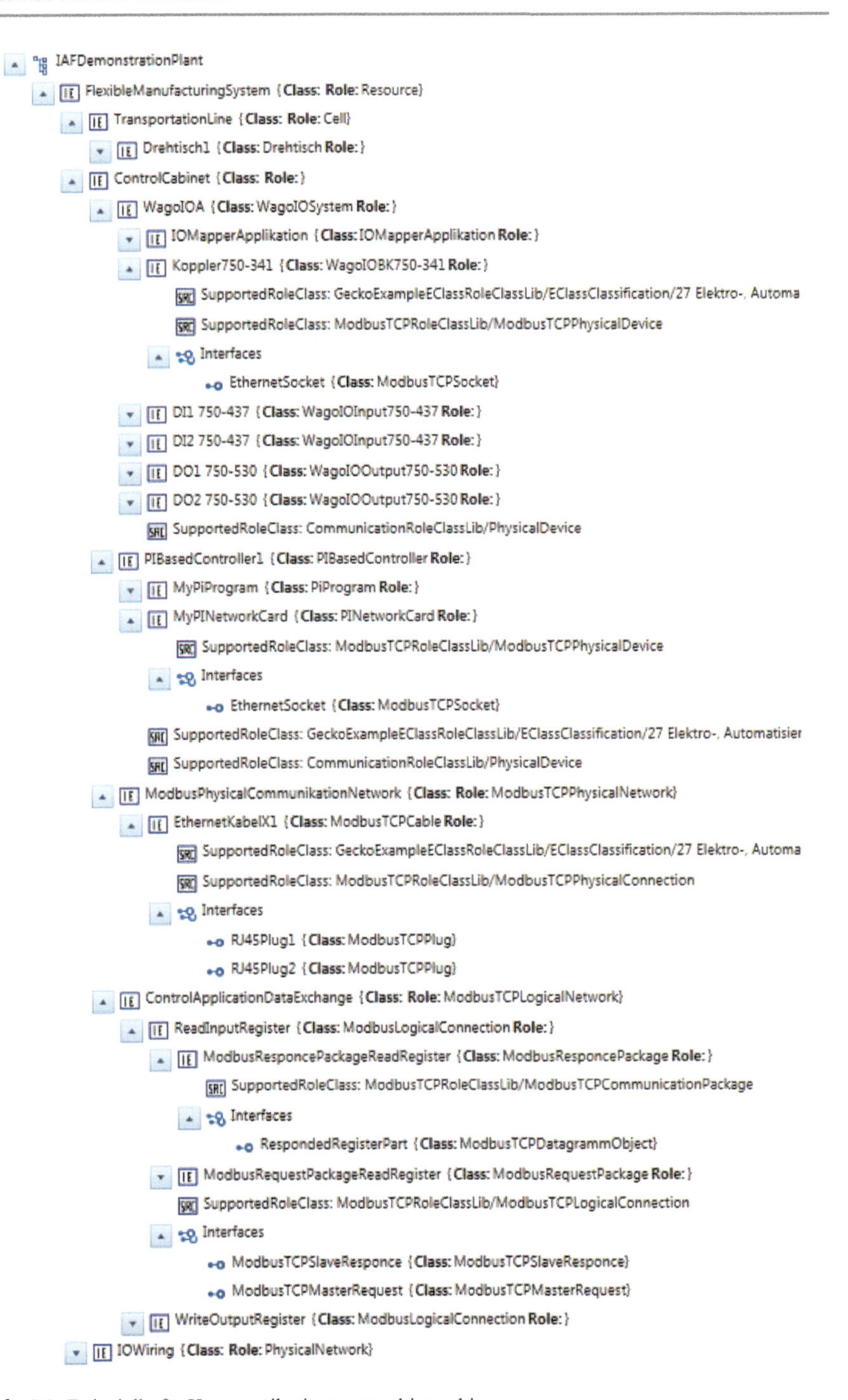

Abb. 36 Beispielhafte Kommunikationssystemhierarchie

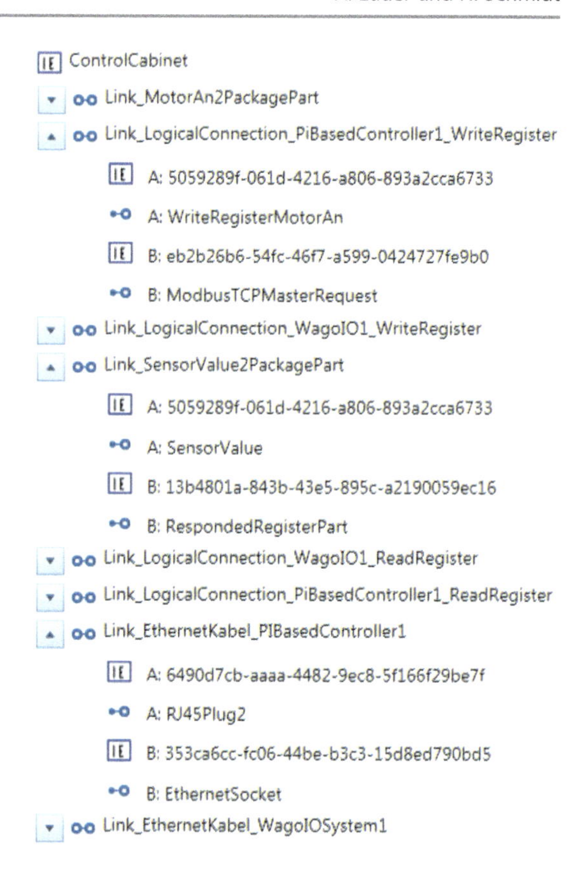

Abb. 37 InternalLinks innerhalb des Beispiels

wird in AutomationML über die Application Recommendation (AR) Automation Project Configuration (APC) abgebildet. Sie basiert auf der Definition spezifischer Knotenklassen, die die hardwareorientierte Gerätehierarchie in einem Automatisierungsnetzwerk und die Beziehungen in dieser Gerätehierarchie abbildet. Diese wurde gemäß der oben beschriebenen Regeln in AutomationML Rollen- und Interfaceklassen übertragen, was in Abb. 38 dargestellt ist.

Diese spezifische Modellierung von Netzwerken hat bereits weite praktische Verbreitung gefunden und wird von allen namhaften SPS Programmiersystem- und ECAD-System-Herstellern unterstützt.

10 Integration von weiteren, externen Informationen

AutomationML besitzt mit seinen Interfaces ein Modellierungsmittel, was dazu genutzt werden kann, Informationen in externen Dateien zu referenzieren. Dieses Modellierungsmittel wird u. a. zur Referenzierung von Geometrie- und Kinematikinformationen, gespeichert in COLLADA Dateien, sowie von Verhaltensinformationen, gespeichert in PLCopen XML Dateien, genutzt. Zu diesem Zweck werden

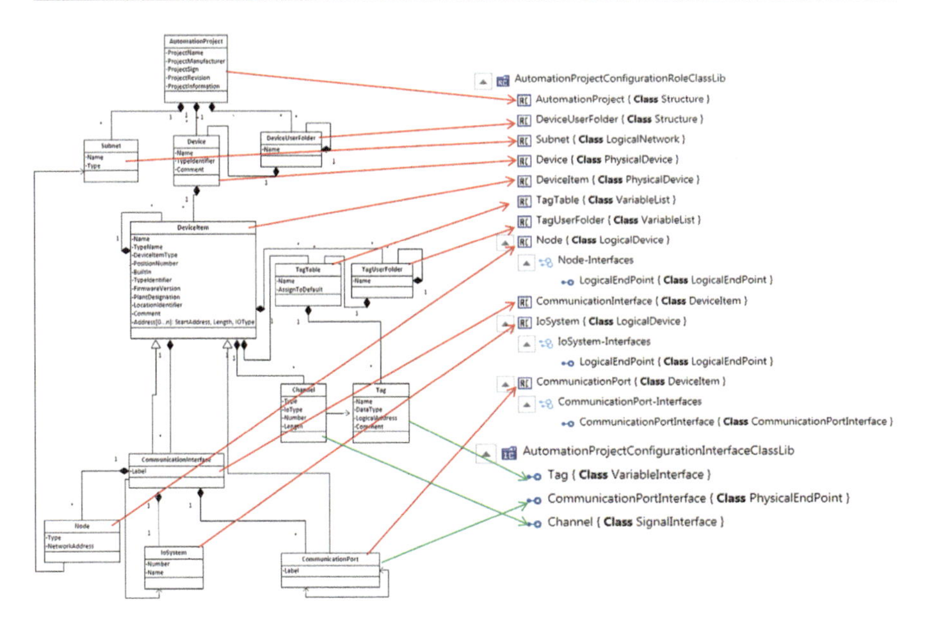

Abb. 38 Konzeptmenge der AR APC

geeignete Interfaceklassen von der generischen Interfaceklasse *ExternalDataConnector* abgeleitet.

Diese Interfaceklasse wird in diesem Fall dazu genutzt, neue Interfaceklassen von ihr abzuleiten, mit denen externe Dateien, z. B. technische Datenblätter, Abbildungen, Handbücher etc., referenziert werden können. Als Beispiel kann hier das *ExternalDataReference* genannt werden, was vom *ExternalDataConnector* abgeleitet ist. Die *ExternalDataReference* besitzt als Attribut die *refURI*, in die der Pfad zur externen Datei hinterlegt ist, und ein Attribut *MIMEType*, welches den Dokumententyp gemäß MIME Standard (Multipurpose Internet Mail Extensions) spezifiziert. Abhängig von der Anzahl der Dokumente, welche einem Objekt zugewiesen werden sollen, werden *InternalElements* als Kindelemente angelegt. Zusätzlich wird eine Rollenklassenbibliothek modelliert, die eine bestimmte Semantik definiert, z. B. Rollenklasse für technische Datenblätter, Abbildungen, Handbücher etc. Diese Rollenklassen können dann dem entsprechenden *InternalElement* zugewiesen werden.

Die beschriebene Vorgehensweise kann für mehrere Datenformate angewendet werden (Lüder et al. 2014). Ein Beispiel für die Integration von Handbüchern im PDF Format als zusätzliche Information ist in Abb. 38 dargestellt.

Aktuell arbeitet der AutomationML e.V. an der Spezifikation der Mechanismen, um extern abgespeicherte Informationen Objekten zuwiesen zu können (Abb. 39).

An dieser Stelle soll explizit darauf hingewiesen werden, dass die hier am Beispiel eines PDF vorgestellte Methode für jeden beliebigen Dateityp anwendbar ist. Das gilt auch und insbesondere für Geometrieformate wie JT. Hier besteht jedoch ein entscheidender Unterschied zu COLLADA Integration. Andere Geometrieformate können nur als Block integriert werden und beschreiben damit die Geometrie

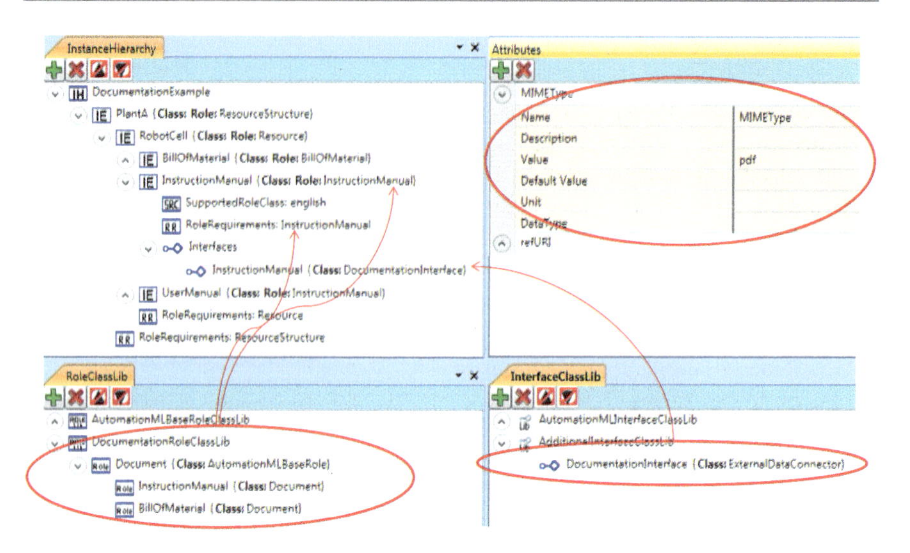

Abb. 39 Beispiel zur Integration eines PDF Dokumentes in AutomationML

zu einem AutomationML Objekt, das als *InternalElement* abgebildet ist. Eine Identifikation von Objekten in der Geometriedatei ist nur bei COLLADA möglich.

11 Anwendungsprozess

Die AutomationML Spezifikationen definieren im Allgemeinen die Abbildung von Informationen, die auf der Anwendung von CAEX, COLLADA und PLCopen XML basieren. Allerdings erzwingt die Nutzung von AutomationML einen Anwendungsprozess, welcher mehr oder weniger definiert ist. Dieser Prozess basiert auf einer generellen Sicht auf den Datenaustausch und besteht aus zwei Phasen, die als erstes die Identifikation der Daten, die ausgetauscht werden müssen, umfasst und als zweites die Modellierung der identifizierten Daten.

Grundlage der Anwendung von AutomationML bildet der allgemeine Blick auf den Datenaustausch zwischen zwei oder mehr Entwurfswerkzeugen (siehe Abb. 40). Jedes Entwurfswerkzeug, was am Entwurfsprozess beteiligt ist, hat üblicherweise sein eigenes Datenmodell, welches optimal an die eigenen Toolzwecke angepasst ist. Aus diesem Grund unterscheiden sich die Datenmodelle der einzelnen Softwarewerkzeuge in der Regel. Um einen Datenaustausch zwischen den Tools jedoch zu ermöglichen, muss das sendende Tool seine Daten geeignet umwandeln und in das Datenaustauschformat schreiben. Das empfangende Tool muss dagegen die Daten interpretieren und diese geeignet in sein eigenes Datenmodell schreiben können. Somit entspricht die Kombination von Import und Export einem Mapping der internen Datenmodelle der beteiligten Tools. Dieses Datenmapping und auch die Modellierung der auszutauschenden Daten müssen vor dem Einsatz von AutomationML geklärt sein.

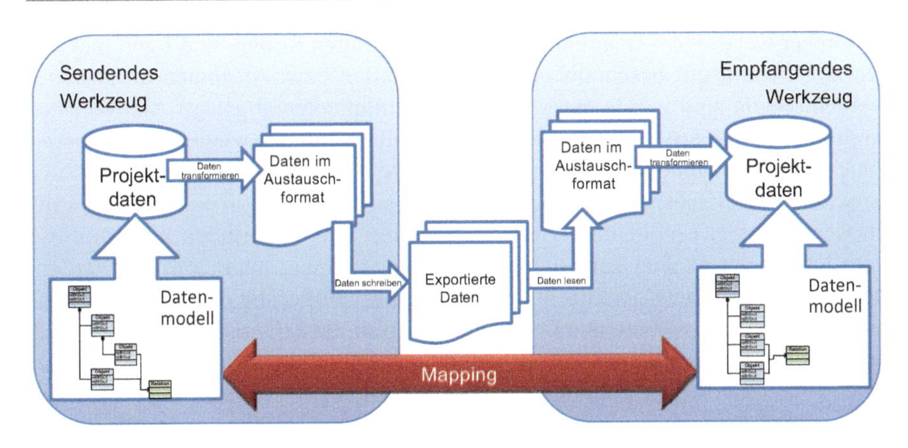

Abb. 40 Notwendiges Mapping der Datenmodelle für die Anwendung von AutomationML

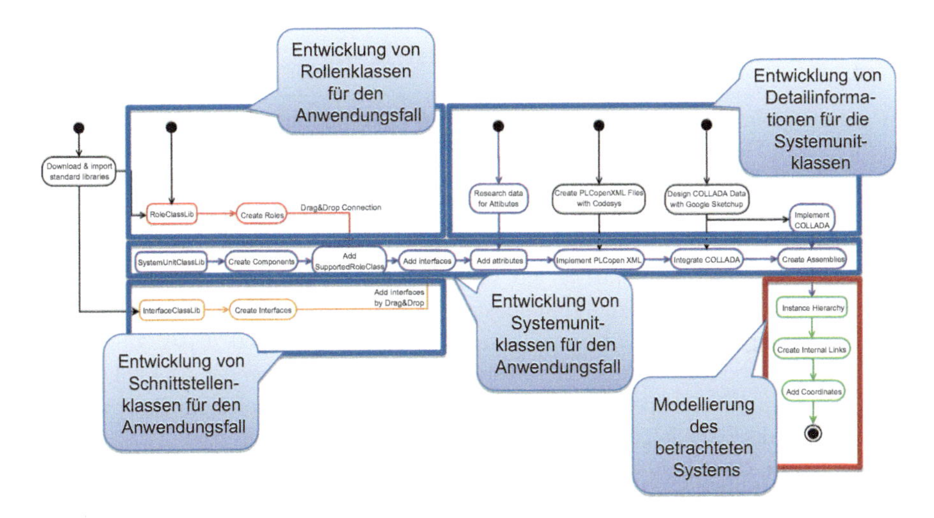

Abb. 41 Zweite Phase des impliziten AutomationML Anwendungsprozesses

Demnach ist der erste Schritt der Anwendung von AutomationML die detaillierte Analyse des Entwurfsprozesses, in dem das Datenaustauschformat zum Einsatz kommen soll. Die Analyse umfasst dabei die detaillierte Betrachtung der beteiligten Entwurfsaktivitäten, -artefakte und -werkzeuge. An dieser Stelle muss herausgearbeitet werden, welche Daten ausgetauscht werden sollen und wie diese untereinander zusammenhängen. Auf diese Weise wird ein Gesamtmodell der auszutauschenden Daten erstellt. Für jedes Tool muss dann erarbeitet werden, welche dieser Daten welchen Daten im eigenen, internen Datenmodell des Tools entsprechen.

Im nächsten Schritt muss die Abbildung des Gesamtmodells in AutomationML entwickelt werden. Dieser Prozess beginnt, wie in Abb. 41 dargestellt, (die Semantik betrachtend) mit der Identifikation der wichtigsten Objekttypen und ihrer möglicher Relationen. Damit können die notwendigen Rollen- und Interfaceklassen erstellt und mit beschreibenden Eigenschaften bzw. Attributen ausgestattet werden. Beide sind in den entsprechenden Bibliotheken abgelegt. Als Nächstes werden die für den Anwendungsfall als sinnvoll erachteten, wiederverwendbaren Objekte bzw. Komponenten identifiziert. Diese Komponenten werden mit Substrukturen, Interfaces, Attributen etc. als Systemunitklassen (in einer Systemunitklassenbibliothek) modelliert. Beim Importieren und Exportieren können diese vom Softwarewerkzeug zum schnelleren Datenmapping herangezogen werden. Mit der Fertigstellung der Bibliotheken ist die Modellierung der Daten in AutomationML abgeschlossen. Die Erstellung der Bibliotheken findet in der Regel nur einmal statt. Währenddessen die Erstellung der eigentlichen Daten – der Instanzdaten – im Laufe des Entwurfsprozesses mehrmals stattfinden kann. Auf der anderen Seite ist es auch vorstellbar, dass die Bibliotheken erst sukzessive, parallel zum Entwurfsprozess entwickelt werden.

12 Wachsende Rolle in der Industrie 4.0

Wie bereits oben beschrieben, wurde und wird AutomationML entwickelt, um den verlustfreien Datenaustausch entlang der Entwurfsketten von Produktionssystemen sicherzustellen. Die dabei entstehenden und ausgetauschten Entwurfsdaten können jedoch auch in späteren Phasen des Lebenszyklus von Produktionssystemen interessant sein.

Hier propagiert die Industrie 4.0 Initiative die Nutzung der AutomationML basierten Entwurfsdaten zur (zumindest teilweisen) Erstellung der Verwaltungsschale für eine Industrie 4.0 Komponente (Plattform Industrie 4.0 2019). Ausgangspunkt dieser Überlegungen ist die Feststellung, das im Rahmen der Architektur für eine Industrie 4.0 Komponente AutomationML in Kombination zum Beispiel mit OPC UA in der Lage ist, die Kommunikations- und Informationsebenen des 7-Ebenen-Modelles einer Industrie 4.0 Komponente abzubilden und damit die Technologien für die Realisierung einer Verwaltungsschale bereitzustellen (siehe Abb. 42).

Entsprechend wurde in Kooperation von AutomationML e.V. und OPC Foundation eine Companion-Spezifikation erstellt, die die Abbildung von AutomationML Projekten auf OPC UA Nodesets beschreibt. Diese wurde als DIN Spec 16592 standardisiert (DIN Spec 16592 2016). Damit und in Kombination mit anderen Companion-Spezifikationen wird es möglich, eine, der in Abb. 43 dargestellten, analoge Architektur zu realisieren. In dieser bildet ein AutomationML basierter OPC UA Server die relevanten Entwurfsinformationen ab und verknüpft diese mit anderen (zum Beispiel Laufzeit-) Informationen, die auf anderen OPC UA Servern vorgehalten werden (Lüder et al. 2017).

Zum Zeitpunkt der Erstellung dieses Beitrages (Juni 2019) arbeitet eine gemeinsame Arbeitsgruppe der Industrie 4.0 Plattform und des AutomationML e.V. an der detaillierten Spezifikation, wie welche Informationen, die in einer Verwaltungsschale für eine Industrie 4.0 Komponente relevant sind, in AutomationML abzubilden sind. Ergebnisse werden hier Ende 2019 erwartet.

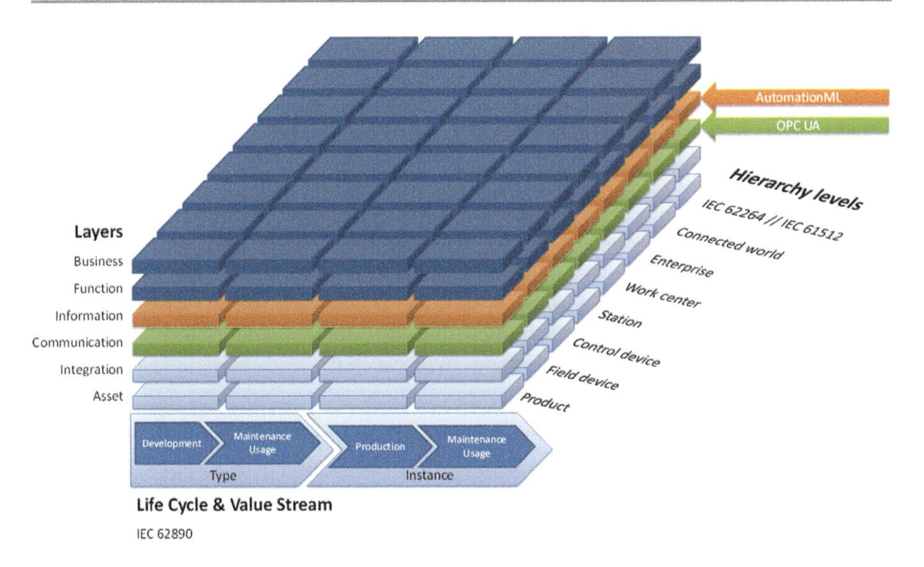

Abb. 42 Einordnung von AutomationML und OPC UA in die Industrie 4.0 Architektur

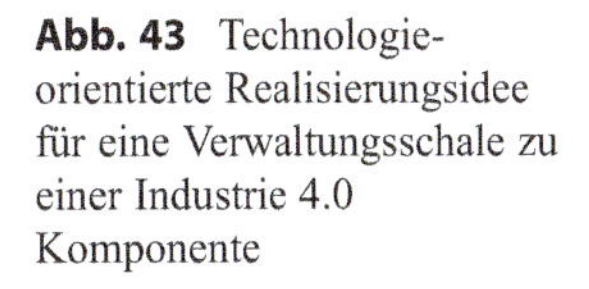
Abb. 43 Technologie-orientierte Realisierungsidee für eine Verwaltungsschale zu einer Industrie 4.0 Komponente

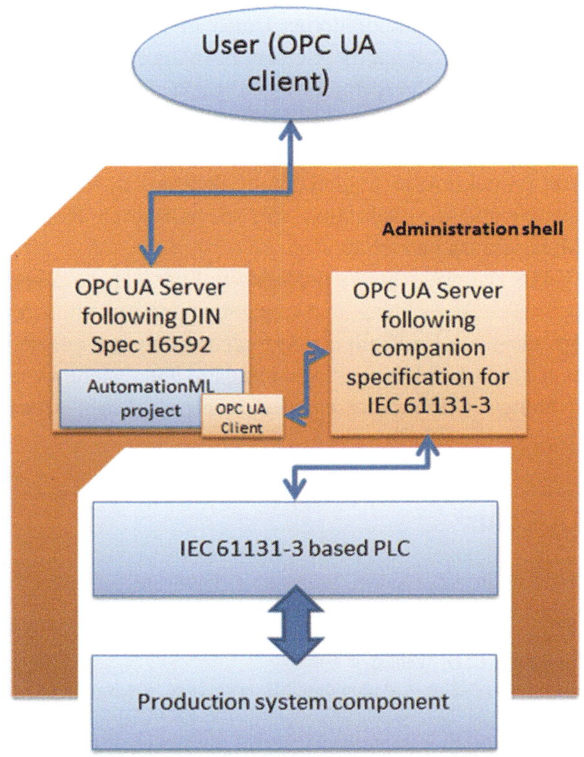

13 Zusammenfassung

In diesem Beitrag wurde der aktuelle Entwicklungsstand des Datenaustauschformats AutomationML präsentiert. In den letzten dreizehn Jahren – vom Beginn der Entwicklung von AutomationML mit neun Unternehmen und Forschungseinrichtungen bis zum heutigen AutomationML e.V. mit mehr als 50 Mitgliedern – entstand ein verbreitetes Datenaustauschformat, welches die an den Entwurfsprozess von Produktionssystemen gestellten Anforderungen erfüllt. Es ist in der Lage, die Ergebnisse von der Planung der Anlagenstruktur über den mechanischen, elektrischen und Steuerungsentwurf sowie der Rohrleitungsplanung, der virtuelle Inbetriebnahme bis hin zur Installation und Inbetriebnahme abzuspeichern und damit zwischen Softwareentwurfswerkzeugen austauschbar zu machen. Dies ermöglicht den Entwurfswerkzeugen, in eine heterogene Werkzeuglandschaft integriert werden zu können, wie es im Rahmen der Industrie 4.0 Initiative gefordert ist.

Heute beschleunigt der AutomationML e.V. seinen Schritt in Sachen Standardisierung und bei der Entwicklung von Anwendungsempfehlungen (ARs) für konkrete Anwendungsfälle. Auf der einen Seite geht es um den Austausch von bestimmten Entwurfsinformationen in bestimmten Anwendungsfällen. Hier liegt der aktuelle Fokus u. a. auf der Beschreibung von wiederverwendbaren Komponenten der verschiedenen Strukturebenen von Produktionssystemen, der Integration von in AutomationML modellierten Daten in Datenmanagementsystemen, der Modellierung spezifischer häufig relevanten Anlagenstrukturen wie Antriebssträngen und der Identifikation von Anforderungen innerhalb des Entwurfsprozesses. Auf der anderen Seite werden Vorgehensweisen beim Datenaustausch untersucht sowie Empfehlungen zur Datenstrukturierung erarbeitet. Es werden beispielsweise die Modellierung von Produktionsprozessen unter Nutzung von Ressourcen zur Herstellung von Produkten und die Definition von spezialisierten Rollenklassenbibliotheken für den Materialfluss betrachtet.

Das Hauptaugenmerk der weiteren Entwicklungen von AutomationML liegt auf der optimalen Ausrichtung bzw. Anpassung und Anwendbarkeit des Datenformats bzgl. der vollständigen Erfüllung der Anforderungen einer Integration in die Entwurfskette, wie es die Industrie 4.0 Initiative vorschlägt. Interessierte Unternehmen und Forschungseinrichtungen sind herzlich eingeladen, sich an diesen Arbeiten zu beteiligen.

Literatur

Alonso-Garcia A, Hirzle A, Burkhardt A (2008) Steuerungstechnische Standards als Fundament für die Leitechnik. ATP (9):42–47

Arnaud R, Barnes M (2006) COLLADA – sailing the gulf of 3D digital content creation. A K Peters, LTD, Wellesley

AutomationML e.V: AutomationML web page. www.automationml.org. Zugegriffen im Februar 2015

Balakrishnan R, Ranganathan K (2012) A textbook of graph theory. Springer, New York

Biffl S, Lüder A, Gerhard D (Hrsg) (2017) Multi-disciplinary engineering for cyber-physical production systems – data models and software solutions for handling complex engineering projects. Springer, Cham, ISBN 978-3-319-56344-2

Diedrich C, Lüder A, Hundt L (2011) Bedeutung der Interoperabilität bei Entwurf und Nutzung von automatisierten Produktionssystemen. At – Automatisierungstechnik 59(7):426–438

DIN Spec 16592 (2016) Combining OPC unified architecture and automation markup language. Beuth Publisher, Berlin. https://www.beuth.de/de/technische-regel/din-spec-16592/265597431. Zugegriffen im August 2019

DIN/DKE: Deutsche Normungsroadmap Industrie 4.0, Version 3, März 2018. https://www.din.de/de/forschung-und-innovation/themen/industrie4-0/roadmap-industrie40-62178

Drath R (2010) Datenaustausch in der Anlagenplanung mit AutomationML. Springer, Heidelberg

Drath R, Fay A, Barth M (2011) Interoperabilität von Engineering-Werkzeugen. At – Automatisierungstechnik 59(7):451–460

eCl@ss association: eCl@ss classification system. http://wiki.eclass.de/wiki/Main_Page

Hundt L (2012) Durchgängiger Austausch von Daten zur Verhaltensbeschreibung von Automatisierungssystemen, PhD Thesis, Faculty of Mechanical Engineering, Otto-von-Guericke University Magdeburg

Hundt L, Lüder A (2012) Development of a method for the implementation of interoperable tool chains applying mechatronical thinking – use case engineering of logic control. In: Proceedings of 17th IEEE international conference on Emerging Technologies and Factory Automation (ETFA 2012), Krakow, Sept 2012

International Electrotechnical Commission (2008) IEC 62424 – Representation of process control engineering – requests in P&I diagrams and data exchange between P&ID tools and PCE-CAE tools. www.iec.ch

International Electrotechnical Commission (2014) IEC 62714 – engineering data exchange format for use in industrial automation systems engineering- AutomationML. www.iec.ch

International Electrotechnical Commission (2019) IEC 61131-10 – programmable controllers – Part 10: PLC open XML exchange format. www.iec.ch

International Organization for Standardization (2012) ISO/PAS 17506:2012 – industrial automation systems and integration – COLLADA digital asset schema specification for 3D visualization of industrial data. www.iso.org

Jasperneite J (2012) Industrie 4.0 – Alter Wein in neuen Schläuchen? Computer&Automation 12(12):24–28

Kagermann H, Wahlster W, Helbig J (Hrsg) (2013) Umsetzungsempfehlungen für das Zukunftsprojekt Industrie 4.0 – Deutschlands Zukunft als Industriestandort sichern, Forschungsunion Wirtschaft und Wissenschaft, Arbeitskreis Industrie 4.0. http://www.plattform-i40.de/sites/default/files/Umsetzungsempfehlungen%20Industrie4.0_0.pdf. Zugegriffen im November 2013

Kiefer J, Baer T, Bley H (2006) Mechatronic-oriented engineering of manufacturing systems taking the example of the body shop. In: Proceedings of 13th CIRP international conference on life cycle engineering, Leuven, June 2006. http://www.mech.kuleuven.be/lce2006/064.pdf

Lindemann U (2007) Methodische Entwicklung technischer Produkte. Springer, Heidelberg

Lüder A, Foehr M, Hundt L, Hoffmann M, Langer Y, St. Frank (2011) Aggregation of engineering processes regarding the mechatronic approach. In: Proceedings of 16th IEEE international conference on Emerging Technologies and Factory Automation (ETFA 2011), Toulouse, Sept 2011

Lüder A, Schmidt N, Helgermann S (2013) Lossless exchange of graph based structure information of production systems by AutomationML. In: Proceedings of 18th IEEE international conference on Emerging Technologies and Factory Automation (ETFA 2013), Cagliari, Sept 2013

Lüder A, Schmidt N, Rosendahl R, John M (2014) Integrating different information types within AutomationML. In: Proceedings of 19th IEEE internernational conference on Emerging Technologies and Factory Automation (ETFA), Sept 2014, Barcelona

Lüder A, Schleipen M, Schmidt N, Pfrommer J, Henßen R (2017) One step towards an Industry 4.0 component. In: Proceedings of 13th IEEE Conference on Automation Science and Engineering (CASE), Aug 2017, Xi'an

Lüder A, Pauly J-L, Kirchheim K (2019) Multi-disciplinary engineering of production systems – challenges for quality of control software, software quality: the complexity and challenges of software engineering and software quality in the cloud. In: Proceedings of international conference on Software Quality (SWQD 2019), Springer International Publishing, Cham, S 3–13

Plattform Industrie 4.0 (2019) Details of the asset administration shell – part 1 – the exchange of information between partners in the value chain of Industrie 4.0. https://www.plattform-i40.de/I40/Redaktion/DE/Downloads/Publikation/2018-verwaltungsschale-im-detail.html. Zugegriffen im December 2019

PLCopen association (2012) PLCopen XML. www.plcopen.org

Schmidt N, Lüder A, Steininger H, Biffl S (2014) Analyzing requirements on software tools according to the functional engineering phase in the technical systems engineering process. In: Proceedings of 19th IEEE international conference on Emerging Technologies and Factory Automation (ETFA), Sept 2014, Barcelona

Terkaj W, Tolio T, Valente A (2009) Focused flexibility in production systems, in changeable and reconfigurable manufacturing systems. Springer Series in Advanced Manufacturing, vol I, London, S 47–66

VDI/VDE – GMA Fachausschuss 7.21 „Industrie 4.0“: VDI-Statusreport Industrie 4.0 – Wertschöpfungsketten. VDI, Frankfurt am Main. http://www.vdi.de/fileadmin/vdi_de/redak-teur_dateien/gma_dateien/VDI_Industrie_4.0_Wertschoepfungsketten_2014.pdf. Zugegriffen im August 2019

Xu X, Nee A (2009) Advanced design and manufacturing based on STEP. Springer, London

Modellunterstützte Qualitätssicherung von Engineering-Daten industrieller Produktionssysteme

Dietmar Winkler, Kristof Meixner, Richard Mordinyi und Stefan Biffl

Zusammenfassung

Die Zusammenarbeit von Fachexperten in einem heterogenen Entwicklungsumfeld im Industrie 4.0 Umfeld bringt neben dem verstärkten Bedarf an effizientem Datenaustausch weitere Herausforderungen aber auch neue Möglichkeiten an fachbereichsübergreifenden Maßnahmen der Qualitätssicherung zur Verbesserung der Projekt-, Prozess- und Produktqualität mit sich. Engineering-Modelle stellen dabei meist die Grundlage der einzelnen Fachbereiche dar und müssen effizient aufeinander abgestimmt werden. Durch modellunterstützte Qualitätssicherung und automatisierte Tests können Fehler, fachbereichsübergreifend effizient erkannt und durch beteiligte Ingenieure behoben werden. Dieses Kapitel beschreibt Bedarfe an Methoden zur fachbereichsübergreifenden Qualitätssicherung sowohl für Ingenieure als auch für Projekt- und Qualitätsmanager und stellt Konzepte und Lösungsansätze anhand exemplarischer Industrieprototypen dar: Fachinspektionen durch Experten ermöglichen die gezielte Untersuchung von Änderungen in Engineering-Modellen oder die Überprüfung generierter Modelle. Testansätze erlauben die Überprüfung der Durchgängigkeit von Signalinformationen (*End-to-End* Test). Ein Testautomatisierungsframework unterstützt die flexible und semiautomatische Testplanung und Testdurchführung auf Systemebene. Im Rahmen der Projektbeobachtung können kritische Projekt- oder Prozessparameter überwacht werden. Die Grundlage für diese Lösungsansätze bilden Mechanismen zum effizienten und qualitätsgesicherten Datenaustausch basierend auf integrierten Daten-

D. Winkler (✉) · K. Meixner
Christian Doppler Labor für die Verbesserung von Sicherheit und Qualität in Produktionssystemen (CDL-SQI), Institut für Information Systems Engineering, Technische Universität Wien, Wien, Österreich
E-Mail: dietmar.winkler@tuwien.ac.at; kristof.meixner@tuwien.ac.at

R. Mordinyi · S. Biffl
Institut für Information Systems Engineering, Technische Universität Wien, Wien, Österreich
E-Mail: richard.mordinyi@tuwien.ac.at; stefan.biffl@tuwien.ac.at

B. Vogel-Heuser et al. (Hrsg.), *Handbuch Industrie 4.0*,
https://doi.org/10.1007/978-3-662-58528-3_89

modellen oder effizienten Datenaustauschplattformen, die etwa auf *AutomationML* aufgebaut werden können. Basierend auf diesen integrierten Datenmodellen können diese Ansätze helfen, um Fehler und Inkonsistenzen in Planungsdaten unterschiedlicher Fachbereiche schneller und effizienter zu finden und einen besseren Überblick über den aktuellen Projektstatus zu erhalten.

1 Einleitung

Abgestimmte und konsistente Engineering-Pläne, wie Anlagen-Topologien, mechatronische Pläne oder andere technische Pläne wie CAD Zeichnungen, bilden die Grundlage für die erfolgreiche Abwicklung von Planungsprojekten von industriellen Anlagen oder Produktionssystemen (Drath 2010) entlang der Wertschöpfungskette (VDI/VDE 2014). In der industriellen Praxis sind in vielen Fällen heterogene Entwicklungslandschaften mit einer Vielzahl unterschiedlicher Software-Werkzeuge und Datenmodelle im Einsatz, die Daten und deren Zusammenhänge auf abstrakter Ebene beschreiben, etwa für Elektrik, Mechanik oder Software. Eine nahtlose Zusammenarbeit der Fachbereiche und der Abgleich unterschiedlicher Engineering-Pläne sind durch die auftretende Heterogenität meist nicht bzw. nur eingeschränkt möglich (Fay et al. 2013). Ein manueller Datenabgleich oder der Einsatz von Behelfslösungen (etwa spezifische Datenbank- oder Software-Lösungen, die durch lokale Experten als individuelle Unterstützung für den Datenaustausch erstellt und verwendet werden) ist jedoch meist zeitaufwändig, fehleranfällig und birgt mitunter ein hohes Risiko für den Projekterfolg. Integrations- oder Datenaustauschplattformen (Biffl et al. 2019a, b) können einen effizienten Datenaustausch zwischen heterogenen Fachbereichen ermöglichen. Zur Qualitätsverbesserung können Maßnahmen der Qualitätssicherung helfen, Fehler – speziell in fachbereichsübergreifenden Datenmodellen – frühzeitig zu finden und dadurch das Risiko für den Projekterfolg zu minimieren (Biffl et al. 2011, 2019a); (Winkler et al. 2017b).

Ergänzend zu funktionalen Anforderungen an Software-Werkzeuge im Entwicklungsprozess (Schmidt et al. 2014) ergeben sich auch Bedarfe an die Qualitätssicherung, wie beispielsweise (a) die Sicherung einer durchgängigen Qualität der Ergebnisse einzelner Fachbereiche; (b) die Sicherung einer durchgängigen Qualität über Fachbereichsgrenzen; und (c) eine effiziente Überwachung von kritischen Projekt- und Produktparametern, deren aktuelle Daten aus unterschiedlichen Werkzeugen stammen. Je nach Rolle oder Phase des Lebenszyklus sind unterschiedlichste Informationen erforderlich. Während Ingenieure einzelner Fachbereiche etwa an der Konsistenz innerhalb ihrer Pläne interessiert sind und über notwendige Änderungen möglichst zeitnahe informiert werden wollen, interessieren sich Systemintegratoren für die Konsistenz der Daten und Konzepte an den Schnittstellen zwischen unterschiedlichen Fachbereichen (Kovalenko et al. 2014). Projekt- und Qualitätsleiter möchten etwa Änderungen an Konzepten in einzelnen Gewerken analysieren und, darauf aufbauend, das Risiko für das Gesamtprojekt einschätzen können, Diese zentralen Herausforderungen sind, ohne Mechanismen für einen effizienten Datenaustausch oder geeignete Maßnahmen der Qualitätssicherung nicht bzw. nur schwer

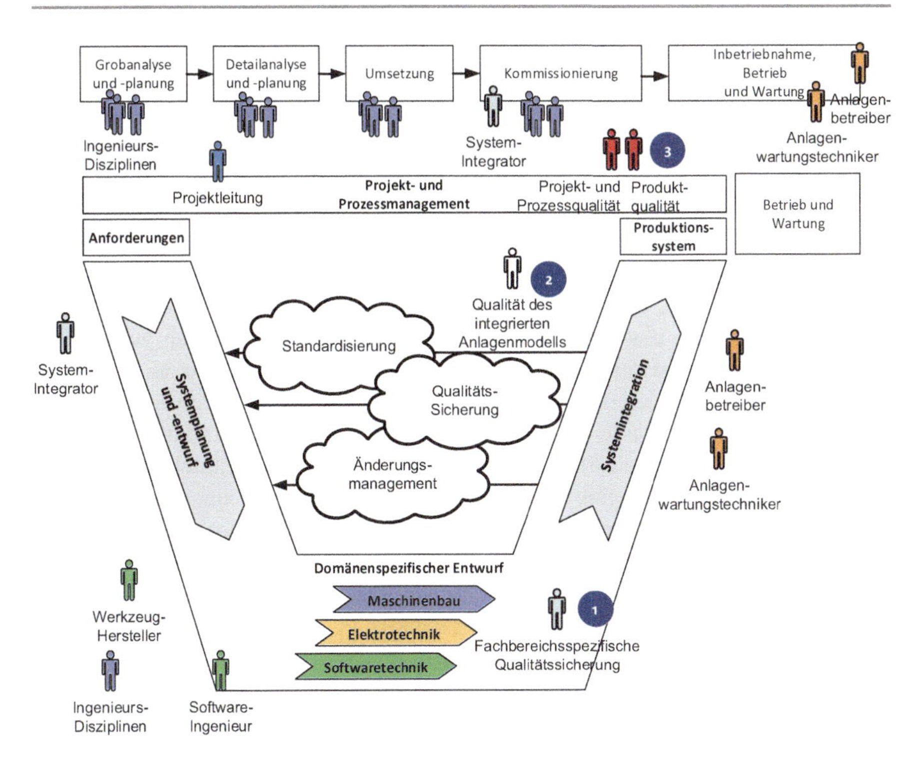

Abb. 1 Prozessmodell nach VDI/VDE 2206, beteiligte Projektrollen und Bedarfe an Maßnahmen der Qualitätssicherung. (VDI 2206 2004)

realisierbar. Abb. 1 illustriert einen vereinfachten Entwicklungsprozess nach VDI 2206 sowie ausgewählte Projektrollen und deren Bedarfe an Qualitätssicherungsmaßnahmen (VDI 2206 2004).

Aus diesem Prozessmodell können folgende Ebenen der Qualitätssicherung abgeleitet werden: (1) *fachbereichsspezifische Qualitätssicherung*, (2) *Qualitätssicherung für integrierte Anlagemodelle oder übergreifende Datenmodelle* und (3) Mechanismen zur *Sicherstellung der Projekt- und Prozessqualität* auf Managementebene. Diese Ebenen können im Anlagen-Engineering unterschiedlich adressiert werden.

1. **Fachbereichsspezifische Qualitätssicherung.** Diese Ebene nutzt im Wesentlichen Funktionalitäten, die durch verwendete Software-Werkzeuge, etwa für Maschinenbau, Elektro- oder Softwaretechnik, bereitgestellt werden. Maßnahmen der Qualitätssicherung, wie etwa Konsistenzprüfungen innerhalb eines spezifischen Engineering-Plans eines Fachbereichs, sind meist isoliert und verwenden das Datenmodell, das durch das jeweilige Werkzeug vorgegeben wird. Meist gibt es aber keine Überprüfungen über Werkzeuggrenzen hinweg. *All-in-One* Lösungen (also Werkzeug-Suiten, die Funktionalitäten mehrerer Fachbereiche zur Verfügung stellen) können aufgrund ihres gemeinsam genutzten Datenmo-

dells übergreifende Prüfungen ermöglichen (Fay et al. 2013; Winkler et al. 2017b). Beispielsweise ermöglichen das *EPLAN Engineering Center*[1] und der SIMATIC *Automation Designer*[2] – basierend auf einem gemeinsamen Datenmodell – durchgängiges Engineering mit einheitlicher Dokumentation und Standardisierung durch wiederverwendbare Komponenten. Die Realisierung von übergreifenden Maßnahmen der Qualitätssicherung, speziell auch die Einbindung externer Werkzeuge, muss meist individuell angepasst werden und erfordert oft einen hohen Aufwand. Integrierte Datenmodelle oder Datenintegrationsplattformen können helfen, diese Lücke zu schließen.

2. Um die **Qualität des integrierten Anlagenmodells** sicherstellen zu können, stehen Methoden, wie etwa *Reviews und Inspektionen* (Rösler et al. 2013) zur Verfügung, die eine Konsistenzprüfung und das Finden von Fehlern systematisch erleichtern. Diese Reviews und Inspektionen werden meist durch Experten anhand der verfügbaren Pläne, etwa Dokumente oder ausgedruckte Pläne und Datenmodelle, durchgeführt. Durch den Bedarf an erfahrenen Experten (die Expertise eines Experten sollte zumindest zwei der betroffenen Fachbereiche abdecken) und den meist manuellen Ansätzen sind derartige Maßnahmen aufwändig aber auch fehleranfällig. Tests werden meist manuell oder über starr verknüpfte Werkzeugketten realisiert (Winkler et al. 2018). Die Verwendung alternativer Werkzeuge, etwa im Rahmen eines Projektkonsortiums oder im Rahmen von Wartungsprojekten kann einen erheblichen Mehraufwand bei der Anpassung der Konfiguration der Werkzeugkette erfordern. Außerdem sind für die Testautomatisierung meist Experten erforderlich, die sowohl die zu testende Anlage (*System-under-Test, SuT*) gut kennen als auch über entsprechende Testexpertise im Softwarebereich verfügen. Daher sind sowohl Ansätze für eine flexible Testautomatisierung als auch die Entkopplung von Expertenwissen wünschenswert, um eine effiziente Testautomatisierung zu ermöglichen.
3. Die **Projekt- und Prozessqualität** muss durch Projekt- und Qualitätsleiter geplant, überprüft und eingeschätzt werden können, um ein effizientes Projekt- und Qualitätsmanagement zu ermöglichen. Dazu sind integrierte Daten oder Reports erforderlich, die den aktuellen Stand des Projektes widerspiegeln und bei Bedarf effizient zur Verfügung gestellt werden können. In vielen Projekten mit heterogenen Datenquellen ist diese Sicht auf Projektdaten nur aufwändig herzustellen, da Daten erst manuell oder mit Behelfslösungen zusammengetragen und ausgewertet werden müssen. Bei *All-in-One* Lösungen sind integrierte Sichten möglich, sofern sie auf einem gemeinsamen Datenmodell basieren.

Ein effizienter Datenaustausch bzw. ein integriertes Datenmodell in einer Wertschöpfungskette ist eine zentrale Anforderung im Umfeld von Industrie 4.0 (VDI 2014), um die Qualität der Projekte, Produkte und Prozesse sicherstellen zu können. Ein integriertes Anlagenmodell mit entsprechenden Zugriffsmöglich-

[1]EPLAN: www.eplan.at.

[2]SIMATEC Automation: http://w3.siemens.com/mcms/automation/de.

keiten auf spezifische Daten eines Fachbereichs kann zusätzlich genutzt werden, um eine effiziente Qualitätssicherung auf unterschiedlichen Planungsebenen zu ermöglichen.

Im Vergleich zur **vorangegangenen Auflage dieses Kapitels** (Winkler et al. 2017d) liegt der Fokus dieses Kapitels verstärkt auf der Verwendung von expliziten *Modellen für Daten und Konzepte*. Datenmodelle im Engineering, etwa für Elektrik oder Mechanik, sind Beschreibungen von Daten und deren Beziehungen untereinander auf einer Metaebene, die, etwa im Vergleich zu *Spreadsheets*, eine verifizierbare Instanziierung und Verwendung erlauben. Ein Beispiel wäre ein strukturiertes, herstellerunabhängiges Modell für CAD Zeichnungen oder das standardisierte Datenaustauschformat *AutomationML* (**Automation** **M**arkup **L**anguage, AML). Diese Modelle können einerseits lokale Konzepte einzelner Ingenieursdisziplinen abbilden, aber auch gemeinsame Konzepte unterschiedlicher Fachbereichen darstellen. Die Modelle folgen meist einer formalen Definition und sind daher (a) für Ingenieure einfacher nachvollziehbar und (b) können maschinenlesbar weiterverarbeitet werden, etwa durch Transformationen in andere Modellausprägungen. Einen weiteren Schwerpunkt des überarbeiteten Kapitels bildet die *Automatisierung der Qualitätssicherung*, im Speziellen die Testautomatisierung, die Abläufe im Lebenszyklus von Produktionsanlagen effizienter macht und somit beteiligte Ingenieure unterstützt bzw. entlastet.

Ausgehend von wichtigen Projektrollen und ausgewählten und aktualisierten Bedarfen an Methoden der Qualitätssicherung in Abschn. 2, diskutiert Abschn. 3 integrierte Datenmodelle und Daten als Grundlage für übergreifende Methoden der Qualitätssicherung. Abschn. 4, 5, und 6 zeigen Konzepte und Prototypen für ausgewählte Methoden zur Verbesserung der Produkt-, Prozess- und Projektqualität auf Projekt- und Organisationsebene. Abschn. 4 beschäftigt sich mit Fachinspektionen durch Experten auf Basis von integrierten Anlagendaten und -modellen. Abschn. 5 beleuchtet die Automatisierung von qualitätssichernden Maßnahmen, wie etwa automatisierte Testansätze, die zunehmend an Bedeutung gewinnen, um Engineering- und Wartungsabläufe effizienter zu gestalten. Dieser Abschnitt beschreibt – ausgehend von Konzepten aus dem Software Engineering – einen ersten Lösungsansatz, der zusätzliche Herausforderungen aus dem Anlagenengineering adressiert. Abschn. 6 beschreibt – im Zusammenhang mit der Beobachtung von kritischen Projektparametern über Fachbereichsgrenzen hinweg – das Konzept des *Multi-Model Dashboards* (MMD) zur selektiven Definition und Beobachtung kritischer Projektparameter und technischer Rahmenbedingungen. Abschn. 7 fasst wesentliche Aspekte aus dem Blickwinkel der Qualitätssicherung für Anlagen-Engineering zusammen und gibt einen Ausblick auf zukünftige Herausforderungen und Weiterentwicklungen.

2 Projektrollen und Bedarfe

In einer Wertschöpfungskette (VDI 2014) im verteilten und heterogenen Entwicklungsumfeld sind zahlreiche Rollen involviert, die unterschiedliche Ziele verfolgen und daher unterschiedliche Bedarfe an Modellen, effizientem Datenaustausch und an effizienter Qualitätssicherung haben. In Abb. 1 sind wichtige Projektrollen auf unterschiedlichen Ebenen des Entwicklungsprozesses ersichtlich, die sich nicht nur auf die eigentliche Projektarbeit beziehen, sondern auch Geschäftsfelder einer Organisation und Kundenbedarfe umfassen. Wichtige Gruppen von Projektrollen umfassen dabei das eigentliche Engineering-Projekt (*Engineering-Phasen*), in dem Kunde, Anlagenbauer, Experten unterschiedlicher Fachbereiche und gegebenenfalls weitere Unterauftragnehmer involviert sind. Aufgrund der Projektstruktur und Projektgröße sind typischerweise auch unterschiedliche Werkzeughersteller und Lieferanten im Entwicklungsprozess zu berücksichtigen. Nach Fertigstellung der Anlage und während deren Betriebs (*Betriebs- und Wartungsphase*) kommen weitere Projektrollen für Betrieb, Wartung und gegebenenfalls Weiterentwicklung oder Erneuerung der Anlage hinzu, etwa Anlagenbetreiber oder Wartungstechniker. Integrierte Datenmodelle bzw. eine effiziente Datenlogistik helfen dabei, die Bedarfe dieser unterschiedlichen Rollen aus dem Blickwinkel der Qualitätssicherung zu adressieren.

Im Folgenden werden ausgewählte Bedarfe aus der Sicht des Produktlebenszyklus mit Schwerpunkt auf die Qualitätssicherung betrachtet. Wichtige Rollen umfassen dabei Engineering- oder Wartungsteams, d. h. Experten aus unterschiedlichen Fachbereichen, und Projekt- und Qualitätsleiter aus Managementsicht. Der Einsatz von Qualitätssicherungsmaßnahmen auf Werkzeugebene ist meist ein zentraler Bestandteil der eingesetzten spezialisierten Werkzeuge; individuelle Funktionalitäten werden meist durch diese Werkzeuge bereitgestellt. Der Einsatz unterschiedlicher und heterogener Werkzeuge erfordert aber integrierte Datenmodelle oder eine effiziente Datenlogistik. Basierend auf diesen Bedarfen ergeben sich auch Anforderungen an die Qualitätssicherung für (a) die Zusammenarbeit der unterschiedlichen Fachbereiche, (b) die Sicherung der Modell- und fachbereichsübergreifenden Produkt- und Prozessqualität und (c) für die Beobachtung ausgewählter Parameter oder des gesamten Projektes über Werkzeuggrenzen hinweg. Abb. 2 gibt einen Überblick dieser Bedarfe im Anlagen-Engineering aus dem Blickwinkel der Qualitätssicherung und Tab. 1 illustriert den Nutzen für ausgewählte Projektbeteiligte.

Die Bedarfe werden dabei in folgende drei Themenbereiche gegliedert: (a) *Fachinspektionen* (B1.x in Abb. 2) umfassen Bedarfe zur effizienten Fehlerfindung in isolierten bzw. fachbereichsübergreifenden Modellen, die automatisch nicht oder nur unzureichend abgedeckt werden können. (b) Eine effiziente *Testautomatisierung* (B2.x in Abb. 2) zielt auf Bedarfe ab, die automatisiert werden können und mittels Werkzeugunterstützung auf Artefakte, wie beispielsweise Schnittstellen, zugreifen. Dadurch können etwa funktionale Tests frühzeitig im Entwicklungsprozess ermöglicht werden. (c) Eine *Projektbeobachtung* (B3 in Abb. 2) soll eine gezielte Überwachung von Schlüsselparametern ermöglichen und sowohl durch Fachexperten als auch Projektleiter über Fachbereichsgrenzen hinweg genutzt werden. Dadurch sollen frühzeitig Änderungen oder kritische Projekttrends erkannt werden, um so zeitnahe korrigierend eingreifen zu können.

Fachinspektionen durch Experten (B1.x) nutzen etablierte Review oder Inspektionstechniken (Aurum et al. 2002) aus dem Software Engineering, um frühzeitig Fehler in Engineering-Artefakten zu finden.

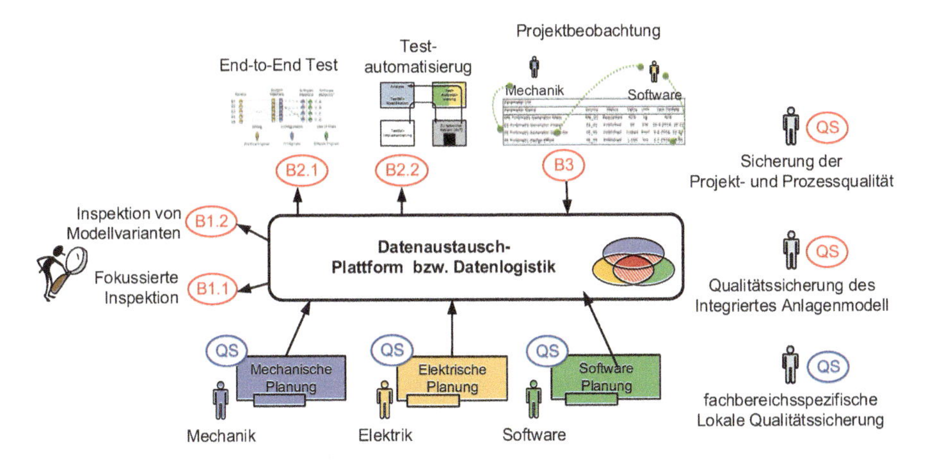

Abb. 2 Bedarfe für Qualitätssicherung (QS) im Anlagen-Engineering

Tab. 1 Ausgewählte Bedarfe, Qualitätsmaßnahmen und relevante Projektrollen beim Engineering von Anlagen

Qualitätsmaßnahme		PM/ QM	Fach-experte	Sys. Integrator	QS-Experte	Test-Experte
Fachinspektionen durch Experten (B1.x)						
B1.1	Fokussierte Reviews	✓	✓	✓	✓	
B1.2	Modell-Inspektionen	✓	✓		✓	✓
Test Automatisierung (B2.x)						
B2.1	End-to-End Test		✓	✓	✓	✓
B2.2	Test Automation Framework	✓	✓	✓	✓	✓
Projektbeobachtung (B3)						
B3	Multi-Model Dashboard	✓	✓	✓		

*Projektmanagement (PM), Qualitätsmanagement (QM), Qualitätssicherung (QS)

B1.1. Bedarf an effizienter Unterstützung bei der Durchführung von Reviews und Inspektionen. Um Engineering-Modelle oder -pläne aus unterschiedlichen Fachbereichen auf Konsistenz und Fehler zu überprüfen, sind typischerweise Fachexperten erforderlich, die zumindest zwei der involvierten Fachbereiche gut kennen. Speziell bei großen Anlagen oder umfangreichen Engineering-Plänen erfordern diese meist manuell (oder mit Behelfslösungen) durchgeführten Reviews meist hohe Aufwände, sind fehleranfällig und beinhalten ein Risiko für den Projekterfolg. Automatisierte Prüfungen können ebenfalls für die Fehlererkennung eingesetzt werden, sind aber in vielen Fällen an ein Werkzeug oder Datenmodell gekoppelt. Aufgrund der semantischen Heterogenität ist oft komplexes Wissen über die Zusammenhänge erforderlich. Da dieses Wissen oft nicht explizit verfügbar ist, sind diese Prozesse meist nur schwer automatisierbar. Es ist aber möglich, Fachexperten auf mögliche Zusammenhänge und Problemstellungen hinzuweisen, um die Arbeit der Experten möglichst effizient zu unterstützen. Methoden für Reviews und Inspektionen haben den Vorteil, dass sie unabhängig von Datenformaten und Werkzeugen eingesetzt werden können und benötigtes Expertenwissen durch das Inspektionsteam eingebracht wird. Integrierte Daten oder Datenmodelle können zusätzlich dabei helfen, gezielt Änderungen oder Inkonsistenzen aufzuzeigen (*Fokussierte Inspektion*), um die Effizienz des Review-Prozesses deutlich zu steigern (Winkler und Biffl 2015).

B1.2. Bedarf an Unterstützung bei Inspektionen von Implementierungen unterschiedlichen Technologien. Während bei *fokussierten Inspektionen* die Überprüfung bzw. der Vergleich zwischen Spezifikation und Umsetzung, etwa als Modell, im Vordergrund steht, stehen Fachexperten häufig vor der Herausforderung, Implementierungen von unterschiedlichen Technologien auf „Gleichheit" zu prüfen. Der Austausch von Geräten im Rahmen von Wartungsprojekten, etwa der Tausch von Robotertypen, ist ein Beispiel dafür. Da sich sowohl Gerätetypen, als auch die zugrunde liegende Technologie und Implementierung ändern kann, ist häufig eine Neuimplementierung erforderlich. Daher muss auch sichergestellt werden, dass eine solche Implementierung vergleichbar ist, d. h. über eine vergleichbare Funktionalität verfügt. In einem derartigen Wartungsszenario und in der fachbereichs-übergreifenden Zusammenarbeit werden Artefakte, etwa Source-Code von Steuerungen oder Robotern, in unterschiedlichen Technologien realisiert. Häufig ist es daher so, dass sie für Prozessexperten nicht mehr ausreichend verständlich sind. In solchen Fällen ist es sinnvoll, von einzelnen Artefakten zu abstrahieren und Modelle zu entwickeln, die für Fachexperten in eine verständliche Form, wie etwa eine grafische Darstellung, gebracht werden können. Mit einer solchen m*odellbasierten Inspektion* (Meixner et al. 2019b) wird die Überprüfung von ähnlichen Artefakten in unterschiedlicher Ausprägung für Fachexperten vereinfacht. Ein beispielhafter Ansatz ist die visuelle Darstellung unterschiedlicher Roboter Source-Code-Varianten in Form von *Abstrakten Syntax Bäumen (Abstract Syntax Tree, AST)* (Jones 2003; OMG 2011). Diese Syntaxbäume enthalten nur die wesentlichen Source-Code Informationen in Form eines grafischen Modells zur effektiveren und effizienteren Gestaltung von Fachinspektionen durch Experten (Meixner et al. 2019b).

Während modellbasierte Reviews und Inspektionen eine formale Überprüfung auf Fehler in textuellen Artefakten, Modellen oder Illustrationen unterstützen, benötigen Ansätze der **Testautomatisierung (B2.x)** implementierte und ausführbare Anlagenteile oder Simulationen zur frühzeitigen Erkennung an Fehlern. In diesem Kontext ergeben sich folgende zwei Bedarfe:

B2.1. Bedarf an Integrationstests über Fachbereichs- und Werkzeuggrenzen. Während Review und Inspektionsmethoden weitgehend ohne Werkzeugunterstützung auskommen, erfordern Tests eine passende Werkzeug- und Testumgebungen bzw. eine abgestimmte Werkzeugkette. Schnittstellen, die in Engineering-Modellen der jeweiligen Fachbereiche festgelegt werden, können automatisch und früh im Entwicklungsprozess getestet werden. Voraussetzung dafür sind integrierte Daten und Datenmodelle bzw. eine effiziente Datenlogistik. Beispielsweise erfolgt eine Überprüfung, ob alle Sensoren/Aktoren einer Anlage auch korrekt mit entsprechenden Software-Variablen verbunden sind (Vogel-Heuser et al. 2019). Diese Überprüfung erfolgt in der Regel erst während der Testphase (etwa *Factory Test*) oder während der Inbetriebnahme (etwa *Commissioning*), also sehr spät in der Wertschöpfungskette. Eine frühe und automatische Überprüfung (*End-to-End-Test*) über die richtig geplante Verdrahtung innerhalb von Plänen und Modellen eines Fachbereichs aber auch über Fachbereichsgrenzen hinweg kann derartige Fehler frühzeitig erkennen und dadurch die Produkt- und Qualität steigern und die Kosten reduzieren.

B2.2. Bedarf an Automatisierung von qualitätssichernden Maßnahmen. Durch den vermehrten Einsatz qualitätssichernder Maßnahmen und die steigende Komplexität von Produktionssystemen ergibt sich der Bedarf, die implementierten Prozesse und Maßnahmen soweit als möglich zu automatisieren. Tests sollten also weitgehend automatisch durchlaufen (etwa bei Änderungen im Rahmen von *Regressionstests*). Fachexperten, die in der Regel sowohl für die zu testenden Anlage, für die Definition von Testszenarien aber auch für die Umsetzung (Implementierung der Tests) und Durchführung von Tests zuständig sind, vereinen zahlreiche Rollen und bilden so einen „Flaschenhals". Eine Zielsetzung ist es daher, diese Fachexperten zu entlasten und anfallende Aufgaben im Zusammenhang mit der Testautomatisierung entsprechend zu verteilen.

Im Software Engineering ist der *Continuous Integration and Test (CI&T)* Ansatz (Duvall et al. 2007) eine etablierte Methode, um qualitätssichernde Maßnahmen, im Speziellen Tests, zu automatisieren. Im *Continuous Integration and Test* praktizieren Entwicklungsteams eine mehrmals tägliche Integration von Engineering-Artefakten, im Fall von Software Engineering Source-Code, die automatisiert gegen die Artefaktbasis getestet und verifiziert werden, um Fehler frühzeitig zu erkennen. Basierend auf einem gemeinsamen Code-Repository werden durch Software-Werkzeuge, wie etwa *Jenkins,*[3] automatisch *Build-Prozesse* angestoßen, um eine lauffähige Software zu erhalten. Gleichzeitig werden Testszenarien und Testfälle mit geeigneten Testdaten ausgeführt, entsprechende Rückmeldungen (Testergebnisse) erzeugt und Testberichte generiert. Durch diesen mehrstufigen Prozess lassen sich so rasche Ergebnisse erzielen, die an Fachexperten etwa per E-Mail als Berichte versandt werden können. In der Produktionssystemplanung ist der Ansatz aus verschiedenen Gründen noch nicht flächendeckend implementiert. Gründe dafür sind (a) die *Heterogenität der Artefakte, Komponenten und Systeme*, (b) die *Einbeziehung physischer Systeme*, die anders als Software behandelt werden müssen und (c) die *existierende Koppelung der Rollen des Fachexperten und des Testers*. Mit der Entwicklung eines flexiblen *Test Automation Frameworks* (Winkler et al. 2018) können diese Limitierungen adressiert werden und eine breitere Einführung von Testautomation in die Produktionssystementwicklung und Systemwartung ermöglichen.

Die Absicherung einer durchgängigen Produkt- und Prozessqualität über eine effiziente Datenlogistik und Mechanismen der Qualitätssicherung ermöglicht in weiterer Folge eine **effiziente Projektbeobachtung (B3)**, die speziell Projekt-, Produkt-, und Qualitätsmanager hilft, den Status des Engineering-

[3]Jenkins: https://jenkins.io/.

Projekts im Überblick zu behalten und – bei Bedarf – steuernd eingreifen zu können.

B3. Bedarf an einfachen Mechanismen für die Beobachtung kritischer Produkt-, Prozess-, und Projektparameter. Die gezielte Überwachung von Produkt-, Prozess- und Projektparametern kann sowohl Fachexperten als auch das Management dabei unterstützen, Abweichungen – speziell in fachbereichsübergreifenden Engineering-Modellen – effizient zu erkennen und korrigierend einzugreifen. Beispielsweise kann bei der Planung einer neuen Produktionshalle bzw. Produktionsanlage die maximal zulässige Gesamtlast einer Bodenplatte durch den Architekten in einer Gebäudespezifikation definiert sein. Unterschiedliche Maschinen oder Geräte mit individuellen Massen (etwa spezifiziert in Datenblättern verschiedener Hersteller) werden in unterschiedlichen Plänen durch den Anlagenbauer oder Prozesstechniker auf dieser Bodenplatte platziert. Ob das zulässige Gesamtgewicht überschritten wird, muss – ohne integrierte Daten bzw. eine effiziente Datenlogistik – manuell und oft aufwändig ermittelt werden. Um die maximale Tragfähigkeit zu definieren und automatisch zu überprüfen, müssen jene (ausgewählten) Parameter zugänglich gemacht werden, die für die Berechnung relevant sind – etwa die individuellen Massen der Maschinen und Geräte aus den unterschiedlichen Engineering-Modellen oder Datenblättern und die maximal zulässige Gesamtlast (aus der Gebäudespezifikation). Durch den Vergleich (Summe der einzelnen Massen und zulässige Maximallast) kann unmittelbar entschieden werden, ob diese Bedingung erfüllt oder verletzt wird (Biffl et al. 2014b). Für einen Projektleiter kann der Aufwand pro Projektphase interessant sein. Auch hier können ausgewählte Parameter helfen, Daten aus unterschiedlichen Quellen (z. B. Aufwandsaufzeichnungen unterschiedlicher Projektpartner) zu aggregieren und im Hinblick auf Projektplanungsdokumente auszuwerten (Biffl et al. 2014a).

Ergänzend zur selektiven Beobachtung kritischer Projektparameter kann ein Engineering-Dashboard Projekt-, Produkt-, oder Qualitätsmanager unterstützen, den aktuellen Stand des Projektes und die Qualität der Engineering-Modelle, etwa bezogen auf die Projektphase, im Überblick zu behalten (Moser et al. 2011). Anstatt relevante Informationen manuell bei Bedarf zu sammeln, können Daten über eine effiziente Datenlogistik automatisiert gesammelt, ausgewertet und dargestellt werden. Beispiele dafür sind etwa Projektfortschritt, Anzahl der Änderungen nach Verursacher oder die Anzahl der gefundenen Fehler pro Engineering-Modell (Winkler et al. 2011, 2017c; Winkler und Biffl 2012). Tab. 1 zeigt einen Überblick über identifizierte ausgewählte Bedarfe und relevante Projektrollen beim Anlagenengineering.

3 Integrierte Datenmodelle und Datenlogistik

Die Grundlage für fachbereichsübergreifende Funktionalitäten, die speziell auch im Bereich der Qualitätssicherung eine wichtige Rolle spielen, bildet die Möglichkeit, Engineering-Modelle und Daten zwischen Werkzeugen effizient auszutauschen – eine zentrale Forderung im Industrie 4.0 Umfeld (VDI 2014). Die *Punkt-zu-Punkt*

Integration, also die direkte Vernetzung von zwei oder mehreren Werkzeugen, ist eine einfache Möglichkeit, Modelle aufeinander abzustimmen und Daten zwischen beteiligten Werkzeugen auszutauschen. Allerdings können nur „integrierte" Werkzeuge miteinander interagieren – Änderungen an Datenmodellen, Werkzeugen oder Werkzeugkonfigurationen (etwa verursacht durch Aktualisierungen oder neue Releases von Werkzeugen) erfordern meist hohe Aufwände für Erweiterungen und Wartung. Außerdem erlauben derartige Integrationslösungen meist nur einen geringen Grad an Flexibilität, d. h. neue Werkzeuge oder zusätzlich benötigte Daten können nur mit verhältnismäßig hohem Aufwand integriert werden (Biffl et al. 2009).

Ein naheliegender Ansatz ist es daher, nur eine minimale Menge an Modellelementen und Daten (ein *„gemeinsames Konzept"*), die von den beteiligten Fachbereichen/Werkzeugen auch tatsächlich benötigt wird, für die Synchronisierung zu verwenden, anstatt alle Modellelemente und alle Daten der beteiligten Werkzeuge zu integrieren. Dieser Ansatz ermöglicht es, die Verbindung zwischen unterschiedlichen Fachbereichen und Werkzeugen über dieses gemeinsame Konzept herzustellen. Alle anderen fachbereichsspezifischen Modelle und Daten verbleiben in den lokalen Sichten, auf die bei Bedarf über das gemeinsame Konzept zugegriffen werden kann (Moser und Biffl 2012). Beispielsweise stellt im Bereich der Planung von Wasserkraftwerken ein *„Signal"* ein derartiges gemeinsames Konzept dar: In der Elektrik repräsentiert ein Signal etwa einen *Hardware-Pin*, der über eine definierte Hardwareadresse verfügt. In der Software ist dieses Signal eine *„Software-Variable"*, die konkrete Daten für die Steuerungssoftware benötigt und nutzt. Das gemeinsame Konzept „Signal" ermöglicht also den Datenaustausch zwischen den Fachbereichen Elektrik und Software. Sollten weiterführende Informationen, wie etwa der Gerätetyp, der sich hinter dem Hardware-Pin verbirgt, oder Klassen, die in der objektorientierten Software-Entwicklung verwendet werden und abstrahierte Eigenschaften von Objekten beschreiben, benötigt werden, können diese Informationen bei Bedarf über die gemeinsamen Konzepte (als *„Verbindungsglied"*) aus den jeweils lokalen Datenmodellen gewonnen werden.

Diese Vorgehensweise bedeutet aber auch, dass diese gemeinsam genutzten Daten bzw. die gemeinsamen Konzepte in beteiligten Werkzeugen geeignet identifiziert werden müssen. Die Projektbeteiligten müssen sich daher am Beginn eines Projektes auf eine Menge an Datenelementen verständigen, diese aufeinander abbilden und in weiterer Folge für die Synchronisierung und den Datenaustausch verwenden. Abb. 3 illustriert dieses Konzept, in dem drei unterschiedliche Fachbereiche (Mechanik, Elektrik und Software) über gemeinsame Konzepte (überlappende Bereiche im Zentrum der Abbildung) verbunden werden. Die Punkte in den überlappenden Bereichen kennzeichnen einzelne Modellelemente und Datenpunkte zwischen den Fachbereichen. Diese Bereiche eignen sich aber nicht nur für die Synchronisierung von Artefakten aus unterschiedlichen Fachbereichen und den Datenaustausch zwischen den Werkzeugen, sondern ermöglichen auch eine effizientere Fehlersuche über Fachbereiche und Werkzeuggrenzen hinweg.

Das Vorliegen der Daten in einem maschinell lesbaren und standardisierten Format ist die Voraussetzung für einen effizienten Datenaustausch. Dafür kann

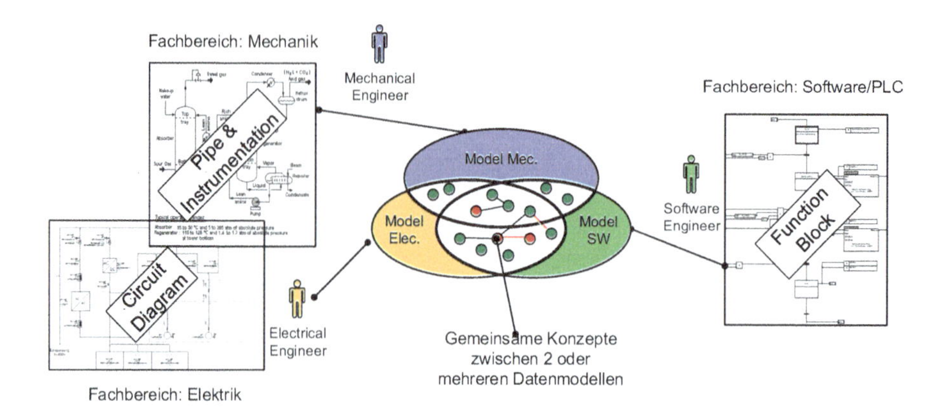

Abb. 3 Gemeinsame Konzepte für effizienten Datenaustausch. (Moser und Biffl 2012)

beispielsweise das standardisierte Datenaustauschformat *AutomationML* (**Automation** **M**arkup **L**anguage, AML) gut verwendet werden (DIN EN 62714 2015; Drath 2010). *AutomationML* kann Systeme mit den bereits existierenden standardisierten Datenaustauschformaten beschreiben, wobei eine Verbindung dieser Standards und die Vermeidung von Inkonsistenzen einen wichtigen Mehrwert darstellt (Drath 2010). Standardisierte Datenaustauschformate umfassen beispielsweise CAEX (Anlagentopologie und mechanische Komponenten), Collada (Geometrie und Kinematik) und PLCOpen XML (Software bzw. das Verhalten). Auf der Basis von *AutomationML* ist es somit möglich, eine herstellerunabhängige Datenlogistik zur Verfügung zu stellen, die einen effizienten Datenaustausch von Modellen und Modellelementen ermöglicht.

Aus dem Software Engineering stammt etwa ein Modell, das die Abstraktion und Abbildung von Source-Code ermöglicht und somit die Identifizierung von Konzepten einer Programmiersprache ermöglicht: *Abstrakte Syntax Bäume* bzw. das *Abstract Syntax Tree (AST)* Modell der *Object Management Group* (OMG 2011). Durch ein derartiges Modell lässt sich etwa auch *PLCOpen*[4] Code in andere Darstellungsformen wie Graphen umformen, um die einzelnen Sichten auf das System zu vereinfachen. Durch diese Abstraktion ergibt sich ein Anwendungsfall, in dem *Abstrakte Syntax Bäume* verwendet werden, um Annotationen aus dem Source-Code an ein Testmanagement-Werkzeug als Unterstützung für die Testautomatisierung zu übertragen. Beispielsweise können so Testprozesse verbessert und effizienter werden (siehe Abschn. 4.2).

Im Folgenden werden ausgewählte Anwendungsfälle aus dem Bereich der Qualitätssicherung beschrieben, die auf den gemeinsamen Konzepten und Schnittstellen bzw. Engineering-Modellen aufgebaut sind.

[4]PLCOpen: www.plcopen.org.

4 Fachinspektionen durch Experten

Fachinspektionen durch Experten nutzen etwa etablierte Review (Rösler et al. 2013) und Inspektionstechniken aus dem Software Engineering (Aurum et al. 2002), um Fehler und Inkonsistenzen bereits frühzeitig im Entwicklungsprozess zu erkennen. Dabei können alle Arten von Entwicklungsartefakten für ein Review oder eine Inspektion verwendet werden. Diese Artefakte umfassen beispielsweise Engineering-Modelle, textuelle Spezifikationen, Beschreibungen oder Engineering-Pläne. Die Kernidee ist es, ein Referenzdokument (*Soll*) mit der Umsetzung (*Ist*) zu vergleichen, um gezielt Abweichungen in der Umsetzung zu erkennen. Meist wird eine Inspektion durch ein Team von Fachexperten durchgeführt, benötigt aber in der Regel eine Werkzeugunterstützung zur effizienten Planung und Durchführung von Reviews und Inspektionen.

4.1 Fokussierte Inspektionen

Ausgehend von *Best-Practices* im Software Engineering können Methoden der Qualitätssicherung, etwa Reviews, Inspektionen (Rösler et al. 2013) und Tests (Meyers 2011) genutzt werden, um Engineering-Prozesse im Anlagenbau zu unterstützen. *Software Inspektionen* (Rösler et al. 2013) können Fachexperten dabei helfen, unterschiedlichste Artefakte, wie Engineering-Pläne oder Spezifikationen gezielt nach Fehlern zu durchsuchen. Spezielle *Lesetechniken* helfen dabei, den Schwerpunkt auf spezielle Fehlertypen oder Anwendungsfälle zu legen. Unterschiedliche Perspektiven ermöglichen eine differenziertere Sicht auf die zu untersuchenden Objekte (Aurum et al. 2002). Diese Perspektiven entsprechen den unterschiedlichen Fachbereichen (etwa *Perspective-based Reading Techniques*) und ermöglichen eine gezielte Fehlersuche aus der jeweiligen Sicht bzw. Perspektive. Basierend auf gemeinsamen Konzepten und automatisierten Änderungsmanagementprozessen (Winkler et al. 2011), die im Rahmen der Synchronisierung von Engineering-Modellen unterschiedlicher Fachbereiche durchgeführt werden, kann der Fokus der Inspektion auf konkrete Änderungen, Inkonsistenzen oder – allgemeiner – auf Abweichungen zwischen Varianten von Modellen gelegt werden. Anstatt sämtliche Modelle und Dokumente auf Konsistenz und Fehler zu untersuchen, kann somit der Schwerpunkt auf diese Abweichungen gelegt werden. Abweichungen können dabei sowohl Änderungen als auch mögliche Fehler sein. Im Rahmen eines Reviews oder einer Inspektion können diese dann effizient analysiert werden.

Dadurch ergibt sich typischerweise neben einer effizienteren und zielgerichteten Fehlersuche auch eine massive Reduktion von Aufwand und Kosten bei der Fehlersuche (Winkler und Biffl 2015); (Winkler et al. 2016). Der Einsatz von Inspektionen in einer Datenlogistik (Biffl et al. 2019b) erlaubt es zusätzlich, auch fehlende Informationen aufzudecken, etwa fehlende PLC-Komponenten oder elektrische Komponenten, die zwar in der Anlagentopologie verfügbar sind, aber noch nicht umgesetzt sind. Durch die Verfügbarkeit von Verknüpfungen, die über die Datenlogistik hergestellt werden können (Biffl et al. 2015, 2019b), ist im Bedarfsfall auch eine Navigation nicht nur zu den betroffenen Modellen, sondern auch zu den relevanten Positionen innerhalb dieser Modelle möglich (Mordinyi et al. 2012).

4.2 Modell-Inspektion mit Abstrakten Syntax Bäumen

Der steigende Anteil an Software in Produktionssystemen erfordert geeignete Testansätze, um das erwartete Verhalten überprüfen und evaluieren (Schafer und Wehrheim 2007) und somit die Qualität der Systeme und Komponenten zu gewährleisten. Die Produktionssystemplanung folgt typischerweise strukturierten Entwicklungsprozessen, die eine Qualitätssicherung auf verschiedenen Ebenen und Projektphasen benötigen (siehe Abschn. 1).

Maßnahmen der Qualitätssicherung werden aber nicht nur in der Planung, sondern auch in den weiteren Phasen des Lebenszyklus des Produktionssystems, insbesondere in der Wartungsphase (Winkler et al. 2017a), gefordert. In Wartungsphasen führen Ingenieure üblicherweise Aufgaben, wie regelmäßige Services, Reparaturen oder Adaptierungen am Produktionssystem durch, um danach das Produktionssystem wieder operativ mit der geforderten Qualität arbeiten zu lassen. In solchen Wartungsphasen können auch Komponenten, wie beispielsweise Roboter, ausgetauscht werden. Häufig verwenden unterschiedliche Komponenten aber unterschiedliche Programmier- und Konfigurationssprachen, die je nach Hersteller aber auch je nach Typ eines Herstellers variieren können. Diese Varianten umfassen etwa Programmiersprachen der IEC 61131-3 Serie (IEC 61131-3 2013) für Speicher programmierbare Steuerungen, Hochsprachen wie Java, zum Beispiel für *KUKA LBR iiwa Roboter*, bis hin zu proprietären Sprachen wie KRL für den *KUKA KR Agilus Roboter*.[5] Die Verwendung unterschiedlicher Steuersprachen für Komponenten bedeutet, dass Teile des Source-Codes der Steuerungen neu implementiert und getestet werden müssen, eine nicht nur aufwändige, sondern auch fehleranfällige Aufgabe (Meixner et al. 2019b).

In diesem Zusammenhang ist es eine zentrale Herausforderung, das idente Verhalten der unterschiedlichen Implementierungen sicherzustellen. Konzepte aus der (modellbasierten) Fachinspektionen können helfen, diese Herausforderung zu bewältigen. Fehler können, auch ohne detailliertes Wissen über die verwendete Programmiersprache, effizient erkannt werden. Ein modellbasierter Prozessansatz zur Verifikation und Validierung von Steuerungscode von Industriekomponenten (am Beispiel von zwei Robotertypen, die im Rahmen eines Wartungsprojektes ausgetauscht werden sollen) kann dabei einen wesentlichen Beitrag zu einer effizienteren Qualitätssicherung liefern (Meixner et al. 2019b). Dieser modellbasierte Ansatz macht sich eine abstrakte Darstellung eines Steuerungscodes (*Abstrakter Syntax Baum*) unterschiedlicher Programmiersprachen zu Nutze, um Varianten von unterschiedlichen und generierten Bäumen zu vergleichen. Diese Bäume werden automatisch aus dem Source-Code der Industriekomponenten generiert.

[5]KUKA: www.kuka.com.

Abstrakte Syntax Bäume repräsentieren also eine wichtige und formale Struktur eines Programmes als abstraktes Modell, wobei Spezifika der jeweiligen Programmiersprache, wie Klammersetzung oder Einrückungen, nicht berücksichtigt werden müssen (Jones 2003; OMG 2011). Diese abstrakte Repräsentation kann auch für die automatische Identifizierung von Äquivalenzklassen verwendet werden (Meixner et al. 2019a).

Äquivalenzklassen sind dabei abgegrenzte Klassen von Daten oder Werten, die ein gleiches – also äquivalentes – Verhalten eines Systems hervorrufen. Ein Beispiel dafür sind Äquivalenzklassen von Temperaturwerten: eine Temperatur unter null Grad Celsius bringt – unter Normalbedingungen – Wasser zum Frieren; eine Temperatur über null Grad Celsius bringt Wasser nicht zum Frieren. Dadurch ergeben sich also zwei Äquivalenzklassen:

```
ÄQ1 (Äquivalenzklasse 1): Temperatur < 0
ÄQ2 (Äquivalenzklasse 2): Temperatur >= 0
```

Jeweils ein Vertreter einer Äquivalenzklasse ruft im System dieselbe Reaktion hervor, daher kann ein repräsentativer Wert aus ÄQ1 bzw. ÄQ2 für Testzwecke verwendet werden.

Abb. 4 zeigt einen adaptierten Wartungsprozess für Produktionssysteme in fünf Schritten (oberen Bereich). Im ersten Schritt *„Wartungsplanung“* (Abb. 4, Pos. A) definieren Wartungsplaner die Ziele der Wartung, wie zum Beispiel den Tausch einer Komponente (etwa der Austausch eines Roboters) und die dazu gehörigen Aufgaben. In der Phase *„Wartungsimplementierung“* (Abb. 4, Pos B), werden die identifizierten Wartungsschritte vorbereitet, etwa das Herunterfahren des betroffenen Anlagenteils und die Neuimplementierung von Steuerungscode. Dabei sind – ähnlich wie bei einem Entwicklungsprojekt – erneut Ingenieure unterschiedlicher Fachbereiche im Einsatz. Der dritte Prozessschritt (Abb. 4, Pos C) ist in zwei Teilphasen unterteilt: Einerseits die *Validierung und Verifizierung* der Steuerungscodes durch Qualitätsbeauftragte zur Sicherung der Qualität des Source-Codes und andererseits eine *Fachinspektion* der *Abstrakten Syntax Bäume* durch Produktionsanlagenexperten, um das korrekte Verhalten der Adaptierungen sicherzustellen. Dieser Schritt erfolgt meist in einer isolierten Umgebung, die eine genaue Beobachtung ermöglicht. In Schritt *„Auslieferung“* (Abb. 4, Pos D) werden der adaptierten Source-Code für die Steuerung und Industriekomponenten in das Produktionssystem integriert. In einem letzten Schritt, der *Operation* (Abb. 4, Pos E) wird das Produktionssystem wieder gestartet und das Wartungsprojekt abgeschlossen. Um die *Stillstandzeit (Downtime)* des Produktionssystems effizient zu nutzen, werden meist zahlreiche Änderungen am System durchgeführt, die entsprechend koordiniert werden müssen.

Die eigentliche Modell-Inspektion oder Fachinspektion in der Phase *Validierung und Verifikation* (Abb. 4, Pos C) besteht aus drei wesentlichen Schritten (Abb. 4, unterer Bereich):

1. **Parsen des Source-Codes von Steuerungen** (Abb. 4, Schritt 1). Für die jeweiligen Programmiersprachen, in denen der Steuerungscode implementiert ist, muss

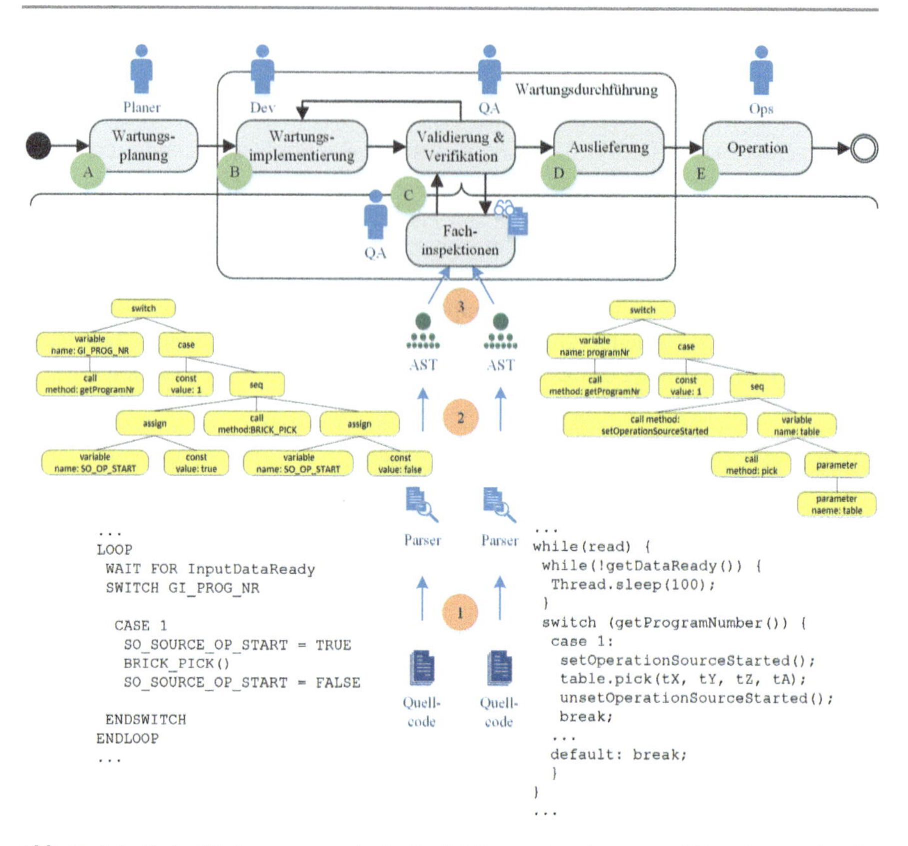

Abb. 4 Adaptierter Wartungsprozess in der Produktionssystemplanung und Generierung abstrakter Syntaxbäume aus Steuerungscode. (Meixner et al. 2019b)

ein entsprechender *Parser* den Steuerungscode lesen und interpretieren. Für eine Vielzahl an Programmiersprachen, wie etwa Java oder C++, existieren bereits entsprechende frei verfügbare Parser wie zum Beispiel der *Eclipse Java Parser.*[6] Für andere Programmiersprachen können Parser mittels eines Parsergenerators, wie *ANTLR,*[7] erzeugt und verwendet werden. Der gelesene Source-Code wird von dem Parser in eine interne abstrakte Struktur transformiert, die dann in einem zweiten Schritt ausgelesen und weiterverwendet werden kann.

2. **Erzeugung des Abstrakten Syntax Baumes** (Abb. 4, Schritt 2). Die interne Struktur des Source-Codes wird in einen generischen *Abstrakten Syntax Baum* übersetzt. Um ein Zuordnung möglichst vieler unterschiedlicher Programmiersprachen auf ein allgemeines Modell zu ermöglichen, wurde das *Abstract Syntax Tree Model (ASTM)* der OMG (OMG 2011) ausgewählt und eingesetzt. Diese Modelldarstellung erlaubt es, sowohl generische als auch spezifische *Abstrakte Syntax Bäume* zu repräsentieren und hat sich im industriellen Kontext als nützlich

[6]Eclipse Java Development Tools: www.eclipse.org/jdt.

[7]ANTLR Parsergenerator: www.antlr.org.

für die Programmanalyse erwiesen (Grimmer et al. 2016). Für die Repräsentation einer bestimmten Programmiersprache in ein Modell muss einmalig eine Modelltransformation umgesetzt werden.

3. **Visualisierung des Abstrakten Syntax Baumes** (Abb. 4, Schritt 2). In einem letzten Schritt wird das *Abstrakte Syntax Baum Modell* in eine Visualisierungssprache übersetzt, um das abstrahierte Modell des jeweiligen Steuerungscodes grafisch für Fachexperten zu repräsentieren. Häufig verfügen die Fachexperten nur über grundlegende Kenntnisse einer bestimmten Programmiersprache. Daher eignet sich die abstrakte, von der Programmiersprache extrahierte, Darstellung gut für einen visuellen Vergleich im Rahmen einer Modell-Inspektion durch Fachexperten. *GraphML*[8] hat sich für eine derartige abstrakte Darstellung – als offenes und maschinenlesbares Format – bewährt. Die Visualisierung des *Abstrakten Syntax Baum Modells* wird dann an die Qualitätssicherungsteams als Vergleichsgrundlage zur Verifikation und Validierung unterschiedlicher Source-Code Varianten weitergeleitet.

Dieser modellbasierte Ansatz wurde im Rahmen einer konzeptionellen Evaluierung anhand von Source-Code-Fragmenten zweier KUKA Robotertypen (*KUKA LBR iiwa* und *KUKA KR Agilus*) auf Machbarkeit und Nutzen überprüft (Meixner et al. 2019b). Dazu wurde das *Abstract Syntax Tree Model (ASTM)* mittels *Eclipse EMF*, einem Rahmenwerk für die Modellierung von Daten, in ein Java-Objektmodell umgewandelt und eine Transformation dieses Modells auf *GraphML* definiert. Danach wurden die Source-Code für die Robotersteuerungen geparst und mit individuellen Transformationen programmatisch in das generische ASTM überführt. Aus den beiden ASTM Modellen konnten dann direkt *GraphML* Dateien erzeugt werden, die in *yEd,*[9] einem Visualisierungstool für *GraphML*, dargestellt wurden.

Aus dem beschriebenen modellbasierten Inspektionsansatz ergeben sich zwei wesentliche Vorteile: (a) *Reduktion der Transformationen.* Durch die Verwendung von ASTM für ASB und der *GraphML* Visualisierung ist es nicht mehr notwendig, eine Transformation von jeder spezifischen Programmiersprache eine in die grafische Repräsentation durchzuführen. Eine Transformation von einem Parsermodell in das ASTM ist ausreichend; und (b) *Entkopplung von Ingenieursdisziplinen bzw. Rollen.* Durch diesen Prozessansatz erfolgt eine Entkoppelung der Ingenieursdisziplinen, der Programmierer und des Qualitätsbeauftragen. Durch die Automatisierung der Transformation werden (a) eine Reduktion von Zeit, (b) Aufwand und auch eine Qualitätsverbesserung durch (c) Reduktion der Fehleranfälligkeit erreicht.

Obwohl dieser modellbasierte Inspektionsansatz zahlreiche Vorteile mit sich bringt, ist eine geeignete Werkzeugunterstützung erforderlich, da generierte Code-Repräsentationen sehr komplex werden können und der Überblick leicht verloren gehen kann. Weiter müssen semantische Interpretationen unterstützt werden, falls

[8]GraphML: graphml.graphdrawing.org.

[9]YEd: www.yworks.com/products/yed.

sich die Programmstruktur in der Steuerungssoftware stark ändert. In solchen Fällen erscheint es sinnvoll, anstatt einer strukturierten Darstellung eine Visualisierung der Verhaltensabläufe des Source-Codes anzustreben.

5 Testautomatisierung

Der vermehrte Einsatz von qualitätssichernden Maßnahmen und der steigende Einsatz von Software in Produktionssystemen erfordert die Anwendung moderner Techniken zur Verifikation und Validierung der Systeme. Im Software Engineering werden Tests auf unterschiedlicher Testebenen, etwa auf Komponenten, Integration, oder Systemebene, angewandt, um Fehler frühzeitig zu erkennen und somit das Risiko von Störungen während der Laufzeit zu reduzieren (ISO 29119-1 2013). Das Ziel einer Testautomatisierung ist es, Testszenarien (auf unterschiedlichen Testebenen) (semi-)automatisch zu erstellen und automatisch durchlaufen zu lassen, etwa im Rahmen von Regressionstests bei Änderungen. Zusätzlich muss eine gewisse Flexibilität ermöglicht werden, um auf Änderungen, etwa in den Engineering-Modellen oder in der Testinfrastruktur, geeignet reagieren zu können. Typischerweise werden Testumgebungen durch eine Vielzahl an Tools und Technologien im Rahmen einer *„starren Werkzeugkette"* umgesetzt, die eine eingeschränkte Flexibilität aufweisen. Zur Erhöhung der Flexibilität werden in den folgenden Abschnitten zwei Ansätze vorgestellt, die im Rahmen der Testautomatisierung eine erhöhte Flexibilität ermöglichen können: (a) *End-to-End Tests,* d. h. ein Testansatz für durchgängige Tests von Hardware-Pins zur Software-Variablen; und (b) ein flexibles *Test Automation Framework* zur Einführung von Testautomatisierungskonzepten für die Produktionssystemplanung.

5.1 Durchgängige Integrationstests (End-to-End Test)

Im Software Engineering werden *Software Tests* typischerweise eingesetzt, um Fehler in Source-Code zu finden (Meyers 2011). Wie auch im Software Engineering unterscheidet man im Anlagenengineering unterschiedliche Testebenen, wie Modul- und Komponententests, Integrationstests und System- oder Akzeptanztests (siehe auch das Prozessmodell nach VDI 2206 2004). Während einzelne Komponenten isoliert getestet werden können (und häufig auch durch die Werkzeuge des jeweiligen Fachbereichs unterstützt werden), kommen Integration- und Systemtests meist im *Factory Test* oder während der Kommissionierungsphase (*Commissioning*) zur Anwendung. Fehler in diesen Phasen verursachen meist hohe Aufwände und Kosten und führen zu Projektverzögerung.

Daher können Testansätze genutzt werden, um Fehler in Engineering-Modellen, basierend auf einer Datenlogistik und gemeinsamen Konzepten, frühzeitig zu erkennen. Beispielsweise ermöglicht der *End-to-End Test* (Winkler und Biffl 2012) die Überprüfung, ob sämtliche Sensoren/Aktoren (Fachbereich: Mechanik) auch tat-

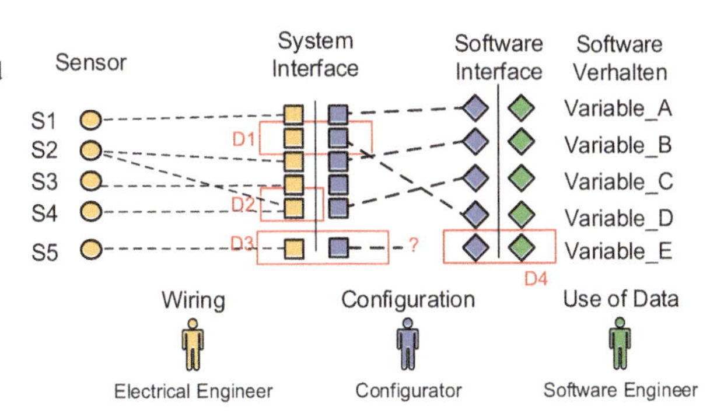

Abb. 5 End-to-End Integrationstest. (Winkler und Biffl 2012)

sächlich korrekt verkabelt sind (Fachbereich: Elektrik) und über eine passende Software-Variable (Fachbereich: Software) ausgelesen bzw. angesteuert werden.

Abb. 5 beschreibt das Konzept eines *End-to-End Tests* (Hardware-Sensor zu Software-Variable) anhand illustrierende Beispiele. Beispielsweise kann frühzeitig erkannt werden, dass Klemme D1 mit keinem Sensor verbunden ist, allerdings zu einer Software-Variable (Variable_D) weiterverbunden ist. Klemme D2 ist mit zwei Sensoren verbunden (S1 und S4), was vermutlich zu Fehlfunktionen führen wird. Klemme D3 ist zwar mit einem Sensor verbunden, wird aber nicht weiterverarbeitet. Die Software Variable_E (D4) wird in einer Kontrollapplikation verwendet, aber nicht mit Daten versorgt, da keine Verbindung zu einem Sensor existiert. Durch ein integriertes Anlagenmodell bzw. eine effiziente Datenlogistik, wie es beispielsweise durch gemeinsame Konzepte bereitgestellt wird, können Möglichkeiten geschaffen werden, um derartige Fehler frühzeitig, effizient und automatisch zu erkennen. Definierte Abfragen über die Datenlogistik ermöglichen eine Vorselektion möglicher Fehler, die dann anschließend mit einer fokussierten Inspektion genauer untersucht werden können.

5.2 Test Automation Framework

Der *Continuous Integration and Test (CI&T)* Ansatz ist einer der häufigsten genutzten Automatisierungsansätze in der Software-Entwicklung (Duvall et al. 2007). Dabei liegen Source-Code und Test-Code in einem gemeinsamen Repository. Ein Integrationswerkzeug bzw. CI&T-Server, wie etwa *Jenkins,*[10] holt sich den relevanten (neuen oder geänderten) Software-Code, kompiliert und testet die Anwendung in einer vorkonfigurierten Umgebung und liefert entsprechende Berichte an die Entwickler, wie etwa Teststatus oder Test-Ergebnisse. Bei Fehlern können auch entsprechende Notifikationen via E-Mail verschickt werden, um den Entwicklern eine unmittelbare Rückmeldung über den Testerfolg zur Verfügung zu stellen.

[10]*Jenkins*: https://jenkins.io.

Dieser Ansatz ermöglicht somit eine effektive und effiziente Testautomatisierung und rasche Feedbackzyklen bei einem vergleichsweise geringen Aufwand an Entwicklungsressourcen (verständlicherweise werden für die automatisierte Testinfrastruktur Ingenieure mit entsprechenden Fähigkeiten benötigt). Im Vergleich zur Software-Entwicklung sind solche Ansätze in der Anlagenplanung komplexer und daher auch (noch) nicht ausreichend akzeptiert und dementsprechend spärlich verbreitet. Durch die Vorteile von CI&T Ansätzen und die gesteigerte Komplexität von Anlagen ist in den letzten Jahren ein gesteigertes Interesse seitens der Industrie für die Testautomatisierung zu beobachten. Gründe für diese gesteigerte Komplexität im Anlagenengineering und den Bedarf an Testautomatisierung sind:

(a) Die *Heterogenität der Artefakte, Komponenten und Systeme.* Beispielsweise werden von Elektroingenieuren Elektropläne und -modelle verwendet, die in einem bestimmten Werkzeugformat gespeichert. Diese sind aber meist für fachbereichsübergreifende Integrationstests, wie sie von Software-Ingenieuren verwendet werden, nur eingeschränkt verwendbar.
(b) *Einbeziehung physischer Systeme.* Physische Systeme müssen anders als reine Software-Lösungen oder Simulationen behandelt werden, da die Hardware-Komponente eine wesentliche Rolle spielt. Beispielsweise kann ein zu testender Fehlerfall zu einem massiven physischen Schaden an Personen oder Komponenten führen der durch geeignete Schutzsysteme abgefangen werden muss. Hier eignet sich etwa eine Simulation, um ein korrektes Verhalten im Fehlerfall zu testen. Ein weiterer Aspekt betrifft die manuelle Interaktion vor und nach den Tests, etwa das Auffüllen eines Werkstückpuffers oder das Austauschen eines Bohrkopfes. Auch dieser Aspekt kann mittels Simulation getestet werden. Ein Test des physischen Systems benötigt aber immer eine „erweiterte" Infrastruktur, die durch unterstützende Systeme oder menschliche Experten bereitgestellt werden muss. Allerdings müssen diese unterstützenden Systeme ebenfalls ausreichend stabil sein und getestet werden.
(c) Existierende *Koppelung der Rollen* des Fachexperten und des Testers. Jeder Fachbereich muss einen Teil der benötigten Expertise einbringen, wenn etwa ein Fachexperte (z. B. ein Domänenexperte) die Abläufe der Produktionsanlage kennt und ein Tester spezifische Kenntnisse der Testsprache kennt und somit auch Tests formulieren kann.

Ein flexibles *Test Automation Framework (TAF)* kann dabei die genannten Limitierungen adressieren und teilweise überbrücken (Winkler et al. 2018). Dabei sollen folgende Ziele erreicht werden:

(a) Klare *Abgrenzungen zwischen Rollen,* die in die Entwicklung involviert sind, um spezifische Stärken zu unterstützen und Verantwortlichkeiten zu fördern.
(b) *Konfigurierbare und erweiterbare Werkzeugketten*, um einzelne Entwicklungs- und Test-Werkzeuge einfach austauschen zu können und damit auf veränderte Projektumgebungen rasch reagieren zu können bzw. die Infrastruktur für ähnliche Projekte effizient wiederverwenden zu können,

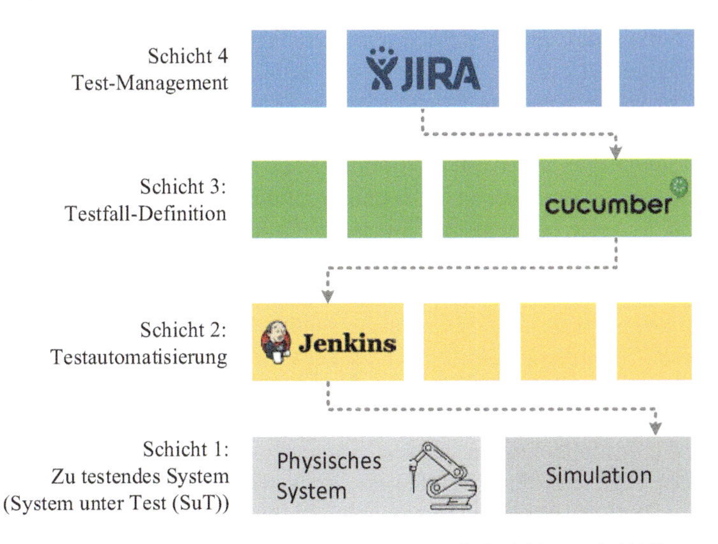

Abb. 6 Schichtenarchitektur des *Test Automation Framework*. (Winkler et al. 2018)

(c) *Management des System-under-Test (SuT)*, womit primär die Austauschbarkeit des zu testenden Systems etwa zwischen einem *Digitalen Zwilling*, d. h. einem digitalen Abbild des Produktionssystems im Sinne einer Virtualisierung, einer *Simulation* oder dem *physischen System* gemeint ist. Dadurch können in unterschiedlichen Entwicklungsphasen Tests schneller, sicherer oder verteilt geplant und durchgeführt werden.
(d) Effektive und effiziente *Verwaltung des Test Source-Codes*, um eine weitere Automatisierung und einen Austausch der Tests zwischen den Fachbereichen in der Produktionsanlagenplanung zu ermöglichen.

Abb. 6 beschreibt die grundlegende Architektur eines flexiblen *Test Automation Frameworks* und eine mögliche durchgängige Werkzeugkette, die alle Schichten des Frameworks umfasst. Wichtig ist zu beachten, dass die Ebenen, mehr oder weniger lose, durch Brückentechnologien wie einheitliche Schnittstellen und gemeinsame Modelle miteinander verbunden sind.

Die unterste Ebene (*Schicht 1* bzw. *System-under-Test Ebene (SuT)*) umfasst das zu testende System. Auf dieser Ebene kann (a) ein physisches System, ein digitaler Zwilling oder eine Simulation eingesetzt werden. Durch Technologien wie *OPC UA,*[11] ein Standard zur Interoperabilität von Industriekomponenten basierend auf gemeinsamen Daten- und Industriemodellen, können die Systeme flexibel ausgetauscht werden. Damit lassen sich Tests etwa während der Entwicklung auf Einzelsimulationen, wie etwa einem Roboterarm ausführen. Während der virtuellen Inbetriebnahme oder der Kommissionierung können die Tests auf der gesamten Anlage

[11] OPC UA: opcfoundation.org/about/opc-technologies/opc-ua.

ausgeführt werden. Dadurch werden schnellere Feedbackzyklen für das Entwicklerteam ermöglicht.

Die *Testautomatisierungs-Schicht (Schicht 2)* umfasst Systeme, die sich um die eigentlichen Automatisierung und Ausführung der Tests kümmern. Sie holen sich etwa *Test Source-Code* und *Source-Code* aus den *Repositories* ab, kompilieren den Code, starten die vorhandenen Tests und berechnen entsprechende Qualitätsmerkmale. *Jenkins*[12] ist ein typischer Vertreter für einen *CI&T* Server, der in der Software-Entwicklung häufig eingesetzt wird. *Jenkins* ist frei verfügbarer und verfügt über eine Vielzahl an *Plugins* und Konfigurationsmöglichkeiten. Im *Test Automation Framework* wurde *Jenkins* für die Automatisierungsaufgaben eingesetzt.

Die *Testfalldefinitions-Schicht (Schicht 3)* ist für die Erstellung von Testfällen für einzelne Komponenten und Systeme zuständig. Testfälle können dabei einzelne Komponententests, aber auch Integrationstests und Systemtests umfassen. Als Vertreter für die Testfalldefinition wurde *Cucumber*[13] eingesetzt. *Cucumber* ist ein frei verfügbares Werkzeug für die Definition von verhaltensgetriebenen Tests (*Behavioiu-Driven Testing*), die es durch eine einfache und verständliche domänenspezifischen Sprache erlaubt, Abläufe, Integrations-, System- und Akzeptanztests zu formulieren. Wesentlich dabei ist, dass die Tests zwar einem Formalismus folgen, aber weitgehend *„natürlich-sprachig"* sind. Im folgenden Beispiel (Abb. 7) wird dieses Konzept detaillierter beschrieben.

Die *Testmanagement-Schicht (Schicht 4)* ist für die Verwaltung von Anforderungen, Testfällen und Auswertungen zuständig. Im Kontext dieses Kapitels wurde *Atlassian Jira,*[14] ein *Ticketingsystem* zur systematischen Erfassung von Anforderungen und Fehlern aus dem Software Engineering, für diese Aufgaben eingesetzt. Durch diese Verwaltungsschicht ist es möglich, Testfälle fachbereichsübergreifend zu formulieren, auszuführen, und auszuwerten. *Jira* wird ebenfalls zur Kommunikation eingesetzt, um einerseits Fehlerreports für Entwickler zur Verfügung zu stellen und andererseits ein Gesamtbild des Testlaufs und somit des Projekts an Projekt- und Qualitätsleiter zu kommunizieren.

Abb. 7 illustriert einen konkreten Anwendungsfall, der für die Evaluierung der umgesetzten Prototypen verwendet wurde (Winkler et al. 2018). Dieser Prototype wurde im Rahmen einer Machbarkeitsstudie implementiert und mit Industriepartnern getestet. Der Ablauf dieses Anwendungsfalls besteht aus sechs wesentlichen Schritten:

Test Source Code (Schritt 1). Im ersten Schritt wird existierender *Source-Code*, der etwa mit *Eclipse*, einer integrierten Entwicklungsumgebung, und *JUnit 5*, einem Testrahmenwerk für Java, von *Software Test Experten* implementiert und bereitgestellt wurde, per *REST*[15] Schnittstelle aus einem Source-Code Repository,

[12]*Jenkins CIT Server*: jenkins.io/.

[13]*Cucumber*: cucumber.io/.

[14]*Atlassian JIRA*: www.atlassian.com/software/jira.

[15]REST: **RE**presentational **S**tate **T**ransfer, https://www.cloudcomputing-insider.de/was-ist-eine-rest-api-a-611116/.

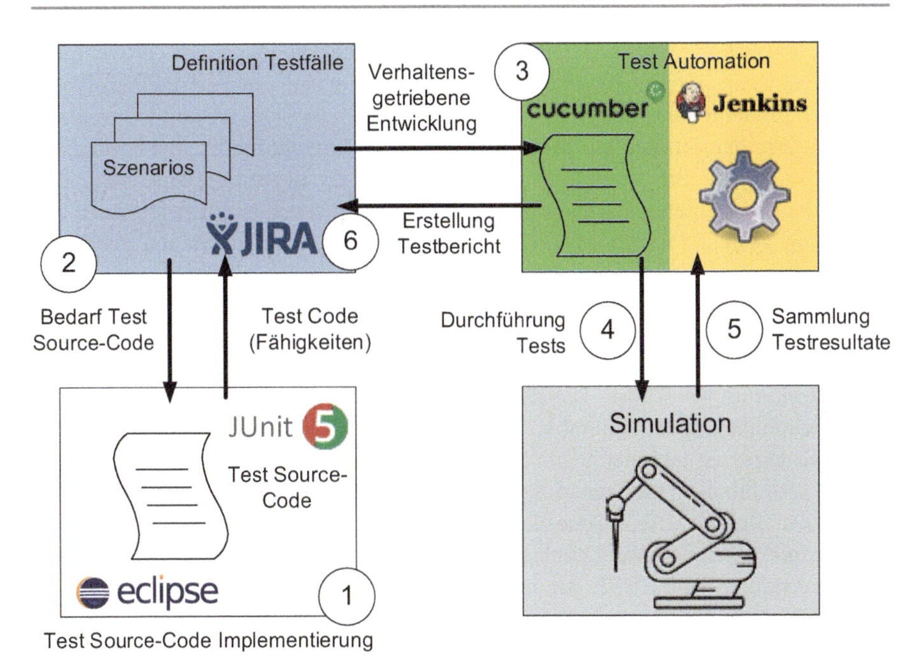

Abb. 7 Ablauf einer Werkzeugkette im *Test Automation Framework*. (Basierend auf Winkler et al. 2018)

z. B. GIT,[16] eingelesen. Diese Testfälle sind mit Hilfe einer *Gherkin-Sprache*[17] annotiert, wie sie von Testwerkzeugen, wie *Cucumber* verwendet werden. Diese Annotationen sind in der Struktur *GIVEN – WHEN – THEN* definiert und bilden Vorbedingungen (GIVEN), den Startzustand (WHEN) und die Aktion (THEN) ab. Diese Annotationen werden verwendet, um einzelne Tests bzw. Testdefinitionen für den Fachexperten nutzbar zu machen. Diese Annotationen lehnen sich an einer natürlichen Sprache an und sind demnach für Fachexperten und Domänenexperten gut verständlich.

Definition der Testfälle (Schritt 2). Diese annotierten Sprachkonstrukte werden den Fachexperten in einem Testmanagement Werkzeug, wie *Jira*, zur Verfügung gestellt. Die Fachexperten können die einzelnen Testszenarien entsprechend ihrem Testbedarf zusammenstellen und konfigurieren. Der Fachexperte als Domänenexperte, kennt die Anlage und die benötigten Testsequenzen. Aus bestehenden Testdefinitionen können diese Abläufe definiert und zu größeren Testszenarien zusammengebaut werden. Werden neue Testdefinitionen benötigt, erfolgt eine Beauftragung an den *Software Test Experten*, der den entsprechenden Source-Code zur Verfügung stellen muss, der dann wiederum vom Domänenexperten genutzt werden kann.

[16]GIT: git-scm.com.

[17]*Gherkin*: cucumber.io/docs/gherkin/reference/.

Test Automation (Schritt 3). Die vom Domänenexperten definierten Testszenarien werden von *Cucumber* interpretiert, per *Jenkins* gestartet und – im Fall des Prototyps – auf einer Simulation ausgeführt (*Schritt 4*).

Sammlung der Testresultate (Schritt 5). Jenkins ist sowohl für die Ausführung der Tests als auch für die Sammlung und Voranalyse der Ergebnisse zuständig. Die Testergebnisse werden via *Jenkins* gesammelt und in *Jira* den Domänenexperten zur Verfügung gestellt (*Schritt 6*). Basierend auf den Ergebnissen können geeignete Maßnahmen ergriffen werden.

Durch die Anwendung des *Test Automation Framework* Konzepts und des beschriebenen Anwendungsfalls ergeben sich folgende Vorteile:

(a) *Entkopplung von Rollen.* Die Rollen des Testers und Domänenexperten können auf einfache Weise getrennt werden und ermöglichen eine Entlastung der Domänenexperten und eine unabhängigere Arbeit. Der *Domänenexperte* kümmert sich also um die Test-Szenarien, während sich der *Software Test Experte* um die Bereitstellung des Test-Codes kümmert.
(b) *Flexible Werkzeugkette.* Durch die Entkopplung der jeweiligen Modelle und die Verwendung von REST Schnittstellen können einzelne Werkzeuge auf den jeweiligen Schichten ausgetauscht werden. Dadurch ergibt sich somit die benötigte Flexibilität.
(c) *Physisches System vs. Simulation.* Durch die Anbindung eines OPC/UA Modells können dieselben Testfälle und -szenarien sowohl für eine *Simulation*, einen *Digitalen Zwilling* oder ein *physisches System* eingesetzt werden. Dadurch ergeben sich zusätzliche Möglichkeiten, Fehler- oder Sonderfälle auf der Simulation zu testen, die auf dem physischen System Schäden anrichten könnten.
(d) *Zentrales Code Repository und Versionierung.* Durch die Verwendung eines Repositories (z. B. GIT) für die Steuerung-Software und Software Test Code ist beispielsweise auch eine Versionierung möglich, um bei Fehlern auf vorangegangene Code-Versionen zurückgreifen zu können.

Das Konzept des *Test Automation Frameworks* und das prototypische Design kann somit als Einstiegspunkt für eine verbesserte Qualitätssicherung, im Sinn der Testautomatisierung, im Bereich der Produktionssystemplanung gesehen werden (Winkler et al. 2019).

6 Projektbeobachtung

In verteilten und heterogenen Entwicklungsumgebungen mit komplexen Anlagenmodellen stellt sich die Frage, wie kritische Parameter, etwa *Key Performance Indicators (KPI)* (Reichert et al. 2010), die auf mehrere und unterschiedliche Datenmodelle zugreifen müssen, effizient beobachtet werden können. Diese KPIs können einerseits technische Fragen im Engineering-Projekt, wie etwa die Überwachung der maximalen Tragfähigkeit einer Bodenplatte, die maximale Stromaufnahme der

Gesamtanlage oder die Kühlkapazität einer Klimaanlage, adressieren aber auch Managementfragen, wie etwa Aufwände, Kosten und Projektzustände beantworten. In heterogenen Entwicklungsumgebungen mit lose verbundenen Software-Werkzeugen sind diese Fragestellungen, die meist mehrere Fachbereiche betreffen, nur mit hohem und zum Teil manuellem Aufwand zu beantworten, da die konkreten Parameter in seltenen Fällen bekannt sind, diese unterschiedlich benannt werden (semantische Heterogenität) und Datenpunkte über unterschiedliche und lokale Datenmodelle verstreut sind.

Abb. 8 illustriert die wesentlichen Bedarfe, Herausforderungen und Fragestellungen im Anlagen-Engineering, in dem Parameter und Rahmenbedingungen zentral in einem *Team Workspace* definiert werden sollen:

(1) *Definition.* Wie können Parametern und Rahmenbedingungen einfach und effizient zur Nutzung im Gesamtprojekt definiert werden?
(2) *Datenintegration.* Wie kann die Datensammlung und -integration über lokale und heterogene Modelle effizient organisiert werden?
(3) *Analyse.* Wie bekommt der Projektmanager Zugang zu verstreuten Engineering-Daten, ohne die Fachexperten regelmäßig mit der Datensammlung, Transformation und Analyse zu beauftragen?

Gemeinsame Konzepte bzw. eine effiziente Datenlogistik bilden die Grundlage für diesen Anwendungsfall. Neben einem konkreten Hilfsmittel (etwa ein Werkzeug, das im Fall des *Multi-Model Dashboards* (MMD) als Webanwendung

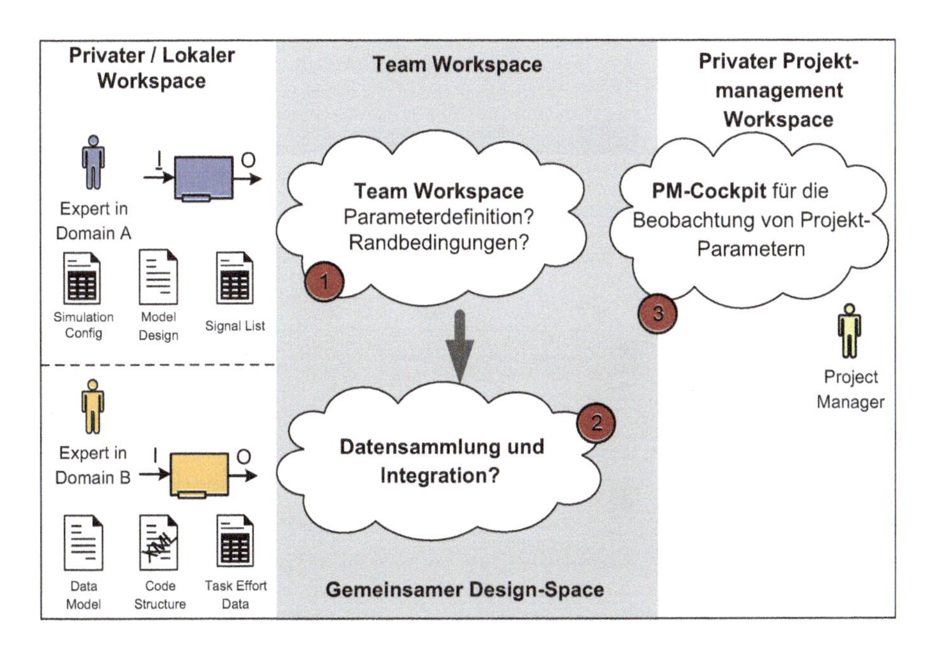

Abb. 8 Bedarf an selektiver Überwachung von Projekt-, Prozess- und Produktparametern. (Biffl et al. 2014a; Winkler et al. 2017d)

realisiert wurde), ist auch eine Prozessdefinition erforderlich, um einerseits die Parameter und Rahmenbedingungen über Fachbereichsgrenzen hinweg zu ermitteln, aufeinander abzustimmen (Definitionsphase) und entsprechend auszuwerten (Evaluierungsphase). Dieser Prozess, der anhand eines Industrieprototyps (siehe Abb. 9) illustriert wird, beinhaltet folgende grundlegenden Schritte (Biffl et al. 2014a):

1. *Definitions- und Abstimmungsphase (auf Projekt- bzw. Teamebene).* In einem ersten Schritt müssen die relevanten Daten (Bedingungen und benötigte Parameter) verfügbar gemacht werden. Dazu wird etwa ein *Publish/Subscribe* Verfahren verwendet (Eugster et al. 2003); ein Datenlieferant stellt seine Daten bereit, ein Datenkonsument kann diese Daten abonnieren und verwenden. Dazu müssen aber erst die erforderlichen Projekt- und Prozessbedingungen festgelegt werden. Relevante Projektrollen (z. B. Fachexperten, Systemintegratoren, Projekt- und Qualitätsmanager) definieren ihren konkreten Bedarf an Bedingungen, die überprüft werden sollen. Diese Bedingungen stammen meist aus Planungsdokumenten und Spezifikationen (etwa maximale Tragfähigkeit einer Bodenplatte, maximaler Energieverbrauch oder maximale Kühlkapazität). Aus diesen Bedingungen lassen sich die dafür notwendigen Parameter ableiten (etwa Masse, Energieverbrauch, oder Kühlbedarf der einzelnen Maschinen). Daraus ergibt sich eine Anfrage bei den Datenlieferanten, relevante Parameter und Datenpunkte bereit zu stellen. Angefragte und verfügbare Daten werden mittels Webapplikation dargestellt und können – sofern sie verfügbar sind – abonniert werden. Die Abstimmung,

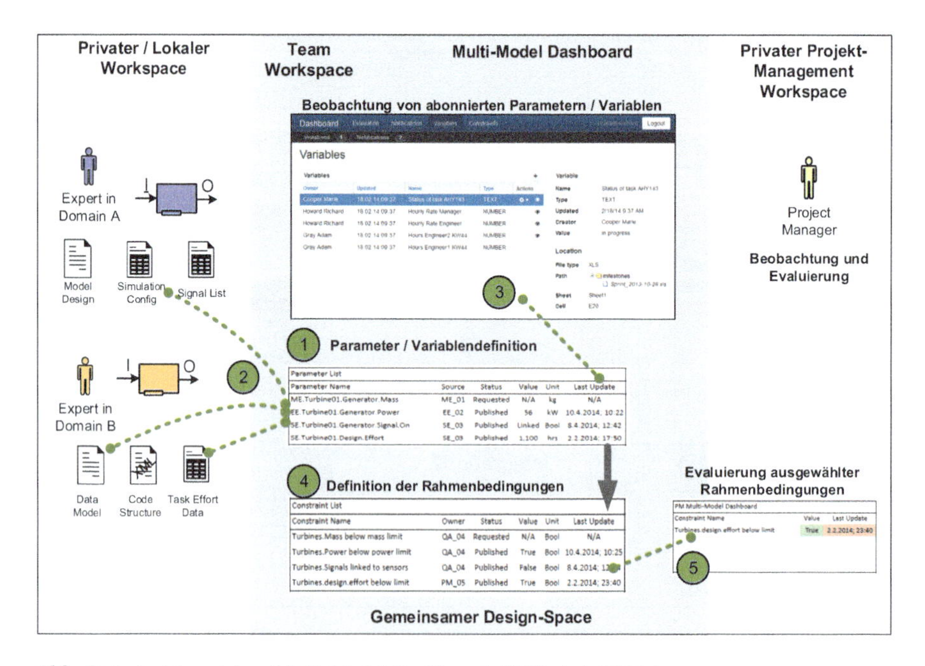

Abb. 9 Industrieprototyp: Multi-Model Dashboard. (Biffl et al. 2014a)

ob und welche Daten wie verfügbar sind, kann beispielsweise auch durch Verhandlungsprozesse wie *Easy-Win-Win* (Grünbacher 2000) unterstützt werden. Offen ist allerdings, wie verfügbare Daten tatsächlich genutzt werden können und wie einzelne Datenpunkte semantisch aufeinander abgebildet werden können.

2. *Linking, Mapping und Transformation von Datenmodellen.* In einem zweiten Schritt müssen also die konkreten Datenmodelle und Datenpunkte (Parameter und Bedingungen) identifiziert und miteinander verbunden werden. Die abgestimmten Parameter und Rahmenbedingungen (im gemeinsamen Design Workspace) werden durch Experten mit lokalen Datenmodellen und Datenpunkten verbunden und gegebenenfalls transformiert (*Linking, Mapping und Transformation*). Dazu werden die benötigten lokalen Dateien in einem gemeinsam nutzbaren Speicherbereich oder einem Versionierungssystem abgelegt (*Team Workspace*). Die Verbindung zu einzelnen Datenpunkten innerhalb einer Datei hängt vom Datenformat ab: Bei Spreadsheet-Lösungen erfolgt die Verbindung zu einem konkreten Datenpunkt über eine Verknüpfung zu einer spezifischen Zelle innerhalb des Spreadsheets; bei strukturierten Dokumenten kann über eine spezielle Kennzeichnung (Tag) ein Datenelement identifiziert und dessen Inhalt verwendet werden; in Engineering-Plänen kann meist auf konkrete Parameter oder Attribute direkt zugegriffen werden. Eine Änderung an einem Datenelement ist also unmittelbar im Team Workspace ersichtlich.
3. *Änderungserkennung in lokalen Datenmodellen.* Durch diese Verbindungen sind Änderungen einzelner Parameter unmittelbar beobachtbar und können genutzt werden, sofern der betroffene Parameter durch eine Projektrolle abonniert wurde (*Subscribe*).
4. *Evaluierung von Rahmenbedingungen.* Die Kernaufgabe des MMD, das als Webanwendung konzipiert wurde, umfasst die automatische Überprüfung von definierten Parametern und Rahmenbedingungen und Alarmierung bei Verletzung der Rahmenbedingungen. Neben der direkten Beobachtung ausgewählter Parameter (Schritt 3) ist die Auswertung von Bedingungen, die aus Berechnungen ermittelt werden, eine zentrale Aufgabe des MMD. Beispielsweise darf die maximale Tragfähigkeit einer Bodenplatte nicht überschritten werden (d. h. die Summe der Einzelmassen von Maschinen darf die maximale Tragfähigkeit nicht überschreiten); der gesamte Energieverbrauch oder der erforderliche Kühlbedarf dürfen die festgelegten Rahmenbedingungen nicht überschreiten. Je nach Anforderung können die Bedingungen mittels mathematischer Formel aus einzelnen verfügbaren Parametern berechnet und für die Evaluierung eingesetzt werden. Eine Verletzung der Rahmenbedingung hat zur Folge, dass der Beobachter unmittelbar informiert wird (über das MMD bzw. per E-Mail) und so rasch reagieren kann.
5. Die *Ergebnisse dieser Evaluierung* werden in einem Dashboard, dem MMD, bereitgestellt und stehen den individuellen Projektrollen nach Bedarf zur Verfügung. Dabei werden nur diejenigen Informationen visualisiert, die für die jeweilige Projektrolle relevant ist, d. h. die abonniert wurden.

Abb. 9 zeigt eine exemplarische Lösung eines Industrieprototypen (Biffl et al. 2014a, b) mit den unterschiedlichen Sichtweisen des MMD. Die individuellen Parameter und Variablen werden über einen *Publish/Subscribe* Mechanismus durch die Projektbeteiligten angefordert, definiert und abonniert (Pos. 1). Im folgenden Schritt (Pos. 2) werden diese benötigten Parameter mit lokalen Konzepten durch Experten verbunden, in dem relevante Dateien im Team Workspace verfügbar gemacht und mit individuellen Datenpunkten semantisch verbunden werden. Diese Verbindung ermöglicht es, relevante Parameter, sofern sie abonniert wurden, laufend zu beobachten (Pos. 3). In dieser Sicht ist sowohl eine Liste mit verfügbaren (abonnierten) Parametern als auch eine Sicht auf ausgewählte Detaildaten möglich, d. h. aktuelle Werte, Ursprung der Daten (Datei und konkrete Position innerhalb der Datei), Datentyp, sowie Zeitpunkt der letzten Aktualisierung. Zur Evaluierung von Rahmenbedingungen ist es notwendig, einzelne Parameter mittels Formeln zu verbinden um das Ergebnis der Bedingung zu berechnen, etwa eine Summenbildung zur Ermittlung der Gesamtmasse der unterschiedlichen Maschinen und die Überprüfung der Bedingung, ob die maximale Tragfähigkeit überschritten wurde. Einige Beispiele für definierte Rahmenbedingungen sind in Abb. 9 (Pos. 3) ersichtlich. Die kontinuierliche Überwachung kritischer Projektparameter und Evaluierung von Bedingungen erfolgt mit jedem Update zumindest einer Datei im lokalen Workspace, synchronisiert mit dem Team Workspace. Ein Beispiel einer Evaluierung ist in Abb. 9 (Pos. 5) ersichtlich. Dabei wird sowohl das Ergebnis der Evaluierung, als auch der Zeitpunkt der letzten Aktualisierung dargestellt. Je nach Konfiguration des MMD, kann der Projektteilnehmer etwaige Alarmierungen nicht nur im MMD beobachten, sondern auch explizit per E-Mail darüber informiert werden.

Das *Multi-Model Dashboard* bietet somit eine flexible Möglichkeit einer selektiven Beobachtung von kritischen Projektparametern, sowohl auf technischer Ebene (Biffl et al. 2014b) als auch auf organisatorischer Ebene, etwa für das Projektmanagement (Biffl et al. 2014a). Gemeinsame Konzepte oder integrierte Anlagenmodelle, wie sie beispielsweise durch *AutomationML* bereitgestellt werden, bilden die Grundlage für einen flexibel definierbaren Datenaustausch (Biffl et al. 2015). Durch die Beobachtung von kritischen Parametern und die Überprüfung von Produkt-, Prozess- und Projektbedingungen sind etwa Fachexperten in der Lage, rasch auf Änderungen reagieren zu können oder Abweichungen zu erkennen. Projekt- und Qualitätsleiter können geeignete organisatorische KPIs definieren und beobachten, zeitnahe auf aktuelle Projektgegebenheiten reagieren und somit auch das Risiko für den Projekterfolg reduzieren.

7 Zusammenfassung und Ausblick

Industrie 4.0 erfordert den Austausch von Engineering-Daten über Fachbereiche hinweg und entlang einer Werkzeugkette (VDI 2014), der nicht nur für die technische Umsetzung von Anlagenplanungsprojekten, sondern auch für Maßnahmen der Qualitätssicherung effizient eingesetzt werden kann. Aufbauend auf dem Prozessmodell nach VDI 2206 (VDI 2206 2004) und integrierten Anlagenmodellen bzw.

einer effizienten Datenlogistik wurden in diesem Kapitel konkrete Bedarfe und Lösungsmöglichkeiten für die Qualitätssicherung aus unterschiedlichen Sichten beschrieben. Dabei wurden sowohl das frühe Erkennen von Fehlern und Abweichungen, Testautomatisierungskonzepte als auch die Beobachtung von kritischen Produkt-, Prozess- und Projektparametern – zentrale Herausforderungen im Anlagen-Engineering – diskutiert. Integrierte Anlagenmodelle und eine effiziente Datenlogistik (Biffl et al. 2019b) bilden die Grundlage für erweiterte Maßnahmen der Qualitätssicherung zur Steigerung der Produkt-, Prozess- und Projektqualität. *AutomationML* stellt – als Beschreibungsmodell für Engineering-Daten – eine vielversprechende Möglichkeit dar, um einen effizienten Datenaustausch im Sinn von Industrie 4.0 zu ermöglichen (Drath 2010) und dadurch auch neue und effizientere Maßnahmen der Qualitätssicherung zu unterstützen.

In diesem überarbeiteten Kapitel (vgl. Winkler et al. 2017d) liegt der Fokus auf der Verwendung von Modellen und Konzepten im Zusammenhang mit Aspekten der Qualitätssicherung. Dabei wurden die Themenbereiche „*Fachinspektionen durch Experten*“, „*Testautomatisierung*“ und „*Projektbeobachtung*“ anhand konkreter Bedarfe und Lösungsansätze beschrieben.

Fachinspektionen durch Experten. Durch integrierte Datenmodelle (Moser und Biffl 2012; Drath 2010) und abgestimmte Änderungsmanagementprozesse (Winkler et al. 2011) können Änderungen, Abweichungen und mögliche Fehler automatisiert erkannt werden. Bewährte Methoden der Qualitätssicherung, etwa Reviews und Inspektionen (Rösler et al. 2013) können eingesetzt werden, um fokussiert diese Änderungen, Abweichungen und mögliche Fehler zu analysieren (Winkler und Biffl 2015). **Fokussierte Inspektionen** ermöglichen also die Bewertung wesentlicher Änderungen anstatt eine Bewertung des gesamten Anlagenmodells (auch unveränderte Anlagen- und Modellteile) auf Fehler zu untersuchen. Dadurch ist einerseits eine erhebliche Kostenreduktion (Untersuchung von relevanten Anlagenteilen anstatt der Gesamtanlage) als auch eine Qualitätsverbesserung zu erwarten.

Eine zentrale Herausforderung stellt sich im Rahmen eines *Wartungsprojektes*, falls etwa Komponenten oder Anlagenteile ausgetauscht werden müssen. Häufig muss der Steuerungs-Code neu geschrieben werden, da die Programmsprache – auch wenn die Ersatzkomponente vom selben Hersteller stammt – unterschiedlich sein kann. Modellinspektionen oder Fachinspektionen können dabei helfen, basierend auf einer abstrakten Modellrepräsentation des Source-Codes eine entsprechende Überprüfung durchzuführen, um dasselbe Systemverhalten sicherstellen zu können. Das vorgestellte Konzept der **Modellinspektion** kann dabei helfen, unterschiedlichen Source-Code Varianten, wie sie im vorliegenden typischen Anwendungsfall (Austausch einer Roboterkomponente) auftreten können, unabhängig von der Programmiersprache durch abstrakte Repräsentationen mittels Inspektion auf vergleichbares Systemverhalten zu überprüfen (Meixner et al. 2019b).

Testautomatisierung. Während Fachinspektionen durch Experten speziell eingesetzt werden können, um eine formale Überprüfung von Referenzdokumenten im Hinblick auf Engineering-Modelle oder Anlagendetails durchzuführen, zielen Konzepte der Testautomatisierung darauf ab, bestimmte Funktionalitäten zu automatisch testen. Während im Anlagenengineering weitgehend manuelle Tests oder starre Werkzeugketten zum Einsatz kommen, können Testansätze aus der Software-Entwicklung helfen, Tests im Anlagenengineering zu verbessern und zu automatisieren. Der **End-to-End Integrationstest** kann etwa helfen, fehlerhafte bzw. unvollständige oder falsche Modelldaten zwischen unterschiedlichen Fachbereichen aufzudecken (Winkler et al. 2011). Diese Tests sind bereits während der Engineering-Phasen einsetzbar, um frühzeitig Konfigurationsfehler zu erkennen. Starre Werkzeugketten für automatisierte Tests können zwar helfen, dieselben Tests wiederholt durchzuführen, allerdings wird die Wartung, Erweiterung und Ergänzung zunehmen schwierig, da durch die Fachexperten, die Expertise der Domäne, des Testautomatisierungsexperten und Software Test Experten erfüllen muss. Ein flexibles **Test Automation Framework** ermöglicht eine flexible und konfigurierbare Möglichkeit, um Testfälle geeignet zu definieren und auch die Testinfrastruktur laufend zu erweitern und zu warten. Anhand von Software Engineering Best Practices wurden das *Test Automation Framework* sowohl von der Prozess-Seite beleuchtet als auch dessen praktische Anwendbarkeit anhand eines industriellen Anwendungsfalls gezeigt. Neben der flexiblen Erweiterbarkeit des Frameworks ermöglicht das Konzept auch die Entkopplung der Rollen von Fachexperten und Experten für Software Tests und Testautomatisierung (Winkler et al. 2018).

Projektbeobachtung. Die Projektbeobachtung ist ein zentrales Konzept für die Planung und Steuerung sowohl für Projekt- und Qualitätsmanager als auch für Fachexperten, um ausgewählte und kritische Parameter zu überwachen und somit den Überblick über das Gesamtprojekt zu behalten. Das **Multi-Model Dashboard** (MMD) ermöglicht die Definition und selektive Beobachtung von kritischen Produkt-, Prozess-, und Projektparametern und unterstützt Fachexperten und Manager dabei, punktuelle Änderungen rasch und zuverlässig zu erkennen und dadurch das Risiko zu minimieren (Biffl et al. 2014a, b). Um den Überblick über das Gesamtprojekt (aus Projekt- oder Qualitätsmanagementsicht) zu erhalten, hilft das *Engineering Cockpit* dabei, sowohl den Projektstatus als auch die Summe und die Auswirkung von Änderungen über das Gesamtprojekt transparent zu machen (Moser et al. 2011); (Winkler et al. 2017d). Dadurch sind Rückschlüsse auf das jeweilige Projekt im Hinblick auf Projektbeobachtung und Risikomanagement möglich. In weiterer Folge kann auch das Projekt-Wissen genutzt werden, um Verbesserungsprozesse auf organisatorischer Ebene anzustoßen.

Ausblick. Die in diesem Kapitel beschriebenen Bedarfe, Anwendungsfälle und Konzepte können in konkreten Anwendungsumfeldern genutzt werden, um einerseits lokale Bedarfe zu erheben und andererseits existierende Lösungen zu bewerten. Aus Diskussionen mit Fachexperten ergeben sich laufend neue Bedarfe und Herausforderungen im integrierten Anlagen-Engineering und in der Qualitätssicherung, die durch integrierte Daten und Anlagenmodelle entlang der Wertschöpfungskette gelöst werden können. Basierend auf dem standardisierten Datenaustauschformat *AutomationML* können die vorgestellten Konzepte und Lösungsansätze zur Verbesserung und Weiterentwicklung von Qualitätssicherungsmaßnahmen genutzt werden.

Im Kontext der kontinuierlichen Verbesserung nach VDI 3695 ergeben sich Möglichkeiten zur Prozessverbesserung auf Projektebene (VDI 3695 2010/2014). Basierend auf der Verfügbarkeit von vernetzten und integrierten Daten können mittels einer effizienten Datenlogistik (Biffl et al. 2019b) Projektdaten effizient gesammelt, aggregiert und ausgewertet werden um, gemeinsam mit Engineering-Wissen, die Grundlage für Verbesserungsinitiativen für Prozesse und Methoden auf Organisationsebene zu schaffen. Im Kontext dieses VDI/VDE Standards können weiterfolgende Verbesserungsmaßnahmen im Zusammenhang mit Technischer Schuld (*Technical Debt*) sowie Qualitätsrisiken ermittelt, geplant und umgesetzt werden (Biffl et al. 2011, 2019a).

Literatur

Aurum A, Petersson H, Wohlin C (2002) State-of-the-art: software inspection after 25 years. J Softw Test Verif Reliab 12(3):133–154

Biffl S, Schatten A, Zoitl A (2009) Integration of heterogeneous engineering environments for the automation systems lifecycle. In: Proceedings of the 7th international conference on industrial informatics (INDIN), Cardiff, Wales, UK, S 576–581

Biffl S, Moser T, Winkler D (2011) Risk assessment in multi-disciplinary (software+) engineering projects. Int J Softw Eng Knowl Eng 21(2):211–236

Biffl S, Winkler D, Mordinyi R, Scheiber S, Holl G (2014a) Efficient monitoring of constraints in a multi-disciplinary engineering project with semantic data integration in the multi-model dashboard process. In: Proceedings of the 19th IEEE international conference on emerging technologies and factory automation (ETFA), IEEE, Barcelona, Spain

Biffl S, Lüder A, Schmidt N, Winkler D (2014b) Early and efficient quality assurance of risky technical parameters in a mechatronic design process. In: Proceedings of the 40 annual conference of the IEEE industrial electronics society (IECON), Dallas, TX, USA, S 2544–2550

Biffl S, Lüder A, Mätzler E, Schmidt N, Wimmer M (2015) Linking and versioning support for automationML: a model-driven engineering perspective. In: Proceedings of the 13th IEEE international conference on industrial informatics (INDIN), Cambridge, UK

Biffl S, Lüder A, Rinker F, Waltersdorfer L, Winkler D (2019a) Quality risks in the data exchange process for collaborative CPPS engineering. In: Proceedings of the IEEE international conference on industrial informatics (INDIN), IEEE, Helsinki-Espoo

Biffl S, Lüder A, Rinker F, Waltersdorfer L (2019b) Efficient engineering data exchange in multi-disciplinary systems engineering. In: International conference on advanced information systems engineering (CAISE), Springer, Cham, S 17–31

DIN EN 62714 (2015) Datenaustauschformat für Planungsdaten industrieller Automatisierungssysteme – Automation Markup Language – Teil 1: Architektur und allgemeine Festlegungen, DIN EN 62714-1:2015-06, IEC 62714-1:2014, EN 62714-1:2014

Drath R (Hrsg) (2010) Datenaustausch in der Anlagenplanung mit AutomationML: integration von CAEX, PLCOpenXML und COLLADA, Springer, Berlin/Heidelberg. ISBN 978-3-642-04673-5

Duvall PM, Matyas S, Glover A (2007) Continuous integration: improving software quality and reducing risk. Addison-Wesley/Pearson Education, Boston, MA

Eugster PT, Felber PA, Guerraoui R, Kermarrec A-M (2003) The many faces of publish/subscribe. ACM Comput Surv 35(2):114–131

Fay A, Biffl S, Winkler D, Drath R, Barth M (2013) A method to evaluate the openness of automation tools for increased interoperability. In: Proceedings of the 39th annual conference of the IEEE industrial electronics society (IECON), IEEE, Vienna, Austria, S 6842–6847

Grimmer A, Angerer F, Prahofer H, Grünbacher P (2016) Supporting program analysis for non-mainstream languages: experiences and lessons learned. In: 2016 IEEE 23rd international conference on software analysis, evolution, and reengineering (SANER), IEEE, Suita, Japan, S 460–469

Grünbacher P (2000) Collaborative requirements negotiation with EasyWinWin. In: Proceedings of the 23rd international workshop on database and expert systems applications, London, UK, S 954–958

IEC 61131-3 (2013) Int. Standard ISO/IEC/IEEE 61131-3:2013 Programmable controllers – part 3: programming languages, International Organization for Standardization, IEC 61131-3:2013
ISO 29119-1 (2013) ISO Software and systems engineering – software testing – part 1: concepts and definitions, International Organization for Standardization, ISO 29119-1:2013
Jones J (2003) Abstract syntax tree implementation idioms. In: Proceedings of the 10th conference on pattern languages of programs (PLOP2003), Urbana, IL, USA, S 1–10
Kovalenko O, Serral E, Sabou M, Ekaputra FJ, Winkler D, Biffl S (2014) Automating cross-disciplinary defect detection in multi-disciplinary engineering environments. In: Proceedings of 19th international conference on knowledge engineering and knowledge management (EKAW), Linköping, Sweden
Meixner K, Winkler D, Biffl S (2019a) Supporting domain experts by using model-based equivalence class partitioning for efficient test data generation. In: Proceedings of the 24th international conference on emerging technologies and factory automation (ETFA), IEEE, Zaragoza (im Druck)
Meixner K, Winkler D, Novak P, Biffl S (2019b) Towards model-driven verification of robot control code using abstract syntax trees in production systems engineering. In: Proceedings of the 7th international conference on model-driven engineering and software development, Modelsward, Prague, S 404–411
Mordinyi R, Moser T, Winkler D, Biffl S (2012) Navigating between tools in heterogeneous automation systems engineering landscapes. In: Proceedings of the 38th annual conference of the IEEE industrial electronics society (IECON), IEEE, Montreal, QC, Canada, S 6182–6188
Moser T, Biffl S (2012) Semantic integration of software and systems engineering environments. IEEE Trans Syst Man Cybern Part SMC-C (Appl Rev), Spec Semantics-enabled Softw Eng 42(1):38–50. IEEE, ISSN 1094-6977
Moser T, Mordinyi R, Winkler D, Biffl S (2011) Engineering project management using the engineering cockpit. In: Proceedings of the 9th international conference on industrial informatics (INDIN), Caparica, Lisbon, Portugal, S 579–584
Myers GJ (2011) The art of software testing, 3 Aufl. Wiley, Hoboken, New Jersey. ISBN 978-1118031964
OMG (2011) Architecture-driven Modernization: abstract syntax tree metamodel. Object Management Group, Needham, MA [Online; 2018-11-12]
Reichert R, Kunz A, Moryson R, Wegener K (2010) A key performance indicator system of process control as a basis for relocation planning. In: Proceeding of the 43rd CIRP conference on manufacturing systems, Vienna, Austria, S 805–812
Rösler P, Schlich M, Kneuper R (2013) Reviews in der System- und Softwareentwicklung: Grundlagen, Praxis, kontinuierliche Verbesserung, 1. Aufl. dpunkt, Heidelberg. ISBN 978-3864900945
Schafer W, Wehrheim H (2007) The challenges of building advanced mechatronic systems. In: Future of software engineering (FOSE '07), Conf Location: Minneapolis, MN, USA; Publisher: IEEE, Piscataway, NJ, USA, S 72–84
Schmidt N, Lüder A, Biffl S, Steininger H (2014) Analyzing requirements on software tools according to functional engineering phase in the Technical Systems Engineering Process. In: Proceedings of the 19th IEEE international conference on emerging technologies and factory automation (ETFA), IEEE, Barcelona, Spain
VDI 2206 (2004) Entwicklungsmethodik für mechatronische Systeme, VDI-Gesellschaft Entwicklung Konstruktion Vertrieb (VDI-EKV)VDI 2206, Juni 2004
VDI/VDE (2014) Industrie 4.0 – Wertschöpfungsketten, VDI/VDE Gesellschaft Mess- und Automatisierungstechnik, Statusreport April 2014
VDI/VDE 3695 (2010/2014) Engineering von Anlagen – Evaluierung und optimieren des Engineerings, Blatt 1 „Grundlagen und Vorgehensweisen" und Blatt 2 „Themenfeld Prozesse" (jeweils 2010-11), Blatt 3 „Themenfeld Methoden" und Blatt 4 „Themenfeld Hilfsmittel", sowie Blatt 5 „Themenfeld Aufbauorganisation" (2014-11), VDI/VDE Gesellschaft Mess- und Automatisierungstechnik

Vogel-Heuser B, Zou M, Ocker F, Seitz M (2019) Diagnose von Inkonsistenzen in heterogenen Engineeringdaten. In: Vogel-Heuser B, Bauernhansl T, ten Hompel M (Hrsg) Handbuch Industrie 4.0. Springer, Berlin/Heidelberg

Winkler D, Biffl S (2012) Improving quality assurance in automation systems development projects. In: Quality assurance and management, Book Chapter. Intec Publishing, Rijeka

Winkler D, Biffl S (2015) Focused inspection to support quality assurance in automation systems engineering environments. In: Proceedings of the 16th international conference on product-focused software process improvement (Profes). Springer, Bozen-Bolzano

Winkler D, Moser T, Mordinyi R, Sunindyo WD, Biffl S (2011) Engineering object change management process observation in distributed automation systems projects. In: Proceedings of the 18th EuroSPI conference on systems software and service process improvement, communication in computer and information science, Springer, Roskilde, Denmark, S 73–85

Winkler D, Ekaputra FJ, Biffl S (2016) AutomationML review support in multi-disciplinary engineering environments. In: Proceedings of the 21st IEEE international conference on emerging technologies and factory automation (ETFA), IEEE, Berlin

Winkler D, Sabou M, Petrovic S, Carneiro G, Kalinowski M, Biffl S (2017a) Improving model inspection with crowdsourcing. In: Proceedings of the 4th workshop on crowdsourcing in software engineering (CSI-SE), international conference on software engineering (ICSE), ACM/IEEE, Buenos Aires, S 30–34

Winkler D, Sabou M, Biffl S (2017b) Improving quality assurance in multi-disciplinary engineering environments with semantic technologies. In: Kounis LD (Hrsg) Quality control and assurance – an ancient Greek Term ReMastered. INTEC Publishing, Rijeka S 177–200

Winkler D, Wimmer M, Berardinelli L, Biffl S (2017c) Towards model quality assurance for multi-disciplinary engineering. In: Biffl S, Lüder A, Gerhard D (Hrsg) Multi-disciplinary engineering of cyber-physical production systems. Springer, Cham, S 433–457

Winkler D, Mordinyi R, Biffl S (2017d) Qualitätssicherung in heterogenen und verteilten Entwicklungsumgebungen für industrielle Produktionssysteme. In: Vogel-Heuser B, Bauernhansl T, ten Hompel M (Hrsg) Handbuch Industrie 4.0 Bd 2. Springer, Berlin/Heidelberg, S 259–278

Winkler D, Meixner K, Biffl S (2018) Towards flexible and automated testing in production systems engineering projects. In: Proceedings of the 23rd international conference on emerging technologies and factory automation, IEEE, Torino, S 169–176

Winkler D, Meixner K, Novak P (2019) Efficient test automation in production systems engineering, Chapter 9. In: Biffl S, Eckhart M, Lüder A, Weippl E (Hrsg) Security and quality improvement for engineering flexible software-intensive systems. Springer, Cham

Diagnose von Inkonsistenzen in heterogenen Engineeringdaten

Stefan Feldmann und Birgit Vogel-Heuser

Zusammenfassung

Industrie 4.0 bedeutet mehr Komplexitat – nicht zuletzt auch während des Engineerings automatisierter Produktionssysteme. Essenziell für den Erfolg von Industrie 4.0-Entwicklungsprojekten ist, dass Fehler während der Entwicklung frühzeitig erkannt und behoben werden. Solche Fehler manifestieren sich in vielen Fällen durch Inkonsistenzen in den Engineeringdaten, die oftmals sehr heterogener Natur sind. Zur Adressierung dieser Problematik analysiert dieses Kapitel die Herausforderung des Managements (d. h. der Erkennung und Behebung) von Inkonsistenzen in heterogenen Engineeringdaten und stellt einen Ansatz zur Diagnose von Inkonsistenzen vor.

1 Einleitung

Die Umsetzung von Industrie 4.0 birgt ein erhöhtes Maß an Komplexität während des Engineerings und Betriebs automatisierter Produktionsanlagen. Insbesondere der interdisziplinäre Charakter von Industrie 4.0-Entwicklungsprojekten in der industriellen Produktionsautomatisierung führt zu der Beteiligung einer Vielzahl von Akteuren – beispielsweise aus den unterschiedlichen Ingenieursdisziplinen Mechanik, Elektrotechnik/Elektronik und Software, aber auch aus angrenzenden Disziplinen wie dem Projektmanagement. Diese Vielzahl an beteiligten Akteuren verwenden dabei heterogene Modellierungsansätze, Formalismen und Softwarewerkzeuge (Broy et al. 2010; Gausemeier et al. 2009) sowie unterschiedliche Abstraktionsgrade (Hehenberger et al. 2007; Rieke et al. 2012). Während der Entwicklung von auto-

S. Feldmann (✉) · B. Vogel-Heuser
Lehrstuhl für Automatisierung und Informationssysteme, Technische Universität München, Garching, Deutschland
E-Mail: feldmann@ais.mw.tum.de; vogel-heuser@ais.mw.tum.de

B. Vogel-Heuser et al. (Hrsg.), *Handbuch Industrie 4.0*,
https://doi.org/10.1007/978-3-662-58528-3_91

matisierten Produktionssystemen entsteht somit eine heterogene Modelllandschaft, die insbesondere von überlappenden, teilweise redundant modellierten Informationen geprägt ist. Diese Überlappungen und Redundanzen können, vor allem wenn die Modelle an geänderte System- oder Produktanforderungen angepasst werden müssen, zu Inkonsistenzen führen, die – wenn sie zu spät erkannt werden – fehlerhafte Entscheidungen hervorrufen können. Ein prominentes Beispiel für solche fehlerhaften Entscheidungen ist die Mission des Mars Climate Orbiters, die aufgrund eines Navigationsfehlers infolge einer Inkonsistenz in den verwendeten physikalischen Einheiten fehlschlug (NASA 2000). Die frühzeitige Erkennung und Behebung von Inkonsistenzen ist somit essenziell für das Engineering von automatisierten Produktionssystemen und wird darüber hinaus für Anwendungen im Kontext von Industrie 4.0, die insbesondere die Komplexität der Engineeringdaten erhöhen, zunehmend an Wichtigkeit gewinnen.

Inkonsistenzen im Engineering automatisierter Produktionsanlagen können dabei vielfältig sein. Zum einen können statische Inkonsistenzen in Strukturmodellen auftreten, sowie dynamische Inkonsistenzen in Verhaltensmodellen. Statische Inkonsistenzen können dabei einerseits Fehler mit gravierenden Auswirkungen (beispielsweise infolge der Inkompatibilitat von Einheiten oder der Über- bzw. Unterspezifikation von Parametern) implizieren, andererseits dagegen weniger gravierende Auswirkungen bewirken (beispielsweise bei Verletzungen von Namenskonventionen). Während die Erkennung von statischen Inkonsistenzen ohne Ausführung (dynamischer) Modelle, wie beispielsweise Simulationsmodelle, möglich ist, erfordert das Management von dynamischen Inkonsistenzen die Ausführung selbiger. Der Fokus dieses Kapitels liegt insbesondere auf der Erkennung statischer Inkonsistenzen, die oftmals infolge der Abhängigkeit zwischen verschiedenen, heterogenen Modellen auftreten.

Viele verfügbare Softwarewerkzeuge ermöglichen bereits die Überprüfung der Konformität modellierter Informationen gegenüber syntaktischen oder Wohlgeformtheitsregeln – eine ganzheitliche, disziplinübergreifende Definition und Überprüfung von Inkonsistenzregeln wird bisher aufgrund der Heterogenität der verschiedenen, disziplinspezifischen Informationen jedoch kaum unterstützt. Für das Engineering automatisierter Produktionssysteme werden potenzielle Entwicklungsfehler meist während Verifikations- und Validierungsphasen identifiziert. Da die Verifikation und Validierung jedoch oftmals erst in sehr späten Phasen des Entwicklungsprozesses stattfinden (Isermann 2008), kann die Erkennung und Behebung von Inkonsistenzen kostspielig sein. Ein Ansatz, der die kontinuierliche, (teil-)automatische Erkennung und Behebung von Inkonsistenzen ermöglicht, würde folglich signifikant bei der Entwicklung automatisierter Produktionssysteme unterstützen, indem das Auftreten von Inkonsistenzen kontinuierlich (teil-)automatisch überwacht und behoben wird.

Ein erster Schritt zur Adressierung der zuvor beschriebenen Problematik ist die effiziente Diagnose von Inkonsistenzen in heterogenen Engineeringdaten. Die Diagnose umfasst dabei nicht nur die *Lokalisierung* von Inkonsistenzen, sondern auch die *Identifikation* der Gründe für das Auftreten der Inkonsistenz sowie die *Klassifikation* derselben (Nuseibeh et al. 2000). Im folgenden Abschnitt wird zunächst ein Anwendungsbeispiel aufgezeigt, das die Herausforderungen des Inkonsistenzmanagements illustriert. Darauffolgend werden im Abschn. 3 die Anforderungen an das Management (d. h. die Erkennung und Behebung) von Inkonsistenzen in heterogenen Modelllandschaften analysiert und in Abschn. 4 dem Stand der Forschung und Technik gegenübergestellt. Das Konzept zur Diagnose von Inkonsistenzen in heterogenen Engineeringdaten wird anhand eines Beispielszenarios in Abschn. 5 erläutert. Abschn. 6 diskutiert die gewonnenen Erkenntnisse und Limitationen des Ansatzes und gibt einen Ausblick auf weitere, notwendige Forschungsbedarfe. Der Beitrag greift somit bestehende Forschungsergebnisse der Autoren auf, einerseits zum konzeptionellen Framework zum Inkonsistenzmanagement (vgl. Feldmann et al. 2015a) und andererseits zum Vergleich verschiedener Ansätze zum Inkonsistenzmanagement (vgl. Feldmann et al. 2015b), und leitet Forschungsgegenstände ab, die in zukünftigen Arbeiten adressiert werden müssen.

2 Anwendungsbeispiel

Zur Illustration der Herausforderungen, die sich infolge des Inkonsistenzmanagements ergeben, wird im Folgenden ein Anwendungsbeispiel anhand eines Demonstrators der Fertigungstechnik aufgezeigt – der Pick and Place-Unit (PPU (Vogel-Heuser et al. 2014a), Abb. 1). Obwohl die PPU ein akademischer Labordemonstrator ist, bildet sie einen Teil der Herausforderungen der modellbasierten Entwicklung mechatronischer Systeme ab. Die PPU besteht aus vier Modulen: Dem *Stapel,* dem *Kran,* dem *Stempel* und der *Rampe.* Der Stapel repräsentiert die Werkstückquelle. In einem ersten Schritt wird ein Werkstück aus dem Stapel in eine Übergabeposition übergeben. Der Kran greift das Werkstück und transportiert dieses zum Stempel, in welchem das

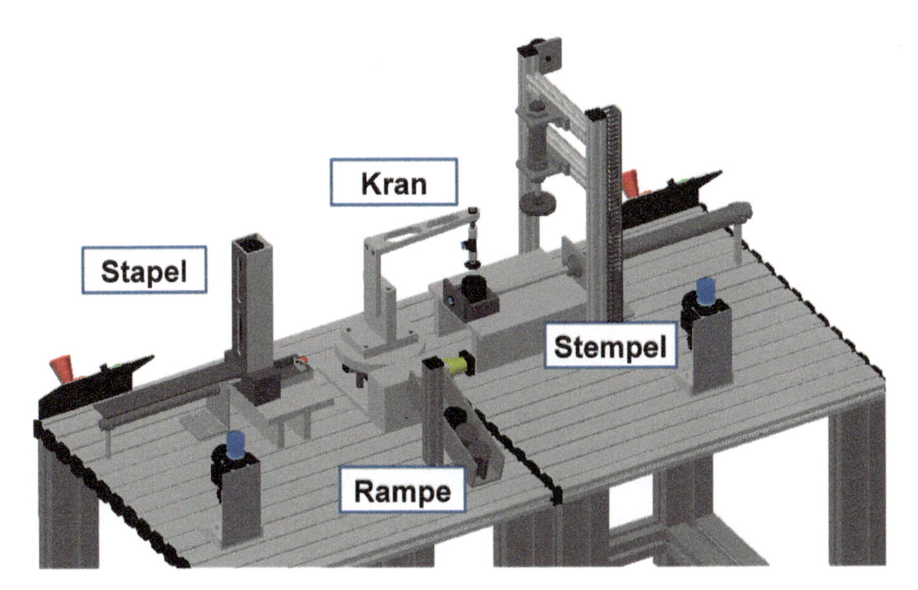

Abb. 1 Überblick über die Pick and Place-Unit. (Vogel-Heuser et al. 2014a)

Werkstück eingespannt und gestempelt wird. Nachdem der Stempelprozess abgeschlossen ist, wird das Werkstück vom Kran zur Rampe transportiert.

Die Dokumentationen der PPU bilden dabei nicht nur Aspekte des „klassischen" Engineerings automatisierter Produktionssysteme ab, sondern auch weitere Aspekte, die sich beispielsweise im Rahmen von Industrie 4.0 ergeben. So existieren neben den „klassischen" Evolutionsszenarien, die sich infolge einer sequentiellen (Weiter-) Entwicklung mechatronischer Systeme ergeben (Vogel-Heuser et al. 2014a), auch parallele Evolutionsszenarien, beispielsweise zum Einbezug von Ferndiagnose-Funktionalitäten oder aber zur Realisierung von Selbstadaptivität bis hin zur Selbstheilung des Systems (Vogel-Heuser et al. 2014b). Die PPU ist somit ausreichend geeignet, um die Herausforderungen des Inkonsistenzmanagements in heterogenen Engineeringdaten im Kontext von Industrie 4.0 abzubilden.

3 Anforderungen für das Inkonsistenzmanagement

Der Begriff der *Konsistenz* wird in der Literatur vorwiegend durch sein Antonym *Inkonsistenz* definiert: Ein Modell (oder eine Menge von Modellen) wird als inkonsistent bezeichnet, wenn zwei Aussagen im Modell (oder in einer Menge von Modellen) nicht gleichzeitig erfüllbar sind (Spanoudakis und Zisman 2001), d. h. wenn sie widersprüchlich sind. Enthält das Modell keine bekannten Widersprüche, so wird es folglich als *konsistent* bezeichnet (Herzig et al. 2014). Inkonsistenzen treten beispielsweise aufgrund parallel entwickelter Modelle, schlecht verstandener Abhängigkeiten, ungenauer Anforderungen oder fehlender Informationen auf (Mens et al. 2006). Die Diagnose und Auflösung (d. h. das Management) von Inkonsistenzen ist somit notwendig, wenn Modelle in kollaborativen Projekten erstellt und gepflegt werden (Hehenberger et al. 2007). Besonders schwerwiegend sind Inkonsistenzen, deren Auftreten zu fehlerhaften Entscheidungen im Engineering führen. Insbesondere die starken Abhängigkeiten zwischen den einzelnen Disziplinen, die am Engineering automatisierter Produktionssysteme beteiligt sind, sind dabei kritisch: Die Vielzahl an beteiligten Akteuren, deren verschiedene Betrachtungsgegenstände und Aufgaben, die im Engineeringprozess adressiert werden und damit eng miteinander verbunden sind, führen zu einer Vielzahl von potenziellen Inkonsistenzen in der heterogenen Modelllandschaft. Dies führt zu Anforderungen, die von einem Ansatz zum Management von Inkonsistenzen adressiert werden müssen.

Anforderung A1 – Heterogenität der Modelle

Um die verschiedenen Betrachtungsgegenstände der an der Entwicklung automatisierter Produktionssysteme beteiligten Akteure geeignet zu adressieren, kommt eine Vielzahl an Modellierungsansätzen, Formalismen und Softwarewerkzeugen zum Einsatz – für das Beispiel der PPU beispielsweise CAD-Systeme in der mechatronischen Entwicklung, Stromlaufpläne in der elektronischen/elektrischen Entwicklung und Steuerungssoftware in der Softwareentwicklung. Dies führt zu unterschiedlichen, heterogenen Modellen, die verschiedene Formalismen und Abstraktionsgrade verwenden, um die disziplinspezifischen Aspekte des betrachteten Systems abzubilden. Ein Anforderungsmodell, das die von der PPU zu realisierenden Funktionalitäten in den frühen Phasen des Engineerings spezifiziert, beinhaltet beispielsweise noch wenig konkrete Informationen, während ein Softwaremodell, welche das zu realisierende Steuerungsverhalten der PPU beschreibt, logische Verknüpfungen der Ein- und Ausgänge der PPU-Steuerung beschreibt. Diese Heterogenität der Modelle stellt eine zentrale Herausforderung dar (Broy et al. 2010; Gausemeier et al. 2009), da die Zusammenführung derselben schwierig ist. Folglich ist die Übersetzung der vielfältigen, heterogenen Modelle in einen gemeinsamen Repräsentationsformalismus unerlässlich, um auf dieser Basis Inkonsistenzen diagnostizieren und auflösen zu können.

Anforderung A2 – Semantische Abhängigkeiten

Die während des Engineering erstellten oder genutzten Modelle beschreiben oftmals sich überlappende Informationen. Infolgedessen entstehen semantische Abhängigkeiten zwischen den Modellen (Spanoudakis und Zisman 2001), die sich durch das Vorhandensein von redundant modellierten oder voneinander abhängigen Informationen (z. B. durch verschiedene Abstraktionsgrade) abzeichnen. Im Anwendungsbeispiel der PPU werden beispielsweise Eingänge und Ausgänge im Stromlaufplan definiert, die wiederum ihre Korrespondenz in den Ein- bzw. Ausgangsvariablen der Steuerungssoftware finden. Die Definition und die Identifikation solcher semantischen Abhängigkeiten zwischen den Modellen sind jedoch zeit- und kostenintensiv (Spanoudakis und Zisman 2001). Ein Mechanismus zur Identifikation und Definition der Abhängigkeiten zwischen konkreten Modellinstanzen ist somit essenziell für die Identifikation von Inkonsistenzen. Ein Ansatz zum Inkonsistenzmanagement in heterogenen Engineeringdaten und -modellen muss solche semantischen Abhängigkeiten somit definieren und identifizieren können.

Anforderung A3 – Diagnose von Inkonsistenzen

Um einen Ansatz zum Management von Inkonsistenzen in heterogenen Modellen – die oftmals tausende Entitäten umfassen – zu realisieren, ist ein (teil-)automatischer Ansatz erforderlich (Gausemeier et al. 2009). Dem von Nuseibeh et al. (2000) vorgeschlagenen Framework folgend beinhaltet die Diagnose von Inkonsistenzen drei zentrale Bestandteile: Das *Lokalisieren* der Inkonsistenz (Anforderung A3.1) anhand der inkonsistenten Modellelemente, die *Identifikation* der Gründe für das Auftreten der Inkonsistenz (Anforderung A3.2) und die *Klassifikation* der Inkonsistenz (Anforderung A3.3) um abzuschätzen, wie wichtig die sofortige Auflösung einer Inkonsistenz ist. Während die Verletzung einer Namenskonvention in den Softwarevariablen der Steuerungssoftware im Anwendungsbeispiel der PPU keine sofortige Auflösung der Inkonsistenz erfordert, können Inkonsistenzen zwischen den Anforderungen an die PPU und der Spezifikation des Softwareverhaltens durchaus gravierende Fehler hervorrufen.

Diese Diagnose von Inkonsistenzen ist dabei jedoch nicht trivial, da die Notwendigkeit zur Behandlung der Inkonsistenz darüber hinaus abhängig von weiteren Faktoren ist. Beispielsweise sind manche Inkonsistenzen in einigen Phasen des Engineeringprozesses völlig in Ordnung (beispielsweise wenn Entscheidungen in frühen Phasen des Engineerings noch verglichen werden müssen), in anderen Phasen können sie jedoch grobe Fehler implizieren (beispielsweise wenn das mechatronische Systeme in Betrieb genommen werden soll). Das temporäre Zulassen von Inkonsistenzen sollte somit bei der Diagnose auch berücksichtigt werden können.

Anforderung A4 – Auflösung von Inkonsistenzen
Um Akteuren während des Engineerings automatisierter Produktionssysteme Handlungsalternativen zu bieten, die infolge einer Inkonsistenz gewählt werden können, ist die (teil-)automatische Auflösung von Inkonsistenzen erforderlich. Dies erfordert Auflösungsvorschläge (Anforderung A4.1), um den Akteuren eine Entscheidungsgrundlage zu bieten. Falls mehrere Alternativen existieren, ist die Bewertung der Auflösungsvorschlage (Anforderung A4.2) unerlässlich. Insbesondere muss dabei die Zusammenarbeit der verschiedenen, am Engineering beteiligten Interessensgruppen gesichert werden. So ist die Inkonsistenz zwischen den spezifizierten Ein- und Ausgängen der PPU in der Elektrotechnik und den in der Software verwendeten Variablen nur durch geeignete Zusammenarbeit zwischen Software- und Elektroingenieuren sicher aufzulösen.

Praktikabel ist die Auflösung von Inkonsistenzen dabei jedoch nur, wenn zuvor abgeschätzt werden kann, welche Auswirkungen die Inkonsistenz hat (A3) und welche Ressourcen zur Auflösung der Inkonsistenz zur Verfügung stehen. Daher muss insbesondere aus praktischer Sicht auch berücksichtigt werden können, welche Kosten bzw. Risiken der Behebung bzw. Vernachlässigung der Inkonsistenz gegenüberstehen.

Anforderung A5 – Visualisierung
Die reine Auflistung von Inkonsistenzen und der möglichen Auflösungsalternativen ist aufgrund des hohen Komplexitätsgrads der beteiligten Modelle in vielen Fällen nicht ausreichend. Erschwerend kommt hinzu, dass die Identifikation von semantischen Abhängigkeiten zwischen den verschiedenen Modellen (vgl. Anforderung A2) oftmals zeit- und kostenintensiv ist und detailliertes Wissen über die domänenspezifischen Modellierungselemente erfordert. Um die Akteure bei der Entscheidung, wie wichtig die unmittelbare Auflösung einer Inkonsistenz ist, zu unterstützen und die Identifikation von semantischen Abhängigkeiten zu vereinfachen (Basole et al. 2015), sind geeignete Techniken zur Visualisierung und Interaktion mit der Visualisierung erforderlich. Einige Inkonsistenzen sind zudem in vielen Fällen nicht ausschließlich auf logische Widersprüche in den Engineeringdaten und -modellen zurückzuführen: Die Anforderung liegt dann darin, ein gemeinsames Verständnis der während des Engineerings mechatronischer Systeme beteiligten Akteure zu schaffen – d. h. die Inkonsistenz im Verständnis der Akteure zu identifizieren. Die Entwicklung dieser Methoden erfordert jedoch das detaillierte Verständnis der mentalen Modelle der beteiligten Akteure.

4 Stand der Technik

In diesem Abschnitt werden die aktuellen Forschungsarbeiten im Bereich des Inkonsistenzmanagements heterogener Modelllandschaften im Engineering automatisierter Produktionssysteme vorgestellt. Hierbei werden zunächst Ansätze zur modellbasierten Entwicklung diskutiert (Abschn. 4.1). Anschließend werden Ansätze betrachtet, welche die Diagnose und Auflösung von Inkonsistenzen fokussieren (Abschn. 4.2). Tab. 1 gibt einen Überblick über die verschiedenen Ansätze. Die wesentlichen Erkenntnisse dieses Abschnittes wurden aus (Feldmann et al. 2015b) zusammengefasst und erweitert.

4.1 Modellbasierte Entwicklung von automatisierten Produktionssystemen

Modelle abstrahieren die Realität auf die für den Modellierungszweck wesentlichen Bestandteile eines Betrachtungsgegenstands. Im Softwaredesign hat sich insbesondere die Unified Modeling Language (UML) (OMG 2011) etabliert (Secchi et al. 2007). Die interdisziplinäre Entwicklung von automatisierten Produktionssystemen involviert jedoch eine Vielzahl von Disziplinen und Akteuren (vgl. A1), deren Blickwinkel durch geeignete Modellierungskonzepte unterstützt werden müssen.

Tab. 1 Vergleich der Ansätze zum Inkonsistenzmanagement. (Erweitert aus Feldmann et al. (2015b))

Anforderung / Forschungsgruppe		Anwendungsbereich	Heterogenität der Modelle (A1)	Semantische Abhängigkeiten (A2)	Diagnose (A3)			Auflösung (A4)		Visualisierung (A5)
					Lokalisation (A3.1)	Identifikation (A3.2)	Klassifikation (A3.3)	Einzeln (A4.1)	Mehrere (A4.2)	
modellbasiert	Thramboulidis	Mechatronik	+	○	–	–	–	–	–	–
	Biffl et al.	Automatisierung	+	+	○	○	○	–	–	+
	Bassi et al.	Automatisierung	+	–	○	–	–	–	–	–
beweistheoriebasiert	Finkelstein et al	Software	○	○	+	–	–	+	○	–
	Schätz et al.	Software	+	○	+	–	+	–	–	–
	Van Der Straeten et al.	Software	○	○	+	○	○	+	○	–
regelbasiert	Egyed et al.	Software	–	–	+	+	+	○	○	○
	Hegedüs et al.	System	+	○	+	○	+	+	+	–
	Herzig et al.	System	+	+	+	○	○	–	–	–
	Feldmann et al.	Mechatronik	+	○	+	+	○	–	–	+
	Vyatkin et al.	Automatisierung	–	○	○	○	○	–	–	○
synchronisationsbasiert	Vyatkin et al.	Automatisierung	–	○	○	○	○	–	–	○
	Giese et al.	Software	○	○	+	○	○	+	–	–
	Gausemeier et al.	Mechatronik	+	○	+	○	○	+	–	–
	Bill et al	System	+	+	○	○	○	–	–	–
	Biffl et al.	System	+	+	+	○	○	–	–	+

Neben der Erweiterung der UML mittels Profilen, beispielsweise zur Modellierung des zustandsbasierten Verhaltens mechatronischer Systeme (MechatronicUML, Schäfer und Wehrheim 2010), etablierte sich die modellbasierte Systementwicklung (Model-Based Systems Engineering, MBSE). Aus der UML hat sich unter anderem die Systems Modeling Language (SysML) (OMG 2012) als eine weit verbreitete, grafische Modellierungssprache durchgesetzt.

Um die verschiedenen, am Engineering beteiligten Disziplinen mit ihren eigenen Terminologien und Formalismen berücksichtigen zu können, existieren in der Literatur zwei wesentliche Ansätze: (1) die Verwendung integrierter Ansätze zur Zusammenführung der verschiedenen, disziplinspezifischen Sichten in einem Modell und (2) die Verwendung von Ansätzen, welche die Beschreibung von Abhängigkeiten zwischen den verschiedenen Modellen ermöglicht. Integrierte Ansätze finden sich beispielsweise in der Mechatronik (z. B. ein 3 + 1-Sichten-Modell mechatronischer Systeme (Thramboulidis 2013)). Zudem schlagen Biffl et al. (2015) die Anwendung von AutomationML (vgl. Deutsches Institut für Normung e.V. 2015; Drath 2010) – ein für die Interessen der Automatisierungstechnik angepasstes und standardisiertes Datenaustauschformat – vor, um die semantischen Abhängigkeiten zwischen Engineering-Modellen zu erstellen und zu verwalten. Die Abbildung aller am Engineering beteiligten Formalismen und Sprachen in eine einzelne, domänenübergreifende Modellierungssprache würde jedoch zu einem hochkomplexen Modellierungsansatz führen, der weit über die domänenspezifischen Interessen und Blickwinkel der einzelnen Akteure hinausgeht. Weitere Ansätze streben eine Abbildung zwischen den verschiedenen Sichten an (z. B. mittels eines übergeordneten SysML-Modells in der Entwicklung mechatronischer Systeme (Bassi et al. 2011)). Beide Ansätze ermöglichen es zwar, mittels semi-formaler Modellierungssprachen die verschiedenen Aspekte des mechatronischen Systems grafisch zu modellieren (vgl. A1), das Management von Inkonsistenzen (vgl. A3 und A4) steht bei diesen Ansätzen aber nicht im Fokus.

Zwar ermöglichen einige der verfügbaren Softwarewerkzeuge zur modellbasierten Systementwicklung die Überprüfung der Konformität von Modellen zu vordefinierten syntaktischen und Wohlgeformtheits-Regeln, die Identifikation und Definition von semantischen Abhängigkeiten zwischen den Modellen (vgl. A2) und das Management von Inkonsistenzen (vgl. A3 und A4) wird jedoch nicht a priori unterstützt. Daraus folgend werden fehlerhafte Entscheidungen bei der Entwicklung von automatisierten Produktionssystemen meist erst in oftmals sehr spät durchgeführten Verifikations- und Validierungsprozessen erkannt und können dadurch zu kostspieligen Änderungen führen. Um diese fehlerhaften Entscheidungen möglichst frühzeitig aufdecken und damitpotenzielle Änderungskosten minimieren zu können, ist eine (teil-)automatische und kontinuierliche Strategie für das Management von Inkonsistenzen unerlässlich. Dies ermöglicht die bessere Handhabung der Innovationszyklen und – damit verbunden – des Engineerings mechatronischer Systeme, indem Iterationen im Entwicklungsprozess und somit Mehraufwand vermieden bzw. reduziert werden. Die Kombination einer nutzerorientierten Modellierungssprache mit rechnerorientierten Verarbeitungsmechanismen ist daher unerlässlich (Brix und Reeßing 2009).

4.2 Management von Inkonsistenzen in Modellen des mechatronischen Systems

In der verwandten Literatur im Bereich des Inkonsistenzmanagements existiert eine Vielzahl von Ansätzen, die sich mit den Herausforderungen des Managements von Inkonsistenzen beschäftigen. Eine allgemeine Unterteilung dieser Ansätze kann in *beweistheoriebasierte* und *regelbasierte* Ansätze sowie *synchronisationsbasierte* Ansätze erfolgen. Im Folgenden werden diese Ansätze unter Berücksichtigung der Anforderungen A1 bis A5 untersucht (Zusammenfassung siehe Tab. 1).

Beweistheoriebasierte Ansätze
Beweistheoriebasierte Ansätze erfordern die Notwendigkeit eines vollständigen und konsistenten formalen Systems, das der Modelllandschaft unterliegt. Ein Modell ist in diesem Falle konsistent, wenn es konsistent zum unterliegenden formalen System ist. Beispiele für solche beweistheoriebasierten Ansätze existieren insbesondere in der Domäne der Softwareentwicklung. Finkelstein et al. (1994) transformieren Softwaremodelle (Klassendiagramme, Sequenzdiagramme, etc.) in eine Prädikatenlogik erster Stufe. Semantische Abhängigkeiten werden manuell definiert (A2); Inkonsistenzen können automatisch geschlussfolgert und mittels spezifischer Regeln aufgelöst werden (A3 und A4). Ein ähnlicher Ansatz von Schätz et al. (2003) nutzt Aussagenlogik. Die Grenzen dieser Ansätze liegen jedoch in der beschränkten Ausdrucksmächtigkeit von Prädikaten- und Aussagenlogik. Zudem erfordern diese Ansätze, Modellierungssprachen in logische, formale Formalismen zu übersetzen. Van Der Straeten et al. (Van Der Straeten und D'Hondt 2006) nutzen Beschreibungslogik, um Inkonsistenzen in UML Klassen-, Zustands- und Sequenzdiagrammen zu identifizieren und aufzulösen. Unter anderem können somit fehlerhafte Relationen (z. B. Instanzen ohne Klassenzuordnung, Referenzen ohne Verweise) sowie inkompatible Verhaltensbeschreibungen identifiziert werden (Anforderungen A3 und A4). Basierend auf den Inkonsistenzen und Auflösungsvorschlagen werden Vorschläge zur Restrukturierung der Modelle generiert (Van Der Straeten und D'Hondt 2006).

Der Vorteil solcher beweistheoriebasierten Ansätze liegt darin, dass die Schlussfolgerungen, die auf Basis des unterliegenden formalen Systems gezogen werden können, logisch korrekt sind (d. h. die Konsistenz der Modelle zum unterliegenden formalen System kann formal nachgewiesen werden). Diesem Vorteil steht jedoch der Mehraufwand gegenüber, der durch die Notwendigkeit entsteht, die beteiligten Modelle (darunter auch Modelle semi-formaler oder sogar informaler Natur) in ein formales System zu überführen.

Regelbasierte Ansätze
Im Gegensatz zu beweistheoriebasierten Ansätzen, welche die Vordefinition eines vollständigen und konsistenten formalen Systems erfordern, gehen regelbasierte Ansätze von einer unvollständigen Beschreibung aus (Nuseibeh et al. 2000). Konsistenzregeln beschreiben entweder (1) die hinreichenden Bedingungen, die ein konsistentes Modell erfüllen muss (Hehenberger et al. 2007) (engl. *Positive Constraint)* oder (2) die hinreichenden Bedingungen für das Auftreten einer Inkonsistenz

(Herzig et al. 2014) (engl. *Negative Constraint*). Der Ansatz von Egyed (2011) adressiert zwei wesentliche Aspekte: Zum Ersten werden inkrementelle Konsistenzprüfungen durchgeführt (d. h. nur geänderte Modellbestandteile werden geprüft). Zum Zweiten ermöglicht der Model/Analyzer-Ansatz (Egyed 2011) die Verwendung beliebiger Regelsprachen zur Formulierung der Konsistenzregeln. Die Typen von Inkonsistenzen, die identifiziert werden können (A3), hängen von der verwendeten Regelsprache (bzw. von dem für die Sprache realisierten Verarbeitungsmechanismus) ab. Zudem fokussiert der von Egyed (2011) vorgeschlagene Ansatz insbesondere das Inkonsistenzmanagement in Software-Modellen; die weiteren, im Engineering beteiligten Modelle werden nicht betrachtet. Hehenberger et al. (2007) erweitern diesen Ansatz für Modelle mechatronischer Systeme, indem die Modellelemente mittels einer domänenübergreifenden Ontologie semantisch annotiert werden (A2). Die (manuelle) Annotation der Modellelemente führt jedoch zu (manuellem) Spezifikationsaufwand, der die Notwendigkeit einer automatischen Unterstützung hervorruft (A2). Weitere Ansätze verfolgen die Repräsentation von Inkonsistenzen als Muster in Graphen. Herzig et al. (2014) und Kovalenko et al. (2014) streben die Diagnose von Inkonsistenzen an. Die Identifikation von „Quick Fix"-Auflösungen (d. h. Schnellvorschläge zur Behebung der Inkonsistenz) wird von Hegedüs et al. (2011) angestrebt. Feldmann et al. (2014) formulieren Kriterien für die Inkompatibilität zwischen mechatronischen Modulen mittels Muster in graphbasierten Modellen. Aufgrund der Flexibilität und Anwendbarkeit für eine Vielzahl von Inkonsistenztypen ist der Ansatz, Inkonsistenzen als Muster in graphbasierten Modellen zu repräsentieren, vielversprechend. Seine Anwendbarkeit für die am Engineering beteiligten Modelle ist zu prüfen.

Obwohl regelbasierte Ansätze weniger formal sind als beweistheoriebasierte Ansätze, ermöglichen regelbasierte Ansätze die Realisierung einer höheren Flexibilität im Inkonsistenzmanagement: Regeln können ohne Wissen über ein zugrunde liegendes formales System hinzugefügt und angepasst werden – folglich können allerdings die Ergebnisse der Diagnose von Inkonsistenzen nicht als logisch korrekt bezeichnet werden (d. h. die Konsistenz der Modelle kann nicht formal nachgewiesen werden). Nichtsdestotrotz ermöglicht die hohe Flexibilität solcher regelbasierten Ansätze die vereinfachte Berücksichtigung weiterer Modelltypen und Inkonsistenztypen. Zusammenfassend wird deutlich, dass ein regelbasierter Ansatz für heterogene Modelllandschaften, wie sie im Engineering automatisierter Produktionssysteme vorliegen, erstrebenswert ist.

Synchronisationsbasierte Ansätze

Ein Forschungsbereich, der sich ähnlich zum regelbasierten Inkonsistenzmanagement durchgesetzt hat, ist das Management von Änderungen in Modellen (Hamraz et al. 2013) – und damit verbunden das Inkonsistenzmanagement durch die Transformation von geänderten Modellelementen. Lin et al. (2015) verfolgen das Änderungsmanagement in SysML-Modellen. Heterogene Modelllandschaften (A1), die verschiedenste Modellierungsformalismen involvieren, werden jedoch nicht unterstützt. Die (teil-)automatische Ableitung von Auflösungsalternativen, wenn Inkonsistenzen aufgedeckt werden (A4), steht nicht im Fokus. Giese und Wagner (2009) verwenden einen regelbasierten Transformationsansatz, der die bidirektionale Synchronisation verschiedener Softwaremodelle mittels sogenannter Triple Graph Grammars (TGGs) ermoglicht, welche bidirektionale Transformationsregeln zur Definition der Abhängigkeiten zwischen Modellelementen definieren (A2). Statt der vollständigen Transformation eines Gesamtmodells werden nur am Modell durchgeführte Änderungen transformiert. Insbesondere bei der Beteiligung einer Vielzahl von Modelltypen (wie es im Engineering automatisierter Produktionssysteme der Fall ist), gestaltet sich dieser Ansatz als schwierig, da viele Abhängigkeiten identifiziert und definiert werden müssen (A1). Aus diesem Grunde synchronisieren Gausemeier et al. (2009) Modelle verschiedener Domänen im mechatronischen Entwurf mit einer domänenübergreifenden Systemspezifikation. Die Erweiterung dieses Ansatzes für Verhaltensmodelle mechatronischer Systeme am Beispiel von Modellen der MechatronicUML (Schäfer und Wehrheim 2010) und MATLAB/ Simulink-Modellen wurde von Rieke et al. (2012) vorgestellt. Semantische Abhängigkeiten (beispielsweise die Verfeinerung von Modellelementen) können in diesem Ansatz definiert (A2) und verschiedene Auflösungsvorschlage generiert werden (A4). Die Abbildung zwischen TGGs und Technologien des Semantic Web wurde von Bill et al. (2014) vorgestellt. Ähnlich zu TGGs nutzen Moser und Biffl (2012) Linkmodelle zwischen den Datenstrukturen von Engineering-Systemen. Somit kann – zusätzlich zur Synchronisation der verschiedenen Modelle – ein Monitoring-Konzept für Inkonsistenzen (Biffl et al. 2014) erreicht werden, um Inkonsistenzregeln kontinuierlich zu validieren.

Obwohl TGGs ausreichend ausdrucksstark sind, um eine Vielzahl von Transformationsregeln zu beschreiben, ist ihre Anzahl und Komplexität stark verbunden mit der Anzahl und Komplexität der semantischen Abhängigkeiten zwischen den Modellen (A2) und der Anzahl der bekannten Inkonsistenztypen (A3 und A4). Folglich ist für das Management von Inkonsistenzen in der heterogenen Modelllandschaft im Engineering mechatronischer Systeme ein Ansatz erforderlich, der die Anzahl und Komplexität der Transformationsregeln reduziert.

Zusammenfassung des Stands der Technik

Wie in den vorherigen Ausführungen gezeigt, existiert eine Vielzahl von Ansätzen im Bereich der modellbasierten Entwicklung und im Bereich des Managements von Inkonsistenzen. Diese Ansätze stammen zumeist aus der Domäne der Software-Entwicklung. Ein holistischer Ansatz, der die verschiedenen, heterogenen Modelle, die während des Engineerings automatisierter Produktionssysteme erstellt werden, flexibel integriert und damit das Management von Inkonsistenzen in dieser heterogenen Modelllandschaft ermöglicht, existiert bisher noch nicht. Folglich ist ein Ansatz erforderlich, der durch spezifisches Wissen in den verschiedenen, am Engineering beteiligten Disziplinen sowohl die Integration der Modelle als auch das Management von Inkonsistenzen zwischen und in diesen Modellen ermöglicht.

5 Konzept zur Diagnose von Inkonsistenzen

Um einen ersten Schritt in Richtung des Inkonsistenzmanagements in heterogenen Modelllandschaften zu ermöglichen, wird in diesem Abschnitt ein konzeptueller Ansatz für die Diagnose von Inkonsistenzmanagement vorgestellt. Hierzu wird zunächst ein Beispielszenario eingeführt (Abschn. 5.1). Anschließend wird das wissensbasierte System zum Management von Inkonsistenzen aufgezeigt (Abschn. 5.2) und anhand des Beispielszenarios erläutert.

5.1 Beispielszenario anhand der Pick and Place-Unit (PPU)

Im Beispielszenario werden nun zwei verschiedene Modelle der PPU betrachtet, die repräsentativ für zwei verschiedene Disziplinen des Engineeringprozesses stehen: ein SysML4*Mechatronics*-Modell (vgl. Kernschmidt und Vogel-Heuser 2013), das repräsentativ für die mechatronische Entwicklung steht und ein MATLAB/Simulink-Modell, das genutzt wird, um den erwarteten Werkstückdurchsatz der PPU zu simulieren. Darüber hinaus wird ein Testfall betrachtet, der von einer funktionalen Anforderung an die PPU abgeleitet wurde. Sowohl das MATLAB/Simulink- als auch SysML4*Mechatronics*-Modell definieren überlappende Informationen: beispielsweise die gemessene Winkelgeschwindigkeit der Krankomponente der PPU. Die Herausforderung ist nun, die Modelle konsistent zu halten: So müssen die überlappenden Parameter zueinander konsistente Werte besitzen (vgl. (1) in Abb. 2) und bezüglich des Testfalls überprüft werden (vgl. (2) in Abb. 2). Der Begriff der

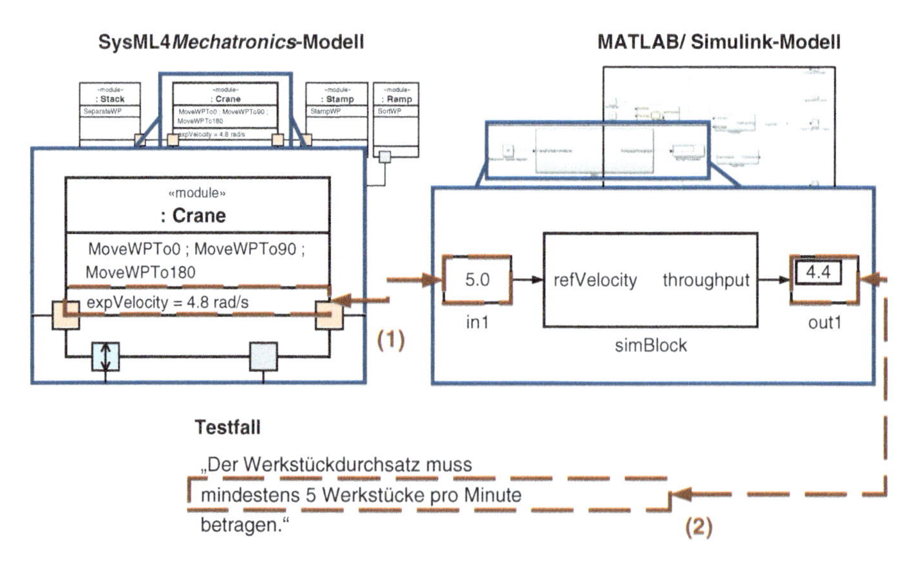

Abb. 2 Modelle im Beispielszenario der PPU (links: SysML4*Mechatronics*-Modell, rechts: MATLAB/Simulink-Modell), angepasst aus. (Feldmann et al. 2015a)

Konsistenz der Werte kann dabei – abhangig vom konkreten Anwendungsfall – unterschiedlich interpretiert werden: In einigen Fällen kann die Identität der Parameter gefordert sein, in anderen wiederum können Unschärfen (z. B. mittels vordefinierter Toleranzgrenzen) erlaubt ein. Selbstverständlich sind diese Beispiele nur Auszüge von möglichen Inkonsistenzen – weitere Inkonsistenzen können beispielsweise infolge fehlerhafter Einheitenumrechnungen, Benennungen, usw. entstehen (Feldmann et al. 2015a).

5.2 Wissensbasiertes System zur Diagnose von Inkonsistenzen

Um einen ersten Schritt in Richtung des Inkonsistenzmanagements in heterogenen Engineeringdaten und -modellen zu vollziehen, strebt dieser Ansatz zunächst ausschließlich die Diagnose von Inkonsistenzen mittels eines regelbasierten Ansatzes an. Um einen solchen Ansatz zu realisieren, gibt es mitunter zwei Möglichkeiten: Eine Option ist, das Wissen über die Struktur und Semantik der verschiedenen Modelle, ebenso wie die verschiedenen Inkonsistenzen explizit in einem prozeduralen Softwaresystem zu kodieren. Die Wartung und Weiterentwicklung eines solchen Systems dagegen (beispielsweise, um weitere Modelle oder Inkonsistenzen zu integrieren) sind jedoch zeit- und kostenintensiv: Die Integration von n Modellen wurde $n \times (n - 1) / 2$ bidirektionale Abbildungen (bzw. $n \times (n - 1)$ unidirektionale Abbildungen) erfordern. Daher erfordert die Realisierung eines Ansatzes zum Management von Inkonsistenzen ein hohes Maß an Flexibilität und Erweiterbarkeit. Üblicherweise wird dies durch die Trennung in die *Repräsentation* von Modellen in einem einheitlichen Formalismus und die *Verarbeitung* der Modelle zur Identifikation und Auflösung von Inkonsistenzen realisiert. Dies wird durch die zweite Möglichkeit – einem *wissensbasierten System* – ermöglicht. Wissensbasierte Systeme bestehen aus zwei Komponenten: einer *Wissensbasis* und einem *Inferenzmechanismus*. Erstere dient der Repräsentation von Fakten (d. h. der Kodierung der verschiedenen Modelle). Die zweite Komponente, der Inferenzmechanismus, besteht aus einer Menge an logischen Schlussfolgerungen – oftmals *Wenn-Dann*-Regeln (oder Implikationen) – die zur Verarbeitung des Wissens genutzt werden kann.

RDF als Formalismus zur Wissensrepräsentation
Ein weit verbreiteter Formalismus zur Wissensreprasentation ist das im Kontext der Semantic Web Initiative entstandene Resource Description Framwork (RDF) (W3C 2014). RDF ermöglicht die Abbildung einer Graphenstruktur in *Subjekt-Prädikat-Objekt*-Tripeln. Eine RDF-Repräsentation der Modelle im Beispielszenario ist in Abb. 3 dargestellt. In der RDF-Abbildung des SysML4*Mechatronics*-Modells wird die Aussage „Kran ist ein Modul" durch das Tripel *Crane rdf:type Module* repräsentiert. Analog dazu werden Aussagen über die erwartete Geschwindigkeit des Krans *(expVelocity)* formuliert, z. B. *Crane owns expVelicity* und *expVelocity value 4.8.* Wie in Abb. 3 gezeigt ist, ist die Terminologie, die genutzt wird, um ein Modell in RDF zu repräsentieren, spezifisch für den jeweiligen Modelltyp (z. B. wird der Ausdruck *value* in MATLAB/Simulink-Modellen genutzt, um ein Attribut mit einer

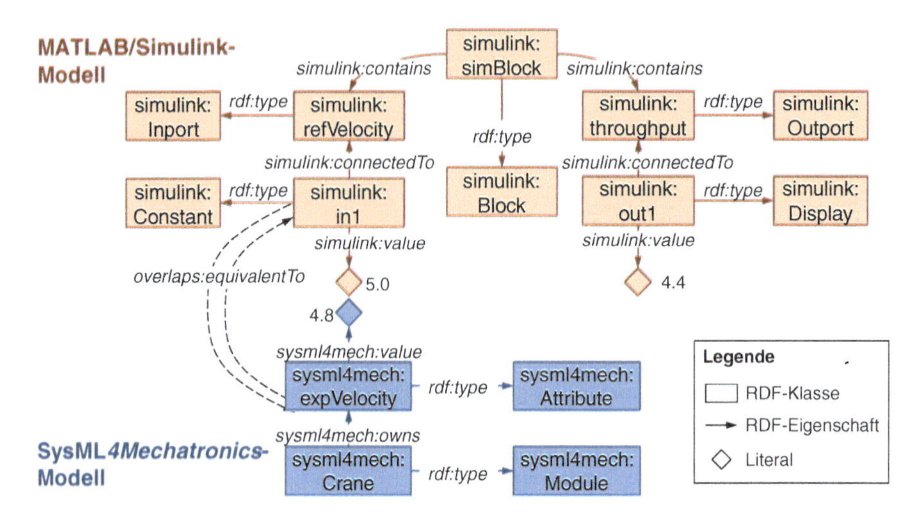

Abb. 3 RDF-Repräsentation der Modelle im Beispielszenario, angepasst aus. (Feldmann et al. 2015a)

Zahl oder einer Zeichenkette zu verbinden). Die daraus resultierenden RDF-Vokabulare sind in RDF-Namensräumen organisiert und definieren verschiedene (modellspezifische) RDF-Klassen, -Instanzen und -Eigenschaften.

Gleichermaßen können Überlappungen zwischen Modellen in RDF dargestellt werden. Im Beispiel dient ein RDF-Namensraum *overlaps* zur Definition von solchen Überlappungen, beispielsweise um anzugeben, dass zwei Modellelemente die inhaltlich identische Information widerspiegeln. Konkret definiert der Ausdruck *sysml4mech:expVelocity overlaps:equivalentTo simulink:in1,* dass die beiden Attribute semantisch äquivalent sind (siehe Abb. 3). Solche Zusammenhänge können a-priori definiert oder (mittels entsprechender Schlussfolgerungsmechanismen) automatisch identifiziert werden.

SPARQL zur Definition und Identifikation von Inkonsistenzen

Neben RDF zur Wissensrepräsentation existieren Mechanismen, um auf die RDF-Daten zuzugreifen. SPARQL Protocol and RDF Query Language (W3C 2013) ermöglicht es beispielsweise, in RDF gespeicherte Informationen abzufragen und zu verändern. Der Hauptbestandteil des Standards ist die SPARQL Query Langage (im Weiteren SPARQL genannt). SPARQL ähnelt in vielerlei Hinsicht der bekannten Structured Query Language (SQL), die von den meisten relationalen Datenbanksystemen unterstützt wird.

Eine SPARQL-Anfrage besteht aus drei essenziellen Bestandteilen: Der Definition der *Namensräume,* die in der Anfrage verwendet werden sollen, der Definition des *Ausgabeformats* der Abfrage sowie der Definition des *Graph-Musters,* das aus dem RDF-Graphen extrahiert werden soll. SPARQL ermöglicht dabei vier verschiedene Ausgabeformate:

Anfrage 1

```
@PREFIX simulink: <http://simulink>
@PREFIX sysml4mech: <http://sysml4mechatronics>
@PREFIX overlaps: <http://overlaps>
SELECT * WHERE {
  ?x  overlaps:equivalentTo ?y .
  ?x sysml4mech:value ?xVal . ?y simulink:value ?yVal .
  BIND ( (ABS(?xVal - ?yVal)/(?xVal + ?yVal) > 0.1 )
   AS ?isInconsistent ) }
```

Anfrage 2

```
@PREFIX simulink: <http://example.org/simulink>
SELECT * WHERE {
  simulink:out1  simulink:value ?tVal .
  BIND ( (?tVal < 5 ) AS ?isInconsistent ) }
```

Abb. 4 Inkonsistenzregeln für das Beispielszenario formuliert in SPARQL-Anfragen

- *SELECT*-Anfragen geben die Werte von Anfragevariablen zurück (beispielsweise in tabellarischer Form),
- *ASK*-Anfragen liefern die Booleschen Werte „wahr" bzw. „falsch" zurück – je nachdem ob eine Lösung für die Anfrage existiert oder nicht,
- *CONSTRUCT*-Anfragen ermöglichen die Substitution von Anfrageergebnissen mit definierten Schablonen, und
- *DESCRIBE*-Anfragen geben einzelne RDF-Graphen zurück, welche die für die Anfrageergebnisse relevanten Daten beinhalten. Da die „Relevanz" der Daten stark abhängig vom Anwendungskontext ist, beinhaltet SPARQL (W3C 2013) keine normative Beschreibung der Ausgabe, die von DESCRIBE-Anfragen erzeugt wird.

Unter der Anforderung, Inkonsistenzen als *Wenn* (Bedingung) *Dann* (Aktion)-Regeln zu formulieren, sind SPARQL SELECT-Anfragen für die Definition von Inkonsistenzregeln geeignet.

In Abb. 4 sind zwei Beispiele für solche Anfragen dargestellt. Eine Art von Inkonsistenz im Beispielszenario bezieht sich auf zwei Modellelemente, deren Werte identisch sein sollen. Diese Modellelemente werden im Beispiel als inkonsistent betrachtet, wenn ihre Werte um mehr als 10 % voneinander abweichen. Anfrage 1 formuliert dieses Kriterium: Existieren zwei Entitäten x und y, welche die Relation *overlaps:equivalentTo* haben und die Werte *xVal* bzw. *yVal* besitzen, so wird das Resultat des logischen Ausdrucks $|xVal - yVal|/(xVal + yVal) > 0.1$ an die Variable *isInconsistent* gebunden. Im vorliegenden Beispiel erkennt die Anfrage somit, dass *expVelocity* und *in1* konsistent sind. Eine zweite Anfrage dient der Überprüfung, ob der zuvor definierte Testfall erfüllt ist oder nicht. Daher wird in Anfrage 2 verglichen, ob der Wert *tVal* von *simulink:out1* (d. h. der Wert des simulierten Durchsatzes) kleiner als 5 ist und bindet das Ergebnis an *isInconsistent*. Diese Bedingung ist in diesem Fall verletzt, da das MATLAB/Simulink-Modell einen Werkstückdurchsatz von 4.4 ermittelt.

6 Diskussion der Ergebnisse und Forschungsgegenstande für zukünftige Arbeiten

Mit Hilfe der Repräsentation von heterogenen Engineeringdaten und deren semantischer Abhängigkeiten (Anforderungen A1 und A2) in RDF-Graphen sowie der Definition von Inkonsistenzregeln mittels SPARQL-Anfragen (A3) lässt sich eine Vielzahl an Inkonsistenztypen identifizieren (Feldmann et al. 2015a). Da Softwarewerkzeuge und -schnittstellen zur Erstellung, Verarbeitung und Anfrage von Daten im Kontext des Semantic Web bereits existieren sowie eine Vielzahl von Ansätzen zur Visualisierung solcher Graphen verfügbar sind (A3–A5), ist auch die Realisierung des Inkonsistenzmanagements mittels dieser Technologien greifbar. Des Weiteren zeigen Performanz- und Skalierbarkeitsanalysen, dass sich RDF-basierte Datenbanken auch für die Anfrage und Verarbeitung großer Datenmengen eignen (siehe z. B. Rohloff et al. 2007).

Gleichzeitig steht der Ansatz zum Inkonsistenzmanagement mittels graphbasierter Repräsentationsformalismen einer zentralen Annahme gegenüber: Die Diagnose von Inkonsistenzen mittels Mustererkennung (z. B. mittels SPARQL) erfordert, dass die zu betrachtenden Modelle in einem graphbasierten Formalismus vorliegen. Zwar ist dies für die technischen Modelle im Engineering automatisierter Produktionssysteme der Fall; allerdings ergeben sich hieraus einige weitere Forschungsgegenstände, die in zukünftigen Arbeiten adressiert werden müssen. Diese werden im Folgenden vorgestellt.

Forschungsgegenstand G1 – Domänenübergreifender Repräsentationsformalismus

Die Heterogenität der Modelle sowie die verschiedenen Abstraktions- und Formalisierungsgrade (z. B. informal in Form von natürlich-sprachlichen Anforderungsdokumenten bzw. formal in zustandsraumbasierten Dynamikmodellen, die mathematisch in Differenzialgleichungen beschreibbar sind) stellen das Inkonsistenzmanagement vor eine große Herausforderung. Die Anwendbarkeit von RDF zur Repräsentation graphbasierter Modelle konnte am Beispielszenario gezeigt werden. Die Integration von weiteren Modellen – insbesondere solcher, die nicht a priori in graphbasierter Form vorliegen wie beispielsweise textuelle Anforderungsspezifikationen – muss in zukünftigen Forschungsarbeiten erfolgen.

Forschungsgegenstand G2 – Identifikation und Definition von semantischen Abhängigkeiten

Im Rahmen des Beispielszenarios wurde davon ausgegangen, dass semantische Abhängigkeiten a-priori definiert wurden. Die manuelle Spezifikation dieser semantischen Abhängigkeiten zwischen den Modellen (beispielsweise Äquivalenz-, Verfeinerungs- und Abstraktionsbeziehungen), ist jedoch aufgrund der Vielzahl an Abhängigkeiten im Engineering automatisierter Produktionssysteme zeit- und kostenaufwändig. Existierende Ansätze nutzen beispielsweise probabilistische Verfahren (z. B. Herzig und Paredis 2014); deren Anwendbarkeit auf Modelle im Engineering automatisierter Produktionssysteme muss jedoch gepruft werden.

Forschungsgegenstand G3 – Verarbeitungsmechanismen zur Diagnose und Auflösung von Inkonsistenzen

Ist ein gemeinsamer Repräsentationsformalismus sowie ein Konzept zur Identifikation und Definition von semantischen Abhängigkeiten verfügbar, so können geeignete Verarbeitungsmechanismen zur Diagnose und Auflösung von Inkonsistenzen realisiert werden. Im Beispielszenario wurde die Anwendbarkeit von RDF und SPARQL für die Diagnose von einfachen, logischen Inkonsistenzen gezeigt. Die Erweiterung des Ansatzes um verschiedenartige Inkonsistenztypen, sowie um die Beantwortung der Frage, wie sich Inkonsistenzen im Engineering automatisierter Systeme auswirken und wie der Aufwand zur Auflösung anhand vordefinierter Kriterien abgeschätzt werden kann (z. B. Grad der Auswirkung in den Modellen, Konsequenzen der Inkonsistenz), muss in zukünftigen Arbeiten erfolgen.

Neben den Mechanismen zur Diagnose von Inkonsistenzen erfordert das Engineering automatisierter Produktionssysteme auch die Generierung von Auflösungsalternativen, um die Entscheidungsfindung der beteiligten Akteure zu unterstützen. Im Besonderen müssen die möglichen Auflösungsalternativen (teil-)automatisch identifiziert und anhand definierter Kriterien (z. B. Art und Anzahl involvierter Modellelemente) priorisiert werden. Anhand der diagnostizierten Inkonsistenzen und priorisierten Auflösungsvorschläge kann den Akteuren eine Entscheidungsgrundlage geboten werden.

Forschungsgegenstand G4 – Unterstützungsmethodik zum Inkonsistenzmanagement

Eine vollständig automatische Diagnose und Auflösung von Inkonsistenzen ist jedoch weder möglich noch erstrebenswert: Ideen werden von den am Engineering beteiligten Akteuren kreiert, indem Alternativen erstellt, evaluiert und revidiert werden. Folglich muss in vielen Fällen der jeweilige Akteur selbst entscheiden können, welche Handlung aufgrund des Auftretens einer Inkonsistenz erforderlich ist, indem er z. B. abwägt, ob eine Auflösung der Inkonsistenz erforderlich/gewünscht ist oder nicht. Infolgedessen muss untersucht werden, in welchen Fällen eine automatische Verarbeitung im Inkonsistenzmanagement möglich ist und an welchen Stellen manuell eingegriffen werden muss. Ist diese Fragestellung beantwortet, so kann eine Unterstützungsmethodik zum Inkonsistenzmanagement in heterogenen Modelllandschaften erarbeitet werden, welche die geeignete Synergie zwischen (teil-)automatischer Verarbeitung der Modelle sowie manuellem Eingriff der jeweiligen Akteure erlaubt. Eine solche Unterstützungsmethodik besteht dabei aus drei zentralen Bestandteilen: (1) *Handlungsempfehlungen,* welche die Einführung und Realisierung eines Ansatzes zum Inkonsistenzmanagement in heterogenen Modelllandschaften vereinfachen, (2) *Richtlinien,* um insbesondere Inkonsistenzen, die durch einen automatischen Ansatz nicht erkannt oder aufgelöst werden können, abzudecken, sowie (3) *Visualisierungstechniken,* welche durch geeignete Darstellungen und Interaktionen die manuelle Auflösung von Inkonsistenzen disziplinübergreifend ermöglichen.

Danksagung Die Autoren danken der Deutschen Forschungsgemeinschaft (DFG) für die Förderung dieser Arbeit als Teil des Sonderforschungsbereichs 768: Zyklenmanagement von Innovationsprozessen – verzahnte Entwicklung von Leistungsbündeln auf Basis technischer Produkte (SFB 768). Des Weiteren danken die Autoren Christiaan J.J. Paredis, Sebastian J.I. Herzig und Ahsan Qamar (Georgia Institute of Technology) für ihre Unterstützung und fruchtbaren Diskussionen.

Literatur

Basole R, Qamar A, Park H, Paredis C, McGinnis L (2015) Visual analytics for early-phase complex engineered system design support. IEEE Comput Gr Appl 35(2):41–51. https://doi.org/10.1109/MCG.2015.3

Bassi L, Secchi C, Bonfe M, Fantuzzi C (2011) A SysML-based methodology for manufacturing machinery modeling and design. IEEE/ASME Trans Mechatron 16(6):1049–1062. https://doi.org/10.1109/TMECH.2010.2073480

Biffl S, Winkler D, Mordinyi R, Scheiber S, Holl G (2014) Efficient monitoring of multidisciplinary engineering constraints with semantic data integration in the multi-model dashboard process. In: IEEE International Conference on Emerging Technology and Factory Automation, S 1–10. https://doi.org/10.1109/ETFA.2014.7005211

Biffl S, Maetzler E, Wimmer M, Luder A, Schmidt N (2015) Linking and versioning support for automationml: a model-driven engineering perspective. In: IEEE International Conference on Industrial Informatics, S 499–506. https://doi.org/10.1109/INDIN.2015.7281784

Bill R, Steyskal S, Wimmer M, Kappel G. (2014) On synergies between model transformations and semantic web technologies. In: International Conference on Model Driven Engineering Languages and Systems – workshop on multi-paradigm modeling, S 31–40. Valencia

Brix T, Reeßing M (2009) Domain spanning design tools for heterogeneous systems. In: International Conference on Engineering Design, Palo Alto, US-CA

Broy M, Feilkas M, Herrmannsdoerfer M, Merenda S, Ratiu D (2010) Seamless model-based development: from isolated tools to integrated model engineering environments. Proceedings of the IEEE 98(4):526–545. https://doi.org/10.1109/JPROC.2009.2037771

Deutsches Institut für Normung e.V. (2015) Datenaustauschformat für Planungsdaten industrieller Automatisierungssysteme – AutomationML – Teil 1: Architektur und allgemeine Festlegun gen

Drath R (Hrsg) (2010) Datenaustausch in der Anlagenplanung mit AutomationML: Integrationvon CAEX, PLCopen XML und COLLADA. Springer, Berlin/Heidelberg

Egyed A (2011) Automatically detecting and tracking inconsistencies in software design models. IEEE Trans Softw Eng 37(2):188–204. https://doi.org/10.1109/TSE.2010.38

Feldmann S, Kernschmidt K, Vogel-Heuser B (2014) Combining a SysML-based modeling approach and semantic technologies for analyzing change influences in manufacturing plant models. In: CIRP Conference on Manufacturing Systems, S 451–456. https://doi.org/10.1016/j.procir.2014.01.140

Feldmann S, Herzig SJI, Kernschmidt K, Wolfenstetter T, Kammerl D, Qamar A, Lindemann U, Krcmar H, Paredis CJJ, Vogel-Heuser B (2015a) Towards effective management of inconsistencies in model-based engineering of automated production systems. In: IFAC Symposium on Information Control Problems in Manufacturing. https://doi.org/10.1016/j.ifacol.2015.06.200

Feldmann S, Herzig SJI, Kernschmidt K, Wolfenstetter T, Kammerl D, Qamar A, Lindemann U, Krcmar H, Paredis CJJ, Vogel-Heuser B (2015b) A Comparison of Inconsistency Management

Approaches Using a Mechatronic Manufacturing System Design Case Study. In: 10th IEEE International Conference on Automation Science and Engineering (CASE), Gotheburg, Sweden
Finkelstein AC, Gabbay D, Hunter A, Kramer J, Nuseibeh B (1994) Inconsistency handling in multiperspective specifications. IEEE Trans Softw Eng 20(8):569–578
Gausemeier J, Schäfer W, Greenyer J, Kahl S, Pook S, Rieke J (2009) Management of cross-domain model consistency during the development of advanced mechatronic systems. In: International Conference on Engineering Design, Palo Alto, US-CA
Giese H, Wagner R (2009) From model transformation to incremental bidirectional model synchronization. Software and Systems Modeling 8(1):21–43. https://doi.org/10.1007/s10270-008-0089-9
Hamraz B, Caldwell NHM, Clarkson PJ (2013) A holistic categorization framework for literature on engineering change management. Syst Eng 16(4):473–505. https://doi.org/10.1002/sys.21244
Hegedus A, Horvath A, Rath I, Branco M, Varro D (2011) Quick fix generation for DSMLs. In: IEEE symposium on visual languages and human-centric computing, S 17–24. https://doi.org/10.1109/VLHCC.2011.6070373
Hehenberger P, Egyed A, Zeman K (2007) Consistency checking of mechatronic design models. In: ASME international design engineering technical conferences and computers and information in engineering conference. https://doi.org/10.1115/DETC2010-28615
Herzig SJI, Paredis CJJ (2014) Bayesian reasoning over models. In: Workshop model-driven Eng., verification, and validation
Herzig SJ, Qamar A, Paredis CJ (2014) An approach to identifying inconsistencies in model-based systems engineering. In: Conference on Systems Engineeirng Research 28:354–362. https://doi.org/10.1016/j.procs.2014.03.044
Isermann R (2008) Mechatronic systems – innovative products with embedded control. Control Eng Practice 16(1):14–29
Kernschmidt K, Vogel-Heuser B (2013) An interdisciplinary SysML based modeling approach for analyzing change influences in production plants to support the engineering. In: IEEE International Conference on Automation Science and Engineering, S 1113–1118. https://doi.org/10.1109/CoASE.2013.6654030
Kovalenko O, Serral E, Sabou M, Ekaputra FJ, Winkler D, Biffl S (2014) Automating cross-disciplinary defect detection in multi-disciplinary engineering environments. In: Janowicz K, Schlobach S, Lambrix P, Hyvönen E (Hrsg) Knowledge engineering and knowledge management. Lecture notes in computer science, Bd 8876. Springer, S 238–249
Lin HY, Sierla S, Papakonstantinou N, Shalyto A, Vyatkin V (2015) Change request management in model-driven engineering of industrial automation software. In: IEEE International Conference on Industrial Informatics, S 1186–1191. https://doi.org/10.1109/INDIN.2015.7281904
Mens T, Van Der Straeten R, D'Hondt M (2006) Detecting and resolving model inconsistencies using transformation dependency analysis. In: Model driven engineering languages and systems. Lecture notes in computer science, Bd 4199. Springer, S 200–214. https://doi.org/10.1007/11880240_15
Moser T, Biffl S (2012) Semantic Integration of Software and Systems Engineering Environments. IEEE Trans Syst Man Cybern – Part C 42(1):38–50. https://doi.org/10.1109/TSMCC.2011.2136377
NASA: Report on Project Management in NASA: Phase II of the Mars Climate Orbiter Mishap Report (2000). ftp://ftp.hq.nasa.gov/pub/pao/reports/2000MCOJMIB_Report.pdf. Zugegriffen am 26.01.2016
Nuseibeh B, Easterbrook S, Russo A (2000) Leveraging inconsistency in software development. Computer 33(4):24–29. https://doi.org/10.1109/2.839317
OMG: Systems Modeling Language (SysML), Version 1.3 (2012). http://www.omg.org/spec/SysML/1.3. Zugegriffen am 26.01.2016
OMG: Unified Modeling Language (UML), Version 2.4.1 (2011). http://www.omg.org/spec/UML/2.4.1/. Zugegriffen am 26.01.2016

Rieke J, Dorociak R, Sudmann O, Gausemeier J, Schäfer W (2012) Management of cross-domain model consistency for behavioral models of mechatronic systems. In: International Design Conference

Rohloff K, Dean M, Emmons I, Ryder D, Sumner J (2007) An evaluation of triple-store technologies for large data stores. In: OTM Confederated International Conference on On the Moveto Meaningful Internet Systems, S 1105–1114

Schäfer W, Wehrheim H (2010) Model-driven development with mechatronic UML. In: Engels G, Lewerentz C, Schäfer W, Schürr A, Westfechtel B (Hrsg) Graph transformations and model-driven engineering, Lecture notes in computer science, Bd 5765. Springer, S 533–554. https://doi.org/10.1007/978-3-642-17322-6_23

Schätz B, Braun P, Huber F, Wisspeintner A (2003) Consistency in model-based development. In: IEEE international conference and workshop on the engineering of computer-based systems, S 287–296. https://doi.org/10.1109/ECBS.2003.1194810

Secchi C, Bonfe M, Fantuzzi C (2007) On the Use of UML for Modeling Mechatronic Systems. IEEE Trans Autom Sci Eng 4(1):105–113. https://doi.org/10.1109/TASE.2006.879686

Spanoudakis G, Zisman A (2001) Inconsistency management in software engineering: Survey and open research issues. In: Chang SK (Hrsg) Handbook of software engineering and knowledge engineering. World Scientific, Singapore, S 329–380

Thramboulidis K (2013) Overcoming mechatronic design challenges: the 3 + 1 SysML-view model. J Comput Sci Techn 1(1):6–14

Van Der Straeten R, D'Hondt M (2006) Model refactorings through rule-based inconsistency resolution. In: ACM Symposium on Applied Computing, S 1210–1217. https://doi.org/10.1145/1141277.1141564

Vogel-Heuser B, Legat C, Folmer J, Feldmann S (2014a) Researching evolution in industrial plant automation: scenarios and documentation of the pick and place. Unit. Tech. Rep. TUM-AIS-TR-01-14-02, Technische Universitat München. https://mediatum.ub.tum.de/node?id=1208973. Zugegriffen am 26.01.2016

Vogel-Heuser B, Legat C, Folmer J, Rosch S (2014b) Challenges of Parallel Evolution in Production Automation Focusing on Requirements Specification and Fault Handling. At – Automatisierungstechnik 62(11):758–770

W3C: Resource Description Framework (RDF) (2014). http://www.w3.org/RDF/. Zugegriffen am 26.01.2016

W3C: SPARQL Protocol and RDF Query Language 1.1 overview (2013). http://www.w3.org/TR/sparql11-overview/. Zugegriffen am 26.01.2016

Automatische Generierung von Fertigungs-Managementsystemen

Grundlage der durchgängigen Vernetzung in der Lebensmittelindustrie

Stefan Flad, Benedikt Weißenberger, Xinyu Chen, Susanne Rösch und Tobias Voigt

Zusammenfassung

Eine wesentliche Herausforderung von Industrie 4.0 ist die vertikale Integration der Produktionsebenen mit ihren eingebetteten Systemen. Manufacturing Execution Systeme (MES) spielen dabei ein zentrale Rolle, da sie das Bindeglied zwischen dem Enterprise Ressource Planning (ERP) System und der Produktionswelt darstellen.

Die industrielle Produktion von Lebensmitteln erfolgt in komplexen Prozessen, in denen die Transparenz aller Prozessschritte zur Beherrschung von Qualität, Effizienz und Ressourcenverbrauch notwendig ist. MES-Lösungen helfen hier Prozesse und Anlagen zu überwachen, Fehler zu erkennen und zu analysieren und komplexe Auswertungen von aggregierten Daten durchzuführen.

Dieser Beitrag beschreibt eine kostengünstige Vorgehensweise für die Vernetzung der Lebensmittelproduktion. Der Aufwand zur Implementierung und Rekonfiguration von MES-Lösungen soll dadurch reduziert werden.

Dabei wird auf MES-Beschreibungsstandard – der MES-ML –und Datenstandards der Lebensmittelindustrie (Weihenstephaner Standards) aufgesetzt. Es wurden Beschreibungsmodelle für das automatische Generieren von MES-Funktionen entwickelt, die die Anlagenkonfiguration, die ablaufenden Prozesse und die MES-Funktionalität beschreiben. Die Modellierung erfolgt in einem eigens entwickelten Werkzeug. Dieser verarbeitet die Modellierung und

S. Flad (✉) · X. Chen · T. Voigt
Lehrstuhl für Lebensmittelverpackungstechnik, Technische Universität München, Freising, Deutschland
E-Mail: stefan.flad@tum.de; xinyu.chen@tum.de; tobias.voigt@wzw.tum.de

B. Weißenberger · S. Rösch
Lehrstuhl für Automatisierung und Informationssysteme, Technische Universität München, Garching, Deutschland
E-Mail: weissenberger@ais.mw.tum.de; roesch@ais.mw.tum.de

B. Vogel-Heuser et al. (Hrsg.), *Handbuch Industrie 4.0*,
https://doi.org/10.1007/978-3-662-58528-3_65

beschreibt das ganzheitliche MES in einer standardisierten und offenen Schnittstelle. Aus der Spezifikation werden durch Codegeneratoren automatisch MES-Lösungen parametriert. Der Beitrag erläutert die Vorgehensweise anhand eines Beispiels aus der Lebensmittelindustrie.

1 Einleitung und Problembeschreibung

Eine wesentliche Herausforderung für die Evolution von Produktionsanlagen zu Cyber Physical Systems bzw. zu Industrie 4.0 ist die vertikale Integration der Produktionsebene mit ihren eingebetteten Systemen über die Manufacturing Execution System (MES)-Ebene bis hin zum Enterprise Ressource Planning System und über das Unternehmen hinaus (Vogel-Heuser et al. 2013). Ein zentraler Punkt bei der Integration der verschiedenen Systeme ist der Aufbau bzw., soweit noch nicht vorhanden, die Schaffung von Interoperabilitätsstandards für die Datendurchgängigkeit (Vogel-Heuser et al. 2013; Hoppe 2014).

Das MES vernetzt Anlagen, Maschinen und Arbeitsplätze eines produzierenden Industriebetriebs in der den Automatisierungs- und Leitsystemen überlagerten Fertigungsleitebene. Es gibt die vom Warenwirtschaftssystem ERP (Enterprise Ressource Planning System) grob geplanten Produktionsvorgaben als detailliert geplante Aufträge an die produzierenden Bereiche bzw. den technischen Prozess und die über eine Kommunikationsinfrastruktur vernetzten Feldgeräte weiter, überwacht und optimiert die Produktion und erfasst und dokumentiert Produktionsdaten. Abb. 1 veranschaulicht die Schnittstellenfunktion und zeigt die wesentlichen Aufgaben eines MES innerhalb heutiger Automatisierungsarchitekturen (dem Automatisierungsdiabolo). Das Automatisierungsdiabolo illustriert außerdem eine der zentralen Herausforderungen für Industrie 4.0 – ein geeignetes Informationsmodell. Das Informationsmodell muss in geeigneter Art und Weise Informationen zur Verfügung stellen, welche Ressourcen in der Produktion vorhanden sind, welche technischen Prozesse sie ausführen können und welche Daten zur Verfügung gestellt werden können. Gerade hier liegen momentan noch die Defizite heutiger MES-Architekturen und Lösungen. Es existiert keine einheitliche Datenbasis bzw. Spezifikation wodurch Softwarelösungen nicht aufeinander abgestimmt und Änderungen mit hohem Aufwand verbunden sind (Thiel et al. 2010). Hier setzt die MES-Modeling Language (MES-ML) an. Die MES-ML ist eine Modellierungssprache für die eindeutige Spezifikation von technischen Prozessen und zugehöriger technischer Ressourcen und Funktionen (Witsch und Vogel-Heuser 2012) die für verschiedene Anwendungen, basierend auf aktuellen Standards, wie den „Weihenstephaner Standards" (TUM – LVT 2014) für die Verpackungstechnik und die Lebensmittelproduktion, weiterentwickelt wird. Durch die Schaffung einer einheitlichen Notation wird die Vernetzung von technischem Prozess über das Informationsmodell hin zum MES ermöglicht. Das Ziel der Modellierung und Generierung ist, dass Änderungen immer am Modell gemacht werden, wodurch der Anpassungsaufwand gering gehalten wird, da aus dem Modell direkt wieder das angepasste

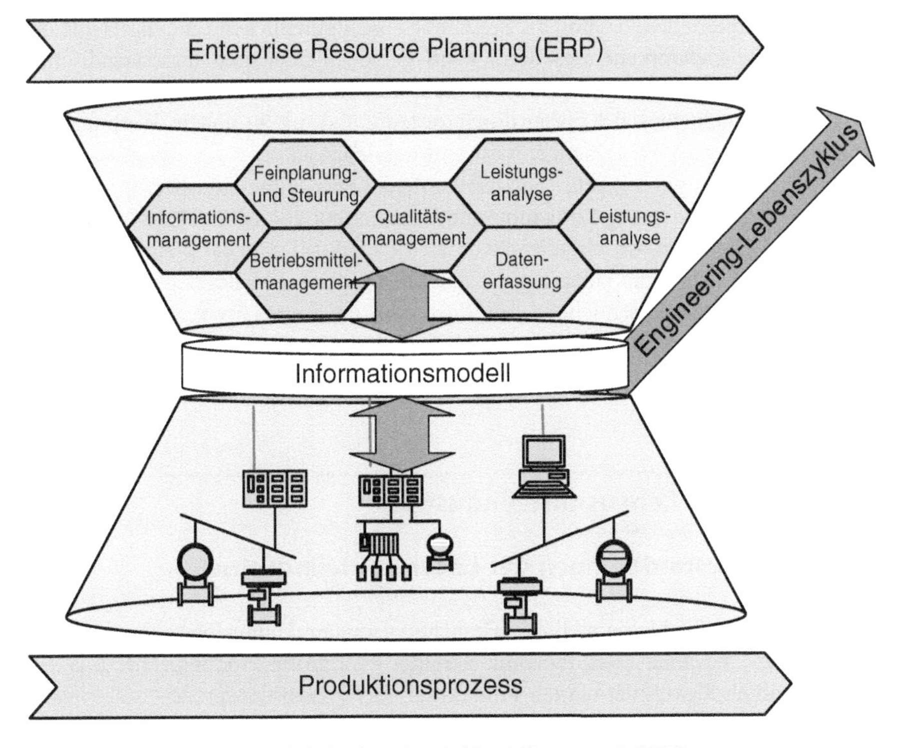

Abb. 1 Automatisierungsdiabolo basierend auf. (Vogel-Heuser et al. 2009)

MES generiert wird. Die Spezifikation hat außerdem das Potential mögliche Produktionsschritte oder Services nach außen zu propagieren wodurch die Verteilung von Produktionsaufträgen prinzipiell auch standortübergreifend möglich wird. Um die Datendurchgängigkeit sicherzustellen und zusätzlichen Aufwand zu vermeiden wird zusammen mit der Spezifikation eine automatische Generierung der MES aus den Modellen entwickelt.

Definition Manufacturing Execution System (MES): Das VDMA Einheitsblatt VDMA 66412-1 (VDMA 66412-1 2009) definiert MES als „prozessnah operierendes Fertigungsmanagementsystem (Produktionsleitsystem). Es zeichnet sich gegenüber ähnlich wirksamen Systemen zur Produktionsplanung, wie dem ERP (Enterprise Ressource Planning), durch die direkte Anbindung an die Automatisierung aus und ermöglicht die zeitnahe Kontrolle und Steuerung der Produktion." Unter Mitwirkung der MESA (Manufacturing Enterprise Solutions Association) sind MES international genormt (Normenreihe IEC 62264, z. B. (DIN EN 62264-1 2014)). Werden im Fertigungsmanagementsystem zusätzlich auch Funktionen zur Abbildung von Produktlebenszyklen integriert, wird international der erweiterte Begriff MOM (Manufacturing Operations Management) System verwendet.

Die Modellierung und damit die Schaffung einer einheitlichen Datenbasis und die automatische Generierung des MES kann gerade kleinen und mittelständischen Unternehmen den Zugang zu Industrie 4.0 durch die Einführung einer Vernetzung mit MES ermöglichen, der bisher durch zu teure und mit zu hohem Wartungsaufwand verbundene MES-Lösungen verwehrt geblieben ist.

Im Folgenden wir zunächst auf das Umfeld Lebensmittelindustrie, in dem die ersten Pilotprojekte zur Spezifikation und Generierung von MES-ML durchgeführt werden, eingegangen. Anschließend werden die MES-ML und die Weihenstephaner Standards auf denen die Generierung von MES aufbaut beschrieben. Ein Anwendungsbeispiel dient anschließend der Illustration der weiterentwickelten Konzepte zur Modellierung und Generierung der MES. Einige Beispielanwendungen und eine Zusammenfassung schließen den Beitrag.

2 Umfeld Lebensmittelindustrie

2.1 Herausforderungen der Lebensmittelindustrie

Die Lebensmittelindustrie stellt als Branche besondere Herausforderungen an die Produktion. Die hohe Marktdynamik verlangt eine große Produktpalette und ein Höchstmaß an Flexibilität bei der Produktion. Der Produktionsprozess steht insbesondere in Deutschland durch niedrige Endproduktpreise unter hohem Kostendruck. Deutschland liegt hier im europäischen Vergleich klar unterhalb der vergleichbaren Industriestaaten (Statistisches Bundesamt 2013) bei gleichzeitig hohem Lohnniveau. Verschärft wird dieser zusätzlich durch steigende Energiepreise. Der jährliche Energieverbrauch beträgt allein in der deutschen Lebensmittelindustrie etwa 204 Peta-Joule (Fleiter et al. 2013). Die Betriebe sind deshalb auch vom Gesetzgeber zur Einführung von Energiemanagementsystemen verpflichtet. Die Senkung des Ressourceneinsatzes ist insbesondere vor dem Hintergrund Lebensmittel nachhaltig zu erzeugen wichtig. Eine weitere Herausforderung der Lebensmittelindustrie ist die Anforderungen an Qualität und Sicherheit. Die Lebensmittelindustrie stellt Produkte für den Verzehr durch Menschen her. Diesbezügliche gesetzliche Regelungen wurden aufgrund zahlreicher Lebensmittelskandale ebenfalls verschärft (z. B. (Europäische Gemeinschaft 2002 L 31/1; FOOD AND DRUG ADMINISTRATION (FDA) 1997-00-00; Schmidberger et al. 2007)). Um alle Anforderungen zu erfüllen, ist eine Unterstützung durch Software in der MES-Ebene wünschenswert. Allerdings ist die Anschaffung der Spezialsoftwarelösungen kostenintensiv und Lebensmittelbetriebe, die oft mittelständige Unternehmen sind, können diese Investition nicht aufbringen. Auch die durchgängige Vernetzung zwischen MES und Produktionsebene ist oft nicht gegeben.

2.2 Anforderungen und Ausprägungen von MES in der Lebensmittelindustrie

Üblicherweise ist die betriebsunterstützende Software in der Lebensmittelindustrie heterogen aufgestellt. Das heißt sie besteht aus vielen einzelnen Systemen, die Spezialaufgaben erfüllen, untereinander aber schlecht oder gar nicht vernetzt sind (Stichwort IT-Insellösungen). MES-Lösungen der Lebensmittelindustrie legen jeweils einen bestimmten Fokus auf die Produktion, wie Qualität, Materialwirtschaft, Auftragsplanung oder ähnliche, decken aber selten die komplette MES-Funktionspalette ab. Beispielhaft werden im Folgenden einige wesentliche MES-Funktionalitäten der Lebensmittelindustrie erläutert.

Energiemanagement in der Brauerei

Das Herstellen von Lebensmitteln kann mit einem hohen Energieeinsatz verbunden sein. Beim Brauen von Bier werden beispielsweise große Mengen an Wasser und Malz über längere Zeiträume hinweg in verschiedenen Prozessen erhitzt und anschließend wieder gekühlt. Später bei der Gärung und Lagerung muss das Bier konstant kühl gehalten werden, um die optimale Qualität zu gewährleisten. Zur Abfüllung werden anschließend zusätzlich große Mengen Wärme benötigt, um Flaschen oder Kästen zu reinigen. Der Einsatz von Energie ist also an unterschiedlichen Stellen des Betriebes, mit unterschiedlichen Energieträgern, zu unterschiedlichen Prozessstufen erforderlich. Bei der Analyse der Energieflüsse hilft ein Energiemanagementsystem. Dieses besteht typischerweise aus der Energiedatenerfassung. Dabei sind sämtliche Verbrauchszähler für Primär und Sekundärenergieträger zu erfassen und es ist für eine durchgängige und aktuelle Datenbasis zu sorgen. Der zweite Schritt ist das eigentliche Energiedatenmanagement. Dies besteht zumeist aus einfachen Funktionalitäten, wie Lastspitzenmanagement, also kurzzeitiges Abschalten von Verbrauchern oder der Koordination verschiedener Verbraucher, um Lastspitzen zu vermeiden (z. B. versetztes Anfahren von Motoren). Eine weitere Komponente beim Energiemanagement ist die Generierung von produktbezogenen Energiekennzahlen, um die Effizienz des Ressourceneinsatzes bewerten und vergleichen zu können. Das verlangt eine Vernetzung zwischen Energiemanagement, Auftragsplanung, Leistungsanalyse und anderen Systemlösungen.

Effizienzanalyse beim Verpackungsprozess

Eine weitere typische MES-Funktionalität ist die Bewertung der Anlageneffizienz beim Verpackungsprozess und die Analyse auf Schwachstellen. Der Verpackungsprozess ist kostenintensiv, so dass eine optimale Nutzung der Verpackungsanlagen sowie die Auslastung des Bedienpersonals angestrebt werden. Zur Bewertung werden Kennzahlen wie der Anlagen-Ausnutzungsgrad bzw. Wirkung nach (DIN 8743 2014), (DIN 8782 1984) oder die Overall Equipment Efficiency (OEE) (Nakajima 1988) verwendet. Die OEE zeigt den Anteil der Zeit an, in der die Anlage im Verhältnis zur Betriebszeit produziert. Untergeordnete Kennzahlen wie Verfügbarkeit, Leistungsgrad und Qualität lassen weitere Rückschlüsse auf zu treffende Maßnahmen für die Anlagenoptimierung zu (Muchiri und Pintelon 2008). Eine

Herausforderung bei der Berechnung der OEE stellt der Artikelbezug dar, um die Effizienz verschiedener Artikel zu vergleichen, was eine Kopplung der Effizienzanalysefunktionalität mit Auftragsdaten voraussetzt.

Wie oben beschrieben benötigt also auch die Lebensmittelindustrie integrierte MES-Lösungen, die gleichzeitig auch kostengünstig sind. Dies soll durch eine einheitliche Datenbasis und die Vernetzung mithilfe einer angestrebten automatischen Generierung von MES realisiert werden.

3 Ansätze zur durchgängigen Vernetzung

3.1 MES-ML: Die Beschreibungssprache für Fertigungsmanagementsysteme

Die Voraussetzung für ein durchgängiges Konzept zur Projektierung von MES ist eine formale Beschreibung des MES und dessen Schnittstellen. Zu diesem Zweck wurde von WITSCH die Manufacturing Execution Systems Modeling Language (MES-ML) entwickelt (Witsch 2013). Hierbei handelt es sich um eine auf der Business Process Model and Notation (BPMN) basierenden Beschreibungssprache für die Spezifikation von MES. Aufgrund der hohen Vernetzung eines MES mit vielen Unternehmensbereichen und somit der hohen Anzahl der am Spezifikationsprozess beteiligten Personen war das Entwicklungsziel, eine Sprache zu schaffen, welche möglichst schnell verständlich ist, aber trotzdem einen ausreichenden Sprachumfang besitzt, um komplexe MES-Projekte spezifizieren zu können. Um es den Experten der einzelnen Teilbereiche eines Unternehmens zu erleichtern, ihr Wissen in ein MES-ML-Modell einzubringen, wird das MES-ML Gesamt-Modell in drei Teilmodelle aufgespalten. Ein zusätzliches Teil-Modell, das Verknüpfungsmodell, ermöglicht anschließend die Integration der Teilmodelle zu einem konsistenten Ganzen.

Das erste Teilmodell ist das Modell des technischen Systems. Es beschreibt die dem MES zugrunde liegende Anlage mithilfe einer hierarchischen Baumstruktur, welche sämtliche technischen Ressourcen der Anlage enthält. Es bildet somit statisch den Aufbau der Anlage, sowie deren Gliederung in Betriebsstätten, Anlagenkomplexe, usw. ab. Ein Anwendungsbeispiel wird in Abschn. 5.1 gezeigt. Auf unterster Ebene werden den einzelnen Elementen des technischen Systems Signale zugeordnet. Diese stellen die Basis der Anlagen-Daten dar, auf deren Grundlage das MES arbeiten kann. Zusätzlich werden auf diesem Wege Signale definiert, welche das MES an die Anlage schicken kann. So können beispielsweise Signale für die Übermittlung von Auftragsnummern oder Rezepten an eine Steuerung definiert werden, welche von der Steuerung zur Durchführung eines Produktionsauftrages verarbeitet werden. Ein offener Punkt der MES-ML ist die standardisierte Anbindung der Anlage an das MES. Im Kontext der Lebensmittelindustrie existiert jedoch bereits ein etablierter Standard, welcher diese Lücke schließt, die Weihenstephaner Standards (siehe Abschn. 3.2). Ein Ausschnitt aus dem Anwendungsbeispiel einer Brauerei, erweitert um einige für das Konzept nötige Modellierungsmöglichkeiten, wird in Abschn. 5 gezeigt. Das zweite Teilmodell ist das Modell des Produktionsprozesses. Es dient der Beschreibung der Produktionsprozesse, sowie von produktionsnahen Geschäftsprozessen, welche durch das MES u. a. unterstützt, gesteuert oder überwacht werden sollen (Witsch 2013). Es stellt somit Abläufe in der Produktion dar, berücksichtigt ob diese manuell oder automatisch durchgeführt werden und enthält zusätzlich Sprachelemente zur Beschreibung des Materialflusses. Inhaltlich ist das Prozess-Modell der MES-ML ähnlich der Beschreibung von Prozessen mit Hilfe der formalisierten Prozessbeschreibung, allerdings mit dem Fokus auf Prozessabläufe, nicht auf Energie- und Materialflüsse (VDI/VDE 3682 2005-09-00). Als Sprachmittel wird hier das Kollaborationsdiagramm der BPMN als Basis genutzt. Es beschreibt größtenteils Prozess-Schritte mit Hilfe von BPMN Aufgaben, sowie deren Zusammenhang mit Hilfe von Flussobjekten, beispielsweise Sequenzflüssen zur Darstellung von nacheinander ablaufenden Prozessschritten. Zur Komplexitätsbeherrschung ist es möglich, Aufgaben in Unteraufgaben zu gliedern und so zum einen eine übersichtliche Darstellung zu gewährleisten, ohne den maximal erreichbaren Detaillierungsgrad beschränken zu müssen. Abschn. 5.2 zeigt als Anwendungsbeispiel die Modellierung der Würze-Herstellung im Sudhaus einer Brauerei. Das dritte Teilmodell ist das Modell des MES, sowie der angrenzenden IT-Systeme. Hier wird der Funktionsumfang des MES genau definiert und von weiteren vorhandenen Systemen, z. B. ERP abgegrenzt (Witsch 2013). Zusätzlich dient es zur Definition von Schnittstellen des MES zum technischen System bzw. zum Produktionsprozess. Hier werden, ähnlich wie bei der Beschreibung des Produktionsprozesses, BPMN Aufgaben in einem Kollaborations-Diagramm genutzt, um MES-Funktionen und deren Ablauf zu spezifizieren. Für das Konzept wurde die MES-ML an dieser Stelle noch erweitert um eine bessere Schnittstellen-Beschreibung zu ermöglichen. Ein Beispiel hierfür wird in Abschn. 5.3 gezeigt.

Das Verknüpfungsmodell schafft die Verbindung zwischen den drei anderen Teilmodellen (Zusammenhänge zwischen den Modellen). Es erlaubt die Abbildung von Abhängigkeiten bzw. den Informationsaustausch über Teilmodellgrenzen hinweg. Es ermöglicht beispielsweise die Beschreibung, welche Anlagenteile einen bestimmten Prozess-Schritt ausführen oder welche Prozess-Schritte erst ablaufen können, wenn Informationen aus dem MES vorhanden sind.

Für die Integration von MES-ML-Modellen in einen durchgängigen MES-Engineering-Prozess wurden die MES-ML Modelle formal definiert (Witsch und Vogel-Heuser 2012), welche die Grundlage für eine automatische Weiterverarbeitung der Modelle für die spätere Generierung des MES schafft und eine formale Konsistenzprüfung der Modelle ermöglicht.

Zusammenfassend stellt die MES-ML einen großen Schritt in Richtung Kostenreduktion im Engineering von MES dar, da Spezifikationsfehler früher und leichter erkannt werden können (Witsch und Vogel-Heuser 2012) und so kostspielige Nachbesserungen entfallen können. Eine Anpassung der Modelle ist zudem leichter und schneller durchführbar, als dies beispielsweise bei einem textuellen Lastenheft der Fall ist.

3.2 Weihenstephaner Standards das Informationsmodell der Lebensmittelindustrie

Die Verknüpfung der Modelle von technischem System, Prozessablauf und MES Funktionalität erfolgt über die in den drei Bereichen jeweils entstehenden und verarbeiteten Informationen. Hierfür ist ein inhaltlich und semantisch einheitliches Informationsmodell erforderlich, über das auch die Anbindung der Produktionssysteme an die MES Ebene erfolgt (vgl. Abb. 1). Zwingende Voraussetzung für das automatische Generieren von Fertigungsmaschinen ist, dass die dort eingesetzten Produktionsanlagen und -maschinen einheitlich auf diese Anbindung vorbereitet sind. Am kostengünstigsten erfolgt diese Vorbereitung vor deren Inbetriebnahme anhand standardisierter Schnittstellenspezifikationen.

Entsprechende Vorgaben definieren die „Weihenstephaner Standards". Sie wurden ausgehend von den Ideen des CIM (Computer Integrated Manufacturing) entwickelt, um zunächst Betriebsdatenerfassungssysteme in der Lebensmitteproduktion zielgerichteter und vor allem kostengünstiger einsetzen zu können (Voigt et al. 2000). Mit zunehmender Bedeutung von MES Lösungen in der Lebensmittelindustrie wurden sie für die bidirektionale Kommunikation erfordernde Fertigungssteuerung weiterentwickelt. Im Jahr 2005 wurden sie, zunächst für Getränkeabfüllanlagen (Kather und Voigt 2010), als inhaltliche und physikalische Definition für die MES-Maschine Schnittstelle veröffentlicht. In den darauffolgenden Jahren wurden auch Prozesse der allgemeinen Lebensmittelverpackung und Fleischverarbeitung (Kreikler und Voigt 2010) betrachtet, so dass die Weihenstephaner Standards heute auch Schnittstellenspezifikationen für Anlagen- bzw. Maschinenschnittstellen in diesen Bereichen der Lebensmittelindustrie liefern.

Die Entwicklung der Weihenstephaner Standards ging stets vom Informationsbedarf auf der Fertigungsmanagementebene aus. In engem Kontakt mit Produktionsverantwortlichen aus Getränke- und Lebensmittelherstellungsbetrieben wurde herausgearbeitet, welche MES Funktionalitäten in der jeweiligen Branche gewünscht sind. Anhand des ermittelten Bedarfs wurden die Daten identifiziert, die für die Implementierung der geforderten Planungs-, Auswertungs- und Berichtsfunktionen auf MES Ebene erforderlich sind. Hierfür wurden in Kooperation mit Maschinebauunternehmen und IT Systemanbietern semantische Datenpunktdefinitionen erarbeitet und in einer Datenpunktbibliothek zusammengefasst. Hierin wurden Datenprofile für Maschinen und Anlagen für die unterschiedlichen Herstellungsprozesse definiert. Diese beinhalten verpflichtend von der Maschine oder Anlage bereitzustellende Datenpunkte, optionale aber in gleicher Weise semantisch spezifizierte Datenpunkte und freie Bereiche für unternehmens- oder projektspezifische Erweiterungen.

Abb. 2 veranschaulicht dies am Bibliotheksverwaltungstool WS Edit. Der linke Bereich zeigt die hierarchische Struktur der Datenpunktbibliothek (hier beispielhaft anhand der WS Food Library V07 für Fleischverarbeitungsmaschinen). Von allgemeinen Maschinengruppen bis hin zur vordefinierten Spezialmaschine ermöglicht sie die Auswahl der zugeordneten verpflichtenden und optionalen Datenpunkte

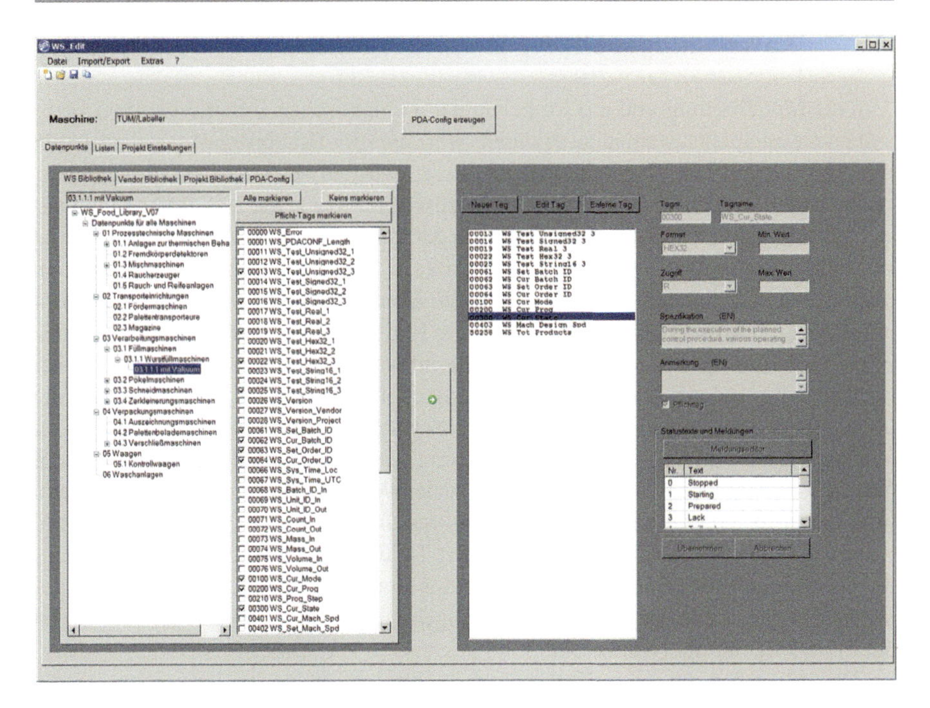

Abb. 2 Bildschirmansicht des Bibliotheksverwaltungstools WS Edit

(Tags). Jeder Tag ist in den Weihenstephaner Standards mit eindeutigem Namen, Nummer, Datenformat, Zugriffsrecht und, auf Interpretationsfreiheit hin praxiserprobter Beschreibung definiert. Auch der Dateninhalt kann eingeschränkt (Max. Wert) oder als Werteliste (Statustexte und Meldungen) vorgegeben sein (im dargestellten Beispieltag WS_Cur_State die ausschließlich verwendbaren Maschinenzustände).

Für die schnelle Vernetzung von Maschinen und MES definieren die Weihenstephaner Standards zudem ein einfaches Übertragungsprotokoll auf Basis von Ethernet TCP/IP. Zusammen mit der digitalen Datenprofildokumentation in der zugehörigen XML Datei wird so die Anbindung nach dem „Plug and Play" Prinzip ohne individuellen Programmieraufwand möglich. Die Übertragung von WS Tags ist grundsätzlich aber auch mit anderen Protokollen möglich.

Die Weihenstephaner Standards sind in der Getränkeindustrie international etabliert und finden auch in der übrigen Lebensmittelindustrie vermehrt Anwender. Lebensmittel- und Getränkehersteller besitzen mit diesen gegenüber anderen Branchen einen Standardisierungsvorsprung, der ihnen bei der Produktionsvernetzung hilft und die Wirtschaftlichkeit beim Einsatz von MES Lösungen erheblich verbessern kann.

4 Anwendungsbeispiel: Der Brauprozess

Um die Modellierung und das Vorgehen der automatischen Generierung von Fertigungsmanagementsystemen zu erklären, wird hier der Brauprozess, genauer gesagt der Sudhausprozess, eingeführt. Beim Brauen wird aus den Zutaten Gerstenmalz, Wasser und Hopfen in verschiedenen Prozessstufen Heizwürze hergestellt, die anschließend gekühlt wird, im Lagerkeller gärt und reift, und zuletzt filtriert und abgefüllt wird. Abb. 3 zeigt die Brauprozesse im Sudhaus, nämlich Maischen, Läutern, Würze kochen und Sedimentieren. Beim Maischen wird das Malzschrot mit Wasser vermischt (Einmaischen) und im Maische Bottich erhitzt, um möglichst viele lösliche Extraktstoffe aus dem Malz in Wasser zu lösen (Maischen). Dabei werden verschiedene Temperaturniveaus angefahren (Aufheizen) und für bestimmte Zeiten gehalten (Rasten). Die löslichen Extraktstoffe werden im Läuterbottich von den unlöslichen Stoffen, nämlich den Trebern, getrennt. Dieser Prozess wird läutern genannt. Anschließend wird die Würze in der Würzepfanne mit Hopfen gekocht, was dem Bier den bitteren Geschmack zu verleiht (Würze kochen). Im Whirlpool wird die heiße Würze von ausgeschiedenen Teilchen, dem Trub, befreit (Sedimentieren). Damit ist der Sudhausprozess abgeschlossen. Die Heißwürze wird anschließend in einem Plattenwärmeaustauscher abgekühlt und in den Gärkeller zum Gären und Lagern gepumpt (Kunze 2011).

Das Maischen und das Würze kochen sind während des Brauprozesses die energieintensivsten Prozesse. Die Gefäße werden zumeist mit Dampf beheizt, um die Gefahr des Anbrennens zu minimieren. Im Anwendungsbeispiel soll deshalb der MES-Funktion Energiemanagement betrachtet werden, die den Dampfverbrauch für einen bestimmten Sud berechnen soll. Der Verbrauch anderer Energieformen wie z. B. elektrische Energie für Rührwerke wird hier vernachlässigt. Auch die Umrechnung auf Primärenergieträger wird nicht berücksichtigt, um das Beispiel einfach zu halten.

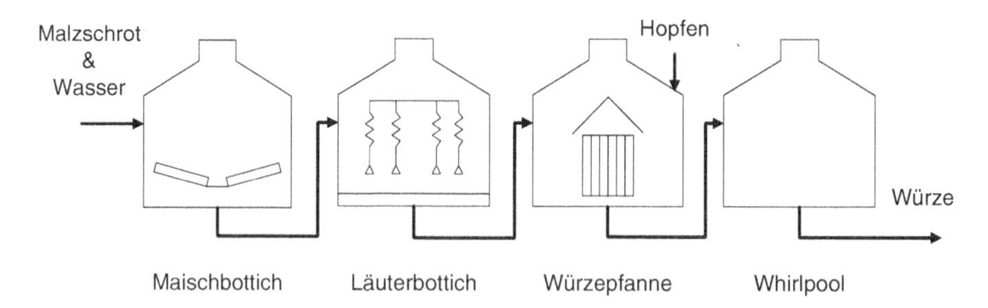

Abb. 3 Brauprozess im Sudhaus angelehnt an. (Kunze 2011)

5 Konzept zur automatischen Generierung von Fertigungsmanagementsystemen und Umsetzung in der Domäne Lebensmittelindustrie

Das Konzept zur automatischen Generierung von Fertigungsmanagementsystemen sieht grundsätzlich zwei Bereiche vor. Zum einen modellieren der MES-Hersteller gemeinsam mit dem Anlagenbetreiber das MES (z. B. mit dem AutoMES-Editor), wobei der Anlagenbetreiber sein Prozesswissen und Wissen zum technischen System einbringt und der MES-Hersteller zur MES-Funktionalität. Die durch den Editor unterstützte Modellierung hilft insbesondere den MES-Hersteller bei der Beratung welche MES-Funktionen möglich sind, bzw. wie das technische System ggf. erweitert werden muss um MES-Funktionen verwenden zu können. Zum anderen wird aus der Modellierung, die in der generischen MES-Spezifikation abgelegt wird, mittels Codegeneratoren im MES-Engineering die MES-Lösung erzeugt. Abb. 4 zeigt das Konzept.

Der Modellierungs-Editor ermöglicht die graphische Modellierung eines MES mittels MES-ML. Dabei müssen folgende Komponenten abbildbar gemacht und die Verknüpfungen zwischen den Komponenten generiert werden:

- Produktionsanlagen (z. B. Maschinen, Verknüpfungen, Ausstattungen, Funktionen)
- Informationen (z. B. Daten, Signale, einfache Informationen)
- Prozesse (z. B. benötigte Einsatzstoffe, Weg des Produkts durch die Produktion)
- MES-Funktionen (z. B. Energiemanagement, Produktionsplanung, Effizienzanalyse anhand von Kennzahlen)

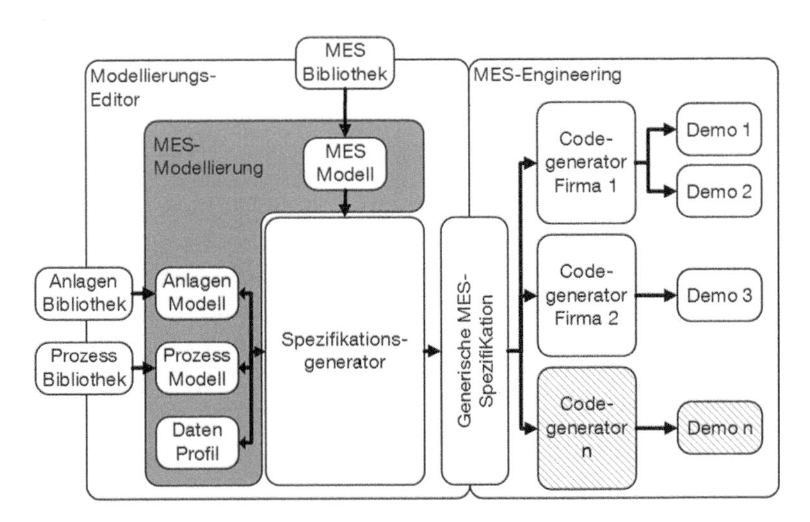

Abb. 4 Vorgehenskonzept zur automatischen Generierung von MES

Abb. 5
Anlagenmodellierung Sudhaus

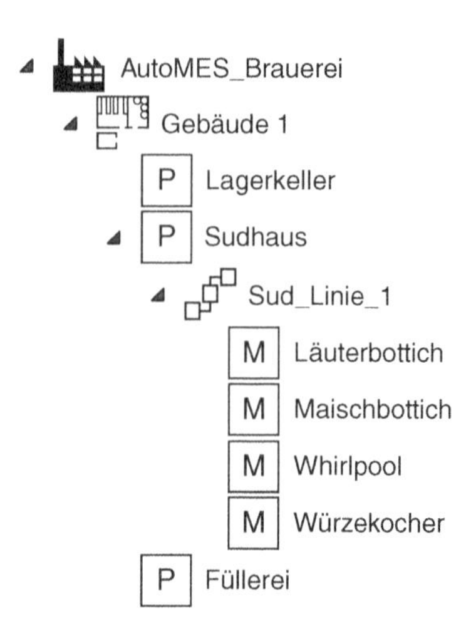

5.1 Anlagenmodellierung (Technisches System)

Die Anlagenmodellierung beschreibt die physikalische Struktur der Anlagen (siehe Abb. 5) und ihren hierarchischen Aufbau. Sie werden als Baumdiagramm modelliert, dessen Hierarchieebenen an die ISA 95 angelehnt sind, nämlich Werk (Factory), Bereich (Area), Anlage (Plant), Linie (Line), Maschine (Machine) und Aggregat (International Society of Automation 2000).

Des Weiteren werden in der Anlagenmodellierung verfügbare Datenpunkte modelliert. Diese können über sämtliche Hierarchieebenen hinweg definiert werden und liefern Informationen des entsprechenden Elements. Um eine durchgängige und einheitliche Datenbasis zu erhalten ist die Definition der Datenpunkte nach bestehenden Standards sinnvoll. Für die Lebensmittelindustrie wurden hierfür Datenpunkte nach Weihenstephaner Standards zur Modellierung bereitgestellt, die mit dem Präfix „WS“ kenngezeichnet sind, wie z. B. WS_Cons_Steam, ein Datenpunkt der den Dampfverbrauch einer Komponente aufzeichnet. Datenpunkte haben weitere Eigenschaften, die für die Verwendung im MES-Modell wichtig sind. Diese sind:

- Klassifizierung: Quellen der Datenpunkts (z. B. Weihenstephaner Standard Bibliothek, AutoMES Bibliothek)
- Datenpunkt: Tagnummer und Name des Datenpunkts
- Datenpunkte-Klasse: Klasse der Datenpunkts (z. B. WS_Cons = Verbrauchsdatenpunkt)
- Beschreibung: Erklärung für die Datenpunkte

Es könne auch zusätzliche Datenpunkte angelegt werden, wenn keine passende in den Bibliotheken vorgesehen sind. Abb. 6 zeigt die Modellierung der Datenpunkte des Maischbottichs.

Klassifizierung	Datenpunkt	Datenpunkt-Klasse	Beschreibung
WS	50103 - WS_Cons_Steam	WS_Cons	Sattdampfverbrauch
WS	50110 - WS_Cons_Electricity	WS_Cons	Stromverbrauch
AutoMES	65501 - AM_Cur_Process	AM_Process	laufender Prozess
AutoMES	65502 - AM_Cur_Sub_Process	AM_Process	laufender Subprozess
AutoMES	65503 - AM_Cur_Process_Opei	AM_Process	laufende Prozessoperation

Abb. 6 Datenpunkte auf Maischbottich

Im Beispiel werden die Datenpunkte WS_Cons_Electricity, WS_Cons_Steam modelliert, diese Verbrauchsdatenpunkte geben Informationen über den Verbrauch von Strom bzw. Dampf. AM_Cur_Process, AM_Cur_Sub_Process und AM_Cur_Process_Operation sind Datenpunkte für die Verknüpfung zwischen Anlagen und Prozessen. Über den Datenpunkt AM_Cur_Process und das Prozessmodell kann definiert werden, welche Prozessschritte in einer Anlage oder einer Maschine ausgeführt werden können. Dies ist in Hinblick auf die MES-Funktionen wichtig, da so eine prozessbezogene Auswertung ermöglicht wird.

Die Modellierung des technischen Systems kann auf zwei Wege erfolgen. Zum einen können Komponenten und Datenpunkte per Hand hinzugefügt werden zum anderen erfolgt die Modellierung mit der Hilfe von Bibliotheken. Im Beispiel kann eine Anlagenbibliothek für die Brauerei verwendet werden (Abb. 7). In der Bibliothek können entweder geläufige Anlagenkonfigurationen bereitgestellt werden oder einzelne Maschinen oder Komponenten, die zu einer Anlage zusammengefügt werden. Die Bibliothekselemente Maischbottich, Läuterbottich, Würzepfanne und Whirlpool (links) werden per Drag and Drop in die Anlagenmodellierung (rechts) gezogen. Dort können die Modelle angepasst werden oder es werden neue Anlagenteile manuell hinzugefügt. Zum anderen kann die Modellierung auch manuell durchgeführt werden.

5.2 Prozessmodellierung

Im Prozessmodell werden die im System ablaufenden Prozesse beschrieben. Dies geschieht zumeist auf einer relativ abstrakten Ebene, da die Prozessmodellierung nicht den genauen Ablauf der Prozesse widerspiegeln muss, sondern die Granularität der prozesstechnischen Auswertung durch MES-Funktionen bestimmt. So können Auswertungen über den Prozess (z. B. Energieverbrauch beim Würze herstellen) genau auf der hier modellierten Granularität berechnet werden (z. B. wie in Abb. 9 für die Subprozesse Maischen, Läutern, Würzekochen und Sedimentieren). Ein Prozess wird in 3 Hierarchiestufen aufgeteilt, nämlich Prozess, Subprozess und Prozessoperation.

Abb. 8 zeigt die Prozessebene. Hier wird der Prozess modelliert, der im Sudhaus durchgeführt ist, nämlich „Würze herstellen". Das Symbol „+" bedeutet, dass der Prozess durch Subprozesse genauer modelliert wurde.

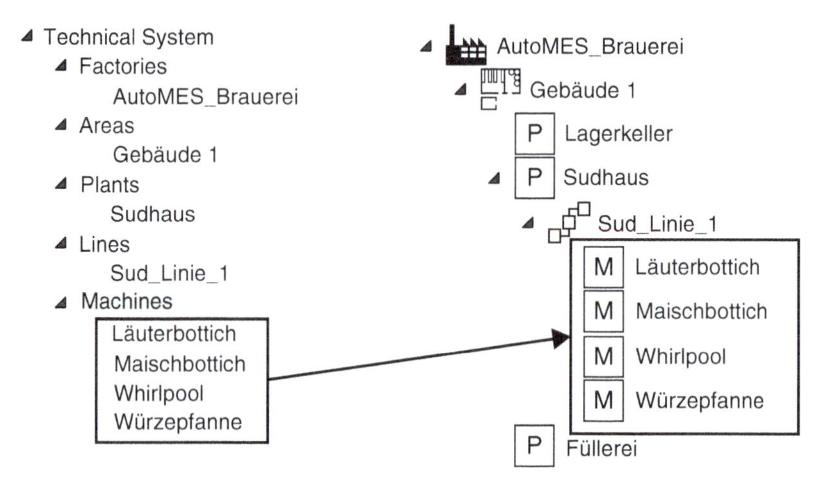

Abb. 7 Brauereianlagenbibliothek und Anlagenmodellierung

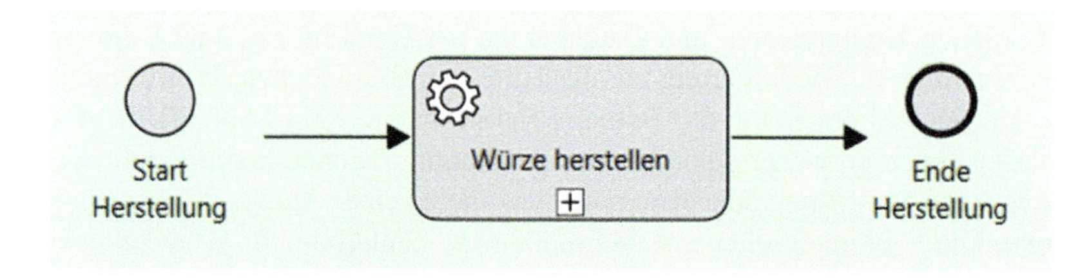

Abb. 8 Prozessebene der Prozessmodellierung

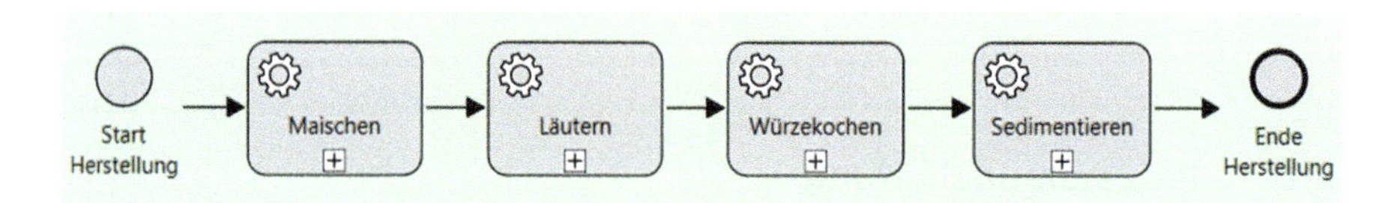

Abb. 9 Subprozessebene der Prozessmodellierung

Abb. 9 zeigt die Subprozesse der Würzeherstellung. Die Subprozessebene Maischen, Läutern Würze kochen und Sedimentieren bilden den Prozess Würze herstellen.

In der untersten Ebene werden Prozessoperationen modelliert. Die Prozessoperationen des Subprozesses Maischen sind beispielsweise Aufheizen und Rasten (Abb. 10).

Die Modellierung im Editor erfolgt analog zur Anlagenmodellierung manuell oder durch Unterstützung von Bibliotheken.

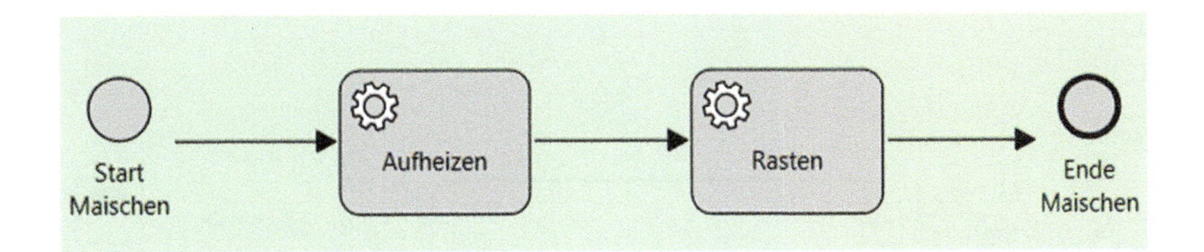

Abb. 10 Prozessoperationsebene der Prozessmodellierung

5.3 MES-Modellierung

Die MES-Modellierung beschreibt die Funktionalitäten, die im MES ausgeführt werden sollen. Es werden also beispielsweise Berechnungsformeln modelliert, die die Kennzahl einer Anlage berechnen. Die MES-Modellierung setzt sich dabei aus 3 Modellierungskomponenten zusammen:

- Grundfunktionen: Allgemeingültige Funktionen, die nicht mehr genauer modelliert werden
- MES-Funktionen: Funktionen, die komplexere Berechnungen durchführen. Sie können durch andere MES-Funktionen und Grundfunktionen modelliert werden, müssen sich aber auf der kleinsten Ebene auf Grundfunktionen zurückführen lassen
- Report-Funktionen: Bündeln verschiedene MES-Funktionen in einem Bericht. Hier werden zusätzlich Eingabeparameter definiert und Ausgabemethoden festgelegt (z. B. Tabelle, Kurve, etc.)

Im Beispiel soll die MES-Funktion „Stromverbrauch ermitteln" modelliert werden. Sie ermittelt den Stromverbrauch eines spezifischen Anlagenteils in einem Zeitraum „Start_time" bis „End_time". Die MES-Funktion (siehe Abb. 11) besteht aus einer Grundfunktion „Verbrauchsdifferenz", den Input-Parametern „Start", „End" und „Mach_ID" und dem Output-Parameter „Stromverbrauch". Die Grundfunktion Verbrauchsdifferenz benötigt als Input den Start und den Endzeitpunkt, der zum Beispiel über eine Benutzereingabe erfolgen kann. Außerdem ist ein Datenpunkt vom Typ „WS_Cons" (Verbrauchswert) erforderlich. Für die MES-Funktion „Stromverbrauch berechnen" wird deshalb der Datenpunkt WS_Cons_Electricity vom Typ WS_Cons mit dem Input verknüpft. Über die Eingabe der Mach_ID (Input) wird der Maschinenspezifische Datenpunkt an die Funktion übergeben (Eingabe kann über Bediener erfolgen).

Hier könnte auch die Prozessmodellierung ins Spiel kommen (der Übersichtlichkeit halber nicht modelliert). Durch die Auswertung des Datenpunkts AM_Cur_Process kann durch die Auswahl z. B. des Subprozesses Maischen ermittelt werden, dass der Anlagenteil Maischbottich den Prozess in einem bestimmten Zeitraum ausgeführt hat. Dies wird durch die separate Grundfunktion Get_Process_Information (Informationen eines Prozesses ermitteln) gewonnen, deren Ausgänge dann mit der Funktion „Stromverbrauch berechnen" verbunden werden.

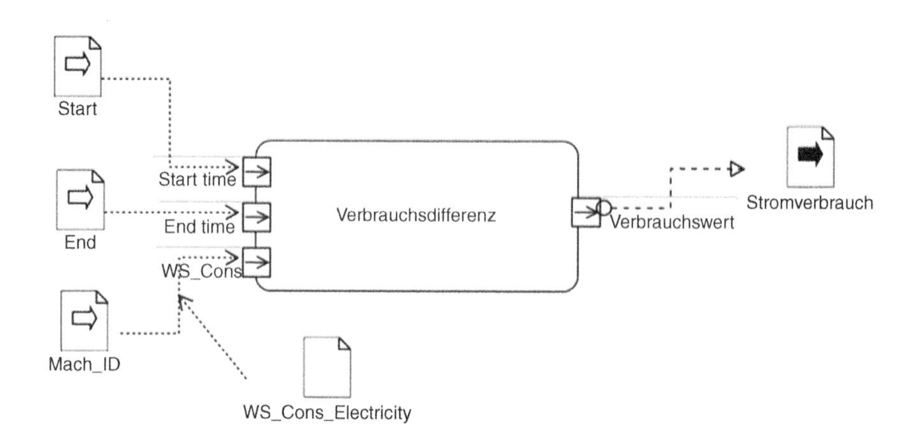

Abb. 11 Modellierungsbeispiel – Stromverbrauch berechnen

Abb. 12 Grundfunktion: Verbrauchsdifferenz

Die Grundfunktion „Verbrauchsdifferenz" (siehe Abb. 12) ist die unterste Modellierungsebene von MES-Funtkionen. Die Grundfunktion ermittelt über Integration aus einem Datenpunkt vom Typ WS_Cons (Datenpunkt zur Erfassung eines Verbrauchs von z. B. Strom, Dampf, Medium, etc.) den Verbrauch eines Wertes in der Zeitspanne von Start_time bis End_time.

Zur Modellierung von MES-Funktionen hat der Benutzer die Möglichkeit eigene MES-Funktionen aus Grundfunktionen aufzubauen. Dazu stehen dem Benutzer mathematische Grundfunktionen zur Verfügung und aus dem Projekt AutoMES spezifische Funktionen, um zum Beispiel spezielle Weihenstephaner Standard Datenpunkte auszuwerten. Ein anderer Weg ist auch hier die Verwendung von MES--Funktions-Bibliotheken.

5.4 Spezifikationsgenerator

Um eine durchgängige Engineering-Kette im Sinne der modellbasierten Entwicklung gewährleisten zu können, müssen die erstellten Modelle zur generischen

MES-Spezifikation verarbeitet werden. Als vollständig integriertes Modellierungswerkzeug wird dies durch den Modellierungs-Editor möglich. Ein integraler Bestandteil des Modellierungs-Editors ist der Spezifikationsgenerator. Seine primäre Aufgabe ist die automatische Verarbeitung der in den erstellten Modellen enthaltenen Informationen zu einer generischen MES-Spezifikation, also eine Umwandlung der grafischen Modelle in eine maschinenlesbare Form. Die generische MES-Spezifikation ist als Schnittstellen-Datenbank ausgelegt, deren Schema als offener Standard definiert wurde. Bei der Erzeugung einer MES-Spezifikation mit dem Modellierungs-Editor werden also sämtliche Informationen über Anlage, Prozess, MES und die jeweiligen Verknüpfungen in die Schnittstellen-Datenbank geschrieben. Dabei werden sämtliche MES-Funktionen auf ihre enthaltenen Grundfunktionen zurückgeführt, so dass sichergestellt ist, dass nur Daten in die Spezifikation aufgenommen werden, welche für eine spätere Codegenerierung geeignet und nötig sind. Werden später Modelländerungen vorgenommen, so stellt der Spezifikationsgenerator bei einer erneuten Generierung der MES-Spezifikation sicher, dass diese Änderungen übernommen und in eine für die anschließende Codegenerierung nötige Form gebracht werden. Als Beispiel kann die MES-Modellierung aus Abschn. 5.3 herangezogen werden. Bei der Generierung der zugehörigen MES-Spezifikation wird die Grundfunktion „Verbrauchsdifferenz“ mit allen benötigten Ein- und Ausgangsparametern in die Datenbank geschrieben, aber sämtliche grafischen Informationen wie z. B. Positionierung, Farbe, und Form werden nicht übernommen.

Neben der Generierung der MES-Spezifikation hat der Spezifikationsgenerator noch weitere Aufgaben. Er ermöglicht sowohl die Überprüfung der erstellten Modelle im Hinblick auf syntaktischer Korrektheit als auch im Hinblick auf die formale Konsistenz der Modelle. Beispielsweise kann an dieser Stelle überprüft werden, ob eine Maschine die für die Durchführung eines Prozess-Schrittes benötigten Datenpunkte zur Verfügung stellt, oder ob eine Kennzahlenanalyse für eine Produktionslinie möglich ist. Die Ergebnisse dieser Konsistenzprüfungen können anschließend an den Modellierer zurückgemeldet werden, damit dieser die Modellierung anpassen kann. Die Konsistenzprüfung stellt außerdem die Grundlage für weiterführende Analysen des MES und der Anlage dar. Besitzt man die Daten einer solchen Modell-Analyse, so lassen sich Fragestellungen wie „Welche Kennzahlen lassen sich für Produktionslinien A errechnen?“ oder „Welche Sensoren müssen nach gerüstet werden, um für Produktionslinie A eine OEE-Berechnung durchführen zu können?“ nicht nur beantwortet, sondern können auch formal nachgewiesen werden. Diese Informationen können anschließend als belastbare Entscheidungshilfe für Fragestellungen in Hinblick auf Anlagenerweiterungen genutzt werden.

5.5 MES-Engineering

Aufgabe im MES-Engineering ist die Umsetzung der erzeugten Modelle in die MES-Lösung. Dazu müssen Codegeneratoren implementiert werden, die die generische MES-Spezifikation verarbeiten können. Sie müssen in der Lage sein,

z. B. Anlagenkonfigurationen aus der Schnittstelle auslesen zu können und damit das MES zu parametrieren. Beispielsweise kann ein Anwender ein Sudhaus im Modeliierungs-Editor modellieren und in die generische MES-Schnittstelle exportieren. Durch einen Codegenerator eines IT-Anbieters lässt sich das entsprechende System parametrisieren. Das Konzept zur automatischen Erzeugung von Fertigungsmanagementsystemen wird im Forschungsprojekt AutoMES an Demonstratoranwendungen validiert. So plant die Firma Artschwager und Kohl Software GmbH AutoMES zur Parametrierung ihres Systems LOMAS ein. Beispielhaft umgesetzt wird dazu die Effizienzberechnung im Abfüllprozess bei einem weltweit agierenden Getränkeabfüllbetriebes. Die Firma ProLeiT AG möchte die automatische MES-Generierung in das Produkt Plant IT integrieren, um mit ihren Kunden eine einfache und intuitive Projektierung zu ermöglichen. Die praktische Tauglichkeit testet die Firma an der MES-Funktion Energiemanagement bei einer Molkerei und in der Brauerei. Durch die Offenlegung der Schnittstelle werden zukünftig auch andere Firmen der IT-Branche Codegeneratoren entwickeln können, um so von den Vorarbeiten aus AutoMES zu profitieren.

6 Fazit und Ausblick

Der Artikel beschreibt Methoden, die zur durchgängigen Vernetzung von Produktionsanlagen mit Fertigungsmanagementsystemen in der Lebensmittelindustrie geeignet sind. Dabei wird auf Branchenstandards zurückgegriffen, wie den Interoperabilitätsstandard Weihenstephaner Standard, der die einfache und standardisierte Verarbeitung von Betriebsdaten in der Lebensmittelindustrie gewährleistet. Durch die generische und standardisierte Modellierung von MES-Funktionalitäten, Anlagen und Prozessen und die Möglichkeit des Exports in eine offene Datenbankstruktur lassen sich IT-Systeme automatisch parametrisieren, was zum einen potentiell die Kosten der Implementierung senkt und zum anderen die Möglichkeit eröffnet Modelle anzupassen und die Änderungen im IT-System automatisiert nachzuziehen. Durch die Umsetzung der Vorgehensweise an Demoanwendungen wird die praktische Tauglichkeit dieses Ansatzes gezeigt. Zukünftig ist die Ausweitung der Vorgehensweise in andere Industriezweige geplant. Dazu müssen weitere standardisierte Datenmodelle geschaffen oder integriert werden bzw. möglicherweise auch die Weihenstephaner Standards auf andere Branchen ausgeweitet werden.

Die Ergebnisse dieses Beitrags stammen aus dem KMU-innovativ Verbundprojekt AutoMES (Förderkennzeichen 01IS13014), das durch das Bundesministerium für Bildung und Forschung gefördert wird. Die Firmen ProLeiT AG (Herzogenaurach), Artschwager und Kohl Software GmbH (Herzogenaurach) und riha Weser-Gold Getränke GmbH & Co. KG (Rinteln) sowie die Forschungsstellen der Technische Universität München – Lehrstuhl für Lebensmittelverpackungstechnik (Freising) und Lehrstuhl für Automatisierung und Informationssysteme (Garching) waren am Forschungsvorhaben beteiligt.

Literatur

DIN 8743 (2014) Verpackungsmaschinen und Verpackungsanlagen – Kennzahlen zur Charakterisierung des Betriebsverhaltens und Bedingungen für deren Ermittlung im Rahmen eines Abnahmelaufs(DIN 8743:2014-01)

DIN 8782 (1984) Getränke-Abfülltechnik; Begriffe für Abfüllanlagen und einzelne Aggregate (DIN 8782:1984-05)

DIN EN 62264-1 (2014) Integration von Unternehmensführungs- und Leitsystemen – Teil 1: Modelle und Terminologie (IEC 62264-1:2013); Deutsche Fassung EN 62264-1:2013(DIN EN 62264-1:2014-07)

Europäische Gemeinschaft (2002 L 31/1) Verordnung (EG) Nr. 178/2002 des Europäischen Parlaments und des Rates vom 28. Januar 2002 zur Festlegung der allgemeinen Grundsätze und Anforderungen des Lebens- mittelrechts, zur Errichtung der Europäischen Behörde für Lebensmittelsicherheit und zur Festlegung von Verfahren zur Lebensmittelsicherheit

FOOD AND DRUG ADMINISTRATION (FDA) (1997-00-00) 21 CFR PART 11: Electronic record, electronic signatures; final rule

Fleiter T, Schlomann B, Eichhammer W (Hrsg) (2013) Energieverbrauch und CO_2-Emissionen industrieller Prozesstechnologien: Einsparpotenziale, Hemmnisse und Instrumente, ISI-Schriftenreihe\„Innovationspotenziale\“. Fraunhofer, Stuttgart

Hoppe S (2014) Standardisierte horizontale und vertikale Kommunikation: Status und Ausblick. In: Bauernhansl T, Hompel M ten, Vogel-Heuser B (Hrsg) Industrie 4.0 in Produktion, Automatisierung und Logistik. Springer Fachmedien, Wiesbaden, S 325–341

International Society of Automation (2000) Enterprise – control system integration part 1: models and terminology(95.00.01)

Kather A, Voigt T (2010) Weihenstephaner Standards für die Betriebsdatenerfassung bei Getränkeabfüllanlagen – Teil 1: Physikalische Schnittstellenspezifikation, Teil 2: Inhaltliche Schnittstellenspezifikation, Teil 3: Datenauswertung und Berichtswesen, Teil 4: Überprüfung und sicherer Betrieb, TUM, Lehrstuhl für Lebensmittelverpackungstechnik

Kreikler C, Voigt T (2010) WS Food – Weihenstephaner Standards für die Betriebsdatenerfassung für Maschinen der Lebensmittelindustrie – Inhaltliche Schnittstellenspezifikation, Datenauswertung und Berichtswesen, TUM, Lehrstuhl für Lebensmittelverpackungstechnik

Kunze W (2011) Technologie Brauer und Mälzer, 10., neu überarb. Aufl. Versuchs- und. Lehranstalt f. Brauerei, Berlin

Muchiri P, Pintelon L (2008) Performance measurement using overall equipment effectiveness (OEE): literature review and practical application discussion. Int J Prod Res 46(13):3517–3535. https://doi.org/10.1080/00207540601142645

Nakajima S (1988) Introduction to TPM. Productivity Press, Cambridge

Schmidberger T, Scherff T, Fay A (2007) Wissensbasierte Unterstutzung von HAZOP-Studien auf der Grundlage eines CAEX-Anlagenmodells. Automatisierungstech Prax 49(6):46

Statistisches Bundesamt (2013) Preisniveau in Deutschland knapp über EU-Durchschnitt

Thiel K, Meyer H, Fuchs F (2010) MES – Grundlage der Produktion von morgen: [effektive Wertschöpfung durch die Einführung von Manufacturing Execution Systems], 2., überarb. Aufl. Oldenbourg, München

TUM – LVT (2014) Weihenstephaner Standards: . . .network your production, Freising

VDI/VDE 3682 (2005-09-00) Formalisierte Prozessbeschreibungen

VDMA 66412-1 (2009) Manufacturing Execution Systems (MES) Kennzahlen(VDMA 66412-1:2009-10-00)

Vogel-Heuser B, Kegel G, Bender K, Wucherer K (2009) Global information architecture for industrial automation global information archite for industrial automation. Automatisierungstech Prax (atp) 51(1):108–115

Vogel-Heuser B, Diedrich C, Broy M (2013) Anforderungen an CPS aus Sicht der Automatisierungstechnik. at – Automatisierungstechnik 61(10). https://doi.org/10.1515/auto.2013.0061

Voigt T, Rädler T, Weisser H (2000) Standard-Pflichtenheft für BDE-Systeme innerhalb von Getränkeabfülllinien, Freising

Witsch M (2013) Funktionale Spezifikation von Manufacturing Execution Systems im Spannungsfeld zwischen IT, Geschäftsprozess und Produktion. Technische Universität, Müchen

Witsch M, Vogel-Heuser B (2012) Towards a formal specification framework for manufacturing execution systems. IEEE Trans Ind Inf 8(2):311–320. https://doi.org/10.1109/TII.2012.2186585

Standardisierte horizontale und vertikale Kommunikation

Stefan Hoppe

Zusammenfassung

OPC Unified Architecture (OPC UA) ist ein Interoperabilitäts-Standard, der für einen durch Authentifizierung und Verschlüsselung sicheren, zuverlässigen, plattform-, sprach- und herstellerunabhängigen Informationsaustausch steht. Der Informationsaustausch beinhaltet Prozessdaten, Alarm- und Ereignissignale, historische Daten und Kommandos.

OPC UA skaliert vom kleinsten Sensor (Umfang 10 kb) bis in die IT-Enterprise-Welt wie z. B. SAP und die Microsoft Azure Cloud. Als Norm IEC65421 ist OPC UA aktuell die einzige IEC-standardisierte SOA-Technologie auf der deutschen DKE-Normungsliste für die Umsetzung von Industrie 4.0.

OPC UA ist gelistet in der „Reference Architectural Model Industrie4.0 (RAMI4.0)". Das BSI untersucht aufgrund der Relevanz für die deutsche Industrie die Sicherheit von OPC UA.

1 Vertikale und horizontale Integration

Industrie 4.0 und die in früheren Jahren damit verbundene Plattform der Verbände BITCOM, VDMA und ZVEI haben sich die Entwicklung von Technologien, Standards, Geschäfts- und Organisationsmodellen sowie deren praktische Umsetzung zum Ziel gesetzt. Eine Umfrage unter den Verbandsmitgliedern der Plattform Industrie 4.0 kam zu dem Ergebnis (Abb. 1), dass die Standardisierung die größte Herausforderung zur Umsetzung von Industrie 4.0 darstellt. Die Anforderungen an Standardisierung sind sicherlich vielfältig; der folgende Beitrag befasst sich jedoch

S. Hoppe (✉)
OPC Foundation, Office Europe, Verl, NRW, Deutschland
E-Mail: stefan.hoppe@opcfoundation.org

B. Vogel-Heuser et al. (Hrsg.), *Handbuch Industrie 4.0*,
https://doi.org/10.1007/978-3-662-58528-3_66

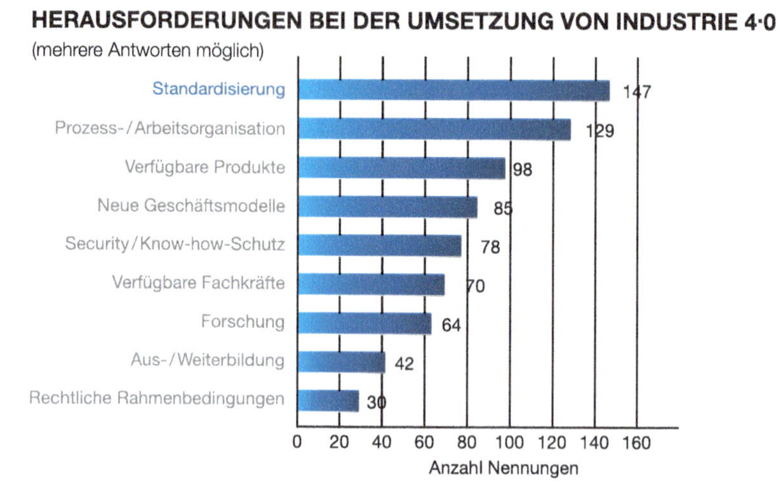

Abb. 1 Ergebnis der Umfrage der Plattform Industrie 4.0. (Quelle: Umsetzungsempfehlungen für das Zukunftsprojekt Industrie 4.0, acatech 2013)

ausschließlich mit der Standardisierung der horizontalen und vertikalen Kommunikation.

Im Unterschied zu anderen internationalen Initiativen liefert Industrie 4.0 in dem im April 2015 veröffentlichten Statusreport eine konkrete Liste relevanter Standards – auch (Abb. 2) mit Nennung von OPC Unified Architecture (OPC UA).

1.1 Ausgangssituation

In der Vergangenheit hat die durchgängige Kommunikation von kleinsten, intelligenten Sensoren – untereinander sowie vertikal zur IT-Enterprise-Ebene – in vielen Fällen eine Herausforderung dargestellt. Der Hinweis auf die Verwendung der Übertragungsphysik Kabel, WLAN, GSM oder GPRS sowie der Übertragungsprotokolle TCP, HTTP im Gerät – als internationaler Standard – greift hier zu kurz, da diese Lösungen nur den Transport-Layer für die Kommunikation darstellen. Eine IKT (Informations- und Kommunikationstechnologie)-Plattform setzt folgende Eigenschaften voraus:

- Dienste für den Zugriff auf Sensoren/Aktoren, Datenspeicher, Identifikation von Benutzern,
- eine Beschreibung der Dienste und Schnittstellen: Dienste können nur genutzt werden, wenn der Zweck und Nutzen genau beschrieben sind. Für einen weitgehend automatisierten Einsatz von Diensten werden maschinenlesbare Beschreibungen benötigt,

Abb. 2 Der RAMI4.0-Statusreport listet OPC UA als Ansatz für die Realisierung eines Communication Layers. (Quelle: RAMI4.0 Statusreport)

- Ansatz für die Realisierung eines Communication Layers
  - OPC UA: Basis IEC 62541
- Ansatz für die Realisierung des Information Layers
  - IEC Common Data Dictionary (IEC 61360 Series/ISO13584-42)
  - Merkmale, Klassifikation und Werkzeuge nach eCl@ss
  - Electronic Device Description (EDD)
  - Field Device Tool (FDT)
- Ansatz für die Realisierung von Functional und Information Layer
  - Field Device Integration (FDI) als Integrationstechnologie
- Ansatz für das durchgängige Engineering
  - AutomationML
  - ProSTEP iViP
  - eCl@ss (Merkmale)

- eine standardisierte Erkennung der Geräte und eine Beschreibung ihrer Funktionalität, unabhängig davon, von welchen (oder wie vielen) Geräten oder über welchen Transport sie bereitgestellt werden.

Aus der IT kommend, sind sehr einfache Protokolle, wie **Representational State Transfer** (REST), als einfacher Informationsaustausch per HTTP/HTTPS, und **Web Service Description Language** (WSDL)-Technologien als Schnittstellenbeschreibungen, weit verbreitet. Die De-facto-Standards aus der IT bieten jedoch keine Interoperabilität. Wurde eine Applikation gegen den WSDL-Kontrakt von Hersteller A implementiert, musste für Anbieter B ein anderer WSDL-Kontrakt implementiert und getestet werden. Proprietäre Webservices und Interfaces haben bereits in der Vergangenheit mit jeder Erweiterung der Gerätefunktionalität auch eine Welle von Softwareanpassungen und Systemtests bei den Kommunikationspartnern nach sich gezogen. „Webservices, integriert in SPS-Steuerungen" ist zudem mit Patenten belegt und daher von keinem namhaften SPS-Anbieter (mit Ausnahme des Patentinhabers) umgesetzt.

UPnP (Universal Plug and Play) als Interoperabilitätsstandard und UDDI als Entdeckungsprotokoll haben in Teilbereichen, wie dem Home-Consumer-Bereich, eine gewisse Verbreitung gefunden. Für den Einsatz in der Industrie-Automatisierung sind sie, aufgrund fehlender Modellierung, Security und Hartbeat – um nur einige Aspekte zu nennen – nicht geeignet. Interoperabilität wird auch nicht durch die Integration eines proprietären Software-Agenten eines IT-Herstellers in die

SPS-Steuerung und jedes andere an dem Informationsaustausch beteiligte Gerät hergestellt. Sicherlich können Gateway-Lösungen aber eine Strategie sein, um bestehende Alt-Anlagen ohne IT-Zugang an die neue IKT-Welt anzubinden. Das Gateway, als Umsetzer des alten Protokolls z. B. Modbus oder RK3964 als letzte Meile in die Steuerung, bietet – vertikal nach oben – modernere Protokolle wie OPC-UA zur Integration in die IT-Welt an. Hieraus ergibt sich als Fazit: Die gleiche Physik zur Übertragung oder als Protokoll, „WebServices" oder „TCP", zu nutzen, reicht nicht aus. Es wird Interoperabilität benötigt.

1.2 Mission der OPC Foundation: Interoperabilität

Plug&Play, durch Interoperabilität zwischen Applikationen, ist die Mission der internationalen OPC-Foundation. Mehr als 470 internationale Firmen haben ihr Know-how zu einem gemeinsamen, leistungsstarken De-facto-Standard in der Automatisierungsbranche für den Daten- und Informationsaustausch eingebracht – und zwar unabhängig vom Hersteller, vom Betriebssystem, von der Hierarchie und der Topologie. Als Ergebnis ist OPC-UA (Unified Architecture) in allen Schichten der Automatisierungspyramide anzutreffen: vom kleinsten, stromeffizienten, intelligenten Sensor, über Embedded-Feldgeräte, speicherprogrammierbare Steuerungen (SPS) und Gateways, bis zu Operator-Bedienpanels (SCADA), Remote-Control-Lösungen in der Produktion und der Fabrik (MES/ERP-Ebene) und Consumer-Geräten, wie Tablets oder Smartphones.

1.3 Transport, Sicherheit, Robustheit

Die Besonderheit der Geräte und Anwendungen besteht darin, dass alle per OPC-UA – mit einem festen Satz von 37 Service-Schnittstellen – miteinander kommunizieren und so alle Funktionen, wie z. B. Live-Daten, Ereignisse, historische Daten, Methodenaufrufe, erledigen können. OPC-UA bietet nicht nur Plug&Play (automatisches Erkennen von Teilnehmern und deren funktionalen Umfang) unter den Geräten und funktionalen Einheiten, sondern auch Sicherheitsmechanismen sowie den Transport der Informationen. Wichtig ist dabei, dass keine eigenen Lösungen neu definiert wurden, sondern Plug&Play, Sicherheit und Transport auf bestehenden, internationalen Standards umgesetzt wurde. Als Transportschicht sind TCP (optimiert für Geschwindigkeit und Durchsatz) oder http + Soap (firewall friendly) implementiert. Die Offenheit lässt zukünftige Erweiterungen zu; so wird aktuell der OPC UA Stack mit dem UDP basierenden Pub/Sub und auch AMQP Protokoll erweitert. Die notwendige IT-Security für den sicheren Transport in der Kommunikation von Informationen besteht aus den drei Aspekten der Authentifizierung, z. B. mit x509-Zertifikat (oder Kerberos oder User/Passwort), der Signierung von Nachrichten und der Verschlüsselung mit SSL-Mechanismen. Die Daten sind so maßgeblich vor Kompromittierung geschützt.

Das Bundesamt für Sicherheit in der Informationstechnik (BSI) hat die Sicherheit von OPC UA auf Grund der Relevanz für die deutsche Industrie untersucht. Untersucht wurde sowohl die Spezifikation als auch die AnsiC/C++ Referenzimplementierung. Die Ergebnisse der Analyse sind öffentlich im BSI Web und bestätigen die Qualität von „OPC UA Security by Design". Als Grund nennt Holger Junker (Referatsleiter BSI) die Relevanz für die deutsche Industrie. Holger Junker (Zitat 17.11.2014): „Die einzige mir derzeit bekannte Kommunikationstechnologie in der Fabrik, die Sicherheitsaspekte mit eingebaut hat und auch Potenzial für die Herausforderungen einer Industrie 4.0 bietet, ist OPC UA."

Anhand der Identität können Clients auch unterschiedliche Views auf das Informationsmodell gegeben werden: So hat eine SPS-Steuerung 1.000.000 Variablen, die Visualisierung sieht davon 5000, das MES-System aber nur 50 – ggf. mit unterschiedlichen Read/Write-Zugriffsrechten. Zusätzlich kann der Zugriff auf bestimmte Daten protokolliert (auditiert) werden. Die Unterbrechung der Transportschicht bedeutet nicht sofort den Ausfall von Informationen, d. h. Timeout- und Hartbeat-Einstellungen können dem (z. B. kabelgebundenen oder mobilen) Einsatz angepasst werden. Durch Hartbeat erkennt ein UA-Server die Unterbrechung und puffert, je nach verfügbarem Speicher, die zu sendenden Informationen lokal. Ist die Verbindung wieder hergestellt, kann der UA-Client durch die Auswertung der eindeutigen Telegramm-Sequenznummer die nicht erhaltenen Daten erneut anfordern. Ein Verlust der Verbindung bedeutet nicht automatisch den Verlust der Informationen, sondern hängt letztlich von der Größe des verfügbaren Zwischenspeichers im OPC-UA-Server ab.

Daten und Informationen
Durch die standardisierte Zusammenführung von Daten sowie deren Struktur und Bedeutung (Metadaten) eignet sich OPC-UA insbesondere für verteilte, intelligente Anwendungen zwischen Maschinen, ohne Erfordernis einer übergeordneten Intelligenz oder eines zentralen Wissens. Wenn sich der Informationsgehalt und dessen Bedeutung ändert, muss die „Maschine" selbstständig, ohne menschliche Intervention, reagieren können. Diese Funktion ist unabhängig davon, von welchem Hersteller die Anwendung stammt, in welcher Programmiersprache sie entwickelt wurde, auf welchem Betriebssystem sie eingesetzt wird und welche Transportschicht oder welches Protokoll verwendet werden.

1.4 Kommunikations-Stack und Skalierbarkeit

Die OPC Foundation pflegt die heute verfügbaren drei UA-Stacks in Ansi C/C++, Managed C# und Java und garantiert, dass diese zueinander kompatibel sind. Die OPC Foundation hat im April 2015 alle OPC UA-Spezifikationen öffentlich verfügbar gemacht und auch die 3 Stacks als „Open Shared Source" unter GPLv2 Lizenz zur Evaluierung der Technologie verfügbar gemacht. Weitere diverse Open-Source-Projekte sind vorhanden, allerdings ist der Stand der Open-Source-Implementierungen aktuell sehr unterschiedlich in der Umsetzung der OPC UA-Funktionalitäten, z. B. kein Support von Security, kein Support komplexer Datentypen. Für professionelle Anwendungen ist daher der Einsatz von professionellen Toolkits die dringliche Empfehlung. Jährliche Plugfeste und auch Zertifizierungsmöglichkeiten von Endprodukten in unabhängigen Labors sind verfügbar.

Die unterschiedlichen Stacks garantieren die Realisierung ganz neuer Kommunikationskonzepte, die direkt auf Betriebssysteme, wie u. a. Windows Embedded CE, Euros, Linux, VxWorks, QNX etc., portiert wurden. Die Stacks beinhalten den Transport und die Security – somit kann eine OPC-UA-Gerätefunktionalität schnell und kostensparend umgesetzt werden. OPC-UA-Komponenten werden aber auch in informationstechnischen Systemen eingesetzt, in ERP-Systemen, in Produktionsplanungs- und Steuerungssoftware und anderen eBusiness-Anwendungen, auf Windows- oder auf Unixsystemen, wie Solaris, HP-UX, AIX, bis in die Cloud. Die Funktionalität von OPC-UA-Komponenten ist skalierbar: von einer schlanken Implementierung in Embedded-Geräten (direkt im Sensor) bis zum Vollausbau in unternehmensweiten Datenverwaltungssystemen auf Mainframe-Rechnern.

Als kleinste OPC-UA-Lösung (Abb. 3) hat das Fraunhofer-Anwendungszentrum IOSB-INA, zusammen mit dem Institut für Industrielle Informationstechnik der Hochschule OWL, bereits im Jahr 2012 in einem EU-Projekt zum „Internet der Dinge" den Nachweis erbracht, dass OPC-UA derart skalierungsfähig ist, dass sich ein UA-Server direkt auf einem Chip implementieren lässt.

Die Firma AREVA hat einen OPC-UA-Server in den Sensor von Überwachungsgeräten für Armaturen und deren elektrische Antriebe integriert (Abb. 4). Diese Lösung wird in der Nuklearbranche zur Überwachung kritischer Systeme in entfernten Umgebungen eingesetzt. Neben der Zuverlässigkeit der Daten ist daher auch die integrierte Sicherheit ein wesentlicher Aspekt. Der OPC-UA-Server benötigt hier eine Speicherauslastung beginnend bei 240 kByte Flash und 35 kByte RAM.

Abb. 3 Der aktuell kleinste OPC-UA-Server mit nur 15 kByte RAM und 10 kByte ROM. (Quelle: Fraunhofer Institut IOSB-INA)

Abb. 4 Industrieller Einsatz von OPC-UA auf Sensorebene. (Quelle: Areva)

1.5 Einbindung von Informationsmodellen

Die Erweiterbarkeit durch Informationsmodelle (Abb. 5) macht OPC-UA sehr interessant für andere Standardisierungsorganisationen. Diese haben sich in der Vergangenheit darauf konzentriert, in den von ihnen adressierten Domänen Kommunikationsdaten zu standardisieren (z. B. IEC61970 Energiemanagement, oder IEC61968 Energieverteilung). Die Semantik der Daten definiert, welche Informationen ausgetauscht werden sollen, aber nicht mehr, wie der Informationsaustausch vonstattengeht. Es war von Beginn der OPC-UA-Spezifikation eine der wichtigsten Anforderung, dass OPC-UA als universelle Kommunikationsplattform und als IEC-Standard (IEC 62541) eine Basis für andere Standards und Organisationen bilden kann.

OPC-UA trennt klar zwischen den Mechanismen für den Informationsaustausch und den Inhalten, die ausgetauscht werden sollen, Abb. 6.

PLCopen: Mapping der IEC61131-3 in den UA-Namensraum

Die in der PLCopen-Organisation zusammengeschlossenen SPS-Hersteller haben im Jahr 2010 das Mapping des IEC61131-3-Informations-Modells in OPC-UA als gemeinsame Spezifikation verabschiedet. Das bedeutet konkret, dass ein einziges SPS-Programm als IEC61131-3-Norm unverändert, mit den jeweils unterschiedlichen, proprietären Engineering-Tools, auf die Steuerungen verschiedener Hersteller geladen werden kann. Die Steuerungen stellen ihre Daten und Informationen,

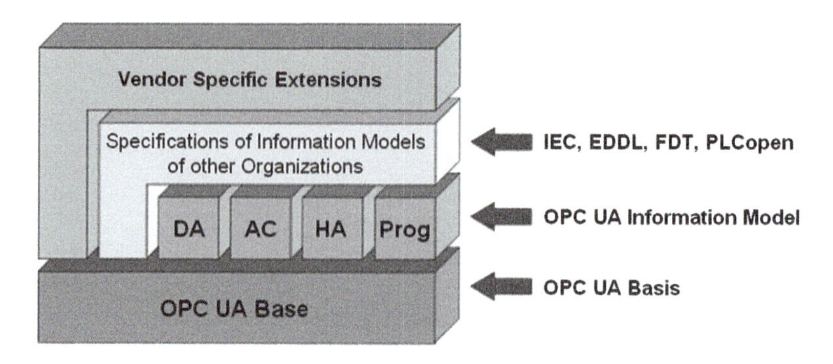

Abb. 5 Schichtenarchitektur für Informationsmodelle. (Quelle: OPC)

Abb. 6 Diverse Organisationen nutzen OPC UA für die Abbildung ihrer eigenen Informationsmodelle und den sicheren Transport

semantisch identisch, per OPC-UA nach außen für Visualisierungs- und MES/ERP-Aufgaben zur Verfügung (Abb. 7). Dies erleichtert den Engineering-Aufwand ungemein: Anstatt für eine Instanz eines Funktionsbausteines mit z. B. 20 Datenpunkten jeden einzelnen in eine Visualisierungsmaske oder ein MES-System zu verknüpfen, reicht es nun, ein einziges Instanz-Objekt zu verbinden – und das sogar identisch bei verschiedenen Herstellern.

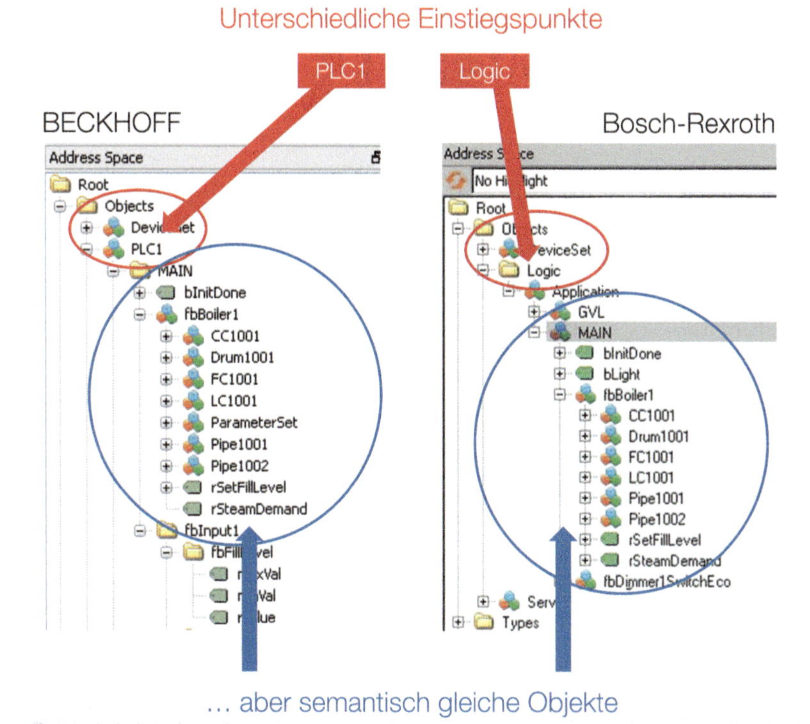

Abb. 7 Beispiel für einen unterschiedlichen Einstiegspunkt, aber semantisch identische Instanz-Objekte und Typbeschreibungen

PLCopen: OPC-UA-Client-Funktionalität in der SPS

Die heutige, klassische Automatisierungspyramide (Abb. 8) besteht aus ganz klar getrennten Ebenen, in denen die Sensoren, Aktoren und allgemein die Feldgeräte (wie auch Konverter, Motormanagementsystem,. . .) über elektrische Signale, Feldbusse, RS232, USB etc. an eine Steuerung angeschlossen sind. Die Steuerung veredelt diese Signale zu Daten, meldet sie an übergeordnete Leitebenen weiter, und über IT-Webservices landet alles in der MES-ERP-Ebene.

Die obere Ebene initiiert dabei – als Client – eine Datenkommunikation zur darunter liegenden Ebene; diese antwortet als Server zyklisch oder ereignisgesteuert: Z. B. lässt sich eine Visualisierung von der SPS die Statusdaten übermitteln oder gibt neue Produktionsrezepte in die SPS. Mit Industrie 4.0 wird sich diese strikte Trennung der Ebenen und der Top-Down-Ansatz des Informationsflusses aufweichen und vermischen. In einer intelligenten Vernetzung kann jedes Gerät oder jeder Dienst eigenständig eine Kommunikation zu anderen Diensten initiieren.

Die PLCopen hat dazu – in Zusammenarbeit mit der OPC-Foundation – die OPC-UA-Client-Funktionsbausteine definiert und im Jahr 2014 veröffentlicht. Damit kann die Steuerung – zusätzlich oder alternativ zur bisherigen Rollenverteilung – auch den aktiven, führenden Part übernehmen (Abb. 9).

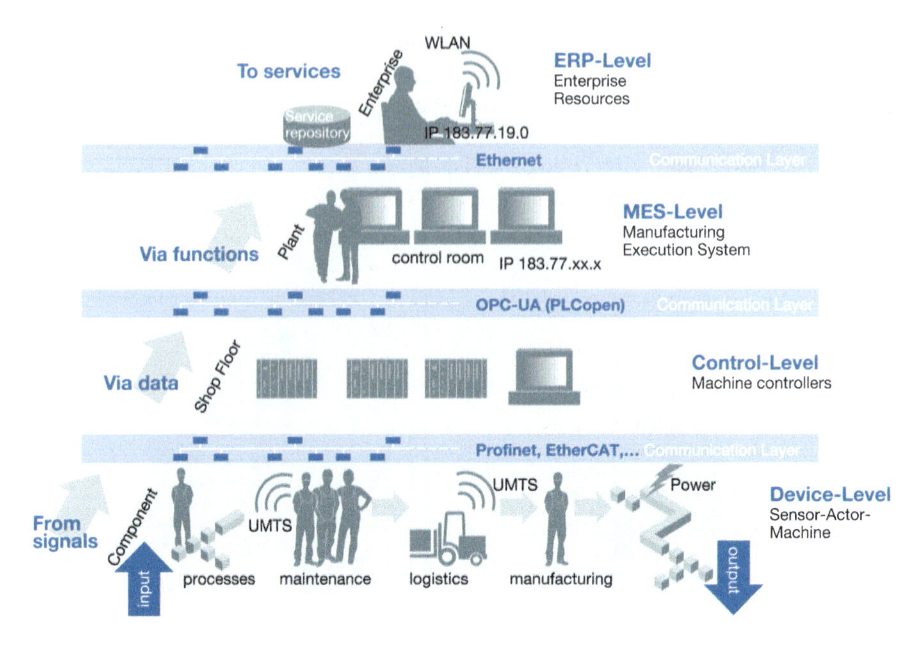

Abb. 8 Klassische Automatisierungspyramide: In Zukunft wird sich diese Hierarchie durch die Integration von OPC-UA in den Geräten wandeln in ein „Netzwerk von Automatisierungsdiensten“, d. h. Geräte und Dienste „reden“ direkt miteinander. (Quelle: OPC)

Die SPS kann somit komplexe Datenstrukturen horizontal mit anderen Controllern austauschen oder vertikal Methoden in einem OPC-UA-Server eines MES/ERP-Systems aufrufen, um sich z. B. neue Produktionsaufträge abzuholen oder Daten in die Cloud zu schreiben. Dies ermöglicht der Produktionslinie selbständig aktiv zu werden. In Kombination mit der integrierten OPC-UA-Security, ist dies ein entscheidender Schritt in Richtung Industrie 4.0.

UMCM-Profil des MES-Herstellers
Die Ergebnisse der gemeinsamen PLCopen- und OPC-UA-Arbeitsgruppe werden bereits von anderen Organisationen genutzt. Der MES D.A.CH. Verband ist ein Zusammenschluss von deutschsprachigen MES-Firmen. Neben dem informellen Austausch von „How to-Kochbüchern“ wollen die Mitglieder MES-Objekte festlegen, die standardisiert, untereinander aber auch mit den SPS-Steuerungen ausgetauscht werden sollen: UMCM (Universal Machine Connectivity for MES) ist eine als erste Version veröffentlichte, auf IEC61131-3 basierende Beschreibung komplexer Datenstrukturen (also der Semantik), die per OPC-UA modelliert und performant sowie mit Security gesichert übertragen werden wird. Der MES D.A.CH Verband hat sich für OPC-UA als favorisierte Technologie zum Daten- und Informationsaustausch entschieden.

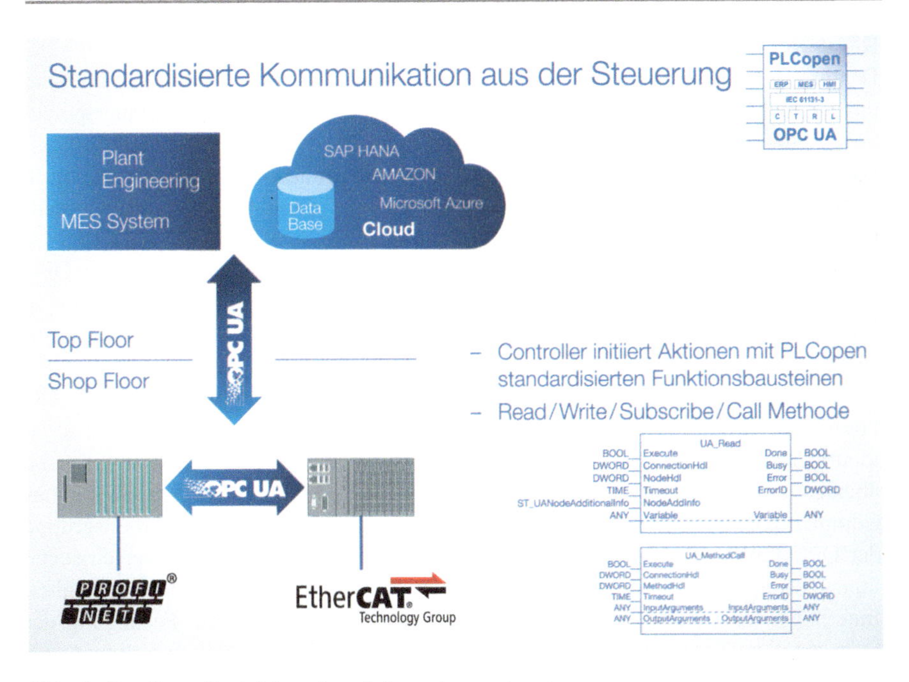

Abb. 9 Der Controller initiiert einen Informationsaustausch

BACnet/IEC61850/IEC61400-25

Ein Mapping von domain-spezifischen Standards in den OPC-UA-Namensraum eröffnet branchenspezifischen De-facto-Standards auch die Anbindung an ganz andere Gerätewelten- bzw. IT-Dienste: BACnet ist ein De-facto-Standard im Building-Automation-Bereich mit semantischen Beschreibungen diverser Objekte, wie Lampen, Jalousien etc., inklusive der Datenübertragung per TCP. Es fehlt aber die Interoperabilitäts-Brücke in die Automatisierungs- und IT-Welt, um z. B. Sensorinformationen, wie Wasser- oder Energieverbrauch, bis in die IT-Abrechnungssysteme zu liefern. Die BACnet Interest Group Europe arbeitet aktuell – in Kooperation mit der OPC-Foundation – am Mapping der BACnet-Objekte in den UA-Namensraum. Damit sind z. B. Energiedaten durch BACnet semantisch definiert und können interoperabel, per OPC-UA, für Enterprise-Systeme bereitgestellt werden.

Auf Initiative von Fa Schneider-Electric wurde 2015 eine neue OPC Arbeitsgruppe gegründet um das Mapping von IEC61850 (Elektrische Schaltanlagen) in den OPC-UA Namensraum zu definieren.

Identisch könnte mit dem Mapping „Weihenstephaner Standard“ (Brauerei und Getränke) verfahren werden, um einen deutlich einfacheren Informationsaustausch zu ermöglichen. Der Wegfall von Protokollumsetzern zwischen Sensor und IT-Ebene führt auch zu einem schnelleren und effektiveren Engineering und somit zu Kosteneinsparungen. Parallel dazu würde die IT-Security deutlich erhöht. Zur konkreten Realisierung der Mappings, die recht einfach umsetzbar wären, wird es in absehbarer Zukunft nur durch Marktdruck der Kunden kommen.

RFID-Hersteller

Das größte Hindernis einer breiten Anwendung von RFID ist die aufwendige und umständliche Integration von RFID- oder Code-Lesesystemen in die unterschiedlichen Hintergrundsysteme. Abschätzungen ergeben, dass 25 Prozent der Projektkosten heute für RFID-Services aufgewandt werden müssen, um die Integration in IT oder Automatisierung bereitzustellen. Ein globaler, flexibler, aber sicherer Standard ist hier sehr willkommen.

Erste Hersteller von RFID-Readern, wie z. B. HARTING, haben bereits OPC UA-Server- und -Client-Funktionalität in ihre Reader integriert. So haben sie in Zukunft einen größeren Marktzugang und sind unabhängig davon, ob ein bestimmter SPS-Steuerungshersteller das eigene proprietäre Protokoll unterstützt.

Zusammen mit Siemens wurde eine gemeinsame Arbeitsgruppe mit der OPC Foundation initiiert. Markus Weinländer, Leiter Produktmanagement Industrial Identification, Siemens, und im Board der AIM-Deutschland Gruppe tätig, ist überzeugt von den Vorteilen: „Im Hinblick auf die gemeinsame Erarbeitung eines Companion-Standards für Auto-Ident-Systeme hat die gemeinsame Arbeitsgruppe der OPC Foundation und des AIM ein Objektmodell entworfen, das verschiedene Ident-Technologien wie RFID, Barcode, OCR oder Handheld-Geräte beinhaltet. Innerhalb von 2 Jahren wurde eine Companion-Spezifikation mit Festlegung der Schnittstellen und Daten definiert, zunächst prototypisch als Demo validiert und dann auf der Hannover Messe 2016 als finale Spezifikation präsentiert“.

1.6 Verbreitung und Anwendungen

Neben vielen Kriterien, wie der Skalierung, der Security-by-Design, der Modellierung von Informationsmodellen, der Validierung der Stabilität durch Konformitätstest, der internationalen IEC-Normierung, ist auch die Adaption durch die Industrie ein wesentlicher Aspekt. OPC-UA ist als Technologie branchenneutral und hat die größte Verbreitung im Bereich der Automatisierungstechnik: Beckhoff, SAP und Siemens haben als Early Adopter bereits seit dem Jahr 2008 Produkte am Markt angeboten. – aber auch die Produkte der Steuerungshersteller Bosch-Rexroth, B&R, GE, Omron, Phoenix Contact, Mitsubishi, Rockwell, Yokogawa sind ebenfalls lieferfähig (als integrierte Komponente oder als Gateway zu älteren Geräten).

Neben den namhaften Visualisierungs- und MES-Herstellern (wie SAP) mit OPC UA-Umsetzung wächst die Adaption aber auch außerhalb der klassischen Automatisierungswelt: Im Bereich des Smart-Meterings bieten die Firmen Areva und Elster entsprechende Produkte und OPC UA-Dienstleistungen. Internationale IT-Unternehmen wie z. B. Microsoft engagieren sich in der OPC UA-Arbeitsgruppe, um den OPC UA Transport Layer mit AMQP zu erweitern. Gateway-Produkte können heute bereits zwei OPC UA-Geräte durch die Cloud als Relay miteinander verschalten: Die Anbindung vom Sensor bis in die IT-Cloud ist umsetzbar!

1.7 Anwendung: Vertikal – von der Produktion bis in das SAP

Die Firma Elster in Osnabrück ist, mit weltweit über 7000 Mitarbeitern an 38 Standorten und rund 200 Millionen Installationen in den letzten 10 Jahren, Weltmarktführer von Balgengaszählern. Die Steuerungen in der Produktionsebene wurden direkt per OPC-UA an die Top-Floor (SAP)-Ebene verbunden. Als Vision von Industrie 4.0 sollte das Produkt selber die Art und Weise bestimmen, wie es produziert wird. Im Idealfall ermöglicht dies eine variantenreiche Fertigung ohne manuelles Rüsten der Anlage. Bei der Umsetzung spielte die nahtlose Integration zwischen Shop-Floor, MES und ERP auf der Basis von OPC-UA eine wesentliche Rolle, Abb. 10. An jedem Arbeitsschritt wird das Produkt anhand seiner eindeutigen Produktsteuerungsnummer (PSN) identifiziert. OPC-UA ermöglicht, dass die Steuerung der Anlage direkt mit dem MES-System von SAP gekoppelt ist, um flexible Abläufe und individuelle Qualitätsprüfungen im One-Piece-Flow zu realisieren. Vom MES erhält die Steuerung das Ergebnis der QM-Prüfung sowie den nächsten Arbeitsschritt im Prozessablauf. Das MES-System bekommt die QM- Vorgaben über Aufträge aus dem ERP und meldet die fertigen Produkte an das ERP zurück. Die vertikale Integration ist somit keine „Einbahnstraße“, sondern stellt einen geschlossenen Kreislauf dar. Intelligente Produkte mit eigenem Datenspeicher bieten künftig

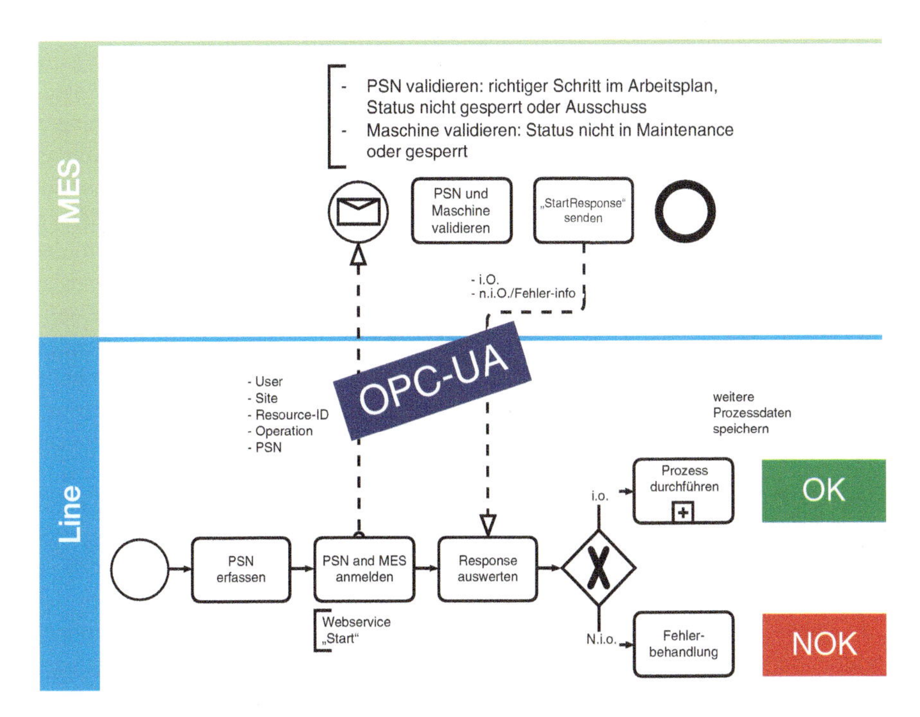

Abb. 10 OPC-UA zum direkten Informationsaustausch zwischen Shop-Floor (Controller) und SAP-Top-Floor. (Quelle: Fa. Elster)

die Chance, weitaus mehr als nur eine Produktsteuerungsnummer mit der Anlage auszutauschen. Arbeitspläne, Parameter und Qualitätsgrenzen könnten auf das Produkt geladen werden, um eine autarke Fertigung zu ermöglichen. Die schnelle, sichere und datenkonsistente Kommunikation von komplexen Datentypen wurde vom SPS- und MES-Team, basierend auf OPC-UA, erfolgreich umgesetzt. Als fehlend wurde die Beschreibung der MES-Semantik erkannt. Diese Einschätzung deckt sich mit den Erfahrungen der Mitglieder des MES-Dachverbandes, welcher die Standardisierung der MES-Semantik (Initiative „UMCM") betreibt.

Aus Sicht von SAP müssen Informationen, wie Prüfparameter, Vorgabewerte oder Maschineneinstellungen, nicht mehr redundant gepflegt werden, sondern können einmalig definiert und mit der Automatisierungsebene direkt ausgetauscht werden. Hierdurch reduzieren sich Fehlerquellen, wodurch die Qualität der Daten – und letztendlich der Produkte – steigt.

1.8 Anwendung: Horizontal – M2M zwischen Geräten der Wasserwirtschaft

Der Zweckverband Wasser und Abwasser Vogtland bestätigt die finanziellen Einsparpotentiale als wesentliches Resultat einer kompletten Kommunikationsarchitektur, basierend auf OPC-UA. Für die wasser- und abwassertechnische Versorgung (Wasserversorgung von 40 Städten und Gemeinden, Abwasserentsorgung in 37 Städten und Gemeinden, mit zusammen 240.000 Einwohnern) sind mehr als 550 Anlagen auf einer Fläche von 1400 km^2 verteilt. Die Zahl der Anlagen umfasst Wasserwerke, Pumpanlagen, Hochbehälter, Kläranlagen und Kanal-Entlastungsbauwerke. In der Vergangenheit wurden Informationen nur zentral in der Leitwarte gesammelt, um dort teilweise kostenintensive Serviceeinsätze zu koordinieren. Spezielle Anforderungen, wie die Pufferung von Prozessdaten bei Ausfall des Kommunikationstransportes und der Einsatz vieler verschiedener Protokolle mit unterschiedlichen Konfigurationen, haben über Jahre zu einem hohen Pflegeaufwand und entsprechenden Kosten geführt. Durch die Abschaffung der proprietären Kommunikationsprotokolle und die Installation einer dezentralen, vernetzten Intelligenz, wurde der Engineering- und Serviceaufwand reduziert und damit die Kosten gesenkt, und dies bei gleichzeitiger Erhöhung der IT-Sicherheit und Verfügbarkeit der Daten. Unter Nutzung von OPC-UA für die direkte M2M-Kommunikation sollten alle Geräte der dezentralen Liegenschaften autark agieren, die kleinsten Embedded-Steuerung untereinander intelligent vernetzt sein und direkt miteinander kommunizieren. Damit stellt diese Anwendung eine erste reale Umsetzung der Ergebnisse der Zusammenarbeit der PLCopen- und der OPC-Arbeitsgruppe dar: Reale Objekte (z. B. eine Pumpe) wurden in der IEC61131-3-SPS-Steuerung als komplexes Objekt mit Interaktionsmöglichkeiten modelliert. Durch den in die Steuerung integrierten OPC-UA-Server standen diese Objekte automatisch für semantische Interoperabilität als komplexe Datenstruktur der Außenwelt zur Verfügung.

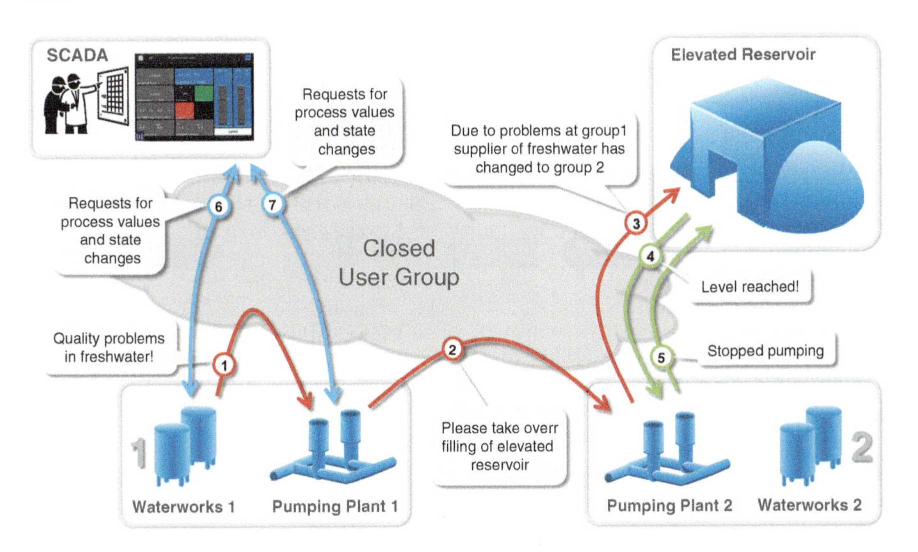

Abb. 11 Dezentrale M2M-Intelligenz: Maschinen reden direkt miteinander. (Quelle: Zweckverband Wasser und Abwasser Vogtland)

Das Ergebnis ist eine dezentrale Intelligenz (Abb. 11), die eigenständig Entscheidungen trifft und Informationen an ihre Nachbarn übermittelt bzw. Stati und Prozesswerte für den eigenen Prozess abfragt, um einen ungestörten Prozessablauf zu gewährleisten. Die Geräte „reden" hier direkt miteinander: Z. B. meldet das Wasserwerk 1 eine abnehmende Wasserqualität (verursacht z. B. durch das Düngen von Feldern) an die eigene Pumpe. Diese kann nun den Job „Hochbehälter füllen" an ein anderes Pumpwerk delegieren. Mit den standardisierten FUNCTIONBLOCKS der PLCopen initiieren die Geräte, als UA-Clients, eigenständig die Kommunikation aus der SPS heraus zu anderen Prozessteilnehmern. Als UA-Server antworten sie gleichzeitig auf deren Anfragen bzw. auf Anfragen übergeordneter Systeme (SCADA, MES, ERP). Die Geräte sind per Mobilfunkrouter verbunden. Eine physikalische Verbindungsunterbrechung führt dabei nicht zu einem Informationsverlust, da Informationen automatisch im UA-Server für eine Zeit gepuffert werden und abrufbar sind, sobald die Verbindung wieder hergestellt wurde. Dies ist eine sehr wichtige Eigenschaft, für die früher ein hoher, proprietärer Engineering-Aufwand betrieben werden musste. Für die Integrität dieser zum Teil sensiblen Kommunikation wurden, neben einer geschlossenen Mobilfunkgruppe, auch die in OPC-UA integrierten Sicherheitsmechanismen, wie Authentifizierung, Signierung und Verschlüsselung, genutzt. Der herstellerunabhängige Interoperabilitätsstandard OPC-UA eröffnete dem Endanwender die Möglichkeit, die Auswahl einer Zielplattform der geforderten Technologie unterzuordnen, um so den Einsatz proprietärer bzw. nicht anforderungsgerechter Produkte zu umgehen. Der Ersatz einer proprietären Lösung durch eine kombinierte OPC-UA-Client/Server-Lösung erbrachte hier eine Einsparung der Lizenz-Initialkosten von mehr als 90 % je Gerät.

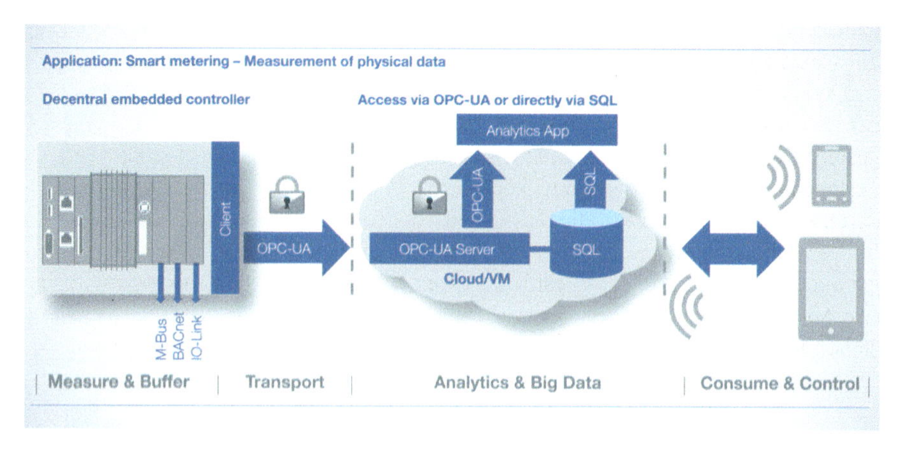

Abb. 12 Von der Steuerung als Datenkonzentrator bis in die Big Data Cloud. (Quelle: OPC/Regio IT)

1.9 Anwendung: Energie-Monitoring und Big Data

Mit Energie-Monitoring in dezentralen Liegenschaften sind Betreiber in der Lage, sämtliche Anforderungen zur optimierten, energetischen Betriebsführung umzusetzen. Als Beispiel werden in Städten wie Aachen mit deren Gebäudemanagement bis zu 2000 Liegenschaften und mehr verwaltet. Das Energiemonitoring-System e2watch der Fa. regio iT gesellschaft für informationstechnologie mbh wurde in Kooperation mit dem Gebäudemanagement der Stadt Aachen entwickelt. Als dezentrales Gerät wurde eine embedded Kleinst-Steuerung verwendet, welche die Messdaten sammelt, zunächst lokal puffert und zu frei konfigurierbaren Zeitpunkten mit der Cloud synchronisiert (Abb. 12). Als Transportweg wird OPC-UA als IT-Standard mit integrierter Security genutzt. Die Steuerung pushed dabei als OPC-UA Client die Daten als „Historic Access"-Daten direkt in die „Big-Data-Management-Lösung" in der Cloud. Dort findet eine weitere Analyse, bzw. Auswertung der Daten statt, auf die Betreiber und Nutzer der Liegenschaften mit einer internetbasierten Visualisierung zugreifen können. Ein weiterer Nutzen besteht darin, dass Kennwertvergleiche und Benchmarking zwischen gleichwertigen Liegenschaften vorgenommen werden können, um ein Energie-Verbrauchscontrolling durchzuführen. Durch den Zugang zu den ausgewerteten Daten wird auch eine positive Beeinflussung des Nutzerverhaltens erwartet. Das adressierbare Kundenpotential dieser Lösung ist auf viele Branchen übertragbar: Daten sammeln, puffern und weiterleiten sind verbreitete Aufgaben.

1.10 Status – Ausblick

Die Interaktion zwischen der IT- und der Automatisierungswelt ist sicher nicht revolutionär; mit Industrie 4.0 und der Standardisierung werden sich aber die strikte

Trennung der Automatisierungsebenen und der Top-Down-Ansatz des Informationsflusses aufweichen und vermischen. In einer intelligenten Vernetzung kann jedes Gerät oder jeder Dienst eigenständig eine Kommunikation zu anderen Diensten initiieren. Dabei ist Connectivity nicht ausreichend; vielmehr ist semantische Interoperabilität, gekoppelt mit Security und Zugriffsmechanismen, gefordert – und mit OPC-UA umsetzbare Realität. Die Anforderungen und Lösungen zeigt Tab. 1 im Überblick:

OPC-UA stellt das Protokoll und die Services bereit (das „Wie“), um reichhaltige Informationsmodelle (das „Was“) zu publizieren und komplexe Daten zwischen unabhängig entwickelten Anwendungen auszutauschen. OPC-UA ermöglicht, dass Geräte – zusätzlich zum bestehenden Austausch komplexer Datenstrukturen – auch über SOA-basierende Service-Aufrufe miteinander kommunizieren. Die SPS-Hersteller haben mit den PLCopen-Bausteinen das Fundament für die Nutzung dieser Funktionalität gelegt.

Obwohl bereits verschiedene wichtige Informationsmodelle, wie OPC-UA for Analyser Devices, FDI (Field Device Integration), ISA95, MTConnect, BACnet und PLCopen existieren, oder in der Entstehung sind, gibt es hier noch Handlungsbedarf:

→ Wie geben sich z. B. ein „Temperatursensor“ oder eine „Ventilsteuerung“ zu erkennen?
→ Welche Objekte, Methoden, Variablen und Ereignisse definieren die Schnittstelle für Konfiguration, Initialisierung, Diagnose und Laufzeit?

OPC UA entwickelt sich trotzdem für die Abdeckung weiterer Szenarien weiter:

Pub/Sub: Aktuell ist der Datentransport auf einer reinen Client/Server-Architektur aufgebaut. Die OPC UA-Arbeitsgruppe erweitert nun die Transportschicht um eine Publisher/Subscriber-Architektur, ohne dass dies eine Rückwirkung auf die definierten Informationsmodelle hat. Als Ergebnis können z. B. Steuerungen oder auch RFID-Geräte ihre Informationen schnell und direkt an viele Abnehmer parallel verteilen.

TSN (IEEE): Aktuell ist OPC-UA ein schnelles aber kein deterministisch echtzeitfähiges Protokoll. Auf Initiative von Fa KUKA soll OPC-UA mit TSN (Time Sensitive Network) für Aufgaben mit Echtzeitanforderungen erweitert werden. Die Ablösung der klassischen Feldbus-System ist dabei nicht das Ziel – diese sind hochoptimiert für en digitalen Datentransfer optimiert. Ziel ist es die Laufzeit von SoA-Methodenaufrufen im Netzwerk kalkulieren zu können.

OPC UA wird sich als De-facto-Standard für den Daten- und Informationsaustausch in der Automatisierungswelt durchsetzen und hat auch das Potential sich als Lösung für das Internet of Things (IoT) zu etablieren – eine Nennung im RAMI4.0-Statusreport zeigt diese Entwicklung auf. Eine sichere, horizontale und vertikale Kommunikation vom Sensor bis in die IT-Systeme ist mit OPC-UA bereits heute umsetzbar.

Tab. 1 Auflistung von Industrie-4.0-Anforderungen und -Lösungen durch OPC-UA

Anforderungen Industrie 4.0	Lösung OPC-UA
Unabhängigkeit Unabhängigkeit der Kommunikationstechnologie von Hersteller, Branche, Betriebssystem, Programmiersprache	Die OPC-Foundation ist eine herstellerunabhängige Non-Profit-Organisation. Eine Mitgliedschaft ist für den Einsatz der OPC-UA-Technologie oder die Erstellung von OPC-UA- Produkten nicht erforderlich. OPC hat die größte Verbreitung im Automationsbereich, ist aber technologisch branchenneutral. OPC-UA ist auf allen gängigen Betriebssystemen lauffähig; es gibt auch Realisierungen auf Chip-Ebene ohne Betriebssystem. OPC-UA ist in allen Sprachen umsetzbar; derzeit sind Stacks in Ansi C/C++, .NET und Java verfügbar.
Skalierbarkeit Skalierbarkeit zur durchgängigen Vernetzung, vom kleinsten Sensor über Embedded-Geräte und SPS-Steuerungen bis zum PC und SmartPhone sowie Großrechnern und Cloud-Anwendungen. Horizontale und vertikale Kommunikation über alle Ebenen	OPC-UA skaliert von 15 kB footprint über Single- und Multicore-HW mit verschiedensten CPU-Architekturen (Intel, ARM, PPC, etc.). OPC-UA wird in Embedded-Feldgeräten, wie RFID-Readern, Protokollwandlern etc. eingesetzt, d. h. defacto in allen SPS-Steuerungen und SCADA/HMI-Produkten sowie MES/ERP-Sytemen, wie SAP, iTAC. Cloud-Projekte in Amazon und Microsoft-Azure wurden bereits erfolgreich durchgeführt.
Sicherheit Sicherheit der Übertragung sowie Authentifizierung auf Anwender- und Anwendungsebene	OPC-UA verwendet x509-Zertifikate, Kerberos bzw. User/Passwort zur Authentifizierung der Applikation. Eine signierte und verschlüsselte Übertragung sowie ein Rechtekonzept auf Datenpunktebene mit Auditfunktionalität sind im Stack bereits vorhanden.
Transport Service-orientierte Architektur (SOA), Transport über etablierte Standards, wie TCP/IP, für den Austausch von Live- und historischen Daten, Kommandos und Ereignissen (Event/Callback)	OPC-UA ist unabhängig vom Transport, derzeit gibt es zwei Protocol-Bindings, optimiertes TCP basiertes Binärprotokoll für High-Performance Anwendungen, HTTP/HTTPS Webservice mit binär oder XML kodierten Nachrichten. In Vorbereitung sind weitere Protocol Bindings für die Publish/Subscribe Kommunikation. Die Stacks garantieren den konsistenten Transport aller Daten. Neben Live- und Echtzeitdaten sind historische Daten und deren mathematische Aggregation OPC-UA standardisiert. Auch Methodenaufrufe mit komplexen Argumenten sind möglich genauso wie Alarme und Events.

(Fortsetzung)

Tab. 1 (Fortsetzung)

Anforderungen Industrie 4.0	Lösung OPC-UA
Modellierbarkeit Abbildung beliebig komplexer Informationsinhalte zur Modellierung virtueller Objekte als Repräsentanten der realen Produkte und deren Produktionsschritte	OPC-UA bietet ein voll vernetztes (nicht nur hierarchisch sondern full-mashed-network) objektorientiertes Konzept für den Namensraum, inklusive Metadaten zur Objektbeschreibung. Über die Referenzierung der Instanzen untereinander und ihrer Typen sowie über ein durch Vererbung beliebig erweiterbares Typmodell, sind beliebige Objektstrukturen erzeugbar. Da Server ihr Instanz- und Typsystem in sich tragen, können Clients durch dieses Netz navigieren und sich alle erforderlichen Informationen beschaffen, selbst über ihnen zuvor unbekannte Typen. Dies ist die Voraussetzung für Plug-and-Produce ohne den Einsatz vorab projektierter Geräte.
Discovery Ungeplante Ad-hoc- Kommunikation für Plug-and-Produce-Funktion mit Beschreibung der Zugangsdaten und der angebotenen Funktion (Dienste) zur selbstorganisierten (auch autonomen) Teilnahme an einer „smarten", vernetzten Orchestration/Kombination von Komponenten	OPC-UA definiert verschiedene „Discovery"-Mechanismen welche je nach Level einsetzbar sind: local (innerhalb eines Knotens), subnet (in einem Subnetz), global (in einem Enterprise). Diese dienen der Bekanntmachung von OPC-UA-fähigen Teilnehmern und deren Funktionen/ Eigenschaften. Subnetzübergreifende Aggregation und intelligente, konfigurationslose Verfahren (z. B. Zeroconf) werden verwendet, um Netzteilnehmer zu identifizieren und zu adressieren.
Semantische Erweiterbarkeit Abbildung und Migration von bestehenden semantischen Informationsmodellen	Die OPC Foundation arbeitet bereits erfolgreich mit anderen Organisationen (PLCopen, BACnet, FDI, AIM etc.) zusammen und ist derzeit in weiteren Kooperationen aktiv, wie z. B. MES D.A.CH, ISA95, MDIS (Öl und Gas Industrie), etc. Weiterhin gibt es eine Kooperation mit AutomationML, um die Interoperabilität zwischen Engineering-Tools zu optimieren. Kooperationen mit Sercos, EtherCAT, ProfiNET,Powerlink, IO-Link, CAN in Automation, CC-Link dienen dem Mapping der Feldbus-Objekte in den OPC UA Namensraum.
Compliance Prüfbarkeit der Konformität zum definierten Standard	OPC-UA ist bereits IEC-Standard (IEC 62541); es existieren Tools und Testlabore, welche die Konformität prüfen und zertifizieren. Zusätzliche Test-Veranstaltungen (Plugfeste) erhöhen die Qualität und sichern die Kompatibilität. Für Erweiterungen/ Ergänzungen wie z. B. Companion Standard, Sematik und Kommunikationsmodelle werden die Testsuites permanent ausgeweitet und erweitert. Zusätzlich werden Prüfungen zur Datensicherheit und funktionalen Sicherheit von externen Prüfstellen durchgeführt.

Weiterführende Literatur

ANSI/ISA S88. Batch control part 1: models and terminology. Instrument Society of America. www.isa.org

BACnet (Building Automation and Control Networks). www.big-eu.org

MTConnect: MTConnect-OPC UA companion specification. www.mtconnect.org

OPC-UA: OPC foundation: OPC UA specification: part 1 – 10. www.opcfoundation.org

PLCopen: Specification (TC4-Communication) „OPC UA Information Model for IEC 61131-3", version 1.00. www.plcopen.org

PLCopen: Specification (TC4-Communication) „OPC UA Client FUNCTION BLOCKS for IEC 61131-3", version 1.00. www.plcopen.org

UMCM: „Universal Machine Connectivity for MES". www.mes-dachverband.de

UPnP: Universal Plug and Play (UPnP™) Forum, basic device definition version 1.0. www.upnp.org

WSDL: W3C: Web Services Description Language (WSDL) 1.1. 15.03.2001

ZVEI: Industrie 4.0: The Reference Architectural Model Industrie 4.0 (RAMI4.0). http://www.zvei.org/Downloads/Automation/ZVEI-Industrie-40-RAMI-40-English.pdf. Zugegriffen am 17.02.2014

ZVEI: Statusreport Reference Arcitecture Model Industrie 4.0 (RAMI4.9), Juli 2015. http://www.zvei.org/Downloads/Automation/5305PublikationGMAStatusReportZVEIReference Architecture Model.pdf. Zugegriffen am 17.02.2014

Rahmenwerk zur modellbasierten horizontalen und vertikalen Integration von Standards für Industrie 4.0

Alexandra Mazak-Huemer, Manuel Wimmer, Christian Huemer, Bernhard Wally, Thomas Frühwirth und Wolfgang Kastner

Zusammenfassung

In Anlehnung an Umsetzungsempfehlungen für Industrie 4.0 widmen wir uns in diesem Kapitel dem Handlungsfeld der modellbasierten horizontalen und vertikalen Integration. Wir zeigen, dass die Zusammenführung international etablierter Standards genutzt werden kann, um eine flexible Informationsarchitektur zu schaffen. Zu diesem Zweck präsentieren wir ein offenes Rahmenwerk von Standards für Industrie 4.0, das drei Aspekte umfasst. Der erste Aspekt berücksichtigt die Unterscheidung zwischen den unterschiedlichen Ebenen in einem Unternehmen, in Anlehnung an die klassische Automatisierungspyramide. Der zweite Aspekt unterscheidet zwischen den internen und den externen Aspekten der horizontalen und vertikalen Integration. Der dritte Aspekt differenziert zwischen konzeptuellen Domänenmodellen und deren informationstechnischer Umsetzung.

A. Mazak-Huemer (✉) · M. Wimmer
Institut für Wirtschaftsinformatik – Software Engineering, JKU Linz, Linz, Österreich
E-Mail: amh@rfte.at; manuel.wimmer@jku.at

C. Huemer
Business Informatics Group, Technische Universtität Wien, Wien, Österreich
E-Mail: huemer@big.tuwien.ac.at

B. Wally
Geschäftsstelle, Rat für Forschung und Technologieentwicklung, Wien, Österreich
E-Mail: bw@rfte.at

T. Frühwirth
Automation Systems Group, Technische Universität Wien, Wien, Österreich

CDP Center for Digital Production GmbH, Wien, Österreich
E-Mail: thomas.fruehwirth@tuwien.ac.at; thomas.fruehwirth@acdp.at

W. Kastner
Automation Systems Group, Technische Universität Wien, Wien, Österreich
E-Mail: k@auto.tuwien.ac.at

B. Vogel-Heuser et al. (Hrsg.), *Handbuch Industrie 4.0*,
https://doi.org/10.1007/978-3-662-58528-3_94

1 Einleitung

Standards und Interoperabilität gehören zu den globalen Herausforderungen für die erfolgreiche Umsetzung von Industrie 4.0 Szenarien (Heinz Nixdorf Institut der Universität Paderborn 2016). Darauf zurückgreifend lassen sich entsprechende Gestaltungsoptionen für die Industrie 4.0 Wirtschaft extrahieren, von denen wir uns im Rahmen dieser Arbeit auf die folgenden konzentrieren (Heinz Nixdorf Institut der Universität Paderborn 2016): (i) die Wertschöpfungskonzeption, (ii) die horizontale Integration, sowie (iii) die vertikale Integration.

Hinsichtlich der Wertschöpfungskonzeption ist vor allem der Begriff der *Wertschöpfungsnetzwerke* von Bedeutung: Er beschreibt eine Organisationsform bestehend aus rechtlich autonom und wirtschaftlich operierenden Unternehmen, die über Geschäftsbeziehungen miteinander verbunden sind. Die kooperative Zusammenarbeit ermöglicht es diesen Unternehmen, ihre Planungs-, Produkt- und Prozessdaten durch alle Stufen der Wertekette miteinander zu verknüpfen. Heute stehen Wertschöpfungsnetzwerke vor allem in Zusammenhang mit Produzenten und Dienstleistern zur Erstellung hybrider Leistungsbündel (Becker et al. 2008). Wertschöpfungsnetzwerke und die daraus geformte virtuelle Organisation mit ihren kollaborativen Geschäftsmodellen entstehen künftig dynamisch. Das bedeutet, für kundenindividuelle Aufträge können sich künftig Koalitionen unterschiedlicher Kooperationspartner ad-hoc formieren. Zur Umsetzung bedarf es einer flexiblen Architektur, um optimale Koalitionen zu finden und um die Geschäftsprozesse der Kooperationspartner flexibel aufeinander abstimmen zu können.

Zur Spezifikation von durchgängigen Informationsflüssen und zur Modellierung von *End-to-End Prozessen* bedarf es geeigneter Datenmodelle und Sprachkonstrukte, die auch den unterschiedlichen innerbetrieblichen Sichten der jeweiligen Unternehmen des Netzwerks Rechnung tragen. Gleichzeitig bedarf es einem grundsätzlichen Verständnis der Geschäftsaktivitäten innerhalb dieser Unternehmen, um eine nahtlose Integration zu gewährleisten. Zurzeit findet ein Informationsaustausch zwischen dem Wertschöpfungsnetzwerk und den vertikalen Ebenen (Unternehmens-, Betriebsleit- und Fertigungsebene) eines Unternehmens des Netzwerks – wenn überhaupt – nur eingeschränkt über komplexe Schnittstellen statt. In vielen Fällen kollaborieren IT-Systeme nicht über Unternehmensgrenzen hinweg. Vom technischen und ökonomischen Standpunkt ist die durchgängige horizontale und vertikale Integration, beispielsweise zur Bündelung von Ressourcen über unterschiedliche Wertschöpfungsstufen innerhalb des Netzwerks, wie auch über unterschiedliche Ebenen im Produktionsunternehmen, ein Schlüsselfaktor in der Umsetzung von Industrie 4.0.

Im Gegensatz zu existierenden interorganisationalen Systemen müssen zukünftige IT-Systeme hinsichtlich der Integration von Planungs-, Produkt- und Prozessdaten dynamisch und flexibel gestaltbar sein; denn nur so können individuelle, kundenspezifische Anforderungen zu jedem beliebigen Zeitpunkt (Design, Konfiguration, Bestellung, Planung, Produktion) berücksichtigt werden, einschließlich kurzfristiger Änderungswünsche. Das Ziel einer solcherart ausgestalteten intelligenten Fabrik ist unter anderem die rentable Produktion von Kleinstmengen, sowie die individuelle Einzelfertigung (Losgröße 1). Zur Realisierung fehlt nach wie vor eine übergeordnete Gesamtsicht entlang der Wertschöpfungskette, von der Kundenanforderung über die Produktarchitektur bis zur Fertigung und Auslieferung (Forschungsunion Wirtschaft – Wissenschaft 2013).

Jedoch gibt es eine Reihe etablierter Standards, die Teilaspekte dieser Gesamtsicht bereits abdecken – für den interessierten Leser findet sich eine Auflistung und grobe Einordnung wesentlicher Standards beispielsweise in (Lu et al. 2016). So kann die *Resource-Event-Agent Ontologie* (ISO 15944-4) interne und externe Wertschöpfungsprozesse beschreiben (ISO/IEC JTC 1/SC 32 2007). Die externen Wertschöpfungsaktivitäten können mit Hilfe der *UN/CEFACT Modeling Methodology* und *Core Components Technical Specification* modelliert und mit einer Reihe von Datenaustauschstandards realisiert werden (Zapletal et al. 2015). Die internen Wertschöpfungsaktivitäten können unter Verwendung von *ISA-95* verfeinert werden (IEC TC 65/SC 65E 2013). Unterhalb der Betriebsleitebene gibt es eine Reihe von weiteren Standards: *AutomationML* (IEC 62714) fungiert als Austauschformat für Werkzeugketten und kann zur Modellierung von Produktionsstätten herangezogen werden (Drath et al. 2008; IEC TC 65/SC 65E 2018), *OPC Unified Architecture* (IEC 62541) stellt Mechanismen zum Aufbau von Service-orientierten Architekturen (SOA) bereit (IEC TC 65/SC 65E 2016). Um eine nahtlose vertikale Integration bis zur Feldebene zu gewährleisten und zur Konsolidierung von Kommunikationsprotokollen auf dieser Ebene, bedarf es weiterer etablierter Standards, wie z. B. IEC 61131, IEC 61158 und IEC 61784.

Wir haben uns daher das Ziel gesetzt, diese etablierten Standards in einem Rahmenwerk zusammenzuführen, um die horizontale und vertikale Integration im Bereich von Industrie 4.0 modellbasiert zu unterstützen.

2 Modellbasierte Interoperabilität

Unter konzeptueller Modellierung versteht man die Erstellung von Informationsmodell auf der Ebene eines Fachkonzeptes, das sich stark an der domänenspezifischen Problemstellung und der in der Domäne verwendeten Fachsprache orientiert (Strahringer 2019). Solche Informationsmodelle – oder auch konzeptuelle Modelle genannt – gewinnen in vielen Bereichen immer mehr an Bedeutung, so auch im Bereich von Industrie 4.0. Dabei können Modelle deskriptiven Charakter haben, um die gegebene Realität eines Systems zu beschreiben, oder sie haben einen präskriptiven Charakter, um vorzugeben, wie ein System implementiert werden soll. Im Kontext dieses Kapitels wollen wir unser Augenmerk insbesondere auf präskriptive Modelle als Vorgabe zur Realisierung von Industrie 4.0 Systemen legen.

Modelle sind der Schlüssel, um Know-How über ein komplexes System zu erwerben und dieses Wissen zwischen Stakeholdern oder auch über Systemgrenzen hinweg zu teilen. Der Zweck von Modellen ist vielfältig und reicht von der Unterstützung der Kommunikation zwischen Personen bis hin zur automatischen Ausführung der mittels Modellen spezifizierten Software. In diesem Kapitel konzentrieren wir uns aber explizit nicht auf die modellgetriebene Entwicklung der jeweiligen Softwaresysteme auf den unterschiedlichen Ebenen der Automatisierungspyramide. Vielmehr sind wir an Domänenmodellen für die jeweiligen Ebenen der Automatisierungspyramide interessiert, um die Interoperabilität zwischen unterschiedlichen Systemen auf der selben Ebene oder – noch wichtiger – die Interoperabilität zwischen Systemen auf benachbarten Ebenen zu fördern. Dabei verstehen wir Interoperabilität im Sinne der Definition von IEEE als die Fähigkeit von zwei oder mehreren Systemen (oder Komponenten) Information untereinander auszutauschen und diese Information im eigenen System zu nutzen (Geraci et al. 1991).

Interoperabilität ist ein Schlüsselfaktor, um die horizontale und vertikale Integration im Rahmen von Industrie 4.0 zu gewährleisten. Generell ist Interoperabilität eine Grundvoraussetzung für eine erfolgreiche Zusammenführung von verschiedenen Einzelsystemen. Nur eine nahtlose Integration mit größtmöglicher Interoperabilität ermöglicht die kollaborative Zusammenarbeit zwischen unterschiedlichen Organisationseinheiten innerhalb, aber auch zwischen unterschiedlichen Unternehmen. Denn diese verwenden jeweils ihre eigenen Tools und Systeme, die durch Back-and-Forth-Integration über die verschiedenen Ebenen der Automatisierungspyramide verbunden werden müssen.

In unserem Ansatz zur Interoperabilität schlagen wir ein Rahmenwerk zur modellbasierten horizontalen und vertikalen Integration für Industrie 4.0 vor. Das Ziel ist den Abstimmungsaufwand für die Systemintegration zu minimieren. Dafür wollen wir geeignete Standards auf den verschiedenen Ebenen der Automatisierungspyramide identifizieren. Zusätzlich wollen wir bei den gefundenen Standards – egal auf welcher Ebene – zwischen konzeptuellen (nicht technologie-spezifischen) Standards und technologie-spezifischen Standards unterscheiden. Diese Unterscheidung zwischen Konzeptsicht und Technologiesicht ist in Abb. 1 dargestellt.

Die Konzeptsicht fokussiert auf das Domänenmodell. Sie adressiert die Semantik der Objekte in der jeweiligen Domäne (z. B. der jeweiligen Ebene der Automatisierungspyramide) und deren Austausch. Zusätzlich werden im Domänenmodell operationale Konventionen, mögliche Regeln und gegenseitige Abhängigkeiten und Verpflichtungen im Datenaustausch erfasst. Standards der Konzeptsicht sind grafische, aber auch textuelle Modellierungsstandards. Mit Hilfe dieser domänenspezifischen Modellierungssprachen können ExpertInnen, die über ein ausgeprägtes Wissen in der jeweiligen Domäne verfügen, diese konzeptuell beschreiben.

Die Technologiesicht entspricht der Informationstechnologie (IT)-Perspektive auf die Domäne und kümmert sich um die Interoperabilität der dabei beteiligen IT-Systeme. Dementsprechend adressiert die Technologiesicht die technischen Aspekte der Umsetzung der Integration, wie beispielsweise Informationsdarstellung und Codierung sowie Schnittstellen und Übertragungsprotokolle. Die Technologiesicht liefert Technologien zur Implementierung von IT-Systemen, die die Konzepte der Domäne abbilden und diese implementieren.

Dementsprechend sieht das Rahmenwerk die Kooperation von ExpertInnen aus unterschiedlichen Domänen bzw. auf unterschiedlichen Ebenen der Automatisierungspyramide vor, die von Informationsanalysten sowie IT- und Netzwerksfachkräften unterstützt werden. Die Kommunikation zwischen diesen SpezialistInnen wird durch die Verwendung von Modellen ermöglicht. Diese Modelle helfen dabei, die semantischen Inhalte der Domäne festzulegen, noch bevor man sich auf spezi-

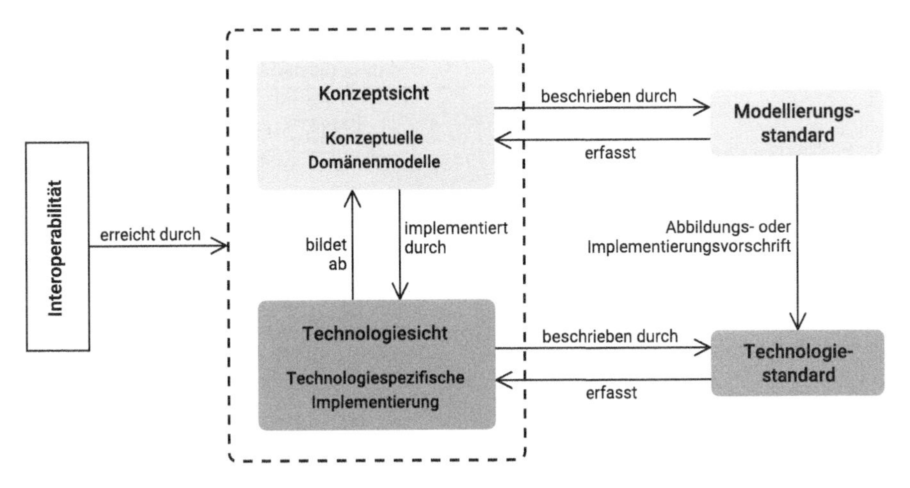

Abb. 1 Interoperabilität durch modellgetriebene Entwicklung: Differenzierung von Konzeptsicht und Technologiesicht

fische Technologien, Formate und Protokolle einigt. Jede Domäne hat ihre eigenen grafischen bzw. textuellen Darstellungsformen und ihr eigenes Vokabular. Modelle dienen hier als Hilfsmittel zur Abstimmung und Koordinierung dieser unterschiedlichen Ausdrucksmittel. Modelle stellen somit eine Eckpfeiler dar, da sie zur Beschreibung Anforderungen, Integrationsszenarien und die darin enthaltenen auszutauschenden Informationsblöcke verwenden. Dabei müssen die Modelle alle Aspekte, die für die Interoperabilität zwischen den kooperierenden Systemen kritisch sind, berücksichtigen.

3 Rahmenwerk zur modellbasierten horizontalen und vertikalen Integration von Standards für Industrie 4.0

Mit Hilfe unseres Standardrahmenwerkes wollen wir die Interoperabilität von Systemen im Industrie 4.0 Umfeld erhöhen und somit die Integration dieser Systeme effektiver und effizienter gestalten. Dazu identifizieren wir geeignete Standards zur unternehmensübergreifenden Integration von Wertschöpfungsnetzwerken, der Verknüpfung von Informationen innerhalb des Netzwerks und der vertikalen Integration dieser Daten in einem Unternehmen des Netzwerks und dessen Produktionsstätten, wie in Abb. 2 dargestellt.

Wir sehen drei unterschiedliche Aspekte im Rahmenwerk, für die entsprechende Standards aufgenommen werden sollten. Der *erste Aspekt* berücksichtigt die Unterscheidung zwischen den unterschiedlichen Ebenen in einem Unternehmen in Anlehnung an die klassische Automatisierungspyramide und damit die jeweiligen Anwendungsbereiche der Standards. Der *zweite Aspekt* unterscheidet zwischen den internen und den externen Aspekten der Daten- und Informationsintegration. Die *internen*

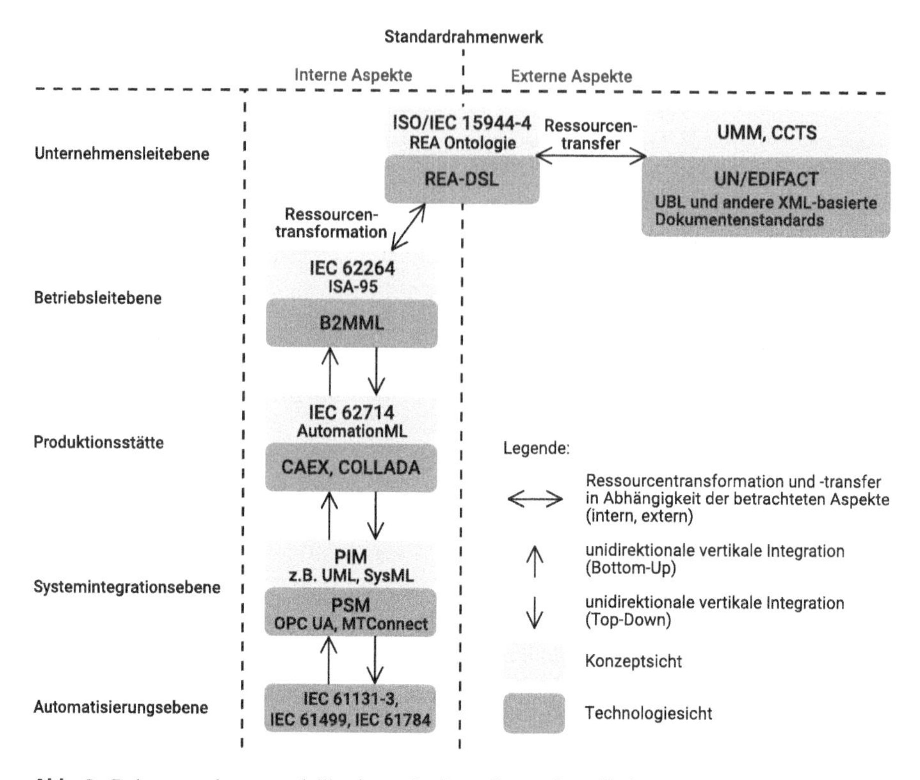

Abb. 2 Rahmenwerk zur modellbasierten horizontalen und vertikalen Integration von Standards für Industrie 4.0

Aspekte beschreiben einerseits die horizontale Integration unterschiedlicher IT-Systeme entlang einer Ebene und berücksichtigen andererseits die vertikale Integration der Systeme über die unterschiedlichen Unternehmensebenen hinweg. Die *externen Aspekte* beschreiben rein die Interaktion eines Unternehmens mit den Kooperationspartnern im Wertschöpfungsnetzwerk und die Integration der daraus entstehenden Daten und Informationen hinsichtlich der Vernetzung mit relevanten innerbetrieblichen Prozessen (z. B. produktionstechnische Prozesse). Der *dritte Aspekt* differenziert zwischen der Konzeptsicht und der Technologiesicht, wie in Abschn. 2 beschrieben.

Im Kontext der horizontalen Integration von interorganisationalen Systeme (externe Aspekte) ist es wichtig, die Kernprozesse eines Unternehmens und deren Beitrag zur Wertschöpfung im Netzwerk zu verstehen, ohne dabei zu vergessen, diese mit den betriebswirtschaftlichen Prozessen (interne Aspekte) innerhalb des Unternehmens vernetzt zu berücksichtigen. Wir unterscheiden dabei zwischen dem Austausch von Ressourcen im Wertschöpfungsnetzwerk (*Ressourcentransfer*) und der Herstellung von Ressourcen innerhalb des Unternehmens (*Ressourcentransformation*). Daher benötigen wir geeignete Sprachkonstrukte zur Identifikation und Beschreibung der jeweiligen Wertschöpfungsprozesse.

Diese Anforderung wird durch die *Resource-Event-Agent Ontologie (REA)* erfüllt. REA ist ein internationaler Standard (ISO 15944-4) (ISO/IEC JTC 1/SC 32 2007) zur Beschreibung einer Geschäftsontologie und als solches ein Modellierungsstandard, der bewusst sowohl interne als auch externe Aspekte von Geschäftstransaktionen in unterschiedlichen Szenarien beschreibbar macht. Auf Ebene der Technologiesicht wurde eine domänenspezifische Sprache für die REA Ontologie – die REA-DSL – entwickelt (Mayrhofer und Huemer 2012). Als Grundlage wurde ein Metamodell definiert, das die REA Kernkonzepte *Resource, Event* und *Agent*, sowie *Commitment* und *Type* und deren Beziehungen untereinander formalisiert. REA bietet ein zentrales Format, das herangezogen wird, um heterogene Wertschöpfungsaktivitäten der Unternehmen im Netzwerk zu klassifizieren, um Geschäftsmodelle (rollenbasiert) für kollaborative Szenarien zu beschreiben und um horizontale und vertikale Integrationspunkte zu identifizieren.

Um externe interorganisationale Geschäftsfunktionen – wie sie mittels REA festgelegt wurden – beschreiben zu können, müssen die Geschäftsszenarien zwischen den beteiligten Parteien ermittelt werden. Diese Szenarien beinhalten sowohl den Interaktionsfluss zwischen den Unternehmen des Netzwerks als auch „Informationsblöcke", die in diesen Interaktionen ausgetauscht werden. Ein internationaler Standard der United Nations (UN) zur Beschreibung des Interaktionsflusses zwischen Geschäftspartnern ist die *UN/CEFACT Modeling Methodology (UMM)* (Zapletal et al. 2015). Dieses UML-Profil wird zur Beschreibung von Informationsblöcken verwendet. Zur Anpassung dieser Informationsblöcke an spezielle Anforderungen in einem bestimmten Wertschöpfungsnetz erachten wir die *Core Components Technical Specification (CCTS)* (Liegl 2009) als geeignet. Die CCTS wurde während der ebXML Initiative initiiert und wird bis heute durch UN/CEFACT gewartet. Sowohl UMM als auch CCTS sind Sprachen, unabhängig von vorhandenen Kommunikationstechnologien. Die mit Hilfe von UMM und CCTS erstellten Modelle müssen auf die IT-Ebene transformiert werden, unabhängig davon, ob es sich dabei um einen traditionellen elektronischen Datenaustausch (Electronic Data Interchange, EDI) Standard wie UN/EDIFACT oder einen XML-basierenden Dokumentenstandard handelt. Die Kommunikation kann mittels Web-Services, AS2 (RFC 4130), X.400, FTP oder ähnlichen Protokollen erfolgen.

Auf den darunter liegenden Ebenen (siehe Abb. 2) müssen wir jedoch differenzierte Modellierungsansätze wählen und geeignete Technologiestandards identifizieren. Unter diesem Aspekt sehen wir die verschiedenen Informationsmodelle des Industriestandards *ISA-95* (IEC 62264) (IEC TC 65/SC 65E 2013) als geeignet an, um interne Geschäfts- und Produktionsfunktionen detailliert beschreiben zu können, wobei der Standard selbst lediglich die Konzeptsicht abbildet. Die XML-Serialisierung der ISA-95 Modelle, genannt *Business to Manufacturing Markup Language (B2MML)* (MESA International 2013), kann in der Technologiesicht genutzt werden.

Die Verwendung des Industriestandards *AutomationML* (IEC 62714) (IEC TC 65/SC 65E 2018) auf Ebene der Produktionsstätte zielt stark auf Interoperabilität im Sinne einer horizontalen Software-Werkzeugintegration ab (Drath 2010). AutomationML fokussiert dabei auf den Austausch von Engineering-Daten in einer heterogenen Tool-Landschaft. Im Speziellen soll der Datenaustausch zwischen unterschiedlichen Werkzeugen – wie CAD-, Simulations- und Verifikationswerkzeugen – nahtlos ermöglicht werden. Zudem verfolgt AutomationML das Ziel, verschiedene Engineering-Disziplinen wie Maschinenbau, Elektrotechnik und Software Engineering einheitlich zu integrieren. Der Standard bietet Modellierungselemente zur Beschreibung der Topologie einer Anlage (inhärente Eigenschaften und Beziehungen von Anlageobjekten), der Prozesse (zeitliche und ereignisbasierte Ablaufverhalten) und der physischen Aspekte von Anlageobjekten (Geometrie und Kinematik). Somit stellt AutomationML eine Sprache für die logische und physische Modellierung zur Verfügung, um sowohl Strukturen als auch Verhalten zu spezifizieren. Daher sehen wir AutomationML als geeignete Modellierungssprache an, um Produktionsstätten auf operativer Ebene detailliert beschreiben zu können. Für die technologische Sicht sieht AutomationML die Wiederverwendung einer Reihe von etablierten XML-Schema Spezifikationen wie CAEX (IEC 62424) (IEC TC 65 2016) und COLLADA (ISO/PAS 17506) (ISO TC 184/SC 4 2012) vor, um die Produktionsstättenmodelle zu serialisieren. Die resultierenden Artefakte können für den Datenaustausch zwischen den unterschiedlichen Werkzeugen verwendet werden.

Auch die informationstechnischen Schnittstellen zum technischen Prozess, den damit verbundenen realen Gerätschaften – also Sensoren, Aktuatoren, speicherprogrammierbare Steuerungen (IEC 61131-3) (IEC TC 65/SC 65B 2013), verteilte Steuerungen (IEC 61499) (IEC TC 65/SC 65B 2012) – und ihren industriellen Kommunikationssystemen (IEC 61784) (IEC TC 65/SC 65C 2019) der Automatisierungsebene müssen modelliert werden und Zugangswege über die Systemintegrationsebene geschaffen werden. Für die vertikale Integration ist es wiederum vorteilhaft, in eine Konzeptsicht und der Technologiesicht zu unterteilen. Zur konzeptuellen Modellierung des Geräteverbunds und der Interaktion zwischen den Komponenten eignen sich Ansätze aus dem Bereich der Unified Modeling Language (UML) und der Systems Modeling Language (SysML), die beispielsweise eine plattformunabhängige Darstellung durch Klassen-/Block- oder Zustandsdiagramme erlauben und unter dem Begriff Platform-Independent Model (PIM) zusammengefasst werden können. Für die technologiespezifische Umsetzung (Platform-Specific Model, PSM) hingegen bilden Web-Service basierende Technologien eine gute Ausgangsbasis, sofern die Daten in geeigneten (und bestmöglich auch standardisierten) Informationsmodellen gehalten werden. Als passende Vertreter dürfen hier der Interoperability Standard for Industrial Automation OPC UA (IEC 62541) (IEC TC 65/SC 65E 2016) und MTConnect (ANSI/MTC1.4-2018) (MTConnect Institute 2018) genannt werden.

4 Standards zur horizontalen und vertikalen Integration

Beginnend mit der REA Ontologie zur Identifizierung der externen und internen Aspekte (Transfer und Transformation von Ressourcen) der horizontalen und vertikalen Integration, stellen wir in diesem Abschnitt die identifizierten Standards näher vor. Die UN/CEFACT Modeling Methodology fokussiert in der Unternehmensebene auf die horizontale Integration externer Aspekte des Wertschöpfungsnetzwerks. ISA-95 dient der vertikalen Integration interner Aspekte (Ressourcentransformation) in die Wertschöpfungskette eines Unternehmens des Netzwerks, während AutomationML neben der vertikalen Integration vorwiegend zur horizontalen Integration von Werkzeugketten auf Ebene der Produktionsstätte genutzt werden kann. OPC UA und MTConnect können beide als geeignete Standards zur Systemintegration von Automatisierungssystemen auf operativer Ebene gesehen werden.

4.1 Unternehmensebene

4.1.1 Resource-Event-Agent Geschäftsontologie

Geschäftsmodelle basieren auf ökonomischen Phänomenen, die die Geschäftsgrundlage für Unternehmen darstellen. Timmers definiert Geschäftsmodelle als eine Architektur für Produkt-, Service- und Informationsflüsse, samt einer Beschreibung der verschiedenen Akteure und deren Rollen (Timmers 1998). Ein Geschäftsmodell beschreibt demnach, auf welche Art und Weise ein Unternehmen Werte generiert. Porter (Porter 1985) verwendet zur Beschreibung der kompetitiven Strategie das Konzept der *Wertschöpfungskette*. Die Wertschöpfungskette stellt Unternehmensaktivitäten eines produzierenden Unternehmens und deren Zusammenhänge dar.

Mittels der *Resource-Event-Agent Ontologie (REA)* kann jedes Geschäftsmodell, unabhängig von einer Domäne, beschrieben werden (siehe Abb. 2, REA Ontologie). Ursprünglich hat REA seine Wurzel im Rechnungswesen und basiert auf grundlegenden Konzepten der ökonomischen Theorie (Chih Yeng 1976). REA wurde von William McCarthy zur Konzeptualisierung von Geschäftsfunktionen entwickelt, um Geschäftsfälle anhand von *Ressourcen, Ereignissen* und *Agenten* zu modellieren. Dabei unterscheidet McCarthy zwischen Transfers und Transformationen, die vergangene, aktuelle und zukünftige wirtschaftliche Aktivitäten eines Unternehmens klassifizieren. *Transfers* beschreiben den Werteaustausch zwischen Akteuren (z. B. Lieferanten und Kunden), d. h., den gegenseitigen Austausch von Ressourcen (z. B. Ware gegen Geld). *Transformationen* von Ressourcen beschreiben die Werterzeugung innerhalb eines Unternehmens. Als *Ressourcen* werden Güter, Halbfertigerzeugnisse, Materialien, Rechte, Arbeitszeit, Anlagen, Maschinen oder Services bezeichnet. Ein *ökonomisches Ereignis* beschreibt den Transfer oder die Transformation von Ressourcen durch Agenten. *Agenten* können Personen (Mitarbeiter, Kunden), Unternehmen oder Organisationseinheiten sein, welche an Transfers oder Transformationen teilnehmen und dabei die „Kontrolle" über Ressourcen erlangen bzw. aufgeben. REA bietet zusätzlich einen Planungs-Layer, um mittels der Konzepte *Commitment* und *Disposition* zukünftige ökonomische Transaktionen beschreiben zu können.

Die REA-Wertschöpfungskette basiert auf der Definition von Porter (Porter 1985). Sie besteht aus einer Reihe von Wertschöpfungsoder auch Geschäftsaktivitäten, die dem Kerngeschäft eines Unternehmens entsprechen. Eine Wertschöpfungsaktivität verwendet Repetierfaktoren (z. B. Betriebs- und Werkstoffe) und Potenzialfaktoren (z. B. Gebäude, Maschinen, Arbeitskraft) als Input, um einen bestimmten Output zu erzeugen. Aus ökonomischer Sicht ist es von Bedeutung, dass dabei der

Output einen höheren Wert für das Unternehmen darstellt, als der dafür benötigte Input.

Auf einem hohen Abstraktionslevel gibt es zwei Möglichkeiten, einen Mehrwert durch eine Wertschöpfungsaktivität zu generieren. Erstens kann man Ressourcen gebrauchen und verbrauchen, um Input-Ressourcen in Output-Ressourcen umzuwandeln – das bezeichnet man in REA als Transformation. Zweitens in einer Geschäftsbeziehung mit externen Geschäftspartnern (z. B. im Ein- bzw. Verkauf) kann man Ressourcen (z. B. Material, Maschinen, Transportleistungen, Rechte, Arbeitszeit, etc.) erlangen, wenn man dafür im Gegenzug Ressourcen (z. B. Geld) aufgibt – das bezeichnet man in REA als Transfer. Ressourcenflüsse verbinden diese Geschäftsaktivitäten. Das heißt, was durch eine Wertschöpfungsaktivität erzeugt wird, ist Input für eine andere Aktivität im Wertschöpfungsprozess.

Das Konzept der *Dualität* stellt den Kern aller ökonomischen Tätigkeiten in REA dar. Es handelt sich bei diesem Konzept um die zweiseitige Betrachtung von Transaktionen. Diese Betrachtung fordert nach dem ökonomischen Prinzip, dass (knappe) Ressourcen einen positiven Preis haben, der beim Erwerb der Ressource vom Käufer an den Verkäufer zu bezahlen ist (Joseph 2008). Das Dualitätskonzept gilt sowohl für den Transfer, als auch die Transformation von Ressourcen und besteht immer aus zwei – sich kompensierenden – Teilen. Die sich verringernde Seite beinhaltet Ereignisse, die durch bestimmte Agenten ausgeführt werden und zur einer *Wertverringerung* von Ressourcen führen. Diese werden durch die wertsteigernde Seite kompensiert, welche ebenfalls eine Reihe von Ereignissen beinhalten kann, die von bestimmten Agenten ausgeführt werden, aber zu einer *Wertsteigerung* von Ressourcen führt.

Im Rahmenwerk dient REA als konzeptueller Standard, um mit seiner deklarativen Semantik die Konzepte und Beziehungen von internen als auch externen Geschäftstransaktionen zu identifizieren und die Szenarien als *Ressourcentransformationen* oder *Ressourcentransfers* zu beschreiben (siehe Abb. 2). Als technologie-spezifischer Standard wählen wir die REA-DSL, die eine eindeutige und ausdrucksstarke Geschäftsmodellierungssprache darstellt. Mit Hilfe der grafischen Notation können verschiedene Formen für diverse REA Konzepte appliziert werden. Ein Serialisierungsformat der REA-DSL wird durch eine eigene REA-XML Sprache bereitgestellt (Mayrhofer und Huemer 2012).

4.1.2 UN/CEFACT Modeling Methodology und Core Components Specification

Wenn Unternehmen Güter und Services in einem Netzwerk austauschen, so basiert deren Zusammenarbeit auf Geschäftsdokumenten. Mittels konzeptueller Modelle wird einerseits die statische Struktur der Geschäftsdokumenttypen beschrieben und anderseits der Dokumenten- bzw. Belegfluss zwischen den Partnern festgelegt. Das *Unitited Nations Center for Trade Facilitation and Electronic Business (UN/CEFACT)* hat es sich zur Aufgabe gemacht, solche konzeptuellen Modelle für die geschäftliche Zusammenarbeit in einem Netzwerk zu entwickeln. Diese Arbeiten führten zur *UN/CEFACT Modeling Methodology (UMM)*, einer Choreographiesprache zur Beschreibung von Interaktionen in einem Peer-to-Peer Netzwerk und der *Core Components Technical*

Specification (CCTS) zur Modellierung von Geschäftsdokumenten (z. B. Bestellung, Lieferschein, Rechnung).

UMM ist ein UML-Profil zum Design von Schnittstellen in einer kollaborativen Geschäftsumgebung und deren Verhalten (z. B. bei Fehlerfällen), das jeder der Geschäftspartner unterstützen muss, um an der Kollaboration teilnehmen zu können. Die primäre Mission von UMM ist es, eine kostengünstige Systementwicklung zu ermöglichen, die es Unternehmen jeglicher Größe erlaubt, an interorganisationalen Kollaborationen teilzunehmen. UMM fokussiert dabei auf die Entwicklung einer globalen Choreographie von interorganisationalen Geschäftsprozessen und den dabei auszutauschenden Daten und Informationen.

Mittels UMM werden drei Sichten abgebildet: (i) Der *Business Requirements View* stellt ein Rahmenwerk zur Beschreibung von Geschäftsprozessen und den darin involvierten Akteuren in einer bestimmten Geschäftsdomäne dar. (ii) Der *Business Choreography View* identifiziert und beschreibt den Dokumentenfluss und dessen Übermittlungsmodus. Eine Choreographie wird durch die Komposition von mehreren Geschäftstransaktionen gebildet. Jede Geschäftstransaktion repräsentiert dabei eine einzelne Übermittlung eines Geschäftsdokuments unter Berücksichtigung einer optionalen Antwort. (iii) Der *Business Information View* beschreibt die statische Struktur der Geschäftsdokumente (z. B. den Adresskopf einer Rechnung). UMM gibt erlaubt zwar mehrere Modellierungssprachen zur Modellierung von Geschäftsdokumenten, empfiehlt jedoch *Core Components* für diesen Zweck im Business Information View.

Core Components sind wiederverwendbare Bausteine für die Assemblierung von Geschäftsdokumenten. Die Core Components Technical Specification (CCTS) definiert das Metamodell für den Core Components Ansatz. Dabei unterscheidet CCTS zwischen *Core Components*, die kontextunabhängig sind, und *Business Information Entities*, die kontextspezifisch sind. Die Idee dabei ist, die grundlegenden Bausteine von Geschäftsdokumenten zuerst kontextunabhängig (d. h., unabhängig von jeglichem Dokument) zu beschreiben.

Wenn ein bestimmter Industriezweig eine bestimmte Core Component im Rahmen eines Geschäftsdokuments verwenden möchte, so muss die kontextunabhängige Core Component an die kontextspezifischen Anforderungen dieses Industriezweigs angepasst werden. Entsprechend der CCTS wird durch die kontextspezifischen Anwendung aus der Core Component (z. B. Adresse) eine Business Information Entity (z. B. österreichische Adresse). Eine Business Information Entity wird mittels Einschränkungen (Constraints) von einer Core Component abgeleitet. Daher kann eine Business Information Entity nur Elemente enthalten, die bereits zuvor für die zu Grunde liegende Core Component definiert wurden. Da Core Component die semantische Basis für Business Information Entity bilden, sind diese durch UN/CEFACT standardisiert. Die UN/CEFACT *Core Components Library (CCL)*, beinhaltet eine Menge dieser wiederverwendbaren Bausteine (Core Components) und stellt diese für jeden Industriezweig zur Verfügung.

Aus unserer Sicht stellen der UMM und CCTS – als konzeptuelle und implementierungsneutrale Standarddefinitionen – einen geeigneten konzeptuellen Standard über Unternehmensgrenzen hinweg dar, um ein einheitliches semantisches Datenmodell zu erzeugen, auf dem verschiedenste Geschäftsdokumentendefinitionen basieren (siehe Abb. 2). Das Konzept der Business-Information-Entities, das auf den generischen Core Components aufbaut, hilft dabei das Problem der überladenen EDI-Standarddefinitionen zu überwinden. Damit wird sichergestellt, dass in einer industriespezifischen Nachricht nur jene Elemente inkludiert sind, die im entsprechenden Industriezweig wirklich gebraucht werden. Gleichzeitig wird auch die Konformität zur generischen Basis sichergestellt. Daraus schließen wir, dass die UN/CEFACT UMM und Core Components derzeit den am besten geeigneten konzeptuellen Standard zur Modellierung von externen Aspekten im Wertschöpfungsnetzwerk darstellen.

Zur Erzeugung von sytnax-spezifischen Artefakten auf Implementierungsebene, liefern die UN/CEFACT XML-basierten *Naming und Design Rules (NDR)* den geeigneten technologie-spezifischen Standard. NDR werden genutzt, um aus den Geschäftsdokumentenstandards XML-Schemata zu erzeugen. Diese UN/CEFACT-basierten XML-Schemata sind jedoch nicht die einzige technologiespezifische Option. Es können auch andere etablierte XML-Schemata zur Beschreibung von Geschäftsdokumentenstandards, wie z. B. die *Universal Business Language (UBL)* (Bosak et al. 2013) oder auch industriespezifische Standards verwendet werden.

Unabhängig von der generellen Bedeutung von XML wird in der täglichen Praxis auch heute noch der Austausch von Geschäftsdokumenten ab häufigsten mittels UN/EDIFACT (United Nations Electronic Data Interchange for Administration, Commerce and Transport) bzw. im nordamerikanischen Pendant X12 realisiert. Ein weiterer Überblick über gängige Geschäftsdokumentenstandards und potenzielle Sprachen wird in (Liegl et al. 2010) gegeben.

4.2 Betriebsleitebene

Die International Society of Automation veröffentlichte im Jahr 2000 den ersten Teil der Normreihe ANSI/ISA-95. Der *ISA-95* Standard wurde für globale Produktionsunternehmen mit dezentralen, vernetzen Produktionsstätten entwickelt. Der Standard liefert Definitionen und Modelle zur Beschreibung von Schnittstellen, die den Informationsaustausch zwischen verschiedenen Softwaresystemen regeln. Der Fokus liegt dabei auf der vertikalen Integration von Unternehmens- und Betriebsleitebene, also zwischen Enterprise Resource Planning (ERP) Systemen und Manufacturing Execution Systemen (MES). Auf diesem Standard basiert auch der internationale Standard IEC 62264 (IEC TC 65/SC 65E 2013). ISA-95 kann grundsätzlich in allen Industriezweigen verwendet werden und ist für alle Arten von Produktionsprozessen – egal ob chargenorientierte Produktion, diskrete oder kontinuierliche Fertigung – geeignet.

Das in ISA-95 definierte *funktionale Datenflussmodell* (IEC TC 65/SC 65E 2013) beschreibt 31 Informationsflüsse zwischen der Unternehmensebene (ERP) und der Betriebsleitebene (MES). Abb. 3 zeigt die im Modell definierten zwölf Funktionen, die jeweils als Ellipse oder Rechteck dargestellt sind. Die innerhalb der gestrichelten Linie dar gestellten Funktionen gehören zur Betriebsleitebene; jene auf der gestrichelten Linie können sowohl in die Unternehmens- als auch in die Betriebsleitebene

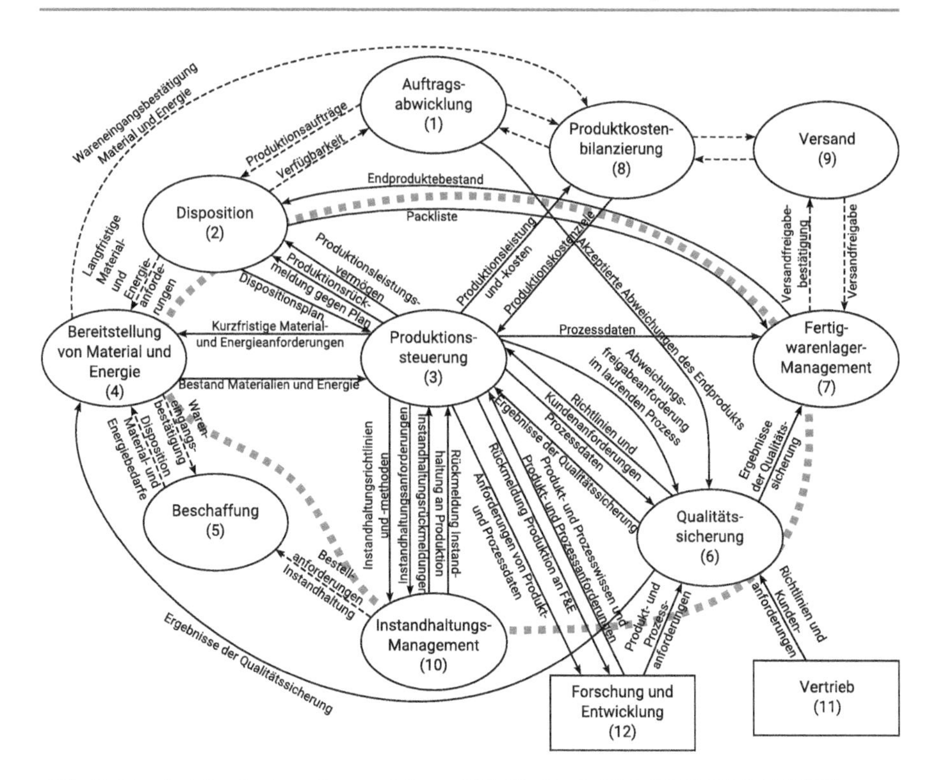

Abb. 3 Das funktionale Datenflussmodell von ISA-95. (Nach (IEC TC 65/SC 65E 2013))

fallen. Folgende Funktionen (1–10) werden im Modell beschrieben: Auftragsabwicklung, Produktionsplanung, Produktionssteuerung, Material- und Energiewirtschaft, Beschaffung, Qualitätssicherung, Lagerverwaltung, Produktkostenrechnung, Produktversand, Instandhaltungs-Management. Die Funktionen außerhalb der gestrichelten Linie (11 und 12) sind rein der Unternehmensebene zuordenbar, wobei die beiden in den Rechtecken dargestellten Funktionen Forschung und Entwicklung bzw. Vertrieb als externe Funktionen angesehen werden. Zwischen diesen zwölf Funktionen sind die von ISA-95 identifizierten Informationsflüsse mit Hilfe von Pfeilen dargestellt. Dabei kann man die auszutauschenden Informationen zwischen ERP und MES in vier (sich überschneidende) Kategorien einteilen (IEC TC 65/SC 65E 2013): (i) Produktdefinition, (ii) Produktionspotenzial, (iii) Dispositionsinformation und (iv) Produktionsleistung. Diese Einteilung dient dem Management der Produktionsaktivitäten, z. B. zur Anlagendisposition.

ISA-95 ist großteils unter der Verwendung von UML definiert und besteht aus fünf Teilen. Der erste Teil legt die einheitliche Terminologie fest. Entsprechend dieser Terminologie erfolgt eine funktionale Strukturierung durch Objektmodelle für Personal, Material, Anlagen, Prozesssegmente, etc. Diese stellen die Basisbausteine für einen Datenaustausch im Rahmen des ebenfalls im ersten Teil definierten funktionalen Datenflussmodells dar. Prozesssegmente sind logische Gruppierungen von Personal, Material und Anlagen, die für eine spezifische Funktion in einem Produktionsprozess (z. B. Sägen, Mischen) erforderlich sind. Der zweite Teil definiert konkrete Attribute für alle im ersten Teil identifizierten Objekte. Die Attribut und Objektmodelle des zweiten Teils beinhalten jene Informationen, die zwischen Unternehmens- und Betriebsleitebene ausgetauscht werden. Der dritte Teil spezifiziert Produktionsaktivitäten und Informationsflüsse auf der Betriebsleitebene. Diese Strukturierung bietet einen Leitfaden zur standardisierten Beschreibung von verschiedenen Produktionsstätten. Der vierte Teil definiert die konkreten Attribute der im dritten Teil spezifizierten Produktionsaktivitäten. Diese dienen nicht nur dem Austausch zwischen Unternehmens- und Betriebsleitebene, sondern auch zwischen möglichen Systemen auf der Betriebsleitebene. Der fünfte Teil führt Transaktionsmodelle für den Austausch zwischen Unternehmens- und Betriebsleitebene ein. Die datentechnische Umsetzung der UML-basierten Modelle wird durch ein offenes Datenformat unterstützt, das in IT-Systemen direkt verwendet werden kann (Adams et al. 2007): Zu diesem Zweck wurde die *Business to Manufacturing Markup Language (B2MML)* – eine XML-Serialisierung der UML-basierten Modelle – eingeführt (MESA International 2013).

ISA-95 ist als rein konzeptionelles Modell spezifiziert und damit unabhängig von jeglicher Plattform und Sprache. Im Rahmenwerk dient ISA-95 als konzeptueller Standard zur vertikalen Integration von Produktion und Unternehmensführung (siehe Abb. 2). Zentral dabei ist der durchgängige, nahtlose Austausch von Daten und Informationen zwischen den Unternehmensfunktionen wie Fertigung, Planung, Materialwirtschaft und Personal, sowie den Leit- und EDV-Systemen. Die technische Lösung am technologiespezifischen Layer wird durch B2MML realisiert. Dies bedeutet in anderen Worten, dass B2MML ein XML-Schema für die Implementierung zur Verfügung stellt, das ein exaktes semantisches Äquivalent des ISA-95 Metamodells darstellt.

4.3 Produktionsstätten

Das Modellieren von Produktionsstätten hat eine lange Tradition im Maschinenbau und gewinnt durch die immer komplexer und interdisziplinärer werdenden Engineering-Prozesse – vor allem im Kontext von Industrie 4.0 – noch weiter an Bedeutung. Verschiedenste Modellierungssprachen werden im Produktionsbereich verwendet, wie beispielsweise *Piping and Instrumentation Diagrams*, *Systems Modeling Language (SysML)*, *Modelica*, *Simulink*, um hier nur einige der wichtigsten Vertreter zu nennen. Obwohl die Sprachen konkret für die Modellierung von Produktionsstätten eingesetzt werden, sind deren Zielsetzungen doch meistens divergent (Estefan 2008).

Einige Sprachen versuchen als Vereinheitlichung heterogener Sprachen aufzutreten, so etwa SysML. Andere Sprachen sehen sich als Sprachen für eine bestimmte Engineering-Domäne, wie z. B. Maschinenbau, Elektrotechnik oder Software Engineering. Ein weiteres Unterscheidungsmerkmal ist, ob eine Sprache für die informale, semi-formale oder formale Modellierung eingesetzt wird. Beispielsweise werden

Sprachen für das Sketching von Produktionsstätten verwendet, um einen grafischen Überblick über ein Produktionssystem zu geben. Wiederum andere Sprachen werden für die Erstellung von formalen Modellen von Produktionssystemen, für die statische oder dynamische Analyse mittels Simulation oder Model-Checking benötigt. Semiformale Sprachen fungieren oft als Mediator zwischen diesen Anwendungsszenarien. Darüber hinaus zeigt ein aktueller Trend, wie sogenannte *domänenspezifische Modellierungssprachen* (Domain Specific Modeling Languages, DSMLs) als Alternative zu *generischen Modellierungssprachen* (General-Purpose Modeling Languages, GPMLs) eingesetzt werden können. Einer der Hauptgründe für das Aufkommen der DSMLs liegt in der Bereitstellung von Sprachdefinitionen, aus denen Modellierungsumgebungen generiert werden können, die genau für eine bestimmte Domäne und deren ExpertInnen zugeschnitten sind (Estefan 2008).

Durch diese Vielfalt an Anforderungen für Modellierungssprachen lässt sich die heutige Engineering-Prozesskette selbst innerhalb einer Systemlandschaft eines Herstellers nur teilweise schließen (Garcia und Drath 2007). Beispielsweise werden Modelle in den Anfangsphasen des Engineering-Prozesses oft nicht maschinenlesbar abgelegt. Das bedeutet, dass diese Modelle nicht generativ für die folgenden Phasen im Prozess genutzt werden können. Um jedoch das volle Potenzial einer modellgetriebenen Entwicklung (*Model-driven Engineering, MDE*) auszuschöpfen, benötigt man einen Mix an Werkzeugen, um die verschiedenste Aufgaben im Engineering-Prozess (z. B. Modellerstellung, Simulation, Verifikation, Codegenerierung, Testen) abarbeiten zu können. Aus diesem Grund wird die „Werkzeuginteroperabilität" immer wichtiger für die effiziente Abwicklung des Engineering-Prozesses – speziell im Kontext von Industrie 4.0, wo Modellierung und Simulation als integrale Bestandteile gesehen werden. Ein zentraler Punkt für die Werkzeuginteroperabilität ist die Verfügbarkeit eines Standards für den Modellaustausch, um Informationen über unterschiedliche Werkzeugketten hinweg nutzen zu können.

AutomationML ist ein Industriestandard (IEC 62714) (Drath et al. 2008), der ein einheitliches Austauschformat für Werkzeugketten bietet. Der Standard basiert auf der Wiederverwendung und Vorgabe von konkreten Richtlinien für den Einsatz von allgemein anerkannten Industriestandards, die XML-basierte Datenformate, für die Interoperabilität zwischen verschiedensten Werkzeugarten in der Produktionssystemdomäne anbieten. Die Entwicklung von AutomationML obliegt dem AutomationML e. V., der sich aus Vertretern von Industrie und Wissenschaft unterschiedlicher Branchen und Forschungszweige zusammensetzt. Mittels CAEX (Computer Aided Engineering eXchange) Format (IEC 62424) (Güttel und Fay 2008) kann die Produktionssystemstruktur mit ihren verschiedenen Komponenten und Kommunikationsstrukturen spezifiziert werden. Die Verwendung des COLLADA (COLLAborative Design Activity) Austauschformats (ISO/PAS 17506) (ISO TC 184/SC 4 2012) ermöglicht die Beschreibung der Geometrie und Kinematik von Produktionsanlagen. Last-but-not-least beschreibt das PLCopen-Format (Estévez et al. 2010) das Ablaufverhalten innerhalb der Produktionsstätte. Während CAEX und PLCopen für die logische Struktur- und Verhaltensmodellierung eingesetzt werden, wird COLLADA für die physische Modellierung verwendet.

AutomationML ist aufgrund seiner rollenbasierten Modellierungsmethode sehr gut geeignet, verschiedene Sichtweisen auf Artefakte eines Produktionssystems zu beschreiben. Um hier herstellerunabhängig Interoperabilität zu gewährleisten, werden vom AutomationML e.V. regelmäßig *Application Recommendations* herausgegeben, die Modellierungsvorschriften für spezifische Problemstellungen bereitstellen. Speziell die logischen Modellierungssprachen von AutomationML stellen interessante Integrationspunkte für das in Abschn. 3 vorgestellte Rahmenwerk dar. In diesem Kontext kann AutomationML nicht nur als Austauschformat fungieren, sondern als *Integrationsformat* verstanden werden und zwar horizontal wie vertikal. Für die horizontale Integration von heterogenen Modellen von Produktstätten und Betriebsanlagen (heterogen im Sinne der Verwendung von unterschiedlichen Modellierungssprachen und/oder unterschiedlichen Modellierungssichten) können auf Basis von AutomationML Methoden entwickelt werden, die teilweise überlappende Informationen in einem Format und einer einheitlichen Sprache erfassen. AutomationML erlaubt dafür ein Gesamtmodell zu generieren, das mögliche Inkonsistenzen zwischen verschiedenen Modellen bzw. Modellierungssichten erkennt und aufzeigt. Es können so im Bedarfsfall Maßnahmen ergriffen werden, die diese Inkonsistenzen auflösen. Neben dieser horizontalen Integration können die beiden XML-Schema Spezifikationen CAEX und PLCopen verwendet werden, um die Ebene der Produktionsstätte mit der Betriebsleitebene (MES-Ebene) zu verbinden. Ebenso kann Top-Down mit weiter unten liegenden Schichten eine vernetzte Systemintegration realisiert werden (siehe nachfolgender Abschnitt).

4.4 Systemintegration und Automatisierung

Zwischen den sich historisch sehr unterschiedlich entwickelten Bereichen der Informationstechnologie (IT) und der Operational Technology (OT) muss im Hinblick auf ein gesamtheitliches Rahmenwerk zur modellbasierten horizontalen und vertikalen Integration offensichtlich eine Brücke geschlagen werden. Wie wir später sehen werden, ist hierbei zwischen der An- und Einbindung von Altbeständen einerseits, sowie notwendiger Entwicklungen bei neuen Systemen und Anlagen andererseits zu unterscheiden. Aufgrund langer Entwicklungszyklen und dem notwendigen Investitionsschutz im OT-Bereich müssen geeignete Technologien beide Szenarien gleichermaßen abdecken.

Die IT stellt die notwendige Hardware und Software sowie die zugehörigen Prozesse für die Abwicklung von Unternehmensanwendungen, wie der Datenspeicherung und -verarbeitung, bereit. Typischerweise werden Systeme, die keine Daten für den Einsatz in Unternehmen generieren, explizit nicht in den Begriff der IT integriert. Die IT beinhaltet daher keine hardwarenahen oder gar eingebettete Systeme. In Bezug auf die klassische Automatisierungspyramide deckt die IT also die oberen Ebenen, die Unternehmens- und die Betriebsleitebene, ab. Dahingegen stellt die OT sämtliche Hardware und Software bereit, die zur Überwachung und Steuerung von physikalischen Prozessen, beispielsweise der verschiedenen Fertigungsverfahren nach DIN 8580 (Deutsches Institut für Normung (DIN) 2003) oder

Prozesse der Verfahrenstechnik (Kögl und Moser 2013), dient, zur Verfügung. Sie ist demnach in den unteren Ebenen der Automatisierungspyramide, der (Prozess-) Leitebene, Steuerungsebene und Feldebene, anzusiedeln.

Eine der wichtigsten Herausforderungen für die vertikale Integration und den Anschluss von industrieller Automatisierungstechnik (z. B. speicherprogrammierbare Steuerungen) an die IT-Infrastruktur kommt aus der inhärenten Komplexität der zugrunde liegenden Automatisierungssysteme. Historisch gewachsen verwenden verteilte Automatisierungssysteme eine Vielzahl von Kommunikationstechnologien. Bei der Einführung von industriellen Kommunikationssystemen waren etablierte IKT-Netzwerkstandards noch nicht verfügbar oder für die zugrunde liegenden Aufgaben ungeeignet. Außerdem war und ist die Automatisierungstechnik stark von bestimmten Anwendungsbereichen mit sehr spezifischen Anforderungen, z. B. hinsichtlich zur Verfügung zu stellenden Kommunikationsdiensten (point-to-point, point-to-multipoint), Robustheit und Echtzeitfähigkeit getrieben. Die fortschreitende Entwicklung der Automatisierungspyramide, gemeinsam mit Standardisierungsaktivitäten der Netzwerktechnologien und auch der Erfolg von Ethernet in der Industrieautomation haben zu einer weiteren Konsolidierung der Kommunikationsprotokolle geführt. Heutzutage kommen auf den oberen Schichten der Automatisierungspyramide Ethernet und IP-basierende Netzwerke zum Einsatz, auf der Automations- und Feldebene besteht aber nach wie vor ein Konglomerat von verschiedenen Feldbus-basierenden Technologien (Sauer et al. 2011).

Um der Konvergenz von IT und OT kurz- und mittelfristig Rechnung zu tragen, sind Middleware-Konzepte für Gateways erforderlich, die im Wesentlichen aus drei Komponenten aufgebaut sind: (i) *Protokoll-Handler* für die jeweilig unterstützten Automationstechnologien (Sensoren, Aktuatoren, Controller, Anschluss an industrielle Kommunikationstechnik); (ii) *Gateway-Logik* mit der Bereitstellung zusätzlicher Dienste (z. B. für Monitoring und Diagnose); und (iii) *Informationsmodelle* zur Umsetzung (Übersetzung) der Datenbestände zwischen den einzelnen Technologien. Die Ankopplung an die IT-Infrastruktur besteht aus einem IP-basierenden Kommunikationsstack, der bestmöglich auf eingebettete Gerätschaften (Embedded Systems, Constraint Devices) Rücksicht nehmen sollte und agnostisch bezüglich Übertragungsmedien agiert (drahtgebunden, funkbasiert). Im Internet-Layer kommt IPv4 oder IPv6 zum Einsatz, der Transport Layer verwendet für verbindungsorientierte Kommunikation TCP bzw. für verbindungslose Kommunikation UDP. Darauf aufbauend kommt entweder ein SOAP oder ein Representational State Transfer Ansatz in Frage, wobei bei letzterem neben klassischem HTTP als Übertragungsprotokoll das *Constrained Application Protocol (CoAP)* in letzter Zeit sukzessive an Bedeutung gewonnen hat. Die Nachrichtencodierung kann – je nach Anwendungsfall – entweder in XML, JSON oder in binärer XML Repräsentation (EXI) erfolgen. Aus Applikationssicht werden die Daten in einem Informationsmodell gehalten, wobei neben den Nutzdaten eines Gerätes auch Metadaten (z. B. Einheiten) und Diagnoseinformationen repräsentiert werden sollten.

Langfristig wünschenswert wäre eine homogene IT/OT Infrastruktur. Im Sinne einer Konvergenz bedingt dies jedoch Änderungen sowohl in der IT- als auch in der OT-Domäne. Die Anbindung der traditionell in sich geschlossenen OT an die klassische IT stellt eine große potenzielle Gefahr für die Echtzeitfähigkeit bestimmter Anwendungen dar, einer Anforderung, die im IT Bereich bislang kaum bis praktisch nicht vorzufinden war. Dieser Anforderung wird durch die aktuelle Standardisierungstätigkeit der Time-Sensitive Networking (TSN) Task Group der IEEE Rechnung getragen, die sich zum Ziel gesetzt hat, Ethernet Netzwerke durch eine Reihe von Erweiterungen wie Zeitsynchronisation, Scheduling, Traffic Shaping und Frame Preemption um Aspekte der Echtzeit-Datenkommunikation zu erweitern. Diese Erweiterungen finden sich als ein Satz von Standards im Bereich der IEEE 802.1 wieder. Konzepte aus der OT finden also einerseits ihren Weg in die IT, andererseits müssen durch den erhöhten Vernetzungsgrad insbesondere Erkenntnisse im Bereich der Datensicherheit (Security) von der IT in die OT ausgeweitet werden, um einen gesamtheitlichen Security Ansatz zu gewährleisten. Dies wird durch die ständige Weiterentwicklung der IEC 62443 (IEC TC 65 2009) sichergestellt. Ähnliche Standardisierungsbemühungen finden sich im Bereich der funktionalen Sicherheit (Safety). Darüber hinaus fließen Überlegungen hinsichtlich Zuverlässigkeit, Wartbarkeit und Skalierbarkeit in die Entwicklung von Gerätschaften und Protokollen ein. Alle diese Eigenschaften werden typischerweise unter dem Begriff *Verlässlichkeit* subsumiert und sollten letztlich in einem industrietauglichen Netzwerk münden.

Die Heterogenität der Systeme in einem gemeinsamen IT/OT Netzwerk benötigt sowohl zur kurzfristigen Umsetzung als auch in der langfristigen Vision Informationsmodelle, die es ermöglichen, sowohl die Funktionalität als auch die Daten der beteiligten Komponenten abzubilden. Nur so ist eine effiziente Maschine-zu-Maschine (M2M) Kommunikation praktikabel umzusetzen. Die Erstellung geeigneter Informationsmodelle auf der Systemintegrationsebene kann nur durch eine enge Zusammenarbeit von Modellierungsexperten sowie Domänenexperten gelingen. Das stellt Entwicklerteams jedoch mangels eines gemeinsamen Vokabulars, aufgrund unterschiedlicher Ansichten zum zu modellierenden Objekt/System und der Komplexität von plattformspezifischen Modellierungssprachen vor große Herausforderungen. Eine wesentliche Vereinfachung schafft hier abermals die Trennung der Konzeptsicht von der Technologiesicht. Man spricht auf dieser Ebene typischerweise von einem Platform-Independent Model (PIM) (konzeptuelles Domänenmodell) und einem Platform-Specific Model (PSM) (technologiespezifische Implementierung). Wie in (Pauker et al. 2016) gezeigt, eigenen sich auf der Ebene des PIMs beispielsweise UML Klassendiagramme, um die statische Struktur des Systems abzubilden, und UML Zustandsdiagramme, um das dynamische Verhalten zu beschreiben. Diese Modelle können dann unter dem Einsatz von Modelltransformation mit minimalen Einschränkungen automatisch in ein PSM übergeführt werden.

Als vielversprechendste, plattformspezifische Technologien in diesem Zusammenhang scheinen sich *OPC Unified Architecture (OPC UA)* (IEC 62541 (IEC TC 65/SC 65E 2016)) im europäischen Raum und *MTConnect* (ANSI/MTC1.4-2018 (MTConnect Institute 2018)) im amerikanischen Raum herauszukristallisieren. Beide Technologien können sowohl als Gateway-Technologien wie auch in einer homogenen IT/OT Infrastruktur eingesetzt werden. OPC UA bietet umfassende Möglichkeiten zur Informationsmodellierung. Der Standard schreibt dabei ein Basisinformationsmodell vor, dessen Struktur und Semantik wohldefiniert sind und das von allen OPC UA Servern und Clients unterstützt wird. Darüber hinaus bietet OPC UA die Möglichkeit, Domänenwissen in sogenannte Companion Spezifikationen einfließen zu lassen, die einem Reviewprozess unterzogen und anschließend veröffentlicht werden. Beispielsweise wird die notwendige Gatewayfunktionalität durch Companion Spezifikationen zur Modellierung bestimmter Protokolle oder Technologien (IEC 61784 (IEC TC 65/SC 65C 2019)) wie Ethernet POWERLINK und IO Link realisiert. Andere Companion Spezifikationen zielen auf die Modellierung von Geräten ab. Die am breitesten akzeptierte Companion Spezifikation in diesem Zusammenhang ist das *Device Information Model*, mit dessen Hilfe einfache Geräte aller Art, z. B. Sensoren und Aktuatoren, modelliert werden. Für komplexere Systeme, wie industriellen Steuerungen (IEC 61131-3 (IEC TC 65/SC 65B 2013), IEC 61499 (IEC TC 65/SC 65B 2012)), Verpackungsanlagen und Roboter wurden weitere Companion Spezifikation definiert, die zum Teil auf dem Device Information Model aufbauen. Darüber hinaus werden auch zusätzliche Funktionalitäten, wie z. B. die Unterstützung des PubSub Paradigmas oder die Unterstützung von Systemen hinsichtlich funktionaler Sicherheit als Companion Spezifikation realisiert. Schließlich ist es Anwendern ebenfalls möglich eigene Informationsmodelle für spezielle Anwendungen oder Geräte zu entwerfen. Bezüglich der Datenübertragung unterstützt OPC UA sowohl ein binärcodiertes TCP Protokoll, als auch in XML/JSON codierte Web Services. Der große Funktionsumfang und die hohe Flexibilität von OPC UA geht jedoch mit einer hohen Komplexität einher. MTConnect verfolgt hier einen minimalistischeren aber auch effizienteren Ansatz. MTConnect Agents bieten Informationsmodelle an, die von MTConnect Clients abgefragt werden können. Ein Schreibzugriff wird hierbei nicht unterstützt. Eine Gatewayfunktionaltiät kann über sogenannte Adapter realisiert werden. Als Kommunikationstechnologie kommt RESTful HTTP zum Einsatz, über das Modelle und Daten im XML Datenformat ausgetauscht werden.

5 Fazit, erste Ergebnisse und Ausblick

In den vorangegangenen Abschnitten haben wir offene Standards zur horizontalen und vertikalen Integration präsentiert, die jeder für sich autonom sind. Autonomie herrscht insofern, als jeder Standard exakte Definitionen aller relevanten Konzepte für die jeweilige Domäne festschreibt, sowie entsprechende Formate oder auch Kommunikationsprotokolle. Diese Autonomie entsteht unter anderem aufgrund der unterschiedlichen zugrundeliegenden Anforderungen, der unterschiedlichen zeitlichen Entwicklung der Standards und der unterschiedlichen Nutzergruppen. Diese Autonomie ermöglicht verschiedene Sichten auf die horizontale und vertikale Integration.

Im Abschn. 3 haben wir auf konzeptueller Ebene diese offenen Standards zusammengeführt und in „Schichten" hierarchisch angeordnet. Dies ermöglicht es uns – in einem ersten Schritt – eine durchgängige Gesamtsicht entlang der Wertschöpfungskette zu präsentieren. Abb. 2 zeigt, welche konzeptionellen basierten Standards auf welcher Ebene im Unternehmen und über Unternehmensgrenzen hinweg sinnvoll zur horizontalen und vertikalen Integration herangezogen werden können. Obwohl das Rahmenwerk Sprachen zur Verfügung stellt, wodurch die Daten semantisch dargestellt werden, fehlt auf der technologie-spezifischen Ebene ein einheitliches Datenmodell zur physischen Integration des Rahmenwerks. Die *modellgetriebene Entwicklung (*Brambilla et al. 2012*)* bietet hier einen modellzentrischen Ansatz zur Erstellung eines automatisierten Integrationsprozesses auf Basis von Metamodellierung (Kühne 2006) und Modelltransformation (Czarnecki und Helsen 2006).

In der vorliegenden Form präsentiert das Rahmenwerk Sprachkonstrukte, die in verschiedenen Meta-Sprachen definiert sind (z. B. Markup Languages, UML, UML-Profile), wodurch ein Mix von Meta-Sprachen vorliegt. Neben dieser Datenmodellheterogenität gilt es zusätzliche Heterogenitäten, wie z. B. strukturelle Heterogenität und semantische Heterogenität, zu überwinden (Leser und Naumann 2007). Die *Datenmodellheterogenität* entsteht durch die Verwaltung der Daten in unterschiedlichen Datenmodellen. Die *strukturelle Heterogenität* basiert auf der unterschiedlichen Strukturierung der Daten. Die *semantische Heterogenität* resultiert aus der teilweisen intensionalen Überlappung der unterschiedlichen Schemata.

In unserem Ansatz sehen wir kein global integriertes Datenmodell vor, um mit diesen Heterogenitäten umgehen zu können, da dabei die Autonomie verloren gehen würde. Um dies zu vermeiden, bedarf es einer leichtgewichtigen und lose gekoppelten Integration der unterschiedlichen Standards. Diese Kopplung wird erzielt, in dem wir mittels einer Metamodellierungssprache, wie der *Meta-Object-Facility (MOF)* (Object Management Group (OMG) 2016), jede der Sprachen in ein und demselben Meta-Datenmodell ausdrücken und somit die Sprachen neutral, explizit und präzise spezifizieren. Durch diese Umsetzung können *Korrespondenzen* zwischen den verschiedenen Sprachkonzepten im Rahmenwerk strukturiert aufgezeigt werden, etwa welche REA-Konzepte welchen ISA-Konzepten entsprechen wie diese wiederum weiter hinunter entlang der operativen Ebenen auf andere Konzepte abgebildet werden können. Auf diesem sehr hohen Abstraktionslevel entspricht MOF einem konzeptuellen Standard. Eigene diesbezügliche Umsetzungen basieren auf *Ecore*, der Metamodellierungssprache des Eclipse Modeling Framework (EMF) (Gronback 2009). Erste Ansätze, etwa eines Ecore-basierten Metamodells für CAEX zur Abbildung von AutomationML, werden in (Biffl et al. 2015) beschrieben.

Zur Überwindung der strukturellen und semantischen Heterogenität helfen Modelltransformationen, mit denen man deklarativ die Korrespondenzen zwischen den verschiedenen Sprachen beschreiben kann. Da die Wichtigkeit klar formulierter Transformationsregeln erkannt wurde, sind in den vergangenen Jahren verschiedene Initiativen entstanden, die sich der Definition von Regelwerken widmen. Etwa wird in (AutomationML e. V. and OPC Foundation 2016), mittlerweile auch als DIN SPEC 16592 verfügbar (Deutsches Institut für Normung (DIN) 2016), AutomationML in OPC UA integriert. Die Integration von ISA-95 in AutomationML ist wiederum in einer eigenen Application Recommendation beschrieben (Wally 2018); sie beschreibt die Vorgehensweise, um mit AutomationML die Konformität zu ISA-95 sicherzustellen. Ein weiteres Beispiel ist die Transformation zwischen Konzepten von REA und ISA-95 (Mazak und Huemer 2015; Wally et al. 2017a) oder die

Darstellung von ISA-95 Elementen in OPC UA (OPC Foundation 2013). Die Verbindung von mehr als zwei Domänen wird in (Wally et al. 2017b) ansatzweise beschrieben, wobei hier beispielsweise Validierungsregeln eingesetzt werden, um Modelle unterschiedlicher Domänen miteinander abzugleichen.

Die Anreicherung eines Produktionssystemmodells wird in (Wally et al. 2019a, b) beschrieben; für ein bisher unbekanntes Produkt soll, basierend auf groben Assemblierungsregeln, ein Produktionsplan erstellt werden, der mit dem beschriebenen Produktionssystem umsetzbar ist. Dafür wird ein ISA-95-Modell mittels Modelltransformation in eine Domänen- und eine Problembeschreibung in Form der Planning Domain Description Language (PDDL) transformiert, und dieses Problem anschließend mit einem PDDL-Solver zu lösen versucht – die dadurch gewonnenen Erkenntnisse werden wieder in das ISA-95-Modell eingepflegt. Aus einer Bill-of-Material sowie der Beschreibung des Produktionssystems wird somit unter Zuhilfenahme von Standard-Planungswerkzeugen eine Bill-of-Processes automatisch erstellt.

In den zuvor beschriebenen Ansätzen wird auch eine Problematik deutlich, die von integrierten Systemen in Zukunft beherrscht werden muss: Gewisse Modellkonzepte können durch die Verkettung unterschiedlicher Transformationsvorschriften mehrfach in einem Zielsystem instanziiert sein. Für den Technologieraum OPC UA wurden dafür ebenfalls bereits Lösungskonzepte vorgestellt (Wally et al. 2018), jedoch erscheint auch hier eine standardisierte Vorgehensweise notwendig, um IT-Systeme bei der Auflösung dadurch möglicherweise induzierter Inkonsistenzen zu unterstützen.

Für die technische Umsetzung dieser Modelltransformationen stehen unidirektionale und bidirektionale Formalismen zur Verfügung. Erstere können eingesetzt werden, um Sprachkonstrukte aus dem Rahmenwerk von einer höheren Ebene in die nächstniedrigere zu transformieren (Top-Down), oder auch in umgekehrter Richtung (Bottom-Up) (Mens und Van Gorp 2006), wobei die beiden Richtungen voneinander unabhängig implementiert werden. Bidirektionale Transformationen (Hu et al. 2011) sind regelmäßig schwieriger zu formulieren, jedoch kann ein Modellentwurf nicht nur von einer Ebene in die andere propagiert werden, sondern diese Transformationen können auch für Kompatibilitätschecks, zur Change-Impact-Analyse, zur Änderungspropagierung und schließlich zu einer durchgängigen Traceability genutzt werden.

Des Weiteren möchten wir hervorheben, dass anstelle von bilateralen Integrationen von IT-Systemen zwischen zwei Ebenen das vorgestellte Rahmenwerk automatisierte Integrationen der Ebenen ermöglicht. Die vorgestellten Sprachen fungieren dabei als Pivot-Sprachen, wodurch die Anzahl der notwendigen Integrationen von $n \times m$ auf $n + m + 1$ (n steht für die Anzahl der zu integrierenden Sprachen auf Ebene x, m steht für die Anzahl der zu integrierenden Sprachen auf Ebene y) reduziert wird. Das bedeutet, dass mit Hilfe der Pivot-Sprachen Integrationen werkzeugunabhängig realisiert werden können. Es muss für ein IT-System nur eine Integration mit der entsprechenden Pivot-Sprache definiert werden, um das in Abschn. 3 präsentierte Rahmenwerk zu nutzen.

Durch die Instanziierung des vorgestellte Rahmenwerks und Transformationsprozesse zur Überbrückung der Heterogenitäten ermöglichen wir die Umsetzung von hochflexiblen Produktionsprozessen, dynamisch gestaltbaren Wertschöpfungsnetzwerken und durchgängig vernetzten Datenmodellen. Auf diese Weise kann das gesamte Potenzial für Planungs- und Optimierungsaufgaben (in Echtzeit) ausgeschöpft werden. Durch einen transparenten Informationsfluss lassen sich Effizienzsteigerungen im Engineering erzielen. Eine durchgängige Modellierung trägt dazu bei: (i) die Konsistenz von Geschäftsmodell und Produktionsmodell kontinuierlich zu überprüfen, (ii) die Traceability zwischen Geschäftsmodell und Produktionsmodell über den gesamten Entwicklungsprozess zu gewährleisten, (iii) die Co-Simulation von Geschäftsmodell und Produktionsmodell zu Optimierungszwecken zu nutzen, und (iv) eine End-to-End Analyse sowohl vertikal als auch horizontal jederzeit durchführen zu können.

Danksagung
Wir bedanken uns für die finanzielle Unterstützung durch das Österreichische Bundesministerium für Digitalisierung und Wirtschaftsstandort und die Nationalstiftung für Forschung, Technologie und Entwicklung, sowie für die Förderung durch die Österreichischen Forschungsförderungsgesellschaft (FFG) unter den Projekten DigiTrans 4.0 (Projektnummer 854157) und Austrian Competence Center for Digital Production (CDP) (Projektnummer 854187).

Literatur

Adams M, Kühn W, Stör T, Zelm M (2007) Interoperabilität von Produktion und Unternehmensführung. Technical Report DKE K 931 Systemaspekte, Deutsche Kommission Elektrotechnik Elektronik Informationssysteme im DIM und VDE

AutomationML e.V. and OPC Foundation (2016) OPC UA information model for AutomationML, AML-OPC:2016

Becker J, Knackstedt R, Pfeiffer D (2008) Wertschöpfungsnetzwerke. Physica, Heidelberg

Biffl S, Lüder A, Mätzler E, Schmidt N, Wimmer M (2015) Linking and versioning support for automationML: a model-driven engineering perspective. In: Proceedings of the 13th international conference on Industrial Informatics (INDIN)

Bosak J, McGrath T, Holman KG (2013) Universal business language, Version 2.1. Standard, OASIS

Brambilla M, Cabot J, Wimmer M (2012) Model-driven software engineering in practice. Synthesis lectures on software engineering. Morgan & Claypool Publishers, San Rafael, CA

Chih Yeng Yu (1976) The structure of accounting theory. The University Press of Florida. Gainsville, FL

Czarnecki K, Helsen S (2006) Matters of (Meta-) modeling. IBM Syst J Model-driven softw dev 45(3):621–645

Deutsches Institut für Normung (DIN) (2003) Fertigungsverfahren – Begriffe, Einteilung. DIN 8580:2003–2009

Deutsches Institut für Normung (DIN) (2016) Combining OPC unified architecture and automation markup language. DIN 16592:2016-12

Drath R (Hrsg) (2010) Datenaustausch in der Anlagenplanung mit AutomationML. Springer Berlin/Heidelberg

Drath R, Lüder A, Peschke J, Hundt L (2008) AutomationML – the glue for seamless automation engineering. In: 13th international conference on Emerging Technologies and Factory Automation (ETFA 2008), S 616–623. IEEE

Estefan JA (2008) Survey of Model-Based Systems Engineering (MBSE) Methodologies. Technical Report 25, Incose MBSE Focus Group

Estévez E, Marcos M, Lüder A, Hundt L (2010) PLCopen for achieving interoperability between development phases. In: 15th IEEE international conference on Emerging Technologies and Factory Automation (ETFA 2010), Bilbao, Spain

Forschungsunion Wirtschaft – Wissenschaft, acatech – Deutsche Akademie der Technikwissenschaften (2013) Umsetzungsempfehlungen für das Zukunftsprojekt Industrie 4.0. Abschlussbericht

Garcia AA, Drath R (2007) AutomationML verbindet Werkzeuge der Fertigungsplanung – Hintergründe und Ziele. White paper, AutomationML e. V. https://www.automationml.org/o.red/uploads/dateien/1314344567-automationml_whitepaper.pdf

Geraci A, Katki F, McMonegal L, Meyer B, Lane J, Wilson P, Radatz J, Yee M, Porteous H, Springsteel F (Hrsg) (1991) IEEE standard computer dictionary: compilation of IEEE standard computer glossaries. IEEE Press, New York

Gronback RC (2009) Eclipse modeling project: a domain-specific language toolkit, 1. Aufl. Addison-Wesley

Güttel K, Fay A (2008) Beschreibung von fertigungstechnischen Anlagen mittels CAEX. At Automatisierungstechnik 5:34–39

Heinz Nixdorf Institut der Universität Paderborn, Werkzeugmaschinenlabor WZL der Rheinisch-Westfälischen Technischen Hochschule Aachen (2016) Industrie 4.0 – Internationaler Benchmark, Zukunftsoptionen und Handlungsempfehlungen für die Produktionsforschung. Technical report, 2016

Hu Z, Schurr A, Stevens P, Terwilliger JF (2011) Dagstuhl Seminar on Bidirectional Transformations (BX). SIGMOD Rec 40(1):35–39

IEC TC 65 (2009) Industrial communication networks – Network and system security. Standard IEC 62443

IEC TC 65 (2016) Representation of process control engineering requests in P&I diagrams and data exchange between P&ID tools and PCE-CAE tools. Standard IEC 62424

IEC TC 65/SC 65B (2012) Function blocks. Standard IEC 61499

IEC TC 65/SC 65B (2013) Programmable controllers – Part 3: programming languages. Standard IEC 61131-3

IEC TC 65/SC 65C (2019) Industrial communication networks. Standard IEC 61784, IEC

IEC TC 65/SC 65E, ISO TC 184/SC 5 (2013) Enterprise-control system integration – part 1: models and terminology. Standard IEC 62264-1

IEC TC 65/SC 65E (2016) OPC Unified Architecture. Standard IEC 62541

IEC TC 65/SC 65E (2018) Engineering data exchange format for use in industrial automation systems engineering – Automation Markup Language. Standard IEC 62714

ISO TC 184/SC 4 (2012) Industrial automation system and integration – collada digital asset schema specification for 3D visualization of industrial data. Standard ISO/PAS 17506

ISO/IEC JTC 1/SC 32 (2007) Open-edi Part 4: business transaction scenarios – Accounting and economic ontology. Standard ISO 15944-4

Joseph A (2008) Schumpeter. Konjunkturzyklen: Eine theoretische, historische und statistische Analyse des kapitalistischen Prozesses. Vandenhoeck und Ruprecht, UTB, Stuttgart

Kögl B, Moser F (2013) Grundlagen der Verfahrenstechnik. Springer, Wien

Kühne T (2006) Matters of (Meta-) modeling. Softw Syst Model 5(4):369–385

Leser U, Naumann F (2007) Informationsintegration – Architekturen und Methoden zur Integration verteilter und heterogener Datenquellen. dpunkt, Heidelberg

Liegl P (2009) Conceptual business document modeling using un/cefact's core components. In: 6th Asia-Pacific Conference on Conceptual Modelling (APCCM 2009), S 59–69. Australian Computer Society

Liegl P, Zapletal M, Pichler C, Strommer M (2010) State-of-the-art in business document standards. In: 8th IEEE International Conference on Industrial Informatics (INDIN 2010), S 234–241
Lu Y, Morris KC, Frechette SP (2016) Current standards landscape for smart manufacturing systems. NIST Interagency/Internal Report NISTIR 8107
Mayrhofer D, Huemer C (2012) REA-DSL: business model driven data-engineering. In: Proceedings of the 14th IEEE international conference on Commerce and Enterprise Computing (CEC 2012), S 9–16. IEEE CS
Mazak A, Huemer C (2015) From business functions to control functions: transforming REA to ISA-95. In: 17th IEEE Conference on Business Informatics (CBI 2015). IEEE CS
Mens T, Van Gorp P (2006) A taxonomy of model transformation. Electron Notes Theor Comput Sci 152:125–142
MESA International (2013) Business to manufacturing markup language (B2MML). Standard
MTConnect Institute (2018) MTconnect standard. Standard ANSI/MTC1.4
Object Management Group (OMG) (2016) OMG meta object facility (MOF) core specification. Technical report
OPC Foundation (2013). OPC Unified Architecture for ISA-95 common object model Companion Specification. Version 1.00
Pauker F, Frühwirth T, Kittl B, Kastner W (2016) A systematic approach to OPC UA information model design. In: Proceedings of the 49th CIRP Conference on Manufacturing Systems. Stuttgart, Germany, S 321–326
Porter ME (1985) Competitive advantage: creating and sustaining superior performance. The Free Press, New York
Sauer T, Soucek S, Kastner W, Dietrich D (2011) The evolution of factory and building automation. IEEE Ind Electron Mag 5(3):35–48
Strahringer S (2019) Konzeptuelle Modellierung von IS. In: Gronau N, Becker J, Kliewer N, Leimeister JM, Overhage S (Hrsg) Enzyklopädie der Wirtschaftsinformatik. GITO. https://www.enzyklopaedie-der-wirtschaftsinformatik.de/. Zugegriffen am 13.02.2020
Timmers P (1998) Business models for electronic markets. Electron Mark 8(2):3–8
Wally B (2018) Provisioning for MES and ERP. Application recommendation, TU Wien and AutomationML e.V. https://www.automationml.org/. Zugegriffen am 13.02.2020
Wally B, Huemer C, Mazak A (2017a) Aligning business services with production services: the case of REA and ISA-95. In: Proceedings of the 10th IEEE international conference on Service Oriented Computing and Applications (SOCA 2017)
Wally B, Huemer C, Mazak A (2017b) A view on model-driven vertical integration: alignment of production facility models and business models. In: Proceedings of the 13th IEEE international Conference on Automation Science and Engineering (CASE 2017)
Wally B, Huemer C, Mazak A, Wimmer M (2018) AutomationML, ISA-95 and others: rendezvous in the OPC UA universe. In: Proceedings of the 14th IEEE International Conference on Automation Science and Engineering (CASE 2018)
Wally B, Vyskočil J, Novák P, Huemer C, Šindelár R, Kadera P, Mazak A, Wimmer M (2019a) Flexible production systems: automated generation of operations plans based on ISA-95 and PDDL. Robot Autom Lett 4(4):4062–4069. ISSN 2377-3766. https://doi.org/10.1109/LRA.2019.2929991
Wally B, Vyskočil J, Novák P, Huemer C, Šindelár R, Kadera P, Mazak A, Wimmer M (2019b) Production planning with IEC 62264 and PDDL. In: Proceedings of the 17th IEEE International Conference on Industrial Informatics (INDIN 2019)
Zapletal M, Schuster R, Liegl P, Huemer C, Hofreiter B (2015) The UN/CEFACT modeling methodology UMM 2.0: choreographing business document exchanges. In: Handbook on business process management 1, introduction, methods, and information systems, 2. Aufl. Springer, Berlin/Heidelberg, S 625–647

Hochautomatisierte und autonome cyber-physische Produktionssysteme

Herausforderungen und Lösungsansätze bezüglich der Gewährleistung von Sicherheit

Peter Liggesmeyer, Mario Trapp, Daniel Schneider und Thomas Kuhn

Zusammenfassung

In nahezu allen Domänen eingebetteter Systeme sehen wir Trends hin zu immer stärkerer Vernetzung und höheren Automatisierungsgraden. Autonome, cyber-physische Systeme von Systemen sind das entsprechende Schlagwort. Autonome Produktionssysteme stellen sich selbstständig auf neue Prozesse, Produkte und Produktionsumgebungen ein. Sie entscheiden selbstständig wann ein Produkt wie produziert wird. Forschungsanlagen im Bereich der autonomen Produktion zeigen, wie sich Produktionsstraßen mittels mobiler, autonom fahrender Plattformen, auch physisch selbstständig neu konfigurieren können. Die Umsetzung solcher Systeme in realen Umgebungen erfordert die Bewältigung technischer und methodischer Herausforderungen, bevor das Potenzial autonomer Produktionssysteme voll ausgeschöpft werden kann. Eine zentrale Herausforderung ist dabei die Gewährleistung von Sicherheit. Etablierte Methoden und Standards gehen stets von der Grundannahme aus, dass ein System und seine Umgebung vollständig bekannt sind und analysiert werden können – was bei den betrachteten Systemen schlicht nicht der Fall ist. Ferner besteht ein starker Fokus auf funktionale Sicherheit, was bei automatisierten und autonomen Systemen zu kurz gegriffen ist. Entsprechend sind neuartige Ansätze zur Gewährleistung umfassender Sicherheit (im Sinne von Safety und Security) nötig. In diesem Artikel diskutieren wir die diesbezüglichen Herausforderungen und zeigen Lösungsmöglichkeiten aus der Forschung auf.

P. Liggesmeyer (✉) · D. Schneider · T. Kuhn
Fraunhofer-Institut für Experimentelles Software Engineering IESE, Kaiserslautern, Deutschland
E-Mail: peter.liggesmeyer@iese.fraunhofer.de; daniel.schneider@iese.fraunhofer.de; thomas.kuhn@iese.fraunhofer.de

M. Trapp
Fraunhofer-Institut für Kognitive Systeme IKS, München, Deutschland
E-Mail: mario.trapp@iks.fraunhofer.de

B. Vogel-Heuser et al. (Hrsg.), *Handbuch Industrie 4.0*,
https://doi.org/10.1007/978-3-662-58528-3_34

1 Einleitung

Die „Umsetzungsempfehlungen für das Zukunftsprojekt Industrie 4,0“ (Forschungsunion acatech 2013) sehen als zentrales Element der Industrie 4.0 „eine Vernetzung von autonomen, sich situativ selbst steuernden, sich selbst konfigurierenden, wissensbasierten, sensorgestützten und räumlich verteilten Produktionsressourcen (Produktionsmaschinen, Roboter, Förder- und Lagersysteme, Betriebsmittel) inklusive deren Planungs- und Steuerungssysteme.“

Betrachtet man diese Vision aus Sicht der Betriebssicherheit (Safety), so ergeben sich zahlreiche Herausforderungen. Einerseits setzen Adjektive wie „autonom“ oder „sich selbst konfigurierend“ ein hohes Maß an (künstlicher) Intelligenz und Adaptivität der einzelnen Systeme voraus. Durch die wandelbaren Produktion, d. h. Produktionssysteme die sich selbstständig auf neue Produkte, Prozesse, oder Produktionsressourcen einstellen, ergibt sich zudem die Herausforderung, dass Produktionssysteme zu dynamischen Systeme von Systemen werden. Deren Struktur und Gesamtverhalten kann zur Entwicklungszeit der Einzelsysteme nicht oder nur schwer vorhergesagt werden. Alles dies sind Faktoren, die zu sogenannten „Uncertainties“ führen. Eigenschaften, die sich nur schwer vorhersagen lassen führen zu hohen Unsicherheiten in der Aussage über das zu erwartende Systemverhalten. Diese Unsicherheiten stehen im Widerspruch zur Sicherheitsnachweisführung, die zentral auf der Annahme eines deterministischen, vorhersagbaren Systemverhaltens beruht.

Auch wenn die ersten Schritte zur Industrie 4.0 mit bestehenden Sicherheitskonzepten getan werden können darf Safety beim Übergang zu autonom wandelungsfähigen Produktionssystemen nicht zum Flaschenhals werden. Denn trotz des hohen wirtschaftlichen Potenzials der Industrie 4.0 darf Innovation niemals auf Kosten der Sicherheit erfolgen. Folgerichtig sehen auch die Umsetzungsempfehlungen zur Industrie 4.0 die „Sicherheit als erfolgskritischen Faktor für die Industrie 4.0“ (Forschungsunion acatech 2013). Umso wichtiger ist es, die Betriebssicherheit von Anfang an als integralen Bestandteil der Forschungs- und Innovationsherausforderung Industrie 4.0 zu betrachten.

Dieser Abschnitt zeigt Lösungsansätze auf, die einen vielsprechenden Ausgangspunkt für die Gewährleistung der Betriebssicherheit in der Industrie 4.0 bieten. Dazu werden zunächst die Herausforderungen an die Betriebssicherheit unter Berücksichtigung aktueller Sicherheitsnormen abgeleitet. Darauf basierend werden im Anschluss verschiedene Verfahren vorgestellt, die zur Lösung dieser Herausforderungen beitragen können. Besondere Bedeutung kommt dabei zunächst der modularen Sicherheitsnachweisführung zu, da diese eine unerlässliche Voraussetzung für die sichere Vernetzung unabhängiger Teilsysteme darstellt. Um dem Anspruch an eine dynamische Vernetzung der Systeme zur Laufzeit gerecht werden zu können, müssen diese Verfahren erweitert werden, damit die finale Nachweisführung der Betriebssicherheit automatisiert zur Laufzeit möglich ist. Erste Ansätze, welche die dazu benötigte Laufzeitzertifizierung unterstützen, werden zum Abschluss dieses Abschnitts eingeführt.

2 Safety-Herausforderungen

Ob ein System als sicher gilt oder nicht wird auf Basis des aktuellen Stands von Wissenschaft und Technik bewertet. Im Zweifelsfall entscheiden Standards und Normen, welche Verfahrensweisen, Methoden und Techniken als Stand der Technik bzw. als Stand von Wissenschaft und Technik zu betrachten sind. Neben Standards und Normen, sind gesetzliche Regelungen, europäische Richtlinien und Verordnungen relevant (Rothfelder 2002). Gesetze werden vom Gesetzgeber – der Legislative – erlassen und sind verbindlich. Besonders Firmen, die sicherheitskritische Systeme entwickeln, müssen im Schadensfall erhebliche juristische Konsequenzen fürchten. Ursache sind z. B. die mit derartigen Systemen einhergehenden Risiken für die Nutzer oder auch für unbeteiligte Dritte. Im Schadensfall ergibt sich z. B. aus dem Produkthaftungsgesetz die Verpflichtung zum Ersatz eines Schadens, der durch ein fehlerhaftes Produkt entstanden ist. Ein wirksamer Haftungsausschluss ist nicht möglich. Ein Haftungsausschluss setzt voraus, dass der Fehler zum Zeitpunkt des Inverkehrbringens noch nicht vorlag oder dass er nach dem Stand von Wissenschaft und Technik nicht erkennbar war. Die Beweislast für diesen Sachverhalt liegt im Wesentlichen beim Hersteller. Darüber hinaus können Schadensersatzansprüche nach BGB gestellt werden. Auch EU-Richtlinien haben den Charakter eines Gesetzes, weil sie von den Mitgliedsstaaten zwingend in nationales Recht umzusetzen sind. Hinzu kommen Verordnungen, die unter anderem Details zur Ausführung von Gesetzen regeln. Verordnungen werden meistens von Behörden – der Exekutive – erlassen und sind in der Regel verbindlich.

Normung ist in Deutschland die planmäßige, durch die interessierten Kreise gemeinschaftlich durchgeführte Vereinheitlichung von materiellen und immateriellen Gegenständen zum Nutzen der Allgemeinheit. Deutsche Normen werden in einem privatrechtlichen Verein durch interessierte Kreise erstellt (z. B. DIN Deutsches Institut für Normung e. V., Verband Deutscher Elektrotechniker (VDE) e. V.). Standards und Normen sind keine Rechtsnormen. Sie sind – im Unterschied zu Gesetzen – nicht rechtsverbindlich, aber sie können als antizipierte Sachverständigengutachten verstanden werden. Durch Einhaltung der jeweils relevanten Normen kann ein Hersteller sicherstellen, dass der Stand der Technik erreicht ist, und er damit seine Sorgfaltspflicht erfüllt hat.

Es liegt allerdings in der Natur der Normierung, dass sie nicht den aktuellsten Stand der Technik berücksichtigen kann, was gerade durch immer kürzer werdende Innovationszyklen eine zusätzliche Herausforderung darstellt. Dies gilt auch für die Anwendung von Sicherheitsnormen auf innovative Systeme in der Industrie 4.0. Die Umsetzung der in der Industrie 4.0 angestrebten Szenarien erfordert beispielsweise, dass sich Systeme zur Laufzeit sehr flexibel mit anderen Systemen vernetzen lassen und sich adaptiv an ihre Umgebung und Kooperationspartner anpassen, um kollektiv eine gemeinsame Aufgabe zu übernehmen. Die dafür notwendige Technologie wird in der aktuellen Standardisierung noch nicht berücksichtigt. Ganz im Gegenteil werden sogar einige wichtige Technologien, wie beispielsweise die dynamische Rekonfiguration der Systeme, explizit verboten.

2.1 IEC 61508

Eine zentrale Rolle in der Industrie 4.0 spielt sicherlich der Standard IEC 61508 (IEC 61508:2010 2010), welche als Basisnorm für eine Vielzahl von domänenspezifischen Standards wie zb. der EN 62061 (DIN EN 62061) gilt. Der IEC 61508 ist ein sehr umfassender, branchenübergreifender Standard zum Thema Sicherheit elektrisch bzw. elektronisch programmierbarer, sicherheitskritischer Systeme. Software wird insbesondere in der IEC 61508-3 behandelt. Die generellen Anforderungen betreffen insbesondere organisatorische Aspekte. Dazu zählt zum Beispiel die geforderte Unabhängigkeit der prüfenden Person bzw. Instanz im Rahmen von Sicherheitsnachweisen. Im Hinblick auf die Prüfung von Software liefern die Teile 3 und 7 des Standards eindeutige Hinweise. Teil 3 beschreibt im Wesentlichen die für die Abläufe erforderlichen Daten und Ergebnisse. Teil 7 ist eine Technikbeschreibung, auf die häufig in Teil 3 verwiesen wird. Basierend auf einer Gefährdungsanalyse und Risikobewertung fordert die Norm die Identifikation aller Gefährdungen, die von dem System ausgehen können. Für jede Gefährdung wird im Wesentlichen durch Berücksichtigung der Eintrittswahrscheinlichkeit und der Schwere des verursachten Schadens das zugehörige Risiko ermittelt. Daraus leitet die Norm sogenannte Sicherheitsintegritätslevel (SIL) ab, wobei SIL 1 für die niedrigste und SIL 4 für die höchste Kritikalität steht.

Betrachtet man die IEC 61508 in Hinblick auf die Anwendungen der Industrie 4.0 so ergeben sich verschiedene Hürden, die für eine normkonforme Entwicklung überwunden werden müssen. Insbesondere anhand des für Software relevanten Teil 3 der Norm lässt sich leicht erkennen, dass der Standard davon ausgeht, dass ein System vor der Zulassung vollständig entwickelt und konfiguriert ist. Jegliche Mechanismen, die das System zur Laufzeit noch einmal ändern, würden zu einer Invalidierung der Zulassung führen und sind daher nicht erlaubt.

So wird beispielsweise bereits bei der Spezifikation der Softwaresicherheitsanforderungen gefordert, dass alle sicherheitsbezogenen oder -relevanten Randbedingungen bzgl. Software und Hardware spezifiziert und dokumentiert werden müssen (Anforderung 7.2.2.7). Spätestens in der Architekturphase müssen dann alle Software-Hardware-Interaktionen evaluiert und detailliert berücksichtigt werden (Anforderung 7.4.3.2 c). Szenarien wie das dynamische Nachladen von Software, also beispielsweise das dynamische Installieren von Apps, lassen sich daher nur schwer unter Einhaltung dieser Anforderung umsetzen. Analog ist auch die dynamische Integration von Systems of Systems nur schwer in Einklang mit gültigen Sicherheitsnormen zu bringen. Beispielsweise müssen bei der Entwicklung nicht nur alle Betriebsmodi des eigenen Systems, sondern auch die Betriebszustände aller verbundenen Systeme spezifiziert und in der weiteren Entwicklung berücksichtigt werden (Anforderung 7.2.2.6).

Daraus ergeben sich auch Herausforderungen hinsichtlich der dynamischen Adaption von Systemen an ihren Laufzeitkontext. Selbst wenn sich die Adaption auf die Rekonfiguration in vordefinierte Systemkonfigurationen beschränkt, müssen alle Systemkonfigurationen, sowie alle Übergänge zwischen den Konfigurationen,

Tab. 1 Auszug der Tabelle A.8 der IEC 61508, Teil 7. (IEC 61508:2010 2010)

Technique/Measure		SIL1	SIL2	SIL3	SIL4
1	Impact Analysis	HR	HR	HR	HR
2	Reverify changed software modules	HR	HR	HR	HR
3	Reverify affected software modules	R	HR	HR	HR
4a	Revalidate complete system	—	R	HR	HR
4b	Regression validation	R	HR	HR	HR

Tab. 2 Auszug der Tabelle A.2 aus Teil 3 der IEC 61508. (IEC 61508:2010 2010)

Technique/Measure		SIL 1	SIL 2	SIL 3	SIL 4
5	Artificial Intelligence-fault correction	—	NR	NR	NR
6	Dynamic Reconfiguration	—	NR	NR	NR

abgesichert werden. Dies führt offensichtlich leicht zu einer nicht mehr beherrschbaren Komplexitätssteigerung. Möchte man darüber hinaus eine noch flexiblere Adaption des Systems umsetzen, um beispielsweise die Anpassung an nicht vorhergesehene Betriebssituationen zu ermöglichen, müsste dies analog einer Softwaremodifikation behandelt werden. Gemäß IEC 61508 würde dies streng genommen eine Impactanalyse sowie die erneute Verifikation der geänderten Module zur Laufzeit erforderlich machen. Bereits ab SIL 2 wird zudem eine Regressionsvalidierung oder alternativ sogar eine vollständige Revalidierung des Gesamtsystems gefordert, was sich zur Laufzeit ohne Einbindung von menschlichen Experten mit dem aktuellen Stand der Technik und Forschung nicht umsetzen lässt. Um dies zu verdeutlichen, stellt Tab. 1 einen Auszug der entsprechenden normativen Anforderungen aus der IEC 61508 dar. Dabei steht der Eintrag „R“ in der Tabelle für „recommended“, was bedeutet, dass eine Begründung vorliegen sollte, warum die entsprechende Methode nicht angewendet wurde. Bei „HR“, das für „highly recommended“ steht, ist die Anwendung der Methode oder eines äquivalenten Verfahrens quasi verpflichtend.

Häufig werden deshalb intelligente Fehlertoleranzmechanismen als Alternative angeführt. Dabei ist es die Idee, die durch die dynamische Adaption prinzipiell verursachbaren Fehler durch entsprechende Fehlererkennungs- und -behandlungsmechanismen tolerieren zu können. Häufig wären dazu allerdings sehr intelligente Mechanismen erforderlich, die beispielsweise selbst wiederum auf selbst-lernenden Algorithmen beruhen, um sich an das adaptive Verhalten der überwachten Komponente anpassen zu können. Wie allerdings in Tab. 2 dargestellt, wird der Einsatz solcher Verfahren von vielen Normen untersagt, da der Eintrag „NR“ für „not recommended“ steht und die entsprechenden Verfahren daher im Projekt nicht eingesetzt werden dürfen.

Auf den ersten Blick ergeben sich also einige normative Hindernisse, wenn man das volle Potenzial der Industrie 4.0 ausschöpfen möchte. Andererseits sollte man bedenken, dass eine zu strikte und formale Interpretation der Norm oftmals weder sinnvoll noch erforderlich ist. Vielmehr ist es zu empfehlen, die den Normen zugrunde liegende Intention umzusetzen und dabei die normativen Anforderungen vor dem Hintergrund der speziellen Eigenschaften der Industrie 4.0 neu zu interpretieren.

Ein erster wesentlicher Schritt besteht darin, das System nicht als monolithisches Ganzes, sondern als Komposition modularer Bestandteile zu sehen und die Sicherheitsnachweisverfahren darauf anzupassen. Neuere Standards wie die ISO 26262 im Automobilbereich (ISO 26262:2011 2011) führen beispielsweise modulare Konzepte wie das sogenannte Safety Element out of Context (SEooC) ein. Dies ermöglicht die modulare Entwicklung und Sicherheitszulassung von Teilsystemen. Die Nachweisführung bei der Integration lässt sich durch die bereits vorliegenden modularen Nachweise entsprechend reduzieren. Ein zentraler Treiber war dabei die Automotive Open System Architecture (AUTOSAR 2015), die es aufgrund einer komponentenbasierten Architektur ermöglicht, modulare Softwarekomponenten flexibel im Sinne eines Baukastensystems zu integrieren. Analog dazu wurde in der Avionik die sogenannte Integrated Modular Avionics (IMA) eingeführt und in der Arinc 653 (ARINC 2013) standardisiert. Um das zugrunde liegende Prinzip der Modularisierung auch auf den Sicherheitsnachweis zu übertragen, wurde dazu der Standard RTCA – DO 297 (RTCA 2005) eingeführt, in dem das Vorgehen für eine modulare Zertifizierung von Teilkomponenten geregelt wird. Während sich sowohl AUTOSAR als auch IMA auf ein einzelnes Steuergerät beschränken, werden in der Avionik mittlerweile mit der Distributed Integrated Modular Avionics (DIMA) vernetzte Systeme betrachtet und auch die Zulassungsprozesse entsprechend weiterentwickelt.

Diese Normen bieten also bereits eine Grundlage für modulare Sicherheitsnachweise. Allerdings wird zur Umsetzung einer modularen Sicherheitsnachweisführung gemäß den Normen auch ein entsprechendes Rahmenwerk an Techniken und Methoden benötigt. Dazu zählen insbesondere modulare Sicherheitsanalysetechniken und modulare Sicherheitskonzepte. Abschn. 3 zeigt daher exemplarisch, wie sich modulare Sicherheitsnachweise auf Basis heute verfügbarer Ansätze umsetzen lassen.

Alle diese Ansätze zur Modularisierung setzen allerdings immer noch voraus, dass es einen Systemintegrator gibt, der die Teilsysteme zur Entwicklungszeit integriert und den Gesamtnachweis führt. Trotzdem wird durch die Komponierbarkeit der modularen Nachweise der Teilsysteme der Integrationsaufwand signifikant reduziert. Eine Systemintegration zur Laufzeit im Feld, wie sie für viele Industrie 4.0 – Szenarien benötigt wird, lässt sich darüber allerdings nicht abbilden. Deshalb müssen diese Ansätze erweitert werden, um automatisierte Sicherheitsnachweise zur Laufzeit zu unterstützen. Dies ist sicherlich eine der derzeit größten Safety-Herausforderungen in der Industrie 4.0. Abschn. 4 stellt als ersten Schritt hinsichtlich der Bewältigung dieser Herausforderungen ein neuartiges Verfahren vor, mit dem – in gewissen Grenzen – die dynamische Integration von Systemen zur Laufzeit unterstützt wird.

3 Modulare Sicherheitsnachweise für flexible Baukastensysteme

Im Rahmen der Industrie 4.0 werden Fertigungsanlagen wesentlich häufiger angepasst und mit anderen Systemen vernetzt. Anspruchsvolle Industrie 4.0 Szenarien sehen darüber hinaus die automatisierte, physische Wandlung vor, zum Beispiel mittels auf mobilen Plattformen montierter Fertigungsroboter. Safety darf in den dafür notwendigen, aber potenziell kurzen Entwicklungszyklen nicht zum Flaschenhals werden. Ein wesentlicher Schritt zur sicheren Industrie 4.0 ist daher die Modularisierung von Sicherheitsnachweisverfahren, die den flexiblen und doch sicheren Aufbau stark vernetzter Systeme im Sinne eines Baukastensystems ermöglichen. Dadurch wird die Neuabnahme einer Anlage signifikant beschleunigt. Gleichzeitig bilden sie zudem die Grundlage für die im nachfolgenden Abschnitt beschriebenen Verfahren, die darüber hinaus in gewissen Grenzen eine automatisierte Absicherung von dynamischen Systemänderungen ohne Neuabnahme ermöglichen.

Ein wesentlicher Bestandteil der Sicherheitsnachweisführung sind Sicherheitsanalysen wie beispielsweise die Fehlermöglichkeits- und Einflussanalyse (FMEA) oder die Fehlerbaumanalyse (FTA) (Liggesmeyer 2009).

3.1 Modulare Fehlerbaumanalyse

Die klassische Fehlerbaumanalyse ist nicht modular aufgebaut. Ausgehend von einer Gefährdung, also einem Fehlerereignis an der Systemgrenze, werden schrittweise die möglichen Ursachen analysiert und deren Wirkzusammenhänge identifiziert. Dazu folgt man deduktiv der Ursache-Wirkungskette. Unter Verwendung von Booleschen Operatoren lassen sich auch komplexe Ursache-Wirkungs-Zusammenhänge effizient modellieren.

Dabei folgt die Fehlerbaumstruktur aber häufig nicht der Systemstruktur, sodass Fehlerbilder derselben Komponente an sehr unterschiedlichen Stellen im Fehlerbaum modelliert sein können. Dies liegt insbesondere daran, dass Fehlerbäume keine echten Modularisierungskonzepte unterstützen. Zwar lassen sich Fehlerbäume bei der Analyse zur Vereinfachung in Teilbäume, sogenannte Module, zerlegen, als Teilbaum kann ein solches Modul aber immer nur einziges Fehlerereignis verfeinern. Eine Komponente zeigt aber meistens mehr als ein einzelnes Fehlerbild auf, sodass sich das Fehlerverhalten einer Systemkomponente nicht modular gekapselt in einem Teilfehlerbaum beschreiben lässt.

Um diesem Problem zu begegnen, wurde das Konzept der Komponentenfehlerbäume entwickelt (Kaiser et al. 2004). Wie in Abb. 1 gezeigt, ermöglichen es Komponentenfehlerbäume, das Fehlerverhalten einzelner Systemkomponenten modular zu beschreiben.

Dazu lassen sich Fehlerbilder definieren, die von der Komponente auf die Umgebung wirken und die umgekehrt von der Umgebung auf die Komponente einwirken

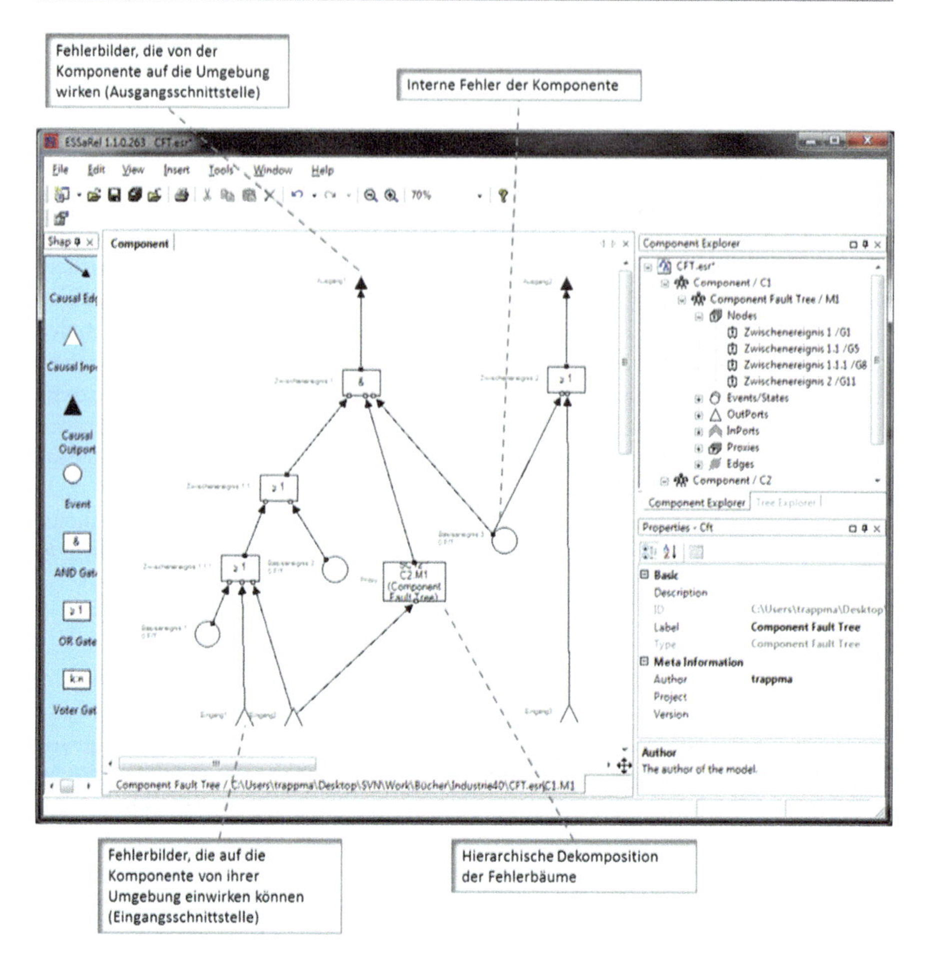

Abb. 1 Komponentenfehlerbäume (CFT) ermöglichen die modulare Beschreibung des Fehlerverhaltens einzelner Systemkomponenten

können. Analog zu Komponenten in der Softwareentwicklung lassen sich dadurch Fehlerschnittstellen definieren, die eine essenzielle Voraussetzung für die Modularisierung bilden. Durch die Unterstützung von Hierarchie in Komponentenfehlerbäumen lassen sich auch sehr leicht komplexe, hierarchisch strukturierte Systeme analysieren.

Die reine Modularisierung der Fehlerbäume ist allerdings nicht ausreichend. So benötigt beispielsweise die automatisierte Komposition der Fehlerbaumkomponenten eine weitere Formalisierung. Möchte man zwei Fehlerbaumkomponenten automatisch miteinander verbinden, müssen die Ausgänge der einen Komponente mit den Eingängen der anderen verbunden werden. In Komponentenfehlerbäumen werden die Fehlerbilder allerdings mit natürlichsprachlichen Namen versehen. Dadurch ist es nicht möglich, automatisch zu prüfen, wie die Komponenten miteinander verbunden werden müssen. Um eine automatische Komposition zu ermöglichen, müssen die Fehlerbilder daher typisiert werden. Darauf basierend lassen sich dann die Ein- und Ausgänge desselben Typs automatisch miteinander verbinden.

Mit der zunehmenden Verbreitung der modellbasierten System- und Softwareentwicklung über das letzte Jahrzehnt, bieten die zugrunde liegenden Konzepte eine ideale Basis für die benötigte Formalisierung der Notation der Sicherheitsanalyse an. Durch die modellbasierte Darstellung von Fehlerbäumen lässt sich die Notation nicht nur weiter formalisieren, sondern man erreicht gleichzeitig eine nahtlose Integration in die modellbasierte Entwicklung (Adler et al. 2011). Wie in Abb. 2 dargestellt, kann man dadurch sehr leicht einen modularen Fehlerbaum für eine in der Systemarchitektur modellierte Komponente erstellen. Die Schnittstelle der Fehlerbaumkomponente wird dabei formal mit der Schnittstelle der Systemkomponente verbunden: Die Schnittstelle von Systemkomponenten wird insbesondere durch ihre Ein- und Ausgangssignale definiert. Dies bedeutet gleichzeitig, dass sich das Fehlverhalten einer Komponente primär durch Fehler in ihren Ausgangssignalen äußert. Umgekehrt wird das Fehlverhalten der Komponente durch Fehler ihrer Eingangssignale beeinflusst. Ein Komponentenfehlerbaum beschreibt daher letztlich wie Fehlerbilder der Ausgangssignale durch Fehlerbilder der Eingangssignale und durch interne Fehler in der Komponente selbst erzeugt werden können.

Diese formale Verbindung der Ein- und Ausgangsfehlerbilder des Fehlerbaums mit der Schnittstelle der Systemkomponenten ermöglicht die automatische Komposition von Komponentenfehlerbäumen auf Basis der Systemarchitektur. Der Entwickler muss lediglich in seinem System- oder Softwaremodell die Systemkomponenten miteinander verbinden. Die Information welche Signale die Komponenten austauschen in Verbindung mit der Typisierung der Fehlerbilder ermöglicht die automatische Generierung des resultierenden Gesamtfehlerbaums.

3.2 Modulare FMEA

Neben Fehlerbäumen wird in der Praxis insbesondere auch die FMEA als Sicherheitsanalysetechnik eingesetzt. Im Gegensatz zur FTA haben FMEAs in der Praxis häufig einen eher informellen Charakter. Insbesondere da die Erstellung der FMEA häufig als intuitiver empfunden wird, haben sie nichtsdestotrotz eine weite Verbreitung in der Industrie, sodass auch eine Unterstützung modularer FMEAs von großer praktischer Bedeutung ist.

Wenn man darüber hinaus davon ausgeht, dass Systemkomponenten unterschiedlicher Hersteller miteinander verbunden werden sollen, kommt es in der Praxis häufig vor, dass einige Komponenten mit einer FMEA analysiert wurden, während für andere eine Fehlerbaumanalyse vorliegt. Deshalb ist es wichtig, auch unterschiedliche Analysetechniken miteinander verbinden zu können. Um dies zu erreichen, muss die FMEA analog zu Fehlerbäumen modularisiert und formalisiert werden.

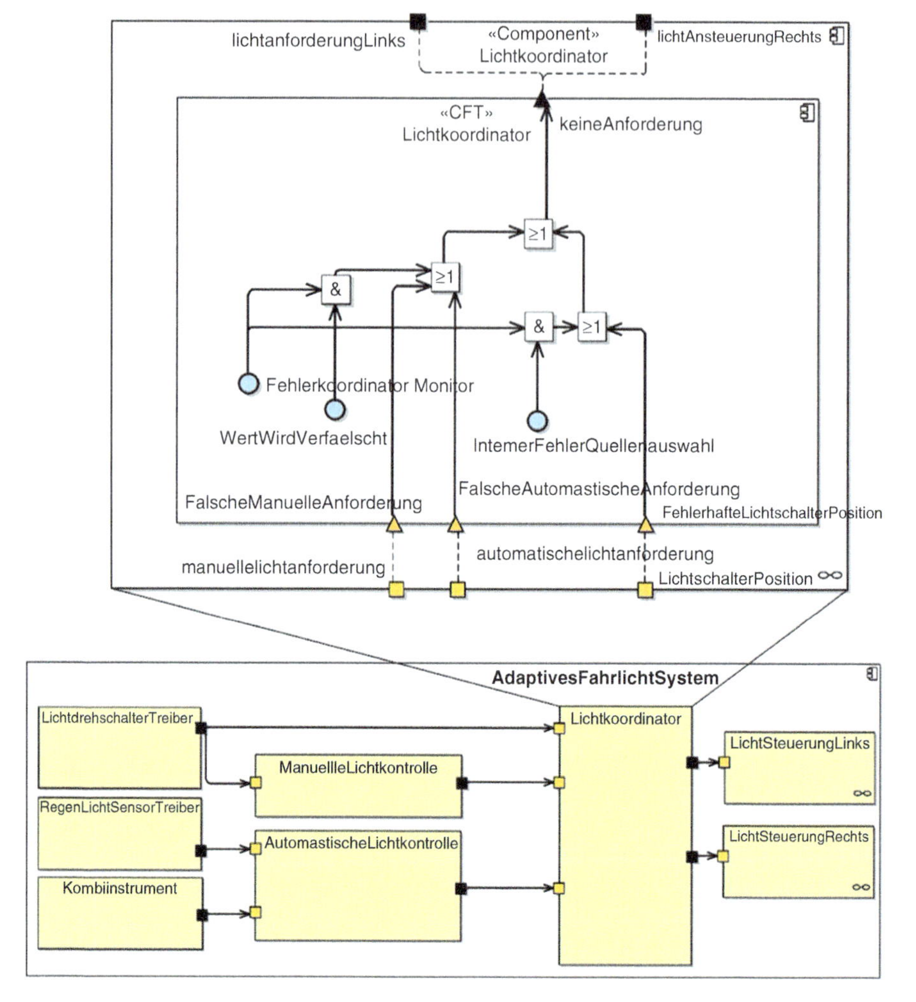

Abb. 2 Modulare, nahtlos in die modellbasierte Entwicklung integrierte Fehlerbäume (C ^{2}FT) unterstützen die effiziente Sicherheitsanalyse

Die klassische FMEA untersucht die einzelnen Komponenten eines Systems und identifiziert die Fehlermöglichkeiten (Fehlermodi) dieser Komponenten. Anschließend werden mögliche Ursachen gesucht und die möglichen Effekte bei Eintreten der Fehlermodi untersucht. Abschließend werden geeignete Gegenmaßnahmen dokumentiert. Dabei beziehen sich sowohl die Ursachen als auch die Effekte auf andere Komponenten, mit denen die untersuchte Komponente in Beziehung steht. Durch diesen Ansatz wird allerdings die Modularität verletzt, da für die Durchführung der Analyse die anderen Komponenten des Systems bekannt sein müssen.

Die FMEA lässt sich allerdings leicht modularisieren, indem man analog zu Komponentenfehlerbäumen die Ursachen auf Fehlerbilder der Eingänge einer Komponente bezieht, während sich die Effekte auf Fehlerbilder der Ausgänge beziehen.

Auch ist die Formalisierung der Fehlerbilder durch die Einführung einer Typisierung analog zu den Fehlerbäumen möglich. Setzen sowohl die modularen FMEAs als auch die Komponentenfehlerbäume auf demselben Typsystem auf, ist es darüber hinaus einfach möglich, beide Verfahren miteinander zu verbinden, da dann beide Verfahren eine gleichwertige Schnittstelle auf Basis typisierter Ein- und Ausgangsfehlerbilder zur Verfügung stellen.

Im Gegensatz zur FTA ist bei der FMEA allerdings die Abbildung von Fehlerursachen auf Fehlereffekte nicht formal beschrieben, da sie in ihrer ursprünglichen Form keine Mehrfachfehler betrachtet und man davon ausgeht, dass eine der Ursachen ausreicht, um einen Fehlermodus und die damit verbundenen Effekte auszulösen. Dabei ist zudem häufig unklar, wie genau sich die Maßnahmen in der Fehlerausbreitung auswirken. Daher ist es notwendig, neben den Schnittstellen auch die Semantik der FMEA zu formalisieren. Dazu lassen sich erneut die Konzepte der modellbasierten Entwicklung einsetzen. Abb. 3 zeigt eine mögliche grafische, modellbasierte Umsetzung einer FMEA. Während es eher zweitrangig ist, ob die FMEA grafisch oder in der traditionellen Tabellenform dargestellt wird, ist es unerlässlich, dass die zugrunde liegenden Elemente einer klaren Syntax und Semantik unterliegen. Beispielsweise ist es wichtig, explizit zwischen Ursachen in der Komponente selbst und Ursachen in fehlerhaften Eingängen zu unterscheiden, da dies wesentlichen Einfluss auf die Fehlerpropagierung hat. Außerdem ist es notwendig, explizit festzulegen wie sich die Maßnahmen auswirken, d. h. es muss klar definiert sein, ob die Maßnahmen dazu dienen, wie im Beispiel eine Fehlerursache, zu erkennen bzw. zu verhindern, oder ob sie den Fehlermodus oder gar einen Effekt unabhängig von der konkreten Ursache mitigieren.

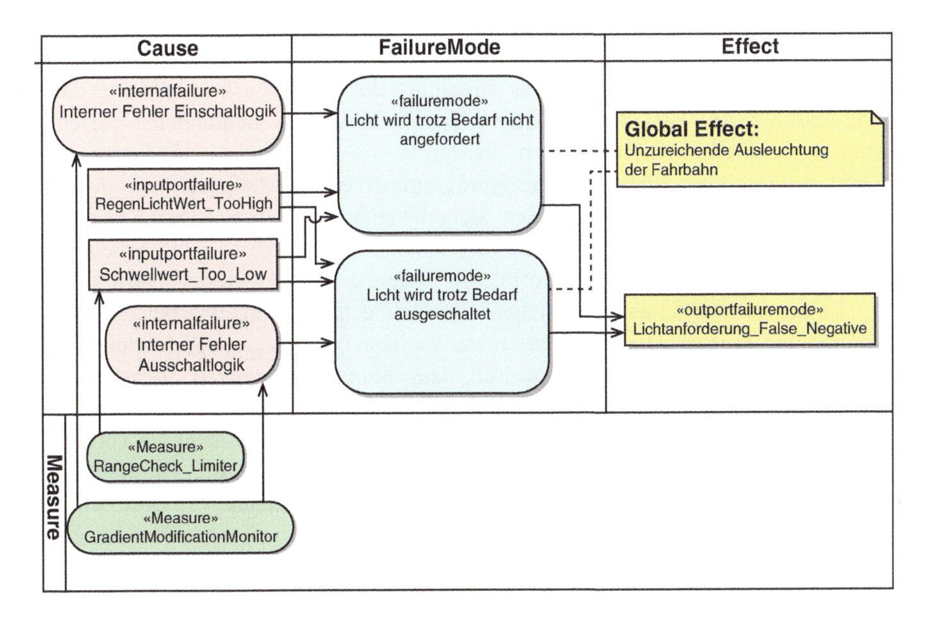

Abb. 3 Graphische Darstellung einer modellbasierten, modularen FMEA

Ist dies festgelegt und geht man zudem davon aus, dass eine einzelne Ursache ausreichen würde, den zugehörigen Fehlermodus zu erzeugen, lässt sich daraus ableiten, wie sich die Fehlerursachen auf die Effekte propagieren. Zwar ist die Ausdrucksmöglichkeit der FMEA Fehlerbäumen unterlegen, trotzdem bietet eine modellbasierte FMEA eine formalisierte Abbildung der Fehlerpropagierung der Komponente. Dadurch ist es in Kombination mit der zu Komponentenfehlerbäumen identischen Schnittstelle möglich, beide Analysetechniken in einer automatisierten Analyse des Gesamtsystems zu integrieren.

Durch die modularen Sicherheitsanalysetechniken, lassen sich also einzelne Teilsysteme unabhängig voneinander analysieren. Bei der Integration der Systeme können die modularen Analysen dann automatisiert komponiert werden, sodass mit minimalem Aufwand eine integrierte Sicherheitsanalyse des Gesamtsystems durchgeführt werden kann.

3.3 Modulare Sicherheitskonzepte und -nachweise

Sicherheitsanalysen stellen damit einen sehr wichtigen Bestandteil der Sicherheitsnachweisführung dar. Sie sind für einen modularen Sicherheitsnachweis notwendig, aber in vielen Fällen nicht hinreichend. Über Sicherheitsanalysen lassen sich Schwachstellen in den Komponenten erkennen und man kann nachweisen, ob die identifizierten Gegenmaßnahmen ausreichend sind. Allerdings muss zusätzlich sichergestellt werden, dass diese Maßnahmen tatsächlich umgesetzt und ihre Wirksamkeit verifiziert werden. Dazu werden aus den Sicherheitsanalysen Sicherheitsanforderungen abgeleitet, die vom System umgesetzt werden können. Die Sicherheitsanforderungen dokumentieren dazu letztlich die Schlüsse, die man aus den Analysen gezogen hat. Die ISO 26262 Norm (ISO 26262:2011 2011) hat dazu den Begriff des Sicherheitskonzeptes eingeführt. Ein Sicherheitskonzept bietet dabei eine strukturierte Darstellung inklusive einer argumentativ begründeten Verfeinerung der Sicherheitsanforderungen. In der Praxis werden diese Anforderungen häufig informell mit Textverarbeitungsprogrammen oder in Anforderungsdatenbanken erfasst. Um den abschließenden Sicherheitsnachweis (den Safety Case oder, allgemeiner, Assurance Case) führen zu können, muss nachgewiesen werden, dass diese Anforderungen tatsächlich korrekt im System umgesetzt wurden. Dazu werden auf Basis von Verifikationsaktivitäten sogenannte Evidenzen, wie beispielsweise Testberichte, erzeugt. Diese Evidenzen werden dann den einzelnen Sicherheitsanforderungen zugeordnet, um nachzuweisen, dass diese erfüllt wurden. Wenn nun ein Gutachter die Sicherheit des Systems bewertet, kann er nachvollziehen, wie die Sicherheitsanforderungen schrittweise auf Basis von Sicherheitsanalysen verfeinert wurden. Anhand der Evidenzen kann er die korrekte Umsetzung der Anforderungen beurteilen und schließlich die Sicherheit des Systems bestätigen. Eine weithin anerkannte modellbasierte Technik zur Spezifikation von Sicherheitsnachweisen ist die Goal Structuring Notation (GSN) (Kelly 1999). GSN unterstützt die systematische Entwicklung und strukturierte Darstellung von Sicherheitsargumentationen, welche Kernbestandteil eines Sicherheitsnachweises sind. Bezüglich einer

Modularisierung existieren Erweiterungen der GSN, durch sogenannte „away goals" können Behauptungen („claims") spezifiziert werden, welche durch externe Argumentationsmodule gestützt werden (Bate und Kelly 2003). Die GSN wurde durch die OMG als Structured Assurance Case Metamodel (SACM) in der aktuellen Version 2.0 standardisiert (https://www.omg.org/spec/SACM/2.0/Beta1/About-SACM/). Insgesamt erfreut sich die GSN steigender Beliebtheit und wird bereits in verschiedensten Domänen angewandt. Essenziell ist natürlich eine adäquate Werkzeugunterstützung, wobei die Technik zunehmend auch von kommerziellen Werkzeugen implementiert wird.

GSN fokussiert sich auf den Sicherheitsnachweis, kann aber auch zur Spezifikation von Sicherheitskonzepten verwendet werden, wobei diesbezügliche Modularisierungsmechanismen bisher nicht ausführlich betrachtet wurden und entsprechend aktuell keinerlei entsprechende Werkzeugunterstützung existiert. Eine mögliche modellbasierte Umsetzung modularer Sicherheitskonzepte bieten sogenannte Sicherheitskonzeptbäume (Adler et al. 2012) wie sie beispielhaft in Abb. 4 dargestellt sind.

Durch die modellbasierte grafische Darstellung lassen sich die Sicherheitsanforderungen sowie deren schrittweise Verfeinerung systematisch und übersichtlich modellieren. Insbesondere wenn auch die Sicherheitsanalysen modellbasiert vorliegen, lassen sich Analyseergebnisse nahtlos mit den Sicherheitskonzepten integrieren. Dadurch können beispielsweise Vollständigkeitsanalysen umgesetzt werden, die unter anderem automatisch prüfen können, ob alle identifizierten Fehlerbilder durch Anforderungen abgedeckt wurden.

Um die Schnittstellen der modularen Konzepte spezifizieren zu können, lassen sich die Grundsätze der sogenannten contract-basierten Entwicklung anwenden. In Sicherheitskonzeptbäumen werden dazu sogenannte Sicherheitsgarantien (Guarantees) und Sicherheitsforderungen (Demands) definiert. Dadurch kann ausgedrückt werden, dass eine Komponente die Erfüllung der definierten Guarantees gewährleistet – allerdings nur unter der Bedingung, dass umgekehrt ihre Demands von der Umgebung erfüllt werden. Wird beispielsweise von einem Hersteller einer kamerabasierten Überwachung erwartet, dass er Personen in der Gefahrenzone sicher erkennen kann, muss er die Einhaltung einer entsprechenden Guarantee gewährleisten. Gleichzeitig nutzt er aber beispielsweise die Bildinformationen einer Kamera eines anderen Herstellers, die vom Integrator zur Verfügung gestellt wird. Der Hersteller der Überwachungssoftware wird natürlich die sichere Erkennung von Personen nur unter der Bedingung garantieren (Guarantee), dass ihm ein sicheres Kamerabild zur Verfügung gestellt wird (Demand). Diese Anforderung muss wiederum vom Hersteller der Kamera garantiert werden. Durch dieses Konzept lassen sich also die Sicherheitsanforderungen modular auf einzelne Komponente aufteilen, ohne die teils komplexen Abhängigkeiten zwischen den Komponenten vernachlässigen zu müssen.

Auf Basis der modularen Anforderungen kann ein Gutachter sehr leicht modular die Sicherheit einer Komponente begutachten. Unter der Annahme, dass die Demands der Komponente erfüllt sind, untersucht er anhand des modularen Sicherheitskonzeptes und den zugehörigen Evidenzen, ob die Komponente ihre

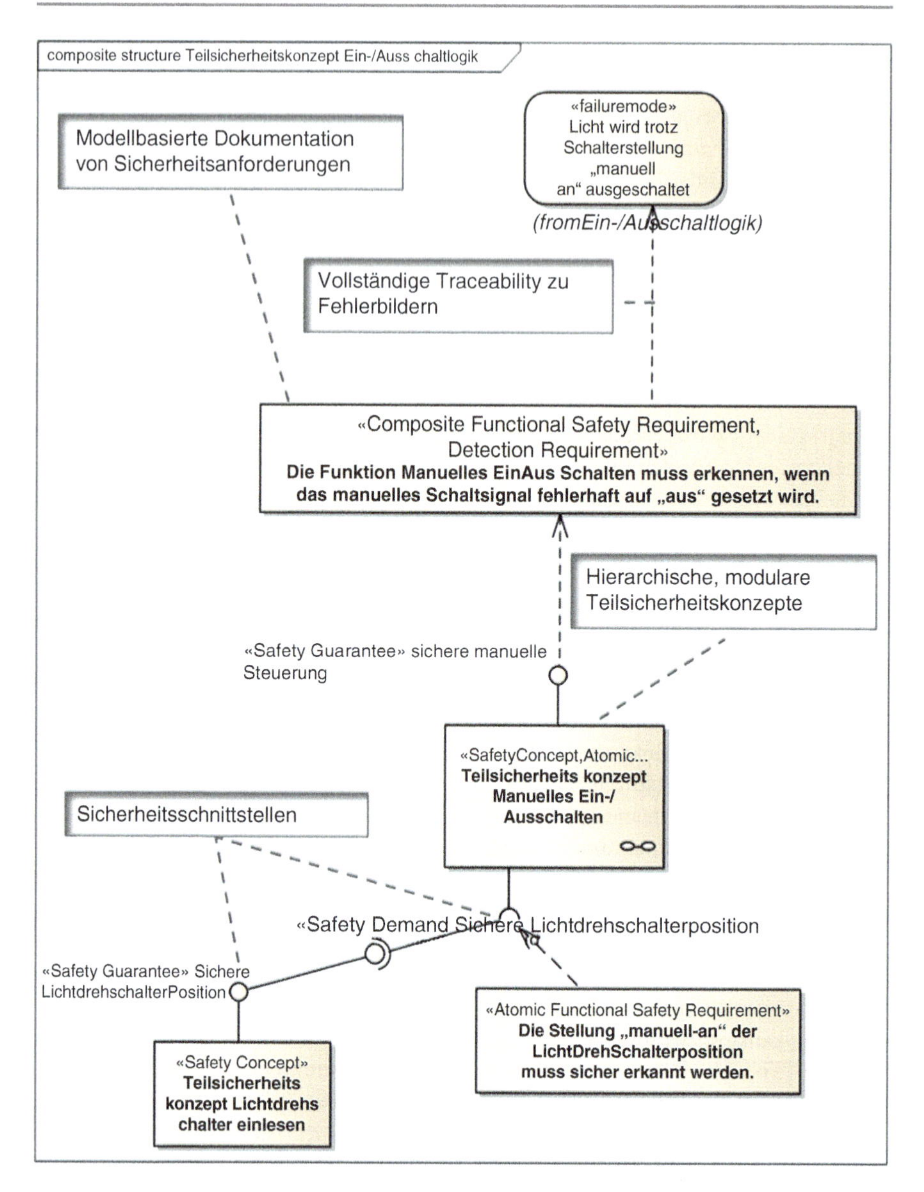

Abb. 4 Sicherheitskonzeptbäume (SCT) ermöglichen die modellbasierte, modulare Spezifikation von Sicherheitskonzepten

Guarantees einhalten wird. Die Nachweisführung bei der Integration kann sich dann im Wesentlichen auf den Nachweis beschränken, dass einerseits die Demands der Komponenten erfüllt sind und dass andererseits die Guarantees der Komponenten ausreichen, um alle Sicherheitsanforderungen des Gesamtsystems zu erfüllen.

In der praktischen Anwendung lassen sich die Guarantees und Demands nicht soweit formalisieren, dass eine automatisierte Integrationsprüfung möglich ist.

Dennoch wird der Integrationsaufwand durch modulare Sicherheitskonzepte entscheidend reduziert. Dadurch wird der flexible Aufbau von Systemen im Sinne eines Baukastensystems auch für sicherheitskritische Anwendungen ermöglicht. Damit ist eine entscheidende Grundlage für sichere Systeme in der Industrie 4.0 gegeben.

3.4 Digital Dependability Identities - Digitaler Zwilling für Verlässlichkeit

Digitale Zwillinge sind ein Kernkonzept der Industrie 4.0. Das BaSys 4.0 Referenzprojekt realisiert digitale Zwillinge basierend auf Verwaltungsschalen als digitale Stellvertreter realer, aber nicht unbedingt physischer Einheiten. Als digitale Stellvertreter repräsentieren sie den Zustand ihrer jeweiligen realen Einheiten. Sie ermöglichen den Zugriff auf Echtzeitdaten, und stellen Prädiktionsmodelle für Was-wäre-Wenn Analysen und die virtuelle Inbetriebnahme bereit. Sie sind damit die Grundlage für zukünftige hochwandelbare Anlagen, die sich selbstständig auf neue Produkte, Prozesse und Geräte einstellen.

In den vorigen Kapiteln wurden für die wesentlichen Aktivitäten des Safety Engineering (Gefahren- und Risikoanalyse, Safety-Analyse, Spezifikation von Sicherheitskonzept und Sicherheitsnachweis) modellbasierte Techniken mit Modularisierungsunterstützung vorgestellt. Jede für sich ist gut geeignet die jeweilige Aktivität bzw. die erstellten Artefakte zu modularisieren. Möchte man jedoch das Safety Engineering für eine Komponente vollständig modularisieren, wie es zum Beispiel für die Integration cyber-physischer Produktionssysteme in eine Fertigungslinie, die Entscheidung bezüglich der Handhabbarkeit von Produkten durch Fertigungsanlagen, oder die Integration von Zuliefererkomponenten beim OEM nötig ist, dann reicht dies nicht aus.

Um dieses Problem zu adressieren wird aktuell das Konzept der Digital Dependability Identities (DDI) erforscht (Schneider et al. 2015). DDI sind formalisierte und untereinander verlinkte Sammlungen von Modellen, welche alle notwendigen Informationen zum Thema Verlässlichkeit und insbesondere Safety für eine Komponenten/Einzelsystemen beinhalten. DDI augmentieren Digitale Zwillinge, sind entsprechend modular, haben einen modelbasierten Sicherheitsnachweis als Rückgrat und können zusätzlich Modelle jedes vorgenannten Typs umfassen. Zweck der DDI ist es alle relevanten Szenarien der Integration und Rekonfiguration in cyber-physischen Systemen von Systemen bezüglich der Gewährleistung der Verlässlichkeit optimal und effizient zu unterstützen. Dazu ist es wichtig, dass ein DDI das zugehörige System über seine Lebenszeit begleitet und seine Ausprägung gemäß den jeweiligen Erfordernissen anpasst, da zum Beispiel bei einer durch den Menschen durchgeführten Integration zur Entwicklungszeit andere Anforderungen an ein DDI gestellt werden als bei einer vollautomatischen Integration zur Laufzeit. Insgesamt kann ein DDI entsprechend als lebendiger systembegleitender Sicherheitsnachweise bezeichnet werden.

Zur Entwicklungszeit sollen DDI eine Teilautomatisierung und umfassende Werkzeugunterstützung bei der Integration und bei der Bewertung von Anpassungen

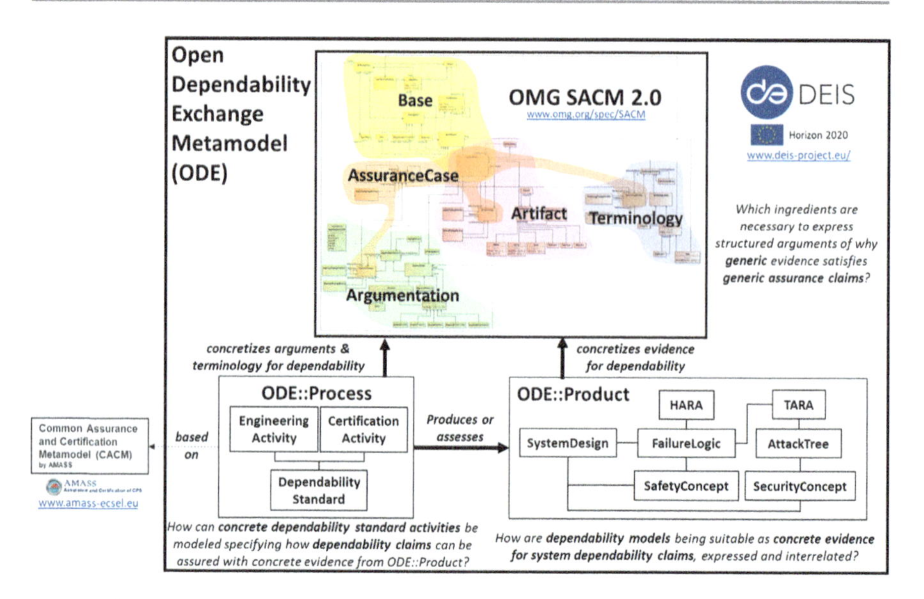

Abb. 5 Überblick zum ODE, dem Metamodell der DDI

ermöglichen. Um diese zu ermöglichen wurde ein umfassendes Metamodell entwickelt, das Open Dependability Exchange (ODE) Metamodell. Als Kernbestandteil des ODE wird das SACM 2.0 verwendet, alle weiteren ergänzenden Metamodelle (wie zum Beispiel Metamodelle zu den oben beschriebenen Techniken) werden gemäß der seitens SACM zu diesem Zwecke vorgesehenen Mechanismen eingebunden und verlinkt. Neben Safety wird in der aktuellen Version des ODE auch Security betrachtet, da im Kontext von stark vernetzten cyber-physischen Systemen ein Security Angriff generell auch eine Gefährdung im Sinne der Safety bedingen kann. Ein sicherheitskritisches cyberphysisches Produktionssystem muss also nicht nur im Sinne der Safety, sondern auch im Sinne der Security abgesichert werden. Wir sprechen in dieser Hinsicht von Umfassender Sicherheit [ref].

Eine Übersicht zum ODE Metamodell ist in Abb. 5 dargestellt.

Wie bei allen modellbasierten Ansätzen ist adäquate Werkzeugunterstützung für die in diesem Kapitel beschriebenen Techniken und Methoden essenziell um den maximalen Nutzen zu generieren. Entsprechende Werkzeugentwicklungen laufen am Fraunhofer IESE seit vielen Jahren. Aktuell steht safeTbox (https://safetbox.de/) im Fokus, ein modellbasiertes Safety Engineering Werkzeug welches einen Großteil der vorgenannten Techniken und Methoden implementiert und integriert. Im DEIS Projekt, in welchem auch das DDI Konzept entwickelt wird, wird darüber hinaus Werkzeugunterstützung in verschiedenen anderen Modellierungswerkzeugen implementiert und es konnte bereits die verteilte Entwicklung eines Systems über verschiedene Partner und Werkzeuge demonstriert werden.

Um dynamischen Integrations- und Rekonfigurationsszenarien im Kontext cyberphysischer Systeme von Systemen zu unterstützen gibt es neben der Entwicklungszeitvariante der DDI auch eine Laufzeitvariante. Diese wird auf Basis der

Entwicklungszeitvariante erzeugt (Reich et al. 2020) und stellt eine möglichst starke Abstraktion auf selbige dar. Insbesondere adressiert sie Aspekte (z. B. Annahmen bezüglich des Systemkontext), die zur Entwicklungszeit noch unsicher bzw. unbekannt sind und somit nicht bewertet werden können. Mit Hilfe der Laufzeit DDI können diese Bewertungen in die Laufzeit verschoben werden. Jedes partizipierende System bringt ein solches Laufzeit DDI mit, also ein Laufzeitmodell, einen digitalen Zwilling zum Thema Sicherheit, und bei der Integration und während der Operation kann auf Basis dieser Laufzeitmodelle die Sicherheit jederzeit evaluiert und gewährleistet werden. Im folgenden Kapitel werden modulare bedingte Laufzeitzertifikate genauer beschrieben, welche die Grundlage für die Laufzeit-DDI bilden.

4 Laufzeitzertifizierung für die dynamische Anlagenkonfiguration

Viele Industrie 4.0-Szenarien erfordern eine Integration und dynamische Anpassung der Systeme zur Laufzeit. Kann sich eine Fertigungsanlage selbstständig physisch rekonfigurieren, dann würden modulare Sicherheitsverfahren nicht mehr ausreichen. Da diese Verfahren einen manuellen Sicherheitsnachweis für das integrierte Gesamtsystem voraussetzen, müsste eine Rezertifizierung durchgeführt werden, wodurch die angestrebte Flexibilität massiv eingeschränkt würde. Auch DDI sind diesbezüglich nicht ohne weiteres Verwendbar, da sie in jedem Fall die Unterstützung durch einen menschlichen Ingenieur benötigen. Deshalb ist es notwendig, modulare Nachweisverfahren so weiterzuentwickeln, dass Systeme in die Lage versetzt werden zur Laufzeit selbst zu prüfen, ob ihre Sicherheit im aktuellen Kontext gegeben ist oder nicht. Gleichzeitig muss es das klare Ziel sein, die Safety-bezogene Verantwortung, die an die Systeme übergeben wird, auf ein Minimum zu reduzieren.

Modulare Sicherheitsnachweise, gegebenenfalls in Form eines DDI, bieten dazu einen idealen Ausgangspunkt. Die Ergebnisse der Sicherheitsanalysen der einzelnen Komponenten sind bereits interpretiert, die modularen Evidenzen sind bereits erbracht und die Einhaltung der Sicherheitsschnittstelle der einzelnen Komponenten wurde von einem Gutachter geprüft. Darauf basierend kann man nun modulare Zertifikate auf Komponentenebene realisieren, deren Validität zur Laufzeit auf Basis der dann festgestellten Einhaltung der Sicherheitsschnittstelle bestimmt wird.

Derlei modulare Laufzeitzertifikate müssen sehr effizient evaluiert werden können und sollten sich daher auf eine minimale Menge benötigter Daten beschränken. So werden beispielsweise die im Sicherheitskonzept definierten Argumente und Teilanforderungen nicht benötigt. Lediglich die Schnittstelleninformationen werden zur Laufzeit benötigt. Um eine Prüfung zur Laufzeit durchführen zu können, ist es allerdings notwendig, dass die Contracts in Laufzeitzertifikaten formalisiert werden. Als zusätzliche Erweiterung von Sicherheitskonzepten müssen Laufzeitzertifikate Varianten unterstützen. Wird nur eine gültige Kombination von Demands und Guarantees angeboten, ist es sehr unwahrscheinlich, dass die Schnittstellen von unabhängig entwickelten Komponenten wechselseitig erfüllt werden können. Aus diesem Grund empfiehlt sich der Einsatz von bedingten Zertifikaten, welche im

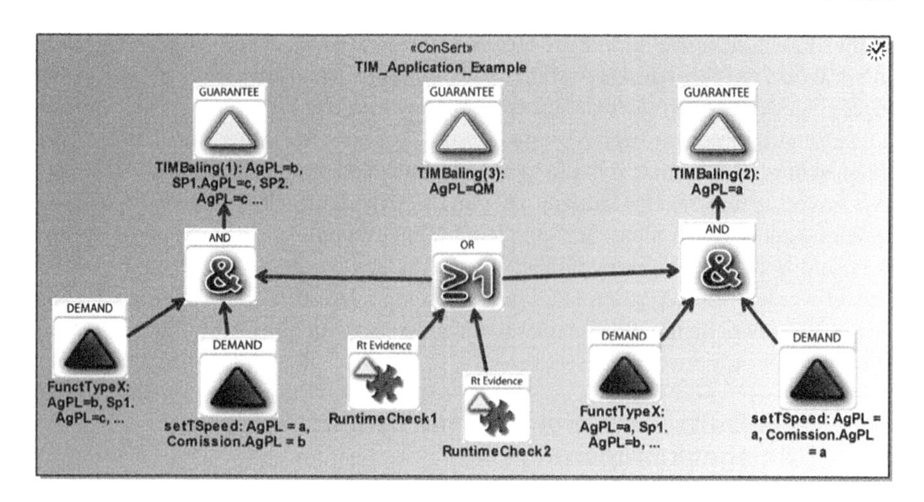

Abb. 6 ConSerts ermöglichen die dynamische Integration von Systems of Systems

Prinzip eine Menge „potenzieller Zertifikate" verkörpern. Dies bedeutet, dass die Komponente zur Laufzeit prüft, welche Demands erfüllt werden können und darauf basierend die von ihr erfüllbaren Guarantees bestimmt. Dadurch lassen sich Komponenten wesentlich flexibler integrieren.

All jene Konzepte werden von sogenannten Conditional Safety Certificates (ConSerts) (Schneider und Trapp 2013) umgesetzt. Die Modellierung alternativer Garantien verschiedener Zertifikatvarianten im Rahmen eines ConSert ist in Abb. 6 dargestellt.

Durch boolesche Operatoren werden analog zu Fehlerbäumen die Bedingungen definiert, unter welchen die Garantien gegeben werden können. Dazu wird zum einen die Erfüllung der Demands ausgewertet. Zum anderen werden aber auch sogenannte Laufzeitevidenzen (Runtime Evidences – RtE) ausgewertet. Dies sind Prüfungen, die zum Integrationszeitpunkt ausgeführt werden müssen, da die Prüfung nicht modular durchgeführt werden konnte. So kann es beispielsweise nötig sein zu prüfen, dass die verfügbare Bandbreite des Kommunikationskanals zwischen zwei Komponenten ausreicht, um einen sicheren Betrieb zu gewährleisten.

Um die Erfüllung von Demands zur Laufzeit prüfen zu können, müssen die Contracts formalisiert werden. Dabei können allerdings keine formalen Sprachen zum Einsatz kommen, die typischerweise im Zusammenhang mit Contracts eingesetzt werden (Damm et al. 2005), da komplexe Verifikationsalgorithmen zur Laufzeit nicht ausgeführt werden können. Stattdessen muss eine sehr effiziente Laufzeitprüfung möglich sein. Dies lässt sich über eine Typisierung von Guarantees und Demands umsetzen: Um Systemkomponenten funktional vernetzen zu können, müssen sie auf einer gemeinsamen Schnittstellenspezifikation aufsetzen. Häufig wird die Schnittstelle dazu auf Basis von Services beschrieben. Alle Komponenten nutzen dabei ein gemeinsames Servicetypsystem, in dem festgelegt ist, welche Funktionen und Eigenschaften eine Komponente umsetzen muss, wenn sie einen

Service zur Verfügung stellt bzw. was sie erwarten kann, wenn sie einen Service nutzt. Um darauf basierend auch die Guarantees und Demands der ConSerts formalisieren zu können, wird eine Sicherheitsanalyse auf Basis der Servicetypen durchgeführt. Dabei werden die Fehlerbilder der Services identifiziert und als Teil des Typsystems hinterlegt. Zusätzlich können auch bereits geeignete Gegenmaßnahmen zu den Fehlerbildern identifiziert und im Typsystem hinterlegt werden. Auf Basis dieses Typsystems können sich Guarantees und Demands auf definierte Fehlerbilder und Gegenmaßnahmen beziehen. So kann eine Komponente beispielsweise garantieren, dass ein Fehlerbild eines Services nicht auftreten wird, oder dass sie eine entsprechende Gegenmaßnahme umsetzt. Umgekehrt kann sie als Demand verlangen, dass ein bestimmtes Fehlerbild an einem Eingang nicht auftreten darf. Dadurch sind Guarantees und Demands sehr präzise definiert. Gleichzeitig ist die Prüfung sehr einfach umsetzbar. Um zu prüfen, ob ein Demand erfüllt ist, ist es im Wesentlichen ausreichend zu prüfen, ob es eine Guarantee gibt, die sich auf ein kompatibles Fehlerbild oder eine kompatible Gegenmaßnahme im Typsystem bezieht.

5 Zusammenfassung

Die Betriebssicherheit ist eine zentrale Herausforderung der Industrie 4.0. Selbst auf Basis des aktuellen Standes der Wissenschaft wird das Safety-Engineering die Vision der Industrie 4.0 nicht in vollem Umfang unterstützt. Lässt sich die Sicherheit der Systeme aufgrund fehlender Methoden und Technologien nicht nachweisen, wird sich die Vision letztlich nicht in die Realität umsetzen lassen. Innovative Verfahren und Technologien zum Sicherheitsnachweis sind daher ein zentraler Schlüsselfaktor zum Erfolg der Industrie 4.0.

Vielversprechend ist die Weiterentwicklung bestehender Ansätze zum modularen Sicherheitsnachweis und zur Laufzeitzertifizierung. Die in diesem Abschnitt vorgestellten Ansätze bieten dazu eine gute Ausgangsbasis. Es ist allerdings von entscheidender Bedeutung, die Betriebssicherheit der Systeme von Anfang an bei der Entwicklung zu berücksichtigen. Eine nachträgliche Umsetzung von Sicherheitsmaßnahmen am Ende der Entwicklung ist entweder mit enormen Kosten verbunden, in manchen Fällen ist es technisch unmöglich.

Es ist daher von entscheidender Bedeutung, die Betriebssicherheit als zentrales Erfolgselement der Forschungs- und Entwicklungsarbeiten zur Industrie 4.0 zu adressieren.

Literatur

Adler R, Domis D, Höfig K, Kemmann S, Kuhn T, Schwinn JP, Trapp M (2011) Integration of component fault trees into the UML. Models in software engineering. Springer, Berlin/Heidelberg, S 312–327

Adler R, Kemmann S, Liggesmeyer P, Schwinn P (2012) Model-based development of a safety concept. In: Proceedings of PSAM 11 & ESREL 2012. Helsinki

ARINC (2013) ARINC 653 avionics application software interface. ARINC

AUTOSAR (2015) AUTOSAR-Webpage: www.autosar.org
Bate I, Kelly T (2003) Architectural considerations in the certification of modular systems. Reliab Eng Syst Saf 81(3):303–324
Damm W, Votintseva, A, Metzner A, Josko B, Peikenkamp T, Böde E (2005) Boosting re-use of embedded automotive applications through rich components. In: Proceedings of foundations of interface technologies 2005
DIN EN 62061 VDE 0113-50:2016-05 Sicherheit von Maschinen
Forschungsunion, acatech (2013) Deutschlands Zukunft als Produktionsstandort sichern – Umsetzungsempfehlungen für das Zukunftsprojekt Industrie 4.0 – Abschlussbericht des Arbeitskreises Industrie 4.0. Promotorengruppe Kommunikation der Forschungsunion Wirtschaft-Wissenschaft. acatech, München
https://safetbox.de/. Zugegriffen am Juni 2023
https://www.omg.org/spec/SACM/2.0/Beta1/About-SACM/. Zugegriffen am Juni 2023
IEC 61508:2010 (2010) Functional safety of electrical/electronic/programmable electronic safety-related systems: parts 1–7. International Electrotechnical Commission
ISO 26262:2011 (2011) Road vehicles – functional safety: parts 1–10. ISO
Kaiser B, Liggesmeyer P, Mäckel O (2004) A new component concept for fault trees. In: Lindsay P, Cant T (Hrsg) Proceedings conferences in research and practice in information technology, Bd 33. ACS, Sydney, S 37–46
Kelly TP (1999) Arguing safety: a systematic approach to managing safety cases. Dissertation, University of York
Liggesmeyer P (2009) Software-Qualität, 2. Aufl. Spektrum, Heidelberg
Reich J, Schneider D, Sorokos I, Papadopoulos Y, Kelly T, Wei R, …, Kaypmaz C (2020) Engineering of runtime safety monitors for cyber-physical systems with digital dependability identities. In: Computer Safety, Reliability, and Security: 39th International Conference, SAFECOMP 2020, Lisbon, Portugal, September 16–18, 2020, Proceedings 39. Springer International Publishing, Cham, S 3–17
Rothfelder M (2002) Sicherheit und Zuverlässigkeit eingebetteter Systeme: Realisierung, Prüfung, Nachweis (Teil II). Deutsche Informatik Akademie, Seminarunterlage. Bonn
RTCA (2005) RTCA DO-297 (2005) Integrated Modular Avionics (IMA) development guidance and certification considerations. RTCA
Schneider D, Trapp M (2013) Conditional safety certification of open adaptive systems. ACM Trans Auton Adapt Syst (TAAS) 8(2):1–20
Schneider D, Trapp M, Papadopoulos Y, Armengaud E, Zeller M, Höfig K (2015, November) WAP: digital dependability identities. In: 2015 IEEE 26th International Symposium on Software Reliability Engineering (ISSRE). IEEE, Gaithersburg, S 324–329

Stichwortverzeichnis

B. Vogel-Heuser et al. (Hrsg.), *Handbuch Industrie 4.0*,
https://doi.org/10.1007/978-3-662-58528-3

T